Herausgeber:
Prof. Dr. Holger Dette • Prof. Dr. Wolfgang Härdle

Statistik und ihre Anwendungen

Azizi Ghanbari, S.
**Einführung in die Statistik für Sozial- und Erziehungs-
wissenschaftler** 2002

Brunner, E.; Munzel, U.
Nichtparametrische Datenanalyse 2003

Dehling, H.; Haupt, B.
**Einführung in die Wahrscheinlichkeitstheorie
und Statistik** 2. Auflage 2004

Dümbgen, L.
Stochastik für Informatiker 2003

Falk, M.; Becker, R.; Marohn, F.
Angewandte Statistik 2004

Franke, J.; Härdle, W.; Hafner, C.
Statistik der Finanzmärkte 2. Auflage 2004

Greiner, M.
Serodiagnostische Tests 2003

Handl, A.
Mulitvariate Analysemethoden 2003

Hilgers, R.-D.; Bauer, R.; Scheiber, V.
Einführung in die Medizinische Statistik 2003

Kohn, W.
Statistik Datenanalyse und Wahrscheinlichkeitsrechnung 2005

Ligges, U.
Programmieren mit R 2005

Meintrup, D.; Schäffler, S.
Stochastik Theorie und Anwendungen 2005

Plachky, D.
Mathematische Grundbegriffe der Stochastik 2002

Schumacher, M.; Schulgen, G.
Methodik klinischer Versuche 2002

Steland, A.
Mathematische Grundlagen der empirischen Forschung 2004

David Meintrup
Stefan Schäffler

Stochastik

Theorie und Anwendungen

Springer

David Meintrup
Stefan Schäffler
Universität der Bundeswehr München
Institut für Mathematik und Datenverarbeitung
85577 Neubiberg
e-mail: david.meintrup@unibw-muenchen.de
e-mail: stefan.schaeffler@unibw-muenchen.de

Bibliografische Information der Deutschen Bibliothek
Die Deutsche Bibliothek verzeichnet diese Publikation in der Deutschen
Nationalbibliografie; detaillierte bibliografische Daten sind im Internet
über http://dnb.ddb.de abrufbar.

Mathematics Subject Classification (2000): 60-01, 62-01, 28-01

ISBN 3-540-21676-6 Springer Berlin Heidelberg New York

Springer ist ein Unternehmen von Springer Science+Business Media

springer.de

© Springer-Verlag Berlin Heidelberg 2005
Printed in Germany

Einbandgestaltung: *design & production*, Heidelberg
Datenerstellung durch den Autor unter Verwendung eines Springer LATEX-Makropakets
Herstellung: LE-TEX Jelonek, Schmidt & Vöckler GbR, Leipzig
Gedruckt auf säurefreiem Papier   40/3142YL - 5 4 3 2 1 0

für Béatrice und Werner

für Dorothea, Christoph, Regina, Stefanie und Johanna

Vorwort

Wahrscheinlichkeitstheorie und Statistik bilden die zwei Säulen der Stochastik. Beide Gebiete beschäftigen sich mit Situationen, die vom Zufall beeinflusst werden. Daher bezeichnet man die Stochastik auch als die Mathematik des Zufalls. Dies erscheint zunächst widersprüchlich, zeichnet sich der Zufall doch dadurch aus, dass er nicht berechenbar ist. Es ist gerade die Aufgabe der Stochastik, eine formale Sprache und Methoden zur Verfügung zu stellen, mit denen die Gesetzmäßigkeiten hinter zufälligen Phänomenen beschrieben und analysiert werden können. Die Wahrscheinlichkeitstheorie übernimmt dabei die Modellbildung sowie die Untersuchung dieser Modelle, während in der mathematischen Statistik auf den Modellen der Wahrscheinlichkeitstheorie aufbauend versucht wird, durch Beobachtung auf Gesetzmäßigkeiten zu schließen. Die Wahrscheinlichkeitstheorie hat sich dabei zu einem Teilgebiet der Mathematik entwickelt, das sich in seiner mathematischen Präzision nicht von anderen Gebieten der theoretischen Mathematik unterscheidet. Das gleiche gilt sicher auch für die Theoretische Statistik. Daneben gibt es die weniger rigorose statistische Datenanalyse, deren statistische Rezepte z.B. über Computerprogramme weite Verbreitung gefunden haben.

Zielsetzung

Das vorliegende Buch soll als Einführung in die Ideen, Methoden und Ergebnisse der Wahrscheinlichkeitstheorie und Statistik dienen. Wir haben uns dabei von zwei Grundgedanken leiten lassen. Zum einen gibt es viele Bücher, die entweder mit klassischen Resultaten der Wahrscheinlichkeitstheorie, wie dem zentralen Grenzwertsatz oder den Gesetzen der großen Zahlen, enden oder aber auf einem hohen Niveau mit der Theorie stochastischer Prozesse beginnen. Wir haben uns bemüht, diese Lücke ein wenig zu schließen, indem wir an die Wahrscheinlichkeitstheorie eine ebenso umfangreiche Einführung in die Theorie stochastischer Prozesse angeschlossen haben. Dabei haben wir versucht, das Tempo gering und den Grad der Ausführlichkeit der Darstellung hoch zu halten. Dies ermöglicht hoffentlich einen problemlosen und zügigen

Übergang zur dynamischen Welt der stochastischen Prozesse und ihren interessanten Anwendungen.

Zum anderen zeichnet sich die Stochastik dadurch aus, dass ihre Methoden in vielen Anwendungen außerhalb der Mathematik, z.B. in der Biologie, Physik oder in den Ingenieurwissenschaften, benötigt werden. Diesem Aspekt der Stochastik tragen wir durch ausführliche Darstellungen einiger Anwendungen Rechnung. Entsprechend richtet sich unser Buch an alle, die in ihrem Studium oder in der Praxis mit stochastischen Fragestellungen konfrontiert werden.

Aufbau

Der Inhalt dieses Buches ist in fünf Teile gegliedert. Wir beginnen in Teil I mit einer kompakten Darstellung der Maßtheorie, die für die Entwicklung der Wahrscheinlichkeitstheorie benötigt wird. Wir sind davon überzeugt, dass Grundkenntnisse der Maßtheorie eine unverzichtbare Basis für einen systematischen Aufbau der Wahrscheinlichkeitstheorie sind. Im ersten Kapitel führen wir, durch das Maßproblem motiviert, Mengensysteme und Maße ein. Im zweiten Kapitel steht das Lebesgue-Integral mit seinen Eigenschaften im Zentrum der Untersuchung. Teil II des Buches widmet sich den klassischen Methoden und Resultaten der Wahrscheinlichkeitstheorie. Die Kapitel 3, 4 und 5 beschäftigen sich mit Wahrscheinlichkeitsräumen, Zufallsvariablen und stochastischer Unabhängigkeit, den wichtigsten Grundbegriffen der Wahrscheinlichkeitstheorie. Im 6. Kapitel behandeln wir die 0-1-Gesetze für terminale und für symmetrische Ereignisse, die Gesetze der großen Zahlen sowie das Drei-Reihen-Theorem. Der zentrale Grenzwertsatz ist Ziel des Kapitels 7, für dessen Beweis wir das Konzept der schwachen Konvergenz und charakteristische Funktionen einführen. Der zweite Teil endet mit der Darstellung bedingter Erwartungen in Kapitel 8, die sowohl für die Theorie stochastischer Prozesse als auch für die Statistik benötigt werden.

Die Teile III und IV können unabhängig voneinander gelesen werden, sie bauen jeweils auf dem zweiten Teil auf. Der dritte Teil beginnt mit zwei konkreten Klassen stochastischer Prozesse, den Markov-Ketten (Kapitel 9) und den Poisson-Prozessen (Kapitel 10). Anschließend führen wir zeitdiskrete (Kapitel 11) und zeitstetige Martingale (Kapitel 13) ein. Im dazwischen liegenden Kapitel 12 behandeln wir die Eigenschaften der Brownschen Bewegung, die als Musterprozess für fast jede für uns relevante Klasse zeitstetiger Prozesse dient. Den Abschluss des dritten Teils bilden in Kapitel 14 die Itô-Integrale, also spezielle stochastische Integrale mit der Brownschen Bewegung als Integrator.

In Teil IV, der mathematischen Statistik, behandeln wir in den Kapiteln 15 und 16 die Schätztheorie und die Testtheorie. Das Kapitel 17 stellt die Theorie linearer Modelle dar.

Anwendungen

Fast jedes Kapitel endet mit einem Abschnitt, der sich ganz einer Anwendung widmet. Im Gegensatz zu den übrigen Abschnitten haben wir bei der Darstellung der Anwendungen zum Teil auf Beweisführungen verzichtet. So hoffen wir, mit den Anwendungen aus verschiedenen Gebieten, z.B. der Nachrichtentechnik, der Finanzmathematik oder der Physik, zwei Ziele zu erreichen: Zum einen bieten sie eine Möglichkeit, den theoretischen Aufbau für einige Seiten zu unterbrechen und die Theorie in praktischen Anwendungen arbeiten zu sehen. Zum anderen wollen wir damit unterstreichen, wie wichtig die Stochastik nicht nur innerhalb der Mathematik, sondern auch für zahlreiche andere Wissenschaften ist.

Die Anhänge

In Teil V haben wir die Anhänge zusammengefasst. Unsere Erfahrung hat uns gezeigt, dass Existenzbeweise in gleichem Maße unbeliebt wie (für Mathematiker) unverzichtbar sind. Daher haben wir die zentralen Existenzaussagen in Anhang A dargestellt. So ist es möglich, die Existenzaussagen einfach zu akzeptieren und diesen Anhang zu ignorieren. Der Anhang B enthält eine kurze Zusammenstellung der benötigten Resultate aus der Funktionalanalysis, der Anhang C einige Wertetabellen.

Die am häufigsten verwendeten Resultate sind im Text IN KAPITÄLCHEN GEDRUCKT. Diese Ergebnisse werden so oft benötigt, dass sie sich mit der Zeit von selbst einprägen. Bis dahin haben wir sie zum schnellen Nachschlagen in Anhang D zusammengestellt.

Literaturhinweise

Wie in Lehrbüchern der Mathematik üblich, haben wir im Text fast vollständig auf Literaturhinweise und Quellennachweise verzichtet. Selbstverständlich haben wir jedoch von zahlreichen Autoren profitiert. Daher geben wir in Anhang E Literaturhinweise. Wir nennen zum einen diejenigen Quellen, an denen wir uns vorwiegend orientiert haben. Zum anderen geben wir Hinweise für eine ergänzende, begleitende oder vertiefende Lektüre. Dabei handelt es sich nur um eine kleine subjektive Auswahl aus der sehr großen Zahl von Veröffentlichungen auf dem Gebiet der Stochastik.

Danksagung

Herzlich bedanken möchten wir uns bei allen, die durch Anregungen, Korrekturen und Diskussionen sowie durch wiederholte detaillierte Durchsicht des Manuskripts erheblich zum Gelingen dieses Buches beigetragen haben. Unser Dank gilt insbesondere den Herren C. Bree, G. M. Meyer, D. Peithmann und R. Stamm. Sicher ist es uns nicht gelungen, alle Fehler zu erkennen und alle

Anregungen umzusetzen. Wir freuen uns daher über jeden Verbesserungsvorschlag und jeden Hinweis auf Corrigenda. Schließlich danken wir Herrn C. Heine und dem Springer-Verlag sehr herzlich für die stets reibungslose und sehr angenehme Zusammenarbeit.

München, im Mai 2004   *David Meintrup*
                                                        Stefan Schäffler

Inhaltsverzeichnis

Teil I

Maßtheorie

1

Grundlagen der Maßtheorie

Kenntnisse der Maßtheorie bilden eine unverzichtbare Grundlage für jede systematische Darstellung der Wahrscheinlichkeitstheorie, ebenso wie für andere mathematische Disziplinen. Darüber hinaus ist die Maßtheorie selbst ein interessantes Studienobjekt, zu dem es ein breites Angebot an Literatur gibt. Wir haben versucht, eine kurze, aber für unsere Zwecke dennoch vollständige Einführung in diejenigen Ideen und Resultate der Maßtheorie zu geben, die im weiteren Verlauf benötigt werden. Für eine ausführliche und exzellente Darstellung dieses Gebiets empfehlen wir das Buch von Elstrodt [Els02].

1.1 Das Maßproblem

Dieser erste Abschnitt dient nur der Motivation für die Entwicklung der Maßtheorie. Die systematische Darstellung beginnt mit dem nächsten Abschnitt.

Unsere Intuition

Die Begriffe Fläche und Volumen scheinen uns auf den ersten Blick vertraut. Jeder von uns hat eine intuitive, im Alltag bewährte Vorstellung davon, was man unter einer Fläche bzw. dem Volumen eines Körpers zu verstehen hat. Dies ging den Mathematikern Jahrhunderte lang nicht anders. Daher ist es nicht verwunderlich, dass eine präzise Formulierung erst verhältnismäßig spät, etwa zu Beginn des 20. Jahrhunderts, entstanden ist. Wichtige Beiträge kamen insbesondere von den Mathematikern Borel und Lebesgue, deren Namen wir daher an den entscheidenden Stellen der Maß- und Integrationstheorie wiederfinden werden. Was sind natürliche Forderungen, die wir an eine sinnvolle Verwendung des Begriffs Volumen stellen würden? Wir notieren diese:

(i) Einem 3-dimensionalen Gebilde wird eine nichtnegative Zahl zugeordnet, sein Volumen.

(ii) Zwei „kongruente", also ohne Verformung aufeinander passende Gebilde haben das gleiche Volumen.

(iii) Besteht ein Gebilde aus mehreren Einzelgebilden, so ist das Volumen des Gebildes gerade die Summe der Volumina der Einzelgebilde.

Formalisierung

Wir wollen diese intuitiven Forderungen formalisieren, d.h. mathematisch präzise beschreiben. Die Gebilde fassen wir als Teilmengen der $\mathbb{R}^3$ auf, die Potenzmenge bezeichnen wir mit $\mathcal{P}(\mathbb{R}^3) = \{A : A \subset \mathbb{R}^3\}$. Forderung (i) bedeutet, dass wir eine Funktion

$$\iota : \mathcal{P}(\mathbb{R}^3) \to [0, \infty],$$
$$A \mapsto \iota(A)$$

suchen, die einer Teilmenge A ihr Volumen $\iota(A)$ zuordnet. Um z.B. den Flächeninhalt einer Fläche gleich mit zu behandeln, betrachten wir das Problem in allen Dimensionen $n \in \mathbb{N}$:

$$\iota : \mathcal{P}(\mathbb{R}^n) \to [0, \infty],$$
$$A \mapsto \iota(A).$$

Um die zweite Forderung zu formalisieren, müssen wir den Begriff der Kongruenz definieren:

Definition 1.1 (Kongruenz). *Zwei Mengen $A, B \in \mathcal{P}(\mathbb{R}^n)$ heißen kongruent, falls es eine orthogonale Matrix $U \in \mathbb{R}^{n,n}$ und einen Vektor $v \in \mathbb{R}^n$ gibt, so dass mit*

$$U(A) + v := \{Ux + v : x \in A\}$$

gilt:

$$B = U(A) + v.$$

Die orthogonale Matrix U bewirkt dabei eine Drehung, der Vektor v eine Verschiebung der Menge A. Zusammen bewegen sie die Menge A durch den Raum $\mathbb{R}^n$, wie in Abbildung 1.1 veranschaulicht.

Mit dieser Definition können wir Forderung (ii) für die Funktion $\iota : \mathcal{P}(\mathbb{R}^n) \to [0, \infty]$ formulieren:

$$\iota(A) = \iota(B), \text{ falls } A \text{ und } B \text{ kongruent sind.}$$

Diese Eigenschaft heißt nahe liegender Weise Bewegungsinvarianz. Für die Formalisierung der dritten Forderung erinnern wir daran, dass zwei Teilmengen A und B disjunkt heißen, wenn $A \cap B = \emptyset$ gilt. Damit erhalten wir als weitere Forderung an unsere Funktion:

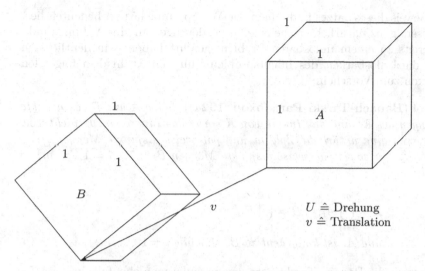

Abbildung 1.1. Kongruente Teilmengen A und B

$$\iota(A \cup B) = \iota(A) + \iota(B), \text{ falls } A \text{ und } B \text{ disjunkt sind.}$$

Formal genügt die Nullfunktion $\iota(A) = 0$ für alle $A \in \mathcal{P}(\mathbb{R}^n)$ all unseren Anforderungen. Um diese auszuschließen, fügen wir eine letzte Forderung hinzu: Das Einheitsintervall $[0,1]$ soll die Länge 1 haben, das Einheitsquadrat $[0,1]^2$ die Fläche 1, etc.:

$$\iota([0,1]^n) = 1.$$

Das Inhaltsproblem

Fassen wir das Ergebnis unserer Formalisierungen zusammen, so erhalten wir folgende Fragestellung, die als klassisches Inhaltsproblem bekannt ist:

Problem 1.2 (Inhaltsproblem). Gesucht ist eine „Inhaltsfunktion" ι : $\mathcal{P}(\mathbb{R}^n) \to [0,\infty]$ mit folgenden Eigenschaften:

(i) *Endliche Additivität*: Sind $A, B \in \mathcal{P}(\mathbb{R}^n)$ disjunkt, so ist $\iota(A \cup B) = \iota(A) + \iota(B)$.
(ii) *Bewegungsinvarianz*: Sind $A, B \in \mathcal{P}(\mathbb{R}^n)$ kongruent, so ist $\iota(A) = \iota(B)$.
(iii) *Normiertheit*: $\iota([0,1]^n) = 1$.

Die Frage nach der Lösbarkeit des Inhaltsproblems hat zu höchst merkwürdig erscheinenden Resultaten geführt. Die Antwort ist zunächst die folgende:

Satz 1.3. *Das Inhaltsproblem 1.2 ist für $n = 1$ und $n = 2$ lösbar, aber nicht eindeutig lösbar, und für $n \geq 3$ unlösbar.*

Einen Beweis dieses Satzes findet man bei [Wag85]. Im Klartext bedeutet dies, dass unsere ganz natürlich erscheinenden Forderungen an eine Volumenfunktion bereits zu einem unlösbaren Problem geführt haben. Am deutlichsten kommt die Unlösbarkeit des Inhaltsproblems für den $\mathbb{R}^3$ in dem folgenden Paradoxon zum Vorschein:

Satz 1.4 (Banach-Tarski-Paradoxon, 1924). *Seien A und B beschränkte Teilmengen des $\mathbb{R}^3$ und das Innere von A sowie das Innere von B nicht leer, so existieren eine natürliche Zahl m und paarweise disjunkte Mengen $A_i \subset \mathbb{R}^3, i = 1, \ldots, m$ sowie paarweise disjunkte Mengen $B_i \subset \mathbb{R}^3, i = 1, \ldots, m$, so dass gilt:*

$$A = \bigcup_{i=1}^{m} A_i, \quad B = \bigcup_{i=1}^{m} B_i,$$

und A_i ist kongruent zu B_i für alle $i = 1, \ldots, m$.

Einen Beweis des Banach-Tarski-Paradoxons findet man ebenfalls in [Wag85]. Diese Aussage verdient wahrlich die Bezeichnung Paradoxon, erscheint sie auf den ersten Blick doch völlig absurd. Es wird darin behauptet, man könne eine Kugel vom Radius 1 so in endlich viele Stücke zerlegen und diese wieder zusammen legen, dass dabei 1000 Kugeln vom Radius 1000 entstehen. Die einzelnen Teile sind jedoch nicht konstruktiv bestimmbar, man kann nur ihre Existenz aus dem Auswahlaxiom ableiten. Paradoxien dieser Art entstehen durch die Betrachtung von Mengen mit unendlich vielen Elementen. Eine vergleichbare Situation entsteht bei der Untersuchung von Mächtigkeiten. Die ganzen Zahlen $\mathbb{Z}$ und die natürlichen Zahlen $\mathbb{N}$ sind gleich mächtig, obwohl $\mathbb{N}$ eine echte Teilmenge von $\mathbb{Z}$ ist und die Differenz $\mathbb{Z} \setminus \mathbb{N}$ wiederum die Mächtigkeit von $\mathbb{Z}$ besitzt.

Das Maßproblem

Obwohl es zunächst sinnlos erscheint, da bereits das Inhaltsproblem nicht lösbar ist, wollen wir eine unserer Forderungen noch verschärfen. Es wird sich in der späteren Theorie herausstellen, dass diese Verschärfung nicht zu echten Einschränkungen führt, für den Aufbau einer starken Theorie jedoch unabdingbar ist. Wir bringen dazu den Gedanken der Approximation ins Spiel. Nehmen wir an, wir wollten den Flächeninhalt einer krummlinig begrenzten Fläche bestimmen. Eine Möglichkeit besteht darin, den Flächeninhalt durch disjunkte Rechtecke A_i zu approximieren, wie in Abbildung 1.2 dargestellt. Nehmen wir immer mehr Rechtecke, die immer feiner die gegebene Fläche abdecken, so sagt uns unsere Intuition, dass die Summe der Flächeninhalte der Rechtecke immer näher am gesuchten Flächeninhalt sein wird. Der Grenzwert der Partialsummen, mit anderen Worten die Reihe über die Flächeninhalte der Rechtecke, sollte genau den gesuchten Flächeninhalt ergeben. Um diesen Gedanken zu formalisieren, müssen wir die endliche Additivität erweitern zu

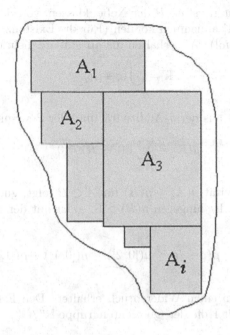

Abbildung 1.2. Approximation durch Rechtecke

einer abzählbaren Additivität, die als σ-Additivität bezeichnet wird. Ersetzen wir im Inhaltsproblem 1.2 die endliche Additivität durch die σ-Additivität, so gelangen wir zu folgender Fragestellung, die als Maßproblem bekannt ist:

Problem 1.5 (Maßproblem). Gesucht ist eine „Maßfunktion" $\mu : \mathcal{P}(\mathbb{R}^n) \to [0, \infty]$ mit folgenden Eigenschaften:

(i) *σ-Additivität*: Ist $A_i \in \mathcal{P}(\mathbb{R}^n), i \in \mathbb{N}$, eine Folge paarweise disjunkter Teilmengen, so ist:

$$\mu \left(\bigcup_{i=1}^{\infty} A_i \right) = \sum_{i=1}^{\infty} \mu(A_i).$$

(ii) *Bewegungsinvarianz*: Sind $A, B \in \mathcal{P}(\mathbb{R}^n)$ kongruent, so ist $\mu(A) = \mu(B)$.
(iii) *Normiertheit*: $\mu([0, 1]^n) = 1$.

Aus der Unlösbarkeit des Inhaltsproblems für $n \geq 3$ folgt dasselbe für das Maßproblem, es gilt sogar:

Satz 1.6. *Das Maßproblem 1.5 ist für alle $n \in \mathbb{N}$ unlösbar.*

Beweis. Wir beginnen mit dem eindimensionalen Fall $n = 1$ und führen einen Widerspruchsbeweis. Sei $\mu : \mathcal{P}(\mathbb{R}) \to [0, \infty]$ eine Funktion mit den Eigenschaften (i) - (iii) aus dem Maßproblem. Wir betrachten die Quotientengruppe $\mathbb{R}/\mathbb{Q}$

und ein Repräsentantensystem R der Nebenklassen, von dem wir ohne Einschränkung $R \subset [0,1]$ annehmen können (Für die Existenz von R benötigen wir das Auswahlaxiom!). Wir erhalten die abzählbare disjunkte Vereinigung

$$\mathbb{R} = \bigcup_{q \in \mathbb{Q}} (q + R).$$

Ist $\mu(R) = 0$, so folgt aus der σ-Additivität und der Bewegungsinvarianz:

$$\mu(\mathbb{R}) = \sum_{q \in \mathbb{Q}} \mu(q + R) = 0.$$

Da aus der σ-Additivität $\mu(A) \le \mu(B)$ für $A \subset B$ folgt, gilt $\mu([0,1]) = 0$ im Widerspruch zu (iii). Ist hingegen $\mu(R) > 0$, so ist mit der Translationsinvarianz von μ

$$\infty = \sum_{q \in \mathbb{Q} \cap [0,1]} \mu(q + R) \le \mu([0,2]) \le \mu([0,1]) + \mu([1,2]) = 2,$$

so dass wir wiederum einen Widerspruch erhalten. Den Fall $n > 1$ beweist man völlig analog mit Hilfe der Quotientengruppe $\mathbb{R}^n / \mathbb{Q}^n$.   □

Unsere naiven Ansätze, den Begriff des Volumens mathematisch zu formalisieren, sind also vorerst gescheitert. Welcher Ausweg bleibt uns, um unser Ziel, einen möglichst treffenden Volumenbegriff zu definieren, zu erreichen? Prinzipiell eröffnen sich drei Möglichkeiten:

(i) Es fällt auf, dass wir im Beweis der Unlösbarkeit des Maßproblems das Auswahlaxiom benötigt haben. In der Tat kann das Banach-Tarski-Paradoxon ohne Auswahlaxiom, nur mit den Axiomen der Zermelo-Fraenkel Mengenlehre, nicht bewiesen werden (siehe [Wag85]). Daher könnte man das Auswahlaxiom als Axiom der Mengenlehre ablehnen. Aber das Auswahlaxiom sowie die äquivalenten Aussagen des Wohlordnungssatzes und des Zornschen Lemmas besitzen in der Mathematik eine derart bedeutende Stellung, dass eine Ablehnung des Auswahlaxioms nicht in Frage kommt.

(ii) Wir könnten versuchen, Abstriche bei den Forderungen an unsere Volumenfunktion zu machen. Die Forderung der Bewegungsinvarianz und der Additivität sind jedoch so elementar für unsere Vorstellung eines Volumens, dass wir daran festhalten werden. Die Normiertheit dient lediglich dazu, die Nullfunktion, die wir nicht als Volumenfunktion zulassen wollen, auszuschließen. Schreibt man für den Einheitswürfel irgendein anderes Volumen $a > 0$ vor, bleiben die Probleme genauso unlösbar.

(iii) Als letzter Ausweg bleibt uns noch die Einschränkung des Definitionsbereichs. Bisher haben wir Funktionen betrachtet, die auf der ganzen Potenzmenge der gegebenen Grundmenge definiert waren. Wir wollten *jeder* Teilmenge des $\mathbb{R}^3$ ein Volumen zuordnen. Dieses Ziel war zu ehrgeizig. Wir könnten zunächst versuchen, nur bestimmten Teilmengen, die wir besonders gut beschreiben können, ein Maß zuzuordnen. Wir wissen auf Grund der Überlegungen in diesem Abschnitt, dass es uns nicht gelingen wird, ein Maß auf der ganzen Potenzmenge zu finden. Aber wir werden sehen, dass das Mengensystem, auf dem wir ein Maß erhalten, groß genug sein wird, um alle „anschaulichen" Mengen zu enthalten und um sowohl in der Maß- als auch in der Wahrscheinlichkeitstheorie vernünftig damit arbeiten zu können.

1.2 Mengensysteme

Wir haben bei der Schilderung des Maßproblems im vorherigen Abschnitt gesehen, dass wir uns zur Definition eines Volumenbegriffes auf bestimmte Teilmengen des $\mathbb{R}^3$ beschränken müssen. Dabei macht es für unsere Begriffsbildung keinen Unterschied, ob wir den $\mathbb{R}^3$, den $\mathbb{R}^n$ oder irgendeine andere Grundmenge betrachten. Daher bezeichnen wir mit

$$\Omega \text{ eine nichtleere Basismenge.}$$

Jede Teilmenge $\mathcal{F} \subset \mathcal{P}(\Omega)$ der Potenzmenge von Ω heißt Mengensystem über Ω. Mengensysteme unterscheidet man nach ihrem Verhalten bei elementaren Mengenoperationen. Ist z.B. ein Mengensystem $\mathcal{F} \subset \mathcal{P}(\Omega)$ durchschnittsstabil, d.h. gilt

$$A, B \in \mathcal{F} \Rightarrow A \cap B \in \mathcal{F},$$

so nennt man $\mathcal{F}$ ein π-System.

σ-Algebren

Das zentrale Mengensystem der Maßtheorie ist die σ-Algebra. Der griechische Buchstabe σ findet in der Maßtheorie immer dort Verwendung, wo eine Eigenschaft für abzählbar viele und nicht nur für endlich viele Elemente gilt:

Definition 1.7 (σ-Algebra). *Ein Mengensystem $\mathcal{F} \subset \mathcal{P}(\Omega)$ heißt σ-Algebra über Ω, falls die folgenden Bedingungen erfüllt sind:*

(S1) $\Omega \in \mathcal{F}$.

(S2)   *Aus $A \in \mathcal{F}$ folgt $A^c := \Omega \setminus A \in \mathcal{F}$.*

(S3)   *Aus $A_i \in \mathcal{F}$, $i \in \mathbb{N}$, folgt $\bigcup_{i=1}^{\infty} A_i \in \mathcal{F}$.*

Beispiel 1.8 (Kleinste und größte σ-Algebra). Zu jeder Grundmenge Ω gibt es eine kleinste σ-Algebra $\{\emptyset, \Omega\}$ und eine größte σ-Algebra $\mathcal{P}(\Omega)$, die Potenzmenge von Ω. $\Diamond$

Beispiel 1.9. Sei Ω eine überabzählbare Menge und $A \in \mathcal{F}$ genau dann, wenn A oder A^c abzählbar ist. Dann ist $\mathcal{F}$ eine σ-Algebra. $\Diamond$

Beispiel 1.10 (von A erzeugte σ-Algebra). Ist $A \subset \Omega$, so ist die Menge $\sigma(A) := \{\emptyset, A, A^c, \Omega\}$ eine σ-Algebra. Sie heißt die von A erzeugte σ-Algebra und ist die kleinste σ-Algebra, die A enthält. $\Diamond$

Erzeugung

Wir wollen das letzte Beispiel verallgemeinern. Ist $\mathcal{E} \subset \mathcal{P}(\Omega)$ gegeben, gibt es dann eine kleinste σ-Algebra, die $\mathcal{E}$ enthält? Bevor wir die Antwort geben, zeigen wir folgende Eigenschaft von σ-Algebren:

Satz 1.11. *Sei I eine beliebige nichtleere Menge und $\mathcal{F}_i$ für jedes $i \in I$ eine σ-Algebra über Ω, so ist auch*

$$\mathcal{F} := \bigcap_{i \in I} \mathcal{F}_i$$

eine σ-Algebra über Ω.

Beweis. Ist z.B. $A \in \mathcal{F}$, so gilt $A \in \mathcal{F}_i$ für alle $i \in I$, und da $\mathcal{F}_i$ für jedes $i \in I$ eine σ-Algebra ist, gilt auch $A^c \in \mathcal{F}_i$ für alle $i \in I$. Daraus folgt wiederum $A^c \in \mathcal{F}$, womit wir Eigenschaft (S2) nachgewiesen haben. Die Eigenschaften (S1) und (S3) folgen nach dem gleichen Schema. $\square$

Die Durchschnittsstabilität ermöglicht uns, von erzeugten σ-Algebren zu sprechen und obige Frage zu beantworten.

Definition 1.12 (Erzeugung, Erzeuger). *Sei $\mathcal{E} \subset \mathcal{P}(\Omega)$ ein Mengensystem und Σ die Menge aller σ-Algebren über Ω, die $\mathcal{E}$ enthalten. Dann wird die σ-Algebra*

$$\sigma(\mathcal{E}) := \bigcap_{\mathcal{F} \in \Sigma} \mathcal{F}$$

als die von $\mathcal{E}$ erzeugte σ-Algebra $\sigma(\mathcal{E})$ bezeichnet. Gilt umgekehrt für eine σ-Algebra $\mathcal{A}$

$$\sigma(\mathcal{E}) = \mathcal{A},$$

so heißt $\mathcal{E}$ Erzeuger von $\mathcal{A}$.

Ist $\mathcal{E}$ ein Erzeuger von $\mathcal{A}$ und $\mathcal{E} \subset \mathcal{E}' \subset \mathcal{A}$, so ist auch $\mathcal{E}'$ ein Erzeuger von $\mathcal{A}$. Insbesondere erzeugt sich jede σ-Algebra selbst.

Die Borelschen Mengen

Für unsere Zwecke ist das wichtigste Beispiel einer σ-Algebra die σ-Algebra der Borelschen Mengen über dem $\mathbb{R}^n$:

Definition 1.13 (Borelsche σ-Algebra). *Sei Ω ein topologischer Raum und $\mathcal{O}$ das System der offenen Teilmengen von Ω. Dann heißt*

$$\mathcal{B}(\Omega) := \sigma(\mathcal{O})$$

die Borelsche σ-Algebra über Ω, ihre Elemente $A \in \mathcal{B}(\Omega)$ heißen Borelsche Mengen. Für $\Omega = \mathbb{R}^n$ setzen wir $\mathcal{B}^n := \mathcal{B}(\mathbb{R}^n)$, im Fall $n = 1$ ist $\mathcal{B} := \mathcal{B}^1 = \mathcal{B}(\mathbb{R})$.

Es ist oft nützlich, weitere Erzeuger für die Borelsche σ-Algebra $\mathcal{B}^n$ über dem $\mathbb{R}^n$ zu kennen. Dazu führen wir für zwei Vektoren $a, b \in \mathbb{R}^n$, $a = (a_1, \ldots, a_n)$ und $b = (b_1, \ldots, b_n)$ die folgende Schreibweise für ein Intervall im $\mathbb{R}^n$ ein:

$$[a, b] := [a_1, b_1] \times \ldots \times [a_n, b_n] \subset \mathbb{R}^n.$$

Entsprechend sind $]a, b]$, $[a, b[$ und $]a, b[$ erklärt.

Satz 1.14. *Jedes der folgenden Mengensysteme ist ein Erzeuger der Borelschen σ-Algebra $\mathcal{B}^n$:*

$$\mathcal{O}^n := \{U \subset \mathbb{R}^n : U \text{ offen}\},$$
$$\mathcal{C}^n := \{A \subset \mathbb{R}^n : A \text{ abgeschlossen}\},$$
$$\mathcal{I}^n := \{]a, b] : a, b \in \mathbb{R}^n, \ a \leq b\},$$
$$\mathcal{I}^n_\infty := \{] - \infty, c] : c \in \mathbb{R}^n\},$$

wobei $] - \infty, c] :=] - \infty, c_1] \times \ldots \times] - \infty, c_n] \subset \mathbb{R}^n$ für $c = (c_1, \ldots, c_n) \in \mathbb{R}^n$ ist.

Beweis. Nach Definition gilt $\mathcal{B}^n = \sigma(\mathcal{O}^n)$. Da die abgeschlossenen Teilmengen des $\mathbb{R}^n$ gerade die Komplemente der offenen Teilmengen sind, folgt $\sigma(\mathcal{C}^n) = \sigma(\mathcal{O}^n) = \mathcal{B}^n$. Jedes halboffene Intervall $]a, b]$ lässt sich als abzählbarer Durchschnitt offener Intervalle darstellen:

$$]a, b] = \bigcap_{n=1}^{\infty} \left]a, b + \frac{1}{n}\right[\ \in \sigma(\mathcal{O}^n).$$

Daher ist $\mathcal{I}^n \subset \sigma(\mathcal{O}^n)$ und damit $\sigma(\mathcal{I}^n) \subset \mathcal{B}^n$. Umgekehrt gilt für jedes offene Intervall

$$]a, b[= \bigcup_{\substack{r, s \in \mathbb{Q} \\ a \leq r \leq s < b}}]r, s] \ \in \sigma(\mathcal{I}^n),$$

und jede offene Menge $U \in \mathcal{O}^n$ ist als abzählbare Vereinigung offener Intervalle darstellbar:

$$U = \bigcup_{\substack{a,b \in \mathbb{Q} \\ ]a,b[\subset U}}]a,b[\,.$$

Insgesamt folgt $\mathcal{O}^n \subset \sigma(\mathcal{I}^n)$, also $\mathcal{B}^n = \sigma(\mathcal{I}^n)$. Schließlich ist $\mathcal{I}^n_\infty \subset \mathcal{C}^n$, also $\sigma(\mathcal{I}^n_\infty) \subset \mathcal{B}^n$. Andererseits gilt für jedes $]a,b] \in \mathcal{I}^n$

$$]a,b] =]-\infty, b] \setminus \,]-\infty, a] \in \sigma(\mathcal{I}^n_\infty),$$

und damit $\mathcal{B}^n = \sigma(\mathcal{I}^n) \subset \sigma(\mathcal{I}^n_\infty)$. □

Produkt-σ-Algebra

Alternativ hätten wir $\mathcal{B}^n$ auch als n-faches Produkt der σ-Algebra $\mathcal{B}$ definieren können. Um dies zu zeigen, sei etwas allgemeiner für eine nichtleere Indexmenge I

$$\mathcal{F}_i \text{ eine } \sigma\text{-Algebra über } \Omega_i, \ i \in I.$$

Wir betrachten die Projektionen des kartesischen Produkts $\Omega := \prod_{i \in I} \Omega_i$:

$$p_j : \prod_{i \in I} \Omega_i \longrightarrow \Omega_j, \quad (\omega_i)_{i \in I} \mapsto \omega_j, \quad j \in I.$$

Die Urbilder

$$p_j^{-1}(A), \ A \in \mathcal{F}_j, \ j \in I, \text{ heißen Zylindermengen.}$$

Für endliches $I = \{1, \ldots, n\}$ haben die Zylindermengen die Darstellung

$$p_j^{-1}(A) = \Omega_1 \times \ldots \times \Omega_{j-1} \times A \times \Omega_{j+1} \times \ldots \times \Omega_n,$$

die ihren Namen erklärt. Sind die Ω_i, $i \in I$, topologische Räume, so ist die Produkttopologie auf Ω bekanntlich die gröbste Topologie auf Ω, für die alle Projektionen p_j, $j \in I$, stetig sind. Analog definiert man die Produkt-σ-Algebra:

Definition 1.15 (Produkt-σ-Algebra). *Sei $\mathcal{F}_i$ eine σ-Algebra über Ω_i, $i \in I \neq \emptyset$, und $p_j : \prod_{i \in I} \Omega_i \longrightarrow \Omega_j$ die Projektion auf die j-te Komponente, $j \in I$. Dann heißt*

$$\bigotimes_{i \in I} \mathcal{F}_i := \sigma(\{p_j^{-1}(A_j) : A_j \in \mathcal{F}_j, \ j \in I\})$$

Produkt-σ-Algebra über $\Omega := \prod_{i \in I} \Omega_i$. Ist $(\Omega, \mathcal{F}) = (\Omega_i, \mathcal{F}_i)$ für alle $i \in I$, so verwenden wir die Notation $\mathcal{F}^{\otimes I} := \bigotimes_{i \in I} \mathcal{F}_i$.

Die Produkt-σ-Algebra auf Ω wird also von den Zylindermengen erzeugt. Bezeichnen wir mit $\mathcal{O}$ die offenen Mengen in der Produkttopologie von Ω, so können wir alternativ die Borelsche σ-Algebra $\mathcal{B}(\Omega) = \sigma(\mathcal{O})$ über Ω betrachten. Das Verhältnis dieser beiden σ-Algebren über Ω beschreibt der folgende Satz. Wir erinnern daran, dass ein topologischer Raum Ω_i eine abzählbare Basis besitzt, wenn es eine abzählbare Menge $\mathcal{U}_i$ offener Teilmengen gibt, so dass jede offene Menge als abzählbare Vereinigung von Mengen aus $\mathcal{U}_i$ dargestellt werden kann.

Satz 1.16. *Sei $(\Omega, \mathcal{O})$ das topologische Produkt der topologischen Räume $(\Omega_i, \mathcal{O}_i)$, $i \in I$. Dann gilt:*

(i) $\displaystyle\bigotimes_{i \in I} \mathcal{B}(\Omega_i) \subset \mathcal{B}(\Omega)$.

(ii) *Ist $I = \mathbb{N}$ abzählbar und hat jedes Ω_i eine abzählbare Basis $\mathcal{U}_i$, $i \in \mathbb{N}$, dann gilt:*

$$\bigotimes_{i=1}^{\infty} \mathcal{B}(\Omega_i) = \mathcal{B}(\Omega).$$

Beweis. (i) Da die Projektionen $p_j : \Omega \longrightarrow \Omega_j$, $j \in I$, nach Definition der Produkttopologie stetig sind, gilt $p_j^{-1}(A_j) \in \mathcal{B}(\Omega)$ für alle offenen Mengen $A_j \in \mathcal{B}(\Omega_j)$, $j \in I$. Dann gilt aber sogar $p_j^{-1}(A_j) \in \mathcal{B}(\Omega)$ für alle $A_j \in \mathcal{B}(\Omega_j)$, $j \in I$. Diese Eigenschaft, die so genannte Messbarkeit der Projektionen p_j, werden wir in Kürze für alle stetigen Abbildungen zeigen, siehe Beispiel 1.25. Daraus folgt sofort $\bigotimes_{i \in I} \mathcal{B}(\Omega_i) \subset \mathcal{B}(\Omega)$.

(ii) Das Mengensystem

$$\mathcal{U} := \{p_{j_1}^{-1}(U_{j_1}) \cap \ldots \cap p_{j_n}^{-1}(U_{j_n}) : n \in \mathbb{N},\ U_{j_k} \in \mathcal{U}_{j_k},\ j_k \in I,\ k = 1, \ldots, n\}$$

bildet eine abzählbare Basis von Ω. Daher ist $\mathcal{U} \subset \bigotimes_{i=1}^{\infty} \mathcal{B}(\Omega_i)$ und jede offene Menge von Ω abzählbare Vereinigung von Mengen in $\mathcal{U}$. Insgesamt folgt $\mathcal{B}(\Omega) \subset \bigotimes_{i=1}^{\infty} \mathcal{B}(\Omega_i)$ und mit Teil (i) die Behauptung.

Da $\mathbb{R}$ eine abzählbare Basis besitzt (z.B. die Menge der offenen Intervalle mit rationalen Randpunkten), erhalten wir unmittelbar als Korollar:

Korollar 1.17. *Auf dem $\mathbb{R}^n$ stimmen die σ-Algebra $\mathcal{B}^n$ und die n-fache Produkt-σ-Algebra von $\mathcal{B}$ überein:*

$$\mathcal{B}^n = \bigotimes_{i=1}^{n} \mathcal{B}.$$

Borelschen Mengen auf $\bar{\mathbb{R}}$

In der Maßtheorie ist es hilfreich, den Wert „$+\infty$" als Funktionswert, z.B. für die Länge einer Halbgeraden, zuzulassen. Um dies zu ermöglichen, erweitern wir die reellen Zahlen $\mathbb{R}$ um die zwei Symbole „$+\infty$" und „$-\infty$": $\bar{\mathbb{R}} := \mathbb{R} \cup \{-\infty, +\infty\}$. „$+\infty$" und „$-\infty$" sind *keine* reellen Zahlen, es werden jedoch folgende Regeln vereinbart: Für alle $a \in \mathbb{R}$ gilt:

(i) $-\infty < a < +\infty$,

(ii) $a + (\pm\infty) = (\pm\infty) + a = (\pm\infty) + (\pm\infty) = \pm\infty$, $(\pm\infty) - (\mp\infty) = \pm\infty$,

(iii) $a \cdot (\pm\infty) = (\pm\infty) \cdot a = \begin{cases} \pm\infty, & \text{für } a > 0, \\ 0, & \text{für } a = 0, \\ \mp\infty, & \text{für } a < 0, \end{cases}$

(iv) $(\pm\infty) \cdot (\pm\infty) = +\infty$, $(\pm\infty) \cdot (\mp\infty) = -\infty$, $\frac{a}{\pm\infty} = 0$.

Die Terme

$$(\pm\infty) - (\pm\infty), \ (\pm\infty) + (\mp\infty), \ \frac{\pm\infty}{+\infty} \text{ und } \frac{\pm\infty}{-\infty} \text{ sind } \textit{nicht} \text{ definiert.}$$

Somit ist $\bar{\mathbb{R}}$ kein Körper. Die Bedeutung der Konvention

$$0 \cdot (\pm\infty) = (\pm\infty) \cdot 0 = 0$$

wird in der Integrationstheorie deutlich. Vorsicht ist allerdings bei den Grenzwertsätzen geboten:

$$\lim_{x \to +\infty} \left(x \cdot \frac{1}{x} \right) \neq (+\infty) \cdot 0 = 0.$$

Wir schreiben einfacher ∞ für $+\infty$. Die σ-Algebra $\bar{\mathcal{B}}$ über $\bar{\mathbb{R}}$ ist durch

$$\bar{\mathcal{B}} := \sigma(\mathcal{B} \cup \{\infty\} \cup \{-\infty\})$$

definiert. Alternativ erhalten wir aus dieser Definition die Darstellung

$$\bar{\mathcal{B}} = \{A \cup B : A \in \mathcal{B}, B \subset \{\infty, -\infty\}\}.$$

Die σ-Algebra $\bar{\mathcal{B}}$ heißt Borelsche σ-Algebra über $\bar{\mathbb{R}}$, ihre Elemente $A \in \bar{\mathcal{B}}$ heißen Borelsche Teilmengen von $\bar{\mathbb{R}}$. Da $\mathcal{I} = \{] - \infty, c] : c \in \mathbb{R}\}$ ein Erzeuger von $\mathcal{B}$ ist, folgt, dass

$$\bar{\mathcal{I}} := \{[-\infty, c] : c \in \mathbb{R}\} \text{ ein Erzeuger von } \bar{\mathcal{B}} \text{ ist.} \tag{1.1}$$

Das π-λ-Lemma

Ein Beweisprinzip in der Maßtheorie besteht darin, dass man eine Eigenschaft für ein Mengensystem $\mathcal{E}$ nachweisen kann (oder voraussetzt) und diese dann auf $\sigma(\mathcal{E})$ „hochzieht". Ein häufiges Hilfsmittel für solche Argumente ist das

folgende π-λ-Lemma. Wir erinnern daran, dass ein π-System ein durchschnittsstabiles Mengensystem ist. Ein λ-System haben wir noch nicht definiert:

Definition 1.18 (λ-System). *Ein Mengensystem $\mathcal{D} \subset \mathcal{P}(\Omega)$ heißt λ-System über Ω, falls die folgenden Bedingungen erfüllt sind:*

(L1) $\Omega \in \mathcal{D}$.

(L2)   *Aus $A, B \in \mathcal{D}$ und $A \subset B$ folgt $B \backslash A \in \mathcal{D}$.*

(L3)   *Aus $A_i \in \mathcal{D}$, $i \in \mathbb{N}$, $A_i \uparrow A$, folgt $A \in \mathcal{D}$.*

Zur Vorbereitung des nachfolgenden Theorems zeigen wir:

Lemma 1.19. *Ist $\mathcal{D}$ ein durchschnittsstabiles λ-System, so ist $\mathcal{D}$ eine σ-Algebra.*

Beweis. Die Stabilität gegenüber Komplementbildung folgt aus (L1) und (L2). Es bleibt die Abgeschlossenheit gegenüber abzählbaren Vereinigungen zu zeigen. Sind $A, B \in \mathcal{D}$, so auch $A \cup B = (A^c \cap B^c)^c \in \mathcal{D}$, da nach Voraussetzung $\mathcal{D}$ durchschnittsstabil ist. Ist $A_i \in \mathcal{D}, i \in \mathbb{N}$, so ist nach dem gerade gezeigten $B_n := \bigcup_{i=1}^{n} A_i \in \mathcal{D}$, und es gilt $B_n \uparrow \bigcup_{i=1}^{\infty} A_i$. Aus (L3) folgt, dass $\bigcup_{i=1}^{\infty} A_i \in \mathcal{D}$. $\qquad\square$

Theorem 1.20 (π-λ-Lemma). *Sei $\mathcal{E}$ ein π-System und $\mathcal{D}$ ein λ-System mit $\mathcal{E} \subset \mathcal{D}$. Dann gilt:*

$$\sigma(\mathcal{E}) \subset \mathcal{D}.$$

Beweis. Da der Durchschnitt von zwei λ-Systemen wieder ein λ-System ist, können wir ganz analog zu σ-Algebren auch von erzeugten λ-Systemen sprechen. Ohne Einschränkung der Allgemeinheit nehmen wir daher an, dass $\mathcal{D} = \lambda(\mathcal{E})$ gilt, wobei wir mit $\lambda(\mathcal{E})$ das von $\mathcal{E}$ erzeugte λ-System bezeichnen. Es genügt zu zeigen, dass $\mathcal{D}$ durchschnittsstabil ist. Dann ist $\mathcal{D}$ nach Lemma 1.19 eine σ-Algebra, die nach Voraussetzung $\mathcal{E}$ und somit auch $\sigma(\mathcal{E})$ enthält.

Um die Durchschnittsstabilität von $\mathcal{D}$ zu zeigen, gehen wir in zwei Schritten vor. Setzen wir

$$\mathcal{D}_1 := \{A \in \mathcal{D} : A \cap B \in \mathcal{D} \text{ für alle } B \in \mathcal{E}\},$$

so gilt, da $\mathcal{E}$ ein π-System ist, $\mathcal{E} \subset \mathcal{D}_1$. Da $\mathcal{D}$ schon ein λ-System ist, prüft man leicht nach, dass auch $\mathcal{D}_1$ ein λ-System ist. Damit gilt $\mathcal{D}_1 = \mathcal{D} = \lambda(\mathcal{E})$. Im zweiten Schritt setzen wir

$$\mathcal{D}_2 := \{A \in \mathcal{D} : A \cap B \in \mathcal{D} \text{ für alle } B \in \mathcal{D}\}.$$

Aus $\mathcal{D}_1 = \mathcal{D}$ folgt $\mathcal{E} \subset \mathcal{D}_2$. Da $\mathcal{D}_2$ wiederum ein λ-System ist, folgt diesmal $\mathcal{D}_2 = \mathcal{D}$ und damit die Behauptung. $\qquad\square$

Induzierte σ-Algebra und Spur-σ-Algebra

Ist $f : \Omega_1 \to \Omega_2$ eine Abbildung, so ist das Bild einer Menge $A \subset \Omega_1$

$$f(A) := \{f(\omega) \in \Omega_2 : \omega \in A\}$$

und das Urbild einer Menge $B \subset \Omega_2$

$$f^{-1}(B) := \{\omega \in \Omega_1 : f(\omega) \in B\}.$$

Die Urbildfunktion f^{-1} auf $\mathcal{P}(\Omega_2)$ ist operationstreu, d.h. für beliebige $B, B_i \subset \Omega_2, i \in I$, gilt:

$$f^{-1}\left(\bigcup_{i \in I} B_i\right) = \bigcup_{i \in I} f^{-1}(B_i), \tag{1.2}$$

$$f^{-1}\left(\bigcap_{i \in I} B_i\right) = \bigcap_{i \in I} f^{-1}(B_i), \tag{1.3}$$

$$f^{-1}(B^c) = (f^{-1}(B))^c. \tag{1.4}$$

Für ein Mengensystem $\mathcal{F} \subset \mathcal{P}(\Omega)$ schreiben wir kurz

$$f^{-1}(\mathcal{F}) := \{f^{-1}(B) : B \in \mathcal{F}\}.$$

Das Urbild erhält die Struktur einer σ-Algebra, und zwar in beide Richtungen:

Satz 1.21. *Sei $\mathcal{F}_1$ eine σ-Algebra über Ω_1 und $\mathcal{F}_2$ eine σ-Algebra über Ω_2. Ist $f : \Omega_1 \to \Omega_2$ eine Abbildung, so ist $f^{-1}(\mathcal{F}_2)$ eine σ-Algebra über Ω_1 und $\{B \subset \Omega_2 : f^{-1}(B) \in \mathcal{F}_1\}$ eine σ-Algebra über Ω_2.*

Beweis. Die nachzuweisenden Eigenschaften (S1) bis (S3) aus Definition 1.7 folgen unmittelbar aus der Operationstreue von f^{-1}. Ein Beispiel: Ist $A \in f^{-1}(\mathcal{F}_2)$, so ist $A = f^{-1}(B), B \in \mathcal{F}_2$. Daraus folgt $B^c \in \mathcal{F}_2$ und $A^c = (f^{-1}(B))^c = f^{-1}(B^c) \in f^{-1}(\mathcal{F}_2)$. □

Beispiel 1.22 (Spur-σ-Algebra). Ist $\mathcal{F}$ eine σ-Algebra über Ω und $A \subset \Omega$, so können wir obigen Satz auf die Inklusion $i : A \to \Omega, a \mapsto a$, anwenden. Die σ-Algebra $i^{-1}(\mathcal{F}) = \{A \cap B : B \in \mathcal{F}\}$ heißt Spur-σ-Algebra von A und wird mit $\mathcal{F}|A$ bezeichnet. ◇

1.3 Messbare Abbildungen

Messräume und Messbarkeit

Ist $\mathcal{F}$ eine σ-Algebra über Ω, so heißt das Tupel

$$(\Omega, \mathcal{F}) \text{ Messraum.}$$

Typische Messräume sind $(\Omega, \mathcal{P}(\Omega))$, $(\mathbb{R}^n, \mathcal{B}^n)$ oder $(\bar{\mathbb{R}}, \bar{\mathcal{B}})$. Wie sehen Abbildungen zwischen Messräumen aus? Wie in anderen Teilgebieten der Mathematik sollen die Abbildungen die gegebene Struktur erhalten. So betrachtet man z.B. in der Topologie stetige Abbildungen, bei denen definitionsgemäß das Urbild einer offenen Menge offen ist. Ganz analog geht man auch bei Messräumen vor:

Definition 1.23 (messbare Abbildung). *Seien $(\Omega_1, \mathcal{F}_1)$ und $(\Omega_2, \mathcal{F}_2)$ zwei Messräume. Eine Abbildung $f : \Omega_1 \to \Omega_2$ heißt $\mathcal{F}_1$-$\mathcal{F}_2$-messbar, falls*

$$f^{-1}(\mathcal{F}_2) \subset \mathcal{F}_1.$$

In der Regel verstehen sich bei einer messbaren Abbildung $f : \Omega_1 \longrightarrow \Omega_2$ die zugehörigen σ-Algebren von selbst, so dass wir einfach von messbaren Abbildungen statt z.B. von $\mathcal{F}_1$-$\mathcal{F}_2$-Messbarkeit sprechen. Insbesondere für reellwertige Funktionen $f : \Omega \to \mathbb{R}$ bzw. $g : \Omega \to \bar{\mathbb{R}}$ bezieht sich die Messbarkeit stets auf die Borelsche σ-Algebra $\mathcal{B}$ bzw. $\bar{\mathcal{B}}$. Der folgende Satz zeigt, dass es zur Überprüfung der Messbarkeit genügt, sich auf ein Erzeugendensystem zu beschränken.

Satz 1.24. *Seien $(\Omega_1, \mathcal{F}_1)$ und $(\Omega_2, \mathcal{F}_2)$ zwei Messräume, wobei $\mathcal{F}_2 = \sigma(\mathcal{E})$ von einem Mengensystem $\mathcal{E}$ erzeugt ist. Die Abbildung $f : \Omega_1 \to \Omega_2$ ist genau dann $\mathcal{F}_1$-$\mathcal{F}_2$-messbar, wenn*

$$f^{-1}(\mathcal{E}) \subset \mathcal{F}_1.$$

Beweis. Aus Satz 1.21 wissen wir, dass

$$\{B \subset \Omega_2 : f^{-1}(B) \in \mathcal{F}_1\}$$

eine σ-Algebra ist. Nach Voraussetzung enthält sie $\mathcal{E}$ und damit auch $\mathcal{F}_2 = \sigma(\mathcal{E})$. □

Ist $(\Omega, \mathcal{F})$ ein Messraum, so ist z.B. eine Abbildung $f : \Omega \to \mathbb{R}$ genau dann messbar, wenn $f^{-1}(]-\infty, c]) = \{\omega \in \Omega : f(\omega) \le c\} \in \mathcal{F}$ für alle $c \in \mathbb{R}$, denn nach Satz 1.14 bilden diese Intervalle ein Erzeugendensystem von $\mathcal{B}$. Weitere Beispiele sind:

Beispiel 1.25 (Stetige Abbildungen). Ist $f : \Omega_1 \to \Omega_2$ eine stetige Abbildung zwischen topologischen Räumen, so ist f $(\mathcal{B}(\Omega_1)$-$\mathcal{B}(\Omega_2)$-$)$messbar. Denn nach Definition der Stetigkeit sind Urbilder offener Mengen offen, und die offenen Mengen sind ein Erzeuger der Borelschen σ-Algebra $\mathcal{B}(\Omega_2)$. ◊

Beispiel 1.26 (Indikatorfunktion). Die Indikatorfunktion einer Teilmenge $A \subset \Omega$ ist definiert als

$$I_A : \; \Omega \to \mathbb{R}, \quad \omega \mapsto I_A(\omega) := \begin{cases} 1 & \text{für } \omega \in A, \\ 0 & \text{sonst.} \end{cases}$$

Sie zeigt an, ob ω Element der Menge A ist oder nicht. Alle möglichen Urbilder von I_A sind $\emptyset, A, A^c, \Omega$. Diese sind genau dann in $\mathcal{F}$ enthalten, wenn $A \in \mathcal{F}$ gilt. Also ist die Indikatorfunktion I_A genau dann messbar, wenn $A \in \mathcal{F}$. Deshalb spricht man auch von einer messbaren Menge A, wenn $A \in \mathcal{F}$ ist. $\Diamond$

Die Abgeschlossenheit der Messbarkeit

Elementare Operationen, z.B. die Addition zweier messbarer Funktionen, sollen uns nicht aus der Klasse der messbaren Funktionen herausführen. Am einfachsten folgt dies für die Komposition:

Satz 1.27. *Sind $(\Omega_1, \mathcal{F}_1)$, $(\Omega_2, \mathcal{F}_2)$ und $(\Omega_3, \mathcal{F}_3)$ Messräume und $f : \Omega_1 \to \Omega_2$ sowie $g : \Omega_2 \to \Omega_3$ messbar, so auch $g \circ f : \Omega_1 \to \Omega_3$.*

Beweis. Nach Voraussetzung ist $f^{-1}(\mathcal{F}_2) \subset \mathcal{F}_1$ und $g^{-1}(\mathcal{F}_3) \subset \mathcal{F}_2$, damit folgt $(g \circ f)^{-1}(\mathcal{F}_3) = f^{-1}(g^{-1}(\mathcal{F}_3)) \subset \mathcal{F}_1$. $\square$

Genau wie bei der Stetigkeit (und im Prinzip aus dem gleichen Grund) folgt die Messbarkeit einer Funktion in den $\mathbb{R}^n$ aus der Messbarkeit ihrer Koordinatenfunktionen:

Satz 1.28. *Sei $(\Omega, \mathcal{F})$ ein Messraum und $f = (f_1, \ldots, f_n) : \Omega \to \mathbb{R}^n$. Dann ist f genau dann $\mathcal{F}$-$\mathcal{B}^n$-messbar, wenn*

$$f_i : \Omega \to \mathbb{R}, \quad i = 1, \ldots, n, \quad \mathcal{F}\text{-}\mathcal{B}\text{-messbar sind.}$$

Beweis. Wir bezeichnen mit $p_i : \mathbb{R}^n \to \mathbb{R}$, $i = 1, \ldots, n$, die Projektion auf die i-te Komponente. Diese sind nach Definition der Produkt-σ-Algebra (und Korollar 1.17) $\mathcal{B}^n$-$\mathcal{B}$-messbar. Ist f messbar, so folgt nach Satz 1.27, dass $f_i = p_i \circ f$, $i = 1, \ldots, n$, messbar ist. Für die Umkehrung sei $Z = p_i^{-1}(A)$, $A \in \mathcal{B}$, eine Zylindermenge. Da die Zylindermengen $\mathcal{B}^n$ erzeugen, genügt es nach Satz 1.24, $f^{-1}(Z) \in \mathcal{F}$ nachzuweisen. Nun gilt aber auf Grund der Messbarkeit der f_i:
$$f^{-1}(Z) = f^{-1}(p_i^{-1}(A)) = (p_i \circ f)^{-1}(A) = f_i^{-1}(A) \in \mathcal{F}.$$

$\square$

Mit den letzten beiden Sätzen können wir die Messbarkeit der elementaren arithmetischen Operationen zeigen:

Satz 1.29. *Es seien $(\Omega, \mathcal{F})$ ein Messraum, $f, g : \Omega \to \mathbb{R}$ messbare Funktionen und $\alpha, \beta \in \mathbb{R}$. Dann gilt:*

(i) *$\alpha f + \beta g$ ist messbar.*
(ii) *$f \cdot g$ ist messbar.*
(iii) *$\frac{f}{g}$ ist messbar, falls $g(\omega) \neq 0$ für alle $\omega \in \Omega$.*

Beweis. Aus der Messbarkeit von f und g folgt nach Satz 1.28 die Messbarkeit von

$$\Psi : \Omega \to \mathbb{R}^2,$$
$$\omega \mapsto (f(\omega), g(\omega)).$$

Definieren wir

$$\Phi : \mathbb{R}^2 \to \mathbb{R},$$
$$(x, y) \mapsto \alpha x + \beta y,$$

so ist Φ stetig und damit messbar. Daraus folgt mit Satz 1.27 die Messbarkeit von $\Phi \circ \Psi = \alpha f + \beta g$. Die übrigen Aussagen ergeben sich analog mit den Funktionen $\Phi(x, y) = xy$ bzw. $\Phi(x, y) = \frac{x}{y}$ auf $\mathbb{R} \times (\mathbb{R} \setminus \{0\})$. $\qquad\square$

Zur Unterscheidung von reellwertigen Funktionen heißt eine Funktion mit Wertebereich $\bar{\mathbb{R}}$

$$f : \Omega \to \bar{\mathbb{R}} \text{ numerische Funktion.}$$

Ist $(\Omega, \mathcal{F})$ ein Messraum, so heißt eine numerische Funktion messbar, falls sie $\mathcal{F}$-$\bar{\mathcal{B}}$-messbar ist. Dies ist genau dann der Fall, wenn

$$\{\omega \in \Omega : f(\omega) \leq c\} \in \mathcal{F} \text{ für alle } c \in \mathbb{R},$$

da $\bar{\mathcal{I}} = \{[-\infty, c] : c \in \mathbb{R}\}$ ein Erzeuger von $\bar{\mathcal{B}}$ ist, vgl. (1.1). Mengen der Gestalt $\{\omega \in \Omega : f(\omega) \leq c\}$ werden in Zukunft sehr oft vorkommen. Wir verwenden daher die intuitive Schreibweise

$$\{f \leq c\} := \{\omega \in \Omega : f(\omega) \leq c\},$$
$$\{f = c\} := \{\omega \in \Omega : f(\omega) = c\},$$
$$\{f > c\} := \{\omega \in \Omega : f(\omega) > c\} \quad \text{etc.}$$

Satz 1.30. *Sei $(\Omega, \mathcal{F})$ ein Messraum und $(f_n)_{n \in \mathbb{N}}$ eine Folge messbarer, numerischer Funktionen $f_n : \Omega \to \bar{\mathbb{R}}$, $n \in \mathbb{N}$. Dann sind*

$$\sup_{n \in \mathbb{N}} f_n, \ \inf_{n \in \mathbb{N}} f_n, \ \limsup_{n \in \mathbb{N}} f_n \ und \ \liminf_{n \in \mathbb{N}} f_n \ messbar.$$

Beweis. Die Funktion $\sup_{n \in \mathbb{N}} f_n$ ist messbar, da für jedes $c \in \mathbb{R}$ gilt:

$$\left\{ \sup_{n \in \mathbb{N}} f_n \leq c \right\} = \bigcap_{n=1}^{\infty} \{f_n \leq c\} \in \mathcal{F}.$$

Die Messbarkeit von $\inf_n f_n$ folgt nun unmittelbar aus der Gleichung $\inf_n f_n = -\sup_n(-f_n)$. Damit ergibt sich die Messbarkeit der übrigen beiden Funktionen aus der Darstellung:

$$\limsup_{n \in \mathbb{N}} f_n = \inf_{n \geq 1} \left(\sup_{k \geq n} f_k \right), \quad \liminf_{n \in \mathbb{N}} f_n = \sup_{n \geq 1} \left(\inf_{k \geq n} f_k \right).$$

$\qquad\square$

Für jede numerische Funktion $f : \Omega \to \bar{\mathbb{R}}$ sind der

$$\text{Positivteil } f^+ := f \vee 0$$

und der

$$\text{Negativteil } f^- := (-f) \vee 0 \quad (\geq 0)$$

erklärt. Aus der Definition folgt sofort:

$$f = f^+ - f^- \text{ und } |f| = f^+ + f^-.$$

Satz 1.31. *Ist $(\Omega, \mathcal{F})$ ein Messraum und $f : \Omega \to \bar{\mathbb{R}}$ eine messbare numerische Funktion, so sind auch $|f|, f^+$ und f^- messbar.*

Beweis. Betrachten wir die Funktionenfolge $(f_n) = (0, f, f, f, \ldots)$, so ist nach Satz 1.30 die Funktion $\sup_n f_n = 0 \vee f = f^+$ und analog mit der Folge $(0, -f, -f, -f, \ldots)$ auch f^- messbar. Nach Satz 1.29 ist damit auch $|f| = f^+ + f^-$ messbar. $\qquad\qquad\square$

1.4 Maße

Maße und Maßräume

In diesem Abschnitt betrachten wir spezielle Funktionen auf Mengensystemen.

Definition 1.32 ((σ-endliches) Maß). *Sei $(\Omega, \mathcal{F})$ ein Messraum. Eine Funktion $\mu : \mathcal{F} \to \bar{\mathbb{R}}$ heißt Maß auf $\mathcal{F}$, falls die folgenden Bedingungen erfüllt sind:*
(M1) $\mu(\emptyset) = 0$,
(M2) $\mu(A) \geq 0$ *für alle* $A \in \mathcal{F}$,
(M3) *für jede Folge $(A_n)_{n \in \mathbb{N}}$ disjunkter Mengen aus $\mathcal{F}$ gilt:*

$$\mu\left(\bigcup_{n=1}^{\infty} A_n\right) = \sum_{n=1}^{\infty} \mu(A_n) \quad (\sigma\text{-Additivität}).$$

Gibt es eine Folge (A_n) von Mengen aus $\mathcal{F}$ mit $\bigcup_{n=1}^{\infty} A_n = \Omega$ und $\mu(A_n) < \infty$ für alle $n \in \mathbb{N}$, so heißt μ σ-endlich.

Ist $(\Omega, \mathcal{F})$ ein Messraum und $\mu : \mathcal{F} \to \bar{\mathbb{R}}$ ein Maß, so heißt das Tripel

$$(\Omega, \mathcal{F}, \mu) \text{ Maßraum.}$$

Beispiel 1.33 (Dirac-Maß). Das einfachste Maß auf einer σ-Algebra $\mathcal{F}$ über Ω ist für ein fest gewähltes $\omega \in \Omega$ gegeben durch

$$\delta_\omega : \mathcal{F} \to \mathbb{R},$$

$$A \mapsto \delta_\omega(A) := I_A(\omega) = \begin{cases} 1 & \text{für } \omega \in A, \\ 0 & \text{für } \omega \notin A. \end{cases}$$

$\Diamond$

Beispiel 1.34 (Zählmaß). Ist A eine Menge, so bezeichnen wir mit $|A|$ die Mächtigkeit von A, für endliches A ist $|A|$ demnach die Anzahl der Elemente. Damit können wir auf einer σ-Algebra $\mathcal{F}$ über Ω folgende Funktion definieren:

$$\mu_Z : \mathcal{F} \to \bar{\mathbb{R}},$$

$$A \mapsto \begin{cases} |A|, & \text{falls } A \text{ endlich}, \\ \infty & \text{sonst.} \end{cases}$$

Dadurch wird $(\Omega, \mathcal{F}, \mu_Z)$ ein Maßraum. μ_Z heißt Zählmaß. $\Diamond$

Beispiel 1.35. Ist Ω überabzählbar und $A \in \mathcal{F}$ genau dann, wenn A oder A^c abzählbar ist (vgl. Beispiel 1.9), so definieren wir:

$$\mu : \mathcal{F} \to \bar{\mathbb{R}},$$

$$A \mapsto \begin{cases} 0, & \text{falls } A \text{ abzählbar}, \\ 1 & \text{sonst.} \end{cases}$$

Dann ist μ ein Maß und $(\Omega, \mathcal{F}, \mu)$ ein Maßraum. $\Diamond$

Elementare Eigenschaften von Maßen

Aus der Eigenschaft (M3) eines Maßes, der so genannten σ-Additivität, ergeben sich unmittelbar weitere Eigenschaften, die wir in einem Satz zusammenfassen:

Satz 1.36. *Sei $(\Omega, \mathcal{F}, \mu)$ ein Maßraum und $A, B, A_n \in \mathcal{F}$, $n \in \mathbb{N}$. Dann gilt:*

(i) endliche Additivität: *Sind A und B disjunkt, so gilt:*

$$\mu(A \cup B) = \mu(A) + \mu(B).$$

(ii) Subtraktivität: *Ist $A \subset B$ und $\mu(A) < \infty$, so gilt:* $\mu(B\backslash A) = \mu(B) - \mu(A)$.

(iii) Monotonie: *Ist $A \subset B$, so gilt:* $\mu(A) \leq \mu(B)$.

(iv) Sub-σ-Additivität:

$$\mu\left(\bigcup_{n=1}^\infty A_n\right) \leq \sum_{n=1}^\infty \mu(A_n).$$

Beweis. Betrachtet man die Folge $A, B, \emptyset, \emptyset, \ldots$, so folgt aus der σ-Additivität die endliche Additivität. Ist $A \subset B$, so ist $A \cup (B \setminus A) = B$ eine disjunkte Vereinigung und aus der Additivität sowie der Nichtnegativität von μ folgt

$$\mu(B) = \mu(A) + \mu(B \setminus A) \geq \mu(A),$$

womit die Monotonie und für den Fall $\mu(A) < \infty$ die Subtraktivität gezeigt ist. Schließlich ist

$$\bigcup_{n=1}^{\infty} A_n = \bigcup_{n=1}^{\infty} \left(A_n \setminus \bigcup_{k=1}^{n-1} A_k \right),$$

wobei auf der rechten Seite eine disjunkte Vereinigung steht. Daher gilt wegen σ-Additivität und Monotonie

$$\mu\left(\bigcup_{n=1}^{\infty} A_n \right) = \sum_{n=1}^{\infty} \mu\left(A_n \setminus \bigcup_{k=1}^{n-1} A_k \right) \leq \sum_{n=1}^{\infty} \mu(A_n).$$

$\square$

Folgende Form der Stetigkeit gilt für jedes Maß:

Satz 1.37. *Sei $(\Omega, \mathcal{F}, \mu)$ ein Maßraum und $A, A_n \in \mathcal{F}$, $n \in \mathbb{N}$. Dann gilt:*

(i) *Stetigkeit von unten: Aus $A_n \uparrow A$ folgt $\mu(A_n) \uparrow \mu(A)$.*
(ii) *Stetigkeit von oben: Aus $A_n \downarrow A$ und $\mu(A_1) < \infty$ folgt $\mu(A_n) \downarrow \mu(A)$.*

Beweis. Wir setzen $A_0 := \emptyset$. Aus $A_n \uparrow A$ folgt, dass $A = \bigcup_{n=1}^{\infty} A_n \setminus A_{n-1}$ eine disjunkte Vereinigung ist. Daher gilt:

$$\mu(A) = \sum_{k=1}^{\infty} \mu(A_k \setminus A_{k-1})$$

$$= \lim_{n \to \infty} \mu\left(\bigcup_{k=1}^{n} A_k \setminus A_{k-1} \right) = \lim_{n \to \infty} \mu(A_n).$$

Damit ist die Stetigkeit von unten gezeigt. Für die Stetigkeit von oben bemerken wir zunächst, dass aus $A \subset A_n \subset A_1$ auch $\mu(A) < \infty$ und $\mu(A_n) < \infty$ für alle $n \in \mathbb{N}$ folgt. Aus $A_n \downarrow A$ erhalten wir $A_1 \setminus A_n \uparrow A_1 \setminus A$, so dass aus der Stetigkeit von unten und der Subtraktivität folgt:

$$\mu(A_1) - \mu(A_n) = \mu(A_1 \setminus A_n) \uparrow \mu(A_1 \setminus A) = \mu(A_1) - \mu(A),$$

woraus sich

$$\mu(A_n) \downarrow \mu(A)$$

ergibt.

$\square$

Eindeutigkeit von Maßen

Ein endliches Maß, das wir auf einem durchschnittsstabilen Erzeuger angeben, ist dadurch schon eindeutig festgelegt. Der Beweis dieses oft nützlichen Resultats ist eine klassische Anwendung des π-λ-Lemmas 1.20. Wir zeigen eine etwas allgemeinere Aussage für σ-endliche Maße.

Theorem 1.38 (Maßeindeutigkeitssatz). *Es seien μ und ν zwei Maße auf einem Messraum $(\Omega, \mathcal{F})$ und $\mathcal{E}$ ein durchschnittsstabiler Erzeuger von $\mathcal{F}$ mit folgenden Eigenschaften:*

(i) $\mu(E) = \nu(E)$ für alle $E \in \mathcal{E}$.
(ii) Es gibt eine Folge $(E_n)_{n \in \mathbb{N}}$ disjunkter Mengen aus $\mathcal{E}$ mit

$$\mu(E_n) = \nu(E_n) < \infty \quad und \quad \bigcup_{n=1}^{\infty} E_n = \Omega.$$

Dann folgt $\mu = \nu$.

Beweis. Wir betrachten zu jedem E_n, $n \in \mathbb{N}$, das Mengensystem

$$\mathcal{D}(E_n) := \{A \subset \mathcal{F} : \mu(A \cap E_n) = \nu(A \cap E_n)\}.$$

Da μ und ν Maße sind und $\mu(E_n) = \nu(E_n) < \infty$, ist $\mathcal{D}(E_n)$ ein λ-System mit $\mathcal{E} \subset \mathcal{D}(E_n)$. Da $\mathcal{E}$ durchschnittsstabil ist, folgt nach dem π-λ-Lemma 1.20

$$\mathcal{F} = \sigma(\mathcal{E}) \subset \mathcal{D}(E_n) \text{ für alle } n \in \mathbb{N},$$

d.h.

$$\mu(A \cap E_n) = \nu(A \cap E_n) \text{ für alle } A \in \mathcal{F}, n \in \mathbb{N}.$$

Nun ist $A = \bigcup_{i=1}^{\infty} (A \cap E_i)$ für jedes $A \in \mathcal{F}$ eine disjunkte Zerlegung von A, so dass aus der σ-Additivität von μ und ν die Behauptung folgt.   □

Wir werden dieses Theorem typischerweise auf endliche Maße μ und ν, also $\mu(\Omega) = \nu(\Omega) < \infty$ anwenden. Dann folgt nach obigem Theorem $\mu = \nu$ bereits, wenn μ und ν auf einem durchschnittsstabilen Erzeuger übereinstimmen.

Vervollständigung

Ist $(\Omega, \mathcal{F}, \mu)$ ein Maßraum und $A \in \mathcal{F}$ mit

$$\mu(A) = 0, \text{ so heißt } A \ (\mu\text{-})\text{Nullmenge}.$$

Es ist nahe liegend, einer Teilmenge $B \subset A$ einer μ-Nullmenge ebenfalls das Maß 0 zuzuordnen. Allerdings muss man vorher sicherstellen, dass auch B zu $\mathcal{F}$ gehört:

Definition 1.39 (vollständiges Maß, Vervollständigung). *Es sei* $(\Omega, \mathcal{F}, \mu)$ *ein Maßraum. Ein Maß* μ *heißt vollständig, wenn gilt:*

Ist $A \in \mathcal{F}, \mu(A) = 0$ *und* $B \subset A$, *so folgt* $B \in \mathcal{F}$.

Die σ-*Algebra* $\mathcal{F}_0 := \{A \cup N : A \in \mathcal{F}, N \text{ Teilmenge einer } \mu\text{-Nullmenge}\}$ *heißt Vervollständigung von* $\mathcal{F}$.

Man überlegt sich leicht die Wohldefiniertheit und Eindeutigkeit der Fortsetzung des Maßes μ auf die Vervollständigung $\mathcal{F}_0$, die gegeben ist durch

$$\mu_0(A \cup N) := \mu(A), \quad A \cup N \in \mathcal{F}_0.$$

So entsteht ein neuer Maßraum $(\Omega, \mathcal{F}_0, \mu_0)$ mit einem vollständigen Maß μ_0.

Das Lebesgue-Maß

Wir haben bei der Formulierung des Maßproblems 1.5 gefordert, dass dem Einheitswürfel das Maß 1, also sein Volumen, zugeordnet wird. Allgemeiner wird man einem n-dimensionalen Intervall $]a, b] =]a_1, b_1] \times \ldots \times]a_n, b_n] \subset \mathbb{R}^n$ das Volumen

$$\prod_{i=1}^{n}(b_i - a_i)$$

zuordnen. Das so genannte Lebesgue-Maß, dessen Existenz als eines der Hauptresultate der klassischen Maßtheorie angesehen werden kann, erfüllt diese Anforderung.

Theorem 1.40 (Existenz und Eindeutigkeit des Lebesgue-Maßes). *In jeder Dimension* $n \in \mathbb{N}$ *gibt es genau ein Maß*

$$\lambda^n : \mathcal{B}^n \to [0, \infty],$$

so dass für jedes n-*dimensionale Intervall* $]a, b] =]a_1, b_1] \times \ldots \times]a_n, b_n] \subset \mathbb{R}^n$ *gilt:*

$$\lambda^n(]a, b]) = \prod_{i=1}^{n}(b_i - a_i).$$

λ^n *heißt (n-dimensionales) Lebesgue-Maß. Weiterhin gibt es zu jeder rechtsseitig stetigen, monoton wachsenden Funktion* $F : \mathbb{R} \to \mathbb{R}$ *genau ein Maß* $\lambda_F : \mathcal{B} \to \bar{\mathbb{R}}$, *so dass für alle* $]a, b] \subset \mathbb{R}$ *gilt:*

$$\lambda_F(]a, b]) = F(b) - F(a).$$

λ_F *heißt Lebesgue-Stieltjes-Maß von* F.

Beweis. Den umfangreichen Beweis dieses Satzes führen wir in Anhang A, Abschnitt A.1. □

Für das Lebesgue-Maß auf $\mathbb{R}$ schreiben wir $\lambda := \lambda^1$. Ist $x \in \mathbb{R}$ ein Punkt, so gilt mit der Stetigkeit von oben $\lambda(\{x\}) = \lim_{n \to \infty} \lambda(]x - \frac{1}{n}, x]) = \lim_{n \to \infty} \frac{1}{n} = 0$. Auf Grund der σ-Additivität folgt damit:

$$\lambda(A) = 0 \text{ für jede abzählbare Teilmenge } A \subset \mathbb{R}, \text{ z.B. } \lambda(\mathbb{Q}) = 0. \qquad (1.5)$$

Das Lebesgue-Maß ist kein endliches Maß, denn aus der Monotonie folgt $\lambda(\mathbb{R}) \geq \lambda(]0,n]) = n$ für alle $n \in \mathbb{N}$, und damit

$$\lambda(\mathbb{R}) = \infty. \qquad (1.6)$$

Das Lebesgue-Maß λ erfüllt eine weitere Forderung aus dem Maßproblem 1.5, die Bewegungsinvarianz:

Satz 1.41. *Das Lebesgue-Maß λ^n auf $(\mathbb{R}^n, \mathcal{B}^n)$ ist bewegungsinvariant:*

$$\lambda^n(A) = \lambda^n(B), \text{ falls } A, B \in \mathcal{B}^n, A, B \text{ kongruent.}$$

Beweis. Siehe Anhang A, Satz A.10. □

Zusammenfassend können wir sagen, dass das Lebesgue-Maß „fast" die Lösung des Maßproblems 1.5 ist. Wir müssen nur den kleineren Definitionsbereich $\mathcal{B}^n$ statt der ganzen Potenzmenge $\mathcal{P}(\mathbb{R}^n)$ in Kauf nehmen. Diese Einschränkung ist jedoch nicht tragisch, da die Borel-Mengen alle für die Praxis relevanten Teilmengen enthalten.

Das Bildmaß

Abschließend stellen wir eine Möglichkeit vor, aus einem Maß mittels einer messbaren Abbildung ein neues Maß zu gewinnen. Dazu betrachten wir einen Maßraum $(\Omega_1, \mathcal{F}_1, \mu)$ sowie einen Messraum $(\Omega_2, \mathcal{F}_2)$ und eine messbare Abbildung $f : \Omega_1 \to \Omega_2$. Ist $B \in \mathcal{F}_2$, so ist nach Definition der Messbarkeit $f^{-1}(B) \in \mathcal{F}_1$, und wir können

$$\mu(f^{-1}(B))$$

bestimmen. Führen wir dies für jedes $B \in \mathcal{F}_2$ durch, erhalten wir ein Maß auf Ω_2:

Definition 1.42 (Bildmaß). *Ist $(\Omega_1, \mathcal{F}_1, \mu)$ ein Maßraum, $(\Omega_2, \mathcal{F}_2)$ ein Messraum und $f : \Omega_1 \to \Omega_2$ messbar, so heißt*

$$\mu_f : \mathcal{F}_2 \to [0, \infty],$$
$$B \mapsto \mu_f(B) := \mu(f^{-1}(B))$$

Bildmaß μ_f von μ unter f.

Aus der Operationstreue der Urbildfunktion folgt unmittelbar, dass das Bildmaß tatsächlich ein Maß ist. Entscheidend ist die Messbarkeit der Abbildung f, die sicherstellt, dass die Urbilder in der σ-Algebra $\mathcal{F}_1$ liegen. Durch eine messbare Abbildung kann folglich ein Maß vom Definitionsbereich auf den Wertebereich transportiert werden.

Beispiel 1.43. Betrachten wir $(\mathbb{R}, \mathcal{B}, \lambda)$ und $(\mathbb{R}, \mathcal{B})$, so erhalten wir durch die stetige und daher messbare Abbildung

$$f : \mathbb{R} \to \mathbb{R},$$
$$x \mapsto x + a,$$

ein Bildmaß λ_f auf $\mathbb{R}$. Für eine Menge $A \in \mathcal{B}$ ist $f^{-1}(A) = A - a$, und daher

$$\lambda_f(A) = \lambda(f^{-1}(A)) = \lambda(A - a) = \lambda(A), \ A \in \mathcal{B},$$

da das Lebesgue-Maß nach Satz 1.41 bewegungsinvariant ist. $\Diamond$

2

Das Lebesgue-Integral

2.1 Lebesgue-Integral und Konvergenzsätze

Ziel dieses Abschnitts ist die Einführung eines Integralbegriffs für messbare Funktionen $f : \Omega \to \mathbb{R}$. Dieses Integral führen wir schrittweise für immer größere Funktionenklassen ein. Dazu legen wir für den weiteren Verlauf folgende Bezeichnungen fest: $(\Omega, \mathcal{F}, \mu)$ sei ein Maßraum. Mit M bezeichnen wir die Menge der messbaren numerischen Funktionen $f : \Omega \to \bar{\mathbb{R}}$, und M^+ seien die nicht-negativen Funktionen aus M.

Zur Erläuterung der Grundidee für das so genannte Lebesgue-Integral erinnern wir an die Definition des Riemann-Integrals einer reellen Funktion $g : \mathbb{R} \to \mathbb{R}$. Dieses erhält man als Grenzwert von Riemann-Summen. Eine Riemann-Summe ist nichts anderes als das Integral einer „elementaren" Funktion, die dadurch entsteht, dass man den *Definitionsbereich* $\mathbb{R}$ von g in kleine Intervalle zerlegt und über jedem Intervall einen konstanten Funktionswert, z.B. den Wert von g in der rechten oder linken Intervallgrenze, betrachtet. Im Falle einer messbaren Funktion $f : \Omega \to \mathbb{R}$ ist jedoch vollkommen unklar, was unter einer Zerlegung in kleine Bereiche des *Definitionsbereichs* Ω zu verstehen wäre. Daher besteht die Grundidee darin, den *Wertebereich* $\mathbb{R}$ von f in kleine Intervalle zu zerlegen und so zu approximierenden „elementaren" Funktionen, den Treppenfunktionen, zu gelangen.

Das Integral für Treppenfunktionen

Ist $f : \Omega \to \mathbb{R}$ eine Funktion mit endlichem Bild $f(\Omega) = \{y_1, \ldots, y_n\}$, so hat f die Darstellung

$$f = y_1 I_{A_1} + \ldots + y_n I_{A_n} \text{ mit } A_i := f^{-1}(y_i), \ i = 1, \ldots, n.$$

Daher definieren wir:

Definition 2.1 (Treppenfunktion). *Ist $(\Omega, \mathcal{F}, \mu)$ ein Maßraum und f :*
$\Omega \to \mathbb{R}$ eine messbare Funktion, so dass für ein $n \in \mathbb{N}$ und $A_i \in \mathcal{F}$, $i =$
$1, \ldots, n$, gilt:

$$f = y_1 I_{A_1} + \ldots + y_n I_{A_n},$$

so heißt f Treppenfunktion.

Die Menge der Treppenfunktionen $f : \Omega \to \mathbb{R}$ bezeichnen wir mit T, die Teilmenge der nicht-negativen Treppenfunktionen mit T^+. Ist $f \in T^+$, so hat f eine Darstellung

$$f = y_1 I_{A_1} + \ldots + y_n I_{A_n} \text{ mit } A_i \in \mathcal{F},\ y_i \geq 0,\ i = 1, \ldots, n.$$

Das Lebesgue-Integral $\int f d\mu$ von f nach μ definieren wir durch

$$\int f d\mu := y_1 \mu(A_1) + \ldots + y_n \mu(A_n).$$

Besitzt f eine weitere Darstellung der Gestalt

$$f = z_1 I_{B_1} + \ldots + z_n I_{B_m} \text{ mit } B_i \in \mathcal{F},\ z_i \geq 0,\ i = 1, \ldots, m,$$

so folgt durch Übergang zur gemeinsamen Verfeinerung $C_{ij} := A_i \cap B_j$, $i = 1, \ldots, n$, $j = 1, \ldots, m$, dass

$$y_1 \mu(A_1) + \ldots + y_n \mu(A_n) = z_1 \mu(B_1) + \ldots + z_m \mu(B_m)$$

gilt. Mit anderen Worten, das Integral hängt nicht von der speziellen Wahl der Darstellung von $f \in T^+$ ab und ist daher wohldefiniert. Die einfachste Treppenfunktion ist die Indikatorfunktion $I_A, A \in \mathcal{F}$. Für ihr Integral folgt

$$\int I_A d\mu = \mu(A).$$

Aus der Definition ergeben sich unmittelbar folgende Eigenschaften des Integrals:

(i) *Linearität:* Für $f, g \in T^+$ und $\alpha, \beta \geq 0$ gilt:

$$\int (\alpha f + \beta g) d\mu = \alpha \int f d\mu + \beta \int g d\mu.$$

(ii) *Monotonie:* Sind $f, g \in T^+$ und $f \leq g$, so folgt

$$\int f d\mu \leq \int g d\mu.$$

Beispiel 2.2. Als Beispiel berechnen wir das Lebesgue-Integral über die Null-funktion $f = 0 = 0 \cdot I_\mathbb{R}$ bezüglich des Lebesgue-Maßes λ. Wir erhalten mit (1.6):

$$\int f d\lambda = \int 0 \cdot I_\mathbb{R} d\lambda = 0 \cdot \lambda(\mathbb{R}) = 0 \cdot \infty = 0.$$

Unsere Konvention $0 \cdot \infty = 0$ erlaubt uns, das Integral über die Nullfunktion zu bestimmen. ◇

Das Integral nicht-negativer Funktionen

Um den Integralbegriff auf beliebige, nicht-negative Funktionen auszudehnen, verwenden wir folgendes Approximationsresultat:

Lemma 2.3. *Ist $f \in M^+$, so gibt es eine Folge $(f_n)_{n \in \mathbb{N}}$ von Funktionen aus T^+, so dass gilt:*

$$f_n \uparrow f.$$

Beweis. Man kann eine Folge $(f_n)_{n \in \mathbb{N}}$ von Funktionen aus T^+ mit $f_n \uparrow f$ direkt angeben. Dabei bezeichnet $\lfloor x \rfloor$ die größte ganze Zahl, die kleiner oder gleich x ist:

$$f_n : \Omega \to \mathbb{R}, \quad n \in \mathbb{N},$$
$$x \mapsto 2^{-n} \lfloor 2^n f(x) \rfloor \wedge n.$$

□

Jetzt ist klar, wie wir das Integral für eine Funktion $f \in M^+$ definieren. Wir nehmen ein Folge von Treppenfunktionen $0 \leq f_n \uparrow f$ gemäß Lemma 2.3 und definieren das Lebesgue-Integral von f nach μ durch

$$\int f d\mu := \lim_{n \to \infty} \int f_n d\mu.$$

Für die Wohldefiniertheit des Integrals ist nachzuweisen, dass das Integral nicht von der Wahl der Folge $(f_n)_{n \in \mathbb{N}}$ abhängt. Dazu benötigen wir folgendes Lemma:

Lemma 2.4. *Sei $f \in M^+$ und $g \in T^+$ mit $g \leq f$. Dann gilt für eine Folge (f_n) von Funktionen aus T^+:*

Ist $f_n \uparrow f$, so folgt $\lim_{n \to \infty} \int f_n d\mu \geq \int g d\mu$.

Beweis. Wegen der Linearität des Integrals können wir ohne Einschränkung $g = I_A$, $A \in \mathcal{F}$ annehmen. Es folgt $f(x) \geq 1$ für alle $x \in A$ und somit für ein festes $\varepsilon > 0$:

$$A_n := \{x \in A : f_n(x) \geq 1 - \varepsilon\} \uparrow A,$$

und nach Definition der A_n

$$f_n \geq (1 - \varepsilon)I_{A_n}, \quad n \in \mathbb{N}.$$

Daher folgt mit der Monotonie des Integrals und wegen der Stetigkeit von unten:

$$\int f_n d\mu \geq \int (1 - \varepsilon)I_{A_n} d\mu = (1 - \varepsilon)\mu(A_n) \uparrow (1 - \varepsilon)\mu(A) = (1 - \varepsilon)\int g d\mu.$$

Für $\varepsilon \to 0$ folgt die Behauptung. □

Die Wohldefiniertheit des Integrals erhält man nun aus folgender Überlegung:

Korollar 2.5. *Sind* $(f_n)_{n \in \mathbb{N}}, (g_n)_{n \in \mathbb{N}}$ *zwei monoton wachsende Folgen von Funktionen aus* T^+ *mit*

$$\lim_{n \to \infty} f_n = \lim_{n \to \infty} g_n,$$

so gilt:

$$\lim_{n \to \infty} \int f_n d\mu = \lim_{n \to \infty} \int g_n d\mu.$$

Beweis. Nach Voraussetzung ist für jedes $k \in \mathbb{N}$ $g_k \leq \lim\limits_{n \to \infty} f_n$, daher folgt aus Lemma 2.4

$$\int g_k d\mu \leq \lim_{n \to \infty} \int f_n d\mu \quad \text{für alle } n \in \mathbb{N},$$

also

$$\lim_{k \to \infty} \int g_k d\mu \leq \lim_{n \to \infty} \int f_n d\mu.$$

Durch Vertauschung der Rollen von $(f_n)_{n \in \mathbb{N}}$ und $(g_n)_{n \in \mathbb{N}}$ folgt die umgekehrte Ungleichung. □

Das Integral $\int f d\mu$ einer Funktion $f \in M^+$ hängt nach dem gerade gezeigten Korollar nicht von der gewählten Folge von approximierenden Treppenfunktionen ab und ist somit wohldefiniert. Linearität und Monotonie gelten ebenfalls wie bei den Treppenfunktionen:

Satz 2.6. *Für* $f, g \in M^+$ *und* $\alpha, \beta \geq 0$ *gilt:*

(i) Linearität:

$$\int (\alpha f + \beta g)d\mu = \alpha \int f d\mu + \beta \int g d\mu.$$

(ii) Monotonie: *Ist* $f \leq g$, *so folgt:*

$$\int f d\mu \leq \int g d\mu.$$

Beweis. Sind $(f_n), (g_n)$ zwei Folgen von Funktionen aus T^+ mit $f_n \uparrow f$ und $g_n \uparrow g$, so folgt $\alpha f_n + \beta g_n \uparrow \alpha f + \beta g$. Zusammen mit der Linearität des Lebesgue-Integrals für die approximierenden Treppenfunktionen $(f_n), (g_n)$ folgt Behauptung (i). Genauso gilt im Fall $f \leq g$, dass $f_n \leq (f_n \vee g_n) \uparrow g$, woraus wiederum mit der Monotonie des Lebesgue-Integrals für Treppenfunktionen Behauptung (ii) folgt. □

Monotone Konvergenz und Lemma von Fatou

Die Konvergenzsätze der Maßtheorie beschreiben das Verhalten des Lebesgue-Integrals beim Vertauschen von Grenzwertbildung und Integration. Der nachfolgende Satz von der monotonen Konvergenz ist einer der am häufigsten verwendeten Konvergenzsätze:

Theorem 2.7 (Satz von der monotonen Konvergenz). *Für eine monoton wachsende Folge $(f_n)_{n \in \mathbb{N}}$ von Funktionen aus M^+ gilt:*

$$\lim_{n \to \infty} \int f_n d\mu = \int \lim_{n \to \infty} f_n d\mu.$$

Beweis. Wir setzen $f := \lim_{n \to \infty} f_n = \sup_{n \to \infty} f_n$. Dann ist f nach Satz 1.30 messbar. Nach Voraussetzung ist $f_n \leq f$ für alle $n \in \mathbb{N}$, aus der Monotonie des Integrals folgt $\int f_n d\mu \leq \int f d\mu$, und somit

$$\lim_{n \to \infty} \int f_n d\mu \leq \int f d\mu.$$

Für den Beweis der umgekehrten Ungleichung sei $(e_n)_{n \in \mathbb{N}}$ eine Folge von Funktionen aus T^+ mit $e_n \uparrow f$. Für ein $c > 1$ und festes $k \in \mathbb{N}$ definieren wir $A_n := \{cf_n \geq e_k\}$ und erhalten $A_n \uparrow \Omega$ und $cf_n \geq e_k I_{A_n} \uparrow e_k$. Nach Definition des Integrals und aus der Monotonie folgt:

$$\int e_k d\mu = \lim_{n \to \infty} \int e_k I_{A_n} d\mu \leq c \lim_{n \to \infty} \int f_n d\mu.$$

Da $c > 1$ beliebig ist, folgt sogar für jedes $k \in \mathbb{N}$

$$\int e_k d\mu \leq \lim_{n \to \infty} \int f_n d\mu.$$

Insbesondere gilt für den Limes

$$\int f d\mu = \lim_{k \to \infty} \int e_k d\mu \leq \lim_{n \to \infty} \int f_n d\mu.$$

$\square$

Als Folgerung aus Theorem 2.7 erhalten wir die Vertauschbarkeit von Reihenbildung und Integration:

Korollar 2.8. *Für jede Folge $(f_n)_{n \in \mathbb{N}}$ von Funktionen aus M^+ gilt:*

$$\int \left(\sum_{i=1}^{\infty} f_i \right) d\mu = \sum_{i=1}^{\infty} \int f_i d\mu.$$

Beweis. Die Behauptung folgt in Verbindung mit der Linearität des Lebesgue-Integrals unmittelbar durch Anwendung des Theorems 2.7 auf die Folge der Partialsummen $g_n := \sum_{i=1}^{n} f_i$.   □

Beispiel 2.9. Dieses Beispiel soll zeigen, dass die Aussage des Theorems von der monotonen Konvergenz ohne die Voraussetzung der Monotonie falsch wird. Dazu betrachten wir die Funktionenfolge (f_n) mit $f_n := \frac{1}{n} I_{[0,n]}$, $n \in \mathbb{N}$, auf dem Maßraum $(\mathbb{R}, \mathcal{B}, \lambda)$. Die Folge (f_n) konvergiert gleichmäßig auf ganz $\mathbb{R}$ gegen 0, andererseits gilt $\int f_n d\lambda = 1$. Damit erhalten wir:

$$1 = \lim_{n \to \infty} \int f_n d\lambda \neq \int 0 d\lambda = 0.$$

◊

Als weiteres Korollar erhalten wir die folgende Ungleichung, bekannt als das Lemma von Fatou:

Theorem 2.10 (Lemma von Fatou). *Für jede Folge von Funktionen* $(f_n)_{n \in \mathbb{N}}$ *aus* M^+ *gilt:*

$$\liminf_{n \to \infty} \int f_n d\mu \geq \int \liminf_{n \to \infty} f_n d\mu.$$

Beweis. Wir setzen $f := \liminf_{n \to \infty} f_n$ und $g_n := \inf_{k \geq n} f_k$, $n \in \mathbb{N}$. Dann gilt $g_n \uparrow f$ und daher nach Satz 2.7 von der monotonen Konvergenz:

$$\lim_{n \to \infty} \int g_n d\mu = \int f d\mu. \tag{2.1}$$

Nach Definition der g_n ist für alle $k \geq n$ aber $g_n \leq f_k$, und daher

$$\int g_n d\mu \leq \inf_{k \geq n} \int f_k d\mu. \tag{2.2}$$

Bilden wir den Limes $n \to \infty$, so folgt aus (2.1) und (2.2):

$$\int f d\mu = \lim_{n \to \infty} \int g_n d\mu \leq \lim_{n \to \infty} \inf_{k \geq n} \int f_k d\mu = \liminf_{n \to \infty} \int f_n d\mu.$$

□

Integrierbare Funktionen

Als letzten Schritt erweitern wir den Integral-Begriff auf Funktionen, die sowohl positive als auch negative Werte annehmen. Wir erinnern daran, dass jede messbare, numerische Funktion $f : \Omega \to \bar{\mathbb{R}}$ geschrieben werden kann als Differenz von Positiv- und Negativteil:

$$f = f^+ - f^-,$$

wobei f^+ und f^- Elemente aus M^+ sind. Daher ist es nahe liegend, das Integral von f durch

$$\int f^+ d\mu - \int f^- d\mu$$

festzulegen. Wir müssen dabei jedoch ausschließen, dass wir die nicht-definierte Operation „$\infty - \infty$" ausführen. Daher definieren wir:

Definition 2.11 ((quasi-)integrierbar, Lebesgue-Integral).
Sei $f : \Omega \to \bar{\mathbb{R}}$ eine messbare numerische Funktion. Die Funktion f heißt (μ-)quasi-integrierbar, falls $\int f^+ d\mu < \infty$ oder $\int f^- d\mu < \infty$. Ist f (μ-)quasi-integrierbar, so ist durch

$$\int f d\mu := \int f^+ d\mu - \int f^- d\mu$$

das Lebesgue-Integral von f definiert.
Gilt $\int f^+ d\mu < \infty$ und $\int f^- d\mu < \infty$, so heißt f (μ-)integrierbar.

Das Lebesgue-Integral einer integrierbaren Funktion ist demnach endlich, während bei einer quasi-integrierbaren Funktion auch die Werte $\pm\infty$ möglich sind. Wegen $|f| = f^+ + f^-$ ist die Integrierbarkeit von f äquivalent zur Integrierbarkeit von $|f|$.

Ist $A \in \mathcal{F}$ eine messbare Teilmenge, so führt man für das Integral über $f \cdot I_A$ eine spezielle Bezeichnung ein:

$$\int_A f d\mu := \int f I_A d\mu.$$

Linearität und Monotonie gelten auch für das allgemeine Lebesgue-Integral:

Satz 2.12. *Sind $f, g : \Omega \to \bar{\mathbb{R}}$ integrierbare numerische Funktionen und $\alpha, \beta \in \mathbb{R}$, so gilt:*

(i) Linearität: $\alpha f + \beta g$ *ist integrierbar und*

$$\int (\alpha f + \beta g) d\mu = \alpha \int f d\mu + \beta \int g d\mu.$$

(ii) Monotonie: *Ist $f \leq g$, so folgt*

$$\int f d\mu \leq \int g d\mu.$$

(iii) *Für jedes $A \in \mathcal{F}$ gilt:*

$$\int_A f d\mu = \int_A f d\mu + \int_{A^c} f d\mu.$$

Beweis. Die Linearität und Monotonie folgen unter Berücksichtigung der Vorzeichen von α und β durch Anwendung der entsprechenden Aussagen aus Satz 2.6 auf $f^+ \in M^+$ und $f^- \in M^+$. Die dritte Aussage folgt aus der Linearität und der Gleichung $f = fI_A + fI_{A^c}$.   □

Die Standardprozedur

Es gibt ein Beweisprinzip für maßtheoretische Aussagen, das quasi automatisch abläuft und daher als STANDARDPROZEDUR („standard machine" nach Williams [Wil91]) bezeichnet wird. Wir führen dieses Prinzip zur Erläuterung an einem einfachen Beispiel, der Integration nach dem Zählmaß (vgl. Beispiel 1.34) durch. Dazu bezeichnen wir für ein $f \in M^+$ die Menge $\{f > 0\}$ als Träger von f. Besitzt f einen abzählbaren Träger, so sind Terme der Gestalt

$$\sum_{\omega \in A} f(\omega), \quad A \in \mathcal{F},$$

sinnvoll, da höchstens abzählbar viele Terme größer als Null sind.

Satz 2.13. *Es sei $(\Omega, \mathcal{F}, \mu_Z)$ ein Maßraum und μ_Z das Zählmaß. Dann gilt für jedes $f \in M^+$ mit abzählbarem Träger:*

$$\int_A f d\mu_Z = \sum_{\omega \in A} f(\omega), \quad A \in \mathcal{F}.$$

Beweis. Wir nehmen zunächst $f = I_B, B \in \mathcal{F}$, an. Dann ist $B = \{f > 0\}$ abzählbar und nach Definition des Zählmaßes

$$\int_A f d\mu_Z = \mu_Z(A \cap B) = |A \cap B| = \sum_{\omega \in A} f(\omega).$$

Ist $f = \sum_{i=1}^{n} c_i I_{B_i}$, $c_i \geq 0, B_i \in \mathcal{F}$, $i = 1, \ldots, n$ eine nicht-negative Treppenfunktion, so ist $\bigcup_{i=1}^{n} B_i$ abzählbar, und es folgt aus der Linearität des Integrals sowie dem bereits Bewiesenen:

$$\int_A f d\mu_Z = \sum_{i=1}^{n} c_i \int_A I_{B_i} d\mu_Z = \sum_{i=1}^{n} c_i \sum_{\omega \in A} I_{B_i}(\omega) = \sum_{\omega \in A} f(\omega).$$

Ist schließlich $f \in M^+$ mit abzählbarem Träger, so gibt es nach Lemma 2.3 nicht-negative Treppenfunktionen (e_n), so dass $e_n \uparrow f$. Dann haben alle e_n, $n \in \mathbb{N}$, abzählbaren Träger, und nach dem Satz von der monotonen Konvergenz 2.7 sowie dem bereits Bewiesenen folgt:

$$\int_A f d\mu_Z = \lim_{n \to \infty} \int_A e_n d\mu_Z = \lim_{n \to \infty} \sum_{\omega \in A} e_n(\omega) = \sum_{\omega \in A} f(\omega).$$

□

Das allgemeine Beweisprinzip, das wir in obigem Beweis vorgeführt haben, lässt sich folgendermaßen beschreiben:

STANDARDPROZEDUR:

Wir wollen eine Behauptung für eine Funktionenklasse beweisen:

(i) Wir zeigen die Behauptung für alle Indikatorfunktionen $f = I_A$, $A \in \mathcal{F}$.

(ii) Wir benutzen Linearität, um die Behauptung für alle $f \in T^+$ zu zeigen.

(iii) Aus dem Satz von der monotonen Konvergenz 2.7 folgt die Behauptung für alle $f \in M^+$.

(iv) Gelegentlich können wir wegen $f = f^+ - f^-$, $f^+, f^- \in M^+$ noch einen Schritt weiter gehen und die Behauptung auf diesem Weg für alle integrierbaren numerischen Funktionen $f : \Omega \to \bar{\mathbb{R}}$ zeigen.

In der Regel ist die Behauptung für Indikatorfunktionen nach Voraussetzung richtig oder der einzige Schritt, der gezeigt werden muss. Der Rest folgt dem oben beschriebenen Schema. Wir werden in Beweisen gelegentlich auf diese STANDARDPROZEDUR zurückgreifen.

Dominierte Konvergenz

Der folgende Satz von der dominierten Konvergenz ist neben dem Satz von der monotonen Konvergenz der zweite wichtige Konvergenz-Satz der klassischen Maßtheorie. Bemerkenswert ist, dass für die entsprechenden Aussagen der Analysis für das Riemann-Integral im Allgemeinen gleichmäßige Konvergenz vorausgesetzt werden muss, während für das Lebesgue-Integral punktweise Konvergenz ausreicht.

Theorem 2.14 (Satz von der dominierten Konvergenz, Pratt).
Seien f, g sowie (f_n), (g_n), messbare numerische Funktionen auf einem Maßraum $(\Omega, \mathcal{F}, \mu)$ mit $f_n \to f$, $g_n \to g$ und $|f_n| \leq g_n$ für alle $n \in \mathbb{N}$. Sind g und g_n für alle $n \in \mathbb{N}$ integrierbar und gilt

$$\lim_{n \to \infty} \int g_n d\mu = \int g d\mu,$$

so sind f und f_n für alle $n \in \mathbb{N}$ integrierbar, und es gilt:

$$\lim_{n \to \infty} \int f_n d\mu = \int f d\mu.$$

Beweis. Aus $|f_n| \leq g_n$ und der Integrierbarkeit von g_n folgt die Integrierbarkeit von f_n für jedes $n \in \mathbb{N}$ und wegen $|f| \leq g$ die Integrierbarkeit von f. Wenden wir das Lemma von Fatou 2.10 auf die Funktionen $g_n + f_n \geq 0$ und $g_n - f_n \geq 0$ an, so erhalten wir

$$\int g d\mu + \liminf_{n\to\infty} \int f_n d\mu = \liminf_{n\to\infty} \int (g_n + f_n) d\mu \geq \int g + f d\mu = \int g d\mu + \int f d\mu$$

bzw.

$$\int g d\mu + \liminf_{n\to\infty} \int (-f_n) d\mu = \liminf_{n\to\infty} \int (g_n - f_n) d\mu$$
$$\geq \int g - f d\mu = \int g d\mu - \int f d\mu.$$

Subtraktion von $\int g d\mu < \infty$ in beiden Ungleichungen ergibt

$$\liminf_{n\to\infty} \int f_n d\mu \geq \int f d\mu \tag{2.3}$$

bzw.

$$\liminf_{n\to\infty} \int -f_n d\mu \geq -\int f d\mu,$$

was äquivalent ist zu:

$$\limsup_{n\to\infty} \int f_n d\mu \leq \int f d\mu. \tag{2.4}$$

Aus (2.3) und (2.4) folgt:

$$\int f d\mu \leq \liminf_{n\to\infty} \int f_n d\mu \leq \limsup_{n\to\infty} \int f_n d\mu \leq \int f d\mu.$$

$\square$

Integrale, Nullmengen und μ-fast sichere Eigenschaften

Wir erinnern an die Bezeichnung μ-Nullmenge für eine Menge $A \in \mathcal{F}$ mit $\mu(A) = 0$. Der Wert einer Funktion auf einer Nullmenge spielt für das Lebesgue-Integral keine Rolle, wie der folgende Satz zeigt.

Satz 2.15. *Für $f \in M^+$ ist*

$$\int f d\mu = 0$$

genau dann, wenn der Träger $\{f > 0\}$ von f eine μ-Nullmenge ist.

Beweis. Wir definieren $A := \{f > 0\}$ und $A_n := \{f > \frac{1}{n}\}$ für alle $n \in \mathbb{N}$. Dann ist $A_n \uparrow A$. Setzen wir $\int f d\mu = 0$ voraus, so folgt aus $\frac{1}{n} I_{A_n} \leq f$ für alle $n \in \mathbb{N}$:

$$0 \leq \frac{1}{n} \mu(A_n) = \int \frac{1}{n} I_{A_n} d\mu \leq \int f d\mu = 0.$$

Aus $\mu(A_n) = 0$ für alle $n \in \mathbb{N}$ und $A_n \uparrow A$ folgt $\mu(A) = \mu(\{f > 0\}) = 0$. Für die umgekehrte Schlussrichtung setzen wir $\mu(A) = 0$ voraus. Aus $f \leq \infty I_A$ und der Monotonie folgt:

$$0 \le \int f d\mu \le \int \infty I_A d\mu = \infty \cdot 0 = 0.$$

$\square$

Wir können die eben bewiesene Aussage auch so formulieren: $\int f d\mu = 0$ genau dann, wenn es eine Nullmenge N gibt, so dass $f|N^c = 0$. Diese auf den ersten Blick etwas umständliche Formulierung beschreibt eine Situation, die man in der Maßtheorie häufig antrifft. Eine Eigenschaft gilt überall außer auf einer Menge vom Maß 0. Um die umständliche Formulierung „es gibt eine Nullmenge N, so dass auf N^c ... " zu vermeiden, führen wir eine Sprechweise ein:

Definition 2.16 (μ-fast überall). *Die Eigenschaft E sei für die Elemente $\omega \in \Omega$ eines Maßraums $(\Omega, \mathcal{F}, \mu)$ sinnvoll. Dann sagt man, die Eigenschaft E gilt (μ-)fast überall (Abkürzung: (μ-)f.ü.), wenn es eine Nullmenge $N \in \mathcal{F}$ gibt, so dass E für alle $\omega \in N^c$ gilt.*

Um mit dieser Redeweise vertraut zu werden, geben wir einige Beispiele. Für zwei Funktionen $f, g : \Omega \to \mathbb{R}$ gilt $f = g$ μ-f.ü., wenn es eine Nullmenge N gibt, so dass $f|N^c = g|N^c$. Eine numerische Funktion $f : \Omega \to \bar{\mathbb{R}}$ ist fast überall endlich, wenn es eine Nullmenge N gibt, so dass $f(N^c) \subset \mathbb{R}$. Satz 2.15 lässt sich jetzt kurz und bündig so formulieren: Für $f \in M^+$ gilt:

$$\int f d\mu = 0 \iff f = 0 \quad \mu\text{-f.ü.}$$

In der Wahrscheinlichkeitstheorie werden wir statt „fast überall" die Bezeichnung „fast sicher" verwenden, die im Zusammenhang mit Wahrscheinlichkeiten intuitiver ist.

2.2 Vergleich von Riemann- und Lebesgue-Integral

In diesem Abschnitt untersuchen wir die Beziehungen zwischen dem Riemann-Integral und dem Lebesgue-Integral. Beim Riemann-Integral stehen mit dem Hauptsatz der Differential- und Integralrechnung und abgeleiteten Regeln wie Substitution und partielle Integration gute Instrumente zur Verfügung, um Integrale auszurechnen. Wie üblich bezeichnen wir mit

$$\int_a^b f(x) dx \quad \text{das Riemann-Integral.}$$

Ein Beispiel zur Motivation

Wir betrachten den Maßraum $(\mathbb{R}, \mathcal{B}, \lambda)$. Als Beispiel wollen wir die stetige Funktion $f : \mathbb{R} \to \mathbb{R}, x \mapsto x^2$ über dem Intervall $[0,1]$ Riemann- und Lebesgue-integrieren. Das Riemann-Integral ergibt:

$$\int_0^1 x^2 dx = \left[\frac{1}{3}x^3\right]_0^1 = \frac{1}{3}.$$

Zur Bestimmung des Lebesgue-Integrals geben wir eine Folge monoton wachsender Treppenfunktionen an:

$$f_n : \mathbb{R} \to \mathbb{R}, \quad n \in \mathbb{N},$$
$$f_n(x) := \sum_{j=0}^{2^n-1} \left(\frac{j}{2^n}\right)^2 I_{]\frac{j}{2^n}, \frac{j+1}{2^n}]}(x).$$

Dann ist $f_n \in T^+$ für alle $n \in \mathbb{N}$ und $f_n \uparrow f I_{[0,1]}$, so dass wir mit Hilfe von (f_n) das Lebesgue-Integral bestimmen können:

$$\begin{aligned}
\int f_n d\lambda &= \sum_{j=0}^{2^n-1} \left(\frac{j}{2^n}\right)^2 \left(\frac{j+1}{2^n} - \frac{j}{2^n}\right) \\
&= \frac{1}{2^{3n}} \sum_{j=0}^{2^n-1} j^2 \\
&= \frac{1}{2^{3n}} \frac{(2^n-1)2^n(2 \cdot (2^n-1)+1)}{6} \\
&= \frac{2 \cdot 2^{3n}}{6 \cdot 2^{3n}} \left(1 - \frac{1}{2^n}\right) \left(1 - \frac{1}{2^{n+1}}\right) \\
&\longrightarrow \frac{1}{3} = \int_{[0,1]} f d\lambda.
\end{aligned}$$

In diesem Fall stimmen beide Integrale überein, allerdings ist die Berechnung des Lebesgue-Integrals einer ganz einfachen Funktion durch Rückführung auf die Definition recht mühsam. Das gilt natürlich auch für das Riemann-Integral, aber durch den Hauptsatz der Differential- und Integralrechnung können wir Riemann-Integrale durch Stammfunktionen bestimmen.

Gleichheit von Riemann- und Lebesgue-Integral

Die obige Rechnung verdeutlicht, wie nützlich es wäre, wenn man zur konkreten Berechnung Lebesgue-Integrale auf Riemann-Integrale zurückführen könnte. Dies erlaubt der nachfolgende Satz.

Satz 2.17. *Sei $f : \mathbb{R} \to \mathbb{R}$ messbar und über dem Intervall $[a,b] \subset \mathbb{R}$ Riemann-integrierbar. Dann ist f Lebesgue-integrierbar, und es gilt:*

$$\int_{[a,b]} f d\lambda = \int_a^b f(x) dx.$$

Beweis. Sei $\varepsilon > 0$. Nach Definition des Riemann-Integrals konvergieren die Riemannsche Ober- und Untersumme gegen den Integralwert. Wir finden demnach eine Zerlegung des Intervalls $[a,b]$ in $a = x_0 < x_1 < \ldots < x_n = b$, so dass mit den Bezeichnungen

$$M_i := \sup_{x_{i-1} \le x < x_i} f(x) \quad \text{und} \quad m_i := \inf_{x_{i-1} \le x < x_i} f(x), \ i = 1, \ldots, n,$$

gilt:

$$U_n := \sum_{i=1}^n m_i(x_i - x_{i-1}) \le \int_a^b f(x) dx \le \sum_{i=1}^n M_i(x_i - x_{i-1}) =: O_n$$

und $0 \le O_n - U_n < \varepsilon.$

Zur Berechnung des Lebesgue-Integrals betrachten wir die von der Obersumme bzw. Untersumme beschriebene Treppenfunktion:

$$f_u := \sum_{i=1}^n m_i I_{[x_{i-1}, x_i[}, \quad f_o := \sum_{i=1}^n M_i I_{[x_{i-1}, x_i[}.$$

Es folgt unmittelbar

$$f_u \le f \le f_o$$

und

$$U_n = \int f_u d\lambda \le \int f d\lambda \le \int f_o d\lambda = O_n.$$

Damit erhalten wir

$$\left| \int f d\lambda - \int_a^b f(x) dx \right| \le O_n - U_n < \varepsilon.$$

Da $\varepsilon > 0$ beliebig war, ist die Behauptung gezeigt.   □

Auch für uneigentliche Integrale stimmen Lebesgue-Integral und Riemann-Integral oft überein:

Satz 2.18. *Es sei $I \subset \mathbb{R}$ ein Intervall und $f : I \to \mathbb{R}$ eine messbare und auf jedem kompakten Teilintervall von I Riemann-integrierbare Funktion. f ist genau dann Lebesgue-integrierbar, wenn $|f|$ über I uneigentlich Riemann-integrierbar ist, und dann gilt:*

$$\int_I f d\lambda = \int_I f(x) dx.$$

Beweis. Es sei $I =]a,b[$, $-\infty \leq a < b \leq \infty$ und (a_n) sowie (b_n) zwei Folgen mit $a_n \downarrow a$, $b_n \uparrow b$. Satz 2.17 sowie Satz 2.7 von der monotonen Konvergenz ergeben:

$$\lim_{n \to \infty} \int_{a_n}^{b_n} |f(x)|dx = \lim_{n \to \infty} \int_I |f|I_{[a_n,b_n]}d\lambda = \int_I |f|d\lambda.$$

Ist $|f|$ auf I uneigentlich Riemann-integrierbar, d.h. der linke Term endlich, so schließen wir in obiger Gleichung von links nach rechts auf die Lebesgue-Integrierbarkeit von $|f|$ und damit von f. Ist f Lebesgue-integrierbar über I, schließen wir umgekehrt von rechts nach links auf die uneigentliche Riemann-Integrierbarkeit von $|f|$ über I. Die Gleichheit der beiden Integrale ergibt sich für uneigentlich Riemann-integrierbares $|f|$ durch den Satz 2.14 von der dominierten Konvergenz und Satz 2.17:

$$\int_a^b f(x)dx = \lim_{n \to \infty} \int_{a_n}^{b_n} f(x)dx = \lim_{n \to \infty} \int_I fI_{[a_n,b_n]}d\lambda = \int_I fd\lambda.$$

Der Beweis für halboffene Intervalle I verläuft völlig analog.   □

Unterschiede zwischen Riemann- und Lebesgue-Integral

Obwohl wir für viele Funktionen den Satz 2.17 verwenden können, gibt es durchaus Funktionen, die Lebesgue-integrierbar sind, aber nicht Riemann-integrierbar.

Beispiel 2.19. Die wohl bekannteste nicht Riemann-integrierbare Funktion ist die Indikatorfunktion der rationalen Zahlen:

$$I_{\mathbb{Q}} : \mathbb{R} \to \mathbb{R},$$

$$x \mapsto \begin{cases} 1 & \text{für } x \in \mathbb{Q}, \\ 0 & \text{für } x \notin \mathbb{Q}. \end{cases}$$

Über jedem Intervall $[a,b]$ konvergieren die Riemannschen Untersummen gegen 0 und die Riemannschen Obersummen gegen 1. Für das Lebesgue-Integral hingegen gilt, da $\mathbb{Q}$ eine λ-Nullmenge ist:

$$\int_{[a,b]} I_{\mathbb{Q}}d\lambda = \int I_{[a,b]\cap\mathbb{Q}}d\lambda = \lambda([a,b] \cap \mathbb{Q}) = 0.$$

$\Diamond$

Auch die Konvergenzsätze für das Lebesgue-Integral sind für das Riemann-Integral im Allgemeinen falsch, wie das nächste Beispiel zeigt. Die Gültigkeit der Konvergenzsätze für das Lebesgue-Integral ist ein wesentlicher Vorteil dieser Theorie.

Beispiel 2.20. Es sei $\mathbb{Q} = \{q_1, q_2, \ldots\}$ eine Abzählung der rationalen Zahlen. Wir betrachten die Funktionenfolge

$$f_n : [0,1] \to \mathbb{R}, \quad n \in \mathbb{N},$$

$$x \mapsto \begin{cases} 1 & \text{für } x \in \{q_1, \ldots, q_n\}, \\ 0 & \text{für } x \notin \{q_1, \ldots, q_n\}. \end{cases}$$

Dann ist (f_n) eine monoton wachsende, durch 1 beschränkte Folge Riemann-integrierbarer Funktionen mit $f_n \uparrow I_{\mathbb{Q} \cap [0,1]}$. Die Integrale $\int f_n dx = 0$ konvergieren gegen 0, aber die Grenzfunktion $I_{\mathbb{Q} \cap [0,1]}$ ist nicht Riemann-integrierbar. Daher gelten die zum Satz von der monotonen Konvergenz und zum Satz von der dominierten Konvergenz analogen Aussagen für das Riemann-Integral nicht. Der springende Punkt ist, dass punktweise Konvergenz für das Riemann-Integral zu schwach ist. Daher wird in den entsprechenden Aussagen der Analysis gleichmäßige Konvergenz vorausgesetzt. $\Diamond$

Beispiel 2.21. Das klassische Beispiel für eine uneigentlich Riemann-integrierbare, aber nicht Lebesgue-integrierbare Funktion ist die Funktion

$$f :]0, \infty[\longrightarrow \mathbb{R}, \quad x \mapsto \frac{\sin(x)}{x}.$$

f ist stetig und daher auf jedem Intervall $I \subset]0, \infty[$ Riemann-integrierbar. Für $b > a > 0$ folgt durch partielle Integration

$$\left| \int_a^b \frac{\sin(x)}{x} dx \right| = \left| \left[\frac{-\cos(x)}{x} \right]_a^b - \int_a^b \frac{\cos(x)}{x^2} dx \right| \leq \frac{1}{a} + \frac{1}{b} + \int_a^b \frac{1}{x^2} dx = \frac{2}{a}.$$

Sei $\varepsilon > 0$, so folgt für $b > a > \frac{2}{\varepsilon}$

$$\left| \int_a^b \frac{\sin(x)}{x} dx \right| \leq \frac{2}{a} < \varepsilon,$$

so dass nach dem Cauchy-Kriterium f auf $]0, \infty[$ uneigentlich integrierbar ist. Dies gilt jedoch nicht für $|f|$, denn:

$$\int_\pi^{(n+1)\pi} \left| \frac{\sin(x)}{x} \right| dx \geq \sum_{i=1}^n \frac{1}{(i+1)\pi} \int_{i\pi}^{(i+1)\pi} |\sin(x)| dx = \frac{2}{\pi} \sum_{i=1}^n \frac{1}{i+1} \xrightarrow[n \to \infty]{} \infty.$$

Nach Satz 2.18 ist f auf $]0, \infty[$ nicht Lebesgue-integrierbar. $\Diamond$

2.3 Der Satz von Fubini

Producträume

Es seien $(\Omega_1, \mathcal{F}_1, \mu)$ und $(\Omega_2, \mathcal{F}_2, \nu)$ zwei Maßräume. Wie kann man einen Produktmaßraum auf $\Omega_1 \times \Omega_2$ definieren? Wir erinnern an die von den Zylindermengen erzeugte Produkt-σ-Algebra

$$\mathcal{F}_1 \otimes \mathcal{F}_2 := \sigma(\{p_j^{-1}(A_j) : A_j \in \mathcal{F}_j, \ j = 1, 2\}).$$

Insbesondere ist

$$\mathcal{F}_1 \otimes \mathcal{F}_2 = \sigma(\{A \times B : A \in \mathcal{F}_1, B \in \mathcal{F}_2\}),$$

also $\{A \times B : A \in \mathcal{F}_1, B \in \mathcal{F}_2\}$ ein durchschnittsstabiler Erzeuger von $\mathcal{F}_1 \otimes \mathcal{F}_2$.

Unser Ziel ist es, aus den Maßen μ auf $\mathcal{F}_1$ und ν auf $\mathcal{F}_2$ ein Maß $\mu \otimes \nu$ auf $\mathcal{F}_1 \otimes \mathcal{F}_2$ zu erhalten, für das

$$(\mu \otimes \nu)(A \times B) = \mu(A) \cdot \nu(B)$$

gilt. Für die Definition eines solchen Produktmaßes benötigen wir das folgende Lemma:

Lemma 2.22. *Seien $(\Omega_1, \mathcal{F}_1)$ und $(\Omega_2, \mathcal{F}_2)$ Messräume und $f : \Omega_1 \times \Omega_2 \to \mathbb{R}_+$ eine nicht-negative, $(\mathcal{F}_1 \otimes \mathcal{F}_2)$-messbare Funktion. Dann gilt:*

(i) *Die Funktion*

$$f(., \omega_2) : \Omega_1 \to \mathbb{R},$$
$$\omega_1 \mapsto f(\omega_1, \omega_2)$$

ist für jedes $\omega_2 \in \Omega_2$ $\mathcal{F}_1$-messbar.
(ii) *Ist μ ein σ-endliches Maß auf $\mathcal{F}_1$, so ist*

$$\Omega_2 \to \mathbb{R},$$
$$\omega_2 \mapsto \int f(\omega_1, \omega_2) d\mu(\omega_1)$$

eine $\mathcal{F}_2$-messbare Funktion.

Beweis. (i) Zu einem fixierten $\omega_2 \in \Omega_2$ betrachten wir die Inklusion

$$\iota : \Omega_1 \longrightarrow \Omega_1 \times \Omega_2, \quad \omega_1 \mapsto (\omega_1, \omega_2).$$

Die Inklusion ι ist offensichtlich $\mathcal{F}_1$-$(\mathcal{F}_1 \otimes \mathcal{F}_2)$-messbar, daher ist die Komposition $f(., \omega_2) = f \circ \iota$ $\mathcal{F}_1$-messbar.

(ii) Wegen der σ-Endlichkeit von μ können wir ohne Einschränkung $\mu(\Omega_1) < \infty$ annehmen. Nach Teil (i) ist

$$\mathcal{D}' := \{C \in \mathcal{F}_1 \otimes \mathcal{F}_2 : \omega_2 \mapsto \int I_C(\omega_1, \omega_2) d\mu(\omega_1) \text{ ist } \mathcal{F}_2\text{-messbar}\}$$

sinnvoll definiert und ein λ-System, das $\mathcal{E} = \{A \times B : A \in \mathcal{F}_1, B \in \mathcal{F}_2\}$ enthält. Damit folgt nach dem π-λ-Lemma 1.20, dass $\sigma(\mathcal{E}) = \mathcal{F}_1 \otimes \mathcal{F}_2 = \mathcal{D}'$. Damit ist die zweite Behauptung für alle Indikatorfunktionen f_C, $C \in \mathcal{F}_1 \otimes \mathcal{F}_2$ gezeigt. Der allgemeine Fall folgt nach unserer STANDARDPRO-ZEDUR. $\square$

Produktmaße

Wir können nun mit Hilfe des Lebesgue-Integrals ein Produktmaß definieren. Da dabei zwei Variablen eine Rolle spielen, schreiben wir wie bereits im obigen Lemma

$$\int f(\omega_1, \omega_2) d\mu(\omega_1) \quad \text{bzw.} \quad \int f(\omega_1, \omega_2) d\nu(\omega_2),$$

um deutlich zu machen, ob die Integration in ω_1 oder in ω_2 stattfindet.

Theorem 2.23 (Produktmaß).
Zu zwei Maßräumen $(\Omega_1, \mathcal{F}_1, \mu)$ und $(\Omega_2, \mathcal{F}_2, \nu)$ mit σ-endlichen Maßen μ und ν gibt es genau ein Maß $\mu \otimes \nu$ auf $(\Omega_1 \times \Omega_2, \mathcal{F}_1 \otimes \mathcal{F}_2)$, so dass gilt:

$$(\mu \otimes \nu)(A \times B) = \mu(A) \cdot \nu(B), \quad A \in \mathcal{F}_1, B \in \mathcal{F}_2. \tag{2.5}$$

Außerdem gilt für jedes $C \in \mathcal{F}_1 \otimes \mathcal{F}_2$:

$$(\mu \otimes \nu)(C) = \int \left(\int I_C(\omega_1, \omega_2) d\mu(\omega_1) \right) d\nu(\omega_2)$$

$$= \int \left(\int I_C(\omega_1, \omega_2) d\nu(\omega_2) \right) d\mu(\omega_1).$$

Beweis. Wir nehmen die letzte Behauptung als Definition für das Produktmaß:

$$(\mu \otimes \nu)(C) := \int \left(\int I_C(\omega_1, \omega_2) d\mu(\omega_1) \right) d\nu(\omega_2), \quad C \in \mathcal{F}_1 \otimes \mathcal{F}_2.$$

Dadurch haben wir ein Maß auf $\mathcal{F}_1 \otimes \mathcal{F}_2$ definiert, das der Bedingung (2.5) genügt. Drehen wir in der Definition von $\mu \otimes \nu$ die Integrationsreihenfolge um, so ist Bedingung (2.5) immer noch erfüllt. Da

$$\{A \times B : A \in \mathcal{F}_1, B \in \mathcal{F}_2\}$$

ein π-System ist, folgt aus Theorem 1.38, dass es höchstens ein Maß auf $\mathcal{F}_1 \otimes \mathcal{F}_2$ geben kann, das der Bedingung (2.5) genügt. Daraus folgt die behauptete Gleichung für jedes $C \in \mathcal{F}_1 \otimes \mathcal{F}_2$. $\square$

Der Satz von Fubini

Wir haben in obigem Theorem bereits gesehen, dass es bei der Integration der Indikatorfunktion keine Rolle spielt, in welcher Reihenfolge wir das Doppelintegral ausführen. Das nachfolgende Theorem, als Satz von Fubini bekannt, zeigt, dass dies auch allgemein der Fall ist.

Theorem 2.24 (Satz von Fubini). *Es seien* $(\Omega_1, \mathcal{F}_1, \mu)$ *und* $(\Omega_2, \mathcal{F}_2, \nu)$ *zwei Maßräume mit σ-endlichen Maßen μ und ν. Ist $f : \Omega_1 \times \Omega_2 \to \mathbb{R}$ eine nicht-negative, messbare Funktion oder eine $(\mu \otimes \nu)$-integrierbare Funktion, so gilt:*

$$\int f d(\mu \otimes \nu) = \int \left(\int f(\omega_1, \omega_2) d\mu(\omega_1) \right) d\nu(\omega_2) = \int \left(\int f(\omega_1, \omega_2) d\nu(\omega_2) \right) d\mu(\omega_1).$$

$$(2.6)$$

Beweis. Den Hauptteil der Arbeit haben wir bereits getan. Wir wissen nach Theorem 2.23, dass (2.6) für jede Indikatorfunktion stimmt. Der Rest folgt, bis auf ein kleines technisches Detail, nach unserer STANDARDPROZEDUR. Zunächst gilt die Behauptung wegen Linearität und dem Satz 2.7 von der monotonen Konvergenz für jede nicht-negative messbare Funktion. Ist f $(\mu \otimes \nu)$-integrierbar, so folgt die Behauptung im Wesentlichen durch Subtraktion der Gleichung für f^+ und f^-. Allerdings ist zu berücksichtigen, dass wir die Operation $\infty - \infty$ vermeiden müssen. Da die Gleichung (2.6) für $|f|$ gilt, folgt, dass $N_1 := \{\omega_1 \in \Omega_1 : \int |f(\omega_1, \cdot)| d\nu = \infty\}$ eine μ-Nullmenge und $N_2 := \{\omega_2 \in \Omega_2 : \int |f(\cdot, \omega_2)| d\mu = \infty\}$ eine ν-Nullmenge ist. Nach Satz 2.15 können wir $f(\omega_1, \omega_2) := 0$ setzen, wenn $\omega_1 \in N_1$ oder $\omega_2 \in N_2$ ist, ohne den Wert des Integrals zu verändern. Jetzt sind wir auf der sicheren Seite, und die behauptete Gleichung für $(\mu \otimes \nu)$-integrierbares f folgt aus Subtraktion der Gleichungen für f^+ und f^-. □

Beispiel 2.25 (Integral als Fläche unter dem Graphen). Es sei $f : \Omega \to \mathbb{R}_+$ eine messbare Funktion auf einem Maßraum $(\Omega, \mathcal{F}, \mu)$. Wir betrachten das Lebesgue-Maß $(\mathbb{R}, \mathcal{B}, \lambda)$ und das Produktmaß $\tilde{\mu} := \mu \otimes \lambda$. Die Menge

$$A := \{(\omega, x) \in \Omega \times \mathbb{R} : 0 \leq x \leq f(\omega)\}$$

kann man sich als die Punkte der Fläche unter dem Graphen von f vorstellen. Für die Indikatorfunktion I_A erhalten wir:

$$\int I_A(\omega, x) d\lambda(x) = f(\omega) \quad \text{und} \quad \int I_A(\omega, x) d\mu(\omega) = \begin{cases} \mu(\{f \geq x\}) & \text{für } x \geq 0, \\ 0 & \text{für } x < 0. \end{cases}$$

Damit erhalten wir nach dem Satz von Fubini:

$$\tilde{\mu}(A) = \int f d\mu = \int_{[0, \infty[} \mu(\{f \geq x\}) d\lambda.$$

Die erste Gleichung erlaubt uns, das Integral von f als Fläche unter dem Graphen von f zu interpretieren. Die zweite Gleichung werden wir in der Wahrscheinlichkeitstheorie verwenden.   ◇

2.4 Norm-Ungleichungen und L^p-Konvergenz

Ist $f : \Omega \to \mathbb{R}$ eine messbare Funktion auf einem Maßraum $(\Omega, \mathcal{F}, \mu)$, so ist für jedes $p > 0$ die Funktion $|f|^p$ nicht-negativ und messbar, so dass wir

$$\|f\|_p := \left(\int |f|^p d\mu \right)^{\frac{1}{p}} \in [0, \infty]$$

definieren können. Die Eigenschaften von $\|\cdot\|_p$ werden uns in diesem Abschnitt beschäftigen.

Ungleichungen von Hölder und Minkowski

Wichtige Eigenschaften von $\|\cdot\|_p$ zeigen sich in Ungleichungen.

Theorem 2.26 (Ungleichung von Hölder). *Es sei $1 < p, q < \infty$ und $\frac{1}{p} + \frac{1}{q} = 1$. Dann gilt für zwei messbare Funktionen $f, g : \Omega \to \mathbb{R}$:*

$$\|fg\|_1 \le \|f\|_p \|g\|_q .$$

Beweis. Wir beginnen mit einigen Spezialfällen: Ist $\|f\|_p = 0$ oder $\|g\|_q = 0$, so ist $f \cdot g = 0$ μ-fast überall und die Behauptung klar. Ebenso ist für den Fall $\|f\|_p \|g\|_q > 0$ und $\|f\|_p = \infty$ oder $\|g\|_q = \infty$ nichts zu zeigen. Es sei daher $0 < \|f\|_p, \|g\|_q < \infty$. Ausgangspunkt für diesen Fall ist der folgende Spezialfall der Ungleichung zwischen geometrischem und arithmetischem Mittel zweier reeller Zahlen $x, y \ge 0$:

$$x^\alpha y^\beta \le \alpha x + \beta y, \quad \alpha, \beta \ge 0, \ \alpha + \beta = 1. \tag{2.7}$$

Für $x = 0$ oder $y = 0$ ist nichts zu zeigen. Sind $x, y > 0$, so folgt aus der Konkavität des Logarithmus ($\ln''(t) = -\frac{1}{t^2} < 0$ für alle $t > 0$):

$$\ln \left(x^\alpha y^\beta \right) = \alpha \ln(x) + \beta \ln(y) \le \ln(\alpha x + \beta y).$$

Wendet man auf beide Seiten der Ungleichung die Exponentialfunktion an, folgt (2.7). Setzen wir für x und y die Werte $\frac{|f|^p}{\|f\|_p^p}$ und $\frac{|g|^q}{\|g\|_q^q}$ mit $\alpha = \frac{1}{p}$ und $\beta = \frac{1}{q}$ ein, so folgt

$$\frac{|f||g|}{\|f\|_p \|g\|_q} \le \frac{1}{p} \cdot \frac{|f|^p}{\|f\|_p^p} + \frac{1}{q} \cdot \frac{|g|^q}{\|g\|_q^q}.$$

Integration auf beiden Seiten liefert auf der rechten Seite der Ungleichung den Wert 1 und damit die Behauptung.   □

Die nächste Ungleichung, die wir aus der Hölderschen Ungleichung herleiten, zeigt, dass $\|\cdot\|_p$ der Dreiecksungleichung genügt.

Theorem 2.27 (Ungleichung von Minkowski). *Sind $f, g : \Omega \to \mathbb{R}$ messbar und $p \geq 1$, so gilt:*

$$\|f + g\|_p \leq \|f\|_p + \|g\|_p.$$

Beweis. Genau wie beim Beweis der Ungleichung von Hölder sind einige Spezialfälle offensichtlich: Ist $p = 1$ oder $\|f\|_p = \infty$ oder $\|g\|_p = \infty$ oder $\|f + g\|_p = 0$, gibt es nichts zu zeigen. Es sei daher $p > 1$, $\|f\|_p < \infty$, $\|g\|_p < \infty$ und $\|f + g\|_p > 0$. Wir definieren $q := (1 - \frac{1}{p})^{-1}$, so dass $\frac{1}{p} + \frac{1}{q} = 1$ gilt, und erhalten durch die Ungleichung 2.26 von Hölder:

$$\|f + g\|_p^p = \int |f + g|^p d\mu \leq \int |f||f + g|^{p-1} d\mu + \int |g||f + g|^{p-1} d\mu$$
$$\leq (\|f\|_p + \|g\|_p) \left\| |f + g|^{p-1} \right\|_q. \qquad (2.8)$$

Wegen $(p - 1)q = p$ gilt aber:

$$\left\| |f + g|^{p-1} \right\|_q = \left(\int |f + g|^p d\mu \right)^{\frac{1}{q}} = \|f + g\|_p^{\frac{p}{q}}.$$

Setzen wir dies in (2.8) ein, so erhalten wir

$$\|f + g\|_p^p \leq (\|f\|_p + \|g\|_p) \|f + g\|_p^{\frac{p}{q}}.$$

Multiplizieren wir beide Seiten mit $\|f + g\|_p^{-\frac{p}{q}} > 0$, folgt die Behauptung. $\square$

$\mathcal{L}^p$- und L^p-Räume

Wir fassen kurz die wichtigsten Resultate über L^p-Räume aus der Funktionalanalysis zusammen. Für eine ausführlichere Darstellung verweisen wir auf den Anhang B und die dort zitierte Literatur.

Definition 2.28 ($\mathcal{L}^p$-Raum). *Für $p \geq 1$ sei $\mathcal{L}^p := \mathcal{L}^p(\mu) := \mathcal{L}^p(\Omega, \mathcal{F}, \mu)$ die Menge aller messbaren Funktionen $f : \Omega \to \mathbb{R}$ mit*

$$\|f\|_p := \left(\int |f|^p d\mu \right)^{\frac{1}{p}} < \infty.$$

$\mathcal{L}^p$-Räume lassen sich auch für $0 < p < 1$ definieren. Da wir diese Räume nicht benötigen, beschränken wir uns auf den Fall $p \geq 1$. $\mathcal{L}^1 = \mathcal{L}$ ist nichts anderes als die Menge aller integrierbaren Funktionen, und $\mathcal{L}^p$ ist die Menge der Funktionen f, für die $|f|^p$ integrierbar ist. Wir wissen bereits, dass $\|\cdot\|_p$ die

Dreiecksungleichung erfüllt, so dass es nahe liegend ist zu vermuten, dass $\|\cdot\|_p$ eine Norm auf $\mathcal{L}^p$ ist. Das Problem besteht jedoch darin, dass lediglich

$$\|f\|_p = 0 \Longleftrightarrow f = 0 \ \mu\text{-fast überall}$$

gilt. Die Funktion f ist also nur bis auf eine μ-Nullmenge gleich der Nullfunktion. Dieses Problem ist jedoch nur technischer Natur. Setzen wir $\mathcal{N} := \{f : \Omega \to \mathbb{R} : f = 0 \ \mu\text{-fast überall}\}$, so erhalten wir den Quotientenraum

$$L^p := L^p(\mu) := \mathcal{L}^p(\mu)/\mathcal{N}, \quad p \geq 1.$$

Ein Element in L^p ist streng genommen eine Nebenklasse $f + \mathcal{N}$, und zwei Funktionen $f, g \in \mathcal{L}^p$ sind genau dann in der gleichen Nebenklasse, wenn sie μ-fast überall gleich sind. Wir werden im Folgenden auf diese Unterscheidung verzichten und von $f \in L^p$ sprechen. Da alle Operationen auf L^p mit Hilfe von Vertretern der Nebenklasse definiert werden, wird diese übliche Vorgehensweise nicht zu Missverständnissen führen.

Aus der Funktionalanalysis sind folgende strukturelle Aussagen über $\mathcal{L}^p$ bzw. L^p bekannt:

(i) $\mathcal{L}^p$ und L^p sind bezüglich $\|\cdot\|_p$, $p \geq 1$, vollständige Räume.

(ii) Für $p \geq 1$ ist $(L^p, \|\cdot\|_p)$ ein Banach-Raum, also ein vollständiger, normierter Raum.

(iii) L^2 ist ein Hilbert-Raum, wobei das Skalarprodukt durch

$$\langle f, g \rangle = \int fg d\mu, \quad f, g \in L^2,$$

gegeben ist. Insbesondere gilt also:

$$\langle f, f \rangle = \|f\|_2^2 .$$

L^p-Konvergenz

In der Maßtheorie existieren viele verschiedene Konvergenzbegriffe, von denen wir jetzt zwei vorstellen. Zunächst erklären wir Konvergenz in L^p wie in jedem normierten Raum:

Definition 2.29 (Konvergenz in L^p). *Eine Folge $(f_n)_{n \in \mathbb{N}}$ von Funktionen aus L^p heißt in L^p konvergent, wenn es ein $f \in L^p$ gibt, so dass*

$$\|f_n - f\|_p \to 0.$$

Wir schreiben dafür kurz: $f_n \xrightarrow{L^p} f$.

Wie für andere Eigenschaften auch, bedeutet Konvergenz μ-fast überall, dass die Menge der Argumente, die nicht zur Konvergenz führen, in einer Nullmenge enthalten sind:

Definition 2.30 (Konvergenz μ-fast überall). *Eine Folge* $(f_n)_{n\in\mathbb{N}}$ *messbarer Funktionen* $f_n : \Omega \to \mathbb{R}, n \in \mathbb{N}$, *heißt μ-fast überall konvergent, wenn es eine messbare Funktion* $f : \Omega \to \mathbb{R}$ *und eine μ-Nullmenge N gibt, so dass*

$$f_n(x) \to f(x) \text{ für alle } x \in N^c.$$

Wir schreiben dafür kurz: $f_n \to f$ (μ-)f.ü.

Für endliche Maße μ gibt es einen Zusammenhang zwischen den Räumen L^p und L^q:

Satz 2.31. *Ist* $\mu(\Omega) < \infty$ *und* $q > p \geq 1$, *so ist*

$$L^q \subset L^p,$$

und es gibt ein reelles $c \geq 0$, *so dass*

$$\|f\|_p \leq c\|f\|_q \text{ für alle } f \in L^q.$$

Beweis. Wir definieren $r := \frac{q}{p}$ und $s := (1 - \frac{1}{r})^{-1}$, so dass $\frac{1}{r} + \frac{1}{s} = 1$ gilt. Wenden wir für ein $f \in L^q$ die Ungleichung 2.26 von Hölder auf die Funktionen $|f|^p$ und I_Ω an, so erhalten wir:

$$\|f\|_p^p = \int |f|^p d\mu = \||f|^p \cdot I_\Omega\|_1 \leq \left(\int |f|^{pr} d\mu\right)^{\frac{1}{r}} \left(\int |I_\Omega|^s d\mu\right)^{\frac{1}{s}}$$
$$= \|f\|_q^p \cdot (\mu(\Omega))^{\frac{1}{s}}.$$

Aus $\mu(\Omega) < \infty$ folgt $f \in L^p$, und Ziehen der p-ten Wurzel liefert:

$$\|f\|_p \leq (\mu(\Omega))^{\frac{1}{p} - \frac{1}{q}} \|f\|_q,$$

so dass mit $c := (\mu(\Omega))^{\frac{1}{p} - \frac{1}{q}} \in \mathbb{R}_+$ auch die zweite Behauptung folgt. $\square$

Beziehungen zwischen den Konvergenzarten

Unmittelbar als Korollar erhalten wir:

Korollar 2.32. *Ist* $q > p \geq 1$ *und* $f, f_n \in L^q$, $n \in \mathbb{N}$, *so gilt:*

$$\text{Aus } f_n \xrightarrow{L^q} f \text{ folgt } f_n \xrightarrow{L^p} f.$$

Mit anderen Worten: Konvergenz in L^q impliziert Konvergenz in L^p.

Beweis. Gemäß Satz 2.31 erhalten wir:

$$\|f_n - f\|_p \leq c \cdot \|f_n - f\|_q \longrightarrow 0.$$

$\square$

Das nächste Resultat enthält ein nützliches Kriterium für Konvergenz in L^p, wenn Konvergenz fast überall gegeben ist.

Satz 2.33. *Seien $p \geq 1$ und $f, f_n \in L^p$, $n \in \mathbb{N}$, so dass $f_n \longrightarrow f$ fast überall. Dann ist $f_n \xrightarrow{L^p} f$ genau dann, wenn $\|f_n\|_p \longrightarrow \|f\|_p$.*

Beweis. Ist $f_n \xrightarrow{L^p} f$, so folgt aus der Dreiecksungleichung für Normen:

$$\big| \, \|f_n\|_p - \|f\|_p \, \big| \leq \|f_n - f\|_p \longrightarrow 0.$$

Für die umgekehrte Schlussrichtung sei nun $\|f_n\|_p \longrightarrow \|f\|_p$ vorausgesetzt. Wir definieren

$$g_n := 2^p(|f_n|^p + |f|^p), \ n \in \mathbb{N}, \text{ und } g := 2^{p+1}|f|^p.$$

Dann gilt nach Voraussetzung $g_n \longrightarrow g$ f.ü. und $\int g_n d\mu \longrightarrow \int g d\mu$. Aus der Abschätzung für zwei reelle Zahlen x, y

$$|x - y|^p \leq 2^p(|x|^p + |y|^p)$$

erhalten wir

$$|g_n| \geq |f_n - f|^p \longrightarrow 0 \ \mu\text{-f.ü.}$$

Daher folgt aus dem Satz 2.14 von der dominierten Konvergenz

$$\|f_n - f\|_p^p = \int |f_n - f|^p d\mu \longrightarrow 0.$$

$\square$

2.5 Der Satz von Radon-Nikodym

Ein Maß ist eine Funktion auf einer σ-Algebra, einer mehr oder weniger großen Teilmenge der Potenzmenge $\mathcal{P}(\Omega)$ eines Grundraums Ω. In diesem Abschnitt untersuchen wir die Frage, ob man ein Maß nicht auch durch eine einfachere Funktion

$$f : \Omega \to \bar{\mathbb{R}}$$

direkt auf der Grundmenge Ω beschreiben kann. Wir fixieren einen Maßraum $(\Omega, \mathcal{F}, \mu)$ und erinnern an die Bezeichnungen M^+ für die nicht-negativen, messbaren numerischen Funktionen $f : \Omega \to \bar{\mathbb{R}}$ sowie T^+ für die nicht-negativen Treppenfunktionen auf Ω.

Dichten und absolute Stetigkeit

Zur Vorbereitung der Definition eines Maßes bezüglich einer Dichte zeigen wir folgendes Lemma:

Lemma 2.34. *Für jedes $f \in M^+$ ist*

$$f \odot \mu : \mathcal{F} \to \bar{\mathbb{R}},$$
$$(f \odot \mu)(A) := \int_A f d\mu = \int f I_A d\mu,$$

ein Maß. Setzen wir $\nu := f \odot \mu$, so gilt für jedes $g \in M^+$:

$$\int g d\nu = \int (gf) d\mu.$$

Beweis. Von den Maßeigenschaften ist einzig die σ-Additivität für $f \odot \mu$ nicht offensichtlich: Dazu sei $A = \bigcup_{n=1}^{\infty} A_n$ eine abzählbare disjunkte Vereinigung mit $A_n \in \mathcal{F}$, $n \in \mathbb{N}$. Dann ist $f I_A = \sum_{n=1}^{\infty} f I_{A_n}$, und die σ-Additivität von $f \odot \mu$ folgt unmittelbar aus Korollar 2.8. Die zweite Behauptung ist nach Definition für $g = I_A$, $A \in \mathcal{F}$, richtig. Der allgemeine Fall folgt nach unserer STANDARDPROZEDUR.   □

Jetzt können wir dem Maß $f \odot \mu$ einen Namen geben:

Definition 2.35 (Maß mit Dichte, Dichte). *Ist $f \in M^+$, so heißt*

$$f \odot \mu : \mathcal{F} \to \bar{\mathbb{R}},$$
$$(f \odot \mu)(A) := \int_A f d\mu,$$

Maß mit der Dichte f (bzgl. μ). Die Funktion $f : \Omega \to \bar{\mathbb{R}}_+$ heißt Dichte des Maßes $f \odot \mu$.

Jede μ-Nullmenge ist auch eine $(f \odot \mu)$-Nullmenge:

Satz 2.36. *Ist $f \in M^+$ und $A \in \mathcal{F}$ mit $\mu(A) = 0$, so folgt:*

$$(f \odot \mu)(A) = 0.$$

Beweis. Ist $A \in \mathcal{F}$ eine μ-Nullmenge, so ist auch $\{f I_A > 0\}$ eine μ-Nullmenge, d.h. $f I_A = 0$ μ-fast überall. Daraus folgt nach Satz 2.15

$$(f \odot \mu)(A) = \int f I_A d\mu = 0.$$

□

Die in Satz 2.36 bewiesene Beziehung motiviert die folgende Definition:

Definition 2.37 (absolute Stetigkeit). *Sind μ und ν zwei Maße auf $(\Omega, \mathcal{F})$, so heißt ν absolut stetig bezüglich μ, wenn für alle $A \in \mathcal{F}$ gilt:*

$$\text{Ist } \mu(A) = 0, \text{ so folgt } \nu(A) = 0.$$

Wir schreiben dafür kurz: $\nu \ll \mu$.

In unserer neuen Terminologie bedeutet Satz 2.36, dass $f \odot \mu$ absolut stetig ist bezüglich μ: $f \odot \mu \ll \mu$.

Existenz von Dichten

Wir gehen von einem Maßraum $(\Omega, \mathcal{F}, \mu)$ mit einem uns gut vertrauten Maß μ, z.B. dem Lebesgue-Maß auf $\mathbb{R}$, aus. Ist ν ein weiteres Maß auf Ω, so würden wir dieses gerne mit Hilfe von μ und einer einfachen Dichtefunktion $f : \Omega \to \bar{\mathbb{R}}_+$ darstellen. Die Frage ist daher, wann es zu ν eine Dichtefunktion f gibt, so dass

$$\nu = f \odot \mu$$

gilt. Antwort darauf gibt der folgende berühmte Satz von Radon-Nikodym:

Theorem 2.38 (Satz von Radon-Nikodym). *Ist $(\Omega, \mathcal{F}, \mu)$ ein Maßraum mit einem σ-endlichen Maß μ und ν ein weiteres Maß auf $(\Omega, \mathcal{F})$, so sind folgende Aussagen äquivalent:*

(i) *$\nu \ll \mu$.*
(ii) *Es gibt eine Dichte $f \in M^+$, so dass gilt: $\nu = f \odot \mu$.*

Die Implikation (ii) $\Rightarrow$ (i) haben wir bereits in Satz 2.36 gezeigt.

Der Beweis des Satzes von Radon-Nikodym

Der Beweis des Theorems 2.38 ist recht umfangreich. Wir betrachten als erstes folgenden Spezialfall:

Lemma 2.39. *Sind ν und μ endliche Maße auf $(\Omega, \mathcal{F})$ und $\nu \leq \mu$, so gibt es eine Dichte $g : \Omega \to [0,1]$ mit $\nu = g \odot \mu$.*

Beweis. Für diesen Spezialfall gibt es einen sehr eleganten Beweis, der den Darstellungssatz von Riesz-Fréchet verwendet. Zunächst bemerken wir, dass aus $\nu \leq \mu$ und $\nu(\Omega) < \infty$ folgt:

$$\mathcal{L}^2(\mu) \subset \mathcal{L}^2(\nu) \subset \mathcal{L}^1(\nu). \tag{2.9}$$

Daher ist die Linearform

$$\phi : L^2(\mu) \to \mathbb{R},$$

$$f \mapsto \int f d\nu,$$

unabhängig vom Repräsentanten und wegen (2.9) das Integral $\int f d\nu$ endlich, also insgesamt die Linearform wohldefiniert. Ebenfalls aus (2.9) folgt die Stetigkeit von ϕ. Damit gibt es nach dem Darstellungssatz von Riesz-Fréchet für stetige Linearformen auf Hilbert-Räumen, Theorem B.13, ein $g \in L^2(\mu)$, so dass

$$\int f d\nu = \langle f, g \rangle = \int g f d\mu \text{ für alle } f \in L^2(\mu).$$

Setzt man für jedes $A \in \mathcal{F}$ die Indikatorfunktion $f = I_A$ ein, so folgt

$$\nu(A) = \int I_A d\nu = \int g I_A d\mu,$$

mit anderen Worten: $\nu = g \odot \mu$. Es bleibt noch $g(\Omega) \subset [0,1]$ zu zeigen. Sei dazu $C := \{g < 0\}$, wir nehmen $\mu(C) > 0$ an. Dann ist $\nu(C) = \int_C g d\mu < 0$, was nicht möglich ist. Analog sei $C := \{g > 1\}$, und wir nehmen wieder $\mu(C) > 0$ an. Diesmal ist $\nu(C) = \int_C g d\mu > \mu(C)$, im Widerspruch zur Voraussetzung $\nu \leq \mu$. Insgesamt ist $g(\Omega) \subset [0,1]$ μ-fast überall, und wir können $g : \Omega \to [0,1]$ wählen.   □

Beweis (des Theorems 2.38). Wie bereits erwähnt, haben wir die Implikation (ii) $\Rightarrow$ (i) in Satz 2.36 gezeigt. Den Beweis der Implikation (i) $\Rightarrow$ (ii) unterteilen wir in drei Schritte:
1. Schritt: Die Behauptung gilt für endliche Maße μ, ν:
Die Summe $\rho := \mu + \nu$ ist ein endliches Maß, für das $\mu, \nu \leq \rho$ gilt. Daher gibt es nach Lemma 2.39 zwei messbare Funktionen $g, h : \Omega \to [0,1]$, so dass gilt:

$$\mu = g \odot \rho, \quad \nu = h \odot \rho.$$

Die Nullstellen $N := \{g = 0\}$ von g sind eine μ-Nullmenge, da $\mu(N) = \int_N g d\rho = 0$. Wegen $\nu \ll \mu$ gilt auch $\nu(N) = 0$. Die Funktion

$$f : \Omega \mapsto \mathbb{R},$$

$$x \mapsto \begin{cases} \frac{h(x)}{g(x)} & \text{für } x \in N^c, \\ 0 & \text{für } x \in N, \end{cases}$$

ist nicht-negativ und messbar. Wir weisen jetzt nach, dass f unsere gesuchte Dichte ist: Sei $A \in \mathcal{F}$, dann folgt mit Lemma 2.34 :

$$\nu(A) = \nu(A \cap N^c) = \int\limits_{A \cap N^c} h d\rho = \int\limits_{A \cap N^c} f g d\rho$$

$$= \int\limits_{A \cap N^c} f d\mu = \int\limits_A f d\mu = (f \odot \mu)(A).$$

2. Schritt: Die Behauptung gilt für endliches μ und beliebiges ν:
Wir betrachten das Supremum

$$c := \sup\{\mu(A) : A \in \mathcal{F}, \nu(A) < \infty\}.$$

Da $\mu(A) \leq \mu(\Omega) < \infty$ für alle $A \in \mathcal{F}$, ist auch $c < \infty$, und wir finden eine
Folge $(B_n)_{n \in \mathbb{N}}$ von Mengen aus $\mathcal{F}$, $\nu(B_n) < \infty$ für alle $n \in \mathbb{N}$, mit

$$B_n \uparrow \bigcup_{n=1}^{\infty} B_n =: C, \quad \text{und } \mu(B_n) \uparrow \mu(C) = c.$$

Wir setzen $D := C^c$ und betrachten für ein $A \subset D, A \in \mathcal{F}$ zwei Fälle: Ist
$\nu(A) = \infty$, so folgt $\mu(A) > 0$, da wegen der absoluten Stetigkeit aus $\mu(A) = 0$
auch $\nu(A) = 0$ folgen würde. Ist hingegen $\nu(A) < \infty$, so ist $\nu(B_n \cup A) =$
$\nu(B_n) + \nu(A) < \infty$, und daher

$$c \geq \lim_{n \to \infty} \mu(B_n \cup A) = \mu(C) + \mu(A) = c + \mu(A),$$

also $\mu(A) = 0$. Daraus folgt aber wiederum auf Grund der absoluten Stetigkeit
$\nu(A) = 0$. Insgesamt erhalten wir für $A \subset D$, $A \in \mathcal{F}$, entweder $\nu(A) = \infty$,
$\mu(A) > 0$ oder $\mu(A) = \nu(A) = 0$. Dies kann man kurz auch so formulieren:

$$I_D \odot \nu = (\infty \cdot I_D) \odot \mu. \tag{2.10}$$

Mit $B_0 := \emptyset$ betrachten wir die paarweise disjunkten Mengen $A_n := B_n \backslash B_{n-1}$,
$n \in \mathbb{N}$, und setzen $\nu_n := I_{A_n} \odot \nu$, $n \in \mathbb{N}$. Dann sind ν_n endliche Maße und

$$\nu_n = I_{A_n} \odot \nu \ll \nu \ll \mu.$$

Daher gibt es nach dem ersten Schritt nicht-negative, messbare Funktionen
$f_n : \Omega \to \bar{\mathbb{R}}_+$, $n \in \mathbb{N}$, mit

$$\nu_n = f_n \odot \mu, \quad n \in \mathbb{N}. \tag{2.11}$$

Aus $\bigcup_{n=1}^{\infty} A_n = C$ und $C \cup D = \Omega$ folgt:

$$\nu = \sum_{n=1}^{\infty} \nu_n + (I_D \odot \nu),$$

und daher mit (2.10) und (2.11):

$$\nu = \sum_{n=1}^{\infty} f_n \odot \mu + (\infty \cdot I_D) \odot \mu$$

$$= \left(\sum_{n=1}^{\infty} f_n + (\infty \cdot I_D) \right) \odot \mu.$$

Damit haben wir eine Dichtefunktion von ν bezüglich μ bestimmt.

3. Schritt: Die Behauptung gilt für σ-endliches μ und beliebiges ν:

Nach Definition der σ-Endlichkeit gibt es eine Folge paarweise disjunkter Mengen (A_n) mit $A_n \in \mathcal{F}$, $n \in \mathbb{N}$, und $\mu(A_n) < \infty$ und $\bigcup_{n=1}^{\infty} A_n = \Omega$. Unsere Strategie besteht darin, das Problem auf A_n einzuschränken, den zweiten Schritt anzuwenden und anschließend die Maße zusammenzusetzen. Wir definieren daher $\mu_n := I_{A_n} \odot \mu$, $\nu_n := I_{A_n} \odot \nu$, $n \in \mathbb{N}$, und beobachten, dass $\mu_n(\Omega) < \infty$ und $\nu_n \ll \mu_n$ für alle $n \in \mathbb{N}$ gilt. Daher gibt es nach dem zweiten Schritt eine Folge $(f_n)_{n \in \mathbb{N}}$ von nicht-negativen, messbaren Funktionen, mit

$$\nu_n = f_n \odot \mu_n, \quad n \in \mathbb{N}.$$

Setzen wir $g_n := f_n I_{A_n}$, $n \in \mathbb{N}$, so gilt sogar $\nu_n = g_n \odot \mu$, und schließlich:

$$\nu = \sum_{n=1}^{\infty} \nu_n = \sum_{n=1}^{\infty} (g_n \odot \mu) = \left(\sum_{n=1}^{\infty} g_n \right) \odot \mu.$$

$\square$

ε-δ-Kriterium für absolute Stetigkeit

Als Anwendung des Theorems 2.38 von Radon-Nikodym zeigen wir ein ε-δ-Kriterium für absolute Stetigkeit bei endlichen Maßen:

Korollar 2.40. *Seien μ und ν zwei Maße auf dem Messraum $(\Omega, \mathcal{F})$, μ σ-endlich und ν endlich. Dann sind äquivalent:*

(i) $\nu \ll \mu$.

(ii) *Zu jedem $\varepsilon > 0$ gibt es ein $\delta > 0$, so dass für alle $A \in \mathcal{F}$ gilt:*

$$\mu(A) < \delta \Rightarrow \nu(A) < \varepsilon.$$

Beweis. (i) $\Rightarrow$ (ii): Sei $\varepsilon > 0$ gegeben. Nach dem Theorem 2.38 von Radon-Nikodym gibt es eine Dichte $f \in M^+$ mit $\nu(A) = \int_A f d\mu$. Aus der Endlichkeit von ν folgt, dass $\{f = \infty\}$ eine μ-Nullmenge und damit eine ν-Nullmenge ist. Daher gibt es ein $n \in \mathbb{N}$, so dass $\nu(\{f > n\}) < \frac{\varepsilon}{2}$ gilt. Weiter folgt für jedes $A \in \mathcal{F}$:

$$\nu(A) = \int_{A \cap \{f \leq n\}} f d\mu + \nu(A \cap \{f > n\}) \leq n\mu(A) + \frac{\varepsilon}{2}.$$

Setzen wir $\delta := \frac{\varepsilon}{2n}$, so folgt die Behauptung.

(ii) $\Rightarrow$ (i): Aus $A \in \mathcal{F}$, $\mu(A) = 0$ folgt $\nu(A) < \varepsilon$ für alle $\varepsilon > 0$, also $\nu(A) = 0$.

$\square$

Teil II

Wahrscheinlichkeitstheorie

3

Wahrscheinlichkeitsräume

3.1 Die Axiomatik

Situationen, in denen ein vom Zufall beeinflusstes Ergebnis auftritt, heißen Zufallsexperimente. Die Wahrscheinlichkeitstheorie beschäftigt sich mit der mathematischen Behandlung von Zufallsexperimenten. Dazu muss zunächst ein geeignetes mathematisches Modell gewählt werden.

Die Herleitung des Modells

Charakteristisch für jedes Zufallsexperiment ist, dass es mehrere mögliche Ergebnisse liefern kann. Die Menge aller möglichen Ergebnisse bezeichnen wir als Ergebnisraum Ω. Jedes $\omega \in \Omega$ interpretieren wir als ein mögliches Ergebnis des Zufallsexperimentes.

Beispiel 3.1. Würfeln: Werfen wir einen gewöhnlichen Würfel, so können dabei die Ergebnisse $1, 2, 3, 4, 5$ oder 6 entstehen. Im Prinzip kann der Wurf eines Würfels als ein deterministisches Problem aufgefasst werden. Die Bahn des Würfels und damit das Ergebnis ist durch die Lage des Würfels in der Hand, die Handbewegung, die Tischhöhe etc. eindeutig bestimmt. Im Allgemeinen verfügen wir aber nicht über diese Angaben. Dieser Mangel an Information lässt uns das Ergebnis des Würfelns als zufällig erscheinen. Als Ergebnisraum werden wir $\Omega = \{1, 2, 3, 4, 5, 6\}$ wählen. Es gibt durchaus unterschiedliche Ansichten zur „Natur des Zufalls", also über die Frage, woher der Zufall in einem Experiment kommt. Diese spielen für uns jedoch keine Rolle.

Anrufe im Callcenter: Beim einmaligen Wurf eines Würfels kommt man mit einem endlichen Ergebnisraum aus. Will man hingegen die Zahl der Anrufe in einem Callcenter oder die Zahl der Zugriffe auf eine Internet-Seite beschreiben, so sind prinzipiell alle natürlichen Zahlen inklusive Null als Ergebnisse möglich. Man wird daher $\Omega = \mathbb{N}_0 = \{0, 1, 2, 3, \ldots\}$ als abzählbaren Ergebnisraum zur Modellierung wählen.

Dartscheibe: Auch abzählbare Ergebnisräume sind nicht ausreichend. Wirft man mit einem Dartpfeil auf eine Dartscheibe und betrachtet den Wurf als gültig, wenn die Scheibe getroffen wird (was nicht selbstverständlich ist), so ist jeder Punkt der Scheibe ein mögliches Ergebnis. Der angemessene Ergebnisraum ist daher eine Kreisscheibe $\Omega = K(0,r) := \{(x,y) \in \mathbb{R}^2 : x^2 + y^2 \leq r^2\}$, deren Mächtigkeit überabzählbar ist.

Typische Fragestellungen, die im Rahmen der beschriebenen Beispiele gestellt werden könnten, sind:

- Mit welcher Wahrscheinlichkeit fällt beim Würfeln eine gerade Zahl?
- Mit welcher Wahrscheinlichkeit überschreitet die Anzahl der Anrufe in einem Callcenter eine feste Schranke M und bringt so das System in Schwierigkeiten?
- Mit welcher Wahrscheinlichkeit wird beim Werfen auf eine Dartscheibe ein bestimmter Sektor der Scheibe getroffen, für den es besonders viele Punkte gibt?

Alle Fragestellungen haben eines gemeinsam: Man interessiert sich für ein bestimmtes Ereignis, das durch eine Teilmenge des Ergebnisraums Ω gegeben ist, und möchte diesem ein Maß, dass der Wahrscheinlichkeit entspricht, zuordnen. Unser Ziel ist es daher, ein Mengensystem $\mathcal{F}$ über Ω aller möglichen Ereignisse $A \in \mathcal{F}$ festzulegen, denen wir ein Maß

$$\mathbb{P} : \mathcal{F} \to \mathbb{R},$$
$$A \mapsto \mathbb{P}(A),$$

zuordnen können, das wir als Wahrscheinlichkeit für das Eintreten von A interpretieren. Wir kennen sowohl das an dieser Stelle auftretende Problem als auch seine Lösung aus der Maßtheorie: Wie das Maßproblem 1.5 lehrt, ist es im Allgemeinen nicht möglich, jeder Teilmenge des Ergebnisraums Ω ein Maß mit gewissen natürlichen Eigenschaften zuzuordnen. Daher beschränken wir unsere Mengensysteme $\mathcal{F}$ aller möglichen Ereignisse auf σ-Algebren.

Das Maß $\mathbb{P} : \mathcal{F} \to \mathbb{R}$ wollen wir als Wahrscheinlichkeit $\mathbb{P}(A)$ für das Eintreten des Ereignisses $A \in \mathcal{F}$ interpretieren. Die definierenden Eigenschaften eines Maßes, Nicht-Negativität und Additivität, stimmen mit unserer intuitiven Vorstellung einer Wahrscheinlichkeit überein. Zusätzlich fordern wir, dass

$$\mathbb{P}(\Omega) = 1$$

gilt. Aus der Monotonie folgt dann $0 \leq \mathbb{P}(A) \leq 1$ für alle $A \in \mathcal{F}$, so dass wir $\mathbb{P}(A)$ als Wahrscheinlichkeit für das Eintreten von A deuten können. So bedeutet $\mathbb{P}(\Omega) = 1$, dass das Ereignis Ω mit Wahrscheinlichkeit 1, also sicher eintreten wird. Da Ω alle möglichen Ergebnisse enthält, ist dies eine sinnvolle Deutung.

Zusammenfassung der Axiomatik

Wir fassen unsere bisherigen Überlegungen in der folgenden Definition zusammen:

Definition 3.2 (Wahrscheinlichkeitsraum). *Ist $(\Omega, \mathcal{F}, \mathbb{P})$ ein Maßraum und $\mathbb{P}(\Omega) = 1$, so heißt $\mathbb{P}$ Wahrscheinlichkeitsmaß und $(\Omega, \mathcal{F}, \mathbb{P})$ Wahrscheinlichkeitsraum.*

Ein Zufallsexperiment wird mathematisch durch einen Wahrscheinlichkeitsraum $(\Omega, \mathcal{F}, \mathbb{P})$ modelliert:

- *Die Menge Ω ist der Ergebnisraum des Zufallsexperimentes und enthält alle möglichen Ergebnisse.*
- *Die σ-Algebra $\mathcal{F}$ ist der Ereignisraum des Zufallsexperimentes und enthält alle Ereignisse $A \in \mathcal{F}$, denen wir eine Wahrscheinlichkeit zuordnen.*
- *Das Wahrscheinlichkeitsmaß $\mathbb{P} : \mathcal{F} \to [0,1]$ ordnet jedem Ereignis $A \in \mathcal{F}$ seine Wahrscheinlichkeit $\mathbb{P}(A)$ zu.*

Wir haben in Definition 2.16 für einen Maßraum die Sprechweise μ-fast überall eingeführt. Da wir es von nun an mit Wahrscheinlichkeiten zu tun haben, ist es intuitiver, von $\mathbb{P}$-fast sicheren (f.s.) Eigenschaften E zu sprechen, wenn es eine $\mathbb{P}$-Nullmenge gibt, so dass E auf N^c gilt.

Ein Wahrscheinlichkeitsmaß-Problem

Wir haben uns bei der Einführung der σ-Algebra als Ereignisraum auf das Maßproblem 1.5 berufen. Dabei kann man zu Recht den Einwand erheben, dass im Maßproblem ein translationsinvariantes Maß auf dem $\mathbb{R}^n$ betrachtet wird, das insbesondere nicht endlich ist. Im Rahmen der Wahrscheinlichkeitstheorie interessieren wir uns jedoch nur für endliche Maße mit $\mathbb{P}(\Omega) = 1$. Wir zeigen daher im nächsten Satz, dass auch für Wahrscheinlichkeitsmaße die Potenzmenge als Definitionsbereich im Allgemeinen zu groß ist. Als Ergebnisraum betrachten wir den Raum

$$\Omega = \{0, 1\}^{\mathbb{N}},$$

den man sich als Modell für den unendlich oft wiederholten Münzwurf vorstellen kann. Die Translationsinvarianz aus dem Maß-Problem ersetzen wir durch die Invarianz gegenüber Abbildungen, die das Ergebnis eines einzelnen Münzwurfs umdrehen:

$$F_n : \Omega \longrightarrow \Omega, \quad \omega = (\omega_1, \omega_2, \ldots) \mapsto (\omega_1, \ldots, \omega_{n-1}, 1 - \omega_n, \omega_{n+1}, \ldots), \quad n \in \mathbb{N}.$$

Der Buchstabe F soll an *flip* erinnern. Als Invarianz werden wir $\mathbb{P}(F_n(A)) = \mathbb{P}(A)$ für alle $n \in \mathbb{N}$ und $A \subset \Omega$ fordern. Dies bedeutet, dass wir keine Folge

$\omega \in \Omega$ in irgendeiner Weise auszeichnen. Im Rahmen unserer Interpretation von $\omega \in \Omega$ als unendlich oft wiederholter Münzwurf ist dies eine vernünftige Forderung.

Satz 3.3. *Es sei* $\Omega = \{0,1\}^{\mathbb{N}}$. *Dann gibt es kein Wahrscheinlichkeitsmaß* $\mathbb{P} : \mathcal{P}(\Omega) \to [0,1]$, *so dass für alle* $A \subset \Omega$ *gilt:*

$$\mathbb{P}(F_n(A)) = \mathbb{P}(A) \quad \text{für alle } n \in \mathbb{N}. \tag{3.1}$$

Beweis. Der Beweis ähnelt dem Beweis des Maßproblems 1.5. Wieder führen wir eine Äquivalenzrelation ein und wählen ein Repräsentantensystem. Es sei

$\omega \sim \tilde{\omega}$ genau dann, wenn es ein n_0 gibt, so dass $\omega_n = \tilde{\omega}_n$ für alle $n \geq n_0$.

Sei $R \subset \Omega$ ein Repräsentantensystem (dessen Existenz durch das Auswahlaxiom gewährleistet ist). Für eine endliche Menge $E = \{n_1, \ldots, n_k\} \subset \mathbb{N}$ definieren wir

$$F_E := F_{n_1} \circ \ldots \circ F_{n_k}.$$

Ist $\mathcal{E} := \{E \subset \mathbb{N} : |E| < \infty\}$ das System aller endlichen Teilmengen von $\mathbb{N}$, so behaupten wir, dass

$$\Omega = \bigcup_{E \in \mathcal{E}} F_E(R) \tag{3.2}$$

eine abzählbare Partition von Ω ist. Die Abzählbarkeit von $\mathcal{E}$ folgt aus der Darstellung

$$\mathcal{E} = \bigcup_{k=0}^{\infty} \{E \subset \mathbb{N} : \sup E = k\}.$$

Ist $\omega \in \Omega$, so gibt es ein $\tilde{\omega} \in R$, so dass $\omega \sim \tilde{\omega}$. Dann gibt es auch ein $E \in \mathcal{E}$, so dass $\omega = F_E(\tilde{\omega}) \in F_E(R)$. Weiter sind die Mengen $F_E(R)$, $E \in \mathcal{E}$ disjunkt. Denn aus $F_E(R) \cap F_{\tilde{E}}(R) \neq \emptyset$, $E, \tilde{E} \in \mathcal{E}$, folgt die Existenz von $\omega, \tilde{\omega} \in R$ mit $F_E(\omega) = F_{\tilde{E}}(\tilde{\omega})$. Daraus ergibt sich

$$\omega \sim F_E(\omega) = F_{\tilde{E}}(\tilde{\omega}) \sim \tilde{\omega}.$$

Da R ein Repräsentantensystem ist, folgt $\omega = \tilde{\omega}$. Also ist $F_E(\omega) = F_{\tilde{E}}(\omega)$ und somit $E = \tilde{E}$. Damit ist nachgewiesen, dass (3.2) eine abzählbare Partition ist. Sei $\mathbb{P}$ ein Wahrscheinlichkeitsmaß, das (3.1) erfüllt. Dann ergibt sich aus der Invarianz von $\mathbb{P}$:

$$1 = \mathbb{P}(\Omega) = \sum_{E \in \mathcal{E}} \mathbb{P}(F_E(R)) = \sum_{E \in \mathcal{E}} \mathbb{P}(R).$$

Sowohl $\mathbb{P}(R) = 0$ als auch $\mathbb{P}(R) > 0$ führen zum Widerspruch.   □

Elementare Rechenregeln

Im nachfolgenden Satz fassen wir einige elementare Rechenregeln für Wahrscheinlichkeitsmaße zusammen. Insbesondere gelten alle Eigenschaften, die wir von allgemeinen Maßen kennen. Durch die zusätzliche Voraussetzung $\mathbb{P}(\Omega) = 1$ werden diese lediglich vereinfacht:

Satz 3.4. *Es sei $(\Omega, \mathcal{F}, \mathbb{P})$ ein Wahrscheinlichkeitsraum und $A, B, A_n \in \mathcal{F}$, $n \in \mathbb{N}$. Dann gilt:*

(i) $\mathbb{P}(A^c) = 1 - \mathbb{P}(A)$.
(ii) *Ist $A \subset B$, so gilt:* $\mathbb{P}(A) \le \mathbb{P}(B)$.
(iii) Siebformel:

$$\mathbb{P}\left(\bigcup_{i=1}^{n} A_i\right) = \sum_{i=1}^{n} (-1)^{i+1} \sum_{1 \le j_1 < \ldots < j_i \le n} \mathbb{P}\left(\bigcap_{k=1}^{i} A_{j_k}\right).$$

(iv)

$$\mathbb{P}\left(\bigcup_{n=1}^{\infty} A_n\right) \le \sum_{n=1}^{\infty} \mathbb{P}(A_n).$$

(v) Stetigkeit von unten: *Aus $A_n \uparrow A$ folgt $\mathbb{P}(A_n) \uparrow \mathbb{P}(A)$.*
(vi) Stetigkeit von oben: *Aus $A_n \downarrow A$ folgt $\mathbb{P}(A_n) \downarrow \mathbb{P}(A)$.*

Beweis. Eigenschaft (i) ist ein Spezialfall der Subtraktivität, da $\mathbb{P}(\Omega) = 1$. Bis auf die Siebformel haben wir alle Eigenschaften in den Sätzen 1.36 und 1.37 gezeigt. Die Aussage der Siebformel ist für $n = 1$ trivial, für $n = 2$ folgt sie aus der Zerlegung

$$A \cup B = A \cup (B \backslash (A \cap B)).$$

Für den Induktionsschritt von n nach $n + 1$ betrachten wir

$$\mathbb{P}\left(\bigcup_{i=1}^{n+1} A_i\right) = \mathbb{P}\left(\bigcup_{i=1}^{n} A_i\right) + \mathbb{P}(A_{n+1}) - \mathbb{P}\left(\bigcup_{i=1}^{n} A_i \cap A_{n+1}\right).$$

Anwenden der Induktionsvoraussetzung auf den ersten und dritten Summanden und Zusammenfassen der Summanden ergibt die Behauptung für $n + 1$.
□

Das Lemma von Borel-Cantelli - erster Teil

Die Konzepte des Limes Inferior bzw. Superior sind aus der Analysis für eine Folge von Zahlen (a_n) bekannt. Es gibt ein mengentheoretisches Analogon für eine Folge von Ereignissen (A_n) aus $\mathcal{F}$:

$$\liminf A_n := \bigcup_{n=1}^{\infty} \bigcap_{k \geq n} A_k$$

$$\limsup A_n := \bigcap_{n=1}^{\infty} \bigcup_{k \geq n} A_k.$$

Aus der Definition folgt $\liminf A_n \subset \limsup A_n$. Über die Indikatorfunktionen erhalten wir den folgenden Zusammenhang zum Limes Inferior bzw. Superior von Folgen:

$$I_{\liminf A_n} = \liminf I_{A_n}, \quad I_{\limsup A_n} = \limsup I_{A_n}.$$

Daraus ergibt sich unmittelbar die wahrscheinlichkeitstheoretische Interpretation des Limes Inferior bzw. Superior:

$$\liminf A_n = \{\omega \in \Omega : \omega \in A_n \text{ für fast alle } n\},$$
$$\limsup A_n = \{\omega \in \Omega : \omega \in A_n \text{ für unendlich viele } n\}.$$

Betrachten wir z.B. das unendlich oft wiederholte Werfen einer Münze, so ist $\Omega = \{0,1\}^{\mathbb{N}}$ ein geeigneter Ergebnisraum. Das Ereignis

$$A_n := \{(a_i) \in \Omega : a_n = 0\}$$

stehe dafür, dass im n-ten Wurf „Kopf" fällt. Entsprechend ist $\limsup A_n$ das Ereignis, dass unendlich oft „Kopf" fällt, $\liminf A_n$ enthält die Ergebnisse, bei denen bis auf endlich viele Würfe nur „Kopf" fällt. Das LEMMA VON BOREL-CANTELLI, dessen ersten Teil wir jetzt zeigen, enthält Aussagen über die Wahrscheinlichkeit des Limes Superior:

Lemma 3.5 (Lemma von Borel-Cantelli, erster Teil). *Für eine Folge von Ereignissen* (A_n) *aus* $\mathcal{F}$ *eines Wahrscheinlichkeitsraumes* $(\Omega, \mathcal{F}, \mathbb{P})$ *gilt:*

$$\text{Ist} \quad \sum_{n=1}^{\infty} \mathbb{P}(A_n) < \infty, \;\; \text{so folgt} \;\; \mathbb{P}(\limsup A_n) = 0.$$

Beweis. Wir setzen $B_n := \bigcup_{k \geq n} A_k$, $n \in \mathbb{N}$. Dann ist $B_n \downarrow \limsup A_n$, und aus der Stetigkeit von oben von $\mathbb{P}$ folgt:

$$\mathbb{P}(\limsup A_n) = \lim_{n \to \infty} \mathbb{P}(B_n) \leq \lim_{n \to \infty} \sum_{k \geq n} \mathbb{P}(A_n) = 0.$$

$\square$

3.2 Diskrete Wahrscheinlichkeitsmaße

Die Wahrscheinlichkeitstheorie hat gegenüber der allgemeinen Maßtheorie den Vorteil, dass man sich auf Grund der Forderung $\mathbb{P}(\Omega) = 1$ nur mit endlichen Maßen beschäftigt. Außerdem gibt es viele Situationen, in denen das

Zufallsexperiment durch einen abzählbaren (also endlichen oder abzählbar unendlichen) Ergebnisraum Ω modelliert werden kann. Dabei ist es für viele Begriffsbildungen von Vorteil, wenn wir zulassen, dass nicht Ω selbst abzählbar ist, aber es eine abzählbare Teilmenge von Ω gibt, auf der die gesamte Wahrscheinlichkeit liegt:

Definition 3.6 (diskreter Wahrscheinlichkeitsraum). *Es sei $(\Omega, \mathcal{F}, \mathbb{P})$ ein Wahrscheinlichkeitsraum. Gibt es eine abzählbare Menge $T \in \mathcal{F}$ mit*

$$\mathbb{P}(T) = 1,$$

so heißt $(\Omega, \mathcal{F}, \mathbb{P})$ diskreter Wahrscheinlichkeitsraum, $\mathbb{P}$ diskretes Wahrscheinlichkeitsmaß und T ein abzählbarer Träger von $\mathbb{P}$.

Ist Ω selbst abzählbar, so können wir offensichtlich $T = \Omega$ wählen. Diskrete Wahrscheinlichkeitsmaße lassen sich leicht charakterisieren. Dazu bezeichnen wir für ein abzählbares T eine Folge $(p_\omega)_{\omega \in T}$ als stochastische Folge, wenn gilt:

$$p_\omega \in [0,1] \text{ für alle } \omega \in T \text{ und } \sum_{\omega \in T} p_\omega = 1.$$

Definition 3.7 (Zähldichte). *Ist $T \subset \Omega$ abzählbar und $(p_\omega)_{\omega \in T}$ eine stochastische Folge, so heißt die Funktion*

$$f : \Omega \longrightarrow [0,1],$$

$$\omega \mapsto \begin{cases} p_\omega & \text{für } \omega \in T, \\ 0 & \text{sonst,} \end{cases}$$

Zähldichte.

Ist $(\Omega, \mathcal{F}, \mathbb{P})$ ein diskreter Wahrscheinlichkeitsraum mit Träger T, so ist $p_\omega := \mathbb{P}(\{\omega\})$, $\omega \in T$, eine stochastische Folge. Die zugehörige Zähldichte f trägt ihren Namen zu Recht, wie der nachfolgende Satz zeigt:

Satz 3.8. *Ist $(\Omega, \mathcal{F}, \mathbb{P})$ ein diskreter Wahrscheinlichkeitsraum mit Träger T, so ist die zugehörige Zähldichte*

$$f : \Omega \longrightarrow [0,1],$$

$$\omega \mapsto \begin{cases} \mathbb{P}(\{\omega\}) & \text{für } \omega \in T, \\ 0 & \text{sonst,} \end{cases}$$

eine Dichte von $\mathbb{P}$ bezüglich des Zählmaßes μ_Z: $\mathbb{P} = f \odot \mu_Z$.
Insbesondere gilt:

$$\mathbb{P}(A) = \int_A f d\mu_Z = \sum_{\omega \in A \cap T} f(\omega) \ \textit{für alle } A \in \mathcal{F}. \tag{3.3}$$

Umgekehrt gibt es zu jeder Zähldichte f auf Ω genau ein diskretes Wahrscheinlichkeitsmaß $\mathbb{P}$ auf $(\Omega, \mathcal{F})$, so dass (3.3) gilt.

Beweis. Aus $\mathbb{P}(T) = 1$ folgt für jedes $A \in \mathcal{F}$ mit Satz 2.13

$$\mathbb{P}(A) = \mathbb{P}(A \cap T) = \sum_{\omega \in A \cap T} \mathbb{P}(\{\omega\}) = \sum_{\omega \in A \cap T} f(\omega) = \int_A f d\mu_Z.$$

Damit ist $\mathbb{P} = f \odot \mu_Z$, und (3.3) ist nachgewiesen. Ist umgekehrt eine Zähldichte f auf Ω gegeben, so definieren wir $\mathbb{P} := f \odot \mu_Z$. Dann gilt offensichtlich (3.3), und $\mathbb{P}$ ist durch (3.3) eindeutig bestimmt.   □

Jedes diskrete Wahrscheinlichkeitsmaß hat demnach eine Zähldichte f, und jede Zähldichte legt genau ein diskretes Wahrscheinlichkeitsmaß fest. Ist der Ergebnisraum Ω selbst abzählbar, so sind die Zähldichte f und die stochastische Folge $(p_\omega)_{\omega \in \Omega}$ ein und dasselbe, $f(\omega) = p_\omega = \mathbb{P}(\{\omega\})$ für alle $\omega \in \Omega$, so dass wir von der Zähldichte $(p_\omega)_{\omega \in \Omega}$ sprechen können. Die Unterscheidung zwischen Zähldichte f und stochastischer Folge $(p_\omega)_{\omega \in \Omega}$ benötigen wir nur für überabzählbare Ergebnisräume. In den nachfolgenden klassischen Beispielen geben wir jeweils eine Zähldichte $(p_\omega)_{\omega \in \Omega}$ auf einem abzählbaren Raum Ω an, die wiederum ein diskretes Wahrscheinlichkeitsmaß festlegt. Statt von diskreten Wahrscheinlichkeitsmaßen spricht man insbesondere bei konkreten Beispielen auch von diskreten Verteilungen. In allen nachfolgenden Beispielen ist $(\Omega, \mathcal{P}(\Omega))$ der zu Grunde liegende Messraum, es sind also sämtliche Teilmengen von Ω messbar.

Die diskrete Gleichverteilung (Laplace-Verteilung)

Ist der Ergebnisraum Ω endlich, so können wir die Zähldichte

$$p_\omega = \frac{1}{|\Omega|} \ \text{für alle } \omega \in \Omega$$

definieren. Das bedeutet, dass jedes Ergebnis ω gleich wahrscheinlich ist. Das zugehörige Wahrscheinlichkeitsmaß $\mathbb{P}_L$ heißt diskrete Gleichverteilung oder auch Laplace-Verteilung. Für ein Ereignis $A \in \mathcal{P}(\Omega)$ ergibt sich:

$$\mathbb{P}_L(A) = \frac{|A|}{|\Omega|}.$$

Die Gleichverteilung erlaubt die folgende Interpretation:

$$\mathbb{P}_L(A) = \frac{\text{Anzahl der „günstigen" Ergebnisse}}{\text{Anzahl aller Ergebnisse}}.$$

Beispiel 3.9. Wir wollen diese Interpretation an einem Beispiel erläutern. Dazu betrachten wir den zweimaligen Wurf eines Würfels und das Ereignis, dass die Summe der Augen der beiden Würfe 5 ergibt. Als Ergebnisraum wählen wir $\Omega = \{1, \ldots, 6\}^2$ und als Wahrscheinlichkeitsmaß die Laplace-Verteilung $\mathbb{P}_L$, so dass wir den Wahrscheinlichkeitsraum $(\{1, \ldots, 6\}^2, \mathcal{P}(\{1, \ldots, 6\}^2), \mathbb{P}_L)$ erhalten. Die „günstigen" Ergebnisse, deren Summe 5 ist, sind in $A = \{(1,4), (2,3), (3,2), (4,1)\}$. Daher ergibt sich als Wahrscheinlichkeit für dieses Ereignis unter der Annahme der Gleichverteilung

$$\mathbb{P}_L(A) = \frac{|A|}{|\Omega|} = \frac{4}{36} = \frac{1}{9}.$$

Die Annahme der Gleichverteilung beim Würfeln bedeutet gerade, dass man von einem fairen Würfel ausgeht. Entsprechend verwendet man die Gleichverteilung beim Wurf einer (fairen) Münze, beim Lottospiel, etc.   ◊

Die Bernoulli-Verteilung

Die Bernoulli-Verteilung beschreibt ein Zufallsexperiment, beim dem es genau zwei mögliche Ergebnisse gibt, wie z.B. beim Münzwurf. Üblicherweise wird daher $\Omega = \{0, 1\}$ gewählt. Die Zähldichte ist gegeben durch

$$p_0 := p \in [0, 1], \quad p_1 := q := 1 - p.$$

Die zugehörige Verteilung auf $(\{0, 1\}, \mathcal{P}(\{0, 1\}))$ wird mit $B(1, p)$ bezeichnet. Typischerweise tritt diese Verteilung auf, wenn es nur darum geht, ob ein Ereignis eintritt oder nicht: Ist eine Glühbirne defekt oder nicht, ist eine Aussage richtig oder falsch, ist eine Ware brauchbar oder unbrauchbar. Ein Experiment, bei dem es nur diese zwei Alternativen gibt, heißt Bernoulli-Experiment. Der Parameter p heißt auch Erfolgswahrscheinlichkeit.

Die Binomialverteilung

Die Binomialverteilung tritt bei einer n-maligen Wiederholung eines Bernoulli-Experiments auf, bei dem die Wahrscheinlichkeit für $k \leq n$ „Erfolge" bestimmt wird. Der Ergebnisraum ist entsprechend $\Omega = \{0, 1, 2, \ldots, n\}$, die Zähldichte ist zu einem Parameter $p \in [0, 1]$ gegeben durch

$$p_k = \binom{n}{k} p^k (1 - p)^{n-k}, \quad k \in \{0, 1, 2, \ldots, n\}.$$

Nach dem binomischen Lehrsatz ist

$$1 = (p + (1 - p))^n = \sum_{k=0}^{n} \binom{n}{k} p^k (1 - p)^{n-k},$$

so dass (p_k) tatsächlich eine Zähldichte darstellt. Die Binomialverteilung, de-

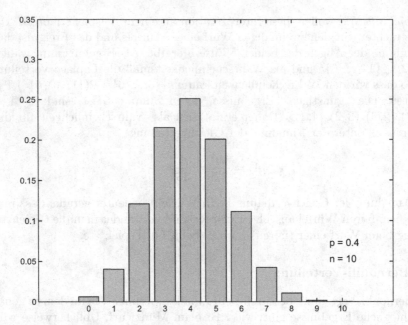

Abbildung 3.1. Zähldichte der Binomialverteilung B(10, 0.4)

ren Zähldichte in Abbildung 3.1 dargestellt ist, wird mit B(n, p) bezeichnet. Für den Fall $n = 1$ ist sie gleich der Bernoulli-Verteilung, so dass die Bezeichnung konsistent ist.

Beispiel 3.10. Nehmen wir für ein konkretes Beispiel an, ein Kunde bestelle 10 Papageien und bezahle die Lieferung, falls mindestens 9 davon sprechen können. Wie groß ist das Risiko für den Lieferanten, dass er nicht bezahlt wird, wenn man davon ausgeht, dass $\frac{2}{3}$ aller Papageien sprechen können? Wir betrachten den Wahrscheinlichkeitsraum

$$\left(\{0, \ldots, 10\}, \mathcal{P}(\{0, \ldots, 10\}), \mathrm{B}\left(10, \frac{2}{3}\right) \right).$$

Der Kunde wird nicht zahlen, falls weniger als 9 Papageien sprechen können. Mit der Binomialverteilung B($10, \frac{2}{3}$) ergibt sich als Risiko:

$$\mathrm{B}\left(10, \frac{2}{3}\right)(\{0, 1, \ldots, 8\}) = 1 - \mathrm{B}\left(10, \frac{2}{3}\right)(\{9, 10\})$$

$$= 1 - \binom{10}{9}\left(\frac{2}{3}\right)^9\left(\frac{1}{3}\right)^1 - \binom{10}{10}\left(\frac{2}{3}\right)^{10}\left(\frac{1}{3}\right)^0$$

$$\approx 0.974.$$

Auf dieses Geschäft sollte man sich also lieber nicht einlassen.   ◊

Die Poisson-Verteilung

Die Poisson-Verteilung besitzt einen Parameter $\lambda > 0$ und den Ergebnisraum $\Omega = \mathbb{N}_0$. Die Zähldichte ist gegeben durch

$$p_n = \exp(-\lambda) \cdot \frac{\lambda^n}{n!}, \quad n \in \mathbb{N}_0.$$

Wegen der Exponential-Reihe

$$\exp(\lambda) = \sum_{n=0}^{\infty} \frac{\lambda^n}{n!}$$

ist (p_n) tatsächlich eine Zähldichte. Die Poisson-Verteilung, abgekürzt Poi(λ),

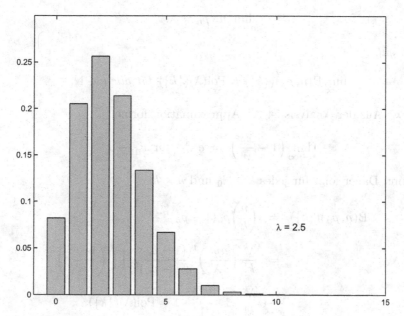

Abbildung 3.2. Zähldichte der Poisson-Verteilung Poi(2.5)

auf $(\mathbb{N}_0, \mathcal{P}(\mathbb{N}_0))$ ist eine typische Verteilung für das Zählen zufällig auftretender Ereignisse, wie z.B. die Zahl der Verkehrsunfälle einer Stadt pro Tag, die Anzahl Telefonanrufe in einem Callcenter pro Stunde, die pro Sekunde ausgestrahlten Partikel einer radioaktiven Substanz, die Anzahl Druckfehler pro Seite etc. Der Parameter λ heißt auch Rate der Poisson-Verteilung. Die Rate gibt an, mit wie vielen Ereignissen im Mittel zu rechnen ist. Wir werden diese Aussage in Kürze präzisieren.

Approximation von Binomial- durch Poisson-Verteilung

Eine mögliche Anwendung der Poisson-Verteilung ist die Approximation der Binomialverteilung $B(n, p)$ für große n und kleine p. Nehmen wir an, wir wollten die Wahrscheinlichkeit bestimmen, dass von 10000 Computern 30 defekt sind, so müssten wir mittels der Binomialverteilung $B(10000, p)$ den Term

$$\binom{10000}{30} p^{30}(1-p)^{9970}$$

bestimmen. Gerade die Bestimmung des Binomialkoeffizienten führt zu erheblichen Schwierigkeiten. In solchen Situationen kann für kleine Werte von p der folgende Satz helfen:

Satz 3.11. *Es sei $\lambda > 0$, (p_n) eine Folge mit $p_n \in [0, 1]$ für alle $n \in \mathbb{N}$ und*

$$\lim_{n \to \infty} n \cdot p_n = \lambda.$$

Dann gilt:

$$\lim_{n \to \infty} B(n, p_n)(\{k\}) = \text{Poi}(\lambda)(\{k\}) \text{ für alle } k \in \mathbb{N}.$$

Beweis. Aus der Analysis ist die Approximationsformel

$$\lim_{n \to \infty} \left(1 - \frac{x_n}{n}\right)^n = e^{-x} \quad \text{für } x_n \to x$$

bekannt. Daher folgt für jedes $k \in \mathbb{N}_0$ und $n \geq k$:

$$
\begin{aligned}
B(n, p_n)(\{k\}) &= \binom{n}{k} p_n^k (1 - p_n)^{n-k} \\
&= \frac{\lambda^k}{k!} \left(\frac{np_n}{\lambda}\right)^k \frac{(1 - p_n)^n}{(1 - p_n)^k} \prod_{i=1}^{k-1}\left(\frac{n-i}{n}\right) \\
&\xrightarrow[n \to \infty]{} \frac{\lambda^k}{k!} \cdot 1 \cdot \frac{e^{-\lambda}}{1} \cdot 1 = \text{Poi}(\lambda)(\{k\}).
\end{aligned}
$$

$\square$

3.3 Stetige Verteilungen

Im vorherigen Abschnitt haben wir diskrete Verteilungen betrachtet, die sich durch Zähldichten charakterisieren lassen. In diesem Abschnitt betrachten wir Wahrscheinlichkeitsmaße auf $\mathbb{R}$:

$$\mathbb{P} : \mathcal{B} \longrightarrow [0, 1] \text{ auf dem Messraum } (\mathbb{R}, \mathcal{B}).$$

Diese Maße lassen sich ebenfalls durch ein einfacheres Objekt charakterisieren.

Definition 3.12 (Verteilungsfunktion). *Ist* $\mathbb{P} : \mathcal{B} \to [0,1]$ *ein Wahrscheinlichkeitsmaß auf* $\mathbb{R}$, *so heißt*

$$F_\mathbb{P} : \mathbb{R} \to [0,1],$$
$$x \mapsto F_\mathbb{P}(x) := \mathbb{P}(]-\infty,x]),$$

die Verteilungsfunktion von $\mathbb{P}$.

Ist $F_\mathbb{P} : \mathbb{R} \to [0,1]$ die Verteilungsfunktion eines Wahrscheinlichkeitsmaßes $\mathbb{P}$, so gilt:

- $F_\mathbb{P}$ ist monoton wachsend, denn für $a \leq b$ gilt $F_\mathbb{P}(b) - F_\mathbb{P}(a) = \mathbb{P}(]a,b]) \geq 0$.
- $F_\mathbb{P}$ ist rechtsseitig stetig: Ist $x_n \downarrow x$, so ist

$$\lim_{n\to\infty} F_\mathbb{P}(x_n) = \lim_{n\to\infty} \mathbb{P}(]-\infty,x_n]) = \mathbb{P}(]-\infty,x]) = F_\mathbb{P}(x),$$

  da $\mathbb{P}$ stetig von oben ist.

- $\lim\limits_{x\to-\infty} F_\mathbb{P}(x) = 0$ und $\lim\limits_{x\to\infty} F_\mathbb{P}(x) = 1$: Ist $x_n \downarrow -\infty$, so gilt wiederum auf Grund der Stetigkeit von oben:

$$\lim_{n\to\infty} F_\mathbb{P}(x_n) = \lim_{n\to\infty} \mathbb{P}(]-\infty,x_n]) = \mathbb{P}(\emptyset) = 0.$$

Analog folgt für eine Folge $x_n \uparrow \infty$ die zweite Behauptung aus der Stetigkeit von unten:

$$\lim_{n\to\infty} F_\mathbb{P}(x_n) = \lim_{n\to\infty} \mathbb{P}(]-\infty,x_n]) = \mathbb{P}(\mathbb{R}) = 1.$$

Diese drei Eigenschaften motivieren die folgende Definition:

Definition 3.13 (Verteilungsfunktion). *Ist* $F : \mathbb{R} \to \mathbb{R}$ *eine monoton wachsende, rechtsseitig stetige Funktion mit*

$$\lim_{x\to-\infty} F(x) = 0 \ und \ \lim_{x\to\infty} F(x) = 1,$$

so heißt F *Verteilungsfunktion.*

Ein typischer Graph einer Verteilungsfunktion ist in Abbildung 3.3 dargestellt.

Der Korrespondenzsatz

Wir wissen bereits, dass jedes Wahrscheinlichkeitsmaß $\mathbb{P}$ auf $\mathbb{R}$ eine Verteilungsfunktion $F_\mathbb{P}$ liefert. Für die umgekehrte Richtung erinnern wir daran, dass es zu F nach Satz 1.40 genau ein Maß λ_F auf $\mathbb{R}$ mit

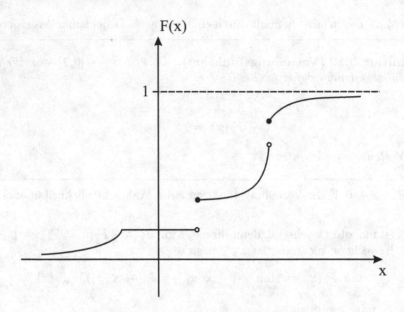

Abbildung 3.3. Typische Verteilungsfunktion

$$\lambda_F(]a,b]) = F(b) - F(a) \ \text{ für alle }]a,b] \subset \mathbb{R}$$

gibt. Da

$$\lambda_F(\mathbb{R}) = \lim_{n\to\infty} \lambda_F(]-\infty, n]) = \lim_{n\to\infty} F(n) = 1,$$

ist λ_F sogar ein Wahrscheinlichkeitsmaß. Wir können so jeder Verteilungs-funktion ein Wahrscheinlichkeitsmaß auf $\mathbb{R}$ zuordnen und jedem Wahrschein-lichkeitsmaß seine Verteilungsfunktion. Diese Abbildungen sind invers zuein-ander, wie der nächste Satz zeigt:

Theorem 3.14 (Korrespondenzsatz). *Für jede Verteilungsfunktion F ist* $\mu := \lambda_F$ *ein Wahrscheinlichkeitsmaß mit* $F_\mu = F$.
Umgekehrt ist für jedes reelle Wahrscheinlichkeitsmaß $\mathbb{P}$ *die Funktion* $G := F_{\mathbb{P}}$ *eine Verteilungsfunktion und* $\lambda_G = \mathbb{P}$.

Beweis. Ist F eine Verteilungsfunktion und $\mu := \lambda_F$, so berechnen wir für jedes $x \in \mathbb{R}$

$$F_\mu(x) = \lim_{n\to\infty} \mu(]-n, x]) = \lim_{n\to\infty} (F(x) - F(-n)) = F(x).$$

Ist umgekehrt $\mathbb{P}$ ein Wahrscheinlichkeitsmaß und $G = F_{\mathbb{P}}$, so erhalten wir für jedes halboffene Intervall $]a, b]$:

$$\lambda_G(]a,b]) = G(b) - G(a) = \mathbb{P}(]-\infty, b]) - \mathbb{P}(]-\infty, a]) = \mathbb{P}(]a,b]).$$

Da $\mathbb{P}$ und λ_G auf dem durchschnittsstabilen Erzeuger der halboffenen Intervalle übereinstimmen, folgt aus dem MASSEINDEUTIGKEITSSATZ die Gleichheit $\mathbb{P} = \lambda_G$.   □

Damit sind Wahrscheinlichkeitsmaße auf $\mathbb{R}$ vollständig durch reelle Funktionen $F : \mathbb{R} \to [0,1]$ charakterisiert.

Stetige Verteilungsfunktionen

Verteilungsfunktionen sind nach Definition rechtsseitig stetig, der rechtsseitige Limes ist daher gleich dem Funktionswert. Der linksseitige Grenzwert, den wir mit

$$F(x^-) := \lim_{t \uparrow x} F(t), \quad x \in \mathbb{R},$$

abkürzen, hat auch eine Bedeutung, wie das folgende Lemma zeigt:

Lemma 3.15. *Sei* $\mathbb{P} : \mathcal{B} \to [0,1]$ *ein Wahrscheinlichkeitsmaß und* $F_{\mathbb{P}}$ *seine Verteilungsfunktion. Dann gilt:*

$$\mathbb{P}(\{x\}) = F_{\mathbb{P}}(x) - F_{\mathbb{P}}(x^-) \quad \text{für alle } x \in \mathbb{R}.$$

Beweis. Wir haben $]x - \frac{1}{n}, x] \downarrow \{x\}$, daher folgt aus der Stetigkeit von oben:

$$\mathbb{P}(\{x\}) = \lim_{n \to \infty} \mathbb{P}\left(\left]x - \frac{1}{n}, x\right]\right) = \lim_{n \to \infty} \left(F_{\mathbb{P}}(x) - F_{\mathbb{P}}\left(x - \frac{1}{n}\right)\right)$$
$$= F_{\mathbb{P}}(x) - F_{\mathbb{P}}(x^-).$$

□

Als Folgerung erhalten wir unmittelbar:

Korollar 3.16. *Sei* $\mathbb{P} : \mathcal{B} \to [0,1]$ *ein Wahrscheinlichkeitsmaß und* $F_{\mathbb{P}}$ *seine Verteilungsfunktion. Dann sind äquivalent:*

(i) $F_{\mathbb{P}}$ *ist stetig.*
(ii) $\mathbb{P}(\{x\}) = 0$ *für alle* $x \in \mathbb{R}$.

Dichten

Um ein Wahrscheinlichkeitsmaß $\mathbb{P} : \mathcal{B} \to [0,1]$ auf $\mathbb{R}$ anzugeben, gibt es neben der Verteilungsfunktion $F_{\mathbb{P}}$ eine weitere Möglichkeit, nämlich die Angabe einer Dichte. Wir erinnern daran, dass gemäß Definition 2.35 jede nicht-negative, messbare Funktion $f : \mathbb{R} \to \mathbb{R}_+$ zur Dichte eines Maßes μ bezüglich des Lebesgue-Maßes λ wird, indem man

$$\mu(A) := \int f I_A d\lambda, \text{ für alle } A \in \mathcal{F},$$

setzt. Auf einem Intervall $[a, b]$ gilt dann auf Grund der Gleichheit von Riemann- und Lebesgue-Integral (Satz 2.17) für eine Riemann-integrierbare Dichte:

$$\mu([a, b]) = \int_{[a,b]} f d\lambda = \int_a^b f(x) dx.$$

Da f nicht-negativ ist, ist nach Satz 2.18 f genau dann auf $\mathbb{R}$ uneigentlich Riemann-integrierbar, wenn f auf $\mathbb{R}$ Lebesgue-integrierbar ist, und dann gilt

$$\int_{\mathbb{R}} f d\lambda = \int_{-\infty}^{\infty} f(x) dx.$$

Soll nun $\mathbb{P} := \mu$ ein Wahrscheinlichkeitsmaß sein, also $\mathbb{P}(\Omega) = 1$ gelten, so muss f zusätzlich auf $\mathbb{R}$ integrierbar sein und die Forderung

$$\int_{-\infty}^{\infty} f(x) dx = 1$$

erfüllen. Die Verteilungsfunktion $F_{\mathbb{P}}$ ergibt sich unmittelbar aus der Dichte:

$$F_{\mathbb{P}}(x) = \mathbb{P}(]-\infty, x]) = \int_{-\infty}^{x} f(x) dx. \tag{3.4}$$

Besitzt eine Dichte f für $-\infty \leq a \leq b \leq +\infty$ die Gestalt

$$f = g \cdot I_{]a,b[}, \text{ mit } g : \mathbb{R} \to \mathbb{R} \text{ stetig},$$

so bezeichnet man f als stetige Dichte, da f auf dem relevanten Intervall $]a, b[$ stetig ist. Die zugehörige Verteilungsfunktion ist gemäß (3.4) auf ganz $\mathbb{R}$ stetig.

Ist f eine stetige Dichte, so heißt das zugehörige reelle Wahrscheinlichkeitsmaß auch stetige Verteilung. Wir stellen einige klassische stetige Verteilungen mittels ihrer stetigen Dichten vor:

Stetige Gleichverteilung

Ist $a, b \in \mathbb{R}$ und $a < b$, so ist durch

$$f = \frac{1}{b - a} I_{]a,b[}$$

eine stetige Dichte definiert. Sie ist das kontinuierliche Analogon zur Laplace-Verteilung und heißt daher auch stetige Gleichverteilung auf $]a, b[$. Ihre Verteilungsfunktion ist auf dem Intervall $]a, b[$ eine Gerade, s. Abbildung 3.4:

$$F(x) = \begin{cases} 0 & \text{für } x \leq a, \\ \frac{x-a}{b-a} & \text{für } a < x < b, \\ 1 & \text{für } x \geq b. \end{cases}$$

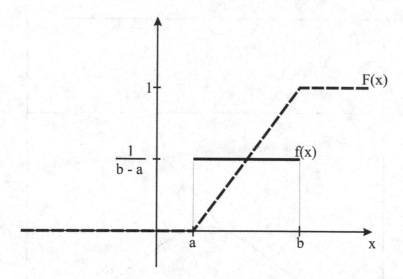

Abbildung 3.4. Dichte und Verteilungsfunktion der stetigen Gleichverteilung

Normalverteilung

Die Dichte der Normalverteilung ist von zwei Parametern $m \in \mathbb{R}$ und $\sigma > 0$ abhängig:

$$f : \mathbb{R} \to \mathbb{R}, \quad f(x) := \frac{1}{\sqrt{2\pi}\sigma} \exp\left(-\frac{(x-m)^2}{2\sigma^2}\right).$$

Wir bezeichnen die Normalverteilung mit $N(m, \sigma^2)$. Ihr Graph ist in Abbildung 3.5 dargestellt. Die Funktion f ist stetig und nicht-negativ, für den Nachweis, dass es sich um eine Dichte handelt, müssen wir

$$\int_{-\infty}^{\infty} f(x)dx = 1$$

zeigen. Dazu beginnen wir mit dem Spezialfall der $N(0,1)$-Verteilung mit der Dichte

$$\phi : \mathbb{R} \to \mathbb{R}, \quad \phi(x) := \frac{1}{\sqrt{2\pi}} \exp\left(-\frac{x^2}{2}\right).$$

Als Standardbeispiel der Integration mit Hilfe von Polarkoordinaten ist aus der Analysis bekannt, dass

$$\left(\int_{-\infty}^{\infty} \exp\left(-\frac{x^2}{2}\right) dx\right)^2 = 2\pi. \tag{3.5}$$

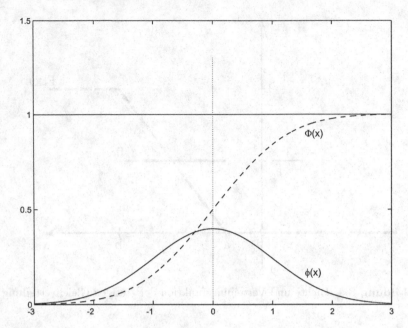

Abbildung 3.5. Dichte und Verteilungsfunktion der Normalverteilung $N(0,1)$

Dies lässt sich auch mit Hilfe des Satzes von Fubini beweisen: Auf der einen Seite folgt durch die Substitution $t = xy$

$$\int\limits_0^\infty \left(\int\limits_0^\infty \exp(-x^2y^2)dx \right) y\exp(-y^2)dy = \int\limits_0^\infty \left(\int\limits_0^\infty \exp(-t^2)dt \right) \exp(-y^2)dy$$

$$= \left(\int\limits_0^\infty \exp(-y^2)dy \right)^2.$$

Auf der anderen Seite folgt aus $\arctan(x)' = \frac{1}{1+x^2}$

$$\int\limits_0^\infty \left(\int\limits_0^\infty y\exp(-(1+x^2)y^2)dy \right) dx = \frac{1}{2}\int\limits_0^\infty \frac{1}{1+x^2}dx = \frac{\pi}{4}.$$

Die zwei Doppelintegrale gehen durch Vertauschung der Integrationsreihenfolge auseinander hervor. Daher sind sie nach dem Satz von Fubini 2.24 gleich, d.h.

$$\left(\int\limits_0^\infty \exp(-y^2)dy \right)^2 = \frac{\pi}{4}.$$

Aus der Symmetrie von $\exp(-y^2)$ und mit der Substitution $y = \frac{\sqrt{2}}{2}x$ folgt Gleichung (3.5). Damit gilt

$$\int_{-\infty}^{\infty} \phi(x)dx = \frac{1}{\sqrt{2\pi}} \cdot \sqrt{2\pi} = 1.$$

Für den allgemeinen Fall bemerken wir, dass die $N(m, \sigma^2)$-Dichte f sich aus ϕ bestimmen lässt:

$$f(x) = \frac{1}{\sigma}\phi\left(\frac{x - m}{\sigma}\right) \quad \text{für } x \in \mathbb{R}.$$

Mit der Substitution $u = \frac{x-m}{\sigma}$ folgt:

$$\int_{-\infty}^{\infty} f(x)dx = \int_{-\infty}^{\infty} \frac{1}{\sigma}\phi\left(\frac{x - m}{\sigma}\right)dx = \int_{-\infty}^{\infty} \phi(u)du = 1.$$

Damit ist f tatsächlich eine Dichte. Die zugehörige Verteilungsfunktion

$$F(x) = \frac{1}{\sqrt{2\pi}\sigma} \int_{-\infty}^{x} \exp\left(-\frac{(t - m)^2}{2\sigma^2}\right)dt$$

lässt sich nicht in geschlossener Form auswerten. Jedoch ist sie genau wie die Dichte mittels der $N(0, 1)$-Verteilung bestimmbar. Setzen wir

$$\Phi(x) := \frac{1}{\sqrt{2\pi}} \int_{-\infty}^{x} \exp(-t^2)dt = \int_{-\infty}^{x} \phi(t)dt,$$

so gilt:

$$F(x) = \Phi\left(\frac{x - m}{\sigma}\right). \tag{3.6}$$

Sämtliche Berechnungen lassen sich daher auf die $N(0, 1)$-Verteilung zurückführen, die auch Standardnormalverteilung heißt. Für konkrete Berechnungen genügt es daher, die Werte der Verteilungsfunktion $\Phi(x)$ zu kennen. Eine durch numerische Approximation berechnete Wertetabelle befindet sich in Anhang C.1.

Beispiel 3.17. Die Normalverteilung kann ohne Übertreibung als die wichtigste Verteilung der Wahrscheinlichkeitstheorie bezeichnet werden. Sie ist sowohl von theoretischer Bedeutung, z.B. im ZENTRALEN GRENZWERTSATZ, als auch von hoher Relevanz für die Praxis. Die Normalverteilung wird als Modell für viele Experimente und Beobachtungen verwendet. Dabei kann es sich z.B. um Messfehler bei physikalischen Messungen, Abweichung eines Merkmals von der Normgröße, Rauschstörung auf einem digitalen Nachrichtenkanal, Entwicklung des Logarithmus eines Wechselkurses etc. handeln. Für ein konkretes Beispiel nehmen wir an, die Körpergröße der Bevölkerung in Deutschland sei normalverteilt mit $m = 180[\text{cm}]$ und $\sigma = 10$. Wir werden noch zeigen, dass m einem Mittelwert der Verteilung entspricht, während σ die Bedeutung einer mittleren Abweichung vom Mittelwert m besitzt. Wie groß ist die Wahrscheinlichkeit, dass eine Person über 2 Meter groß ist? Wir betrachten den Wahrscheinlichkeitsraum $(\mathbb{R}, \mathcal{B}, N(180, 10^2))$ und erhalten:

$$N(180, 10^2)(]200, \infty]) = 1 - F(200) = 1 - \phi\left(\frac{200 - 180}{10}\right) = 1 - \phi(2).$$

Durch Nachschlagen in der Tabelle C.1 findet man für den Wert der Standardnormalverteilung $\phi(2) \simeq 0.997$, so dass wir für die gesuchte Wahrscheinlichkeit den Wert

$$N(180, 10^2)(]200, \infty]) = 1 - \phi(2) \simeq 0.003$$

erhalten.   ◊

Exponentialverteilung

Die Dichte der Exponentialverteilung ist von einem Parameter $\lambda > 0$ abhängig und lautet:

$$f : \mathbb{R} \to \mathbb{R}, \quad f(x) := \begin{cases} 0 & \text{für } x \leq 0, \\ \lambda \exp(-\lambda x) & \text{für } x > 0. \end{cases} \tag{3.7}$$

Aus dem uneigentlichen Integral

$$\int_{-\infty}^{\infty} f \, dx = \int_{0}^{\infty} \lambda \exp(-\lambda x) dx = 1$$

folgt, dass f tatsächlich eine Dichte ist. Wir bezeichnen die Exponentialverteilung mit $\text{Exp}(\lambda)$. Durch Integration ergibt sich für die Verteilungsfunktion:

$$F(x) = \begin{cases} 0 & \text{für } x \leq 0, \\ 1 - \exp(-\lambda x) & \text{für } x > 0. \end{cases}$$

Die Dichte der Exponentialverteilung ist nur für positive Werte ungleich Null. Daher spielt diese Verteilung dann eine Rolle, wenn man mit Sicherheit positive Ergebnisse erwartet. Typisches Beispiel sind Fragen nach der Lebensdauer von Geräten. Auch für so genannte Wartezeiten, z.B. die Zeit bis zum nächsten Anruf in einem Callcenter, die Zeit zwischen dem Eintreten von zwei Kunden in ein Geschäft, die Zeit bis zur Emission eines Teilchens beim radioaktiven Zerfall etc., wird die Exponentialverteilung zu Grunde gelegt. Wir

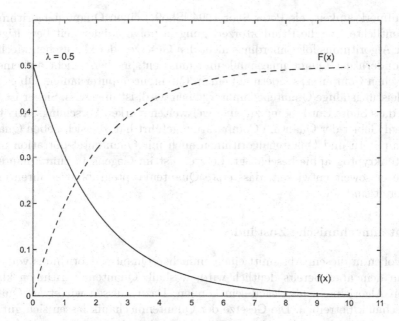

Abbildung 3.6. Dichte und Verteilungsfunktion der Exponentialverteilung

werden dieser wichtigen Verteilung bei der Behandlung von Poisson-Prozessen in Kapitel 10 wieder begegnen.

Die Parameter m, σ^2, λ etc. der einzelnen Dichtefunktionen bestimmen die „Form" der Verteilung. Bei Anwendungen stellt sich die Frage, woher man die Werte der Parameter erhält. In der Praxis werden dazu gewisse Modellannahmen getroffen und dann statistische Schätzverfahren (vgl. Kapitel 15) verwendet, um geeignete Parameter zu bestimmen. Im Rahmen der Wahrscheinlichkeitstheorie und ihrer Anwendungen hingegen werden die Parameter als gegeben vorausgesetzt.

3.4 Anwendung Physik: Quantum Computation

Es gibt kryptographische Systeme, wie das nach seinen Erfindern Rivest, Shamir und Adleman benannte RSA-Verfahren, die darauf beruhen, dass es leicht ist, zwei natürliche Zahlen zu multiplizieren, aber schwierig, umgekehrt zu einer natürlichen Zahl die Primfaktorzerlegung zu bestimmen. Genauer bedeutet dies, dass bis zum heutigen Tag trotz intensiver Bemühungen kein Algorithmus gefunden wurde, der in polynomialer Zeit die Primfaktorzerlegung einer natürlichen Zahl bestimmen kann. Daher gilt die RSA-Verschlüsselung als sehr sicher und ist z.B. im Bankwesen weit verbreitet. Entsprechend groß war die Aufmerksamkeit, als Peter Shor 1994 [Sho94] einen Quantenalgorithmus veröffentlichte, der die Primfaktorzerlegung in polynomialer Zeit bewältigte. Dieser Algorithmus folgt allerdings nicht den Gesetzen der klassischen Mechanik, sondern der Quantenmechanik und muss entsprechend nicht auf einem klassischen Computer, sondern auf einem Quantencomputer laufen. Ob es jemals leistungsfähige Quantencomputer geben wird, ist ungewiss. Sicher ist jedoch, dass Shors Entdeckung zu einer weltweiten starken Forschungsaktivität auf dem Gebiet der Quantum Computation geführt hat, die sich neben Quantencomputern und Quantenalgorithmen auch mit Quantenteleportation und Quantenkryptographie beschäftigt. Letztere ist im Gegensatz zum Quantencomputer soweit entwickelt, dass erste Quantenkryptographieverfahren einsatzbereit sind.

Quantenmechanische Zustände

Wir wollen in diesem Abschnitt einen einfachen Quantenalgorithmus vorstellen, an dem aber bereits deutlich wird, weshalb Quantenalgorithmen klassischen Algorithmen überlegen sein können. Dazu müssen wir etwas Quantenmechanik betreiben. Die Gesetze der Quantenmechanik lassen sich gut in Form von Postulaten formulieren. Diese Postulate legen fest, was in einer quantenmechanischen Welt passieren kann und was nicht. Die Konsequenzen sind zum Teil sehr überraschend und entsprechen zunächst nicht der klassischen Vorstellung, sie sind jedoch in Tausenden von Experimenten bestätigt worden. Die vier Postulate beziehen sich auf die möglichen Zustände eines Systems, ihre zeitliche Entwicklung, den Zustand von Mehrteilchensystemen und auf Messungen.

Postulat 1: Ein (reiner) quantenmechanischer Zustand wird vollständig beschrieben durch einen Vektor der Norm 1 in einem Hilbert-Raum.

Wir setzen von nun an voraus, dass alle nachfolgend betrachteten Hilbert-Räume endlich-dimensionale Hilbert-Räume über den komplexen Zahlen $\mathbb{C}$ sind. Ist $\mathcal{H}$ ein Hilbert-Raum und

$$\mathcal{S}_\mathcal{H} := \{v \in \mathcal{H} : \|v\|^2 = \langle v, v \rangle = 1\}$$

die Sphäre in $\mathcal{H}$, so ist jedes $v \in \mathcal{S}_\mathcal{H}$ ein quantenmechanischer Zustand. Ist speziell $\mathcal{H}$ zweidimensional über $\mathbb{C}$ und $\{v_0, v_1\}$ eine Orthonormalbasis von $\mathcal{H}$, so besitzt jedes $v \in \mathcal{S}_\mathcal{H}$ eine Darstellung der Gestalt

$$v = \lambda_0 v_0 + \lambda_1 v_1, \quad \lambda_0, \lambda_1 \in \mathbb{C}. \tag{3.8}$$

Ist $x \in B$ mit $|B| = 2$ (z.B. $B = \{v_0, v_1\}$), so wird x im Rahmen der klassischen Informationstheorie als Bit bezeichnet. In Analogie zu einem klassischen Bit bezeichnet man ein $v \in \mathcal{S}_\mathcal{H}$ für einen zweidimensionalen Hilbert-Raum $\mathcal{H}$ als ein q-Bit (kurz für Quanten-Bit). Aus der Darstellung (3.8) wird deutlich, dass ein q-Bit mehr Zustände annehmen kann als ein klassisches Bit. Ein q-Bit kann gleichzeitig zu einem gewissen Anteil in v_0 und zu einem gewissen Anteil in v_1 sein. Dieses Phänomen bezeichnet man als *Superposition* und ist einer der entscheidenden Vorteile von Quantenalgorithmen, wie sich herausstellen wird. Aus der Bedingung $\|v\| = 1$ folgt, dass die Amplituden λ_0 bzw. λ_1 von v_0 bzw. v_1 nicht beliebig sind, sie genügen der Gleichung

$$|\lambda_0|^2 + |\lambda_1|^2 = 1.$$

Dynamik

Das zweite Postulat der Quantenmechanik regelt die zeitliche Entwicklung eines quantenmechanischen Systems:

Postulat 2: Die zeitliche Entwicklung eines (abgeschlossenen) quantenmechanischen Systems wird durch eine unitäre Transformation beschrieben.

Konkret bedeutet dies, dass ein System, das anfänglich durch den Zustand $v \in \mathcal{S}_\mathcal{H}$ beschrieben wird, sich nach einer gewissen Zeitspanne im Zustand

$$w = \mathbf{U}v \quad \text{mit einer unitären Matrix } \mathbf{U}$$

befindet. Die Tatsache, dass $\mathbf{U}$ unitär ist, d.h.

$$\overline{\mathbf{U}}^\top \mathbf{U} = \mathbf{I}, \quad \mathbf{I} \text{ Einheitsmatrix},$$

stellt zum einen sicher, dass Postulat 2 mit Postulat 1 verträglich ist, denn es ist

$$\|w\|^2 = \langle \mathbf{U}v, \mathbf{U}v \rangle = \langle \overline{\mathbf{U}}^\top \mathbf{U}v, v \rangle = 1.$$

Zum anderen ist $\mathbf{U}$ als unitäre Matrix stets invertierbar. Jede zeitliche Entwicklung eines Quantenzustandes ist also im Prinzip umkehrbar.

Mehrteilchensysteme

Das nächste Postulat, das wir benötigen, beschreibt den gemeinsamen Zustand mehrerer einzelner Zustände:

Postulat 3: Sind $v \in \mathcal{H}_1$ und $w \in \mathcal{H}_2$ zwei quantenmechanische Zustände, so ist ihr gemeinsamer Zustand das Tensorprodukt von v und w, das wir mit $v \otimes w \in \mathcal{H}_1 \otimes \mathcal{H}_2$ bezeichnen.

Das Tensorprodukt $v \otimes w$ ist das Bild von (v, w) unter der kanonischen Projektion

$$\mathcal{H}_1 \times \mathcal{H}_2 \longrightarrow \mathcal{H}_1 \otimes \mathcal{H}_2, \quad (v, w) \mapsto v \otimes w.$$

Bei $\mathcal{H}_1 \otimes \mathcal{H}_2$ handelt es sich um das Tensorprodukt zweier (endlich-dimensionaler) Hilbert-Räume, daher ist $\mathcal{H}_1 \otimes \mathcal{H}_2$ wieder ein Hilbert-Raum. Ist $(v_1, \ldots, v_n)$ eine Orthonormalbasis von $\mathcal{H}_1$ und $(w_1, \ldots, w_m)$ eine Orthonormalbasis von $\mathcal{H}_2$, so ist

$$v_i \otimes w_j, \quad i = 1, \ldots, n, \; j = 1, \ldots, m,$$

eine Orthonormalbasis von $\mathcal{H}_1 \otimes \mathcal{H}_2$. Insbesondere hat $\mathcal{H}_1 \otimes \mathcal{H}_2$ die Dimension $n \cdot m$. Jedes Element $u \in \mathcal{H}_1 \otimes \mathcal{H}_2$ besitzt eine Darstellung der Gestalt

$$u = \sum_{i=1}^{n} \sum_{j=1}^{m} \lambda_{ij}\, v_i \otimes w_j, \quad \lambda_{ij} \in \mathbb{C},$$

so dass es genügt, lineare Abbildungen von $\mathcal{H}_1 \otimes \mathcal{H}_2$ auf der Basis $v_i \otimes w_j$, $i = 1, \ldots, n, \; j = 1, \ldots, m$, anzugeben.

Multi-q-Bits

Ist $\mathcal{H} = \mathcal{H}_1 = \mathcal{H}_2$, so setzen wir $\mathcal{H}^{\otimes 2} := \mathcal{H} \otimes \mathcal{H}$ und $\mathcal{H}^{\otimes n+1} := \mathcal{H}^{\otimes n} \otimes \mathcal{H}$, $n \geq 2$. Ist speziell $\mathcal{H}$ zweidimensional, so ist gemäß Postulat 1 jedes Element der Sphäre

$$\mathcal{S}_{\mathcal{H}^{\otimes n}} := \{ v \in \mathcal{H}^{\otimes n} : \|v\|^2 = 1 \}$$

ein zulässiger quantenmechanischer Zustand, den wir als Multi-q-Bit bezeichnen. Aus der Darstellung eines Multi-q-Bits $v \in \mathcal{S}_{\mathcal{H}^{\otimes n}}$ in der Orthonormalbasis $\{e_1, \ldots, e_{2^n}\} := \{ v_{i_1} \otimes \ldots \otimes v_{i_n}, \; i_1, \ldots, i_n \in \{0, 1\} \}$

$$e = \lambda_1 e_1 + \ldots + \lambda_{2^n} e_{2^n}, \quad \lambda_1, \ldots, \lambda_{2^n} \in \mathbb{C},$$

folgt wegen $\|e\|^2 = 1$ wieder

$$|\lambda_1|^2 + \ldots + |\lambda_{2^n}|^2 = 1.$$

Sind zwei q-Bits $v = \lambda_0 v_0 + \lambda_1 v_1$ und $w = \gamma_0 v_0 + \gamma_1 v_1$ gegeben, so ist ihr gemeinsamer Zustand das Multi-q-Bit

$$v \otimes w = \lambda_0 \gamma_0 v_0 \otimes v_0 + \lambda_0 \gamma_1 v_0 \otimes v_1 + \lambda_1 \gamma_0 v_1 \otimes v_0 + \lambda_1 \gamma_1 v_1 \otimes v_1.$$

Von entscheidender Bedeutung für die Quantenmechanik ist die Tatsache, dass die Abbildung

$$\otimes : \mathcal{S}_{\mathcal{H}} \times \mathcal{S}_{\mathcal{H}} \longrightarrow \mathcal{S}_{\mathcal{H}^{\otimes 2}},$$
$$(v, w) \mapsto v \otimes w,$$

im Allgemeinen nicht surjektiv ist. So ist z.B. der Zustand

$$\frac{1}{2} v_0 \otimes v_0 + \sqrt{\frac{3}{4}}\, v_1 \otimes v_1 \in \mathcal{S}_{\mathcal{H}^{\otimes 2}}$$

nicht als Tensorprodukt zweier q-Bits darstellbar, wie man an obiger Rechnung sieht. Dieses Phänomen heißt Verschränkung (englisch: Entanglement). Ein verschränkter Zustand kann nicht als einfache Kombination zweier Einzelzustände betrachtet werden. Diese Komplexität kann man in Quantenalgorithmen positiv ausnutzen.

Messungen

Ist $v = \lambda_1 e_1 + \ldots + \lambda_{2^n} e_{2^n} \in \mathcal{S}_{\mathcal{H}^{\otimes n}}$ ein Multi-q-Bit, so induziert dieses eine diskrete Verteilung auf der Menge

$$\Omega := \{e_1, \ldots, e_{2^n}\}$$

der Basisvektoren von $\mathcal{H}^{\otimes n}$. Denn wegen der Normierung

$$|\lambda_1|^2 + \ldots + |\lambda_{2^n}|^2 = 1$$

ist durch die Festlegung

$$p_i = \mathbb{P}(\{e_i\}) = |\lambda_i|^2, \quad i = 1, \ldots, 2^n,$$

eine diskrete Zähldichte auf Ω bestimmt. Die Bedeutung dieser Wahrscheinlichkeiten wird durch das vierte und letzte Postulat erklärt, das sich mit Messungen beschäftigt. Eine Vorrichtung zur Messung eines Multi-q-Bits e entspricht einer Partitionierung $E_1, \ldots, E_k \subseteq \Omega$ von Ω (also $E_i \cap E_j = \emptyset$ für $i \neq j$ und $\bigcup_{j=1}^{k} E_j = \{e_1, \ldots, e_{2^n}\}$). Die Mengen $E_1, \ldots, E_k$ repräsentieren die möglichen Ergebnisse der Messung.

Postulat 4: Bei einer Messung $E_1, \ldots, E_k$ erhält man das Ergebnis $E_i = \{e_{i_1}, \ldots, e_{i_m}\}$ mit der Wahrscheinlichkeit

$$\mathbb{P}(E_i) = \sum_{j=1}^{m} p_{i_j} = \sum_{j=1}^{m} |\lambda_{i_j}|^2.$$

Nach der Messung mit Ergebnis $E_i = \{e_{i_1}, \ldots, e_{i_m}\}$ geht das Multi-q-Bit über in den Zustand $u = \mu_1 e_1 + \ldots + \mu_{2^n} e_{2^n} \in \mathcal{S}_{\mathcal{H}^{\otimes n}}$ mit

$$\mu_k = \begin{cases} 0 & \text{für } k \notin \{i_1, \ldots, i_m\}, \\ \dfrac{\lambda_k}{\sqrt{\sum_{j=1}^{m} |\lambda_{i_j}|^2}} & \text{für } k \in \{i_1, \ldots, i_m\}. \end{cases}$$

Betrachten wir als Beispiel ein Multi-q-Bit $v \in \mathcal{S}_{\mathcal{H}^{\otimes n}}$ und die Partition $E_i = \{e_i\}$, $i = 1, \ldots, 2^n$, so erhalten wir bei der Messung das Ergebnis $E_i = \{e_i\}$ mit der Wahrscheinlichkeit

$$\mathbb{P}(E_i) = p_i = |\lambda_i|^2, \quad i = 1, \dots, 2^n,$$

und nach der Messung befindet sich das Multi-q-Bit im Zustand e_i. In diesem Fall besteht nach der Messung also kein Superpositionszustand mehr, das Multi-q-Bit ist mit Wahrscheinlichkeit 1 im Zustand e_i.

Gates

Im Zusammenhang mit Quantenalgorithmen werden diejenigen Automorphismen $F : \mathcal{H}^{\otimes n} \longrightarrow \mathcal{H}^{\otimes n}$, die durch eine unitäre Matrix $\mathbf{M}_F$ repräsentiert werden können und damit die Sphäre wieder auf die Sphäre abbilden, als Gates bezeichnet. Wir wollen einige Beispiele vorstellen:

Beispiel 3.18 (spezielle Gates).

- NOT-Gate:
  Sei $b \in \{v_0, v_1\}$ ein Bit, so wird durch NOT : $\{v_0, v_1\} \to \{v_0, v_1\}$, $v_0 \mapsto v_1$ und $v_1 \mapsto v_0$ die logische Verneinung definiert. Ist nun $\{v_0, v_1\}$ eine Basis eines Hilbert-Raumes $\mathcal{H}$, so kann man die Funktion NOT bezüglich dieser Basis durch die Matrix

  $$\mathbf{M}_{\mathrm{NOT}} = \begin{pmatrix} 0 & 1 \\ 1 & 0 \end{pmatrix}$$

  darstellen. Diese Matrix ist unitär und kann direkt zur Definition einer NOT-Operation auf q-Bits verwendet werden:

  $$F_{\mathrm{NOT}} : \mathcal{S}_{\mathcal{H}} \to \mathcal{S}_{\mathcal{H}} \quad (\lambda_1, \lambda_2) \mapsto \begin{pmatrix} 0 & 1 \\ 1 & 0 \end{pmatrix} \begin{pmatrix} \lambda_1 \\ \lambda_2 \end{pmatrix}$$

  ($F_{\mathrm{NOT}}((\lambda_1, \lambda_2))$ als Spaltenvektor notiert).
  Offensichtlich werden die Wahrscheinlichkeiten für die Ergebnisse $\{v_0\}$ und $\{v_1\}$ durch F_{NOT} gerade vertauscht.

- Hadamard-Gate:
  Ein Hadamard-Gate hat die Aufgabe, Multi-q-Bits, die eine Gleichverteilung implizieren (also $\mathbb{P}(\{e_i\}) = \frac{1}{2^n}$, $i = 1, \dots, 2^n$), dadurch zu generieren, dass man dieses Gate auf Basiselemente anwendet. Bezüglich der Basis $\{e_1, \dots, e_{2^n}\}$ erhält man die unitären Matrizen:

  $$n = 1 : \quad \mathbf{M}_{\mathrm{Ha},1} = \frac{1}{\sqrt{2}} \begin{pmatrix} 1 & 1 \\ 1 & -1 \end{pmatrix}$$

  $$n = 2 : \quad \mathbf{M}_{\mathrm{Ha},2} = \frac{1}{2} \begin{pmatrix} 1 & 1 & 1 & 1 \\ 1 & -1 & 1 & -1 \\ 1 & 1 & -1 & -1 \\ 1 & -1 & -1 & 1 \end{pmatrix}.$$

  $$n = k + 1 : \quad \mathbf{M}_{\mathrm{Ha},k+1} = \frac{1}{\sqrt{2}} \begin{pmatrix} \mathbf{M}_{\mathrm{Ha},k} & \mathbf{M}_{\mathrm{Ha},k} \\ \mathbf{M}_{\mathrm{Ha},k} & -\mathbf{M}_{\mathrm{Ha},k} \end{pmatrix}.$$

Wir wollen explizit die Wirkung einer Hadamard-Matrix $H := \mathbf{M}_{\mathrm{Ha},1}$ auf die Basisvektoren $\{v_0, v_1\}$ bestimmen. Es gilt:

$$H(v_0) = \frac{1}{\sqrt{2}}(v_0 + v_1), \quad H(v_1) = \frac{1}{\sqrt{2}}(v_0 - v_1).$$

Die von $H(v_0)$ und $H(v_1)$ induzierten Wahrscheinlichkeitsmaße sind also gleich, ihre Darstellung jedoch verschieden. Wendet man das Hadamard-Gate ein weiteres Mal an, so folgt:

$$H(H(v_0)) = v_0, \quad H(H(v_1)) = v_1.$$

Diese Eigenschaften werden wir für den nachfolgenden Quantenalgorithmus intensiv benötigen.

- f-Gate:
  Gegeben sei eine unbekannte Funktion $f : \{v_0, v_1\} \longrightarrow \{v_0, v_1\}$. Wir wollen ein Gate $\mathbf{U}_f$ konstruieren, das klassisch einer Auswertung von f entspricht. Dazu definieren wir ein klassisches Gate $\mathbf{V}_f$ auf einer Basis, das wir dann zu einem quantenmechanischen Gate $\mathbf{U}_f$ linear fortsetzen können. Die nahe liegendste Idee ist wohl, $\mathbf{V}_f = f$ zu setzen:

$$\mathbf{V}_f : \{v_0, v_1\} \longrightarrow \{v_0, v_1\}, \quad \mathbf{V}_f(v_i) := f(v_i).$$

Allerdings ist dies im Allgemeinen nicht invertierbar, also können wir so kein zulässiges quantenmechanisches Gate konstruieren. Auch der Graph von f,

$$\{v_0, v_1\} \longrightarrow \{v_0, v_1\}^2, \quad v_i \mapsto (v_i, f(v_i)),$$

ist schon aus Dimensionsgründen nicht invertierbar, wir benötigen eine zweite Koordinate im Definitionsbereich. Dies führt uns zu der invertierbaren Funktion

$$\mathbf{V}_f : \{v_0, v_1\}^2 \longrightarrow \{v_0, v_1\}^2,$$
$$(v_i, v_j) \mapsto \mathbf{V}_f(v_i, v_j) := (v_i, v_j \oplus f(v_i)), \quad i, j \in \{0, 1\},$$

wobei $v_i \oplus v_i := v_0$, $i = 0, 1$, und $v_0 \oplus v_1 := v_1 \oplus v_0 := v_1$ (die Operation $\oplus$ entspricht also der binären Addition der Indizes). Auf der Menge $\{v_0, v_1\}^2$ ist dies ein klassisches f-Gate. Entsprechend erhalten wir das quantenmechanische f-Gate, indem wir

$$\mathbf{U}_f : \mathcal{H}^{\otimes 2} \longrightarrow \mathcal{H}^{\otimes 2},$$
$$v_i \otimes v_j \mapsto v_i \otimes (v_j \oplus f(v_i)),$$

linear fortsetzen. $\mathbf{U}_f$ ist unitär und enthält für jedes Basiselement $v_i \otimes v_j$ genau eine Auswertung von f. Daher eignet sich $\mathbf{U}_f$ als quantenmechanisches Analogon zu einer Auswertung der Funktion f.

$\Diamond$

Deutsch-Algorithmus

Wir wollen nun eine Problemstellung skizzieren, bei der sich die Überlegenheit eines Quantenalgorithmus zeigt. Gegeben sei dazu eine Funktion auf der Orthonormalbasis des zweidimensionalen Hilbert-Raums $\mathcal{H}$:

$$f : \{v_0, v_1\} \longrightarrow \{v_0, v_1\}.$$

Für die Funktion f gibt es vier Möglichkeiten: zwei davon sind konstant (d.h. $f(v_0) = f(v_1)$), die zwei verbleibenden sind ausgeglichen, d.h. der Funktionswert v_0 tritt genauso oft auf wie der Funktionswert v_1, nämlich genau ein Mal. Ziel des Algorithmus ist es zu entscheiden, ob f ausgeglichen oder konstant ist. Dies ist eine Variante eines Problems, das 1985 von D. Deutsch ([Deu85]) behandelt und später verallgemeinert wurde, vgl. [DJ92]. Offensichtlich benötigt man für die Problemlösung mit einem klassischen Algorithmus zwei Auswertungen der Funktion f. Es gibt keinen einzigen Fall, bei dem man aus einer Auswertung der Funktion f auf die Ausgeglichenheit oder Konstanz der Funktion schließen könnte.

Wie wir im Folgenden zeigen wollen, genügt in einem geschickt konstruierten Quantenalgorithmus eine Auswertung der Funktion f, um diese Frage zu beantworten. Wir erinnern daran, dass eine quantenmechanische Auswertung der Funktion f einer Verwendung des f-Gates $\mathbf{U}_f$ entspricht. Um auszuschließen, dass wir das Problem in Wirklichkeit deshalb lösen können, weil das f-Gate zweidimensional operiert, sei bemerkt, dass auch bei Verwendung des klassischen f-Gates

$$\mathbf{V}_f : \{v_0, v_1\}^2 \longrightarrow \{v_0, v_1\}^2, \quad \mathbf{V}_f(v_i, v_j) = (v_i, v_i \oplus f(v_j))$$

in jedem Fall zwei Auswertungen des klassischen f-Gates erforderlich sind, um das Problem zu lösen.

Als Vorüberlegung für den Quantenalgorithmus berechnen wir $\mathbf{U}_f(v_i \otimes \frac{1}{\sqrt{2}}(v_0 - v_1))$, $i \in \{0, 1\}$:

$$\mathbf{U}_f\left(v_i \otimes \frac{1}{\sqrt{2}}(v_0 - v_1)\right) = \mathbf{U}_f\left(\frac{1}{\sqrt{2}}[v_i \otimes v_0 - v_i \otimes v_1]\right)$$

$$= \frac{1}{\sqrt{2}}[v_i \otimes (v_0 \oplus f(v_i)) - v_i \otimes (v_1 \oplus f(v_i))]$$

$$= \frac{1}{\sqrt{2}}[v_i \otimes f(v_i) - v_i \otimes (v_1 \oplus f(v_i))]$$

$$= \frac{1}{\sqrt{2}} \begin{cases} v_i \otimes v_0 - v_i \otimes v_1 & \text{für } f(v_i) = v_0, \\ v_i \otimes v_1 - v_i \otimes v_0 & \text{für } f(v_i) = v_1, \end{cases}$$

$$= \frac{(-1)^{\text{ind}(f(v_i))}}{\sqrt{2}}[v_i \otimes v_0 - v_i \otimes v_1]$$

$$= (-1)^{\text{ind}(f(v_i))} v_i \otimes \frac{1}{\sqrt{2}}(v_0 - v_1),$$

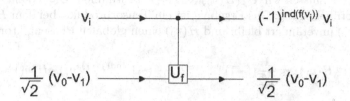

Abbildung 3.7. Wirkung des f-Gates

wobei wir $\mathrm{ind}(v_i) := i$, $i \in \{0,1\}$, verwendet haben. Zusammengefasst bedeutet diese Rechnung: Wird $\mathbf{U}_f$ auf ein Tensorprodukt angewandt, bei dem sich das zweite q-Bit im Zustand $\frac{1}{\sqrt{2}}(v_0 - v_1)$ befindet, ist das Ergebnis wieder ein Tensorprodukt (und nicht etwa verschränkt), das zweite q-Bit bleibt unverändert und das erste bekommt eine *globale Phase* $(-1)^{\mathrm{ind}(f(v_i))}$. Das Resultat dieser Vorüberlegung ist in Abbildung 3.7 noch einmal veranschaulicht. Nun können wir den Deutsch-Algorithmus beschreiben:

Schritt 1: Wende jeweils ein Hadamard-Gate auf v_0 und v_1 an, bestimme also $H(v_0)$ und $H(v_1)$.

Schritt 2: Betrachte nun das Multi-q-Bit $H(v_0) \otimes H(v_1)$ und wende das f-Gate an, berechne also $\mathbf{U}_f(H(v_0) \otimes H(v_1))$.

Schritt 3: Sei $u_1 \otimes u_2 = \mathbf{U}_f(H(v_0) \otimes H(v_1))$. Bestimme $H(u_1)$.

Schritt 4: Es gilt $H(u_1) \in \{\pm v_0, \pm v_1\}$. Messe $H(u_1)$. Ist $H(u_1)$ im Zustand $\pm v_0$, so ist f konstant, andernfalls ausgeglichen.

Symbolisch ist dieser Algorithmus in Abbildung 3.8 dargestellt. Wir weisen

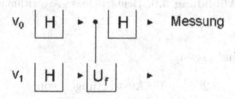

Abbildung 3.8. Deutsch-Algorithmus

jetzt seine Richtigkeit nach. Zunächst gilt:

$$H(v_0) = \frac{1}{\sqrt{2}}(v_0 + v_1), \quad H(v_1) = \frac{1}{\sqrt{2}}(v_0 - v_1).$$

Als nächstes müssen wir $\mathbf{U}_f(H(v_0) \otimes H(v_1))$ bestimmen. Dazu diente gerade unsere Vorüberlegung: Das Ergebnis ist ein Tensorprodukt, bei dem $H(v_1) = \frac{1}{\sqrt{2}}(v_0 - v_1)$ unverändert bleibt und $H(v_0)$ einen globalen Phasenfaktor erhält:

$$\mathbf{U}_f(H(v_0) \otimes H(v_1)) = \frac{1}{\sqrt{2}}((-1)^{\mathrm{ind}(f(v_0))}v_0 + (-1)^{\mathrm{ind}(f(v_1))}v_1) \otimes H(v_1) =: u_1 \otimes u_2.$$

Ist f konstant, so ist $u_1 = \pm \frac{1}{\sqrt{2}}(v_0 + v_1)$, so dass $H(u_1) = \pm v_0$ ist. Ist hingegen f ausgeglichen, so ist $H(u_1) = \pm \frac{1}{\sqrt{2}}(v_0 - v_1)$, so dass $H(u_1) = \pm v_1$ ist. Messung von $H(u_1)$ liefert also mit Sicherheit den Zustand v_0 für konstantes f und den Zustand v_1 für ausgeglichenes f. Damit ist die Korrektheit des Deutsch-Algorithmus nachgewiesen. Mit genau einer Verwendung des f-Gates kann die Frage, ob f ausgeglichen oder konstant ist, durch einen Quantenalgorithmus beantwortet werden.

Deutsch-Jozsa-Algorithmus

Ist $f : \{v_0, v_1\}^n \to \{v_0, v_1\}$ für ein $n \geq 1$ gegeben, so bezeichnen wir f als ausgeglichen, falls genau 2^{n-1} mal der Wert v_0 und 2^{n-1} mal der Wert v_1 angenommen wird. Wir nehmen nun an, f sei entweder konstant oder ausgeglichen. Um klassisch die Frage zu beantworten, ob f konstant oder

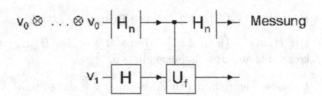

Abbildung 3.9. Deutsch-Jozsa-Algorithmus

ausgeglichen ist, sind bis zu

$$2^{n-1} + 1 \quad \text{Auswertungen von } f$$

erforderlich. Insbesondere wächst die Anzahl der benötigten Auswertungen exponentiell. Der Quantenalgorithmus, als Deutsch-Jozsa-Algorithmus ([DJ92]) bekannt, kommt erstaunlicherweise genau wie im Fall $n = 1$ mit einer Auswertung des f-Gates aus. Dieses ist in natürlicher Verallgemeinerung gegeben durch die Festlegung der Bilder der Basisvektoren:

$$\mathbf{U}_f : \mathcal{S}_{\mathcal{H}^{\otimes n+1}} \longrightarrow \mathcal{S}_{\mathcal{H}^{\otimes n+1}},$$
$$v_{i_1} \otimes \ldots \otimes v_{i_{n+1}} \mapsto (v_{i_1} \otimes \ldots \otimes v_{i_n} \otimes (v_{i_{n+1}} \oplus f(v_{i_1}, \ldots, v_{i_n}))).$$

Schreiben wir $H_n := \mathbf{M}_{Ha,n}$, so läuft der Algorithmus völlig analog zum eindimensionalen Fall ab, so dass wir uns auf die schematische Beschreibung in Abbildung 3.9 beschränken. Analoge Rechnungen zeigen, dass bei der Messung der ersten n q-Bits gemäß $E_1 := \{(v_0, \ldots, v_0)\}$ und $E_2 := E_1^c$ mit Wahrscheinlichkeit 1 der Zustand $(v_0, \ldots, v_0)$ beobachtet wird, wenn f konstant ist, und mit Wahrscheinlichkeit 0, wenn f ausgeglichen ist.

Mehr zum Thema Quantum Computation und Quantum Information Theory findet man im Stochastik-Buch von Williams [Wil01] sowie z.B. in [NC00], [ABH$^+$01] und [BEZ00].

4
Zufallsvariablen

4.1 Grundbegriffe

Verschiedene Aspekte eines Zufallsexperimentes

Nehmen wir an, wir wollten die Qualitätskontrolle von 5 Taschenrechnern als Zufallsexperiment $(\Omega_1, \mathcal{F}_1, \mathbb{P})$ modellieren. Ein geeigneter Ergebnisraum wäre $\Omega_1 = \{0,1\}^5$, wobei 0 für „Taschenrechner funktioniert", 1 für „Taschenrechner defekt" steht. Eine Maschine sortiert die defekten Taschenrechner automatisch aus. Dazu benötigt sie die genaue Sequenz, z.B. $\omega = (0,0,1,0,1)$, um die richtigen Taschenrechner auszusortieren, in unserem Beispiel den dritten und fünften Taschenrechner. Den Produktionsleiter hingegen interessiert nur, wie viele Taschenrechner defekt sind. Daher betrachtet er den Ergebnisraum $\Omega_2 = \{0,1,2,3,4,5\}$ und bildet die Summe

$$X : \{0,1\}^5 \longrightarrow \Omega_2, \quad \omega = (\omega_1, \ldots, \omega_5) \mapsto \sum_{i=1}^{5} \omega_i.$$

Die Summe $X(\omega)$ ist gerade die Anzahl defekter Taschenrechner, in unserem Beispiel $X((0,0,1,0,1)) = 2$. Will man die Wahrscheinlichkeit für das Ereignis „höchstens ein defekter Taschenrechner" ermitteln, so wird diese durch das Ereignis

$$X^{-1}(\{0,1\}) \in \mathcal{F}_1$$

dargestellt, und wir können die Wahrscheinlichkeit $\mathbb{P}(X^{-1}(\{0,1\}))$ bestimmen. Zusammengefasst erhalten wir: Interessiert man sich bei einem Zufallsexperiment $(\Omega_1, \mathcal{F}_1, \mathbb{P})$ für verschiedene Aspekte, so ist es sinnvoll, Abbildungen $X : \Omega_1 \to \Omega_2$ zu betrachten. Eine solche Abbildung X reduziert das Zufallsexperiment auf die zu untersuchende Fragestellung. Die Messbarkeit von X stellt sicher, dass wir das Bildmaß $\mathbb{P}_X$ von $\mathbb{P}$ unter X auf Ω_2 betrachten können. Diese Überlegungen führen zu folgender Definition:

Definition 4.1 (Zufallsvariable). *Ist* $(\Omega_1, \mathcal{F}_1, \mathbb{P})$ *ein Wahrscheinlichkeitsraum und* $(\Omega_2, \mathcal{F}_2)$ *ein Messraum, so heißt eine* $\mathcal{F}_1$-$\mathcal{F}_2$-*messbare Abbildung*

$$X : \Omega_1 \to \Omega_2 \quad Zufallsvariable.$$

Ist $\Omega_2 = \mathbb{R}^n$, *so wird* X *als* n-*dimensionale reelle Zufallsvariable und im Fall* $n = 1$ *als reelle Zufallsvariable bezeichnet. Ist* $\Omega_2 = \bar{\mathbb{R}}$, *so heißt* X *numerische Zufallsvariable.*

Zufallsvariablen bieten zwei entscheidende Vorteile. Zum einen genügt es, das zu Grunde liegende Zufallsexperiment ein einziges Mal durch einen Wahrscheinlichkeitsraum $(\Omega_1, \mathcal{F}_1, \mathbb{P})$ zu modellieren. Jede Zufallsvariable $X : \Omega_1 \longrightarrow \Omega_2$ bildet dann den Aspekt des Experiments ab, für den man sich gerade interessiert. Das Bild $X(\omega)$ kann oft als Messung interpretiert werden: $X(\omega)$ ist der vom Ergebnis ω des Experiments abhängige Messwert. Der zweite Vorteil von Zufallsvariablen besteht darin, dass sie als Abbildungen die Möglichkeit bieten, verknüpft zu werden. Wir können reelle Zufallsvariablen addieren, multiplizieren etc.

Verteilung von Zufallsvariablen

Das Bildmaß $\mathbb{P}_X$ auf Ω_2 ist wegen

$$\mathbb{P}_X(\Omega_2) = \mathbb{P}(X^{-1}(\Omega_2)) = \mathbb{P}(\Omega_1) = 1$$

wieder ein Wahrscheinlichkeitsmaß:

Definition 4.2 (Verteilung einer Zufallsvariablen). *Ist* $(\Omega_1, \mathcal{F}_1, \mathbb{P})$ *ein Wahrscheinlichkeitsraum,* $(\Omega_2, \mathcal{F}_2)$ *ein Messraum und* $X : \Omega_1 \longrightarrow \Omega_2$ *eine Zufallsvariable, so heißt das Bildmaß* $\mathbb{P}_X$ *Verteilung von* X.

Eigenschaften der Verteilung $\mathbb{P}_X$ werden als Eigenschaften von X deklariert: X heißt diskret, wenn $\mathbb{P}_X$ diskret ist etc. Ist X z.B. normalverteilt, d.h. $\mathbb{P}_X = \mathrm{N}(m, \sigma^2)$, so schreiben wir dafür kurz

$$X \sim \mathrm{N}(m, \sigma^2).$$

Analog sind z.B. $X \sim \mathrm{Exp}(\lambda)$ und $X \sim \mathrm{Poi}(\lambda)$ zu verstehen. Genau wie bei messbaren Abbildungen in der Maßtheorie verwenden wir die verkürzenden Notationen

$$\{X \in A\} \quad \text{für} \quad \{\omega \in \Omega : X(\omega) \in A\},$$
$$\{X = c\} \quad \text{für} \quad \{\omega \in \Omega : X(\omega) = c\},$$
$$\{a \leq X \leq b\} \quad \text{für} \quad \{\omega \in \Omega : a \leq X(\omega) \leq b\} \text{ etc.}$$

Diese Abkürzungen bewähren sich insbesondere im Zusammenhang mit Wahrscheinlichkeiten:

$$\mathbb{P}(X \in A) = \mathbb{P}(\{\omega \in \Omega : X(\omega) \in A\}) = \mathbb{P}_X(A),$$
$$\mathbb{P}(X = c) = \mathbb{P}(\{\omega \in \Omega : X(\omega) = c\}) = P_X(\{c\}) \text{ etc.}$$

Um nicht jeden Satz mit „Sei $(\Omega, \mathcal{F}, \mathbb{P})$ ein Wahrscheinlichkeitsraum und ...“ zu beginnen, fixieren wir von nun an einen Wahrscheinlichkeitsraum $(\Omega, \mathcal{F}, \mathbb{P})$. Alle Zufallsvariablen sollen, wenn nicht ausdrücklich anders erwähnt, auf dem Wahrscheinlichkeitsraum $(\Omega, \mathcal{F}, \mathbb{P})$ definiert sein.

Integration bezüglich des Bildmaßes

Die Verteilung $\mathbb{P}_X$ ist eindeutig bestimmt durch die Zufallsvariable X und das Wahrscheinlichkeitsmaß $\mathbb{P}$. Daher muss dasselbe auch für das Integral nach $\mathbb{P}_X$ gelten:

Satz 4.3. *Es sei $X : \Omega \to \mathbb{R}^n$ eine n-dimensionale reelle Zufallsvariable und $f : \mathbb{R}^n \to \mathbb{R}$ eine messbare Funktion, so dass $f \circ X : \Omega \to \mathbb{R}$ $\mathbb{P}$-integrierbar ist. Dann gilt:*

$$\int f \, d\mathbb{P}_X = \int f \circ X \, d\mathbb{P}.$$

Beweis. Ist $f = I_A$, $A \in \mathcal{B}^n$, so ist

$$f \circ X = I_{A'} \quad \text{mit } A' := X^{-1}(A) \in \mathcal{F}.$$

Daraus folgt

$$\int f \, d\mathbb{P}_X = \mathbb{P}_X(A) = \mathbb{P}(A') = \int f \circ X \, d\mathbb{P}.$$

Damit ist die Behauptung für Indikatorfunktionen bewiesen. Der Rest folgt nach unserer STANDARDPROZEDUR. □

4.2 Momente

Momente sind Kenngrößen von Zufallsvariablen. Die zwei wichtigsten Momente sind der Erwartungswert, der den „mittleren Wert" des Experiments kennzeichnet, und die Varianz. Sie ist ein Maß dafür, wie stark die Werte um den Erwartungswert streuen. Erwartungswert und Varianz bestimmen im Allgemeinen eine Verteilung nicht eindeutig, sie können aber einen ersten Eindruck von der Verteilung vermitteln.

Erwartungswert und Varianz

Welche Zahl erwarten wir im Mittel beim Wurf eines Würfels? Der naive Ansatz lässt uns die möglichen Ausgänge $1, 2, 3, 4, 5$ und 6 mit ihren jeweiligen Wahrscheinlichkeiten p_i, in diesem Fall $p_i = \frac{1}{6}, i = 1, \ldots, 6$, gewichten:

$$\sum_{i=1}^{6} p_i \cdot i = \frac{1}{6}(1 + 2 + 3 + 4 + 5 + 6) = 3.5.$$

Übertragen wir diese Überlegung auf die Verteilung $\mathbb{P}_X$ einer diskreten Zufallsvariablen $X : \Omega \to \mathbb{R}$ mit Zähldichte $f : \mathbb{R} \to [0, 1]$ und Träger T, so sind die möglichen Ergebnisse $x = X(\omega)$, die mit der Wahrscheinlichkeit $\mathbb{P}(X = x) = f(x)$ auftreten. Entsprechend erhalten wir den Mittelwert

$$\sum_{x \in T} x \cdot \mathbb{P}(X = x) = \sum_{x \in T} x \cdot f(x).$$

Ignorieren wir noch für einen Moment, dass diese Reihe nicht zu existieren braucht, so können wir diese gemäß Satz 2.13 und Satz 4.3 als Integral schreiben:

$$\sum_{x \in T} x \cdot f(x) = \int x f(x) d\mu_Z(x) = \int x d\mathbb{P}_X(x) = \int X d\mathbb{P}.$$

Der letzte Ausdruck ist für alle $\mathbb{P}$-quasiintegrierbaren Zufallsvariablen definiert, so dass wir diesen für die Definition verwenden:

Definition 4.4 (Erwartungswert). *Ist $X : \Omega \to \mathbb{R}$ eine quasiintegrierbare reelle Zufallsvariable, so heißt*

$$\mathbb{E}(X) := \int X d\mathbb{P} = \int x d\mathbb{P}_X(x) \quad \text{der Erwartungswert von } X.$$

Der Erwartungswert ist also ein spezielles Lebesgue-Integral. Daher übertragen sich alle Eigenschaften des Lebesgue-Integrals auf Erwartungswerte. Insbesondere ist der Erwartungswert monoton und linear:

$$\mathbb{E}(aX + b) = a\mathbb{E}(X) + b, \ a, b \in \mathbb{R},$$
$$X \leq Y \Rightarrow \mathbb{E}(X) \leq \mathbb{E}(Y).$$

In konkreten Beispielen sind stetige Verteilungen $\mathbb{P}_X$ von X meist durch eine (Riemann-integrierbare) Dichte f bezüglich des Lebesgue-Maßes gegeben, so dass wir für diesen Fall

$$\mathbb{E}(X) = \int x \cdot f(x) dx$$

erhalten. Für diskrete Verteilungen von X mit Zähldichte f und Träger T erhalten wir analog

$$\mathbb{E}(X) = \int x f(x) d\mu_Z(x) = \sum_{x \in T} x f(x).$$

Bevor wir Beispiele betrachten, definieren wir die zweite wichtige Kenngröße einer Verteilung:

Definition 4.5 (Varianz). *Ist X eine Zufallsvariable mit $\mathbb{E}(|X|) < \infty$, so heißt*

$$\mathbb{V}(X) := \mathbb{E}[(X - \mathbb{E}(X))^2] = \mathbb{E}(X^2) - \mathbb{E}(X)^2$$

die Varianz von X.

Die Zufallsvariable X^2 ist stets quasi-integrierbar, aber nicht notwendig integrierbar. Daher ist $\mathbb{V}(X) = \infty$ möglich. Das zweite Gleichheitszeichen in der Definition der Varianz folgt aus der Linearität des Integrals. Für die Varianz gilt $\mathbb{V}(X) \geq 0$, und die Wurzel

$$\sigma := \sqrt{\mathbb{V}(X)} \text{ heißt Standardabweichung von } X.$$

Für den Fall, dass die Verteilung von X durch eine Dichte bezüglich des Lebesgue-Maßes gegeben ist, $\mathbb{P}_X = f \odot \lambda$, erhält man völlig analog zur obigen Herleitung

$$\mathbb{V}(X) = \int (x - \mathbb{E}(X))^2 f(x) dx = \int x^2 f(x) dx - \mathbb{E}(X)^2$$

und für den Fall einer diskreten Verteilung $\mathbb{P}_X = f \odot \mu_Z$ mit Zähldichte f

$$\mathbb{V}(X) = \int (x - \mathbb{E}(X))^2 f(x) d\mu_Z(x) = \sum_{x \in T} (x - \mathbb{E}(X))^2 f(x) = \sum_{x \in T} x^2 f(x) - \mathbb{E}(X)^2.$$

Beispiele

Beispiel 4.6 (X deterministisch). Ist $\mathbb{V}(X) = 0$, so bedeutet dies intuitiv, dass die Zufallsvariable nicht vom Erwartungswert abweicht. In der Tat folgt nach Satz 2.15

$$X = \mathbb{E}(X) \quad \text{fast sicher,}$$

d.h. bis auf eine Nullmenge ist X konstant. ◇

Beispiel 4.7 (Bernoulli-Verteilung). Ist X B$(1, p)$-verteilt, so besitzt $\mathbb{P}_X$ auf dem Träger $\{0, 1\}$ die Zähldichte

$$f(x) = p^x (1-p)^{1-x}, \quad x \in \{0, 1\}.$$

Wir erhalten:

$$\mathbb{E}(X) = 1 \cdot p + 0 \cdot (1 - p) = p,$$
$$\mathbb{V}(X) = 1^2 \cdot p + 0^2 \cdot (1 - p) - p^2 = p(1 - p).$$

◇

Beispiel 4.8 (Binomialverteilung). Ist X $\mathrm{B}(n,p)$-verteilt, so besitzt $\mathbb{P}_X$ auf dem Träger $\{0,\ldots,n\}$ die Zähldichte

$$f(k) = \binom{n}{k}p^k(1-p)^{n-k}, \quad k \in \{0,\ldots,n\}.$$

Wir erhalten:

$$\begin{aligned}
\mathbb{E}(X) &= \sum_{k=0}^{n} k\binom{n}{k}p^k(1-p)^{n-k} \\
&= np\sum_{k=1}^{n}\binom{n-1}{k-1}p^{k-1}(1-p)^{n-k} \\
&= np\sum_{k=0}^{n-1}\binom{n-1}{k}p^k(1-p)^{n-k-1} \\
&= np(p+(1-p))^{n-1} = np.
\end{aligned}$$

Setzen wir $q := 1-p$, so folgt für die Varianz:

$$\begin{aligned}
\mathbb{V}(X) &= \sum_{k=1}^{n} k^2\binom{n}{k}p^k(1-p)^{n-k} - (np)^2 \\
&= np\sum_{k=1}^{n} k\binom{n-1}{k-1}p^{k-1}q^{n-k} - (np)^2 \\
&= np\sum_{k=0}^{n-1}(k+1)\binom{n-1}{k}p^k q^{n-1-k} - (np)^2 \\
&= np\left[\sum_{k=0}^{n-1}k\binom{n-1}{k}p^k q^{n-1-k} + 1\right] - (np)^2 \\
&= np[(n-1)p+1] - (np)^2 = np(1-p).
\end{aligned}$$

Interpretieren wir p als Erfolgswahrscheinlichkeit in einem Zufallsexperiment, so bedeutet dies, das wir bei n Versuchen im Mittel mit np Erfolgen rechnen können. Die Varianz ist als Funktion von p eine Parabel mit Maximum bei $p = \frac{1}{2}$. $\Diamond$

Beispiel 4.9 (Poisson-Verteilung). Ist X $\mathrm{Poi}(\lambda)$-verteilt, $\lambda > 0$, so besitzt $\mathbb{P}_X$ auf dem Träger $\mathbb{N}_0$ die Zähldichte

$$f(n) = \exp(-\lambda)\frac{\lambda^n}{n!}, \quad n \in \mathbb{N}_0.$$

Wir erhalten:

$$\mathbb{E}(X) = \sum_{n=0}^{\infty} n\exp(-\lambda)\cdot\frac{\lambda^n}{n!} = \lambda\exp(-\lambda)\sum_{n=1}^{\infty}\frac{\lambda^{n-1}}{(n-1)!} = \lambda.$$

Schreiben wir $n^2 = n(n-1) + n$, so folgt

$$\mathbb{V}(X) = \sum_{n=0}^{\infty} \left(n^2 \exp(-\lambda) \cdot \frac{\lambda^n}{n!} \right) - \lambda^2$$

$$= \lambda^2 \exp(-\lambda) \sum_{n=2}^{\infty} \left(\frac{\lambda^{n-2}}{(n-2)!} \right) + \lambda \exp(-\lambda) \sum_{n=1}^{\infty} \left(\frac{\lambda^{n-1}}{(n-1)!} \right) - \lambda^2 = \lambda.$$

Erwartungswert und Varianz einer Poisson-verteilten Zufallsvariablen sind also gerade durch den Parameter λ gegeben. Erinnern wir uns, dass die Poisson-Verteilung als Wartezeitverteilung verwendet wird, so erklärt dies den Begriff Rate für λ. Der Parameter λ gibt an, mit wie vielen Anrufen im Callcenter pro Stunde, emittierten radioaktiven Teilchen pro Sekunde etc. im Mittel zu rechnen ist.   ◊

Nach drei diskreten Beispielen folgen drei stetige Verteilungen:

Beispiel 4.10 (Gleichverteilung). Ist X auf dem offenen Intervall $]a, b[$ gleichverteilt, so besitzt X die Dichte

$$f(x) = \frac{1}{b-a} I_{]a,b[}, \quad x \in \mathbb{R},$$

und wir erhalten:

$$\mathbb{E}(X) = \frac{1}{b-a} \int_a^b x\, dx = \frac{a+b}{2},$$

$$\mathbb{V}(X) = \frac{1}{b-a} \int_a^b x^2\, dx - \left(\frac{a+b}{2} \right)^2 = \frac{(b-a)^2}{12}.$$

Der Erwartungswert liegt bei der Gleichverteilung also in der Mitte des Intervalls. Die Standardabweichung $\sigma = \sqrt{\mathbb{V}(X)} = \frac{1}{\sqrt{12}}(b-a)$ steigt linear mit der Länge des Intervalls.   ◊

Beispiel 4.11 (Normalverteilung). Ist X $N(m, \sigma^2)$-normalverteilt, so deutet die Wahl der Bezeichnung schon darauf hin, dass in diesem Fall $\mathbb{E}(X) = m$ und $\mathbb{V}(X) = \sigma^2$ ist. In der Tat erhält man durch geduldiges Integrieren der Dichte

$$f(x) = \frac{1}{\sqrt{2\pi}\sigma} \exp\left(-\frac{(x-m)^2}{2\sigma^2} \right), \quad x \in \mathbb{R},$$

den Erwartungswert und die Varianz:

$$\mathbb{E}(X) = \frac{1}{\sqrt{2\pi}\sigma} \int_{-\infty}^{\infty} x \exp\left(-\frac{(x-m)^2}{2\sigma^2} \right) dx = m,$$

$$\mathbb{V}(X) = \frac{1}{\sqrt{2\pi}\sigma} \int_{-\infty}^{\infty} x^2 \exp\left(-\frac{(x-m)^2}{2\sigma^2} \right) dx - m^2 = \sigma^2.$$

Wir werden mit Hilfe der momenterzeugenden Funktionen in Kürze eine zweite, einfachere Methode kennen lernen, diese Kenngrößen auszurechnen. Die Dichte der Normalverteilung und damit die Verteilung selbst ist vollständig durch ihren Erwartungswert und ihre Varianz festgelegt.   ◊

Beispiel 4.12 (Exponentialverteilung). Ist X Exp(λ)-verteilt, so lassen sich Erwartungswert und Varianz der Dichtefunktion

$$f(x) = \lambda \cdot \exp(-\lambda x) I_{]0,\infty[}, \quad x \in \mathbb{R},$$

mittels partieller Integration bestimmen:

$$\mathbb{E}(X) = \int_0^\infty x \cdot \lambda \cdot \exp(-\lambda x) dx$$

$$= \left[-x \exp(-\lambda x) \right]_0^\infty + \int_0^\infty \exp(-\lambda x) dx$$

$$= \left[-\frac{1}{\lambda} \exp(-\lambda x) \right]_0^\infty = \frac{1}{\lambda},$$

$$\mathbb{E}(X^2) = \int_0^\infty x^2 \cdot \lambda \cdot \exp(-\lambda x) dx$$

$$= \left[-x^2 \exp(-\lambda x) \right]_0^\infty + 2 \int_0^\infty x \cdot \exp(-\lambda x) dx$$

$$= 2 \left[-x \frac{1}{\lambda} \exp(-\lambda x) \right]_0^\infty + 2 \frac{1}{\lambda} \int_0^\infty \exp(-\lambda x) dx$$

$$= \frac{2}{\lambda} \left[-\frac{1}{\lambda} \exp(-\lambda x) \right]_0^\infty = \frac{2}{\lambda^2},$$

also

$$\mathbb{V}(X) = \mathbb{E}(X^2) - E(X)^2 = \frac{2}{\lambda^2} - \frac{1}{\lambda^2} = \frac{1}{\lambda^2}.$$

Verwenden wir X als Modell für die Lebensdauer eines Gerätes, so ist der Parameter λ so zu wählen, dass der Wert $\mathbb{E}(X) = \frac{1}{\lambda}$ der mittleren Lebensdauer entspricht.   ◊

Stochastische Konvergenz

Die Konvergenzsätze der Maßtheorie enthalten Aussagen über das Verhalten des Lebesgue-Integrals bei der Vertauschung mit Grenzübergängen. Wir wollen diese Sätze im Lichte unserer Interpretation des Lebesgue-Integrals als

Erwartungswert $\mathbb{E}(X) = \int X\, d\mathbb{P}$ neu formulieren. Vorher führen wir einen weiteren Konvergenzbegriff ein:

Definition 4.13 (stochastische Konvergenz). *Eine Folge von reellen Zufallsvariablen (X_n) konvergiert stochastisch gegen eine reelle Zufallsvariable X, falls für jedes $\varepsilon > 0$ gilt:*

$$\lim_{n \to \infty} \mathbb{P}(|X_n - X| \geq \varepsilon) = 0.$$

Wir schreiben dann kurz: $X_n \xrightarrow{\mathbb{P}} X$.

Stochastische Konvergenz ist schwächer als fast sichere Konvergenz, wie wir jetzt nachweisen:

Satz 4.14. *Es seien $(X_n), X$ reelle Zufallsvariablen. Gilt $X_n \longrightarrow X$ fast sicher, so folgt $X_n \xrightarrow{\mathbb{P}} X$.*

Beweis. Für alle $\varepsilon > 0$ ist

$$\{\sup_{k \geq n} |X_k - X| \geq \varepsilon\} \downarrow \bigcap_{n=1}^{\infty} \{\sup_{k \geq n} |X_k - X| \geq \varepsilon\} \subset \{X_n \longrightarrow X\}^c,$$

und wegen der Stetigkeit von oben folgt:

$$\mathbb{P}(|X_n - X| \geq \varepsilon) \leq \mathbb{P}(\{\sup_{k \geq n} |X_k - X| \geq \varepsilon\}) \to \mathbb{P}\left(\bigcap_{n=1}^{\infty} \{\sup_{k \geq n} |X_k - X| \geq \varepsilon\}\right)$$
$$\leq \mathbb{P}(\{X_n \longrightarrow X\}^c) = 0,$$

da nach Voraussetzung $\mathbb{P}(\{X_n \longrightarrow X\}) = 1$ gilt. $\qquad\square$

Das nächste Beispiel zeigt, dass fast sichere Konvergenz echt stärker als stochastische Konvergenz ist, d.h. die Umkehrung in Satz 4.14 ist falsch.

Beispiel 4.15. Jedes $n \in \mathbb{N}$ hat eine eindeutige Zerlegung der Gestalt

$$n = 2^k + j, \quad 0 \leq j < 2^k, \; j, k \in \mathbb{N}_0.$$

Wir definieren zu jedem $n = 2^k + j$

$$A_n := [j2^{-k}, (j+1)2^{-k}[\quad \text{und} \quad X_n := I_{A_n}.$$

Setzen wir $\Omega := [0, 1[$, $\mathcal{F} := \mathcal{B}|[0, 1[$ und $\mathbb{P} := \lambda|\mathcal{F}$, so ist auf dem Wahrscheinlichkeitsraum $(\Omega, \mathcal{F}, \mathbb{P})$ die Folge $(X_n(\omega))$ für kein $\omega \in \Omega$ konvergent. Andererseits ist

$$\mathbb{P}(|X_n| \geq \varepsilon) \leq 2^{-k} < \frac{2}{n}.$$

Daher ist $X_n \xrightarrow{\mathbb{P}} 0$ stochastisch konvergent. $\qquad\diamond$

Der nachfolgende Satz zeigt, dass man durch Übergang zu einer Teilfolge von stochastischer Konvergenz zu fast sicherer Konvergenz gelangen kann:

Satz 4.16. *Es seien $(X_n), X$ reelle Zufallsvariablen. Die Folge (X_n) konvergiert genau dann stochastisch gegen X, wenn jede Teilfolge (X_{n_k}) von (X_n) wiederum eine Teilfolge $(X_{n_{k_i}})$ besitzt, so dass $X_{n_{k_i}} \underset{i\to\infty}{\longrightarrow} X$ fast sicher konvergiert.*

Beweis. Sei $X_n \overset{\mathbb{P}}{\longrightarrow} X$ und X_{n_k} eine Teilfolge. Nach Voraussetzung gibt es zu jedem $i \in \mathbb{N}$ und $\varepsilon := \frac{1}{i}$ ein $k_i \in \mathbb{N}$, so dass

$$\mathbb{P}\left(|X_{n_k} - X| \geq \frac{1}{i}\right) \leq \frac{1}{2^i} \text{ für alle } k \geq k_i.$$

Dann folgt aus dem LEMMA VON BOREL-CANTELLI, dass

$$\mathbb{P}\left(\left\{|X_{n_{k_i}} - X| \geq \frac{1}{i} \text{ für unendlich viele } i \in \mathbb{N}\right\}\right) = 0.$$

Wegen $(\limsup A_n)^c = \liminf A_n^c$ ist dies gleichbedeutend mit

$$\mathbb{P}\left(\left\{|X_{n_{k_i}} - X| < \frac{1}{i} \text{ für fast alle } i \in \mathbb{N}\right\}\right) = 1.$$

Daraus wiederum folgt $X_{n_{k_i}} \underset{i\to\infty}{\longrightarrow} X$ fast sicher.

Die umgekehrte Schlussrichtung zeigen wir durch Widerspruchsbeweis. Nehmen wir also an, (X_n) konvergiere nicht stochastisch gegen X, so gibt es ein $\varepsilon > 0$ und eine Teilfolge (X_{n_k}), so dass

$$\mathbb{P}(|X_{n_k} - X| \geq \varepsilon) > \varepsilon \text{ für alle } k \in \mathbb{N}.$$

Daher kann keine Teilfolge von (X_{n_k}) gegen X stochastisch konvergieren und somit erst recht nicht fast sicher, im Widerspruch zur Voraussetzung.   □

Die Konvergenzsätze

Wie bereits angekündigt formulieren wir die Konvergenzsätze der Maßtheorie aus Abschnitt 2.1 in der Sprache der Erwartungswerte.

Theorem 4.17. *Es seien X und Y reelle Zufallsvariablen sowie (X_n) und (Y_n) Folgen reeller Zufallsvariablen. Dann gilt:*

(i) Satz von der monotonen Konvergenz: *Ist $0 \leq X_n \uparrow X$, so folgt*

$$\mathbb{E}(X_n) \uparrow \mathbb{E}(X).$$

(ii) Lemma von Fatou: *Ist $X_n \geq 0$ für alle $n \in \mathbb{N}$, so folgt*

$$\mathbb{E}(\liminf_{n\to\infty} X_n) \leq \liminf_{n\to\infty} \mathbb{E}(X_n).$$

(iii) Satz von der dominierten Konvergenz: *Gilt* $X_n \to X$ *fast sicher und* $Y_n \to$
  Y *fast sicher sowie* $\mathbb{E}(|Y|) < \infty$, $\mathbb{E}(|Y_n|) < \infty$ *und* $|X_n| \leq Y_n$ *für alle*
  $n \in \mathbb{N}$, *so folgt aus* $\mathbb{E}(|Y_n - Y|) \longrightarrow 0$, *dass* $\mathbb{E}(|X|) < \infty$ *und* $\mathbb{E}(|X_n|) < \infty$
  für alle $n \in \mathbb{N}$ *sowie*

$$\mathbb{E}(|X_n - X|) \longrightarrow 0.$$

(iv) *Aus* $X_n \to X$ *fast sicher und* $\mathbb{E}(X_n) \to \mathbb{E}(X)$ *folgt*

$$\mathbb{E}(|X_n - X|) \longrightarrow 0.$$

In (iii) und (iv) genügt es, wenn $X_n \xrightarrow{\mathbb{P}} X$ *bzw.* $Y_n \xrightarrow{\mathbb{P}} Y$ *vorausgesetzt wird.*

Beweis. Die Aussagen (i)-(iv) entsprechen den Theoremen 2.7, 2.10, 2.14 und
2.33. Wir müssen also nur noch den Zusatz beweisen. Gehen wir in (iii) also
von $X_n \xrightarrow{\mathbb{P}} X$ und $Y_n \xrightarrow{\mathbb{P}} Y$ aus und nehmen an, es gelte nicht

$$\mathbb{E}(|X_n - X|) \longrightarrow 0.$$

Dann gibt es eine Teilfolge (X_{n_k}) von (X_n) und ein $\varepsilon > 0$, so dass

$$\mathbb{E}(|X_{n_k} - X|) \geq \varepsilon \quad \text{für alle } k \in \mathbb{N}. \tag{4.1}$$

Nach Satz 4.16 gibt es eine Teilfolge $(X_{n_{k_i}})$ von (X_{n_k}), so dass $(X_{n_{k_i}}) \underset{i \to \infty}{\longrightarrow} X$
fast sicher. Zu $(Y_{n_{k_i}})$ gibt es ebenfalls eine Teilfolge, die fast sicher gegen
Y konvergiert. Um einen vierten Index zu vermeiden, gehen wir ohne Ein-
schränkung davon aus, dass $Y_{n_{k_i}} \underset{i \to \infty}{\longrightarrow} Y$, andernfalls gingen wir sowohl bei
$(X_{n_{k_i}})$ als auch bei $(Y_{n_{k_i}})$ zur Teilfolge über. Jetzt folgt aber aus dem bereits
bewiesenen Fall von (iii) für fast sichere Konvergenz, dass

$$\mathbb{E}(|X_{n_{k_i}} - X|) \underset{i \to \infty}{\longrightarrow} 0,$$

im Widerspruch zu (4.1). Völlig analog folgt die Zusatzaussage für (iv).   □

Höhere Momente

Zwei wichtige Kenngrößen einer Verteilung haben wir bisher kennen gelernt,
Erwartungswert und Varianz. Diese legen im Allgemeinen die Verteilung noch
nicht fest. Daher benötigen wir weitere Kenngrößen, gegeben durch folgende
Definition:

Definition 4.18 (Momente). *Es sei X eine integrierbare Zufallsvariable
und $n \in \mathbb{N}$, so dass X^n quasi-integrierbar ist. Dann heißt*

$$\mathbb{E}(|X|^n) \quad \textit{n-tes absolutes Moment,}$$
$$\mathbb{E}(X^n) \quad \textit{n-tes Moment,}$$
$$\mathbb{E}[(X - \mathbb{E}(X))^n] \quad \textit{n-tes zentriertes Moment}$$

von X.

Der Erwartungswert ist in dieser Sprache das erste Moment, die Varianz das zweite zentrierte Moment von X. An dieser Stelle stellen sich in natürlicher Weise zwei Fragen:

(i) Wie kann man die Momente einer Verteilung berechnen?
(ii) Kennt man alle Momente einer Verteilung, ist sie dann eindeutig bestimmt?

Die erste Frage werden wir gleich im Anschluss behandeln, die zweite Frage werden wir an dieser Stelle nur für einen einfachen Spezialfall positiv beantworten. Für die allgemeine Antwort benötigen wir mehr Theorie, so dass wir sie erst in Satz 7.19 geben.

Momenterzeugende Funktionen

Zur Berechnung der Momente einer Zufallsvariablen führen wir die folgende Funktion ein:

Definition 4.19 (momenterzeugende Funktion). *Ist X eine reelle Zufallsvariable und $D := \{s \in \mathbb{R} : \mathbb{E}[\exp(sX)] < \infty\}$, so heißt die Funktion*

$$M : D \to \mathbb{R},$$

$$s \mapsto \mathbb{E}[\exp(sX)] = \int \exp(sx)d\mathbb{P}_X(x),$$

momenterzeugende Funktion.

Als erstes untersuchen wir den Definitionsbereich D einer momenterzeugenden Funktion etwas genauer. Für jedes X ist $0 \in D$. Auf der rechten Halbgeraden ist $\int_{[0,\infty[} \exp(sx)d\mathbb{P}_X(x)$ für alle $s \leq 0$ endlich, und wenn das Integral für $s > 0$ endlich ist, so auch für s' mit $0 \leq s' \leq s$. Analoge Überlegungen für das Integral $\int_{]-\infty,0]} \exp(sx)d\mathbb{P}_X(x)$ führen uns zu der Erkenntnis, dass es ein Intervall I mit $0 \in I \subset D$ gibt. Ist $X \geq 0$, so ist $]-\infty,0] \subset D$, ist $X \leq 0$, dann gilt $[0,\infty[\subset D$. Es kann allerdings passieren, dass $D = \{0\}$ ist, wie das folgende Beispiel zeigt:

Beispiel 4.20. Wir betrachten auf $(\mathbb{Z} \setminus \{0\}, \mathcal{P}(\mathbb{Z} \setminus \{0\}))$ die Zähldichte

$$p_n := \frac{C}{n^2}, \quad n \in \mathbb{Z} \setminus \{0\},$$

wobei wir $C > 0$ so wählen, dass $\sum_{n \in \mathbb{Z} \setminus \{0\}} p_n = 1$. Dann ist für jedes $s > 0$

$$\exp(sn) \cdot \frac{C}{n^2} \longrightarrow +\infty,$$

und damit für jedes $s \in \mathbb{R}$:

$$\int_{\mathbb{R}} \exp(sx) d\mathbb{P}_X(x) = \sum_{n=1}^{\infty} (\exp(sn) + \exp(-sn)) \cdot \frac{C}{n^2} = +\infty.$$

Also ist kein $s \neq 0$ in D. $\Diamond$

Momenterzeugende Funktion als Potenzreihe

Es ist daher nahe liegend, dass wir für lokale Betrachtungen wie Differenzierbarkeit voraussetzen, dass der Definitionsbereich D von $M(s)$ ein Intervall $]-a, a[$ enthält. Dann ist

$$M(s) = \mathbb{E}[\exp(sX)] = \mathbb{E}\left(\sum_{n=0}^{\infty} \frac{s^n}{n!} X^n\right) = \sum_{n=0}^{\infty} \frac{s^n}{n!} \mathbb{E}(X^n),$$

wobei wir die Zulässigkeit der Vertauschung von Erwartungswert und Reihe noch begründen müssen. Nehmen wir dies für einen Augenblick an, so haben wir damit eine Potenzreihenentwicklung für $M(s)$ gefunden, deren Koeffizienten, also n-ten Ableitungen in 0, gerade durch die Momente gegeben sind. Dies erklärt den Namen der momenterzeugenden Funktion:

Satz 4.21. *Es sei X eine Zufallsvariable mit momenterzeugender Funktion $M : D \to \mathbb{R}$. Ist $]-a, a[\subset D$ für ein $a > 0$, so sind alle Momente $\mathbb{E}(X^n)$ endlich und es gilt:*

$$M(s) = \sum_{n=0}^{\infty} \frac{s^n}{n!} \mathbb{E}(X^n), \quad s \in \,]-a, a[.$$

Insbesondere ist M auf $]-a, a[$ unendlich oft differenzierbar mit n-ter Ableitung

$$M^{(n)}(0) = \mathbb{E}(X^n).$$

Beweis. Uns bleibt nur zu zeigen, dass wir auf dem Intervall $]-a, a[$ Erwartungswert und Reihe vertauschen dürfen. Nach Voraussetzung ist $\exp(sx)$ für alle $s \in \,]-a, a[$ $\mathbb{P}_X$-integrierbar, daher gilt dies auch für $\exp(|sx|) \leq \exp(sx) + \exp(-sx)$, also für $\exp(|sx|) = \sum_{n=0}^{\infty} \frac{|sx|^n}{n!}$. Wir können daher den Satz von der dominierten Konvergenz auf die Funktionenfolge der Partialsummen

$$f_N(X) := \sum_{n=0}^{N} \frac{(sX)^n}{n!} \text{ und } g(X) := \exp(|sX|)$$

anwenden. Wir erhalten aus der Integrierbarkeit der $f_N(X)$ die Endlichkeit von $\mathbb{E}(X^n)$ für alle $n \in \mathbb{N}$ und

$$M(s) = \mathbb{E}[\exp(sX)] = \mathbb{E}(\lim_{N \to \infty} f_N)$$

$$= \lim_{N \to \infty} \mathbb{E}(f_N) = \sum_{n=0}^{\infty} \frac{s^n}{n!} \mathbb{E}(X^n), \quad s \in \,] - a, a[\, .$$

Wie jede Potenzreihe ist $M(s)$ innerhalb ihres Konvergenzradius $] - a, a[$ unendlich oft differenzierbar, und die Koeffizienten sind bis auf Multiplikation mit $n!$ die n-te Ableitung in 0:

$$M^{(n)}(0) = \mathbb{E}(X^n) \text{ für alle } n \in \mathbb{N}.$$

$\square$

Beispiele

Lässt sich die momenterzeugende Funktion leicht ermitteln, wie in den nachfolgenden Beispielen, so kann man mit Hilfe ihrer Ableitungen die Momente bestimmen.

Beispiel 4.22 (Momente der Poisson-Verteilung). Um mit einer diskreten Verteilung zu beginnen, betrachten wir eine Poisson-verteilte Zufallsvariable X und ihre Zähldichte

$$p_n = \exp(-\lambda) \frac{\lambda^n}{n!}, \quad n \in \mathbb{N}_0.$$

Wir erhalten als momenterzeugende Funktion:

$$M(s) = \sum_{n=0}^{\infty} \exp(sn) \exp(-\lambda) \frac{\lambda^n}{n!}$$

$$= \exp(-\lambda) \sum_{n=0}^{\infty} \frac{(\lambda \exp(s))^n}{n!} = \exp(\lambda(\exp(s) - 1)), \quad s \in \mathbb{R}.$$

Die Funktion M ist in diesem Fall auf $\mathbb{R}$ definiert. Ihre ersten beiden Ableitungen sind

$$M'(s) = \lambda \exp(s) M(s) \quad \text{und} \quad M''(s) = (\lambda^2 \exp(2s) + \lambda \exp(s)) M(s).$$

Damit ergeben sich die ersten beiden Momente

$$\mathbb{E}(X) = M'(0) = \lambda \quad \text{und} \quad \mathbb{E}(X^2) = M''(0) = \lambda^2 + \lambda,$$

also $\mathbb{V}(X) = \mathbb{E}(X^2) - (\mathbb{E}(X))^2 = \lambda.$ $\Diamond$

Beispiel 4.23 (Momente der Exponentialverteilung). Ist X $\text{Exp}(\lambda)$-verteilt mit der Dichte

$$f(x) = \lambda \exp(-\lambda x) I_{\mathbb{R}_+}(x), \quad x \in \mathbb{R},$$

so ergibt sich:

$$M(s) = \int_0^\infty \exp(sx)\lambda \exp(-\lambda x)dx = \frac{\lambda}{\lambda - s} = \sum_{n=0}^\infty \frac{s^n}{\lambda^n}, \text{ falls } |s| < \lambda.$$

Die Reihe konvergiert für $|s| < \lambda$, das Integral konvergiert sogar für $s < \lambda$. Der Definitionsbereich von M ist daher $]-\infty, \lambda[$. Für die n-ten Momente lesen wir ab:

$$\mathbb{E}(X^n) = M^{(n)}(0) = \frac{n!}{\lambda^n}, \quad n \in \mathbb{N}.$$

Damit ergibt sich als Erwartungswert $\frac{1}{\lambda}$ und als Varianz $\frac{1}{\lambda^2}$. $\Diamond$

Beispiel 4.24 (Momente der Normalverteilung). Ist X N(0, 1)-verteilt, so erhalten wir die momenterzeugende Funktion

$$M(s) = \frac{1}{\sqrt{2\pi}} \int_{-\infty}^\infty \exp(sx) \exp\left(-\frac{x^2}{2}\right) dx$$

$$= \exp\left(\frac{s^2}{2}\right) \frac{1}{\sqrt{2\pi}} \int_{-\infty}^\infty \exp\left(-\frac{(x-s)^2}{2}\right) dx.$$

Durch die Substitution $u = x - s$ ergibt sich:

$$M(s) = \exp\left(\frac{s^2}{2}\right) \frac{1}{\sqrt{2\pi}} \int_{-\infty}^\infty \exp\left(-\frac{u^2}{2}\right) du = \exp\left(\frac{s^2}{2}\right), \quad s \in \mathbb{R}.$$

Der Definitionsbereich von M ist wiederum $\mathbb{R}$. Zur Bestimmung der Momente entwickeln wir $\exp(\frac{s^2}{2})$ in eine Potenzreihe:

$$M(s) = \exp\left(\frac{s^2}{2}\right) = \sum_{n=0}^\infty \frac{1}{n!} \left(\frac{s^2}{2}\right)^n = \sum_{n=0}^\infty \frac{1 \cdot 3 \cdot \ldots \cdot (2n-1)}{(2n)!} s^{2n}.$$

Jetzt können wir die Momente ablesen:

$$\mathbb{E}(X^{2n-1}) = 0, \quad \mathbb{E}(X^{2n}) = 1 \cdot 3 \cdot \ldots \cdot (2n-1), \quad n \in \mathbb{N}.$$

Insbesondere folgt $\mathbb{E}(X) = 0, \mathbb{V}(X) = 1$. Ist Y N(m, σ^2)-verteilt, so haben wegen Gleichung (3.6) die Zufallsvariablen Y und $\sigma X + m$ die gleiche Verteilungsfunktion, sind also nach dem Korrespondenzsatz 3.14 identisch verteilt:

$$\mathbb{P}_Y = \mathbb{P}_{\sigma X + m}.$$

Daher folgt für die Momente von Y:

$$\mathbb{E}(Y) = \mathbb{E}(\sigma X + m) = m,$$
$$\mathbb{V}(Y) = \mathbb{E}[(\sigma X + m)^2] - m^2 = \mathbb{E}[\sigma^2 X^2 + 2\sigma X + m^2] - m^2 = \sigma^2.$$

Beispiel 4.25 (Momente der Lognormal-Verteilung). Es sei X eine $N(0,1)$-verteilte Zufallsvariable und $Y := \exp(X)$. Die Verteilung von Y heißt Lognormal-Verteilung. Ist F_Y ihre Verteilungsfunktion, so ist offensichtlich $F_Y(t) = 0$ für $t \leq 0$, und für $t > 0$ erhalten wir mit der Substitution $x = \ln(u)$:

$$F_Y(t) = \mathbb{P}(Y \leq t) = \mathbb{P}(\exp(X) \leq t) = \mathbb{P}(X \leq \ln(t))$$

$$= \frac{1}{\sqrt{2\pi}} \int\limits_{-\infty}^{\ln(t)} \exp\left(-\frac{x^2}{2}\right) dx$$

$$= \frac{1}{\sqrt{2\pi}} \int\limits_{0}^{t} \frac{1}{u} \exp\left(-\frac{\ln(u)^2}{2}\right) du.$$

Daraus ergibt sich als Dichte der Lognormal-Verteilung:

$$f : \mathbb{R} \to \mathbb{R}_+, \quad f(x) = \begin{cases} \frac{1}{\sqrt{2\pi}} \frac{1}{x} \exp\left(-\frac{(\ln x)^2}{2}\right) & \text{für } x > 0, \\ 0 & \text{für } x \leq 0. \end{cases}$$

Mit Hilfe der momenterzeugenden Funktion M von X lassen sich die Momente von Y ausrechnen:

$$\mathbb{E}(Y^n) = \mathbb{E}[(\exp(X)^n] = \mathbb{E}[\exp(nX)] = M(n) = \exp\left(\frac{n^2}{2}\right), \quad n \in \mathbb{N}.$$

$$\diamond$$

Eindeutigkeit von Verteilungen mit endlichem Träger

Abschließend wollen wir für einen einfachen Spezialfall die Frage beantworten, ob die momenterzeugende Funktion einer Zufallsvariablen ihre Verteilung festlegt. Dazu bemerken wir, dass für eine diskrete Zufallsvariable X mit endlichem Träger T und Zähldichte f die momenterzeugende Funktion M eine endliche Summe ist:

$$M(s) = \mathbb{E}(\exp(xs)) = \sum_{x \in T} \exp(xs) f(x), \quad s \in \mathbb{R}.$$

Satz 4.26. *Es seien X und Y diskrete reelle Zufallsvariablen mit endlichem Träger und momenterzeugenden Funktionen M bzw. N.*

Ist $M = N$, so folgt $\mathbb{P}_X = \mathbb{P}_Y$.

Beweis. X habe auf dem Träger $T = \{x_1, \ldots, x_l\}$ die Zähldichte f und Y auf dem Träger $S = \{y_1, \ldots, y_m\}$ die Zähldichte g. Wir setzen $x_{i_0} := \max\{x_i | x_i \in T\}$ und $y_{j_0} := \max\{y_j | y_j \in S\}$. Dann ist

$$\frac{M(s)}{f(x_{i_0})\exp(x_{i_0}s)} \xrightarrow[s\to\infty]{} 1,$$

$$\frac{N(s)}{g(y_{j_0})\exp(y_{j_0}s)} \xrightarrow[s\to\infty]{} 1,$$

so dass aus $M = N$ auch $x_{i_0} = y_{j_0}$ und $f(x_{i_0}) = g(y_{j_0})$ folgt. Wenden wir das gleiche Argument auf die Funktionen

$$\sum_{\substack{i=1\\i\neq i_0}}^{l}\exp(x_i s)f(x_i) = \sum_{\substack{j=1\\j\neq j_0}}^{m}\exp(y_j s)g(y_j)$$

an, so folgt induktiv, dass $l = m$ und nach eventueller Umnummerierung $x_i = y_i$ und $f(x_i) = g(y_i)$ für alle $i = 1,\ldots,l$ ist. Damit ist aber $f = g$ und somit $\mathbb{P}_X = \mathbb{P}_Y$.   □

Eine entsprechende Aussage für allgemeine Verteilungen zeigen wir in Satz 7.19.

Ungleichungen

Die Varianz kann als Maß für die Abweichung vom Mittelwert angesehen werden. Dies wird in der nachfolgenden Ungleichung von Tschebyschev präzisiert, die sich als Spezialfall einer allgemeinen Abschätzung ergibt:

Satz 4.27. *Es sei X eine reelle Zufallsvariable. Dann gilt für jedes $\varepsilon > 0$:*

$$\mathbb{P}(|X| \geq \varepsilon) \leq \frac{1}{\varepsilon^n}\int\limits_{\{|X|\geq\varepsilon\}}|X|^n d\mathbb{P} \leq \frac{1}{\varepsilon^n}\mathbb{E}(|X|^n).$$

Insbesondere folgt die

$$\textit{Markov-Ungleichung: } \mathbb{P}(|X| \geq \varepsilon) \leq \frac{\mathbb{E}(|X|)}{\varepsilon},$$

und für $\mathbb{E}(|X|) < \infty$ die

$$\textit{Tschebyschev-Ungleichung: } \mathbb{P}(|X - \mathbb{E}(X)| \geq \varepsilon) \leq \frac{\mathbb{V}(X)}{\varepsilon^2}.$$

Beweis. Es sei $Y \geq 0$. Dann gilt für jedes $\alpha > 0$:

$$\alpha I_{\{Y\geq\alpha\}} \leq Y I_{\{Y\geq\alpha\}} \leq Y.$$

Integration über Ω führt zu:

$$\alpha\mathbb{P}(\{Y \geq \alpha\}) \leq \int\limits_{\{Y\geq\alpha\}} Y d\mathbb{P} \leq \mathbb{E}(Y).$$

Teilen wir durch $\alpha > 0$, erhalten wir

$$\mathbb{P}(\{\sqrt[n]{Y} \geq \sqrt[n]{\alpha}\}) = \mathbb{P}(\{Y \geq \alpha\}) \leq \frac{1}{\alpha} \int\limits_{\{Y \geq \alpha\}} Y \, d\mathbb{P} \leq \frac{1}{\alpha} \mathbb{E}(Y).$$

Setzen wir $Y := |X|^n$ und $\alpha := \varepsilon^n$, so folgt die Behauptung. Die Markov-Ungleichung ergibt sich als Spezialfall für $n = 1$. Die Tschebyschev-Ungleichung folgt für $n = 2$, wenn wir X durch $X - \mathbb{E}(X)$ ersetzen. $\qquad\square$

Eine weitere wichtige Ungleichung ist die JENSENSCHE UNGLEICHUNG, die einen Zusammenhang zwischen konvexen Funktionen und Erwartungswerten herstellt. Wir erinnern daran, dass eine Funktion $\phi : I \to \mathbb{R}$ konvex heißt, falls

$$\phi(\alpha x + (1 - \alpha)y) \leq \alpha \phi(x) + (1 - \alpha)\phi(y) \text{ für alle } x, y \in I \text{ und } \alpha \in [0, 1].$$

Insbesondere lässt sich jede konvexe Funktion als Supremum aller linearen Funktionen ausdrücken, die vollständig unterhalb ihres Graphen verlaufen:

$$\phi(x) = \sup_{v \in U} v(x), \text{ mit } U := \{v : v(t) = a + bt \leq \phi(t) \text{ für alle } t \in I\}.$$

Diese Darstellung einer konvexen Funktion erlaubt einen leichten Beweis der JENSENSCHEN UNGLEICHUNG:

Theorem 4.28 (Jensensche Ungleichung). *Sei $\phi : I \to \mathbb{R}$ eine konvexe Funktion auf einem Intervall I und $X : \Omega \to I$ eine integrierbare Zufallsvariable. Dann ist $\mathbb{E}(X) \in I$, $\phi(X)$ quasiintegrierbar und*

$$\phi(\mathbb{E}(X)) \leq \mathbb{E}(\phi(X)).$$

Beweis. Ist I nach oben oder unten beschränkt, so folgt aus der Monotonie des Integrals, dass $\mathbb{E}(X) \in I$, andernfalls ist $\mathbb{E}(X) \in I$ wegen der Integrierbarkeit von X klar. Aus der Darstellung

$$\phi(X) = \sup_{v \in U} v(X)$$

folgt, dass $\phi(X)$ quasiintegrierbar ist und für jede lineare Funktion $v_0 \in U$:

$$\begin{aligned}
\mathbb{E}(\phi(X)) &= \mathbb{E}(\sup_{v \in U} v(X)) \\
&\geq \mathbb{E}(v_0(X)) \\
&= v_0(\mathbb{E}(X)).
\end{aligned}$$

Durch Bildung des Supremums über U auf beiden Seiten erhalten wir:

$$\mathbb{E}(\phi(X)) \geq \sup_{v \in U} v(\mathbb{E}(X)) = \phi(\mathbb{E}(X)).$$

$\qquad\square$

4.3 Mehrdimensionale Verteilungen

In diesem Abschnitt gehen wir kurz auf einige Begriffe im Zusammenhang mit n-dimensionalen reellen Zufallsvariablen bzw. Wahrscheinlichkeitsmaßen auf dem $\mathbb{R}^n$ ein. Als zentrales Beispiel behandeln wir die mehrdimensionale Normalverteilung.

Verteilungsfunktion und Dichte

Es sei $X = (X_1, \ldots, X_n)$ eine n-dimensionale reelle Zufallsvariable. Das Bildmaß von X unterscheidet sich formal nicht vom eindimensionalen Fall:

$$\mathbb{P}_X(A) = \mathbb{P}(X^{-1}(A)) = \mathbb{P}((X_1, \ldots, X_n) \in A), \quad A \in \mathcal{B}^n.$$

Die Verteilungsfunktion ist durch eine natürliche Verallgemeinerung des eindimensionalen Falls gegeben:

Definition 4.29 (n-dimensionale Verteilungsfunktion). *Es sei* $X = (X_1, \ldots, X_n)$ *eine n-dimensionale reelle Zufallsvariable. Dann heißt*

$$F : \mathbb{R}^n \to [0,1],$$
$$x = (x_1, \ldots, x_n) \mapsto \mathbb{P}(X \le x) := \mathbb{P}(X_1 \le x_1, \ldots, X_n \le x_n),$$

die Verteilungsfunktion von X.

Wie bei der Verteilungsfunktion sind Aussagen vom Typ „$X \le x$" für n-dimensionale Größen immer komponentenweise zu verstehen. Viele Eigenschaften der eindimensionalen Verteilungsfunktionen übertragen sich auf den n-dimensionalen Fall. Offensichtlich sind die folgenden Eigenschaften einer n-dimensionalen Verteilungsfunktion:

(i) F ist im folgenden Sinn rechtsseitig stetig: Für jedes $h > 0$ gilt

$$\lim_{h \downarrow 0} F(x_1 + h, \ldots, x_n + h) = F(x_1, \ldots, x_n) \text{ für alle } x \in \mathbb{R}^n.$$

(ii) Für jedes $1 \le k \le n$ gilt:

$$\lim_{x_k \to -\infty} F(x_1, \ldots, x_n) = 0, \quad \lim_{h \to \infty} F(x_1 + h, \ldots, x_n + h) = 1.$$

(iii) F ist in jeder Koordinate monoton wachsend.

Genau wie im eindimensionalen Fall kann man diese Eigenschaften zu einer Definition für eine Klasse von Funktionen verwenden und einen Korrespondenzsatz zwischen dieser Funktionenklasse und Wahrscheinlichkeitsmaßen auf dem $\mathbb{R}^n$ zeigen. Dazu ist jedoch etwas mehr technischer Aufwand nötig, daher begnügen wir uns mit der nachfolgenden entscheidenden Teilaussage, die einer Richtung im Korrespondenzsatz entspricht. Für den Beweis benötigen wir einige Bezeichnungen. Ist $]a, b] \subset \mathbb{R}^n$, so ist

$$E := \{c \in \mathbb{R}^n : c_i \in \{a_i, b_i\}, \ i = 1, \ldots, n\} \text{ die Menge der Ecken von }]a, b]$$

und signum(c) ist $+1$ oder -1, je nach der Anzahl a_i's in der Ecke c:

$$\text{signum}(c) := \begin{cases} +1 & \text{für } |\{i : c_i = a_i\}| \text{ gerade,} \\ -1 & \text{für } |\{i : c_i = a_i\}| \text{ ungerade.} \end{cases}$$

Satz 4.30. *Es seien X und Y n-dimensionale reelle Zufallsvariablen mit n-dimensionalen Verteilungsfunktionen F bzw. G.*

Ist $F = G$, so folgt $\mathbb{P}_X = \mathbb{P}_Y$.

Beweis. Um den MASSEINDEUTIGKEITSSATZ verwenden zu können, wollen wir zeigen, dass $\mathbb{P}_X$ und $\mathbb{P}_Y$ auf dem durchschnittsstabilen Mengensystem der halboffenen Quader $\mathcal{I}^n := \{]a, b] : a, b \in \mathbb{R}^n\}$ übereinstimmen. $F = G$ bedeutet gerade, dass $\mathbb{P}_X$ und $\mathbb{P}_Y$ auf $H_c :=] -\infty, c]$, $c \in \mathbb{R}^n$, gleich sind:

$$\mathbb{P}_X(H_c) = F(c) = G(c) = \mathbb{P}_Y(H_c).$$

Jeder Quader $]a, b]$ lässt sich aber durch Mengen der Form H_c beschreiben:

$$]a, b] = H_b \setminus (H_{(a_1, b_2, \ldots, b_n)} \cup H_{(b_1, a_2, \ldots, b_n)} \cup \ldots \cup H_{(b_1, b_2, \ldots, a_n)}).$$

Daraus ergibt sich durch Anwenden der Siebformel (Satz 3.4) auf die n-fache Vereinigung

$$\mathbb{P}_X(]a, b]) = \sum_{c \in E} \text{signum}(c) F(c), \quad E \text{ Menge der Ecken von }]a, b].$$

Zur Veranschaulichung heißt dies für $n = 2$ explizit:

$$\mathbb{P}_X(](a_1, a_2), (b_1, b_2)]) = F(b_1, b_2) - F(b_1, a_2) - F(a_1, b_2) + F(a_1, a_2),$$

wie auch in Abbildung 4.1 deutlich wird. Damit folgt aber

$$\mathbb{P}_X(]a, b]) = \sum_{c \in E} \text{signum}(c) F(c) = \sum_{c \in E} \text{signum}(c) G(c) = \mathbb{P}_Y(]a, b]).$$

Aus dem MASSEINDEUTIGKEITSSATZ folgt die Behauptung. □

Wie für reelle Wahrscheinlichkeitsmaße spielen auch im $\mathbb{R}^n$ in konkreten Beispielen Dichten bezüglich des Lebesgue-Maßes λ^n die entscheidende Rolle. Es sei $f : \mathbb{R}^n \to \mathbb{R}$ eine Riemann-integrierbare Dichte von $\mathbb{P}$ bezüglich λ^n: $\mathbb{P} = f \odot \lambda^n$, siehe Definition 2.35. Dies bedeutet für jeden Quader $]a, b] \subset \mathbb{R}^n$

$$\mathbb{P}(]a, b]) = \int_{]a, b]} f(x)dx,$$

wobei auf der rechten Seite wegen der Gleichheit von Riemann- und Lebesgue-Integral (Satz 2.17 und für $a = -\infty$ Satz 2.18) ein (n-faches) Riemann-Integral steht.

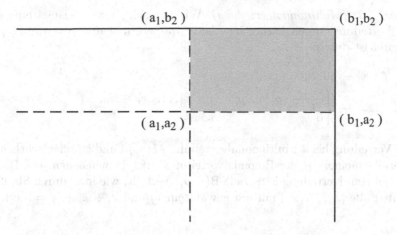

Abbildung 4.1. Darstellung von $]a, b]$ durch Mengen der Form $]-\infty, c]$

Randverteilungen

Ist X eine n-dimensionale reelle Zufallsvariable und $g : \mathbb{R}^n \to \mathbb{R}^k$ eine messbare Funktion, so ist

$$g(X) : \Omega \to \mathbb{R}^k, \quad \omega \mapsto g(X(\omega)),$$

eine k-dimensionale reelle Zufallsvariable, deren Verteilung gegeben ist durch

$$\mathbb{P}_{g(X)}(A) = \mathbb{P}(g(X) \in A) = \mathbb{P}(X \in g^{-1}(A)) = \mathbb{P}_X(g^{-1}(A)), \ A \in \mathcal{B}^k.$$

Für die spezielle Wahl von g als Projektion auf eine Koordinate

$$g : \mathbb{R}^n \to \mathbb{R}, \ g(x_1, \dots, x_n) \to x_j$$

gilt $g(X) = X_j$, und die Verteilung

$$\mathbb{P}_{X_j}(A) = \mathbb{P}_X(x \in \mathbb{R}^n : x_j \in A) = \mathbb{P}(X_j \in A), \ A \in \mathcal{B},$$

von $g(X) = X_j$ heißt in diesem Fall Randverteilung. Besitzt X die Dichtefunktion f, so hat X_j die Dichte

$$f_j : \mathbb{R} \to \mathbb{R}, \tag{4.2}$$

$$x \mapsto \int\limits_{\mathbb{R}^{n-1}} f(x_1, \dots, x_{j-1}, x, x_{j+1}, \dots, x_n) dx_1 \dots dx_{j-1} dx_{j+1} \dots dx_n.$$

Denn nach dem Satz von Fubini folgt für jedes $A \in \mathcal{B}$:

$$\mathbb{P}_{X_j}(A) = \mathbb{P}_X(x \in \mathbb{R}^n : x_j \in A) = \int\limits_A f_j(x_j) dx_j.$$

Beispiel 4.31 (Multinomialverteilung). Wir betrachten als Beispiel eine diskrete Verteilung, deren Dichte mit den Parametern n und $p = (p_1, \ldots, p_r)$ bestimmt ist durch:

$$f : \mathbb{R}^r \to [0,1],$$

$$(x_1, \ldots, x_r) \mapsto \begin{cases} \frac{n!}{x_1! \ldots x_r!} p_1^{x_1} \ldots p_r^{x_r} & \text{für } x_1, \ldots, x_r \in \mathbb{N}_0, \ x_1 + \ldots + x_r = n, \\ 0 & \text{sonst.} \end{cases}$$

Diese Verteilung heißt Multinomialverteilung $M(n,p)$ und ist offensichtlich eine Verallgemeinerung der Binomialverteilung auf r Dimensionen. Die Dichte der j-ten Randverteilung ist gerade B(n, p_j)-verteilt, wie man durch Summation über alle $(x_1, \ldots, x_r)$ mit fest gewähltem x_j und $x_1 + \ldots + x_r = n$ erhält.

$\Diamond$

Die mehrdimensionale Normalverteilung

Die Dichte der Normalverteilung auf dem $\mathbb{R}^n$ hat genau wie im eindimensionalen Fall zwei Parameter: einen Vektor $m \in \mathbb{R}^n$ und eine positiv definite Matrix $\mathbf{C} \in \mathbb{R}^{n,n}$.

Definition 4.32 (n-dimensionale Normalverteilung). *Ist X eine n-dimensionale reelle Zufallsgröße und besitzt $\mathbb{P}_X$ die Dichtefunktion*

$$f : \ \mathbb{R}^n \to \mathbb{R}, \quad x \mapsto \frac{1}{\sqrt{(2\pi)^n \det(\mathbf{C})}} \cdot \exp\left(-\frac{(x-m)^\top \mathbf{C}^{-1}(x-m)}{2}\right),$$

$$m \in \mathbb{R}^n, \ \mathbf{C} \in \mathbb{R}^{n,n} \ \textit{positiv definit,}$$

so heißt $\mathbb{P}_X$ n-dimensionale Normalverteilung und X normalverteilt, in Zeichen $X \sim \mathrm{N}(m, \mathbf{C})$.

Für den Fall $n = 2$ haben wir eine Dichtefunktion in Abbildung 4.2 dargestellt. Ist $m = 0$ und

$$\mathbf{I}_n \text{ die } n\text{-dimensionale Einheitsmatrix,}$$

so heißt $X \sim \mathrm{N}(0, \mathbf{I}_n)$ genau wie im eindimensionalen Fall standardnormalverteilt. Die Dichte der Normalverteilung ist nicht-negativ und stetig. Damit $\mathbb{P}_X$ ein Wahrscheinlichkeitsmaß wird, müssen wir die Normierung

$$\int_{\mathbb{R}^n} f(x)dx = 1$$

nachweisen. Für den standardnormalverteilten Fall $X \sim \mathrm{N}(0, \mathbf{I}_n)$ folgt dies aus dem eindimensionalen Fall:

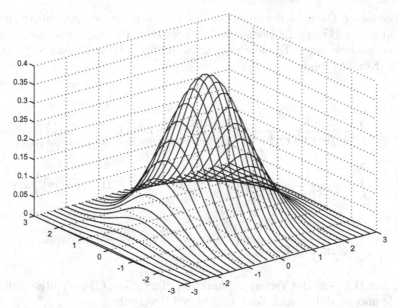

Abbildung 4.2. Dichte einer zweidimensionalen Normalverteilung

$$\int_{\mathbb{R}^n} f(x)dx = \int_{\mathbb{R}^n} \frac{1}{\sqrt{(2\pi)^n}} \cdot \exp\left(-\frac{\|x\|^2}{2}\right) dx$$

$$= \prod_{i=1}^{n} \frac{1}{\sqrt{2\pi}} \int_{-\infty}^{\infty} \exp\left(-\frac{x_i^2}{2}\right) dx_i = 1. \qquad (4.3)$$

Damit ist $\mathbb{P}_X$ für standardnormalverteiltes X ein Wahrscheinlichkeitsmaß. Den allgemeinen Fall behandeln wir direkt im Anschluss an den nachfolgenden Satz, in dem wir zeigen, wie sich die Normalverteilung unter linearen Transformationen verhält.

Satz 4.33. *Es sei X eine $\mathrm{N}(0, \mathbf{I}_n)$-verteilte Zufallsvariable, $m \in \mathbb{R}^n$ und $\mathbf{B} \in \mathbb{R}^{n,n}$ eine invertierbare Matrix. Dann gilt mit $\mathbf{C} := \mathbf{B}\mathbf{B}^\top$:*

$$\mathbf{B}X + m \ \textit{ist} \ \mathrm{N}(m, \mathbf{C})\textit{-verteilt.}$$

Beweis. Wir bestimmen die Verteilungsfunktion F von $\mathbf{B}X + m$. Bezeichnen wir mit $\tilde{b}_{ij} = \mathbf{B}_{ij}^{-1}$ die Einträge der zu $\mathbf{B}$ inversen Matrix, so gilt für $y = (y_1, \ldots, y_n) \in \mathbb{R}^n$:

$$F(y) = \mathbb{P}(\mathbf{B}X + m \le y) = \mathbb{P}(X \le \mathbf{B}^{-1}(y - m))$$

$$= \int_{-\infty}^{\sum_{k=1}^{n} \tilde{b}_{1k}(y_k - m_k)} \ldots \int_{-\infty}^{\sum_{k=1}^{n} \tilde{b}_{nk}(y_k - m_k)} \frac{1}{\sqrt{2\pi}^n} \exp\left(-\frac{1}{2}x^\top x\right) dx_1 \ldots dx_n.$$

Um die oberen Grenzen der Integrale auf $y_1, \ldots, y_n$ zu setzen, substituieren wir $g(x) = z = \mathbf{B}x + m$. Es folgt $|\det g'| = |\det \mathbf{B}| = (\det \mathbf{C})^{\frac{1}{2}}$, und mit der aus der Analysis bekannten Transformationsformel für n-fache Riemann-Integrale (s. z.B. [Kön02]) folgt:

$$F(y) =$$

$$= \int_{-\infty}^{y_1} \cdots \int_{-\infty}^{y_n} \frac{1}{\sqrt{2\pi}^n (\det \mathbf{C})^{\frac{1}{2}}} \exp\left(-\frac{1}{2} [\mathbf{B}^{-1}(z-m)]^\top \mathbf{B}^{-1}(z-m) \right) dz_1 \ldots dz_n$$

$$= \int_{-\infty}^{y_1} \cdots \int_{-\infty}^{y_n} \frac{1}{\sqrt{2\pi}^n (\det \mathbf{C})^{\frac{1}{2}}} \exp\left(-\frac{1}{2} (z-m)^\top (\mathbf{B}^{-1})^\top \mathbf{B}^{-1}(z-m) \right) dz_1 \ldots dz_n$$

$$= \int_{-\infty}^{y_1} \cdots \int_{-\infty}^{y_n} \frac{1}{\sqrt{2\pi}^n (\det \mathbf{C})^{\frac{1}{2}}} \exp\left(-\frac{1}{2} (z-m)^\top \mathbf{C}^{-1}(z-m) \right) dz_1 \ldots dz_n.$$

Damit hat $\mathbf{B}X + m$ die Verteilungsfunktion einer $N(m, \mathbf{C})$-verteilten Zufallsvariable und ist daher nach Satz 4.30 $N(m, \mathbf{C})$-verteilt.   □

Ist $Y \sim N(m, \mathbf{C})$, so folgt aus dem gerade bewiesenen Resultat und (4.3)

$$\mathbb{P}_Y(\Omega) = \lim_{\|y\| \to \infty} \mathbb{P}(Y \le y) = \lim_{\|y\| \to \infty} \mathbb{P}(X \le \mathbf{B}^{-1}(y-m)) = \mathbb{P}_X(\Omega) = 1.$$

Damit ist $\mathbb{P}_Y$ für jede normalverteilte Zufallsvariable Y ein Wahrscheinlichkeitsmaß. Ebenfalls aus Satz 4.33 folgt, dass umgekehrt für eine $N(m, \mathbf{C})$-verteilte Zufallsvariable Y mit $\mathbf{C} = \mathbf{B}\mathbf{B}^\top$ gilt[1]:

$$\mathbf{B}^{-1}(Y-m) \sim N(0, \mathbf{I}_n).$$

Für $n = 1$ bedeutet dies, dass

$$X := \frac{Y-m}{\sigma} \quad \text{standardnormalverteilt ist.}$$

Die Randverteilungen der Normalverteilung

Die Normalverteilung hat viele erstaunliche Eigenschaften. Eine davon ist, dass die Randverteilungen einer Normalverteilung wieder normalverteilt sind:

Satz 4.34. *Es sei* $Y = (Y_1, \ldots, Y_n)$ $N(m, \mathbf{C})$-*verteilt,* $\mathbf{C} = (c_{kj})_{1 \le k,j \le n} \in \mathbb{R}^{n,n}$ *positiv definit. Dann gilt:*

$$Y_k \text{ ist } N(m_k, c_{kk})\text{-verteilt.}$$

---

[1] Diese so genannte Cholesky-Zerlegung mit einer invertierbaren Matrix $\mathbf{B}$ existiert für jede positiv definite Matrix $\mathbf{C}$, siehe z.B. [Möl97].

Beweis (für den Fall $n = 2$). Wir führen hier für den Fall $n = 2$ einen elementaren Beweis. Den allgemeinen Fall werden wir in Abschnitt 7.3 behandeln.
Für $n = 2$ ist mit $\mathbf{C} = \begin{pmatrix} c_{11} & c_{12} \\ c_{21} & c_{22} \end{pmatrix}$

$$\Delta := \det \mathbf{C} = c_{11}c_{22} - c_{12}c_{21} > 0, \quad \mathbf{C}^{-1} = \frac{1}{\Delta} \begin{pmatrix} c_{22} & -c_{12} \\ -c_{21} & c_{11} \end{pmatrix}.$$

Die Dichte f_{X_1} der Randverteilung von X_1 erhalten wir nach (4.2) durch Integration der gemeinsamen Dichtefunktion:

$$f_{X_1}(x_1) = \frac{1}{2\pi\sqrt{\Delta}} \int_{-\infty}^{\infty} \exp\left[-\frac{1}{2}(x-m)^{\top}\mathbf{C}^{-1}(x-m)\right] dx_2.$$

Das Argument der Exponentialfunktion im Integranden können wir auch schreiben als

$$\frac{1}{2\Delta}\left[\left(\sqrt{c_{11}}(x_2 - m_2) - \frac{c_{12}}{\sqrt{c_{11}}}(x_1 - m_1)\right)^2 + \frac{\Delta}{c_{11}}(x_1 - m_1)^2\right].$$

Wir substituieren

$$z = \frac{1}{\sqrt{\Delta}}\left(\sqrt{c_{11}}(x_2 - m_2) - \frac{c_{12}}{\sqrt{c_{11}}}(x_1 - m_1)\right), \quad \frac{dz}{dx_2} = \sqrt{\frac{c_{11}}{\Delta}},$$

und erhalten so:

$$f_{X_1}(x_1) = \frac{\sqrt{\Delta}}{2\pi\sqrt{\Delta}\sqrt{c_{11}}} \exp\left[-\frac{(x_1 - m_1)^2}{2c_{11}}\right] \int_{-\infty}^{\infty} \exp\left[-\frac{1}{2}z^2\right] dz$$

$$= \frac{1}{\sqrt{2\pi c_{11}}} \exp\left[-\frac{(x_1 - m_1)^2}{2c_{11}}\right].$$

Dies ist gerade die Dichte einer $N(m_1, c_{11})$-verteilten Zufallsvariable. Die Aussage für X_2 folgt analog. $\qquad\square$

Aus dem obigen Satz können wir die Bedeutung der Parameter m und $\mathbf{C}$ zum Teil ablesen. m hat als Komponenten die Erwartungswerte $m_k = \mathbb{E}(X_k)$ der Randverteilungen. $\mathbf{C}$ hat als Diagonaleinträge die Varianzen $\mathbb{V}(X_k) = c_{kk}$ der Randverteilungen. Die Bedeutung der übrigen Einträge von $\mathbf{C}$ sowie den Beweis für $n > 2$ werden wir in Abschnitt 7.3 behandeln, in dem wir uns noch einmal ausführlich mit der Normalverteilung auseinander setzen.

4.4 Anwendung Finanzmathematik: Value at Risk

Risiken und Risiko-Controlling

Unser gesamter Finanzmarkt beruht auf dem Prinzip, dass es niemandem möglich ist, oberhalb der risikofreien Verzinsung mit positiver Wahrscheinlichkeit aus Nichts einen Gewinn zu erzielen und dabei mit Sicherheit nichts zu verlieren. Dieses Prinzip heißt „No Arbitrage Prinzip". Daraus folgt, dass jeder, der ein Geschäft mit einer Gewinnabsicht eingeht, z.B. eine Bank, sich in eine Risikoposition begibt. Es ist schwierig, eine genaue Definition des Begriffs Risiko anzugeben. Für unsere Zwecke reicht die intuitive Vorstellung eines Risikos völlig aus, die sich etwa so fassen lässt:

Risiko ist der Ausdruck für die Gefahr, dass das effektive Ergebnis

vom gewünschten oder geplanten negativ abweicht.

Man unterscheidet zahlreiche verschiedene Risiko-Arten, vgl. Tabelle 4.1. Spätestens seit der spektakulären Pleite der Barings-Bank 1995 durch ris-

Kreditrisiko:	Der Schuldner zahlt seinen Kredit nicht zurück.
Marktrisiko:	Preise, Wechselkurse etc. verändern sich ungünstig.
Externes Risiko:	naturgebundene, militärische oder politische Ereignisse
Liquiditätsrisiko:	Ein Produkt ist nicht zum marktgerechten Preis handelbar.

Tabelle 4.1. Auszug verschiedener Risikoarten

kante Hedge-Fonds-Spekulationen des Fondsmanagers Nick Leeson ist auch in der Öffentlichkeit ein Bewusstsein dafür entstanden, dass es eine zentrale Aufgabe einer Bank ist, ihr Risiko zu kennen und zu begrenzen. Dieses so genannte Risiko-Controlling einer Bank bedeutet zunächst die Identifikation der verschiedenen Risiken und in einem zweiten Schritt die Quantifizierung dieser Risiken. Das Ziel des Risiko-Controllings besteht also darin, einen qualitativen und quantitativen Überblick über die Risikoposition der Bank in einem vorgegebenen Zeithorizont zu erreichen. Das Interesse der Bank besteht darin, die eigene Position möglichst genau zu kennen und den vorhandenen Spielraum für ein effektives Risiko-Management zu nutzen. Aufsichtsrechtlich ist die Bank verpflichtet, ihre Geschäfte, abhängig vom Risiko, durch Eigenkapital abzusichern.

Portfolio und Wertfunktion

Wir wollen im Folgenden ein Instrument vorstellen, dass zur Bestimmung des Marktrisikos verwendet wird, das so genannte *Value at Risk*, kurz VaR. Dazu gehen wir von einem gegebenen Portfolio aus, also einer endlichen Anzahl von Finanzprodukten wie Aktien, festverzinslichen Wertpapieren, Optionen, etc. Der Wert des Portfolios zum Zeitpunkt 0 (z.B. heute) sei gegeben durch eine Funktion

$$P_0 = f(Y_1^0, \ldots, Y_n^0)$$

wobei $Y^0 = (Y_1^0, \ldots, Y_n^0)$ eine n-dimensionale Zufallsvariable ist und $f : \mathbb{R}^n \to \mathbb{R}$ eine (unbekannte) Funktion. Die Funktion f kann man sich als Summe aller Pricingformeln (wie z.B. der berühmten Black-Scholes-Formel) der im Portfolio vorhandenen Produkte vorstellen. Analog gilt zum Zeitpunkt 1 (z.B. morgen)

$$P_1 = f(Y_1^1, \ldots, Y_n^1),$$

mit einer Zufallsvariablen $Y^1 = (Y_1^1, \ldots, Y_n^1)$. Mögliche Komponenten, die in diese Zufallsvariablen einfließen, sind Aktienkurse, Zinssätze, Wechselkurse etc. Da die Entwicklung dieser Größen nicht bekannt ist, werden sie stochastisch, d.h. durch Zufallsvariablen Y modelliert. Entscheidend ist nun, wie sich der Wert des Portfolios

$$\Delta P := f(Y^1) - f(Y^0)$$

über dem gegebenen Zeithorizont (z.B. ein Tag) verändert. Typischerweise

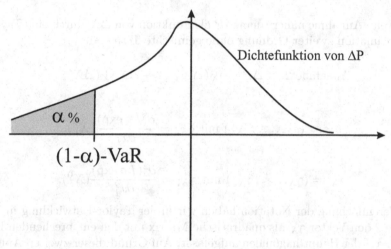

Abbildung 4.3. Zur Definition des Value at Risk

fragt man sich, wie hoch der Verlust ist, der mit einer gegebenen Wahrscheinlichkeit $(1 - \alpha)$ innerhalb eines Zeithorizontes nicht überschritten wird. Dazu berechnet man zu vorgegebenen $\alpha \in [0, 1]$ die Größe C_α, die implizit durch

$$\mathbb{P}(\Delta P \leq C_\alpha) = \alpha$$

definiert ist. Mathematisch ist C_α das α-Quantil der Verteilung ΔP, siehe Abbildung 4.3. Die Größe $\max(-C_\alpha, 0)$ wird als der $(1 - \alpha)$-Value at Risk bezeichnet. Typische Werte für α sind $0.01\%, 1\%$ und 5%. So bedeutet also ein 95%-Value at Risk von 1000 [Euro], dass die Wahrscheinlichkeit, innerhalb des Zeithorizontes maximal 1000 [Euro] zu verlieren, bei 95% liegt.

Vereinfachende Annahmen

Im Idealfall würde man gerne nicht nur den VaR sondern auch die Verteilung von $\Delta P = f(Y^1) - f(Y^0)$ kennen. Im Prinzip ist die Funktion f und damit ΔP bekannt, da jede Bank aufsichtsrechtlich verpflichtet ist, zu jedem gehandelten Produkt eine Pricingformel vorweisen zu können. Für realistische Finanzprodukte wird die Funktion f jedoch so kompliziert, dass eine unmittelbare Bestimmung der Verteilung von ΔP ohne vereinfachende Annahmen aussichtslos wäre. Daher wählt man folgenden Ansatz:

Annahme 1: $Y_i^0 = \exp(X_i^0), \quad Y_i^1 = \exp(X_i^1), \quad i = 1, \ldots, n$ und

$\Delta Y_i = Y_i^1 - Y_i^0$ ist lognormalverteilt, d.h.

$$X_i^1 - X_i^0 = \Delta X_i = \ln\left(\frac{Y_i^1}{Y_i^0}\right) \text{ ist } \mathrm{N}(0, \sigma_1^2)\text{-verteilt}$$

und $\Delta X = (\Delta X_1, \ldots, \Delta X_n)$ ist $\mathrm{N}(0, \mathbf{C})$-verteilt.

Als zweite Annahme nähert man ΔP als Funktion von ΔX durch eine Taylor-Approximation zweiter Ordnung ohne gemischte Terme an:

$$\text{Annahme 2:} \quad \Delta P = \delta_X (\Delta X)^\top + \frac{1}{2} \Delta X \gamma_X (\Delta X)^\top.$$

Dabei ist

$$\delta_X := (\delta_{X_1}, \ldots, \delta_{X_n}) \text{ mit } \delta_{X_i} = \frac{\partial (f \circ \exp)}{\partial x_i}(X_i^0),$$

und

$$\gamma_X := (\gamma_{X_1}, \ldots, \gamma_{X_n}) \text{ mit } \gamma_{X_i} = \frac{\partial^2 (f \circ \exp)}{\partial x_i^2}(X_i^0).$$

Zur Vereinfachung der Notation haben wir in der Taylor-Entwicklung in Annahme 2 den Vektor γ_X als quadratische Matrix mit den entsprechenden Einträgen auf der Hauptdiagonalen aufgefasst. Auf Grund dieser zweiten Annahme heißt dieses Verfahren auch Delta-Gamma-Ansatz. Wir kommen später darauf zurück, wie man δ_X und γ_X konkret bestimmt.

Die Berechnung des VaR

Der Delta-Gamma-Ansatz erlaubt es, den VaR zumindest im Prinzip zu bestimmen. Denn der $(1 - \alpha)$- VaR C_α ist mit Annahme 2 gegeben durch

$$\mathbb{P}(\delta_X \Delta X^\top + \frac{1}{2} \Delta X \gamma_X (\Delta X)^\top) \le C_\alpha) = \alpha.$$

Da wir ΔX als $\mathrm{N}(0, \mathbf{C})$-verteilt angenommen haben, bedeutet dies:

$$\frac{1}{\sqrt{(2\pi)^n \det(\mathbf{C})}} \int\limits_{\{x:\delta_X \cdot x^\top + \frac{1}{2}x\gamma_X x^\top \leq C_\alpha\}} \exp\left(-\frac{(x)^\top \mathbf{C}^{-1}x}{2}\right) dx = \alpha.$$

Dieses (unter Umständen sehr hoch dimensionale) Integral kann z.B. numerisch ausgewertet werden, um ein C_α approximativ zu bestimmen. Ein anderer Ansatz besteht darin, Harmonische Analysis zu verwenden, um approximative analytische Formeln für obiges Integral zu berechnen, vgl. [AS01].

Die Bestimmung der Momente

Alternativ kann man versuchen, die Verteilung von ΔP zu bestimmen. Daraus kann man dann insbesondere den VaR berechnen. Zur Ermittlung einer (approximativen) Verteilung besteht ein Standardverfahren darin, möglichst viele Momente zu berechnen und dann eine Verteilung anzunehmen, deren Momente mit den berechneten übereinstimmen. Der Delta-Gamma-Ansatz erlaubt die konkrete Bestimmung der Momente. Zur Vereinfachung der Notation fassen wir wiederum die Vektoren $\delta = \delta_X$ und $\gamma = \gamma_X$ als quadratische Matrizen mit den entsprechenden Einträgen auf der Hauptdiagonalen auf. Dabei werden die vom heutigen Stand abhängigen Größen, also z.B. δ und γ, als bekannt und daher deterministisch angesehen. Mit der Spurfunktion $\text{Spur}(A) = \sum_{i=1}^{n} a_{ii}$ einer Matrix $A = (a_{ij}), i, j = 1, \ldots, n$, ergibt sich:

$$m_1 = \mathbb{E}(\Delta P) = \frac{1}{2}\,\text{Spur}(\gamma\mathbf{C}),$$

$$m_2 = \mathbb{V}(\Delta P) = \delta\mathbf{C}\delta^\top + \frac{1}{2}\,\text{Spur}((\gamma\mathbf{C})^2),$$

$$m_3 = \mathbb{E}[(\Delta P - \mathbb{E}(\Delta P))^3] = 3\delta\mathbf{C}\gamma^\top\mathbf{C}\delta^\top + \text{Spur}((\gamma\mathbf{C})^3).$$

Nun kann man Standardverfahren anwenden, um aus den ersten n Momenten eine Verteilung für ΔP zu bestimmen. So ist z.B. im Spezialfall $\gamma_X = 0$ die Zufallsvariable ΔP $N(0, m_2)$-normalverteilt. Daraus ergibt sich etwa

$$C_{5\%} \simeq -1.65\sqrt{m_2}.$$

Zur Bestimmung von γ_X und δ_X sowie C

Neben der Frage, inwiefern obige Annahmen gerechtfertigt sind, helfen sie nur weiter, wenn man γ_X und δ_X sowie die Korrelationsmatrix $\mathbf{C}$ zur Verfügung hat. Die Größen γ_X und δ_X erhalten die Banken in der Regel von ihren Handelssystemen. Für die Korrelationsmatrix $\mathbf{C}$ werden typischerweise die Daten der Marktparameter Y_i in einer Datenbank über einen längeren Zeitraum, z.B. 250 Tage, gespeichert. Aus dieser Datenbank ermittelt man mit Hilfe statistischer Schätzer (vgl. Abschnitt 15.2) die so genannten 1-Tages-Volatilitäten

σ_i und die Korrelationsmatrix **C**. Abschließend sei bemerkt, dass die Aufsichtsbehörden die Güte der VaR-Modellierung regelmäßig überprüfen. Dies geschieht unter anderem dadurch, dass die Banken selbst die tatsächlichen Gewinne und Verluste über einem festgelegten Zeitraum im Nachhinein mit dem prognostizierten VaR vergleichen (so genanntes Backtesting). Ist die Übereinstimmung hoch (dazu muss z.B. beim 5%-VaR im Durschnitt an einem von 20 Tagen ein entsprechend hoher Verlust eingetreten sein), kann sich dies positiv auf die Höhe der benötigten Eigenmittelunterlegungen auswirken. Gute Modelle und präzise VaR können einer Bank also unmittelbare Vorteile erbringen.

5

Unabhängigkeit

5.1 Bedingte Wahrscheinlichkeiten

Die Fragestellung, inwiefern sich zufällige Ereignisse gegenseitig beeinflussen, führt zu zentralen Begriffen der Wahrscheinlichkeitstheorie: Auf der einen Seite steht das Konzept der stochastischen Unabhängigkeit, auf der anderen Seite bedingte Wahrscheinlichkeiten und bedingte Erwartungen. Wir beginnen mit dem elementaren Begriff der bedingten Wahrscheinlichkeit. Dazu betrachten wir zwei Ereignisse A und B eines Wahrscheinlichkeitsraumes $(\Omega, \mathcal{F}, \mathbb{P})$. Ein Beobachter interessiert sich für das Ereignis A, das mit der Wahrscheinlichkeit $\mathbb{P}(A)$ eintritt. Er wird über das Eintreten des Ereignisses B informiert. Dies veranlasst ihn zu einer Neubewertung der Wahrscheinlichkeit für A. Da B eingetreten ist, liegen die Ereignisse, die gleichzeitig zum Ereignis A führen, in $A \cap B$. Um ein Wahrscheinlichkeitsmaß zu erhalten, müssen wir $\mathbb{P}(A \cap B)$ mit dem Faktor $\mathbb{P}(B)^{-1}$ normieren. Wir definieren daher:

Definition 5.1 (bedingte Wahrscheinlichkeit). *Ist $(\Omega, \mathcal{F}, \mathbb{P})$ ein Wahrscheinlichkeitsraum und $\mathbb{P}(B) > 0$ für ein $B \in \mathcal{F}$, so heißt*

$$\mathbb{P}^B : \mathcal{F} \longrightarrow [0,1],$$

$$A \mapsto \mathbb{P}^B(A) := \mathbb{P}(A|B) := \frac{\mathbb{P}(A \cap B)}{\mathbb{P}(B)},$$

die bedingte Wahrscheinlichkeit unter der Bedingung B.

Die Funktion $\mathbb{P}^B$ ist ein neues Wahrscheinlichkeitsmaß auf $(\Omega, \mathcal{F})$. Beim Übergang von $\mathbb{P}$ zu $\mathbb{P}^B$ erhält B die Wahrscheinlichkeit 1. Dies passt zu unserer Interpretation. $\mathbb{P}^B(A) = \mathbb{P}(A|B)$ ist die Wahrscheinlichkeit für A unter der Bedingung, dass B eingetreten ist.

Wir werden in Kapitel 8 über bedingte Erwartungen ein Konzept kennen lernen, das bedingte Wahrscheinlichkeiten auch für den Fall $\mathbb{P}(B) = 0$

zulässt. Unsere obige Definition ist dafür offensichtlich nicht geeignet. Dieser Fall scheint auf den ersten Blick pathologisch, wir werden jedoch sehen, dass er in natürlichen und intuitiven Beispielen auftritt.

Satz 5.2. *Es sei $(\Omega, \mathcal{F}, \mathbb{P})$ ein Wahrscheinlichkeitsraum und $A, B \in \mathcal{F}$ sowie (A_n) ein Folge von Ereignissen aus $\mathcal{F}$. Dann gilt:*

(i) *Ist $\mathbb{P}(A_1 \cap \ldots \cap A_{n-1}) > 0$, so folgt:*

$$\mathbb{P}(A_1 \cap \ldots \cap A_n) = \mathbb{P}(A_1)\mathbb{P}(A_2|A_1)\mathbb{P}(A_3|A_1 \cap A_2) \cdot \ldots \cdot \mathbb{P}(A_n|A_1 \cap \ldots \cap A_{n-1}).$$

(ii) *Formel von der totalen Wahrscheinlichkeit: Ist (D_n) eine Partition von Ω mit $D_n \in \mathcal{F}$ und $\mathbb{P}(D_n) > 0$ für alle $n \in \mathbb{N}$, so gilt:*

$$\mathbb{P}(A) = \sum_{n=1}^{\infty} \mathbb{P}(D_n) \cdot \mathbb{P}^{D_n}(A).$$

(iii) *Formel von Bayes: Gilt $\mathbb{P}(A) > 0$ und $\mathbb{P}(B) > 0$, so folgt mit einer Partition (D_n) wie in (ii):*

$$\mathbb{P}^B(A) = \frac{\mathbb{P}^A(B) \cdot \mathbb{P}(A)}{\mathbb{P}(B)} = \frac{\mathbb{P}^A(B) \cdot \mathbb{P}(A)}{\sum\limits_{n=1}^{\infty} \mathbb{P}(D_n) \cdot \mathbb{P}^{D_n}(B)}.$$

Beweis. Um Eigenschaft (i) zu beweisen, bemerken wir zunächst, dass aus $\mathbb{P}(A_1 \cap \ldots \cap A_{n-1}) > 0$ auch $\mathbb{P}(A_1) > 0, \mathbb{P}(A_1 \cap A_2) > 0, \ldots, \mathbb{P}(A_1 \cap \ldots \cap A_{n-2}) > 0$ folgt, so dass alle auftretenden bedingten Wahrscheinlichkeiten existieren. Nach Definition gilt:

$$\mathbb{P}(A_1 \cap \ldots \cap A_n) = \mathbb{P}(A_1 \cap \ldots \cap A_{n-1}) \cdot \mathbb{P}(A_n|A_1 \cap \ldots \cap A_{n-1}),$$

so dass eine Induktion über n die Behauptung liefert. Die Formel von der totalen Wahrscheinlichkeit ergibt sich aus der disjunkten Vereinigung $A = \bigcup\limits_{n=1}^{\infty} (A \cap D_n)$:

$$\mathbb{P}(A) = \sum_{n=1}^{\infty} \mathbb{P}(A \cap D_n) = \sum_{n=1}^{\infty} \mathbb{P}(D_n) \cdot \mathbb{P}^{D_n}(A).$$

Die Formel von Bayes folgt aus der Definition der bedingten Wahrscheinlichkeit:

$$\mathbb{P}^B(A) \cdot \mathbb{P}(B) = \frac{\mathbb{P}(A \cap B)}{\mathbb{P}(B)} \cdot \mathbb{P}(B) = \frac{\mathbb{P}(B \cap A)}{\mathbb{P}(A)} \cdot \mathbb{P}(A) = \mathbb{P}^A(B) \cdot \mathbb{P}(A).$$

Teilen wir durch $\mathbb{P}(B)$ und setzen die Formel von der totalen Wahrscheinlichkeit ein, folgt die Formel von Bayes. □

Als typische Anwendung der bedingten Wahrscheinlichkeit behandeln wir das folgende klassische Beispiel:

Beispiel 5.3 (Medizinischer Test). Wir wollen beurteilen, wie gut ein Test ist, der eine bestimmte Krankheit diagnostizieren soll. Dazu nehmen wir an, 2% der Bevölkerung seien von dieser Erkrankung betroffen. Der zu beurteilende Test gibt bei 95% der Erkrankten ein positives Ergebnis, zeigt also die Krankheit an, jedoch ebenfalls bei 10% der nicht betroffenen Personen. Wie groß ist die Wahrscheinlichkeit, dass eine Person tatsächlich krank ist, wenn der Test positiv ist? Wir verwenden als Modell einen Laplace-Raum $(\Omega, \mathcal{P}(\Omega), \mathbb{P})$, wobei Ω die endliche Bevölkerung darstelle und $\mathbb{P} = \mathbb{P}_L$ die Laplace-Verteilung. Wir bezeichnen die Ereignisse mit K für die kranken bzw. G für die gesunden, P für die testpositiven und N für die testnegativen Personen. Nach unseren Angaben ist $\mathbb{P}(K) = 0.02$, $\mathbb{P}(P|K) = 0.95$ und $\mathbb{P}(P|G) = 0.1$. Gesucht ist $\mathbb{P}(K|P)$, und wir erhalten nach der Formel von Bayes:

$$
\begin{aligned}
\mathbb{P}(K|P) &= \frac{\mathbb{P}(P|K) \cdot \mathbb{P}(K)}{\mathbb{P}(P|K) \cdot \mathbb{P}(K) + \mathbb{P}(P|G) \cdot \mathbb{P}(G)} \\
&= \frac{0.95 \cdot 0.02}{0.95 \cdot 0.02 + 0.1 \cdot (1 - 0.02)} \simeq 0.162 = 16.2\%.
\end{aligned}
$$

Auf Grund der seltenen Krankheitsfälle diagnostiziert der Test kranke Personen nicht sehr überzeugend. Er kann jedoch dazu dienen, die Krankheit mit relativ großer Sicherheit auszuschließen. Durch eine analoge Rechnung erhält man nämlich:

$$
\mathbb{P}(G|N) = \frac{\mathbb{P}(N|G) \cdot \mathbb{P}(G)}{1 - \mathbb{P}(P)} = \frac{0.9 \cdot 0.98}{0.117} \simeq 0.999 = 99.9\%.
$$

$\Diamond$

Die Gedächtnislosigkeit der Exponentialverteilung

Eine reelle Zufallsvariable X mit $\mathbb{P}(X > 0) = 1$ heißt gedächtnislos, wenn für alle $s, t \geq 0$ mit $\mathbb{P}(X > t) > 0$ gilt:

$$
\mathbb{P}(X > t + s | X > t) = \mathbb{P}(X > s).
$$

Das übliche Bild zur Erklärung dieser Eigenschaft ist ein unzuverlässiger Busfahrer: Haben wir bereits t Minuten auf den Bus gewartet, so ist die Wahrscheinlichkeit, dass wir noch einmal s Minuten warten, genauso groß, wie wenn wir noch gar nicht gewartet hätten. Die Exponentialverteilung hat diese Eigenschaft:

Satz 5.4. *Ist X eine $\mathrm{Exp}(\lambda)$-verteilte Zufallsgröße, so ist X gedächtnislos.*

Beweis. Ist X Exp(λ)-verteilt, so gilt nach Definition

$$\mathbb{P}(X > t) = 1 - \mathbb{P}(X \leq t) = \exp(-\lambda t) \text{ für alle } t \geq 0.$$

Wir erhalten für $s, t \geq 0$:

$$\mathbb{P}(X > t + s | X > t) = \frac{\mathbb{P}(X > t + s)}{\mathbb{P}(X > t)}$$

$$= \frac{\exp(-\lambda(t + s))}{\exp(-\lambda t)}$$

$$= \exp(-\lambda s) = \mathbb{P}(X > s).$$

$\square$

Der nächste Satz zeigt, dass die Exponentialverteilung nicht nur gedächtnislos, sondern unter milden Voraussetzungen die einzige gedächtnislose Verteilung ist:

Satz 5.5. *Sei X eine reelle Zufallsvariable mit $\mathbb{P}(X > 0) = 1$ und $\mathbb{P}(X > t) > 0$ für alle $t \geq 0$. Ist X gedächtnislos, so ist X exponentialverteilt.*

Beweis. Wir definieren die Funktion $g : \mathbb{R}_+ \to \mathbb{R}$ durch

$$g(t) := \mathbb{P}(X > t), \quad t \geq 0.$$

Dann ist g eine monoton fallende Funktion und nach Voraussetzung $g(t) > 0$ für alle $t \geq 0$. Die Gedächtnislosigkeit von X bedeutet für g

$$g(t + s) = g(t)g(s) \quad \text{für alle } s, t \geq 0.$$

Aus dieser Funktionalgleichung leiten wir ab, dass g die Exponentialfunktion ist. Für jede natürliche Zahl $n \in \mathbb{N}$ gilt

$$g(1) = g\left(\frac{1}{n} + \ldots + \frac{1}{n}\right) = g\left(\frac{1}{n}\right)^n.$$

Analog folgt für jedes rationale $r = \frac{p}{q} \in \mathbb{Q}$:

$$g\left(\frac{p}{q}\right) = g\left(\frac{1}{q}\right)^p = g(1)^{\frac{p}{q}}.$$

Wir wählen $\lambda \geq 0$ so, dass $g(1) = \exp(-\lambda)$ gilt. Dann folgt $g(r) = \exp(-\lambda r)$ für jedes $r \in \mathbb{Q}$. Ist schließlich $t > 0$ reell, so wählen wir $r, s \in \mathbb{Q}$ mit $0 < r < t < s$. Da g monoton fallend ist, folgt:

$$\exp(-\lambda r) = g(r) \geq g(t) \geq g(s) = \exp(-\lambda s).$$

Da wir $s - r > 0$ beliebig klein wählen können, folgt aus der Stetigkeit der Exponentialfunktion $g(t) = \exp(-\lambda t)$ für alle $t > 0$. Damit hat die Verteilungsfunktion von X die Darstellung

$$F(t) = 1 - g(t) = 1 - \exp(-\lambda t), \ t \geq 0, \quad F(t) = 0, \ t < 0,$$

d.h. X ist Exp(λ)-verteilt.

$\square$

5.2 Stochastische Unabhängigkeit

Es seien A, B zwei Ereignisse eines Wahrscheinlichkeitsraumes $(\Omega, \mathcal{F}, \mathbb{P})$ mit $\mathbb{P}(B) > 0$. Im letzten Abschnitt haben wir erläutert, dass die bedingte Wahrscheinlichkeit

$$\mathbb{P}^B(A) = \frac{\mathbb{P}(A \cap B)}{\mathbb{P}(B)}$$

ein Maß dafür ist, wie die Wahrscheinlichkeit für A neu zu bewerten ist, wenn der Beobachter über das Eintreten von B informiert wurde. Dabei ist natürlich denkbar, dass die Wahrscheinlichkeit für A sich gar nicht ändert, d.h.

$$\mathbb{P}^B(A) = \mathbb{P}(A) \Longleftrightarrow \mathbb{P}(A \cap B) = \mathbb{P}(A) \cdot \mathbb{P}(B).$$

In diesem Fall werden wir A als unabhängig von B ansehen. Die rechts stehende Formulierung hat zwei Vorteile: Sie ist auch für $\mathbb{P}(B) = 0$ sinnvoll und lässt sich unmittelbar auf endlich viele Ereignisse verallgemeinern. Unabhängigkeit ist eines der wichtigsten Konzepte der Wahrscheinlichkeitstheorie, das uns immer wieder begegnen wird. Die formale Definition der stochastischen Unabhängigkeit erfolgt in drei Schritten: zunächst für Ereignisse, dann für Mengensysteme und schließlich für Zufallsvariablen:

Definition 5.6 ((stochastische) Unabhängigkeit).

(i) *Ereignisse* (A_i), $A_i \in \mathcal{F}$, $i \in I \neq \emptyset$, *eines Wahrscheinlichkeitsraumes* $(\Omega, \mathcal{F}, \mathbb{P})$ *heißen stochastisch unabhängig, wenn für jede endliche Teilmenge* $\emptyset \neq J \subset I$ *gilt:*

$$\mathbb{P}\left(\bigcap_{j \in J} A_j \right) = \prod_{j \in J} \mathbb{P}(A_j).$$

(ii) *Eine Familie von Mengensystemen* $(\mathcal{F}_i)_{i \in I}$, $\mathcal{F}_i \subset \mathcal{F}$, $i \in I \neq \emptyset$, *heißt stochastisch unabhängig, wenn dies für jede Familie von Ereignissen* $(A_i)_{i \in I}$ *mit* $A_i \in \mathcal{F}_i$ *für alle* $i \in I$ *gilt.*

(iii) *Eine Familie von Zufallsvariablen* $(X_i)_{i \in I}$ *auf einem Wahrscheinlichkeitsraum* $(\Omega, \mathcal{F}, \mathbb{P})$ *heißt stochastisch unabhängig, wenn dies für die Familie von Mengensystemen* $(\sigma(X_i)_{i \in I})$ *gilt.*

In der Mathematik gibt es noch andere Formen der Unabhängigkeit (z.B. lineare Unabhängigkeit von Vektoren). Da wir aber nur die stochastische Unabhängigkeit im Zusammenhang mit Zufallsvariablen betrachten, verzichten wir in der Regel auf den Zusatz „stochastisch". Wir erinnern daran, dass wir eine Zufallsvariable als Beschreibung eines bestimmten Aspekts eines Zufallsexperimentes $(\Omega, \mathcal{F}, \mathbb{P})$ interpretiert haben. Unabhängige Zufallsvariablen können wir uns daher so vorstellen, dass verschiedene Aspekte des Experiments sich gegenseitig nicht beeinflussen.

Beispiel 5.7. Zur Illustration der Unabhängigkeit betrachten wir ein gewöhnliches Kartenspiel mit 32 Karten, aus dem nach ordentlichem Mischen eine Karte gezogen wird. Die Wahrscheinlichkeit für eine Herz-Karte ist unter der Annahme einer Laplace-Verteilung $\mathbb{P}_L(\text{Herz}) = \frac{1}{4}$, die Wahrscheinlichkeit für ein As $\mathbb{P}_L(\text{As}) = \frac{1}{8}$. Die Wahrscheinlichkeit für das Herz-As ist

$$\mathbb{P}_L(\text{Herz} \cap \text{As}) = \frac{1}{32} = \frac{1}{4} \cdot \frac{1}{8} = \mathbb{P}_L(\text{Herz}) \cdot \mathbb{P}_L(\text{As}),$$

also sind diese beiden Ereignisse, wie man es erwartet, unabhängig.   ◊

Das nächste Beispiel zeigt, dass es für Ereignisse $A_1, \ldots, A_n$ nicht genügt, paarweise Unabhängigkeit, also

$$\mathbb{P}(A_i \cap A_j) = \mathbb{P}(A_i)\mathbb{P}(A_j) \text{ für alle } i \neq j,$$

zu fordern.

Beispiel 5.8. Es seien X_1, X_2, X_3 unabhängige B$(1, \frac{1}{2})$-verteilte Zufallsvariablen, d.h.
$$\mathbb{P}(X_i = 0) = \mathbb{P}(X_i = 1) = \frac{1}{2}, \quad i = 1, 2, 3.$$

Man kann sich z.B. vorstellen, dass wir eine faire Münze drei Mal werfen. Wir betrachten die Ereignisse

$$A_1 := \{X_2 = X_3\}, \ A_2 := \{X_3 = X_1\}, \ A_3 := \{X_1 = X_2\},$$

dass zwei Ergebnisse gleich sind. Die A_i sind paarweise unabhängig, denn für $i \neq j$ gilt

$$\mathbb{P}(A_i \cap A_j) = \mathbb{P}(X_1 = X_2 = X_3) = \frac{1}{4} = \mathbb{P}(A_i)\mathbb{P}(A_j).$$

Sie sind aber nicht unabhängig, denn:

$$\mathbb{P}(A_1 \cap A_2 \cap A_3) = \mathbb{P}(X_1 = X_2 = X_3) = \frac{1}{4} \neq \frac{1}{8} = \mathbb{P}(A_1)\mathbb{P}(A_2)\mathbb{P}(A_3).$$

◊

Kriterien für Unabhängigkeit

Stochastische Unabhängigkeit überträgt sich von einem durchschnittsstabilen Erzeuger auf die erzeugte σ-Algebra:

Satz 5.9. *Ist $(\mathcal{C}_i)_{i \in I}$ eine unabhängige Familie von π-Systemen über Ω, so ist auch die Familie der von $\mathcal{C}_i$ erzeugten σ-Algebren $(\mathcal{F}_i := \sigma(\mathcal{C}_i))_{i \in I}$ unabhängig.*

Beweis. Der Beweis ist, wie zu erwarten, eine Anwendung des π-λ-Lemmas. Wir fixieren endlich viele Indizes $i_1, \ldots, i_n \in I$ und wissen nach Voraussetzung, dass

$$\mathbb{P}\left(\bigcap_{k=1}^{n} A_{i_k}\right) = \prod_{k=1}^{n} \mathbb{P}(A_{i_k}) \tag{5.1}$$

für beliebige Menge $A_{i_k} \in \mathcal{C}_{i_k}$, $k = 1, \ldots, n$. Für feste $A_{i_2}, \ldots, A_{i_n}$ definieren wir

$$\mathcal{D} := \left\{ A_{i_1} \in \mathcal{F}_{i_1} : \mathbb{P}\left(\bigcap_{k=1}^{n} A_{i_k}\right) = \prod_{k=1}^{n} \mathbb{P}(A_{i_k}) \right\}.$$

Dann ist $\mathcal{D}$ ein λ-System, das $\mathcal{C}_{i_1}$ enthält. Daraus folgt mit dem π-λ-Lemma 1.20, dass $\mathcal{F}_{i_1} = \sigma(\mathcal{C}_{i_1}) \subset \mathcal{D}$. Also gilt (5.1) für beliebige $A_{i_1} \in \mathcal{F}_{i_1}$ und $A_{i_k} \in \mathcal{C}_{i_k}$, $k = 2, \ldots, n$. Wiederholen wir die gleiche Argumentation für $k = 2, \ldots, n$, erhalten wir die Behauptung. $\qquad\square$

Endlich viele Zufallsvariablen

Wir wollen obiges Kriterium auf den Spezialfall n reeller Zufallsvariablen anwenden. Nach Definition sind n reelle Zufallsvariablen $X_1, \ldots, X_n$ genau dann unabhängig, wenn für alle $B_i \in \mathcal{B}, i = 1, \ldots, n$ gilt:

$$\mathbb{P}(X_1 \in B_1, \ldots, X_n \in B_n) = \prod_{i=1}^{n} \mathbb{P}(X_i \in B_i). \tag{5.2}$$

Auf den ersten Blick scheint es, wir müssten für die Unabhängigkeit der $X_1, \ldots, X_n$ auch Teilmengen $J \subset \{1, \ldots, n\}$ betrachten und eine zu (5.2) analoge Forderung für J aufstellen. Diese Fälle sind aber durch die Wahl von $B_i = \Omega$ für geeignete i in (5.2) mit abgedeckt. Durch den Übergang zu einem durchschnittsstabilen Erzeuger können wir (5.2) weiter reduzieren:

Satz 5.10. *Sind X_i, $i = 1, \ldots, n$ reelle Zufallsvariablen, so sind $X_1, \ldots, X_n$ genau dann unabhängig, wenn für jedes $(c_1, \ldots, c_n) \in \mathbb{R}^n$ gilt:*

$$\mathbb{P}(X_1 \leq c_1, \ldots, X_n \leq c_n) = \prod_{i=1}^{n} \mathbb{P}(X_i \leq c_i). \tag{5.3}$$

Sind die Zufallsvariablen X_i für alle $i = 1, \ldots, n$ diskret verteilt mit Träger T_i, so sind $X_1, \ldots, X_n$ genau dann unabhängig, wenn für jedes $(x_1, \ldots, x_n) \in T_1 \times \ldots \times T_n$ gilt:

$$\mathbb{P}(X_1 = x_1, \ldots, X_n = x_n) = \prod_{i=1}^{n} \mathbb{P}(X_i = x_i). \tag{5.4}$$

Beweis. Aus Gleichung (5.3) folgt die analoge Aussage auch für jedes $k \leq n$ durch den Grenzübergang $c_i \to \infty$ für geeignete i. Daher ist (5.3) gleichbedeutend mit der Unabhängigkeit der Mengensysteme $\{X_i \leq c : c \in \mathbb{R}\}$, $i = 1, \ldots, n$. Da $\{]-\infty, c] : c \in \mathbb{R}\}$ ein durchschnittsstabiler Erzeuger von $\mathcal{B}$ ist, ist $\{X_i \leq c : c \in \mathbb{R}\}$ für jedes $i = 1, \ldots, n$ ein durchschnittsstabiler Erzeuger von $\sigma(X_i)$. Daher folgt die Behauptung aus Satz 5.9. Für den diskreten Fall weisen wir nach, dass aus Gleichung (5.4) bereits (5.3) folgt. Die einzige Schwierigkeit besteht darin, bei den n-fachen Summen nicht den Überblick zu verlieren. Ist $(c_1, \ldots, c_n) \in \mathbb{R}^n$, so folgt:

$$
\mathbb{P}(X_1 \leq c_1, \ldots, X_n \leq c_n) = \sum_{\substack{x_1 \in T_1 \\ x_1 \leq c_1}} \cdots \sum_{\substack{x_n \in T_n \\ x_n \leq c_n}} \mathbb{P}(X_1 = x_1, \ldots, X_n = x_n)
$$

$$
= \sum_{\substack{x_1 \in T_1 \\ x_1 \leq c_1}} \cdots \sum_{\substack{x_n \in T_n \\ x_n \leq c_n}} \prod_{i=1}^{n} \mathbb{P}(X_i = x_i)
$$

$$
= \left(\sum_{\substack{x_1 \in T_1 \\ x_1 \leq c_1}} \mathbb{P}(X_1 = x_1) \right) \cdot \ldots \cdot \left(\sum_{\substack{x_n \in T_n \\ x_n \leq c_n}} \mathbb{P}(X_n = x_n) \right)
$$

$$
= \mathbb{P}(X_1 \leq c_1) \cdot \ldots \cdot \mathbb{P}(X_n \leq c_n),
$$

was zu zeigen war. $\qquad\qquad\square$

Für den Fall, dass Dichten existieren, erhalten wir die Folgerung:

Korollar 5.11. *Sind $X_1, \ldots, X_n$ unabhängige reelle Zufallsvariablen mit Dichtefunktionen $f_1, \ldots, f_n$, so besitzt $X = (X_1, \ldots, X_n)$ die Dichtefunktion*

$$
f : \mathbb{R}^n \to \mathbb{R}, (x_1, \ldots, x_n) \mapsto f(x_1) \cdot \ldots \cdot f(x_n).
$$

Beweis. Ist F die Verteilungsfunktion von $X = (X_1, \ldots, X_n)$, so folgt aus Satz 5.10 und dem Satz von Fubini 2.24 für jedes $c \in \mathbb{R}^n$:

$$
F(c) = \mathbb{P}(X_1 \leq c_1, \ldots, X_n \leq c_n) = \prod_{i=1}^{n} \mathbb{P}(X_i \leq c_i)
$$

$$
= \left(\int_{-\infty}^{c_1} f(x_1) dx_1 \right) \ldots \left(\int_{-\infty}^{c_n} f(x_n) dx_n \right)
$$

$$
= \int_{-\infty}^{c_1} \cdots \int_{-\infty}^{c_n} f(x_1) \cdot \ldots \cdot f(x_n) dx_1 \ldots dx_n.
$$

Aus Satz 4.30 folgt die Behauptung. $\qquad\qquad\square$

5.3 Summen und Produkte

Erwartungswert und Produkte

Ist (X_n) eine Folge von integrierbaren Zufallsvariablen, so ist auf Grund der Linearität des Integrals

$$\mathbb{E}\left(\sum_{i=1}^{n} X_i\right) = \sum_{i=1}^{n} \mathbb{E}(X_i)$$

Eine entsprechende Aussage für das Produkt ist in der Allgemeinheit sicher falsch. Ist z.B. X $N(0,1)$-normalverteilt, so ist

$$1 = \mathbb{E}(X^2) = \mathbb{E}(X \cdot X) \neq \mathbb{E}(X)\mathbb{E}(X) = 0.$$

Unser erstes Ziel in diesem Abschnitt ist es nachzuweisen, dass für unabhängige Zufallsvariablen auch die Vertauschbarkeit von Produkt und Erwartungswert gilt. Dazu benötigen wir ein weiteres Kriterium für die Unabhängigkeit von n Zufallsvariablen, welches das Produktmaß verwendet:

Satz 5.12. *Es seien $X_i, i = 1, \ldots, n$, reelle Zufallsvariablen und X die Zufallsvariable $X = (X_1, \ldots, X_n) : \Omega \to \mathbb{R}^n$. Dann sind $X_1, \ldots, X_n$ genau dann unabhängig, wenn*

$$\mathbb{P}_X = \bigotimes_{i=1}^{n} \mathbb{P}_{X_i}.$$

Beweis. Auf Grund des Masseindeutigkeitssatzes ist $\mathbb{P}_X = \bigotimes_{i=1}^{n} \mathbb{P}_{X_i}$ gleichbedeutend mit

$$\mathbb{P}_X(B_1 \times \ldots \times B_n) = \mathbb{P}(X_1 \in B_1, \ldots, X_n \in B_n) = \prod_{i=1}^{n} \mathbb{P}(X_i \in B_i) = \prod_{i=1}^{n} \mathbb{P}_{X_i}(B_i)$$

für alle $B_i \in \mathcal{B}$, $i = 1, \ldots, n$. Dies ist aber nach (5.2) gleichbedeutend mit der Unabhängigkeit von $X_1, \ldots, X_n$. $\square$

Theorem 5.13 (Produktsatz). *Sind $X_1, \ldots, X_n$ unabhängige integrierbare Zufallsvariablen, so gilt:*

$$\mathbb{E}\left(\prod_{i=1}^{n} X_i\right) = \prod_{i=1}^{n} \mathbb{E}(X_i).$$

Beweis. Es genügt offensichtlich, den Fall $n = 2$ zu betrachten. Wir setzen $X := (X_1, X_2)$ und definieren

$$f : \mathbb{R}^2 \to \mathbb{R}, \quad (x_1, x_2) \mapsto x_1 x_2.$$

Dann ist $X_1 X_2 = f \circ X$, und wir erhalten nach Satz 4.3:

$$\mathbb{E}(X_1 X_2) = \mathbb{E}(f \circ X) = \int x_1 x_2 d\mathbb{P}_X.$$

Auf Grund der Unabhängigkeit von X_1 und X_2 gilt nach Satz 5.12 $\mathbb{P}_X = \mathbb{P}_{X_1} \otimes \mathbb{P}_{X_2}$, also folgt mit dem Satz 2.24 von Fubini:

$$\mathbb{E}(X_1 X_2) = \int x_1 x_2 d\mathbb{P}_X = \int x_1 x_2 d(\mathbb{P}_{X_1} \otimes \mathbb{P}_{X_2})$$
$$= \int x_1 d\mathbb{P}_{X_1} \cdot \int x_2 d\mathbb{P}_{X_2} = \mathbb{E}(X_1)\mathbb{E}(X_2).$$

$\square$

Es stellt sich die Frage, ob nicht auch die Umkehrung des Produktsatzes gilt: Folgt aus $\mathbb{E}(XY) = \mathbb{E}(X)\mathbb{E}(Y)$ bereits die Unabhängigkeit von X und Y? Dies ist nicht der Fall, wie das nächste Beispiel zeigt:

Beispiel 5.14. Wir betrachten ($\mathbb{P}_L$ sei die Laplace-Verteilung) den Wahrscheinlichkeitsraum $(\{1,2,3\}, \mathcal{P}(\{1,2,3\}), \mathbb{P}_L)$. Die reellen Zufallsvariablen X und Y seien auf Ω definiert durch:

$$X(1) = 1, X(2) = 0, X(3) = -1,$$
$$Y(1) = 0, Y(2) = 1, Y(3) = 0.$$

Dann folgt $\mathbb{E}(X)\mathbb{E}(Y) = \mathbb{E}(XY) = 0$. Da aber

$$\mathbb{P}(X = 1, Y = 1) = 0 \neq \frac{1}{9} = \mathbb{P}(X = 1)\mathbb{P}(Y = 1),$$

sind X und Y nicht unabhängig. $\Diamond$

Varianz und Summe

Wir nehmen das letzte Beispiel zum Anlass, für zwei Zufallsvariablen X und Y die Größe
$$\mathbb{E}(XY) - \mathbb{E}(X)\mathbb{E}(Y)$$
zu definieren.

Definition 5.15 (Kovarianz, unkorreliert). *Sind X und Y zwei reelle, integrierbare Zufallsvariablen, so heißt*

$$\mathrm{Cov}(X,Y) := \mathbb{E}[(X - \mathbb{E}(X))(Y - \mathbb{E}(Y))] = \mathbb{E}(XY) - \mathbb{E}(X)\mathbb{E}(Y)$$

die Kovarianz von X und Y. X und Y heißen unkorreliert, falls $\mathrm{Cov}(X,Y) = 0$.

Beispiel 5.14 zeigt, dass es unkorrelierte Zufallsgrößen gibt, die nicht unabhängig sind. Haben X und Y endliche positive Varianzen, so heißt

$$\rho(X,Y) := \frac{\operatorname{Cov}(X,Y)}{\sqrt{\mathbb{V}(X)\mathbb{V}(Y)}}$$

Korrelationskoeffizient von X und Y. Aus der Hölder-Ungleichung 2.26 mit $p = q = 2$ folgt

$$\mathbb{E}[|(X - \mathbb{E}(X))(Y - \mathbb{E}(Y))|] \leq \sqrt{\mathbb{V}(X)\mathbb{V}(Y)},$$

d.h.

$$-1 \leq \rho(X,Y) \leq 1.$$

Der Korrelationskoeffizient ist ein Maß dafür, wie stark X und Y sich ähneln. Sind X und Y unkorreliert, so ist $\rho(X,Y) = 0$. Ist $X = Y$, so ist $\rho(X,Y) = 1$, ist $X = -Y$, so ist $\rho(X,Y) = -1$. Kovarianzen treten bei der Berechnung der Varianz einer Summe auf. Wir fassen die wichtigsten Rechenregeln für Varianzen und Kovarianzen im nachfolgenden Satz zusammen:

Satz 5.16. *Es seien* $X, Y \in \mathcal{L}^2$, (X_n) *eine Folge in* $\mathcal{L}^2$ *und* $a, b, c, d \in \mathbb{R}$. *Dann gilt:*

(i) $\operatorname{Cov}(X,Y) = \operatorname{Cov}(Y,X)$, $\quad \operatorname{Cov}(X,X) = \mathbb{V}(X)$.

(ii) *Sind* X *und* Y *unabhängig, so sind* X *und* Y *unkorreliert.*

(iii) $\operatorname{Cov}(aX + b, cY + d) = ac\operatorname{Cov}(X,Y)$. *Insbesondere folgt:* $\mathbb{V}(aX + b) = a^2\mathbb{V}(X)$.

(iv)
$$\mathbb{V}\left(\sum_{i=1}^{n} X_i\right) = \sum_{i=1}^{n} \mathbb{V}(X_i) + \sum_{i=1}^{n}\sum_{\substack{j=1 \\ j \neq i}}^{n} \operatorname{Cov}(X_i, X_j).$$

(v) *Formel von Bienaymé: Sind* $X_1, \ldots, X_n$ *paarweise unkorreliert, so folgt:*

$$\mathbb{V}\left(\sum_{i=1}^{n} X_i\right) = \sum_{i=1}^{n} \mathbb{V}(X_i).$$

Beweis. Eigenschaft (i) folgt unmittelbar aus der Definition der Kovarianz, (ii) ist eine direkte Konsequenz des Produktsatzes 5.13. Um (iii) nachzuweisen, berechnen wir:

$$\begin{aligned}
\operatorname{Cov}(aX + b, cY + d) &= \mathbb{E}[(aX + b - \mathbb{E}(aX + b))(cY + d - \mathbb{E}(cY + d))] \\
&= \mathbb{E}[ac(X - \mathbb{E}(X))(Y - \mathbb{E}(Y))] \\
&= ac\operatorname{Cov}(X,Y).
\end{aligned}$$

Für den Nachweis von (iv) können wir wegen (iii) ohne Einschränkung $\mathbb{E}(X_i) = 0$ für alle $i = 1, \ldots, n$ annehmen. Dann folgt:

$$\mathbb{V}\left(\sum_{i=1}^{n} X_i\right) = \mathbb{E}\left(\left(\sum_{i=1}^{n} X_i\right)^2\right) = \sum_{i=1}^{n}\sum_{j=1}^{n} \mathbb{E}(X_i X_j)$$

$$= \sum_{i=1}^{n} \mathbb{V}(X_i) + \sum_{i=1}^{n}\sum_{\substack{j=1 \\ j\neq i}}^{n} \mathrm{Cov}(X_i, X_j).$$

Schließlich folgt (v) unmittelbar aus (iv). □

Erwartungswertvektor und Kovarianzmatrix

Für Berechnungen in der Statistik ist es oft nützlich, mit Erwartungswerten und Kovarianzen bezüglich n-dimensionaler reeller Zufallsvariablen zu rechnen. Es ist in diesem Zusammenhang leichter, Spaltenvektoren

$$X = \begin{pmatrix} X_1 \\ \vdots \\ X_n \end{pmatrix}$$

zu betrachten.

Definition 5.17 (Erwartungswertvektor, Kovarianzmatrix). *Es seien $X_1, \ldots, X_n$ integrierbare reelle Zufallsvariablen. Ist $X = (X_1, \ldots, X_n)^\top$, so heißt*

$$\mathbb{E}(X) := \begin{pmatrix} \mathbb{E}(X_1) \\ \vdots \\ \mathbb{E}(X_n) \end{pmatrix} \qquad \text{Erwartungswertvektor}$$

Im Falle der quadratischen Integrierbarkeit von $X_1, \ldots, X_n$ heißt

$$\mathrm{Cov}(X) := (\mathrm{Cov}(X_i, X_j))_{1\leq i,j\leq n} \qquad \text{Kovarianzmatrix.}$$

Der nachfolgende Satz beschreibt, wie sich Erwartungswertvektor und Kovarianzmatrix unter linearen Transformationen verhalten.

Satz 5.18. *Es seien $X_1, \ldots, X_n$ quadratintegrierbare reelle Zufallsvariablen und $\mathbf{B} \in \mathbb{R}^{m,n}$ eine reelle $m \times n$-Matrix. Dann gilt für $X = (X_1, \ldots, X_n)$:*

$$\mathbb{E}(\mathbf{B}X) = \mathbf{B}\mathbb{E}(X) \quad \text{und} \quad \mathrm{Cov}(\mathbf{B}X) = \mathbf{B}\,\mathrm{Cov}(X)\mathbf{B}^\top.$$

Beweis. Für jedes $1 \leq i \leq m$ ist $(\mathbf{B}X)_i = \sum_{k=1}^{n} \mathbf{B}_{ik} X_k$ und daher wegen der Linearität des Erwartungswertes $\mathbb{E}(\mathbf{B}X)_i = \sum_{k=1}^{n} \mathbf{B}_{ik}\mathbb{E}(X)_k = (\mathbf{B}\mathbb{E}(X))_i$. Für die Kovarianzmatrix gilt

$$\mathrm{Cov}(X) = \mathbb{E}[(X - \mathbb{E}(X))(X - \mathbb{E}(X))^\top].$$

Damit erhalten wir:

$$\mathrm{Cov}(\mathbf{B}X) = \mathbb{E}[(\mathbf{B}X - \mathbb{E}(\mathbf{B}X))(\mathbf{B}X - \mathbb{E}(\mathbf{B}X))^\top]$$
$$= \mathbf{B}\mathbb{E}[(X - \mathbb{E}(X))(X - \mathbb{E}(X))^\top]\mathbf{B}^\top.$$

$\square$

Beispiel 5.19 (Standardisierung). Es sei $X = (X_1, \ldots, X_n)^\top$ eine n-dimensionale Zufallsvariable mit Erwartungswertvektor m und positiv definiter Kovarianzmatrix $\mathbf{C}$. Dann besitzt C eine Zerlegung (Cholesky-Zerlegung, vgl. [Möl97])

$$\mathbf{C} = \mathbf{B}\mathbf{B}^\top \text{ mit } \mathbf{B} \in \mathbb{R}^{n,n}, \mathbf{B} \text{ invertierbar,}$$

mit der wir eine neue Zufallsvariable Y definieren:

$$Y := \mathbf{B}^{-1}(X - m).$$

Es gilt $\mathbb{E}(Y) = \mathbf{B}^{-1}\mathbb{E}(X - m) = 0$ und $\mathrm{Cov}(Y) = \mathbf{B}^{-1}C(\mathbf{B}^\top)^{-1} = \mathbf{I}_n$. Jede Koordinate von Y besitzt also Erwartungswert 0 und Varianz 1. Daher nennt man Y die Standardisierung von X. Für $n = 1$ ist dieser Prozess immer möglich, wenn $\sigma^2 = \mathbb{V}(X) > 0$ ist und reduziert sich dann zu:

$$Y = \frac{X - m}{\sigma}.$$

$\diamond$

Momenterzeugende Funktion und Summen

Abschließend wollen wir noch die momenterzeugende Funktion einer Summe von unabhängigen Zufallsvariablen bestimmen. Wir erinnern daran, dass

$$M(s) = \mathbb{E}(\exp(sX)), \quad s \in D,$$

die momenterzeugende Funktion der reellen Zufallsvariablen X in s ist, falls der Erwartungswert an dieser Stelle endlich ist.

Lemma 5.20. *Sind $X_1, \ldots, X_n$ unabhängige reelle Zufallsvariablen und $f_1, \ldots, f_n : \mathbb{R} \to \mathbb{R}$ messbare Funktionen, so sind auch $f_1 \circ X_1, \ldots, f_n \circ X_n$ unabhängig.*

Beweis. Ist $B \in \mathcal{B}$, so gilt $\{f \circ X \in B\} = \{X \in f^{-1}(B)\}$. Daher ist für $B_1, \ldots, B_n \in \mathcal{B}$ die zu beweisende Gleichung

$$\mathbb{P}(f_1 \circ X_1 \in B_1, \ldots, f_n \circ X_n \in B_n) = \prod_{i=1}^{n} \{f_i \circ X_i \in B_i\}$$

äquivalent zu

$$\mathbb{P}(X_1 \in f_1^{-1}(B_1), \ldots, X_n \in f_n^{-1}(B_n)) = \prod_{i=1}^{n} \{X_i \in f_i^{-1}(B_i)\},$$

was nach Voraussetzung gilt. □

Satz 5.21. *Es seien $X_1, \ldots, X_n$ unabhängige reelle Zufallsvariablen, deren momenterzeugende Funktionen $M_1, \ldots, M_n$ alle auf dem Intervall $] - a, a[$ definiert sind. Setzen wir $S_n := \sum_{i=1}^{n} X_i$, so ist auch die momenterzeugende Funktion M von S_n auf $] - a, a[$ definiert, und es gilt:*

$$M(s) = M_1(s) \cdot \ldots \cdot M_n(s), \quad s \in] - a, a[.$$

Beweis. Aus der Unabhängigkeit von $X_1, \ldots, X_n$ folgt nach Lemma 5.20 die Unabhängigkeit von $\exp(sX_1), \ldots, \exp(sX_n)$. Da jede dieser Funktionen auf $] - a, a[$ integrierbar ist, gilt dies auch für ihr Produkt, und nach dem Produktsatz 5.13 gilt:

$$M(s) = \mathbb{E}[\exp(s(X_1 + \ldots + X_n))] = \mathbb{E}[\exp(sX_1) \cdot \ldots \cdot \exp(sX_n)]$$
$$= \mathbb{E}[\exp(sX_1)] \cdot \ldots \cdot \mathbb{E}[\exp(sX_n)] = M_1(s) \cdot \ldots \cdot M_n(s).$$

□

5.4 Anwendung Nachrichtentechnik: Decodierung

Digitale Nachrichtenübertragung

Die Grundaufgabe der digitalen Nachrichtentechnik besteht darin, Information von einer Quelle zu einer Sinke zu übertragen. Quelle und Sinke sowie Sender und Empfänger können dabei viele verschiedene konkrete Ausprägungen haben. So kann es sich beispielsweise um Kommunikation zwischen zwei Mobiltelefonen handeln, um das Verschicken von Datenpaketen über Kabelverbindungen oder um eine Satellitenfunkstrecke. Je nach Anwendung sind die Anforderungen an die Übertragung sehr unterschiedlich. So kommt es beim Telefonieren in erster Linie auf eine gute Sprachqualität an, die von kleinen Fehlern bei der Übertragung unter Umständen nicht wesentlich beeinträchtigt wird. Bei der Datenübertragung ist hingegen die Fehlertoleranz in der Regel geringer. Für eine Satellitenfunkstrecke ist typischerweise die im All zur Verfügung stehende Energie eine knappe Ressource, so dass die Kommunikation mit einer möglichst geringen Energie sichergestellt werden muss. Für diese unterschiedlichen Anforderungen stehen zwischen Quelle und Sinke mehrere Komponenten zur Verfügung, die je nach Anwendung variieren können. Wir haben einen typischen Verlauf in Abbildung 5.1 skizziert. Im Folgenden werden wir die einzelnen Komponenten kurz erläutern.

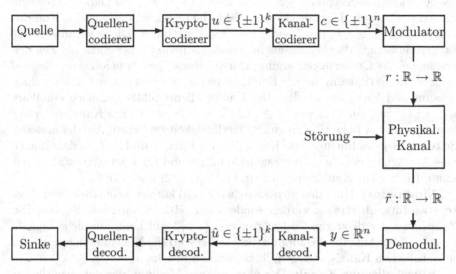

Abbildung 5.1. Digitale Nachrichtenübertragung

Quelle: Wie bereits erwähnt, bezeichnet man den Ursprung der Nachrichten als Quelle. Dabei kann es sich im Mobilfunk um einen Sprecher bzw. Sprache handeln, genauso aber um einen Computer o.Ä. Die genaue Form der Quelle ist für die weiteren Betrachtungen nicht relevant.

Quellencodierer: Die Quellencodierung ist die erste von drei Codierungsarten, die in der Shannon'schen Informationstheorie unterschieden werden. Ihre Aufgabe ist es, die Nachrichten der Quelle so in digitale Wertefolgen zu transformieren, dass dabei einerseits keine Information verloren geht, andererseits Redundanz beseitigt wird. Der Vorteil der Quellencodierung besteht darin, dass ohne Informationsverlust Zeit und Energie bei der Übertragung gespart werden. Für eine ausführliche Darstellung verweisen wir auf [HQ95] oder [Rom96].

Kryptocodierer: Die Aufgabe des Kryptocodierers besteht darin, die Nachricht zu verschlüsseln und damit für Unbefugte nicht lesbar und nicht verfälschbar zu machen. Die Notwendigkeit einer Verschlüsselung ist nicht immer gegeben, daher ist diese Komponente optional. Ziel des Kryptocodierers ist es, auch bei ungestörter Übertragung die Nachricht so zu verändern, dass ein Empfänger ohne Kenntnis des Verschlüsselungsprinzips keine Möglichkeit erhält, an die Information zu gelangen. Die dazu benötigten theoretischen Grundlagen werden in der Kryptographie untersucht ([FR94], [Beu02],[Bau00]).

Kanalcodierer: Im Kanalcodierer wird der Ausgabe des Kryptocodierers gezielt und kontrolliert Redundanz hinzugefügt. Dies ist notwendig, da im physikalischen Kanal, also bei der eigentlichen Übertragung, Störungen auftreten können, welche die Nachricht verfälschen können. Wir bezeichnen die Ausgabe des Kryptocodierers mit $u \in \{\pm1\}^k$, $k \in \mathbb{N}$. Dabei setzen wir für jedes u voraus, dass mit gleicher Wahrscheinlichkeit jede einzelne Komponente $u_i, i = 1, \ldots, k$, den Wert $+1$ oder -1 annimmt. Diese Voraussetzung ist gerechtfertigt, da sie sich aus informationstheoretischer Sicht als Ziel der ersten beiden Codierungen ergibt. Durch Hinzufügen kontrollierter Redundanz senderseitig kann auf der Empfängerseite im günstigsten Fall ein Fehler erkannt und korrigiert werden. Der Kanalcodierer bildet demnach ein Wort $u \in \{\pm1\}^k$ auf ein Codewort $c \in \{\pm1\}^n$, $n \geq k$, ab. Durch Kanalcodierung kann man daher hohe Übertragungszuverlässigkeit erreichen. Auf der anderen Seite kostet jedes hinzugefügte Redundanzbit Energie und Zeit, so dass immer eine Abwägung zwischen Übertragungsqualität und Energiebedarf stattfinden muss. Bücher zur Kanalcodierung sind z.B. [Bos82] und [Fri96].

Modulator: Über den physikalischen Kanal können keine diskreten Werte, etwa Bits, übertragen werden, sondern nur zeitkontinuierliche Signale. Die Zuordnung der diskreten Codewörter $c \in \{\pm1\}^n$ auf kontinuierliche Signale $r : \mathbb{R} \to \mathbb{R}$ ist Aufgabe des Modulators. Dabei sind die Nebenbedingungen des physikalischen Kanals, z.B. sein Spektrum, zu beachten.

Physikalischer Kanal: Das physikalische Medium, das der eigentlichen Übertragung dient, wird als physikalischer Kanal bezeichnet. Es kann sich dabei um leitergebundene Medien (z.B. Koaxialkabel, Glasfaserkabel) oder Funkkanäle (z.B. Mobilfunk, Rundfunk) oder auch Speichermedien (z.B. Magnetmedien, elektronische oder optische Speicher) handeln oder um eine beliebige Kombination dieser Kanäle. Charakteristisch für einen physikalischen Kanal ist, dass in ihm Störungen auftreten, d.h. er ist nicht ideal. Bei der Übertragung des Signals $r : \mathbb{R} \to \mathbb{R}$ wird man daher am Ausgang des physikalischen Kanals ein verfälschtes Signal $\tilde{r} : \mathbb{R} \to \mathbb{R}$ vorfinden. Die zufällige Störung in geeigneter Weise zu beschreiben, ist im Allgemeinen eine schwierige Aufgabe der stochastischen Signaltheorie ([Bos82],[Hän01]). Wir kommen darauf im Folgenden und in Abschnitt 7.5 zurück.

Demodulator: Der Demodulator ist das Gegenstück zum Modulator. Er wandelt das verfälschte Signal $\tilde{r} : \mathbb{R} \to \mathbb{R}$ wieder in einen diskreten Vektor $y \in \mathbb{R}^n$ um. Dabei gilt im Allgemeinen nicht $y \in \{\pm1\}^n$, d.h. die Ausgabe des Demodulators ist nicht notwendigerweise ein Vektor $\tilde{c} \in \{\pm1\}^n$. Dieser Unterschied erweist sich als sehr wertvoll, da die Absolutbeträge der Komponenten von y als Zuverlässigkeitsinformation für das entsprechende Vorzeichen Verwendung finden. Ist im Demodulator noch ein Entscheider eingebaut, also eine Abbildung von $y \in \mathbb{R}^n$ auf $\tilde{c} \in \{\pm1\}^n$, so bedeutet dies zwar eine wesentliche Vereinfachung der nachfolgenden Schritte. Sie geht aber mit einem erheblichen Informationsverlust einher, der sich wiederum negativ auf die Übertragungsqualität auswirkt.

Kanaldecodierer: Der Kanaldecodierer hat die Aufgabe, aus der Ausgabe des Demodulators die Information $u \in \{\pm1\}^k$ zu rekonstruieren. Dabei unterscheidet man grundsätzlich zwei Arten der Decodierung. Liegt als Grundlage ein Vektor $\tilde{c} \in \{\pm1\}^n$ vor, so spricht man von Hard-Decision-Decodierung. Hat man hingegen zusätzlich Zuverlässigkeitsinformation in Form eines Vektors $y \in \mathbb{R}^n$ zur Verfügung, so kann man einerseits auf Grund der zusätzlichen Information besser decodieren, andererseits auch das Ergebnis der Decodierung $\hat{u} \in \{\pm 1\}^k$ mit einem Zuverlässigkeitsmaß versehen. In diesem Fall spricht man von Soft-Decision-Decodierung. Der Vorteil der Hard-Decision-Decodierung ist ihr geringerer Aufwand, den man in der Regel mit einem Verlust an Übertragungsqualität bezahlen muss. Ziel dieses Abschnitts ist es, ein bestimmtes Verfahren der Soft-Decision-Decodierung vorzustellen.

Kryptodecodierer: Die Entschlüsselung der Ausgabe der Decodierung erfolgt im Kryptodecodierer. Er rekonstruiert also die quellencodierte Nachricht.

Quellendecodierer: Der Quellendecodierer verarbeitet die ankommende Information so, dass die Sinke sie verstehen kann. Im Mobilfunk z.B. erzeugt der Quellendecodierer im Allgemeinen Sprache.

Sinke: Die Sinke ist der gewünschte Empfänger der Nachricht.

Kanalcodierung

Der physikalische Kanal stört das gesendete Signal $r : \mathbb{R} \to \mathbb{R}$ zu einem verfälschten Signal $\tilde{r} : \mathbb{R} \to \mathbb{R}$, wobei im Allgemeinen $\tilde{r} \neq r$ gilt. Um dabei entstehende Fehler erkennen und eventuell sogar korrigieren zu können, fügt der Kanalcodierer gezielt Redundanz hinzu. Für unsere Zwecke genügt eine spezielle Klasse von Codes, die wir nun einführen wollen. Insbesondere beschränken wir uns auf binäre Codes, deren Zeichenvorrat also aus einem n-dimensionalen Vektorraum $\{\pm 1\}^n$, $n \in \mathbb{N}$, über dem Körper $\{\pm 1\}$ stammt. Dabei ist die Körperstruktur des zwei-elementigen Körpers $\{\pm 1\}$ mit Addition $\oplus$ und Multiplikation $\odot$ wie folgt definiert:

$$-1 \oplus -1 = 1$$
$$1 \oplus 1 = 1$$
$$1 \oplus -1 = -1$$
$$-1 \odot -1 = -1$$
$$1 \odot -1 = 1$$
$$1 \odot 1 = 1$$

Der zwei-elementige Körper $\{\pm 1\}$ ist für die Nachrichtentechnik geeigneter als der in der Mathematik übliche $\{0, 1\}$, weil der Betrag als Energie interpretiert werden kann. Für zwei natürliche Zahlen n, k mit $n \geq k$ heißt jede

injektive Abbildung $E : \{\pm 1\}^k \hookrightarrow \{\pm 1\}^n$ binärer (n, k)-Block-Code.

$$u \mapsto c := E(u)$$

Den Definitionsbereich eines Codes nennen wir Informationsraum, die Wörter $u \in \{\pm 1\}^k$ Infobits. Das Bild $\mathcal{C} := E(\{\pm 1\}^k)$ wird als Coderaum oder einfach als Code $\mathcal{C}$ bezeichnet. Oft kommt es nämlich nicht auf die Entstehung des Codes an, sondern lediglich auf die Menge der Codewörter $\mathcal{C}$. Dabei heißt ein binärer (n, k)-Block-Code

- *systematisch*, falls die ersten k Komponenten von c den Vektor u bilden,
- *linear*, falls $\mathcal{C}$ ein (k-dimensionaler) linearer Unterraum von $\{\pm 1\}^n$ ist.

Wir werden im Folgenden immer systematische Codes betrachten und lassen daher das Adjektiv „systematisch" weg. Zu jedem (n, k)-Block-Code gibt es eine $k \times n$-Matrix G, für die

$$\mathcal{C} = \{c \in \{\pm 1\}^n | c^\top = u^\top G, \ u \in \{\pm 1\}^k\} \tag{5.5}$$

gilt. Daher wird G als Generatormatrix bezeichnet. Sind zwei Codewörter $c, \tilde{c} \in \{\pm 1\}^n$ gegeben, so ist der so genannte Hamming-Abstand definiert durch

$$d(c, \tilde{c}) := |\{i | c_i \neq \tilde{c}_i, \ i = 1, \dots, n\}|. \tag{5.6}$$

Der Hamming-Abstand bildet eine Metrik auf $\{\pm 1\}^n$. Die Minimaldistanz d_{min} eines Codes E, definiert als

$$d_{min} := \min\{d(c, \tilde{c}) | c, \tilde{c} \in \mathcal{C}, c \neq \tilde{c}\}, \tag{5.7}$$

ist ein Gütekriterium für einen Code. Sie gibt die Anzahl Bits an, in denen sich zwei verschiedene Codewörter mindestens unterscheiden. Je größer die Minimaldistanz, desto besser lassen sich Fehler erkennen und korrigieren. Das Studium von Codes wird stark durch algebraische Methoden geprägt. Für eine ausführliche Darstellung der algebraischen Codierungstheorie sei auf [Jun95] verwiesen. Die wesentlichen Eigenschaften eines Codes werden durch das Tupel (n, k) bzw. das Tripel (n, k, d_{min}) wiedergegeben. Insbesondere enthält es das Information-Redundanz-Verhältnis $R := \frac{k}{n}$, das als Coderate R bezeichnet wird.

Wir wollen nun einige Beispiele linearer (n, k)-Block-Codes vorstellen. Um die Lesbarkeit zu vereinfachen, werden wir dabei nicht streng zwischen einer Notation für Zeilen- und Spaltenvektoren unterscheiden.

Beispiel 5.22 (Wiederholungscode). In diesem Fall sei $k = 1$ und $n > 1$. Die Abbildungsvorschrift ist gegeben durch

$$E_n : \{\pm 1\} \hookrightarrow \{\pm 1\}^n \tag{5.8}$$

$$u \mapsto u \odot (-1, \dots, -1). \tag{5.9}$$

Das Bit u wird also n-mal wiederholt. In diesem Fall spricht man von einem n-fachen Wiederholungscode. Es handelt sich um einen linearen $(n, 1)$-Block-Code mit dem bestmöglichen Minimalabstand $d_{min} = n$ und der Coderate $R = \frac{1}{n}$. $\Diamond$

Beispiel 5.23 (Der $(7, 4)$-Hamming Code). Der Hamming-Code lässt sich am einfachsten durch seine 4×7 Generator-Matrix angeben:

$$G = \begin{pmatrix} -1 & 1 & 1 & 1 & 1 & -1 & -1 \\ 1 & -1 & 1 & 1 & -1 & 1 & -1 \\ 1 & 1 & -1 & 1 & -1 & -1 & 1 \\ 1 & 1 & 1 & -1 & -1 & -1 & -1 \end{pmatrix}, \tag{5.10}$$

wobei die Operationen $\oplus$ und $\odot$ zu Grunde gelegt sind. Der Code ist in diesem Fall gegeben durch die lineare Abbildung

$$E_{Ham} : \{\pm 1\}^4 \hookrightarrow \{\pm 1\}^7 \qquad (5.11)$$

$$u \mapsto c = G^\top u. \qquad (5.12)$$

Der Hamming-Code ist ein binärer linearer Code mit Minimaldistanz $d_{min} = 3$ und einer Coderate von $\frac{4}{7}$. $\hspace{5cm} \Diamond$

Kanalmodelle

Die Störungen, die bei der Übertragung eines Signals über einen physikalischen Kanal auftreten, sind nicht im Einzelnen greifbar, genügen aber in der Regel dennoch gewissen Gesetzmäßigkeiten. Daher versucht man, den Kanal durch ein stochastisches Modell möglichst genau wiederzugeben. Dies kann sich als sehr schwierig erweisen, wenn beispielsweise, wie im Mobilfunk, der Kanal zeitvariant ist, sich also die Übertragungsbedingungen mit der Zeit verändern. Aber auch zeitinvariante Kanäle können so viele verschiedene Effekte aufweisen, dass ein gutes stochastisches Kanalmodell sehr komplex wird. Bei stochastischen Kanalmodellen werden für die Modellierung die Elemente „Modulation" „physikalischer Kanal + Störung" und „Demodulator ohne Entscheider" zu einer Einheit, dem „Kanal" zusammengefasst (Abbildung 5.2). Um formal ein Kanalmodell definieren zu können, versehen wir den Coderaum $\mathcal{C} \subset \mathbb{R}^n$ mit der diskreten Topologie und betrachten einen gegebenen Wahrscheinlichkeitsraum $(\Omega, \mathcal{F}, \mathbb{P})$. Dann heißt eine

$$\text{messbare Abbildung } \mathcal{K} : \ \mathcal{C} \times \Omega \to \mathbb{R}^n \ n\text{-Kanal.} \qquad (5.13)$$

Da wir $\mathcal{C}$ mit der diskreten Topologie versehen haben, ist für einen n-Kanal gleichbedeutend, dass für jedes $c \in \mathcal{C}$ die Abbildung

$$\mathcal{K}_c : \Omega \to \mathbb{R}^n \text{ eine } n\text{-dimensionale reelle Zufallsvariable ist.} \qquad (5.14)$$

Ein stochastisches Kanalmodell besteht also aus Zufallsvariablen $\mathcal{K}_c$, die über dem Coderaum $\mathcal{C}$ parametrisiert sind. Die Gestalt der Zufallsvariablen bestimmt dann gerade die Eigenschaften des Kanals. Um ein fundamentales Beispiel anzugeben, benötigen wir einige physikalische Größen. Auf die Performance eines Kanals hat die zur Verfügung stehende Energie entscheidenden Einfluss. Um eine leichte Vergleichbarkeit für unterschiedliche Codes und Coderaten zu erreichen, wird im Allgemeinen nicht die Energie pro Kanalbenutzung, sondern die Energie

$$E_b : \text{Energie pro Informationsbit} \qquad (5.15)$$

betrachtet. Auf der anderen Seite ordnet man der Störung eine Größe N_0 zu,

$$N_0 : \text{die einseitige Rauschleistungsdichte.} \qquad (5.16)$$

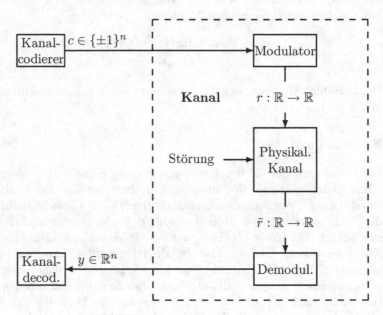

Abbildung 5.2. Kanal

Entscheidend ist nun das Verhältnis dieser beiden Größen, also der Quotient

$$\frac{E_b}{N_0} : \text{SNR} = \text{Signal-to-Noise Ratio}, \tag{5.17}$$

der als Signal-Rausch-Verhältnis bekannt ist und üblicherweise in Dezibel angegeben wird. Wir erinnern an die Notation für die

n-dimensionale Einheitsmatrix: $\mathbf{I}_n$.

Beispiel 5.24 (AWGN-Kanal). Wir bezeichnen wieder mit $c \in \mathcal{C}$ die Ausgabe des (n, k)-Block-Codes des Kanalcodierers. Der Name AWGN-Kanal bedeutet „additive white gaussian noise" und bezieht sich auf die Verteilung der Störung. Das AWGN-Kanalmodell ist gegeben durch:

$$\mathcal{K}^{BPSK} : \mathcal{C} \times \Omega \to \mathbb{R}^n \tag{5.18}$$

$$\mathcal{K}_c^{BPSK} = (X_1, \dots, X_n), \quad \text{mit } X_1, \dots, X_n \text{ unabhängig und}$$

$$X_i \sim \text{N}\left(c_i, \frac{N_0 n}{2 E_b k}\right), \quad i = 1, \dots, n.$$

Die Zufallsvariablen $X_1, \dots, X_n$ entsprechen den n Kanalbenutzungen, die notwendig sind, um das ganze Codewort $c = (c_1, \dots, c_n)$ zu übertragen. In diesem Modell geht man davon aus, dass die einzelnen Kanalbenutzungen sich nicht beeinflussen, daher sind die Zufallsvariablen $X_1, \ldots, X_n$ unabhängig. Somit ergibt ihr Produkt nach Korollar 5.11 die Dichte der n-dimensionalen Zufallsvariable $\mathcal{K}_c^{BPSK} = (X_1, \ldots, X_n)$. Das Produkt ein-dimensionaler Normalverteilungen ergibt aber gerade eine n-dimensionale Normalverteilung, so dass wir als alternative Beschreibung des AWGN-Kanals erhalten:

$$\mathcal{K}^{BPSK} : \mathcal{C} \times \Omega \to \mathbb{R}^n$$

$$\mathcal{K}_c^{BPSK} \text{ ist } \mathrm{N}\left(c, \mathbf{I}_n \frac{N_0 n}{2E_b k}\right)\text{-normalverteilt.}$$

Die Abkürzung BPSK (=„binary phase shift keying") bezieht sich auf die zu Grunde gelegte Modulation, auf die wir hier nicht näher eingehen wollen. Das AWGN-Modell ist sicher das verbreitetste und daher wichtigste Kanalmodell in der Nachrichtentechnik. Man liest an der Varianz der normalverteilten Zufallsgrößen X_i ab, dass diese umso größer ist, je ungünstiger das Signal-Rausch-Verhältnis und je kleiner die Coderate ist. $\Diamond$

Die Aufgabe des Kanaldecodierers

Der Kanaldecodierer hat die Aufgabe, aus der Ausgabe des Demodulators die gesendeten Informationsbits $u \in \{\pm 1\}^k$ zu rekonstruieren. Dies kann auf viele verschiedene Weisen geschehen, die sich in entscheidenden Merkmalen wie Fehlerwahrscheinlichkeit, mathematischer Aufwand, Optimalitätskriterium etc. unterscheiden. Für welche Decodierung man sich entscheidet, hängt von der Anwendung sowie physikalischen Nebenbedingungen wie Echtzeitanforderungen, Komplexität oder Chipdimensionierung ab.

Mathematisch besteht die Decodieraufgabe darin, aus der gegebenen Realisierung $y \in \mathbb{R}^n$ des stochastischen Kanalmodells $\mathcal{K}$ die Informationsbits $u \in \{\pm 1\}^k$ in einem noch zu definierenden Sinn „optimal" zurück zu gewinnen. Dies ist eine klassische Aufgabe der mathematischen Statistik und der mathematischen Optimierung. Gesucht ist demnach eine Entscheidungsfunktion

$$\delta : \mathbb{R}^n \to \{\pm 1\}^k \tag{5.19}$$

$$y \mapsto \hat{u} = \delta(y). \tag{5.20}$$

Wie bereits erwähnt, bieten sich zur Bestimmung von δ zwei verschiedene Strategien an:

Wortfehleroptimalität: Hier besteht die Aufgabe darin, so zu decodieren, dass die Wahrscheinlichkeit, dass sich im decodierten Wort $\hat{u} = \delta(y)$ kein falsches Bit befindet, maximal ist. Die Anzahl der Bitfehler in einem Wort $\hat{u}$ spielt keine Rolle.

Bitfehleroptimalität: Hier besteht die Aufgabe des Decodierers darin, so zu decodieren, dass die Wahrscheinlichkeit für jedes einzelne Informationsbit, richtig zu sein, maximal wird.

L-Werte

Zur Bestimmung einer bitoptimalen Decodierung

$$\delta_{BO} : \mathbb{R}^n \to \{\pm 1\}^k \tag{5.21}$$

stellen wir nun die so genannte MAP-Decodierung (*maximum a posteriori*) mit Hilfe von L-Werten vor. Ausgangspunkt ist ein gegebener

$$(n,k)\text{-Block-Code } E : \{\pm 1\}^k \hookrightarrow \{\pm 1\}^n \tag{5.22}$$

sowie ein stochastisches Kanalmodell

$$\mathcal{K} : \mathcal{C} \times \Omega \to \mathbb{R}^n$$

auf einem Wahrscheinlichkeitsraum $(\Omega, \mathcal{F}, \mathbb{P})$. Wir wollen weiter voraussetzen, dass die Zufallsvariablen $\mathcal{K}_c$ für jedes $c \in \mathcal{C}$ eine

$$\text{Dichtefunktion } d_c : \mathbb{R}^n \to \mathbb{R}, \quad c \in \mathcal{C}, \tag{5.23}$$

besitzen.

Definition 5.25 (L-Wert). *Sei $\mathcal{K}$ ein stochastisches Kanalmodell mit Dichtefunktionen d_c, $c \in \mathcal{C}$, und $y \in \mathbb{R}^n$ eine Realisierung des Kanalmodells. Dann definieren wir den*

$$L\text{-Wert } L(u_i|y) = \ln \left[\frac{\sum\limits_{\substack{c \in \mathcal{C} \\ c_i = +1}} d_c(y)}{\sum\limits_{\substack{c \in \mathcal{C} \\ c_i = -1}} d_c(y)} \right], \quad i = 1, \ldots, k. \tag{5.24}$$

Die Idee des L-Werts ist die folgende: Interpretieren wir die Dichte $d_c(y)$ als infinitesimale Wahrscheinlichkeit für das Codewort c, wenn die Realisierung y empfangen wurde, so steht im Zähler

$$\sum_{\substack{c \in \mathcal{C} \\ c_i = +1}} d_c(y),$$

die Gesamtwahrscheinlichkeit dafür, dass das i-te Bit eine 1 ist. Der L-Wert stellt also die Wahrscheinlichkeit, dass das i-te Bit eine 1 ist, ins Verhältnis zur Wahrscheinlichkeit, dass das i-te Bit eine -1 ist. Bei der Decodierung wollen wir uns natürlich für die größere Wahrscheinlichkeit entscheiden. Der Logarithmus ermöglicht uns, diese Entscheidung mit Hilfe des Vorzeichens des L-Wertes zu treffen. Ist der Zähler größer als der Nenner, so ist der Logarithmus positiv, und wir entscheiden uns für $+1$. Ist der Nenner größer als der

Zähler, so ist der Logarithmus negativ, und wir entscheiden uns für -1. Mit anderen Worten, die L-Werte führen zu folgender Entscheidungsfunktion:

$$\delta_{BO} : \mathbb{R}^n \to \{\pm 1\}^k, \tag{5.25}$$

$$y \mapsto (\text{signum}(L(u_i|y))_{(1 \leq i \leq k)} \tag{5.26}$$

Weiter ist der Absolutbetrag des L-Wertes umso größer, je stärker sich Zähler und Nenner, also die Wahrscheinlichkeit für $+1$ oder -1, unterscheiden. Dies erlaubt es, den Absolutbetrag des L-Werts direkt als Zuverlässigkeitsmaß für die Entscheidung zu interpretieren.

Decodierung im AWGN-Kanal

Wir betrachten als Beispiel für die L-Wert-Decodierung den AWGN-Kanal 5.18:

$$\mathcal{K}^{BPSK} : \mathcal{C} \times \Omega \to \mathbb{R}^n$$

$$\mathcal{K}_c^{BPSK} \text{ ist } N\left(c, \mathbf{I}_n \frac{N_0 n}{2 E_b k}\right) \text{ normalverteilt.}$$

Setzen wir die Dichten der Normalverteilungen in unsere L-Werte (5.24) ein, so erhalten wir, da sich die Normierungsfaktoren wegheben:

$$L^{AWGN}(u_i|y) = \ln\left[\frac{\sum\limits_{\substack{c \in C \\ c_i = +1}} \exp\left(-\frac{\|y-c\|^2}{\frac{N_0 n}{E_b k}}\right)}{\sum\limits_{\substack{c \in C \\ c_i = -1}} \exp\left(-\frac{\|y-c\|^2}{\frac{N_0 n}{E_b k}}\right)}\right], \quad i = 1, \ldots, n. \tag{5.27}$$

Entsprechend lautet unsere Decodiervorschrift im AWGN-Kanal:

$$\delta_{BO}^{AWGN} : \mathbb{R}^n \to \{\pm 1\}^k, \tag{5.28}$$

$$y \mapsto \text{signum}\left(\ln\left[\frac{\sum\limits_{\substack{c \in C \\ c_i = +1}} \exp\left(-\frac{\|y-c\|^2}{\frac{N_0 n}{E_b k}}\right)}{\sum\limits_{\substack{c \in C \\ c_i = -1}} \exp\left(-\frac{\|y-c\|^2}{\frac{N_0 n}{E_b k}}\right)}\right]\right)_{(1 \leq i \leq k)}. \tag{5.29}$$

Im Prinzip ist durch die Angabe der Decodiervorschrift δ_{BO}^{AWGN} die Decodieraufgabe für die bitweise Decodierung gelöst. Allerdings wird aus der Gleichung (5.27) deutlich, dass der Aufwand an Additionen zur Berechnung der L-Werte proportional zu 2^k ist. Dies macht in der Praxis eine genau Berechnung in der Regel unmöglich, man greift daher auf approximative Lösungsverfahren zurück.

Decodierung des Wiederholungscodes

Als einfaches, konkret berechenbares Beispiel betrachten wir den n-fachen Wiederholungscode:

$$E_n : \{\pm 1\} \to \{\pm 1\}^n \tag{5.30}$$

$$u \mapsto (u, \ldots, u). \tag{5.31}$$

Das Bit u wird also n-mal wiederholt. Der Coderaum $\mathcal{C}$ besteht aus genau zwei Codewörtern,

$$\mathcal{C} = \{c_1 := (+1, \ldots, +1), \ c_{-1} := (-1, \ldots, -1)\}.$$

Daher erhält man als L-Wert:

$$L(u|y) = \ln \left[\frac{\exp\left(-\frac{\|y - c_1\|^2}{\frac{N_0 n}{E_b k}}\right)}{\exp\left(-\frac{\|y - c_{-1}\|^2}{\frac{N_0 n}{E_b k}}\right)} \right] = -\frac{\|y - c_1\|^2 - \|y - c_{-1}\|^2}{\frac{N_0 n}{E_b k}} = \frac{4}{\frac{N_0 n}{E_b k}} \sum_{i=1}^n y_i.$$

Dementsprechend erhält man als Entscheidungsfunktion:

$$\delta_{BO}^{AWGN} : \mathbb{R}^n \to \{\pm 1\}, \tag{5.32}$$

$$y \mapsto \text{signum}\left(\sum_{i=1}^n y_i\right). \tag{5.33}$$

Beispiel 5.26. Wir betrachten als ein konkretes Beispiel einen 5-fach Wiederholungscode und die Realisierung

$$y = (0.2, -0.4, 0.5, -1.4, 0.8).$$

Nach obiger Entscheidungsvorschrift erhalten wir

$$\delta_{BO}^{AWGN}(y) = \text{signum}(0.2 - 0.4 + 0.5 - 1.4 + 0.8) = \text{signum}(-0.3) = -1,$$

wir würden uns also für eine gesendete -1 entscheiden. Zum Vergleich betrachten wir eine Harddecision-Decodierung, bei der jeder empfangene Wert zunächst auf $+1$ oder -1 gerundet wird:

$$y = (0.2, -0.4, 0.5, -1.4, 0.8) \mapsto \hat{y} = (+1, -1, +1, -1, +1).$$

Hier entscheidet man sich ebenfalls für das Vorzeichen der Summe der Einträge, also für den häufiger auftretenden Wert, $\delta_{\text{hart}}(\hat{y}) = +1$. Es zeigt sich bereits an diesem einfachen Beispiel, dass Hard- und Softdecodierung zu unterschiedlichen Ergebnissen führen können. Der im Allgemeinen geringeren Fehlerwahrscheinlichkeit bei der Soft-Decodierung steht eine höhere Komplexität gegenüber. ◇

6

Folgen und Reihen unabhängiger Zufallsvariablen

6.1 0-1-Gesetze

Folgen von Zufallsvariablen

Bevor wir uns mit den 0-1-Gesetzen beschäftigen, wollen wir einige allgemeine Bemerkungen zu Folgen von Zufallsvariablen einfügen. Eine Folge (X_n) von Zufallsvariablen ist gegeben durch einen Wahrscheinlichkeitsraum $(\Omega_1, \mathcal{F}_1, \mathbb{P})$, einen Messraum $(\Omega_2, \mathcal{F}_2)$ und messbare Abbildungen

$$X_n : \Omega_1 \longrightarrow \Omega_2, \quad n \in \mathbb{N}.$$

Wir werden uns fast ausschließlich auf reelle Zufallsvariablen beschränken, für die also $(\Omega_2, \mathcal{F}_2) = (\mathbb{R}, \mathcal{B})$ gilt. Für manche Begriffe ist es nützlich, eine Folge von Zufallsvariablen (X_n) als eine einzige messbare Abbildung

$$X = (X_1, X_2, \ldots) : \Omega \longrightarrow \mathbb{R}^{\mathbb{N}},$$
$$X(\omega) := (X_1(\omega), X_2(\omega), \ldots),$$

aufzufassen. Dazu erinnern wir an die Produkt-σ-Algebra $\mathcal{B}^{\otimes \mathbb{N}}$ auf $\mathbb{R}^{\mathbb{N}}$, s. Definition 1.15:

$$(\mathbb{R}^{\mathbb{N}}, \mathcal{B}^{\otimes \mathbb{N}}) = \left(\prod_{i=1}^{\infty} \mathbb{R}, \bigotimes_{i=1}^{\infty} \mathcal{B} \right).$$

Eine messbare Abbildung

$$X : \Omega \longrightarrow \mathbb{R}^{\mathbb{N}}$$

ist nichts anderes als eine Folge (X_n) von reellen Zufallsvariablen. Ist X gegeben, so bilden die einzelnen Koordinatenfunktionen $X_n := p_n \circ X$, $n \in \mathbb{N}$, eine Folge von Zufallsvariablen. Ist (X_n) gegeben, so ist $X = (X_1, X_2, \ldots)$ nach Definition der Produkt-σ-Algebra eine messbare Abbildung in den $\mathbb{R}^{\mathbb{N}}$.

Schließlich wollen wir noch eine nützliche Sprechweise einführen. Zwei Zufallsvariablen X und Y heißen identisch verteilt, wenn ihre Verteilungen gleich sind:

$$\mathbb{P}_X = \mathbb{P}_Y.$$

Wir schreiben dafür auch

$$X \overset{d}{=} Y,$$

der Buchstabe d steht dabei für das englische Wort für Verteilung, „distribution". Diese Eigenschaft tritt in der Regel zusammen mit Unabhängigkeit auf. So sprechen wir z.B. von einer Folge (X_n) unabhängiger und identisch verteilter Zufallsvariablen, wofür es in der englisch sprachigen Literatur die Abkürzung i.i.d. (independent and identically distributed) gibt.

Terminale Ereignisse

Für das Grenzverhalten einer Folge reeller Zahlen (a_n) spielen die ersten Terme keine Rolle. Genauer bedeutet dies, wenn wir eine zweite Folge (b_n) betrachten und es gilt $a_n = b_n$ für alle $n \geq n_0$, so stimmen diese beiden Folgen bezüglich aller Eigenschaften, die nur vom Langzeitverhalten abhängen, überein, wie z.B. Limes Superior, Limes Inferior, Grenzwert (wenn er existiert) oder Beschränktheit. Um eine ähnliche Situation auch für Ereignisse zu erhalten, definieren wir:

Definition 6.1 (terminale σ-Algebra, Ereignisse, Funktion). *Ist* (X_n) *eine Folge von Zufallsvariablen und*

$$\mathcal{G}_n := \sigma(X_n, X_{n+1}, \ldots), \quad n \in \mathbb{N},$$

dann heißt

$$\mathcal{G}_\infty := \bigcap_{n=1}^{\infty} \mathcal{G}_n$$

terminale σ-Algebra (von (X_n)) und jedes $A \in \mathcal{G}_\infty$ terminales Ereignis. Ist eine numerische Funktion

$$f : \Omega \to \bar{\mathbb{R}}$$

$\mathcal{G}_\infty$-$\bar{\mathcal{B}}$-messbar, so heißt f terminale Funktion.

Die Ereignisse der σ-Algebren $\mathcal{G}_n$ hängen nur von den Zufallsvariablen $X_n, X_{n+1}, \ldots$ ab. Entsprechend kann man sich die Ereignisse in $\mathcal{G}_\infty$ so vorstellen, dass ihr Eintreten oder Nicht-Eintreten von der Veränderung endlich vieler X_i nicht beeinflusst wird. Wir geben einige typische Beispiele terminaler Ereignisse:

Beispiel 6.2. Ist (X_n) eine Folge von Zufallsvariablen, dann ist

$$\left\{ \sum_{i=1}^{\infty} X_i \text{ konvergiert} \right\} \text{ ein terminales Ereignis.}$$

Denn es ist $\left\{ \sum\limits_{i=1}^{\infty} X_i \text{ konvergiert} \right\} = \left\{ \sum\limits_{i=n}^{\infty} X_i \text{ konvergiert} \right\} \in \mathcal{G}_n$ für alle $n \in \mathbb{N}$. $\diamond$

Beispiel 6.3. Ist (X_n) eine Folge unabhängiger reeller Zufallsvariablen, so setzen wir

$$Y_n := \frac{1}{n} \sum_{i=1}^{n} X_i, \quad n \in \mathbb{N}.$$

Es sei $A := \{ \lim\limits_{n \to \infty} Y_n = 0 \}$. Nach dem Cauchy-Kriterium für Konvergenz können wir A für jedes $n \in \mathbb{N}$ schreiben als:

$$A = \bigcap_{k=1}^{\infty} \bigcup_{l=n}^{\infty} \left\{ \sup_{r,m \geq l} |Y_m - Y_r| \leq \frac{1}{k} \right\} \in \sigma(Y_n, Y_{n+1}, \ldots).$$

Daher ist A ein terminales Ereignis von (Y_n). Sind die (X_n) zusätzlich integrierbar, so ist nach Lemma 5.20 auch $(X_n - \mathbb{E}(X_n))$ unabhängig und

$$\left\{ \lim_{n \to \infty} \frac{1}{n} \sum_{i=1}^{n} (X_i - \mathbb{E}(X_i)) = 0 \right\} \quad \text{ein terminales Ereignis.}$$

Beispiel 6.4 (Limes Inferior, Superior). Ist (X_n) eine Folge reeller Zufallsvariablen, dann sind

$$\limsup_{i \to \infty} X_i \quad \text{und} \quad \liminf_{i \to \infty} X_i \quad \text{terminale Funktionen.}$$

Denn für jedes $c \in \mathbb{R}$ gilt

$$\{\limsup_{i \to \infty} X_i \leq c\} = \{\limsup_{\substack{i \to \infty \\ i \geq n}} X_i \leq c\} \in \mathcal{G}_n \text{ für alle } n \in \mathbb{N}.$$

$\diamond$

Kolmogorovs 0-1-Gesetz

Man spricht von einem 0-1-Gesetz, wenn die Wahrscheinlichkeit für ein Ereignis 0 oder 1 ist:

$$\mathbb{P}(A) \in \{0, 1\}.$$

Terminale Ereignisse haben diese Eigenschaft, wenn die Folge (X_n) unabhängig ist:

Theorem 6.5 (Kolmogorovs 0-1-Gesetz). *Ist (X_n) eine Folge unabhängiger Zufallsvariablen, dann gilt:*

$$\mathbb{P}(A) \in \{0, 1\} \text{ für jedes } A \in \mathcal{G}_\infty.$$

Außerdem ist jede terminale Funktion $f : \Omega \to \bar{\mathbb{R}}$ fast sicher konstant.

Beweis. Sei $A \in \mathcal{G}_\infty$. Wir wollen zeigen, dass A von sich selbst unabhängig ist, d.h. $\mathbb{P}(A \cap A) = \mathbb{P}(A)\mathbb{P}(A)$, denn daraus folgt $\mathbb{P}(A) = 0$ oder $\mathbb{P}(A) = 1$. Wir verwenden das π-λ-Lemma. Sei

$$\mathcal{D} := \{D \in \mathcal{F} : \mathbb{P}(A \cap \overset{.}{D}) = \mathbb{P}(A)\mathbb{P}(D)\}$$

und

$$\mathcal{F}_n := \sigma(X_1, \ldots, X_n), \quad n \in \mathbb{N}.$$

Dann ist $\mathcal{G}_{n+1}$ unabhängig von $\mathcal{F}_n$, und wegen $A \in \mathcal{G}_{n+1}$ folgt $\mathcal{F}_n \subset \mathcal{D}$ für alle $n \in \mathbb{N}$. Da $\mathcal{A} := \bigcup_{n=1}^{\infty} \mathcal{F}_n$ ein π-System und $\mathcal{D}$ ein λ-System ist, folgt aus $\mathcal{A} \subset \mathcal{D}$ auch $\sigma(\mathcal{A}) \subset \mathcal{D}$. Aus $\sigma(X_n) \subset \mathcal{A}$ für alle $n \in \mathbb{N}$ folgt $\mathcal{G}_n \subset \sigma(\mathcal{A})$ für jedes $n \in \mathbb{N}$ und daher erst recht $\mathcal{G}_\infty \subset \sigma(\mathcal{A})$. Insgesamt erhalten wir

$$\mathcal{G}_\infty \subset \sigma(\mathcal{A}) \subset \mathcal{D}.$$

Insbesondere folgt $A \in \mathcal{D}$, was wir zeigen wollten.

Ist f eine terminale Funktion, so ist $\{f < c\}$ für jedes $c \in \bar{\mathbb{R}}$ ein terminales Ereignis und daher $\mathbb{P}(\{f < c\}) \in \{0, 1\}$. Setzen wir $\alpha := \sup\{c \in \bar{\mathbb{R}} : \mathbb{P}(\{f < c\}) = 0\}$, so folgt $f = \alpha$ fast sicher. $\qquad\square$

Als Korollar erhalten wir den folgenden nach Borel benannten Spezialfall:

Korollar 6.6 (**0-1-Gesetz von Borel**). *Ist (A_n) eine Folge unabhängiger Ereignisse, so gilt:*

$$\mathbb{P}(\limsup_{n \to \infty} A_n) \in \{0, 1\}.$$

Beweis. Setzen wir $X_n := I_{A_n}$, $n \in \mathbb{N}$, so wissen wir aus Beispiel 6.4, dass $\limsup X_n = \limsup I_{A_n} = I_{\limsup A_n}$ eine terminale Funktion ist. Insbesondere ist $\limsup A_n = \{I_{\limsup A_n} = 1\} \in \mathcal{G}_\infty$ ein terminales Ereignis. Daher folgt die Behauptung aus Theorem 6.5. $\qquad\square$

Es ist uns in den Beispielen 6.2 und 6.3 nicht schwer gefallen zu zeigen, dass die Ereignisse

$$\left\{ \lim_{n \to \infty} \frac{1}{n} \sum_{i=1}^{n} (X_i - \mathbb{E}(X_i)) = 0 \right\} \tag{6.1}$$

bzw.

$$\left\{ \sum_{i=1}^{\infty} X_i \text{ konvergiert} \right\} \tag{6.2}$$

für eine Folge unabhängiger Zufallsvariablen terminal sind und daher nach dem 0-1-Gesetz von Kolmogorov 6.5 Wahrscheinlichkeit 0 oder 1 haben. Erheblich schwieriger ist es im Allgemeinen zu entscheiden, welcher von beiden Fällen eintritt. Für das Ereignis (6.1) führt diese Fragestellung zum GESETZ DER GROSSEN ZAHLEN, mit dem wir uns im nächsten Abschnitt beschäftigen. Für das Ereignis (6.2) gibt das Drei-Reihen-Kriterium, das wir in Abschnitt 6.3 beweisen werden, eine vollständige Antwort.

Das Lemma von Borel-Cantelli

Gelegentlich ist es leicht zu entscheiden, ob ein terminales Ereignis Wahrscheinlichkeit 0 oder 1 hat. Das LEMMA VON BOREL-CANTELLI, dessen ersten Teil, Lemma 3.5, wir bereits kennen, liefert ein Kriterium für den Limes Superior von Ereignissen:

Theorem 6.7 (Lemma von Borel-Cantelli). *Ist (A_n) eine Folge von Ereignissen, so gilt:*

$$\text{Ist } \sum_{n=1}^{\infty} \mathbb{P}(A_n) < \infty, \text{ so folgt } \mathbb{P}(\limsup A_n) = 0.$$

Sind die Ereignisse (A_n) unabhängig, so gilt auch die Umkehrung, oder äquivalent dazu:

$$\text{Ist } \sum_{n=1}^{\infty} \mathbb{P}(A_n) = \infty, \text{ so folgt } \mathbb{P}(\limsup A_n) = 1.$$

Beweis. Den ersten Teil, der ohne jede Annahme der Unabhängigkeit auskommt, haben wir bereits in Lemma 3.5 bewiesen. Für den zweiten Teil verwenden wir die Ungleichung $1 - x \leq \exp(-x)$ für alle $x \in \mathbb{R}$. Damit erhalten wir:

$$\mathbb{P}\left(\bigcap_{k=n}^{m} A_k^c \right) = \prod_{k=n}^{m} (1 - \mathbb{P}(A_k)) \leq \exp\left(- \sum_{k=n}^{m} \mathbb{P}(A_k) \right).$$

Bilden wir den Limes $m \to \infty$, so folgt aus der Divergenz von $\sum_{k=n}^{\infty} \mathbb{P}(A_k)$

$$\mathbb{P}\left(\bigcap_{k=n}^{\infty} A_k^c \right) = 0$$

und damit

$$\mathbb{P}((\limsup A_n)^c) = \mathbb{P}\left(\bigcup_{n=1}^{\infty} \bigcap_{k=n}^{\infty} A_k^c \right) \leq \sum_{n=1}^{\infty} \mathbb{P}\left(\bigcap_{k=n}^{\infty} A_k^c \right) = 0.$$

$\square$

Symmetrische Ereignisse und Hewitt-Savage 0-1-Gesetz

Das 0-1-Gesetz von Kolmogorov setzt eine unabhängige Folge von Zufallsvariablen voraus. Sind die Zufallsvariablen zusätzlich identisch verteilt, so gibt es ein (bezüglich der Inklusion) größeres Mengensystem, dessen Ereignisse Wahrscheinlichkeit 0 oder 1 haben, die so genannten symmetrischen Ereignisse. Um diese einzuführen, nennen wir eine bijektive Abbildung $\pi : \mathbb{N} \to \mathbb{N}$, mit $\pi(n) = n$ für fast alle n

eine endliche Permutation. Bei einer endlichen Permutation werden endlich viele natürliche Zahlen permutiert, die übrigen werden auf sich selbst abgebildet. Ist (X_n) eine Folge von Zufallsvariablen, so setzen wir wieder $\mathcal{G}_n := \sigma(X_n, X_{n+1}, \ldots)$. Ist $A \in \mathcal{G}_1$, so gilt

$$A = \{(X_1, X_2, \ldots) \in B\} \text{ für ein } B \in \mathcal{B}^{\otimes \mathbb{N}}.$$

Ist $\pi : \mathbb{N} \to \mathbb{N}$ eine endliche Permutation, so sei

$$A_\pi := \{(X_{\pi(1)}, X_{\pi(2)}, \ldots) \in B\}.$$

Definition 6.8 (symmetrisches Ereignis). *Ist (X_n) eine Folge von Zufallsvariablen, so heißt $A \in \mathcal{G}_1$ symmetrisch, wenn*

$$A_\pi = A \text{ für alle endlichen Permutationen } \pi$$

gilt.

Intuitiv bedeutet dies, dass ein symmetrisches Ereignis durch die Permutation endlich vieler X_i nicht beeinflusst wird. Dies ist z.B. für die Menge $\{X_n = 0 \text{ für alle } n \in \mathbb{N}\}$ unmittelbar einleuchtend. Diese Menge ist jedoch kein terminales Ereignis, denn sie hängt von jedem einzelnen X_i ab. Es gibt also symmetrische Ereignisse, die nicht terminal sind. Umgekehrt gilt:

Satz 6.9. *Jedes terminale Ereignis ist symmetrisch: Ist (X_n) eine Folge von Zufallsvariablen und $A \in \mathcal{G}_\infty$ ein terminales Ereignis, so ist A symmetrisch.*

Beweis. Intuitiv ist die Behauptung klar: Ein Ereignis, das von endlich vielen X_i nicht beeinflusst wird, wird es auch nicht durch die Permutation dieser X_i. Formal gehen wir so vor: Ist $A \in \mathcal{G}_\infty$ und π eine endliche Permutation mit $\pi(n) = n$ für alle $n \geq n_0$, so gibt es wegen $A \in \mathcal{G}_{n_0+1}$ ein $B \in \mathcal{B}^{\otimes \mathbb{N}}$ mit

$$A = \{(X_{n_0+1}, X_{n_0+2}, \ldots) \in B\}.$$

Daraus folgt

$$A = \{(X_1, X_2, \ldots) \in \mathbb{R}^{n_0} \times B\} = \{(X_{\pi(1)}, X_{\pi(2)}, \ldots) \in \mathbb{R}^{n_0} \times B\} = A_\pi,$$

da $\pi(n) = n$ für alle $n \geq n_0$. $\qquad \square$

Für den Beweis des 0-1-Gesetzes für symmetrische Ereignisse benötigen wir ein Approximationsresultat. Dazu bezeichnen wir für zwei Mengen A und B

$$A \Delta B := (B \setminus A) \cup (A \setminus B) \text{ als symmetrische Differenz.}$$

Es ist $x \in A \Delta B$, wenn x in genau einer der beiden Mengen liegt.

Lemma 6.10. *Es sei* $(\mathcal{G}_n)$ *eine Folge von Sub-σ-Algebren mit* $\mathcal{G}_1 \subset \mathcal{G}_2 \subset \ldots$ *und* $\mathcal{G} := \bigcup_{n=1}^{\infty} \mathcal{G}_n$. *Dann gibt es zu jedem* $A \in \sigma(\mathcal{G})$ *eine Folge* (A_n) *aus* $\mathcal{G}$, *so dass*

$$\mathbb{P}(A \Delta A_n) \longrightarrow 0.$$

Beweis. Wir setzen

$$\mathcal{D} := \{A \in \sigma(\mathcal{G}) : \text{es gibt eine Folge } (A_n) \text{ aus } \mathcal{G} \text{ mit } \mathbb{P}(A_n \Delta A) \longrightarrow 0\}.$$

$\mathcal{D}$ ist ein λ-System, welches das π-System $\mathcal{G}$ enthält. Damit folgt nach dem π-λ-Lemma 1.20, dass $\sigma(\mathcal{G}) = \mathcal{D}$. $\qquad\qquad\square$

Theorem 6.11 (0-1-Gesetz von Hewitt-Savage). *Ist* (X_n) *eine Folge unabhängiger, identisch verteilter Zufallsvariablen und* $A \in \mathcal{G}_1$ *symmetrisch, so gilt:*

$$\mathbb{P}(A) \in \{0, 1\}.$$

Beweis. Zu $A \in \mathcal{G}_1$ und $X := (X_1, X_2, \ldots)$ gibt es ein $B \in \mathcal{B}^{\otimes \mathbb{N}}$, so dass $A = \{X \in B\}$ und damit $\mathbb{P}(A) = \mathbb{P}_X(B)$. Zu der Folge $\mathcal{B}^n \times \mathbb{R}^{\mathbb{N}} = \{A \times \mathbb{R}^{\mathbb{N}} : A \in \mathcal{B}^n\}$, $n \in \mathbb{N}$, von Sub-σ-Algebren auf dem $\mathbb{R}^{\mathbb{N}}$ gibt es nach Lemma 6.10 eine Folge von Ereignissen $B_n \times \mathbb{R}^{\mathbb{N}} \in \mathcal{B}^n \times \mathbb{R}^{\mathbb{N}}$, $n \in \mathbb{N}$, so dass

$$\mathbb{P}_X(B \Delta (B_n \times \mathbb{R}^{\mathbb{N}})) \longrightarrow 0.$$

Wir setzen $A_n := \{X \in B_n \times \mathbb{R}^{\mathbb{N}}\} = \{(X_1, \ldots, X_n) \in B_n\}$ und betrachten die spezielle endliche Permutation, welche die ersten n und zweiten n natürlichen Zahlen vertauscht:

$$\pi_n : \mathbb{N} \to \mathbb{N},$$

$$\pi_n(k) := \begin{cases} k+n & \text{für } 1 \leq k \leq n, \\ k-n & \text{für } n+1 \leq k \leq 2n, \\ k & \text{für } k \geq 2n+1. \end{cases}$$

Da die Folge (X_n) identisch verteilt ist, haben X und $(X_{\pi(n)})$ die gleiche Verteilung. Daher gilt mit der Symmetrie von A:

$$\mathbb{P}(A \Delta A_n) = \mathbb{P}_X(B \Delta (B_n \times \mathbb{R}^{\mathbb{N}})) = \mathbb{P}_{(X_{\pi(n)})}(B \Delta (B_n \times \mathbb{R}^{\mathbb{N}}))$$
$$= \mathbb{P}(\{(X_{\pi(n)}) \in B\} \Delta \{(X_{\pi(n)}) \in (B_n \times \mathbb{R}^{\mathbb{N}})\})$$
$$= \mathbb{P}(\{X \in B\} \Delta \{(X_{\pi(n)}) \in (B_n \times \mathbb{R}^{\mathbb{N}})\})$$
$$= \mathbb{P}(A \Delta (A_n)_\pi).$$

Daher folgt $\mathbb{P}(A \Delta A_n) \longrightarrow 0$ und $\mathbb{P}(A \Delta (A_n)_\pi) \longrightarrow 0$, und somit auch

$$\mathbb{P}(A \Delta (A_n \cap (A_n)_\pi)) \leq \mathbb{P}(A \Delta A_n) + \mathbb{P}(A \Delta (A_n)_\pi) \longrightarrow 0.$$

Insbesondere erhalten wir drei gegen $\mathbb{P}(A)$ konvergierende Folgen:

$$\mathbb{P}(A_n) \to \mathbb{P}(A), \quad \mathbb{P}((A_n)_\pi) \to \mathbb{P}(A), \quad \mathbb{P}(A_n \cap (A_n)_\pi) \to \mathbb{P}(A).$$

Auf Grund unserer speziellen Wahl von π und der Unabhängigkeit von (X_n) gilt:

$$
\begin{aligned}
\mathbb{P}(A_n \cap (A_n)_\pi) &= \mathbb{P}(\{(X_1, \ldots, X_n) \in B_n\} \cap \{(X_{n+1}, \ldots, X_{2n}) \in B_n\}) \\
&= \mathbb{P}(\{(X_1, \ldots, X_n) \in B_n\}) \cdot \mathbb{P}(\{(X_{n+1}, \ldots, X_{2n}) \in B_n\}) \\
&= \mathbb{P}(A_n) \cdot \mathbb{P}((A_n)_\pi).
\end{aligned}
$$

Im Limes $n \to \infty$ erhalten wir $\mathbb{P}(A) = \mathbb{P}(A)\mathbb{P}(A)$, und daher $\mathbb{P}(A) \in \{0,1\}$. $\qquad \square$

6.2 Gesetze der großen Zahlen

Werfen wir sehr oft eine faire Münze, so rechnen wir intuitiv damit, dass mit großer Wahrscheinlichkeit etwa die Hälfte der Ergebnisse „Kopf" sein wird. Genauso erwarten wir, dass wir nach sehr vielen Versuchen in etwa einem Sechstel der Würfe mit einem Würfel die Zahl 1 würfeln. Wir werden in diesem Abschitt für diese intuitiven Aussagen präzise Formulierungen finden, die so genannten Gesetze der großen Zahlen. Die fundamentale Bedeutung dieser Aussagen ist nicht zuletzt dadurch begründet, dass sie die Grundlage für die Methoden der mathematischen Statistik bilden, bei denen von relativen Häufigkeiten auf Wahrscheinlichkeiten geschlossen wird.

Ist (X_n) eine Folge unabhängiger, Bernoulli-verteilter Zufallsvariablen mit Erfolgswahrscheinlichkeit p, also $\mathbb{P}(X_n = 1) = p$, $\mathbb{P}(X_n = 0) = 1 - p$ für alle $n \in \mathbb{N}$, so stellt

$$S_n := \sum_{i=1}^{n} X_i$$

die Anzahl Erfolge in den ersten n Versuchen dar. Wir erwarten, dass die relative Häufigkeit in irgendeinem Sinn gegen die Erfolgswahrscheinlichkeit konvergiert:

$$\frac{S_n}{n} \to p.$$

Da $\mathbb{E}(X_n) = p$ für alle $n \in \mathbb{N}$, können wir dies umformulieren:

$$\frac{1}{n} \sum_{i=1}^{n} (X_i - \mathbb{E}(X_i)) \longrightarrow 0.$$

Die Konvergenz kann stochastisch oder fast sicher gelten. Entsprechend vereinbaren wir:

Definition 6.12 (Gesetze der großen Zahlen). *Es sei (X_n) eine Folge integrierbarer reeller Zufallsvariablen. Wir vereinbaren, dass für die Folge (X_n) genau dann das schwache Gesetz der großen Zahlen gilt, wenn*

$$\frac{1}{n} \sum_{i=1}^{n} (X_i - \mathbb{E}(X_i)) \xrightarrow{\ \mathbb{P}\ } 0,$$

und dass für die Folge (X_n) genau dann das starke Gesetz der großen Zahlen gilt, wenn

$$\frac{1}{n} \sum_{i=1}^{n} (X_i - \mathbb{E}(X_i)) \longrightarrow 0 \text{ fast sicher.}$$

Auf Grund von Satz 4.14 erfüllt eine Folge, die dem starken Gesetz genügt, auch das schwache Gesetz der großen Zahlen.

Ein schwaches Gesetz der großen Zahlen

Wir werden im Folgenden verschiedene hinreichende Bedingungen für eine Folge (X_n) kennen lernen, die zur Gültigkeit des schwachen oder starken Gesetzes der großen Zahlen führen. Am leichtesten zu beweisen ist das folgende Resultat. Es ist eine unmittelbare Folgerung aus der TSCHEBYSCHEV-UNGLEICHUNG:

Theorem 6.13 (Schwaches Gesetz der großen Zahlen). *Es sei (X_n) eine Folge integrierbarer, paarweise unkorrelierter reeller Zufallsvariablen. Ist*

$$\lim_{n \to \infty} \frac{1}{n^2} \sum_{i=1}^{n} \mathbb{V}(X_i) = 0, \tag{6.3}$$

so gilt für (X_n) das schwache Gesetz der großen Zahlen.

Beweis. Aus (6.3) folgt insbesondere, dass alle X_i, $i \in \mathbb{N}$, endliche Varianz haben. Mit der TSCHEBYSCHEV-UNGLEICHUNG und der Formel von Bienaymé 5.16(v) folgt für jedes $\varepsilon > 0$:

$$\mathbb{P}\left(\left| \frac{1}{n} \sum_{i=1}^{n} (X_i - \mathbb{E}(X_i)) \right| \geq \varepsilon \right) \leq \frac{1}{\varepsilon^2} \mathbb{V}\left(\frac{1}{n} \sum_{i=1}^{n} (X_i - \mathbb{E}(X_i)) \right)$$

$$= \frac{1}{n^2 \varepsilon^2} \sum_{i=1}^{n} \mathbb{V}(X_i) \longrightarrow 0.$$

$\square$

Die Bedingung (6.3) wirkt auf den ersten Blick vielleicht etwas unhandlich. Wir geben im nachfolgenden Korollar zwei Alternativen an.

Korollar 6.14. *Ist (X_n) eine Folge integrierbarer, paarweise unkorrelierter reeller Zufallsvariablen, so genügt (X_n) dem schwachen Gesetz der großen Zahlen, wenn eine der folgenden Bedingungen erfüllt ist:*

(i) *Die Varianzen sind gleichmäßig beschränkt, d.h. es gibt ein $c > 0$ mit $\mathbb{V}(X_n) \leq c < \infty$ für alle $n \in \mathbb{N}$.*

(ii) *Die zentrierten 4-ten Momente sind gleichmäßig beschränkt, d.h. es gibt ein $c > 0$ mit $\mathbb{E}[(X_n - \mathbb{E}(X_n))^4] \leq c < \infty$ für alle $n \in \mathbb{N}$.*

Beweis. Sind die Varianzen gleichmäßig durch $c > 0$ beschränkt, so folgt:

$$\frac{1}{n^2} \sum_{i=1}^{n} \mathbb{V}(X_i) \leq \frac{1}{n^2} \cdot n \cdot c \longrightarrow 0.$$

Die zweite Bedingung ist ein Spezialfall der ersten: Sind die zentrierten 4-ten Momente durch $c > 0$ beschränkt, so folgt nach der Ungleichung von Hölder 2.26 für $p = q = 2$:

$$\mathbb{V}(X_n) = \mathbb{E}[(X_n - \mathbb{E}(X_n))^2 \cdot 1] \leq (\mathbb{E}[(X_n - \mathbb{E}(X_n))^4])^{\frac{1}{2}} \leq c^{\frac{1}{2}},$$

und es folgt die Beschränkung der Varianzen durch $c^{\frac{1}{2}}$. $\square$

Beispiel 6.15. Es sei (X_n) eine Folge integrierbarer, paarweise unkorrelierter reeller Zufallsvariablen mit $\mathbb{V}(X_n) \leq c$ und $\mathbb{E}(X_n) = m$ für alle $n \in \mathbb{N}$. Setzen wir $S_n := \sum_{i=1}^{n} X_i$, so folgt aus dem schwachen Gesetz der großen Zahlen 6.13, dass

$$\frac{S_n}{n} \xrightarrow{\mathbb{P}} m.$$

Das arithmetische Mittel von solchen Zufallsvariablen liegt also für große n mit hoher Wahrscheinlichkeit nahe ihrem gemeinsamen Erwartungswert m.
$\Diamond$

Beispiel 6.16 (Bernoulli-Experiment). Greifen wir unser erstes Beispiel wieder auf und betrachten eine Folge (X_n) unabhängiger, $B(1, p)$-verteilter Zufallsvariablen, $\mathbb{P}(X_n = 1) = p$, $\mathbb{P}(X_n = 0) = 1 - p$ für alle $n \in \mathbb{N}$. $S_n := \sum_{i=1}^{n} X_i$ ist die Anzahl Erfolge in n Versuchen, $\frac{S_n}{n}$ die relative Häufigkeit. Da $\mathbb{E}(X_n) = p$ für alle $n \in \mathbb{N}$, folgt wiederum

$$\frac{S_n}{n} \xrightarrow{\mathbb{P}} p.$$

Die relative Häufigkeit von Erfolgen liegt also für große n mit hoher Wahrscheinlichkeit nahe der Erfolgswahrscheinlichkeit p. $\Diamond$

Wir fassen die intuitive Bedeutung des schwachen Gesetzes der großen Zahlen noch einmal zusammen. Betrachten wir für ein großes n die n-fache, unabhängige Wiederholung $X_1, \ldots, X_n$ eines Zufallsexperimentes als eine Durchführung, so wird bei einem großen Anteil der Durchführungen $\frac{S_n - \mathbb{E}(S_n)}{n}$ in der Nähe von 0 sein. Intuitiv erwarten wir mehr. Führen wir ein Bernoulli-Experiment, z.B. den Wurf einer Münze, immer wieder durch, so erwarten wir, dass die relative Häufigkeit des Ereignisses „Kopf" im gewöhnlichen Sinn einer Folge reeller Zahlen gegen die Erfolgswahrscheinlichkeit $p = \frac{1}{2}$ konvergiert, mit anderen Worten:

$$\frac{S_n}{n} \longrightarrow p \quad \text{fast sicher.}$$

Aussagen diesen Typs liefern die starken Gesetze der großen Zahlen, mit deren Herleitung wir jetzt beginnen.

Zwei nützliche Lemmata aus der Analysis

Für die Beweise der starken Gesetze der großen Zahlen benötigen wir zwei Lemmata aus der Analysis über das Konvergenzverhalten reeller Zahlenfolgen. Ist (a_n) eine konvergente Folge reeller Zahlen mit Grenzwert a, so konvergiert auch das arithmetische Mittel gegen a:

$$\frac{1}{n} \sum_{i=1}^{n} a_i \longrightarrow a.$$

Etwas allgemeiner gilt:

Lemma 6.17 (Cesàros Lemma). *Ist (a_n) eine konvergente Folge reeller Zahlen mit $a_n \to a \in \mathbb{R}$ und (b_n) eine Folge positiver reeller Zahlen mit $b_n \uparrow \infty$, so gilt mit $a_0 := b_0 := 0$:*

$$\frac{1}{b_n} \sum_{i=1}^{n} (b_i - b_{i-1}) a_{i-1} \longrightarrow a.$$

Beweis. Zu $\varepsilon > 0$ gibt es ein $N \in \mathbb{N}$, so dass

$$a + \varepsilon > a_n > a - \varepsilon \text{ für alle } n \geq N.$$

Setzen wir $c_n := \frac{1}{b_n} \sum_{i=1}^{n} (b_i - b_{i-1}) a_{i-1}$, so folgt für den Limes Inferior von (c_n):

$$\liminf c_n \geq \liminf \left(\frac{1}{b_n} \sum_{i=1}^{N} (b_i - b_{i-1}) a_{i-1} + \frac{b_n - b_N}{b_n} (a - \varepsilon) \right) = a - \varepsilon,$$

und analog für den Limes Superior

$$\limsup c_n \leq \limsup \left(\frac{1}{b_n} \sum_{i=1}^{N} (b_i - b_{i-1}) a_{i-1} + \frac{b_n - b_N}{b_n} (a + \varepsilon) \right) = a + \varepsilon.$$

Da beide Abschätzungen für jedes $\varepsilon > 0$ gelten, folgt insgesamt $\liminf c_n = \limsup c_n = a$.   □

Als Anwendung zeigen wir das Lemma von Kronecker. Es erlaubt, Aussagen über Konvergenz von Reihen für Behauptungen über die Konvergenz von Mittelwerten zu verwenden.

Lemma 6.18 (Lemma von Kronecker). *Es sei (x_n) eine Folge reeller Zahlen und (b_n) eine Folge positiver Zahlen mit $b_n \uparrow \infty$.*

Ist die Reihe $\displaystyle\sum_{n=1}^{\infty} \frac{x_n}{b_n}$ konvergent, so folgt $\displaystyle\frac{1}{b_n} \sum_{i=1}^{n} x_i \longrightarrow 0$.

Beweis. Wir setzen $a_n := \displaystyle\sum_{i=1}^{n} \frac{x_i}{b_i}$, $n \in \mathbb{N}$, $a_0 := 0$, so dass nach Voraussetzung ein $a \in \mathbb{R}$ mit $a_n \to a$ existiert. Aus $a_n - a_{n-1} = \frac{x_n}{b_n}$ folgt

$$\sum_{i=1}^{n} x_i = \sum_{i=1}^{n} b_i(a_i - a_{i-1}) = b_n a_n - \sum_{i=1}^{n} (b_i - b_{i-1}) a_{i-1}.$$

Multiplizieren wir beide Seiten mit b_n^{-1}, so folgt mit Cesàros Lemma 6.17:

$$\frac{1}{b_n} \sum_{i=1}^{n} x_i \longrightarrow a - a = 0.$$

□

Das Varianzkriterium für Konvergenz von Reihen

Für den Beweis des schwachen Gesetzes der großen Zahlen 6.13 genügte im Wesentlichen die TSCHEBYSCHEV-UNGLEICHUNG. Für das starke Gesetz der großen Zahlen benötigen wir eine schärfere Ungleichung für die Partialsummen $S_n := \displaystyle\sum_{i=1}^{n} X_i$. Dieser Ungleichungstyp heißt Maximalungleichung, weil er eine Aussage über das Maximum $\max_{1 \le i \le n} |S_i|$ enthält. Es ist nahe liegend, dass solche Aussagen bei der Untersuchung des Konvergenzverhaltens von Reihen $\displaystyle\sum_{i=1}^{\infty} X_i$ sehr nützlich sind.

Theorem 6.19 (Maximalungleichung von Kolmogorov).
Es seien $X_1, \ldots, X_n$ unabhängige reelle Zufallsvariablen mit $\mathbb{E}(X_i) = 0$ und $\mathbb{V}(X_i) < \infty$ für alle $1 \le i \le n$. Setzen wir $S_k := \displaystyle\sum_{i=1}^{k} X_i$ für $k \le n$, so gilt für jedes $\varepsilon > 0$:

$$\mathbb{P}\left(\max_{1 \le k \le n} |S_k| \ge \varepsilon \right) \le \frac{1}{\varepsilon^2} \mathbb{E}(S_n^2).$$

Beweis. Wir setzen $A_0 := \emptyset$ und definieren induktiv

$$A_k := \{\max_{1 \leq l \leq k} |S_l| \geq \varepsilon\} \setminus A_{k-1}, \quad k = 1, \dots, n.$$

Offensichtlich sind die A_k paarweise disjunkt. Wir haben sie gerade deswegen so gewählt, damit sie $\max_{1 \leq k \leq n} |S_k|$ disjunkt zerlegen:

$$\bigcup_{k=1}^{n} A_k = \{\max_{1 \leq k \leq n} |S_k| \geq \varepsilon\}.$$

Für jedes $k = 1, \dots, n$ sind die Zufallsvariablen $S_k I_{A_k}$ und $S_n - S_k$ unabhängig, da die X_i unabhängig sind und $S_k I_{A_k}$ $\sigma(X_1, \dots, X_k)$-messbar ist, während $S_n - S_k$ $\sigma(X_{k+1}, \dots, X_n)$-messbar ist. Daher gilt mit dem Multiplikationssatz 5.13 für jedes $k \leq n$:

$$\mathbb{E}(S_k I_{A_k}(S_n - S_k)) = \mathbb{E}(S_k I_{A_k})\mathbb{E}(S_n - S_k) = 0,$$

da nach Voraussetzung $\mathbb{E}(S_n - S_k) = 0$. Es folgt:

$$\mathbb{E}(S_n^2) \geq \sum_{k=1}^{n} \mathbb{E}(S_n^2 I_{A_k})$$

$$= \sum_{k=1}^{n} \mathbb{E}((S_k + (S_n - S_k))^2 I_{A_k})$$

$$\geq \sum_{k=1}^{n} \mathbb{E}(S_k^2 I_{A_k}) + 2\mathbb{E}(S_k I_{A_k}(S_n - S_k))$$

$$= \sum_{k=1}^{n} \mathbb{E}(S_k^2 I_{A_k})$$

$$\geq \sum_{k=1}^{n} \varepsilon^2 \mathbb{P}(A_k)$$

$$= \varepsilon^2 \mathbb{P}(\max_{1 \leq k \leq n} |S_k| \geq \varepsilon).$$

$\square$

Als Anwendung der Maximalungleichung von Kolmogorov zeigen wir ein hinreichendes Kriterium für die Konvergenz einer Reihe von Zufallsvariablen. Ein hinreichendes und notwendiges Kriterium werden wir im nächsten Abschnitt herleiten. Wir erinnern daran, dass $\{\sum_{n=1}^{\infty} X_n$ konvergiert $\}$ ein terminales Ereignis ist und daher nach dem 0-1-Gesetz von Kolmogorov 6.5 mit Wahrscheinlichkeit 0 oder 1 eintrifft. In allen nachfolgenden Resultaten dieses Kapitels bedeutet fast sichere Konvergenz einer Reihe $\sum_{n=1}^{\infty} X_n$ Konvergenz gegen einen *endlichen* Grenzwert, d.h. es gibt eine Zufallsvariable Z mit

$$\sum_{n=1}^{\infty} X_n \longrightarrow Z \text{ fast sicher und } \mathbb{P}(|Z| < \infty) = 1.$$

Satz 6.20. *Es sei (X_n) eine Folge unabhängiger reeller Zufallsvariablen mit $\mathbb{E}(X_n) = 0$ für alle $n \in \mathbb{N}$.*

Ist $\displaystyle\sum_{n=1}^{\infty} \mathbb{E}(X_n^2) < \infty$, so folgt: $\displaystyle\sum_{n=1}^{\infty} X_n$ konvergiert fast sicher.

Beweis. Es genügt zu zeigen, dass $S_n := \sum_{i=1}^{n} X_i$, $n \in \mathbb{N}$, fast sicher eine Cauchy-Folge ist. Insbesondere ist der Grenzwert dann fast sicher endlich. Aus der Maximalungleichung 6.19 erhalten wir für fixiertes k und m:

$$\mathbb{P}\left(\max_{k \leq n \leq m} |S_n - S_k| \geq \varepsilon\right) \leq \frac{1}{\varepsilon^2} \mathbb{E}((S_m - S_k)^2) = \frac{1}{\varepsilon^2} \sum_{n=k+1}^{m} \mathbb{E}(X_n^2),$$

also im Limes $m \to \infty$

$$\mathbb{P}\left(\sup_{n \geq k} |S_n - S_k| \geq \varepsilon\right) \leq \frac{1}{\varepsilon^2} \sum_{n=k+1}^{\infty} \mathbb{E}(X_n^2).$$

Daraus folgt $\sup_{n \geq k} |S_n - S_k| \overset{\mathbb{P}}{\longrightarrow} 0$ für $k \to \infty$. Nach Satz 4.16 gibt es eine Teilfolge (k_j), so dass $\sup_{n \geq k_j} |S_n - S_{k_j}| \longrightarrow 0$ für $j \to \infty$ fast sicher konvergiert. Da das Supremum in k jedoch monoton fallend ist, gilt die fast sichere Konvergenz für die gesamte Folge. Damit ist (S_n) eine Cauchy-Folge, was zu zeigen war. $\square$

Ein starkes Gesetz der großen Zahlen

Wir haben bereits darauf hingewiesen, dass das Lemma von Kronecker 6.18 es ermöglicht, Aussagen über Konvergenz von Reihen in Aussagen zur Konvergenz von Mittelwerten zu verwandeln. Genau dies werden wir mit dem gerade bewiesenen Konvergenzkriterium durchführen und erhalten so eine Version des starken Gesetzes der großen Zahlen:

Theorem 6.21 (Starkes Gesetz der großen Zahlen). *Sei (X_n) eine Folge unabhängiger reeller Zufallsvariablen mit $\mathbb{V}(X_n) < \infty$ für alle $n \in \mathbb{N}$. Gilt für eine Folge (b_n) positiver, reeller Zahlen mit $b_n \uparrow \infty$*

$$\sum_{n=1}^{\infty} \frac{\mathbb{V}(X_n)}{b_n^2} < \infty,$$

so folgt mit $S_n := \sum_{i=1}^{n} X_i$, $n \in \mathbb{N}$:

$$\frac{S_n - \mathbb{E}(S_n)}{b_n} \to 0 \quad \textit{fast sicher.}$$

Ist speziell $b_n = n$ für alle $n \in \mathbb{N}$, so gilt für (X_n) das starke Gesetz der großen Zahlen.

Beweis. Nach Voraussetzung ist

$$\sum_{n=1}^{\infty} \mathbb{V}\left(\frac{X_n - \mathbb{E}(X_n)}{b_n}\right) = \sum_{n=1}^{\infty} \frac{\mathbb{V}(X_n)}{b_n^2} < \infty,$$

also nach Satz 6.20 $\sum_{n=1}^{\infty}\left(\frac{X_n - \mathbb{E}(X_n)}{b_n}\right)$ fast sicher konvergent. Aus dem Lemma von Kronecker 6.18 folgt:

$$\frac{S_n - \mathbb{E}(S_n)}{b_n} = \frac{1}{b_n}\sum_{i=1}^{n}[X_i - \mathbb{E}(X_i)] \longrightarrow 0 \text{ fast sicher.}$$

□

Wie beim schwachen Gesetz der großen Zahlen geben wir auch beim starken Gesetz im folgenden Korollar Bedingungen an, unter denen die so genannte

$$\text{Kolmogorov-Bedingung} \quad \sum_{n=1}^{\infty} \frac{\mathbb{V}(X_n)}{n^2} < \infty \tag{6.4}$$

mit $b_n = n$ für alle $n \in \mathbb{N}$ und damit das starke Gesetz der großen Zahlen gilt.

Korollar 6.22. *Ist (X_n) eine Folge unabhängiger reeller Zufallsvariablen mit $\mathbb{E}(|X_n|) < \infty$ für alle $n \in \mathbb{N}$, so genügt (X_n) dem starken Gesetz der großen Zahlen, wenn eine der folgenden Bedingungen erfüllt ist:*

(i) *Die Varianzen sind gleichmäßig beschränkt, d.h. es gibt ein $c > 0$ mit $\mathbb{V}(X_n) \le c < \infty$ für alle $n \in \mathbb{N}$.*

(ii) *Die zentralen 4-ten Momente sind gleichmäßig beschränkt, d.h. es gibt ein $c > 0$ mit $\mathbb{E}[(X_n - \mathbb{E}(X_n))^4] \le c < \infty$ für alle $n \in \mathbb{N}$.*

Beweis. Da

$$\sum_{n=1}^{\infty} \frac{\mathbb{V}(X_n)}{n^2} \le \frac{c\pi^2}{6} < \infty,$$

ist die Kolmogorov-Bedingung im ersten Fall erfüllt. Der zweite ist, wie schon in Korollar 6.14, ein Spezialfall des ersten Falles. □

Beispiel 6.23. Ist (X_n) eine Folge unabhängiger reeller Zufallsvariablen mit Erwartungswert $\mathbb{E}(X_n) = m$ und Varianz $\mathbb{V}(X_n) = \sigma^2$ für alle $n \in \mathbb{N}$, so folgt

$$\frac{S_n}{n} \longrightarrow m \quad \text{fast sicher.}$$

Sind die (X_n) z.B. $B(1,p)$-verteilt, so erhalten wir

$$\frac{S_n}{n} \longrightarrow p \quad \text{fast sicher.}$$

Diese Aussage entspricht unserer Intuition: Die relativen Häufigkeiten konvergieren fast sicher gegen die Erfolgswahrscheinlichkeit p.   ◊

Aus der Kolmogorov-Bedingung (6.4) folgt mit der Abschätzung

$$\frac{1}{n^2} \sum_{i=1}^{n} \mathbb{V}(X_i) \le \frac{1}{n^2} \sum_{i=1}^{k} \mathbb{V}(X_i) + \sum_{i=k+1}^{n} \frac{\mathbb{V}(X_i)}{i^2}$$

auch die im schwachen Gesetz der großen Zahlen 6.13 geforderte Bedingung

$$\frac{1}{n^2} \sum_{i=1}^{n} \mathbb{V}(X_i) \longrightarrow 0.$$

Jede Folge (X_n), die der Kolmogorov-Bedingung genügt, erfüllt somit neben dem starken Gesetz auch das schwache Gesetz der großen Zahlen. Natürlich können wir dies ebenfalls aus Satz 4.14 folgern. Dennoch folgt 6.13 nicht vollständig aus 6.21, da wir in Theorem 6.13 nur paarweise Unkorreliertheit und nicht Unabhängigkeit der Zufallsvariablen vorausgesetzt haben. Man kann sich berechtigter Weise fragen, ob dieser doch recht kleine Unterschied es rechtfertigt, gleichberechtigt von schwachen und starken Gesetzen der großen Zahlen zu sprechen. Es gibt jedoch Varianten des schwachen Gesetzes der großen Zahlen, die mit viel schwächeren Voraussetzungen, z.B. ohne Integrierbarkeit, auskommen.

Ein starkes Gesetz für identisch verteilte Zufallsgrößen

Wir haben im letzten Beispiel 6.23 eine unabhängige Folge (X_n) reeller Zufallsvariablen betrachtet, deren erste und zweite Momente gleich sind. Gehen wir einen Schritt weiter und verlangen, dass (X_n) unabhängig und identisch verteilt ist, so ist es möglich, ein STARKES GESETZ DER GROSSEN ZAHLEN herzuleiten, das mit einer Voraussetzung an die Erwartungswerte auskommt. Insbesondere stellt es keine Bedingungen an die höheren Momente, wie z.B. die Kolmogorov-Bedingung (6.4). Für eine Folge (X_n) identisch verteilter Zufallsvariablen stimmen insbesondere alle Momente überein, daher genügt es, Bedingungen jeweils an X_1 zu stellen.

Theorem 6.24 (Starkes Gesetz der großen Zahlen für identisch verteilte Zufallsvariablen). *Ist (X_n) eine Folge unabhängiger, identisch verteilter Zufallsvariablen mit $\mathbb{E}(|X_1|) < \infty$, so gilt für (X_n) das starke Gesetz der großen Zahlen, d.h. mit $m := \mathbb{E}(X_1)$ folgt:*

$$\frac{1}{n} \sum_{i=1}^{n} X_i \longrightarrow m \ \text{fast sicher.}$$

Der Beweis dieses Theorems bedarf einiger Vorbereitungen.

Gestutzte Zufallsvariablen

Ist (X_n) eine Folge reeller Zufallsvariablen, so betrachtet man

$$Y_n := X_n I_{\{|X_n| \leq n\}}, \quad n \in \mathbb{N}.$$

Man schneidet (X_n) also im Wertebereich über dem Intervall $[-n, n]$ ab und setzt Y_n gleich 0, wenn X_n diesen Streifen verlässt. Insbesondere folgt $|Y_n| \leq n$, Y_n ist also (im Allgemeinen im Gegensatz zu X_n) beschränkt. Andere wichtige Eigenschaften „erbt" Y_n von X_n, wie das nächste Lemma zeigt.

Lemma 6.25. *Es sei (X_n) eine unabhängige und identisch verteilte Folge reeller Zufallsvariablen und $\mathbb{E}(|X_1|) < \infty$. Wir setzen $m := \mathbb{E}(X_1)$ und*

$$Y_n := X_n I_{\{|X_n| \leq n\}}, \quad n \in \mathbb{N}.$$

Dann gilt:

(i) $\mathbb{E}(Y_n) \longrightarrow m$.
(ii) $\mathbb{P}(X_n = Y_n$ *für fast alle* $n) = 1$.
(iii) (Y_n) *erfüllt die Kolmogorov-Bedingung:*

$$\sum_{n=1}^{\infty} \frac{\mathbb{V}(Y_n)}{n^2} < \infty.$$

Beweis. (i) Für den Beweis führen wir eine dritte Folge (Z_n) ein:

$$Z_n := X_1 I_{\{|X_1| \leq n\}}, \quad n \in \mathbb{N}.$$

Da X_1 und X_n für alle $n \in \mathbb{N}$ die gleiche Verteilung haben, gilt dies auch für Z_n und Y_n, insbesondere folgt $\mathbb{E}(Z_n) = \mathbb{E}(Y_n)$. Andererseits gilt $|Z_n| \leq X_1$ für alle $n \in \mathbb{N}$ und

$$Z_n \longrightarrow X_1 \quad \text{fast sicher.}$$

Daher folgt aus dem SATZ VON DER DOMINIERTEN KONVERGENZ:
$\mathbb{E}(Y_n) = \mathbb{E}(Z_n) \longrightarrow m$.

(ii) Wie so oft bei Aussagen über einen Limes Inferior oder Superior, verwenden wir das LEMMA VON BOREL-CANTELLI. Zunächst erinnern wir an eine Formel für den Erwartungswert einer nicht-negativen Zufallsvariablen aus der Maßtheorie. Wir haben in Beispiel 2.25 gezeigt, dass für $X \geq 0$

$$\mathbb{E}(X) = \int X d\mathbb{P} = \int_0^{\infty} \mathbb{P}(X \geq x) dx$$

gilt. Nach Definition der Folge (Y_n) folgt daher:

$$\sum_{n=1}^{\infty} \mathbb{P}(X_n \neq Y_n) = \sum_{n=1}^{\infty} \mathbb{P}(|X_n| > n) = \sum_{n=1}^{\infty} \mathbb{P}(|X_1| > n)$$

$$\leq \int_{0}^{\infty} \mathbb{P}(|X_1| \geq x) dx = \mathbb{E}(|X_1|) < \infty.$$

Damit folgt nach dem LEMMA VON BOREL-CANTELLI:

$$\mathbb{P}(\liminf\{X_n = Y_n\}) = 1 - \mathbb{P}(\limsup\{X_n \neq Y_n\}) = 1 - 0 = 1.$$

(iii) Für jedes $n \geq 1$ ist

$$\frac{1}{n^2} \leq \frac{2}{n(n+1)} = 2\left(\frac{1}{n} - \frac{1}{n+1}\right)$$

und daher

$$\sum_{n \geq k} \frac{1}{n^2} \leq \frac{2}{k}.$$

Damit erhalten wir

$$\sum_{n=1}^{\infty} \frac{|X_1|^2 I_{\{|X_1| \leq n\}}}{n^2} = \sum_{n \geq 1 \vee |X_1|} \frac{|X_1|^2}{n^2} \leq \frac{2|X_1|^2}{1 \vee |X_1|} \leq 2|X_1|.$$

Es folgt die Kolmogorov-Bedingung:

$$\sum_{n=1}^{\infty} \frac{\mathbb{V}(Y_n)}{n^2} \leq \sum_{n=1}^{\infty} \frac{\mathbb{E}(Y_n^2)}{n^2}$$

$$= \sum_{n=1}^{\infty} \frac{\mathbb{E}(|X_1|^2 I_{\{|X_1| \leq n\}})}{n^2} \leq 2\mathbb{E}(|X_1|) < \infty.$$

□

Mit Lemma 6.25 ist der Beweis des STARKEN GESETZES DER GROSSEN ZAHLEN für identisch verteilte Zufallsvariablen nicht mehr schwierig:

Beweis (des Theorems 6.24). Wir bezeichnen die gestutzten Zufallsvariablen wieder mit $Y_n = X_n I_{\{|X_n| \leq n\}}$, $n \in \mathbb{N}$, und die Folge der Partialsummen mit $S_n := \sum_{i=1}^{n} X_i$, $n \in \mathbb{N}$. Wegen Lemma 6.25(ii) genügt es zu zeigen, dass

$$\frac{1}{n} \sum_{i=1}^{n} Y_i \longrightarrow m \text{ fast sicher.}$$

Dazu schreiben wir $Y_i = \mathbb{E}(Y_i) + (Y_i - \mathbb{E}(Y_i))$ und erhalten:

$$\frac{1}{n}\sum_{i=1}^{n}Y_i = \frac{1}{n}\sum_{i=1}^{n}\mathbb{E}(Y_i) + \frac{1}{n}\sum_{i=1}^{n}(Y_i - \mathbb{E}(Y_i)).$$

Da nach Lemma 6.25(i) $\mathbb{E}(Y_n) \to m$, konvergiert die erste Summe auf der rechten Seite nach Cesàros Lemma 6.17 gegen m. Die zweite Summe konvergiert fast sicher gegen 0, da wir wegen Lemma 6.25(iii) das starke Gesetz der großen Zahlen 6.21 anwenden können. Insgesamt folgt:

$$\frac{1}{n}\sum_{i=1}^{n}Y_i \longrightarrow m \text{ fast sicher.}$$

$\square$

Wir haben im STARKEN GESETZ DER GROSSEN ZAHLEN (Theorem 6.24) $\mathbb{E}(|X_1|) < \infty$ vorausgesetzt. Als Korollar erhalten wir eine Aussage für den Fall $\mathbb{E}(X_1) = \mathbb{E}(|X_1|) = \infty$:

Korollar 6.26. *Ist (X_n) eine Folge unabhängiger, identisch verteilter Zufallsvariablen mit $\mathbb{E}(X_1^-) < \infty$ und $\mathbb{E}(X_1^+) = \infty$, also $\mathbb{E}(X_1) = \infty$, so gilt:*

$$\frac{1}{n}\sum_{i=1}^{n}X_i \longrightarrow \infty \text{ fast sicher.}$$

Beweis. Nach dem STARKEN GESETZ DER GROSSEN ZAHLEN gilt

$$\frac{1}{n}\sum_{i=1}^{n}X_i^- \longrightarrow \mathbb{E}(X_1^-) \text{ fast sicher,}$$

so dass wir ohne Einschränkung $X_1 = X_1^+ \geq 0$ annehmen können. Wir definieren für zunächst fest gewähltes $k \in \mathbb{N}$:

$$Z_n^{(k)} := X_n I_{\{X_n \leq k\}}, \quad n \in \mathbb{N}.$$

Wegen $Z_n^{(k)} \leq k$ für alle $n \in \mathbb{N}$ können wir auf $(Z_n^{(k)})$ das STARKE GESETZ DER GROSSEN ZAHLEN anwenden und erhalten für jedes $k \in \mathbb{N}$:

$$\frac{1}{n}\sum_{i=1}^{n}X_i \geq \frac{1}{n}\sum_{i=1}^{n}Z_i^{(k)} \xrightarrow[n \to \infty]{} \mathbb{E}(Z_1^{(k)}) \text{ fast sicher.} \tag{6.5}$$

Jetzt gilt $Z_1^{(k)} \uparrow X_1$ (als Folge in k) und $Z_1^{(k)} \leq X_1$ für alle $k \in \mathbb{N}$, so dass mit dem SATZ VON DER DOMINIERTEN KONVERGENZ folgt: $\mathbb{E}(Z_1^{(k)}) \to \mathbb{E}(X_1) = \infty$ für $k \to \infty$. Betrachten wir in (6.5) den Limes $k \to \infty$, so folgt die Behauptung. $\square$

6.3 Das Drei-Reihen-Theorem

Wir kennen aus Satz 6.20 ein hinreichendes Kriterium für die Konvergenz einer Reihe von unabhängigen Zufallsvariablen. Das nachfolgende Drei-Reihen-Theorem gibt ein notwendiges und hinreichendes Kriterium für die Konvergenz einer Reihe $\sum_{n=1}^{\infty} X_n$ und charakterisiert damit vollständig das Konvergenzverhalten solcher Reihen. Für den Beweis benötigen wir:

Lemma 6.27. *Es sei (X_n) eine Folge unabhängiger, reeller Zufallsvariablen mit $\mathbb{E}(X_n) = 0$, $S_n := \sum_{i=1}^{n} X_i$ und $s_n := \sqrt{\mathbb{V}(S_n)}$, $n \in \mathbb{N}$. Gibt es ein $K > 0$ mit $|X_n| \leq K$ für alle $n \in \mathbb{N}$ und gilt $s_n \to \infty$, so folgt für alle $x, y \in \mathbb{R}$, $x < y$:*

$$\lim_{n \to \infty} \mathbb{P}\left(x < \frac{S_n}{s_n} \leq y \right) = \frac{1}{\sqrt{2\pi}} \int_{x}^{y} \exp\left(-\frac{t^2}{2} \right) dt.$$

Beweis. Dieses Lemma ist eine Anwendung des zentralen Grenzwertsatzes, das wir im nächsten Kapitel, Satz 7.40(ii), beweisen werden. An dieser Stelle sei nur bemerkt, dass auf der rechten Seite der Gleichung $\mathbb{P}(x < \chi \leq y)$ für eine standardnormalverteilte Zufallsvariable χ steht.   □

Theorem 6.28 (Drei-Reihen-Kriterium). *Es sei (X_n) eine Folge unabhängiger reeller Zufallsvariablen. Für $c > 0$ setzen wir $X_n^{(c)} := X_n I_{\{|X_n| \leq c\}}$. Die Reihe $\sum_{n=1}^{\infty} X_n$ konvergiert genau dann fast sicher, wenn für ein $c > 0$ (und damit für alle $c > 0$) gilt:*

$$\sum_{n=1}^{\infty} \mathbb{P}(|X_n| > c) < \infty, \quad \sum_{n=1}^{\infty} \mathbb{V}(X_n^{(c)}) < \infty, \quad und \quad \sum_{n=1}^{\infty} \mathbb{E}(X_n^{(c)}) \text{ konvergiert f.s.}$$

$$(6.6)$$

Beweis. Wir beginnen mit dem hinreichenden Teil und setzen die Konvergenz der drei Reihen (6.6) voraus. Als erstes zeigen wir mit dem bereits vertrauten Borel-Cantelli-Argument, dass es genügt, die Konvergenz von $\sum_{n=1}^{\infty} X_n^{(c)}$ zu zeigen. Nach Voraussetzung ist

$$\sum_{n=1}^{\infty} \mathbb{P}(X_n \neq X_n^{(c)}) = \sum_{n=1}^{\infty} \mathbb{P}(|X_n| > c) < \infty.$$

Daher folgt aus dem Lemma von Borel-Cantelli, dass

$$\mathbb{P}(X_n = X_n^{(c)} \text{ für fast alle } n) = 1 - \mathbb{P}(\limsup\{X_n \neq X_n^{(c)}\}) = 1.$$

Aus der Voraussetzung $\sum_{n=1}^{\infty} \mathbb{V}(X_n^{(c)}) < \infty$ folgt mit Satz 6.20, dass

$$\sum_{n=1}^{\infty}[X_n^{(c)} - \mathbb{E}(X_n^{(c)})] \text{ fast sicher konvergiert.}$$

Mit der Konvergenz von $\sum\limits_{n=1}^{\infty} \mathbb{E}(X_n^{(c)})$ folgt die fast sichere Konvergenz von $\sum\limits_{n=1}^{\infty} X_n^{(c)}$.

Sei nun umgekehrt $\sum\limits_{n=1}^{\infty} X_n$ fast sicher konvergent und $c > 0$ gegeben. Daraus folgt $X_n \longrightarrow 0$ fast sicher, und daher $|X_n| \leq c$ fast sicher für alle $n \geq n_0$. Dies bedeutet aber $X_n = X_n^{(c)}$ fast sicher für alle $n \geq n_0$. Mit anderen Worten,

$$\mathbb{P}(\liminf\{X_n = X_n^{(c)}\}) = 1.$$

Daraus folgt einerseits, dass auch $\sum\limits_{n=1}^{\infty} X_n^{(c)}$ fast sicher konvergiert. Andererseits folgt mit dem LEMMA VON BOREL-CANTELLI $\sum\limits_{n=1}^{\infty} \mathbb{P}(|X_n| > c) < \infty$.

Die Konvergenz der beiden übrigen Reihen zeigen wir durch einen Widerspruchsbeweis. Dazu bezeichnen wir

$$S_n^{(c)} := \sum_{i=1}^{n} X_i^{(c)}, \quad m_n^{(c)} := \mathbb{E}(S_n^{(c)}), \quad s_n^{(c)} := \sqrt{\mathbb{V}(S_n^{(c)})}, \quad n \in \mathbb{N},$$

und nehmen an, es gelte $s_n^{(c)} \longrightarrow \infty$. Wegen

$$|X_n^{(c)} - \mathbb{E}(X_n^{(c)})| \leq 2c \text{ für alle } n \in \mathbb{N}$$

folgt aus Lemma 6.27 für $x, y \in \mathbb{R}$ und $x < y$:

$$\lim_{n\to\infty} \mathbb{P}\left(x < \frac{S_n^{(c)} - m_n^{(c)}}{s_n^{(c)}} \leq y \right) = \frac{1}{\sqrt{2\pi}} \int_{x}^{y} \exp\left(-\frac{t^2}{2} \right) dt > 0. \qquad (6.7)$$

Andererseits folgt aus der fast sicheren Konvergenz von $\sum\limits_{n=1}^{\infty} X_n^{(c)}$ und $s_n^{(c)} \to \infty$, dass $\frac{S_n^{(c)}}{s_n^{(c)}} \to 0$ fast sicher, und daher mit Satz 4.14 erst recht stochastisch:

$$\lim_{n\to\infty} \mathbb{P}\left(\left| \frac{S_n^{(c)}}{s_n^{(c)}} \right| \geq \varepsilon \right) = 0 \quad \text{für jedes } \varepsilon > 0. \qquad (6.8)$$

Aus (6.7) und (6.8) folgt, dass es zu jedem $\varepsilon > 0$ und $x < y$ ein $n_{(\varepsilon,x,y)} \in \mathbb{N}$ gibt, so dass (mit $\mathbb{P}(A \cap B^c) \geq \mathbb{P}(A) - \mathbb{P}(B)$):

$$\mathbb{P}\left(x < \frac{S_n^{(c)} - m_n^{(c)}}{s_n^{(c)}} \leq y, \left|\frac{S_n^{(c)}}{s_n^{(c)}}\right| < \varepsilon\right)$$

$$\geq \mathbb{P}\left(x < \frac{S_n^{(c)} - m_n^{(c)}}{s_n^{(c)}} \leq y\right) - \mathbb{P}\left(\left|\frac{S_n^{(c)}}{s_n^{(c)}}\right| \geq \varepsilon\right) > 0 \text{ für alle } n \geq n_{(\varepsilon,x,y)}.$$

Damit ist das Ereignis auf der linken Seite der Ungleichung nicht leer, so dass für die reelle Folge $\left(\frac{m_n^{(c)}}{s_n^{(c)}}\right)$ gilt:

$$x - \varepsilon < -\frac{m_n^{(c)}}{s_n^{(c)}} \leq y + \varepsilon \text{ für alle } n \geq n_{(\varepsilon,x,y)}.$$

Für die (ε, x, y)-Tripel $(1, 1, 2)$ und $(1, 4, 5)$ folgt somit:

$$0 < -\frac{m_n^{(c)}}{s_n^{(c)}} \leq 3 \text{ und } 3 < -\frac{m_n^{(c)}}{s_n^{(c)}} \leq 6 \text{ für alle } n \geq \max\{n_{(1,1,2)}, n_{(1,4,5)}\},$$

was natürlich absurd ist. Damit ist die Konvergenz von $\sum_{n=1}^{\infty} \mathbb{V}(X_n^{(c)})$ gezeigt. Aus Satz 6.20 folgt wiederum die fast sichere Konvergenz von $\sum_{n=1}^{\infty}(X_n^{(c)} - \mathbb{E}(X_n^{(c)}))$, aus der zusammen mit der fast sicheren Konvergenz von $\sum_{n=1}^{\infty} X_n^{(c)}$ schließlich die Konvergenz von $\sum_{n=1}^{\infty} \mathbb{E}(X_n^{(c)})$ folgt. □

Ein Kriterium für nicht-negative Zufallsvariablen

Als Anwendung des Drei-Reihen-Theorems zeigen wir, wie für den Fall nicht-negativer Zufallsvariablen aus drei Reihen eine einzige wird:

Korollar 6.29. *Es sei* (X_n) *eine unabhängige Folge reeller Zufallsvariablen mit* $X_n \geq 0$ *für alle* $n \in \mathbb{N}$. *Dann ist* $\sum_{n=1}^{\infty} X_n < \infty$ *fast sicher genau dann, wenn*

$$\sum_{n=1}^{\infty} \mathbb{E}(X_n \wedge 1) < \infty.$$

Beweis. Setzen wir $\sum_{n=1}^{\infty} X_n < \infty$ voraus, so folgt insbesondere $\sum_{n=1}^{\infty} X_n \wedge 1 < \infty$ und damit aus dem Drei-Reihen-Theorem 6.28:

$$\sum_{n=1}^{\infty} \mathbb{E}(X_n \wedge 1)^{(1)} = \sum_{n=1}^{\infty} \mathbb{E}(X_n \wedge 1) < \infty.$$

Sei nun $Y_n := X_n \wedge 1$, $n \in \mathbb{N}$, und $\sum\limits_{n=1}^{\infty} \mathbb{E}(Y_n) < \infty$ vorausgesetzt. Dann folgt

aus dem SATZ VON DER MONOTONEN KONVERGENZ $\mathbb{E}\left(\sum\limits_{n=1}^{\infty} Y_n \right) < \infty$, also

insbesondere $\sum\limits_{n=1}^{\infty} Y_n < \infty$ fast sicher. Aus der Zerlegung

$$\sum_{n=1}^{\infty} I_{\{X_n > 1\}} + \sum_{n=1}^{\infty} X_n I_{\{X_n \leq 1\}} = \sum_{n=1}^{\infty} Y_n < \infty \quad \text{fast sicher}$$

folgt, dass $\sum\limits_{n=1}^{\infty} I_{\{X_n > 1\}}$ fast sicher endlich ist, d.h. die Reihen $\sum\limits_{n=1}^{\infty} Y_n$ und
$\sum\limits_{n=1}^{\infty} X_n$ unterscheiden sich fast sicher in höchstens endlich vielen Termen. Daher gilt auch $\sum\limits_{n=1}^{\infty} X_n < \infty$ fast sicher. $\qquad \square$

6.4 Anwendung Informationstheorie: Datenkompression

Eine der klassischen Aufgaben der Informationstheorie ist die Quellcodierung. Ihr Ziel besteht darin, eine Folge von zu übertragenden Zeichen so zu reduzieren, dass die eigentliche Übertragung möglichst effektiv, z.B. zeit- und energiesparend, vorgenommen werden kann. Zur Einordnung der Quellcodierung in die digitale Nachrichtenübertragung verweisen wir auf Abbildung 5.1 bzw. Abschnitt 5.4. Wir wollen im Folgenden zeigen, wie das Gesetz der großen Zahlen zu einer effektiven Quellcodierung führen kann. Formal betrachten wir dazu eine beliebige endliche Menge $\mathcal{A}$, die als Alphabet bezeichnet wird. Z.B. könnte $\mathcal{A} = \{a, b, c, \ldots, z\}$ sein. Jedes Element

$$x(n) = (x_1, \ldots, x_n) \in \mathcal{A}^n, \quad n \in \mathbb{N},$$

heißt ein Wort der Länge n. Der Übertragungskanal kennt die zu übertragenden Wörter im Allgemeinen nicht, sondern muss jedes beliebige Wort gleich gut übertragen können. Daher gibt man die zu übertragenden Wörter nicht deterministisch vor, sondern lässt sie zufällig entstehen. Dazu betrachten wir n identisch verteilte $\mathcal{A}$-wertige Zufallsvariablen auf einem Wahrscheinlichkeitsraum $(\Omega, \mathcal{F}, \mathbb{P})$

$$X(n) = (X_1, \ldots, X_n) : \Omega^n \to \mathcal{A}^n, \quad n \in \mathbb{N}.$$

Jede Realisierung von $X(n)$ ist ein Wort der Länge n. Die identisch verteilten Zufallsvariablen X_i charakterisieren die Quelle des Übertragungssystems. Die Quelle liefert zufällige Buchstaben aus dem Alphabet $\mathcal{A}$ gemäß der Verteilung der X_i.

Wir wollen davon ausgehen, dass der Übertragungskanal Bits überträgt. Der Quellcodierer muss also Wörter $x(n) \in \mathcal{A}^n$ auf eine binäre Folge abbilden. Dazu definieren wir

$$B^* := \bigcup_{n=1}^{\infty} \{0,1\}^n, \quad \text{die Menge aller Binärwörter.}$$

Jedes Element aus B^* ist eine endliche Folge von Nullen und Einsen. Sind $b_1, \ldots, b_k$ in B^*, so können wir diese Binärwörter hintereinander schreiben und erhalten wieder ein Binärwort $(b_1, \ldots, b_n)$. Dafür schreibt man üblicherweise und intuitiv

$$b_1 \cdots b_n := (b_1, \ldots, b_n) \in B^*.$$

Definition 6.30 (Code, eindeutig decodierbar, präfixfrei). *Ein Code C ist eine Abbildung*

$$C : \mathcal{A} \to B^*.$$

Für jedes $n \in \mathbb{N}$ definieren wir die n-fache Erweiterung C^n von C durch

$$C^n : \mathcal{A}^n \to B^*, \quad C^n(a_1, \ldots, a_n) := C(a_1) \cdots C(a_n).$$

Der Code C heißt eindeutig decodierbar, falls C^n für alle $n \in \mathbb{N}$ injektiv ist. Der Code C heißt präfixfrei, wenn es für beliebige Buchstaben $a, b \in \mathcal{A}$ kein Binärwort $w \in B^*$ gibt mit

$$C(a) = C(b)w.$$

Die Bedeutung der eindeutigen Decodierbarkeit eines Codes ist offensichtlich. Wird ein Codewort $C^n(a_1, \ldots, a_n)$ übertragen, so soll daraus natürlich das ursprüngliche Wort $(a_1, \ldots, a_n)$ zurückgewonnen werden können. Dies garantiert gerade die Injektivität von C^n. Um den Sinn der Präfixfreiheit einzusehen, betrachten wir ein Beispiel:

Beispiel 6.31. Sei $\mathcal{A} := \{a, b, c\}$. Wir betrachten den Code $C : \mathcal{A} \to B^*$

$$C(a) := 0, \ C(b) := 01, \ C(c) = 101.$$

Empfangen wird die Sequenz 0101. Für die gesendete Sequenz gibt es dann zwei Möglichkeiten:

$$C^2(a,c) = 0101 = C^2(b,b).$$

Obwohl C injektiv ist, ist C^2 nicht injektiv und der Code daher nicht eindeutig decodierbar. Betrachten wir stattdessen den Code $\tilde{C}$:

$$\tilde{C}(a) := 0, \ \tilde{C}(b) := 01, \tilde{C}(c) = 111,$$

so ist $\tilde{C}$ eindeutig decodierbar, aber nicht präfixfrei. Denn es gilt:

$$\tilde{C}(b) = 01 = \tilde{C}(a)1.$$

Dies hat zur Folge, dass wir nicht unmittelbar nach Empfang eines Signals entscheiden können, was gesendet wurde. Empfangen wir die Sequenz 01, so kann dies ein gesendetes b sein, ergibt sich dann aber 0111, so muss es ein (a, c) gewesen sein. Wir müssen also bei einem nicht präfixfreien Code zunächst das Ende der Übertragung abwarten, bevor wir den Text decodieren können. ◇

Codes C mit einer festen Wortlänge

$$C : \mathcal{A} \longrightarrow B^n$$

heißen Block-Codes. Bei Block-Codes kann man auf die Präfixfreiheit verzichten, da man von vorne herein weiß, dass ein Codewort n Bits lang ist.

Entropie

Es sei $X : \Omega \to \mathcal{A}$ eine $\mathcal{A}$-wertige Zufallsvariable, also eine Quelle X mit Alphabet $\mathcal{A}$. Da $\mathcal{A}$ endlich ist, hat X eine Zähldichte $p(a) = \mathbb{P}(X = a)$, $a \in \mathcal{A}$. Ein Maß für die Unbestimmtheit von X ist die Entropie:

Definition 6.32 (Entropie). *Es sei X eine $\mathcal{A}$-wertige Zufallsvariable mit Zähldichte p. Dann heißt*

$$H(X) := \mathbb{E}[-\log_2(p(X))] = -\sum_{a \in \mathcal{A}} p(a) \log_2(p(a))$$

die Entropie von X. Dabei wird $0 \log_2(0) := 0$ gesetzt.

Ist X auf $\mathcal{A}$ gleichverteilt, d.h. $p(a) = \frac{1}{|\mathcal{A}|}$ für alle $a \in \mathcal{A}$, so gilt

$$H(X) = -\sum_{a \in \mathcal{A}} \frac{1}{|\mathcal{A}|} \log_2\left(\frac{1}{|\mathcal{A}|}\right) = \log_2(|\mathcal{A}|).$$

Die Gleichverteilung entspricht intuitiv der maximalen Unbestimmtheit, kein Ereignis ist in irgendeiner Weise ausgezeichnet. Daher überrascht es nicht, dass

$$H(X) \leq \log_2(|\mathcal{A}|) \quad \text{für jede } \mathcal{A}\text{-wertige Zufallsvariable } X$$

gilt. Diese nicht schwierig zu beweisende Aussage findet man z.B. in [CT91, Theorem 2.6.4].

Effektive Codierung

Wir haben bisher noch nicht geklärt, was wir unter einer effektiven Codierung verstehen. Offensichtlich können wir jedem Codewort $C(a) \in B^*$ eines Codes C seine Codewortlänge $|C(a)|$, d.h. die Anzahl der Bits von $C(a)$, zuordnen:

$$l_C : \mathcal{A} \longrightarrow \mathbb{N}, \quad a \mapsto l_C(a) := |C(a)|.$$

Die Übertragung jedes einzelnen Bits kostet Zeit und Energie, daher ist es das Ziel der Quellcodierung, eine möglichst gute Datenkompression ohne Informationsverlust zu konstruieren. Gesucht ist daher ein Code, der die mittlere Codewortlänge

$$\mathbb{E}(l_C(X)) \quad \text{minimiert}.$$

Ein zentrales Resultat der Informationstheorie besagt nun (siehe z.B. [CT91, Theorem 5.3.1]):

Satz 6.33. *Für jeden eindeutig decodierbaren Code gilt:*

$$\mathbb{E}(l_C(X)) \geq H(X).$$

Es ist demnach nicht möglich, die mittlere Codewortlänge unter die Entropie der Quelle X zu drücken. Wir wollen nun zeigen, dass es möglich ist, beliebig nahe an diese untere Grenze heranzukommen.

Asymptotische Gleichverteilungseigenschaft

Betrachten wir eine Folge (X_n) von $B(1, \frac{1}{2})$-verteilten, unabhängigen Zufallsvariablen, so wissen wir nach dem schwachen Gesetz der großen Zahlen 6.13, dass eine Realisierung

$$(x_1, \ldots, x_n) \quad \text{von} \quad (X_1, \ldots, X_n)$$

für große n mit hoher Wahrscheinlichkeit einen Mittelwert nahe $\frac{1}{2}$ hat, d.h. etwa gleich viele Einsen wie Nullen aufweist. Obwohl also die Folge $(1, 1, 1, \ldots, 1)$ genauso wahrscheinlich ist wie jede andere, hat eine typische Folge etwa gleich viele Einsen wie Nullen. Diese Aussagen formalisieren wir nun. Als erstes zeigen wir die asymptotische Gleichverteilungseigenschaft, die als informationstheoretisches Gesetz der großen Zahlen angesehen werden kann. Sie wird mit AEP=Asymptotic Equipartition Property abgekürzt.

Theorem 6.34 (AEP). *Es sei (X_i) eine Folge $\mathcal{A}$-wertiger, unabhängiger und identisch verteilter Zufallsvariablen mit der Zähldichte p. Dann gilt für die gemeinsame Zähldichte $p(x_1, \ldots, x_n)$ von $(X_1, \ldots, X_n)$:*

$$-\frac{1}{n} \log_2(p(X_1, \ldots, X_n)) \xrightarrow{\mathbb{P}} H(X_1).$$

Beweis. Da die Zufallsvariablen (X_i) unabhängig und identisch verteilt sind, gilt dies auch für $(\log_2 p(X_n))$. Daher gilt nach dem schwachen Gesetz der großen Zahlen:

$$-\frac{1}{n}\log_2(p(X_1,\ldots,X_n)) = -\frac{1}{n}\sum_{i=1}^{n}\log_2(p(X_i)) \xrightarrow{\mathbb{P}} -\mathbb{E}[\log_2(X_1)] = H(X_1).$$

$\sqcap$

Die AEP motiviert folgende Definition: Die typische Menge $A_\varepsilon^{(n)}$ ist die Menge der Wörter $(a_1,\ldots,a_n) \in \mathcal{A}^n$, für die gilt:

$$2^{-n(H(X_1)+\varepsilon)} \le p(a_1,\ldots,a_n) \le 2^{-n(H(X_1)-\varepsilon)}.$$

Unmittelbar aus der Definition und der AEP erhält man folgende Aussagen über die typische Menge $A_\varepsilon^{(n)}$:

(i) Ist $(a_1,\ldots,a_n) \in A_\varepsilon^{(n)}$, so ist $H(X_1) - \varepsilon \le \frac{1}{n}\log_2(p(a_1,\ldots,a_n)) \le H(X_1) + \varepsilon$.

(ii) Es gibt ein n_0, so dass $\mathbb{P}(A_\varepsilon^{(n)}) > 1 - \varepsilon$ für alle $n \ge n_0$.

(iii) $|A_\varepsilon^{(n)}| \le 2^{n(H(X_1)+\varepsilon)}$.

(iv) Es gibt ein n_0, so dass $|A_\varepsilon^{(n)}| \ge (1 - \varepsilon)2^{n(H(X_1)-\varepsilon)}$ für alle $n \ge n_0$.

Das bedeutet, dass die typische Menge fast Wahrscheinlichkeit 1 hat, alle Elemente der typischen Menge fast gleich wahrscheinlich sind und die Anzahl der typischen Elemente ca. $2^{nH(X_1)}$ ist.

Datenkompression

Als Konsequenz der AEP können wir einen konkreten Code angeben, mit dem Daten komprimiert werden können. Seien $X_1,\ldots,X_n$ identisch verteilt und unabhängig mit der Zähldichte p und dem Alphabet $\mathcal{A}$. Um einen Code auf $\mathcal{A}^n$ anzugeben, teilen wir $\mathcal{A}^n$ in zwei Mengen, die typische Menge $A_\varepsilon^{(n)}$ und das Komplement $B_\varepsilon^{(n)} := (A_\varepsilon^{(n)})^c$. Jede dieser beiden Mengen versehen wir mit einer totalen Ordnung. Ist $\mathcal{A}$ z.B. unser gewöhnliches Alphabet, so können wir die Wörter $\mathcal{A}^n$ lexikographisch ordnen. Jedes Element $a \in A_\varepsilon^{(n)}$ können wir nun dadurch eindeutig identifizieren, dass wir ihm seinen Index i_a in der totalen Ordnung von $A_\varepsilon^{(n)}$ zuordnen. Da es höchstens $2^{n(H(X_1)+\varepsilon)}$ Elemente in $A_\varepsilon^{(n)}$ gibt, benötigen wir für die Binärdarstellung dieses Index i_a höchstens $\lfloor n(H(X_1) + \varepsilon)\rfloor + 1$ Bits. Dabei bezeichnet $\lfloor x \rfloor$ die größte ganze Zahl kleiner oder gleich x. Um zu kennzeichnen, dass $a \in A_\varepsilon^{(n)}$ ist, setzen wir vor die Binärdarstellung des Indexes i_a in der totalen Ordnung von $A_\varepsilon^{(n)}$ noch eine 0. Insgesamt erhalten wir so eine injektive Abbildung:

$$A_\varepsilon^{(n)} \longrightarrow \{0,1\}^{\lfloor n(H(X_1)+\varepsilon)\rfloor+2}, \quad a \mapsto 0i_a.$$

Ganz ähnlich gehen wir für das Komplement $B_\varepsilon^{(n)}$ vor. $B_\varepsilon^{(n)}$ enthält höchstens $|\mathcal{A}|^n$, d.h. alle Elemente, so dass wir für den Index j_a eines Elements $a \in B_\varepsilon^{(n)}$ in der totalen Ordnung von $B_\varepsilon^{(n)}$ höchstens $\lfloor n \log_2(|\mathcal{A}|) \rfloor + 1$ Bits benötigen. Fügen wir eine 1 vor den Index j_a ein, um zu kennzeichnen, dass $a \in B_\varepsilon^{(n)}$ ist, erhalten wir ganz analog die injektive Abbildung:

$$B_\varepsilon^{(n)} \longrightarrow \{0,1\}^{\lfloor n \log_2(|\mathcal{A}|) \rfloor + 2}, \quad a \mapsto 1 j_a.$$

Insgesamt erhalten wir den eindeutig decodierbaren Code:

$$C : \mathcal{A}^n \to B^*, a \mapsto \begin{cases} 0 i_a & \text{für } a \in A_\varepsilon^{(n)}, \\ 1 j_a & \text{für } a \in B_\varepsilon^{(n)}. \end{cases} \tag{6.9}$$

Wie das nächste Resultat zeigt, kommen wir mit dieser Quellcodierung mit der mittleren Codewortlänge beliebig nahe an die Entropie heran, wenn wir n hinreichend groß wählen:

Satz 6.35. *Sei (X_n) eine Folge unabhängiger und identisch verteilter $\mathcal{A}$-wertiger Zufallsvariablen und $\delta > 0$. Dann gibt es ein n_0, so dass für den Code C gemäß (6.9) gilt:*

$$\mathbb{E}\left[\frac{1}{n} l_C(X_1, \ldots, X_n)\right] \leq H(X_1) + \delta \quad \text{für alle } n \geq n_0.$$

Beweis. Sei $\varepsilon > 0$ und n_0 so gewählt, dass

$$\varepsilon + \varepsilon \log_2(|\mathcal{A}|) + \frac{2}{n} \leq \delta \quad \text{für alle } n \geq n_0.$$

Indem wir n_0 gegebenenfalls vergrößern, können wir gleichzeitig annehmen, dass

$$\mathbb{P}(A_\varepsilon^{(n)}) \geq 1 - \varepsilon \quad \text{für alle } n \geq n_0$$

gilt. Dann folgt für alle $n \geq n_0$:

$$\mathbb{E}[l_C(X_1, \ldots, X_n)] = \sum_{a \in \mathcal{A}^n} p(a) l_C(a)$$

$$= \sum_{a \in A_\varepsilon^{(n)}} p(a) l_C(a) + \sum_{a \in B_\varepsilon^{(n)}} p(a) l_C(a)$$

$$\leq \sum_{a \in A_\varepsilon^{(n)}} p(a)(\lfloor n(H(X_1) + \varepsilon) \rfloor + 2) + \sum_{a \in B_\varepsilon^{(n)}} p(a)(\lfloor n \log_2(|\mathcal{A}|) \rfloor + 2)$$

$$= \mathbb{P}(A_\varepsilon^{(n)})(\lfloor n(H(X_1) + \varepsilon) \rfloor + 2) + \mathbb{P}(B_\varepsilon^{(n)})(\lfloor n \log_2(|\mathcal{A}|) \rfloor + 2)$$

$$\leq n(H(X_1) + \varepsilon) + \varepsilon n \log_2(|\mathcal{A}|) + 2$$

$$= n(H(X_1) + (\varepsilon + \varepsilon \log_2(|\mathcal{A}|) + \frac{2}{n}))$$

$$\leq n(H(X_1) + \delta).$$

Teilen wir durch n, so erhalten wir die Behauptung. $\qquad\square$

Wir fassen die Eigenschaften des betrachteten Codes noch einmal zusammen:

(i) Der Code ist eindeutig und leicht decodierbar. Das erste Bit zeigt an, wie lang das nachfolgende Codewort ist.

(ii) Wir haben für die Codierung der atypischen Wörter in $B_\varepsilon^{(n)}$ nicht ausgenutzt, dass es davon sehr viel weniger gibt als in $A_\varepsilon^{(n)}$. Da sie so selten vorkommen, haben wir trotzdem eine effiziente Codierung erhalten.

(iii) Ist n hinreichend groß, so haben wir einen Code konstruiert, dessen mittlere Wortlänge $l_C(X_1, \ldots, X_n)$ beliebig nahe bei $nH(X_1)$ liegt. Pro Buchstabe liegt damit die mittlere Codewortlänge beliebig nahe an der Entropie $H(X_1)$, die gemäß Satz 6.33 eine untere Grenze für die mittlere Codewortlänge darstellt.

Wir haben uns bei der Darstellung dieses Beispiels an dem Buch [CT91] orientiert, das wir für einen umfassenden Einblick in die Informationstheorie weiterempfehlen.

7

Der zentrale Grenzwertsatz

7.1 Schwache Konvergenz

Ist (X_n) eine Folge unabhängiger, identisch verteilter reeller Zufallsvariablen mit $\mathbb{E}(X_1) = 0$ und $S_n := X_1 + \ldots + X_n$, so besagt das STARKE GESETZ DER GROSSEN ZAHLEN, dass $\left|\frac{S_n}{n}\right|$ für große n beliebig klein wird. Mit anderen Worten, die Summe S_n wird für große n klein gegenüber n. Das STARKE GESETZ DER GROSSEN ZAHLEN enthält jedoch keinerlei Aussage über die Verteilung von S_n. Ziel dieses Kapitels ist die Herleitung von Resultaten, die Aussagen über die Verteilung von S_n enthalten. So gilt in diesem Beispiel mit $\sigma^2 = \mathbb{E}(X_1^2)$ nach dem ZENTRALEN GRENZWERTSATZ, dass $\frac{S_n}{\sqrt{n}\sigma}$ für große n annähernd standardnormalverteilt ist. Für die Herleitung dieser Ergebnisse benutzen wir im Wesentlichen zwei Techniken. Zum einen verwenden wir charakteristische Funktionen, die in anderen Teilgebieten der Mathematik als Fourier-Transformierte bekannt sind. Zum anderen führen wir eine weitere Konvergenzart ein, die schwache Konvergenz, die nur von den Verteilungen der Zufallsvariablen abhängt.

Die Definition

Wir haben im bisherigen Verlauf drei Konvergenzarten für reelle Zufallsvariablen kennen gelernt: fast sichere Konvergenz, stochastische Konvergenz und Konvergenz in L^p. In diesem Abschnitt betrachten wir eine weitere Konvergenzart. Dazu bezeichnen wir mit

$C_b(\mathbb{R})$ den Raum der stetigen und beschränkten Funktionen $f : \mathbb{R} \to \mathbb{R}$.

Definition 7.1 (schwache Konvergenz, Verteilungskonvergenz). *Es sei (μ_n) eine Folge von Wahrscheinlichkeitsmaßen auf $\mathbb{R}$. Dann konvergiert (μ_n) schwach gegen ein Wahrscheinlichkeitsmaß μ auf $\mathbb{R}$, wenn*

$$\int f d\mu_n \longrightarrow \int f d\mu \quad \text{für alle } f \in C_b(\mathbb{R}).$$

In Zeichen: $\mu_n \xrightarrow{w} \mu$.
Es sei (X_n) eine Folge von reellen Zufallsvariablen auf den Wahrscheinlichkeitsräumen $(\Omega_n, \mathcal{F}_n, \mathbb{P}_n)$. Dann konvergiert (X_n) in Verteilung gegen eine reelle Zufallsvariable X auf $(\Omega, \mathcal{F}, \mathbb{P})$, wenn $\mathbb{P}_{X_n} \xrightarrow{w} \mathbb{P}_X$, d.h., falls

$$\mathbb{E}(f \circ X_n) \longrightarrow \mathbb{E}(f \circ X) \quad \text{für alle } f \in C_b(\mathbb{R}).$$

In Zeichen : $X_n \xrightarrow{d} X$.

Gilt $X_n \xrightarrow{d} X$, so können die reellen Zufallsvariablen X_n im Gegensatz zu den bisherigen Konvergenzarten auf unterschiedlichen Wahrscheinlichkeitsräumen definiert sein. Die Konvergenz hängt lediglich von den Verteilungen $\mathbb{P}_{X_n}$ und $\mathbb{P}_X$ auf $\mathbb{R}$ ab.

Beziehung zu anderen Konvergenzarten

Die Verteilungskonvergenz ist in der Tat schwach, wie der nachfolgende Satz zeigt:

Satz 7.2. *Es seien $(X_n), X$ reelle Zufallsvariablen. Dann gilt:*

(i) *Ist $X_n \to X$ fast sicher, so folgt $X_n \xrightarrow{d} X$.*

(ii) *Ist $X_n \xrightarrow{\mathbb{P}} X$, so folgt $X_n \xrightarrow{d} X$. Ist $X = c$ fast sicher konstant, so gilt auch die Umkehrung: Aus $X_n \xrightarrow{d} c$ folgt $X_n \xrightarrow{\mathbb{P}} c$.*

Beweis. (i) Ist $X_n \longrightarrow X$ fast sicher, so folgt für jedes $f \in C_b(\mathbb{R})$, dass auch $f(X_n) \to f(X)$ fast sicher. Da f beschränkt ist, folgt daraus mit dem SATZ VON DER DOMINIERTEN KONVERGENZ:

$$\mathbb{E}(f \circ X_n) \longrightarrow \mathbb{E}(f \circ X),$$

und daher $X_n \xrightarrow{d} X$.

(ii) Wir führen den Beweis mit Hilfe des Teilfolgenarguments aus Satz 4.16 auf den ersten Teil zurück. Nehmen wir an, für ein $f \in C_b(\mathbb{R})$ gelte nicht $\mathbb{E}(f \circ X_n) \to \mathbb{E}(f \circ X)$. Dann gibt es eine Teilfolge (X_{n_k}) und ein $\varepsilon > 0$ mit

$$|\mathbb{E}(f \circ X_{n_k}) - \mathbb{E}(f \circ X)| > \varepsilon \text{ für alle } k \in \mathbb{N}. \tag{7.1}$$

Nach Satz 4.16 hat X_{n_k} wiederum eine Teilfolge, die fast sicher gegen X konvergiert, und nach dem bereits gezeigten ersten Teil auch in Verteilung, im Widerspruch zu (7.1).

Für die Umkehrung sei $X = c$ fast sicher konstant. Sei $\varepsilon > 0$ und $A := {]}c - \varepsilon, c + \varepsilon[$. Wir wählen ein $f \in C_b(\mathbb{R})$ mit

$$f \le I_A \quad \text{und} \quad f(c) = 1.$$

Dann gilt nach Voraussetzung:

$$1 \ge \mathbb{P}(X_n \in A) = \int I_A d\mathbb{P}_{X_n} \ge \int f d\mathbb{P}_{X_n}$$
$$= \mathbb{E}(f \circ X_n) \to \mathbb{E}(f \circ X) = f(c) = 1.$$

Daraus folgt

$$\mathbb{P}(X_n \in A) = \mathbb{P}(|X_n - c| < \varepsilon) \longrightarrow 1$$

und somit $X_n \xrightarrow{\mathbb{P}} X = c$.

$\square$

In Abbildung 7.1 haben wir die Konvergenzarten und ihre Implikationen zusammengefasst dargestellt. Der einfache Pfeil $\downarrow$ soll daran erinnern, dass aus stochastischer Konvergenz bei Übergang zu einer Teilfolge fast sichere Konvergenz folgt, vgl. Satz 4.16. Wir haben noch nicht gezeigt, dass aus L^1-Konvergenz stochastische Konvergenz folgt. Dies ist aber eine unmittelbare Folgerung der MARKOV-UNGLEICHUNG:

$$\mathbb{P}(|X_n - X| \ge \varepsilon) \le \frac{\mathbb{E}(|X_n - X|)}{\varepsilon}.$$

Die übrigen Implikationen haben wir in den Sätzen 2.31, 4.14 und 7.2 gezeigt.

Konvergenz in Verteilung	$\Leftarrow$	stochastische Konvergenz	$\Leftarrow$	Konvergenz in L^1	$\Leftarrow$	Konvergenz in L^p
		$\Uparrow\downarrow$				
		fast sichere Konvergenz				

Abbildung 7.1. Zusammenhang zwischen den Konvergenzarten

Die Skorokhod-Darstellung

Aus fast sicherer Konvergenz folgt Konvergenz in Verteilung. Die Umkehrung ist im Allgemeinen falsch, wie das folgende Beispiel zeigt. Es sei X eine N(0, 1)-verteilte Zufallsvariable. Dann ist die alternierende Folge

$$X_n : X, -X, X, -X, \ldots$$

nicht fast sicher konvergent, sondern auf einer Nullmenge konvergent. Andererseits ist auf Grund der Symmetrie der Normalverteilung

$$\mathbb{P}_{X_n} = \mathbb{P}_X \text{ für alle } n \in \mathbb{N}$$

und daher $X_n \xrightarrow{d} X$. In dieser Situation können wir jedoch eine Folge (Y_n) durch $Y_n := X$ für alle $n \in \mathbb{N}$ und $Y := X$ definieren, so dass gilt:

$$\mathbb{P}_{Y_n} = \mathbb{P}_{X_n} \text{ für alle } n \in \mathbb{N},$$
$$\mathbb{P}_Y = \mathbb{P}_X \text{ und}$$
$$Y_n \to Y \text{ fast sicher.}$$

Dass man bei vorliegender Verteilungskonvergenz immer eine solche Folge (Y_n) mit obigen Eigenschaften finden kann, ist die Aussage des nachfolgenden Theorems von Skorokhod. Die darin geforderte punktweise Konvergenz der Verteilungsfunktionen in Stetigkeitspunkten ist, wie wir in Satz 7.5 sehen werden, äquivalent zur schwachen Konvergenz.

Theorem 7.3 (Skorokhod-Darstellung). *Es seien (X_n) reelle Zufallsvariablen auf Wahrscheinlichkeitsräumen $(\Omega_n, \mathcal{F}_n, \mathbb{P}_n)$ mit Verteilungsfunktionen (F_n) und X eine Zufallsvariable mit Verteilungsfunktion F. Ist*

$$F_n(x) \longrightarrow F(x) \quad \text{für alle } x \in \mathbb{R}, \text{ für die } F \text{ in } x \text{ stetig ist,}$$

so gibt es eine Folge reeller Zufallsvariablen (Y_n) auf einem Wahrscheinlichkeitsraum $(\Omega, \mathcal{F}, \mathbb{P})$ und eine reelle Zufallsvariable Y auf $(\Omega, \mathcal{F}, \mathbb{P})$, so dass gilt:

$$\mathbb{P}_{Y_n} = \mathbb{P}_{X_n} \text{ für alle } n \in \mathbb{N},$$
$$\mathbb{P}_Y = \mathbb{P}_X \text{ und}$$
$$Y_n \to Y \text{ fast sicher.}$$

Beweis. Als Wahrscheinlichkeitsraum betrachten wir $\Omega := \,]0, 1[$, $\mathcal{F} := \mathcal{B}|]0, 1[$, $\mathbb{P} := \lambda|]0, 1[$. Wir definieren mit Hilfe der Verteilungsfunktionen F_n bzw. F die Zufallsvariablen

$$Y_n : \Omega \to \mathbb{R}, \quad Y_n(\omega) := \inf\{x \in \mathbb{R} : \omega \le F_n(x)\}, \ n \in \mathbb{N},$$
$$Y : \Omega \to \mathbb{R}, \quad Y(\omega) := \inf\{x \in \mathbb{R} : \omega \le F(x)\}.$$

Als erstes weisen wir nach, dass Y die Verteilungsfunktion F besitzt. Da F monoton wächst, ist $\{x \in \mathbb{R} : \omega \le F(x)\}$ ein Intervall, das nach oben unbeschränkt ist. F ist darüber hinaus rechtsseitig stetig, daher ist das Intervall links abgeschlossen, so dass $\{x \in \mathbb{R} : \omega \le F(x)\} = [Y(\omega), \infty[$ für jedes $\omega \in \,]0, 1[$. Also ist $\omega \le F(x)$ genau dann, wenn $Y(\omega) \le x$, d.h.

$$\mathbb{P}(Y \leq x) = \mathbb{P}(\{\omega \in \Omega : \omega \leq F(x)\}) = F(x).$$

Daher hat Y die Verteilungsfunktion F und somit $\mathbb{P}_Y = \mathbb{P}_X$. Analog folgt $\mathbb{P}_{Y_n} = \mathbb{P}_{X_n}$ für alle $n \in \mathbb{N}$.

Es bleibt die fast sichere Konvergenz $Y_n \to Y$ zu zeigen. Die Idee ist die folgende: Da Y_n und Y im Wesentlichen Umkehrfunktionen zu F_n und F sind, folgt aus der Konvergenz von F_n in Stetigkeitspunkten auch die Konvergenz der Y_n in den Stetigkeitspunkten. Diese bilden eine Menge vom Maß 1.

Sei $\omega \in]0, 1[$ und $\varepsilon > 0$. Da F monoton ist, hat F höchstens abzählbar viele Unstetigkeitsstellen. Daher gibt es ein $x \in \mathbb{R}$, so dass F in x stetig ist und $Y(\omega) - \varepsilon < x \leq Y(\omega)$. Auf Grund der Definition von Y ist dann $F(x) < \omega$, und nach Voraussetzung gibt es ein n_0, so dass auch $F_n(x) < \omega$ für alle $n \geq n_0$. Dann ist aber $Y(\omega) - \varepsilon < x < Y_n(\omega)$ für alle $n \geq n_0$ und daher

$$\liminf Y_n(\omega) \geq Y(\omega). \qquad (7.2)$$

Die Argumentation für den Limes Superior ist ähnlich, aber nicht ganz analog. Sei $1 > \tilde{\omega} > \omega$ ein weiterer Punkt und wiederum $x \in \mathbb{R}$, so dass F in x stetig ist und $Y(\tilde{\omega}) < x < Y(\tilde{\omega}) + \varepsilon$. Nach Definition von Y ist für jedes $\tilde{\omega} \in]0, 1[$ $\tilde{\omega} \leq F(Y(\tilde{\omega}))$, so dass wir mit der Monotonie von F

$$\omega < \tilde{\omega} \leq F(Y(\tilde{\omega})) \leq F(x)$$

erhalten. Wiederum folgt für $n \geq n_1$: $F_n(x) \geq \omega$, und somit $Y_n(\omega) \leq x \leq Y(\tilde{\omega}) + \varepsilon$. Schließlich folgt

$$\limsup Y_n(\omega) \leq Y(\tilde{\omega}) \quad \text{für alle } \tilde{\omega} > \omega. \qquad (7.3)$$

Ist Y in ω stetig, so folgt aus (7.2) und (7.3) $\limsup Y_n(\omega) = \liminf Y_n(\omega) = Y(\omega)$. Da Y ebenfalls monoton ist, hat Y höchstens abzählbar viele Unstetigkeitsstellen und es folgt $Y_n \longrightarrow Y$ fast sicher. $\qquad \square$

Äquivalente Formulierungen für Konvergenz in Verteilung

Wir haben $X_n \overset{d}{\longrightarrow} X$ durch $\mathbb{E}(f(X_n)) \to \mathbb{E}(f(X))$ für alle beschränkten und stetigen Funktionen f definiert. Wie wir im Folgenden sehen werden, ist dies nicht die einzige Möglichkeit, es gibt äquivalente Bedingungen. Wir beginnen mit einer notwendigen Bedingung:

Lemma 7.4. *Es seien $(X_n), X$ reelle Zufallsvariablen mit Verteilungsfunktionen F_n, F. Ist $X_n \overset{d}{\longrightarrow} X$, so folgt:*

$$F_n(x) \longrightarrow F(x) \quad \text{für alle } x \in \mathbb{R}, \text{ für die } F \text{ in } x \text{ stetig ist.}$$

Beweis. Wir konstruieren zwei spezielle Funktionen aus $C_b(\mathbb{R})$, die uns für den Limes Inferior bzw. Superior eine Abschätzung liefern. Sei dazu $x \in \mathbb{R}$ und $\varepsilon > 0$ sowie

$$f : \mathbb{R} \to \mathbb{R}, y \mapsto \begin{cases} 1 & \text{für } y \leq x, \\ 1 - \frac{(y-x)}{\varepsilon} & \text{für } x < y < x + \varepsilon, \\ 0 & \text{für } y \geq x + \varepsilon. \end{cases}$$

Die Funktion f ist gerade so konstruiert, dass $f \in C_b(\mathbb{R})$ und

$$I_{]-\infty,x]} \leq f \leq I_{]-\infty,x+\varepsilon]}$$

gilt, siehe Abbildung 7.2.

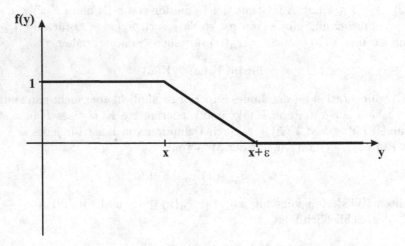

Abbildung 7.2. Graph der Hilfsfunktion f

Daraus folgt mit der schwachen Konvergenz

$$F_n(x) = \mathbb{E}(I_{]-\infty,x]}(X_n)) \leq \mathbb{E}(f(X_n)) \longrightarrow \mathbb{E}(f(X)) \leq \mathbb{E}(I_{]-\infty,x+\varepsilon]}(X))$$
$$= F(x + \varepsilon)$$

und daher

$$\limsup F_n(x) \leq F(x + \varepsilon).$$

Da F rechtsseitig stetig ist, folgt mit $\varepsilon \to 0$

$$\limsup F_n(x) \leq F(x) \text{ für alle } x \in \mathbb{R}. \tag{7.4}$$

Mit Hilfe der Funktion

$$f : \mathbb{R} \to \mathbb{R}, y \mapsto \begin{cases} 1 & \text{für } y \leq x - \varepsilon, \\ 1 - \frac{(y-x+\varepsilon)}{\varepsilon} & \text{für } x - \varepsilon < y < x, \\ 0 & \text{für } y \geq x \end{cases}$$

folgt genau analog
$$\liminf F_n(x) \geq F(x - \varepsilon).$$

Ist F in x stetig, so folgt daraus mit $\varepsilon \to 0$ $\liminf F_n(x) \geq F(x)$ und mit (7.4) die Behauptung. $\qquad\square$

Mit Hilfe der Skorokhod-Darstellung 7.3 können wir zeigen, dass die Konvergenz der Verteilungsfunktionen in Stetigkeitspunkten sogar äquivalent zur schwachen Konvergenz ist. Für die Formulierung einer weiteren äquivalenten Bedingung erinnern wir daran, dass der Rand ∂A einer Teilmenge A eines topologischen Raums die Differenz des Abschlusses von A und des Inneren von A ist:

$$\partial A := \bar{A} \setminus \overset{\circ}{A}.$$

Damit ist für $A \subset \mathbb{R}$ der Rand ∂A insbesondere messbar. Wir nennen in einem Wahrscheinlichkeitsraum $(\Omega, \mathcal{F}, \mathbb{P})$

A eine $\mathbb{P}$-stetige Menge, wenn A messbar ist und $\mathbb{P}(\partial A) = 0$.

Satz 7.5. *Es seien $(X_n), X$ reelle Zufallsvariablen und $(F_n), F$ die zugehörigen Verteilungsfunktionen. Dann sind folgende Aussagen äquivalent:*

(i) $X_n \xrightarrow{d} X$, *d.h.* $\mathbb{E}(f(X_n)) \to \mathbb{E}(f(X))$ *für alle* $f \in C_b(\mathbb{R})$.
(ii) $F_n(x) \longrightarrow F(x)$ *für alle* $x \in \mathbb{R}$, *für die F in x stetig ist.*
(iii) $\mathbb{P}(X_n \in A) \to \mathbb{P}(X \in A)$ *für alle $\mathbb{P}_X$-stetigen Mengen A.*

Beweis. Die Implikation (i) $\Rightarrow$ (ii) ist gerade die Aussage des Lemmas 7.4. Die Umkehrung folgt aus der Skorokhod-Darstellung: Die in Theorem 7.3 konstruierten Zufallsvariablen (Y_n) und Y haben die gleichen Verteilungen wie (X_n) und X und konvergieren fast sicher, nach Satz 7.2 erst recht in Verteilung. Als nächstes zeigen wir ebenfalls mit Hilfe der Skorokhod-Darstellung $(Y_n), Y$ die Implikation (i) $\Rightarrow$ (iii). Sei $f := I_A$ die Indikatorfunktion einer $\mathbb{P}_X$-stetigen Menge A. Dann ist ∂A die Menge der Unstetigkeitsstellen von f, und wir können nicht unmittelbar

$$\mathbb{P}(X_n \in A) = \mathbb{E}(f(X_n)) \to \mathbb{E}(f(X)) = \mathbb{P}(X \in A) \qquad (7.5)$$

schließen, da f zwar beschränkt, aber nicht stetig ist. Aus $\mathbb{P}(Y \in \partial A) = \mathbb{P}_X(\partial A) = 0$ folgt jedoch, dass $f(Y_n) \longrightarrow f(Y)$ fast sicher konvergiert, und mit dem Satz von der dominierten Konvergenz ist

$$\mathbb{P}_{Y_n}(A) = \mathbb{E}(f(Y_n)) \longrightarrow \mathbb{E}(f(Y)) = \mathbb{P}_Y(A).$$

Aus $\mathbb{P}_{Y_n} = \mathbb{P}_{X_n}$ für alle $n \in \mathbb{N}$ und $\mathbb{P}_Y = \mathbb{P}_X$ folgt nun doch (7.5) und damit (iii). Abschließend zeigen wir die Implikation (iii) $\Rightarrow$ (ii). Dazu genügt es festzustellen, dass $\partial(] - \infty, x]) = \{x\}$ und nach Korollar 3.16 $\mathbb{P}_X(\{x\}) = 0$ genau dann, wenn F in x stetig ist. $\qquad\square$

Die dritte Bedingung $\mathbb{P}(X_n \in A) \longrightarrow \mathbb{P}(X \in A)$ für alle messbaren Mengen mit $\mathbb{P}(X \in \partial A) = 0$ rechtfertigt die Bezeichnung „Konvergenz in Verteilung"; denn sie besagt, dass aus $X_n \xrightarrow{d} X$ folgt, dass X_n und X für große n annähernd die gleiche Verteilung haben. Auf den ersten Blick könnte es vernünftiger erscheinen,

$$\mathbb{P}(X_n \in A) \longrightarrow \mathbb{P}(X \in A) \quad \text{für alle } A \in \mathcal{B}$$

zu fordern. Das nächste Beispiel zeigt, dass dies nicht der Fall ist.

Beispiel 7.6. Sei (X_n) eine Folge reeller Zufallsvariablen, so dass X_n auf $[0, \frac{1}{n}]$ gleichverteilt ist, d.h. X_n besitzt die Dichte

$$f_n := n \cdot I_{[0,\frac{1}{n}]}, \quad n \in \mathbb{N}.$$

Es ist vernünftig zu erwarten, dass (X_n) gegen $X = 0$ konvergiert, und nach unserer Definition folgt in der Tat $X_n \xrightarrow{d} X$. Es gilt jedoch:

$$0 = \mathbb{P}(X_n = 0) \nrightarrow \mathbb{P}(X = 0) = 1.$$

$\Diamond$

7.2 Charakteristische Funktionen

Komplexwertige Funktionen

Charakteristische Funktionen sind spezielle komplexwertige Funktionen. Da wir den Körper $\mathbb{C}$ der komplexen Zahlen mit $\mathbb{R}^2$ identifizieren können, übertragen sich viele bereits definierte Begriffe in ganz natürlicher Weise durch Betrachten des Real- und Imaginärteils. Zunächst wird $\mathbb{C}$ mit den zweidimensionalen Borelmengen $\mathcal{B}^2$ zu einem Messraum $(\mathbb{C}, \mathcal{B}^2)$, wovon wir im Folgenden immer ausgehen. Eine Funktion

$$f : \Omega \to \mathbb{C}, \quad f = u + iv,$$

ist demnach messbar, wenn die reellwertigen Funktionen

Realteil von f $u : \Omega \to \mathbb{R}$ und

Imaginärteil von f $v : \Omega \to \mathbb{R}$

messbar sind. Formal haben wir Integrale nur für reellwertige Funktionen definiert. Daher vereinbaren wir in nahe liegender Weise: Sind u, v integrierbar, so ist f integrierbar und

$$\int f d\mu := \int u d\mu + i \int v d\mu.$$

Ist $X = X_u + iX_v : \Omega \to \mathbb{C}$ eine komplexwertige Zufallsvariable auf einem Wahrscheinlichkeitsraum $(\Omega, \mathcal{F}, \mathbb{P})$ und X integrierbar, so heißt

$$\mathbb{E}(X) := \int X d\mathbb{P} = \mathbb{E}(X_u) + i\mathbb{E}(X_v) \quad \text{Erwartungswert von } X.$$

Die Betrachtung komplexwertiger Zufallsvariablen macht gegenüber reellwertigen Funktionen aus maßtheoretischer Sicht keinerlei Schwierigkeiten. Für die Wahrscheinlichkeitstheorie ergeben sich einige Vorteile, wie wir in Kürze sehen werden.

Elementare Eigenschaften charakteristischer Funktionen

Charakteristische Funktionen sind ein wichtiges Hilfsmittel in der Wahrscheinlichkeitstheorie. Mit ihnen lassen sich zentrale Grenzwertsätze beweisen, Aussagen über die Verteilung von Summen von Zufallsvariablen herleiten, Eindeutigkeitsaussagen treffen und vieles mehr. In anderen Teilgebieten der Mathematik sind sie als Fourier-Transformierte bekannt.

Definition 7.7 (Charakteristische Funktion). *Sei X eine n-dimensionale reelle Zufallsvariable. Dann heißt*

$$\varphi_X : \mathbb{R}^n \to \mathbb{C}, \ t \mapsto \varphi_X(t) := \mathbb{E}[\exp(i\langle t, X\rangle)] = \int \exp(i\langle t, x\rangle) d\mathbb{P}_X$$

charakteristische Funktion von X. Dabei bezeichnet

$$\langle x, y\rangle := x_1 y_1 + \ldots + x_n y_n, \quad x, y \in \mathbb{R}^n,$$

das (euklidische) Skalarprodukt auf $\mathbb{R}^n$.

Gelegentlich ist es notwendig, auch für ein Wahrscheinlichkeitsmaß μ auf dem $\mathbb{R}^n$ eine charakteristische Funktion zur Verfügung zu haben. Dazu nehmen wir einfach den letzten Ausdruck in obiger Definition und setzen

$$\varphi_\mu(t) := \int \exp(i\langle t, x\rangle) d\mu, \quad t \in \mathbb{R}^n.$$

Wie bei anderen Begriffen auch ist damit die charakteristische Funktion von X die charakteristische Funktion der Verteilung $\mathbb{P}_X$. Wenn keine Verwechslungsgefahr besteht, schreiben wir in der Regel φ für φ_X. Da $\sin(\langle t, x\rangle)$ und $\cos(\langle t, x\rangle)$ beschränkte stetige Funktionen sind, folgt aus $\exp(ix) = \cos(x) + i\sin(x)$, dass $\exp(i\langle t, X\rangle)$ für jedes $t \in \mathbb{R}^n$ integrierbar ist und daher die Definition der charakteristischen Funktion sinnvoll ist. Charakteristische Funktionen sind die komplexen Verwandten der momenterzeugenden Funktionen $M(s)$ aus Definition 4.19. Es gilt rein formal

$$M(s) = \varphi_X(-is) \quad \text{und} \quad \varphi_X(t) = M(is),$$

so dass die Funktionen im Wesentlichen gleich sind, wenn man ihren Definitionsbereich außer Acht lässt. Allerdings ist es gerade der große Vorteil der charakteristischen Funktion, dass sie immer auf ganz $\mathbb{R}^n$ existiert. Weitere Eigenschaften charakteristischer Funktionen stellen wir im folgenden Satz zusammen:

Satz 7.8. *Sei X eine n-dimensionale reelle Zufallsvariable mit charakteristischer Funktion $\varphi = \varphi_X$. Dann gilt:*

(i) $|\varphi(t)| \le \varphi(0) = 1$ *für alle $t \in \mathbb{R}^n$.*

(ii) $\varphi_{-X}(t) = \varphi(-t) = \bar{\varphi}(t)$ *für alle $t \in \mathbb{R}^n$.*

(iii) *Für $a \in \mathbb{R}^n$ gilt: $\varphi_{\langle a,X \rangle}(t) = \varphi(ta)$ für alle $t \in \mathbb{R}$.*

(iv) *Für $\mathbf{C} \in \mathbb{R}^{n,n}$, $b \in \mathbb{R}^n$ gilt: $\varphi_{\mathbf{C}X+b}(t) = \exp(i\langle t, b \rangle)\varphi(\mathbf{C}^\top t)$, $t \in \mathbb{R}^n$.*

(v) *φ ist gleichmäßig stetig.*

Beweis. Die Beweise sind bis auf die Stetigkeit einfache Folgerungen aus den Eigenschaften der Exponentialfunktion.

(i) Für jedes $t \in \mathbb{R}^n$ ist $|\varphi(t)| = |\mathbb{E}[\exp(i\langle t, X \rangle)]| \le \mathbb{E}(1) = 1 = \varphi(0)$.

(ii) Sei $t \in \mathbb{R}^n$:

$$\begin{aligned}
\varphi_{-X}(t) &= \mathbb{E}[\exp(i\langle t, -X \rangle)] = \mathbb{E}[\exp(i\langle -t, X \rangle)] = \varphi(-t) \\
&= \mathbb{E}[\overline{\exp(i\langle t, X \rangle)}] = \bar{\varphi}(t).
\end{aligned}$$

(iii) Für jedes $t \in \mathbb{R}$ gilt:

$$\varphi_{\langle a,X \rangle}(t) = \mathbb{E}[\exp(it\langle a, X \rangle)] = \mathbb{E}[\exp(i\langle ta, X \rangle)] = \varphi(ta).$$

(iv) Sei $t \in \mathbb{R}^n$:

$$\begin{aligned}
\varphi_{\mathbf{C}X+b}(t) &= \mathbb{E}[\exp(i\langle t, \mathbf{C}X + b \rangle] \\
&= \mathbb{E}[\exp(i\langle t, b \rangle)\exp(i\langle \mathbf{C}^\top t, X \rangle)] = \exp(i\langle t, b \rangle)\varphi(\mathbf{C}^\top t).
\end{aligned}$$

(v) Für alle $h \in \mathbb{R}^n$ ist $|\exp(i\langle h, X \rangle) - 1| \le 2$ und $\exp(i\langle h, X \rangle) - 1 \longrightarrow 0$ fast sicher, wenn $\|h\| \to 0$. Daher folgt aus dem SATZ VON DER DOMINIERTEN KONVERGENZ für jedes $t \in \mathbb{R}^n$:

$$|\varphi(t+h) - \varphi(t)| \le \mathbb{E}\left[|\exp(i\langle t, X \rangle)| \cdot |\exp(i\langle h, X \rangle) - 1|\right] \to 0 \text{ für } \|h\| \to 0,$$

und somit die gleichmäßige Stetigkeit von φ.

$\square$

Charakteristische Funktionen und Summen

Es gibt drei fundamentale Eigenschaften charakteristischer Funktionen, die wir im Folgenden entwickeln:

- Die charakteristische Funktion einer Summe von unabhängigen Zufallsvariablen ist gleich dem Produkt der einzelnen charakteristischen Funktionen.
- Die schwache Konvergenz von Verteilungen ist äquivalent zur punktweisen Konvergenz der charakteristischen Funktionen.
- Die charakteristische Funktion legt die Verteilung eindeutig fest.

Wir werden alle drei Aussagen verwenden, um am Ende dieses Abschnitts die Frage klären zu können, wann eine Verteilung durch ihre Momente eindeutig bestimmt ist. Im nächsten Abschnitt beweisen wir mit diesen Eigenschaften den ZENTRALEN GRENZWERTSATZ. Die erste Eigenschaft kennen wir bereits von den momenterzeugenden Funktionen (Satz 5.21):

Satz 7.9. *Sind* $X_1, \ldots, X_n$ *unabhängige, d-dimensionale reelle Zufallsvariablen und* $S := \sum\limits_{i=1}^{n} X_i$, *so gilt:*

$$\varphi_S = \varphi_{X_1} \cdot \ldots \cdot \varphi_{X_n}.$$

Beweis. Der Beweis ist genau der gleiche wie bei den momenterzeugenden Funktionen. Nach Lemma 5.20 und dem Produktsatz 5.13 gilt für jedes $t \in \mathbb{R}^n$:

$$\varphi_S(t) = \mathbb{E}[\exp(i\langle t, S \rangle)] = \mathbb{E}[\exp(i\langle t, X_1 \rangle) \cdot \ldots \cdot \exp(i\langle t, X_n \rangle)]$$
$$= \mathbb{E}[\exp(i\langle t, X_1 \rangle)] \cdot \ldots \cdot \mathbb{E}[\exp(i\langle t, X_n \rangle)] = \varphi_{X_1}(t) \cdot \ldots \cdot \varphi_{X_n}(t).$$

$\square$

Beispiel 7.10. Ist X eine diskret verteilte Zufallsvariable mit Zähldichte f, so wird aus dem Integral wie immer eine Summe über den Träger T. Wir erhalten als charakteristische Funktion von X:

$$\varphi_X(t) = \sum_{x \in T} \exp(itx) f(x), \quad t \in \mathbb{R}.$$

Betrachten wir als Beispiel unabhängige, identisch B$(1,p)$-verteilte Zufallsvariablen $X_1, \ldots, X_n$ und setzen $X := \sum\limits_{k=1}^{n} X_k$, so folgt aus dem obigen Satz:

$$\varphi_X(t) = \varphi_{X_1}(t) \cdot \ldots \cdot \varphi_{X_n}(t) = \prod_{k=1}^{n} [(1-p) + \exp(it)p]$$

$$= [(1-p) + \exp(it)p]^n = \sum_{k=0}^{n} \exp(itk) \binom{n}{k} p^k (1-p)^{n-k}.$$

Dies ist gerade die charakteristische Funktion einer B(n,p)-verteilten Zufallsvariablen. Greifen wir auf den Eindeutigkeitssatz 7.13 vor, so folgt, dass $X = \sum_{k=1}^{n} X_k$ B(n,p)-verteilt ist. $\diamond$

Der Stetigkeitssatz

Der Stetigkeitssatz (von Lévy) verbindet die schwache Konvergenz von Wahrscheinlichkeitsmaßen mit der punktweisen Konvergenz der charakteristischen Funktionen. Dies ist der entscheidende Grund für die Nützlichkeit charakteristischer Funktionen. Wir bereiten den Beweis durch ein Lemma vor.

Lemma 7.11. *Ist μ ein Wahrscheinlichkeitsmaß auf $\mathbb{R}$ mit charakteristischer Funktion φ, so gilt für jedes $r > 0$:*

$$\mu(|x| \geq r) \leq \frac{r}{2} \int\limits_{-\frac{2}{r}}^{\frac{2}{r}} (1 - \varphi(t)) dt.$$

Beweis. Für jedes $c > 0$ ist $\frac{|\sin(cx)|}{|cx|} \leq \frac{1}{2}$, wenn $|cx| \geq 2$. Eine elementare Integration liefert daher:

$$\int\limits_{-c}^{c} (1 - \exp(itx)) dt = 2c \left(1 - \frac{\sin(cx)}{cx} \right) \geq \begin{cases} 0 & \text{für } |cx| < 2, \\ c & \text{für } |cx| \geq 2. \end{cases}$$

Mit dem Satz von Fubini 2.24 folgt:

$$\int\limits_{-c}^{c} (1 - \varphi(t)) dt = \int\limits_{-c}^{c} \left(\int (1 - \exp(itx)) d\mu(x) \right) dt$$

$$= \int \left(\int\limits_{-c}^{c} (1 - \exp(itx)) dt \right) d\mu(x)$$

$$= \int\limits_{\{|cx| \geq 2\}} 2c \left(1 - \frac{\sin(cx)}{cx} \right) d\mu(x) + \int\limits_{\{|cx| < 2\}} 2c \left(1 - \frac{\sin(cx)}{cx} \right) d\mu(x)$$

$$\geq c \cdot \mu(|cx| \geq 2).$$

Setzen wir $c = \frac{2}{r}$, folgt die Behauptung. $\qquad\qquad\qquad\qquad\qquad\qquad\qquad\square$

Theorem 7.12 (Stetigkeitssatz von Lévy). *Es seien $\mu, (\mu_n)$ Wahrscheinlichkeitsmaße auf $\mathbb{R}^d$ und $\varphi, (\varphi_n)$ die zugehörigen charakteristischen Funktionen. Dann gilt.*

$$\mu_n \xrightarrow{w} \mu \text{ genau dann, wenn } \varphi_n(t) \to \varphi(t) \text{ für alle } t \in \mathbb{R}^d.$$

Für den Beweis erinnern wir an eine aus der Analysis bekannte Aussage über periodische Funktionen. Eine Funktion

$$T : \mathbb{R}^d \to \mathbb{R},$$

$$x \mapsto \sum_{k \in \mathbb{Z}^n} [a_k \cos(\langle k, x \rangle) + b_k \sin(\langle k, x \rangle)]$$

$$\text{mit } a_k = 0, b_k = 0 \text{ für fast alle } k \in \mathbb{Z}^d$$

heißt trigonometrisches Polynom. Der Approximationssatz von Weierstraß für periodische Funktionen, siehe z.B. [Kön01], besagt, dass es zu jeder stetigen Funktion $f : \mathbb{R}^d \to \mathbb{R}$ mit Periode 2π in jeder Koordinate und $\varepsilon > 0$ ein trigonometrisches Polynom T gibt, so dass

$$|f(x) - T(x)| < \varepsilon \text{ für alle } x \in \mathbb{R}^d. \tag{7.6}$$

Bevor wir mit dem eigentlichen Beweis beginnen, bemerken wir noch, dass aus $\varphi_n(t) \to \varphi(t)$ für alle $t \in \mathbb{R}^d$ für jedes trigonometrische Polynom

$$\int T d\mu_n \longrightarrow \int T d\mu \tag{7.7}$$

folgt.

Beweis (von Theorem 7.12). Gilt $\mu_n \overset{w}{\longrightarrow} \mu$, so folgt nach Definition der schwachen Konvergenz $\varphi_n(t) \to \varphi(t)$, da Real- und Imaginärteil von $\exp(i\langle t, x \rangle)$ für jedes $t \in \mathbb{R}^d$ beschränkt und stetig sind.

Umgekehrt sei $\varphi_n(t) \to \varphi(t)$ für alle $t \in \mathbb{R}^d$. Aus $|\varphi_n|, |\varphi| \leq 1$ folgt mit dem SATZ VON DER DOMINIERTEN KONVERGENZ, Satz 7.8 (iii) und Lemma 7.11 für jedes $r > 0$ und $c \in \mathbb{R}^d$:

$$\limsup_{n \to \infty} \mu_n(\{x \in \mathbb{R}^d : |\langle c, x \rangle| > r\}) \leq \lim_{n \to \infty} \frac{r}{2} \int_{-\frac{2}{r}}^{\frac{2}{r}} (1 - \varphi_n(sc)) ds$$

$$= \frac{r}{2} \int_{-\frac{2}{r}}^{\frac{2}{r}} (1 - \varphi(sc)) ds.$$

Da φ stetig ist, ist φ insbesondere in 0 stetig. Wegen $\varphi(0) = 1$ folgt

$$\int_{-\frac{2}{r}}^{\frac{2}{r}} (1 - \varphi(sc)) ds \underset{r \to \infty}{\longrightarrow} 0,$$

so dass wir

$$\limsup_{n \to \infty} \mu_n(\{x \in \mathbb{R}^d : |\langle c, x \rangle| > r\}) \underset{r \to \infty}{\longrightarrow} 0$$

bewiesen haben. Setzen wir für c jeweils einen Einheitsvektor im $\mathbb{R}^d$ ein, so können wir zu gegebenem $\varepsilon > 0$ ein $r > 0$ finden, so dass $\mu_n(\{x \in \mathbb{R}^d : \|x\|_2 > r\}) < \varepsilon$ für alle $n \in \mathbb{N}$ und gleichzeitig $\mu(\{x \in \mathbb{R}^d : \|x\|_2 > r\}) < \varepsilon$ gilt.

Sei nun $f : \mathbb{R}^d \to \mathbb{R}$ eine beschränkte und stetige Funktion, es gelte etwa $|f| \leq K$ für ein $K \in \mathbb{R}_+$. Wir haben $\int f d\mu_n \longrightarrow \int f d\mu$ zu zeigen. Unsere Strategie ist die folgende: Wir machen f künstlich periodisch und approximieren es dann nach dem Approximationssatz von Weierstraß durch ein trigonometrisches Polynom T. Da gemäß (7.7) die Aussage für T stimmt, gilt sie bis auf ein ε auch für f. Sei also $f_r := f|\{x \in \mathbb{R}^d : \|x\|_2 \leq r\}$, und $f_p : \mathbb{R}^d \to \mathbb{R}$ eine stetige Fortsetzung von f_r mit $|f_p| \leq K$ und Periode $2\pi r$ in jeder Koordinate. Nach Konstruktion ist dann in der Supremumsnorm $\|\cdot\|$:

$$(f - f_p)I_{\{x \in \mathbb{R}^d : \|x\|_2 \leq r\}} = 0 \text{ und } \|f - f_p\| \leq 2K.$$

Nach dem Approximationssatz von Weierstrass gibt es gemäß (7.6) ein trigonometrisches Polynom g mit Periode 2π, so dass für $T(x) := g(\frac{x}{r})$ mit Periode $2\pi r$ gilt:

$$\|f_p - T\| < \varepsilon.$$

Zusammenfassend erhalten wir:

$$\left| \int f d\mu_n - \int T d\mu_n \right| = \left| \int (f - f_p) d\mu_n - \int (T - f_p) d\mu_n \right|$$

$$\leq \left| \int (f - f_p)I_{\{\|x\|_2 \leq r\}} d\mu_n \right| + \left| \int (f - f_p)I_{\{\|x\|_2 > r\}} d\mu_n \right| + \left| \int (T - f_p) d\mu_n \right|$$

$$\leq 0 + \|f - f_p\| \mu_n(\{\|x\|_2 > r\}) + \varepsilon$$

$$\leq 0 + 2K\varepsilon + \varepsilon = (2K + 1)\varepsilon.$$

Ersetzen wir μ_n durch μ, erhalten wir genauso:

$$\left| \int f d\mu - \int T d\mu \right| \leq (2K + 1)\varepsilon.$$

Damit folgt schließlich:

$$\left| \int f d\mu_n - \int f d\mu \right| \leq$$

$$\leq \left| \int (f - T) d\mu_n \right| + \left| \int T d\mu_n - \int T d\mu \right| + \left| \int T d\mu - \int f d\mu \right|$$

$$\leq 2(2K + 1)\varepsilon + \left| \int T d\mu_n - \int T d\mu \right| \underset{n \to \infty}{\longrightarrow} 2(2K + 1)\varepsilon.$$

Da dies für jedes $\varepsilon > 0$ gilt, folgt $\int f d\mu_n \to \int f d\mu$ und damit die schwache Konvergenz $\mu_n \overset{w}{\longrightarrow} \mu$. $\qquad\square$

Eindeutigkeit

Eine einfache, aber wichtige Konsequenz des Stetigkeitssatzes ist die Tatsache, dass das Wahrscheinlichkeitsmaß μ durch seine charakteristische Funktion φ eindeutig festgelegt ist. Schließlich rechtfertigt dies den Namen dieser Funktionen.

Satz 7.13. *Es seien μ und ν zwei Wahrscheinlichkeitsmaße auf $\mathbb{R}^d$ mit charakteristischen Funktionen φ und ψ:*

$$Ist \; \varphi = \psi, \quad so \; folgt \;\; \mu = \nu.$$

Beweis. Wir setzen $\mu_n := \nu$, $n \in \mathbb{N}$. Für die charakteristischen Funktionen folgt

$$\varphi_n(t) = \psi(t) \longrightarrow \psi(t) = \varphi(t) \text{ für alle } t \in \mathbb{R}^d,$$

und somit nach Theorem 7.12: $\mu_n = \nu \xrightarrow{w} \mu$, also $\mu = \nu$. $\qquad\qquad\square$

Charakteristische Funktionen und Momente

Wir wissen bereits von den momenterzeugenden Funktionen, dass es einen Zusammenhang der n-ten Ableitungen zu den n-ten Momenten gibt, vgl. Satz 4.21. Daher kann es nicht überraschen, dass ein ähnlicher Zusammenhang auch bei den charakteristischen Funktionen existiert. Um dies zu zeigen, benötigen wir die folgende Abschätzung:

Lemma 7.14. *Für den Restterm R_n der Exponentialreihe*

$$R_n(x) := \exp(ix) - \sum_{k=0}^{n} \frac{(ix)^k}{k!}, \quad x \in \mathbb{R}, \; n \in \mathbb{N}_0,$$

gilt:

$$|R_n(x)| \le \frac{2|x|^n}{n!} \wedge \frac{|x|^{n+1}}{(n+1)!}, \quad x \in \mathbb{R}, \; n \in \mathbb{N}_0.$$

Beweis. Wir führen den Beweis per Induktion. Für $n = 0$ gilt

$$R_0(x) = \exp(ix) - 1 = \int_0^x i \exp(iy) dy.$$

Aus der ersten und der zweiten Gleichung folgt

$$|R_0(x)| \le 2 \;\text{ und }\; |R_0(x)| \le |x|,$$

und damit der Induktionsanfang. Beachten wir

$$R_{n+1}(x) = i \int_0^x R_n(y) dy,$$

so folgt für $n \ge 0$:

$$|R_{n+1}(x)| \leq \int_0^x \frac{2|y|^n}{n!} dy \leq \frac{2|x|^{n+1}}{(n+1)!} \quad \text{und}$$

$$|R_{n+1}(x)| \leq \int_0^x \frac{|y|^{n+1}}{(n+1)!} dy \leq \frac{|x|^{n+2}}{(n+2)!}.$$

□

Für den späteren Gebrauch schreiben wir die Fälle $n = 0, 1, 2$ explizit auf. Für jedes $x \in \mathbb{R}$ gilt:

$$|\exp(ix) - 1| \quad \leq 2 \wedge |x|, \tag{7.8}$$

$$|\exp(ix) - (1 + ix)| \leq 2|x| \wedge \tfrac{1}{2}x^2, \tag{7.9}$$

$$|\exp(ix) - (1 + ix - \frac{1}{2}x^2)| \leq x^2 \wedge \tfrac{1}{6}|x|^3. \tag{7.10}$$

Im nächsten Korollar wenden wir die Abschätzung des Restglieds der Exponentialreihe auf charakteristische Funktionen an.

Korollar 7.15. *Ist X eine reelle Zufallsvariable mit $\mathbb{E}(|X|^n) < \infty$ für ein $n \in \mathbb{N}$, dann gilt für die charakteristische Funktion $\varphi = \varphi_X$:*

$$\left| \varphi(t) - \sum_{k=0}^n \frac{(it)^k}{k!} \mathbb{E}(X^k) \right| \leq \mathbb{E}\left(\frac{2|tX|^n}{n!} \wedge \frac{|tX|^{n+1}}{(n+1)!} \right) \quad \textit{für alle } t \in \mathbb{R}.$$

Insbesondere gibt es im Fall $n = 2$ und $\mathbb{E}(X) = 0$, $\sigma^2 = \mathbb{E}(X^2)$ für jedes fest gewählte $t \in \mathbb{R}$ ein geeignetes $c(t) > 0$, so dass gilt:

$$\left| \varphi(t) - 1 + \frac{1}{2}t^2\sigma^2 \right| \leq c(t)\mathbb{E}[X^2(1 \wedge |X|)].$$

Beweis. Die erste Aussage ist eine unmittelbare Folgerung aus Lemma 7.14. Für die zweite Behauptung ist nur zu beachten, dass mit $c(t) := t^2 \vee \tfrac{1}{6}|t|^3$ gilt:

$$\left| \varphi(t) - 1 + \frac{1}{2}t^2\sigma^2 \right| \leq \mathbb{E}\left((tX)^2 \wedge \frac{1}{6}|tX|^3 \right)$$

$$\leq c(t)\mathbb{E}[X^2(1 \wedge |X|)].$$

□

Diese Abschätzungen erlauben uns, die Ableitungen der charakteristischen Funktionen zu bestimmen.

Satz 7.16. *Es sei X eine reelle Zufallsvariable mit $\mathbb{E}(|X|^n) < \infty$ für ein $n \in \mathbb{N}$. Dann ist die charakteristische Funktion $\varphi = \varphi_X$ n-mal differenzierbar und für jedes $k \leq n$ gilt:*

$$\varphi^{(k)}(t) = \mathbb{E}\left[(iX)^k \exp(itX)\right], \quad t \in \mathbb{R},$$

und daher insbesondere

$$\varphi^{(k)}(0) = i^k \mathbb{E}[X^k].$$

Beweis. Beginnen wir mit $n = 1$. Wir bestimmen für $h > 0$ den Differenzenquotienten:

$$\frac{\varphi(t+h) - \varphi(t)}{h} - \mathbb{E}[iX \exp(itX)] = \mathbb{E}\left[\exp(itX)\frac{\exp(ihX) - 1 - ihX}{h}\right].$$

Nach (7.9) ist

$$\left|\exp(itX)\frac{\exp(ihX) - 1 - ihX}{h}\right| \leq 2|X|$$

und

$$\left|\exp(itX)\frac{\exp(ihX) - 1 - ihX}{h}\right| \leq \frac{1}{2}|X|^2|h| \xrightarrow[h \to 0]{} 0.$$

Daher folgt mit $\mathbb{E}(|X|) < \infty$ aus dem Satz von der dominierten Konvergenz, dass

$$\mathbb{E}\left[\exp(itX)\frac{\exp(ihX) - 1 - ihX}{h}\right] \xrightarrow[h \to 0]{} 0.$$

Also ist φ differenzierbar mit $\varphi'(t) = \mathbb{E}[iX \exp(itX)]$. Wendet man exakt die gleiche Argumentation auf die Funktion $\varphi^{(k)}$, $k \geq 1$, an, erhält man per Induktion die behauptete Darstellung der k-ten Ableitungen.   □

Das Momente-Problem

Wir haben in Satz 4.26 für den Spezialfall diskreter, endlicher Zufallsvariablen gezeigt, dass die momenterzeugende Funktion die Verteilung eindeutig festlegt. Wir wollen diese Frage jetzt in größerer Allgemeinheit beantworten. Wir erinnern daran, dass die momenterzeugende Funktion einer reellen Zufallsvariablen X gegeben ist durch

$$M : D \to \mathbb{R}, \quad M(s) = \mathbb{E}[\exp(sX)],$$

wobei der Definitionsbereich $D = \{s \in \mathbb{R} : \mathbb{E}[\exp(sX)] < \infty\}$ ein Intervall ist. Ist für ein $a > 0$ das offene Intervall $]-a, a[\subset D$, so bestimmt M nach Satz 4.21 die Momente eindeutig. Wir werden sehen, dass in diesem Fall auch schon die Verteilung von X eindeutig durch ihre Momente bestimmt ist. Wir betrachten zunächst den Fall $]-a, a[= \mathbb{R}$. In diesem Fall können wir leicht mit Hilfe des folgenden Lemmas argumentieren:

Lemma 7.17. *Es sei X eine reelle Zufallsvariable mit $\mathbb{E}(|X|^n) < \infty$ für alle $n \in \mathbb{N}$ und charakteristischer Funktion φ. Ist für ein $t_0 \in \mathbb{R}$*

$$\lim_{n \to \infty} \frac{|t_0|^n \mathbb{E}(|X|^n)}{n!} = 0, \qquad (7.11)$$

so hat φ in t_0 die Darstellung:

$$\varphi(t_0) = \sum_{k=0}^{\infty} \frac{(it_0)^k}{k!} \mathbb{E}(X^k).$$

Beweis. Dies ist eine unmittelbare Folgerung aus Korollar 7.15. □

Damit können wir die Frage nach der Eindeutigkeit der Verteilung im Fall $D = \mathbb{R}$ beantworten:

Korollar 7.18. *Es sei X eine reelle Zufallsvariable mit momenterzeugender Funktion $M : D \to \mathbb{R}$ und charakteristischer Funktion φ. Ist $D = \mathbb{R}$, so ist*

$$\varphi(t) = \sum_{k=0}^{\infty} \frac{(it)^k}{k!} \mathbb{E}(X^k) \quad \text{für alle } t \in \mathbb{R}, \qquad (7.12)$$

und die Verteilung von X ist eindeutig durch ihre Momente bestimmt.

Beweis. Ist $D = \mathbb{R}$, so können wir genau wie im Beweis von Satz 4.21 den Satz von der dominierten Konvergenz auf die Folge der Partialsummen anwenden und erhalten für jedes $t \in \mathbb{R}$

$$\sum_{k=0}^{\infty} \frac{|t|^k}{k!} \mathbb{E}(|X|^k) = \mathbb{E}(\exp(|tX|)) < \infty.$$

Daraus folgt

$$\lim_{n \to \infty} \frac{|t|^n \mathbb{E}(|X|^n)}{n!} = 0 \quad \text{für alle } t \in \mathbb{R},$$

und damit nach Lemma 7.17 die behauptete Darstellung von φ für alle $t \in \mathbb{R}$. Also ist φ durch die Momente eindeutig festgelegt und nach Satz 7.13 auch $\mathbb{P}_X$. □

Ist die momenterzeugende Funktion M nicht auf ganz $\mathbb{R}$ definiert, so können wir im Allgemeinen φ nicht auf ganz $\mathbb{R}$ in der Form (7.12) schreiben und daher nicht mehr direkt von der Eindeutigkeit von φ auf die Bestimmtheit durch die Momente schließen. Die Aussage bleibt im Fall $]-a, a[\subset D$ dennoch richtig, wie der nächste Satz zeigt:

Satz 7.19. *Es sei X eine reelle Zufallsvariable mit momenterzeugender Funktion $M : D \to \mathbb{R}$ und charakteristischer Funktion φ. Ist $]-a, a[\subset D$ für ein $a > 0$, so ist $\mathbb{P}_X$ eindeutig durch seine Momente bestimmt.*

Beweis. Nach Voraussetzung hat M mit Satz 4.21 die Darstellung

$$M(s) = \sum_{k=0}^{\infty} \frac{s^k}{k!} \mathbb{E}(X^k), \quad s \in \,]-a,a[.$$

Insbesondere gibt es ein $0 < u < 1$ mit $\frac{u^k}{k!}\mathbb{E}(X^k) \to 0$. Wir wählen ein $0 < r < u$ und folgern, dass es ein k_0 gibt, so dass

$$2k \leq r \cdot \left(\frac{u}{r}\right)^{2k} \quad \text{für alle } k \geq k_0,$$

oder äquivalent

$$2kr^{2k-1} \leq u^{2k} \quad \text{für alle } k \geq k_0. \tag{7.13}$$

Durch Integration der Ungleichung

$$|x|^{2k-1} \leq 1 + |x|^{2k} \text{ für alle } x \in \mathbb{R},$$

erhalten wir

$$\mathbb{E}(|X|^{2k-1}) \leq 1 + \mathbb{E}(|X|^{2k}).$$

Multiplizieren wir beide Seiten mit $\frac{r^{2k-1}}{(2k-1)!}$ und verwenden Ungleichung (7.13), so folgt für $k \geq k_0$:

$$\frac{\mathbb{E}(|X|^{2k-1})r^{2k-1}}{(2k-1)!} \leq \frac{r^{2k-1}}{(2k-1)!} + \frac{\mathbb{E}(|X|^{2k})u^{2k}}{(2k)!}$$

$$= \frac{r^{2k-1}}{(2k-1)!} + \frac{\mathbb{E}(X^{2k})u^{2k}}{(2k)!} \xrightarrow{k \to \infty} 0.$$

Aus $\mathbb{E}(|X|^{2k}) = \mathbb{E}(X^{2k})$ für alle $k \in \mathbb{N}$ folgt insgesamt

$$\frac{\mathbb{E}(|X|^k)r^k}{k!} \longrightarrow 0 \text{ für ein } r > 0.$$

Nach Lemma 7.14 gilt für alle $t, h, x \in \mathbb{R}$:

$$\left| \exp(itx)\left(\exp(ihx) - \sum_{k=0}^{n} \frac{(ihx)^k}{k!}\right) \right| \leq \frac{|hx|^{n+1}}{(n+1)!}.$$

Setzen wir $x = X$ und bilden den Erwartungswert, so erhalten wir mit Satz 7.16 für die charakteristische Funktion φ von X und $|h| < r$:

$$\left| \varphi(t+h) - \sum_{k=0}^{n} \frac{h^k}{k!} \mathbb{E}[(iX)^k \exp(itX)] \right|$$

$$= \left| \varphi(t+h) - \sum_{k=0}^{n} \frac{h^k}{k!} \varphi^{(k)}(t) \right| \leq \frac{|h|^{n+1}\mathbb{E}(|X|^{n+1})}{(n+1)!} \xrightarrow{n \to \infty} 0.$$

Damit ist es gelungen, φ auf einem Radius r als Potenzreihe darzustellen:

$$\varphi(t+h) = \sum_{k=0}^{\infty} \frac{\varphi^{(k)}(t)}{k!} h^k, \quad |h| \leq r.$$

Ist Y eine weitere reelle Zufallsvariable mit den Momenten $\mathbb{E}(Y^k) = \mathbb{E}(X^k)$ für alle $k \in \mathbb{N}$ und charakteristischer Funktion ψ, so ergibt genau die gleiche Argumentation die Darstellung

$$\psi(t+h) = \sum_{k=0}^{\infty} \frac{\psi^{(k)}(t)}{k!} h^k, \quad |h| \leq r.$$

Für $t = 0$ gilt nach Satz 7.16

$$\varphi^{(k)}(0) = i^k \mathbb{E}(X^k) = \psi^{(k)}(0) \text{ für alle } k \in \mathbb{N}.$$

Also gilt $\varphi(h) = \psi(h)$ für alle $h \in]-r, r[$ und damit auch $\varphi^{(k)}(h) = \psi^{(k)}(h)$ für alle $h \in]-r, r[$ und $k \in \mathbb{N}$. Daher folgt aber aus obigen Reihendarstellungen für φ und ψ, dass $\varphi(t) = \psi(t)$ für alle $t \in]-2r + \varepsilon, 2r - \varepsilon[$ für jedes $\varepsilon > 0$ und somit φ und ψ für alle $t \in]-2r, 2r[$ übereinstimmen. Also gilt das gleiche wiederum auch für alle Ableitungen, und wir können genauso auf $]-3r, 3r[$ etc. schließen. Daher gilt $\varphi = \psi$, also $\mathbb{P}_X = \mathbb{P}_Y$.   □

Beispiel 7.20 (nicht durch Momente bestimmte Verteilung). Dieses Beispiel zeigt, dass nicht jede Verteilung durch ihre Momente eindeutig bestimmt ist. Das klassische Gegenbeispiel ist die Lognormalverteilung mit ihrer Dichte

$$f : \mathbb{R} \to \mathbb{R}_+, \quad f(x) = \begin{cases} \frac{1}{\sqrt{2\pi}} \frac{1}{x} \exp\left(-\frac{(\ln x)^2}{2}\right) & \text{für } x > 0, \\ 0 & \text{für } x \leq 0. \end{cases}$$

Wir haben in Beispiel 4.25 gesehen, dass für eine lognormalverteilte Zufallsvariable Y $\mathbb{E}(Y^n) = \exp(\frac{n^2}{2}) < \infty$ für alle $n \in \mathbb{N}$ gilt. Neben der Dichte f betrachten wir die Funktion g:

$$g : \mathbb{R} \to \mathbb{R}_+, \quad g(x) := \begin{cases} f(x)(1 + \sin(2\pi \ln x)) & \text{für } x > 0, \\ 0 & \text{für } x \leq 0. \end{cases}$$

Offensichtlich ist $g \geq 0$ und $g(x) = 0$ für $x \leq 0$. Wir zeigen, dass

$$\int_0^{\infty} x^k f(x) \sin(2\pi \ln x) dx = 0 \quad \text{für alle } k \in \mathbb{N}_0. \tag{7.14}$$

Für $k = 0$ folgt, dass mit f auch g eine Dichtefunktion ist. Für $k > 0$ folgt hingegen, dass die Momente einer mit der Dichte g verteilten Zufallsvariablen die gleichen sind wie die Momente von Y. Um (7.14) zu zeigen, substituieren wir

$$z = \ln x - k, \quad \frac{dz}{dx} = \frac{1}{x},$$

und erhalten

$$\int\limits_0^\infty x^k f(x) \sin(2\pi \ln x) dx$$

$$= \int\limits_{-\infty}^\infty (\exp(z+k))^k f(\exp(z+k)) \sin(2\pi(z+k)) \exp(z+k) dz$$

$$= \frac{1}{\sqrt{2\pi}} \int\limits_{-\infty}^\infty \exp(kz + k^2) \exp(-\frac{1}{2}(z+k)^2) \sin(2\pi z) dz$$

$$= \frac{1}{\sqrt{2\pi}} \exp\left(\frac{k^2}{2}\right) \int\limits_{-\infty}^\infty \exp(-\frac{z^2}{2}) \sin(2\pi z) dz = 0,$$

da der Integrand eine ungerade Funktion ist.

Wir können jetzt aus Satz 7.19 schließen, dass die momenterzeugende Funktion M_Y auf keinem Intervall $]-a, a[$ mit $a > 0$ existiert. Genauer gilt, dass $M_Y(s)$ nur für $s = 0$ definiert ist. $\Diamond$

Beispiele charakteristischer Funktionen

Ist X eine reelle Zufallsvariable mit Dichtefunktion f, so ergibt sich für die charakteristische Funktion von X:

$$\varphi(t) = \mathbb{E}[\exp(itX)] = \int\limits_{-\infty}^\infty \exp(itx) f(x) dx.$$

Ist X diskret mit Träger T, so folgt

$$\varphi(t) = \mathbb{E}[\exp(itX)] = \sum_{x \in T} \exp(itx) f(x).$$

Wir berechnen einige Beispiele.

Beispiel 7.21. Um mit einem diskreten Beispiel zu beginnen, sei X Poisson-verteilt, also mit der Zähldichte

$$f(n) = \exp(-\lambda) \frac{\lambda^n}{n!}, \quad n \in \mathbb{N}_0.$$

Wir erhalten als charakteristische Funktion:

$$\varphi(t) = \exp(-\lambda) \sum_{n \in \mathbb{N}_0} \exp(itn)\frac{\lambda^n}{n!} = \exp(-\lambda) \sum_{n=0}^{\infty} \frac{(\exp(it)\lambda)^n}{n!}$$

$$= \exp[(\exp(it) - 1)\lambda].$$

$\Diamond$

Beispiel 7.22. Sei X auf einem Intervall $[a, b]$ gleichverteilt. Dann besitzt X für $a, b \in \mathbb{R}$, $a < b$, die Dichtefunktion

$$f(x) = \frac{1}{b-a} I_{[a,b]}(x), \quad x \in \mathbb{R}.$$

Wir erhalten als charakteristische Funktion:

$$\varphi(t) = \frac{1}{b-a} \int \exp(itx) I_{[a,b]}(x) dx = \frac{\exp(itb) - \exp(ita)}{it(b-a)}, \quad t \neq 0.$$

Dabei ist, wie für jede charakteristische Funktion, $\varphi(0) = 1$. $\Diamond$

Beispiel 7.23. Sei X Exp(λ)-verteilt mit der Dichte

$$f(x) = \lambda \exp(-\lambda x), \quad x > 0.$$

Wir erhalten als charakteristische Funktion wiederum durch direkte Integration:

$$\varphi(t) = \lambda \int_0^{\infty} \exp(itx) \exp(-\lambda x) dx = \frac{\lambda}{\lambda - it}.$$

Alternativ können wir die charakteristische Funktion als Reihe berechnen. Gemäß Beispiel 4.23 besitzt X eine für $t < \lambda$ definierte momenterzeugende Funktion, so dass wir nach Satz 7.17 erhalten:

$$\varphi(t) = \sum_{k=0}^{\infty} \frac{(it)^k}{k!} \lambda^{-k} k! = \sum_{k=0}^{\infty} \left(\frac{it}{\lambda}\right)^k = \frac{1}{1 - \frac{it}{\lambda}} = \frac{\lambda}{\lambda - it}, \quad t < \lambda.$$

So erhält man allerdings nur die Darstellung für $t < \lambda$. $\Diamond$

Wir haben einige charakteristische Funktionen in Tabelle 7.1 zusammengestellt. Die Herleitung der charakteristischen Funktion für die Normalverteilung behandeln wir im nächsten Abschnitt.

7.3 Die Normalverteilung

In diesem Abschnitt beschäftigen wir uns noch einmal ausführlich mit der Normalverteilung. Wir haben bereits darauf hingewiesen, dass die Normalverteilung sowohl in theoretischer als auch in praktischer Hinsicht von zentraler

Verteilung	Dichte	Träger	charakt. Funktion
1. Poissonvert.	$\exp(-\lambda)\frac{\lambda^n}{n!}$	$\mathbb{N}_0$	$\exp[(\exp(it)-1)\lambda]$
2. Gleichverteilung	$\frac{1}{b-a}I_{[a,b]}$	$[a,b]$	$\frac{\exp(itb)-\exp(ita)}{it(b-a)}$
3. Exponentialvert.	$\lambda\exp(-\lambda x)$	$\mathbb{R}_+$	$\frac{\lambda}{\lambda-it}$
4. Normalvert.	$\frac{1}{\sqrt{2\pi}\sigma}\exp\left(-\frac{(x-m)^2}{2\sigma^2}\right)$	$\mathbb{R}$	$\exp(itm)\exp\left(-\frac{\sigma^2 t^2}{2}\right)$

Tabelle 7.1. Charakteristische Funktionen

Bedeutung ist. Wir erinnern zunächst an die Definition der n-dimensionalen Normalverteilung $N(m,\mathbf{C})$. Sie ist für einen Vektor $m \in \mathbb{R}^n$ und eine positiv definite Matrix $\mathbf{C} \in \mathbb{R}^{n,n}$ gegeben durch die Dichtefunktion

$$f:\ \mathbb{R}^n \to \mathbb{R},\ x \mapsto \frac{1}{\sqrt{(2\pi)^n \det(\mathbf{C})}} \cdot \exp\left(-\frac{(x-m)^\top \mathbf{C}^{-1}(x-m)}{2}\right),$$

so dass für eine $N(m,\mathbf{C})$-verteilte Zufallsvariable X gilt:

$$\mathbb{P}(a \le X \le b) = \int\limits_a^b f(x)dx.$$

Wir haben bereits in Satz 4.33 gezeigt, dass für jede positiv definite Matrix mit Zerlegung $\mathbf{BB}^\top = \mathbf{C}$ und $m \in \mathbb{R}^n$ gilt:

Ist X $N(0,\mathbf{I}_n)$-verteilt, so ist $Y := \mathbf{B}X + m$ $N(m,\mathbf{C})$-verteilt.

Wir wollen im Laufe dieses Abschnitts die charakteristische Funktion einer $N(m,\mathbf{C})$-verteilten Zufallsvariable bestimmen und damit eine Charakterisierung normalverteilter Zufallsvariablen herleiten. Wir gehen dazu Schritt für Schritt von der eindimensionalen Standardnormalverteilung zur n-dimensionalen allgemeinen Normalverteilung.

Die eindimensionale Standardnormalverteilung

Von nun an werden wir mit dem griechischen Buchstaben

$$\chi \quad \text{eine } N(0,1)\text{-verteilte Zufallsvariable}$$

bezeichnen. Die Standardnormalverteilung ist, wie wir sehen werden, der Grundbaustein, auf dem jede weitere Normalverteilung aufbaut. Ihre Dichte haben wir mit

$$\phi : \mathbb{R} \to \mathbb{R}, \quad x \mapsto \frac{1}{\sqrt{2\pi}} \exp\left(-\frac{x^2}{2}\right)$$

bezeichnet und ihre Verteilungsfunktion mit $\Phi(t) = \mathbb{P}(\chi \le t)$.

Satz 7.24. *Die standardnormalverteilte Zufallsvariable χ besitzt die charakteristische Funktion*

$$\varphi_\chi : \mathbb{R} \to \mathbb{C}, \quad \varphi_\chi(t) = \exp\left(-\frac{t^2}{2}\right).$$

Beweis. Wir haben in Beispiel 4.24 gezeigt, dass die momenterzeugende Funktion von χ auf ganz $\mathbb{R}$ definiert ist und χ die Momente

$$\mathbb{E}(\chi^{2n}) = 1 \cdot 3 \cdot \ldots \cdot (2n-1), \quad \mathbb{E}(\chi^{2n-1}) = 0, \quad n \in \mathbb{N},$$

hat. Nach Korollar 7.18 folgt:

$$\varphi_\chi(t) = \sum_{k=0}^{\infty} \frac{(it)^{2k}}{(2k)!} 1 \cdot 3 \cdot \ldots \cdot (2k-1) = \sum_{k=0}^{\infty} \frac{1}{k!} \left(-\frac{t^2}{2}\right)^k = \exp\left(-\frac{t^2}{2}\right).$$

$\square$

Die eindimensionale Normalverteilung

Sei Y eine $N(m, \sigma^2)$-verteilte Zufallsgröße. Wir wissen bereits, dass gilt:

$$Y \overset{d}{=} \sigma\chi + m.$$

Damit können wir die charakteristische Funktion von Y leicht ausrechnen:

Satz 7.25. *Ist Y $N(m, \sigma^2)$-verteilt, so hat Y die charakteristische Funktion*

$$\varphi_Y : \mathbb{R} \to \mathbb{C}, \quad \varphi_Y(t) = \exp(itm) \exp\left(-\frac{\sigma^2 t^2}{2}\right).$$

Beweis. Nach Satz 7.8 gilt für die charakteristische Funktion $\varphi_Y = \varphi_{\sigma\chi+m}$:

$$\varphi_{\sigma\chi+m}(t) = \exp(itm)\varphi_\chi(\sigma t) = \exp(itm) \exp\left(-\frac{\sigma^2 t^2}{2}\right).$$

$\square$

Die Eindeutigkeit charakteristischer Funktionen erlaubt uns, weitere Zufallsvariablen als normalverteilt zu erkennen.

Satz 7.26. *Es seien n unabhängige reelle Zufallsvariablen $X_1, \ldots, X_n$ gegeben sowie $\lambda, m, \sigma \in \mathbb{R}^n$, $\lambda \ne 0$. Sind X_k $N(m_k, \sigma_k^2)$-verteilt, $k = 1, \ldots, n$, dann ist die Linearkombination*

$$Y := \lambda_1 X_1 + \ldots + \lambda_n X_n \quad N\left(\sum_{k=1}^{n} \lambda_k m_k, \sum_{k=1}^{n} \lambda_k^2 \sigma_k^2\right)\text{-verteilt.}$$

Beweis. Wir berechnen die charakteristische Funktion von Y. Da $X_1, \ldots, X_n$ unabhängig sind, folgt mit Satz 7.9:

$$\varphi_Y(t) = \prod_{k=1}^{n} \varphi_{\lambda_k X_k}(t) = \prod_{k=1}^{n} \exp(it\lambda_k m_k) \exp\left(-\frac{\lambda_k^2 \sigma_k^2 t^2}{2}\right)$$

$$= \exp\left(it \sum_{k=1}^{n} \lambda_k m_k\right) \exp\left(\frac{\sum_{k=1}^{n} \lambda_k^2 \sigma_k^2 t^2}{2}\right).$$

Dies ist nach Satz 7.25 die charakteristische Funktion einer $N\left(\sum_{k=1}^{n} \lambda_k m_k, \sum_{k=1}^{n} \lambda_k^2 \sigma_k^2\right)$-verteilten Zufallsvariable, so dass aus der Eindeutigkeit der charakteristischen Funktion, Satz 7.13, die Behauptung folgt. $\square$

Die n-dimensionale Standardnormalverteilung

Ist X $N(0, \mathbf{I}_n)$-verteilt, so besitzt X die Dichte

$$f : \mathbb{R}^n \to \mathbb{R}, \ x \mapsto \frac{1}{\sqrt{(2\pi)^n}} \cdot \exp\left(-\frac{\|x\|^2}{2}\right),$$

X wird in diesem Fall als n-dimensional standardnormalverteilt bezeichnet. Dieser Name ist aus zwei Gründen gerechtfertigt. Zum einen gilt natürlich $X = \chi$, wenn $n = 1$ ist. Den zweiten Grund liefert der nachfolgende Satz:

Satz 7.27. *Es seien $X_1, \ldots, X_n$ unabhängige, identisch $N(0, 1)$-verteilte Zufallsvariablen. Dann ist $X = (X_1, \ldots, X_n)$ $N(0, \mathbf{I}_n)$-verteilt.*

Beweis. Nach Korollar 5.11 besitzt X die Dichte

$$f(x_1, \ldots, x_n) = \prod_{k=1}^{n} \phi(x_k) = \frac{1}{\sqrt{2\pi}^n} \prod_{k=1}^{n} \exp\left(-\frac{x_k^2}{2}\right) = \frac{1}{\sqrt{2\pi}^n} \exp\left(-\frac{\|x\|^2}{2}\right)$$

und ist damit $N(0, \mathbf{I}_n)$-verteilt. $\square$

Die Umkehrung dieses Satzes ist ebenfalls richtig, wie wir in Kürze sehen werden: Ist X $N(0, \mathbf{I}_n)$-verteilt, so sind die Koordinaten unabhängig und standardnormalverteilt. Zunächst berechnen wir die charakteristischen Funktionen.

Satz 7.28. *Ist X $N(0, \mathbf{I}_n)$-verteilt, so gilt für die charakteristische Funktion:*

$$\varphi_X : \mathbb{R}^n \to \mathbb{C}, \quad \varphi_X(t) = \exp\left(-\frac{\|t\|^2}{2}\right).$$

Beweis. Es seien $Y_1, \ldots, Y_n$ unabhängige und identisch N(0, 1)-verteilte Zufallsvariablen. Dann gilt nach Satz 7.27 und Satz 7.24:

$$\varphi_X(t) = \varphi_{(Y_1,\ldots,Y_n)}(t) = \mathbb{E}[\exp(i\langle t, (Y_1, \ldots, Y_n)\rangle)]$$

$$= \mathbb{E}\left[\prod_{k=1}^{n} \exp(it_k Y_k)\right] = \prod_{k=1}^{n} \varphi_{Y_k}(t_k) = \prod_{k=1}^{n} \exp\left(-\frac{t_k^2}{2}\right) = \exp\left(-\frac{\|t\|^2}{2}\right).$$

$\square$

Die allgemeine n-dimensionale Normalverteilung

Genau wie im eindimensionalen Fall erhalten wir die charakteristische Funktion der allgemeinen n-dimensionalen Verteilung aus der n-dimensionalen Standardnormalverteilung und den Transformationsgesetzen für charakteristische Funktionen.

Satz 7.29. *Sei Y N$(m, \mathbf{C})$-verteilt. Dann gilt für die charakteristische Funktion:*

$$\varphi_Y : \mathbb{R}^n \to \mathbb{C}, \quad \varphi_Y(t) = \exp(i\langle t, m\rangle) \exp\left(-\frac{1}{2}t^\top \mathbf{C}t\right).$$

Beweis. Es gilt $Y \overset{d}{=} \mathbf{B}X + m$, wobei X N$(0, \mathbf{I}_n)$-verteilt und $\mathbf{B}\mathbf{B}^\top = \mathbf{C}$ ist. Daher folgt mit Satz 7.8:

$$\varphi_Y(t) = \varphi_{\mathbf{B}X+m}(t) = \exp(i\langle t, m\rangle)\varphi_X(\mathbf{B}^\top t)$$

$$= \exp(i\langle t, m\rangle) \exp\left(-\frac{\|\mathbf{B}^\top t\|^2}{2}\right) = \exp(i\langle t, m\rangle) \exp\left(-\frac{\langle t, \mathbf{C}t\rangle}{2}\right)$$

$$= \exp(i\langle t, m\rangle) \exp\left(-\frac{1}{2}t^\top \mathbf{C}t\right).$$

$\square$

Wir erkennen bereits an der Dichtefunktion einer Normalverteilung, dass diese durch m und $\mathbf{C}$ eindeutig bestimmt ist. Die charakteristische Funktion bestätigt dies. Wir wollen jetzt die Bedeutung der einzelnen Einträge von m und $\mathbf{C}$ klären. Dazu bestimmen wir die Randverteilungen.

Satz 7.30. *Es sei $Y = (Y_1, \ldots, Y_n)$ N$(m, \mathbf{C})$-verteilt, $m \in \mathbb{R}^n$, und die Matrix $\mathbf{C} = (c_{jk})_{1 \le j,k \le n} \in \mathbb{R}^{n,n}$ positiv definit. Dann folgt für die Randverteilungen Y_k:*

$$Y_k \text{ ist } \mathrm{N}(m_k, c_{kk})\text{-verteilt, } k = 1, \ldots, n.$$

Beweis. Wir bestimmen die charakteristische Funktion von Y_k. Diese ergibt sich durch Einsetzen von $t_k = (0, \ldots, t, \ldots, 0)$ mit $t \in \mathbb{R}$ an der k-ten Stelle in die charakteristische Funktion von Y:

$$\varphi_{Y_k}(t) = \varphi_Y(t_k) = \exp(i\langle t_k, m\rangle)\exp\left(-\frac{1}{2}t_k^\top \mathbf{C}t_k\right) = \exp(itm_k)\exp\left(-\frac{1}{2}t^2 c_{kk}\right).$$

Mit Satz 7.25 und der Eindeutigkeit der charakteristischen Funktion folgt die Behauptung. $\qquad\square$

Für den Erwartungswertvektor $\mathbb{E}(Y)$ erhalten wir also

$$\mathbb{E}(Y) = m = (\mathbb{E}(Y_1), \dots, \mathbb{E}(Y_n))$$

und für die Kovarianzmatrix $\mathrm{Cov}(Y)$

$$\mathrm{Cov}(Y)_{kk} = c_{kk} = \mathbb{V}(Y_k) = \mathrm{Cov}(Y_k, Y_k), \quad k = 1, \dots, n.$$

Unsere Schreibweise lässt schon vermuten, welche Bedeutung die übrigen Einträge von $\mathbf{C}$ haben:

Satz 7.31. *Es sei* $Y = (Y_1, \dots, Y_n)$ $\mathrm{N}(m, \mathbf{C})$-*verteilt*, $\mathbf{C} = (c_{jk})_{1 \le j, k \le n} \in \mathbb{R}^{n,n}$ *positiv definit. Dann gilt:*

$$\mathbb{E}(Y) = m \quad und \quad \mathrm{Cov}(Y)_{kj} = \mathrm{Cov}(Y_k, Y_j) = c_{kj}, \quad k, j = 1, \dots, n.$$

Beweis. Es verbleibt lediglich die Behauptung für die Elemente von $\mathrm{Cov}(Y)$ zu zeigen. Dazu sei wieder $Y \overset{d}{=} \mathbf{B}X + m$, mit $\mathbf{B}^\top\mathbf{B} = \mathbf{C}$ und $X = (X_1, \dots, X_n)$, $X_1, \dots, X_n$ unabhängig und standardnormalverteilt. Dann ist

$$Y_k \overset{d}{=} \sum_{l=1}^n b_{kl}X_l + m_k, \quad k = 1, \dots, n,$$

und daher wegen der Unabhängigkeit der X_k:

$$\mathbb{E}(Y_k Y_j) = \mathbb{E}\left(\sum_{l,m=1}^n b_{kl}b_{jm}X_l X_m\right) + m_j\mathbb{E}\left(\sum_{l=1}^n b_{kl}X_l\right)$$

$$+ m_k\mathbb{E}\left(\sum_{m=1}^n b_{jm}X_m\right) + m_k m_j$$

$$= \sum_{l,m=1}^n b_{kl}b_{jm}\mathbb{E}(X_l X_m) + m_k m_j$$

$$= \sum_{l=1}^n b_{kl}b_{jl} + m_k m_j$$

$$= c_{kj} + \mathbb{E}(Y_k)\mathbb{E}(Y_j).$$

$\qquad\square$

Eine weitere, erstaunliche Eigenschaft der Normalverteilung ist, dass aus der Unkorreliertheit der Randverteilungen bereits ihre Unabhängigkeit folgt. Für den Beweis benötigen wir die charakteristische Funktion des Produktmaßes:

Lemma 7.32. *Sind* $\mu_1, \ldots, \mu_n$ *reelle Wahrscheinlichkeitsmaße, so gilt:*

$$\varphi_{\mu_1 \otimes \ldots \otimes \mu_n}(t) = \prod_{k=1}^{n} \varphi_{\mu_k}(t_k), \quad t = (t_1, \ldots, t_n) \in \mathbb{R}^n.$$

Beweis. Dies folgt unmittelbar aus dem Satz von Fubini 2.24:

$$\varphi_{\mu_1 \otimes \ldots \otimes \mu_n}(t) = \int \left(\prod_{k=1}^{n} \exp(it_k x_k) \right) d(\mu_1 \otimes \ldots \otimes \mu_n)$$

$$= \prod_{k=1}^{n} \int \exp(it_k x_k) d\mu_k = \prod_{k=1}^{n} \varphi_{\mu_k}(t_k).$$

$\square$

Satz 7.33. *Es sei* $Y = (Y_1, \ldots, Y_n)$ *N(m, **C**)-verteilt,*
$\mathbf{C} = (c_{jk})_{1 \le j, k \le n} \in \mathbb{R}^{n,n}$ *positiv definit. Dann gilt:* $Y_1, \ldots, Y_n$ *sind genau dann unabhängig, wenn*

$$c_{kj} = Cov(Y_k, Y_j) = 0 \text{ für alle } k \neq j.$$

Beweis. Aus der Unabhängigkeit folgt die Unkorreliertheit der Randverteilungen, zu zeigen bleibt die Umkehrung. Nach Voraussetzung ist **C** eine Diagonalmatrix, daher erhalten wir als charakteristische Funktion:

$$\varphi_Y(t) = \exp(i \langle t, m \rangle) \exp\left(-\frac{1}{2} t^\top \mathbf{C} t \right) = \prod_{k=1}^{n} \exp(it_k m_k) \exp\left(-\frac{1}{2} c_{kk}^2 t_k^2 \right)$$

$$= \prod_{k=1}^{n} \varphi_{Y_k}(t_k).$$

Dies ist aber nach Lemma 7.32 die charakteristische Funktion des Produktmaßes, so dass aus der Eindeutigkeit der charakteristischen Funktion

$$\mathbb{P}_Y = \bigotimes_{k=1}^{n} \mathbb{P}_{Y_k}$$

und daher nach Satz 5.12 die Unabhängigkeit von $Y_1, \ldots, Y_n$ folgt. $\square$

Beispiel 7.34. Wir haben bereits gesehen, dass wir n standardnormalverteilte, unabhängige Zufallsvariablen $X_1, \ldots, X_n$ zu einer N(0, $\mathbf{I}_n$)-verteilten Zufallsvariable zusammensetzen können. Die Umkehrung folgt ebenfalls. Ist nämlich $X = (X_1, \ldots, X_n)$ N(0, $\mathbf{I}_n$)-verteilt, so folgt aus Satz 7.30, dass jedes X_k N(0, 1)-verteilt ist und aus 7.33, dass die Zufallsvariablen $X_1, \ldots, X_n$ unabhängig sind. $\Diamond$

Charakterisierung der mehrdimensionalen Normalverteilung

Unsere bisherigen Berechnungen erlauben uns, die mehrdimensionale Normalverteilung mittels der eindimensionalen Normalverteilung zu charakterisieren, also ein notwendiges und hinreichendes Kriterium anzugeben, wann eine Zufallsvariable $N(m, \mathbf{C})$-verteilt ist. Daher ist es auch möglich, die Normalverteilung nicht über ihre Dichte, sondern über die nachfolgende Charakterisierung zu definieren.

Satz 7.35. *Sei* $Y = (Y_1, \ldots, Y_n)$ *eine* n-*dimensionale reelle Zufallsvariable. Dann ist* Y *genau dann normalverteilt, wenn für jedes* $0 \neq t \in \mathbb{R}^n$ *die Linearkombination*

$$t_1 Y_1 + \ldots + t_n Y_n$$

eindimensional normalverteilt ist.

Beweis. Ist Y normalverteilt, so auch jede Randverteilung Y_k und mit Satz 7.26 auch jede Linearkombination. Ist umgekehrt $0 \neq t \in \mathbb{R}^n$ und

$$Z_t := \langle t, Y \rangle = t_1 Y_1 + \ldots + t_n Y_n$$

normalverteilt, so folgt mit $m := (\mathbb{E}(Y_1), \ldots, \mathbb{E}(Y_n))$ und $\mathbf{C} := \mathrm{Cov}(Y)$

$$\mathbb{E}(Z_t) = \langle t, m \rangle \text{ und } \mathbb{V}(Z_t) = t^\top \mathbf{C} t.$$

Damit ergibt sich für die charakteristische Funktion von Y:

$$\varphi_Y(t) = \varphi_{Z_t}(1) = \exp(i\langle t, m \rangle) \exp\left(-\frac{1}{2} t^\top \mathbf{C} t\right).$$

Also ist Y $N(m, \mathbf{C})$-verteilt. □

7.4 Der zentrale Grenzwertsatz

Ein Spezialfall zur Motivation

Der zentrale Grenzwertsatz besagt grob vereinfacht, dass eine Summe von unabhängigen Zufallsvariablen in etwa standardnormalverteilt ist, wenn jeder einzelne Summand mit hoher Wahrscheinlichkeit klein ist. Um die Idee zu verdeutlichen und zu sehen, wie schwache Konvergenz und charakteristische Funktionen zusammenspielen, beginnen wir mit folgendem Spezialfall des zentralen Grenzwertsatzes:

Satz 7.36. *Sei* (X_n) *eine Folge unabhängiger, identisch verteilter Zufallsvariablen mit der Verteilung*

$$\mathbb{P}(X_1 = +1) = \mathbb{P}(X_1 = -1) = \frac{1}{2}.$$

Dann gilt mit $S_n := X_1 + \ldots + X_n$:

$$\frac{S_n}{\sqrt{n}} \xrightarrow{d} \chi, \tag{7.15}$$

wobei χ eine $N(0,1)$-verteilte Zufallsvariable ist.

Beweis. Jedes X_n besitzt die charakteristische Funktion

$$\varphi(t) = \frac{1}{2}\exp(it) + \frac{1}{2}\exp(-it) = \cos(t), \quad t \in \mathbb{R}.$$

Daraus ergibt sich als charakteristische Funktion für $\frac{S_n}{\sqrt{n}}$:

$$\psi(t) = \varphi^n\left(\frac{t}{\sqrt{n}}\right) = \cos^n\left(\frac{t}{\sqrt{n}}\right), \quad t \in \mathbb{R}.$$

Nach dem Stetigkeitssatz 7.12 folgt die Behauptung, wenn wir für jedes $t \in \mathbb{R}$

$$\cos^n\left(\frac{t}{\sqrt{n}}\right) \longrightarrow \mathbb{E}[\exp(it\chi)] = \exp\left(-\frac{t^2}{2}\right)$$

zeigen können. Ist n hinreichend groß, so ist $\cos\left(\frac{t}{\sqrt{n}}\right) > 0$, und wir können äquivalent zeigen:

$$n\ln\left[\cos\left(\frac{t}{\sqrt{n}}\right)\right] \longrightarrow -\frac{t^2}{2}.$$

Setzen wir $x = \frac{t}{\sqrt{n}}$, so folgt aus der Regel von l'Hopital:

$$\lim_{n\to\infty} n\ln\left[\cos\left(\frac{t}{\sqrt{n}}\right)\right] = \lim_{x\to 0}\frac{\ln(\cos(x))}{\frac{x^2}{t^2}} = \lim_{x\to 0}\frac{-\sin(x)\cdot\frac{1}{\cos(x)}}{2x\frac{1}{t^2}}$$

$$= -\frac{t^2}{2}\cdot\lim_{x\to 0}\frac{\sin(x)}{x} = -\frac{t^2}{2}.$$

$\square$

Die standardisierte Summe

Wir haben für die Konvergenzaussage nicht S_n sondern $\frac{S_n}{\sqrt{n}}$ betrachtet, so dass

$$\mathbb{E}\left(\frac{S_n}{\sqrt{n}}\right) = 0, \quad \mathbb{V}\left(\frac{S_n}{\sqrt{n}}\right) = 1$$

gilt. Der zentrale Grenzwertsatz besagt, dass die schwache Konvergenz (7.15) für eine viel größere Klasse von Zufallsvariablen gilt, wenn wir wiederum dafür sorgen, dass die betrachtete Summe Erwartungswert 0 und Varianz 1 hat.

Daher definieren wir für eine unabhängige Folge (X_n) integrierbarer Zufallsvariablen

$$S_n := \sum_{i=1}^{n} X_i, \quad s_n^2 := \sum_{i=1}^{n} \mathbb{V}(X_i).$$

Der Quotient

$$S_n^* := \frac{S_n - \mathbb{E}(S_n)}{s_n} = \frac{\sum\limits_{i=1}^{n}(X_i - \mathbb{E}(X_i))}{\sqrt{\sum\limits_{i=1}^{n} \mathbb{V}(X_i)}}, \ n \in \mathbb{N},$$

heißt standardisierte Summe. Aus der Definition folgt unmittelbar:

$$\mathbb{E}(S_n^*) = 0 \quad \text{und} \quad \mathbb{V}(S_n^*) = 1 \quad \text{für alle } n \in \mathbb{N}.$$

Der zentrale Grenzwertsatz

Der Beweis des ZENTRALEN GRENZWERTSATZES verwendet in entscheidender Weise den Stetigkeitssatz 7.12. Wir werden die behauptete schwache Konvergenz durch die punktweise Konvergenz der charakteristischen Funktionen nachweisen. Da wir Summen von Zufallsvariablen betrachten, treten Produkte von charakteristischen Funktionen auf. Um diese abschätzen zu können, benötigen wir das folgende elementare Lemma:

Lemma 7.37. *Sind* $(w_1, \ldots, w_n)$ *und* $(z_1, \ldots, z_n)$ *zwei* n-*Tupel komplexer Zahlen mit* $|w_i| \leq 1, |z_i| \leq 1$ *für alle* $i = 1, \ldots, n$, *so gilt:*

$$\left| \prod_{i=1}^{n} z_i - \prod_{i=1}^{n} w_i \right| \leq \sum_{i=1}^{n} |z_i - w_i|.$$

Beweis. Für $n = 1$ ist die Aussage trivial, für $n > 1$ gilt:

$$\left| \prod_{i=1}^{n} z_i - \prod_{i=1}^{n} w_i \right| \leq \left| z_n \prod_{i=1}^{n-1} z_i - z_n \prod_{i=1}^{n-1} w_i \right| + \left| z_n \prod_{i=1}^{n-1} w_i - w_n \prod_{i=1}^{n-1} w_i \right|$$

$$\leq |z_n| \left| \prod_{i=1}^{n-1} z_i - \prod_{i=1}^{n-1} w_i \right| + \left| \prod_{i=1}^{n-1} w_i \right| |z_n - w_n|$$

$$\leq \left| \prod_{i=1}^{n-1} z_i - \prod_{i=1}^{n-1} w_i \right| + |z_n - w_n|,$$

so dass die Behauptung per Induktion über n folgt. $\square$

Eine doppelt indizierte Folge von Zufallsvariablen

$$\{X_{ni} : i = 1, \ldots, k_n, n \in \mathbb{N}\}$$

heißt ein Dreiecksschema. Aus beweistechnischen Gründen ist es für die folgende Version des zentralen Grenzwertsatzes, das Lindeberg-Theorem, einfacher, statt einer Folge von Zufallsvariablen ein Dreiecksschema zu betrachten, dessen Zeilen jeweils unabhängig sind.

Theorem 7.38 (Lindeberg-Theorem). *Sei* $\{X_{ni} : i = 1, \ldots, k_n, n \in \mathbb{N}\}$ *ein Dreiecksschema reeller Zufallsvariablen, so dass* $X_{n1}, \ldots, X_{nk_n}$ *für jedes* $n \in \mathbb{N}$ *unabhängig sind. Es gelte:*

(i) Standardisierung: $\sum\limits_{j=1}^{k_n} \mathbb{E}(X_{nj}^2) = 1$ *und* $\mathbb{E}(X_{ni}) = 0$ *für* $i = 1, \ldots, k_n$.

(ii) Lindeberg-Bedingung:

$$\sum_{i=1}^{k_n} \mathbb{E}[X_{ni}^2 I_{\{|X_{ni}| \geq \varepsilon\}}] \longrightarrow 0 \text{ für alle } \varepsilon > 0. \tag{7.16}$$

Dann folgt für die standardisierten Summen $S_n^* = \sum\limits_{i=1}^{k_n} X_{ni}$:

$$S_n^* \xrightarrow{d} \chi.$$

Beweis. Wir setzen $\sigma_{ni}^2 := \mathbb{E}(X_{ni}^2)$, $i = 1, \ldots, k_n, n \in \mathbb{N}$. Weiter sei für jedes $n \in \mathbb{N}$

$$Z_{ni} \text{ N}(0, \sigma_{ni}^2)\text{-verteilt}, \quad i = 1, \ldots, k_n.$$

Dann ist $Z_n := \sum\limits_{i=1}^{k_n} Z_{ni}$ N$(0, 1)$-verteilt. Ist φ_{ni} die charakteristische Funktion von X_{ni} und ψ_{ni} die charakteristische Funktion von Z_{ni}, so genügt es mit Satz 7.9 und Theorem 7.12 zu zeigen, dass

$$\left| \prod_{i=1}^{k_n} \varphi_{ni}(t) - \prod_{i=1}^{k_n} \psi_{ni}(t) \right| \longrightarrow 0 \text{ für alle } t \in \mathbb{R}.$$

Für ein fest gewähltes $t \in \mathbb{R}$ folgt mit Lemma 7.37 und Korollar 7.15:

$$\left| \prod_{i=1}^{k_n} \varphi_{ni}(t) - \prod_{i=1}^{k_n} \psi_{ni}(t) \right| \leq \sum_{i=1}^{k_n} |\varphi_{ni}(t) - \psi_{ni}(t)|$$

$$\leq \sum_{i=1}^{k_n} |\varphi_{ni}(t) - 1 + \frac{1}{2}\sigma_{ni}^2 t^2| + \sum_{i=1}^{k_n} |\psi_{ni}(t) - 1 + \frac{1}{2}\sigma_{ni}^2 t^2|$$

$$\leq c \left(\sum_{i=1}^{k_n} \mathbb{E}[X_{ni}^2(1 \wedge |X_{ni}|)] + \sum_{i=1}^{k_n} \mathbb{E}[Z_{ni}^2(1 \wedge |Z_{ni}|)] \right) \tag{7.17}$$

mit einer geeignet gewählten Konstanten $c > 0$. Der Beweis ist abgeschlossen, wenn wir zeigen können, dass beide Summen in (7.17) für $n \to \infty$ gegen 0 konvergieren. Für die erste Summe erhalten wir mit (7.16) für jedes $\varepsilon > 0$:

$$\sum_{i=1}^{k_n} \mathbb{E}[X_{ni}^2(1 \wedge |X_{ni}|)] \leq \sum_{i=1}^{k_n} \mathbb{E}[X_{ni}^2|X_{ni}|I_{\{|X_{ni}|\leq\varepsilon\}}] + \mathbb{E}[X_{ni}^2 I_{\{|X_{ni}|>\varepsilon\}}]$$

$$\leq \varepsilon \sum_{i=1}^{k_n} \sigma_{ni}^2 + \sum_{i=1}^{k_n} \mathbb{E}[X_{ni}^2 I_{\{|X_{ni}|>\varepsilon\}}] \underset{n\to\infty}{\longrightarrow} \varepsilon.$$

Dabei haben wir in der letzten Zeile ausgenutzt, dass $\sum_{i=1}^{k_n} \sigma_{ni}^2 = 1$ für alle $n \in \mathbb{N}$ ist. Da $\varepsilon > 0$ beliebig, ist der Nachweis der Konvergenz für die erste Summe in (7.17) erbracht. Für die zweite Summe in (7.17) benötigen wir eine Vorüberlegung. Es gilt für jedes $\varepsilon > 0$:

$$\sup_{i\leq k_n} \sigma_{ni}^2 \leq \varepsilon^2 + \sup_{i\leq k_n} \mathbb{E}(X_{ni}^2 I_{\{|X_{ni}|\geq\varepsilon\}}) \longrightarrow \varepsilon^2,$$

und damit $\sup_{i\leq k_n} \sigma_{ni}^2 \to 0$, wenn wir $n \to \infty$ betrachten. Da Z_{ni} die gleiche Verteilung hat wie $\sigma_{ni}\chi$, erhalten wir damit:

$$\sum_{i=1}^{k_n} \mathbb{E}[Z_{ni}^2(1 \wedge |Z_{ni}|)] \leq \sum_{i=1}^{k_n} \mathbb{E}[|Z_{ni}|^3] = \sum_{i=1}^{k_n} \mathbb{E}[|\sigma_{ni}\chi|^3] = \mathbb{E}[|\chi|^3] \sum_{i=1}^{k_n} \sigma_{ni}^3$$

$$\leq \mathbb{E}[|\chi|^3] \left(\sup_{i\leq k_n} \sigma_{ni}\right) \sum_{i=1}^{k_n} \sigma_{ni}^2 = \mathbb{E}[|\chi|^3] \sup_{i\leq k_n} \sigma_{ni} \longrightarrow 0.$$

$\square$

Als Korollar aus dem Lindeberg-Theorem erhalten wir die folgende klassische Form des zentralen Grenzwertsatzes für eine Folge unabhängiger identisch verteilter Zufallsvariablen:

Korollar 7.39 (zentraler Grenzwertsatz). *Sei (X_n) eine Folge unabhängiger und identisch verteilter Zufallsvariablen mit $\sigma^2 := \mathbb{V}(X_1) < \infty$. Dann konvergieren die standardisierten Summen S_n^* in Verteilung gegen eine Standardnormalverteilung:*

$$S_n^* = \frac{\sum_{i=1}^{n} (X_i - \mathbb{E}(X_1))}{\sigma\sqrt{n}} \xrightarrow{d} \chi.$$

Beweis. Wir setzen $k_n := n$ für alle $n \in \mathbb{N}$ und $X_{ni} := \frac{1}{\sigma\sqrt{n}}(X_i - \mathbb{E}(X_i))$, $i = 1, \ldots, k_n, n \in \mathbb{N}$. Die Lindeberg-Bedingung ist erfüllt, da für jedes $\varepsilon > 0$

$$\sum_{i=1}^{k_n} \mathbb{E}[X_{ni}^2 I_{\{|X_{ni}| \geq \varepsilon\}}] = \frac{1}{\sigma^2 n} \sum_{i=1}^{k_n} \mathbb{E}[(X_i - \mathbb{E}(X_i))^2 I_{\{|X_i - \mathbb{E}(X_i)| \geq \varepsilon \sigma \sqrt{n}\}}]$$

$$= \frac{1}{\sigma^2} \mathbb{E}[(X_1 - \mathbb{E}(X_1))^2 I_{\{|X_1 - \mathbb{E}(X_1)| \geq \varepsilon \sigma \sqrt{n}\}}] \underset{n \to \infty}{\longrightarrow} 0,$$

da $\mathbb{V}(X_1) < \infty$ und $\{|X_1 - \mathbb{E}(X_1)| \geq \varepsilon \sigma \sqrt{n}\} \downarrow \emptyset$. $\qquad\qquad \square$

Weitere hinreichende Bedingungen

Die Lindeberg-Bedingung

$$\sum_{i=1}^{k_n} \mathbb{E}[X_{ni}^2 I_{\{|X_{ni}| \geq \varepsilon\}}] \longrightarrow 0 \text{ für alle } \varepsilon > 0$$

ist eine hinreichende Bedingung für die schwache Konvergenz der standardisierten Summen gegen eine Standardnormalverteilung. Intuitiv besagt sie Folgendes: Außerhalb jeder ε-Kugel darf keine Zufallsvariable in der Summe (im Verhältnis zur Gesamtvarianz 1) einen wesentlichen Beitrag leisten. Mit anderen Worten, die Summe von vielen unabhängigen Zufallsvariablen ist näherungsweise normalverteilt, wenn der Beitrag jeder einzelnen Zufallsvariable mit großer Wahrscheinlichkeit klein ist. Deshalb wird bei vielen Phänomenen, bei denen man zahlreiche kleine Einflüsse vermutet, die man im Einzelnen aber nicht erfassen kann, eine Normalverteilung als Modell zu Grunde gelegt. Ein typisches Beispiel für ein solches Vorgehen ist die Störung auf einem Übertragungskanal. Im nachfolgenden Satz geben wir weitere Bedingungen an, aus denen jeweils die Lindeberg-Bedingung und damit die Aussage des zentralen Grenzwertsatzes folgt.

Satz 7.40. *Sei* (X_n) *eine Folge unabhängiger reeller Zufallsvariablen mit* $\mathbb{E}(|X_n|) < \infty$, $\sigma_n^2 := \mathbb{V}(X_n) < \infty$ *und* $s_n^2 := \sum_{i=1}^{n} \mathbb{V}(X_i)$ *für alle* $n \in \mathbb{N}$. *Ist eine der nachfolgenden Bedingungen erfüllt, so gilt die Lindeberg-Bedingung* (7.16) *und damit* $S_n^* \overset{d}{\longrightarrow} \chi$.

(i) Lyapunov-Bedingung: *Für ein* $\delta > 0$ *gilt:*

$$\frac{1}{s_n^{2+\delta}} \sum_{i=1}^{n} \mathbb{E}[|X_i - \mathbb{E}(X_i)|^{2+\delta}] \longrightarrow 0. \qquad (7.18)$$

(ii) gleichmäßig beschränkter Fall: *Es gibt ein* $c > 0$ *mit* $|X_n| \leq c$ *für alle* $n \in \mathbb{N}$ *und* s_n *divergiert:* $s_n \longrightarrow \infty$.

Beweis. (i) Wir setzen wieder $k_n := n$ für alle $n \in \mathbb{N}$ und $X_{ni} := \frac{1}{s_n}(X_i - \mathbb{E}(X_i))$, $i = 1, \ldots, k_n, n \in \mathbb{N}$. Für jedes $\varepsilon > 0$ und $n \in \mathbb{N}$ gilt die Abschätzung

$$(X_i - \mathbb{E}(X_i))^2 I_{\{|X_i - \mathbb{E}(X_i)| \geq s_n \varepsilon\}} \leq \frac{|X_i - \mathbb{E}(X_i)|^{2+\delta}}{\varepsilon^\delta s_n^\delta} I_{\{|X_i - \mathbb{E}(X_i)| \geq s_n \varepsilon\}}.$$

Daher folgt aus der Lyapunov-Bedingung (7.18):

$$\sum_{i=1}^{k_n} \mathbb{E}[X_{ni}^2 I_{\{|X_{ni}| \geq \varepsilon\}}] = \frac{1}{s_n^2} \sum_{i=1}^{k_n} \mathbb{E}[(X_i - \mathbb{E}(X_i))^2 I_{\{|X_i - \mathbb{E}(X_i)| \geq \varepsilon s_n\}}]$$

$$\leq \frac{1}{s_n^2} \sum_{i=1}^{n} \mathbb{E}\left[\frac{|X_i - \mathbb{E}(X_i)|^{2+\delta}}{\varepsilon^\delta s_n^\delta} I_{\{|X_i - \mathbb{E}(X_i)| \geq s_n \varepsilon\}}\right]$$

$$\leq \frac{1}{\varepsilon^\delta} \frac{1}{s_n^{2+\delta}} \sum_{i=1}^{n} \mathbb{E}[|X_i - \mathbb{E}(X_i)|^{2+\delta}] \longrightarrow 0.$$

(ii) Ist $|X_n| \leq c$ für alle $n \in \mathbb{N}$ und $s_n \to \infty$, so folgt:

$$\frac{1}{s_n^3} \sum_{i=1}^{n} \mathbb{E}[|X_i - \mathbb{E}(X_i)|^3] \leq \sum_{i=1}^{n} \frac{2c \mathbb{E}[|X_i - \mathbb{E}(X_i)|^2]}{s_n^3} = \frac{2c}{s_n} \longrightarrow 0.$$

Also gilt die Lyapunov-Bedingung mit $\delta = 1$.

Einige Beispiele

Beispiel 7.41. Sei (X_n) eine Folge unabhängiger, identisch $B(1, p)$-verteilter Zufallsvariablen. Die Summe $S_n := \sum_{i=1}^{n} X_i$ ist nach Beispiel 7.10 $B(n, p)$-verteilt und zählt die Anzahl der Erfolge in n Versuchen. Da $\mathbb{E}(X_1) = p$ und $\mathbb{V}(X_1) = p(1 - p)$, gilt nach dem ZENTRALEN GRENZWERTSATZ:

$$S_n^* = \frac{S_n - np}{\sqrt{np(1 - p)}} \xrightarrow{d} \chi.$$

Dieses Resultat wird auch als Theorem von DeMoivre-Laplace bezeichnet. In den nächsten Beispielen betrachten wir einige konkrete Spezialfälle dieser Situation.   ◇

Beispiel 7.42 (Münzwurf). Mit den Bezeichnungen des obigen Beispiels seien die X_n nun speziell $B(1, \frac{1}{2})$-verteilt, also $\mathbb{P}(X_i = 1) = \mathbb{P}(X_i = 0) = \frac{1}{2}$. Wir können uns z.B. die Modellierung eines Münzwurfes vorstellen, $S_n = \sum_{i=1}^{n} X_i$ ist die Anzahl „Kopf"-Würfe in den ersten n Versuchen. Wir erhalten

$$S_n^* = \frac{S_n - \frac{n}{2}}{\sqrt{\frac{n}{4}}} \xrightarrow{d} \chi.$$

Der Tabelle C.1 entnehmen wir beispielsweise

$$\mathbb{P}(|\chi| \le 2) \simeq 0.95.$$

Damit folgt:

$$0.95 \simeq \mathbb{P}\left(\frac{S_n - \frac{n}{2}}{\sqrt{\frac{n}{4}}} \in [-2, 2]\right) = \mathbb{P}(S_n - n/2 \in [-\sqrt{n}, \sqrt{n}]).$$

Setzen wir z.B. $n = 10000$, so besagt dies, dass in 95% der Fälle die Anzahl der „Köpfe" beim 10000fach wiederholten Münzwurf zwischen 4900 und 5100 liegen wird.   ◊

Beispiel 7.43 (Roulette). Wir wollen die Situation eines Roulette-Spielers beschreiben. Auf Grund des STARKEN GESETZES DER GROSSEN ZAHLEN wissen wir, dass ein Roulette-Spieler auf lange Sicht sehr wahrscheinlich verlieren wird. Aber jetzt möchten wir genauer wissen, wie groß die Wahrscheinlichkeit ist, doch als Gewinner vom Feld zu gehen. Unsere Strategie ist die folgende: Wir setzen jedes Mal 1 Euro auf „Rot". Beschreiben wir mit den Zufallsvariablen (X_n) unsere Gewinne, so sind diese unabhängig und identisch verteilt, mit der Verteilung $\mathbb{P}(X_1 = 1) = \frac{18}{37}$ und $\mathbb{P}(X_1 = -1) = \frac{19}{37}$, da 18 der 37 Felder rot sind. Unser Gewinn nach n Spielen ist $S_n = \sum_{i=1}^{n} X_i$, und daher

$$\mathbb{E}(S_n) = -n\frac{1}{37}, \quad \mathbb{E}(X_i) = -\frac{1}{37} \text{ und } \sigma^2 = 1 - \left(\frac{1}{37}\right)^2 \simeq 0.9993.$$

Wir interessieren uns für unsere Gewinnchancen, also für

$$\mathbb{P}(S_n \ge 0) = \mathbb{P}\left(\frac{S_n - n\mathbb{E}(X_1)}{\sigma\sqrt{n}} \ge -\frac{n\mathbb{E}(X_1)}{\sigma\sqrt{n}}\right).$$

Setzen wir zur Vereinfachung der Rechnung $\sigma = 1$ und rechnen mit $n = 37^2 = 1369$, so erhalten wir aus dem ZENTRALEN GRENZWERTSATZ

$$\mathbb{P}(S_n \ge 0) \simeq \mathbb{P}(\chi \ge 1) \simeq 0.1587.$$

Immerhin können wir mit etwa 16% Wahrscheinlichkeit hoffen, nach 1369 Runden Roulette noch einen Gewinn mit nach Hause zu nehmen. Im Mittel haben wir allerdings bis dahin 37 Euro verloren.   ◊

Beispiel 7.44 (Geburtenrate). Abschließend wollen wir noch ein Beispiel betrachten, das dokumentiert, wie der ZENTRALE GRENZWERTSATZ für statistische Aussagen verwendet werden kann. In Baden-Württemberg gab es in den Jahren 1996-1999 231 432 männliche und 218 674 weibliche Geburten. Wir stellen uns die Frage, ob dies mit der Vermutung konsistent ist, dass beide Geburtsarten gleich wahrscheinlich sind. Wir sind also in der gleichen Modell-Situation wie in Beispiel 7.42 beim Münzwurf. Insgesamt haben wir

$$n = 450\,106 \text{ Geburten}, \; np = \frac{n}{2} = 225\,053$$

und $\sqrt{np(1-p)} = \sqrt{\frac{n}{4}} = \frac{1}{2} \cdot \sqrt{450\,106} \simeq 335$. Daher erhalten wir:

$$S_n^* = \frac{S_n - \frac{n}{2}}{\sqrt{\frac{n}{4}}} \simeq \frac{231\,432 - 225\,053}{335} \simeq 19.04.$$

Nach dem ZENTRALEN GRENZWERTSATZ ist $\mathbb{P}(S_n^* \geq 19) \simeq \mathbb{P}(\chi \geq 19) < 10^{-60}$, daher können wir von der Vermutung der gleichen Wahrscheinlichkeit beider Geschlechter guten Gewissens Abstand nehmen. $\Diamond$

7.5 Anwendung Nachrichtentechnik: Mobilfunkkanäle

Effekte im Mobilfunk

Der Mobilfunkkanal gehört zu den schwierigsten Kanälen, die es in der Kommunikationstechnik gibt. Die Gründe dafür sind vielfältig, wir wollen einige Ursachen und die dazugehörigen Effekte kurz skizzieren. Das gesendete Signal breitet sich im Raum aus und verliert dabei mit zunehmendem Abstand zwischen Sender und Empfänger kontinuierlich an Signalstärke. Dieser so genannte Pfadverlust führt also zu einer Signaldämpfung. Ein weiteres Spezifikum des Mobilfunkkanals ist, dass sich Sender und Empfänger bewegen können. Dabei kommt es zum Doppler-Effekt, der zu einer Veränderung der Frequenz, der so genannten Frequenzdispersion, führt. Abschattungen durch geographische Gegebenheiten wie Hügel o.Ä. führen ebenfalls zu einem zeitlich relativ lang-

Ursache	Effekt
Pfadverlust	Signaldämpfung
Bewegung	Dopplereffekt (Frequenzdispersion)
Abschattung	Langsamer Schwund (Slow Fading)
Mehrwegeausbreitung	Fast Fading

Tabelle 7.2. Effekte im Mobilfunkkanal

samen Schwund, dem so genannten Slow Fading. Schließlich wird das Signal noch in alle Richtungen gesendet und je nach Umgebung mehrfach gebeugt und reflektiert, so dass viele verschiedene Teilwellen mit unterschiedlichen Laufzeiten am Empfänger ankommen. Diese Mehrwegeausbreitung führt dazu, dass sich die zahlreichen am Empfänger ankommenden Teilwellen destruktiv oder konstruktiv überlagern können, wodurch es in sehr kurzen Zeitintervallen zu kurzen, aber starken Signaleinbrüchen kommen kann. Wir haben die Effekte im Mobilfunkkanal und ihre Ursachen in Tabelle 7.2 noch einmal zusammengefasst.

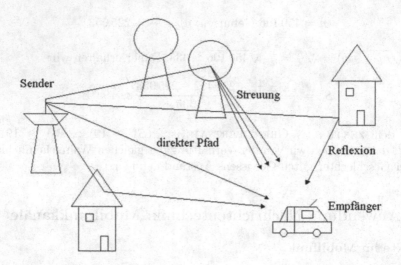

Abbildung 7.3. Typischer Mobilfunkkanal: Mehrwegeausbreitung

Die Mehrwegeausbreitung ist in Abbildung 7.3 skizziert. Wir wollen uns mit dem dazugehörigen schnellen Schwund (Fast Fading) eingehender beschäftigen und dabei ein stochastisches Modell entwickeln, das zur Beschreibung des Fast Fading geeignet ist.

In der Praxis ist es von großer Bedeutung, zum Kanal passende Modelle zu besitzen, da sie die Grundlage für die Demodulation und Decodierung, also für die Weiterverarbeitung des Signals im Empfänger sind. Nur auf der Basis eines geeigneten stochastischen Kanalmodells kann es gelingen, z.B. im Handy eine akzeptable Übertragungsqualität mit der zur Verfügung stehenden Energie zu erreichen.

N-Wege-Ausbreitung deterministisch

Das vom Sender ausgehende Signal wird als komplexwertige Wellenfunktion $s(t)$ beschrieben:

$$s : \mathbb{R} \to \mathbb{C},$$
$$t \mapsto s(t) := a_0 e^{i2\pi f_0 t} e^{i\varphi}.$$

Dabei ist $a_0 \in [-1, 1]$ die Amplitude, $f_0 \in \mathbb{R}$ die Trägerfrequenz und $\varphi \in [0, 2\pi]$ der Phasenwinkel. Nach Ausbreitung, Reflexion, Abschattung etc. kommen N Teilwellen mit unterschiedlichen Amplituden a_i und Phasen φ_i am Empfänger an. Wir können also für das Signal $r(t)$ am Empfänger schreiben:

$$r : \mathbb{R} \to \mathbb{C}, \tag{7.19}$$

$$r(t) = \sum_{j=1}^{N} r_j(t) = \sum_{j=1}^{N} a_j e^{i2\pi f_0 t} e^{i\varphi_j}.$$

Für kleine Werte von N kann man u.U. noch explizite Berechnungen anstellen. Für große N ist dieser Ansatz völlig aussichtslos. Stattdessen geht man zu einem stochastischen Modell über.

N-Wege-Ausbreitung stochastisch

Der Übergang zur Stochastik geschieht nun folgendermaßen. In dem deterministischen Empfangssignal $r(t)$ aus 7.19 kennen wir die einzelnen Amplituden und Phasen nicht. Also modellieren wir diese durch Zufallsvariablen. Dadurch wird das Gesamtsignal ebenfalls eine Zufallsvariable:

$$R_t : \Omega \to \mathbb{C}, \tag{7.20}$$

$$R_t(\omega) = R(\omega) e^{i2\pi f_0 t}, \tag{7.21}$$

$$R(\omega) = \sum_{j=1}^{N} R_j(\omega) = \sum_{j=1}^{N} (A_j \cos \Phi_j + i A_j \sin \Phi_j). \tag{7.22}$$

Dabei haben wir die folgenden Zufallsvariablen eingeführt:

$A_j, \ j = 1, \ldots, N$ gleichverteilte Amplitude in $[-1, 1]$,

$\Phi_j, \ j = 1, \ldots, N$ gleichverteilte Phase in $[0, 2\pi]$.

Wir nehmen weiter an, dass die Zufallsvariablen unabhängig voneinander sind. Damit sind sowohl $(A_j \cos \Phi_j)$ als auch $(A_j \sin \Phi_j)$, $j = 1, \ldots, N$, unabhängige Zufallsvariablen mit Erwartungswert Null und der gleichen Varianz σ_0^2. Auf Grund des ZENTRALEN GRENZWERTSATZES wissen wir (wobei χ N$(0,1)$-verteilt ist):

$$\frac{\sum_{j=1}^{N} A_j \cos \Phi_j}{\sqrt{N} \sigma_0} \xrightarrow{d} \chi,$$

$$\frac{\sum_{j=1}^{N} A_j \sin \Phi_j}{\sqrt{N} \sigma_0} \xrightarrow{d} \chi.$$

Für großes, fixiertes N dürfen wir also in unserem Modell näherungsweise die folgende Ersetzung vornehmen:

$$\sum_{j=1}^{N} A_j \cos \Phi_j \simeq X_R, \ N(0, \sigma^2)\text{-verteilte Zufallsvariable}, \tag{7.23}$$

$$\sum_{j=1}^{N} A_j \sin \Phi_j \simeq X_I, \ N(0, \sigma^2)\text{-verteilte Zufallsvariable}. \tag{7.24}$$

Dabei haben wir $\sigma^2 := N\sigma_0^2$ gesetzt. Die Indizes R und I sollen an Real- bzw. Imaginärteil erinnern. Durch Einsetzen von (7.23) und (7.24) in unser stochastisches Signalmodell (7.22) erhalten wir:

$$R : \Omega \rightarrow \mathbb{C}, \tag{7.25}$$

$$R = X_R + iX_I, \tag{7.26}$$

$$X_R \text{ und } X_I \quad N(0, \sigma^2)\text{-normalverteilt.} \tag{7.27}$$

Aus der Unabhängigkeit von Real- und Imaginärteil folgt, dass die Dichte der 2-dimensionalen Zufallsvariablen (X_R, X_I) gerade das Produkt der einzelnen Dichten ist:

$$f_{X_R, X_I} : \mathbb{R}^2 \rightarrow \mathbb{R}, \quad (x, y) \mapsto f_{X_R}(x) \cdot f_{X_I}(y) = \frac{1}{2\pi\sigma^2} e^{-\frac{x^2 + y^2}{2\sigma^2}}. \tag{7.28}$$

Um R in Polarkoordinaten schreiben zu können, definieren wir zwei neue Zufallsvariablen: den Betrag des Signalpegels B

$$B : \Omega \rightarrow \mathbb{R}, \tag{7.29}$$

$$B := \sqrt{X_R^2 + X_I^2}, \tag{7.30}$$

sowie die Phase des Empfangssignals Ψ

$$\Psi : \Omega \rightarrow \mathbb{R}, \tag{7.31}$$

$$\Psi := \arctan\left(\frac{X_I}{X_R}\right). \tag{7.32}$$

Wir wollen nun die Verteilung des Betrages B und der Phase Φ bestimmen. Dazu ermitteln wir zunächst die gemeinsame Dichte $f_{B, \Psi}$ von (B, Ψ) gemäß der Transformationsregel für Mehrfach-Integrale

$$f_{B, \Psi} : \mathbb{R}^2 \rightarrow \mathbb{R},$$

$$f_{B, \Psi}(x, y) = f_{X_R, X_I}(x(B, \Psi), y(B, \Psi)) \cdot \det J,$$

mit der Jacobi-Matrix J :

$$J = \begin{pmatrix} \frac{\partial X_R}{\partial B} & \frac{\partial X_I}{\partial B} \\ \frac{\partial X_R}{\partial \Psi} & \frac{\partial X_I}{\partial \Psi} \end{pmatrix}.$$

Man erhält durch Differenzieren $\det J = B$, und damit

$$f_{B, \Psi}(x, y) = \frac{x}{2\pi\sigma^2} e^{\frac{-x^2}{2\sigma^2}}.$$

Bestimmt man durch Integration die Randverteilungsdichten, so erhält man die Dichten von Ψ bzw. B, mit den folgenden Ergebnissen:

$$f_\Psi : \mathbb{R} \rightarrow \mathbb{R},$$

$$f_\Psi(y) = \begin{cases} \frac{1}{2\pi}, & 0 \leq y < 2\pi, \\ 0 & \text{sonst.} \end{cases}$$

Die Empfangsphase ist also im ganzen Winkelbereich $[0, 2\pi[$ gleichverteilt. Dies ist als Ergebnis nicht überraschend, da wir an keiner Stelle eine Richtung ausgezeichnet haben, sondern alle Richtungen in der Mehrwegeausbreitung gleichberechtigt behandelt haben. Dies ist eine Modellannahme. Ganz

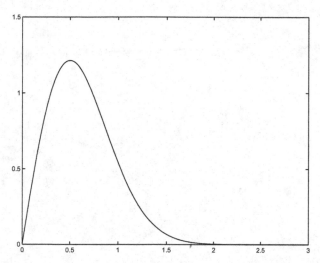

Abbildung 7.4. Dichtefunktion einer Rayleigh-verteilten Zufallsvariable

anders sieht die Situation aus, wenn es eine direkte Sichtverbindung zwischen Sender und Empfänger gibt (LOS = Line of Sight). Wir betrachten hier eine so genannte NLOS (No Line of Sight) Situation, wie sie z.B. für stark bebaute Gegenden in Städten typisch ist. Für den Betrag B des Signalpegels erhalten wir analog die Dichte:

$$f_B : \mathbb{R} \to \mathbb{R},$$

$$f_B(x) = \begin{cases} \frac{x}{\sigma^2} e^{-\frac{x^2}{2\sigma^2}}, & x \geq 0, \\ 0 & \text{sonst.} \end{cases}$$

Diese Verteilung wird Rayleigh-Verteilung genannt. Eine Rayleigh-verteilte Zufallsgröße hat den Erwartungswert $\sqrt{\frac{\pi}{2}}\sigma$ und die Varianz $2\sigma^2$. Ihr Graph ist in Abbildung 7.4 dargestellt. Experimentell lässt sich die Rayleigh-Verteilung des Betrags des Signalpegels sehr gut bestätigen. Mit ihrer Hilfe lassen sich weitere wichtige Kenngrößen des Mobilfunkanals ermitteln, wie z.B. die Pegelunterschreitungsrate, also die Wahrscheinlichkeit für die Unterschreitung einer bestimmten Signalstärke. Durch den Übergang von einem deterministischen Modell zur Stochastik und mit Hilfe des ZENTRALEN GRENZWERTSATZES ist es also gelungen, ein stochastisches Modell zu entwickeln, das sich in der nachrichtentechnischen Praxis gut bewährt hat. Eine ausführliche Darstellung verschiedener Modelle für den Mobilfunkanal findet man in [Pät99].

Bedingte Erwartungen

8.1 Definition, Existenz und Eindeutigkeit

Wir beginnen mit einer Motivation bedingter Erwartungen mit Hilfe elementarer bedingter Wahrscheinlichkeiten. Eine andere Sichtweise bedingter Erwartungen, nämlich als Prognose mit einem gewissen Informationsstand, stellen wir am Ende des nächsten Abschnitts vor.

Motivation

Ist $(\Omega, \mathcal{F}, \mathbb{P})$ ein Wahrscheinlichkeitsraum und sind A, B Ereignisse, so haben wir in Abschnitt 5.1 für den Fall $\mathbb{P}(A) > 0$ die bedingte Wahrscheinlichkeit

$$\mathbb{P}(B|A) = \frac{\mathbb{P}(B \cap A)}{\mathbb{P}(A)}$$

definiert. Wir werden in diesem Abschnitt ein Konzept vorstellen, das diese elementaren bedingten Wahrscheinlichkeiten auf den Fall $\mathbb{P}(A) = 0$ erweitert. Bleiben wir zunächst bei $\mathbb{P}(A) > 0$. Analog lässt sich dann für eine reelle Zufallsvariable Z der bedingte Erwartungswert von Z unter der Bedingung A definieren:

$$\mathbb{E}(Z|A) := \frac{\mathbb{E}(ZI_A)}{\mathbb{P}(A)}. \tag{8.1}$$

Dies ist eine natürliche Verallgemeinerung, denn für $Z = I_B$ erhalten wir

$$\mathbb{E}(Z|A) = \mathbb{E}(I_B|A) = \frac{\mathbb{E}(I_B I_A)}{\mathbb{P}(A)} = \frac{\mathbb{P}(B \cap A)}{\mathbb{P}(A)} = \mathbb{P}(B|A).$$

Ist X eine weitere reelle Zufallsvariable, so betrachten wir speziell die Mengen $A = \{X = x\}$. Nehmen wir zunächst an, X sei diskret verteilt mit abzählbarem Träger T und setzen

$$g : \mathbb{R} \to \mathbb{R}, \quad x \mapsto \begin{cases} \mathbb{E}(Z|X = x) & \text{für } \mathbb{P}(X = x) > 0, \\ 0 & \text{sonst.} \end{cases}$$

Dann gilt für die Zufallsvariable $Y := g \circ X$:

Y ist $\sigma(X)$-messbar und $\mathbb{E}(ZI_{\{X \in B\}}) = \mathbb{E}(YI_{\{X \in B\}})$ für alle $B \in \mathcal{B}$.   (8.2)

Die $\sigma(X)$-Messbarkeit von Y folgt unmittelbar aus der Definition von g, der zweite Teil ergibt sich so:

$$\begin{aligned} \mathbb{E}(ZI_{\{X \in B\}}) &= \sum_{\substack{x \in B \\ \mathbb{P}(X=x)>0}} \mathbb{E}(ZI_{\{X=x\}}) \\ &= \sum_{\substack{x \in B \\ \mathbb{P}(X=x)>0}} g(x)\mathbb{P}(X = x) = \mathbb{E}(YI_{\{X \in B\}}). \end{aligned}$$

Ist X nicht diskret, so gilt in der Regel $\mathbb{P}(X = x) = 0$, und wird können mit (8.1) nichts mehr anfangen. Der entscheidende Punkt ist jedoch, dass für $\mathbb{P}(X = x) = 0$ die Bedingungen (8.2) sehr wohl sinnvoll sind.

Existenz und Eindeutigkeit

In der nachfolgenden Definition verallgemeinern wir obige Überlegungen in einem weiteren Punkt. In (8.2) spielt die Zufallsvariable X keine Rolle, sondern nur die von ihr erzeugte Sub-σ-Algebra $\sigma(X)$ und ihre Ereignisse $\{X \in B\}$. Also können wir gleich irgendeine Sub-σ-Algebra betrachten.

Definition 8.1 (Bedingte Erwartung). *Es sei Z eine integrierbare reelle Zufallsvariable auf einem Wahrscheinlichkeitsraum $(\Omega, \mathcal{F}, \mathbb{P})$ und $\mathcal{G} \subset \mathcal{F}$ eine Sub-σ-Algebra. Dann heißt eine reelle Zufallsvariable Y bedingte Erwartung von Z unter $\mathcal{G}$, wenn gilt:*

$$Y \text{ ist } \mathcal{G}\text{-messbar und } \mathbb{E}(ZI_B) = \mathbb{E}(YI_B) \text{ für alle } B \in \mathcal{G}.$$

Die bedingte Erwartung von Z unter $\mathcal{G}$ bezeichnet man auch als $\mathbb{E}(Z|\mathcal{G})$. Diese ist, wie der nächste Satz zeigt, fast sicher eindeutig. Für eine konkrete Zufallsvariable Y spricht man daher von einer Version der bedingten Erwartung $\mathbb{E}(Z|\mathcal{G})$.

Satz 8.2. *Es sei Z eine integrierbare reelle Zufallsvariable auf einem Wahrscheinlichkeitsraum $(\Omega, \mathcal{F}, \mathbb{P})$ und $\mathcal{G} \subset \mathcal{F}$ eine Sub-σ-Algebra. Dann existiert eine Version Y von $\mathbb{E}(Z|\mathcal{G})$. Ist $\tilde{Y}$ eine weitere Version, so ist $Y = \tilde{Y}$ fast sicher.*

Beweis. Der Existenzbeweis ist eine Anwendung des Satzes von Radon-Nikodym. Wir setzen zunächst $Z \geq 0$ voraus. Dann definiert

$$\nu(B) := \int_B Z d\mathbb{P}, \quad B \in \mathcal{G},$$

ein Maß auf $\mathcal{G}$. ν ist nach Definition absolut stetig in Bezug auf $\mathbb{P}$ und endlich, da Z nach Voraussetzung integrierbar ist. Nach dem Satz von Radon-Nikodym 2.38 existiert eine $\mathcal{G}$-messbare Funktion f, so dass gilt:

$$\mathbb{E}(Z I_B) = \nu(B) = \int_B f d\mathbb{P} = \mathbb{E}(f I_B), \quad B \in \mathcal{G}.$$

Damit ist f eine Version von $\mathbb{E}(Z|\mathcal{G})$. Für allgemeines Z ist $\mathbb{E}(Z^+|\mathcal{G}) - \mathbb{E}(Z^-|\mathcal{G})$ eine Version von $\mathbb{E}(Z|\mathcal{G})$. Für den Beweis der fast sicheren Eindeutigkeit seien Y und $\tilde{Y}$ zwei Versionen von $\mathbb{E}(Z|\mathcal{G})$. Dann folgt

$$\int_B (Y - \tilde{Y}) d\mathbb{P} = 0 \text{ für alle } B \in \mathcal{G}.$$

Dies gilt insbesondere für $B = \{Y > \tilde{Y}\}$, d.h.

$$\int_{\{Y > \tilde{Y}\}} (Y - \tilde{Y}) d\mathbb{P} = 0,$$

woraus $\mathbb{P}(\{Y > \tilde{Y}\}) = 0$ folgt. Analog ergibt sich $\mathbb{P}(\{Y < \tilde{Y}\}) = 0$, also $Y = \tilde{Y}$ fast sicher. $\square$

Ist X eine Zufallsvariable, so schreiben wir $\mathbb{E}(Z|X)$ für $\mathbb{E}(Z|\sigma(X))$, genauso ist $\mathbb{E}(Z|X_1, \ldots, X_n)$ zu verstehen.

Bedingte Wahrscheinlichkeiten

Wir wollen zu unserer ursprünglichen Motivation zurückkehren und den genauen Zusammenhang zwischen $\mathbb{P}(A|B)$ und bedingten Erwartungen klären. Dazu sei zunächst bemerkt, dass wir im Falle einer Indikatorfunktion $Z = I_A$

$$\mathbb{P}(A|\mathcal{G}) := \mathbb{E}(I_A|\mathcal{G}) \quad \text{als bedingte Wahrscheinlichkeit von } A \text{ unter } \mathcal{G}$$

bezeichnen. Wie die Notation schon vermuten lässt, werden wir zeigen, dass für ein B mit $\mathbb{P}(B) > 0$ gilt:

$$\mathbb{P}(A|I_B)(\omega) = \mathbb{P}(A|B) \text{ für alle } \omega \in B.$$

Für den Beweis benötigen wir folgendes Lemma, dessen Aussage in Abbildung 8.1 veranschaulicht ist.

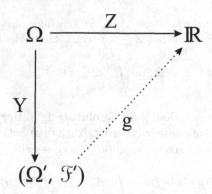

Abbildung 8.1. Veranschaulichung des Faktorisierungslemmas

Lemma 8.3 (Faktorisierungslemma). *Es sei* $(\Omega', \mathcal{F}')$ *ein Messraum,* $Y :$ $\Omega \to \Omega'$ *eine Abbildung und* $Z : \Omega \to \mathbb{R}$ *eine reelle Funktion. Dann ist* Z *genau dann* $\sigma(Y)$*-messbar, wenn es eine* $\mathcal{F}'$*-messbare Abbildung* $g : \Omega' \to \mathbb{R}$ *gibt, so dass* $Z = g \circ Y$.

Beweis. Ist $Z = g \circ Y$, so ist Z $\sigma(Y)$-messbar. Für die Umkehrung verwenden wir unsere STANDARDPROZEDUR. Ist $Z = I_A$, so muss $A \in \sigma(Y)$ sein, da Z $\sigma(Y)$-messbar ist. Daher gibt es ein $A' \in \mathcal{F}'$ mit $A = \{Y \in A'\}$, so dass wir $g := I_{A'}$ setzen können. Den Rest erledigt die STANDARDPROZEDUR. $\qquad\square$

Sind A, B zwei Ereignisse eines Wahrscheinlichkeitsraumes $(\Omega, \mathcal{F}, \mathbb{P})$ und $Y :=$ I_B, so gibt es nach dem Faktorisierungslemma 8.3 eine messbare Funktion $g : \mathbb{R} \to \mathbb{R}$, so dass

$$\mathbb{P}(A|I_B) = \mathbb{E}(I_A|I_B) = g \circ I_B.$$

Daraus folgt für jedes $\omega \in B$:

$$\mathbb{P}(B)\mathbb{P}(A|I_B)(\omega) = \mathbb{P}(B)g(1) = \int g(1)I_B d\mathbb{P}$$

$$= \int_B g \circ I_B d\mathbb{P} = \int_B \mathbb{E}(I_A|I_B)d\mathbb{P}$$

$$= \int_B I_A d\mathbb{P} = \mathbb{P}(A \cap B).$$

Ist $\mathbb{P}(B) > 0$, dürfen wir beide Seiten durch $\mathbb{P}(B)$ dividieren und erhalten wie gewünscht:

$$\mathbb{P}(A|I_B)(\omega) = \mathbb{P}(A|B) \quad \text{für alle } \omega \in B.$$

Die linke Seite ist jedoch auch für $\mathbb{P}(B) = 0$ definiert.

8.2 Eigenschaften bedingter Erwartungen

Elementare Eigenschaften

Wir stellen im nächsten Satz einige einfache, aber wichtige Eigenschaften bedingter Erwartungen zusammen:

Satz 8.4. *Seien X, X_1 und X_2 integrierbare Zufallsvariablen und $\mathcal{G}$ eine Sub-σ-Algebra von $\mathcal{F}$. Dann gilt:*

(i) *Ist Y eine Version von $\mathbb{E}(X|\mathcal{G})$, so ist $\mathbb{E}(Y) = \mathbb{E}(X)$, oder kurz:*

$$\mathbb{E}(\mathbb{E}(X|\mathcal{G})) = \mathbb{E}(X).$$

(ii) *Ist X $\mathcal{G}$-messbar, so ist $\mathbb{E}(X|\mathcal{G}) = X$ fast sicher.*

(iii) Linearität: *Für $a_1, a_2 \in \mathbb{R}$ ist:*

$$\mathbb{E}(a_1 X_1 + a_2 X_2|\mathcal{G}) = a_1 \mathbb{E}(X_1|\mathcal{G}) + a_2 \mathbb{E}(X_2|\mathcal{G}) \quad \text{fast sicher.}$$

(iv) Monotonie: *Ist $X_1 \leq X_2$, so ist $\mathbb{E}(X_1|\mathcal{G}) \leq \mathbb{E}(X_2|\mathcal{G})$ fast sicher.*

(v) $|\mathbb{E}(X|\mathcal{G})| \leq \mathbb{E}(|X||\mathcal{G})$ *fast sicher.*

Beweis. (i) Da $\Omega \in \mathcal{G}$, ist nach Definition der bedingten Erwartung $\mathbb{E}(Y) = \mathbb{E}(YI_\Omega) = \mathbb{E}(XI_\Omega) = \mathbb{E}(X)$.

(ii) Folgt unmittelbar aus der Definition von $\mathbb{E}(X|\mathcal{G})$ und der Eindeutigkeitsaussage 8.2.

(iii) Genauer formuliert bedeutet die Linearität: Ist Y_1 eine Version von $\mathbb{E}(X_1|\mathcal{G})$ und Y_2 eine Version von $\mathbb{E}(X_2|\mathcal{G})$, so ist $a_1 Y_1 + a_2 Y_2$ eine Version von $\mathbb{E}(a_1 X_1 + a_2 X_2|\mathcal{G})$. Dies ist aber wegen der Linearität des Erwartungswertes klar.

(iv) Es genügt zu zeigen, dass aus $X \geq 0$ auch $\mathbb{E}(X|\mathcal{G}) \geq 0$ fast sicher folgt. Sei Y eine Version von $\mathbb{E}(X|\mathcal{G})$ und nehmen wir $\mathbb{P}(Y < 0) > 0$ an. Dann gibt es ein $n \in \mathbb{N}$, so dass für $A := \{Y < -\frac{1}{n}\}$ gilt: $\mathbb{P}(A) > 0$. Daraus folgt aber

$$0 \leq \mathbb{E}(XI_A) = \mathbb{E}(YI_A) \leq -\frac{1}{n}\mathbb{P}(A) < 0.$$

Also ist unsere Annahme falsch und $Y \geq 0$ fast sicher.

(v) Dies folgt unmittelbar aus der Monotonie (iv). $\qquad\square$

Bedingte Versionen der Konvergenzsätze

Die Konvergenzsätze, der SATZ VON DER MONOTONEN KONVERGENZ und der SATZ VON DER DOMINIERTEN KONVERGENZ, lassen sich auf bedingte Erwartungen übertragen. Dabei sind jeweils zwei Dinge zu tun: Zum einen ersetzt man $\mathbb{E}(\cdot)$ durch $\mathbb{E}(\cdot|\mathcal{G})$, zum anderen gelten die Gleichungen, da sie sich nun auf Zufallsvariablen und nicht mehr auf Zahlen beziehen, nur noch fast sicher.

Theorem 8.5 (bedingte Versionen der Konvergenzsätze). *Es seien $X, (X_n)$ integrierbare Zufallsvariablen und $\mathcal{G}$ eine Sub-σ-Algebra. Dann gilt:*

(i) *Ist $0 \leq X_n \uparrow X$, so folgt:*

$$\mathbb{E}(X_n|\mathcal{G}) \longrightarrow \mathbb{E}(X|\mathcal{G}) \quad \text{fast sicher.}$$

(ii) *Gilt $X_n \to X$ fast sicher sowie $\mathbb{E}(|Y|) < \infty$ und $|X_n| \leq Y$ für alle $n \in \mathbb{N}$, so folgt*

$$\mathbb{E}(X_n|\mathcal{G}) \longrightarrow \mathbb{E}(X|\mathcal{G}) \quad \text{fast sicher.}$$

Beweis. (i) Es sei $0 \leq X_n \uparrow X$. Nach dem (gewöhnlichen) SATZ VON DER MONOTONEN KONVERGENZ folgt $X_n \xrightarrow{L^1} X$. Daraus folgt mit Satz 8.4(v) die Konvergenz der bedingten Erwartungen in L^1:

$$\mathbb{E}(X_n|\mathcal{G}) \xrightarrow{L^1} \mathbb{E}(X|\mathcal{G}).$$

Durch Übergang zu einer Teilfolge erhalten wir fast sichere Konvergenz. Da nach 8.4(iv) die Folge $(\mathbb{E}(X_n|\mathcal{G}))$ fast sicher monoton wächst, gilt die fast sichere Konvergenz für die ganze Folge.

(ii) Definieren wir $Z_n := \sup\limits_{k \geq n} |X_k - X|$, so gilt $Z_n \downarrow 0$ fast sicher. Nach Satz 8.4 gilt

$$|\mathbb{E}(X_n|\mathcal{G}) - \mathbb{E}(X|\mathcal{G})| \leq \mathbb{E}(Z_n|\mathcal{G}),$$

daher genügt es, $\mathbb{E}(Z_n|\mathcal{G}) \downarrow 0$ fast sicher zu zeigen. Nach Satz 8.4(iv) ist die Folge $(\mathbb{E}(Z_n|\mathcal{G}))$ monoton fallend, sei $U := \lim\limits_{n \to \infty} \mathbb{E}(Z_n|\mathcal{G})$. Da $U \geq 0$ fast sicher, genügt es nun, $\mathbb{E}(U) = 0$ zu zeigen, um $U = 0$ fast sicher schließen zu können. Nun ist aber nach Voraussetzung $0 \leq Z_n \leq 2Y$, und daher nach Satz 8.4(i) und dem (gewöhnlichen) SATZ VON DER DOMINIERTEN KONVERGENZ:

$$\mathbb{E}(U) = \mathbb{E}(\mathbb{E}(U|\mathcal{G})) \leq \mathbb{E}(\mathbb{E}(Z_n|\mathcal{G})) = \mathbb{E}(Z_n) \longrightarrow 0.$$

$\square$

Auch von der JENSENSCHEN UNGLEICHUNG gibt es eine bedingte Version. Da wir für ihren Beweis nur Linearität und Monotonie des Erwartungswertes verwendet haben, überträgt sich der Beweis fast wörtlich. Wir erinnern an die Darstellung einer konvexen Funktion ϕ durch:

$$\phi(x) = \sup_{v \in U} v(x), \quad \text{mit } U := \{v : v(t) = a + bt \leq \phi(t) \text{ für alle } t \in I\}.$$

Satz 8.6 (bedingte Version der Ungleichung von Jensen). *Es sei $\phi : I \to \mathbb{R}$ eine konvexe Funktion auf einem Intervall I, $X : \Omega \to I$ eine integrierbare Zufallsvariable und $\mathcal{G}$ eine Sub-σ-Algebra. Dann ist $\mathbb{E}(X|\mathcal{G}) \in I$ fast sicher. Ist $\phi(X)$ integrierbar, so gilt:*

$$\phi(\mathbb{E}(X|\mathcal{G})) \leq \mathbb{E}(\phi(X)|\mathcal{G}).$$

Beweis. Ist I nach oben oder unten beschränkt, so folgt aus der Monotonie, dass $\mathbb{E}(X|\mathcal{G}) \in I$ fast sicher, andernfalls ist nichts zu zeigen. Aus der Darstellung

$$\phi(X) = \sup_{v \in U} v(X)$$

folgt für jede lineare Funktion $v_0 \in U$:

$$\mathbb{E}(\phi(X)|\mathcal{G}) = \mathbb{E}(\sup_{v \in U} v(X)|\mathcal{G})$$
$$\geq \mathbb{E}(v_0(X)|\mathcal{G})$$
$$= v_0(\mathbb{E}(X|\mathcal{G})).$$

Durch Bildung des Supremums über U auf beiden Seiten erhalten wir:

$$\mathbb{E}(\phi(X)|\mathcal{G}) \geq \sup_{v \in U} v(\mathbb{E}(X|\mathcal{G})) = \phi(\mathbb{E}(X|\mathcal{G})).$$

$\square$

Drei weitere Eigenschaften

Da die bedingte Erwartung $\mathbb{E}(X|\mathcal{G})$ eine $\mathcal{G}$-messbare Zufallsvariable ist, kann man davon wiederum die bedingte Erwartung unter einer Sub-σ-Algebra $\mathcal{H} \subset \mathcal{G}$ betrachten. So erhalten wir die folgende so genannte PROJEKTIONSEIGENSCHAFT:

Satz 8.7 (Projektionseigenschaft). *Ist X eine integrierbare Zufallsvariable und sind $\mathcal{H} \subset \mathcal{G} \subset \mathcal{F}$ σ-Algebren, so gilt:*

$$\mathbb{E}(\mathbb{E}(X|\mathcal{G})|\mathcal{H}) = \mathbb{E}(X|\mathcal{H}) \quad f.s.$$

Beweis. Die linke Seite in obiger Gleichung ist $\mathcal{H}$-messbar, und für jedes $H \in \mathcal{H}$ ist $\mathbb{E}[\mathbb{E}(\mathbb{E}(X|\mathcal{G})|\mathcal{H})I_H] = \mathbb{E}[\mathbb{E}(X|\mathcal{G})I_H] = \mathbb{E}[XI_H]$. Daher ist $\mathbb{E}(\mathbb{E}(X|\mathcal{G})|\mathcal{H})$ eine Version von $\mathbb{E}(X|\mathcal{H})$. $\square$

Als nächstes betrachten wir die bedingte Erwartung eines Produkts XY für ein $\mathcal{G}$-messbares X.

Satz 8.8. *Es seien X und Y Zufallsvariablen und $\mathcal{G}$ eine Sub-σ-Algebra. Ist X $\mathcal{G}$-messbar und Y sowie XY integrierbar, so gilt:*

$$\mathbb{E}(XY|\mathcal{G}) = X\mathbb{E}(Y|\mathcal{G}).$$

Beweis. Wir zeigen zunächst, dass die rechte Seite für $X = I_A$, $A \in \mathcal{G}$ eine Version von $\mathbb{E}(XY|\mathcal{G})$ ist. $I_A\mathbb{E}(Y|\mathcal{G})$ ist $\mathcal{G}$-messbar und integrierbar. Für jedes $G \in \mathcal{G}$ folgt

$$\mathbb{E}[I_A\mathbb{E}(Y|\mathcal{G})I_G] = \mathbb{E}[\mathbb{E}(Y|\mathcal{G})I_{G \cap A}] = \mathbb{E}[YI_{G \cap A}] = \mathbb{E}[(I_A Y)I_G].$$

Damit ist die Behauptung für $X = I_A$ gezeigt. Der Rest folgt mit unserer STANDARDPROZEDUR. Diese funktioniert unverändert für bedingte Erwartungen, da wir Linearität, Monotonie und die bedingte Version des Satzes von der monotonen Konvergenz, Theorem 8.5(i), zur Verfügung haben. $\square$

Schließlich betrachten wir den Fall, dass $\sigma(X)$ und $\mathcal{G}$ unabhängig sind. Sind A und B unabhängige Ereignisse, so gilt $\mathbb{P}(A|B) = \mathbb{P}(A)$. Auch bei der bedingten Erwartung fällt die Bedingung weg.

Satz 8.9. *Es sei X eine Zufallsvariable und $\mathcal{G}$ eine Sub-σ-Algebra. Sind $\sigma(X)$ und $\mathcal{G}$ unabhängig, so gilt:*

$$\mathbb{E}(X|\mathcal{G}) = \mathbb{E}(X).$$

Beweis. Die konstante Funktion $\mathbb{E}(X)$ ist messbar und für jedes $A \in \mathcal{G}$ gilt nach dem Produktsatz 5.13

$$\mathbb{E}(XI_G) = \mathbb{E}(X)\mathbb{E}(I_G) = \mathbb{E}(\mathbb{E}(X)I_G).$$

$\square$

Bedingte Wahrscheinlichkeit und Information

Wir wollen noch eine weitere Möglichkeit vorstellen, wie man sich bedingte Erwartungen und ihre wahrscheinlichkeitstheoretische Bedeutung intuitiv vorstellen kann. Dazu knüpfen wir wiederum an die bereits in Abschnitt 5.1 vorgestellte Interpretation der elementaren bedingten Wahrscheinlichkeit $\mathbb{P}(A|B)$ an. Ein Zufallsexperiment $(\Omega, \mathcal{F}, \mathbb{P})$ produziert ein Ergebnis ω, das gemäß $\mathbb{P}$ verteilt ist. Für einen Beobachter ist $\mathbb{P}(A)$ die Wahrscheinlichkeit, dass $\omega \in A$ ist. Nehmen wir an, der Beobachter wird über $\omega \in B$ informiert. Dadurch ändert sich für ihn, der nun über diese Teilinformation zu ω verfügt, die Wahrscheinlichkeit für $\omega \in A$ von $\mathbb{P}(A)$ zu $\mathbb{P}(A|B)$. Ist hingegen $\omega \in B^c$, so wird aus $\mathbb{P}(A)$ die Wahrscheinlichkeit $\mathbb{P}(A|B^c)$. Wir betrachten daher die Funktion

$$f : \Omega \to [0,1], \omega \mapsto \begin{cases} \mathbb{P}(A|B) & \text{für } \omega \in B, \\ \mathbb{P}(A|B^c) & \text{für } \omega \in B^c. \end{cases}$$

Dann ist $f(\omega)$ die neue Wahrscheinlichkeit für das Ereignis A. Nehmen wir an, der Beobachter verfüge über die Information, ob $\omega \in B$ oder $\omega \in B^c$. Obwohl er im Allgemeinen ω nicht kennt, kann er auf Grund seiner Teilinformation den Funktionswert $f(\omega)$, also die neue Wahrscheinlichkeit für das Ereignis A bestimmen.

In unserem Fall können wir die σ-Algebra $\sigma(B) = \{\emptyset, B, B^c, \Omega\}$ als die dem Beobachter bekannte Information auffassen. Genauer heißt dies, dass der Beobachter für jedes $D \in \sigma(B)$ weiß, ob $\omega \in D$ oder nicht. Für die Mengen $\emptyset$ und Ω ist dies klar, die triviale σ-Algebra $\{\emptyset, \Omega\}$ enthält daher keinerlei Information. Die Verallgemeinerung auf beliebige Sub-σ-Algebren $\mathcal{G}$ und damit auf die allgemeinen bedingten Wahrscheinlichkeiten $\mathbb{P}(A|\mathcal{G})$ ist nun nicht mehr schwer. Verfügt ein Beobachter über die Teilinformation $\mathcal{G}$, so weiß er zu jedem $D \in \mathcal{G}$, ob $\omega \in D$ oder $\omega \in D^c$. Entsprechend kann man sich $\mathbb{P}(A|\mathcal{G})(\omega)$ als Wahrscheinlichkeit für $\omega \in A$ vorstellen, wenn man über die Information $\mathcal{G}$ verfügt.

Beispiel 8.10. Um mit dieser Interpretation vertraut zu werden, ist es nützlich, sich die zwei extremen Möglichkeiten für $\mathcal{G}$ anzusehen. Ist $\mathcal{G} = \{\emptyset, \Omega\}$, so haben wir bereits festgestellt, dass $\mathcal{G}$ keine Information enthält. Entsprechend gilt

$$\mathbb{P}(A|\mathcal{G}) = \mathbb{E}(I_A|\{\emptyset, \Omega\}) = \mathbb{E}(I_A) = \mathbb{P}(A),$$

genau wie wir erwartet haben. Ist umgekehrt $A \in \mathcal{G}$, was immer der Fall ist, wenn $\mathcal{G} = \mathcal{F}$ ist, dann enthält die Information $\mathcal{G}$ insbesondere, ob $\omega \in A$ oder $\omega \in A^c$. Entsprechend erhalten wir, da I_A $\mathcal{G}$-messbar ist:

$$\mathbb{P}(A|\mathcal{G}) = \mathbb{E}(I_A|\mathcal{G}) = I_A.$$

$\Diamond$

Prognose

Der Schritt von den bedingten Wahrscheinlichkeiten $\mathbb{P}(A|\mathcal{G})$ zur Interpretation der bedingten Erwartungen $\mathbb{E}(X|\mathcal{G})$ ist der folgende: Die Zufallsvariable X können wir wie üblich als einen Aspekt, z.B. eine Messung, bei einem Zufallsexperiment $(\Omega, \mathcal{F}, \mathbb{P})$ auffassen. Dann ist $\mathbb{E}(X|\mathcal{G})(\omega)$ der Erwartungswert, also der erwartete Wert von X, wenn der Beobachter über die Information $\mathcal{G}$, d.h. über die Information $\omega \in D$ oder $\omega \in D^c$ für jedes $D \in \mathcal{G}$ verfügt. Richten wir den Blick in die Zukunft, so können wir demnach $\mathbb{E}(X|\mathcal{G})$ als Prognose von X mit Hilfe des Wissens aus $\mathcal{G}$ auffassen. Diese Sichtweise untermauert, nach so viel Heuristik, der folgende Satz:

Satz 8.11. *Es sei $X \in L^2(\Omega, \mathcal{F}, \mathbb{P})$ und $\mathcal{G} \subset \mathcal{F}$ eine Sub-σ-Algebra. Dann nimmt die Funktion*

$$h : Y \mapsto \mathbb{E}[(X - Y)^2], \quad Y \in L^2(\Omega, \mathcal{G}, \mathbb{P}|\mathcal{G}),$$

in $X_0 := \mathbb{E}(X|\mathcal{G})$ ihr Minimum an.

Mit $\mathbb{P}|\mathcal{G}$ ist die gewöhnliche Einschränkung des Wahrscheinlichkeitsmaßes $\mathbb{P}$ auf die Sub-σ-Algebra $\mathcal{G}$ gemeint und nicht etwa eine bedingte Wahrscheinlichkeit.

Beweis. Ist $Y \in L^2$ $\mathcal{G}$-messbar, so folgt mit den EIGENSCHAFTEN BEDINGTER ERWARTUNGEN:

$$\mathbb{E}(XY|\mathcal{G}) = Y\mathbb{E}(X|\mathcal{G}) = YX_0,$$

und damit

$$\mathbb{E}(XY) = \mathbb{E}(YX_0).$$

Setzen wir speziell $Y = X_0$, so folgt

$$\mathbb{E}(XX_0) = \mathbb{E}(X_0^2).$$

Aus den letzten beiden Gleichungen erhalten wir:

$$\mathbb{E}[(X-Y)^2] - \mathbb{E}[(X-X_0)^2] = -2\mathbb{E}(XY) + \mathbb{E}(Y^2) + 2\mathbb{E}(XX_0) - \mathbb{E}(X_0^2)$$
$$= \mathbb{E}(X_0^2) - 2\mathbb{E}(X_0 Y) + \mathbb{E}(Y^2) = \mathbb{E}[(Y-X_0)^2],$$

und daher

$$h(X_0) = \mathbb{E}[(X-X_0)^2] \leq \mathbb{E}[(X-Y)^2] = h(Y) \quad \text{für alle } Y \in L^2(\Omega, \mathcal{G}, \mathbb{P}|\mathcal{G}).$$

Damit nimmt die Funktion h in $X_0 = \mathbb{E}(X|\mathcal{G})$ ihr Minimum an. □

Unter allen $\mathcal{G}$-messbaren Abbildungen Y ist $\mathbb{E}(X|\mathcal{G})$ diejenige, welche X am besten „quadratisch approximiert": $\mathbb{E}[(X-Y)^2]$ wird minimal. Dies unterstreicht die Sichtweise von $\mathbb{E}(X|\mathcal{G})$ als Prognose von X, wenn man die Information $\mathcal{G}$ zur Verfügung hat.

Beispiel 8.12. Wir betrachten wieder die zwei Möglichkeiten $\mathcal{G} = \{\emptyset, \Omega\}$ und $\mathcal{G} = \mathcal{F}$. Im ersten Fall, ohne irgendeine zusätzliche Information, ist die bestmögliche Prognose von X der Erwartungswert von X:

$$\mathbb{E}(X|\{\emptyset, \Omega\})(\omega) = \mathbb{E}(X) \quad \text{für alle } \omega \in \Omega.$$

Kennen wir hingegen das gesamte Experiment $\sigma(X) \subset \mathcal{G}$, so ist die bestmögliche Prognose der uns bekannte Messwert selbst:

$$\mathbb{E}(X|\mathcal{G})(\omega) = X(\omega) \quad \text{für alle } \omega \in \Omega.$$

◇

Teil III

Stochastische Prozesse

9

Markov-Ketten

In der Wahrscheinlichkeitstheorie haben wir wichtige Aussagen über Folgen von Zufallsvariablen oft unter der Voraussetzung der Unabhängigkeit getroffen, z.B. das STARKE GESETZ DER GROSSEN ZAHLEN oder den ZENTRALEN GRENZWERTSATZ. Es könnte der Eindruck entstehen, die Wahrscheinlichkeitstheorie würde sich in erster Linie mit unabhängigen Zufallsvariablen auseinander setzen. Dies ist keineswegs der Fall. Die Markov-Eigenschaft, mit der wir uns in diesem Kapitel beschäftigen, und die Martingal-Eigenschaft (Kapitel 11) bilden zwei fundamentale Konzepte abhängiger Zufallsvariablen.

Reale Situationen stecken voller Abhängigkeiten: Der Aktienkurs von morgen hängt vom heutigen Kurs und der Nachfrage ab, die in einer Wetterstation stündlich gemessenen Größen sind von den vorherigen Messungen abhängig, die Wartezeit an einem Schalter hängt von der Anzahl bisher Wartender ab etc. Im Allgemeinen werden Berechnungen durch Abhängigkeiten schwieriger. Die Kunst der stochastischen Modellbildung besteht darin, genug Abhängigkeit zu berücksichtigen, um ein realistisches Modell zu erhalten, jedoch nicht zu viel, um explizite Berechnungen zu ermöglichen. Markov-Ketten bilden einen solchen Kompromiss. Ihre zukünftige Entwicklung hängt vom gegenwärtigen Zustand, jedoch nicht von der Vergangenheit ab. Sie eignen sich in besonderer Weise für den Einstieg in die Theorie der stochastischen Prozesse, da sie einerseits sehr anschaulich sind und andererseits eine Interpretation als zeitliche Entwicklung eines zufälligen Geschehens erlauben.

9.1 Übergangswahrscheinlichkeiten

Die Markov-Eigenschaft

Wir wollen ein System, das höchstens abzählbar viele Zustände annehmen kann, dadurch beschreiben, dass wir angeben, mit welcher Wahrscheinlichkeit es von einem Zustand in den anderen übergeht. Als konkretes Beispiel betrachten wir das Wetter in München und beschränken uns auf die drei Zustände

$S = \{1, 2, 3\}$, die wir wie folgt interpretieren:

$$1 = \text{regnerisch},$$
$$2 = \text{bewölkt},$$
$$3 = \text{sonnig}.$$

Für die Wechsel zwischen den einzelnen Zuständen betrachten wir folgende Matrix:

$$
\begin{array}{c c c c}
 & \mathbf{1} & \mathbf{2} & \mathbf{3} \\
\mathbf{1} & 0.3 & 0.7 & 0 \\
\mathbf{2} & 0.3 & 0.5 & 0.2 \\
\mathbf{3} & 0.1 & 0.6 & 0.3
\end{array}
\tag{9.1}
$$

Die Matrix besagt, dass zum Beispiel die Wahrscheinlichkeit, dass auf einen bewölkten Tag (Zustand 2) ein regnerischer Tag (Zustand 1) folgt, $p_{21} = 0.3$ ist. Die Einträge der Matrix sind relativ beliebig, jede 3×3-Matrix ist zulässig, solange sie zwei Bedingungen genügt:

(i) $p_{ij} \geq 0$, da es sich um Wahrscheinlichkeiten handelt.
(ii) $\sum_{j \in S} p_{ij} = 1$, da am folgenden Tag sicher irgendeine Wetterlage vorliegt.

Solchen Matrizen (ggf. mit abzählbar vielen Zeilen und Spalten) geben wir einen Namen:

Definition 9.1 (stochastische Matrix). *Sei S eine abzählbare Menge und $\mathbf{p} = (p_{ij})_{i,j \in S}$ eine $S \times S$-Matrix mit den folgenden Eigenschaften:*

(i) $p_{ij} \geq 0$ *für alle $i, j \in S$,*
(ii) $\sum_{j \in S} p_{ij} = 1.$

Dann heißt $\mathbf{p}$ stochastische Matrix.

In einer stochastischen Matrix stehen demnach nicht-negative Einträge, die sich zeilenweise zu 1 aufsummieren. Dies erlaubt eine Interpretation jeder Zeile als (diskrete) Verteilung auf S, wie sie in der folgenden Definition einer Markov-Kette vorgenommen wird.

Definition 9.2 (Markov-Kette). *Es sei S eine abzählbare Menge, α eine Verteilung auf S und $\mathbf{p} = (p_{ij})_{i,j \in S}$ eine stochastische Matrix. Eine Folge (X_n), $X_n : \Omega \to S$, $n \in \mathbb{N}_0$, von Zufallsvariablen mit Werten in S heißt $(\alpha, \mathbf{p})$-Markov-Kette, falls*

$$\mathbb{P}(X_0 = i) = \alpha(i), \quad i \in S,$$

und für jedes $n \in \mathbb{N}$, $j \in S$ und alle $(n+1)$-Tupel $(i_0, \dots, i_n) \in S^{n+1}$ mit $\mathbb{P}(X_0 = i_0, \dots, X_n = i_n) > 0$ gilt:

$$\mathbb{P}(X_{n+1} = j | X_0 = i_0, \dots, X_n = i_n) = \mathbb{P}(X_{n+1} = j | X_n = i_n) = p_{i_n j}. \quad (9.2)$$

Bevor wir uns Beispiele anschauen, wollen wir die Definition erläutern:

(i) Die Forderung $\mathbb{P}(X_0 = i_0, \dots, X_n = i_n) > 0$ dient dazu sicherzustellen, dass die bedingten Wahrscheinlichkeiten in (9.2) definiert sind. Wir werden im Folgenden ständig bedingte Wahrscheinlichkeiten betrachten. Um die Lesbarkeit zu erhöhen, weisen wir in Zukunft nicht mehr darauf hin, dass die betrachtete Bedingung stets positive Wahrscheinlichkeit haben muss.

(ii) Die Einträge p_{ij} der Matrix $\mathbf{p}$ heißen Übergangswahrscheinlichkeiten. Aus Gleichung (9.2) lesen wir ab, dass die Übergangswahrscheinlichkeiten nicht vom „Zeitpunkt" n abhängen, sie sind also zeitinvariant. Man spricht in diesem Fall von *stationären* oder zeitlich *homogenen Übergangswahrscheinlichkeiten*. Wir werden uns auf diesen Fall beschränken und daher das Adjektiv „stationär" weglassen.

(iii) Formal ist eine Markov-Kette eine Folge von Zufallsvariablen (X_n) mit einer bestimmten Abhängigkeitsstruktur. Im Gegensatz zu den Folgen von Zufallsvariablen, die wir bisher betrachtet haben, interpretieren wir den Index $n \in \mathbb{N}_0$ als Zeitparameter der Markov-Kette. In diesem Sinn ist eine Markov-Kette ein stochastischer Prozess, vgl. Abschnitt 10.1.

(iv) Die Elemente von S können wir uns als mögliche Zustände eines Systems vorstellen, bei dem X_n den aktuellen Stand zum Zeitpunkt n beschreibt. Die Folge $X_0, X_1, X_2, \dots$ beschreibt die Geschichte des Systems, die mit den Übergangswahrscheinlichkeiten (9.2) verläuft. Die Gleichung (9.2) besagt, dass die bedingte Wahrscheinlichkeit für den nächsten Zustand X_{n+1} bei gegebenem gesamten Verlauf $X_0 = i_0, \dots, X_n = i_n$ die gleiche ist, wie die bedingte Wahrscheinlichkeit für den nächsten Zustand X_{n+1}, wenn nur die „Gegenwart" X_n gegeben ist. Der weitere Verlauf hängt demnach nur von der Gegenwart X_n und nicht von der „Vergangenheit" $X_0, \dots, X_{n-1}$ ab. Diese Eigenschaft bezeichnet man als *Markov-Eigenschaft*. Anders ausgedrückt besagt die Markov-Eigenschaft, dass für die Zukunft nur die Gegenwart von Interesse ist, jede Information aus der Vergangenheit hingegen ist irrelevant. Diese Aussage werden wir im nächsten Abschnitt präzisieren.

(v) Die Verteilung des Anfangszustandes X_0,

$$\alpha = \mathbb{P}_{X_0}, \text{ heißt } Startverteilung. \tag{9.3}$$

Da S abzählbar ist, ist die diskrete Verteilung α eindeutig bestimmt durch die Angabe der Zähldichte

$$\alpha(i) := \alpha(\{i\}) = \mathbb{P}_{X_0}(\{i\}), \quad i \in S.$$

Betrachten wir Wahrscheinlichkeiten unter der Bedingung $\{X_0 = i\}$, also mit einem „sicheren Start" der Markov-Kette im Zustand i, so kürzen wir dies durch die Schreibweise

$$\mathbb{P}_i(A) := \mathbb{P}(A|X_0 = i), \quad A \in \mathcal{F},$$

ab. Wir werden uns unter anderem mit der Frage auseinander setzen, welchen Einfluss die Startverteilung auf das Langzeitverhalten der Markov-Kette hat. Um dabei verschiedene Startverteilungen zu unterscheiden, betonen wir ggf. die Startverteilung durch die Schreibweise

$$\mathbb{P}_\alpha(A) : \text{Wahrscheinlichkeit für } A \text{ unter der Startverteilung } \alpha.$$

(vi) Markov-Ketten werden durch eine stochastische $S \times S$-Matrix und eine Startverteilung α angegeben. Zur Rechtfertigung dieses Vorgehens muss nachgewiesen werden, dass es zu jeder stochastischen Matrix eine Markov-Kette (X_n) mit den vorgeschriebenen Übergangswahrscheinlichkeiten gibt. Diesen Existenzbeweis führen wir in Anhang A in Abschnitt A.2.

Beispiele, Graphen, Fragestellungen

Die nachfolgenden Beispiele werfen einige typische Fragen auf, die bei der Beschäftigung mit Markov-Ketten auftreten.

Beispiel 9.3 (Wetter-Kette). Zu Beginn betrachten wir erneut die stochastische Matrix

	1	**2**	**3**
1	0.3	0.7	0
2	0.3	0.5	0.2
3	0.1	0.2	0.7

Es sei (X_n) die Markov-Kette zu dieser Matrix. Dann ist z.B.

$$\mathbb{P}(X_2 = 2|X_1 = 3) = p_{32} = 0.2$$

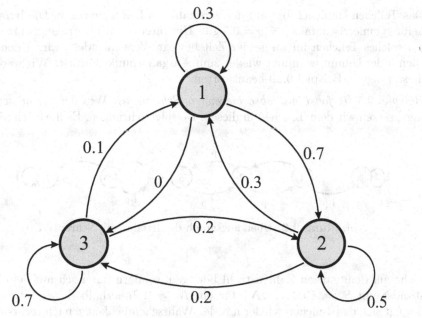

Abbildung 9.1. Übergangsgraph der Wetter-Markov-Kette

die Wahrscheinlichkeit, dass auf einen bewölkten Tag ein sonniger folgt. Natürlich ist die Markov-Kette nur ein Modell, das insbesondere davon ausgeht, dass das Wetter von morgen nur vom heutigen Wetter abhängt und nicht ebenfalls vom gestrigen. Es stellt sich die Frage, wie sich in diesem Modell das Wetter von übermorgen, in drei Tagen etc. entwickelt.

Markov-Ketten mit endlichen Zustandsräumen S können statt durch eine stochastische Matrix auch durch einen Graphen dargestellt werden. Dieser so genannte Übergangsgraph, dessen Bezeichnungen selbsterklärend sind, ist für die Wetter-Kette in Abbildung 9.1 dargestellt.   ◊

Beispiel 9.4 (Irrfahrt auf $\mathbb{Z}$ (Random Walk)). Der Zustandsraum besteht in diesem Beispiel aus den ganzen Zahlen $S := \mathbb{Z}$. Wir stellen uns ein Teilchen vor, das mit der Wahrscheinlichkeit p einen Schritt nach rechts macht und mit der Wahrscheinlichkeit $q = 1 - p$ einen Schritt nach links. Die Markov-Kette (X_n) beschreibt den Ort des Teilchens im n-ten Schritt. Wir erhalten folgende Übergangswahrscheinlichkeiten:

$$p_{ii+1} = p \qquad \text{für alle } i \in \mathbb{Z},$$
$$p_{ii-1} = 1 - p \quad \text{für alle } i \in \mathbb{Z},$$
$$p_{ij} = 0 \qquad \text{für alle } i, j \in \mathbb{Z} \text{ mit } i = j \text{ oder } |i - j| \geq 2.$$

Das Teilchen kann sich frei auf der ganzzahligen Leiter bewegen. Die Irrfahrt heißt symmetrisch, falls $p = q = 0.5$ gilt. Uns interessiert die Frage, wohin sich ein solches Teilchen im Laufe der Zeit bewegt. Verschwindet es im Unendlichen, oder kommt es immer wieder zum Ausgangspunkt zurück? Wir werden diese Frage in Beispiel 9.29 beantworten.   ◊

Beispiel 9.5 (Irrfahrt mit absorbierenden Schranken). Wie der Name schon sagt, setzen wir dem Teilchen in diesem Beispiel Schranken. Es darf sich nicht

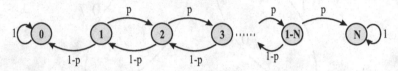

Abbildung 9.2. Übergangsgraph der Irrfahrt mit Schranken

mehr auf dem ganzen Zahlenstrahl bewegen, sondern nur noch auf dem Zustandsraum $S := \{0, 1, \dots, N\}$ für ein $N \geq 1$. Innerhalb dieses Intervalls bewegt sich das Teilchen wieder mit der Wahrscheinlichkeit p nach rechts und mit der Wahrscheinlichkeit $q = 1 - p$ nach links. Kommt es allerdings auf einen Randpunkt, so bleibt es für alle Zeiten dort. Im Einzelnen ergibt sich für die Übergangswahrscheinlichkeiten:

$$p_{i\,i+1} = p \qquad \text{für alle } 0 < i < N,$$
$$p_{i\,i-1} = 1 - p \quad \text{für alle } 0 < i < N,$$
$$p_{ii} = 0 \qquad \text{für alle } 0 < i < N,$$
$$p_{00} = p_{NN} = 1.$$

Dieses Beispiel zeigt, wie nützlich Übergangsgraphen, siehe Abbildung 9.2, für die Anschauung sind.   ◊

Das letzte Beispiel motiviert die folgende Definition:

Definition 9.6 (absorbierender Zustand). *Sei (X_n) eine $(\alpha, \mathbf{p})$-Markov-Kette auf dem Zustandsraum S. Ein Zustand $i \in S$ heißt absorbierend, falls $p_{ii} = 1$.*

Aus einem absorbierenden Zustand gibt es kein Entkommen mehr. Im letzten Beispiel waren die Zustände 0 und N absorbierend.

Mehrschritt-Übergangswahrscheinlichkeiten

Die Beispiele haben Fragen aufgeworfen, die das Verhalten der Markov-Kette „auf lange Sicht" betreffen. Schauen wir zunächst, was passiert, wenn wir mehr als einen Schritt voraus denken. Die Übergangswahrscheinlichkeiten $p_{ij} = \mathbb{P}(X_{n+1} = j | X_n = i)$ einer Markov-Kette (X_n) geben die Wahrscheinlichkeit an, in einem Schritt vom Zustand i in den Zustand j zu gelangen. Wir möchten die Wahrscheinlichkeit bestimmen, von i nach j in m Schritten zu gelangen. Dazu definieren wir für jedes Paar $i, j \in S$ aus dem Zustandsraum die

$$m\text{-}Schritt\text{-}Übergangswahrscheinlichkeit\ p_{ij}^m := \mathbb{P}(X_{n+m} = j | X_n = i).$$

Auf Grund der Zeitinvarianz der Markov-Ketten sind auch die m-Schritt-Übergangswahrscheinlichkeiten unabhängig von n und damit wohldefiniert. Beginnen wir mit einem Beispiel.

Beispiel 9.7 (Wettervorhersage für übermorgen). Heute scheint die Sonne, wie groß ist die Wahrscheinlichkeit, dass es übermorgen regnet? Betrachten wir dazu wieder unsere Wetter-Kette (X_n) mit den Übergangswahrscheinlichkeiten

$$
\begin{array}{c|ccc}
 & 1 & 2 & 3 \\
\hline
1 & 0.3 & 0.7 & 0 \\
2 & 0.3 & 0.5 & 0.2 \\
3 & 0.1 & 0.2 & 0.7
\end{array}
$$

Gesucht ist die Wahrscheinlichkeit $\mathbb{P}(X_2 = 1 | X_0 = 3)$. Diese ergibt sich unter Berücksichtigung aller Wetterlagen für den dazwischen liegenden Tag:

$$
\begin{aligned}
\mathbb{P}(X_2 = 1 | X_0 = 3) &= \sum_{k=1}^{3} \mathbb{P}(X_2 = 1, X_1 = k | X_0 = 3) \\
&= \sum_{k=1}^{3} \mathbb{P}(X_2 = 1 | X_1 = k, X_0 = 3) \cdot \mathbb{P}(X_1 = k | X_0 = 3) \\
&= \sum_{k=1}^{3} p_{k1} p_{3k} \\
&= 0.16.
\end{aligned}
$$

Dabei haben wir in der vorletzten Zeile die Markov-Eigenschaft verwendet. Nun ist an den Zuständen 1 und 3 sicherlich nichts Besonderes, so dass wir allgemein für $i, j \in \{1, 2, 3\}$ erhalten:

$$\mathbb{P}(X_2 = j | X_0 = i) = \sum_{k=1}^{3} p_{i,k} p_{k,j} = (\mathbf{p}^2)_{ij}, \tag{9.4}$$

also den (i, j)-ten Eintrag der Matrix $\mathbf{p}^2$. Die 2-Schritt-Übergangswahrscheinlichkeiten sind also gegeben durch das Quadrat der Übergangsmatrix $\mathbf{p}$. ◊

Das letzte Beispiel legt die Vermutung nahe, dass die m-Schritt-Übergangswahrscheinlichkeiten p_{ij}^m in der m-ten Potenz der stochastischen Matrix $\mathbf{p}$

stehen. Dies ist in der Tat der Fall, wie das nächste Resultat zeigt. Vorsichtshalber definieren wir noch

$$p_{ij}^0 = \delta_{ij} = \begin{cases} 1 & \text{für } i = j, \\ 0 & \text{für } i \neq j. \end{cases}$$

Theorem 9.8 (Chapman-Kolmogorov-Gleichung). *Ist (X_n) eine $(\alpha, \mathbf{p})$-Markov-Kette auf einem Zustandsraum S, so gilt für jedes Paar $i, j \in S$:*

$$p_{ij}^{m+n} = \sum_{k \in S} p_{ik}^m p_{kj}^n, \quad m, n \in \mathbb{N}_0, \tag{9.5}$$

d.h. p_{ij}^m ist der (i, j)-te Eintrag in der Matrix $\mathbf{p}^m$.

Beweis. Unsere Strategie ist klar: Um von i nach j in $m + n$ Schritten zu gehen, müssen wir in m Schritten zu einem Zustand k, und von dort in n Schritten weiter bis zu j. Die Markov-Eigenschaft garantiert, dass die beiden Teilstücke unabhängig sind. Im Einzelnen erhalten wir:

$$p_{ij}^{m+n} = \mathbb{P}(X_{m+n} = j | X_0 = i) = \sum_{k \in S} \mathbb{P}(X_{m+n} = j, X_m = k | X_0 = i)$$

$$= \sum_{k \in S} \mathbb{P}(X_{m+n} = j | X_m = k, X_0 = i) \mathbb{P}(X_m = k | X_0 = i)$$

$$= \sum_{k \in S} \mathbb{P}(X_{m+n} = j | X_m = k) \mathbb{P}(X_m = k | X_0 = i)$$

$$= \sum_{k \in S} p_{ik}^m p_{kj}^n.$$

Damit ist Gleichung (9.5) bewiesen. □

Beispiel 9.9 (Wetter-Kette). Wie entwickelt sich das Wetter in 8 Tagen? Berechnen wir dazu mit der Übergangsmatrix $\mathbf{p}$ aus (9.1) die Matrix $\mathbf{p}^8$, so erhalten wir:

$$p^8 \simeq \begin{pmatrix} 0.24 & 0.46 & 0.30 \\ 0.24 & 0.46 & 0.30 \\ 0.24 & 0.45 & 0.31 \end{pmatrix}.$$

Wir sehen, dass unabhängig vom aktuellen Zustand, also dem heutigen Wetter, die Wahrscheinlichkeit, dass es in 8 Tagen regnet, in etwa gleich ist. Das gleiche gilt für die beiden anderen Zustände. Die Vermutung liegt nahe, dass $\mathbf{p}^n$ gegen eine Matrix konvergiert, bei der in jeder Zeile die gleiche „Gleichgewichtsverteilung" steht. Wir werden dies in Abschnitt 9.5 beweisen. ◇

Absolute Wahrscheinlichkeiten

Wir haben bisher bedingte Wahrscheinlichkeiten $\mathbb{P}(X_m = j | X_0 = i)$ betrachtet. Was passiert, wenn wir den Anfangszustand nicht kennen und nach der absoluten Wahrscheinlichkeit $\mathbb{P}(X_m = j)$ fragen, in m Schritten zum Zustand j zu gelangen? Wir erwarten, dass dies von der Anfangsverteilung abhängt, und die Formel von der totalen Wahrscheinlichkeit liefert uns die Begründung dafür.

Satz 9.10. *Sei* (X_n) *eine* $(\alpha, \mathbf{p})$-*Markov-Kette. Dann gilt für jedes* $m \in \mathbb{N}$:

$$\mathbb{P}(X_m = j) = \sum_{i \in S} \alpha_i \cdot p_{ij}^m. \tag{9.6}$$

Beweis. Nach der Formel von der totalen Wahrscheinlichkeit 5.2 gilt:

$$\mathbb{P}(X_m = j) = \sum_{i \in S} \mathbb{P}(X_0 = i) \cdot \mathbb{P}(X_m = j | X_0 = i)$$
$$= \sum_{i \in S} \alpha_i \cdot p_{ij}^m.$$

$\square$

9.2 Erweiterungen der Markov-Eigenschaft

Die Zukunft einer Markov-Kette hängt nicht von ihrer Vergangenheit, sondern nur von der Gegenwart ab. Diese Aussage, die sich mathematisch in der definierenden Gleichung (9.2) wiederfindet, haben wir als Markov-Eigenschaft bezeichnet. In diesem Abschnitt zeigen wir, wie sich aus Gleichung (9.2) weitere, stärkere Aussagen ergeben, die noch deutlicher die Unabhängigkeit der Zukunft von der Vergangenheit bei gegebener Gegenwart zeigen.

Charakterisierung endlicher Markov-Ketten

Betrachten wir endlich viele Zufallsvariablen $X_0, \ldots, X_N$ auf einem Zustandsraum S, so bezeichnen wir diese als endliche $(\alpha, \mathbf{p})$-Markov-Kette, wenn $\mathbb{P}_{X_0} = \alpha$ und die Gleichung (9.2) für jedes $n \leq N - 1$ erfüllt ist.

Lemma 9.11. *Sei* (X_n) *eine Folge von Zufallsvariablen mit Wertebereich* S. *Dann gilt:*

(i) (X_n) *ist genau dann eine* $(\alpha, \mathbf{p})$-*Markov-Kette, wenn* $(X_n)_{0 \leq n \leq N}$ *für jedes* $N \in \mathbb{N}$ *eine endliche* $(\alpha, \mathbf{p})$-*Markov-Kette ist.*

(ii) $(X_n)_{0 \leq n \leq N}$ *ist genau dann eine endliche* $(\alpha, \mathbf{p})$-*Markov-Kette, wenn für alle* $(i_0, \ldots, i_N) \in S^{N+1}$ *gilt:*

$$\mathbb{P}(X_0 = i_0, \ldots, X_N = i_N) = \alpha_{i_0} p_{i_0 i_1} \ldots p_{i_{N-1} i_N}. \tag{9.7}$$

Beweis. Die erste Aussage ist offensichtlich. Für die zweite Behauptung nehmen wir zunächst an, $(X_n)_{0 \leq n \leq N}$ sei eine endliche $(\alpha, \mathbf{p})$-Markov-Kette. Dann folgt nach Satz 5.2:

$$
\begin{aligned}
&\mathbb{P}(X_0 = i_0, \ldots, X_N = i_N) \\
&= \mathbb{P}(X_0 = i_0)\mathbb{P}(X_1 = i_1 | X_0 = i_0) \ldots \mathbb{P}(X_N = i_N | X_{N-1} = i_{N-1}, \ldots, X_0 = i_0) \\
&= \alpha(i_0)\mathbb{P}(X_1 = i_1 | X_0 = i_0) \ldots \mathbb{P}(X_N = i_N | X_{N-1} = i_{N-1}) \\
&= \alpha_{i_0} p_{i_0 i_1} \ldots p_{i_{N-1} i_N}.
\end{aligned}
$$

Umgekehrt folgt aus (9.7) durch Summation über alle $i_N \in S$ wegen $\sum_{j \in S} \mathbf{p}_{ij} = 1$, dass (9.7) auch gilt, wenn wir N durch $N-1$ ersetzen. Per Induktion folgt, dass für jedes $n \leq N$ und $i_0, \ldots, i_n \in S$ gilt:

$$
\mathbb{P}(X_0 = i_0, \ldots, X_n = i_n) = \alpha_{i_0} p_{i_0 i_1} \ldots p_{i_{n-1} i_n}.
$$

Insbesondere folgt $\mathbb{P}_{X_0} = \alpha$ und für jedes $n \leq N - 1$:

$$
\begin{aligned}
&\mathbb{P}(X_{n+1} = i_{n+1} | X_0 = i_0, \ldots, X_n = i_n) \\
&= \frac{\mathbb{P}(X_0 = i_0, \ldots, X_{n+1} = i_{n+1})}{\mathbb{P}(X_0 = i_0, \ldots, X_n = i_n)} \\
&= \frac{\alpha_{i_0} p_{i_0 i_1} \ldots p_{i_n i_{n+1}}}{\alpha_{i_0} p_{i_0 i_1} \ldots p_{i_{n-1} i_n}} = p_{i_n i_{n+1}} = \mathbb{P}(X_{n+1} = i_{n+1} | X_n = i_n).
\end{aligned}
$$

$\square$

Wiedergeburt

Das nächste Resultat besagt, dass eine Markov-Kette, die in m Schritten in den Zustand i gelangt, von da an zum einen unabhängig von ihrer Vergangenheit ist und zum anderen nicht zu unterscheiden ist von einer Markov-Kette, die gleich im Zustand i beginnt. Diese Aussage, die wir als Markov-Eigenschaft bezeichnen, verdeutlicht, dass eine Markov-Kette kein Gedächtnis hat. Sie wird in jedem Zustand $X_m = i$ wieder geboren. Wir verwenden dazu die Dirac-Dichte, die für ein festes $i \in S$ gegeben ist durch:

$$
\delta_i(j) = \begin{cases} 1 & \text{für } j = i, \\ 0 & \text{für } j \neq i, \end{cases} \quad j \in S.
$$

Theorem 9.12 (Markov-Eigenschaft). *Es sei (X_n) eine $(\alpha, \mathbf{p})$-Markov-Kette. Dann gilt für jedes $V \in \sigma(X_0, \ldots, X_m)$ und jedes $A \in \sigma(X_n : n \geq m)$ mit $A = \{(X_m, X_{m+1}, \ldots) \in B\}$, $B \in \mathcal{P}(S)^{\otimes \mathbb{N}}$:*

$$
\mathbb{P}((X_m, X_{m+1}, \ldots) \in B | \{X_m = i\} \cap V) = \mathbb{P}_i((X_0, X_1, \ldots) \in B). \tag{9.8}
$$

Beweis. Es genügt, die Behauptung für Mengen der Gestalt

$$V = \{X_0 = i_0, \ldots, X_m = i_m\}$$

und

$$A = \{X_m = j_m, \ldots, X_{m+n} = j_{m+n}\}, \quad n \in \mathbb{N},$$

zu zeigen, weil diese Mengen (zusammen mit der leeren Menge) einen durchschnittsstabilen Erzeuger von $\sigma(X_0, \ldots, X_m)$ bzw. $\sigma(X_n : n \geq m)$ bilden, so dass die Behauptung dann aus dem MASSEINDEUTIGKEITSSATZ folgt. Für ein so gewähltes A und V ist die Bedingung leer, wenn nicht $i_m = i$ gilt, und durch dreimalige Anwendung des Lemmas 9.11 folgt weiter:

$$\mathbb{P}(X_m = j_m, \ldots, X_{m+n} = j_{m+n} | X_m = i, X_0 = i_0, \ldots, X_{m-1} = i_{m-1})$$

$$= \frac{\mathbb{P}(X_0 = i_0, \ldots, X_{m-1} = i_{m-1}, X_m = i, X_m = j_m, \ldots, X_{m+n} = j_{m+n})}{\mathbb{P}(X_0 = i_0, \ldots, X_{m-1} = i_{m-1}, X_m = i)}$$

$$= \frac{\alpha_{i_0} p_{i_0 i_1} \cdots p_{i_{m-1} i} p_{i j_{m+1}} \cdots p_{j_{m+n-1} j_{m+n}} \delta_{i j_m}}{\alpha_{i_0} p_{i_0 i_1} \cdots p_{i_{m-1} i}}$$

$$= \delta_{i j_m} p_{i j_{m+1}} \cdots p_{j_{m+n-1} j_{m+n}}$$

$$= \mathbb{P}_i(X_0 = j_m, \ldots, X_n = j_{m+n}).$$

$\square$

Die eben bewiesene Markov-Eigenschaft enthält zwei entscheidende Aussagen. Zum einen erhalten wir für $V = \Omega$:

$$\mathbb{P}((X_m, X_{m+1}, \ldots) \in B | X_m = i) = \mathbb{P}_i((X_0, X_1, \ldots) \in B),$$

d.h.

- Unter der Bedingung $X_m = i$ ist $(X_{m+n})_{n \geq 0}$ eine $(\delta_i, \mathbf{p})$-Markov-Kette.

Zum anderen erhalten wir auf Grund der elementaren Äquivalenz

$$\mathbb{P}(A | G, V) = \mathbb{P}(A | G) \Leftrightarrow \mathbb{P}(A \cap V | G) = \mathbb{P}(A | G) \mathbb{P}(V | G)$$

die folgende Aussage:

$$\mathbb{P}(\{(X_m, X_{m+1}, \ldots) \in B\} \cap V | X_m = i) = \mathbb{P}_i((X_0, X_1, \ldots) \in B) \mathbb{P}(V | X_m = i).$$

Interpretieren wir $V \in \sigma(X_0, \ldots, X_m)$ als Vergangenheit, $X_m = i$ als Gegenwart und $\{(X_m, X_{m+1}, \ldots) \in B\} \in \sigma(X_n : n \geq m)$ als Zukunft der Markov-Kette, so erhalten wir daraus die Aussage:

- Unter der Bedingung der Gegenwart $X_m = i$ ist die Zukunft der Markov-Kette $(X_{m+n})_{n \geq 0}$ unabhängig von ihrer Vergangenheit.

Stoppzeiten

Bei der Markov-Eigenschaft (9.8) betrachten wir die Markov-Kette unter der Bedingung $X_m = i$, und unter dieser Bedingung startet die Markov-Kette in i neu. Alternativ könnten wir warten, bis die Markov-Kette den Zustand i zu einer zufälligen Zeit T erreicht. Was können wir über die Markov-Kette nach der zufälligen Zeit T sagen? Bevor wir uns dieser Frage widmen, führen wir eine geeignete Klasse von zufälligen Zeiten, die Stoppzeiten, ein. Dazu setzen wir

$$\bar{\mathbb{N}} := \mathbb{N} \cup \{+\infty\}, \quad \bar{\mathbb{N}}_0 := \mathbb{N}_0 \cup \{+\infty\}.$$

Definition 9.13 (Stoppzeit). *Sei (X_n) eine Folge von Zufallsvariablen auf einem Wahrscheinlichkeitsraum $(\Omega, \mathcal{F}, \mathbb{P})$ und $\mathcal{F}_n := \sigma(X_0, \ldots, X_n)$, $n \in \mathbb{N}_0$, die von den ersten $n + 1$ Zufallsvariablen erzeugte σ-Algebra, sowie $\mathcal{F}_\infty := \sigma(X_0, X_1, X_2, \ldots)$. Eine Funktion*

$$\tau : \Omega \to \bar{\mathbb{N}}_0$$

heißt Stoppzeit bezüglich (X_n), falls

$$\{\tau = n\} \in \mathcal{F}_n \text{ für jedes } n \in \mathbb{N}_0$$

gilt.

Stoppzeiten kann man sich als Strategien vorstellen, z.B. ein Spiel zu einem vom zufälligen Verlauf abhängigen Zeitpunkt zu beenden. Die Bedingung $\{\tau = n\} \in \mathcal{F}_n$ stellt dabei sicher, dass die Entscheidung, ob das Spiel beendet wird oder nicht, nur auf Grund der bereits vergangenen Spielrunden getroffen wird, und nicht im Vorgriff auf noch kommende Ereignisse.

Beispiel 9.14 (Rückkehrzeit). Im Zusammenhang mit Markov-Ketten (X_n) ist die wichtigste Stoppzeit die Rückkehrzeit

$$T_i : \Omega \to \bar{\mathbb{N}}_0,$$
$$T_i(\omega) := \inf\{n \geq 1 : X_n(\omega) = i\}.$$

Dabei vereinbaren wir $\inf \emptyset := +\infty$, um den Fall zu erfassen, dass die Markov-Kette niemals zum Zustand i zurückkehrt. Dass T_i eine Stoppzeit ist, folgt aus

$$\{T_i = n\} = \{X_1 \neq i, \ldots, X_{n-1} \neq i, X_n = i\} \in \mathcal{F}_n \text{ für jedes } n \in \dot{\mathbb{N}}.$$

Man beachte $T_i \geq 1$, insbesondere impliziert $X_0(\omega) = i$ nicht $T_i(\omega) = 0$. Die Markov-Kette muss zum Zustand i zurückkehren, auch wenn sie in i gestartet ist. $\diamond$

Beispiel 9.15 (Eintrittszeit). Ganz ähnlich wie die Rückkehrzeit definiert man die Eintrittszeit für eine Menge $A \subset S$:

$$T_A : \Omega \to \bar{\mathbb{N}}_0,$$
$$T_A(\omega) := \inf\{n \geq 0 : X_n(\omega) \in A\}.$$

Wieder ist $\inf \emptyset = +\infty$ zu beachten, sollte (X_n) niemals einen Zustand aus A erreichen. Genau wie im ersten Beispiel zeigt man, dass T_A eine Stoppzeit ist. Im Gegensatz zur Rückkehrzeit ist hier $T_A(\omega) = 0$, falls $X_0(\omega) \in A$.   ◇

Beispiel 9.16 (Letzter Besuch). Der letzte Besuch L_A einer Markov-Kette in $A \subset S$ ist keine Stoppzeit:

$$L_A : \Omega \to \bar{\mathbb{N}}_0,$$
$$L_A(\omega) := \sup\{n \geq 0 : X_n(\omega) \in A\},$$

denn im Allgemeinen ist

$$\{L_A = n\} = \{X_n \in A, X_m \notin A, m > n\} \notin \mathcal{F}_n.$$

Dennoch ist L_A eine messbare Abbildung, auf die wir noch einmal zurückkommen werden.   ◇

Die starke Markov-Eigenschaft

Im Allgemeinen erhält man aus einer Markov-Eigenschaft die entsprechende *starke* Markov-Eigenschaft, indem man den deterministischen Zeitparameter durch eine Stoppzeit ersetzt. In unserem Fall bedeutet dies, dass wir für eine Stoppzeit T und eine Markov-Kette (X_n) die Folge $(X_{T+n})_{n \geq 0}$ betrachten und zeigen werden, dass diese unter der Bedingung $X_T = i$ wiederum eine Markov-Kette ist, die unabhängig von ihrer Vergangenheit ist. Zuvor müssen wir noch zwei Begriffe klären. Zum einen ist

$$X_{T+n}(\omega) := X_{T(\omega)+n}(\omega), \quad \omega \in \Omega,$$

nur auf $T < \infty$ sinnvoll erklärt. Wir werden daher zusätzlich die Bedingung $T < \infty$ (fast sicher) fordern. Um X_T auf ganz Ω zu erklären, kann man formal einen Zustand Δ zu S hinzunehmen und

$$X_\infty(\omega) := \Delta, \quad \omega \in \Omega,$$

setzen. Die zweite Frage ist, was wir unter der Bedingung $X_T = i$ als Vergangenheit bezeichnen. Im Fall $X_m = i$ war diese durch die σ-Algebra $\mathcal{F}_m = \sigma(X_0, \ldots, X_m)$ gegeben. Das Analogon für eine Stoppzeit T ist

die σ-Algebra $\mathcal{F}_T := \{A \in \mathcal{F} : A \cap \{T \leq n\} \in \mathcal{F}_n \text{ für alle } n \in \bar{\mathbb{N}}_0\}$.   (9.9)

Die σ-Algebra $\mathcal{F}_T$ beschreibt die Zeit vor T: So gilt z.B. im Fall einer konstanten deterministischen Stoppzeit $T := m$, dass $\mathcal{F}_T = \mathcal{F}_m$ ist. Jetzt können wir die starke Markov-Eigenschaft formulieren.

Theorem 9.17 (starke Markov-Eigenschaft). *Es sei (X_n) eine $(\alpha, \mathbf{p})$-Markov-Kette und T eine Stoppzeit mit $\mathbb{P}(T < \infty) = 1$. Dann gilt für jedes $V \in \mathcal{F}_T$ und jedes $A \in \sigma(X_{T+n} : n \geq 0)$ mit $A = \{(X_T, X_{T+1}, \ldots) \in B\}$, $B \in \mathcal{P}(S)^{\otimes \mathbb{N}}$:*

$$\mathbb{P}((X_T, X_{T+1}, \ldots) \in B | X_T = i, V) = \mathbb{P}_i((X_0, X_1, \ldots) \in B). \tag{9.10}$$

Beweis. Das Beweisprinzip ist das folgende: Man schlüsselt die Stoppzeit nach ihren möglichen Werten $T = m$ auf, wendet die gewöhnliche Markov-Eigenschaft an und fügt anschließend die Teile wieder zusammen. Vorher bemerken wir noch, dass es wie beim Beweis der Markov-Eigenschaft 9.12 genügt, die Behauptung für

$$A = \{X_T = j_0, \ldots, X_{T+n} = j_n\}, \quad n \in \mathbb{N},$$

zu zeigen und dass nach Definition von $\mathcal{F}_T$ aus $V \in \mathcal{F}_T$ gerade $V \cap \{T = m\} \in \mathcal{F}_m$ folgt. Damit erhalten wir aus der (gewöhnlichen) Markov-Eigenschaft (9.8):

$$\mathbb{P}(X_T = j_0, \ldots, X_{T+n} = j_n | X_T = i, V)$$

$$= \sum_{m=0}^{\infty} \mathbb{P}(T = m | X_T = i, V) \mathbb{P}(X_T = j_0, \ldots, X_{T+n} = j_n | X_T = i, V, T = m)$$

$$= \sum_{m=0}^{\infty} \mathbb{P}(T = m | X_T = i, V) \mathbb{P}(X_m = j_0, \ldots, X_{m+n} = j_n | X_m = i, V, T = m)$$

$$= \mathbb{P}_i(X_0 = j_0, \ldots, X_n = j_n) \sum_{m=0}^{\infty} \mathbb{P}(T = m | X_T = i, V)$$

$$= \mathbb{P}_i(X_0 = j_0, \ldots, X_n = j_n).$$

$\square$

Die Interpretation der Gleichung (9.10) ergibt sich genau analog zur (gewöhnlichen) Markov-Eigenschaft:

- Unter den Bedingungen $X_T = i$ (und $T < \infty$ f.s.) ist $(X_{T+n})_{n \geq 0}$ $(\delta_i, \mathbf{p})$-Markov.
- Die Markov-Kette $(X_{T+n})_{n \geq 0}$ ist unter der Gegenwart $X_T = i$ (und $T < \infty$ f.s.) unabhängig von ihrer Vergangenheit $\mathcal{F}_T$.

9.3 Klassifikation von Zuständen

In diesem Abschnitt wollen wir Eigenschaften von einzelnen Zuständen einer Markov-Kette untersuchen. Wir beginnen mit der Frage, wie die einzelnen Zustände „kommunizieren". Wir betrachten dazu als Beispiel eine Markov-Kette mit dem Zustandsraum $S := \{1, 2, 3, 4, 5, 6\}$, deren Übergangsgraph in

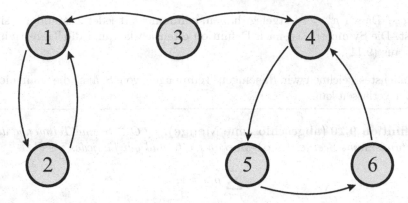

Abbildung 9.3. Übergangsgraph einer Markov-Kette ohne Wahrscheinlichkeiten

Abbildung 9.3 dargestellt ist. Wir haben bewusst darauf verzichtet, Wahrscheinlichkeiten an die Pfeile zu schreiben, da es zur Zeit lediglich darauf ankommt, ob ein Pfeil da ist und nicht, wie wahrscheinlich der Übergang ist. Wir lesen Folgendes ab:

(i) Vom Zustand 3 ist jeder andere Zustand erreichbar. Hat man den Zustand 3 jedoch einmal verlassen, kommt man nicht mehr zu ihm zurück.

(ii) Vom Zustand 1 kommt man zum Zustand 2 und umgekehrt.

(iii) Die Zustände $\{4, 5, 6\}$ erreichen sich alle gegenseitig, man kommt aber nirgendwo anders mehr hin.

Diese Eigenschaften formalisieren wir in einigen Definitionen:

Definition 9.18 (erreichbar, kommunizierend). *Sei (X_n) eine $(\alpha, \mathbf{p})$- Markov-Kette mit Zustandsraum S und $i, j \in S$ zwei Zustände. j heißt von i aus erreichbar, in Zeichen $i \to j$, falls es ein $n \geq 0$ gibt mit $p_{ij}^n > 0$. Ist i von j aus erreichbar und j von i aus erreichbar, so heißen i und j kommunizierend, in Zeichen $i \leftrightarrow j$.*

Für $n \geq 1$ ist $p_{ij}^n = \displaystyle\sum_{i_1,\ldots,i_{n-1} \in S^{n-1}} p_{ii_1} \cdots p_{i_{n-1}j} > 0$ genau dann, wenn es mindestens einen Pfad $i, i_1, \ldots, i_{n-1}, j$ von i nach j gibt, so dass

$$p_{ii_1} \cdots p_{i_{n-1}j} > 0. \qquad (9.11)$$

Daraus ergibt sich:

Satz 9.19. *Ist (X_n) eine Markov-Kette, so ist Kommunikation $(\leftrightarrow)$ eine Äquivalenzrelation auf dem Zustandsraum S. Die Äquivalenzklassen heißen Kommunikationsklassen.*

Beweis. Da wir $p_{ii}^0 = 1$ festgelegt haben, kommuniziert jeder Zustand mit sich selbst. Die Symmetrie ist nach Definition offensichtlich und die Transitivität folgt aus (9.11). □

Als nächstes zeichnen wir diejenigen Teilmengen von S aus, die man nicht wieder verlassen kann:

Definition 9.20 (abgeschlossene Menge). *Ist $C \subset S$ eine Teilmenge des Zustandsraums S einer $(\alpha, \mathbf{p})$-Markov-Kette und gilt für jedes $i \in C$:*

$$\sum_{j \in C} p_{ij} = 1,$$

so heißt C abgeschlossen.

Beispiel 9.21. Wir betrachten als Beispiel wieder die Markov-Kette mit dem Übergangsgraphen gemäß Abbildung 9.3. Die Kommunikationsklassen sind

$$\{1, 2\}, \{3\}, \{4, 5, 6\}.$$

Abgeschlossene Teilmengen von S sind

$$\{1, 2\} \text{ und } \{4, 5, 6\},$$

aber auch deren Vereinigung $\{1, 2, 4, 5, 6\}$ und S selbst. ◊

Die letzten beiden geschlossenen Mengen im vorangegangenen Beispiel sind intuitiv „zu groß", daher definieren wir:

Definition 9.22 (irreduzibel). *Ist $C \subset S$ eine Teilmenge des Zustandsraums S einer Markov-Kette und gilt*

$$i \leftrightarrow j \text{ für alle } i, j \in C, \tag{9.12}$$

so heißt C irreduzibel. Ist S irreduzibel, besteht die Markov-Kette also aus genau einer Kommunikationsklasse, so heißt die Markov-Kette irreduzibel.

Die größte irreduzible Menge, die einen Zustand i enthält, ist die Kommunikationsklasse von i. Diese muss im Allgemeinen aber nicht abgeschlossen sein, wie schon das Beispiel 9.3 zeigt: Die Menge $\{3\}$ ist irreduzibel, aber nicht abgeschlossen. Um ein hinreichendes Kriterium für die Abgeschlossenheit einer Kommunikationsklasse zu entwickeln, müssen wir die einzelnen Zustände unter einem anderen Gesichtspunkt betrachten, der Transienz bzw. Rekurrenz.

Transienz und Rekurrenz

Mit welcher Wahrscheinlichkeit erreicht eine Markov-Kette in endlicher Zeit vom Zustand i aus den Zustand j? Mit anderen Worten, wie groß ist für zwei Zustände $i, j \in S$ einer Markov-Kette die Wahrscheinlichkeit

$$\rho_{ij} := \mathbb{P}_i(T_j < \infty), \tag{9.13}$$

wobei $T_j = \inf\{n \geq 1 : X_n = j\}$ die Rückkehrzeit aus Beispiel 9.14 ist. Ist $\rho_{ii} = 1$, so kommen wir mit Sicherheit vom Startzustand i wieder zum Zustand i zurück. Da die Markov-Kette nach der starken Markov-Eigenschaft in $X_{T_i} = i$ wieder geboren wird, ist es nahe liegend zu vermuten, dass wir dann auch mit Wahrscheinlichkeit 1 unendlich oft zurückkehren. Dies werden wir im nächsten Theorem beweisen. Im anderen Fall, also wenn $\rho_{ii} < 1$, ist die Wahrscheinlichkeit für unendlich viele Besuche hingegen 0. Diesen beiden Möglichkeiten geben wir nun einen Namen. Dabei unterscheiden wir im ersten Fall, ob wir im Mittel in endlicher Zeit zurückkehren oder unendlich lange warten müssen.

Definition 9.23 (transient, (positiv, null) rekurrent). *Sei* (X_n) *eine* $(\alpha, \mathbf{p})$-*Markov-Kette mit Zustandsraum* S *und* $i \in S$. *Ist*

$$\rho_{ii} < 1, \text{ so heißt } i \text{ transient,}$$
$$\rho_{ii} = 1, \text{ so heißt } i \text{ rekurrent.}$$

Ein rekurrenter Zustand $i \in S$ *heißt*

$$\text{positiv rekurrent, falls } \mathbb{E}_i(T_i) < \infty,$$
$$\text{null rekurrent, falls } \mathbb{E}_i(T_i) = \infty.$$

Dabei bedeutet $\mathbb{E}_i$, *dass der Erwartungswert bezüglich* $\mathbb{P}_i$ *betrachtet wird.*

Insbesondere ist jeder Zustand einer Markov-Kette entweder rekurrent oder transient. Es ist im Allgemeinen nicht ganz leicht festzustellen, ob ein Zustand transient oder rekurrent ist. Eine Möglichkeit ist, wie oben angedeutet, zu zählen, wie oft wir uns im Zustand i befinden:

$$N_i := \sum_{n=0}^{\infty} I_{\{X_n=i\}}, \quad i \in S. \tag{9.14}$$

Wir erwarten im transienten bzw. rekurrenten Fall deutliche Unterschiede für die erwartete Anzahl Besuche in i,

$$\mathbb{E}_i(N_i) = \sum_{n=0}^{\infty} \mathbb{P}_i(X_n \doteq i) = \sum_{n=0}^{\infty} p_{ii}^n, \tag{9.15}$$

genauso wie für die Wahrscheinlichkeit, unendlich oft im Zustand i zu sein:

$$\mathbb{P}_i(X_n = i \text{ u.o.}) := \mathbb{P}_i(X_n = i \text{ für unendlich viele n}) = \mathbb{P}_i(\limsup\{X_n = i\}).$$

Der folgende Satz bestätigt diese Erwartung und enthält ein Kriterium für Rekurrenz bzw. Transienz:

Satz 9.24. *Sei (X_n) eine $(\alpha, \mathbf{p})$-Markov-Kette mit Zustandsraum S, $i \in S$. Dann gilt:*

(i) *Ist i rekurrent, so ist $\mathbb{P}_i(X_n = i \text{ u.o.}) = 1$ und $\mathbb{E}_i(N_i) = \sum\limits_{n=0}^{\infty} p_{ii}^n = \infty$.*

(ii) *Ist i transient, so ist $\mathbb{P}_i(X_n = i \text{ u.o.}) = 0$ und $\mathbb{E}_i(N_i) = \sum\limits_{n=0}^{\infty} p_{ii}^n = \frac{1}{1-\rho_{ii}}$, insbesondere $\mathbb{E}_i(N_i) < \infty$.*

Beweis. Der Beweis beruht wesentlich auf einer geschickten Verwendung der letzten Besuchszeit in i,

$$L_i : \Omega \to \bar{\mathbb{N}}_0,$$
$$L_i(\omega) := \sup\{n \geq 0 : X_n(\omega) = i\}.$$

Da wir nur Aussagen unter $\mathbb{P}_i$ betrachten, ist $X_0 = i$ und daher $\{n \geq 0 : X_n = i\} \neq \emptyset$. Nach Definition von L_i und mit der Markov-Eigenschaft gilt für jedes $n \geq 0$:

$$\begin{aligned}
\mathbb{P}_i(L_i = n) &= \mathbb{P}_i(X_n = i, X_m \neq i \text{ für alle } m > n) \\
&= \mathbb{P}_i(X_m \neq i \text{ für alle } m > n | X_n = i)\mathbb{P}_i(X_n = i) \\
&= \mathbb{P}_i(X_m \neq i \text{ für alle } m > 0)\mathbb{P}_i(X_n = i) \\
&= (1 - \rho_{ii})p_{ii}^n.
\end{aligned} \tag{9.16}$$

Summation über $n \geq 0$ ergibt:

$$\mathbb{P}_i(L_i < \infty) = \mathbb{E}_i(N_i)(1 - \rho_{ii}). \tag{9.17}$$

Besucht (X_n) den Zustand i unendlich oft, so ist $L_i = \infty$, daher folgt

$$\mathbb{P}_i(L_i < \infty) = 1 - \mathbb{P}_i(X_n = i \text{ u.o.}), \tag{9.18}$$

also:

$$1 - \mathbb{P}_i(X_n = i \text{ u.o.}) = \mathbb{E}_i(N_i)(1 - \rho_{ii}). \tag{9.19}$$

Ist i rekurrent, also $\rho_{ii} = 1$, so folgt aus (9.16) $\mathbb{P}_i(L_i = n) = 0$ für alle $n \geq 0$, also $\mathbb{P}_i(L_i < \infty) = 0$, und daher aus (9.18) $\mathbb{P}_i(X_n = i \text{ u.o.}) = 1$. Das LEMMA VON BOREL-CANTELLI liefert dann $\mathbb{E}_i(N_i) = \sum\limits_{n=1}^{\infty} \mathbb{P}_i(X_n = i) = \infty$. Ist i transient, so folgt aus (9.19) $\mathbb{E}_i(N_i) < \infty$, und daher wieder mit dem LEMMA VON BOREL-CANTELLI $\mathbb{P}_i(X_n = i \text{ u.o.}) = 0$. Damit erhalten wir schließlich wiederum aus (9.19) die Beziehung

$$\mathbb{E}_i(N_i) = \frac{1}{1 - \rho_{ii}}.$$

$\square$

Transiente und rekurrente Klassen

Kommunizieren zwei Zustände, so sind sie beide rekurrent oder beide transient:

Satz 9.25. *Rekurrenz und Transienz sind Klasseneigenschaften, sie hängen nur von der Kommunikationsklasse ab. Mit anderen Worten: Ist (X_n) eine $(\alpha, \mathbf{p})$-Markov-Kette mit Zustandsraum S, so gilt für $i, j \in S$:*

(i) *Ist i rekurrent und $i \leftrightarrow j$, so ist j rekurrent.*
(ii) *Ist i transient und $i \leftrightarrow j$, so ist j transient.*

Beweis. Offensichtlich folgt die erste Behauptung aus der zweiten. Sei also i transient und $i \leftrightarrow j$. Dann gibt es $k, m \geq 0$, so dass $p_{ij}^k > 0$ und $p_{ji}^m > 0$. Nun ist aber für jedes $l \geq 0$

$$p_{ii}^{k+l+m} \geq p_{ij}^k p_{jj}^l p_{ji}^m,$$

und nach Satz 9.24 ergibt sich, da i transient ist:

$$\sum_{l=0}^{\infty} p_{jj}^l \leq \frac{1}{p_{ij}^k p_{ji}^m} \sum_{l=0}^{\infty} p_{ii}^{k+l+m} < \infty.$$

Wieder nach Satz 9.24 folgt die Transienz von j.   □

Daher ist es gerechtfertigt, von transienten bzw. rekurrenten Klassen zu sprechen und eine irreduzible Markov-Kette rekurrent bzw. transient zu nennen, je nachdem, ob einer und damit alle Zustände rekurrent bzw. transient sind. Im Allgemeinen zerfällt eine Markov-Kette in transiente Kommunikationsklassen und rekurrente Kommunikationsklassen. Letztere sind abgeschlossen, wie der folgende Satz zeigt:

Satz 9.26. *Es sei (X_n) eine Markov-Kette mit Zustandsraum S und $R \subset S$ eine rekurrente Kommunikationsklasse. Dann ist R abgeschlossen.*

Beweis. Nehmen wir an, R sei nicht abgeschlossen. Dann gibt es ein $i \in R$, ein $j \notin R$ und ein $m \geq 1$, so dass

$$\mathbb{P}_i(X_m = j) > 0.$$

Da R eine Kommunikationsklasse ist und $j \notin R$, ist umgekehrt

$$\mathbb{P}_i(X_m = j, X_n = i) = 0 \text{ für alle } n > m.$$

Damit ist insbesondere auch

$$\mathbb{P}_i(\{X_m = j\} \cap \{X_n = i \text{ u.o.}\}) = 0$$

und daher

$$\mathbb{P}_i(X_n = i \text{ u.o.}) < 1.$$

Daraus folgt mit 9.24, dass i nicht rekurrent ist, im Widerspruch zu $i \in R$. Also ist R abgeschlossen.   □

Wir fassen unsere Ergebnisse zur Klassifikation von Zuständen im nachfolgenden Theorem zusammen:

Theorem 9.27 (Zerlegung des Zustandsraumes). *Es sei* (X_n) *eine* $(\alpha, \mathbf{p})$-*Markov-Kette mit Zustandsraum* S. *Dann gibt es eine disjunkte Zerlegung von* S *der Gestalt*

$$S = T \cup \bigcup_{l \in L} R_l, \quad L \subset \mathbb{N},$$

für die gilt:

- T *ist die Menge der transienten Zustände von* S.
- R_l *ist für jedes* $l \in L$ *eine irreduzible, abgeschlossene Kommunikationsklasse rekurrenter Zustände.*

Beweis. Zunächst hat S eine disjunkte Zerlegung in abzählbar viele Kommunikationsklassen:

$$S = \bigcup_{n=1}^{\infty} C_n,$$

wobei jedes C_n nach Satz 9.25 nur transiente oder nur rekurrente Zustände enthält. Setzen wir

$$T = \bigcup_{C_n \text{ transient}} C_n,$$

und bezeichnen die nicht in T enthaltenen Kommunikationsklassen mit R_l, $l \in L \subset \mathbb{N}$, so folgt die disjunkte Zerlegung

$$S = T \cup \bigcup_{l \in L} R_l.$$

Nach Konstruktion ist jedes R_l, $l \in L$, eine rekurrente Kommunikationsklasse, damit irreduzibel und nach Satz 9.26 abgeschlossen. $\square$

Für die Markov-Kette mit dem Übergangsgraphen gemäß Abbildung 9.3 sieht die Zerlegung des Zustandsraumes folgendermaßen aus:

$$S = T \cup R_1 \cup R_2 = \{3\} \cup \{1, 2\} \cup \{4, 5, 6\}.$$

Die rekurrenten Klassen sind in diesem Fall sogar positiv rekurrent, wie der nächste Satz zeigt:

Satz 9.28. *Ist* (X_n) *ein irreduzible* $(\alpha, \mathbf{p})$-*Markov-Kette mit endlichem Zustandsraum* S, *so ist* (X_n) *positiv rekurrent.*

Beweis. Sei $i \in S$ ein beliebiger Zustand. Aus der Irreduzibilität folgt, dass es zu jedem $j \in S$ ein k_j gibt, so dass $\mathbb{P}_j(T_i \leq k_j) > 0$ ist. Setzen wir $K := \max\{k_j : j \in S\}$, so gibt es ein $\varepsilon > 0$ mit

$$\mathbb{P}_j(T_i \leq K) \geq \varepsilon \quad \text{für alle } j \in S.$$

Aus der starken Markov-Eigenschaft (9.10) folgt:

$$\mathbb{P}_j(T_i > nK) \le (1 - \varepsilon)^n \quad \text{für alle } j \in S \text{ und } n \in \mathbb{N}.$$

Damit folgt

$$\mathbb{E}_i(T_i) = \sum_{n=0}^{\infty} \mathbb{P}(T_i > n) \le K \sum_{n=0}^{\infty} \mathbb{P}(T_i > nK) < \infty.$$

Also ist i ein positiv rekurrenter Zustand. □

Wir haben im bisherigen Verlauf gezeigt, dass Rekurrenz eine Klasseneigenschaft ist, dass alle rekurrenten Klassen abgeschlossen sind und alle endlichen abgeschlossenen Klassen (positiv) rekurrent sind. Die Frage der Rekurrenz ist daher nur noch für irreduzible Markov-Ketten mit unendlichem Zustandsraum interessant. Als typischen Vertreter betrachten wir die Irrfahrt auf $\mathbb{Z}$:

Beispiel 9.29 (Irrfahrt auf $\mathbb{Z}^d$). Die Übergangswahrscheinlichkeiten der Irrfahrt auf $\mathbb{Z}$ sind wie in Beispiel 9.4 gegeben durch

$$p_{i,i+1} = p \text{ für alle } i \in \mathbb{Z},$$
$$p_{i,i-1} = q := 1 - p \text{ für alle } i \in \mathbb{Z},$$
$$p_{i,j} = 0 \text{ für alle } i, j \in \mathbb{Z} \text{ mit } i = j \text{ oder } |i - j| \ge 2.$$

Die zugehörige Markov-Kette (X_n) ist irreduzibel, so dass wir ohne Einschränkung den Nullpunkt untersuchen können. Sei $X_0 = 0$ fast sicher. Wir können nicht in einer ungeraden Anzahl von Schritten zum Nullpunkt zurückkehren, daher ist $p_{00}^{2n+1} = 0$ für alle $n \in \mathbb{N}$. Jede Folge von $2n$ Schritten, die von 0 nach 0 zurückkehrt, hat eine Wahrscheinlichkeit von $q^n p^n$, und es gibt $\binom{2n}{n}$ solcher Wege. Daher gilt:

$$p_{00}^{2n} = \binom{2n}{n} q^n p^n.$$

Die Stirling-Formel besagt

$$n! \sim \sqrt{2\pi n} \left(\frac{n}{e}\right)^n \quad \text{für } n \to \infty,$$

wobei $a_n \sim b_n$ bedeutet, dass $a_n / b_n \longrightarrow 1$. Daraus folgt für die Übergangswahrscheinlichkeiten:

$$p_{00}^{2n} = \frac{(2n)!}{(n!)^2} (pq)^n \sim \frac{(4pq)^n}{\sqrt{\pi n}} \quad \text{für } n \to \infty.$$

Ist die Irrfahrt symmetrisch, d.h. $p = q = \frac{1}{2}$, so ist $4pq = 1$ und aus der Divergenz der Reihe $\sum_{n=0}^{\infty} \frac{1}{\sqrt{n}}$ folgt

$$\sum_{n=0}^{\infty} p_{00}^{2n} = \infty,$$

also die Rekurrenz der symmetrischen Irrfahrt. Ist die Irrfahrt nicht symmetrisch, so folgt $4pq =: x < 1$, und aus der Konvergenz der Reihe $\sum_{n=0}^{\infty} \frac{x^n}{\sqrt{n}}$ folgt die Transienz der nicht-symmetrischen Irrfahrt.

Die Transienz im nicht-symmetrischen Fall ist intuitiv nicht überraschend. Sie gilt auch in höheren Dimensionen $\mathbb{Z}^d$, $d \geq 1$. Betrachten wir hingegen die symmetrische Irrfahrt in höheren Dimensionen,

$$p_{i,j} = \frac{1}{2d} \quad \text{für } i - j = \pm e_k, \ i,j \in \mathbb{Z}^d,$$
$$p_{i,j} = 0 \qquad \text{sonst,}$$

wobei $e_k \in \mathbb{Z}^d$ ein Einheitsvektor ist, so hängt erstaunlicher Weise die Rekurrenz der zugehörigen Markov-Kette von der Dimension ab. Für die Ebene $d = 2$ erhält man durch eine analoge Überlegung

$$p_{00}^{2n} = \left(\binom{2n}{n} \left(\frac{1}{2}\right)^{2n} \right)^2 \sim \frac{2}{2\pi n} \quad \text{für } n \to \infty.$$

Aus der Divergenz der harmonischen Reihe $\sum_{n=1}^{\infty} \frac{1}{n}$ folgt die Rekurrenz der Markov-Kette in der Dimension $d = 2$. Sei nun $d = 3$. Wieder liefert die Überlegung, dass wir in jeder Dimension gleich viele Schritte zurückgehen müssen, um zum Nullpunkt zu gelangen:

$$p_{00}^{2n} = \sum_{i,j,k \geq 0, i+j+k=n} \frac{(2n)!}{(i!j!k!)^2} \left(\frac{1}{6}\right)^{2n}$$
$$= \binom{2n}{n} \left(\frac{1}{2}\right)^{2n} \sum_{i,j,k \geq 0, i+j+k=n} \binom{n}{i\ j\ k}^2 \left(\frac{1}{3}\right)^{2n}$$
$$\leq \binom{2n}{n} \left(\frac{1}{2}\right)^{2n} \max_{i,j,k \geq 0, i+j+k=n} \binom{n}{i\ j\ k} \left(\frac{1}{3}\right)^n,$$

wobei die letzte Abschätzung sich aus der Multinomialverteilung

$$\sum_{i,j,k \geq 0, i+j+k=n} \binom{n}{i\ j\ k} \left(\frac{1}{3}\right)^n = 1$$

ergibt. Betrachten wir zunächst $n = 3s$, $s \in \mathbb{N}_0$, so folgt

$$\max_{i,j,k \geq 0, i+j+k=n} \binom{n}{i\ j\ k} \leq \frac{n!}{(s!)^3},$$

und somit aus der Stirling-Formel

$$p_{00}^{2n} \leq \binom{2n}{n} \left(\frac{1}{2}\right)^{2n} \frac{n!}{(s!)^3} \left(\frac{1}{3}\right)^n \sim \frac{1}{2\sqrt{\pi}^3} \left(\frac{3}{n}\right)^{\frac{3}{2}} \quad n \to \infty.$$

Aus den Abschätzungen

$$p_{00}^{2s} \geq \left(\frac{1}{3}\right)^2 p_{00}^{2s-2} \quad \text{und } p_{00}^{2s} \geq \left(\frac{1}{3}\right)^4 p_{00}^{2s-4} \text{ für alle } s \in \mathbb{N}_0$$

folgt mit der Konvergenz der Reihe $\sum_{n=0}^{\infty} n^{-\frac{3}{2}}$ die Transienz der symmetrischen Irrfahrt in Dimension 3. Völlig analog ergibt sich die Transienz auch in den Dimensionen $d \geq 3$. $\qquad \Diamond$

Rekurrenz und Startverteilung

Ist i ein rekurrenter Zustand, so gilt nach Definition

$$\rho_{ii} = \mathbb{P}_i(T_i < \infty) = 1.$$

Betrachten wir eine andere Startverteilung α, gilt dann immer noch

$$\mathbb{P}_\alpha(T_i < \infty) = 1 \text{ ?}$$

In einer irreduziblen, rekurrenten Markov-Kette ist dies für jeden Zustand der Fall:

Satz 9.30. *Sei (X_n) eine irreduzible, rekurrente $(\alpha, \mathbf{p})$-Markov-Kette. Dann gilt für jeden Zustand $i \in S$:*

$$\mathbb{P}_\alpha(T_i < \infty) = 1.$$

Beweis. Zunächst gilt

$$\mathbb{P}_\alpha(T_i < \infty) = \sum_{j \in S} \mathbb{P}_\alpha(X_0 = j)\mathbb{P}_j(T_i < \infty),$$

so dass es genügt, $\mathbb{P}_j(T_i < \infty) = 1$ für alle $j \in S$ nachzuweisen. Wir wählen zu festem j und i ein $m \geq 0$, so dass $p_{ij}^m > 0$. Dann gilt mit Satz 9.24:

$$
\begin{aligned}
1 = \mathbb{P}_i(X_n = i \text{ u.o.}) &= \mathbb{P}_i(X_n = i \text{ für ein } n > m) \\
&= \sum_{k \in S} \mathbb{P}_i(X_m = k)\mathbb{P}_i(X_n = i \text{ für ein } n > m | X_m = k) \\
&= \sum_{k \in S} p_{ik}^m \mathbb{P}_k(T_i < \infty),
\end{aligned}
$$

wobei wir für die letzte Gleichung die Markov-Eigenschaft verwendet haben. Aus $\sum_{k \in S} p_{ik}^m = 1$ und $p_{ij}^m > 0$ folgt $\mathbb{P}_j(T_i < \infty) = 1$. $\qquad \square$

9.4 Stationarität

Ein System verschiedener Zustände, dessen Verteilung sich im Laufe der Zeit nicht verändert, werden wir als stabil oder im Gleichgewicht bezeichnen. Wir werden uns in diesem Abschnitt der Frage widmen, unter welchen Umständen Markov-Ketten einen Gleichgewichtszustand erreichen. Wir beginnen damit, den folgenden, zentralen Begriff der Stabilitätstheorie diskreter Markov-Ketten einzuführen:

Definition 9.31 (Stationäre Verteilung). *Sei (X_n) eine $(\alpha, \mathbf{p})$-Markov-Kette mit Zustandsraum S. Eine Verteilung π auf S heißt stationär, falls*

$$\sum_{i \in S} \pi(i) p_{ij} = \pi(j) \text{ für alle } j \in S \text{ gilt.} \tag{9.20}$$

Fasst man π als Zeilenvektor auf, so kann man Gleichung (9.20) auch in der Form

$$\pi \mathbf{p} = \pi \tag{9.21}$$

beschreiben.

Der nächste Satz zeigt, dass die stationäre Verteilung ihren Namen zu Recht trägt:

Satz 9.32. *Es sei (X_n) eine $(\pi, \mathbf{p})$-Markov-Kette und π eine stationäre Verteilung von (X_n). Dann haben alle X_n, $n \geq 0$, die Verteilung π. Außerdem gilt für jedes $B \in \mathcal{P}(S)^{\otimes \mathbb{N}}$:*

$$\mathbb{P}_\pi((X_n, X_{n+1}, \ldots) \in B) = \mathbb{P}_\pi((X_0, X_1, \ldots) \in B).$$

Beweis. Aus der definierenden Eigenschaft $\pi \mathbf{p} = \pi$ folgt induktiv

$$\pi \mathbf{p}^n = \pi \text{ für alle } n \in \mathbb{N}. \tag{9.22}$$

Daher gilt mit Satz 9.10:

$$\mathbb{P}_\pi(X_n = j) = \sum_{i \in S} \pi(i) p_{ij}^n = \pi(j). \tag{9.23}$$

Die zweite Behauptung folgt aus dem eben Bewiesenen und der Markov-Eigenschaft:

$$\mathbb{P}_\pi((X_n, X_{n+1}, \ldots) \in B) = \sum_{i \in S} \mathbb{P}_\pi(X_n = i) \mathbb{P}_\pi((X_n, X_{n+1}, \ldots) \in B | X_n = i)$$

$$= \sum_{i \in S} \mathbb{P}_\pi(X_0 = i) \mathbb{P}_i((X_0, X_1, \ldots) \in B)$$

$$= \mathbb{P}_\pi((X_0, X_1, \ldots) \in B).$$

$\square$

Wir werden uns jetzt mit hinreichenden und notwendigen Bedingungen für die Existenz stationärer Verteilungen beschäftigen. Am Ende dieses Abschnitts können wir dann das Verhalten irreduzibler, aperiodischer Markov-Ketten vollständig klassifizieren.

Ein notwendiges Kriterium

Existiert eine stationäre Verteilung, so ist diese strikt positiv:

Lemma 9.33. *Ist* (X_n) *eine irreduzible Markov-Kette mit Zustandsraum* S *und* π *eine stationäre Verteilung, so gilt:*

$$\pi(i) > 0 \text{ für alle } i \in S. \tag{9.24}$$

Beweis. Wir teilen die Menge der möglichen Zustände S auf in zwei disjunkte Mengen $S = S_+ \cup S_0$, so dass $\pi(i) > 0$ für alle $i \in S_+$. Wir wissen, dass $S_+ \neq \emptyset$, da π eine Verteilung ist. Wir wollen beweisen, dass $S_0 = \emptyset$. Nehmen wir also $S_0 \neq \emptyset$ an. Aus der Stationarität folgt

$$\sum_{i \in S} \pi(i) p_{ij} = \pi(j) = 0 \text{ für alle } j \in S_0. \tag{9.25}$$

Da alle Summanden nicht-negativ sind, ergibt sich

$$p_{ij} = 0 \text{ für alle } i \in S_+, j \in S_0. \tag{9.26}$$

Aus der Irreduzibilität folgt, dass es zu jedem $i \in S_+$ und $j \in S_0$ ein n mit $p_{ij}^n > 0$ gibt, mithin einen Pfad $i_1, \ldots, i_{n-1} \in S$, so dass

$$p_{ii_1} p_{i_1 i_2} \cdot \ldots \cdot p_{i_{n-1} j} > 0. \tag{9.27}$$

Da $i \in S_+$ und $j \in S_0$, muss wegen (9.26) mindestens ein Faktor 0 sein und wir erhalten einen Widerspruch. □

Wir zeigen als nächstes, dass positive Rekurrenz, also $\mathbb{E}_i(T_i) < \infty$, ein notwendiges Kriterium für die Existenz einer stationären Verteilung ist. Aber es gilt noch mehr. Die stationäre Verteilung ist durch $\pi(i) = (\mathbb{E}_i(T_i))^{-1}$ gegeben.

Theorem 9.34. *Sei* (X_n) *eine irreduzible* $(\alpha, \mathbf{p})$*-Markov-Kette und* π *eine stationäre Verteilung. Dann gilt:*

$$\pi(i) = \frac{1}{\mathbb{E}_i(T_i)} > 0 \text{ für alle } i \in S.$$

Insbesondere sind alle $i \in S$ *positiv rekurrent, und die stationäre Verteilung* π *ist eindeutig bestimmt.*

Beweis. Wir zeigen zunächst für jedes $i \in S$

$$\pi(i)\mathbb{E}_i(T_i) = \mathbb{P}_\pi(T_i < \infty). \tag{9.28}$$

Wir beginnen damit, die Menge $\{T_i \leq n\}$ kompliziert als disjunkte Vereinigung darzustellen:

$$\{T_i \leq n\} = \bigcup_{l=1}^{n}\{X_l = i, \ X_{l+1} \neq i, \ldots, X_n \neq i\}$$

$$= \bigcup_{l=0}^{n-1}\{X_{n-l} = i, \ X_{n-l+1} \neq i, \ldots, X_n \neq i\}.$$

Betrachten wir jetzt die Wahrscheinlichkeiten, so können wir wegen der Stationarität 9.32 um $n - l$ Zeitpunkte verschieben und erhalten:

$$\mathbb{P}_\pi(T_i < \infty) = \lim_{n \to \infty} \mathbb{P}_\pi(T_i \leq n)$$

$$= \lim_{n \to \infty} \sum_{l=0}^{n-1} \mathbb{P}_\pi(X_{n-l} = i, \ X_{n-l+1} \neq i, \ldots, X_n \neq i)$$

$$= \lim_{n \to \infty} \sum_{l=0}^{n-1} \mathbb{P}_\pi(X_0 = i, \ X_1 \neq i, \ldots, X_l \neq i)$$

$$= \sum_{l=0}^{\infty} \mathbb{P}_\pi(X_0 = i, \ T_i > l)$$

$$= \sum_{l=0}^{\infty} \mathbb{P}_i(T_i > l)\mathbb{P}_\pi(X_0 = i)$$

$$= \mathbb{E}_i(T_i)\pi(i).$$

Damit ist (9.28) nachgewiesen. Nach Lemma 9.33 ist $\pi(i) > 0$ für alle $i \in S$, daher folgt $\mathbb{E}_i(T_i) \leq \frac{1}{\pi(i)} < \infty$, insbesondere also $\mathbb{P}_i(T_i < \infty) = 1$, d.h. i ist rekurrent. Da (X_n) irreduzibel ist, folgt nach Satz 9.30, dass $\mathbb{P}_\pi(T_i < \infty) = 1$ für alle $i \in S$, also

$$\pi(i)\mathbb{E}_i(T_i) = 1,$$

was zu zeigen war. □

Ein hinreichendes Kriterium

Positive Rekurrenz eines Zustands ist schon hinreichend für die Existenz einer stationären Verteilung.

Satz 9.35. *Ist (X_n) eine $(\alpha, \mathbf{p})$-Markov-Kette und $i \in S$ ein positiv rekurrenter Zustand, so gibt es eine stationäre Verteilung π.*

Beweis. Wir definieren für jedes $j \in S$

$$c(j) := \sum_{n=0}^{\infty} \mathbb{P}_i(X_n = j, T_i > n) \qquad (9.29)$$

und behaupten, dass

$$\pi(j) := \frac{c(j)}{\mathbb{E}_i(T_i)}, \quad j \in S, \qquad (9.30)$$

eine stationäre Verteilung ist. Als erstes bemerken wir, dass

$$\sum_{j \in S} c(j) = \sum_{n=0}^{\infty} \mathbb{P}_i(T_i > n) = \mathbb{E}_i(T_i) < \infty \qquad (9.31)$$

ist. Dies klärt zwei Dinge. Zum einen folgt die Endlichkeit der Reihen $c(j)$, zum anderen haben wir damit

$$\sum_{j \in S} \pi(j) = 1$$

gezeigt. Zum Nachweis der Stationarität setzen wir $c_n(j) := \mathbb{P}_i(X_n = j, T_i > n)$. Dann gilt:

$$\sum_{j \in S} c(j) p_{jk} = \sum_{n=0}^{\infty} \sum_{j \in S} c_n(j) p_{jk}, \quad k \in S.$$

Es genügt zu zeigen, dass diese Reihe $c(k)$ ergibt. Dazu unterscheiden wir zwei Fälle. Sei zunächst $i \neq k$. Dann gilt wegen der Markov-Eigenschaft zum Zeitpunkt n, da $\{T_i > n\} \in \sigma(X_0, \ldots, X_n)$:

$$\sum_{n=0}^{\infty} \sum_{j \in S} c_n(j) p_{jk} = \sum_{n=0}^{\infty} \sum_{j \in S} \mathbb{P}_i(X_n = j, T_i > n) \mathbb{P}(X_{n+1} = k | X_n = j)$$

$$= \sum_{n=0}^{\infty} \sum_{j \in S} \mathbb{P}_i(X_n = j, X_{n+1} = k, T_i > n)$$

$$= \sum_{n=0}^{\infty} \mathbb{P}_i(X_{n+1} = k, T_i > n)$$

$$= \sum_{n=0}^{\infty} c_{n+1}(k) = c(k),$$

wobei die letzte Gleichung gilt, da aus $i \neq k$ $c_0(k) = 0$ folgt. Betrachten wir jetzt den Fall $i = k$, so folgt zunächst wie oben:

$$\sum_{n=0}^{\infty} \sum_{j \in S} c_n(j) p_{ji} = \sum_{n=0}^{\infty} \sum_{j \in S} \mathbb{P}_i(X_n = j, T_i > n) \mathbb{P}(X_{n+1} = i | X_n = j)$$

$$= \sum_{n=0}^{\infty} \sum_{j \in S} \mathbb{P}_i(X_n = j, X_{n+1} = i, T_i > n)$$

$$= \sum_{n=0}^{\infty} \mathbb{P}_i(T_i = n + 1) = 1 = c(i),$$

da $\mathbb{P}_i(T_i = 0) = \mathbb{P}_i(T_i = \infty) = 0$. $\qquad\qquad\qquad\qquad\qquad \square$

Fassen wir die letzten beiden Sätze zusammen, so haben wir gezeigt:

Satz 9.36. *Sei (X_n) eine irreduzible Markov-Kette. Dann sind äquivalent:*

(i) *Es gibt einen positiv rekurrenten Zustand.*
(ii) *Es gibt eine stationäre Verteilung π.*
(iii) *Alle Zustände sind positiv rekurrent.*

Außerdem ist im Falle ihrer Existenz die stationäre Verteilung eindeutig bestimmt durch $\pi(i) = \frac{1}{\mathbb{E}_i(T_i)}$, $i \in S$.

Beispiel 9.37. Sei S ein endlicher Zustandsraum und $\mathbf{p}$ eine stochastische $S \times S$-Matrix. Ist die zugehörige Markov-Kette irreduzibel, so ist sie nach Satz 9.28 positiv rekurrent und hat nach Satz 9.36 eine stationäre Verteilung. Dies ist z.B. für unsere Wetter-Kette (Beispiel 9.3) der Fall. Die stationäre Verteilung kann man durch Lösen des linearen Gleichungssystems

$$\pi \begin{pmatrix} 0.3 & 0.7 & 0 \\ 0.3 & 0.5 & 0.2 \\ 0.1 & 0.2 & 0.7 \end{pmatrix} = \pi, \quad \pi_1 + \pi_2 + \pi_3 = 1,$$

bestimmen. In diesem Fall erhält man

$$\pi = (\pi_1, \pi_2, \pi_3) = \frac{1}{103}(33, 42, 28).$$

$\Diamond$

9.5 Grenzverhalten

Im letzten Beispiel haben wir die Grenzverteilung durch Lösen eines linearen Gleichungssystems bestimmt. Dies ist explizit nur für kleine endliche Zustandsräume möglich. Es gibt jedoch eine weitere Möglichkeit, die stationäre Verteilung zu bestimmen, indem man die Grenzwerte der Mehrschritt-Übergangswahrscheinlichkeiten p_{ij}^n betrachtet. Wir wissen bereits, dass für einen transienten Zustand i die Wahrscheinlichkeit, nach der Zeit n noch einmal zu i zurückzukehren, für $n \to \infty$ verschwindet,

$$p_{ii}^n = \mathbb{P}_i(X_n = i) \to 0,$$

da die Reihe über diese Wahrscheinlichkeiten nach Satz 9.24 konvergiert. Wie verhält sich im Allgemeinen

$$\lim_{n \to \infty} p_{ij}^n = \lim_{n \to \infty} \mathbb{P}_i(X_n = j) \ ? \tag{9.32}$$

Periodizität

Um die Existenz dieses Grenzwertes sicherzustellen, darf die Markov-Kette nicht hin und her springen, wie in unserem nächsten Beispiel:

Beispiel 9.38 (Markov-Kette mit Periode 2). Sei (X_n) eine Markov-Kette mit Zustandsraum $S = \{1, 2\}$ und Übergangsmatrix

$$\mathbf{p} = \begin{pmatrix} 0 & 1 \\ 1 & 0 \end{pmatrix}$$

Offensichtlich gilt $\mathbf{p}^2 = \mathbf{I}_2$ und damit

$$\mathbf{p}^n = \begin{cases} \mathbf{p}, & \text{falls } n \text{ ungerade,} \\ \mathbf{I}_2, & \text{falls } n \text{ gerade.} \end{cases}$$

Damit existieren die Limiten (9.32) nicht.   ◇

Intuitiv würde man das Verhalten der Markov-Kette aus dem letzten Beispiel als periodisch mit Periode 2 bezeichnen. Die nächste Definition liefert dafür die präzise Begriffsbildung:

Definition 9.39 (Periode). *Sei (X_n) eine Markov-Kette mit Zustandsraum S. Die Periode eines Zustands $i \in S$ ist der größte gemeinsame Teiler von $J_i := \{n \in \mathbb{N} : p_{ii}^n > 0\}$.*

So gilt in Beispiel 9.38 $J_1 = J_2 = \{2, 4, 6, \ldots\}$, somit ist die Periode der Zustände 1 und 2 gerade 2. Notwendig für eine Periode größer als 1 ist, dass $p_{ii} = 0$ ist. Andernfalls, wenn $p_{ii} > 0$ ist, gilt $1 \in J_i$, und damit muss der größte gemeinsame Teiler 1 sein. Da eine Periode von 1 aber nicht unserer Vorstellung eines periodischen Verhaltens entspricht, vereinbaren wir folgende Sprechweise:

Definition 9.40 (aperiodisch). *Ein Zustand $i \in S$ einer Markov-Kette heißt aperiodisch, falls i Periode 1 hat.*

Wir werden bei der Untersuchung des Grenzverhaltens Aperiodizität voraussetzen, um so hin und her springende Markov-Ketten auszuschließen. Um Aperiodizität zu charakterisieren, benötigen wir ein Lemma aus der elementaren Zahlentheorie:

Lemma 9.41. *Sei $A \subset \mathbb{N}$ und 1 der größte gemeinsame Teiler von A. Ist A abgeschlossen unter Addition, so gibt es ein $n_0 \in \mathbb{N}$, so dass*

$$n \in A \quad \text{für alle } n \geq n_0.$$

Beweis. Als größter gemeinsamer Teiler hat 1 eine Darstellung

$$1 = \sum_{k=1}^{K} n_k a_k, \quad n_k \in \mathbb{Z}, a_k \in A.$$

Fassen wir in N die negativen Summanden und in P die positiven Summanden zusammen, so gilt auf Grund der Abgeschlossenheit von A unter Addition, dass $N \in A$ und $P \in A$ sowie $1 = P - N$.

Sei $n \geq (N+1)(N-1)$. Wir stellen n dar als

$$n = aN + r, \quad \text{mit } r \in [0, N-1].$$

Es folgt $a \geq N-1$, denn wäre $a < N-1$, so hätten wir $n = aN + r < N(N-1) + (N-1) = (N+1)(N-1)$, im Widerspruch zur Wahl von n. Mit $P - N = 1$ folgt:

$$n = aN + r(P - N) = (a - r)N + rP \in A,$$

da $a - r \geq 0$ ist. Daher können wir $n_0 := (N+1)(N-1)$ setzen. $\square$

Lemma 9.42. *Es sei (X_n) eine $(\alpha, \mathbf{p})$-Markov-Kette. Dann ist $i \in S$ genau dann aperiodisch, wenn es ein n_0 gibt, so dass*

$$p_{ii}^n > 0 \quad \text{für alle } n \geq n_0.$$

Beweis. Es sei $A := \{n \geq 0 : p_{ii}^n > 0\}$. Ist i aperiodisch, so ist 1 der größte gemeinsame Teiler von A, und A ist wegen

$$p_{ii}^{m+n} \geq p_{ii}^n p_{ii}^m, \quad n, m \geq 0,$$

abgeschlossen unter Addition. Aus Lemma 9.41 folgt, dass es ein n_0 gibt, so dass $n \in A$ für alle $n \geq n_0$.

Gehen wir umgekehrt davon aus, dass $n \in A$ für alle $n \geq n_0$ und bezeichnen mit d den größten gemeinsamen Teiler von A, so teilt d n_0 und $n_0 + 1$. Also teilt d auch $1 = n_0 + 1 - n_0$, daher ist $d = 1$ und i aperiodisch. $\square$

Damit können wir leicht zeigen, dass Aperiodizität eine Klasseneigenschaft ist:

Satz 9.43. *Sei (X_n) eine $(\alpha, \mathbf{p})$-Markov-Kette mit Zustandsraum S. Ist $i \in S$ aperiodisch und C die Kommunikationsklasse von i, so folgt:*

$$p_{jk}^n > 0 \quad \text{für alle } j, k \in C \text{ und } n \geq n_0.$$

Insbesondere sind alle $j \in C$ aperiodisch.

Beweis. Sind $j, k \in C$, so gibt es $l, m \geq 0$ mit $p_{ji}^l, p_{ik}^m > 0$. Da i aperiodisch ist, gibt es mit Lemma 9.42 ein n_0, so dass $p_{ii}^n > 0$ für alle $n \geq n_0$. Damit folgt:

$$p_{jk}^{l+n+m} \geq p_{ji}^l p_{ii}^n p_{ik}^m > 0 \text{ für alle } n \geq n_0.$$

Die Aperiodizität aller Zustände in C folgt wiederum aus Lemma 9.42. □

Wir können also von irreduziblen, aperiodischen Markov-Ketten sprechen.

Kopplung

Die Beweismethode für die Aussagen über das Grenzverhalten von Markov-Ketten heißt Kopplung.

Definition 9.44 (Kopplungspaar). *Es seien (X_n) und (Y_n) zwei Markov-Ketten mit dem gleichen Zustandsraum S. Dann bilden (X_n) und (Y_n) ein Kopplungspaar, wenn es eine fast sicher endliche Stoppzeit τ gibt, so dass für jedes $\omega \in \Omega$ gilt:*

$$n \geq \tau(\omega) \Rightarrow X_n(\omega) = Y_n(\omega).$$

Die Stoppzeit τ heißt Kopplungszeit von (X_n) und (Y_n).

Der nachfolgende Satz ist ein erster Hinweis, warum es interessant sein könnte, Kopplungspaare zu bestimmen.

Satz 9.45. *Es sei τ eine Kopplungszeit für zwei Markov-Ketten (X_n) und (Y_n) mit Zustandsraum S. Dann gilt für jedes $A \subset S$:*

$$\mathbb{P}(X_n \in A) - \mathbb{P}(Y_n \in A) \longrightarrow 0.$$

Beweis. Wir zerlegen die Aussage in die Zeit vor und nach τ:

$$
\begin{aligned}
|\mathbb{P}(X_n \in A) - \mathbb{P}(Y_n \in A)| &= |\mathbb{P}(X_n \in A, \tau \leq n) + \mathbb{P}(X_n \in A, \tau > n) \\
&\quad - \mathbb{P}(Y_n \in A, \tau \leq n) - \mathbb{P}(Y_n \in A, \tau > n)| \\
&= |\mathbb{P}(X_n \in A, \tau > n) - \mathbb{P}(Y_n \in A, \tau > n)| \\
&\leq 2 \cdot \mathbb{P}(\tau > n) \longrightarrow 0,
\end{aligned}
$$

da nach Definition der Kopplungszeit τ fast sicher endlich ist. □

Unabhängige Kopplung

Der nachfolgende Satz, in dem aus zwei unabhängigen Markov-Ketten ein Kopplungspaar geformt wird, ist die entscheidende Zutat, um die Konvergenzsätze für Markov-Ketten zu beweisen. Wir betrachten dazu zwei Markov-Ketten, die sich nur in der Startverteilung unterscheiden. (X_n) sei eine $(\alpha, \mathbf{p})$-Markov-Kette und (Y_n) eine $(\beta, \mathbf{p})$-Markov-Kette auf dem gleichen Zustandsraum S. Sind (X_n) und (Y_n) unabhängig, so ist $(Z_n) := (X_n, Y_n)$ eine $(\gamma, \mathbf{q})$-Markov-Kette auf $S \times S$, mit der Startverteilung

$$\gamma(i,j) = \alpha(i)\beta(j), \quad (i,j) \in S \times S, \tag{9.33}$$

und den Übergangswahrscheinlichkeiten

$$q_{(i_0,j_0)(i_1,j_1)} = p_{i_0 i_1} p_{j_0 j_1}, \quad (i_0,j_0),(i_1,j_1) \in S \times S. \tag{9.34}$$

Die Unabhängigkeit ermöglicht es, auf diese einfache Weise eine Produkt-Markov-Kette zu erhalten.

Satz 9.46. *Es sei (X_n) eine $(\alpha, \mathbf{p})$-Markov-Kette, (Y_n) eine $(\beta, \mathbf{p})$-Markov-Kette auf dem gleichen Zustandsraum S, (X_n) und (Y_n) unabhängig und $(Z_n) = (X_n, Y_n)$ die $(\gamma, \mathbf{q})$-Produkt-Markov-Kette. Ist (Z_n) irreduzibel und rekurrent, so gelten die folgenden Aussagen:*

(i) *$T := \inf\{n \geq 1 : X_n = Y_n = i_0\}$, $i_0 \in S$, ist fast sicher endlich.*
(ii)
$$W_n := \begin{cases} X_n & \text{für } n \leq T, \\ Y_n & \text{für } n > T, \end{cases} \text{ ist eine } (\alpha, \mathbf{p})\text{-Markov-Kette.}$$

(iii) *$\mathbb{P}(X_n \in A) - \mathbb{P}(Y_n \in A) \longrightarrow 0$ für alle $A \subset S$.*

Beweis. (i) Die Stoppzeit T ist bezüglich (Z_n) nichts anderes als $T_{(i_0,i_0)}$, also die Rückkehrzeit zum Zustand (i_0, i_0). Da (Z_n) nach Voraussetzung irreduzibel und rekurrent ist, folgt aus Satz 9.30

$$\mathbb{P}(T < \infty) = \mathbb{P}(T_{(i_0,i_0)} < \infty) = 1.$$

(ii) Die Idee der Markov-Kette (W_n) ist in Abbildung 9.4 dargestellt. Wir wechseln in T, also bei $X_n = Y_n = i_0$ von (X_n) zu (Y_n). Da die Übergangswahrscheinlichkeiten von (X_n) und (Y_n) gleich sind und die Markov-Ketten unabhängig von der Zeit vor T in i_0 neu beginnen, ist es plausibel, dass (W_n) von dem Wechsel nichts merkt und sich so verhält wie (X_n). Für den Nachweis müssen wir diese Gedanken lediglich mit Hilfe der starken Markov-Eigenschaft formalisieren.

Sei $\mathcal{F}_T$ die σ-Algebra der Zeit vor T bezüglich (Z_n), vgl. (9.9). Nach der starken Markov-Eigenschaft 9.17 ist dann (X_{T+n}, Y_{T+n}) eine $(\delta_{(i_0,i_0)}, \mathbf{q})$-Markov-Kette und unabhängig von $\mathcal{F}_T$. Aus Symmetriegründen ist genauso (Y_{T+n}, X_{T+n}) eine $(\delta_{(i_0,i_0)}, \mathbf{q})$-Markov-Kette und unabhängig von $\mathcal{F}_T$. Definieren wir

$$\tilde{W}_n := \begin{cases} Y_n & \text{für } n \leq T, \\ X_n & \text{für } n > T, \end{cases}$$

so folgt, dass $(W_n, \tilde{W}_n)$ eine $(\gamma, \mathbf{q})$-Markov-Kette ist. Daraus folgt aber wegen (9.33) und (9.34), dass (W_n) eine $(\alpha, \mathbf{p})$-Markov-Kette ist.
(iii) Nach Definition von (W_n) bilden (Y_n) und (W_n) ein Kopplungspaar. Da (W_n) und (X_n) nach (ii) identisch verteilt sind, folgt aus Satz 9.45:

$$\mathbb{P}(X_n \in A) - \mathbb{P}(Y_n \in A) = \mathbb{P}(W_n \in A) - \mathbb{P}(Y_n \in A) \longrightarrow 0.$$

$\square$

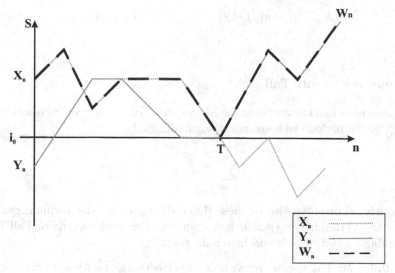

Abbildung 9.4. Unabhängige Kopplung

Konvergenz der Übergangswahrscheinlichkeiten

Das nachfolgende Theorem beschreibt das Phänomen, das wir bereits bei der Wetter-Kette in Beispiel 9.9 vermutet hatten. Eine aperiodische Markov-Kette nähert sich mit der Zeit ihrer stationären Verteilung.

Theorem 9.47 (Konvergenz von Markov-Ketten). *Sei* (X_n) *eine irreduzible, aperiodische* $(\alpha, \mathbf{p})$- *Markov-Kette mit stationärer Verteilung* π. *Dann gilt:*

$$\mathbb{P}(X_n = j) \longrightarrow \pi(j), \quad i, j \in S,$$

also insbesondere

$$p_{ij}^n \longrightarrow \pi(j), \quad i, j \in S.$$

Beweis. Sei (Y_n) eine von (X_n) unabhängige $(\pi, \mathbf{p})$-Markov-Kette. Um Satz 9.46 anwenden zu können, müssen wir zeigen, dass $(Z_n) := (X_n, Y_n)$ irreduzibel und rekurrent ist. Die Irreduzibilität folgt aus der Aperiodizität und Irreduzibilität von (X_n) und (Y_n): Sei $(i_0, j_0), (i_1, j_1) \in S \times S$. Wegen Lemma 9.42 finden wir ein $r \in \mathbb{N}$ mit $p_{i_1 i_1}^r p_{j_1 j_1}^r > 0$. Aus der Irreduzibilität folgt nun die Existenz eines $n \in \mathbb{N}$ mit $p_{i_0 i_1}^n p_{j_0 j_1}^n > 0$ und daher

$$q_{(i_0, j_0)(i_1, j_1)}^{n+r} = p_{i_0 i_1}^{n+r} p_{j_0 j_1}^{n+r} \geq p_{i_0 i_1}^n p_{i_1 i_1}^r p_{j_0 j_1}^n p_{j_1 j_1}^r > 0.$$

Außerdem ist

$$\tilde{\pi}(i, j) := \pi(i)\pi(j), \quad (i, j) \in S \times S,$$

eine stationäre Verteilung von (Z_n). Daher ist nach Satz 9.36 (Z_n) sogar positiv rekurrent. Damit folgt nach Satz 9.46

$$\mathbb{P}(X_n = j) - \pi(j) = \mathbb{P}(X_n = j) - \mathbb{P}(Y_n = j) \longrightarrow 0.$$

$\square$

Der null-rekurrente Fall

Im transienten Fall konvergieren die Mehrschritt-Übergangswahrscheinlichkeiten p_{ij}^n gegen 0, denn es konvergiert sogar die Reihe

$$\sum_{n=0}^{\infty} p_{ij}^n < \infty.$$

Im positiv rekurrenten Fall ist diese Reihe divergent, da die Terme gegen die stationäre Verteilung $\pi(j) > 0$ konvergieren. Der null-rekurrente Fall liegt genau dazwischen, wie der nächste Satz zeigt.

Satz 9.48. *Ist (X_n) eine irreduzible, aperiodische, null-rekurrente $(\alpha, \mathbf{p})$-Markov-Kette, so gilt für alle $i, j \in S$:*

$$p_{ij}^n \longrightarrow 0, \ aber \ \sum_{n=0}^{\infty} p_{ij}^n = \infty.$$

Beweis. Die Divergenz der Reihe haben wir bereits in Satz 9.24 gezeigt. Es bleibt also

$$\mathbb{P}(X_n = j) \longrightarrow 0$$

zu beweisen. Dazu betrachten wir als erstes die divergente Reihe

$$\sum_{k=0}^{\infty} \mathbb{P}_j(T_j > k) = \mathbb{E}_j(T_j) = \infty.$$

Zu jedem $\varepsilon > 0$ gibt es ein $K \geq 0$, so dass

$$\sum_{k=0}^{K} \mathbb{P}_j(T_j > k) \geq \frac{2}{\varepsilon}.$$

Damit erhalten wir für alle $n \geq K$ mit der Markov-Eigenschaft:

$$1 \geq \sum_{k=n-K}^{n} \mathbb{P}(X_k = j, X_{k+1} \neq j, \ldots, X_n \neq j)$$

$$= \sum_{k=n-K}^{n} \mathbb{P}(X_k = j) \mathbb{P}_j(T_j > n - k)$$

$$= \sum_{k=0}^{K} \mathbb{P}(X_{n-k} = j) \mathbb{P}_j(T_j > k).$$

Daher muss es in der letzten Summe einen Index $k_0 \leq K$ geben, für den $\mathbb{P}(X_{n-k_0} = j) \leq \frac{\varepsilon}{2}$ ist. Da dies für alle $n \geq K$ gilt, folgt insbesondere:

$$\text{Für alle } n \geq K \text{ existiert ein } k_0 \leq K \text{ mit } \mathbb{P}(X_{n+k_0} = j) \leq \frac{\varepsilon}{2}. \qquad (9.35)$$

Sei (Y_n) eine von (X_n) unabhängige $(\beta, \mathbf{p})$-Markov-Kette mit einer zunächst beliebigen Startverteilung β. Wir betrachten wieder $(Z_n) := (X_n, Y_n)$. Die Irreduzibilität von (Z_n) folgt wie im Beweis von Theorem 9.47 aus der Aperiodizität und Irreduzibilität von (X_n) und (Y_n). Ist (Z_n) transient, so folgt mit $\beta := \alpha$:

$$\mathbb{P}(X_n = j)^2 = \mathbb{P}(Z_n = (j,j)) \longrightarrow 0,$$

was zu zeigen war. Andernfalls, also wenn (Z_n) rekurrent ist, folgt aus Satz 9.46:

$$\mathbb{P}(X_n = j) - \mathbb{P}(Y_n = j) \longrightarrow 0. \qquad (9.36)$$

Wir verwenden diese Konvergenz nun für $K+1$ verschiedene Startverteilungen von (Y_n), indem wir

$$\beta_k(i) := \mathbb{P}(X_k = i), \quad i \in S, \ k = 0, \dots, K,$$

setzen. Insbesondere folgt

$$\mathbb{P}_{\beta_k}(Y_n = j) = \mathbb{P}(X_{k+n} = j), \quad k = 0, \dots, K, \ n \in \mathbb{N}.$$

Damit erhalten wir durch simultanes Ausnutzen der Konvergenz (9.36) ein $N \geq 0$, so dass für alle $n \geq N$ gilt:

$$|\mathbb{P}(X_n = j) - \mathbb{P}_{\beta_k}(Y_n = j)| = |\mathbb{P}(X_n = j) - \mathbb{P}(X_{k+n} = j)| < \frac{\varepsilon}{2}, \quad k = 0, \dots, K.$$

Daraus folgt mit (9.35), dass

$$|\mathbb{P}(X_n = j)| < \varepsilon \text{ für alle } n \geq N \vee K$$

und damit die behauptete Konvergenz $\mathbb{P}(X_n = j) \longrightarrow 0$.   □

Klassifikation von Markov-Ketten

Zum Abschluss dieses Abschnitts können wir eine vollständige Klassifikation irreduzibler, aperiodischer Markov-Ketten angeben.

Theorem 9.49 (Klassifikation von Markov-Ketten). *Sei (X_n) eine irreduzible, aperiodische $(\alpha, \mathbf{p})$-Markov-Kette. Dann gilt genau eine der folgenden Aussagen:*

(i) Die Markov-Kette (X_n) ist transient. Dann gilt für alle $i, j \in S$:

$$\sum_{n=1}^{\infty} p_{ij}^n < \infty, \text{ also insbesondere } \lim_{n \to \infty} p_{ij}^n = 0. \qquad (9.37)$$

(ii) *Die Markov-Kette (X_n) ist rekurrent. Eine stationäre Verteilung π existiert genau dann, wenn die Markov-Kette (X_n) positiv rekurrent ist. In diesem Fall gilt für alle $i, j \in S$:*

$$\lim_{n \to \infty} p_{ij}^n = \pi_j > 0 \ \text{und} \ \mathbb{E}_j(T_j) = \frac{1}{\pi_j} < \infty.$$

Andernfalls, also im null-rekurrenten Fall, ist

$$\lim_{n \to \infty} p_{ij}^n = 0, \ \text{aber} \ \sum_{n=1}^{\infty} p_{ij}^n = \mathbb{E}_j(T_j) = \infty.$$

Beweis. Die Aussagen haben wir in den Sätzen 9.24, 9.25, 9.36, 9.47 und 9.48 bewiesen. □

Beispiel 9.50 (Konsensbildung). Eine kleine Anwendung der stationären Verteilung besteht darin, in einer endlichen Gruppe von Personen einen Konsens herbeizuführen. Nehmen wir an, k Personen müssen eine Größe G (z.B. die Arbeitslosigkeit im nächsten Jahr) schätzen. Der einfachste Weg, zu einer gemeinsamen Zahl zu kommen, ist die Bildung des arithmetischen Mittels der geschätzten Werte G_i:

$$\bar{G} := \frac{1}{k}(G_1 + \ldots + G_k).$$

Dabei fließt die Meinung jedes einzelnen Gruppenmitglieds gleich stark ein. Alternativ kann man jedes Gruppenmitglied die Kompetenz der übrigen Gruppenmitglieder einschätzen lassen. Jede Person ordnet allen Mitgliedern der Gruppe einen Kompetenzwert zwischen 0 und 1 so zu, dass die Summe der Kompetenzwerte 1 ist. So entsteht eine stochastische Matrix. Z.B. bedeutet die Matrix

$$\mathbf{p} = \begin{pmatrix} 0.5 & 0.25 & 0.25 \\ 0.3 & 0.2 & 0.5 \\ 0.6 & 0.2 & 0.2 \end{pmatrix},$$

dass die erste Person sich selbst am kompetentesten einschätzt und die übrigen beiden Mitglieder der Gruppe jeweils nur für halb so kompetent hält. Verlangt man, dass niemand als total inkompetent beurteilt werden darf, also mit der Kompetenz 0, so ist die zugehörige Markov-Kette (X_n) irreduzibel und somit (Satz 9.28) positiv rekurrent. Also konvergiert (X_n) gegen eine stationäre Verteilung π, in der sich die Kompetenz der Mitglieder wiederfindet. Statt des arithmetischen Mittels kann man nun den i-ten Schätzwert mit π_i gewichten:

$$G_\pi := G_1 \pi_1 + \ldots + G_k \pi_k.$$

So kann man, wenn die Einschätzung der Kompetenzen zutrifft, zu einem besseren Ergebnis kommen. Für unsere Beispielmatrix erhalten wir die stationäre Verteilung

$$\pi = \frac{1}{223}(108, 50, 65).$$

So spiegeln sich die hohen Kompetenzwerte für die erste Person in der stationären Verteilung wieder. Ihre Meinung erhält mehr Gewicht. $\Diamond$

9.6 Anwendung Biologie: Ein Populationsmodell

In dieser Anwendung betrachten wir eine Population von Individuen, die sich am Ende ihres Lebens in neue Individuen spalten. Bei den Individuen kann es sich z.B. um Atome bei der Kernspaltung, Bakterien in einer Kolonie oder um Personen handeln. Wir stellen hier den so genannten Galton-Watson-Verzweigungsprozess vor, der besonders in der Biologie ein einfaches Modell für die Populationsdynamik darstellt. Von besonderem Interesse ist dabei die Frage nach der Wahrscheinlichkeit für das Aussterben der Population. Dies war auch die ursprüngliche Motivation von Francis Galton und Reverend Watson am Ende des 19ten Jahrhunderts. Damals wurden englische Adelstitel nur an männliche Nachkommen vererbt, so dass man sich für die Wahrscheinlichkeit des Ausbleibens männlicher Nachkommen interessierte, weil es das Verschwinden des Adelstitels zur Folge gehabt hätte. Das nachfolgende Galton-Watson-Modell ist ein klassisches Beispiel innerhalb der Theorie der Markov-Ketten. Man findet es z.B. in [Bré99], [Geo02] und [Nor98].

Das Galton-Watson-Modell

Sei $c = (c_j)$, $j \in \mathbb{N}_0$, eine Zähldichte auf $\mathbb{N}_0$. Jedes Individuum der n-ten Generation wird unabhängig von allen anderen in der nachfolgenden Generation mit Wahrscheinlichkeit c_j durch j Individuen ersetzt. Es bezeichne X_n die Anzahl der Individuen der n-ten Generation. Das Galton-Watson-Modell ist dann gegeben durch die Markov-Kette (X_n) mit den Übergangswahrscheinlichkeiten

$$\mathbf{p}_{kj} = \sum_{j_1 + \ldots + j_n = j} c_{j_1} \cdot \ldots \cdot c_{j_k}, \quad k \geq 1, j \in \mathbb{N}_0.$$

Für den Fall $k = 0$, d.h. Auslöschung der Population, setzen wir natürlich $\mathbf{p}_{0j} = \delta_{0j}$. Nun ist $\mathbf{p}_{kj}$ die Wahrscheinlichkeit, dass aus einer Population mit k Individuen in der nächsten Generation j Individuen werden. Setzen wir wie üblich

$$T_0 := \inf\{n \geq 1 : X_n = 0\}$$

für den ersten Zeitpunkt der Auslöschung, so erhalten wir die

Auslöschungswahrscheinlichkeit $\rho_i := \mathbb{P}_i(T_0 < \infty) = \mathbb{P}(T_0 < \infty | X_0 = i)$

bei einer Startpopulation von $X_0 = i$ Individuen. Um triviale Fälle auszuschließen, gehen wir im Folgenden von $i > 0$, $c_0 \in \,]0, 1[$ und $c_0 + c_1 < 1$ aus. Setzen wir $\rho := \rho_1$, so folgt

$$\rho_i = \rho^i,$$

da sich jeder Zweig eines Individuums aus der Anfangsgeneration unabhängig von allen anderen nach der gleichen Verteilung entwickelt. Wir untersuchen nun ρ genauer, beginnen also mit einer Startpopulation aus einem Individuum $X_0 = 1$. Dieses Individuum kann ohne Nachkommen sterben (Wahrscheinlichkeit c_0) oder k Nachkommen haben (Wahrscheinlichkeit $c_k = \mathbb{P}(X_1 = k|X_0 = 1)$). Die Population $X_1 = k$ stirbt wegen der Markov-Eigenschaft mit der gleichen Wahrscheinlichkeit aus wie eine Population $X_0 = k$, also mit der Wahrscheinlichkeit ρ_k. Daher erhalten wir als gesamte Auslöschungswahrscheinlichkeit

$$\rho = c_0 + \sum_{k=1}^{\infty} \mathbb{P}(X_1 = k|X_0 = 1)\rho_k = \sum_{k=0}^{\infty} c_k \rho^k.$$

Definieren wir die Funktion

$$M(s) := \sum_{k=0}^{\infty} c_k s^k, \quad s \in [0,1],$$

so erhalten wir als ein erstes wichtiges Ergebnis: Die Auslöschungswahrscheinlichkeit ρ ist ein Fixpunkt der Funktion M: $M(\rho) = \rho$. Offensichtlich gilt stets $M(1) = 1$.

Berechnung der Auslöschungswahrscheinlichkeit

Um ρ zu ermitteln, unterscheiden wir die beiden Fälle $\mathbb{E}(c) = \sum_{j=0}^{\infty} jc_j \leq 1$ und $\mathbb{E}(c) > 1$. Graphisch sind die beiden Fälle in Abbildung 9.5 dargestellt.

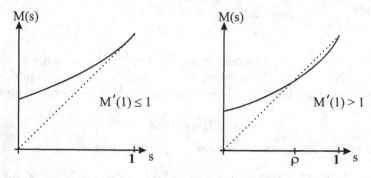

Abbildung 9.5. Aussterbewahrscheinlichkeit im Galton-Watson-Modell

In beiden Fällen gilt:

$$M''(s) = \sum_{k=2}^{\infty} k(k-1)c_k s^{k-2} > 0, \quad s \in \,]0,1],$$

d.h. M ist auf dem Intervall $[0,1]$ streng konvex. Weiter ist $M(0) = c_0 < 1$ und

$$M'(1) = \sum_{k=0}^{\infty} k \cdot c_k = \mathbb{E}(c).$$

Daher ist im Fall $\mathbb{E}(c) \leq 1$ der Punkt 1 der einzige Fixpunkt von M. Daraus folgt $\rho = 1$, d.h. die Population stirbt mit Wahrscheinlichkeit 1 aus. Ist hingegen $\mathbb{E}(c) = M'(1) > 1$, so folgt aus der strengen Konvexität, dass M genau einen weiteren Fixpunkt $\tilde{\rho} \in \,]0,1[$ besitzt. Es gilt $\rho = \tilde{\rho}$, wie wir jetzt zeigen wollen. Dazu sei

$$g_n := \mathbb{P}(X_n = 0 | X_0 = 1), \quad n \geq 1,$$

die Wahrscheinlichkeit, dass die n-te Generation ausgestorben ist. Dann ist

$$g_1 = \mathbb{P}(X_1 = 0 | X_0 = 1) = c_0 = M(0) \leq M(\tilde{\rho}) = \tilde{\rho},$$

da $M' > 0$ und daher M streng monoton wächst. Aus dem gleichen Grund folgt:

Ist $g_n \leq \tilde{\rho}$, so auch $g_{n+1} = M(g_n) \leq M(\tilde{\rho}) \leq \tilde{\rho}$.

Per Induktion folgt daher $g_n \leq \tilde{\rho}$ für alle $n \in \mathbb{N}$. Damit ist auch $\rho = \lim_{n \to \infty} g_n \leq \tilde{\rho}$. Da es aber im Intervall $[0, \tilde{\rho}[$ keinen Fixpunkt gibt, folgt $\rho = \tilde{\rho}$.

Zusammenfassend gelangen wir also zu folgender Erkenntnis: Die mittlere Nachkommenschaft pro Individuum $\mathbb{E}(c)$ entscheidet über das Überleben der Population. Ist $\mathbb{E}(c) \leq 1$, so stirbt die Population mit Sicherheit aus. Ist $\mathbb{E}(c) > 1$, so stirbt sie mit einer positiven Wahrscheinlichkeit ρ aus, die gerade durch den kleineren Fixpunkt der Funktion M gegeben ist. Wir haben in beiden Fällen keine Aussage über die tatsächliche Größe der Population gemacht. Dazu sind Annahmen über die Lebensdauer der Individuen erforderlich. Die Fertilität, also die Anzahl Kinder pro Frau, lag in Deutschland im Jahre 2001 bei 1.38. Natürlich kann man das einfache Galton-Watson-Modell nicht ohne Weiteres auf die Population der Bundesrepublik Deutschland anwenden, da zahlreiche Effekte außer Acht bleiben. Dennoch ergibt sich in dieser groben Vereinfachung näherungsweise eine mittlere Nachkommenschaft von 0.69 pro Individuum, was mit Wahrscheinlichkeit 1 nicht ausreicht, um die Population zu erhalten.

10

Poisson-Prozesse

Poisson-Prozesse werden typischerweise verwendet, wenn es darum geht, zu zufälligen Zeitpunkten eintretende Ereignisse zu zählen. Dabei kann es sich beispielsweise um die Anzahl Anrufe in einem Call-Center, die Anzahl Unfälle auf einer Kreuzung oder die Anzahl eingehender Jobs auf einem Server handeln. Die Wartezeiten bis zum nächsten Ereignis werden durch unabhängige exponentialverteilte Zufallsvariablen modelliert. Trotz dieser relativ einfachen Struktur spielen Poisson-Prozesse und die etwas allgemeineren Erneuerungsprozesse in vielen Anwendungen, z.B. in der Versicherungsmathematik, eine wichtige Rolle. Wegen der exponentialverteilten Wartezeiten muss der Zeitparameter bei Poisson-Prozessen kontinuierlich sein. Dies erfordert etwas Terminologie stochastischer Prozesse, mit der wir dieses Kapitel beginnen.

10.1 Terminologie stochastischer Prozesse

Definition

In der bisherigen Entwicklung der Wahrscheinlichkeitstheorie haben wir Zufallsvariablen X und Folgen von Zufallsvariablen $(X_n)_{n \in \mathbb{N}_0}$ auf einem Wahrscheinlichkeitsraum $(\Omega, \mathcal{F}, \mathbb{P})$ betrachtet. Dabei haben wir eine Zufallsvariable als das mathematische Modell für ein vom Zufall beeinflusstes Experiment betrachtet. Stochastische Prozesse fügen diesem Grundgedanken einen weiteren Aspekt hinzu, indem die Zeit als Parameter eingeführt wird. Wir beobachten nicht mehr ein Zufallsexperiment X, sondern zu jedem Zeitpunkt $t \in I$ ein Zufallsexperiment X_t. Um $t \in I$ als Zeitpunkt interpretieren zu können, nehmen wir $I \subset [0, \infty[$ an. Dies führt zu folgender Definition eines stochastischen Prozesses:

Definition 10.1 (stochastischer Prozess). *Sei* $(\Omega, \mathcal{F}, \mathbb{P})$ *ein Wahrscheinlichkeitsraum,* $(S, \mathcal{S})$ *ein Messraum und* $I \subset [0, \infty[$ *eine Indexmenge. Dann heißt eine Familie* $X = (X_t)_{t \in I}$ *messbarer Abbildungen*

$$X_t : \Omega \to S, \quad t \in I,$$

stochastischer Prozess (mit Zustandsraum S).

Ist der Zustandsraum $(S, \mathcal{S}) = (\mathbb{R}^n, \mathcal{B}^n)$, so sprechen wir genau wie bei Zufallsvariablen von einem n-dimensionalen stochastischen Prozess, im Fall $n = 1$ von einem reellen stochastischen Prozess. Grundsätzlich lassen sich stochastische Prozesse in vier Klassen einteilen, je nach Beschaffenheit der Indexmenge I und des Zustandsraumes S:

Zeitdiskrete Prozesse: Ist die Indexmenge $I \subset [0, \infty[$ diskret, typischerweise $I = \mathbb{N}_0$, so spricht man von einem zeitdiskreten stochastischen Prozess, den wir üblicherweise mit $X = (X_n)_{n \in \mathbb{N}_0}$ bezeichnen. Zeitdiskrete stochastische Prozesse sind also Folgen von Zufallsvariablen. Sie zerfallen wiederum in zwei Klassen, je nachdem, ob die Verteilung auf dem Zustandsraum diskret ist oder nicht. Markov-Ketten sind typische Beispiele zeitdiskreter stochastischer Prozesse mit diskretem Zustandsraum.

Zeitstetige Prozesse: Ist die Indexmenge $I \subset [0, \infty[$ nicht-diskret, typischerweise $I = [0, \infty[$, so spricht man von zeitstetigen stochastischen Prozessen, die wir üblicherweise mit $X = (X_t)_{t \geq 0}$ bezeichnen. Genau wie im zeitdiskreten Fall kann man wieder nach dem Zustandsraum S unterscheiden. Für Poisson-Prozesse ist $S = \mathbb{N}_0$, sie sind also typische Vertreter zeitstetiger stochastischer Prozesse mit diskretem Zustandsraum.

Zuwächse

Eine andere Möglichkeit, Klassen von stochastischen Prozessen auszuzeichnen, ist die Untersuchung ihrer Zuwächse oder Inkremente:

Definition 10.2 ((stationäre, unabhängige) Zuwächse). *Für einen stochastischen Prozess* $(X_t)_{t \geq 0}$ *heißen die Zufallsvariablen* $X_t - X_s$, $s \leq t$, *Zuwächse oder Inkremente (über dem Intervall* $]s, t]$). *Die Zuwächse wiederum heißen*

(i) *stationär, falls für alle* $t \geq 0$ *und* $h \geq 0$ *die Verteilung von* $X_{t+h} - X_t$ *nur von* h, *also der Differenz der Zeitpunkte abhängt,*

(ii) *unabhängig, falls für jedes* $(n + 1)$-*Tupel reeller Zahlen* $0 \leq t_0 < ... < t_n$ *gilt:*

$$X_{t_1} - X_{t_0}, X_{t_2} - X_{t_1}, \ldots, X_{t_n} - X_{t_{n-1}} \text{ sind unabhängig.}$$

Sowohl die Poisson-Prozesse als auch die Brownsche Bewegung, mit der wir uns im übernächsten Kapitel beschäftigen, sind stochastische Prozesse mit stationären und unabhängigen Zuwächsen. Sie unterscheiden sich in der speziellen Verteilung der Zuwächse und im Zustandsraum, der beim Poisson-Prozess diskret ($\mathbb{N}_0$) und bei der Brownschen Bewegung kontinuierlich ($\mathbb{R}$) ist.

Pfadabbildungen

Fasst man einen stochastischen Prozess $(X_t)_{t \in I}$ als Funktion von ω und t auf, so kann man ein $\omega \in \Omega$ fixieren und erhält eine Abbildung $I \to S$.

Definition 10.3 (Pfad). *Es sei $X = (X_t)_{t \in I}$ ein stochastischer Prozess und $\omega \in \Omega$. Die Abbildung*

$$X_.(\omega) : I \to S, \quad t \mapsto X_t(\omega),$$

heißt Pfad von ω. Der Prozess X heißt (rechts-, links-)stetig, wenn die Pfade $\mathbb{P}$-fast aller $\omega \in \Omega$ (rechts-, links-)seitig stetig sind.

Für einen reellen Prozess $(X_t)_{t \geq 0}$ sind die Pfade demnach Abbildungen

$$X_.(\omega) : [0, \infty[\to \mathbb{R}.$$

Von einem abstrakten Standpunkt aus kann man einen stochastischen Prozess als Zufallsvariable in einen Funktionenraum auffassen. Die Pfadabbildungen sind dann die Funktionswerte dieser Zufallsvariable. Ein Teil des Studiums stochastischer Prozesse besteht darin, sich mit Pfadeigenschaften auseinander zu setzen. Wir werden dies insbesondere für die Brownsche Bewegung in Abschnitt 12.3 tun.

Was bedeutet Gleichheit?

Es seien $X = (X_t)_{t \geq 0}$ und $Y = (Y_t)_{t \geq 0}$ zwei n-dimensionale stochastische Prozesse auf einem Wahrscheinlichkeitsraum $(\Omega, \mathcal{F}, \mathbb{P})$. Als Funktionen in ω und t würde man X und Y als gleich ansehen, wenn gilt:

$$X_t(\omega) = Y_t(\omega) \quad \text{für alle } (\omega, t) \in \Omega \times [0, \infty[.$$

Im Rahmen der Wahrscheinlichkeitstheorie gibt es verschiedene Abschwächungen dieser Gleichheit:

Definition 10.4 (Nicht-Unterscheidbarkeit). *Zwei stochastische Prozesse $X = (X_t)_{t \geq 0}$ und $Y = (Y_t)_{t \geq 0}$ heißen nicht unterscheidbar, wenn für fast alle $\omega \in \Omega$ gilt:*

$$X_t(\omega) = Y_t(\omega) \text{ für alle } t \geq 0.$$

Zwei stochastische Prozesse sind also nicht unterscheidbar, wenn fast alle Pfade (als Funktionen) gleich sind. Schwächer ist die folgende Bedingung:

Definition 10.5 (Version). *Es seien zwei stochastische Prozesse $X = (X_t)_{t\geq 0}$ und $Y = (Y_t)_{t\geq 0}$ gegeben. X heißt Version von Y, wenn*

$$\mathbb{P}(X_t = Y_t) = 1 \quad \text{für alle } t \geq 0.$$

Das folgende klassische Beispiel zeigt, dass die zweite Bedingung wirklich schwächer ist.

Beispiel 10.6. Wir betrachten eine positive, stetig verteilte (z.B. exponentialverteilte) Zufallsvariable Z und definieren die stochastischen Prozesse

$$X_t := 0, \quad Y_t := \begin{cases} 0 & \text{für } t \neq Z, \\ 1 & \text{für } t = Z. \end{cases}$$

Wegen $\mathbb{P}(X_t = Y_t) = \mathbb{P}(Z \neq t) = 1$ ist $(X_t)_{t\geq 0}$ eine Version von $(Y_t)_{t\geq 0}$. Allerdings sind X und Y keineswegs nicht unterscheidbar. Kein Pfad von Y ist stetig, während alle Pfade von X stetig sind.   ◊

Mit zwei stetigen Prozessen kann man ein solches Beispiel nicht konstruieren, wie das nachfolgende Resultat zeigt:

Satz 10.7. *Sind $X = (X_t)_{t\geq 0}$ und $Y = (Y_t)_{t\geq 0}$ (rechts-)stetige Prozesse auf $(\Omega, \mathcal{F}, \mathbb{P})$ und Y eine Version von X, so sind X und Y nicht unterscheidbar.*

Beweis. Wegen der (Rechts-)stetigkeit fast aller Pfade genügt es für den Nachweis der Nicht-Unterscheidbarkeit,

$$\mathbb{P}(X_t = Y_t \text{ für alle } t \in \mathbb{Q}^+) = 1$$

zu zeigen. Da jede abzählbare Vereinigung von Nullmengen wieder eine Nullmenge ist, gilt mit $\mathbb{P}(X_t = Y_t) = 1$ für alle $t \geq 0$:

$$\mathbb{P}(X_t = Y_t \text{ für alle } t \in \mathbb{Q}^+) = \mathbb{P}\left(\bigcap_{t \in \mathbb{Q}^+} \{X_t = Y_t\} \right) = 1.$$

$\square$

Satz 10.7 kann man auch so formulieren: Jeder stochastische Prozess $X = (X_t)_{t\geq 0}$ hat (bis auf Nicht-Unterscheidbarkeit) höchstens eine stetige Version.

Endlich-dimensionale Verteilungen

Die Frage, ob zwei stochastische Prozesse Versionen voneinander bzw. nicht unterscheidbar sind, macht nur Sinn, wenn sie auf demselben Wahrscheinlichkeitsraum definiert sind. Ein anderer Begriff, die Verteilungen, sind diesbezüglich flexibler. Wir haben bereits für zwei n-dimensionale Zufallsvariablen X und Y die Schreibweise $X \stackrel{d}{=} Y$ eingeführt, falls $\mathbb{P}_X = \mathbb{P}_Y$ gilt, d.h.

$$\mathbb{P}(X \in A) = \mathbb{P}(Y \in A) \quad \text{für alle } A \in \mathcal{B}^n.$$

Entsprechend definiert man für zwei stochastische Prozesse:

Definition 10.8 (endlich-dimensionale Verteilungen). *Es seien $X = (X_t)_{t \geq 0}$ und $Y = (Y_t)_{t \geq 0}$ reelle stochastische Prozesse. Für jedes n-Tupel $0 \leq t_1 < \ldots < t_n$ ist*

$$\mathbb{P}[(X_{t_1}, \ldots, X_{t_n}) \in A], \quad A \in \mathcal{B}^n,$$

eine endlich-dimensionale Verteilung. Die Prozesse X und Y haben dieselben endlich-dimensionalen Verteilungen, wenn für jedes $n \in \mathbb{N}$ und jedes n-Tupel $0 \leq t_1 < \ldots < t_n$ gilt:

$$(X_{t_1}, \ldots, X_{t_n}) \stackrel{d}{=} (Y_{t_1}, \ldots, Y_{t_n}),$$

d.h.

$$\mathbb{P}[(X_{t_1}, \ldots, X_{t_n}) \in A] = \mathbb{P}[(Y_{t_1}, \ldots, Y_{t_n}) \in A] \quad \text{für alle } A \in \mathcal{B}^n.$$

Wir schreiben in diesem Fall kurz: $(X_t)_{t \geq 0} \stackrel{d}{=} (Y_t)_{t \geq 0}$ *oder* $X \stackrel{d}{=} Y$.

Sind X und Y zwei Versionen voneinander, so haben sie offensichtlich die gleichen endlich-dimensionalen Verteilungen. Es können jedoch auch Prozesse die gleichen endlich-dimensionalen Verteilungen haben, die auf zwei verschiedenen Wahrscheinlichkeitsräumen definiert sind. Es ist durchaus üblich, etwa bei der Brownschen Bewegung (Kapitel 12), einen Prozess durch gewisse Forderungen an die endlich-dimensionalen Verteilungen festzulegen. Dann stellt sich allerdings die Frage, ob es überhaupt einen stochastischen Prozess gibt, der diesen Forderungen genügt. Diese Frage beantwortet der Existenzsatz von Kolmogorov, Theorem A.19 und Korollar A.20.

Die Festlegung der endlich-dimensionalen Verteilungen sagt, wie am Beispiel 10.6 deutlich wird, noch nichts über die Regularität der Pfade aus. Daher findet man z.B. bei der Brownschen Bewegung neben den Forderungen an die endlich-dimensionalen Verteilungen eine Regularitätsforderung an die Pfade, nämlich Stetigkeit.

Pfade rechtsstetiger Prozesse mit Zustandsraum $\mathbb{N}_0$

Poisson-Prozesse haben, wie wir zu Beginn des nächsten Abschnitts sehen werden, rechtsstetige Pfade, und ihr Zustandsraum ist $\mathbb{N}_0$. Pfade solcher Prozesse lassen sich allgemein gut beschreiben. Die rechtsseitige Stetigkeit zwingt die Pfade dazu, in jedem angenommenen Zustand ein wenig zu verweilen. Wir beweisen dieses Resultat für den Zustandsraum $S = \mathbb{N}_0$, er überträgt sich jedoch unmittelbar auf jeden diskreten Zustandsraum.

Satz 10.9. *Sei $(X_t)_{t\geq 0}$ ein stochastischer Prozess mit Zustandsraum $\mathbb{N}_0$. Dann ist $(X_t)_{t\geq 0}$ genau dann rechtsstetig, wenn für fast alle $\omega \in \Omega$ zu jedem $t \geq 0$ ein $\varepsilon > 0$ existiert, so dass*

$$X_t(\omega) = X_s(\omega) \text{ für alle } t \leq s \leq t + \varepsilon.$$

Beweis. Es sei $(X_t)_{t\geq 0}$ rechtsstetig. Wir wählen ein festes $t \geq 0$ und $\omega \in \Omega$ mit rechtsstetigem Pfad. Dann gibt es zu $\delta = \frac{1}{2}$ ein $\varepsilon > 0$, so dass

$$|X_t(\omega) - X_s(\omega)| < \frac{1}{2}, \quad \text{falls } t \leq s \leq t + \varepsilon.$$

Da $X_u(\omega) \in \mathbb{N}_0$ für alle $u \geq 0$, folgt daraus

$$X_t(\omega) = X_s(\omega) \quad \text{falls } t \leq s \leq t + \varepsilon,$$

wie behauptet. Die umgekehrte Implikation ist offensichtlich. $\qquad\square$

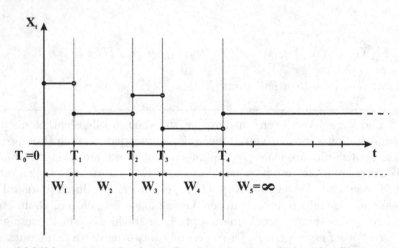

Abbildung 10.1. Stochastischer Prozess mit endlich vielen Sprüngen

Betrachtet man einen Pfad eines rechtsstetigen Prozesses mit Zustandsraum $\mathbb{N}_0$, so verweilt er zunächst im Anfangszustand, springt dann auf einen neuen Zustand, verweilt dort wieder, etc. Daher gibt es für die Gestalt der Pfade grundsätzlich drei Möglichkeiten:

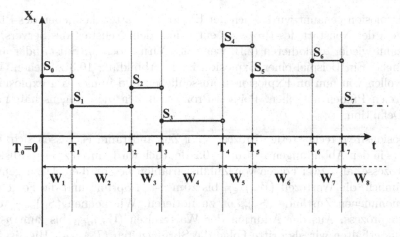

Abbildung 10.2. Prozess mit endlich vielen Sprüngen in endlicher Zeit

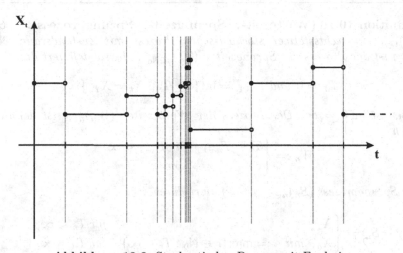

Abbildung 10.3. Stochastischer Prozess mit Explosion

(i) **endlich viele Sprünge:** Der Pfad springt nur endlich oft und bleibt dann für immer in einem Zustand. Ein typischer Pfadverlauf ist in Abbildung 10.1 dargestellt.

(ii) **endlich viele Sprünge in endlicher Zeit:** Der Pfad springt unendlich oft auf einen anderen Zustand, jedoch immer nur endlich oft in endlicher Zeit. Ein typischer Pfad ist in Abbildung 10.2 dargestellt.

(iii) **unendlich viele Sprünge in endlicher Zeit:** Der Pfad kann auch in endlicher Zeit unendlich viele Sprünge machen. Stellt man sich z.B. als Ereignisse eine Flut eingehender Anfragen an einen Server, verursacht durch eine Virus-Attacke, vor, so wird deutlich, warum dieses Phänomen

Explosion genannt wird. Nach der Explosion startet das Leben des Pfads neu, der Neustart des Prozesses entspricht dem Neustart des Servers. Er kann wieder explodieren (z.B. wenn der Virus noch aktiv ist) oder auch nicht. Ein Beispiel einer Explosion ist in Abbildung 10.3 zu sehen. Wir wollen von nun an Explosionen ausschließen und immer von explosionsfreien Pfaden ausgehen. Poisson-Prozesse haben diese Eigenschaft nach Definition.

Explosionsfreie rechtsstetige Prozesse mit Zustandsraum $\mathbb{N}_0$ lassen sich, wie bereits in den Abbildungen 10.1 und 10.2 deutlich wird, durch zwei zeitdiskrete Prozesse, also zwei Folgen von Zufallsvariablen beschreiben. Dazu genügt es nämlich, die Wartezeit $(W_n)_{n\in\mathbb{N}}$ bis zum n-ten Sprung und die Folge der angenommenen Zustände $(S_n)_{n\in\mathbb{N}_0}$ zu notieren. Wir nennen $(S_n)_{n\in\mathbb{N}_0}$ den Sprungprozess. Aus der Addition der Wartezeiten $(W_n)_{n\in\mathbb{N}}$ bis zum n-ten Sprung erhalten wir als dritte Folge die Sprungzeiten $(T_n)_{n\in\mathbb{N}_0}$. Hier ist die formale Definition dieser drei zeitdiskreten Prozesse.

Definition 10.10 (Wartezeit-, Sprungzeit-, Sprungprozess). *Sei $(X_t)_{t\geq 0}$ ein rechtsstetiger stochastischer Prozess mit Zustandsraum $\mathbb{N}_0$. Dann ist der Prozess der Sprungzeiten $(T_n)_{n\in\mathbb{N}_0}$ induktiv definiert durch*

$$T_0 := 0 \text{ und } T_{n+1} := \inf\{t \geq T_n : X_t \neq X_{T_n}\}.$$

Dabei ist $\inf \emptyset = \infty$. Der Prozess der Wartezeiten $(W_n)_{n\in\mathbb{N}}$ ist definiert durch

$$W_n := \begin{cases} T_n - T_{n-1} & \text{für } T_{n-1} < \infty, \\ \infty & \text{sonst.} \end{cases}$$

Der Sprungprozess $(S_n)_{n\in\mathbb{N}_0}$ ist definiert durch

$$S_n := \begin{cases} X_{T_n} & \text{für } T_n < \infty, \\ X_a, \text{ mit } a := \max\{r \in \mathbb{N}_0 : T_r < \infty\} & \text{für } T_n = \infty. \end{cases}$$

Die Fallunterscheidungen in der obigen Definition dienen lediglich dazu, den im Prinzip einfacheren Fall endlich vieler Sprünge mit zu erfassen. Macht ein Pfad nur endlich viele Sprünge, so haben wir definiert, dass nach dem letzten Sprung die Wartezeit unendlich ist, die nächste Sprungzeit unendlich ist und der Sprungprozess im letzten angenommenen Zustand X_a bleibt. Dieser Fall tritt jedoch bei Poisson-Prozessen nicht auf. Die drei Prozesse sind in Abbildung 10.2 veranschaulicht. Die Rechtsstetigkeit bewirkt nach Satz 10.9, dass die Sprungzeiten T_n streng monoton wachsen, solange sie endlich sind. Dies wiederum impliziert, dass die Wartezeiten W_n für alle $n \in \mathbb{N}$ positiv sind.

Wir haben bereits angedeutet, dass sich jeder rechtsstetige Prozess mit Zustandsraum $\mathbb{N}_0$ aus zwei dieser drei Folgen von Zufallsvariablen rekonstruieren lässt. In der Tat gilt offensichtlich

$$X_t = S_n \quad \text{fast sicher, falls } T_n \leq t < T_{n+1}.$$

10.2 Definition des Poisson-Prozesses

Wir haben bereits einleitend erwähnt, dass es sich bei Poisson-Prozessen um Zählprozesse mit exponentialverteilten Wartezeiten handelt. Wir benötigen daher zur Modellierung einer solchen Situation einen zeitstetigen Prozess mit Zustandsraum $\mathbb{N}_0$.

Erinnerung an die Exponentialverteilung

Bevor wir Poisson-Prozesse definieren, erinnern wir kurz an die wichtigsten Eigenschaften der Exponentialverteilung, vgl. Abschnitt 3.3. Ist Y exponentialverteilt zum Parameter λ, in Zeichen $Y \sim \text{Exp}(\lambda)$, so hat die Dichte die Gestalt

$$d_Y : \mathbb{R} \to \mathbb{R},$$

$$d_Y(t) := \begin{cases} \lambda \exp(-\lambda t) & \text{für } t > 0, \\ 0 & \text{für } t \leq 0. \end{cases}$$

Insbesondere ist $\mathbb{P}(Y > 0) = 1$, Y ist also fast sicher positiv. Die Verteilungsfunktion ergibt sich durch Integration:

$$f_Y : \mathbb{R} \to \mathbb{R},$$

$$f_Y(t) \quad = \quad \mathbb{P}(Y \leq t) = 1 - \exp(-\lambda t).$$

Für den Erwartungswert und die Varianz gilt

$$\mathbb{E}(Y) = \frac{1}{\lambda}, \qquad \mathbb{V}(Y) = \frac{1}{\lambda^2}. \tag{10.1}$$

Außerdem haben wir gezeigt, dass die Exponentialverteilung gedächtnislos ist, d.h. für alle $s, t \geq 0$ gilt:

$$\mathbb{P}(Y > s + t | Y > s) = \mathbb{P}(Y > t). \tag{10.2}$$

Im Folgenden benötigen wir noch die Verteilung einer Summe exponentialverteilter Zufallsvariablen:

Lemma 10.11. *Seien* $Y_1, \ldots, Y_n$ *unabhängig und* $\text{Exp}(\lambda)$*-verteilt. Dann besitzt* $Z_n := \sum_{i=1}^{n} Y_i$ *die Dichte*

$$d_{Z_n} : \mathbb{R} \to \mathbb{R},$$

$$d_{Z_n}(t) \quad := \quad \begin{cases} \lambda \exp(-\lambda t) \cdot \frac{(\lambda t)^{n-1}}{(n-1)!} & \text{für } t > 0, \\ 0 & \text{für } t \leq 0. \end{cases}$$

Die zugehörige Verteilung heißt Gamma-Verteilung, in Zeichen $\Gamma(n, \lambda)$.

Beweis. Wir beweisen dies per Induktion. Ist $n = 1$, so erhalten wir

$$d_{Z_1}(t) = \begin{cases} \lambda \exp(-\lambda t) & \text{für } t > 0, \\ 0 & \text{für } t \leq 0, \end{cases}$$

also die Dichte der Exponentialverteilung. Für den Induktionsschritt $n \to n+1$ gilt wegen der Unabhängigkeit von Z_n und Y_{n+1}:

$$d_{Z_{n+1}}(t) = \int\limits_0^t d_{Z_n}(s) \lambda \exp(-\lambda(t - s)) ds$$

$$= \int\limits_0^t \lambda \exp(-\lambda s) \cdot \frac{(\lambda s)^{n-1}}{(n-1)!} \lambda \exp(-\lambda(t - s)) ds$$

$$= \exp(-\lambda t) \lambda^2 \int\limits_0^t \frac{(\lambda s)^{n-1}}{(n-1)!} ds$$

$$= \lambda \exp(-\lambda t) \frac{(\lambda t)^n}{n!}.$$

$\square$

Die Definition des Poisson-Prozesses

Wir geben jetzt eine Definition für Poisson-Prozesse an. Im Laufe dieses Abschnittes werden wir zeigen, dass wir auch einen anderen Zugang, also eine alternative, äquivalente Definition hätten wählen können. Die von uns jetzt gewählte Definition hat den Vorteil, dass sie sehr anschaulich ist und sich die Existenz von Poisson-Prozessen unmittelbar konstruktiv ergibt. Die „zweite" Definition, also die äquivalente Aussage aus Satz 10.15, ist gelegentlich für Beweise geeigneter und zeigt die Analogien zwischen Poisson-Prozessen und der Brownschen Bewegung, die wir in Kapitel 12 behandeln werden.

Definition 10.12 (Poisson-Prozess). *Ein rechtsstetiger Prozess $(N_t)_{t \geq 0}$ mit Zustandsraum $\mathbb{N}_0$ und $N_0 = 0$ fast sicher heißt homogener Poisson-Prozess mit der Rate λ, kurz HPP(λ), falls die folgenden zwei Bedingungen gelten:*

(i) *Die Folge der Wartezeiten $(W_n)_{n \in \mathbb{N}}$ ist unabhängig, und für jedes $n \in \mathbb{N}$ ist W_n Exp(λ)-verteilt.*

(ii) *Der Sprungprozess $(S_n)_{n \in \mathbb{N}_0}$ ist gegeben durch*

$$S_n = n, \quad n \in \mathbb{N}_0.$$

Ein typischer Verlauf für einen Pfad eines Poisson-Prozesses ist in Abbildung 10.4 dargestellt. Da der Sprungprozess durch $S_n = n$ gegeben ist, springt

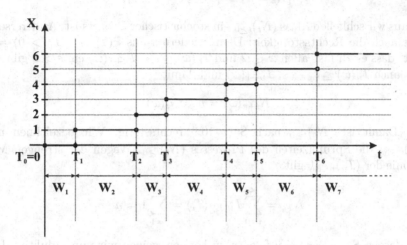

Abbildung 10.4. Pfad eines Poisson-Prozesses

der Poisson-Prozess unendlich oft, es gilt also $T_n < \infty$ für alle n und die Sprunghöhe beträgt jeweils 1 nach oben:

$$S_n - S_{n-1} = N_{T_n} - N_{T_{n-1}} = 1 \text{ für alle } n \in \mathbb{N}.$$

Konstruktion eines Poisson-Prozesses

Ausgehend von einer Folge unabhängiger $\text{Exp}(\lambda)$-verteilter Zufallsvariablen, deren Existenz sich aus Korollar A.23 ergibt, lässt sich leicht ein Poisson-Prozess konstruieren:

Satz 10.13. *Sei* $\lambda > 0$ *und* $(W_n)_{n \in \mathbb{N}}$ *eine Folge unabhängiger,* $\text{Exp}(\lambda)$-*verteilter Zufallsvariablen. Wir setzen*

$$T_0 := 0 \quad und \quad T_n := \sum_{i=1}^{n} W_i, \quad n \in \mathbb{N},$$

sowie

$$N_t := \sum_{i=0}^{\infty} I_{]0,t]}(T_i), \quad t \geq 0.$$

Dann ist $(N_t)_{t \geq 0}$ *ein Poisson-Prozess mit der Rate* λ.

Beweis. Zunächst ist $\mathbb{P}(T_{n+1} - T_n > 0) = \mathbb{P}(W_{n+1} > 0) = 1$ für alle $n \in \mathbb{N}_0$, da die Exponentialverteilung fast sicher positiv ist. Daher gilt

$$T_0 < T_1 < T_2 < \ldots \text{ fast sicher.}$$

Damit folgt für jedes $n \in \mathbb{N}_0$

$$\{N_t = n\} = \{T_n \leq t < T_{n+1}\},$$

woraus wir schließen, dass $(N_t)_{t\geq 0}$ ein stochastischer Prozess ist. Andererseits folgt auch die Rechtsstetigkeit: Denn wiederum aus $\mathbb{P}(T_{n+1} - T_n > 0) = 1$ folgt, dass es zu fast allen $\omega \in \Omega$ und $T_n(\omega) \leq t < T_{n+1}(\omega)$ ein $\varepsilon > 0$ gibt, so dass auch $T_n(\omega) \leq t + \varepsilon < T_{n+1}(\omega)$ und damit

$$N_{t+\varepsilon}(\omega) = n = N_t(\omega)$$

gilt. Damit ist $(N_t)_{t\geq 0}$ nach Satz 10.9 rechtsstetig. Wir bezeichnen mit $(\tilde{T}_n)_{n\in\mathbb{N}_0}$ die Sprungzeiten des Prozesses $(N_t)_{t\geq 0}$. Wegen der strengen Monotonie der $(T_n)_{n\in\mathbb{N}_0}$ gilt:

$$N_{T_n} = \sum_{i=0}^{\infty} I_{]0,T_n]}(T_i) = \sum_{i=1}^{n} 1 = n.$$

Um daraus $S_n = N_{\tilde{T}_n} = n$ folgern zu können, zeigen wir nun induktiv, dass $\tilde{T}_n = T_n$ für alle $n \geq 0$ gilt. Für $n = 0$ gilt dies per Definition, für den Induktionsschritt erhalten wir mit der Definition 10.10 der Sprungzeit:

$$\tilde{T}_{n+1} = \inf\{t \geq T_n : N_t \neq N_{T_n}\}$$

$$= \inf\{t \geq T_n : \sum_{i=0}^{\infty} I_{]0,t]}(T_i) \neq n\}$$

$$= \inf\{t \geq T_n : \sum_{i=n+1}^{\infty} I_{]0,t]}(T_i) > 0\}$$

$$= \inf\{t \geq T_n : t \geq T_{n+1}\} = T_{n+1}.$$

Damit sind $(T_n)_{n\in\mathbb{N}_0}$ die Sprungzeiten des Prozesses $(N_t)_{t\geq 0}$, woraus nach Definition 10.10 unmittelbar folgt, dass (W_n) die Wartezeiten von $(N_t)_{t\geq 0}$ und damit unabhängig und $\mathrm{Exp}(\lambda)$-verteilt sind. Ebenso folgt nun $S_n = N_{T_n} = n$ für alle $n \in \mathbb{N}_0$. Damit haben wir nachgewiesen, dass $(N_t)_{t\geq 0}$ ein homogener Poisson-Prozess mit der Rate λ ist. $\qquad \square$

Der Poisson-Prozess als Punktprozess

Wir haben im letzten Beweis gezeigt, wie die strenge Monotonie der Sprungzeiten aus der Positivität der Exponentialverteilung folgt. Wir fassen die Eigenschaften der Sprungzeiten $(T_n)_{n\in\mathbb{N}_0}$ eines Poisson-Prozesses noch einmal zusammen.

Satz 10.14. *Sei $(N_t)_{t\geq 0}$ ein HPP(λ). Dann gilt für die Sprungzeiten $(T_n)_{n\geq 0}$:*

(i) $T_0 = 0$.

(ii) $(T_n)_{n\geq 0}$ *ist streng monoton wachsend:* $T_0 < T_1 < T_2 < \dots$ *fast sicher.*

(iii) $(T_n)_{n\geq 0}$ *ist explosionsfrei:* $\lim\limits_{n\to\infty} T_n = \infty$.

Beweis. Es bleibt lediglich die Explosionsfreiheit (iii) zu zeigen. Nach dem STARKEN GESETZ DER GROSSEN ZAHLEN gilt mit $\mathbb{E}(W_1) = \frac{1}{\lambda}$:

$$\mathbb{P}\left(\left|\frac{T_n}{n} - \frac{1}{\lambda}\right| \to 0\right) = \mathbb{P}\left(\left|\frac{\sum\limits_{i=1}^{n} W_i}{n} - \frac{1}{\lambda}\right| \to 0\right) = 1.$$

Daraus folgt $T_n \to \infty$ fast sicher. $\qquad\square$

Stochastische Prozesse, welche die drei Eigenschaften von $(T_n)_{n\geq 0}$ aus Satz 10.14 haben, nennt man einfache explosionsfreie Punktprozesse. Das Wort einfach bezieht sich auf Eigenschaft (ii), die besagt, dass Ereignisse nicht gleichzeitig eintreten.

Äquivalente Beschreibung eines Poisson-Prozesses

Das nächste Resultat enthält eine notwendige und hinreichende Bedingung dafür, dass ein stochastischer Prozess ein Poisson-Prozess ist.

Satz 10.15. *Ein rechtsstetiger Prozess $(N_t)_{t\geq 0}$ mit Zustandsraum $\mathbb{N}_0$ ist genau dann ein Poisson-Prozess, wenn folgende drei Bedingungen erfüllt sind:*

(i) $N_0 = 0$ *fast sicher.*

(ii) *Die Zuwächse sind Poisson-verteilt, d.h. für alle $s, t \geq 0$ ist $N_{s+t} - N_s$* *Poi(λt)-verteilt.*

(iii) $(N_t)_{t\geq 0}$ *hat unabhängige Zuwächse.*

Die Bedingung (ii) erklärt, warum der Prozess $(N_t)_{t\geq 0}$ Poisson-Prozess heißt. Insbesondere folgt $\mathbb{E}(N_t) = \lambda t$. Dies erklärt, warum λ als Rate des Poisson-Prozesses bezeichnet wird. Im Intervall $[0, t]$ treten im Mittel λt Ereignisse ein, pro Zeiteinheit kommen sie also mit der Rate

$$\frac{\mathbb{E}(N_t)}{t} = \lambda$$

vor. Für den Beweis des Satzes 10.15 benötigen wir zwei Lemmata.

Lemma 10.16. *Sei $n \geq 1$ und*

$$\alpha_n : \mathbb{R}^n \to \mathbb{R}, \quad x = (x_1, \dots, x_n) \mapsto \alpha_n(x) := \sum_{i=1}^{n} x_i.$$

Dann gilt für jedes $t \geq 0$:

$$\int_0^\infty \dots \int_0^\infty I_{\{\alpha_n(x) \leq t\}} dx_1 \dots dx_n = \frac{t^n}{n!}.$$

Beweis. Dies folgt durch Induktion über n. Für $n = 1$ erhalten wir

$$\int\limits_0^\infty I_{\{x_1 \le t\}} dx_1 = \int\limits_0^t dx_1 = t = \frac{t^1}{1!}.$$

Für den Induktionsschritt $n \to n+1$ folgt:

$$\int\limits_0^\infty \cdots \int\limits_0^\infty I_{\{\alpha_{n+1}(x) \le t\}} dx_1 \ldots dx_{n+1}$$

$$= \int\limits_0^\infty \cdots \int\limits_0^\infty I_{\{\alpha_n(x) \le t - x_{n+1}\}} I_{\{x_{n+1} \le t\}} dx_1 \ldots dx_{n+1}$$

$$= \int\limits_0^t \frac{(t - x_{n+1})^n}{n!} dx_{n+1} = \frac{t^{n+1}}{(n+1)!}.$$

$\square$

Lemma 10.17. *Sei $(N_t)_{t \ge 0}$ ein HPP(λ). Dann ist die Zufallsvariable $\hat{N}_t := N_{s+t} - N_s$ für alle $s, t \ge 0$ Poi(λt)-verteilt und unabhängig von $\sigma(N_r, r \le s)$.*

Beweis. Wir zeigen Folgendes: Sind $r \le s$ und $k, l \in \mathbb{N}_0$, so gilt:

$$\mathbb{P}(N_r = k, N_{s+t} - N_s = l) = \left(\exp(-\lambda r) \frac{(\lambda r)^k}{k!} \right) \left(\exp(-\lambda t) \frac{(\lambda t)^l}{l!} \right). \quad (10.3)$$

Daraus folgt unmittelbar die Unabhängigkeit von $(N_{s+t} - N_s)$ und $\sigma(N_r, r \le s)$, da die σ-Algebra $\sigma(N_r, r \le s)$ von $\{N_r = k, k \in \mathbb{N}_0, r \le s\}$ erzeugt wird. Durch Summation über $k \in \mathbb{N}_0$ in (10.3) ergibt sich die behauptete Poisson-Verteilung von $\hat{N}_t = N_{s+t} - N_s$.

Wir beginnen den Beweis von (10.3) mit dem Spezialfall $r = s$. Die gemeinsame Dichte der Wartezeiten $(W_n)_{1 \le n \le k+l+1}$ ist auf Grund der Unabhängigkeit der Wartezeiten das Produkt der einzelnen Dichten:

$$f : (\mathbb{R}_+)^{k+l+1} \to \mathbb{R},$$
$$x = (x_1, \ldots, x_{k+l+1}) \mapsto f(x) := \lambda^{k+l+1} \exp(-\lambda \alpha_{k+l+1}(x)).$$

Dabei haben wir wie in Lemma 10.16 die Abkürzung $\alpha_n(x) = \sum\limits_{i=1}^n x_i$ verwendet. Daher gilt für $l \ge 1$:

$$\mathbb{P}(N_s = k, N_{s+t} - N_s = l)$$
$$= \mathbb{P}(T_k \leq s < T_{k+1} \leq T_{k+l} \leq s+t < T_{k+l+1})$$
$$= \mathbb{P}\left(\sum_{i=1}^{k} W_i \leq s < \sum_{i=1}^{k+1} W_i \leq \sum_{i=1}^{k+l} W_i \leq s+t < \sum_{i=1}^{k+l+1} W_i\right)$$
$$= \int_0^\infty \cdots \int_0^\infty f(x) I_{\{\alpha_k(x) \leq s < \alpha_{k+1}(x) \leq \alpha_{k+l}(x) \leq s+t < \alpha_{k+l+1}(x)\}} dx_1 \ldots dx_{k+l+1}.$$

Da der Integrand nicht-negativ ist, dürfen wir dieses Integral in beliebiger Reihenfolge auswerten. Wir berechnen es in drei Schritten: Zunächst integrieren wir nach x_{k+l+1}, dann nach x_{k+1} bis x_{k+l}, und schließlich von x_1 bis x_k. Für das Integral nach x_{k+l+1} erhalten wir mit der Substitution $y = \alpha_{k+l+1}(x)$, $\frac{dy}{dx_{k+l+1}} = 1$:

$$\int_0^\infty \lambda \exp(-\lambda \alpha_{k+l+1}(x)) I_{\{\alpha_{k+l}(x) \leq s+t < \alpha_{k+l+1}(x)\}} dx_{k+l+1}$$

$$= \int_{\alpha_{k+l}(x)}^\infty \lambda \exp(-\lambda y) I_{\{\alpha_{k+l}(x) \leq s+t < y\}} dy$$

$$= \int_{s+t}^\infty \lambda \exp(-\lambda y) I_{\{\alpha_{k+l}(x) \leq s+t\}} dy = \exp(-\lambda(s+t)) I_{\{\alpha_{k+l}(x) \leq s+t\}}.$$

Damit ergibt sich für das Integral nach x_{k+1} bis x_{k+l} zusammen mit Lemma 10.16 und der Substitution $y_1 = \alpha_{k+1}(x) - s, y_2 = x_{k+2}, \ldots, y_l = x_{k+l}$:

$$\int_0^\infty \cdots \int_0^\infty I_{\{\alpha_k(x) \leq s < \alpha_{k+1}(x) \leq \alpha_{k+l}(x) \leq s+t\}} dx_{k+1} \ldots dx_{k+l}$$

$$= \int_0^\infty \cdots \int_0^\infty I_{\{\alpha_l(y) \leq t\}} I_{\{\alpha_k(x) \leq s\}} dy_1 \ldots dy_l = \frac{t^l}{l!} I_{\{\alpha_k(x) \leq s\}}.$$

Schließlich ergibt sich für das letzte Integral wieder mit Lemma 10.16:

$$\int_0^\infty \cdots \int_0^\infty I_{\{\alpha_k(x) \leq s\}} dx_1 \ldots dx_k = \frac{s^k}{k!}.$$

Damit erhalten wir insgesamt:

$$\mathbb{P}(N_s = k, N_{s+t} - N_s = l) = \lambda^{k+l} \exp(-\lambda(s+t)) \frac{t^l}{l!} \frac{s^k}{k!}$$

$$= \left(\exp(-\lambda s) \frac{(\lambda s)^k}{k!}\right) \left(\exp(-\lambda t) \frac{(\lambda t)^l}{l!}\right),$$

wie wir es für den Fall $r = s$ in (10.3) zeigen wollten. Ist nun $r < s$, so gilt:

$$\mathbb{P}(N_r = k, N_{s+t} - N_s = l) = \sum_{m=0}^{\infty} \mathbb{P}(N_r = k, N_s - N_r = m, N_{s+t} - N_s = l),$$

(10.4)

und eine völlig analoge Rechnung wie im Spezialfall $r = s$ zeigt, dass

$$\mathbb{P}(N_r = k, N_s - N_r = m, N_{s+t} - N_s = l) =$$
$$\left(\exp(-\lambda r)\frac{(\lambda r)^k}{k!}\right)\left(\exp(-\lambda(s-r))\frac{(\lambda(s-r))^m}{m!}\right)\left(\exp(-\lambda t)\frac{(\lambda t)^l}{l!}\right)$$

(10.5)

gilt. Einsetzen von (10.5) in (10.4) liefert die Behauptung für den allgemeinen Fall $r \leq s$. □

Beweis (des Satzes 10.15). Sei zunächst $(N_t)_{t \geq 0}$ ein HPP(λ). Bedingung (i) gilt nach Definition eines Poisson-Prozesses. Die Stationarität und Unabhängigkeit der Zuwächse sowie $N_t - N_s \sim \text{Poi}(\lambda(t-s))$ haben wir in Lemma 10.17 gezeigt.

Die Umkehrung ergibt sich folgendermaßen. $(N_t)_{t \geq 0}$ erfülle die Bedingungen (i) - (iii) des Satzes 10.15. Sei $(\tilde{N}_t)_{t \geq 0}$ der Poisson-Prozess, den wir in Satz 10.13 konstruiert haben. Wir wissen nach der eben bewiesenen Schlussrichtung, dass $(\tilde{N}_t)_{t \geq 0}$ ebenfalls den Bedingungen (i) - (iii) des Satzes 10.15 genügt. Da diese drei Bedingungen alle endlich-dimensionalen Verteilungen eindeutig festlegen, sind die endlich-dimensionalen Verteilungen von $(N_t)_{t \geq 0}$ und $(\tilde{N}_t)_{t \geq 0}$ gleich, d.h.

$$(\tilde{N}_t)_{t \geq 0} \stackrel{d}{=} (N_t)_{t \geq 0}.$$

Damit sind aber auch die Verteilungen der Wartezeiten $(W_n)_{n \in \mathbb{N}}$ bzw. $(\tilde{W}_n)_{n \in \mathbb{N}}$ und des Sprungprozesses $(S_n)_{n \in \mathbb{N}_0}$ bzw. $(\tilde{S}_n)_{n \in \mathbb{N}_0}$ gleich. Da wir wissen, dass $(\tilde{W}_n)_{n \in \mathbb{N}}$ unabhängig und exponentialverteilt sind und $\tilde{S}_n = n$ für alle $n \in \mathbb{N}_0$ gilt, folgt dies auch für $(W_n)_{n \in \mathbb{N}}$ und $(S_n)_{n \in \mathbb{N}_0}$, und $(N_t)_{t \geq 0}$ ist ein Poisson-Prozess. □

Die Markov-Eigenschaft

Poisson-Prozesse kann man zu einem Zeitpunkt $s \geq 0$ „neu starten", und nach dem Zeitpunkt s verhalten sie sich genauso wie der ursprüngliche Poisson-Prozess, unabhängig von dem Ablauf vor der Zeit s. Diese Eigenschaft nennt man, genau wie bei Markov-Ketten, die Markov-Eigenschaft:

Satz 10.18 (Markov-Eigenschaft von Poisson-Prozessen). *Es sei* $(N_t)_{t \geq 0}$ *ein HPP(λ), $s \geq 0$. Dann ist der Prozess $\hat{N}_t := N_{s+t} - N_s$, $t \geq 0$ ebenfalls ein HPP(λ) und unabhängig von $\sigma(N_r, r \leq s)$.*

Beweis. Es ist $\hat{N}_0 = N_s - N_s = 0$. Die Unabhängigkeit von $\hat{N}_t$ und $\sigma(N_r, r \leq s)$ sowie die Poisson-Verteilung der Zuwächse haben wir in Lemma 10.17 gezeigt. Damit folgt die Behauptung aus Satz 10.15. □

10.3 Konstruktionen rund um den Poisson-Prozess

In diesem Abschnitt wollen wir untersuchen, wie man aus Poisson-Prozessen neue Prozesse erzeugen kann. Modellieren wir das Eintreffen der Kunden einer Bank durch einen Poisson-Prozess, so können wir an Hand dieses Beispiels alle Konstruktionen motivieren. Wir beginnen mit der Überlagerung mehrerer Poisson-Prozesse.

Der Überlagerungsprozess

Nehmen wir an, eine Bank habe drei Eingänge, die unterschiedlich stark und unabhängig voneinander von Kunden benutzt werden. Jeden einzelnen Eingang beschreiben wir durch einen Poisson-Prozess N_t^i, $i = 1, 2, 3$, der die Anzahl der eintretenden Kunden zählt, mit einer zugehörigen Rate λ_i. Im Inneren der Bank kommen alle Kunden zusammen, deren Anzahl zum Zeitpunkt t ist gegeben durch

$$N_t = N_t^1 + N_t^2 + N_t^3.$$

Diesen Überlagerungsprozess bezeichnet man als Superposition. Was können wir über die Verteilung von N_t sagen? Und durch welchen Eingang betritt der erste Kunde die Bank? Diesen beiden Fragen werden wir im Folgenden nachgehen. Beginnen wir mit der ersten:

Satz 10.19. *Es seien* $(N_t^1)_{t\geq 0}, \ldots, (N_t^n)_{t\geq 0}$ *unabhängige Poisson-Prozesse mit Raten* $\lambda_1, \ldots, \lambda_n$. *Dann ist die Superposition*

$$N_t := \sum_{i=1}^n N_t^i, \ t \geq 0, \ \text{ein Poisson-Prozess mit der Rate } \lambda := \sum_{i=1}^n \lambda_i.$$

Beweis. Es genügt, den Fall $n = 2$ zu betrachten. Offensichtlich ist $N_0 = N_0^1 + N_0^2 = 0$. Da $(N_t^1)_{t\geq 0}$ und $(N_t^2)_{t\geq 0}$ unabhängig voneinander sind und unabhängige Zuwächse haben, ist klar, dass auch $(N_t)_{t\geq 0}$ unabhängige Zuwächse hat. Es bleibt zu zeigen, dass $N_{s+t} - N_s$ Poi(λt)-verteilt ist. Dazu berechnen wir für ein $k \in \mathbb{N}_0$:

$$\mathbb{P}(N_{s+t} - N_s = k) = \mathbb{P}(N_{s+t}^1 - N_s^1 + N_{s+t}^2 - N_s^2 = k)$$

$$= \sum_{m=0}^k \mathbb{P}(N_{s+t}^1 - N_s^1 = m)\mathbb{P}(N_{s+t}^2 - N_s^2 = k - m)$$

$$= \sum_{m=0}^k \exp(-\lambda_1 t)\frac{(\lambda_1 t)^m}{m!} \cdot \exp(-\lambda_2 t)\frac{(\lambda_2 t)^{k-m}}{(k-m)!}$$

$$= \exp(-(\lambda_1 + \lambda_2)t)\frac{(\lambda_1 t + \lambda_2 t)^k}{k!} \sum_{m=0}^k \binom{k}{m} \left(\frac{\lambda_1}{\lambda_1 + \lambda_2}\right)^m \left(\frac{\lambda_2}{\lambda_1 + \lambda_2}\right)^{k-m}$$

$$= \exp(-(\lambda_1 + \lambda_2)t)\frac{(\lambda_1 t + \lambda_2 t)^k}{k!},$$

wobei sich in der vorletzten Zeile nach dem Binomischen Lehrsatz die Summe zu 1 addiert.   □

Die Gesamtzahl der Kunden in der Bank lässt sich also wieder als Poisson-Prozess modellieren, die Rate ist die Summe der einzelnen Raten jedes Eingangs.

Poisson-Prozesse im Wettbewerb

Wir wissen, dass die Gesamtzahl der Kunden in unserer Bank wieder ein Poisson-Prozess ist. Insbesondere folgt daraus, dass mit Wahrscheinlichkeit 1 keine zwei Kunden gleichzeitig eintreten, da die Sprungzeiten nach Satz 10.14 fast sicher streng monoton wachsen. Durch welche Tür kommt der erste Kunde? Diese Frage beantwortet der folgende Satz. Er wird gelegentlich als Wettbewerbstheorem bezeichnet, da man sich vorstellen kann, die einzelnen Eingänge würden darum konkurrieren, welcher als erster einen Kunden in die Bank führt. Für den Beweis benötigen wir folgende Hilfsaussage:

Lemma 10.20. *Es seien X_1, X_2 unabhängige reelle Zufallsvariablen mit Dichtefunktionen f_1 bzw. f_2 und $g : \mathbb{R}^2 \to \mathbb{R}$ eine reelle Funktion. Ist $g(X_1, X_2)$ integrierbar, so gilt:*

(i) $\mathbb{E}[g(X_1, X_2)] = \int\limits_{-\infty}^{\infty} \mathbb{E}[g(x, X_2)] f_1(x) dx.$

(ii) $\mathbb{P}(t \leq X_1 \leq X_2) = \int\limits_{t}^{\infty} \mathbb{P}(X_2 \geq x) f_1(x) dx, \quad t \in \mathbb{R}.$

Beweis. Für den ersten Teil der Behauptung rechnen wir die linke Seite aus und erhalten:

$$
\mathbb{E}[g(X_1, X_2)] = \int\limits_{-\infty}^{\infty} \int\limits_{-\infty}^{\infty} g(x_1, x_2) f_1(x_1) f_2(x_2) dx_1 dx_2
$$

$$
= \int\limits_{-\infty}^{\infty} f_1(x_1) \left(\int\limits_{-\infty}^{\infty} g(x_1, x_2) f_2(x_2) dx_2 \right) dx_1
$$

$$
= \int\limits_{-\infty}^{\infty} f_1(x_1) \mathbb{E}[g(x_1, X_2)] dx_1.
$$

Die zweite Behauptung erhalten wir aus der ersten mit der speziellen Wahl $g(x_1, x_2) := I_{\{x : t \leq x\}}(x_1) I_{\{y : x_1 \leq y\}}(x_2)$. Dann gilt nämlich einerseits

$$
\mathbb{E}[g(X_1, X_2)] = \mathbb{P}(t \leq X_1 \leq X_2)
$$

und andererseits

$$\mathbb{E}[g(x, X_2)] = \mathbb{E}[I_{\{t \leq x\}} I_{\{x \leq X_2\}}] = I_{\{t \leq x\}} \mathbb{P}(X_2 \geq x),$$

also

$$\mathbb{P}(t \leq X_1 \leq X_2) = \int_{-\infty}^{\infty} I_{\{t \leq x\}} \mathbb{P}(X_2 \geq x) f_1(x) dx = \int_{t}^{\infty} \mathbb{P}(X_2 \geq x) f_1(x) dx.$$

$\square$

Sind $(N_t^1)_{t \geq 0}, \ldots, (N_t^n)_{t \geq 0}$ Poisson-Prozesse mit den zugehörigen Wartezeiten $(W_k^1)_{k \in \mathbb{N}}, \ldots, (W_k^n)_{k \in \mathbb{N}}$, so definieren wir die Zufallsvariablen

$$F := \min\{W_1^1, \ldots, W_1^n\}, \text{ den Zeitpunkt des ersten Ereignisses,}$$

und

$$J := \underset{i=1,\ldots,n}{\operatorname{argmin}}\{W_1^i\}, \text{ den für das erste Ereignis } F \text{ verantwortlichen Index,}$$

es gilt also $W_1^J = F$. Der nächste Satz gibt die Verteilungen von F und J an:

Satz 10.21. *Es seien* $(N_t^1), \ldots, (N_t^n)$, $n \geq 1$, *unabhängige Poisson-Prozesse mit den Raten* $\lambda_1, \ldots, \lambda_n$ *und die Superposition* $N_t = \sum_{i=1}^{n} N_t^i$ *mit der Rate* $\lambda = \sum_{i=1}^{n} \lambda_i$ *gegeben. Dann gilt für jedes* $j = 1, \ldots, n$ *und* $t \geq 0$:

$$\mathbb{P}(J = j, F \geq t) = \mathbb{P}(J = j)\mathbb{P}(F \geq t) = \frac{\lambda_j}{\lambda} \exp(-\lambda t). \tag{10.6}$$

Insbesondere sind damit F *und* J *unabhängig, sowie*

$$\mathbb{P}(J = j) = \frac{\lambda_j}{\lambda}, \quad j = 1, \ldots, n,$$

und

$$F \text{ ist } \operatorname{Exp}(\lambda)\text{-verteilt.}$$

Beweis. Ohne Einschränkung der Allgemeinheit zeigen wir Gleichung (10.6) für den Fall $j = 1$. Wir wissen, dass die Wartezeiten (W_1^i), $i = 1, \ldots, n$, bis zum ersten Ereignis der Poisson-Prozesse $\operatorname{Exp}(\lambda_i)$-verteilt und wegen der Unabhängigkeit der Poisson-Prozesse ebenfalls unabhängig sind. Daher gilt:

$$\mathbb{P}(F \geq t) = \mathbb{P}\left(\bigcap_{i=1}^{n} W_1^i \geq t\right) = \prod_{i=1}^{n} \mathbb{P}(W_1^i \geq t) = \prod_{i=1}^{n} \exp(-\lambda_i t) = \exp(-\lambda t).$$
$$\tag{10.7}$$

Definieren wir $Z := \min\{W_1^2, \ldots, W_1^n\}$, so erhalten wir analog

$$\mathbb{P}(Z \geq t) = \prod_{i=2}^{n} \exp(-\lambda_i t) = \exp\left(-t \sum_{i=2}^{n} \lambda_i\right).$$

Mit Lemma 10.20 folgt:

$$\mathbb{P}(J = 1, F \geq t) = \mathbb{P}(t \leq W_1^1 \leq Z)$$

$$= \int_t^{\infty} \mathbb{P}(Z \geq x) \lambda_1 \exp(-\lambda_1 x) dx$$

$$= \int_t^{\infty} \exp\left(-x \sum_{i=2}^{n} \lambda_i\right) \lambda_1 \exp(-\lambda_1 x) dx$$

$$= \lambda_1 \int_t^{\infty} \exp(-\lambda x) dx$$

$$= \frac{\lambda_1}{\lambda} \exp(-\lambda t). \tag{10.8}$$

Nun ist $\{F \geq t\} \uparrow \Omega$ für $t \to 0$, daher erhalten wir im Limes $t \to 0$:

$$\mathbb{P}(J = 1) = \frac{\lambda_1}{\lambda} \tag{10.9}$$

Aus (10.7), (10.8) und (10.9) ergibt sich insgesamt die Behauptung.   □

Beispiel 10.22. Nehmen wir an, unsere Bank habe drei Eingänge, einen Haupt-eingang und zwei Nebeneingänge, und die Kunden kämen Poisson-verteilt mit den Raten λ_1 (Haupteingang), λ_2 und λ_3. Der Haupteingang werde von wesentlich mehr Kunden verwendet, es sei z.B. $\lambda_1 = 3\lambda_2 = 3\lambda_3$. Der eben bewiesene Satz besagt dann, dass die Wahrscheinlichkeit, dass der erste Kunde durch einen (bestimmten) Nebeneingang die Bank betritt, gerade

$$\mathbb{P}(J = 2) = \mathbb{P}(J = 3) = \frac{\lambda_2}{\lambda_1 + \lambda_2 + \lambda_3} = \frac{\lambda_2}{5\lambda_2} = \frac{1}{5}$$

ist. Die durchschnittliche Wartezeit auf den ersten Kunden ist, unabhängig davon, welchen Eingang er benutzt,

$$\mathbb{E}(F) = \frac{1}{\lambda_1 + \lambda_2 + \lambda_3} = \frac{1}{5\lambda_2}.$$

Es sei bemerkt, dass diese Aussagen wegen der (starken) Markov-Eigenschaft von Poisson-Prozessen nicht nur für den ersten, sondern genauso für alle weiteren Kunden gelten.   ◊

Der zusammengesetzte Poisson-Prozess

Unsere Kunden betreten nicht nur die Bank, sondern sie wollen dort auch eine Dienstleistung in Anspruch nehmen. So können wir z.B. davon ausgehen, dass alle Kunden Geld abheben wollen. Der Betrag, den sie abheben wollen, sei wiederum identisch verteilt und unabhängig. Die nahe liegende Frage ist nun, wie viel Geld durchschnittlich an einem Tag abgehoben wird, damit die Bank ihre Barreserve entsprechend ausstatten kann. Zur Beantwortung dieser Frage dient der zusammengesetzte Prozess, den wir mit dem etwas griffigeren englischen Namen Compound-Prozess bezeichnen.

Definition 10.23 (Compound-Prozess). *Sei $(N_t)_{t\geq 0}$ ein HPP(λ) und $(Y_n)_{n\in\mathbb{N}}$ eine Folge unabhängiger, identisch verteilter Zufallsvariablen, die auch unabhängig von $(N_t)_{t\geq 0}$ sind. Der Prozess $(C_t)_{t\geq 0}$, definiert durch*

$$C_t := \sum_{i=1}^{N_t} Y_i, \quad t \geq 0,$$

heißt Compound-Prozess von $(N_t)_{t\geq 0}$ und $(Y_n)_{n\in\mathbb{N}}$.

In unserer Vorstellung sind zum Zeitpunkt t genau N_t Kunden in der Bank gewesen, die jeweils den Betrag Y_i abgehoben haben. Der gesamte abgehobene Betrag zum Zeitpunkt t ist gerade C_t. Wie hoch ist der über einen Tag im Mittel abgehobene Betrag?

Satz 10.24. *Sei N eine Zufallsvariable mit Zustandsraum $\mathbb{N}_0$ und $(Y_n)_{n\in\mathbb{N}}$ eine Folge unabhängiger und identisch verteilter Zufallsvariablen, die auch unabhängig von N sind und*

$$C := \sum_{i=1}^{N} Y_i.$$

Dann gilt:

(i) *Für $\mathbb{E}(N) < \infty$ folgt:*

$$\mathbb{E}(C) = \mathbb{E}(N)\mathbb{E}(Y_1) \quad \textit{(Waldsche Gleichheit)}.$$

(ii) *Für $\mathbb{E}(N^2) < \infty$ folgt:*

$$\mathbb{V}(C) = \mathbb{E}(N)\mathbb{V}(Y_1) + \mathbb{V}(N)\mathbb{E}(Y_1)^2.$$

(iii) *Ist speziell N Poi(λ)-verteilt, so erhalten wir*

$$\mathbb{E}(C) = \lambda\mathbb{E}(Y_1) \textit{ und } \mathbb{V}(C) = \lambda\mathbb{E}(Y_1^2).$$

Beweis. (i) Unter der Bedingung $N = n$ ist $C = Y_1 + \ldots + Y_n$ und daher die bedingte (elementare) Erwartung $\mathbb{E}(C|N = n) = n\mathbb{E}(Y_1)$. Somit folgt:

$$\mathbb{E}(C) = \sum_{n=0}^{\infty} \mathbb{E}(C|N = n)\mathbb{P}(N = n)$$

$$= \sum_{n=0}^{\infty} n\mathbb{E}(Y_1)\mathbb{P}(N = n)$$

$$= \mathbb{E}(N) \cdot \mathbb{E}(Y_1).$$

Damit ist die erste Behauptung bewiesen.

(ii) Ganz analog gehen wir für die zweite Behauptung vor. Wieder gilt wegen der Unabhängigkeit der $(Y_k)_{k \in \mathbb{N}}$ unter der Bedingung $N = n$, dass $\mathbb{E}(C^2|N = n) = n\mathbb{E}(Y_1^2) + n(n-1)\mathbb{E}(Y_1)^2$ ist. Also erhalten wir

$$\mathbb{E}(C^2) = \sum_{n=0}^{\infty} \mathbb{E}(C^2|N = n)\mathbb{P}(N = n)$$

$$= \sum_{n=0}^{\infty} (n\mathbb{E}(Y_1^2) + n(n-1)\mathbb{E}(Y_1)^2)\mathbb{P}(N = n)$$

$$= \mathbb{E}(N)\mathbb{E}(Y_1^2) + \mathbb{E}(N^2)\mathbb{E}(Y_1)^2 - \mathbb{E}(N)\mathbb{E}(Y_1)^2.$$

Daher erhalten wir für die Varianz:

$$\mathbb{V}(C) = \mathbb{E}(C^2) - \mathbb{E}(C)^2$$

$$= \mathbb{E}(N)\mathbb{E}(Y_1^2) + \mathbb{E}(N^2)\mathbb{E}(Y_1)^2 - \mathbb{E}(N)\mathbb{E}(Y_1)^2 - \mathbb{E}(N)^2\mathbb{E}(Y_1)^2$$

$$= \mathbb{E}(N)\mathbb{V}(Y_1) + \mathbb{V}(N)\mathbb{E}(Y_1)^2.$$

Damit ist auch die zweite Aussage bewiesen.

(iii) Die dritte Aussage ergibt sich aus den ersten beiden, wenn man $\mathbb{E}(N) = \mathbb{V}(N) = \lambda$ für eine Poisson-verteilte Zufallsvariable N berücksichtigt.

□

Beispiel 10.25 (Abgehobene Menge Geld in einer Bank). Kehren wir zu unserem Beispiel der Kunden einer Bank zurück. Wir modellieren die Zahl der eintreffenden Kunden durch einen Poisson-Prozess $(N_t)_{t \geq 0}$ mit der Rate $\lambda = 10$ [Kunden pro Stunde]. Die Bank hat 8 Stunden am Tag geöffnet. Jeder Kunde hebt identisch-verteilt und unabhängig Geld Y_i ab, mit Erwartungswert $\mathbb{E}(Y_i) = 100$ [Euro] und Varianz $\mathbb{V}(Y_i) = 10$ [Euro^2]. Wie viel Geld wird im Mittel pro Geschäftstag abgehoben? Der Poisson-Prozess nach 8 Stunden hat eine Rate von $\lambda t = 10 \cdot 8 = 80$. Nach Satz 10.24 ist die durchschnittlich abgehobene Geldmenge

$$\mathbb{E}(C_8) = \mathbb{E}(N_8)\mathbb{E}(Y_1) = 80 * 100 = 8000 \text{ [Euro]},$$

und die Varianz

$$\mathbb{V}(C_8) = \mathbb{E}(N_8)\mathbb{V}(Y_1) + \mathbb{V}(N_8)\mathbb{E}(Y_1)^2 = 80 \cdot 10 + 80 \cdot 100^2 = 800800 \text{ [Euro}^2].$$

Wir erhalten also einen Erwartungswert von 8000 [Euro] mit einer Standardabweichung von $\sigma \simeq 894.5$ [Euro]. $\Diamond$

Poisson-Prozesse unter Bedingungen

Nehmen wir an, unsere Bank besitze am Eingang ein Drehkreuz, das jeden Kunden registriert. Eine Stunde nach Öffnung der Bank zeige das Drehkreuz an, dass 15 Kunden die Bank betreten haben. Das Drehkreuz registriert jedoch nicht, wann ein einzelner Kunde die Bank betritt. Wenn wir von einem Poisson-Prozess ausgehen, was können wir dann über die Verteilung der Zeitpunkte dieser 15 Kunden sagen? Das auf den ersten Blick erstaunliche Ergebnis ist, dass die Zeitpunkte gleichverteilt sind. Entscheidend dabei ist, dass wir das Wissen um die Zahl der Kunden voraussetzen.

Wir beginnen mit dem Fall eines einzigen Kunden:

Satz 10.26. *Sei* $(N_t)_{t \geq 0}$ *ein HPP(λ). Unter der Bedingung* $\{N_t = 1\}$ *genau eines Ereignisses im Intervall* $[0,t]$ *ist der Zeitpunkt* T_1 *des Ereignisses gleichverteilt auf* $[0,t]$.

Beweis. Wir berechnen die Verteilungsfunktion von T_1 unter der Bedingung $N_t = 1$. Sei dazu $0 \leq s \leq t$, dann gilt:

$$\mathbb{P}(T_1 \leq s | N_t = 1) = \frac{\mathbb{P}(T_1 \leq s, N_t = 1)}{\mathbb{P}(N_t = 1)}$$

$$= \frac{\mathbb{P}(N_s = 1, N_t - N_s = 0)}{\mathbb{P}(N_t = 1)}.$$

Auf Grund der Unabhängigkeit der Zuwächse erhalten wir für die letzte Zeile

$$\frac{\lambda s \exp(-\lambda s) \cdot \exp(-\lambda(t - s))}{\lambda t \exp(-\lambda t)} = \frac{s}{t}.$$

Dies ist die Verteilungsfunktion einer Gleichverteilung auf $[0,t]$. $\square$

Es ist bemerkenswert, dass das gerade bewiesene Resultat unabhängig von der Rate λ gilt.

Die Dichtefunktion der Ordnungsstatistik

Betrachten wir jetzt n Kunden, also die Bedingung $\{N_t = n\}$, so können die Ankunftszeiten $T_1, \ldots, T_n$ auf dem Intervall $[0,t]$ nicht gleichverteilt sein, da sie fast sicher streng monoton wachsend angeordnet sind. Daher dürfen wir statt der Gleichverteilung auf $[0,t]$ nur geordnete n-Tupel zulassen. Um dies präzise formulieren zu können, führen wir die Ordnungsstatistik von n

reellen Zufallsvariablen $X_1, \ldots, X_n$ ein. Dabei handelt es sich um n neue reelle Zufallsvariablen $X_{(1)}, \ldots, X_{(n)}$, die Ordnungsstatistik von $X_1, \ldots, X_n$, für die

$$\{X_1(\omega), \ldots, X_n(\omega)\} = \{X_{(1)}(\omega), \ldots, X_{(n)}(\omega)\}$$

für alle $\omega \in \Omega$ gilt und

$$X_{(1)} \le \ldots \le X_{(n)} \quad \text{fast sicher.}$$

Mit anderen Worten, für fast jedes $\omega \in \Omega$ ist $(X_{(1)}(\omega), \ldots, X_{(n)}(\omega))$ aufsteigend geordnet.

Nehmen wir an, die Zufallsvariablen $X_1, \ldots, X_n$ sind unabhängig und identisch verteilt mit Dichtefunktion f. Die gemeinsame Dichtefunktion der $(X_1, \ldots, X_n)$ ist nach Korollar 5.11 das Produkt der einzelnen Dichtefunktionen. Die gemeinsame Dichtefunktion der Ordnungsstatistik $(X_{(1)}, \ldots, X_{(n)})$ ist gegeben durch:

$$g(x_1, \ldots, x_n) = \begin{cases} n! \prod_{i=1}^{n} f(x_i) & \text{für } x_1 \le \ldots \le x_n, \\ 0 & \text{sonst.} \end{cases}$$

Dies folgt unmittelbar aus der Tatsache, dass $n!$ Permutationen jedes n-Tupels $(x_1, \ldots, x_n) \in \mathbb{R}^n$ dasselbe geordnete n-Tupel ergeben.

Die Verteilung der Eintrittszeiten von n Kunden

Nehmen wir noch konkreter an, $X_1, \ldots, X_n$ seien auf dem Intervall $[0, t]$ gleichverteilt, so erhalten wir als gemeinsame Dichtefunktion der Ordnungsstatistik:

$$g(t_1, \ldots, t_n) = \frac{n!}{t^n} I_{\{0 \le t_1 \le t_2 \le \ldots \le t_n \le t\}}.$$

Unter der Bedingung $\{N_t = n\}$, d.h. wenn wir wissen, dass n Kunden im Zeitintervall $[0, t]$ die Bank betreten haben, ist dies die Dichtefunktion der Eintrittszeiten $T_1, \ldots, T_n$:

Satz 10.27. *Sei* $(N_t)_{t \ge 0}$ *ein HPP(λ). Unter der Bedingung* $\{N_t = n\}$ *haben die Sprungzeiten* $T_1, \ldots, T_n$ *die gemeinsame Dichtefunktion*

$$g : \mathbb{R}^n \to \mathbb{R},$$

$$(t_1, \ldots, t_n) \quad \mapsto \quad \frac{n!}{t^n} I_{\{0 \le t_1 \le t_2 \le \ldots \le t_n \le t\}}.$$

Das heißt, unter der Bedingung $N_t = n$ *haben die Sprungzeiten* $T_1, \ldots, T_n$ *die gleiche Verteilung wie die Ordnungsstatistik* $(X_{(1)}, \ldots, X_{(n)})$ *von* n *unabhängigen und auf* $[0, t]$ *gleichverteilten Zufallsvariablen.*

Beweis. Es seien $(W_k)_{k \in \mathbb{N}}$ die Wartezeiten von $(N_t)_{t \geq 0}$. Diese sind unabhängig und $\text{Exp}(\lambda)$-verteilt. Daher haben $(W_1, \ldots, W_{n+1})$ die gemeinsame Dichtefunktion

$$h(s_1, \ldots, s_{n+1}) = \prod_{i=1}^{n+1} \lambda \exp(-\lambda s_i) I_{\{s_i \geq 0\}}$$

$$= \lambda^{n+1} \exp(-\lambda(s_1 + \ldots + s_{n+1})) I_{\{s_1, \ldots, s_{n+1} \geq 0\}}.$$

Mit $W_k = \sum_{i=0}^{k} T_i$, $k \in \mathbb{N}$, folgt für die gemeinsame Dichtefunktion von $T_1, \ldots, T_{n+1}$:

$$f(t_1, \ldots, t_{n+1}) = \lambda^{n+1} \exp(-\lambda t_{n+1}) I_{\{0 \leq t_1 \leq \ldots \leq t_{n+1}\}}.$$

Damit erhalten wir für jedes $A \in \mathcal{B}^n$:

$$\mathbb{P}((T_1, \ldots, T_n) \in A, N_t = n) = \mathbb{P}((T_1, \ldots, T_n) \in A, T_n \leq t < T_{n+1})$$

$$= \int_A \int_{-\infty}^{\infty} f(t_1, \ldots, t_{n+1}) I_{\{t_n \leq t\}} I_{\{t < t_{n+1}\}} dt_1 \ldots dt_{n+1}$$

$$= \int_A \int_{-\infty}^{\infty} \lambda^{n+1} \exp(-\lambda t_{n+1}) I_{\{0 \leq t_1 \leq \ldots \leq t_{n+1}\}} I_{\{t_n \leq t\}} I_{\{t < t_{n+1}\}} dt_1 \ldots dt_{n+1}$$

$$= \lambda^{n+1} \int_A I_{\{0 \leq t_1 \leq \ldots \leq t_n \leq t\}} \left(\int_{-\infty}^{\infty} \exp(-\lambda t_{n+1}) I_{\{t < t_{n+1}\}} dt_{n+1} \right) dt_1 \ldots dt_n$$

$$= \lambda^{n+1} \int_A I_{\{0 \leq t_1 \leq \ldots \leq t_n \leq t\}} \frac{1}{\lambda} \exp(-\lambda t) dt_1 \ldots dt_n$$

$$= \lambda^n \exp(-\lambda t) \int_A I_{\{0 \leq t_1 \leq \ldots \leq t_n \leq t\}} dt_1 \ldots dt_n.$$

Da $\mathbb{P}(N_t = n) = \exp(-\lambda t) \frac{(\lambda t)^n}{n!}$, folgt:

$$\mathbb{P}((T_1, \ldots, T_n) \in A | N_t = n) = \frac{n!}{t^n} \int_A I_{\{0 \leq t_1 \leq \ldots \leq t_n \leq t\}} dt_1 \ldots dt_n$$

$$= \int_A g(t_1, \ldots, t_n) dt_1 \ldots dt_n.$$

$\square$

10.4 Nichthomogene Poisson-Prozesse

Die Definition

Zum Abschluss der Theorie dieses Kapitels wollen wir einen kurzen Blick auf eine Verallgemeinerung des homogenen Poisson-Prozesses werfen, die es erlaubt, realistischere Modelle zu erstellen. Zur Motivation betrachten wir ein weiteres Mal die Kunden einer Bank. Wollen wir ihre Eintreffzeiten durch einen Poisson-Prozess beschreiben, so bestimmt die Rate λ, wie viele Kunden pro Zeiteinheit eintreffen. Nun ist es wenig plausibel, dass in der ersten Stunde der Öffnungszeiten genauso viele Kunden kommen wie zwischen 16.00 Uhr und 17.00 Uhr nachmittags. Für ein realistischeres Modell benötigen wir die Möglichkeit, dass die Rate eine Funktion der Zeit ist. Dies führt zur Definition des nichthomogenen Poisson-Prozesses:

Definition 10.28 (Nichthomogener Poisson-Prozess). *Es sei* $(N_t)_{t\geq 0}$ *ein rechtsstetiger Prozess mit Zustandsraum* $\mathbb{N}_0$ *und* $\lambda : \mathbb{R}_+ \to \mathbb{R}_{>0}$ *eine messbare Abbildung. Dann heißt* $(N_t)_{t\geq 0}$ *nichthomogener Poisson-Prozess mit der lokalen Rate* λ, *(NHPP(λ)), wenn folgende Bedingungen gelten:*

(i) $N_0 = 0$ *fast sicher.*
(ii) $(N_t)_{t\geq 0}$ *hat unabhängige Zuwächse.*
(iii) *Für* $t \geq s$ *ist* $N_t - N_s$ *Poisson-verteilt mit der Rate*

$$\int_s^t \lambda(u)du.$$

Ist $(N_t)_{t\geq 0}$ ein nichthomogener Poisson-Prozess mit konstanter lokaler Rate $\lambda(t) = \lambda_0$, so ist

$$\int_s^t \lambda(u)du = (t - s)\lambda_0,$$

d.h. $(N_t)_{t\geq 0}$ ist ein homogener Poisson-Prozess mit der Rate λ_0.

Die Mittelwertfunktion

Definition 10.29 (Mittelwertfunktion eines NHPP). *Ist* $(N_t)_{t\geq 0}$ *ein NHPP(λ), so heißt die Funktion*

$$m : \mathbb{R}_+ \to \mathbb{R}_+, \quad m(t) := \mathbb{E}(N_t),$$

die Mittelwertfunktion von $(N_t)_{t\geq 0}$.

Wir fassen einige Eigenschaften der Mittelwertfunktion zusammen:

Satz 10.30. *Es sei* $(N_t)_{t\geq 0}$ *ein NHPP(λ) mit Mittelwertfunktion m. Dann gilt:*

(i) $m(t) = \int_0^t \lambda(u)du$, *insbesondere ist* $m'(t) = \lambda(t)$, $t \geq 0$.

(ii) *Die Mittelwertfunktion* $m(t)$ *bestimmt die Verteilung eines nichthomogenen Poisson-Prozesses eindeutig.*

(iii) *Ist* $\lambda(t) = \lambda_0$ *konstant, so ist* $m(t) = \lambda_0 t$.

Beweis. (i) Ist X Poi(α)-verteilt, so ist $\mathbb{E}(X) = \alpha$. Daher ist nach Definition des nichthomogenen Poisson-Prozesses

$$m(t) = \mathbb{E}(N_t) = \int_0^t \lambda(u)du.$$

Daraus folgt $m'(t) = \lambda(t)$.

(ii) Die Mittelwertfunktion $m(t)$ bestimmt eindeutig (durch Ableiten) die lokale Rate $\lambda(t)$, und diese bestimmt eindeutig die Verteilung von N_t. Daher bestimmt $m(t)$ alle endlich-dimensionalen Verteilungen von $(N_t)_{t\geq 0}$, und somit die Verteilung von $(N_t)_{t\geq 0}$.

(iii) Folgt unmittelbar aus (i).

$\square$

Wir haben ausdrücklich auf die eigentlich offensichtliche Tatsache hingewiesen, dass die Mittelwertfunktion die Verteilung eines nichthomogenen Poisson-Prozesses festlegt, weil nichthomogene Poisson-Prozesse in der Praxis durch ihre Mittelwertfunktion angegeben werden.

Die Verteilung der Wartezeiten

Nichthomogene Poisson-Prozesse sind rechtsstetige Prozesse mit Zustandsraum $\mathbb{N}_0$. Daher besitzen sie genau wie die homogenen Poisson-Prozesse Sprungzeiten $(T_n)_{n\in\mathbb{N}_0}$ und Wartezeiten $(W_n)_{n\in\mathbb{N}}$. Der Umgang mit nichthomogenen Poisson-Prozessen ist jedoch erheblich aufwändiger als im homogenen Fall, weil die Wartezeiten i.A. weder exponentialverteilt noch unabhängig sind:

Satz 10.31. *Sei* $(N_t)_{t\geq 0}$ *ein NHPP(λ). Dann hat die gemeinsame Verteilung der Sprungzeiten* $W_1, \ldots, W_n$ *die Dichtefunktion:*

$$g(t_1, \ldots, t_n) = \lambda(t_1) \cdot \ldots \cdot \lambda(t_n) \exp(-m(t_n)), \quad t_1, \ldots, t_n \geq 0.$$

Beweis. Wir führen den Beweis durch Induktion. Für $n = 1$ folgt:

$$\mathbb{P}(W_1 > t_1) = \mathbb{P}(N_{t_1} = 0) = \exp(-m(t_1)).$$

Da $1 - \mathbb{P}(W_1 > t_1)$ die Verteilungsfunktion von W_1 ist, erhalten wir die Dichtefunktion bis auf das Vorzeichen als Ableitung:

$$g(t_1) = -\frac{d}{dt_1}\mathbb{P}(W_1 > t_1) = \lambda(t_1)\exp(-m(t_1)).$$

Für den Induktionsschritt berechnen wir zunächst die bedingte Verteilungsfunktion. Wegen der Unabhängigkeit der Zuwächse folgt:

$$\mathbb{P}(W_{n+1} > t_{n+1}|W_1 = t_1,\ldots,W_n = t_n)$$
$$= \mathbb{P}\left(N_{t_{n+1}} - N_{t_n} = 0 \;\middle|\; \begin{array}{l} N_{s_1} = 0, s_1 < t_1, N_{t_1} = 1, \\ N_{s_i} - N_{t_{i-1}} = 0, t_{i-1} \le s_i < t_i, N_{t_i} = i, \; i = 2,\ldots,n \end{array}\right)$$
$$= \mathbb{P}(N_{t_{n+1}} - N_{t_n} = 0) = \exp(-[m(t_{n+1}) - m(t_n)]).$$

Die Ableitung nach t_{n+1} ergibt die bedingte Dichtefunktion

$$g(t_{n+1}|t_1,\ldots,t_n) := -\frac{\partial}{\partial t_{n+1}}\mathbb{P}(W_{n+1} > t_{n+1}|W_1 = t_1,\ldots,W_n = t_n)$$
$$= \lambda(t_{n+1})\exp(-[m(t_{n+1}) - m(t_n)]),$$

so dass mit der Induktionsvoraussetzung folgt:

$$g(t_1,\ldots,t_{n+1}) = g(t_{n+1}|t_1,\ldots,t_n)g(t_1,\ldots,t_n)$$
$$= \lambda(t_{n+1})\exp(-[m(t_{n+1}) - m(t_n)])\lambda(t_1)\cdot\ldots\cdot\lambda(t_n)\exp(-m(t_n))$$
$$= \lambda(t_1)\cdot\ldots\cdot\lambda(t_{n+1})\exp(-m(t_{n+1})).$$

$\square$

Beispiel 10.32 (Ladenöffnungszeiten). In diesem Beispiel wollen wir für ein nichthomogenes Poisson-Modell ausrechnen, wie viele Kunden im Mittel durch die Verkürzung der Ladenöffnungszeiten von 20.00 Uhr auf 18.00 Uhr verloren gehen. Nehmen wir an, das Geschäft öffne um 10.00 Uhr und schließe um 20.00 Uhr, es ist also 10 Stunden lang geöffnet. Weiter gehen wir davon aus, dass die Kunden nichthomogen Poisson-verteilt eintreffen und beschreiben dies durch einen Poisson-Prozess $(N_t)_{t\ge 0}$ mit der folgenden lokalen Rate:

$$\lambda(t) = \begin{cases} \frac{\lambda_{\max}}{5}t & \text{für } 0 \le t \le 5, \\ \lambda_{\max} - \frac{\lambda_{\max}}{5}(t-5) & \text{für } 5 < t \le 10, \\ 0 & \text{sonst.} \end{cases}$$

Wie in Abbildung 10.5 dargestellt, steigt die lokale Rate linear von 0 auf ein Maximum $\lambda_{\max}$ nach 5 Stunden (um 15.00 Uhr) an, um dann genauso wieder abzufallen. Durch eine Integration ergibt sich die Mittelwertfunktion

$$m(t) = \begin{cases} \frac{\lambda_{\max}}{10}t^2 & \text{für } 0 \le t \le 5, \\ 2\lambda_{\max}t - 5\lambda_{\max} - \frac{\lambda_{\max}}{10}t^2 & \text{für } 5 < t \le 10. \end{cases}$$

Wie viele Kunden treffen auf einen geschlossenen Laden, wenn dieser bereits um 18.00 Uhr schließt? Die Anzahl der Kunden zwischen 18.00 Uhr und 20.00

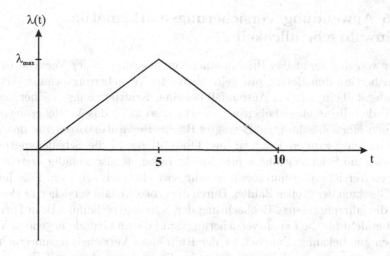

Abbildung 10.5. Lokale Rate für das Eintreffen der Kunden

Uhr ist $N_{10} - N_8$, und diese Zufallsvariable ist nach Definition des nichthomogenen Poisson-Prozesses Poisson-verteilt mit der Rate $m(10) - m(8)$. Daher ergibt sich als Erwartungswert:

$$\mathbb{E}(N_{10} - N_8) = m(10) - m(8)$$
$$= 5\lambda_{\max} + 10\lambda_{\max} - 10\lambda_{\max} - \left(5\lambda_{\max} + 6\lambda_{\max} - \frac{64}{10}\lambda_{\max}\right)$$
$$= \frac{2}{5}\lambda_{\max}.$$

Betrachten wir dies im Verhältnis zur erwarteten Gesamtkundenzahl pro Tag, $\mathbb{E}(N_{10}) = m(10) = 5\lambda_{\max}$, so ergibt sich ein relativer Verlust von

$$\frac{\mathbb{E}(N_{10} - N_8)}{\mathbb{E}(N_{10})} = \frac{\frac{2}{5}\lambda_{\max}}{5\lambda_{\max}} = \frac{2}{25} = 8\%.$$

Diese Maßnahme würde also 8% der Kunden vor verschlossene Türen laufen lassen. Da man nicht weiß, wieviel ein einzelner Kunde umsetzt, könnte man sich auch dafür interessieren, wie hoch die Wahrscheinlichkeit ist, dass man mindestens einen Kunden ausschließt. Die Wahrscheinlichkeit dafür ist:

$$\mathbb{P}(N_{10} - N_8 > 0) = 1 - \mathbb{P}(N_{10} - N_8 = 0)$$
$$= 1 - \exp[-(m(10) - m(8))] = 1 - \exp\left(-\frac{2}{5}\lambda_{\max}\right).$$

Ist z.B. $\lambda_{\max} = 10$, so ergibt sich $\mathbb{P}(N_{10} - N_8 > 0) = 1 - \exp(-4) \simeq 98\%$. ◊

10.5 Anwendung Versicherungsmathematik: Ruinwahrscheinlichkeit

Jeder von uns kennt das Prinzip einer Versicherung: Jeder Versicherte zahlt einen bestimmten Betrag pro Zeiteinheit, die Versicherungsprämie. Tritt ein Schadensfall ein, z.B. ein Autounfall bei einer Kraftfahrzeugversicherung oder ein Todesfall bei einer Lebensversicherung, so zahlt das Versicherungsunternehmen einen bestimmten Betrag, z.B. die Reparaturkosten für das Auto, von den eingezahlten Prämien aus. Obwohl sowohl die Schadenszeitpunkte als auch die Schadenshöhe a priori nicht bekannt, also zufällig verteilt sind, können Versicherungsunternehmen sehr wirtschaftlich arbeiten. Dies liegt an den Gesetzen der großen Zahlen. Durch die große Anzahl versicherter Personen und die jahrzehntelange Beobachtung der Schadensverläufe, z.B. in Form von Sterbetafeln für die Lebensversicherung, sind die zu Grunde liegenden Verteilungen gut bekannt. Dennoch ist der Ruin eines Versicherungsunternehmens nicht ausgeschlossen. Wir wollen uns in dieser Anwendung mit Fragen rund um die Ruinwahrscheinlichkeit auseinander setzen. Für die Darstellung haben wir uns an [Büh96], [Hei87], [HM90] und [Sch96a] orientiert.

Ein Modell für die Kapitalentwicklung

Ein Ruin tritt genau dann ein, wenn das Kapital Z_t einer Versicherung zum Zeitpunkt t negativ wird. Daher beginnen wir damit, ein stochastisches Modell Z_t für die Kapitalentwicklung eines Versicherungsunternehmens zu entwickeln. Allgemein lässt sich dieses Modell so beschreiben: $(Z_t)_{t \geq 0}$ ist ein stochastischer Prozess der Gestalt

$$Z_t = z + ct - S_t, \quad t \geq 0.$$

Dabei ist

- z das Startkapital der Versicherung,
- c die Höhe der Prämie (pro Zeiteinheit),
- $(S_t)_{t \geq 0}$ der so genannte Schadensprozess, der die bis zum Zeitpunkt t angefallene Schadenshöhe beschreibt.

Eines der wichtigsten Modelle für einen Schadensprozess, auf das wir uns hier ausschließlich beschränken wollen, ist der zusammengesetzte Poisson-Prozess, vgl. Definition 10.23:

$$S_t = \sum_{i=1}^{N_t} Y_i, \quad t \geq 0.$$

Dabei beschreibt

- der homogene Poisson-Prozess $(N_t)_{t \geq 0}$ mit der Rate $\lambda > 0$ die Zahl der Schadensfälle bis zum Zeitpunkt t,
- die Folge $(Y_n)_{n \in \mathbb{N}}$ unabhängiger und identisch verteilter Zufallsvariablen die Schadenshöhe. Da es sich um einen Schaden für die Versicherung handeln soll, fordern wir außerdem $\mathbb{P}(Y_1 \geq 0) = 1$.

Die Ruinwahrscheinlichkeit

Wir fassen die Ruinwahrscheinlichkeit als Funktion des Startkapitals z auf. Wie bereits erwähnt, tritt ein so genannter technischer Ruin auf, sobald das Kapital Z_t negativ wird. Dies führt zu folgender Ruinwahrscheinlichkeit $\psi(z)$:

$$\psi(z) := \mathbb{P}\left(\inf_{t>0} Z_t < 0\right) = \mathbb{P}\left(\sup_{t \geq 0}\left(\sum_{i=1}^{N_t} Y_i - ct\right) > z\right), \quad z \geq 0.$$

Wie üblich bezeichnen wir mit (T_n) den Sprungzeitenprozess von (N_t) und mit (W_n) den Wartezeitenprozess von (N_t). Da $N_t \to \infty$ fast sicher, erhalten wir

$$\psi(z) = \mathbb{P}\left(\sup_{n \in \mathbb{N}_0}\left(\sum_{i=1}^{n} Y_i - cT_n\right) > z\right), \quad z \geq 0.$$

Setzen wir $X_i := Y_i - cW_i$, $i \in \mathbb{N}$, so ist $\sum_{i=1}^n Y_i - cT_n = \sum_{i=1}^n X_i$ und daher

$$\psi(z) = \mathbb{P}\left(\sup_{n \in \mathbb{N}_0}\left(\sum_{i=1}^{n} X_i\right) > z\right), \quad z \geq 0. \tag{10.10}$$

Dieser Ausdruck ist sehr plausibel. Denn $X_i = Y_i - cW_i$ ist gerade die Bilanz des i-ten Schadens. Y_i ist die Schadenshöhe und cW_i ist die seit dem letzten Schaden eingegangene Prämie. Gleichung (10.10) besagt also gerade, dass die Versicherung ruiniert ist, wenn die Summe der einzelnen Schadensbilanzen irgendwann das Startkapital übersteigt. Die Darstellung der Ruinwahrscheinlichkeit (10.10) hat den Vorteil, dass (X_n) eine Folge unabhängiger und identisch verteilter Zufallsvariablen ist. Dies erlaubt erste Abschätzungen für $\psi(z)$:

Satz 10.33. *Es sei (X_n) eine Folge unabhängiger und identisch verteilter Zufallsvariablen mit momenterzeugender Funktion $M(s) = \mathbb{E}[\exp(sX_1)]$, $s \in \mathbb{R}$. Dann gilt:*

(i) *Ist $\mathbb{E}(X_1) \geq 0$ und $\mathbb{P}(Y_1 = 0) < 1$, so folgt $\psi(z) = 1$ für alle $z \geq 0$.*

(ii) *Ist $\mathbb{E}(X_1) < 0$ und existiert ein $s_0 > 0$ mit $M(s_0) = 1$, so folgt für alle $z \geq 0$:*

$$\psi(z) \leq \exp(-s_0 z) \quad \text{(Cramer-Lundberg-Ungleichung)}.$$

Beweis. Siehe z.B. [HM90, Kapitel 6]. □

Prämienprinzipien

Um eine Folgerung aus Satz 10.33 ziehen zu können, stellen wir zunächst verschiedene Prämienberechnungsprinzipien vor. Allgemein bezeichnet man in der Versicherungsmathematik eine fast sicher nichtnegative Zufallsvariable $R \geq 0$ als Risiko. Man kann sich R als den (pro Zeiteinheit) eintretenden Schaden vorstellen. Ein Prämienprinzip f ordnet einem Risiko $R \geq 0$ eine Prämie $f(R) \in \mathbb{R}$ zu. Klassische Prämienprinzipien sind:

(i) *Nettorisikoprinzip:* $f(R) := \mathbb{E}(R)$. Die Prämie wird als mittleres Risiko festgelegt. Schwankungen bleiben unberücksichtigt.

(ii) *Erwartungswertprinzip:* $f(R) := (1 + \alpha)\mathbb{E}(R)$, $\alpha > 0$. Die Prämie wird proportional zum mittleren Risiko um einen Zuschlagsfaktor α erhöht.

(iii) *Standardabweichungsprinzip:* $f(R) := \mathbb{E}(R) + \alpha\sqrt{\mathbb{V}(R)}$, $\alpha > 0$. Der Zuschlag ist proportional zur Standardabweichung des Risikos.

In unserem Modell wird das Risiko, also der mittlere Schaden pro Zeiteinheit, durch die nichtnegative Zufallsvariable $R = \lambda \cdot Y_1$ beschrieben. Um dies einzusehen, genügt es, die mittlere Schadenshöhe bis zum Zeitpunkt t (s. Satz 10.24)

$$\mathbb{E}(S_t) = \mathbb{E}\left(\sum_{i=1}^{N_t} Y_i\right) = \mathbb{E}(N_t)\mathbb{E}(Y_1) = \lambda t \mathbb{E}(Y_1)$$

durch die Zeit t zu teilen. Daher würde das Nettorisikoprinzip in diesem Fall bedeuten, dass wir die Prämie durch

$$c := \lambda\mathbb{E}(Y_1)$$

festlegen. Da die Wartezeiten (W_n) im Poisson-Prozess $\mathrm{Exp}(\lambda)$-verteilt mit $\mathbb{E}(W_1) = \frac{1}{\lambda}$ sind, heißt dies gerade, dass die Bilanz jedes einzelnen Schadens im Mittel 0 ist:

$$\mathbb{E}(X_i) = \mathbb{E}(Y_i - cW_i) = \mathbb{E}(Y_i) - \lambda\mathbb{E}(Y_i) \cdot \frac{1}{\lambda} = 0 \quad \text{für alle } i \in \mathbb{N}.$$

Nach Satz 10.33(i) bedeutet dies jedoch:

> Das Nettorisikoprinzip führt zum sicheren Ruin.

Eine Integralgleichung für die Ruinwahrscheinlichkeit

Für einen zusammengesetzten Poisson-Prozess $S_t = \sum_{i=1}^{N_t} Y_i$ als Schadensprozess kann man auf Grund der genauen Kenntnis der Verteilungen für die Ruinwahrscheinlichkeit $\psi(z)$ eine Integralgleichung angeben. Setzen wir $\mu := \mathbb{E}(Y_1)$, so bedeutet die Voraussetzung

$$c > \lambda\mu = \lambda\mathbb{E}(Y_1)$$

aus dem nächsten Satz gerade, dass der eben hergeleitete sichere Ruin und damit $\psi(z) = 1$ fast sicher nicht eintritt.

Satz 10.34. *Ist $c > \lambda\mu$, so gilt für die Ruinwahrscheinlichkeit $\psi(z)$, $z \geq 0$, die Integralgleichung*

$$\psi(z) - \psi(0) = -\frac{\lambda}{c}\int_0^z (1 - \psi(z - x))(1 - F_{Y_1}(x))dx,$$

wobei $\psi(0) = \frac{\lambda\mu}{c}$ und F_{Y_1} die Verteilungsfunktion von Y_1 ist.

Beweis. Siehe z.B. [HM90, Kapitel 10]. $\qquad\qquad\qquad\qquad\qquad\qquad\qquad\square$

Ruinwahrscheinlichkeit für exponentialverteilte Schäden

Für den Fall exponentialverteilter Schäden, d.h. $Y_1 \sim \text{Exp}(\frac{1}{\mu})$, lässt sich die obige Integralgleichung explizit lösen:

Korollar 10.35. *Ist $c > \lambda\mu$ und $Y_1 \sim \text{Exp}(\frac{1}{\mu})$, so gilt für die Ruinwahrscheinlichkeit*

$$\psi(z) = \frac{\lambda\mu}{c} \exp\left(-\frac{1}{\mu}\left(1 - \frac{\lambda\mu}{c}\right)z\right), \quad z \geq 0.$$

Beweis. Da Y_1 exponentialverteilt ist, gilt $F_{Y_1}(x) = 1 - \exp(-\frac{1}{\mu}x)$, $x \geq 0$. Damit folgt aus Satz 10.34:

$$\psi(z) - \psi(0) = -\frac{\lambda}{c} \int_0^z (1 - \psi(z-x)) \exp\left(-\frac{1}{\mu}x\right) dx$$

$$= -\frac{\lambda}{c}\left[\int_0^z \exp\left(-\frac{1}{\mu}x\right) dx - \int_0^z \psi(z-x) \exp\left(-\frac{1}{\mu}x\right) dx\right]$$

$$= -\frac{\lambda}{c}\left[\mu\left(1 - \exp\left(-\frac{1}{\mu}z\right)\right) - \int_0^z \psi(z-x) \exp\left(-\frac{1}{\mu}x\right) dx\right]$$

$$= \frac{\lambda\mu}{c} \exp\left(-\frac{1}{\mu}z\right) - \frac{\lambda\mu}{c} + \frac{\lambda}{c} \int_0^z \psi(z-x) \exp\left(-\frac{1}{\mu}x\right) dx.$$

Mit $\psi(0) = \frac{\lambda\mu}{c}$, Multiplikation mit $\exp(\frac{1}{\mu}z)$ und der Substitution $y = z - x$ folgt:

$$\psi(z) \exp\left(\frac{1}{\mu}z\right) = \frac{\lambda\mu}{c} + \frac{\lambda}{c} \int_0^z \psi(z-x) \exp\left(\frac{1}{\mu}(z-x)\right) dx$$

$$= \frac{\lambda\mu}{c} + \frac{\lambda}{c} \int_0^z \psi(y) \exp\left(\frac{1}{\mu}y\right) dy.$$

Differenzieren wir beide Seiten nach z, folgt

$$\psi'(z) \exp\left(\frac{1}{\mu}z\right) + \frac{1}{\mu}\psi(z) \exp\left(\frac{1}{\mu}z\right) = \frac{\lambda}{c}\psi(z) \exp\left(\frac{1}{\mu}z\right),$$

oder äquivalent

$$\psi'(z) + \frac{1}{\mu}\left(1 - \frac{\lambda\mu}{c}\right)\psi(z) = 0.$$

Setzen wir $a := \frac{1}{\mu}\left(1 - \frac{\lambda\mu}{c}\right)$, so ist die Lösung der Differentialgleichung $\psi'(z) + a\psi(z) = 0$ gerade $\psi(z) = \psi(0)\exp(-az)$, wie behauptet. $\qquad\square$

Aus der expliziten Darstellung der Ruinwahrscheinlichkeit in obigem Korollar erhalten wir einige sehr plausible Schlussfolgerungen:

- Je höher das Startkapital z, desto geringer ist die Ruinwahrscheinlichkeit. Es sei allerdings daran erinnert, dass für $c \leq \lambda\mu$ auch ein beliebig hohes Startkapital den sicheren Ruin nicht verhindern kann.
- Je kleiner $\frac{\lambda\mu}{c}$, also je höher die Prämie c gegenüber der Nettorisikoprämie $\lambda\mu$, desto geringer ist die Ruinwahrscheinlichkeit.
- Je kleiner die mittlere Schadenshöhe μ, desto geringer ist die Ruinwahrscheinlichkeit.

Um mit einem Zahlenbeispiel zu enden, nehmen wir an, in der Situation von Korollar 10.35 lege das Versicherungsunternehmen eine Prämie nach dem Erwartungswertprinzip mit einem Zuschlagsfaktor $\alpha = \frac{1}{3}$ fest:

$$c = \left(1 + \frac{1}{3}\right)\lambda\mu = \frac{4}{3}\lambda\mu.$$

Wie hoch muss das Startkapital sein, damit die Ruinwahrscheinlichkeit unter 1% liegt? Wir fordern also

$$\psi(z) = \frac{\lambda\mu}{c}\exp\left(-\frac{1}{\mu}\left(1 - \frac{\lambda\mu}{c}\right)z\right)$$
$$= \frac{3}{4}\exp\left(-\frac{1}{4\mu}z\right) \leq \frac{1}{100}.$$

Das ist äquivalent zu

$$z \geq 4\ln(75) \cdot \mu \simeq 17.27 \cdot \mu.$$

Um die Ruinwahrscheinlichkeit unter 1% zu halten, muss das Startkapital des Versicherungsunternehmens also in diesem Modell etwa 17 mal so hoch sein wie die mittlere Schadenshöhe μ.

Zeitdiskrete Martingale

Martingale gehören zu den wichtigsten Instrumenten der modernen Wahrscheinlichkeitstheorie. Sie dienen unter anderem als Modelle für faire Spiele. Daher ist es nicht überraschend, dass die Martingaltheorie in der Finanzmathematik, die sich mit der Bestimmung fairer Preise für Finanzgüter beschäftigt, von überragender Bedeutung ist. In diesem Kapitel behandeln wir die Grundlagen der diskreten Martingaltheorie. Dazu gehören neben der Einführung gleichgradig integrierbarer Martingale die Untersuchung von Martingalen unter Stoppzeiten und ihr Konvergenzverhalten. Viele Ergebnisse übertragen sich auf die zeitstetigen Martingale, wie wir in Kapitel 13 sehen werden.

11.1 Definition und Beispiele

Adaptierte Prozesse

Sei $(\Omega, \mathcal{F}, \mathbb{P})$ ein Wahrscheinlichkeitsraum und $I \subset [0, \infty[$ eine zunächst nicht notwendig diskrete Indexmenge.

Definition 11.1 (Filtration). *Ist* $\mathbb{F} = (\mathcal{F}_t)_{t \in I}$ *eine aufsteigende Folge von Sub-σ-Algebren, d.h. gilt*

$$\mathcal{F}_s \subset \mathcal{F}_t \subset \mathcal{F} \text{ für alle } s, t \in I, \ s \leq t,$$

so heißt $\mathbb{F}$ *Filtration.*

Filtrationen sind vom technischen Standpunkt aus gesehen nützlich, um Messbarkeitsaussagen zu formulieren. Es gibt jedoch auch einen nicht-technischen Aspekt. Ähnlich wie bei der Interpretation bedingter Erwartungen $\mathbb{E}(X|\mathcal{G})$ als Prognose mit dem Wissensstand $\mathcal{G}$, kann man sich eine Filtration $\mathbb{F}$ als zeitlichen Verlauf des Informationsgewinns vorstellen. $\mathcal{F}_t$ ist die zum Zeitpunkt t zur Verfügung stehende Information. Entsprechend soll die Zufallsvariable X_t zum Zeitpunkt t vollständig beobachtbar, d.h. $\mathcal{F}_t$-messbar sein. Dies motiviert die folgende Definition:

Definition 11.2 (adaptierter Prozess). *Sei* $X = (X_t)_{t \in I}$ *ein stochastischer Prozess mit Werten in* $(S, \mathcal{S})$ *und* $\mathbb{F} = (\mathcal{F}_t)_{t \in I}$ *eine Filtration.* X *heißt (an* $\mathbb{F}$*) adaptiert, falls für alle* $t \in I$

$$X_t : \Omega \to S \quad \mathcal{F}_t\text{-}\mathcal{S}\text{-messbar ist.}$$

Beispiel 11.3 (Natürliche Filtration). Jeder stochastische Prozess $(X_t)_{t \in I}$ ist zu seiner eigenen, natürlichen Filtration $\mathbb{F}^X = (\mathcal{F}_t^X)_{t \in I}$ adaptiert, die gegeben ist durch

$$\mathcal{F}_t^X := \sigma(X_s, s \leq t), \quad t \in I.$$

$\Diamond$

Bis zum Ende des Kapitels betrachten wir von nun an ausschließlich zeitdiskrete stochastische Prozesse $X = (X_n) = (X_n)_{n \in \mathbb{N}_0}$ zur Indexmenge $I := \mathbb{N}_0$. Außerdem seien alle stochastischen Prozesse reellwertig, wenn wir nicht ausdrücklich etwas anderes schreiben.

Submartingale, Supermartingale und Martingale

Ein faires Spiel kann dadurch charakterisiert werden, dass, wie auch immer die ersten $n - 1$ Runden verlaufen sind, der zu erwartende Gewinn des Spielers nach der n-ten Spielrunde gerade das ist, was er schon bis zur $(n-1)$-ten Runde gewonnen hatte. Mit anderen Worten, sein erwarteter Zugewinn ist 0, dann ist nämlich auch der erwartete Verlust seines Gegners 0 und das Spiel fair. Die Situation eines fairen Spiels wird durch ein Martingal beschrieben. Überhaupt ist es oft hilfreich, sich Aussagen über Martingale in der Welt eines Spielers vorzustellen. Für die Beschreibung unfairer Spiele gibt es Super- bzw. Submartingale:

Definition 11.4 ((Sub-, Super-) Martingal). *Sei $M = (M_n)$ ein stochastischer Prozess und $\mathbb{F} = (\mathcal{F}_n)$ eine Filtration. Ist M adaptiert und M_n für jedes $n \in \mathbb{N}_0$ integrierbar, so heißt (M_n) (bzgl. $\mathbb{P}$ und $\mathbb{F}$) ein*

(i) *Submartingal, falls für alle $n \in \mathbb{N}$ gilt:*

$$\mathbb{E}(M_n|\mathcal{F}_{n-1}) \geq M_{n-1} \quad \mathbb{P}\text{-fast sicher.}$$

(ii) *Supermartingal, falls für alle $n \in \mathbb{N}$ gilt:*

$$\mathbb{E}(M_n|\mathcal{F}_{n-1}) \leq M_{n-1} \quad \mathbb{P}\text{-fast sicher.}$$

(iii) *Martingal, falls für alle $n \in \mathbb{N}$ gilt:*

$$\mathbb{E}(M_n|\mathcal{F}_{n-1}) = M_{n-1} \quad \mathbb{P}\text{-fast sicher.}$$

Wird keine Filtration explizit angegeben, so ist stets die natürliche Filtration des Prozesses gemeint. Bevor wir uns Beispiele für Martingale ansehen, einige Bemerkungen zur Definition.

(i) Ein Prozess (M_n) ist genau dann ein Submartingal, wenn $(-M_n)$ ein Supermartingal ist, und genau dann ein Martingal, wenn (M_n) ein Submartingal und ein Supermartingal ist. Daher lassen sich viele Aussagen sowohl für Submartingale als auch für Supermartingale formulieren, und die Aussage für Martingale erhält man, indem man alle Ungleichheitszeichen durch Gleichheitszeichen ersetzt.

(ii) Ein stochastischer Prozess (M_n) ist genau dann ein Sub- bzw. Super- bzw. Martingal, wenn der Prozess $(M_n - M_0)$ diese Eigenschaft hat. Daher setzen wir gelegentlich $M_0 = 0$ voraus.

(iii) In der Definition ist die „Schrittweite" gleich 1, d.h. es wird $\mathbb{E}(M_n|\mathcal{F}_{n-1})$ betrachtet. Die jeweilige Eigenschaft überträgt sich auf größere Schritte. Ist (M_n) beispielsweise ein Submartingal, so gilt auf Grund der PROJEKTIONSEIGENSCHAFT bedingter Erwartungen für $m > n$:

$$\mathbb{E}(M_m|\mathcal{F}_{n-1}) = \mathbb{E}(\mathbb{E}(M_m|\mathcal{F}_{m-1})|\mathcal{F}_{n-1}) \geq \mathbb{E}(M_{m-1}|\mathcal{F}_{n-1})$$
$$\geq \ldots \geq M_{n-1} \quad \text{fast sicher.}$$

(iv) Für ein Martingal M gilt $\mathbb{E}(M_0) = \mathbb{E}(\mathbb{E}(M_n|\mathcal{F}_0)) = \mathbb{E}(M_n)$ für alle $n \in \mathbb{N}_0$, das heißt, ein Martingal ist „im Mittel konstant". Entsprechend ist ein Submartingal im Mittel steigend und ein Supermartingal im Mittel fallend.

Beispiele

Beispiel 11.5 (Faire und unfaire Spiele). Ist M ein stochastischer Prozess, so stellen wir uns für $n \geq 1$ die Differenz $M_n - M_{n-1}$ als unseren Gewinn in der

n-ten Spielrunde pro Euro Einsatz vor. Ist M ein Martingal, so gilt

$$\mathbb{E}(M_n - M_{n-1}|\mathcal{F}_{n-1}) = 0, \tag{11.1}$$

das heißt, der erwartete Gewinn ist 0, das Spiel ist fair. Ist M ein Supermartingal, so ist

$$\mathbb{E}(M_n - M_{n-1}|\mathcal{F}_{n-1}) \leq 0, \tag{11.2}$$

das heißt, der erwartete Gewinn ist negativ, das Spiel ist zu unserem Nachteil.
◇

Die Gleichungen (11.1) und (11.2) sind äquivalent zur Martingal- bzw. Supermartingaleigenschaft und eignen sich gelegentlich gut, um die Martingaleigenschaft nachzuweisen, wie im nächsten Beispiel.

Beispiel 11.6 (Summe unabhängiger Zufallsvariablen). Sei $(Y_n)_{n\in\mathbb{N}}$ eine Folge unabhängiger integrierbarer Zufallsvariablen. Wir setzen $Y_0 := 0$ sowie

$$\mathcal{F}_n := \sigma\{Y_0, \dots, Y_n\}, \quad n \in \mathbb{N}_0,$$
$$M_n := \sum_{i=1}^{n}(Y_i - \mathbb{E}(Y_i)), \quad n \in \mathbb{N}_0.$$

Dann ist $M = (M_n)$ ein Martingal: Offensichtlich ist M adaptiert und integrierbar. Weiter gilt wegen der Unabhängigkeit von Y_{n+1} und $\mathcal{F}_n$ sowie der EIGENSCHAFTEN BEDINGTER ERWARTUNGEN:

$$\mathbb{E}(M_{n+1} - M_n|\mathcal{F}_n) = \mathbb{E}(Y_{n+1} - \mathbb{E}(Y_{n+1})|\mathcal{F}_n) = \mathbb{E}(Y_{n+1} - \mathbb{E}(Y_{n+1})) = 0.$$

◇

Beispiel 11.7 (Irrfahrt mit Parameter p). Die aus der Theorie der Markov-Ketten bekannte Irrfahrt auf $\mathbb{Z}$ ist ein Spezialfall des obigen Beispiels. Wir betrachten dazu speziell die Folge $(Y_n)_{n\in\mathbb{N}}$ unabhängiger und auf $\{\pm 1\}$ identisch verteilter Zufallsvariablen, mit $\mathbb{P}(Y_i = 1) = p$, $\mathbb{P}(Y_i = -1) = 1 - p$, $p \in [0, 1]$. Setzen wir $Y_0 := x \in \mathbb{R}$ als Startpunkt fest, so erhalten wir mit $S_n := \sum_{i=1}^{n} Y_i$ wie oben das Martingal

$$M_n = x + S_n - n(2p - 1), \quad n \in \mathbb{N}_0,$$

da $\mathbb{E}(Y_i) = 2p - 1$ für alle $i \in \mathbb{N}$ ist. ◇

Beispiel 11.8 (Produkt unabhängiger Zufallsvariablen). Es sei (X_n) eine Folge unabhängiger Zufallsvariablen mit

$$X_n \geq 0, \quad \mathbb{E}(X_n) = 1 \text{ für alle } n \in \mathbb{N}_0.$$

Dann setzen wir $M_0 := 1, \mathcal{F}_0 := \{\emptyset, \Omega\}$ und

$$M_n := X_1 \cdot \ldots \cdot X_n, \quad \mathcal{F}_n := \sigma(X_1, \ldots, X_n), \quad n \in \mathbb{N}.$$

Dann ist M_{n-1} $\mathcal{F}_{n-1}$-messbar, und X_n und $\mathcal{F}_{n-1}$ sind unabhängig; daher folgt für $n \geq 1$:

$$\mathbb{E}(M_n | \mathcal{F}_{n-1}) = \mathbb{E}(M_{n-1} X_n | \mathcal{F}_{n-1}) = M_{n-1} \mathbb{E}(X_n | \mathcal{F}_{n-1})$$
$$= M_{n-1} \mathbb{E}(X_n) = M_{n-1}.$$

Also ist M ein Martingal. Ein Spezialfall ergibt sich folgendermaßen: Besteht die Folge (Y_n) aus unabhängigen und identisch verteilten Zufallsvariablen und gilt für ihre momenterzeugenden Funktionen

$$m(t) = \mathbb{E}(\exp(tY_n)) < \infty, \quad t \in \mathbb{R},$$

so können wir $X_n := \frac{\exp(tY_n)}{m(t)}$, $n \in \mathbb{N}_0$, setzen und erhalten so das Martingal

$$M_n = \frac{\exp\left(t \sum_{k=1}^{n} Y_k\right)}{m(t)^n}, \quad n \in \mathbb{N}_0.$$

Gibt es noch spezieller ein $t_0 \neq 0$, so dass $m(t_0) = 1$ ist, und setzen wir $S_n := \sum_{k=1}^{n} Y_k$, so erhalten wir das Martingal

$$M_n = \exp(t_0 S_n), \quad n \in \mathbb{N}_0.$$

Letzteres ist z.B. der Fall, wenn wir wieder annehmen, Y_n sei auf $\{\pm 1\}$ mit $\mathbb{P}(Y_i = 1) = p$, $\mathbb{P}(Y_i = -1) = 1 - p$ verteilt. Die charakteristische Funktion der Y_n ist dann

$$m(t) = \mathbb{E}(\exp(tY_n)) = p \exp(t) + (1 - p) \exp(-t),$$

und es gilt mit $t_0 := \ln\left(\frac{1-p}{p}\right)$:

$$m(t_0) = m\left(\ln\left(\frac{1-p}{p}\right)\right) = p\frac{1-p}{p} + (1-p)\frac{p}{1-p} = 1.$$

Wir erhalten so das Martingal

$$M_n = \exp(t_0 S_n) = \left(\frac{1-p}{p}\right)^{S_n}, \quad n \in \mathbb{N}_0. \tag{11.3}$$

$\Diamond$

Das nächste Beispiel ist zwar einfach, aber so wichtig, dass wir es in einem Satz formulieren.

Satz 11.9. *Es sei X eine integrierbare Zufallsvariable und $\mathbb{F} = (\mathcal{F}_n)$ eine Filtration. Dann ist*

$$M_n := \mathbb{E}(X|\mathcal{F}_n), \quad n \in \mathbb{N}_0,$$

ein Martingal.

Beweis. Da X integrierbar ist, ist es auch M_n, und nach Definition der bedingten Erwartung ist M adaptiert. Nun folgt aus der PROJEKTIONSEIGENSCHAFT bedingter Erwartungen:

$$\mathbb{E}(M_{n+1}|\mathcal{F}_n) = \mathbb{E}(\mathbb{E}(X|\mathcal{F}_{n+1})|\mathcal{F}_n) = \mathbb{E}(X|\mathcal{F}_n) = M_n.$$

$\square$

Erinnern wir an die Interpretation von $E(X|\mathcal{F}_n)$ als bestmögliche Prognose von X mit dem Wissen $\mathcal{F}_n$, so leuchtet ein, dass man bei dem Martingal $M_n = \mathbb{E}(X|\mathcal{F}_n)$ von sukzessiver Prognose spricht.

Spielsysteme und Martingale

Kann man durch eine geschickte Wahl des Einsatzes, den man von Runde zu Runde wählt, aus einem fairen Spiel ein unfaires machen? Intuitiv ist die Antwort nein; um dies auch beweisen zu können, definieren wir als erstes, welche Spielstrategien wir als zulässig betrachten:

Definition 11.10 (previsibel). *Sei $H = (H_n)_{n \in \mathbb{N}}$ ein stochastischer Prozess und $\mathbb{F}$ eine Filtration. H heißt (bzgl. $\mathbb{F}$) previsibel, falls gilt:*

$$H_n \text{ ist } \mathcal{F}_{n-1}\text{-messbar für alle } n \in \mathbb{N}.$$

Ein previsibler Prozess kann als Spielsystem dienen, mit dem sich dann der Gesamtgewinn bestimmen lässt:

Definition 11.11 (Spielsystem, stochastisches Integral, Martingal-Transformierte). *Sei $\mathbb{F} = (\mathcal{F}_n)$ eine Filtration, $H = (H_n)_{n \in \mathbb{N}}$ ein (bzgl. $\mathbb{F}$) previsibler Prozess und $X = (X_n)_{n \in \mathbb{N}_0}$ ein adaptierter Prozess, so dass $H_n(X_n - X_{n-1}) \in \mathcal{L}^1$ für alle $n \in \mathbb{N}$ gilt. Dann heißt H ein Spielsystem (für X). Der stochastische Prozess $H.X = (H.X)_{n \in \mathbb{N}}$,*

$$(H.X)_n := X_0 + \sum_{k=1}^{n} H_k(X_k - X_{k-1}), \quad n \in \mathbb{N}_0,$$

heißt stochastisches Integral (von H bezüglich X) oder Martingaltransformierte, falls X ein Martingal ist.

In Anwendungen ist H häufig ein beschränkter previsibler Prozess, der für jeden Prozess X mit $X_n \in \mathcal{L}^1$ für alle $n \in \mathbb{N}_0$ ein Spielsystem ist. Die Interpretation von H, X und $H.X$ ist wie folgt: $X_n - X_{n-1}$ beschreibt den Gewinn pro Euro Einsatz in der n-ten Runde, wobei dieser auch negativ, also ein Verlust sein kann. Der Prozess H steuert den Einsatz. In der n-ten Runde setzen wir H_n ein. Da dies nach $n - 1$ Runden geschieht, insbesondere ohne das Wissen um die n-te Spielrunde X_n, darf H_n nur von $X_0, \ldots, X_{n-1}$ abhängen. H_n muss daher $\mathcal{F}_{n-1}$-messbar sein, d.h. H ist previsibel. Schließlich ist dann $H_n(X_n - X_{n-1})$ der Gewinn oder Verlust in der n-ten Runde. Deren Summe $H.X$ beschreibt also den Gesamtgewinn bzw. Gesamtverlust im Verlauf des Spiels, $(H.X)_n$ ist die Bilanz nach n Spielrunden.

Der nächste Satz zeigt, dass für jedes Spielsystem mit X auch $H.X$ ein Martingal ist. Zum einen rechtfertigt dies den Namen Martingal-Transformierte. Zum anderen folgt, dass für jeden Zeitpunkt n, also nach n Spielrunden, $\mathbb{E}((H.X)_n - X_0) = 0$ ist. Da X_0 das Startkapital ist, gibt es bei einem fairen Spiel durch noch so geschickte Wahl des Einsatzes im Mittel nichts zu gewinnen.

Satz 11.12. *Sei H ein Spielsystem für X. Dann gilt:*

(i) *Ist X ein Martingal, so auch $H.X$.*

(ii) *Ist X_n ein Submartingal bzw. ein Supermartingal und $H \geq 0$, so ist $H.X$ ein Submartingal bzw. ein Supermartingal.*

Beweis. Es ist offensichtlich, dass $H.X$ adaptiert und integrierbar ist. Weiter gilt, da H_n $\mathcal{F}_{n-1}$-messbar ist:

$$\mathbb{E}((H.X)_n - (H.X)_{n-1}|\mathcal{F}_{n-1})$$
$$= \mathbb{E}(H_n(X_n - X_{n-1})|\mathcal{F}_{n-1}) = H_n\mathbb{E}(X_n - X_{n-1}|\mathcal{F}_{n-1})$$
$$\begin{cases} = 0, & \text{falls } X \text{ ein Martingal ist.} \\ \geq 0, & \text{falls } H \geq 0 \text{ und } X \text{ ein Submartingal ist,} \\ \leq 0, & \text{falls } H \geq 0 \text{ und } X \text{ ein Supermartingal ist.} \end{cases}$$

$\square$

Ein kleiner Ausblick

Betrachten wir noch einmal das stochastische Integral

$$(H.X)_n = X_0 + \sum_{k=1}^{n} H_k(X_k - X_{k-1})$$

und stellen uns dabei vor, dass H_n eine $\mathcal{F}_{n-1}$-messbare Funktion H von X_{n-1} ist,

$$H(X_{n-1}) = H_n, \quad n \in \mathbb{N},$$

so sieht die Martingal-Transformierte

$$(H.X)_n = \sum_{k=1}^{n} H(X_{k-1})(X_k - X_{k-1})$$

einer endlichen Riemann-Summe formal schon sehr ähnlich. Deren Grenzwerte führen bekanntlich zur Definition des Riemann-Integrals. In der Tat ist $H.X$ der diskrete Fall eines stochastischen Integrals $\int H dX$, das wir für bestimmte Klassen stetiger Prozesse im letzten Kapitel 14 dieses Teils vorstellen werden.

11.2 Gleichgradige Integrierbarkeit

Die Definition

Gleichgradige Integrierbarkeit ist eine spezielle Integrierbarkeitsbedingung, die zunächst nichts mit Martingalen zu tun hat. Warum beschäftigen wir uns dennoch in einem Kapitel über Martingale mit einer Integrierbarkeitsbedingung? Dafür gibt es im Wesentlichen zwei Gründe. Zum einen erlaubt uns dieses Konzept, den SATZ VON DER DOMINIERTEN KONVERGENZ zu verallgemeinern. Dies wird sich für die Untersuchung der Konvergenz von Martingalen im nächsten Abschnitt als sehr nützlich erweisen. Zum anderen bilden bedingte Erwartungen, und damit die Klasse der „sukzessiven Prognose-Martingale"

$$M_n = \mathbb{E}(X|\mathcal{F}_n), \quad n \in \mathbb{N}_0,$$

eine reichhaltige Quelle von Beispielen gleichgradig integrierbarer Familien.

Definition 11.13 (Gleichgradige Integrierbarkeit). *Eine Familie* $(X_\lambda)_{\lambda \in \Lambda}$ *von integrierbaren Zufallsvariablen heißt gleichgradig integrierbar, falls*

$$\sup_{\lambda \in \Lambda} \mathbb{E}[|X_\lambda| I_{\{|X_\lambda| \geq c\}}] \xrightarrow[c \to \infty]{} 0.$$

Beispiel 11.14. Ist X eine integrierbare Zufallsvariable, so ist die Familie $\{X\}$ gleichgradig integrierbar. Denn für eine integrierbare Zufallsvariable ist

$$\mu(A) := \int\limits_A |X| d\mathbb{P}, \quad A \in \mathcal{F},$$

ein endliches Maß mit $\mu \ll \mathbb{P}$, daher ist $\{|X| = \infty\}$ eine μ-Nullmenge. Sei $\varepsilon > 0$ gegeben. Wegen der Stetigkeit des Maßes μ gibt es ein $c_0 > 0$, so dass

$$\mu(|X| \geq c) = \mathbb{E}(|X| I_{\{|X| \geq c\}}) < \varepsilon \quad \text{für alle } c \geq c_0. \tag{11.4}$$

Genauso kann man die gleichgradige Integrierbarkeit für jede endliche Familie integrierbarer Zufallsvariablen nachweisen.   ◊

Gleichgradige Integrierbarkeit und bedingte Erwartungen

Auf den ersten Blick scheint es mühsam, die gleichgradige Integrierbarkeit einer konkret gegebenen Familie von Zufallsvariablen an Hand der Definition nachzuprüfen. Daher geben wir im Folgenden einige hinreichende Kriterien an. Die gleichgradige Integrierbarkeit bedingter Erwartungen ergibt sich mit Hilfe des ε-δ-Kriteriums für absolute Stetigkeit endlicher Maße.

Satz 11.15. *Sei Y eine integrierbare Zufallsvariable und $\mathcal{F}_i, i \in I \neq \emptyset$ eine beliebige Familie von Sub-σ-Algebren. Dann ist die Familie $X_i := \mathbb{E}(Y|\mathcal{F}_i)$, $i \in I$, gleichgradig integrierbar.*

Beweis. Aus der Integrierbarkeit von Y folgt, dass

$$\mu(A) := \int_A |Y| d\mathbb{P}, \quad A \in \mathcal{F},$$

ein endliches Maß mit $\mu \ll \mathbb{P}$ ist. Sei $\varepsilon > 0$ gegeben. Dann gibt es nach Korollar 2.40 ein $\delta > 0$, so dass aus $\mathbb{P}(A) < \delta$ die Abschätzung $\mu(A) < \varepsilon$ folgt. Da $|\mathbb{E}(Y|\mathcal{F}_i)| = |\mathbb{E}(Y^+|\mathcal{F}_i) - \mathbb{E}(Y^-|\mathcal{F}_i)| \leq \mathbb{E}(|Y||\mathcal{F}_i)$ ist, erhalten wir mit der MARKOV-UNGLEICHUNG:

$$\sup_{i \in I} \mathbb{P}(|X_i| \geq c) \leq \sup_{i \in I} \frac{\mathbb{E}(|X_i|)}{c} \leq \sup_{i \in I} \frac{\mathbb{E}(\mathbb{E}(|Y||\mathcal{F}_i))}{c}$$

$$= \frac{\mathbb{E}(|Y|)}{c} \xrightarrow[c \to \infty]{} 0.$$

Wir wählen $c > 0$ so, dass $\sup_{i \in I} \mathbb{P}(|X_i| \geq c) < \delta$ gilt. Da $\{|X_i| \geq c\}$ $\mathcal{F}_i$-messbar ist, folgt damit:

$$\sup_{i \in I} \mathbb{E}(|X_i| I_{\{|X_i| \geq c\}}) \leq \sup_{i \in I} \mathbb{E}(\mathbb{E}(|Y||\mathcal{F}_i) I_{\{|X_i| \geq c\}})$$

$$= \sup_{i \in I} \mathbb{E}(|Y| I_{\{|X_i| \geq c\}}) = \sup_{i \in I} \mu(|X_i| \geq c) < \varepsilon.$$

$\square$

Beispiel 11.16 (sukzessive Prognose). Ist Y eine integrierbare Zufallsvariable und $\mathbb{F} = (\mathcal{F}_n)$ eine Filtration, so ist nach dem eben gezeigten Resultat und Satz 11.9

$$M_n := \mathbb{E}(Y|\mathcal{F}_n) \quad n \in \mathbb{N}_0, \text{ ein gleichgradig integrierbares Martingal.}$$

$\Diamond$

Eine äquivalente Bedingung

Ist $(X_\lambda)_{\lambda \in \Lambda}$ eine gleichgradig integrierbare Familie von Zufallsvariablen, so gibt es nach Definition ein c_1, so dass für alle X_λ, $\lambda \in \Lambda$ gilt:

$$\mathbb{E}(|X_\lambda|) \leq \mathbb{E}(|X_\lambda| I_{\{|X_\lambda| \geq c_1\}}) + \mathbb{E}(|X_\lambda| I_{\{|X_\lambda| \leq c_1\}}) \leq 1 + c_1.$$

Also ist $(X_\lambda)_{\lambda \in \Lambda}$ in L^1 gleichmäßig beschränkt. Die Umkehrung gilt nicht, wie das folgende klassische Beispiel zeigt:

Beispiel 11.17. Wir betrachten den Wahrscheinlichkeitsraum $\Omega := [0,1]$, $\mathcal{F} := \mathcal{B}|[0,1]$ und $\mathbb{P} := \lambda|[0,1]$, sowie die Zufallsvariablen

$$X_n := n I_{[0,\frac{1}{n}]}, \quad n \in \mathbb{N}.$$

Dann gilt $\mathbb{E}(|X_n|) = n\mathbb{P}([0,\frac{1}{n}]) = 1$ für alle $n \in \mathbb{N}$, so dass (X_n) in L^1 gleichmäßig beschränkt ist. Jedoch gilt für gegebenes $c > 0$ für alle $n > c$:

$$\mathbb{E}(|X_n| I_{\{|X_n| \geq c\}}) = \mathbb{E}(|X_n|) = 1,$$

daher ist (X_n) nicht gleichgradig integrierbar. $\Diamond$

In obigem Beispiel gilt $X_n \to 0$ fast sicher, aber $\mathbb{E}(X_n) \not\to 0$. Schließt man diese Möglichkeit gleichmäßig aus, so erhält man zusammen mit der L^1-Beschränktheit tatsächlich eine zur gleichgradigen Integrierbarkeit äquivalente Bedingung:

Satz 11.18. *Für eine Familie $(X_\lambda)_{\lambda \in \Lambda}$ integrierbarer Zufallsvariablen sind folgende Aussagen äquivalent:*

(i) $(X_\lambda)_{\lambda \in \Lambda}$ *ist gleichgradig integrierbar.*

(ii) $(X_\lambda)_{\lambda \in \Lambda}$ *ist in L^1 gleichmäßig beschränkt, und für alle $\varepsilon > 0$ existiert ein $\delta > 0$, so dass für alle $A \in \mathcal{F}$ gilt:*

$$\mathbb{P}(A) < \delta \Rightarrow \sup_{\lambda \in \Lambda} \mathbb{E}(|X_\lambda| I_A) < \varepsilon. \tag{11.5}$$

Beweis. $(i) \Rightarrow (ii)$: Wir wissen bereits, dass aus gleichgradiger Integrierbarkeit die gleichmäßige Beschränktheit in L^1 folgt. Sei $\varepsilon > 0$ gegeben. Wir wählen ein c_ε, so dass für alle $\lambda \in \Lambda$

$$\mathbb{E}(X_\lambda I_{\{|X_\lambda| \geq c_\varepsilon\}}) < \frac{\varepsilon}{2}.$$

Mit $\delta := \frac{\varepsilon}{2c_\varepsilon}$ folgt dann für jedes $A \in \mathcal{F}$ mit $\mathbb{P}(A) < \delta$:

$$\mathbb{E}(|X_\lambda| I_A) \leq c_\varepsilon \mathbb{P}(A) + \mathbb{E}(|X_\lambda| I_{\{|X_\lambda| \geq c_\varepsilon\}}) < c_\varepsilon \frac{\varepsilon}{2c_\varepsilon} + \frac{\varepsilon}{2} = \varepsilon.$$

$(ii) \Rightarrow (i)$: Sei $\varepsilon > 0$ gegeben. Wir wählen ein $\delta > 0$, so dass (11.5) erfüllt ist, und setzen

$$c_0 := \frac{1}{\delta} \sup_{\lambda \in \Lambda} \mathbb{E}(|X_\lambda|) < \infty.$$

Dann ist mit der MARKOV-UNGLEICHUNG für alle $\lambda \in \Lambda$ und $c \geq c_0$:

$$\mathbb{P}(|X_\lambda| \geq c) \leq \frac{\mathbb{E}(|X_\lambda|)}{c} < \delta$$

nach unserer Wahl von c_0. Damit können wir (11.5) auf das Ereignis $\{|X_\lambda| \geq c\}$ anwenden und erhalten für alle $c \geq c_0$:

$$\sup_{\lambda \in \Lambda} \mathbb{E}(|X_\lambda| I_{\{|X_\lambda| \geq c\}}) < \varepsilon,$$

also ist $(X_\lambda)_{\lambda \in \Lambda}$ gleichgradig integrierbar. $\qquad\qquad\square$

Hinreichende Bedingungen

Wir zeigen als nächstes zwei hinreichende Bedingungen für gleichgradige Integrierbarkeit, die leicht nachzuprüfen sind:

Satz 11.19. *Besitzt eine Familie $(X_\lambda)_{\lambda \in \Lambda}$ integrierbarer Zufallsvariablen eine integrierbare Majorante Y, d.h. $\mathbb{E}(Y) < \infty$ und*

$$|X_\lambda| \leq Y \quad \text{für alle } \lambda \in \Lambda,$$

so ist $(X_\lambda)_{\lambda \in \Lambda}$ gleichgradig integrierbar.

Beweis. Zu jedem $\varepsilon > 0$ finden wir nach (11.4) ein $c_0 > 0$, so dass mit der Voraussetzung und $\{|X_\lambda| > c\} \subset \{Y > c\}$ für alle $\lambda \in \Lambda$ gilt:

$$\sup_{\lambda \in \Lambda} \mathbb{E}(|X_\lambda| I_{\{|X_\lambda| > c\}}) \leq \mathbb{E}(Y I_{\{Y > c\}}) < \varepsilon \quad \text{für alle } c \geq c_0.$$

$\qquad\qquad\square$

Für $p = 1$ ist gleichmäßige Beschränktheit der p-Norm nicht hinreichend für gleichgradige Integrierbarkeit, vgl. Beispiel 11.17. Jede geringfügig stärker als die Identität wachsende Funktion führt zu gleichgradiger Integrierbarkeit, wie das nächste Resultat zeigt:

Satz 11.20. *E sei $(X_\lambda)_{\lambda \in \Lambda}$ eine Familie integrierbarer Zufallsvariablen und $\phi : \mathbb{R} \to \mathbb{R}_+$ eine messbare Funktion mit $\lim_{t \to \infty} \frac{\phi(t)}{t} = \infty$. Gilt*

$$K := \sup_{\lambda \in \Lambda} \mathbb{E}(\phi(|X_\lambda|)) < \infty,$$

so ist $(X_\lambda)_{\lambda \in \Lambda}$ gleichgradig integrierbar.

Beweis. Sei $\varepsilon > 0$. Wir setzen $M := \frac{K}{\varepsilon}$. Nach Voraussetzung gibt es ein c_0, so dass $\frac{\phi(t)}{t} \geq M$ für alle $t \geq c_0$. Damit erhalten wir für alle $c \geq c_0$ und $\lambda \in \Lambda$:

$$\mathbb{E}(|X_\lambda| I_{\{|X_\lambda| \geq c\}}) \leq \mathbb{E}\left(\frac{1}{M} \phi(|X_\lambda|) I_{\{|X_\lambda| \geq c\}}\right) \leq \mathbb{E}\left(\frac{1}{M} \phi(|X_\lambda|)\right) \leq \frac{K}{M} = \varepsilon.$$

$\square$

Beispiel 11.21. Ist $p > 1$ und $(X_\lambda)_{\lambda \in \Lambda}$ in L^p gleichmäßig beschränkt, d.h.

$$\sup_{\lambda \in \Lambda} \mathbb{E}(|X_\lambda|^p) < \infty,$$

so ist $(X_\lambda)_{\lambda \in \Lambda}$ gleichgradig integrierbar. Dies folgt aus dem obigen Kriterium mit der Funktion $\phi(t) := |t|^p$, $p > 1$. $\diamond$

Gleichgradige Integrierbarkeit und L^1-Konvergenz

Unser nächstes Ziel ist es, Konvergenz in L^1 mit Hilfe der gleichgradigen Integrierbarkeit zu charakterisieren. Zur Vorbereitung zeigen wir das folgende Lemma:

Lemma 11.22. *Es seien* $\mathcal{K}_1, \ldots, \mathcal{K}_n$ *Familien gleichgradig integrierbarer Zufallsvariablen. Dann ist auch deren Vereinigung* $\mathcal{K}_1 \cup \ldots \cup \mathcal{K}_n$ *gleichgradig integrierbar. Insbesondere ist jede endliche Menge* $\{X_1, \ldots, X_n\}$ *integrierbarer Zufallsvariablen gleichgradig integrierbar.*

Beweis. Da wir eine endliche Vereinigung betrachten, ist die erste Aussage offensichtlich. Die zweite folgt aus der ersten mit $\mathcal{K}_i := \{X_i\}$, $i = 1, \ldots, n$ und Beispiel 11.14. Alternativ ist $|X_1| + \ldots + |X_n|$ eine integrierbare Majorante.

$\square$

Wir wissen bereits, dass L^1-Konvergenz auch Konvergenz nach Wahrscheinlichkeit impliziert, s. Abbildung 7.1. Die Umkehrung gilt unter der zusätzlichen Voraussetzung gleichgradiger Integrierbarkeit.

Satz 11.23. *Für eine Zufallsvariable* X_∞ *und eine Folge* (X_n) *von integrierbaren Zufallsvariablen sind folgende Aussage äquivalent:*

(i) *Die Folge* (X_n) *ist gleichgradig integrierbar und* $X_n \xrightarrow{\mathbb{P}} X_\infty$.

(ii) $X_\infty \in \mathcal{L}^1$ *und* $X_n \xrightarrow{L^1} X_\infty$.

Beweis. (i) $\Rightarrow$ (ii): Es sei $\mathcal{K} := \{X_n : n \in \mathbb{N}\}$. Aus der Konvergenz nach Wahrscheinlichkeit folgt mit Satz 4.16, dass es eine Teilfolge (X_{n_k}) gibt, so dass $X_{n_k} \to X_\infty$ fast sicher. Daher gilt mit dem LEMMA VON FATOU:

$$\mathbb{E}(|X_\infty|) \leq \liminf \mathbb{E}(|X_{n_k}|) < \infty,$$

da (X_n) nach Voraussetzung gleichgradig integrierbar und damit in L^1 gleichmäßig beschränkt ist. Also ist $X_\infty \in \mathcal{L}^1$. Sei $\varepsilon > 0$. Da $\mathcal{K} \cup \{X_\infty\}$ gleichgradig integrierbar ist, gibt es nach Satz 11.18 ein $\delta > 0$, so dass

$$\mathbb{E}[(|X_n| + |X_\infty|)I_{\{|X_n - X_\infty| > \frac{\varepsilon}{2}\}}] < \frac{\varepsilon}{2},$$

falls

$$\mathbb{P}(|X_n - X_\infty| > \frac{\varepsilon}{2}) < \delta.$$

Dies können wir aber wegen $X_n \xrightarrow{\mathbb{P}} X_\infty$ für alle $n \geq n_0(\delta)$ erreichen. Damit folgt für alle $n \geq n_0(\delta)$:

$$\mathbb{E}(|X_n - X_\infty|) \leq \frac{\varepsilon}{2} + \mathbb{E}(|X_n - X_\infty|I_{\{|X_n - X_\infty| > \frac{\varepsilon}{2}\}})$$
$$\leq \frac{\varepsilon}{2} + \mathbb{E}(|X_n| + |X_\infty|)I_{\{|X_n - X_\infty| > \frac{\varepsilon}{2}\}})$$
$$< \frac{\varepsilon}{2} + \frac{\varepsilon}{2} = \varepsilon,$$

und damit $X_n \xrightarrow{L^1} X_\infty$, wie behauptet.

(ii) $\Rightarrow$ (i): Aus L^1-Konvergenz folgt stochastische Konvergenz, es bleibt lediglich die gleichgradige Integrierbarkeit zu beweisen. Dazu verwenden wir Satz 11.18. Da aus der L^1-Konvergenz auch die gleichmäßige Beschränktheit in L^1 folgt, bleibt zu zeigen, dass es zu jedem $\varepsilon > 0$ ein $\delta > 0$ gibt, so dass gilt:

$$A \in \mathcal{F}, \mathbb{P}(A) < \delta \Rightarrow \sup_{n \in \mathbb{N}} \mathbb{E}(|X_n|I_A) < \varepsilon. \tag{11.6}$$

Sei $\varepsilon > 0$ gegeben. Wenden wir obiges Kriterium auf die gleichgradig integrierbare Zufallsvariable X_∞ an, so finden wir ein $\delta > 0$, so dass aus $\mathbb{P}(A) < \delta$

$$\mathbb{E}(|X_\infty|I_A) < \frac{\varepsilon}{2}$$

folgt. Wählen wir n_0 so, dass $\mathbb{E}(|X_n - X_\infty|) < \frac{\varepsilon}{2}$ für alle $n \geq n_0$, so erhalten wir für jedes $A \in \mathcal{F}$ mit $\mathbb{P}(A) < \delta$ und $n \geq n_0$:

$$\mathbb{E}(|X_n|I_A) \leq \mathbb{E}(|X_\infty|I_A) + \mathbb{E}(|X_n - X_\infty|I_A)$$
$$< \frac{\varepsilon}{2} + \mathbb{E}(|X_n - X_\infty|)$$
$$\leq \frac{\varepsilon}{2} + \frac{\varepsilon}{2} = \varepsilon.$$

Nach Lemma 11.22 und Satz 11.18 können wir gegebenenfalls durch Verkleinerung von δ auch $\sup_{n < n_0} \mathbb{E}(|X_n|I_A) < \varepsilon$ erreichen. Damit folgt (11.6). □

Der gerade bewiesene Satz hat gegenüber dem SATZ VON DER DOMINIERTEN KONVERGENZ zwei wesentliche Vorteile: Zum einen benötigen wir für die Konvergenzaussage statt einer integrierbaren Majorante nur noch eine gleichgradig integrierbare Folge. Zum anderen enthält das Resultat eine Charakterisierung, also eine notwendige und hinreichende Bedingung für L^1-Konvergenz.

Korollar 11.24. *Sei (X_n) eine Folge von Zufallsvariablen mit $X_n \to X_\infty$ fast sicher. Ist (X_n^p) für ein $p > 1$ gleichgradig integrierbar, so folgt*

$$X_n \xrightarrow{L^p} X_\infty.$$

Beweis. Aus Satz 11.23 folgt, dass $X_n^p \xrightarrow{L^1} X_\infty^p$, also $\|X\|_p \longrightarrow \|X_\infty\|_p$. Die Behauptung folgt nun aus Satz 2.33.   □

11.3 Stoppzeiten und Stoppsätze

Stoppzeiten bezüglich einer Filtration

Wir haben Stoppzeiten bereits im Zusammenhang mit Markov-Ketten eingeführt. Wir erinnern daran durch die nachfolgende geringfügig allgemeinere Definition, die eine gegebene Filtration $\mathbb{F} = (\mathcal{F}_n)$ mit berücksichtigt.

Definition 11.25 (Stoppzeit bzgl. $\mathbb{F}$). *Eine Abbildung*

$$\tau : \Omega \to \mathbb{N}_0 \cup \{+\infty\}$$

heißt Stoppzeit (bezüglich $\mathbb{F}$), falls

$$\{\tau = n\} \in \mathcal{F}_n \text{ für jedes } n \in \mathbb{N}_0$$

oder äquivalent

$$\{\tau \leq n\} \in \mathcal{F}_n \text{ für jedes } n \in \mathbb{N}_0.$$

Die Äquivalenz der beiden Bedingungen ergibt sich aus

$$\{\tau = n\} = \{\tau \leq n\} \setminus \{\tau \leq n - 1\} \text{ für jedes } n \in \mathbb{N}$$

bzw.

$$\{\tau \leq n\} = \bigcup_{k=1}^{n} \{\tau = k\} \text{ für jedes } n \in \mathbb{N}_0.$$

Die intuitive Vorstellung einer Stoppzeit ist eine Strategie, ein Spiel zu einem bestimmten vom Zufall abhängenden Zeitpunkt zu beenden. Die Bedingung

$$\{\tau = n\} \in \mathcal{F}_n$$

stellt sicher, dass dazu kein Wissen aus der Zukunft verwendet wird, sondern die Entscheidung nur auf Grund der bis zum Zeitpunkt n bekannten Information $\mathcal{F}_n$ getroffen wird.

Beispiel 11.26 (Eintrittszeiten). Ähnlich wie bei den Markov-Ketten sind die wichtigsten Stoppzeiten diejenigen, die den Zeitpunkt des ersten Eintritts in eine Menge beschreiben. In unserem Kontext können wir sie folgendermaßen beschreiben. Sei (X_n) ein adaptierter Prozess, und $A \in \mathcal{S}$. Dann definieren wir

$$\tau_A : \Omega \to \mathbb{N}_0 \cup \{\infty\},$$
$$\omega \mapsto \inf\{n \in \mathbb{N}_0 | X_n(\omega) \in A\}.$$

Sollte (X_n) niemals A erreichen, so gilt wie üblich $\inf \emptyset := \infty$. Wegen

$$\{\tau_A \le n\} = \bigcup_{k=0}^{n} \{X_k \in A\} \in \mathcal{F}_n, \quad n \in \mathbb{N}_0,$$

ist τ_A eine Stoppzeit.   ◊

Der gestoppte Prozess

Ist τ eine endliche Stoppzeit, d.h. $\tau < \infty$ fast sicher, und X ein adaptierter Prozess, so können wir die Abbildung

$$X_\tau : \Omega \to \mathbb{R}, \quad \omega \mapsto \begin{cases} X_{\tau(\omega)}(\omega) & \text{für } \tau(\omega) < \infty, \\ 0 & \text{für } \tau(\omega) = \infty, \end{cases}$$

definieren. Diese ist nicht nur $\mathcal{F}$-messbar, sondern sogar messbar bezüglich einer kleineren σ-Algebra:

Definition 11.27 (Die σ-Algebra $\mathcal{F}_\tau$). *Ist τ eine Stoppzeit, so ist*

$$\mathcal{F}_\tau := \{A \in \mathcal{F} : A \cap \{\tau \le n\} \in \mathcal{F}_n \text{ für alle } n \in \mathbb{N}_0\}$$

eine σ-Algebra, die wir als σ-Algebra der τ-Vergangenheit bezeichnen.

Die Forderungen an eine σ-Algebra übertragen sich unmittelbar von $\mathcal{F}$ auf $\mathcal{F}_\tau$.

Satz 11.28. *Ist τ eine endliche Stoppzeit und $X = (X_n)$ ein adaptierter Prozess, so ist X_τ $\mathcal{F}_\tau$-messbar.*

Beweis. Für jedes $B \in \mathcal{B}$ haben wir $\{X_\tau \in B\} \in \mathcal{F}_\tau$ zu zeigen. Nach Definition von $\mathcal{F}_\tau$ ist dies gleichbedeutend mit

$$\{X_\tau \in B\} \cap \{\tau \le n\} \in \mathcal{F}_n \quad \text{für alle } n \in \mathbb{N}_0.$$

Die übliche Strategie für diese und viele ähnliche Aussagen über Stoppzeiten besteht darin, die Aussage auf die verschiedenen Werte von τ aufzuspalten:

$$\{X_\tau \in B\} \cap \{\tau \leq n\} = \bigcup_{k=0}^{n} (\{X_k \in B\} \cap \{\tau = k\}) \in \mathcal{F}_n.$$

$\square$

Ist τ eine Stoppzeit und X ein adaptierter Prozess, so wollen wir einen Prozess definieren, der sich bis zum Zeitpunkt τ wie X verhält und dann in X_τ verharrt.

Definition 11.29 (gestoppter Prozess). *Sei (X_n) ein adaptierter Prozess und τ eine Stoppzeit. Der gestoppte Prozess $X^\tau = (X_n^\tau)_{n \in \mathbb{N}_0}$ ist definiert durch*

$$X_n^\tau := X_{\tau \wedge n} = \begin{cases} X_\tau & \text{für } n \geq \tau, \\ X_n & \text{für } n < \tau. \end{cases}$$

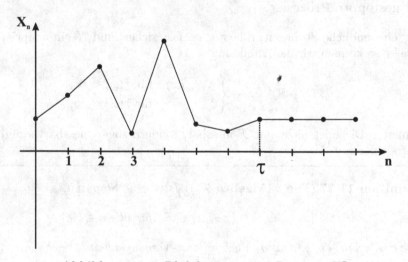

Abbildung 11.1. Pfad des gestoppten Prozesses X^τ

Ein typischer Pfad eines gestoppten Prozesses ist in Abbildung 11.1 dargestellt. Nach Satz 11.28 ist $X_{\tau \wedge n}$ für einen adaptierten Prozess X $\mathcal{F}_{\tau \wedge n}$-messbar. Nach Definition ist $\mathcal{F}_{\tau \wedge n} \subset \mathcal{F}_n$, daher ist mit X auch X^τ adaptiert.

Der Stoppsatz

Wir haben im letzten Abschnitt gezeigt, dass es nicht möglich ist, durch geschickte Wahl des Einsatzes aus einem fairen Spiel ein unfaires zu machen.

Genauso erwarten wir, dass dies nicht durch geschickte Wahl einer Stoppzeit möglich ist. Das nachfolgende Theorem, als (Doobs) Optional Stopping Theorem bekannt, zeigt, dass diese Intuition richtig ist.

Theorem 11.30 (Optional Stopping Theorem, Doob). *Sei* $X = (X_n)$ *ein adaptierter Prozess und* τ *eine Stoppzeit. Dann gilt:*

(i) *Ist* (X_n) *ein Sub- bzw. Super- bzw. Martingal, so auch der gestoppte Prozess* (X^τ).

(ii) *Ist* M *ein Martingal, so folgt insbesondere*

$$\mathbb{E}(M_{\tau \wedge n}) = \mathbb{E}(M_0) \quad \text{für alle } n \in \mathbb{N}_0. \tag{11.7}$$

Ist τ *beschränkt oder* $(M_{\tau \wedge n})$ *gleichgradig integrierbar und* τ *fast sicher endlich, so folgt sogar*

$$\mathbb{E}(M_\tau) = \mathbb{E}(M_0). \tag{11.8}$$

(iii) *Die Aussagen (11.7) und (11.8) gelten entsprechend für Submartingale mit „$\geq$" und für Supermartingale mit „$\leq$".*

Beweis. (i) Wir definieren den Prozess $(H_n)_{n \in \mathbb{N}}$ durch

$$H_n := I_{\{\tau \geq n\}} = 1 - I_{\{\tau \leq n-1\}}, \quad n \in \mathbb{N},$$

und bemerken, dass $(H_n)_{n \in \mathbb{N}}$ previsibel ist, da τ eine Stoppzeit ist. Außerdem ist $0 \leq H \leq 1$, H also nicht-negativ und beschränkt, also ein Spielsystem für X. Nach Satz 11.12 ist $H.X$ wieder ein (Sub-/Super-) Martingal. Explizit erhalten wir:

$$(H.X)_n = X_0 + \sum_{k=1}^n H_k(X_k - X_{k-1}) = X_0 + \sum_{k=1}^n I_{\{\tau \geq k\}}(X_k - X_{k-1})$$

$$= X_{\tau \wedge n} = X_n^\tau.$$

Mit anderen Worten, es gilt $X^\tau = H.X$, womit die erste Behauptung bewiesen ist.

(ii) Ist M ein Martingal, so haben wir gerade bewiesen, dass auch M^τ ein Martingal ist, und es folgt

$$\mathbb{E}(M_{\tau \wedge n}) = \mathbb{E}(M_{\tau \wedge 0}) = \mathbb{E}(M_0) \quad \text{für alle } n \in \mathbb{N}_0.$$

Ist τ beschränkt oder $\tau < \infty$ fast sicher, folgt $\tau \wedge n \to \tau$ fast sicher für $n \to \infty$, und daher auch

$$M_{\tau \wedge n} \longrightarrow M_\tau \quad \text{fast sicher.}$$

Ist τ durch $N \in \mathbb{N}$ beschränkt, $\tau \leq N$ fast sicher, so ist $\max\limits_{k=0,\dots,N} |M_k|$ eine integrierbare Majorante von $(M_{\tau \wedge n})$, und (11.8) folgt aus dem SATZ VON DER DOMINIERTEN KONVERGENZ. Ist $(M_{\tau \wedge n})$ gleichgradig integrierbar, so folgt aus Satz 11.23, dass sogar $M_{\tau \wedge n} \xrightarrow{L^1} M_\tau$ gilt, also ebenfalls (11.8).

(iii) Die Aussagen für Sub- und Supermartingale folgen völlig analog.

□

Der Beweis des Stoppsatzes hat noch einmal deutlich gemacht, weshalb die Verallgemeinerung 11.23 des SATZES VON DER DOMINIERTEN KONVERGENZ so nützlich ist. Für beschränkte Stoppzeiten kommen wir mit dem SATZ VON DER DOMINIERTEN KONVERGENZ aus, dies ist in Beispielen jedoch selten. Gleichgradig integrierbare Martingale treten hingegen oft auf, und Satz 11.23 hat uns ermöglicht, den Stoppsatz für diesen Fall zu beweisen.

Das Ruinproblem

Der Stoppsatz hat viele nützliche Anwendungen, eine davon wollen wir an dieser Stelle ausführlich besprechen. Wir betrachten einen Spezialfall der Irrfahrt auf $\mathbb{Z}$ aus Beispiel 11.7. Wir bezeichnen wieder mit Y_i auf $\{\pm 1\}$ identisch verteilte, unabhängige Zufallsvariablen mit $\mathbb{P}(Y_i = +1) = p$ und $\mathbb{P}(Y_i = -1) = 1 - p$, $S_0 := 0$ und

$$S_n := \sum_{k=1}^{n} Y_i, \quad n \in \mathbb{N}.$$

Für $a, b \in \mathbb{Z}$ mit $a < 0 < b$ definieren wir die Stoppzeit

$$\tau := \inf\{n \geq 0 : S_n \notin\,]a, b[\, \}.$$

Die Interpretation dieser Situation ist die folgende: Wir stellen uns einen Spieler mit dem Startkapital $-a$ vor, der gegen eine Bank mit dem Startkapital b spielt. S_n beschreibt die Bilanz, also den Gewinn oder Verlust des Spielers nach n Spielrunden. Zum Zeitpunkt τ ist das Spiel zu Ende, da entweder der Spieler, $S_\tau = a$, oder die Bank, $S_\tau = b$, ruiniert ist. Wir berechnen nun die Ruinwahrscheinlichkeit des Spielers berechnen, also $\mathbb{P}(S_\tau = a)$.

Wir wollen den Stoppsatz 11.30 anwenden. Da τ nicht beschränkt ist, besteht der erste Schritt darin, $\tau < \infty$ fast sicher nachzuweisen. Das Spiel ist sicher beendet, wenn der Spieler $(-a + b)$ mal hintereinander gewinnt, was mit Wahrscheinlichkeit $p_0 := p^{-a+b}$ passiert. Bezeichnen wir das Ereignis, dass dies im Zeitintervall $[k(-a + b), (k + 1)(-a + b) - 1]$ passiert, mit A_k,

$$A_k := \{Y_i = +1 \text{ für alle } i \in [k(-a + b), (k + 1)(-a + b) - 1]\}, \quad k \in \mathbb{N},$$

so ist die Folge (A_k) unabhängig, und $\tau > n(-a + b)$ impliziert, dass keines der Ereignisse $A_k, k \leq n$, eingetreten ist. Daher gilt für alle $n \in \mathbb{N}$:

$$\mathbb{P}(\tau = \infty) \leq \lim_{n \to \infty} \mathbb{P}(\tau > n(-a + b)) = \lim_{n \to \infty} \mathbb{P}\left(\bigcap_{k=1}^{n} A_k^c\right) = \lim_{n \to \infty} (1 - p_0)^n = 0,$$

also $\mathbb{P}(\tau < \infty) = 1$.

Faires Spiel

Als nächstes benötigen wir ein geeignetes Martingal. Ist $p = \frac{1}{2}$, so ist $M := (S_n)$ selbst ein Martingal. Da

$$|M_{\tau \wedge n}| \leq (-a) \vee b,$$

ist M^τ beschränkt und somit gleichgradig integrierbar. Daher folgt aus Theorem 11.30

$$0 = \mathbb{E}(M_0) = \mathbb{E}(M_\tau) = a\mathbb{P}(S_\tau = a) + b(1 - \mathbb{P}(S_\tau = a)).$$

Daraus erhalten wir die Ruinwahrscheinlichkeit

$$\mathbb{P}(S_\tau = a) = \frac{b}{b - a},$$

das ist gerade der Anteil der Startkapitals der Bank b am gesamten Startkapital $b - a$.

Unfaires Spiel

Ist $p \neq \frac{1}{2}$, so ist nach Beispiel 11.8, vgl. (11.3),

$$M_n := \left(\frac{1 - p}{p}\right)^{S_n}, \quad n \in \mathbb{N}_0,$$

ein Martingal. Mit S^τ ist auch M^τ beschränkt, also gleichgradig integrierbar, und es folgt wiederum aus Theorem 11.30

$$1 = \left(\frac{1 - p}{p}\right)^0 = \mathbb{E}(M_0) = \mathbb{E}(M_\tau)$$

$$= \left(\frac{1 - p}{p}\right)^a \mathbb{P}(S_\tau = a) + \left(\frac{1 - p}{p}\right)^b (1 - \mathbb{P}(S_\tau = a)),$$

so dass wir für $p \neq \frac{1}{2}$ erhalten:

$$\mathbb{P}(S_\tau = a) = \frac{1 - \left(\frac{p}{1 - p}\right)^b}{1 - \left(\frac{p}{1 - p}\right)^{b - a}}.$$

Ist $p < \frac{1}{2}$, also das Spiel für den Spieler unfair, so ist der Nenner kleiner als 1, so dass wir die Abschätzung

$$\mathbb{P}(S_\tau = a) \geq 1 - \left(\frac{p}{1 - p}\right)^b$$

erhalten. Für $p < \frac{1}{2}$ konvergiert dieser Ausdruck für $b \to \infty$ gegen 1, also gegen den sicheren Ruin des Spielers. Bemerkenswert daran sind zwei Dinge. Zum einen ist diese Konvergenz sehr schnell, z.B. ist für die Wahrscheinlichkeit „rot" beim Roulette von $p = \frac{16}{38}$ bereits $b = 66$ ausreichend, um $\mathbb{P}(S_\tau = a) \geq 0.999$ zu erreichen. Zum anderen hängt obige Abschätzung nicht vom Startkapital a ab, d.h. der Spieler kann sich nicht durch ein hohes „Gegenkapital" absichern.

11.4 Konvergenz von Martingalen

Es sei $(\Omega, \mathcal{F}, \mathbb{P})$ ein Wahrscheinlichkeitsraum, $\mathbb{F}$ eine Filtration und $X = (X_n)$ ein (reeller) stochastischer Prozess. In diesem Abschnitt untersuchen wir die Frage, wann der Grenzwert $\lim_{n \to \infty} X_n$ existiert. Eine der zentralen Eigenschaften von Martingalen ist, dass sie unter schwachen Voraussetzungen bereits konvergieren. Interessant ist folgende heuristische Analogie zu Folgen reeller Zahlen. Eine monoton wachsende Folge, die nach oben beschränkt ist, konvergiert. Ein Submartingal ist im Mittel monoton wachsend. Genau wie bei den Folgen genügt es, dass das Submartingal nach oben beschränkt ist, damit es konvergiert.

Überquerungen

Die Grundidee für den Beweis der Martingalkonvergenz ist die folgende: Ist (f_n) eine Funktionenfolge und konvergiert $\lim_{n \to \infty} f_n(x)$ weder bestimmt noch unbestimmt, so gilt $\liminf f_n(x) < \limsup f_n(x)$. Folglich muss $f_n(x)$ über einem Intervall $[a, b]$ mit $\liminf f_n(x) < a < b < \limsup f_n(x)$ unendlich oft hin und her oszillieren. Für einen Prozess X untersuchen wir daher die Anzahl der Überquerungen eines Intervalls $[a, b]$. Ist X an $\mathbb{F}$ adaptiert, so definieren wir durch $S_0 := 0$ und $T_0 := 0$ sowie

$$S_k(\omega) := \inf\{n \geq T_{k-1}(\omega) : X_n(\omega) \leq a\}, \quad k \in \mathbb{N},$$
$$T_k(\omega) := \inf\{n \geq S_k(\omega) : X_n(\omega) \geq b\} \quad k \in \mathbb{N},$$

zwei Stoppzeiten. Die Definition ist viel schwieriger aufzuschreiben als zu zeichnen, siehe Abbildung 11.2. Das Ende der $(k-1)$-ten „absteigenden Überquerung" des Intervalls $[a, b]$ fassen wir als Beginn der k-ten aufsteigenden Überquerung auf (auch wenn der Prozess noch eine Weile unterhalb von a verweilen kann) und bezeichnen ihn mit S_k. Im Zeitpunkt T_k endet die k-te (aufsteigende) Überquerung des Intervalls $[a, b]$. Entsprechend definieren wir die Anzahl der Überquerungen bis zum Zeitpunkt N:

$$U_{[a,b]}(N)(\omega) := \sup\{k \in \mathbb{N} : T_k(\omega) \leq N\}, \quad N \in \mathbb{N}_0.$$

Der Buchstabe „U" ist vom englischen „upcrossings" abgeleitet.

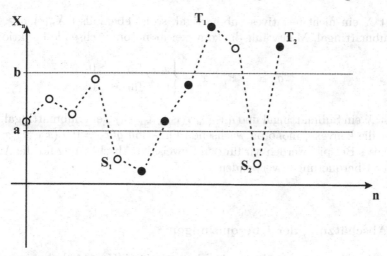

Abbildung 11.2. Zur Definition von S_k, T_k, $U_{[a,b]}(N)$ und H_n

Neue Submartingale

Unser nächstes Ziel besteht darin, die Anzahl der Überquerungen abzuschätzen. Dazu benötigen wir folgende Aussage über das Transformationsverhalten von Submartingalen unter Abbildungen:

Satz 11.31. *Sei* $X = (X_n)$ *ein Submartingal und* $g : \mathbb{R} \to \mathbb{R}$ *eine konvexe Funktion, so dass* $g(X_n)$ *für jedes* $n \in \mathbb{N}_0$ *integrierbar ist. Ist* g *monoton wachsend oder* (X_n) *ein Martingal, so ist* $(g(X_n))$ *ein Submartingal.*

Beweis. Nach der BEDINGTEN JENSENSCHEN UNGLEICHUNG gilt

$$\mathbb{E}(g(X_{n+1})|\mathcal{F}_n) \geq g(\mathbb{E}(X_{n+1}|\mathcal{F}_n)) \text{ für alle } n \in \mathbb{N}_0.$$

Ist g monoton wachsend, so folgt, da X ein Submartingal ist:

$$\mathbb{E}(g(X_{n+1})|\mathcal{F}_n) \geq g(\mathbb{E}(X_{n+1}|\mathcal{F}_n)) \geq g(X_n).$$

Ist X ein Martingal, so folgt:

$$\mathbb{E}(g(X_{n+1})|\mathcal{F}_n) \geq g(\mathbb{E}(X_{n+1}|\mathcal{F}_n)) = g(X_n).$$

$\square$

Beispiel 11.32. Aus Satz 11.31 ergeben sich folgende Beispiele:

(i) Ist X ein Martingal, so ist $(|X_n|^p)$ für $p \geq 1$, also insbesondere $(|X_n|)$, ein Submartingal. Man wählt die konvexe Funktion $g(x) := |x|^p, x \in \mathbb{R}$.

(ii) Ist X ein nicht-negatives Submartigal, so ist ebenfalls $(|X_n|^p), p \geq 1$ ein Submartingal. Man wählt die konvexe, monoton wachsende Funktion

$$g : \mathbb{R} \to \mathbb{R}, \quad x \mapsto \begin{cases} x^p & \text{für } x \geq 0, \\ 0 & \text{für } x < 0. \end{cases}$$

(iii) Ist X ein Submartingal und $a \in \mathbb{R}$, so ist $(X_n - a)_+$ ein Submartingal. Hier ist die konvexe, monoton wachsende Funktion $g(x) = 0 \vee (x - a), x \in \mathbb{R}$. Dieses Beispiel werden wir für den Beweis der Abschätzung für die Anzahl der Überquerungen verwenden.

$\Diamond$

Die Abschätzung der Überquerungen

Das nächste Lemma enthält eine Abschätzung für $\mathbb{E}[U_{[a,b]}(N)]$, der erwarteten Anzahl Überquerungen für ein Submartingal. Diese wird die zentrale Zutat für den Beweis des Konvergenzsatzes 11.34 sein.

Lemma 11.33. *Sei* (X_n) *ein Submartingal und* $U_{[a,b]}(N)$, $a < b$, *die Anzahl Überquerungen von* (X_n) *bis zum Zeitpunkt* N, $N \in \mathbb{N}_0$. *Dann gilt:*

$$\mathbb{E}[U_{[a,b]}(N)] \leq \frac{\mathbb{E}((X_N - a)_+)}{b - a}.$$

Beweis. Nach Beispiel 11.32 ist mit (X_n) auch $Y_n := (X_n - a)_+$ ein Submartingal, und die Überquerungen des Intervalls $[a, b]$ durch (X_n) entsprechen genau den Überquerungen des Intervalls $[0, b-a]$ von (Y_n). Daher können wir ohne Einschränkung $a = 0$ und $X \geq 0$ annehmen, so dass wir nun zu zeigen haben:

$$b\mathbb{E}[U_{[0,b]}(N)] \leq \mathbb{E}(X_N). \tag{11.9}$$

Dazu definieren wir den Prozess

$$H_n := \sum_{k=1}^{\infty} I_{\{S_k < n \leq T_k\}}, \quad n \in \mathbb{N}_0.$$

Da S_k und T_k Stoppzeiten sind, ist H_n previsibel. Außerdem ist $H \geq 0$ und beschränkt, d.h. H ist ein Spielsystem. Das Spielsystem H kann man sich folgendermaßen vorstellen: Während einer aufsteigenden Überquerung spielt man mit einem Einsatz von 1, zu allen anderen Zeitpunkten mit einem Einsatz von 0. Die Zeitpunkte, in denen $H = 1$ ist, sind in Abbildung 11.2 schwarz ausgefüllt. Da auch $(1 - H) \geq 0$ ein Spielsystem ist, folgt aus Satz 11.12, dass $(1 - H).X$ wieder ein Submartingal ist. Daher folgt

$$\mathbb{E}[((1 - H).X)_N] \geq \mathbb{E}[((1 - H).X)_0] = \mathbb{E}(X_0) \geq 0, \quad N \in \mathbb{N}_0.$$

Weiter ergibt sich aus der Definition von H:

$$(H.X)_N = X_0 + \sum_{n=1}^{N} H_n(X_n - X_{n-1})$$

$$= X_0 + \sum_{k-1}^{U_{[0,b]}(N)} (X_{T_k} - X_{S_k})$$

$$\geq X_0 + U_{[0,b]}(N) \cdot b.$$

Anschaulich ist die Ungleichung $(H.X)_N \geq X_0 + bU_{[0,b]}(N)$ klar: $H.X$ wächst für jede Überquerung mindestens um b, da wir in dieser Zeit mit Einsatz 1 spielen. Durch Bilden des Erwartungswertes folgt:

$$b\mathbb{E}[U_{[0,b]}(N)] \leq \mathbb{E}[(H.X)_N] - \mathbb{E}(X_0) \leq \mathbb{E}[(1.X)_N] - \mathbb{E}(X_0) = \mathbb{E}(X_N),$$

also die Ungleichung (11.9), die zu zeigen war.   □

Der Konvergenzsatz für L^1

Die Konvergenzsätze für Martingale existieren jeweils in einer L^1-Version und einer L^p-Version, $p > 1$. Wir beginnen mit der L^1-Variante:

Theorem 11.34 (Martingal-Konvergenz in L^1). *Sei $X = (X_n)$ ein Submartingal mit*

$$\sup_{n \in \mathbb{N}_0} \mathbb{E}(X_n^+) < \infty. \tag{11.10}$$

Dann existiert $X_\infty := \lim_{n \to \infty} X_n$ fast sicher und es ist $X_\infty \in \mathcal{L}^1$. Ist (X_n) zusätzlich gleichgradig integrierbar, so folgt sogar $X_n \xrightarrow{L^1} X_\infty$.

Beweis. Zunächst bemerken wir, dass Bedingung (11.10) äquivalent ist zur gleichmäßigen Beschränktheit in L^1: Da X ein Submartingal ist, folgt für alle $n \in \mathbb{N}_0$:

$$\mathbb{E}(X_0) \leq \mathbb{E}(X_n) = \mathbb{E}(X_n^+) - \mathbb{E}(X_n^-),$$

und damit

$$\mathbb{E}(|X_n|) = \mathbb{E}(X_n^+) + \mathbb{E}(X_n^-) \leq \mathbb{E}(X_0) + 2\mathbb{E}(X_n^+).$$

Aus der Voraussetzung folgt also $\sup_{n \in \mathbb{N}_0} \mathbb{E}(|X_n|) < \infty$. Für den Nachweis der Konvergenz betrachten wir die Menge der Punkte, die nicht (eigentlich oder uneigentlich) konvergieren und schreiben diese als abzählbare Vereinigung:

$$C := \{\omega \in \Omega : X_n(\omega) \text{ konvergiert nicht in } [-\infty, +\infty]\}$$

$$= \{\omega \in \Omega : \liminf X_n(\omega) < \limsup X_n(\omega)\}$$

$$= \bigcup_{a,b \in \mathbb{Q}, a<b} \{\omega \in \Omega : \liminf X_n(\omega) < a < b < \limsup X_n(\omega)\}$$

$$=: \bigcup_{a,b \in \mathbb{Q}, a<b} C_{ab}.$$

Wir wollen $\mathbb{P}(C_{ab}) = 0$ zeigen. Die Zahl der Überquerungen $U_{[a,b]}(N)$ steigt monoton mit wachsendem N, also gilt

$$U_{[a,b]}(N) \uparrow \sup_{N \in \mathbb{N}} U_{[a,b]}(N) =: U_{[a,b]}.$$

Für jedes $\omega \in C_{ab}$ gilt $U_{[a,b]}(\omega) = \infty$, da es unendliche viele i mit $X_i(\omega) < a$ und unendliche viele j mit $X_j(\omega) > b$ geben muss. Daher gilt

$$C_{ab} \subset \{U_{[a,b]} = \infty\}.$$

Mit dem SATZ VON DER MONOTONEN KONVERGENZ und Lemma 11.33 erhalten wir:

$$\mathbb{E}(U_{[a,b]}) = \sup_{N \in \mathbb{N}} \mathbb{E}(U_{[a,b]}(N))$$
$$\leq (b-a)^{-1} \sup_{N \in \mathbb{N}} \mathbb{E}((X_N - a)_+)$$
$$\leq (b-a)^{-1} \sup_{N \in \mathbb{N}} \mathbb{E}(|X_N|) + |a|) < \infty,$$

da nach Voraussetzung (X_n) in L^1 beschränkt ist. Damit gilt insbesondere

$$\mathbb{P}(U_{[a,b]} = \infty) = 0,$$

und daher

$$\mathbb{P}(C) \leq \sum_{a,b \in \mathbb{Q}, a < b} \mathbb{P}(C_{ab}) = 0.$$

Die nicht-konvergenten Punkte bilden eine Nullmenge, also konvergiert (X_n) $\mathbb{P}$-fast sicher gegen eine numerische Zufallsvariable X_∞. Nach dem LEMMA VON FATOU erhalten wir:

$$\mathbb{E}(|X_\infty|) \leq \liminf \mathbb{E}(|X_n|) \leq \sup_{n \in \mathbb{N}} \mathbb{E}(|X_n|) < \infty,$$

also $X_\infty \in \mathcal{L}^1$. Ist (X_n) gleichgradig integrierbar, so folgt $X_n \xrightarrow{L^1} X_\infty$ nach Satz 11.23. $\qquad \square$

Ist $\mathbb{F} = (\mathcal{F}_n)_{n \in \mathbb{N}_0}$ eine Filtration, so setzen wir

$$\mathcal{F}_\infty := \sigma \left(\bigcup_{n \in \mathbb{N}_0} \mathcal{F}_n \right).$$

Existiert der Limes $\lim_{n \to \infty} X_n =: X_\infty$ fast sicher und ist (X_n) adaptiert, so ist das Ereignis der konvergenten Punkte $\{\limsup X_n = \liminf X_n\}$ $\mathcal{F}_\infty$-messbar, daher kann auch X_∞ $\mathcal{F}_\infty$-messbar gewählt werden.

Ist X ein Supermartingal, so ist $-X$ ein Submartingal, und aus der Konvergenz von $(-X_n)$ folgt natürlich auch die Konvergenz von (X_n):

Korollar 11.35. *Sei (X_n) ein (Super-)Martingal mit*

$$\sup_{n\in\mathbb{N}_0} \mathbb{E}(X_n^-) < \infty. \tag{11.11}$$

Dann existiert $X_\infty := \lim_{n\to\infty} X_n$ fast sicher, und es ist $X_\infty \in \mathcal{L}^1$. Insbesondere konvergiert jedes nicht-negative (Super-)Martingal fast sicher gegen einen endlichen Limes.

Beweis. Bedingung (11.11) ist äquivalent zur gleichmäßigen Beschränktheit in L^1: Da X ein Supermartingal ist, folgt für alle $n \in \mathbb{N}_0$:

$$\mathbb{E}(X_0) \geq \mathbb{E}(X_n) = \mathbb{E}(X_n^+) - \mathbb{E}(X_n^-),$$

und damit

$$\mathbb{E}(|X_n|) = \mathbb{E}(X_n^+) + \mathbb{E}(X_n^-) \leq \mathbb{E}(X_0) + 2\mathbb{E}(X_n^-).$$

Die Behauptung folgt nun aus dem Konvergenzsatz 11.34.   □

Charakterisierung gleichgradig integrierbarer Martingale

Der Konvergenzsatz hat eine interessante Konsequenz für gleichgradig integrierbare Martingale. Wir wissen bereits nach Satz 11.15, dass eine „sukzessive Prognose" gleichgradig integrierbar ist. Das folgende Resultat besagt, dass auch die Umkehrung gilt. Jedes gleichgradig integrierbare Martingal (X_n) ist von der Gestalt $\mathbb{E}(Y|\mathcal{F}_n)$ für eine $\mathcal{F}_\infty$-messbare Zufallsvariable Y.

Satz 11.36. *Sei (X_n) ein Martingal. Dann sind die folgenden Aussagen äquivalent:*

(i) *(X_n) ist gleichgradig integrierbar.*
(ii) *Es gibt eine $\mathcal{F}_\infty$-messbare Zufallsvariable $X_\infty \in \mathcal{L}^1$, so dass $X_n = \mathbb{E}(X_\infty|\mathcal{F}_n)$ für alle $n \in \mathbb{N}_0$ gilt.*
(iii) *(X_n) konvergiert in L^1 gegen eine $\mathcal{F}_\infty$-messbare Zufallsvariable.*

Beweis. (i) ⇒ (iii): Da (X_n) gleichgradig integrierbar ist, folgt die gleichmäßige Beschränktheit in L^1 und somit nach dem Konvergenzsatz 11.34 die Konvergenz von (X_n) in L^1.

(iii) ⇒ (ii): Wir bezeichnen den Grenzwert mit $X_\infty := \lim_{n\to\infty} X_n$. Nach Voraussetzung gilt die Konvergenz in L^1, also ist auch $X_\infty \in \mathcal{L}^1$. Wir müssen noch $X_n = \mathbb{E}(X_\infty|\mathcal{F}_n)$ für alle $n \in \mathbb{N}_0$ nachweisen. Sei $A \in \mathcal{F}_n$. Aus der Martingal-Eigenschaft von (X_n) folgt

$$\mathbb{E}(X_r I_A) = \mathbb{E}(X_n I_A) \text{ für alle } r \geq n.$$

Damit gilt für $r \geq n$:

$$
\begin{aligned}
|\mathbb{E}(X_n I_A) - \mathbb{E}(X_\infty I_A)| &= |\mathbb{E}(X_r I_A) - \mathbb{E}(X_\infty I_A)| \\
&\leq \mathbb{E}(|(X_r - X_\infty) I_A|) \\
&\leq \mathbb{E}(|(X_r - X_\infty)|) \xrightarrow[r \to \infty]{} 0,
\end{aligned}
$$

da $X_r \to X_\infty$ in L^1. Damit haben wir

$$
\mathbb{E}(X_n I_A) = \mathbb{E}(X_\infty I_A) \text{ für alle } A \in \mathcal{F}_n,
$$

und daher $X_n = \mathbb{E}(X_\infty | \mathcal{F}_n)$ nachgewiesen.

(ii) $\Rightarrow$ (i): Diese Implikation haben wir schon in Satz 11.15 gezeigt.   □

Der Grenzwert X_∞ eines gleichgradig integrierbaren Martingals $(X_n)_{n \in \mathbb{N}_0}$ wird auch als letztes Element des Martingals bezeichnet. Diese Bezeichnung wird durch das folgende Korollar gerechtfertigt.

Korollar 11.37. *Es sei (X_n) ein gleichgradig integrierbares Martingal und $X_\infty = \lim_{n \to \infty} X_n$. Dann ist auch $(X_n)_{n \in \bar{\mathbb{N}}_0}$ ein Martingal und $X_n = \mathbb{E}(X_\infty | \mathcal{F}_n)$, $n \in \mathbb{N}_0$.*

Beweis. Wir haben bereits darauf hingewiesen, dass X_∞ $\mathcal{F}_\infty$-messbar gewählt werden kann. Die Aussage ist dann nur eine Umformulierung von (ii) aus Satz 11.36.   □

Ungleichungen für Submartingale

Unser nächstes Ziel ist es, ein Konvergenz-Resultat für Martingale zu zeigen, die in L^p mit $p > 1$ beschränkt sind. Das Konvergenz-Resultat für in L^p beschränkte Martingale ist ein Korollar aus einer Ungleichung für Submartingale und dem Konvergenz-Resultat im L^1-Fall. Submartingale sind für Abschätzungen auf Grund ihres Transformationsverhaltens, siehe Satz 11.31, besonders geeignet. Als erstes zeigen wir eine so genannte Maximal-Ungleichung. Das Wort „maximal" bezieht sich dabei auf den betrachteten Prozess:

Definition 11.38 (Supremumprozess). *Ist (X_n) ein stochastischer Prozess, so heißt*

$$
X_n^* := \sup_{0 \leq i \leq n} |X_i|, \quad n \in \mathbb{N}_0,
$$

der Supremumprozess von (X_n). Weiter definieren wir die Zufallsvariable

$$
X^* := \sup_{i \in \mathbb{N}_0} |X_i|.
$$

Das nächste Resultat ist als Doobs Maximal-Ungleichung bekannt. Die zeitstetige Version werden wir in Abschnitt 13.4 beweisen.

Theorem 11.39 (Doobs Maximal-Ungleichung in diskreter Zeit). *Sei* (X_n) *ein nicht-negatives Submartingal und* $\lambda > 0$. *Dann gilt für jedes* $n \in \mathbb{N}_0$:

$$\lambda \mathbb{P}(X_n^* \geq \lambda) \leq \mathbb{E}(X_n I_{\{X_n^* \geq \lambda\}}) \leq \mathbb{E}(X_n).$$

Insbesondere folgt für jedes $p \geq 1$:

$$\lambda^p \mathbb{P}(X_n^* \geq \lambda) \leq \mathbb{E}(X_n^p).$$

Beweis. Wir setzen $A := \{X_n^* \geq \lambda\}$. Definieren wir induktiv n Mengen

$$A_0 := \{X_0 \geq \lambda\},$$

$$A_k := \{X_k \geq \lambda\} \setminus \left(\bigcup_{i=0}^{k-1} A_i \right), \quad k = 1, \ldots, n,$$

so erhalten wir eine disjunkte Zerlegung von A: $A = \bigcup_{i=0}^{n} A_k$. Nun gilt offensichtlich $A_k \in \mathcal{F}_k$ und nach Definition $X_k I_{A_k} \geq \lambda I_{A_k}$. Bilden wir den Erwartungswert und summieren über k, erhalten wir, da (X_n) ein Submartingal ist:

$$\lambda \mathbb{P}(A) = \sum_{k=1}^{n} \lambda \mathbb{P}(A_k) \leq \sum_{k=1}^{n} \mathbb{E}(X_k I_{A_k}) \leq \sum_{k=1}^{n} \mathbb{E}(X_n I_{A_k}) = \mathbb{E}(X_n I_A),$$

also den ersten Teil der behaupteten Ungleichung. Der zweite Teil der Ungleichung ist klar, da $X_n \geq 0$. Die zweite Behauptung folgt unmittelbar aus der ersten, da (X_n^p) ebenfalls ein nicht-negatives Submartingal ist. $\qquad \square$

Das folgende Lemma ist eine Konsequenz aus der Ungleichung von Hölder. Wir benötigen es für die nachfolgende Abschätzung der p-Norm von (X_n^*).

Lemma 11.40. *Es seien X und Y nicht-negative Zufallsvariablen, für die*

$$\lambda \mathbb{P}(X \geq \lambda) \leq \mathbb{E}(Y I_{\{X \geq \lambda\}}) \quad \text{für alle } \lambda \geq 0$$

gilt. Dann folgt für $p, q > 1$ mit $\frac{1}{p} + \frac{1}{q} = 1$:

$$\|X\|_p \leq q \|Y\|_p.$$

Beweis. Aus der Voraussetzung folgt

$$\int_0^\infty p x^{p-1} \mathbb{P}(X \geq x) dx \leq \int_0^\infty p x^{p-2} \mathbb{E}(Y I_{\{X \geq x\}}) dx.$$

Wir berechnen zunächst die linke Seite. Da der Integrand nicht-negativ ist, erhalten wir mit dem Satz von Fubini 2.24:

$$\int\limits_0^\infty \left(\int I_{\{X \geq x\}}(\omega)d\mathbb{P}(\omega) \right) px^{p-1}dx = \int \left(\int\limits_0^{X(\omega)} px^{p-1}dx \right) d\mathbb{P}(\omega) = \mathbb{E}(X^p).$$

Entsprechend gilt für die rechte Seite

$$\int\limits_0^\infty \left(\int YI_{\{X \geq x\}}d\mathbb{P}(\omega) \right) px^{p-2}dx = \int Y \left(\int\limits_0^{X(\omega)} px^{p-2}dx \right) d\mathbb{P}(\omega)$$

$$= \frac{p}{p-1}\mathbb{E}(YX^{p-1}) = q\mathbb{E}(YX^{p-1}).$$

Mit der Ungleichung von Hölder 2.26 erhalten wir also:

$$\mathbb{E}(X^p) \leq q\mathbb{E}(YX^{p-1}) \leq q \left\| Y \right\|_p \left\| X^{p-1} \right\|_q. \tag{11.12}$$

Ist $\left\| Y \right\|_p = \infty$, so ist nichts zu zeigen, sei also $\left\| Y \right\|_p < \infty$. Nehmen wir an, es gelte auch $\left\| X \right\|_p < \infty$, so folgt mit $(p-1)q = p$

$$\left\| X^{p-1} \right\|_q = \mathbb{E}(X^p)^{\frac{1}{q}} < \infty.$$

Ist $\mathbb{E}(X^p) = 0$, ist wiederum nichts zu zeigen. Andernfalls können wir (11.12) durch $\left\| X^{p-1} \right\|_q$ teilen und erhalten die Behauptung. Um uns von der Annahme $\left\| X \right\|_p < \infty$ zu befreien, betrachten wir für allgemeines X die Zufallsvariablen $X_n := X \wedge n$, $n \in \mathbb{N}$. Da die Voraussetzung sich von X auf X_n überträgt, folgt aus dem bereits Bewiesenen $\left\| X \wedge n \right\|_p \leq q \left\| Y \right\|_p$, und die Behauptung folgt durch Anwendung des SATZES VON DER MONOTONEN KONVERGENZ auf die Folge (X_n^p). □

Satz 11.41. *Sei (X_n) ein nicht-negatives Submartingal. Dann gilt für $p > 1$ und alle $n \in \mathbb{N}_0$:*

$$\left\| X_n^* \right\|_p \leq \frac{p}{p-1} \left\| X_n \right\|_p.$$

Insbesondere folgt $\left\| X^* \right\|_p \leq \frac{p}{p-1} \sup\limits_{n \in \mathbb{N}_0} \left\| X_n \right\|_p.$

Beweis. Für festes $n \in \mathbb{N}_0$ setzen wir $X := X_n^*$ und $Y := X_n$. Doobs Maximal-Ungleichung 11.39 besagt dann gerade, dass die Voraussetzung aus Lemma 11.40 erfüllt ist und wir

$$\left\| X \right\|_p \leq q \left\| Y \right\|_p$$

folgern dürfen. Wegen $q = \frac{p}{p-1}$ ist dies die Behauptung. Der Zusatz folgt jetzt durch Anwendung des SATZES VON DER MONOTONEN KONVERGENZ auf $0 \leq X_n^* \uparrow X^*$. □

Konvergenzsatz in L^p

Nach so vielen Ungleichungen können wir jetzt den Konvergenzsatz für Martingale formulieren, die in L^p beschränkt sind. Wie zu erwarten, ist die Situation insgesamt einfacher als beim Konvergenzsatz in L^1, die Beschränktheit in L^p ist äquivalent zur L^p-Konvergenz.

Satz 11.42. *Sei (M_n) ein Martingal, $p > 1$. Ist (M_n) in L^p gleichmäßig beschränkt, d.h.*

$$\sup_{n \in \mathbb{N}_0} \mathbb{E}(|M_n|^p) < \infty,$$

so gibt es eine $\mathcal{F}_\infty$-messbare Zufallsvariable $M_\infty \in \mathcal{L}^p$ mit $M_n \longrightarrow M_\infty$ fast sicher und in L^p.

Beweis. Aus der Beschränktheit der L^p-Norm folgt insbesondere die Beschränktheit der L^1-Norm und die gleichgradige Integrierbarkeit, so dass wir aus Theorem 11.34 wissen, dass es eine $\mathcal{F}_\infty$-messbare Zufallsvariable $M_\infty \in \mathcal{L}^1$ mit $M_n \xrightarrow{L^1} M_\infty$ und $M_n \to M_\infty$ fast sicher gibt. Nach Beispiel 11.32 ist $(|M_n|)$ ein nicht-negatives Submartingal, so dass aus der Voraussetzung und Satz 11.41 folgt:

$$\|M^*\|_p \leq \frac{p}{p-1} \sup_{n \in \mathbb{N}_0} \|M_n\|_p < \infty,$$

mit anderen Worten $M^* \in \mathcal{L}^p$. Nun ist aber $|M_n - M_\infty| \leq 2M^*$, und daher

$$|M_n - M_\infty|^p \leq 2^p (M^*)^p \in \mathcal{L}^1,$$

so dass aus dem SATZ VON DER DOMINIERTEN KONVERGENZ $M_n \xrightarrow{L^p} M_\infty$ folgt. $\qquad \square$

11.5 Das Optional Sampling Theorem

Ist $M = (M_n)$ ein Martingal, so gilt

$$\mathbb{E}(M_n|\mathcal{F}_m) = M_m, \quad m \leq n.$$

Das Optional Sampling Theorem kann man als Verallgemeinerung dieser Martingal-Eigenschaft auffassen. Es besagt, dass die Aussage richtig bleibt, wenn die deterministischen Zeitpunkte m und n durch zufällige Zeitpunkte, also Stoppzeiten σ und τ ersetzt werden. Wir erhalten so unter milden Voraussetzungen

$$\mathbb{E}(M_\tau|\mathcal{F}_\sigma) = M_\sigma, \quad \sigma \leq \tau.$$

Man kann das Optional Sampling Theorem auch als Verallgemeinerung des Stoppsatzes 11.30 ansehen. Denn durch Bilden des Erwartungswertes auf beiden Seiten erhalten wir

$$\mathbb{E}(M_\tau) = \mathbb{E}(M_\sigma), \quad \sigma \le \tau,$$

und somit für $\sigma := 0$ die Aussage des Stoppsatzes.

Zur Vorbereitung des Beweises erinnern wir für eine Stoppzeit τ an die σ-Algebra der τ-Vergangenheit

$$\mathcal{F}_\tau = \{A \in \mathcal{F} : A \cap \{\tau \le n\} \in \mathcal{F}_n \text{ für alle } n \in \mathbb{N}_0\}$$

und stellen einige grundlegende Eigenschaften von $\mathcal{F}_\tau$ in einem Satz zusammen:

Satz 11.43. *Seien τ, σ zwei Stoppzeiten. Dann gilt:*

(i) $\mathcal{F}_\sigma \cap \{\sigma \le \tau\} \subset \mathcal{F}_\tau$.
(ii) $\mathcal{F}_\sigma \cap \{\sigma \le \tau\} \subset \mathcal{F}_{\tau \wedge \sigma} = \mathcal{F}_\tau \cap \mathcal{F}_\sigma$.
(iii) *Ist $\sigma \le \tau$, so ist $\mathcal{F}_\sigma \subset \mathcal{F}_\tau$.*

Beweis. (i) Es sei $A \in \mathcal{F}_\sigma$. Dann folgt

$$A \cap \{\sigma \le \tau\} \cap \{\tau \le n\} = \bigcup_{k=0}^{n} A \cap \{\sigma \le k\} \cap \{\tau = k\} \in \mathcal{F}_n,$$

also $A \cap \{\sigma \le \tau\} \in \mathcal{F}_\tau$.

(ii) Wir ersetzen in (i) die Stoppzeit τ durch die Stoppzeit $\sigma \wedge \tau$. Dadurch folgt der erste Teil der Aussage. Ersetzen wir in (i) das Paar (σ, τ) durch $(\sigma \wedge \tau, \sigma)$ und durch $(\sigma \wedge \tau, \tau)$, erhalten wir die Inklusion $\mathcal{F}_{\sigma \wedge \tau} \subset \mathcal{F}_\tau \cap \mathcal{F}_\sigma$. Für die umgekehrte Inklusion sei $A \in \mathcal{F}_\tau \cap \mathcal{F}_\sigma$. Dann ist

$$A \cap \{\sigma \wedge \tau \le n\} = A \cap \{\sigma \le n\} \cup A \cap \{\tau \le n\} \in \mathcal{F}_n,$$

also $A \in \mathcal{F}_{\sigma \wedge \tau}$.

(iii) Folgt unmittelbar aus (i).   □

Optional Sampling für beschränkte Stoppzeiten

Genau wie beim Stoppsatz 11.30 gilt das Optional Sampling Theorem für beschränkte Stoppzeiten und für gleichgradig integrierbare Martingale. Wir beginnen mit dem Fall beschränkter Stoppzeiten:

Satz 11.44. *Es seien $M = (M_n)$ ein Martingal und $\sigma \le \tau$ zwei Stoppzeiten. Ist τ fast sicher beschränkt, so gilt $M_\tau \in \mathcal{L}^1$ und*

$$\mathbb{E}(M_\tau | \mathcal{F}_\sigma) = M_\sigma.$$

Beweis. Sei $\tau \le K < \infty$ fast sicher. Nach Satz 11.28 ist M_τ $\mathcal{F}_\tau$-messbar. Weiter ist $|M_\tau| \le \max_{k=0,\dots,K} |M_k|$ und daher $M_\tau \in \mathcal{L}^1$. Es genügt, wenn wir

$$\mathbb{E}(M_K | \mathcal{F}_\tau) = M_\tau \tag{11.13}$$

zeigen. Dann folgt mit $\sigma \leq \tau \leq K$, $\mathcal{F}_\sigma \subset \mathcal{F}_\tau$ und der PROJEKTIONSEIGEN-SCHAFT bedingter Erwartungen

$$\mathbb{E}(M_\tau | \mathcal{F}_\sigma) = \mathbb{E}(\mathbb{E}(M_K | \mathcal{F}_\tau) | \mathcal{F}_\sigma) = \mathbb{E}(M_K | \mathcal{F}_\sigma) = M_\sigma.$$

Um (11.13) zu zeigen, gehen wir folgendermaßen vor: Wir teilen die Aussage in die möglichen Werte von τ auf, wenden die gewöhnliche Martingaleigenschaft an und fügen die Teile wieder zusammen. Im Einzelnen erhalten wir für ein $A \in \mathcal{F}_\tau$, da $A \cap \{\tau = k\} \in \mathcal{F}_k$:

$$\mathbb{E}(M_K I_A) = \sum_{k=0}^{K} \mathbb{E}(M_K I_A I_{\{\tau=k\}}) = \sum_{k=0}^{K} \mathbb{E}(M_K I_{A \cap \{\tau=k\}})$$

$$= \sum_{k=0}^{K} \mathbb{E}(M_k I_{A \cap \{\tau=k\}}) = \mathbb{E}(M_\tau I_A).$$

$\square$

M_τ für beliebige Stoppzeiten

Bevor wir das Optional Stopping Theorem für gleichgradig integrierbare Martingale zeigen, wollen wir noch ausdrücklich auf einen Punkt aufmerksam machen. Ist $M = (M_n)$ ein gleichgradig integrierbares Martingal, so existiert nach Korollar 11.37 ein M_∞, so dass $(M_n)_{n \in \bar{\mathbb{N}}_0}$ ein Martingal ist. Daraus folgt insbesondere, dass wir die Zufallsvariable

$$M_\tau : \Omega \to \mathbb{R}, \quad \omega \mapsto M_{\tau(\omega)}(\omega)$$

für beliebige und nicht nur für fast sicher endliche Stoppzeiten definieren können. M_τ stimmt auf $I_{\{\tau=\infty\}}$ mit M_∞ überein, d.h.

$$M_\tau I_{\{\tau=\infty\}} = M_\infty I_{\{\tau=\infty\}}. \tag{11.14}$$

Optional Sampling für gleichgradig integrierbare Martingale

Das nächste Resultat zeigt die gewünschte Verallgemeinerung der Martingaleigenschaft auf Stoppzeiten. Wir nehmen den Fall beschränkter Stoppzeiten mit auf.

Theorem 11.45 (Optional Sampling Theorem). *Sei* $M = (M_n)$ *ein Martingal und* τ, σ *Stoppzeiten mit* $\sigma \leq \tau$. *Ist* τ *beschränkt oder* M *gleichgradig integrierbar, so sind* M_τ, $M_\sigma \in \mathcal{L}^1$ *und*

$$\mathbb{E}(M_\tau | \mathcal{F}_\sigma) = M_\sigma.$$

Beweis. Sei M gleichgradig integrierbar, und wie üblich bezeichne $M_\infty = \lim_{n\to\infty} M_n$. Wiederum genügt es,

$$\mathbb{E}(M_\infty|\mathcal{F}_\tau) = M_\tau \qquad (11.15)$$

zu zeigen, da dann aus der PROJEKTIONSEIGENSCHAFT bedingter Erwartungen und $\mathcal{F}_\sigma \subset \mathcal{F}_\tau$ folgt:

$$\mathbb{E}(M_\tau|\mathcal{F}_\sigma) = \mathbb{E}(\mathbb{E}(M_\infty|\mathcal{F}_\tau)|\mathcal{F}_\sigma) = M_\sigma.$$

Wir wissen nach Satz 11.28, dass M_τ $\mathcal{F}_\tau$-messbar ist. Als nächstes zeigen wir $X_\tau \in \mathcal{L}^1$. Wir wissen aus Satz 11.36, dass für (M_n) gilt:

$$\mathbb{E}(M_\infty|\mathcal{F}_n) = M_n, \quad n \in \mathbb{N}_0.$$

Daraus folgt für jedes $n \in \mathbb{N}_0$:

$$|M_n| = |\mathbb{E}(M_\infty|\mathcal{F}_n)| \leq \mathbb{E}(|M_\infty||\mathcal{F}_n).$$

Wegen $\{\tau = k\} \in \mathcal{F}_k$ für jedes $k \in \mathbb{N}_0$ folgt:

$$\mathbb{E}(|M_n|I_{\{\tau=k\}}) \leq \mathbb{E}(|M_\infty|I_{\{\tau=k\}}). \qquad (11.16)$$

Andererseits gilt:

$$\sum_{k=0}^{n} |M_k|I_{\{\tau=k\}} \geq \left|\sum_{k=0}^{n} M_k I_{\{\tau=k\}}\right| = |M_\tau I_{\{\tau\leq n\}}| \uparrow |M_\tau I_{\{\tau<\infty\}},$$

so dass wir mit (11.16) und dem SATZ VON DER MONOTONEN KONVERGENZ erhalten:

$$\mathbb{E}(|M_\tau|I_{\{\tau<\infty\}}) = \lim_{n\to\infty} \mathbb{E}(|M_\tau|I_{\{\tau\leq n\}}) \leq \lim_{n\to\infty} \sum_{k=0}^{n} \mathbb{E}(|M_k|I_{\{\tau=k\}})$$

$$\leq \lim_{n\to\infty} \sum_{k=0}^{n} \mathbb{E}(|M_\infty|I_{\{\tau=k\}}) = \mathbb{E}(|M_\infty|) < \infty.$$

Da offensichtlich auch $\mathbb{E}(|M_\tau|I_{\{\tau=\infty\}}) \leq \mathbb{E}(|M_\infty|)$ gilt, folgt $M_\tau \in \mathcal{L}^1$. Abschließend ist noch

$$\mathbb{E}(M_\infty I_A) = \mathbb{E}(M_\tau I_A) \quad \text{für alle } A \in \mathcal{F}_\tau$$

zu zeigen. Für jedes $i \in \mathbb{N}_0$ ist $i \geq i \wedge \tau$, so dass wir aus Satz 11.44 erhalten:

$$\mathbb{E}(M_i|\mathcal{F}_{\tau\wedge i}) = M_{\tau\wedge i}.$$

Mit der PROJEKTIONSEIGENSCHAFT bedingter Erwartungen folgt:

$$\mathbb{E}(M_\infty|\mathcal{F}_{\tau\wedge i}) = \mathbb{E}(\mathbb{E}(M_\infty|\mathcal{F}_i)|\mathcal{F}_{\tau\wedge i}) = M_{\tau\wedge i}.$$

Nach Eigenschaft (ii) aus Lemma 11.43 wissen wir, dass aus $A \in \mathcal{F}_\tau$ auch $A \cap \{\tau \le i\} \in \mathcal{F}_{\tau\wedge i}$ folgt. Daher gilt für jedes $k \in \mathbb{N}_0$:

$$\mathbb{E}(M_\infty I_{A\cap\{\tau\le k\}}) = \mathbb{E}(M_{\tau\wedge k} I_{A\cap\{\tau\le k\}}) = \mathbb{E}(M_\tau I_{A\cap\{\tau\le k\}}). \tag{11.17}$$

Wir können ohne Einschränkung $M_\infty \ge 0$ annehmen, da wir andernfalls für M_∞^+ und M_∞^- einzeln argumentieren können. Dann gilt auch $M_i = \mathbb{E}(M_\infty|\mathcal{F}_i) \ge 0$ für alle $i \in \mathbb{N}_0$ und somit $M_\tau \ge 0$. Daher folgt mit dem SATZ VON DER MONOTONEN KONVERGENZ aus Gleichung (11.17):

$$\mathbb{E}(M_\infty I_{A\cap\{\tau<\infty\}}) = \mathbb{E}(M_\tau I_{A\cap\{\tau<\infty\}}).$$

Auf $\{\tau = \infty\}$ gilt gemäß (11.14) sogar $M_\infty I_{A\cap\{\tau=\infty\}} = M_\tau I_{A\cap\{\tau=\infty\}}$, so dass wir insgesamt

$$\mathbb{E}(M_\infty I_A) = \mathbb{E}(M_\tau I_A),$$

erhalten, was zu zeigen war.   □

Zur Bezeichnung „Optional Sampling"

Wir haben bereits das Optional Stopping Theorem 11.30 im Hinblick auf einen Spieler in einem fairen Spiel interpretiert. Beschreibt (X_n) das Vermögen des Spielers bei einem fairen Spiel nach n Runden und ist τ seine Stoppzeit-Strategie, so besagt $E(X_\tau) = E(X_0)$, dass er durch seine Strategie, zu einer bestimmten Zeit aus dem Spiel auszusteigen, keinerlei Verbesserung seiner Gewinnchancen erreicht. Wir können den Vergleich von X_τ und X_0 als Vergleich von X_τ und X_σ für zwei Stoppzeiten τ, σ (mit $\sigma \equiv 0$) interpretieren und werden so zu der allgemeineren Fragestellung geführt, für zwei Stoppzeiten $\sigma \le \tau$ die Situationen X_σ und X_τ miteinander zu vergleichen. Noch allgemeiner betrachten wir n aufsteigende Stoppzeiten, $\tau_1 \le \tau_2 \le \ldots \le \tau_n$, und die zugehörigen X_{τ_i}. Für einen Spieler bedeutet dies, dass er das Spiel verfolgt und dabei zu verschiedenen Zeitpunkten τ_i Stichproben, englisch „sample", seines Gesamtgewinns X_{τ_i} betrachtet. Die Aussage des Optional Sampling Theorems verallgemeinert sich in offensichtlicher Weise auf n Stoppzeiten und besagt dann:

$$\mathbb{E}(X_{\tau_j}|\mathcal{F}_{\tau_i}) = X_{\tau_i}, \quad i \le j.$$

Anders ausgedrückt bedeutet dies, dass die endliche Folge $(X_{\tau_i}, \mathcal{F}_{\tau_i})_{1\le i\le n}$ wieder ein Martingal ist. Die Aussage des Optional Sampling Theorems lässt sich also folgendermaßen zusammenfassen: Geht man von einem fairen Spielverlauf (X_n) zu einer Stichprobe (sample) $X_{\tau_1}, \ldots, X_{\tau_n}$ über, so bleibt der faire Charakter des Spiels erhalten.

11.6 Anwendung Regelungstechnik: Stochastische Filter

Will man die Bahn eines bewegten Objekts, z.B. einer Raumsonde, verfolgen, so kann man dies in der Regel nicht direkt, sondern nur durch regelmäßige Messungen realisieren. Auf der einen Seite haben wir also ein Objekt, das sich nach gewissen Gesetzmäßigkeiten bewegt, auf der anderen Seite Beobachtungen, die zufälligen Störungen unterliegen. Voraussetzung für die Regelung des Systems ist daher die Bestimmung bzw. Schätzung der Dynamik an Hand der beobachteten Daten. Die Grundaufgabe der Theorie stochastischer Filter besteht darin, aus den gestörten Beobachtungen den wahren dynamischen Verlauf „herauszufiltern".

Dynamische Systeme und ihre Beobachtung

In der stochastischen Filtertheorie geht man im Allgemeinen von folgender Situation aus:
Gegeben ist ein dynamisches System

$$X_{k+1} = A_k X_k + W_k, \quad k \in \mathbb{N},$$

wobei X_k den Zustand des Systems zum Zeitpunkt $t = k$ in Form einer n-dimensionalen reellen Zufallsvariablen bezeichnet. Die Folge (A_k) von $(n \times n)$-Matrizen ist ebenso festgelegt wie die ersten beiden Momente des Startzustandes X_1. Jede der n-dimensionalen Zufallsvariablen W_k, $k \in \mathbb{N}$, hat den Nullvektor als Erwartungswert und eine a priori bekannte Kovarianzmatrix K_{W_k}. Die Zufallsvariablen

$$X_1, W_1, W_2, \ldots$$

werden als unabhängig vorausgesetzt. Dynamische Systeme dieser Art entstehen zum Beispiel durch Linearisierung und Diskretisierung von Bewegungsgleichungen bei Raumsonden. Die Zufallsvariablen $W_1, W_2, \ldots$ repräsentieren dabei die nicht deterministisch modellierbaren Einflüsse, die den geplanten Kurs der Sonde verändern. Nun kann die Zustandsgröße X_k im Allgemeinen nicht direkt beobachtet werden, sondern es liegen Beobachtungen der Form

$$Y_k = B_k X_k + V_k, \quad k \in \mathbb{N},$$

vor, wobei (B_k) eine bekannte Folge von $(m \times n)$-Matrizen darstellt und die m-dimensionalen Zufallsvariablen $V_1, V_2, \ldots$ als unabhängig angenommen werden; sie repräsentieren Messfehler. Die jeweiligen Erwartungsvektoren werden daher als Nullvektoren angenommen und die entsprechenden Kovarianzmatrizen als bekannt vorausgesetzt. Ferner wird in nahe liegender Weise die stochastische Unabhängigkeit der Zufallsvariablen

$$X_1, W_1, V_1, W_2, V_2, \ldots$$

gefordert.

Im Beispiel über die Raumsonde würde der Beobachtung Y_m die auf der Erde gemessene Position X_m der Raumsonde durch verschiedene Radarstationen (daher die Dimensionierung der Matrizen B_k) entsprechen.

Die mathematische Aufgabe besteht nun darin, basierend auf den Beobachtungen $Y_1, Y_2, \ldots, Y_m$ eine Approximation $\hat{X}_m$, $m \in \mathbb{N}$, zu berechnen. Interpretiert man die durch $Y_1, Y_2, \ldots, Y_m$ erzeugte σ-Algebra $\sigma(Y_1, \ldots, Y_m)$ als die durch die Zufallsvariablen $Y_1, Y_1, \ldots, Y_m$ zur Verfügung stehenden Informationen über X_m, so ist es nahe liegend, das gesuchte $\hat{X}_m$ durch

$$\hat{X}_m := \mathbb{E}(X_m | Y_1, Y_2, \ldots, Y_m)$$

festzulegen. Die entscheidenden Fragen lauten nun:

- Kann man $\hat{X}_m$, $m \in \mathbb{N}$, explizit berechnen?
- Gibt es die Möglichkeit, $\hat{X}_{m+1}$ effizient aus $\hat{X}_m$ und Y_{m+1} zu berechnen?
- Wie verhält sich $\hat{X}_m$ für $m \to \infty$?

Diese Fragen können hier nicht erschöpfend beantwortet werden. Um aber einen Eindruck über die Vorgehensweise der stochastischen Filtertheorie zu gewinnen, betrachten wir einen Spezialfall.

Beobachtung einer einzelnen Zufallsvariablen

Ausgangspunkt ist eine normalverteilte Zufallsvariable X mit Erwartungswert $\mu = 0$ und bekannter Varianz σ^2, die allerdings nur indirekt durch Zufallsvariablen der Form

$$Y_i = X + V_i, \quad i \in \mathbb{N},$$

beobachtet werden kann, wobei die Folge (V_i) aus unabhängigen, $N(0, \sigma_i^2)$ normalverteilten Zufallsvariablen besteht.

Als Approximation $\hat{X}_m$ für X verwendet man die bedingten Erwartungen

$$\hat{X}_m = \mathbb{E}(X | Y_1, Y_2, \ldots, Y_m).$$

Nach Beispiel 11.16 ist $(\hat{X}_m)$ bezüglich $\mathcal{F}_m = \sigma(Y_1, Y_2, \ldots, Y_m)$ ein diskretes Martingal, und $(\hat{X}_m)$ ist in L^2 gleichmäßig beschränkt. Daher gibt es nach Satz 11.42 eine Zufallsvariable $\hat{X}_\infty$ mit

$$\hat{X}_m \to \hat{X}_\infty \quad \text{in} \quad L^2.$$

Somit muss für die Beantwortung der dritten der oben gestellten Fragen nur noch untersucht werden, unter welchen Bedingungen

$$X = \hat{X}_\infty \quad \text{fast sicher}$$

gilt.

Die Bestimmung der $\hat{X}_m$

Wir beginnen jedoch mit der ersten Frage, der Berechnung der $\hat{X}_m$. Dazu betrachten wir zunächst für festes $m \in \mathbb{N}$ eine Linearkombination

$$Z_m = \sum_{j=1}^{m} a_j^{(m)} Y_j$$

der Beobachtungen $Y_1, \ldots, Y_m$ derart, dass für alle $i \in \{1, \ldots, m\}$ die Paare

$$X - Z_m, Y_i$$

reeller Zufallsvariablen unabhängig sind. Wegen der zu Grunde gelegten Normalverteilungen erhalten wir so die folgenden Bedingungen an die Koeffizienten $a_1^{(m)}, \ldots, a_m^{(m)}$:

$$\mathrm{Cov}(X - Z_m, Y_i) = 0, \quad i = 1, \ldots, m.$$

Wegen

$$
\begin{aligned}
\mathrm{Cov}(X, Y_i) &= \frac{1}{2} \left(\mathbb{V}(X + Y_i) - \mathbb{V}(X) - \mathbb{V}(Y_i) \right) \\
&= \frac{1}{2} \left(4\sigma^2 + \sigma_i^2 - \sigma^2 - (\sigma^2 + \sigma_i^2) \right) \\
&= \sigma^2 \quad \text{für alle} \quad i = 1, \ldots, m
\end{aligned}
$$

und wegen

$$
\begin{aligned}
\mathrm{Cov}(Z_m, Y_i) &= \sum_{j=1}^{m} a_j^{(m)} \mathrm{Cov}(Y_j, Y_i) \\
&= \sum_{j=1}^{m} a_j^{(m)} \frac{1}{2} \left(\mathbb{V}(Y_j + Y_i) - \mathbb{V}(Y_j) - \mathbb{V}(Y_i) \right) \\
&= \sum_{\substack{j \in \{1, \ldots, m\} \\ j \neq i}} a_j^{(m)} \frac{1}{2} \left(4\sigma^2 + \sigma_j^2 + \sigma_i^2 - (\sigma^2 + \sigma_j^2) - (\sigma^2 + \sigma_i^2) \right) \\
&\quad + a_i^{(m)} \frac{1}{2} \left(4\sigma^2 + 4\sigma_i^2 - 2(\sigma^2 + \sigma_i^2) \right) \\
&= \sigma^2 \sum_{j=1}^{m} a_j^{(m)} + a_i^{(m)} \sigma_i^2
\end{aligned}
$$

ergibt sich das eindeutig lösbare lineare Gleichungssystem

$$\sigma^2 \sum_{j=1}^{m} x_j + x_i \sigma_i^2 = \sigma^2, \quad \text{für alle} \quad i = 1, \ldots, m$$

in den Variablen $x_1, \ldots, x_m$ zur Berechnung von $a_1^{(m)}, \ldots, a_m^{(m)}$. Beispielsweise erhalten wir für $m = 1$:

$$a_1^{(1)} = \frac{\sigma^2}{\sigma^2 + \sigma_1^2}. \qquad (11.18)$$

Die Bedeutung der Zufallsvariablen Z_m wird aus folgender Überlegung ersichtlich:

$$\begin{aligned}
\hat{X}_m &= \mathbb{E}(X - Z_m + Z_m | Y_1, Y_2, \ldots, Y_m) \\
&= \mathbb{E}(X - Z_m | Y_1, Y_2, \ldots, Y_m) + \mathbb{E}(Z_m | Y_1, Y_2, \ldots, Y_m) \\
&= \mathbb{E}(Z_m | Y_1, Y_2, \ldots, Y_m) \\
&= Z_m.
\end{aligned}$$

Somit ist für jedes einzelne $m \in \mathbb{N}$ die bedingte Erwartung $\hat{X}_m$ durch die Lösung eines linearen Gleichungssystems berechenbar. Allerdings ist diese Vorgehensweise sehr ineffizient, da bei jeder neuen Beobachtung (Übergang von m auf $(m+1)$) die Arbeit neu beginnt.

Rekursive Formeln

Daher versucht man, wie in der zweiten obigen Frage angedeutet, rekursive Formeln für die Koeffizienten zu bestimmen. Dazu verwendet man den folgenden Ansatz über die zu bestimmenden reellen Koeffizienten $\alpha_{m+1}, \beta_{m+1}$:

$$\hat{X}_{m+1} = \alpha_{m+1} \hat{X}_m + \beta_{m+1} Y_{m+1}.$$

Als Bedingungen an $\alpha_{m+1}, \beta_{m+1}$ ergeben sich:

$$\mathrm{Cov}(X - \hat{X}_{m+1}, Y_i) = 0, \quad i = 1, \ldots, m+1.$$

Für $i = 1, \ldots, m$ bedeutet dies wegen $\mathrm{Cov}(\hat{X}_m, Y_i) = \sigma^2$:

$$\sigma^2 - \alpha_{m+1} \sigma^2 - \beta_{m+1} \sigma^2 = 0$$

beziehungsweise

$$\alpha_{m+1} + \beta_{m+1} = 1.$$

Da

$$\begin{aligned}
\mathrm{Cov}(X - \hat{X}_{m+1}, Y_{m+1}) &= \mathrm{Cov}(X - \alpha_{m+1} \hat{X}_m - \beta_{m+1} Y_{m+1}, Y_{m+1}) \\
&= \sigma^2 - \alpha_{m+1} \sigma^2 \sum_{j=1}^{m} a_j^{(m)} - \beta_{m+1}(\sigma^2 + \sigma_{m+1}^2),
\end{aligned}$$

folgt:

$$\alpha_{m+1} \sigma^2 \sum_{j=1}^{m} a_j^{(m)} + \beta_{m+1}(\sigma^2 + \sigma_{m+1}^2) = \sigma^2.$$

Auf Grund des oben gewählten Ansatzes erhalten wir ferner:

$$a_i^{(m+1)} = \alpha_{m+1} a_i^{(m)}, \quad i = 1, \ldots, m$$
$$a_{m+1}^{(m+1)} = \beta_{m+1}.$$

Zusammenfassend ergeben sich somit die rekursiven Formeln:

$$\alpha_{m+1} + \beta_{m+1} = 1, \quad m \geq 1,$$
$$\alpha_{m+1}\sigma^2 \sum_{j=1}^{m} a_j^{(m)} + \beta_{m+1}(\sigma^2 + \sigma_{m+1}^2) = \sigma^2, \quad m \geq 1,$$
$$a_i^{(m+1)} = \alpha_{m+1} a_i^{(m)}, \quad i = 1, \ldots, m$$
$$a_{m+1}^{(m+1)} = \beta_{m+1}, \quad m \geq 1.$$

Beginnend mit Gleichung (11.18),

$$a_1^{(1)} = \frac{\sigma^2}{\sigma^2 + \sigma_1^2},$$

kann man aus den ersten beiden Gleichungen die Größen α_2 und β_2 berechnen und damit dann aus den übrigen Gleichungen die Größen $a_1^{(2)}$ und $a_2^{(2)}$ usw.

Die Konvergenz der $\hat{X}_n$

Schließlich erlaubt uns unser Ansatz, auch die Frage nach der Konvergenz der $\hat{X}_m$ zu beantworten. Aus

$$\mathrm{Cov}(X - \hat{X}_m, \hat{X}_m) = 0$$

folgt

$$\mathrm{Cov}(X, \hat{X}_m) = \mathbb{V}(\hat{X}_m) = \sigma^2 \sum_{j=1}^{m} a_j^{(m)}.$$

Daher erhalten wir für die Varianz der Zufallsvariablen $(X - \hat{X}_m)$:

$$\mathbb{V}(X - \hat{X}_m) = \mathbb{E}((X - \hat{X}_m)^2) = \sigma^2 - \sigma^2 \sum_{j=1}^{m} a_j^{(m)}.$$

Somit konvergiert die Folge $(\hat{X}_m)$ genau dann in L^2 gegen X, wenn

$$\lim_{m \to \infty} \sum_{j=1}^{m} a_j^{(m)} = 1.$$

Elementare Umformungen ergeben die folgende rekursive Formel für die Partialsummen $c_m := \sum_{j=1}^{m} a_j^{(m)}$:

$$c_{m+1} = \frac{(1 - c_m)\frac{\sigma^2}{\sigma_{m+1}^2} + c_m}{(1 - c_m)\frac{\sigma^2}{\sigma_{m+1}^2} + 1}. \tag{11.19}$$

Wegen $c_1 = \frac{\sigma^2}{\sigma^2 + \sigma_1^2}$ folgt daraus

$0 < c_m < 1$ für alle $m \in \mathbb{N}$ und (c_m) ist monoton wachsend.

Also konvergiert (c_m) gegen ein $c \in [0, 1]$. Aus (11.19) folgt nun:

$$\text{Ist } (\sigma_m^2) \text{ beschränkt, so gilt } c = \lim_{m \to \infty} \sum_{j=1}^{m} a_j^{(m)} = 1.$$

Damit haben wir ein sehr plausibles hinreichendes Kriterium für die Konvergenz $\hat{X}_m \xrightarrow{L^2} X$ bestimmt.

Der bekannteste stochastische Filter ist wohl der Kalman-Bucy-Filter, den Kalman und Bucy 1960/61 entwickelt haben. Vereinfacht gesagt besteht ihr Verfahren darin, eine Schätzung für ein dynamisches System, das durch eine lineare Differentialgleichung beschrieben wird, auf der Grundlage gestörter Beobachtungen anzugeben. Mehr zum Thema stochastische Filtertheorie findet man z.B. in [Whi96] oder [DV85].

12

Brownsche Bewegung

Die Brownsche Bewegung ist ein reellwertiger zeitstetiger Prozess. Benannt ist sie nach dem Botaniker Robert Brown, der 1828 die Bewegung von Pollen im Wasser unter dem Mikroskop betrachtete und diese als „continuous swarming motion" bezeichnete. Die erste quantitative Betrachtung der Brownschen Bewegung geht auf Bachelier (1900) zurück, der sie verwendete, um Schwankungen von Aktienkursen zu studieren. Wenig später benutzte Einstein (1905) die Brownsche Bewegung in der molekular-kinetischen Theorie der Wärme. Die ersten mathematisch präzisen Arbeiten zur Brownschen Bewegung stammen von N. Wiener (1923, 1924), der unter anderem den ersten Existenzbeweis erbrachte; daher wird für die Brownsche Bewegung auch der Name Wiener-Prozess verwendet.

Die Bedeutung der Brownschen Bewegung liegt unter anderem darin, dass sie als Beispiel für viele wichtige Klassen von stochastischen Prozessen dienen kann. So ist die Brownsche Bewegung ein Gauß-Prozess, sie besitzt unabhängige Zuwächse und die Markov-Eigenschaft. Die Theorie aller drei Gebiete kann zur Anwendung kommen; daher überrascht es nicht, dass es eine reichhaltige Theorie zur Brownschen Bewegung gibt. Wir werden uns mit dem Transformationsverhalten, den Pfadeigenschaften, der starken Markov-Eigenschaft und dem daraus resultierenden Reflektionsprinzip einer Brownschen Bewegung beschäftigen.

12.1 Brownsche Bewegung und Gauß-Prozesse

In diesem Kapitel betrachten wir ausschließlich reellwertige stochastische Prozesse $X = (X_t)_{t\geq 0}$ auf einem gegebenen Wahrscheinlichkeitsraum $(\Omega, \mathcal{F}, \mathbb{P})$. Wir erinnern daran, dass eine Filtration $\mathbb{F} = (\mathcal{F}_t)_{t\geq 0}$ eine aufsteigende Familie von Sub-σ-Algebren ist und X (an $\mathbb{F}$) adaptiert ist, falls

$$X_t : \Omega \to \mathbb{R} \quad \mathcal{F}_t\text{-messbar ist für alle } t \geq 0.$$

Die Definition

Wir haben in Satz 10.15 gezeigt, dass ein Poisson-Prozess $(N_t)_{t \geq 0}$ mit Zustandsraum $\mathbb{N}_0$ charakterisiert ist durch folgende Eigenschaften:

(i) $N_0 = 0$ fast sicher.

(ii) $(N_t)_{t \geq 0}$ hat unabhängige Zuwächse.

(iii) $N_t - N_s$, $0 \leq s < t$, ist $\mathrm{Poi}(\lambda(t - s))$-verteilt.

(iv) $(N_t)_{t \geq 0}$ ist rechtsstetig.

Ganz ähnlich kann man eine Brownsche Bewegung definieren. Die Poisson-Verteilung wird durch die Normalverteilung ersetzt.

Definition 12.1 (Brownsche Bewegung). *Ein stochastischer Prozess* $B = (B_t)_{t \geq 0}$ *heißt Brownsche Bewegung, falls folgende Bedingungen erfüllt sind:*

(BB1) $B_0 = 0$ *fast sicher.*

(BB2) $(B_t)_{t \geq 0}$ *hat unabhängige Zuwächse.*

(BB3) *Die Zuwächse* $B_t - B_s$, $0 \leq s < t$, *sind* $N(0, t - s)$-*verteilt.*

(BB4) $(B_t)_{t \geq 0}$ *ist ein stetiger Prozess, d.h. fast alle Pfade von* $(B_t)_{t \geq 0}$ *sind stetig.*

Analog ist eine Brownsche Bewegung $(B_t)_{t \in [0,T]}$ *auf einem Intervall* $[0, T]$, $T > 0$, *definiert.*

Wir wollen die Definition etwas erläutern:

(i) Der Wahrscheinlichkeitsraum $(\Omega, \mathcal{F}, \mathbb{P})$, auf dem die Brownsche Bewegung definiert ist, ist nicht weiter spezifiziert. Wir dürfen also je nach Bedarf verschiedene Wahrscheinlichkeitsräume verwenden.

(ii) Die Eigenschaften (BB1) - (BB3) betreffen nur die endlich-dimensionalen Verteilungen des Prozesses.

(iii) Die Stetigkeit der Pfade ist im Hinblick auf die Interpretation als Bewegung von Pollen im Wasser einsichtig. Sie wird gelegentlich nicht nur außerhalb einer Nullmenge, sondern für jeden Pfad gefordert.

(iv) Neben Brownschen Bewegungen $(B_t)_{t \geq 0}$ auf der positiven Halbachse werden wir hauptsächlich Brownsche Bewegungen auf dem Einheitsintervall $(B_t)_{t \in [0,1]}$ betrachten.

Zur Existenz der Brownschen Bewegung

Gibt es überhaupt einen stochastischen Prozess, der die Bedingungen (BB1) - (BB4) erfüllt? Die Antwort ist natürlich ja, aber der Nachweis der Existenz ist nicht ganz einfach. Deshalb skizzieren wir an dieser Stelle verschiedene Ansätze, einen ausführlichen Existenzbeweis führen wir im Anhang in Abschnitt A.4.

(i) *Konstruktion mit Hilfe des Existenzsatzes von Kolmogorov:* Die Forderungen (BB1) - (BB3) legen eine konsistente Familie endlich-dimensionaler Randverteilungen fest. Der Existenzsatz von Kolmogorov A.19 stellt sicher, dass es einen stochastischen Prozess gibt, der den Bedingungen (BB1) - (BB3) genügt. Dieser Prozess hat allerdings keineswegs nur stetige Pfade. Um eine stetige Version zu erhalten, muss der Prozess noch geeignet modifiziert werden, was nach dem Stetigkeitskriterium von Kolmogorov-Chentsov möglich ist. Für Details zu diesem Ansatz vgl. z.B. [KS91].

(ii) *Grenzübergang aus skalierter Irrfahrt:* Man betrachtet eine Folge $(Y_n)_{n \in \mathbb{N}}$ unabhängiger, identisch verteilter Zufallsvariablen mit $\mathbb{E}(Y_1) = 0$ und $\mathbb{V}(Y_1) = 1$ sowie $S_n := \sum_{i=1}^{n} Y_i$. Diese Irrfahrt wird durch den Faktor $\frac{1}{\sqrt{n}}$ skaliert, d.h. für jedes n betrachtet man die Zufallsvariablen, $\frac{1}{\sqrt{n}} S_k$, $k = 1, \ldots, n$, und konstruiert aus diesen durch stückweise lineare Approximation einen zeitstetigen Prozess $(X_t^n)_{t \in [0,1]}$. Die Verteilungen dieser Zufallsvariablen konvergieren gegen die Verteilung einer Brownschen Bewegung. Dies besagt der für diesen Zugang zentrale Satz von Donsker. Für Details vgl. [KS91].

(iii) *Zufällige Überlagerung deterministischer Funktionen:* Bei diesem Zugang ist eine Folge unabhängiger identisch standardnormalverteilter Zufallsvariablen $(Y_n)_{n \in \mathbb{N}}$ Ausgangspunkt. Diese werden durch geeignete Wahl deterministischer Funktionen $(g_n)_{n \in \mathbb{N}}$ auf $[0, 1]$ gewichtet, so dass $X_t(\omega) = \sum_{n=1}^{\infty} g_n(t) Y_n(\omega)$ eine Brownsche Bewegung auf $[0, 1]$ ergibt. Diesen Ansatz verwenden wir für unseren Existenzbeweis im Anhang, Abschnitt A.4, s. z.B. auch [KS91], [Ste01].

Unabhängigkeit der Zuwächse

Genau wie im zeitdiskreten Fall bezeichnen wir mit $\mathbb{F}^X := (\mathcal{F}_t^X)_{t \geq 0}$ die natürliche Filtration eines stochastischen Prozesses X:

$$\mathcal{F}_t^X := \sigma(X_s : s \leq t), \quad t \geq 0.$$

Satz 12.2. *Es sei $X = (X_t)_{t \geq 0}$ ein stochastischer Prozess mit $X_0 = 0$ fast sicher und natürlicher Filtration $\mathbb{F}^X = (\mathcal{F}_t^X)_{t \geq 0}$. Dann sind folgende Aussagen äquivalent:*

(i) *$(X_t)_{t \geq 0}$ hat unabhängige Zuwächse.*

(ii) *$(X_t)_{t \geq 0}$ hat $\mathbb{F}^X$-unabhängige Zuwächse, d.h. für $t \geq s$ ist $X_t - X_s$ unabhängig von $\mathcal{F}_s^X$.*

Beweis. (i) $\Rightarrow$ (ii): Wir fixieren s und t mit $t \geq s$. Dann ist nach Voraussetzung für jedes $n \geq 1$ und $0 = s_0 < s_1 < \ldots < s_n = s$ die σ-Algebra

$$\sigma(X_{s_0}, X_{s_1}, \ldots, X_{s_n}) = \sigma(X_{s_0}, X_{s_1} - X_{s_0}, \ldots, X_{s_n} - X_{s_{n-1}})$$

unabhängig von $X_t - X_s$. Damit ist das Mengensystem

$$\mathcal{U}_{s,t} := \bigcup_{n=1}^{\infty} \{\sigma(X_{s_0}, X_{s_1}, \ldots, X_{s_n}) : 0 = s_0 < s_1 < \ldots < s_n = s\}$$

unabhängig von $X_t - X_s$. Außerdem ist $\mathcal{U}_{s,t}$ durchschnittsstabil. Jetzt ist aber

$$\mathcal{D}_{s,t} := \{A \in \mathcal{F}_s : A \text{ ist unabhängig von } X_t - X_s\},$$

ein λ-System mit $\mathcal{U}_{s,t} \subset \mathcal{D}_{s,t}$. Nach dem π-λ-Lemma 1.20 folgt:

$$\sigma(\mathcal{U}_{s,t}) = \mathcal{F}_s^X \subset \mathcal{D}_{s,t}.$$

Dies ist genau die behauptete Unabhängigkeit von $\mathcal{F}_s^X$ und $X_t - X_s$.

(ii) $\Rightarrow$ (i): Klar.   □

In der Definition der Brownschen Bewegung können wir daher die Forderung (BB2) ersetzen durch

(BB2'): Für $t \geq s$ ist $X_t - X_s$ unabhängig von $\mathcal{F}_s^X$.

Ersetzt man $\mathbb{F}^X$ durch eine andere Filtration, gelangt man zu einer etwas allgemeineren Definition der Brownschen Bewegung:

Definition 12.3 (Brownsche Bewegung bzgl. Filtration). *Sei $\mathbb{F}$ eine Filtration. Ein adaptierter stochastischer Prozess $(B_t)_{t\geq 0}$ heißt Brownsche Bewegung (bezüglich $\mathbb{F}$), falls folgende Bedingungen erfüllt sind:*
(BB1) *$B_0 = 0$ fast sicher.*
(BB2') *Für $t \geq s$ ist $B_t - B_s$ unabhängig von $\mathcal{F}_s$.*
(BB3) *Die Zuwächse $B_t - B_s$, $0 \leq s < t$, sind $N(0, t - s)$-verteilt.*
(BB4) *$(B_t)_{t\geq 0}$ ist ein stetiger Prozess, d.h. fast alle Pfade von $(B_t)_{t\geq 0}$ sind stetig.*

Jede Brownsche Bewegung ist eine Brownsche Bewegung bezüglich ihrer natürlichen Filtration. Gelegentlich ist es jedoch notwendig, zu einer größeren Filtration überzugehen.

Gauß-Prozesse

Alternativ kann man Brownsche Bewegungen mit Hilfe von Gauß-Prozessen definieren:

Definition 12.4 (Gauß-Prozess). *Ein stochastischer Prozess $X = (X_t)_{t\geq 0}$ heißt Gauß-Prozess, wenn für jedes n-Tupel $0 \leq t_1 < \ldots < t_n$ gilt:*

$$(X_{t_1}, \ldots, X_{t_n}) \text{ ist } n\text{-dimensional normalverteilt.}$$

Ein stochastischer Prozess $(X_t)_{t\geq 0}$ heißt zentriert, wenn $\mathbb{E}(X_t) = 0$ für alle $t \geq 0$ gilt. Die Brownsche Bewegung ist der Prototyp eines zentrierten Gauß-Prozesses:

Satz 12.5. *Eine Brownsche Bewegung $(B_t)_{t\geq 0}$ ist ein zentrierter Gauß-Prozess mit Kovarianzfunktion $\mathrm{Cov}(B_t, B_s) = s \wedge t, \ s,t \geq 0$.*

Beweis. Da B_t $N(0,t)$-verteilt ist, ist $(B_t)_{t\geq 0}$ zentriert. Für $0 \leq t_0 < t_1 < \ldots < t_n$ ist die Menge der reellen Linearkombinationen von

$$B_{t_0}, B_{t_1}, \ldots, B_{t_n}$$

und von

$$B_{t_0}, B_{t_1} - B_{t_0}, \ldots, B_{t_n} - B_{t_{n-1}}$$

gleich. Da letztere Zufallsvariablen nach Definition der Brownschen Bewegung sämtlich normalverteilt sind, gilt dies auch für jede Linearkombination (Satz 7.26) und damit auch für jede Linearkombination von $B_{t_0}, B_{t_1}, \ldots, B_{t_n}$. Nach Satz 7.35 ist somit $(B_{t_0}, B_{t_1}, \ldots, B_{t_n})$ n-dimensional normalverteilt, also $(B_t)_{t\geq 0}$ ein Gauß-Prozess. Zur Berechnung der Kovarianzfunktion nehmen wir ohne Einschränkung der Allgemeinheit $s \leq t$ an. Wir nutzen aus, dass $B_t - B_s$ von B_s unabhängig ist, und erhalten mit $\mathbb{E}(B_s^2) = \mathbb{V}(B_s) = s$:

$$\begin{aligned}
\mathrm{Cov}(B_t, B_s) &= \mathbb{E}(B_t B_s) - \mathbb{E}(B_t)\mathbb{E}(B_s) \\
&= \mathbb{E}[(B_t - B_s + B_s)B_s] \\
&= \mathbb{E}(B_t - B_s)\mathbb{E}(B_s) + \mathbb{E}(B_s^2) \\
&= \mathbb{E}(B_s^2) = s.
\end{aligned}$$

$\square$

Im Allgemeinen lassen sich Gauß-Prozesse gut untersuchen, weil sie sich durch die

$$\text{Erwartungswertfunktion} \quad \mathbb{E}(X_t), \qquad t \geq 0, \qquad \text{-} \quad (12.1)$$
$$\text{und die Kovarianzfunktion} \ \mathrm{Cov}(X_t, X_s), \quad s,t \geq 0, \qquad (12.2)$$

beschreiben lassen. Im folgenden Sinn gilt auch die Umkehrung zu Satz 12.5:

Satz 12.6. *Ist $X = (X_t)_{t\geq 0}$ ein zentrierter Gauß-Prozess mit Kovarianzfunktion $\mathrm{Cov}(X_s, X_t) = t \wedge s, \ t,s \geq 0$, so hat X unabhängige Zuwächse. Sind zusätzlich fast alle Pfade von X stetig, so ist X eine Brownsche Bewegung.*

Beweis. Nach Voraussetzung ist $\mathbb{E}(X_0) = 0$ und $\mathbb{V}(X_0) = \mathrm{Cov}(X_0, X_0) = 0$, daher ist $X_0 = 0$ fast sicher. Sei $0 \leq t_0 < t_1 < \ldots < t_n$. Da X ein Gauß-Prozess ist, ist jedes X_t $N(0,t)$-verteilt und nach Satz 7.26 jeder Zuwachs $X_{t_i} - X_{t_{i-1}}$ $N(0, t_i - t_{i-1})$-verteilt. Damit ist auch die gemeinsame Verteilung der Zuwächse

$$(X_{t_1} - X_{t_0}, \dots, X_{t_n} - X_{t_{n-1}})$$

normalverteilt, und für die Kovarianzfunktion folgt, wenn wir ohne Einschränkung $i < j$ annehmen:

$$\mathrm{Cov}(X_{t_i} - X_{t_{i-1}}, X_{t_j} - X_{t_{j-1}}) = \mathbb{E}(X_{t_i} - X_{t_{i-1}}, X_{t_j} - X_{t_{j-1}})$$
$$= \mathbb{E}(X_{t_i} X_{t_j}) - \mathbb{E}(X_{t_i} X_{t_{j-1}}) - \mathbb{E}(X_{t_{i-1}} X_{t_j}) + \mathbb{E}(X_{t_{i-1}} X_{t_{j-1}})$$
$$= t_i - t_i - t_{i-1} + t_{i-1} = 0.$$

Damit ist die Kovarianzmatrix eine Diagonalmatrix, und nach Satz 7.33 folgt, dass die Zuwächse unabhängig sind. Die zweite Behauptung folgt unmittelbar aus der Definition der Brownschen Bewegung.   □

Man kann eine Brownsche Bewegung nach dem gerade gezeigten Satz auch als stetigen zentrierten Gauß-Prozess mit Kovarianzfunktion $\mathrm{Cov}(X_s, X_t) = s \wedge t$ definieren. Dies werden wir im nächsten Abschnitt ausnutzen.

12.2 Konstruktionen rund um die Brownsche Bewegung

In diesem Abschnitt zeigen wir, dass die Menge der Brownschen Bewegungen gegenüber bestimmten Transformationen abgeschlossen ist. Ausgehend von einer Brownschen Bewegung $(B_t)_{t \geq 0}$ führen z.B. gewisse Manipulationen der Zeitvariablen zu einem neuen Prozess, der wieder eine Brownsche Bewegung ist.

Neue Brownsche Bewegungen

Um nachzuweisen, dass ein Prozess eine Brownsche Bewegung ist, verwenden wir neben der Definition auch Satz 12.6. Wir weisen nach, dass es sich um einen stetigen, zentrierten Gauß-Prozess handelt, der die Kovarianzfunktion $\mathrm{Cov}(X_s, X_t) = s \wedge t$ besitzt.

Satz 12.7. *Ist* $B = (B_t)_{t \geq 0}$ *eine Brownsche Bewegung, so auch jeder der folgenden Prozesse:*

(i) $X^1 := -B$.   (Spiegelung)
(ii) *Für festes* $s \geq 0$: $X_t^2 := B_{s+t} - B_s$, $t \geq 0$.   (Zeithomogenität)
(iii) *Für festes* $c > 0$: $X_t^3 := \frac{1}{c} B_{c^2 t}$, $t \geq 0$.   (Skalierung)
(iv) *Für festes* $T > 0$: $X_t^4 := B_T - B_{T-t}$, $0 \leq t \leq T$.   (Zeitumkehr)

Beweis. Für alle Prozesse ist klar, dass es sich um stetige, zentrierte Gauß-Prozesse handelt. Daher bleibt lediglich nachzuweisen, dass sie die richtige Kovarianzfunktion besitzen.

(i) $\mathrm{Cov}(X_t^1, X_u^1) = \mathrm{Cov}(-B_t, -B_u) = \mathrm{Cov}(B_t, B_u)$.

(ii)

$$\mathrm{Cov}(X_t^2, X_u^2) = \mathrm{Cov}(B_{s+t} - B_s, B_{s+u} - B_s)$$
$$= \mathrm{Cov}(B_{s+t}, B_{s+u}) - \mathrm{Cov}(B_s, B_{s+u}) - \mathrm{Cov}(B_{s+t}, B_s) + \mathrm{Cov}(B_s, B_s)$$
$$= s + (t \wedge u) - s - s + s = t \wedge u.$$

(iii) $\mathrm{Cov}(X_t^3, X_u^3) = \mathrm{Cov}(\frac{1}{c} B_{c^2 t}, \frac{1}{c} B_{c^2 u}) = \frac{1}{c^2}(c^2 t \wedge c^2 u) = t \wedge u.$

(iv)

$$\mathrm{Cov}(X_t^4, X_u^4) = \mathrm{Cov}(B_T - B_{T-t}, B_T - B_{T-u})$$
$$= \mathrm{Cov}(B_T, B_T) - \mathrm{Cov}(B_T, B_{T-u}) - \mathrm{Cov}(B_{T-t}, B_T) + \mathrm{Cov}(B_{T-t}, B_{T-u})$$
$$= T - (T - u) - (T - t) + ((T - t) \wedge (T - u)) = u + t - (t \vee u) = t \wedge u.$$

$\square$

Aus dem Beweis von (iii) folgt, dass für die normalverteilte Zufallsvariable B_t einer Brownschen Bewegung gilt:

$$B_{c^2 t} \overset{d}{=} c B_t, \quad c > 0.$$

Diese Eigenschaft wird als Skalierungseigenschaft der Brownschen Bewegung bezeichnet, da die Multiplikation der Zeitvariable mit c^2 einer Umskalierung des Raumes mit dem Faktor c entspricht.

Als unmittelbares Korollar aus Satz 12.7(ii) erhalten wir die (gewöhnliche) Markov-Eigenschaft der Brownschen Bewegung:

Korollar 12.8 (Markov-Eigenschaft). *Sei* $B = (B_t)_{t \geq 0}$ *eine Brownsche Bewegung und* $s \geq 0$. *Dann ist der Prozess* $Y_t := B_{s+t} - B_s$, $t \geq 0$, *eine Brownsche Bewegung und unabhängig von* $\mathcal{F}_s$.

Beweis. Die Behauptung folgt unmittelbar aus Satz 12.7(ii) und Satz 12.2.

$\square$

Das Gesetz der großen Zahlen für eine Brownsche Bewegung

Eine weitere Möglichkeit, eine Brownsche Bewegung zu erhalten, besteht darin, die Zeitvariable zu invertieren, indem man den Prozess $t B_{\frac{1}{t}}$ betrachtet. Um die Stetigkeit in 0 sicherzustellen, beweisen wir zunächst das so genannte Gesetz der großen Zahlen für die Brownsche Bewegung. Ist $(B_t)_{t \geq 0}$ eine Brownsche Bewegung, so ist $Y_n := B_n - B_{n-1}$, $n \in \mathbb{N}$, eine Folge unabhängiger, identisch standardnormalverteilter Zufallsvariablen, so dass nach dem STARKEN GESETZ DER GROSSEN ZAHLEN folgt:

$$\frac{B_n}{n} = \frac{\sum_{k=1}^{n} Y_k}{n} \longrightarrow 0 \text{ fast sicher.} \tag{12.3}$$

Die analoge Aussage gilt auch für den Grenzwert $t \to \infty$, daher der Name des nachfolgenden Resultats:

Satz 12.9 (Gesetz der großen Zahlen). *Sei* $(B_t)_{t \geq 0}$ *eine Brownsche Bewegung. Dann gilt:*

$$\lim_{t \to \infty} \frac{B_t}{t} = 0 \quad \text{fast sicher.}$$

Für den Beweis benötigen wir das folgende Lemma:

Lemma 12.10. *Ist* X *integrierbar, so ist die Reihe*

$$\sum_{n=1}^{\infty} \mathbb{P}(|X| > n) \quad \text{konvergent.}$$

Beweis. Ohne Einschränkung der Allgemeinheit sei $X \geq 0$. Wir definieren die Ereignisse

$$A_n := \{n \leq X < n+1\} \text{ und } C_n := \{X \geq n\}, \quad n \in \mathbb{N}_0.$$

Die Folge (A_n) bildet eine Partition von Ω, daher gilt

$$\infty > \mathbb{E}(X) = \sum_{n=0}^{\infty} \int_{A_n} X d\mathbb{P} \geq \sum_{n=0}^{\infty} n\mathbb{P}(A_n),$$

und somit ist die Reihe $\sum\limits_{n=0}^{\infty} n\mathbb{P}(A_n)$ konvergent. Andererseits ist $A_n = C_n \setminus C_{n+1}$, und daher

$$\sum_{n=0}^{K} n\mathbb{P}(A_n) + K\mathbb{P}(C_{K+1}) = \sum_{n=0}^{K} n\mathbb{P}(C_n) - \sum_{n=0}^{K} n\mathbb{P}(C_{n+1}) + K\mathbb{P}(C_{K+1})$$

$$= \sum_{n=0}^{K} n\mathbb{P}(C_n) - \sum_{n=1}^{K} (n-1)\mathbb{P}(C_n) = \sum_{n=1}^{K} \mathbb{P}(C_n).$$

Da $C_n \downarrow \emptyset$, ist

$$K\mathbb{P}(C_{K+1}) \leq (K+1)\mathbb{P}(C_{K+1}) \leq \int_{C_{K+1}} X d\mathbb{P} \xrightarrow[K \to \infty]{} 0.$$

Daher ist auch $\sum\limits_{n=1}^{\infty} \mathbb{P}(C_n)$ konvergent, wie behauptet. □

Beweis (des Satzes 12.9). Wir führen die Konvergenz von $\frac{B_t}{t}$ auf die Konvergenz von $\frac{B_n}{n}$ zurück. Dazu schätzen wir für $t \in [n, n+1]$ ab:

$$\left| \frac{B_t}{t} - \frac{B_n}{n} \right| = \left| \frac{B_t}{t} - \frac{B_n}{t} \right| + \left| \frac{B_n}{t} - \frac{B_n}{n} \right|$$

$$\leq |B_n| \left| \frac{1}{t} - \frac{1}{n} \right| + \frac{1}{n} \sup_{s \in [n, n+1]} |B_s - B_n|$$

$$\leq \frac{|B_n|}{n^2} + \frac{Z_n}{n},$$

wobei
$$Z_n := \sup_{s\in[n,n+1]} |B_s - B_n| \overset{d}{=} \sup_{s\in[0,1]} |B_s| = Z_1$$

eine Folge identisch verteilter, unabhängiger Zufallsvariablen ist. Wir wissen bereits nach (12.3), dass $\frac{B_n}{n}$ und damit erst recht $\frac{|B_n|}{n^2} \to 0$ fast sicher konvergiert. Für den Nachweis von

$$\frac{Z_n}{n} \longrightarrow 0 \quad \text{fast sicher}$$

nehmen wir zunächst $\mathbb{E}(Z_1) < \infty$ an. Dann folgt für jedes $\varepsilon > 0$ nach Lemma 12.10

$$\sum_{n=1}^{\infty} \mathbb{P}(Z_n > \varepsilon n) < \infty.$$

Nach dem LEMMA VON BOREL-CANTELLI folgt

$$\mathbb{P}\left(\frac{Z_n}{n} > \varepsilon \text{ unendlich oft} \right) = 0,$$

also $\frac{Z_n}{n} \longrightarrow 0$ fast sicher. Es bleibt $\mathbb{E}(Z_1) < \infty$ zu zeigen. Dazu greifen wir auf ein Ergebnis vor, das wir im übernächsten Abschnitt über die Markov-Eigenschaft zeigen werden: Nach Satz 12.30 ist $B_1^* = \sup_{s\in[0,1]} B_s$ genauso verteilt wie $|B_1|$. Wegen der Symmetrie der Normalverteilung ist daher $\mathbb{E}(Z_1) \leq 2\mathbb{E}(B_1^*) = 2\mathbb{E}(|B_1|) < \infty$. □

Die Inversion der Zeit

Mit Hilfe des Gesetzes der großen Zahlen für die Brownsche Bewegung können wir zeigen, dass der zeitinvertierte Prozess $tB_{\frac{1}{t}}$ eine Brownsche Bewegung ist:

Satz 12.11. *Sei* $(B_t)_{t\geq0}$ *eine Brownsche Bewegung. Dann ist der stochastische Prozess*

$$X_t := \begin{cases} tB_{\frac{1}{t}} & \text{für } t > 0, \\ 0 & \text{für } t = 0, \end{cases}$$

ebenfalls eine Brownsche Bewegung.

Beweis. Offensichtlich ist $(X_t)_{t\geq0}$ ein zentrierter Gauß-Prozess. Die Stetigkeit der Pfade auf $]0,\infty[$ ist klar. Für die Stetigkeit in 0 folgt mit Satz 12.9 und $s = \frac{1}{t}$:

$$\lim_{s\to0} X_s = \lim_{s\to0} sB_{\frac{1}{s}} = \lim_{t\to\infty} \frac{B_t}{t} = 0 \text{ fast sicher.}$$

Schließlich folgt für die Kovarianzfunktion:

$$\text{Cov}(X_u, X_v) = \text{Cov}(uB_{\frac{1}{u}}, vB_{\frac{1}{v}}) = uv\left(\frac{1}{v} \wedge \frac{1}{u} \right) = u \wedge v.$$

□

Die Brownsche Brücke

Die Brownsche Brücke dient zur Modellierung einer Situation, in der ein stochastischer Prozess wie eine Brownsche Bewegung fast sicher in 0 beginnt, jedoch im Gegensatz zu einer Brownschen Bewegung nach einer Zeiteinheit fast sicher wieder in 0 endet. Formal lässt sich die Brownsche Brücke folgendermaßen definieren:

Definition 12.12 (Brownsche Brücke). *Ein stetiger, zentrierter Gauß-Prozess* $(B_t^0)_{t \in [0,1]}$ *heißt Brownsche Brücke, falls seine Kovarianzfunktion durch*

$$\mathrm{Cov}(B_t^0, B_s^0) = (s \wedge t) - st, \quad 0 \le s, t \le 1,$$

gegeben ist.

Konkret lassen sich Brownsche Brücken durch Brownsche Bewegungen angeben:

Satz 12.13. *Sei* $(B_t)_{t \ge 0}$ *eine Brownsche Bewegung. Dann ist*

$$B_t^0 := B_t - tB_1, \quad t \in [0,1] \text{ eine Brownsche Brücke.}$$

Beweis. Es bleibt lediglich die Kovarianzfunktion auszurechnen. Sei dazu $0 \le s \le t \le 1$, dann erhalten wir:

$$\begin{aligned}
\mathrm{Cov}(B_t^0, B_s^0) &= \mathrm{Cov}(B_t - tB_1, B_s - sB_1) \\
&= \mathrm{Cov}(B_t, B_s) - s\,\mathrm{Cov}(B_t, B_1) - t\,\mathrm{Cov}(B_1, B_s) + st\mathbb{E}(B_1^2) \\
&= s - st - ts + st = (s \wedge t) - st.
\end{aligned}$$

$\square$

Offensichtlich gilt für die Brownsche Brücke $B_t^0 = B_t - tB_1$, $t \in [0,1]$, fast sicher $B_0^0 = 0$ und $B_1^0 = B_1 - B_1 = 0$. Diese Eigenschaft gibt dem Prozess seinen Namen. Umgekehrt kann man auch aus einer Brownschen Brücke eine Brownsche Bewegung konstruieren.

Satz 12.14. *Sei* $(B_t^0)_{t \in [0,1]}$ *eine Brownsche Brücke. Dann gilt:*

(i) $B_0^0 = B_1^0 = 0$ *fast sicher.*

(ii) *Die Prozesse* $X_t^1 := -B_t^0$ *und* $X_t^2 := B_{1-t}^0$, $t \in [0,1]$ *sind Brownsche Brücken.*

(iii) $Y_t := (1+t)B_{\frac{1}{1+t}}^0$, $t \ge 0$, *ist eine Brownsche Bewegung.*

Beweis. (i) Nach Definition der Brownschen Brücke ist $\mathbb{E}(B_0^0) = \mathbb{E}(B_1^0) = 0$ und $\mathrm{Cov}(B_0^0, B_0^0) = \mathrm{Cov}(B_1^0, B_1^0) = 0$. Daher folgt $B_0^0 = B_1^0 = 0$ fast sicher.

(ii) Offensichtlich sind $(X_t^1)_{t \in [0,1]}$ und $(X_t^2)_{t \in [0,1]}$ stetige zentrierte Gauß-Prozesse, so dass wir jeweils die Kovarianzfunktion zu überprüfen haben. Für $0 \leq s, t \leq 1$ folgt:

$$\text{Cov}(X_t^1, X_s^1) = \text{Cov}(-B_t^0, -B_s^0) = \text{Cov}(B_t^0, B_s^0)$$

sowie

$$\begin{aligned} \text{Cov}(X_t^2, X_s^2) &= \text{Cov}(B_{1-t}^0, B_{1-s}^0) \\ &= ((1-s) \wedge (1-t)) - (1-s)(1-t) \\ &= 1 - (s \vee t) - 1 + s + t - st = (s \wedge t) - st. \end{aligned}$$

(iii) Wiederum ist klar, dass $(Y_t)_{t \geq 0}$ ein stetiger, zentrierter Gauß-Prozess ist. Für die Kovarianzfunktion erhalten wir:

$$\begin{aligned} \text{Cov}(Y_t, Y_s) &= \text{Cov}((1+t)B_{\frac{1}{1+t}}^0, (1+s)B_{\frac{1}{1+s}}^0) \\ &= (1+t)(1+s)(\frac{1}{1+t} \wedge \frac{1}{1+s} - \frac{1}{1+s}\frac{1}{1+t}) \\ &= (1+s) \wedge (1+t) - 1 = s \wedge t. \end{aligned}$$

$\square$

12.3 Pfadeigenschaften

Nach Definition sind fast alle Pfadabbildungen einer Brownschen Bewegung stetig. Unsere übliche Vorstellung einer stetigen Funktion ist ein schön geschwungener Graph, der vielleicht hier und da einige Ecken und damit Punkte besitzt, in denen er nicht differenzierbar ist. Dies trifft jedoch auf die Pfade der Brownschen Bewegung ganz und gar nicht zu. Wie wir in diesem Abschnitt zeigen werden, ist ein typischer Pfad der Brownschen Bewegung in keinem Punkt differenzierbar. Damit ist auch die (lineare) Variation der Pfade, ein Maß für das Oszillationsverhalten, unbeschränkt. Dies ist der entscheidende Grund dafür, dass die Definition eines Integralbegriffs für die Brownsche Bewegung etwas mehr Mühe bereitet, wie wir in Kapitel 14 sehen werden.

Heuristische Überlegungen zur Variation

Die Variation misst, wie stark eine Funktion auf einem Intervall oszilliert. Um dies für die Pfade einer Brownschen Bewegung $(B_t)_{t \geq 0}$ präzise zu bestimmen, betrachten wir zu einer Zerlegung

$$\Pi = \{t_0, \ldots, t_k\}, \quad 0 = t_0 < t_1 < \ldots < t_k = t,$$

des Intervalls $[0, t]$ zwei Zufallsvariablen:

$$V_t(\Pi) := \sum_{i=1}^{k} |B_{t_i} - B_{t_{i-1}}| \quad \text{sowie} \quad Q_t(\Pi) := \sum_{i=1}^{k} (B_{t_i} - B_{t_{i-1}})^2.$$

Wir interessieren uns für das Verhalten von $V_t(\Pi)$ bzw. $Q_t(\Pi)$, wenn der Feinheitsgrad $|\Pi|$ von Π,

$$|\Pi| := \max_{i=1,\ldots,k} |t_i - t_{i-1}|,$$

gegen 0 konvergiert. Die Grenzwerte

$$V_t := \lim_{|\Pi| \to 0} V_t(\Pi) \quad \text{bzw.} \quad Q_t := \lim_{|\Pi| \to 0} Q_t(\Pi)$$

bezeichnet man als lineare bzw. quadratische Variation der Pfade der Brownschen Bewegung auf dem Intervall $[0, t]$. Bevor wir die lineare und quadratische Variation der Brownschen Bewegung berechnen, wollen wir ein heuristisches Argument betrachten. $B_{t+h} - B_t$ ist $N(0, h)$-verteilt, d.h. es ist $\mathbb{E}(B_{t+h} - B_t) = 0$ und $\mathbb{E}[(B_{t+h} - B_t)^2] = h$. Damit ist $|B_{t+h} - B_t|$ im Mittel von der Größenordnung $\sqrt{h}$ und somit

$$V_t(\Pi) = \sum_{i=1}^{k} |B_{t_i} - B_{t_{i-1}}| \approx \sum_{i=1}^{k} \sqrt{t_i - t_{i-1}}.$$

Zerlegen wir das Intervall $[0, t]$ äquidistant, so ist $t_i - t_{i-1} = \frac{1}{k}$. Da $\sqrt{\frac{1}{k}}$ nicht summierbar ist, erhalten wir für eine Folge von Zerlegungen (Π_n) mit $|\Pi_n| \longrightarrow 0$

$$V_t(\Pi_n) \underset{n \to \infty}{\longrightarrow} +\infty.$$

Betrachtet man hingegen die Quadrate der Zuwächse, so sind diese entsprechend im Mittel von der Größenordnung $t_i - t_{i-1}$, und es folgt

$$Q_t(\Pi) = \sum_{i=1}^{k} (B_{t_i} - B_{t_{i-1}})^2 \approx \sum_{i=1}^{k} (t_i - t_{i-1}) = t.$$

Wir haben einleitend darauf hingewiesen, dass sich die Pfade der Brownschen Bewegung nicht sehr intuitiv verhalten. Umso erstaunlicher ist, dass unsere heuristischen Argumente für die lineare und quadratische Variation der Brownschen Bewegung zum richtigen Ergebnis führen, wie wir jetzt beweisen werden.

Die quadratische Variation

Ist (Π_n) eine Folge von Zerlegungen, die hinreichend schnell feiner wird, so dass $\sum_{n=1}^{\infty} |\Pi_n| < \infty$, so gilt die Konvergenz von $Q_t(\Pi) \longrightarrow t$ sogar fast sicher:

Satz 12.15. *Sei $(B_t)_{t \geq 0}$ eine Brownsche Bewegung und (Π_n) eine Folge von Zerlegungen des Intervalls $[0, t]$ mit $|\Pi_n| \longrightarrow 0$. Dann gilt*

$$Q_t(\Pi_n) \xrightarrow{L^2} t.$$

Ist $\sum_{n=1}^{\infty} |\Pi_n| < \infty$, so gilt sogar $Q_t(\Pi_n) \longrightarrow t$ fast sicher.

Beweis. Zunächst gilt für jede Zerlegung $\Pi_n = \{0 = t_0, \ldots, t_k = t\}$

$$\mathbb{E}[Q_t(\Pi_n)] = \sum_{i=1}^{k} \mathbb{E}[(B_{t_i} - B_{t_{i-1}})^2] = \sum_{i=1}^{k} (t_i - t_{i-1}) = t.$$

Weiter schreiben wir $Q_t(\Pi_n) - t$ als Summe unabhängiger, zentrierter Zufallsvariablen:

$$Q_t(\Pi_n) - t = \sum_{i=1}^{k} [(B_{t_i} - B_{t_{i-1}})^2 - (t_i - t_{i-1})].$$

Wegen der Unabhängigkeit dürfen wir Summe und Varianz vertauschen und erhalten:

$$
\begin{aligned}
\mathbb{E}[(Q_t(\Pi_n) - t)^2] &= \sum_{i=1}^{k} \mathbb{E}\left([(B_{t_i} - B_{t_{i-1}})^2 - (t_i - t_{i-1})]^2 \right) \\
&= \sum_{i=1}^{k} (t_i - t_{i-1})^2 \mathbb{E}\left(\left[\frac{(B_{t_i} - B_{t_{i-1}})^2}{t_i - t_{i-1}} - 1 \right]^2 \right) \\
&\leq \max_{i=1\ldots,k} |t_i - t_{i-1}| \sum_{i=1}^{k} |t_i - t_{i-1}| \mathbb{E}([Z^2 - 1]^2) \\
&\leq |\Pi_n| t \mathbb{E}([Z^2 - 1]^2),
\end{aligned}
$$

mit einer N$(0, 1)$-verteilten Zufallsvariable Z:

$$Z \stackrel{d}{=} \frac{B_{t_i} - B_{t_{i-1}}}{\sqrt{t_i - t_{i-1}}}, \quad i = 1 \ldots, k.$$

Da Z standardnormalverteilt ist, ist $\mathbb{E}(Z^n) < \infty$ für alle $n \in \mathbb{N}$ (s. Beispiel 4.24), insbesondere $\mathbb{E}([Z^2 - 1]^2) \leq C < \infty$, und es folgt

$$\mathbb{E}[(Q_t(\Pi_n) - t)^2] \leq |\Pi_n| t C \xrightarrow[n \to \infty]{} 0,$$

d.h. $Q_t(\Pi_n) \xrightarrow{L^2} t$. Gilt zusätzlich $\sum_{n=1}^{\infty} |\Pi_n| < \infty$, so folgt aus der TSCHEBYSCHEV-UNGLEICHUNG für jedes $\varepsilon > 0$:

$$\sum_{n=1}^{\infty} \mathbb{P}[|Q_t(\Pi_n) - t| > \varepsilon] \leq \sum_{n=1}^{\infty} \frac{\mathbb{E}[(Q_t(\Pi_n) - t)^2]}{\varepsilon^2}$$

$$\leq \frac{tC}{\varepsilon^2} \sum_{n=1}^{\infty} |\Pi_n| < \infty.$$

Aus dem LEMMA VON BOREL-CANTELLI folgt

$$\mathbb{P}(|Q_t(\Pi_n) - t| > \varepsilon \text{ unendlich oft}) = 0,$$

also $Q_t(\Pi_n) \longrightarrow t$ fast sicher. $\qquad\square$

Die fast sichere Konvergenz $Q_t(\Pi_n) \longrightarrow t$ gilt ebenfalls, wenn die Folge (Π_n) aufsteigend ist, d.h. wenn $\Pi_n \subset \Pi_{n+1}$ für alle $n \in \mathbb{N}_0$ gilt, s. z.B. [RY99]. Ebenso gibt es nach Satz 4.16 zu jeder Folge (Π_n) eine geeignete Teilfolge (Π_{n_k}), so dass $Q_t(\Pi_{n_k}) \xrightarrow[k\to\infty]{} t$ fast sicher konvergiert.

Die lineare Variation

Die Unbeschränktheit der linearen Variation lässt sich leicht mit der gerade gezeigten Beschränktheit der quadratischen Variation zeigen:

Satz 12.16. *Sei $(B_t)_{t\geq 0}$ eine Brownsche Bewegung und Δ_t die Menge der Zerlegungen des Intervalls $[0,t]$. Dann gilt*

$$V_t = \sup_{\Pi \in \Delta_t} V_t(\Pi) = +\infty \quad \text{fast sicher.}$$

Beweis. Sei (Π_n), $\Pi_n = \{t_0^n, \ldots, t_{k_n}^n\}$, eine Folge von Zerlegungen mit $|\Pi_n| \to 0$. Nach Satz 12.15 gilt $Q_t(\Pi_n) \xrightarrow{L^2} t$. Mit Satz 4.16 können wir (ggf. durch Übergang zu einer Teilfolge) sogar annehmen:

$$Q_t(\Pi_n) = \sum_{i=1}^{k_n} (B_{t_i^n} - B_{t_{i-1}^n})^2 \to t \text{ fast sicher.} \tag{12.4}$$

Da $(B_t)_{t\geq 0}$ fast sicher stetige Pfade hat, sind sie auf dem kompakten Intervall $[0,t]$ gleichmäßig stetig, so dass

$$\max_{i=1,\ldots,k_n} |B_{t_i^n}(\omega) - B_{t_{i-1}^n}(\omega)| \xrightarrow[n\to\infty]{} 0 \quad \text{für fast alle } \omega \in \Omega.$$

Andererseits ist

$$\sum_{i=1}^{k_n} (B_{t_i^n}(\omega) - B_{t_{i-1}^n}(\omega))^2 \leq \max_{i=1,\ldots,k_n} |B_{t_i^n}(\omega) - B_{t_{i-1}^n}(\omega)| V_t(\omega).$$

Ist $V_t(\omega) < \infty$, so konvergiert die rechte Seite gegen 0, was wegen (12.4) nur auf einer Menge vom Maß 0 möglich ist. Damit ist $V_t = +\infty$ fast sicher, wie behauptet. $\qquad\square$

Hölder-Stetigkeit

Die Pfade einer Brownschen Bewegung sind stetig. Die Hölder-Stetigkeit kann man als Maß für den Grad der Stetigkeit ansehen. Wir erinnern an die Definition:

Definition 12.17 (lokale Hölder-Stetigkeit). *Sei* $\gamma > 0$ *und* $f : [a, b] \to \mathbb{R}$ *eine Funktion.* f *heißt lokal Hölder-stetig vom Grad* γ, *falls es zu jedem* $x \in [a, b]$ *eine Umgebung* U *und ein* $c \geq 0$ *gibt, so dass*

$$|f(x) - f(y)| \leq c|x - y|^{\gamma} \quad \text{für alle } x, y \in U.$$

Die Menge aller lokal Hölder-stetigen Funktionen vom Grad γ *auf dem Intervall* $[a, b]$ *wird mit* $C^{\gamma}[a, b]$ *bezeichnet.*

Die Hölder-Stetigkeit ist ein Maß für die Glattheit einer Funktion. Jede lokal Hölder-stetige Funktion ist stetig, die Umkehrung ist im Allgemeinen falsch. Außerdem gilt offensichtlich, dass

$$C^{\gamma}[a, b] \subset C^{\delta}[a, b], \text{ wenn } \gamma > \delta. \tag{12.5}$$

Für eine Funktion ist also ein möglichst großes γ gesucht, so dass f lokal Hölder-stetig vom Grad γ ist. Als ein Beispiel erwähnen wir:

Jede differenzierbare Funktion f ist lokal Hölder-stetig vom Grad $\gamma = 1$.

Für $\gamma = 1$ ergibt sich die lokale Form der Lipschitz-Bedingung, die von jeder differenzierbaren Funktion erfüllt wird. Für $\gamma > 1$ ist der Begriff zwar formal definiert, aber uninteressant, da $f'(x) = 0$ für jedes $x \in [a, b]$ folgt und die Funktion damit konstant ist.

Wir haben bereits erwähnt, dass die Pfade der Brownschen Bewegung fast sicher nirgends differenzierbar sind. Auf Grund von (12.5) suchen wir also ein möglichst großes $\alpha < 1$, so dass die Pfade der Brownschen Bewegung für $\gamma < \alpha$ Hölder-stetig sind. Wir werden in zwei Schritten zeigen, dass $\alpha = \frac{1}{2}$ ist.

Die Hölder-Stetigkeit der Pfade für $\gamma < \frac{1}{2}$

Als ersten Schritt wollen wir zeigen, dass fast alle Pfade der Brownschen Bewegung lokal Hölder-stetig sind vom Grad $\gamma < \frac{1}{2}$. Dazu zeigen wir folgendes allgemeines Resultat:

Satz 12.18. *Es sei* $(X_t)_{t \geq 0}$ *ein stochastischer Prozess mit fast sicher stetigen Pfaden. Gibt es Konstanten* $\alpha, \beta, C > 0$ *mit*

$$\mathbb{E}(|X_t - X_s|^{\beta}) \leq C|t - s|^{1 + \alpha} \quad \text{für alle } s, t \geq 0,$$

so ist für jedes $\gamma < \frac{\alpha}{\beta}$ *fast jeder Pfad von* $(X_t)_{t \geq 0}$ *lokal Hölder-stetig vom Grad* γ.

Beweis. Sei $\gamma < \frac{\alpha}{\beta}$ und $\delta > 0$. Für jede Zufallsvariable Y und $a \geq 0$ ist

$$a^\beta \mathbb{P}(|Y| \geq a) \leq \mathbb{E}(|Y|^\beta).$$

Daher erhalten wir mit $a = ((j-i)2^{-n})^\gamma$, $Y = X_{j2^{-n}} - X_{i2^{-n}}$ und

$$A_n := \{|X_{j2^{-n}} - X_{i2^{-n}}| \geq ((j-i)2^{-n})^\gamma \text{ für } 0 \leq i, j \leq 2^n, \, 0 \leq j-i < 2^{n\delta}\} :$$

$$\mathbb{P}(A_n) \leq \sum_{\substack{0 \leq i,j \leq 2^n \\ 0 \leq j-i < 2^{n\delta}}} (j2^{-n} - i2^{-n})^{-\beta\gamma} \mathbb{E}(|X_{j2^{-n}} - X_{i2^{-n}}|^\beta), \quad n \in \mathbb{N}.$$

Nimmt j irgendeinen Wert $0 \leq j \leq 2^n$ an, so hat i höchstens $2^{n\delta}$ Möglichkeiten, die Bedingungen unter der Summe zu erfüllen. Mit anderen Worten, die Summe auf der rechten Seite erstreckt sich über höchstens $2^n 2^{n\delta}$ Paare (i,j). Wenden wir als erstes die Voraussetzung an, so erhalten wir:

$$\mathbb{P}(A_n) \leq \sum_{\substack{0 \leq i,j < 2^n \\ 0 \leq j-i < 2^{n\delta}}} (j2^{-n} - i2^{-n})^{-\beta\gamma} \cdot C(j2^{-n} - i2^{-n})^{1+\alpha}$$

$$\leq C2^n 2^{n\delta} (2^{n\delta} 2^{-n})^{1+\alpha-\beta\gamma}$$

$$= C2^{-n[(1-\delta)(1+\alpha-\beta\gamma)-(1+\delta)]} = C2^{-n\varepsilon}.$$

Dabei haben wir $\varepsilon := (1-\delta)(1+\alpha-\beta\gamma) - (1+\delta)$ gesetzt. Da $\gamma < \frac{\alpha}{\beta}$, ist $(1+\alpha-\beta\gamma) > 1$, und wir können $\delta > 0$ so klein wählen, dass $\varepsilon > 0$ ist. Dann ist aber

$$\sum_{n=1}^\infty \mathbb{P}(A_n) < \infty,$$

und damit nach dem Lemma von Borel-Cantelli

$$\mathbb{P}(\liminf A_n^c) = \mathbb{P}(A_n^c \text{ für fast alle } n) = 1.$$

Schreiben wir dies aus, so erhalten wir, dass es zu $\mathbb{P}$-fast jedem $\omega \in \Omega$ ein $N(\omega)$ gibt, so dass für alle $n \geq N(\omega)$ gilt:

$$|X_{j2^{-n}}(\omega) - X_{i2^{-n}}(\omega)| < ((j-i)2^{-n})^\gamma \text{ für alle } 0 \leq i, j < 2^n, \, 0 \leq j-i < 2^{n\delta}.$$

Auf Grund der Stetigkeit fast aller Pfade von $(X_t)_{t\geq 0}$ folgt daraus, dass

$$|X_s(\omega) - X_t(\omega)| \leq |s-t|^\gamma \text{ für alle } s, t \geq 0, \, |s-t| \leq 2^\delta.$$

Dies ist aber gerade die zu zeigende lokale Hölder-Stetigkeit vom Grad γ. $\square$

Aus dem gerade bewiesenen Resultat lässt sich die Hölder-Stetigkeit der Pfade einer Brownschen Bewegung leicht ableiten:

Satz 12.19. *Es sei $(B_t)_{t\geq 0}$ eine Brownsche Bewegung und $\gamma < \frac{1}{2}$. Dann sind fast alle Pfade von $(B_t)_{t\geq 0}$ lokal Hölder-stetig vom Grad γ.*

Beweis. Nach der Skalierungseigenschaft der Brownschen Bewegung ist für $s, t \geq 0$

$$|B_t - B_s| \stackrel{d}{=} |t - s|^{\frac{1}{2}}|Z|,$$

mit einer N(0, 1)-normalverteilten Zufallsvariable Z. Daher ist für jedes $n \in \mathbb{N}$:

$$\mathbb{E}(|B_t - B_s|^{2n}) = |t - s|^n \mathbb{E}(|Z|^{2n}) = C_n|t - s|^n,$$

mit einer nur von n abhängigen Konstanten $C_n := \mathbb{E}(|Z|^{2n}) < \infty$. Damit sind für jedes $n \geq 2$ mit $\alpha := n - 1$ und $\beta := 2n$ die Voraussetzungen des Satzes 12.18 erfüllt, d.h. die Pfade der Brownschen Bewegung sind Hölder-stetig vom Grad γ, falls $\gamma < \frac{\alpha}{\beta} = \frac{n-1}{2n}$ ist. Aus

$$\frac{\alpha}{\beta} = \frac{n-1}{2n} \xrightarrow[n \to \infty]{} \frac{1}{2}$$

folgt die Behauptung.   □

Keine Hölder-Stetigkeit für $\gamma > \frac{1}{2}$

Für $\gamma > \frac{1}{2}$ gibt es fast sicher keinen Pfad mehr, der lokal Hölder-stetig vom Grad γ ist. Genau genommen gilt eine stärkere Aussage, für die wir die Hölder-Stetigkeit in einem Punkt einführen. Eine Funktion $f : I \to \mathbb{R}$ auf einem Intervall I heißt in $x_0 \in I$ Hölder-stetig vom Grad γ, wenn es eine Umgebung U von x_0 und ein $c \geq 0$ gibt, so dass

$$|f(x) - f(y)| \leq c|x - y|^\gamma \quad \text{für alle } x, y \in U.$$

Definitionsgemäß ist eine Funktion lokal Hölder-stetig, wenn sie in jedem Punkt Hölder-stetig ist. Wir bezeichnen eine Funktion als nirgends Hölder-stetig vom Grad γ, wenn sie in keinem Punkt $x_0 \in I$ Hölder-stetig vom Grad γ ist.

Für $\gamma > \frac{1}{2}$ sind fast alle Pfade einer Brownschen Bewegung nirgends Hölder-stetig, also erst recht nicht lokal Hölder-stetig vom Grad γ. Den Beweis führen wir, wie schon die Unbeschränktheit der linearen Variation, auf die Beschränktheit der quadratischen Variation zurück. Wir haben in Satz 12.15 gezeigt, dass für jede Folge von Zerlegungen (Π_n) des Intervalls $[0, t]$ mit $|\Pi_n| \longrightarrow 0$ hinreichend schnell gilt:

$$Q_t(\Pi_n) \longrightarrow t \quad \text{fast sicher.}$$

Wegen der Markov-Eigenschaft der Brownschen Bewegung 12.8 gilt genauso für jedes Intervall $[a, b]$ und jede Folge von Zerlegungen (Π_n) des Intervalls $[a, b]$ mit $|\Pi_n| \longrightarrow 0$ hinreichend schnell:

$$Q_t(\Pi_n) \longrightarrow b - a \quad \text{fast sicher.} \tag{12.6}$$

Satz 12.20. *Es sei* $(B_t)_{t \geq 0}$ *eine Brownsche Bewegung und* $\gamma > \frac{1}{2}$. *Dann sind fast alle Pfade von* $(B_t)_{t \geq 0}$ *nirgends Hölder-stetig vom Grad* γ.

Beweis. Sei H die Menge aller $\omega \in \Omega$, deren Pfade in einem Punkt Hölder-stetig vom Grad γ sind:

$$H := \{\omega \in \Omega : \text{es gibt ein } t_0 \geq 0 \text{ mit } B_{\cdot}(\omega) \text{ Hölder-stetig vom Grad } \gamma \text{ in } t_0\}.$$

Wir zeigen, dass H eine Nullmenge ist. Sei dazu $\omega_0 \in H$ und $t_0 \geq 0$, so dass $B_{\cdot}(\omega_0)$ in t_0 Hölder-stetig vom Grad γ ist. Wir wählen eine Umgebung U und eine Konstante $c \geq 0$, so dass gilt:

$$|B_s(\omega_0) - B_t(\omega_0)| \leq c|s - t|^{\gamma} \text{ für alle } s, t \in U.$$

Für ein nichtleeres Intervall $[a, b] \subset U$ folgt:

$$|B_s(\omega_0) - B_t(\omega_0)|^2 \leq c^2|s - t|^{2\gamma} \text{ für alle } s, t \in [a, b].$$

Weiter sei (Π_n), $\Pi_n = \{a = t_0^n, t_1^n, \ldots, t_{k_n}^n = b\}$, eine Folge von Zerlegungen des Intervalls $[a, b]$, für die gemäß Satz 12.15 und unserer Vorüberlegung (12.6) gilt:

$$Q_t(\Pi_n) = \sum_{i=1}^{k_n}(B_{t_i^n} - B_{t_{i-1}^n})^2 \xrightarrow[n \to \infty]{} b - a \quad \text{fast sicher.}$$

Damit erhalten wir:

$$
\begin{aligned}
Q_t(\Pi_n)(\omega_0) &= \sum_{i=1}^{k_n}(B_{t_i^n}(\omega_0) - B_{t_{i-1}^n}(\omega_0))^2 \\
&\leq \sum_{i=1}^{k_n} c^2(t_i^n - t_{i-1}^n)^{2\gamma} \\
&= \sum_{i=1}^{k_n} c^2(t_i^n - t_{i-1}^n)^{2\gamma-1}(t_i^n - t_{i-1}^n) \\
&\leq c^2(\max_{i=1,\ldots,k_n}|t_i^n - t_{i-1}^n|)^{2\gamma-1}\sum_{i=1}^{k_n} c^2(t_i^n - t_{i-1}^n) \\
&= c^2|\Pi_n|^{2\gamma-1}(b - a) \xrightarrow[n \to \infty]{} 0,
\end{aligned}
$$

da $2\gamma - 1 > 0$. Also ist H eine Nullmenge. □

Nirgends differenzierbare Pfade

Wir haben bereits erwähnt, dass jede differenzierbare Funktion lokal Lipschitz-stetig, d.h. lokal Hölder-stetig vom Grad 1 ist. Aus dem eben bewiesenen Satz folgt damit das bekannte Resultat über die Nicht-Differenzierbarkeit der Pfade der Brownschen Bewegung. Ob die Menge der Pfade, die nirgends differenzierbar sind, eine messbare Menge bilden, scheint nicht bekannt zu sein. Daher die etwas umständliche Formulierung:

Satz 12.21. *Ist* $(B_t)_{t\geq 0}$ *eine Brownsche Bewegung, so ist fast sicher jeder Pfad nirgends differenzierbar. Genauer gilt: Es gibt ein Ereignis* $F \in \mathcal{F}$ *mit* $\mathbb{P}(F) = 1$ *und*

$$F \subset \{\omega \in \Omega : B_t(\omega) \text{ ist nirgends differenzierbar}\}.$$

Beweis. Ist $B_t(\omega)$ in einem Punkt $t_0 \geq 0$ differenzierbar, so ist $B_t(\omega)$ in t_0 Hölder-stetig vom Grad 1. Nach Satz 12.20 ist dies nur für eine Nullmenge möglich. □

In der Analysis ist eine stetige, nirgends differenzierbare Funktion eine Pathologie, die man am Rande erwähnt, um davor zu warnen, allzu leichtfertig mit der Anschauung umzugehen. Bei der Brownschen Bewegung wird diese Eigenschaft zur Regel.

12.4 Die starke Markov-Eigenschaft

Es sei $(B_t)_{t\geq 0}$ eine Brownsche Bewegung. Wir haben in Korollar 12.8 gezeigt, dass $(B_t)_{t\geq 0}$ die Markov-Eigenschaft besitzt, d.h. für festes $s \geq 0$ ist

$$Y_t := B_{s+t} - B_s, \ t \geq 0, \text{ eine Brownsche Bewegung und unabhängig von } \mathcal{F}_s.$$
$$(12.7)$$

Ziel dieses Abschnitts ist es zu zeigen, dass die obige Aussage richtig bleibt, wenn der deterministische Zeitpunkt s durch einen zufälligen Zeitpunkt τ, genauer gesagt eine Stoppzeit τ, ersetzt wird. Wie schon bei den Markov-Ketten nennt man dies die starke Markov-Eigenschaft.

Stoppzeiten in stetiger Zeit

Zur Formulierung der starken Markov-Eigenschaft benötigen wir Stoppzeiten τ, die σ-Algebra $\mathcal{F}_\tau$ der τ-Vergangenheit und die $\mathcal{F}_\tau$-Messbarkeit von X_τ jeweils in stetiger Zeit. Die Definition der Stoppzeit bezüglich einer Filtration $\mathbb{F}$ überträgt sich problemlos von der diskreten in die stetige Zeit:

Definition 12.22 (Stoppzeit bzgl. $\mathbb{F}$). *Sei* $\mathbb{F} = (\mathcal{F}_t)_{t\geq 0}$ *eine Filtration. Eine Abbildung*

$$\tau : \Omega \to [0, \infty]$$

heißt Stoppzeit bzgl. $\mathbb{F}$ oder $\mathbb{F}$-Stoppzeit, falls

$$\{\tau \leq t\} \in \mathcal{F}_t \text{ für alle } t \geq 0.$$

Beispiel 12.23 (Passierzeit). Es sei $B = (B_t)_{t \geq 0}$ eine Brownsche Bewegung und $\mathbb{F}^B$ die natürliche Filtration von B. Für $a > 0$ sei

$$\tau_a := \inf\{t > 0 : B_t = a\},$$

die erste Passierzeit von B in a. Dann ist τ_a eine Stoppzeit bezüglich $\mathbb{F}^B$. Denn es gilt

$$\{\tau_a \leq t\} = \{ \sup_{r \in \mathbb{Q}, r \leq t} B_r \geq a \} \in \mathcal{F}_t^B, \quad t \geq 0.$$

Wir werden zu einem späteren Zeitpunkt zeigen, dass τ_a fast sicher endlich ist und die Verteilung von τ_a bestimmen. ◇

Genau wie in diskreter Zeit ist für einen adaptierten Prozess $X = (X_t)_{t \geq 0}$ und eine endliche Stoppzeit τ

$$X_\tau : \Omega \to \mathbb{R}, \quad \omega \mapsto X_{\tau(\omega)}(\omega).$$

Auch die Definition der σ-Algebra der τ-Vergangenheit überträgt sich problemlos. Zu einer gegebenen Filtration $\mathbb{F}$ und Stoppzeit τ ist $\mathcal{F}_\tau$ gegeben durch

$$\mathcal{F}_\tau := \{A \in \mathcal{F} : A \cap \{\tau \leq t\} \in \mathcal{F}_t \text{ für alle } t \geq 0\}.$$

Progressive Messbarkeit

Unsere bisherige Begriffsbildung ist nur dann sinnvoll, wenn X_τ $\mathcal{F}_\tau$-messbar ist. Um dies sicherzustellen, reicht es nicht, dass X adaptiert ist. Wir benötigen einen schärferen Messbarkeitsbegriff:

Definition 12.24 (progressiv messbar). *Ein stochastischer Prozess $X = (X_t)_{t \geq 0}$ heißt (bzgl. $\mathbb{F}$) progressiv messbar, falls für jedes $t \geq 0$ die Abbildung*

$$\Omega \times [0, t] \to \mathbb{R}, \quad (\omega, s) \mapsto X_s(\omega)$$

$\mathcal{F}_t \otimes \mathcal{B}[0, t]$*-messbar ist.*

Es folgt aus Lemma 2.22, dass jeder progressiv messbare Prozess auch adaptiert ist. Umgekehrt gilt dies für rechtsseitig stetige Prozesse, wie wir im nachfolgenden Beispiel zeigen.

Beispiel 12.25. Ist X ein adaptierter rechtsstetiger oder linksstetiger Prozess, so ist X progressiv messbar. Wir zeigen dies für rechtsstetige Prozesse. Die Argumentation für linksstetige Prozesse verläuft analog. Wir definieren für ein fixiertes $t \geq 0$ eine Folge von Zufallsvariablen

$$Y_n(\omega, s) := \begin{cases} X_{(j+1)2^{-n}t}(\omega), & s \in [j2^{-n}t, (j+1)2^{-n}t[, \text{ für } j = 0, 1, \ldots, 2^n - 1, \\ X_s(\omega), & s \geq t. \end{cases}$$

Wegen der Rechtsstetigkeit der Pfade gilt dann

$$\lim_{n\to\infty} Y_n(\omega, s) = X_s(\omega), \quad (\omega, s) \in \Omega \times [0, \infty[.$$

Daher genügt es nachzuweisen, dass die Einschränkung von Y_n auf $\Omega \times [0, t]$ $\mathcal{F}_t \otimes \mathcal{B}[0, t]$-messbar ist. Sei also $B \in \mathcal{B}$, dann ist

$$\{Y_n \in B\} = \bigcup_{j=0}^{2^n-1} \left(\{X_{(j+1)2^{-n}t} \in B\} \times [j2^{-n}t, (j+1)2^{-n}t[\right) \cup \{X_t \in B\} \times \{t\}$$

$$\in \mathcal{F}_t \otimes \mathcal{B}[0, t].$$

Damit ist Y_n $\mathcal{F}_t \otimes \mathcal{B}[0, t]$-messbar. $\Diamond$

Die Messbarkeit von X_τ

Für progressive Prozesse ist X_τ $\mathcal{F}_\tau$-messbar:

Satz 12.26. *Zu einer gegebenen Filtration $\mathbb{F}$ sei $X = (X_t)_{t\geq 0}$ ein progressiv messbarer Prozess und τ eine $\mathbb{F}$-Stoppzeit. Dann ist (mit $X_\infty := 0$) X_τ $\mathcal{F}_\tau$-messbar.*

Beweis. Nach Definition von $\mathcal{F}_\tau$ ist für jedes $B \in \mathcal{B}$ und $t \geq 0$ zu zeigen:

$$\{X_\tau \in B\} \cap \{\tau \leq t\} \in \mathcal{F}_t.$$

Wegen

$$\{X_\tau \in B\} \cap \{\tau \leq t\} = \{X_{\tau \wedge t} \in B\} \cap \{\tau \leq t\}$$

und $\{\tau \leq t\} \in \mathcal{F}_t$ genügt es zu zeigen, dass $X_{\tau \wedge t}$ $\mathcal{F}_t$-messbar ist. Daher können wir wiederum annehmen, dass $\tau \leq t$ ist und zeigen, dass X_τ $\mathcal{F}_t$-messbar ist. Dazu definieren wir die Abbildung

$$\psi : \Omega \to \Omega \times [0, t], \quad \psi(\omega) := (\omega, \tau(\omega)).$$

Die Abbildung ψ ist $\mathcal{F}_t$-$\mathcal{F}_t \otimes \mathcal{B}[0, t]$-messbar, denn für jedes $A_t \in \mathcal{F}_t$ und $u \leq t$ ist $\{\tau \leq u\} \in \mathcal{F}_u \subset \mathcal{F}_t$ und daher:

$$\{\omega \in \Omega : \omega \in A_t, \tau(\omega) \leq u\} = A_t \cap \{\tau \leq u\} \in \mathcal{F}_t.$$

Nun ist $X_\tau = X \circ \psi$ die Verknüpfung einer $\mathcal{F}_t$-$\mathcal{F}_t \otimes \mathcal{B}[0, t]$-messbaren Abbildung mit einer $\mathcal{F}_t \otimes \mathcal{B}[0, t]$-$\mathcal{B}$-messbaren Abbildung und daher $\mathcal{F}_t$-$\mathcal{B}$-messbar, was zu zeigen war. $\square$

Die starke Markov-Eigenschaft

Die starke Markov-Eigenschaft ergibt sich aus der gewöhnlichen Markov-Eigenschaft (12.7) ganz formal durch Ersetzen des deterministischen Zeitpunkts s durch eine Stoppzeit τ. Die zu Grunde liegende Filtration ist die natürliche Filtration $\mathbb{F}^B$ der Brownschen Bewegung. Entsprechend ist

$$\mathcal{F}_\tau = \{A \in \mathcal{F} : A \cap \{\tau \le t\} \in \mathcal{F}_t^B, t \ge 0\}.$$

Theorem 12.27 (Starke Markov-Eigenschaft der Brownschen Bewegung). *Es sei $(B_t)_{t\ge 0}$ eine Brownsche Bewegung und τ eine fast sicher endliche $\mathbb{F}^B$-Stoppzeit. Dann ist*

$$Y_t := B_{t+\tau} - B_\tau, \ t \ge 0, \quad \text{eine Brownsche Bewegung und unabhängig von } \mathcal{F}_\tau.$$

Beweis. Wir zeigen, dass für jedes $A \in \mathcal{B}^k$ und $B \in \mathcal{F}_\tau$ gilt:

$$\begin{aligned}
\mathbb{P}([(Y_{t_1}, \ldots, Y_{t_k}) \in A] \cap B) &= \mathbb{P}[(Y_{t_1}, \ldots, Y_{t_k}) \in A]\mathbb{P}(B) \\
&= \mathbb{P}[(B_{t_1}, \ldots, B_{t_k}) \in A]\mathbb{P}(B). \quad (12.8)
\end{aligned}$$

Die behauptete Unabhängigkeit folgt aus der ersten Gleichung. Setzen wir $B = \Omega$, so folgt aus der Gleichheit des ersten und dritten Terms, dass $(Y_t)_{t\ge 0}$ und $(B_t)_{t\ge 0}$ die gleichen endlich-dimensionalen Verteilungen haben. Da fast alle Pfade von (Y_t) stetig sind, folgt damit, dass $(Y_t)_{t\ge 0}$ ebenfalls eine Brownsche Bewegung ist. Um (12.8) zu zeigen, gehen wir in zwei Schritten vor:

1. Schritt: τ nimmt nur abzählbar viele Werte $(s_n)_{n\in\mathbb{N}}$ an. Die Strategie für diesen Fall kennen wir bereits: Aufteilen der Aussage auf $\tau = s_n$, gewöhnliche Markov-Eigenschaft anwenden und die Teile wieder zusammenfügen: Ist $B \in \mathcal{F}_\tau$, so ist $B \cap \{\tau = s_n\} \in \mathcal{F}_{s_n}$ und auf $\{\tau = s_n\}$ stimmen $(Y_t)_{t\ge 0}$ und $\tilde{Y}_t := B_{t+s_n} - B_{s_n}$, $t \ge 0$, überein. Daher erhalten wir, indem wir (12.7) auf $(\tilde{Y}_t)_{t\ge 0}$ anwenden:

$$\begin{aligned}
\mathbb{P}([(Y_{t_1}, \ldots, Y_{t_k}) \in A] \cap B) &= \sum_{n=1}^\infty \mathbb{P}([(Y_{t_1}, \ldots, Y_{t_k}) \in A] \cap B \cap \{\tau = s_n\}) \\
&= \sum_{n=1}^\infty \mathbb{P}([(\tilde{Y}_{t_1}, \ldots, \tilde{Y}_{t_k}) \in A] \cap B \cap \{\tau = s_n\}) \\
&= \sum_{n=1}^\infty \mathbb{P}[(B_{t_1}, \ldots, B_{t_k}) \in A]\mathbb{P}(B \cap \{\tau = s_n\}) \\
&= \mathbb{P}[(B_{t_1}, \ldots, B_{t_k}) \in A]\mathbb{P}(B).
\end{aligned}$$

Das ist gerade die behauptete Gleichheit des ersten und dritten Terms in (12.8). Setzen wir $B = \Omega$, folgt die Gleichheit des mittleren Ausdrucks mit den beiden anderen.

2. Schritt: τ beliebig. In diesem Fall approximieren wir τ durch eine Folge von Stoppzeiten, die abzählbar viele Werte annehmen. Sei dazu

$$\tau_n := \sum_{k=0}^{\infty} \frac{(k+1)}{2^n} I_{\{k2^{-n} \leq \tau < (k+1)2^{-n}\}}, \quad n \in \mathbb{N}_0,$$

und $\tau_n(\omega) = \infty$, falls $\tau(\omega) = \infty$. Die τ_n sind Stoppzeiten, denn für jedes $t \geq 0$ gilt:

$$\{\tau_n \leq t\} = \bigcup_{\substack{k \in \mathbb{N}_0 \\ (k+1)2^{-n} \leq t}} \{k2^{-n} \leq \tau < (k+1)2^{-n}\}.$$

Da τ eine Stoppzeit ist, ist jede der Mengen auf der rechten Seite in $\mathcal{F}_{(k+1)2^{-n}}$ und somit in $\mathcal{F}_t$. Nach Konstruktion ist $\tau \leq \tau_n$ und damit $\mathcal{F}_\tau \subset \mathcal{F}_{\tau_n}$ für alle $n \in \mathbb{N}_0$. Setzen wir für jedes $n \in \mathbb{N}_0$

$$Y_t^n := B_{\tau_n+t} - B_{\tau_n}, \quad t \geq 0,$$

so können wir wegen des bereits bewiesenen Falls und mit $B \in \mathcal{F}_\tau \subset \mathcal{F}_{\tau_n}$ schließen:

$$\mathbb{P}([(Y_{t_1}^n, \ldots, Y_{t_k}^n) \in A] \cap B) = \mathbb{P}[(B_{t_1}, \ldots, B_{t_k}) \in A]\mathbb{P}(B). \tag{12.9}$$

Aus $\tau_n \downarrow \tau$ und der Stetigkeit der Pfade von $(Y_t^n)_{t\geq 0}$ folgt

$$Y_t^n \longrightarrow Y_t \quad \text{fast sicher.}$$

Aus der fast sicheren Konvergenz folgt insbesondere die Konvergenz in Verteilung, so dass wir aus (12.9) schließen können:

$$\mathbb{P}([(Y_{t_1}, \ldots, Y_{t_k}) \in A] \cap B) = \mathbb{P}[(B_{t_1}, \ldots, B_{t_k}) \in A]\mathbb{P}(B).$$

Wieder folgt die Gleichheit mit dem mittleren Term in (12.8) durch Einsetzen von $B = \Omega$. $\qquad \square$

Das Reflektionsprinzip - heuristisch

Eine bekannte Anwendung der starken Markov-Eigenschaft ist das so genannte Reflektionsprinzip. Wir wollen das Reflektionsprinzip zunächst heuristisch herleiten. Sei dazu $(B_t)_{t\geq 0}$ eine Brownsche Bewegung und für ein $a > 0$

$$\tau_a := \inf\{t \geq 0 : B_t = a\}$$

die erste Passierzeit von $(B_t)_{t\geq 0}$ in a. Was können wir über die Verteilungsfunktion $\mathbb{P}(\tau_a \leq t)$ sagen? Dazu betrachten wir alle Pfade, die irgendwann vor dem Zeitpunkt t das Niveau a erreicht haben. Bis zum Zeitpunkt t kann sie ihr Weg zu einem Punkt oberhalb oder unterhalb von a geführt haben:

$$\mathbb{P}(\tau_a \leq t) = \mathbb{P}(\tau_a \leq t, B_t \geq a) + \mathbb{P}(\tau_a \leq t, B_t \leq a).$$

Nun ist offensichtlich $\mathbb{P}(\tau_a \leq t, B_t \geq a) = \mathbb{P}(B_t \geq a)$. Nimmt ein Pfad hingegen nach Erreichen des Niveaus a einen Weg bis zum Zeitpunkt t, der zu einem

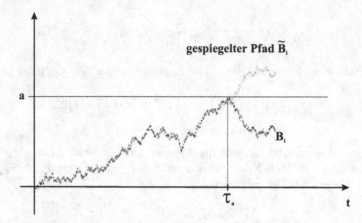

Abbildung 12.1. Das Reflektionsprinzip für die Brownsche Bewegung

Punkt unterhalb von a führt, so gibt es dazu einen am Niveau a gespiegelten Pfad, siehe Abbildung 12.1, der oberhalb von a landet.

Beide Pfade haben wegen der Symmetrie der Brownschen Bewegung, die in a neu startet, die gleiche „Wahrscheinlichkeit". Daher ergibt sich

$$\mathbb{P}(\tau_a \leq t, B_t \leq a) = \mathbb{P}(\tau_a \leq t, B_t \geq a) = \mathbb{P}(B_t \geq a)$$

und damit insgesamt für die Verteilung von τ_a:

$$\mathbb{P}(\tau_a \leq t) = 2\mathbb{P}(B_t \geq a).$$

Dieses Ergebnis ist in der Tat richtig, wie wir als nächstes beweisen werden. Die obige Argumentation ist aus zwei Gründen heuristisch. Zum einen hat jeder einzelne Pfad genau wie sein gespiegeltes Abbild die Wahrscheinlichkeit 0. Zum anderen wäre es selbst bei positiver Wahrscheinlichkeit für einzelne Pfade nicht klar, welches „Symmetrie-Argument" der Brownschen Bewegung im Niveau a genau Verwendung findet.

Das Reflektionsprinzip - exakt

Der Beweis des Reflektionsprinzips folgt aus der starken Markov-Eigenschaft. Wir zeigen zunächst die folgende Aussage, die man sich ebenfalls an der Abbildung 12.1 veranschaulichen kann.

Satz 12.28. *Sei* $(B_t)_{t \geq 0}$ *eine Brownsche Bewegung,* $a > 0$, *und* $\tau_a := \inf\{t > 0 : B_t = a\}$ *die Passierzeit von* $(B_t)_{t \geq 0}$ *durch* a. *Dann ist der stochastische Prozess*

$$\tilde{B}_t := \begin{cases} B_t & \text{für } t \leq \tau_a, \\ 2a - B_t & \text{für } t > \tau_a, \end{cases}$$

ebenfalls eine Brownsche Bewegung.

Beweis. Sei $Y_t := B_{\tau_a + t} - B_{\tau_a}$, $t \geq 0$. Nach der starken Markov-Eigenschaft 12.27 und Satz 12.7 gilt

$$Y_t \stackrel{d}{=} -Y_t \stackrel{d}{=} B_t,$$

und $(Y_t)_{t \geq 0}$ ist unabhängig von $\mathcal{F}_{\tau_a}$. Damit ist $(Y_t)_{t \geq 0}$ insbesondere unabhängig von den $\mathcal{F}_{\tau_a}$-messbaren Zufallsvariablen τ_a und B^{τ_a}, dem gestoppten Prozess $(B^{\tau_a})_t = B_{\tau_a \wedge t}$, so dass die folgenden Prozesse die gleiche Verteilung haben:

$$(B^{\tau_a}, \tau_a, Y_t) \stackrel{d}{=} (B^{\tau_a}, \tau_a, -Y_t) \tag{12.10}$$

Bezeichnen wir mit $C[0, \infty[$ die stetigen Funktionen auf $[0, \infty[$ und setzen $C_0 := \{g \in C[0, \infty[: g(0) = 0\}$, so ist die Abbildung ψ,

$$\psi : C[0, \infty[\times [0, \infty[\times C_0 \to C[0, \infty[,$$

$$\psi(f, t_0, g) := \begin{cases} f(t) & \text{für } t \leq t_0, \\ f(t_0) + g(t - t_0) & \text{für } t > t_0, \end{cases}$$

sinnvoll definiert. Durch Anwenden von ψ auf (12.10) erhalten wir wieder zwei Prozesse mit den gleichen Verteilungen:

$$\psi(B^{\tau_a}, \tau_a, Y_t) \stackrel{d}{=} \psi(B^{\tau_a}, \tau_a, -Y_t).$$

Auf der linken Seite steht der Prozess $(B_t)_{t \geq 0}$:

$$\psi(B^{\tau_a}, \tau_a, Y_t) = \begin{cases} B_t & \text{für } t \leq \tau_a, \\ B_{\tau_a} + Y_{t - \tau_a} = B_{\tau_a} + B_{\tau_a + t - \tau_a} - B_{\tau_a} & \text{für } t > \tau_a, \end{cases}$$
$$= B_t.$$

Auf der rechten Seite steht der Prozess $(\tilde{B}_t)_{t \geq 0}$, da $B_{\tau_a} = a$:

$$\psi(B^{\tau_a}, \tau_a, -Y_t) = \begin{cases} B_t & \text{für } t \leq \tau_a, \\ B_{\tau_a} - Y_{t - \tau_a} = B_{\tau_a} - B_{\tau_a + t - \tau_a} + B_{\tau_a} & \text{für } t > \tau_a, \end{cases}$$

$$= \begin{cases} B_t & \text{für } t \leq \tau_a, \\ 2a - B_t & \text{für } t > \tau_a, \end{cases}$$
$$= \tilde{B}_t.$$

Damit haben die stochastischen Prozesse $(\tilde{B}_t)$ und (B_t) die gleiche Verteilung, und die Beobachtung, dass $(\tilde{B}_t)$ mit Wahrscheinlichkeit 1 stetige Pfade hat, beendet den Beweis. □

Jetzt können wir die heuristisch bereits begründete Gleichheit $\mathbb{P}(\tau_a \leq t, B_t \leq a) = \mathbb{P}(\tau_a \leq t, B_t \geq a)$ exakt beweisen:

Theorem 12.29 (Reflektionsprinzip). *Sei $(B_t)_{t \geq 0}$ eine Brownsche Bewegung, $a > 0$, und $\tau_a := \inf\{t > 0 : B_t = a\}$ die Passierzeit von $(B_t)_{t \geq 0}$ durch a. Dann gilt:*

$$\mathbb{P}(\tau_a \leq t) = 2\mathbb{P}(B_t \geq a) = \mathbb{P}(|B_t| \geq a).$$

Beweis. Sei $(\tilde{B}_t)_{t \geq 0}$ der Prozess aus Satz 12.28 und $\tau_a^* := \inf\{t > 0 : \tilde{B}_t = a\}$. Da $B_t \stackrel{d}{=} \tilde{B}_t$ für alle $t \geq 0$, ist $\tau_a = \tau_a^*$ fast sicher, und wir erhalten:

$$
\begin{aligned}
\mathbb{P}(\tau_a \leq t, B_t \leq a) &= \mathbb{P}(\tau_a \leq t, \tilde{B}_t \leq a) \\
&= \mathbb{P}(\tau_a \leq t, 2a - B_t \leq a) = \mathbb{P}(\tau_a \leq t, B_t \geq a).
\end{aligned}
$$

Da $\{\tau_a \leq t\} \subset \{B_t \geq a\}$, folgt weiter:

$$
\begin{aligned}
\mathbb{P}(\tau_a \leq t) &= \mathbb{P}(\tau_a \leq t, B_t \leq a) + \mathbb{P}(\tau_a \leq t, B_t \geq a) \\
&= 2\mathbb{P}(\tau_a \leq t, B_t \geq a) = 2\mathbb{P}(B_t \geq a),
\end{aligned}
$$

was wir zeigen wollten. Die zweite Gleichheit folgt unmittelbar aus der Symmetrie der Normalverteilung. □

Die Verteilung des Maximums

Ist $(B_t)_{t \geq 0}$ eine Brownsche Bewegung, so bezeichnen wir mit

$$B_t^* := \max_{0 \leq s \leq t} B_s, \quad t \geq 0,$$

den Prozess, der das Maximum auf dem Intervall $[0, t]$ beschreibt. Wir haben im Beweis des starken Gesetzes der großen Zahlen für die Brownsche Bewegung, Satz 12.9, bereits verwendet, dass B_1^* die gleiche Verteilung hat wie $|B_1|$. Wir holen den Beweis jetzt nach. Die entscheidende Verbindung zum Reflektionsprinzip besteht in der Beobachtung, dass

$$\{\tau_a \leq t\} = \{B_t^* \geq a\}$$

gilt.

Satz 12.30. *Es sei $(B_t)_{t \geq 0}$ eine Brownsche Bewegung und $B_t^* := \max_{0 \leq s \leq t} B_s$. Für jedes $t \geq 0$ haben die Zufallsvariablen $|B_t|$, B_t^* und $Y_t := B_t^* - B_t$ dieselbe Verteilung.*

Beweis. Da $\{\tau_a \leq t\} = \{B_t^* \geq a\}$ für jedes $a > 0$, folgt unmittelbar aus dem Reflektionsprinzip 12.29, dass

$$\mathbb{P}(B_t^* \geq a) = \mathbb{P}(\tau_a \leq t) = \mathbb{P}(|B_t| \geq a).$$

Somit haben B_t^* und $|B_t|$ die gleiche Verteilung. Für Y_t betrachten wir für fixiertes t den zeit-umgekehrten Prozess $X_s := B_{t-s} - B_t$, $s \leq t$, von dem wir nach Satz 12.7 wissen, dass es sich um eine Brownsche Bewegung auf dem Intervall $[0, t]$ handelt. Daher gilt nach dem bereits Bewiesenen $\max_{0 \leq s \leq t} X_s \stackrel{d}{=} |X_t|$, und wir erhalten:

$$Y_t = B_t^* - B_t = \max_{0 \leq s \leq t} B_s - B_t = \max_{0 \leq s \leq t} (B_{t-s} - B_t)$$

$$= \max_{0 \leq s \leq t} X_s \stackrel{d}{=} |X_t| \stackrel{d}{=} |B_t|.$$

$\square$

Die Gleichheit der Verteilungen $B_t^* \stackrel{d}{=} |B_t|$ gilt nur für fest gewähltes $t \geq 0$, nicht etwa für die Prozesse. So ist (B_t^*) fast sicher monoton wachsend, $(|B_t|)$ offenbar nicht.

12.5 Anwendung numerische Mathematik: Globale Minimierung

Viele Fragestellungen aus Wirtschaft und Technik führen auf globale Optimierungsprobleme: Von einer Zielgröße, die im Allgemeinen von sehr vielen Variablen abhängt, soll das absolute Maximum oder das absolute Minimum bestimmt werden. Wir beschreiben in diesem Abschnitt ein Verfahren zur Bestimmung solcher Extrema. Beispiele für industrielle Optimierungsprobleme sind am Ende dieses Abschnitts aufgeführt.

Zielfunktionen und ihre globalen Minima

Gegeben ist eine zweimal stetig differenzierbare Funktion

$$f : \mathbb{R}^k \to \mathbb{R}.$$

Die Funktion f wird als Zielfunktion bezeichnet. Sie soll stets die folgende **Bedingung A** erfüllen (wobei $\nabla f(\mathbf{x})$ den Gradienten von f an der Stelle $\mathbf{x}$ bezeichnet):

Bedingung A:

Es existiert ein $\varepsilon > 0$ derart, dass

$$\mathbf{x}^\top \nabla f(\mathbf{x}) \geq \frac{1 + k\varepsilon^2}{2} \max(1, \|\nabla f(\mathbf{x})\|_2)$$

für alle $\mathbf{x} \in \mathbb{R}^k \backslash \{\mathbf{x} \in \mathbb{R}^k : \|\mathbf{x}\|_2 \leq r\}$ mit festem, aber beliebigem $r > 0$.

Diese Bedingung A legt das Verhalten der Funktion f nur „im Unendlichen" fest und garantiert, dass es ein $\mathbf{x}^* \in \mathbb{R}^k$ gibt mit:

$$f(\mathbf{x}^*) \leq f(\mathbf{x}) \quad \text{für alle } \mathbf{x} \in \mathbb{R}^k.$$

Ein solcher Wert $\mathbf{x}^*$ heißt globaler Minimierer. Gesucht ist ein Algorithmus zur Berechnung von $\mathbf{x}^*$. Dank Bedingung A gibt es einen geeigneten Wahrscheinlichkeitsraum $(\Omega, \mathcal{S}, \mathbb{P})$ und zu jedem $\varepsilon > 0$ aus Bedingung A eine Zufallsvariable

$$X_\varepsilon : \Omega \to \mathbb{R}^k,$$

deren Verteilung durch die Lebesgue-Dichte

$$d : \mathbb{R}^k \to \mathbb{R}, \quad \mathbf{x} \mapsto \frac{\exp(\frac{-2(f(\mathbf{x})-f(\mathbf{x}^*))}{\varepsilon^2})}{\int \exp(\frac{-2(f(\mathbf{x})-f(\mathbf{x}^*))}{\varepsilon^2})d\mathbf{x}}$$

gegeben ist. Diese Lebesgue-Dichte d besitzt nun die interessante Eigenschaft, dass sie an den Stellen ihr globales Maximum annimmt, an denen die Zielfunktion f ihr globales Minimum annimmt. Könnte man also mit einem Computer Pseudozufallsvektoren erzeugen, die als Realisierungen der Zufallsvariablen X_ε für ein entsprechendes $\varepsilon > 0$ interpretiert werden können, so könnte man auf Grund der obigen Eigenschaft von d davon ausgehen, dass sich ein großer Anteil dieser Realisierungen in geeigneten Umgebungen globaler Minimierer von f befindet. Auf dieser Grundidee basiert eine spezielle Methode zur globalen Minimierung, die im Folgenden vorgestellt werden soll. Diese Methode wurde erstmals 1993 untersucht und unter verschiedenen Gesichtspunkten (Parallelisierung, große Probleme, Nebenbedingungen) weiterentwickelt (vgl. z.B. [RS94] und [Sch95]).

Die Integralgleichung (I_ε)

Als Grundlage für das zu betrachtende Minimierungsverfahren dient für jedes $\varepsilon > 0$ aus Bedingung A die folgende Integralgleichung, die wir mit (I_ε) bezeichnen:

$$(I_\varepsilon) : \; X_{\mathbf{x}_0}^\varepsilon(\omega, t) = \mathbf{x}_0 - \int\limits_0^t \nabla f(X_{\mathbf{x}_0}^\varepsilon(\omega, \tau))d\tau + \varepsilon B_t(\omega),$$

wobei $(B_t)_{t \geq 0}$ eine k-dimensionale Brownsche Bewegung darstellt[1]. Die Idee, die sich hinter der Integralgleichung (I_ε) verbirgt, ist eine Überlagerung der klassisch betrachteten Kurve des steilsten Abstiegs

$$\mathbf{x}_0 - \int\limits_0^t \nabla f(X(\mathbf{x}_0, \tau))d\tau,$$

und einer rein zufälligen Suche

---

[1] Eine k-dimensionale Brownsche Bewegung ist ein k-dimensionaler stochastischer Prozess, dessen Koordinationfunktionen (ein-dimensionale) Brownsche Bewegungen und unabhängig sind.

$$\mathbf{x}_0 + B_t(\bar{\omega}) - B_0(\bar{\omega}),$$

die mit dem Faktor ε gewichtet werden. Untersucht man nun die Integralgleichungen (I_ε) mit der oben betrachteten Zielfunktion f, so lassen sich für jedes $\varepsilon > 0$ aus Bedingung A und für jeden Vektor $\mathbf{x}_0 \in \mathbb{R}^k$ die folgenden Aussagen beweisen:

- Es existiert genau eine Abbildung $X_{\mathbf{x}_0}^\varepsilon \colon \Omega \times \mathbb{R}_+ \to \mathbb{R}^k$, die die Integralgleichung (I_ε) löst.
- Für jedes $\omega \in \Omega$ ist $X_{\mathbf{x}_0}^\varepsilon(\omega, \bullet) \colon \mathbb{R}_+ \to \mathbb{R}^k$ eine stetige Funktion.
- Die Zufallsvariablen $X_{\mathbf{x}_0}^\varepsilon(\bullet, t)$ konvergieren für $t \to \infty$ in Verteilung gegen eine k-dimensionale reelle Zufallsvariable X_ε, deren Verteilung durch die Lebesgue-Dichte:

$$d : \mathbb{R}^k \to \mathbb{R}, \quad \mathbf{x} \mapsto \frac{\exp(\frac{-2(f(\mathbf{x})-f(\mathbf{x}^*))}{\varepsilon^2})}{\int \exp(\frac{-2(f(\mathbf{x})-f(\mathbf{x}^*))}{\varepsilon^2})d\mathbf{x}}$$

gegeben ist. Es ist wichtig festzuhalten, dass diese Lebesgue-Dichte nicht mehr vom gewählten Startpunkt $\mathbf{x}_0$ abhängt.
- Betrachtet man zu jeder δ-Kugel

$$K_{\delta,\mathbf{x}^*} := \{\mathbf{x} \in \mathbb{R}^k : \|\mathbf{x} - \mathbf{x}^*\|_2 \le \delta\}, \quad \delta > 0,$$

um einen globalen Minimierer $\mathbf{x}^*$ von f und zu jedem $\omega \in \Omega$ die Stoppzeit

$$s_{\delta,\mathbf{x}^*} : \Omega \to \mathbb{R}_+ \cup \{\infty\},$$
$$\omega \mapsto s_{\delta,\mathbf{x}^*}(\omega) := \inf_{t \ge 0}\{X_{\mathbf{x}_0}^\varepsilon(\omega, t) \in K_{\delta,\mathbf{x}^*}\},$$

bei der die Funktion $X_{\mathbf{x}_0}^\varepsilon(\omega, \bullet) : \mathbb{R}_+ \to \mathbb{R}^k$ zum ersten Mal die Kugel $K_{\delta,\mathbf{x}^*}$ schneidet, so lässt sich für alle $\delta > 0$ und für jeden globalen Minimierer $\mathbf{x}^*$ zeigen:

$$s_{\delta,\mathbf{x}^*} < \infty \quad \text{fast sicher.}$$

Somit führt ($\mathbb{P}$-)fast jede Funktion $X_{\mathbf{x}_0}^\varepsilon(\omega, \bullet) : \mathbb{R}_+ \to \mathbb{R}^k$ mit einem endlichen Wert t beliebig nahe an einen globalen Minimierer von f. Es genügt daher, für einen beliebig gewählten Startpunkt $\mathbf{x}_0$ aus der Lösung $X_{\mathbf{x}_0}^\varepsilon$ der Integralgleichung (I_ε) einen Pfad $X_{\mathbf{x}_0}^\varepsilon(\omega, \bullet) : \mathbb{R}_+ \to \mathbb{R}^k$ numerisch zu berechnen.

Die Beweise zu den eben betrachteten Eigenschaften der Lösung $X_{\mathbf{x}_0}^\varepsilon$ der Integralgleichung (I_ε) werden mit Methoden der stochastischen Analysis geführt.

Ein semi-implizites Eulerverfahren

Ausgehend von einem Punkt $\mathbf{x}_0 \in \mathbb{R}^k$, der als Lösung der Integralgleichung (I_ε) zum Zeitpunkt t $= \bar{t}$ für $\omega = \bar{\omega}$ interpretiert wird, betrachten wir nun das

semi-implizite Eulerverfahren zur Berechnung der Lösung $X^{\varepsilon}_{\mathbf{x}_0}(\bar{\omega}, \bar{t} + h)$ von
(I_{ε}) an der Stelle $\bar{t} + h$, $h > 0$, für festes $\bar{\omega} \in \Omega$:

$$X^{\varepsilon}_{\mathbf{x}_0}(\bar{\omega}, \bar{t} + h) = \mathbf{x}_0 - \int\limits_{\bar{t}}^{\bar{t}+h} \nabla f(X^{\varepsilon}_{\mathbf{x}_0}(\bar{\omega}, \tau)) d\tau + \varepsilon(B_{\bar{t}+h}(\bar{\omega}) - B_{\bar{t}}(\bar{\omega})).$$

Eine numerische Approximation für $X^{\varepsilon}_{\mathbf{x}_0}(\bar{\omega}, \bar{t} + h)$ wird folgendermaßen berechnet: Zunächst werden durch einen Zufallsgenerator zwei $N(0, \mathbf{I}_k)$ normalverteilte Pseudozufallsvektoren n_1 und n_2 erzeugt. Eine erste Approximation für $X^{\varepsilon}_{\mathbf{x}_0}(\bar{\omega}, \bar{t} + h)$ erhält man durch

$$\bar{X}^{\varepsilon}_{\mathbf{x}_0}(\bar{\omega}, \bar{t} + h) := \mathbf{x}_0 - (\mathbf{I}_k + h\nabla^2 f(\mathbf{x}_0))^{-1} \left(h\nabla f(\mathbf{x}_0) - \varepsilon\sqrt{\frac{h}{2}}(n_1 + n_2) \right),$$

wobei darauf zu achten ist, dass h so gewählt sein muss, dass die Matrix

$$(\mathbf{I}_k + h\nabla^2 f(\mathbf{x}_0))$$

positiv definit ist (man startet etwa mit $h = 1$ und halbiert h so lange, bis diese Bedingung erfüllt ist). Die Matrix $\nabla^2 f(\mathbf{x})$ bezeichnet dabei die Hessematrix von f an der Stelle $\mathbf{x}$. Schließlich errechnet man eine zweite Approximation $\tilde{X}^{\varepsilon}_{\mathbf{x}_0}(\bar{\omega}, \bar{t} + h)$ für $X^{\varepsilon}_{\mathbf{x}_0}(\bar{\omega}, \bar{t} + h)$ durch zwei $\frac{h}{2}$-Schritte

$$\tilde{X}^{\varepsilon}_{\mathbf{x}_0}(\bar{\omega}, \bar{t} + h) := \tilde{X}^{\varepsilon}_{\mathbf{x}_0}(\bar{\omega}, \bar{t} + \frac{h}{2})$$

$$- \left(\mathbf{I}_k + \frac{h}{2}\nabla^2 f(\tilde{X}^{\varepsilon}_{\mathbf{x}_0}(\bar{\omega}, \bar{t} + \frac{h}{2})) \right)^{-1} \left(\frac{h}{2}\nabla f(\tilde{X}^{\varepsilon}_{\mathbf{x}_0}(\bar{\omega}, \bar{t} + \frac{h}{2})) - \varepsilon\sqrt{\frac{h}{2}} n_2 \right),$$

wobei

$$\tilde{X}^{\varepsilon}_{\mathbf{x}_0}(\bar{\omega}, \bar{t} + \frac{h}{2}) := \mathbf{x}_0 - \left(\mathbf{I}_k + \frac{h}{2}\nabla^2 f(\mathbf{x}_0) \right)^{-1} \left(\frac{h}{2}\nabla f(\mathbf{x}_0) - \varepsilon\sqrt{\frac{h}{2}} n_1 \right).$$

Ist nun die euklidische Norm der Differenz

$$\tilde{X}^{\varepsilon}_{\mathbf{x}_0}(\bar{\omega}, \bar{t} + h) - \bar{X}^{\varepsilon}_{\mathbf{x}_0}(\bar{\omega}, \bar{t} + h)$$

kleiner als eine vorgegebene Schranke ζ, so wird $\tilde{X}^{\varepsilon}_{\mathbf{x}_0}(\bar{\omega}, \bar{t} + h)$ als Approximation für $X^{\varepsilon}_{\mathbf{x}_0}(\bar{\omega}, \bar{t} + h)$ akzeptiert, und im nächsten Schritt ist der Startpunkt gleich $\tilde{X}^{\varepsilon}_{\mathbf{x}_0}(\bar{\omega}, \bar{t} + h)$ und $\bar{t}$ gleich $\bar{t} + h$. Falls diese Norm zu groß ist, wird h halbiert, und die Berechnungen beginnen neu. Auf Grund der Erzeugung der Zufallsvektoren n_1 und n_2 übernimmt der Computer die Wahl von $\bar{\omega} \in \Omega$.

Zur Wahl des Gewichtungsfaktors ε

Die Wahl des Parameters ε hat im Rahmen von Bedingung A heuristisch zu erfolgen und wird durch Beobachtung der berechneten Iterationspunkte nach folgenden Kriterien vorgenommen:

- Zeigt sich bei der Betrachtung der bisher berechneten Iterationspunkte, dass bei der numerischen Lösung von (I_ε) die Kurve des steilsten Abstiegs

$$X(\mathbf{x}_0, t) = \mathbf{x}_0 - \int_0^t \nabla f(X(\mathbf{x}_0, \tau))d\tau$$

  dominant ist, so ist ε zu erhöhen.
- Zeigt sich bei der Betrachtung der bisher berechneten Iterationspunkte, dass bei der numerischen Lösung von (I_ε) die Zufallssuche

$$X(\mathbf{x}_0, \bar{\omega}, t) = \mathbf{x}_0 + B_t(\bar{\omega}) - B_0(\bar{\omega})$$

  dominant ist, so ist ε zu verringern.

Der folgende Algorithmus beschreibt die numerische Approximation der Funktion $X_{\mathbf{x}_0}^\varepsilon(\bar{\omega}, \bullet) : \mathbb{R}_+ \to \mathbb{R}^k$ mit einem semi-impliziten Eulerverfahren. Selbstverständlich können auch andere numerische Verfahren zur Lösung von Anfangswertproblemen für die numerische Behandlung von (I_ε) angewendet werden. Allerdings hat sich das semi-implizite Eulerverfahren für die unterschiedlichsten Anwendungen sehr bewährt. In der Praxis wird man sich eine feste Zahl N von zu berechnenden Punkten vorgeben. Der Punkt mit dem kleinsten Funktionswert dient dann als Startpunkt für eine lokale Minimierung von f.

Ein Algorithmus

Bei der nun folgenden algorithmischen Formulierung des semi-impliziten Eulerverfahrens zur numerischen Approximation der Funktion

$$X_{\mathbf{x}_0}^\varepsilon(\bar{\omega}, \bullet) : \mathbb{R}_+ \to \mathbb{R}^k$$

wird von keiner festen Anzahl von zu berechnenden Punkten ausgegangen. Ferner wird vorausgesetzt, dass ein festes $\varepsilon > 0$ gemäß Bedingung A gewählt wurde.

Semi-implizites Eulerverfahren zur globalen Minimierung

Schritt 0:(Initialisierung)

Wähle $\mathbf{x}_0$, ε und ζ,
j := 0,
gehe zu Schritt 1.

Schritt 1:(Ableitungen)

h := 1.
Berechne $\nabla f(\mathbf{x}_j)$ und $\nabla^2 f(\mathbf{x}_j)$,
gehe zu Schritt 2.

Schritt 2:(Simulation)

Berechne Realisierungen n_1 und n_2 zweier unabhängiger, $N(0, \mathbf{I}_k)$ normalverteilter Zufallsvektoren,
gehe zu Schritt 3.

Schritt 3:(Cholesky-Zerlegung)

Berechne $\mathbf{L} \in \mathbb{R}^{k,k}$ mit

$$\mathbf{L}\mathbf{L}^T = \mathbf{I}_k + h\nabla^2 f(\mathbf{x}_j).$$

Ist $\mathbf{I}_k + h\nabla^2 f(\mathbf{x}_j)$ positiv definit, dann gehe zu Schritt 4.
Sonst: $h := \frac{h}{2}$, gehe zu Schritt 3.

Schritt 4:(Berechnung von $\mathbf{x}_{j+1}^* := \bar{X}_{\mathbf{x}_0}^\varepsilon(\bar{\omega}, \bar{t} + h)$)

Berechne $\mathbf{x}_{j+1}^*$ durch

$$\mathbf{L}\mathbf{L}^T \mathbf{x}_{j+1}^* = h\nabla f(\mathbf{x}_j) - \varepsilon\sqrt{\frac{h}{2}}(n_1 + n_2)$$
$$\mathbf{x}_{j+1}^* := \mathbf{x}_j - \mathbf{x}_{j+1}^*,$$

gehe zu Schritt 5.

Schritt 5:(Cholesky-Zerlegung)

Berechne $\mathbf{L} \in \mathbb{R}^{k,k}$ mit

$$\mathbf{L}\mathbf{L}^T = \mathbf{I}_k + \frac{h}{2}\nabla^2 f(\mathbf{x}_j)$$

gehe zu Schritt 6.

Schritt 6:(Berechnung von $\mathbf{x}_{j+1}^1 := \tilde{X}_{\mathbf{x}_0}^\varepsilon(\bar{\omega}, \bar{t} + \frac{h}{2})$)

Berechne $\mathbf{x}_{j+1}^1$ durch

$$\mathbf{L}\mathbf{L}^T \mathbf{x}_{j+1}^1 = \frac{h}{2}\nabla f(\mathbf{x}_j) - \varepsilon\sqrt{\frac{h}{2}}n_1$$
$$\mathbf{x}_{j+1}^1 := \mathbf{x}_j - \mathbf{x}_{j+1}^1,$$

gehe zu Schritt 7.

Schritt 7:(Ableitungen)

Berechne $\nabla f(\mathbf{x}_{j+1}^1)$ und $\nabla^2 f(\mathbf{x}_{j+1}^1)$,
gehe zu Schritt 8.

Schritt 8:(Cholesky-Zerlegung)

Berechne $\mathbf{L} \in \mathbb{R}^{k,k}$ mit

$$\mathbf{L}\mathbf{L}^T = \mathbf{I}_k \; + \; \frac{h}{2}\nabla^2 f(\mathbf{x}_{j+1}^1).$$

Ist $\mathbf{I}_k + \frac{h}{2}\nabla^2 f(\mathbf{x}_{j+1}^1)$ positiv definit, dann gehe zu Schritt 9.
Sonst: $h := \frac{h}{2}$, gehe zu Schritt 3.

Schritt 9:(Berechnung von $\mathbf{x}_{j+1}^2 := \tilde{\mathbf{X}}_{\mathbf{x}_0}^\varepsilon(\bar{\omega}, \bar{t}+h)$)

Berechne $\mathbf{x}_{j+1}^2$ durch

$$\mathbf{L}\mathbf{L}^T \mathbf{x}_{j+1}^2 = \frac{h}{2}\nabla f(\mathbf{x}_{j+1}^1) - \varepsilon\sqrt{\frac{h}{2}}n_2$$
$$\mathbf{x}_{j+1}^2 := \mathbf{x}_{j+1}^1 - \mathbf{x}_{j+1}^2,$$

gehe zu Schritt 10.

Schritt 10:(Akzeptanzbedingung)

Ist

$$\|\mathbf{x}_{j+1}^* - \mathbf{x}_{j+1}^2\|_2 < \zeta,$$

dann setze $\mathbf{x}_{j+1} = \mathbf{x}_{j+1}^2$, j := j+1 und gehe zu Schritt 1.
Sonst: $h := \frac{h}{2}$, gehe zu Schritt 3.

Dieser Algorithmus eignet sich besonders zur globalen Optimierung hochdimensionaler Probleme und wurde (insbesondere in einer Version zur Berücksichtigung von Nebenbedingungen) in Zusammenarbeit mit Industrieunternehmen in den folgenden Anwendungen erfolgreich eingesetzt:

- Kalibrierung von Modellen für Industrieroboter in der Automobilindustrie ($k = 180$),
- Soft-Output Decodierung in der Weltraumfahrt,
- Parameteranpassung in GARCH-Modellen zur Prognose ökonomischer Größen,
- Globale Optimierung von L-J Potentialen in der physikalischen Chemie ($k \geq 60000$),
- Kühlstreckenoptimierung für die Stahlherstellung in der Verfahrenstechnik.

13

Zeitstetige Martingale

In diesem Kapitel beschäftigen wir uns mit Martingalen in stetiger Zeit. Diese werden in Anwendungen benötigt, wenn ein „faires Spiel in stetiger Zeit" modelliert werden soll, z.B. der Preisprozess eines Finanzgutes. Für die stochastische Analysis ist die zeitstetige Martingaltheorie von fundamentaler Bedeutung, wie wir schon bei der stochastischen Integration im nächsten Kapitel sehen werden.

Viele Resultate aus der zeitdiskreten Martingaltheorie gelten auch in stetiger Zeit, wie z.B. die fundamentalen Ungleichungen, die Konvergenzsätze und die Stoppsätze. Darüber hinaus greifen viele Beweise auf die diskrete Theorie zurück. Die Brownsche Bewegung und Funktionen der Brownschen Bewegung liefern wichtige Beispiele für Martingale in stetiger Zeit. Wie die Martingaltheorie in die Finanzmathematik einfließt, zeigen wir im letzten Abschnitt am Beispiel von Optionspreisformeln.

13.1 Definition

Wir haben bereits zu Beginn des Kapitels 11 über Martingale in diskreter Zeit den Begriff des bezüglich einer Filtration adaptierten Prozesses für eine beliebige Indexmenge $I \subset [0, \infty[$ definiert. Demnach ist eine aufsteigende Familie von σ-Algebren $\mathbb{F} = (\mathcal{F}_t)_{t \in I}$ mit

$$\mathcal{F}_s \subset \mathcal{F}_t, \quad s \leq t, \ s, t \in I,$$

eine Filtration, und ein (reeller) stochastischer Prozess $X = (X_t)_{t \in I}$ heißt adaptiert, wenn

$$X_t \quad \mathcal{F}_t\text{-messbar ist für alle } t \in I.$$

Die Definition

Wir nennen einen stochastischen Prozess X mit $X_t \in \mathcal{L}^1$ für alle $t \in I$ kurz integrierbar. Die Definition von Martingalen überträgt sich von diskreter in stetige Zeit:

Definition 13.1 ((Sub-, Super-) Martingal). *Sei* $M = (M_t)_{t \in I}$, $\emptyset \neq I \subset \mathbb{R}$, *ein stochastischer Prozess und* $\mathbb{F}$ *eine Filtration. Ist* M *adaptiert und integrierbar, so heißt* M *(bzgl.* $\mathbb{P}$ *und* $\mathbb{F}$*) ein*

(i) *Submartingal, falls für alle* $s, t \in I$, $s \leq t$, *gilt:*

$$\mathbb{E}(M_t | \mathcal{F}_s) \geq M_s \quad \mathbb{P}\text{-fast sicher.}$$

(ii) *Supermartingal, falls für alle* $s, t \in I$, $s \leq t$, *gilt:*

$$\mathbb{E}(M_t | \mathcal{F}_s) \leq M_s \quad \mathbb{P}\text{-fast sicher.}$$

(iii) *Martingal, falls für alle* $s, t \in I$, $s \leq t$, *gilt:*

$$\mathbb{E}(M_t | \mathcal{F}_s) = M_s \quad \mathbb{P}\text{-fast sicher.}$$

Wie in diskreter Zeit kommt es bei der Martingaleigenschaft sowohl auf das Wahrscheinlichkeitsmaß $\mathbb{P}$ als auch auf die Filtration $\mathbb{F}$ an. Wenn keine Filtration explizit gegeben ist, so ist stets die natürliche Filtration $\mathbb{F}^M$ des Prozesses M gemeint. Wir werden von nun an ausschließlich reellwertige Prozesse $M = (M_t)_{t \geq 0}$ auf der Zeitachse $I = [0, \infty[$ betrachten, die auf einem Wahrscheinlichkeitsraum $(\Omega, \mathcal{F}, \mathbb{P})$ definiert sind. Ebenfalls gegeben sei eine Filtration $\mathbb{F} = (\mathcal{F}_t)_{t \geq 0}$, und sei $\mathcal{F}_\infty := \sigma(\mathcal{F}_t, t \geq 0)$.

Unabhängige Zuwächse und Martingale

Klassische Beispiele für zeitstetige Martingale ergeben sich als Funktionen der Brownschen Bewegung und der Zeit. Da wir diese Beispiele ausführlich in Abschnitt 13.3 besprechen wollen, geben wir hier eine andere Klasse von Beispielen an.

Satz 13.2. *Sei* $X = (X_t)_{t \geq 0}$ *ein integrierbarer Prozess. Besitzt* X *unabhängige Zuwächse, so ist* $(X_t - \mathbb{E}(X_t))_{t \geq 0}$ *ein Martingal (bzgl. der natürlichen Filtration).*

Beweis. Sei $t \geq s$. Auf Grund der Unabhängigkeit der Zuwächse $X_t - X_s$ von $\mathcal{F}_s^X = \sigma(X_u, \ u \leq s)$ folgt mit den EIGENSCHAFTEN BEDINGTER ERWARTUNGEN:

$$\begin{aligned}
\mathbb{E}(X_t | \mathcal{F}_s^X) &= \mathbb{E}((X_t - X_s) + X_s | \mathcal{F}_s^X) \\
&= \mathbb{E}(X_t - X_s | \mathcal{F}_s^X) + \mathbb{E}(X_s | \mathcal{F}_s^X) \\
&= \mathbb{E}(X_t - X_s) + X_s \\
&= \mathbb{E}(X_t) + (X_s - \mathbb{E}(X_s)).
\end{aligned}$$

Subtraktion von $\mathbb{E}(X_t)$ ergibt die Behauptung. $\qquad \square$

Als Korollar erhalten wir die Martingal-Eigenschaft der Brownschen Bewegung und der zentrierten Poisson-Prozesse:

Korollar 13.3. (i) *Die Brownsche Bewegung* $(B_t)_{t\geq0}$ *ist ein Martingal.*
(ii) *Ist* $(N_t)_{t\geq0}$ *ein homogener Poisson-Prozess mit der Rate* λ*, so ist* $Y_t := N_t - \lambda t, t \geq 0$*, ein Martingal.*

Beweis. Sowohl die Brownsche Bewegung $(B_t)_{t\geq0}$ als auch der Poisson-Prozess $(N_t)_{t\geq0}$ haben unabhängige Zuwächse, so dass die Behauptung aus Satz 13.2 folgt. □

13.2 Stoppsätze in stetiger Zeit

Der allgemeinste Stoppsatz, den wir in diskreter Zeit gezeigt haben, ist das Optional Sampling Theorem 11.45. Dieses gilt völlig analog in stetiger Zeit.

Optional Sampling Theorem in stetiger Zeit

Zur Vorbereitung des Optional Sampling Theorems benötigen wir das zeitstetige Analogon zu Satz 11.43 über Eigenschaften von $\mathcal{F}_\tau$ und zu Satz 11.36 über die Gestalt gleichgradig integrierbarer Martingale. Wir erinnern daran, dass zu einer Filtration $\mathbb{F}$ und einer Stoppzeit τ die σ-Algebra der τ-Vergangenheit $\mathcal{F}_\tau$ gegeben ist durch

$$\mathcal{F}_\tau := \{A \in \mathcal{F} : A \cap \{\tau \leq t\} \in \mathcal{F}_t \text{ für alle } t \geq 0\}.$$

Satz 13.4. *Seien* τ, σ *zwei* $\mathbb{F}$*-Stoppzeiten. Dann gilt:*

(i) $\mathcal{F}_\sigma \cap \{\sigma \leq \tau\} \subset \mathcal{F}_\tau$.
(ii) $\mathcal{F}_\sigma \cap \{\sigma \leq \tau\} \subset \mathcal{F}_{\tau\wedge\sigma} = \mathcal{F}_\tau \cap \mathcal{F}_\sigma$.
(iii) *Ist* $\sigma \leq \tau$*, so ist* $\mathcal{F}_\sigma \subset \mathcal{F}_\tau$.

Beweis. (i) Es sei $A \in \mathcal{F}_\sigma$ und $t \geq 0$. Dann ist

$$A \cap \{\sigma \leq \tau\} \cap \{\tau \leq t\} = (A \cap \{\sigma \leq t\}) \cap \{\tau \leq t\} \cap \{\sigma \wedge t \leq \tau \wedge t\}$$

in $\mathcal{F}_t$, da $\sigma \wedge t$ und $\tau \wedge t$ $\mathcal{F}_t$-messbar sind. Damit ist $A \cap \{\sigma \leq \tau\} \in \mathcal{F}_\tau$ nachgewiesen.

(ii) Wir ersetzen in (i) τ durch die Stoppzeit $\sigma \wedge \tau$. Dadurch folgt der erste Teil der Aussage. Ersetzen wir in (i) das Paar (σ, τ) durch $(\sigma \wedge \tau, \sigma)$ und durch $(\sigma \wedge \tau, \tau)$, erhalten wir die Inklusion $\mathcal{F}_{\sigma\wedge\tau} \subset \mathcal{F}_\tau \cap \mathcal{F}_\sigma$. Für die umgekehrte Inklusion sei $A \in \mathcal{F}_\tau \cap \mathcal{F}_\sigma$. Dann ist für jedes $t \geq 0$

$$A \cap \{\sigma \wedge \tau \leq t\} = (A \cap \{\sigma \leq t\}) \cup (A \cap \{\tau \leq t\}) \in \mathcal{F}_t,$$

also $A \in \mathcal{F}_{\sigma\wedge\tau}$.

(iii) Folgt unmittelbar aus (i). □

Gleichgradig integrierbare Martingale besitzen, genau wie in diskreter Zeit (vgl. Satz 11.36), die spezielle Gestalt $\mathbb{E}(X_\infty | \mathcal{F}_t)$, $t \geq 0$:

Satz 13.5. *Sei $X = (X_t)_{t \geq 0}$ ein Martingal. Dann sind die folgenden Aussagen äquivalent:*

(i) *X ist gleichgradig integrierbar.*
(ii) *Es gibt eine $\mathcal{F}_\infty$-messbare Zufallsvariable $X_\infty \in \mathcal{L}^1$, so dass $X_t = \mathbb{E}(X_\infty | \mathcal{F}_t)$ für alle $t \geq 0$ gilt.*

Beweis. (i) $\Rightarrow$ (ii): Wir betrachten das zeitdiskrete Martingal $(X_n)_{n \in \mathbb{N}_0}$. Dann gibt es nach Satz 11.36 eine $\mathcal{F}_\infty$-messbare Zufallsvariable $X_\infty \in \mathcal{L}^1$, so dass

$$X_n = \mathbb{E}(X_\infty | \mathcal{F}_n) \quad \text{für alle } n \in \mathbb{N}_0.$$

Sei $t \geq 0$ und $n \in \mathbb{N}$ mit $n > t$. Mit der PROJEKTIONSEIGENSCHAFT bedingter Erwartungen folgt:

$$\mathbb{E}(X_\infty | \mathcal{F}_t) = \mathbb{E}(\mathbb{E}(X_\infty | \mathcal{F}_n) | \mathcal{F}_t) = \mathbb{E}(X_n | \mathcal{F}_t) = X_t.$$

(ii) $\Rightarrow$ (i): Diese Implikation haben wir schon in Satz 11.15 gezeigt. $\square$

Genau wie im zeitdiskreten Fall folgt, dass für gleichgradig integrierbare Martingale

$$M_\tau : \Omega \to \mathbb{R}, \quad \omega \mapsto M_{\tau(\omega)}(\omega),$$

für beliebige Stoppzeiten sinnvoll erklärt ist. Dies werden wir im nachfolgenden Optional Sampling Theorem ausnutzen. Die Grundidee für den Beweis besteht darin, die gegebene Stoppzeit durch eine diskrete Folge von Stoppzeiten zu approximieren und dann auf die diskrete Version des Optional Sampling Theorems zurückzugreifen. Damit sich als Grenzprozess das gegebene Martingal ergibt, setzen wir dieses als rechtsstetig voraus.

Theorem 13.6 (Optional Sampling Theorem). *Sei $M = (M_t)_{t \geq 0}$ ein rechtsstetiges Martingal und τ, σ Stoppzeiten mit $\sigma \leq \tau$. Ist τ beschränkt oder M gleichgradig integrierbar, so sind M_τ, $M_\sigma \in \mathcal{L}^1$ und*

$$\mathbb{E}(M_\tau | \mathcal{F}_\sigma) = M_\sigma.$$

Beweis. Sowohl für den Fall einer beschränkten Stoppzeit als auch für ein gleichgradig integrierbares Martingal wissen wir, dass es ein $K \in [0, \infty]$ gibt, so dass

$$M_t = \mathbb{E}(M_K | \mathcal{F}_t), \quad t \geq 0.$$

Ist $\tau \leq K$, so genügt es, $t \leq K$ zu betrachten, und für diese t ist $M_t = \mathbb{E}(M_K | \mathcal{F}_t)$. Ist M gleichgradig integrierbar, so folgt aus Satz 13.5, dass wir $K = \infty$ wählen können. Nach Satz 13.4 ist $\mathcal{F}_\sigma \subset \mathcal{F}_\tau$, so dass es wie im diskreten Fall genügt,

$$\mathbb{E}(M_K | \mathcal{F}_\tau) = M_\tau \tag{13.1}$$

zu zeigen. Die Behauptung folgt daraus wie üblich mit der PROJEKTIONS-
EIGENSCHAFT bedingter Erwartungen. Für den Beweis von (13.1) zeigen wir
zunächst, dass

$$\mathbb{E}(M_\tau) = \mathbb{E}(M_K) \text{ für alle Stoppzeiten } \tau$$

gilt. Dabei unterscheiden wir zwei Fälle:

(i) τ nimmt abzählbar viele, aufsteigend geordnete Werte $t_n, n \in \mathbb{N}$, an: In
diesem Fall können wir das zeitdiskrete Martingal $(M_{t_n})_{n \in \mathbb{N}}$ bzgl. der
Filtration $(\mathcal{F}_{t_n})_{n \in \mathbb{N}}$ betrachten, und aus dem Stoppsatz 11.30 folgt:

$$\mathbb{E}(M_\tau) = \mathbb{E}(M_K).$$

(ii) τ beliebig: Wir approximieren τ durch eine Folge (τ_n) von oben:

$$\tau_n := \sum_{k=0}^{\infty} \frac{(k+1)}{2^n} I_{\{k2^{-n} \leq \tau < (k+1)2^{-n}\}}, \quad n \in \mathbb{N}_0,$$

und $\tau_n(\omega) = \infty$, falls $\tau(\omega) = \infty$. Jedes τ_n, $n \in \mathbb{N}_0$, ist eine Stoppzeit,
denn für jedes $t \geq 0$ gilt:

$$\{\tau_n \leq t\} = \bigcup_{\substack{k \in \mathbb{N}_0 \\ (k+1)2^{-n} \leq t}} \{k2^{-n} \leq \tau < (k+1)2^{-n}\}.$$

Da τ eine Stoppzeit ist, ist jede der Mengen auf der rechten Seite in
$\mathcal{F}_{(k+1)2^{-n}}$ und somit in $\mathcal{F}_t$. Aus $\tau_n \downarrow \tau$ und der rechtsseitigen Stetigkeit
von M folgt

$$M_{\tau_n} \longrightarrow M_\tau \quad \text{fast sicher.}$$

Aus dem zeitdiskreten Optional Sampling Theorem 11.45 folgt

$$M_{\tau_n} = \mathbb{E}(M_K | \mathcal{F}_{\tau_n}),$$

so dass $(M_{\tau_n})_{n \in \mathbb{N}_0}$ nach Satz 11.15 gleichgradig integrierbar ist. Aus dem
in (i) gezeigten Fall folgt weiter $\mathbb{E}(M_{\tau_n}) = \mathbb{E}(M_K)$, so dass wir mit Satz
11.23 folgern können: $M_\tau \in \mathcal{L}^1$ und

$$\mathbb{E}(M_\tau) = \lim_{n \to \infty} \mathbb{E}(M_{\tau_n}) = \mathbb{E}(M_K).$$

Sei nun $A \in \mathcal{F}_\tau$. Wir definieren

$$\rho := \tau I_{A^c} + K I_A.$$

Dann ist ρ eine Stoppzeit, also gilt nach dem eben Gezeigten $\mathbb{E}(M_\rho) = \mathbb{E}(M_K)$,
und weiter:

$$\mathbb{E}(M_\tau) = \mathbb{E}(M_\rho) = \mathbb{E}(M_\tau I_{A^c}) + \mathbb{E}(M_K I_A).$$

Daraus folgt

$$\mathbb{E}(M_\tau I_A) = \mathbb{E}(M_K I_A) \text{ für alle } A \in \mathcal{F}_\tau,$$

also (13.1), was zu zeigen war.   □

Das Optional Stopping Theorem erhalten wir als Korollar:

Korollar 13.7 (Optional Stopping Theorem, Doob). *Sei $M = (M_t)_{t\geq 0}$ ein rechtsseitig stetiges Martingal und τ eine Stoppzeit. Dann ist $(M_{t\wedge\tau})_{t\geq 0}$ ein Martingal. Ist τ beschränkt oder M gleichgradig integrierbar, so ist $M_\tau \in \mathcal{L}^1$ und*

$$\mathbb{E}(M_\tau) = \mathbb{E}(M_0).$$

Beweis. Für den Nachweis der Martingaleigenschaft von $(M_{t\wedge\tau})_{t\geq 0}$ ersetzen wir in Theorem 13.6 die Stoppzeiten τ, σ für $s \leq t$ durch $t \wedge \tau, s \wedge \tau$. Die zweite Aussage folgt, indem wir in Theorem 13.6 die Stoppzeit $\sigma := 0$ setzen. Wir erhalten so $\mathbb{E}(M_\tau | \mathcal{F}_0) = M_0$, so dass sich durch Bilden des Erwartungswertes die Behauptung ergibt.   □

13.3 Brownsche Bewegung und Martingale

Wie in Kapitel 12 bezeichnen wir mit

$$B = (B_t)_{t\geq 0} \quad \text{eine Brownsche Bewegung auf } [0, \infty[.$$

Die Brownsche Bewegung ist eine reichhaltige Quelle für zeitstetige Martingale. Wir wollen einige Martingale rund um die Brownsche Bewegung in diesem Abschnitt vorstellen. Dabei entstehen die Martingale als eine Funktion von B_t und t:

$$f(B_t, t) \text{ mit } f : \mathbb{R} \times \mathbb{R}_+ \to \mathbb{R}. \tag{13.2}$$

Wir unterscheiden die Beispiele nach dem Grad der Funktion f.

Der lineare und der quadratische Fall

Wir wissen bereits aus Korollar 13.3, dass die Brownsche Bewegung selbst ein Martingal ist. In unserer Notation (13.2) bedeutet dies

$$B_t = f_1(B_t, t) \quad \text{mit } f_1 : \mathbb{R} \times \mathbb{R}_+ \to \mathbb{R},$$
$$(x, t) \mapsto x$$

mit einer linearen Funktion f_1. Wir beweisen dies hier noch einmal explizit. Außerdem zeigen wir, dass auch $B_t^2 - t$ ein Martingal ist. In unserer Notation aus (13.2) bedeutet dies

$$B_t^2 - t = f_2(B_t, t) \quad \text{mit } f_2 : \mathbb{R} \times \mathbb{R}_+ \to \mathbb{R},$$
$$(x, t) \mapsto x^2 - t$$

mit einer Funktion f_2 vom Grad 2.

Satz 13.8. *Es sei $(B_t)_{t\geq 0}$ eine Brownsche Bewegung. Dann sind $(B_t)_{t\geq 0}$ und $(B_t^2 - t)_{t\geq 0}$ stetige Martingale.*

Beweis. Offensichtlich sind beide Prozesse integrierbar, (an $\mathbb{F}^B$) adaptiert und stetig. Es bleibt jeweils die Martingaleigenschaft zu überprüfen. Für $t \geq s$ erhalten wir, da $(B_t - B_s)$ unabhängig von $\mathcal{F}_s^B$ und B_s $\mathcal{F}_s^B$-messbar ist, mit den EIGENSCHAFTEN BEDINGTER ERWARTUNGEN:

$$\begin{aligned}
\mathbb{E}(B_t|\mathcal{F}_s^B) &= \mathbb{E}((B_t - B_s) + B_s|\mathcal{F}_s^B) \\
&= \mathbb{E}(B_t - B_s|\mathcal{F}_s^B) + \mathbb{E}(B_s|\mathcal{F}_s^B) \\
&= \mathbb{E}(B_t - B_s) + B_s = B_s.
\end{aligned}$$

Daher ist $(B_t)_{t \geq 0}$ ein Martingal.

Um auch im quadratischen Fall die Unabhängigkeit der Zuwächse von der Vergangenheit $\mathcal{F}_s^B$ ausnutzen zu können, schreiben wir wieder $B_t^2 = (B_s + B_t - B_s)^2$ und erhalten:

$$\begin{aligned}
\mathbb{E}(B_t^2|\mathcal{F}_s^B) &= \mathbb{E}((B_s + B_t - B_s)^2|\mathcal{F}_s^B) \\
&= \mathbb{E}(B_s^2|\mathcal{F}_s) + 2\mathbb{E}(B_s(B_t - B_s)|\mathcal{F}_s^B) + \mathbb{E}((B_t - B_s)^2|\mathcal{F}_s^B) \\
&= B_s^2 + 2B_s\mathbb{E}(B_t - B_s|\mathcal{F}_s^B) + \mathbb{E}((B_t - B_s)^2) \\
&= B_s^2 + 0 + (t - s).
\end{aligned}$$

Im letzten Schritt haben wir die Martingaleigenschaft von $(B_t)_{t \geq 0}$ ausgenutzt. Subtraktion von t auf beiden Seiten liefert die Behauptung.   □

Das Ruinproblem für die Brownsche Bewegung

Als Anwendung des letzten Satzes und des Stoppsatzes für stetige Martingale besprechen wir das Ruinproblem für die Brownsche Bewegung. Wir betrachten ein Intervall um 0, $]a, b[$, $a < 0 < b$, und stellen die Frage, wann eine Brownsche Bewegung, die fast sicher in 0 startet, zum ersten Mal das Intervall $]a, b[$ verlässt, vgl. Abbildung 13.1:

$$\tau := \inf\{t > 0 : B_t = a \text{ oder } B_t = b\}.$$

Die Situation ist völlig analog zum diskreten Ruinproblem, das wir in Abschnitt 11.3 behandelt haben. Der einzige Unterschied besteht darin, dass wir die symmetrische Irrfahrt auf $\mathbb{Z}$, die wir als faires Spiel zwischen einem Spieler und einer Bank interpretieren konnten, durch ihr stetiges Analogon, die Brownsche Bewegung $(B_t)_{t \geq 0}$, ersetzt haben. Auch die Antwort, also die Ruinwahrscheinlichkeit für die Brownsche Bewegung, hat genau die gleiche Gestalt:

$$\mathbb{P}(B_\tau = a) = \frac{b}{b - a} = \frac{b}{b + |a|} \tag{13.3}$$

und weiter

$$\mathbb{E}(\tau) = -ab = |a|b, \tag{13.4}$$

wie wir jetzt zeigen werden: Zunächst ist nach Satz 13.8 $M_t := B_t^2 - t$, $t \geq 0$, ein Martingal. Da τ eine Stoppzeit ist, ist $\tau \wedge n$ für jedes $n \in \mathbb{N}_0$ eine

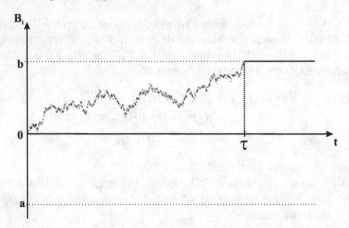

Abbildung 13.1. Das Ruinproblem für die Brownsche Bewegung

beschränkte Stoppzeit, so dass wir nach dem Optional Stopping Theorem 13.7 erhalten:

$$\mathbb{E}(M_{\tau \wedge n}) = \mathbb{E}(M_0) = 0.$$

Setzen wir die Definition von M_t ein, so erhalten wir

$$\mathbb{E}(B_{\tau \wedge n}^2) = \mathbb{E}(\tau \wedge n).$$

Da einerseits $0 \leq \tau \wedge n \uparrow \tau$ fast sicher, andererseits nach Definition von τ $B_{\tau \wedge n}^2 \leq a^2 \vee b^2$, folgt aus dem Satz von der monotonen Konvergenz

$$a^2 \vee b^2 \geq \mathbb{E}(B_{\tau \wedge n}^2) = \mathbb{E}(\tau \wedge n) \uparrow \mathbb{E}(\tau).$$

Insbesondere erhalten wir $\mathbb{E}(\tau) < \infty$ und damit $\mathbb{P}(\tau < \infty) = 1$, d.h. τ ist fast sicher endlich. Damit folgt

$$B_{\tau \wedge n}^2 \longrightarrow B_\tau^2 \quad \text{fast sicher,}$$

so dass wir mit dem Satz von der dominierten Konvergenz

$$\mathbb{E}(B_\tau^2) = \lim_{n \to \infty} \mathbb{E}(B_{\tau \wedge n}^2) = \mathbb{E}(\tau)$$

schließen können. Nennen wir die Ruinwahrscheinlichkeit p, also $p := \mathbb{P}(B_\tau = a)$, so erhalten wir, da B_τ^2 entweder den Wert a^2 (mit Wahrscheinlichkeit p) oder den Wert b^2 (mit Wahrscheinlichkeit $1 - p$) annimmt:

$$\begin{aligned} \mathbb{E}(\tau) = \mathbb{E}(B_\tau^2) &= a^2 \mathbb{P}(B_\tau = a) + b^2 \mathbb{P}(B_\tau = b) \\ &= a^2 p + b^2 (1 - p). \end{aligned} \tag{13.5}$$

Analoge Überlegungen für das Martingal $(B_t)_{t \geq 0}$ führen uns zu einer Gleichung für p. Zunächst ist wieder nach dem Stoppsatz 13.7

$$\mathbb{E}(B_{\tau \wedge n}) = \mathbb{E}(B_0) = 0,$$

und da $|B_{\tau \wedge n}| \le (-a) \vee b$ beschränkt ist sowie $B_{\tau \wedge n} \to B_\tau$ fast sicher, folgt wiederum mit dem Satz von der dominierten Konvergenz:

$$\mathbb{E}(B_\tau) = \lim_{n \to \infty} \mathbb{E}(B_{\tau \wedge n}) = 0.$$

Damit erhalten wir analog zur obigen Überlegung:

$$0 = \mathbb{E}(B_\tau) = ap + b(1-p),$$

äquivalent zu

$$p = \frac{b}{b-a},$$

also unsere Behauptung (13.3). Setzen wir dieses p in Gleichung (13.5) ein, so erhalten wir auch unsere zweite Behauptung (13.4):

$$\mathbb{E}(\tau) = a^2 \frac{b}{b-a} + b^2 \left(1 - \frac{b}{b-a}\right) = -ab.$$

Fast sicher endliche Stoppzeit mit unendlichem Erwartungswert

Obige Stoppzeit τ beschreibt den ersten Austritt einer Brownschen Bewegung aus dem Intervall $]a, b[$. Genauso kann man die Frage stellen, wann die Höhe b zum ersten Mal passiert wird:

$$\tau_b := \inf\{t > 0 : B_t = b\}, \quad b > 0,$$

und analog

$$\tau_a := \inf\{t > 0 : B_t = a\}, \quad a < 0.$$

Zum einen ist $\{B_\tau = a\} \subset \{\tau_a < \infty\}$ und daher

$$\mathbb{P}(\tau_a < \infty) \ge \mathbb{P}(B_\tau = a) = \frac{b}{b-a} \xrightarrow[b \to \infty]{} 1,$$

so dass wir $\mathbb{P}(\tau_a < \infty) = 1$ erhalten. Auf der anderen Seite ist jedoch $\tau = \tau_a \wedge \tau_b$, und daher $\tau \uparrow \tau_a$, wenn $b \to \infty$. Daher erhalten wir mit dem Satz von der monotonen Konvergenz:

$$\mathbb{E}(\tau_a) = \lim_{b \to \infty} \mathbb{E}(\tau) = \lim_{b \to \infty} -ab = +\infty.$$

Analog gilt natürlich $\mathbb{P}(\tau_b < \infty)$ und $\mathbb{E}(\tau_b) = \infty$. τ_a und τ_b sind also typische Beispiele für Stoppzeiten, die fast sicher endlich sind, aber unendlichen Erwartungswert besitzen.

Die Verteilung von τ_a

Mit dem Reflektionsprinzip für die Brownsche Bewegung, Theorem 12.29, können wir sogar die Verteilung von τ_a bestimmen.

Satz 13.9. *Sei $B = (B_t)_{t \geq 0}$ eine Brownsche Bewegung und $\tau_a := \inf\{t > 0 : B_t = a\}$ für $a > 0$ die erste Passierzeit von B durch a. Die Zufallsvariable τ_a besitzt die Dichtefunktion*

$$f_a(t) = \frac{|a|}{\sqrt{2\pi t^3}} \exp\left(\frac{-a^2}{2t}\right), \quad t \geq 0.$$

Insbesondere ist $\mathbb{E}(\tau_a) = \infty$.

Beweis. Nach dem Reflektionsprinzip 12.29 ist

$$\mathbb{P}(\tau_a \leq t) = 2\mathbb{P}(B_t > a) = 2\int\limits_a^\infty \frac{1}{\sqrt{2\pi t}} \exp\left(\frac{-x^2}{2t}\right) dx$$

Wir substituieren $s := \frac{a^2 t}{x^2}$, dann ist $x = |a|\sqrt{\frac{t}{s}}$ und $\frac{dx}{ds} = |a|\sqrt{t}(-\frac{1}{2})s^{-\frac{3}{2}}$, so dass wir weiter erhalten:

$$\mathbb{P}(\tau_a \leq t) = \int\limits_t^0 2\frac{1}{\sqrt{2\pi t}} \exp\left(\frac{-a^2}{2s}\right) |a|\sqrt{t} \cdot \left(-\frac{1}{2}\right) s^{-\frac{3}{2}} dx$$

$$= \int\limits_0^t \frac{|a|}{\sqrt{2\pi s^3}} \exp\left(\frac{-a^2}{2s}\right) dx.$$

Damit ist die Dichtefunktion bestimmt. Da $t f_a(t) = \frac{|a|}{\sqrt{2\pi t}} \exp(\frac{-a^2}{2t})$ auf $[0, \infty[$ genau wie $\frac{1}{\sqrt{t}}$ nicht eigentlich integrierbar ist, folgt $\mathbb{E}(\tau_a) = \infty$, wie wir ja bereits wissen.   □

Der Exponential-Fall

Wir kehren zurück zur Untersuchung von Martingalen der Gestalt $f_n(B_t, t)$. Bevor wir weitere höhergradige Polynome untersuchen, betrachten wir für ein $\alpha \in \mathbb{R}$:

$$\exp\left(\alpha B_t - \frac{\alpha^2}{2}t\right) = g(B_t, t) \text{ mit } g : \mathbb{R} \times \mathbb{R}_+ \to \mathbb{R},$$

$$(x, t) \mapsto \exp\left(\alpha x - \frac{\alpha^2}{2}t\right).$$

Satz 13.10. *Sei* $B = (B_t)_{t \geq 0}$ *eine Brownsche Bewegung und* $\alpha \in \mathbb{R}$. *Dann ist*

$$X_t := \exp\left(\alpha B_t - \frac{\alpha^2}{2}t\right), \quad t \geq 0,$$

ein stetiges Martingal.

Beweis. Der Prozess $(X_t)_{t \geq 0}$ ist offensichtlich adaptiert und stetig. Die Integrierbarkeit erhalten wir auf folgende Weise aus der momenterzeugenden Funktion der Normalverteilung. Sei $t \geq s$. Wenn wir mit χ eine standardnormalverteilte Zufallsvariable bezeichnen, so gilt

$$B_t - B_s \overset{d}{=} \sqrt{t - s}\, \chi.$$

Nach Beispiel 4.24 erhalten wir:

$$\mathbb{E}[\exp(\alpha(B_t - B_s))] = \mathbb{E}[\exp(\alpha\sqrt{t-s}\chi)] = \exp\left(\frac{\alpha^2(t-s)}{2}\right) < \infty. \quad (13.6)$$

Setzen wir $s = 0$, so sehen wir, dass X_t für jedes $t \geq 0$ integrierbar ist. Für die Martingal-Eigenschaft benutzen wir wieder einmal $B_t = B_s + B_t - B_s$:

$$\mathbb{E}(X_t | \mathcal{F}_s^B) = \exp\left(-\frac{\alpha^2}{2}t\right) \mathbb{E}(\exp(\alpha B_t) | \mathcal{F}_s^B)$$

$$= \exp\left(-\frac{\alpha^2}{2}t\right) \mathbb{E}(\exp(\alpha B_s)\exp(\alpha(B_t - B_s)) | \mathcal{F}_s^B)$$

$$= \exp\left(\alpha B_s - \frac{\alpha^2}{2}t\right) \mathbb{E}(\exp(\alpha(B_t - B_s)) | \mathcal{F}_s^B)$$

$$= \exp\left(\alpha B_s - \frac{\alpha^2}{2}t\right) \mathbb{E}(\exp(\alpha(B_t - B_s))).$$

Nach unserer Vorüberlegung (13.6) erhalten wir weiter:

$$\mathbb{E}(X_t | \mathcal{F}_s^B) = \exp\left(\alpha B_s - \frac{\alpha^2}{2}t\right)\exp\left(\frac{\alpha^2}{2}(t-s)\right) = X_s.$$

$\square$

Höhergradige Polynome

Wir haben gerade bewiesen, dass für jedes $\alpha \in \mathbb{R}$ und

$$g : \mathbb{R} \times \mathbb{R}_+ \to \mathbb{R},$$

$$(x, t) \mapsto \exp\left(\alpha x - \frac{\alpha^2}{2}t\right),$$

der Prozess $g(B_t, t)$ ein Martingal ist. Nehmen wir α noch in die Reihe der Variablen auf, so erhalten wir die Funktion

$$g : \mathbb{R}^2 \times \mathbb{R}_+ \to \mathbb{R},$$

$$(\alpha, x, t) \mapsto \exp\left(\alpha x - \frac{\alpha^2}{2} t\right).$$

Die Abbildung g ist offensichtlich beliebig oft differenzierbar, und wenn wir partiell nach α ableiten, erhalten wir

$$\frac{\partial g(\alpha, x, t)}{\partial \alpha} = (x - \alpha t) g(\alpha, x, t).$$

Setzen wir jetzt $\alpha = 0$, so folgt, da $g(0, x, t) = 1$ für alle $x, t \in \mathbb{R}$:

$$\frac{\partial g}{\partial \alpha}(0, x, t) = x = f_1(x, t).$$

Wir erhalten die lineare Funktion zurück, mit der wir die Martingaleigenschaft der Brownschen Bewegung beschreiben konnten. Um zu klären, ob dies ein Zufall war, leiten wir ein zweites Mal nach α ab und erhalten:

$$\frac{\partial^2 g}{\partial \alpha^2}(\alpha, x, t) = [(x - \alpha t)^2 - t] g(\alpha, x, t).$$

Durch Einsetzen von $\alpha = 0$ folgt

$$\frac{\partial^2 g}{\partial \alpha^2}(0, x, t) = x^2 - t = f_2(x, t),$$

die Funktion f_2, mit der wir den quadratischen Fall erledigt haben. Es gibt keinen Grund, nicht weiter abzuleiten, $\alpha = 0$ einzusetzen und so weitere Martingale durch Polynome höherer Ordnung zu gewinnen. Konsistent mit unserer bisherigen Notation setzen wir für jedes $n \geq 1$:

$$f_n(x, t) := \frac{\partial^n g}{\partial \alpha^n}(0, x, t).$$

Diese Funktionen, die als Hermite-Polynome bezeichnet werden, sind die Koeffizienten der Potenzreihe von g für den Entwicklungspunkt $\alpha = 0$:

$$\exp\left(\alpha x - \frac{\alpha^2}{2} t\right) = \sum_{n=0}^{\infty} f_n(x, t) \alpha^n, \quad x, t, \alpha \in \mathbb{R}.$$

Unsere nahe liegende Vermutung lautet nun:

Satz 13.11. *Sei (B_t) eine Brownsche Bewegung. Dann ist*

$$f_n(B_t, t), \quad t \geq 0,$$

für jedes $n \geq 1$ ein Martingal.

Beweis. Die Funktion $f_n(x,t)$ ist ein Polynom, insbesondere ist damit der Prozess $f_n(B_t, t)$ für alle $n \in \mathbb{N}$ integrierbar. Dies gilt nach Satz 13.10 ebenfalls für das Martingal $g(\alpha, X_t, t)$, so dass wir mit den Eigenschaften der Exponentialreihe folgern können:

$$\sum_{n=0}^{\infty} \mathbb{E}\left(f_n(X_t, t) | \mathcal{F}_s^B\right) \alpha^n = \mathbb{E}(g(\alpha, X_t, t) | \mathcal{F}_s^B) = g(\alpha, X_s, s) - \sum_{n=0}^{\infty} f_n(X_s, s)\alpha^n.$$

Ein Koeffizientenvergleich ergibt die Behauptung. □

Wir werden mit Hilfe der Itô-Formel in Beispiel 14.39 einen alternativen Weg für den Nachweis der Martingaleigenschaft von $f_n(B_t, t)$ aufzeigen.

13.4 Konvergenz von Martingalen

Die Konvergenz-Aussagen für zeitstetige Martingale gelten vollkommen analog wie im zeitdiskreten Fall. Auch die Beweise verwenden die gleichen Methoden. Wir beginnen mit einer zeitstetigen Version der Maximal-Ungleichungen.

Maximal-Ungleichungen

Für einen zeitdiskreten Prozess (Y_n) haben wir den Supremumprozess

$$Y_n^* := \sup_{0 \le m \le n} |X_m| \quad \text{sowie} \quad Y^* := \sup_{m \in \mathbb{N}_0} |X_m|$$

eingeführt. Analog dazu definieren wir für einen rechtsstetigen Prozess $(X_t)_{t \ge 0}$:

$$X_t^* := \sup_{0 \le s \le t} |X_s|, \quad t \ge 0, \quad \text{sowie} \quad X^* := \sup_{s \ge 0} |X_s|.$$

Da wir das Supremum über eine überabzählbare Menge bilden, ist die Messbarkeit für beliebige Prozesse nicht gegeben. Für rechtsstetige Prozesse gilt jedoch mit $Q_t := (\mathbb{Q} \cap [0, t]) \cup \{t\}$:

$$X_t^* = \sup_{s \in Q_t} |X_s|, \quad t \ge 0, \quad \text{sowie} \quad X^* := \sup_{s \in \mathbb{Q}_+} |X_s|.$$

Wir können das Supremum also stets auf eine abzählbare Teilmenge reduzieren, so dass X_t^* und X^* messbar sind.

Theorem 13.12 (Doobs Maximal-Ungleichung in stetiger Zeit). *Sei* $X = (X_t)_{t \ge 0}$ *ein rechtsstetiges, nicht-negatives Submartingal und* $\lambda > 0$. *Dann gilt für jedes* $p \ge 1$ *und* $t \ge 0$:

$$\lambda^p \mathbb{P}(X_t^* > \lambda) \le \mathbb{E}(X_t^p)$$

und für $p > 1$:

$$\|X_t^*\|_p \leq \frac{p}{p-1} \|X_t\|_p \tag{13.7}$$

sowie

$$\|X^*\|_p \leq \frac{p}{p-1} \sup_{t \geq 0} \|X_t\|_p . \tag{13.8}$$

Beweis. Die zeitdiskreten Aussagen, Theorem 11.39 und Satz 11.41, die wir für die Indexmenge $I = \mathbb{N}_0$ gezeigt haben, übertragen sich unverändert auf beliebige abzählbare Indexmengen. Daher gilt für die abzählbare dichte Teilmenge $Q_t := (\mathbb{Q} \cap [0,t]) \cup \{t\}$ von $[0,t]$:

$$\lambda^p \mathbb{P}(\sup_{s \in Q_t} X_s \geq \lambda) \leq \mathbb{E}(X_t^p)$$

sowie

$$\left\| \sup_{s \in Q_t} X_s \right\|_p \leq \frac{p}{p-1} \|X_t\|_p .$$

Da X rechtsstetig ist, gilt aber

$$X_t^* = \sup_{s \in Q_t} X_s.$$

Damit sind die ersten beiden Ungleichungen bewiesen. Ungleichung (13.8) folgt aus (13.7), indem wir auf beiden Seiten das Supremum bilden und den SATZ VON DER MONOTONEN KONVERGENZ anwenden. □

In L^1 beschränkte Martingale

Genau wie in diskreter Zeit folgt auch in stetiger Zeit für ein stetiges Martingal aus der Beschränktheit unter der L^1-Norm fast sichere Konvergenz. Der Beweis ist eine exakte Kopie des zeitdiskreten Falls, da die zentrale Abschätzung der aufsteigenden Überquerungen für jede abzählbare Indexmenge gilt.

Satz 13.13. *Sei $M = (M_t)_{t \geq 0}$ ein rechtsstetiges Martingal. Ist M gleichmäßig beschränkt in L^1, d.h.*

$$\sup_{t \geq 0} \mathbb{E}(|M_t|) \leq K < \infty,$$

so existiert eine $\mathcal{F}_\infty$-messbare Zufallsvariable $M_\infty \in \mathcal{L}^1$ mit $M_t \to M_\infty$ fast sicher.

Beweis. Die Abschätzung der aufsteigenden Überquerungen, die wir für die Indexmenge $I = \mathbb{N}_0$ in Lemma 11.33 gezeigt haben, überträgt sich wörtlich auf die abzählbare Indexmenge $\mathbb{Q}_+$, daher gilt für alle $a < b$:

$$\mathbb{E}[U_{[a,b]}(t)] \leq \frac{\mathbb{E}((X_t - a)_+)}{b - a}, \quad t \in \mathbb{Q}_+.$$

Dabei bezeichnet $U_{[a,b]}(t)$ die Anzahl aufsteigender Überquerungen des Intervalls $[a,b]$ von $(M_s)_{s\in\mathbb{Q}_+}$ bis zum Zeitpunkt t. Exakt wie im Beweis des zeitdiskreten Konvergenzsatzes 11.34 folgt daraus die fast sichere Konvergenz von $(M_s)_{s\in\mathbb{Q}_+}$ gegen eine $\mathcal{F}_\infty$-messbare Zufallsvariable $M_\infty \in \mathcal{L}^1$. Wegen der Rechtsstetigkeit von M gilt aber

$$\{(M_s)_{s\in\mathbb{Q}_+} \text{ konvergiert}\} = \{(M_t)_{t\in\mathbb{R}_+} \text{ konvergiert}\}.$$

Also konvergiert auch $M_t \longrightarrow M_\infty$ fast sicher. $\qquad\qquad\square$

In L^p beschränkte Martingale

Auch die Martingalkonvergenz in L^p gilt völlig analog zum zeitdiskreten Fall:

Satz 13.14. *Sei $M = (M_t)_{t\geq0}$ ein rechtsstetiges Martingal, $p > 1$. Ist M in L^p gleichmäßig beschränkt, d.h.*

$$\sup_{t\geq0} \mathbb{E}(|M_t|^p) < \infty,$$

so gibt es eine $\mathcal{F}_\infty$-messbare Zufallsvariable $M_\infty \in \mathcal{L}^p$ mit $M_t \longrightarrow M_\infty$ fast sicher und in L^p.

Beweis. Nach Satz 13.13 existiert eine $\mathcal{F}_\infty$-messbare Zufallsvariable $M_\infty \in \mathcal{L}^1$ mit $M_t \to M_\infty$ fast sicher. Aus der Doob-Ungleichung 13.8 und der Voraussetzung folgt

$$\|M^*\|_p \leq \frac{p}{p-1} \sup_{t\geq0} \|M_t\|_p < \infty,$$

d.h. $M^* \in \mathcal{L}^p$. Damit ist $(M^*)^p \in \mathcal{L}^1$ eine integrierbare Majorante von $(|M_t|^p)_{t\geq0}$. Somit ist (s. Satz 11.19) $(|M_t|^p)_{t\geq0}$ gleichgradig integrierbar. Nach Korollar 11.24 folgt zusammen mit der Rechtsstetigkeit $M_t \xrightarrow{L^p} M_\infty$. $\qquad\square$

Die üblichen Bedingungen einer Filtration

Wir haben in den Konvergenztheoremen stets vorausgesetzt, dass die Martingale rechtsstetig sind. Wir wollen jetzt zeigen, dass dies für geeignete Filtrationen keine Einschränkung bedeutet. Dazu definieren wir:

Definition 13.15 (Augmentierte Filtration). *Sei* $(\Omega, \hat{\mathcal{F}}, \hat{\mathbb{P}})$ *die Vervollständigung des Wahrscheinlichkeitsraums* $(\Omega, \mathcal{F}, \mathbb{P})$, $\mathbb{F}$ *eine Filtration in* $\mathcal{F}$ *und*

$$\mathcal{N} := \{A \subset \Omega : es\ gibt\ ein\ B \in \mathcal{F}\ mit\ A \subset B,\ \mathbb{P}(B) = 0\}.$$

Dann heißt die Filtration $\hat{\mathbb{F}} = (\hat{\mathcal{F}}_t)_{t \geq 0}$ *in* $\hat{\mathcal{F}}$, *gegeben durch*

$$\hat{\mathcal{F}}_t := \sigma(\mathcal{F}_t \cup \mathcal{N}), \quad t \geq 0,$$

die augmentierte Filtration (von $\mathbb{F}$ *bzgl.* $\mathbb{P}$*).*

Die augmentierte Filtration $\hat{\mathbb{F}}$ ist im Allgemeinen größer als diejenige, die durch Vervollständigung jeder einzelnen σ-Algebra $\mathcal{F}_t$ entstehen würde. Insbesondere ist jedoch $\hat{\mathcal{F}}_t$ für jedes $t \geq 0$ vollständig (bezüglich $\hat{\mathbb{P}}$). Weiter definieren wir:

$$\mathbb{F}_+ = (\mathcal{F}_{t+})_{t \geq 0}, \quad \mathcal{F}_{t+} := \bigcap_{\varepsilon > 0} \mathcal{F}_{t+\varepsilon}, \quad t \geq 0.$$

Intuitiv kann die Filtration $\mathbb{F}_+$ infinitesimal in die Zukunft blicken, $\mathcal{F}_{t+}$ enthält die Information bis t und infinitesimal darüber hinaus. Eine Filtration $\mathbb{F}$ heißt rechtsstetig, wenn $\mathbb{F}_+ = \mathbb{F}$ gilt. Eine Filtration $\mathbb{F}$ heißt Standardfiltration, wenn sie rechtsstetig ist, also $\mathbb{F} = \mathbb{F}_+$ gilt, und alle Teilmengen von Nullmengen enthält, also $\hat{\mathbb{F}} = \mathbb{F}$ ist. Startet man mit einer beliebigen Filtration $\mathbb{F}$ auf einem vollständigen Wahrscheinlichkeitsraum, so kann man zur Filtration $(\hat{\mathbb{F}})_+$ übergehen, um eine Standardfiltration zu erhalten. In der Literatur weit verbreitet ist die Redewendung von den „üblichen Bedingungen", wenn eine Filtration eine Standardfiltration ist. Die üblichen Bedingungen sind technische Voraussetzungen an eine Filtration, die für viele Aussagen über zeitstetige Prozesse benötigt werden. Exemplarisch sei erwähnt, dass für einen stetigen Prozess X

$$\tau := \{t > 0 : X_t \in \,]a, b[\,\}$$

eine Stoppzeit ist, wenn die Filtration rechtsstetig ist. Für uns von zentraler Bedeutung ist das folgende Resultat:

Satz 13.16. *Sei* $\mathbb{F}$ *eine Standardfiltration eines vollständigen Wahrscheinlichkeitsraumes. Dann gibt es zu jedem Martingal M eine rechtsstetige Version.*

Beweis. Der Beweis ähnelt sehr dem Beweis des Konvergenzsatzes 11.34. Dort haben wir mit Hilfe der Abschätzung der aufsteigenden Überquerungen gezeigt, dass die Nichtkonvergenzpunkte eine Nullmenge bilden. Hier zeigen wir, dass die Menge

$$C := \{\omega \in \Omega : \text{Es gibt ein } t \geq 0 \text{ mit } \liminf_{q \downarrow t, q \in \mathbb{Q}_+} M_q < \limsup_{q \downarrow t, q \in \mathbb{Q}_+} M_q\}$$

eine Nullmenge bildet. Dazu sei

$$C_{ab,r} := \{\omega \in \Omega : \text{Es gibt ein } t \in [0,r] \text{ mit } \liminf_{q \downarrow t, q \in \mathbb{Q}_+} M_q < a < b < \limsup_{q \downarrow t, q \in \mathbb{Q}_+} M_q\},$$

$$a, b, r \in \mathbb{Q}_+.$$

Offensichtlich ist $C \subset \bigcup_{a,b,r \in \mathbb{Q}_+} C_{ab,r}$, so dass es genügt $\mathbb{P}(C_{ab,r}) = 0$ nach-

zuweisen. Nun gilt für den Prozess $(M_s)_{s \in \mathbb{Q}_+}$ genau wie im Beweis von Satz 13.13

$$\mathbb{E}[U_{[a,b]}(r)] \leq \frac{\mathbb{E}((M_r - a)_+)}{b - a}, \quad r \in \mathbb{Q}_+.$$

Dabei bezeichnet $U_{[a,b]}(r)$ die Anzahl aufsteigender Überquerungen des Intervalls $[a, b]$ von $(M_s)_{s \in \mathbb{Q}_+}$ bis zum Zeitpunkt r. Daraus folgt mit der MARKOV-UNGLEICHUNG für jedes $\alpha > 0$:

$$\mathbb{P}(U_{[a,b]}(r) \geq \alpha) \leq \frac{1}{\alpha(b-a)} \mathbb{E}((M_r - a)_+).$$

Betrachten wir $\alpha \to \infty$, so folgt $\mathbb{P}(U_{[a,b]}(r) = \infty) = 0$. Da $C_{ab,r} \subset \{U_{[a,b]}(r) = \infty\}$ und der Wahrscheinlichkeitsraum vollständig ist, folgt, dass $C_{ab,r}$ messbar ist und $\mathbb{P}(C_{ab,r}) = 0$. Damit ist auch A messbar und $\mathbb{P}(A) = 0$.

Nun können wir den Prozess $(X_t)_{t \geq 0}$ definieren:

$$X_t(\omega) := \begin{cases} \liminf_{q \downarrow t, q \in \mathbb{Q}_+} M_q(\omega) & \text{für } \omega \in A^c, \\ 0 & \text{für } \omega \in A. \end{cases}$$

Da $\mathcal{F}_t$ alle Nullmengen von $\mathcal{F}$ enthält, ist X_t $\mathcal{F}_t$-messbar. Es bleibt zu zeigen, dass $(X_t)_{t \geq 0}$ eine Version von $(M_t)_{t \geq 0}$ ist. Dazu gehen wir aus von

$$M_q = \mathbb{E}(M_s | \mathcal{F}_q) \quad \text{für } q \leq s$$

und betrachten auf beiden Seiten den Grenzübergang $q \downarrow t$. Auf der linken Seite ist der Grenzwert fast sicher X_t. Die rechte Seite konvergiert gegen $\mathbb{E}(M_s | \mathcal{F}_{t+}) = \mathbb{E}(M_s | \mathcal{F}_t) = M_t$. Also gilt $X_t = M_t$ fast sicher für alle $t \geq 0$. $\qquad \square$

Wir werden in Zukunft stets von einem vollständigen Wahrscheinlichkeitsraum $(\Omega, \mathcal{F}, \mathbb{P})$ mit einer Standardfiltration $\mathbb{F}$ ausgehen. Dies bedeutet, dass wir zu jedem Martingal eine rechtsstetige Version wählen können, so dass wir ohne Einschränkung Rechtsstetigkeit voraussetzen können.

Die Standardfiltration einer Brownschen Bewegung

Eine Brownsche Bewegung $B = (B_t)_{t \geq 0}$ ist ein Martingal bezüglich der natürlichen Filtration $\mathbb{F}^B$. Da wir in Zukunft stets mit Standardfiltrationen arbeiten möchten, müssen wir auch hier zur augmentierten und rechtsstetigen Filtration $(\hat{\mathbb{F}}^B)_+$ übergehen. Da wir die Brownsche Bewegung weiter als Standardbeispiel für ein Martingal verwenden wollen, ist es sehr wichtig, dass beim Übergang zur augmentierten und rechtsstetigen Filtration die Martingaleigenschaft nicht verloren geht. Zunächst ist klar, dass jede Brownsche Bewegung B auch eine Brownsche Bewegung bezüglich der augmentierten Filtration $\hat{\mathbb{F}}^B$ ist, da die Hinzunahme von Nullmengen an der Gültigkeit von (BB2') aus Definition 12.3 nichts ändert. Das gleiche gilt genauso für die Martingaleigenschaften. Mehr ist nicht zu überprüfen, denn die augmentierte natürliche Filtration $\hat{\mathbb{F}}^B$ einer Brownschen Bewegung ist bereits rechtsstetig:

$$(\hat{\mathbb{F}}^B)_+ = \hat{\mathbb{F}}^B.$$

Dies ist ein Spezialfall einer allgemeinen Aussage, die für jeden so genannten starken Markov-Prozess gilt, deren Beweis jedoch den hier dargestellten Rahmen sprengen würde (vgl. [KS91, Proposition 2.7.7]). Für uns entscheidend ist die Tatsache, dass $\hat{\mathbb{F}}^B$ eine Standardfiltration ist, bezüglich der B eine Brownsche Bewegung ist und alle bisher gezeigten Martingaleigenschaften behält. Sprechen wir in Zukunft von einer Brownschen Bewegung ohne explizite Angabe einer Filtration, so ist stets diese Standardfiltration gemeint.

13.5 Anwendung Finanzmathematik: Preisformeln

Eine wesentliche Aufgabe der Finanzmathematik besteht darin, für am Markt gehandelte Finanzgüter faire Preise zu bestimmen. Dabei bezeichnet man einen Preis als fair, wenn er keine Arbitrage-Möglichkeit bietet. Unter Arbitrage versteht man, lax formuliert, risikofreie wirtschaftliche Gewinne aus dem Nichts (eine genaue Erklärung geben wir in Definition 13.19). Ein realer Markt wird durch ein finanzmathematisch arbitragefreies Modell gut beschrieben, da Arbitrage-Möglichkeiten durch so genannte Arbitrageure genutzt werden, was zum schnellen Verschwinden der Arbitrage-Möglichkeit führt.

Wir werden im Folgenden darstellen, wie man in einem arbitragefreien Markt Preisformeln, also Berechnungsmöglichkeiten für den fairen Preis eines Finanzgutes herleiten kann. Bei der Darstellung haben wir uns u.a. an [BK98] und [Bjö97] orientiert. [BK98] bietet einen Einstieg in die Finanzmathematik, [Bjö97] gibt einen Überblick über den Zinsmarkt.

Einperiodenmodell

Eine so genannte europäische Call-Option gibt dem Halter (=Käufer) dieser Option das Recht, z.B. eine Aktie zu einem vorher bestimmten Kurs und zu einem vorher bestimmten Zeitpunkt zu erwerben[1]. Für dieses Recht hat der Käufer einen Preis zu bezahlen, dessen Höhe wir im Folgenden für einen Spezialfall bestimmen wollen. Dazu betrachten wir eine stark vereinfachte Situation, an der sich jedoch bereits viele Merkmale der Optionspreistheorie verdeutlichen lassen. Wir erlauben nur zwei Handelszeitpunkte, daher ist unser Zeitparameter $t \in \{0, T\}$. Wir stellen uns $t = 0$ als heute und $t = T$ als morgen vor. In unserem Markt gibt es eine Aktie, deren Preis durch den stochastischen Prozess $S = \{S_0, S_T\}$ beschrieben wird. S_0 ist also der heutige Preis der Aktie, S_T ihr Preis morgen. Der heutige Preis der Aktie ist uns bekannt, er sei etwa $S_0 = 90$ (z.B. 90 Euro, die Währung bzw. Einheit spielt jedoch keine Rolle, daher lassen wir sie im Folgenden weg). Für den Wert S_T der Aktie morgen gebe es zwei Möglichkeiten $a_1 = 120$ und $a_2 = 30$, die mit Wahrscheinlichkeit p bzw. $1 - p$ eintreten, d.h. mit Wahrscheinlichkeit p steigt die Aktie auf den Wert $a_1 = 120$ und mit der Wahrscheinlichkeit $1 - p$ fällt sie auf den Wert $a_2 = 30$. Weiter gibt es eine Bank, die einen täglichen Zinssatz r zahlt, d.h. ein beliebiger Betrag B_0 ist morgen risikolos $B_T = B_0(1 + r)$ wert. Wir können uns den (deterministischen) Prozess $B = \{B_0, B_T\}$ als risikoloses Bankkonto mit einer Verzinsung r vorstellen. In diesem Modell vergibt die Bank auch zum gleichen Zinssatz r Kredite.

Wir betrachten nun eine europäische Call-Option auf die Aktie S. Der Besitzer dieser Option habe das Recht, zum Zeitpunkt T, also morgen, die Aktie zum heutigen Preis S_0 zu kaufen. Beschreibt die Zufallsvariable X den (Auszahlungs-)Wert dieser Option, so gilt:

$$X = \begin{cases} a_1 - S_0 = 30 & \text{falls } S_T = a_1, \\ 0 & \text{falls } S_T = a_2, \end{cases}$$

oder kurz $X = (S_T - S_0)_+$. Denn steigt die Aktie auf den Wert $S_T = a_1$, so wird der Besitzer die Option ausüben, die Aktie für S_0 kaufen und sofort für a_1 verkaufen und so einen Gewinn von $a_1 - S_0$ erzielen. Dies geschieht mit Wahrscheinlichkeit p. Andernfalls, also wenn der Aktienpreis sinkt, wird er die Option nicht ausüben, da er die Aktie am Markt billiger erhalten kann. Mit Wahrscheinlichkeit $1 - p$ ist die Option also wertlos. Die Situation ist in Tabelle 13.1 noch einmal dargestellt. Die alles entscheidende Frage lautet nun: Was ist ein fairer Preis $\Pi(X)$ für die Option X zum Zeitpunkt $t = 0$? Dabei sei ein Preis für eine Option fair, wenn er keine Arbitragemöglichkeit eröffnet, d.h. niemand durch geschicktes Kaufen bzw. Verkaufen der am Markt gehandelten Finanzgüter oberhalb der Verzinsung r risikolos Gewinne erzielen kann. Intuitiv scheint der Erwartungswert $\mathbb{E}(X)$ des Optionswertes X ein guter Kandidat für einen fairen Preis zu sein. Da wir stets die Möglichkeit haben, das Geld einen Tag lang risikolos zu verzinsen, werten wir den Preis noch um den Faktor $(1 + r)^{-1}$ ab. Diese Abwertung bezüglich eines festgelegten Finanzgutes, hier

---

[1] Entsprechend hat ein Halter einer europäischen Put-Option das Recht, eine Aktie zu einem bestimmten Preis und Zeitpunkt zu verkaufen.

Wahrscheinlichkeit	Wert der Aktie	Wert des Bankkontos	Wert der Option
p	120	$(1+r) \cdot 90$	30
$1-p$	30	$(1+r) \cdot 90$	0

Tabelle 13.1. Wertentwicklung zum Zeitpunkt T

des risikolosen Bankkontos $B = \{B_0, B_T\}$, heißt Diskontierung. So kommen wir zu einem fairen Preis

$$\Pi(X) = \mathbb{E}\left(\frac{X}{1+r}\right) = \frac{30p}{1+r}.$$

Setzen wir z.B. $r = 0$ (keine Verzinsung) und $p = \frac{1}{2}$, so erhalten wir $\Pi(X) = 15$. Erstaunlicherweise ist dieses Ergebnis *falsch*, denn der Preis $\Pi(X) = 15$ eröffnet eine Arbitragemöglichkeit, wie wir nun zeigen werden.

Eine replizierende Strategie

Wir bleiben der Einfachheit halber bei $r = 0$. Jetzt verkaufen wir jemandem die Option zum Preis $\Pi(X)$. Der neue Optionshalter kann also morgen von uns die Aktie zum Preis von $S_0 = 90$ kaufen. Um uns darauf vorzubereiten, kaufen wir $\frac{1}{3}$ einer Aktie[2] und leihen 10 (Einheiten) von der Bank. Die Bilanz unseres „Portfolios" sieht in $t = 0$ dann folgendermaßen aus:

Verkauf der Option	$+\Pi(X)$
Kauf einer $\frac{1}{3}$-Aktie	-30
Kredit über 10	$+10$
Bilanz:	$\Pi(X) - 20$

Tabelle 13.2. Replizierende Strategie

Mit diesem Portfolio in der Hand können wir ruhig schlafen. Denn aus Tabelle 13.3 wird deutlich, dass mit diesem Portfolio unsere Bilanz am morgigen Tag

---

[2] In der finanzmathematischen Welt wird in der Regel von einer beliebigen Teilbarkeit der Finanzgüter ausgegangen. Plausibel wird dies durch die Betrachtung eines Halters mit 100000 Optionen, was in der Praxis durchaus üblich ist.

Die Aktie fällt auf $S_T = 30$.		Die Aktie steigt auf $S_T = 120$.	
Option ist wertlos	0	Option wird gegen uns ausgeübt	-30
Verkauf der $\frac{1}{3}$-Aktie	$+10$	Verkauf der $\frac{1}{3}$-Aktie	$+40$
Rückzahlung des Kredits	-10	Rückzahlung des Kredits	-10
Bilanz:	0	Bilanz:	0

Tabelle 13.3. Bilanz zum Zeitpunkt T

stets 0 ist, wie auch immer sich der Aktienkurs entwickelt. Ein solches Portfolio heißt replizierend. Dies erzwingt, dass auch die Bilanz des Portfolios 0 sein muss, d.h. $\Pi(X) = 20$, da andernfalls eine Arbitragemöglichkeit entsteht: Ist die Option billiger als 20, kauft man sie; ist sie teurer als 20, bietet man sie an. Jeder andere Preis als 20 erlaubt es folglich einem Arbitrageur, durch geschicktes Kaufen und Verkaufen der Finanzinstrumente Aktie, Bankkonto und Option einen risikolosen Gewinn zu erzielen und so die falsche Bewertung der Option auszunutzen. Abschließend sei bemerkt, dass diese Argumentation ganz ähnlich auch für jede Zinsrate $r > 0$ möglich ist.

Risiko-neutrale Bewertung

Wir haben oben den fairen Preis der Option durch ein replizierendes Portfolio bestimmt. In komplizierten Fällen kann es schwierig sein, ein replizierendes Portfolio explizit anzugeben. Es gibt jedoch eine Alternative zur Berechnung des fairen Optionspreises, für die keine explizite Konstruktion eines replizierenden Portfolios notwendig ist. Dazu sei $B_0 = 1$, $B_T = 1 + r$ die Wertentwicklung des risikolosen Bankkontos mit dem Guthaben 1 und $\tilde{S}$ der

$$\text{diskontierte Prozess } \tilde{S}_t := \frac{S_t}{B_t}, \quad t = 0, T.$$

Es ist also $\tilde{S}_0 = S_0$ und $\tilde{S}_T = \frac{S_T}{1+r}$. Der diskontierte Prozess beschreibt die Wertentwicklung der Aktie relativ zur risikolosen Wertentwicklung des Bankkontos. Die Bestimmung des fairen Preises $\Pi(X)$ für die Option X besteht nun aus zwei Schritten:

(i) Bestimme ein p^* so, dass der diskontierte Prozess $\tilde{S}$ unter dem Wahrscheinlichkeitsmaß $\mathbb{P}^*$ ein „faires Spiel", also ein Martingal ist. Da $\tilde{S}_0$ konstant ist, reduziert sich die Martingaleigenschaft auf die Forderung

$$\tilde{S}_0 = \mathbb{E}^*(\tilde{S}_T) = \mathbb{E}^*\left(\frac{S_T}{1+r}\right).$$

Dabei bedeutet $\mathbb{E}^*$ stets, dass der Erwartungswert bezüglich $\mathbb{P}^*$ gebildet wird. In unserem Beispiel heißt dies:

$$90 = \frac{1}{1+r}(120 \cdot p^* + 30 \cdot (1 - p^*)).$$

Setzen wir wieder $r = 0$, so folgt $p^* = \frac{2}{3}$.

(ii) Bestimme nun den Erwartungswert des diskontierten Optionswertes X unter dem neuen Wahrscheinlichkeitsmaß $\mathbb{P}^*$:

$$\Pi(X) = \mathbb{E}^* \left(\frac{X}{1+r} \right) = \frac{30p^*}{1+r}. \tag{13.9}$$

Für $r = 0$ erhalten wir, genau wie durch unser replizierendes Portfolio, den fairen Optionspreis $\Pi(X) = 20$.

Das Maß $\mathbb{P}^*$, unter dem der diskontierte Prozess ein Martingal ist, heißt äquivalentes Martingalmaß. Interessanterweise hängt $\mathbb{P}^*$ überhaupt nicht von p, d.h. der „wahren" Verteilung ab. Wir fassen zusammen:

(i) Es gibt genau einen arbitragefreien Preis für die Option.

(ii) Dieser Preis kann als diskontierter Erwartungswert bezüglich eines bestimmten Wahrscheinlichkeitsmaßes $\mathbb{P}^*$ oder durch ein replizierendes Portfolio berechnet werden.

(iii) Das Maß $\mathbb{P}^*$ ist eindeutig charakterisiert durch die Eigenschaft, dass der diskontierte Aktienprozess $\tilde{S}$ unter $\mathbb{P}^*$ ein Martingal ist.

Diese Aussagen gelten, wie wir im Folgenden skizzieren werden, in viel allgemeineren Situationen.

Kontinuierliche Finanzmärkte

Wir überspringen nun mehrere hundert Seiten in Lehrbüchern zur Finanzmathematik, in denen n-Perioden-Modelle, allgemeinere Binomialmodelle (Cox-Ross-Rubinstein-Modelle) und die Theorie zeitdiskreter Finanzmärkte behandelt werden, und wenden uns zeitstetigen Finanzmärkten zu. Marktmodelle in stetiger Zeit sind technisch sehr viel komplizierter. Wir werden daher nicht alle technischen Details erwähnen, aber dennoch versuchen, einen Eindruck der Optionspreistheorie in stetiger Zeit zu vermitteln.

In einem zeitstetigen Finanzmarkt kann zu jeder Zeit innerhalb eines festen Zeithorizontes $[0, T]$ gehandelt werden. Gegeben ist ein Wahrscheinlichkeitsraum $(\Omega, \mathcal{F}, \mathbb{P})$ und eine Filtration $\mathbb{F} = (\mathcal{F}_t)_{t \geq 0}$. Die Preisprozesse der gehandelten Finanzgüter, Aktien, Bonds, Optionen etc., werden durch $d + 1$ stochastische Prozesse $S_0, \ldots, S_d$ beschrieben. Wir nehmen an, jedes S_i sei ein stetiges Semimartingal. Dem Prozess S_0 wird eine Sonderrolle zugewiesen, er dient als so genannter *Numéraire*. Ein Numéraire ist ein strikt positiver Preisprozess, der als Bezugsgröße dient. Wir folgen der Konvention, dass stets $S_0(0) = 1$ gilt. Im Einperiodenmodell hatten wir $B = \{B_0, B_T\} = \{1, 1+r\}$ als

Numéraire gewählt. Eine klassische Wahl eines Numéraire ist gegeben durch den Prozess

$$B(t) = \exp\left(\int_0^t r(s)ds\right),$$

wobei $r(t)$ ein stetiger, adaptierter Prozess mit fast sicher strikt positiven Pfaden ist. $B(t)$ entspricht dem Guthaben bei einer risikofreien Verzinsung mit einer „instantanen" Zinsrate $r(t)$. Es schadet nicht, sich im Folgenden stets $S_0(t) = B(t)$ vorzustellen. Es hat sich jedoch herausgestellt, dass die Entwicklung von Optionspreisformeln in manchen Fällen dadurch vereinfacht werden kann, dass man zu anderen Numéraires wechselt. Diese Technik heißt „Change of Numéraire", vgl. [GEKR95].

Beispiel 13.17 (Black-Scholes-Modell). Das wohl bekannteste Modell eines kontinuierlichen Finanzmarktes ist das Black-Scholes-Modell, in dem es genau zwei Finanzgüter gibt. Das erste Finanzgut ist der oben beschriebene Numéraire $B(t)$ mit einer konstanten deterministischen Zinsrate $r(t) \equiv \rho$, so dass gilt:

$$S_0(t) = B(t) = \exp(\rho t), \quad t \in [0, T].$$

Das zweite Finanzgut wird durch den Prozess

$$S_1(t) = A_0 \exp\left[\sigma W_t + \left(\mu - \frac{\sigma^2}{2}\right)t\right], \quad t \in [0, T],$$

mit zwei Parametern $\mu \in \mathbb{R}$ und $\sigma > 0$ sowie einer Brownschen Bewegung $W = (W_t)_{t \in [0,T]}$ beschrieben. $S_1(t)$ soll den Preisprozess einer Aktie mit *Trend* μ und *Volatilität* σ modellieren. Im Jahre 1973 haben F. Black und M. Scholes [BS73] sowie R. Merton [Mer73] Arbeiten veröffentlicht, in denen eine Optionspreisformel für diesen Finanzmarkt, die berühmte Black-Scholes-Formel, hergeleitet wird. Die aus heutiger Sicht bahnbrechende Publikation von Black und Scholes wurde damals zunächst von mehreren renommierten Zeitschriften abgelehnt. Erst 24 Jahre später, im Jahre 1997, erhielten Merton und Scholes den Ökonomie-Nobelpreis, der zweite Namensgeber Black war 1995 verstorben. ◊

Eine Handelsstrategie wird durch einen $\mathbb{R}^{d+1}$-wertigen previsiblen und linksstetigen Prozess

$$\phi(t) = (\phi_0(t), \ldots, \phi_d(t)), \quad t \in [0, T],$$

beschrieben. Dabei bezeichnet $\phi_i(t)$ die Anteile des i-ten Finanzgutes S_i, die man zum Zeitpunkt t in seinem Portfolio hat. Dementsprechend definiert man:

Definition 13.18 ((diskontierter) Preisprozess, Wertprozess). *Der Wertprozess V_ϕ einer Handelsstrategie ϕ zum Zeitpunkt t ist gegeben durch das Skalarprodukt*

$$V_\phi(t) := \phi(t)S(t) = \sum_{i=0}^{d} \phi_i(t)S_i(t).$$

Der diskontierte Preisprozess $\tilde{S}$ ist gegeben durch

$$\tilde{S}(t) := \frac{S(t)}{S_0(t)} = \left(1, \frac{S_1(t)}{S_0(t)}, \ldots, \frac{S_d(t)}{S_0(t)}\right).$$

Der diskontierte Wertprozess $\tilde{V}_\phi$ ergibt sich entsprechend als

$$\tilde{V}_\phi(t) := \frac{V_\phi(t)}{S_0(t)} = \phi(t)\tilde{S}(t) = \phi_0(t) + \sum_{i=1}^{d} \phi_i(t)\tilde{S}_i(t).$$

Betrachten wir für einen kurzen Moment noch einmal einen diskreten Markt mit den zwei Handelszeitpunkten 0 und T, so ist durch

$$G_\phi(T) = \sum_{i=0}^{d} \phi_i(0)(S_i(T) - S_i(0))$$

der Gewinn erfasst, den wir zum Zeitpunkt T gemacht haben. Mit viel Phantasie kann man sich vorstellen, dass daraus im kontinuierlichen Fall ein Integral

$$G_\phi(t) = \sum_{i=0}^{d} \int_0^t \phi_i(s)dS_i(s)$$

wird. Dabei haben wir natürlich nirgendwo erklärt, was dieses Integral mit einem Semimartingal S_i als Integrator überhaupt sein soll. Es handelt sich dabei um ein so genanntes stochastisches Integral, das wir für den Spezialfall der Brownschen Bewegung im nächsten Kapitel behandeln. Für unsere Zwecke genügt es völlig, sich $G_\phi(t)$ als Gewinn (oder Verlust) zum Zeitpunkt t vorzustellen. Präzise können wir damit wiederum formulieren, wann eine Handelsstrategie selbstfinanzierend heißt:
Eine Handelsstrategie ϕ heißt selbstfinanzierend, wenn gilt:

$$V_\phi(t) = V_\phi(0) + G_\phi(t) \quad \text{für alle } t \in [0, T].$$

Dies bedeutet, dass sämtliche Wertveränderungen des Portfolios aus Kapitalgewinnen hervorgegangen sind, nicht etwa durch Geldzufluss oder Geldentzug. Bezeichnen wir den diskontierten Gewinnprozess mit

$$\tilde{G}_\phi(t) := \frac{G_\phi(t)}{S_0(t)}, \quad t \in [0,T],$$

so gilt offensichtlich für eine selbstfinanzierende Handelsstrategie ϕ:

$$\tilde{V}_\phi(t) = \tilde{V}_\phi(0) + \tilde{G}_\phi(t) \quad \text{für alle } t \in [0,T]. \tag{13.10}$$

Arbitrage und äquivalente Martingalmaße

Wir haben bereits in unserem einführenden Einperiodenmodell gesehen, dass wir genau dann Arbitragefreiheit erreicht haben, wenn der Optionspreis mit Hilfe eines äquivalenten Martingalmaßes berechnet werden kann. Um die analogen Aussagen für stetige Finanzmärkte formulieren zu können, definieren wir zunächst die Begriffe Arbitragemöglichkeit sowie äquivalentes Martingalmaß.

Definition 13.19 (Arbitragemöglichkeit). *Eine selbstfinanzierende Handelsstrategie ϕ heißt Arbitragemöglichkeit, falls für den Wertprozess V_ϕ gilt:*

$$V_\phi(0) = 0, \ \mathbb{P}(V_\phi(T) \geq 0) = 1, \ \mathbb{P}(V_\phi(T) > 0) > 0.$$

Die Interpretation dieser drei Bedingungen ist die Folgende: Wir starten mit einem wertlosen Portfolio ($V_\phi(0) = 0$), stehen am Ende sicher nicht schlechter da ($\mathbb{P}(V_\phi(T) \geq 0) = 1$), haben aber mit positiver Wahrscheinlichkeit einen Gewinn erzielt ($\mathbb{P}(V_\phi(T) > 0) > 0$). Genau diese Form risikofreien Gewinns aus dem Nichts bezeichnet man als Arbitragemöglichkeit, die in einem gut funktionierenden Markt nicht (oder nur sehr kurzzeitig) vorhanden sein sollte. Wie im Einperiodenmodell gibt es auch in diesem viel komplexeren Marktmodell einen Zusammenhang zwischen Arbitrage und äquivalenten Martingalmaßen:

Definition 13.20 (äquivalentes Martingalmaß). *Ein Wahrscheinlichkeitsmaß $\mathbb{Q}$ auf $(\Omega, \mathcal{F})$ heißt äquivalentes Martingalmaß, falls gilt:*

(i) *$\mathbb{Q}$ ist äquivalent zu $\mathbb{P}$ (d.h. $\mathbb{Q}$ und $\mathbb{P}$ haben dieselben Nullmengen),*
(ii) *der diskontierte Preisprozess $\tilde{S}$ ist unter $\mathbb{Q}$ ein Martingal.*

Bezeichnen wir schließlich mit Φ die Menge derjenigen Handelsstrategien ϕ, für die

$$\tilde{V}_\phi(t) \geq 0 \quad \text{für alle } t \geq 0$$

gilt, so können wir als erstes Teilresultat formulieren:

Satz 13.21. *Es gebe ein äquivalentes Martingalmaß $\mathbb{Q}$. Dann gibt es innerhalb von Φ keine Arbitragemöglichkeit.*

Natürlich stellt sich sofort die Frage nach der Umkehrung dieser Aussage. Diese ist, im Gegensatz zu diskreten Marktmodellen, im Allgemeinen falsch. Daher ist viel Arbeit investiert worden, um die No-Arbitrage-Bedingung durch eine alternative Bedingung zu ersetzen. Diese alternative Forderung sollte einerseits ökonomisch interpretierbar und andererseits äquivalent zur Existenz eines äquivalenten Martingalmaßes sein. Zufriedenstellend ist dies erst in den 90er Jahren gelungen. Delbaen und Schachermayer [DS94] geben eine solche Bedingung an, die sie „no free lunch with vanishing risk" (NFLVR) nennen. (NFLVR) ergänzt die rein algebraisch formulierbare No-Arbitrage-Bedingung um eine topologische Bedingung. Die zur exakten Beschreibung benötigten Begriffe und Beweise sind sehr technisch, so dass wir darauf verzichten und den an dieser Frage interessierten Leser auf die Originalarbeiten [DS94] und [DS00] verweisen. Wir werden im Folgenden, so wie es in der täglichen Praxis der Financial Engineers in den Banken geschieht, die Existenz eines äquivalenten Martingalmaßes voraussetzen.

Eine Bewertungsformel

Der Halter einer Option besitzt einen Anspruch gegenüber dem Verkäufer der Option, deren Höhe im Allgemeinen vom Zufall abhängig ist. Wir übernehmen daher die international übliche Bezeichnung „Claim". Ein T-Claim ist eine nichtnegative $\mathcal{F}_T$-messbare Zufallsvariable X.

Definition 13.22 (absicherbarer Claim). *Sei* $\mathbb{P}^*$ *ein äquivalentes Martingalmaß und* X *ein* T-*Claim. Dann heißt* X *absicherbar, falls es eine selbstfinanzierende Handelsstrategie* ϕ *gibt, für die der Gewinnprozess* G_ϕ *ein* $\mathbb{P}^*$-*Martingal ist und*

$$V_\phi(T) = X.$$

Ein Markt heißt vollständig, falls jeder T-*Claim absicherbar ist.*

Ist X ein absicherbarer T-Claim, so gibt es also eine selbstfinanzierende Handelsstrategie ϕ mit $V_\phi(T) = X$. In diesem Fall heißt ϕ Hedging-Strategie oder replizierendes Portfolio. Vom ökonomischen Standpunkt aus gesehen bedeutet $V_\phi(T) = X$, dass der Besitz des Claims X und der Besitz des replizierenden Portfolios gleichwertig sind. Daher muss der faire, d.h. keine Arbitrage-Möglichkeit bietende Preis $\Pi_X(t)$ des Claims X gegeben sein durch

$$\Pi_X(t) = V_\phi(t), \quad t \in [0, T].$$

Für eine Hedging-Strategie lässt sich V_ϕ jedoch bestimmen, was zu folgender zentraler Bewertungsformel führt:

Theorem 13.23 (Bewertungsformel für absicherbare Claims). *Sei* $\mathbb{P}^*$ *ein äquivalentes Martingalmaß und* X *ein absicherbarer* T-*Claim. Dann ist der faire Preis* Π_X *von* X *gegeben durch*

$$\Pi_X(t) = S_0(t)\mathbb{E}^*\left(\left.\frac{X}{S_0(T)}\right| \mathcal{F}_t\right), \quad t \in [0, T].$$

Insbesondere folgt (da $S_0(0) = 1$ und $\mathcal{F}_0 = \{\emptyset, \Omega\}$)

$$\Pi_X(0) = \mathbb{E}^*\left(\frac{X}{S_0(T)}\right). \tag{13.11}$$

Beweis. Der Beweis dieses Schlüsselresultats für die Bewertung von Derivaten ist nicht schwer: Es werde X durch die Hedging-Strategie ϕ abgesichert. Dann ist definitionsgemäß $V_\phi(T) = X$ und $\tilde{G}_\phi$ ein $\mathbb{P}^*$-Martingal. Nach Gleichung (13.10) gilt $\tilde{V}_\phi(t) = \tilde{V}_\phi(0) + \tilde{G}_\phi$, daher ist auch $\tilde{V}_\phi$ ein $\mathbb{P}^*$-Martingal, und es folgt für jedes $t \in [0, T]$:

$$\begin{aligned}\Pi_X(t) = V_\phi(t) &= S_0(t)\tilde{V}_\phi(t)\\ &= S_0(t)\mathbb{E}^*(\tilde{V}_\phi(T)|\mathcal{F}_t) = S_0(t)\mathbb{E}^*\left(\left.\frac{V_\phi(T)}{S_0(T)}\right|\mathcal{F}_t\right)\\ &= S_0(t)\mathbb{E}^*\left(\left.\frac{X}{S_0(T)}\right|\mathcal{F}_t\right).\end{aligned}$$

$\square$

Diese Bewertungsformel, speziell Gleichung (13.11), ist das zeitstetige Analogon zu Gleichung (13.9) im Einperiodenmodell. Auch wenn wir hier die Existenz des äquivalenten Wahrscheinlichkeitsmaßes vorausgesetzt haben, so sollte der Preis eines Claims nicht von der Wahl des äquivalenten Wahrscheinlichkeitsmaßes $\mathbb{P}^*$ abhängen. Dies wird unter bestimmten technischen Voraussetzungen (vgl. [HP81] oder [MR97]) gerade durch die Vollständigkeit eines Marktes sichergestellt. Ohne Rücksicht auf diese Details können wir also die Situation in kontinuierlichen Finanzmärkten so zusammenfassen:

(i) Existiert ein äquivalentes Martingalmaß, so gibt es keine Arbitrage-Möglichkeit. Die Umkehrung gilt unter einer zusätzlichen topologischen Bedingung (NFLVR).

(ii) In einem arbitragefreien Markt ist das äquivalente Martingalmaß genau dann eindeutig bestimmt, wenn der Markt vollständig ist.

Genau wie schon beim Einperiodenmodell (vgl. (13.9) und (13.11)) ergibt sich für den fairen Preis einer Option:

(iii) Der arbitragefreie Preis eines Claims kann als diskontierter Erwartungswert bezüglich des äquivalenten Martingalmaßes berechnet werden.

Die Bewertung eines Swaps

Wir wollen die Preisformel auf ein konkretes Beispiel, einen so genannten *Swap*, anwenden. Ein Swap ist einer der am häufigsten gehandelten Claims

im Zinsbereich, das Nominalvolumen aller Swaps weltweit betrug im Jahr 1998 etwa 33 Billionen Dollar. Die Grundidee bei einem Swap ist der Austausch eines festen Zinssatzes gegen einen variablen Zinssatz: Ein Vertragspartner erhält zu festgelegten Zeitpunkten Zinszahlungen in Höhe eines zu Vertragsbeginn festgelegten Zinssatzes R. Die Gegenseite erhält ebenfalls zu festgelegten Zeitpunkten Zinszahlungen, allerdings ist der Zinssatz variabel.
Unser Marktmodell besteht aus einem Wahrscheinlichkeitsraum $(\Omega, \mathcal{F}, \mathbb{P})$, einer Filtration $\mathbb{F}$ und d so genannten Zero-Coupon-Bonds $S_1, \ldots, S_d$. Ein Zero-Coupon-Bond mit Laufzeit $T^* \in [0, T]$, kurz T^*-Bond, ist ein Vertrag, der dem Besitzer die Auszahlung von 1 (z.B. Euro) zum Zeitpunkt T^* garantiert. Es seien $T_1, \ldots, T_d$ die Laufzeiten der Bonds $S_1, \ldots, S_d$. Den Preis, der für den Bond S_i zum Zeitpunkt t, $t \in [0, T_i]$, zu zahlen ist, bezeichnen wir mit $p(t, T_i)$. Offensichtlich gilt $p(T_i, T_i) = 1$ für alle $i = 1, \ldots, d$. Als Numéraire betrachten wir wiederum den Prozess $S_0(t) = B(t)$,

$$B(t) = \exp\left(\int_0^t r(s)ds\right),$$

mit einem stetigen Prozess $r(t)$ mit fast sicher positiven Pfaden. Dieses Marktmodell heißt Bond-Markt. Ist $\mathbb{P}^*$ in diesem Markt ein äquivalentes Martingalmaß, so gilt definitionsgemäß für die diskontierten Preisprozesse der T_i-Bonds:

$$\frac{p(t, T_i)}{B(t)}, \quad t \in [0, T_i] \text{ ist ein } \mathbb{P}^*\text{-Martingal.}$$

Aus unserer Preisformel 13.23 erhalten wir:

Korollar 13.24 (Bewertungsformel im Bond-Markt). *Sei $\mathbb{P}^*$ ein äquivalentes Martingalmaß im Bond-Markt und X ein absicherbarer T-Claim. Dann ist der faire Preis Π_X von X gegeben durch*

$$\Pi_X(t) = B(t)\mathbb{E}^*\left(\left.\frac{X}{B(T)}\right|\mathcal{F}_t\right) = \mathbb{E}^*\left(\left.X\exp\left(-\int_t^T r(s)ds\right)\right|\mathcal{F}_t\right), \ t \in [0, T].$$

Insbesondere folgt für den Preis eines T_i-Bonds:

$$p(t, T_i) = \mathbb{E}^*\left(\left.\exp\left(-\int_t^{T_i} r(s)ds\right)\right|\mathcal{F}_t\right), \quad t \in [0, T_i].$$

Um einen Swap zu definieren, zerlegen wir das Zeitintervall $[0, T]$ in n äquidistante Zeitintervalle der Länge $\delta > 0$:

$$T_0 < T_1 < \ldots < T_n \quad \text{mit } T_{i+1} - T_i = \delta, \quad i = 0, \ldots, n-1.$$

Weiter gegeben sind eine feste Zinsrate R und ein fixierter Betrag K. Aus Sicht des Festzinszahlers besteht ein Swap X nun aus einer Folge von n Auszahlungen X_{i+1} zu den Zeitpunkten T_{i+1}, $i = 0, \ldots, n-1$, wobei die $(i+1)$-te Auszahlung X_{i+1} bestimmt ist durch

$$X_{i+1} = K\delta(L(T_i) - R), \quad i = 0, \ldots, n-1.$$

Dabei ist $L(T_i)$ ein variabler Zinssatz für den Zeitraum $[T_i, T_{i+1}]$, für den wir vereinbaren:

$$L(T_i) := \left(\frac{1}{p(T_i, T_{i+1})} - 1 \right) \frac{1}{\delta}, \quad i = 0, \ldots, n-1.$$

Dies ist äquivalent zu

$$p(T_i, T_{i+1})(1 + \delta L(T_i)) = 1.$$

Daraus ergibt sich folgende Interpretation der Definition von $L(T_i)$: Wird der Betrag $p(T_i, T_{i+1})$ zum Zeitpunkt T_i angelegt und mit dem Zinssatz $L(T_i)$ über den Zeitraum δ ohne Zinseszins, also einfach verzinst, so erhält man zum Zeitpunkt T_{i+1} den Betrag 1. Daher heißt dieser Zinssatz auch „*simple rate*".

Der Swap $X = X_1 + \ldots + X_n$ werde nun zum Zeitpunkt t abgeschlossen. Was ist der faire Preis $\Pi_X(t)$? Nach Korollar 13.24 gilt mit $K = 1$:

$$\Pi_X(t) = \sum_{i=1}^{n} \mathbb{E}^* \left[\delta(L(T_{i-1}) - R) \exp\left(-\int_t^{T_i} r(s)ds \right) \Big| \mathcal{F}_t \right]$$

$$= \sum_{i=1}^{n} \mathbb{E}^* \left[\left(\frac{1}{p(T_{i-1}, T_i)} - (1 + \delta R) \right) \exp\left(-\int_t^{T_i} r(s)ds \right) \Big| \mathcal{F}_t \right]$$

$$= \sum_{i=1}^{n} \mathbb{E}^* \left[\left(\frac{1}{p(T_{i-1}, T_i)} - (1 + \delta R) \right) \right.$$

$$\left. \exp\left(-\int_t^{T_{i-1}} r(s)ds \right) \mathbb{E}^* \left[\exp\left(-\int_{T_{i-1}}^{T_i} r(s)ds \right) \Big| \mathcal{F}_{T_{i-1}} \right] \Big| \mathcal{F}_t \right]$$

$$= \sum_{i=1}^{n} [p(t, T_{i-1}) - (1 + \delta R)p(t, T_i)].$$

Setzen wir $c_i := \delta R$, $i = 1, \ldots, n-1$, und $c_n := 1 + \delta R$, so erhalten wir als Preis für den Swap

$$\Pi_X(t) = p(t, T_0) - \sum_{i=1}^{n} c_i p(t, T_i).$$

Der Preis des Swaps kann also vollständig durch die Kenntnis der Preise $p(t, T_i)$ der T_i-Bonds zum Zeitpunkt t bestimmt werden.

Wir haben den fixierten Zinssatz R bisher als bekannt vorausgesetzt. Die „*swap rate*" $\hat{R}(t)$ ist als derjenige Zinssatz definiert, für den $\Pi_X(t) = 0$ gilt. Aus obiger Gleichung können wir die *swap rate* leicht bestimmen:

$$0 = p(t, T_0) - \hat{R}(t)\delta \sum_{i=1}^{n} p(t, T_i) - p(t, T_n)$$

ist äquivalent zu

$$\hat{R}(t) = \frac{p(t, T_0) - p(t, T_n)}{\delta \sum_{i=1}^{n} p(t, T_i)}.$$

Der von uns hier beschriebene Swap heißt in der Literatur auch „Forward Swap settled in arrears". Es gibt viele weitere Swap-Varianten, bei denen verschiedenste Zinssätze getauscht werden. So sind in der Praxis meist die Auszahlungszeitpunkte auf der Festzinsseite und auf der variablen Seite unterschiedlich, man benötigt daher zwei Zeitspannen δ_R und δ_L. Typisch sind z.B. Swaps mit einer Laufzeit von zwei bis zu 10 Jahren, bei denen der feste Zins jährlich und der variable Zins halbjährlich ausbezahlt werden. Als variabler Zins werden in Europa z.B. der LIBOR (London Inter-Bank Offer Rate) oder der EURIBOR (Euro Inter-Bank Offer Rate) verwendet, die jeweils einmal am Tag in London bzw. Brüssel „gefixed", also auf einen bestimmten Wert festgeschrieben werden. Grundsätzlich sind LIBOR und EURIBOR Zinssätze, zu denen Banken untereinander Geld leihen. In der Praxis werden die *swap rates* für viele ganzzahlige Laufzeiten, z.B. 1 bis 10, 12, 15 und 20 Jahre, ständig am Markt quotiert und fließen daher umgekehrt in die Berechnung anderer fairer Preise ein. Nach Abschluss eines Swaps, wenn eine nicht ganzzahlige Restlaufzeit verbleibt, müssen die *swap rates* jedoch tatsächlich berechnet werden.

14

Itô-Integrale

Das Ziel dieses Kapitels ist die Definition eines sinnvollen Integralbegriffs

$$\int_0^t X_s dB_s$$

für eine hinreichend große Klasse von Integranden $(X_t)_{t\geq 0}$ und für eine Brownsche Bewegung $(B_t)_{t\geq 0}$ als Integrator. Bei diesem stochastischen Integral handelt es sich um das zeitstetige Analogon zur Martingaltransformierten

$$(H.X)_n := \sum_{k=1}^n H_k(X_k - X_{k-1}), \quad n \in \mathbb{N}_0,$$

eines Spielsystems H und eines (zeitdiskreten) Martingals X, vgl. Definition 11.11. Man könnte daher zur Definition des stochastischen Integrals folgenden Ansatz wählen:

$$\int_0^t X_s dB_s(\omega) = \lim_{n\to\infty} \sum_{t_i \in \Pi_n} X_{t_i}(\omega)(B_{t_{i+1}}(\omega) - B_{t_i}(\omega)), \quad \omega \in \Omega, \quad (14.1)$$

wobei $(\Pi_n)_{n\in\mathbb{N}}$ eine Folge von Zerlegungen des Intervall $[0, t]$ mit $|\Pi_n| \to 0$ ist. Dieser pfadweise (d.h. für jedes einzelne $\omega \in \Omega$) definierte Ansatz schlägt wegen der unbeschränkten Variation der Pfade einer Brownschen Bewegung fehl. Um dies zu beweisen, werden wir im ersten Abschnitt pfadweise definierte Integrale und ihre Eigenschaften untersuchen. In den folgenden Abschnitten führt uns ein neuer Ansatz zum Itô-Integral und seinen fundamentalen Eigenschaften.

14.1 Stieltjes-Integrale und Variation

Da wir in diesem Abschnitt pfadweise definierte Integrale untersuchen wollen, betrachten wir zunächst keine stochastischen Prozesse, sondern reellwertige Funktionen.

Stieltjes-Integrale

Wir erinnern daran, dass es zu jeder rechtsstetigen, monoton wachsenden Funktion

$$F : \mathbb{R} \to \mathbb{R}$$

ein eindeutig bestimmtes, so genanntes Lebesgue-Stieltjes-Maß λ_F gibt, für das

$$\lambda_F(]a, b]) = F(b) - F(a) \quad \text{für alle }]a, b] \subset \mathbb{R}$$

gilt, s. Theorem A.8. Aus diesem Grund heißen rechtsstetige, monoton wachsende Funktionen $F : \mathbb{R} \to \mathbb{R}$ maßerzeugend. Das Lebesgue-Integral einer λ_F-integrierbaren Funktion g heißt

$$\text{Stieltjes-Integral:} \quad \int_A g \, d\lambda_F, \quad A \in \mathcal{B}.$$

Ist $F = \mathrm{id} : \mathbb{R} \to \mathbb{R}$, $\mathrm{id}(x) := x$, die Identität auf $\mathbb{R}$, so ist das zugehörige Lebesgue-Stieltjes-Maß das Lebesgue-Maß: $\lambda_{\mathrm{id}} = \lambda$. Für das Lebesgue-Integral haben wir in Satz 2.17 gezeigt, dass es für eine Riemann-integrierbare Funktion g mit dem Riemann-Integral übereinstimmt:

$$\int_{[0,t]} g \, d\lambda = \int_0^t g(x) \, dx.$$

Ist (Π_n), $\Pi_n = \{0 = t_0^n, t_1^n, \dots, t_r^n = t\}$, eine Folge von Zerlegungen des Intervalls $[0, t]$ mit $|\Pi_n| \to 0$, so können wir das Riemann-Integral auf der rechten Seite durch den Grenzwert der Riemann-Summen ersetzen und erhalten:

$$\int_{[0,t]} g \, d\lambda = \lim_{n \to \infty} \sum_{k=1}^r g(t_{k-1}^n)(t_k^n - t_{k-1}^n) = \lim_{n \to \infty} \sum_{k=1}^r g(t_{k-1}^n)[\mathrm{id}(t_k^n) - \mathrm{id}(t_{k-1}^n)].$$

Da das Lebesgue-Maß λ den Spezialfall $F = \mathrm{id}$ darstellt, ist es eine nahe liegende Vermutung, dass wir in obiger Gleichung allgemein λ durch λ_F und id durch F ersetzen dürfen. Dies führt zu der Gleichung

$$\int_{[0,t]} g \, d\lambda_F = \lim_{n \to \infty} \sum_{k=1}^r g(t_{k-1}^n)[F(t_k^n) - F(t_{k-1}^n)]. \tag{14.2}$$

Sofern die rechte Seite konvergiert, ist diese Aussage richtig, wie wir im nachfolgenden Satz zeigen werden. Zur Vereinfachung der Notation führen wir vorher einige Begriffe ein:

Definition 14.1 (F-Integral). *Es seien $F, g : \mathbb{R} \to \mathbb{R}$ Funktionen. Für eine Zerlegung $\Pi = \{0 = t_0, t_1, \ldots, t_r = t\}$ des Intervalls $[0, t]$ sei*

$$\sum_{\Pi} gdF := \sum_{k=1}^{r} g(t_{k-1})[F(t_k) - F(t_{k-1})].$$

Die Funktion g heißt F-integrierbar auf $[0, t]$, wenn

$$\int_0^t gdF := \lim_{|\Pi| \to 0} \sum_{\Pi} gdF \quad \text{in } \mathbb{R} \text{ existiert.}$$

$\int_0^t gdF$ *heißt das F-Integral von g.*

Jetzt können wir die zu Satz 2.17 analoge Aussage, die wir bereits in (14.2) vermutet haben, für Stieltjes- und F-Integrale beweisen.

Satz 14.2. *Es sei $F : \mathbb{R} \to \mathbb{R}$ eine maßerzeugende Funktion und $g : \mathbb{R}_+ \to \mathbb{R}$ linksstetig sowie lokal, d.h. auf jedem Intervall $[0, t]$, $t \geq 0$, beschränkt. Dann ist g F-integrierbar und:*

$$\int_{[0,t]} gd\lambda_F = \int_0^t gdF, \quad t \geq 0.$$

Beweis. Für eine Zerlegung $\Pi = \{0 = t_0, t_1, \ldots, t_r = t\}$ des Intervalls $[0, t]$ setzen wir $g_\Pi := \sum_{k=1}^{r} g(t_{k-1}) I_{]t_{k-1}, t_k]}$. Sei (Π_n) eine Folge von Zerlegungen des Intervalls $[0, t]$ mit $|\Pi_n| \to 0$. Nach Voraussetzung ist g linksstetig, daher gilt:

$$g_{\Pi_n}(s) \longrightarrow g(s) \quad \text{für alle } 0 \leq s \leq t.$$

Da (g_{Π_n}) eine Folge messbarer Treppenfunktionen ist, folgt

$$\sum_{\Pi_n} gdF = \int_{[0,t]} g_{\Pi_n} d\lambda_F \longrightarrow \int_{[0,t]} gd\lambda_F.$$

Aus der lokalen Beschränktheit von g folgt $\left| \int_{[0,t]} gd\lambda_F \right| < \infty$, d.h. g ist F-integrierbar und $\sum_{\Pi_n} gdF$ konvergiert gegen $\int_{[0,t]} gd\lambda_F$, wie behauptet. $\qquad \square$

Funktionen mit endlicher Variation

Das Lebesgue-Stieltjes-Maß und das Stieltjes-Integral stehen uns für jede maßerzeugende Funktionen F zur Verfügung. Andererseits ermöglicht uns Satz 14.2, das Stieltjes-Integral einer maßerzeugenden Funktion F ganz ohne Lebesgue-Integrale als F-Integral, also als Grenzwert einer Summe

$$\int\limits_{[0,t]} g d\lambda_F = \int\limits_0^t g dF = \lim_{n\to\infty} \sum_{\Pi_n} g dF, \quad t \ge 0,$$

zu erhalten. Es ist daher eine nahe liegende Frage, ob die rechte Seite der Gleichung, also das F-Integral, für eine größere Klasse als die maßerzeugenden Funktionen sinnvoll erklärt werden kann. Wir zeigen im Folgenden, dass dies für Funktionen mit endlicher Variation der Fall ist.

Wir erinnern daran, dass für eine Funktion $f : \mathbb{R}_+ \to \mathbb{R}$ die (lineare) Variation auf dem Intervall $[0,t]$ gegeben ist durch

$$V_t(f) = \sup_\Pi V_\Pi(f),$$

wobei für $\Pi = \{0 = t_0, \dots, t_r = t\}$

$$V_\Pi(f) = \sum_{k=1}^r |f(t_k) - f(t_{k-1})|$$

gilt. Eine Funktion $f : \mathbb{R}_+ \to \mathbb{R}$ heißt von endlicher Variation, wenn $V_t(f)$ für jedes $t \ge 0$ endlich ist.

Beispiel 14.3 (Monotone Funktionen). Ist $f : \mathbb{R}_+ \to \mathbb{R}$ monoton wachsend oder monoton fallend, so ist f von endlicher Variation. Denn es ist offensichtlich

$$V_t(f) = |f(t) - f(0)|, \quad t \ge 0.$$

$\Diamond$

Den entscheidenden Zusammenhang zwischen Funktionen von endlicher Variation und maßerzeugenden Funktionen liefert der folgende Satz:

Satz 14.4. *Es sei $f : \mathbb{R}_+ \to \mathbb{R}$. Dann gilt:*

(i) *f ist genau dann von endlicher Variation, wenn f eine Differenz von zwei monoton wachsenden Funktionen ist.*

(ii) *f ist genau dann rechtsstetig und von endlicher Variation, wenn f eine Differenz von zwei maßerzeugenden Funktionen ist.*

Beweis. (i) Ist $f = F - G$ eine Differenz von zwei monoton wachsenden Funktionen, so haben F und G nach Beispiel 14.3 endliche Variation. Weiter folgt mit der Dreiecksungleichung

$$V_t(f) = V_t(F - G) \leq V_t(F) + V_t(G),$$

daher ist auch f von endlicher Variation.

Setzen wir umgekehrt f von endlicher Variation voraus, so zeigen wir zunächst, dass $V_t(f) - f(t)$ monoton wachsend ist. Dazu sei $\varepsilon > 0$, $s \leq t$ und $\Pi_0 = \{0 = t_0, \ldots, t_r = s\}$ eine Zerlegung des Intervalls $[0, s]$, so dass

$$V_{\Pi_0}(f) \geq V_s(f) - \varepsilon$$

ist. Dann gilt für jede Zerlegung $\Pi = \{0 = t_0, \ldots, t_r = s, t_{r+1}, \ldots, t_n = t\}$, die Π_0 auf das Intervall $[0, t]$ fortsetzt:

$$V_\Pi(f) - V_{\Pi_0}(f) = \sum_{k=r+1}^{n} |f(t_k) - f(t_{k-1})| \geq |f(t) - f(s)|.$$

Bilden wir die Differenz von $V_t(f) - f(t)$ und $V_s(f) - f(s)$, so erhalten wir:

$$V_t(f) - f(t) - [V_s(f) - f(s)] \geq V_t(f) - V_s(f) - |f(t) - f(s)|$$
$$\geq V_\Pi(f) - V_{\Pi_0}(f) - \varepsilon - |f(t) - f(s)| \geq -\varepsilon.$$

Da $\varepsilon > 0$ beliebig gewählt war, folgt

$$V_s(f) - f(s) \leq V_t(f) - f(t), \quad s \leq t,$$

also die Monotonie von $V_t(f) - f(t)$. Offensichtlich ist $t \mapsto V_t(f)$ monoton wachsend, daher ist

$$f(t) = V_t(f) - [V_t(f) - f(t)], \quad t \geq 0,$$

eine Differenz zweier monoton wachsender Funktionen.

(ii) Nach dem gerade gezeigten Teil (i) genügt es zu zeigen, dass $V_f(t)$ rechtsstetig ist, wenn f rechtsstetig ist. Dazu sei $\varepsilon > 0$, $t > x \geq 0$, und $\Pi_0 = \{0 = t_0, \ldots, t_r = t\}$ eine Zerlegung des Intervalls $[0, t]$, so dass für jede Verfeinerung Π von Π_0, d.h. $\Pi_0 \subset \Pi$, gilt:

$$V_t(f) - V_\Pi(f) < \varepsilon.$$

Es sei (x_n) eine Folge mit $x_n > x$ für alle $n \in \mathbb{N}$ und $x_n \downarrow x$. Dann gibt es einen Index $k \in \{0, \ldots, r - 1\}$ und ein $n_0 \in \mathbb{N}$, so dass

$$t_k \leq x < x_n < t_{k+1} \quad \text{für alle } n \geq n_0.$$

Verfeinern wir Π_0 durch Hinzunahme der Punkte x und x_n für ein fest gewähltes $n \geq n_0$ zu einer Zerlegung Π, so folgt:

$$\varepsilon > V_t(f) - V_\Pi(f)$$
$$= V_t(f) - V_{x_n}(f) + V_{x_n}(f) - V_x(f) + V_x(f)$$
$$-(|f(t_r) - f(t_{r-1})| + \ldots + |f(t_{k+1}) - f(x_n)|$$
$$+|f(x_n) - f(x)| + |f(x) - f(t_k)| + \ldots + |f(t_1) - f(t_0)|)$$
$$= V_t(f) - V_{x_n}(f) - (|f(t_r) - f(t_{r-1})| + \ldots + |f(t_{k+1}) - f(x_n)|)$$
$$+V_{x_n}(f) - V_x(f) - (|f(x_n) - f(x)|)$$
$$+V_x(f) - (|f(x) - f(t_k)| + \ldots + |f(t_1) - f(t_0)|)$$
$$\geq V_{x_n}(f) - V_x(f) - (|f(x_n) - f(x)|) \geq 0.$$

Lassen wir in

$$0 \leq V_{x_n}(f) - V_x(f) - (|f(x_n) - f(x)|) < \varepsilon$$

(x_n) von oben gegen x konvergieren, so folgt aus der Rechtsstetigkeit von f in x die Rechtsstetigkeit von $V_t(f)$ in x, da $\varepsilon > 0$ beliebig war.

$\square$

Ist $f = F - G$ Differenz zweier maßerzeugender Funktionen, so existiert mit den Integralen nach F und G auch das f-Integral:

Satz 14.5. *Es sei $f : \mathbb{R}_+ \to \mathbb{R}$ eine rechtsstetige Funktion von endlicher Variation und $g : \mathbb{R}_+ \to \mathbb{R}$ linksstetig sowie lokal, d.h. auf jedem Intervall $[0,t]$, $t \geq 0$, beschränkt. Dann ist g f-integrierbar, d.h:*

$$\int\limits_0^t g\,df = \lim_{|\Pi| \to 0} \sum_\Pi g\,df \quad \text{existiert in } \mathbb{R}.$$

Beweis. Es sei $f = F - G$ mit zwei maßerzeugenden Funktionen F, G wie in Satz 14.4. Dann gilt für jede Zerlegung Π des Intervalls $[0,t]$:

$$\sum_\Pi g\,df = \sum_\Pi g\,dF - \sum_\Pi g\,dG.$$

Nach Satz 14.2 konvergieren die beiden Terme auf der rechten Seite für $|\Pi| \to 0$, also gilt dies auch für die linke Seite. $\square$

Damit haben wir das Stieltjes-Integral auf Funktionen mit endlicher Variation als Integratoren erweitert. Ist $(Y_t)_{t\geq 0}$ ein Prozess mit pfadweise endlicher Variation, so können wir auf diese Weise ein stochastisches Integral mit $(Y_t)_{t\geq 0}$ als Integrator definieren:

Definition 14.6 (stochastisches Integral für Prozesse mit endlicher Variation). *Sei* $X = (X_t)_{t \geq 0}$ *ein linksstetiger Prozess mit lokal beschränkten Pfaden und* $Y = (Y_t)_{t \geq 0}$ *ein rechtsstetiger Prozess mit Pfaden von endlicher Variation. Dann heißt die Zufallsvariable* $\int_0^t X_s dY_s$, *definiert durch das pfadweise Stieltjes-Integral*

$$\left(\int_0^t X_s dY_s \right)(\omega) := \int_0^t X_{\cdot}(\omega) dY_{\cdot}(\omega), \quad \omega \in \Omega,$$

stochastisches Integral von X *nach* Y.

Funktionen unbeschränkter Variation

Wir haben bisher noch kein stochastisches Integral

$$\int_0^t X_s dB_s,$$

nach einer Brownschen Bewegung $B = (B_t)_{t \geq 0}$ definiert, da die Brownsche Bewegung nach Satz 12.16 fast sicher unbeschränkte Variation hat. Man könnte versuchen, den gleichen Weg wie bei Funktionen endlicher Variation zu gehen, also das pfadweise $B_{\cdot}(\omega)$-Integral zu betrachten. Dies ist jedoch nicht möglich, wie das folgende Resultat zeigt:

Satz 14.7. *Es sei* $C[0,t]$ *der Raum der stetigen Funktionen auf* $[0,t]$ *und* $F : \mathbb{R}_+ \to \mathbb{R}$ *eine reelle Funktion. Ist jedes* $g \in C[0,t]$ *F-integrierbar, so ist* F *auf dem Intervall* $[0,t]$ *von endlicher Variation.*

Beweis. Wir wählen ohne Einschränkung der Allgemeinheit $t = 1$. Für eine fest gewählte Zerlegung $\Pi = \{t_0, \ldots, t_r\}$ des Intervalls $[0,1]$ betrachten wir die Abbildung

$$S_\Pi : C[0,1] \longrightarrow \mathbb{R}, \quad S_\Pi(g) := \sum_\Pi g dF.$$

Wir zeigen, dass S_Π eine stetige Linearform auf dem Banach-Raum $C[0,1]$ (mit der Supremumsnorm) nach $\mathbb{R}$ ist. Die Linearität von S_Π ist offensichtlich. Für den Nachweis der Stetigkeit genügt es zu zeigen, dass die Norm $\|S_\Pi\|$ von S_Π endlich ist. Definitionsgemäß ist die Norm von S_Π

$$\|S_\Pi\| = \sup\{|S_\Pi(g)| : \ g \in C[0,1], \ \|g\| = 1\}.$$

Es folgt zunächst

$$|S_\Pi(g)| = |\sum_\Pi g dF| \leq \|g\| V_\Pi(F), \quad g \in C[0,1],$$

also insbesondere

$$\|S_\Pi\| \leq V_\Pi(F) < \infty. \tag{14.3}$$

Damit ist S_Π eine Linearform mit beschränkter Norm, also stetig. Wir können die Norm von S_Π genau bestimmen. Denn wählen wir ein $g_0 \in C[0,1]$ mit $\|g_0\| = 1$ und

$$g_0(t_{k-1}) = \begin{cases} +1 & \text{für } F(t_k) - F(t_{k-1}) \geq 0, \\ -1 & \text{für } F(t_k) - F(t_{k-1}) < 0, \end{cases} \quad k = 1, \ldots, r,$$

so ist

$$|S_\Pi(g_0)| = |\sum_\Pi g_0 dF| = |\sum_{k=1}^r g(t_{k-1})[F(t_k) - F(t_{k-1})]|$$

$$= \sum_{k=1}^r |[F(t_k) - F(t_{k-1})]| = V_\Pi(F).$$

Mit (14.3) ergibt sich $\|S_\Pi\| = V_\Pi(F)$.

Da jedes $g \in C[0,1]$ F-integrierbar ist, gilt

$$\lim_{|\Pi| \to 0} S_\Pi(g) = \int_0^1 g dF \in \mathbb{R} \quad \text{für alle } g \in C[0,1].$$

Wir wählen eine Folge (Π_n) von Zerlegungen mit $|\Pi_n| \to 0$ und

$$\lim_{n \to \infty} V_{\Pi_n}(F) = \sup_\Pi V_\Pi(F).$$

Wenden wir das Theorem von Banach-Steinhaus B.14 auf die Folge (S_{Π_n}) an, so folgt

$$V_1(F) = \sup_\Pi V_\Pi(F) = \sup_\Pi \|S_\Pi\| < \infty.$$

Damit ist die Funktion F auf $[0,1]$ von endlicher Variation. $\square$

Das letzte Resultat besagt, dass wir ein pfadweise berechnetes Integral der Gestalt (14.1) für eine Brownsche Bewegung nicht einmal dann definieren könnten, wenn wir uns auf stetige Funktionen als Integranden beschränken würden. Sobald wir stetige Funktionen pfadweise integrieren wollen, muss der Integrator von endlicher Variation sein. Unser Ziel, ein stochastisches Integral für die Brownsche Bewegung als Integrator zu definieren, zwingt uns daher zu einem fundamental neuen Ansatz, der Gegenstand des nächsten Abschnitts ist.

14.2 Das Itô-Integral

In diesem Abschnitt gehen wir von einem vollständigen Wahrscheinlichkeits-raum $(\Omega, \mathcal{F}, \mathbb{P})$ mit einer Standardfiltration $\mathbb{F} = (\mathcal{F}_t)_{t \geq 0}$ aus, die also den üblichen Bedingungen genügt. Die Definition des Itô-Integrals verläuft in meh-reren Schritten für eine immer größer werdende Klasse von Integranden. Als Leitfaden für die nächsten Seiten geben wir zunächst einen Überblick.

Das Itô-Integral im Überblick

Die Integranden müssen stets eine gewisse Integrierbarkeitsbedingung und ei-ne Messbarkeitsbedingung erfüllen. In unserem Zusammenhang, d.h. für die Integration nach einer Brownschen Bewegung, genügt es, wenn die Integran-den progressiv messbar sind. Wir erinnern daran, dass ein reeller stochasti-scher Prozess $X = (X_t)_{t \geq 0}$ progressiv messbar (bezüglich $\mathbb{F}$) ist, wenn für alle $t \geq 0$

$$X : \Omega \times [0, t] \longrightarrow \mathbb{R}, \ (\omega, s) \mapsto X_s(\omega) \quad \mathcal{F}_t \otimes \mathcal{B}[0, t]\text{-messbar ist.}$$

Wir bezeichnen mit $\mathcal{P}$ die Menge der (bezüglich $\mathbb{F}$) progressiv messbaren Pro-zesse. Die benötigten Integrierbarkeitsbedingungen beschreiben wir im Fol-genden:

(i) Ist X ein reeller Prozess mit einer Darstellung

$$X = \sum_{i=1}^{n} H_i I_{]t_{i-1}, t_i]}, \quad n \in \mathbb{N}, \ 0 \leq t_0 < t_1 < \ldots < t_n < \infty,$$
$$H_i \ \mathcal{F}_{t_{i-1}}\text{-messbar}, \ i = 1, \ldots, n,$$

so heißt X elementarer Prozess. Die Menge der elementaren Prozesse be-zeichnen wir mit $\mathcal{E}$. Offensichtlich ist jeder elementare Prozess linksstetig und daher nach Beispiel 12.25 $\mathcal{E} \subset \mathcal{P}$. Weiter bezeichnen wir mit

$$b\mathcal{E} := \left\{ X \in \mathcal{E} : \sup_{\omega \in \Omega, t \geq 0} |X_t(\omega)| < \infty \right\}$$

die Menge der beschränkten elementaren Prozesse.

(ii) Als Erweiterung der beschränkten elementaren Prozesse betrachten wir die Menge

$$\mathcal{P}^2 := \left\{ X \in \mathcal{P} : \|X\|_{L^2(\mathbb{P} \otimes dt)} < \infty \right\}.$$

Dabei haben wir die intuitive Schreibweise dt für das Lebesgue-Maß auf $\mathbb{R}$ verwendet. Nach Definition ist $X \in \mathcal{P}^2$ genau dann, wenn X progressiv messbar ist und

$$\mathbb{E} \left(\int_0^\infty X_s^2 \, ds \right) < \infty.$$

(iii) Schließlich betrachten wir die progressiv messbaren Prozesse, deren Integrale nur fast sicher endlich sind:

$$\mathcal{P}^2_{loc} := \left\{ X \in \mathcal{P} : \mathbb{P}\left(\int\limits_0^\infty X_s^2 ds < \infty \right) = 1 \right\}.$$

Offensichtlich gelten folgende Inklusionen:

$$b\mathcal{E} \subset \mathcal{P}^2 \subset \mathcal{P}^2_{loc}.$$

Die Definition des Itô-Integrals verläuft folgendermaßen entlang dieser Inklusionen: Ist X ein beschränkter elementarer Prozess,

$$X = \sum_{i=1}^n H_i I_{]t_{i-1}, t_i]},$$

so definiert man das stochastische Integral $\int X dB = X.B$ durch

$$(X.B)_t := \sum_{i=1}^n H_i (B_{t_i \wedge t} - B_{t_{i-1} \wedge t}).$$

Der entscheidende Schritt besteht in der Erweiterung des Integralbegriffs von $b\mathcal{E}$ auf $\mathcal{P}^2$. Dazu werden wir feststellen, dass $X.B$ Element eines normierten Raums $(\mathcal{M}^2, \|\cdot\|_{\mathcal{M}^2})$ ist und weiter gilt:

(i) $b\mathcal{E}$ liegt dicht in $\mathcal{P}^2$.
(ii) Für jedes $X \in b\mathcal{E}$ gilt: $\|X\|_{L^2(\mathbb{P} \otimes dt)} = \|X.B\|_{\mathcal{M}^2}$.
(iii) $(\mathcal{M}^2, \|\cdot\|_{\mathcal{M}^2})$ ist ein Hilbert-Raum, also insbesondere vollständig.

Nun ist die Strategie klar: Zu $X \in \mathcal{P}^2$ existiert wegen (i) eine Folge (X_n) aus $b\mathcal{E}$ mit $X_n \longrightarrow X$. Dann ist (X_n) eine Cauchy-Folge in $L^2(\mathbb{P} \otimes dt)$ und wegen (ii) $(X_n.B)$ eine Cauchy-Folge in $\mathcal{M}^2$. Nach (iii) besitzt diese einen Grenzwert in $\mathcal{M}^2$, den wir als Integral $X.B$ definieren werden.

Für die letzte Erweiterung des Integralbegriffs von $\mathcal{P}^2$ auf $\mathcal{P}^2_{loc}$ benötigen wir die Technik der Lokalisierung, mit der wir uns im nächsten Abschnitt beschäftigen.

Das Itô-Integral für elementare Prozesse

Wir beginnen nun damit, das oben skizzierte Programm im Detail vorzustellen. Um die Theorie stochastischer Prozesse auch für das stochastische Integral nutzen zu können, betrachtet man das stochastische Integral mit variabler oberer Grenze und erhält so einen Prozess:

Definition 14.8 (stochastisches Integral für elementare Prozesse).
Ist $X \in b\mathcal{E}$ *ein elementarer Prozess mit der Darstellung*

$$X = \sum_{i=1}^{n} H_i I_{]t_{i-1},t_i]}, \quad n \in \mathbb{N}, \ 0 \le t_0 < t_1 < \ldots < t_n < \infty,$$

H_i $\mathcal{F}_{t_{i-1}}$*-messbar,* $i = 1, \ldots, n,$

so definieren wir das stochastische Integral $X.B = (X.B)_{t \ge 0}$ *durch*

$$(X.B)_t := \int_0^t X_s dB_s := \sum_{i=1}^{n} H_i(B_{t_i \wedge t} - B_{t_{i-1} \wedge t}).$$

Es ist offensichtlich, dass das Integral $X.B$ für $X \in b\mathcal{E}$ wohldefiniert, d.h. unabhängig von der Darstellung von X ist. Besitzt X die Darstellung

$$X = HI_{]a,b]}, \quad H \ \mathcal{F}_a\text{-messbar},$$

so gilt

$$(X.B)_t = \int_0^t X_s dB_s = \begin{cases} 0 & \text{für } 0 \le t \le a, \\ H(B_t - B_a) & \text{für } a \le t \le b, \\ H(B_b - B_a) & \text{für } b \le t < \infty. \end{cases} \tag{14.4}$$

Eigenschaften des Itô-Integrals elementarer Prozesse

Von entscheidender Bedeutung für die Theorie der stochastischen Integrale ist die Tatsache, dass der Integral-Prozess ein Martingal ist:

Satz 14.9. *Ist* $X \in b\mathcal{E}$*, so ist* $X.B$ *ein stetiges Martingal.*

Beweis. Wir gehen zunächst davon aus, dass $X = HI_{]a,b]}$ mit einem $\mathcal{F}_a$-messbaren H gilt. Aus der Darstellung (14.4) folgt, dass $(X.B)_t$ $\mathcal{F}_t$-messbar und $\mathbb{E}(|(X.B)_t|) < \infty$ für alle $t \ge 0$ gilt. Ebenfalls aus der Darstellung (14.4) ergibt sich, dass $X.B$ stetige Pfade hat, und es genügt, die Martingaleigenschaft für $a \le s \le t \le b$ zu überprüfen. In diesem Fall erhalten wir mit der $\mathcal{F}_a$-Messbarkeit von H und den EIGENSCHAFTEN BEDINGTER ERWARTUNGEN:

$$\mathbb{E}[(X.B)_t - (X.B)_s | \mathcal{F}_s] = \mathbb{E}[H(B_t - B_a) - H(B_s - B_a) | \mathcal{F}_s]$$
$$= \mathbb{E}[H(B_t - B_s) | \mathcal{F}_s] = H\mathbb{E}[B_t - B_s | \mathcal{F}_s] = 0.$$

Damit ist $X.B$ ein Martingal. Sei nun $X \in b\mathcal{E}$ allgemein von der Gestalt

$$X = \sum_{i=1}^{n} H_i I_{]t_{i-1},t_i]}.$$

Da das stochastische Integral offensichtlich linear ist, ist $X.B$ als endliche Summe von Martingalen wieder ein Martingal.   □

Weitere Eigenschaften des Itô-Integrals fassen wir im folgenden Satz zusammen:

Satz 14.10. *Es seien $X, Y \in b\mathcal{E}$. Dann gilt:*

(i) Start in 0: $(X.B)_0 = 0$ *fast sicher.*
(ii) Linearität: *Für $\alpha, \beta \in \mathbb{R}$ gilt:*

$$(\alpha X + \beta Y).B = \alpha(X.B) + \beta(Y.B).$$

(iii) *Für $t \geq s$ gilt:* $\mathbb{E}[(X.B)_t | \mathcal{F}_s] = (X.B)_s$.
(iv) *Für $t \geq s$ gilt:*

$$\mathbb{E}[(X.B)_t^2 - (X.B)_s^2 | \mathcal{F}_s] = \mathbb{E}\left[\int_s^t X_u^2 du \Big| \mathcal{F}_s \right] \quad \text{fast sicher.}$$

(v) $Z_t := (X.B)_t^2 - \int_0^t X_u^2 du$, $t \geq 0$, *ist ein Martingal.*

Beweis. Die Eigenschaften (i) und (ii) sind nach Definition des Itô-Integrals offensichtlich. In (iii) haben wir die Martingaleigenschaft lediglich wiederholt. (v) folgt unmittelbar aus (iv), es bleibt also (iv) zu zeigen. Dazu bemerken wir zunächst, dass für jedes Martingal Z und $t \geq s$ gilt:

$$\mathbb{E}[(Z_t - Z_s)^2 | \mathcal{F}_s] = \mathbb{E}[Z_t^2 - Z_s^2 | \mathcal{F}_s], \tag{14.5}$$

da

$$\mathbb{E}[2Z_t Z_s | \mathcal{F}_s] = 2Z_s \mathbb{E}[Z_t | \mathcal{F}_s] = 2Z_s^2.$$

Der beschränkte elementare Prozess X habe die Darstellung

$$X = \sum_{i=1}^{n} H_i I_{]t_{i-1},t_i]}.$$

Wir wählen zwei Indizes k und l, so dass $t_{k-1} \leq s < t_k$ und $t_l \leq t < t_{l+1}$. Dann gilt für $i < j$ mit der PROJEKTIONSEIGENSCHAFT bedingter Erwartungen

$$\mathbb{E}[H_{i+1}H_{j+1}(B_{t_{i+1}} - B_{t_i})(B_{t_{j+1}} - B_{t_j}) | \mathcal{F}_s]$$
$$= \mathbb{E}[H_{i+1}H_{j+1}(B_{t_{i+1}} - B_{t_i})\mathbb{E}(B_{t_{j+1}} - B_{t_j} | \mathcal{F}_j) | \mathcal{F}_s] = 0,$$

und analog mit den Martingaleigenschaften von $(B_t^2 - t)$

$$\mathbb{E}[H_{i+1}^2(B_{t_{i+1}} - B_{t_i})^2|\mathcal{F}_s] = \mathbb{E}[H_{i+1}^2(t_{i+1} - t_i)|\mathcal{F}_s].$$

Damit gilt nach Definition des Itô-Integrals unter mehrfacher Verwendung von (14.5):

$$\mathbb{E}[(X.B)_t^2 - (X.B)_s^2|\mathcal{F}_s] = \mathbb{E}[((X.B)_t - (X.B)_s)^2|\mathcal{F}_s]$$

$$= \mathbb{E}\left[\left(H_k(B_{t_k} - B_s) + \sum_{i=k}^{l-1} H_{i+1}(B_{t_{i+1}} - B_{t_i}) + H_{l+1}l(B_t - B_{t_l})\right)^2 \Bigg|\mathcal{F}_s\right]$$

$$= \mathbb{E}\left[H_k^2(B_{t_k} - B_s)^2 + \sum_{i=k}^{l-1} H_{i+1}^2(B_{t_{i+1}} - B_{t_i})^2 + H_{l+1}^2(B_t - B_{t_l})^2\Bigg|\mathcal{F}_s\right]$$

$$= \mathbb{E}\left[H_k^2(t_k - s) + \sum_{i=k}^{l-1} H_{i+1}^2(t_{i+1} - t_i) + H_{l+1}^2(t - t_l)\Bigg|\mathcal{F}_s\right]$$

$$= \mathbb{E}\left[\int_s^t X_u^2 du\Bigg|\mathcal{F}_s\right].$$

□

Die Itô-Isometrie für elementare Prozesse

Die Itô-Isometrie ist die entscheidende Aussage, mit der wir aus einer Cauchy-Folge von elementaren Prozessen (X_n) eine weitere Cauchy-Folge ihrer Integrale $(X_n.B)$ gewinnen werden.

Um die Itô-Isometrie formulieren zu können, benötigen wir die folgenden Räume:

Definition 14.11 ($\mathcal{M}^2$, $\mathcal{M}_c^2$). *Mit $\mathcal{M}^2$ bezeichnen wir den Raum der gleichmäßig L^2-beschränkten, rechtsstetigen Martingale, d.h. $X = (X_t)_{t\geq 0} \in \mathcal{M}^2$ genau dann, wenn X ein rechtsstetiges Martingal ist und*

$$\sup_{t\geq 0}\mathbb{E}[X_t^2] < \infty.$$

Mit $\mathcal{M}_c^2 \subset \mathcal{M}^2$ bezeichnen wir den Unterraum der stetigen gleichmäßig L^2-beschränkten Martingale.

Ist $X \in \mathcal{M}^2$, so setzen wir

$$\|X\|_{\mathcal{M}^2} := (\sup_{t\geq 0}\mathbb{E}[X_t^2])^{\frac{1}{2}}.$$

Wir werden in Kürze zeigen, dass $(\mathcal{M}^2, \|\cdot\|_{\mathcal{M}^2})$ ein Hilbert-Raum ist. Zunächst zeigen wir die Itô-Isometrie:

Theorem 14.12 (Itô-Isometrie für elementare Prozesse). *Ist $X \in b\mathcal{E}$, so gilt:*

$$\mathbb{E}[(X.B)_t^2] = \mathbb{E}\left[\int_0^t X_s^2 ds\right] \quad \text{für alle } t \geq 0.$$

Weiterhin ist $X.B \in \mathcal{M}_c^2$ und

$$\|X\|_{L^2(\mathbb{P}\otimes dt)} = \|X.B\|_{\mathcal{M}^2}.$$

Beweis. Der erste Teil der Behauptung folgt unmittelbar aus Satz 14.10(iv), indem wir $s = 0$ setzen und auf beiden Seiten den Erwartungswert bilden. Wegen der Beschränktheit von X und Satz 14.9 folgt $X \in \mathcal{M}_c^2$. Schließlich folgt mit dem SATZ VON DER MONOTONEN KONVERGENZ und dem ersten Teil der Behauptung:

$$\|X\|_{L^2(\mathbb{P}\otimes dt)}^2 = \mathbb{E}\left[\int_0^\infty X_s^2 ds\right] = \sup_{t\geq 0}\mathbb{E}\left[\int_0^t X_s^2 ds\right]$$

$$= \sup_{t\geq 0}\mathbb{E}[(X.B)_t^2] = \|X.B\|_{\mathcal{M}^2}^2.$$

$\square$

$b\mathcal{E}$ dicht in $\mathcal{P}^2$

Die Itô-Isometrie war der erste von drei Schritten, die wir zur Erweiterung des Integralbegriffs von $b\mathcal{E}$ auf $\mathcal{P}^2$ benötigen. Wir erinnern daran, dass der Raum $\mathcal{P}^2$ aus den progressiv messbaren Prozessen $X = (X_t)_{t\geq 0}$ mit

$$\mathbb{E}\left(\int_0^\infty X_s^2 ds\right) < \infty$$

besteht. Der zweite Schritt besteht darin, zu zeigen, dass sich jedes $X \in \mathcal{P}^2$ durch eine Folge (X_n) von elementaren Prozessen in $b\mathcal{E}$ approximieren lässt:

Satz 14.13. *Ist $X \in \mathcal{P}^2$, so gibt es eine Folge von elementaren Prozessen (X_n) in $b\mathcal{E}$ mit*

$$\|X_n - X\|_{L^2(\mathbb{P}\otimes dt)} \longrightarrow 0.$$

Beweis. Wir zeigen die Behauptung in drei Schritten:

1. Schritt: X sei stetig und beschränkt. Dann definieren wir die Folge (X_n) durch

$$(X_n)_t := \sum_{k=0}^{2^n-1} X_{\frac{kn}{2^n}} I_{]\frac{kn}{2^n}, \frac{(k+1)n}{2^n}]}(t), \quad t \geq 0, \; n \in \mathbb{N}.$$

Dann ist $(X_n)_{n\in\mathbb{N}}$ eine Folge beschränkter elementarer Prozesse. Wegen der Stetigkeit von X und $X \in \mathcal{P}^2$ ist

$$\lim_{n\to\infty} \int_0^\infty [(X_n)_s - X_s]^2 ds = 0.$$

Aus dem SATZ VON DER DOMINIERTEN KONVERGENZ folgt die zu beweisende Konvergenz $\|X_n - X\|_{L^2(\mathbb{P}\otimes dt)} \longrightarrow 0$.

2. Schritt: X ist beschränkt. Die Idee in diesem Schritt besteht darin, X durch eine Folge zu approximieren, deren Glieder stetig und beschränkt sind, so dass wir den ersten Schritt anwenden können. Um Stetigkeit zu erreichen, betrachten wir eine Folge $\rho_n : \mathbb{R} \to \mathbb{R}_+$ nicht-negativer, stetiger Funktionen mit

(i) $\rho_n(x) = 0$ für alle $x \le -\frac{1}{n}$ und für alle $x \ge 0$.

(ii) $\int\limits_{-\infty}^{\infty} \rho_n(x)dx = 1$.

Wir definieren die Folge $(Y_n)_{n\in\mathbb{N}}$ durch

$$(Y_n)_t := \int\limits_0^t \rho_n(s-t)X_s ds, \quad n \in \mathbb{N},\ t \ge 0.$$

Dann ist Y_n für jedes $n \in \mathbb{N}$ ein stetiger beschränkter Prozess. Aus $X \in \mathcal{P}^2$ folgt, dass Y_n für jedes $n \in \mathbb{N}$ progressiv messbar ist. Weiter gilt nach Satz B.16 die Konvergenz $Y_n \xrightarrow{L^1} X$ in $L^1(\mathbb{R})$, da die Funktionen $(\rho_n)_{n\in\mathbb{N}}$ eine so genannte approximative Eins bilden, vgl. Anhang B. Wegen der gleichmäßigen Beschränktheit der (Y_n) folgt sogar die L^2-Konvergenz:

$$\lim_{n\to\infty} \int_0^\infty [(Y_n)_s - X_s]^2 ds = 0.$$

Aus dem SATZ VON DER DOMINIERTEN KONVERGENZ folgt wieder die Konvergenz $\|Y_n - X\|_{L^2(\mathbb{P}\otimes dt)} \longrightarrow 0$. Da wir zu jedem Y_n nach dem ersten Schritt eine Folge elementarer Funktionen $(X_{n,m})$ mit $\|X_{n,m} - Y_n\|_{L^2(\mathbb{P}\otimes dt)} \xrightarrow[m\to\infty]{} 0$ finden, gibt es eine Teilfolge $(m_n)_{n\in\mathbb{N}}$, so dass $\|X_{n,m_n} - X\|_{L^2(\mathbb{P}\otimes dt)} \xrightarrow[n\to\infty]{} 0$ gilt.

3. Schritt: $X \in \mathcal{P}^2$ beliebig: Hier betrachten wir die Folge

$$Z_n := XI_{\{|X|\le n\}}, \quad n \in \mathbb{N}.$$

Die Zufallsvariable Z_n ist für jedes $n \in \mathbb{N}$ beschränkt und progressiv messbar. Weiter gilt

$$\lim_{n\to\infty} \int_0^\infty [(Z_n)_s - X_s]^2 ds = 0.$$

Da wir nach dem zweiten Schritt jedes Z_n durch eine Folge $(X_{n,m})$ in $b\mathcal{E}$ approximieren können, folgt genau wie im zweiten Schritt die Behauptung.

□

Die Vollständigkeit von $\mathcal{M}^2$

Die Approximation durch elementare Prozesse hilft uns nur dann weiter, wenn wir aus der Konvergenz auf der einen Seite der Itô-Isometrie auch auf die Konvergenz auf der anderen Seite schließen können. Dazu müssen wir zeigen, dass $(\mathcal{M}^2, \|\cdot\|_{\mathcal{M}^2})$ ein Hilbert-Raum, also vollständig ist. Da $X \in \mathcal{M}^2$ eine gleichmäßig beschränkte L^2-Norm besitzt, gibt es nach Satz 13.14 eine $\mathcal{F}_\infty$-messbare Zufallsvariable $X_\infty \in \mathcal{L}^2$, für die gilt:

$$X_t \longrightarrow X_\infty \quad \text{fast sicher und in } L^2.$$

Ordnen wir jedem $X \in \mathcal{M}^2$ den Grenzwert $X_\infty \in L^2(\mathcal{F}_\infty)$ zu, so erhalten wir eine Isometrie zwischen Hilbert-Räumen, wie wir im nachfolgenden Satz zeigen werden. Dazu verwenden wir Satz 13.16 über die Existenz einer rechtsstetigen Version eines Martingals. An dieser für die Konstruktion des Itô-Integrals entscheidenden Stelle benötigen wir also eine Standardfiltration, wie wir sie generell in diesem Abschnitt vorausgesetzt haben.

Satz 14.14. (i) *Die Abbildung*

$$\mathcal{M}^2 \longrightarrow L^2(\mathcal{F}_\infty), \quad X = (X_t)_{t \geq 0} \mapsto X_\infty,$$

ist eine lineare Bijektion mit

$$\|X\|_{\mathcal{M}^2} = \lim_{t \to \infty} [\mathbb{E}(X_t^2)]^{\frac{1}{2}} = \|X_\infty\|_{L^2}.$$

Daher ist $(\mathcal{M}^2, \|\cdot\|_{\mathcal{M}^2})$ vermöge dieser Abbildung ein Hilbert-Raum.
(ii) $\mathcal{M}_c^2 \subset \mathcal{M}^2$ *ist ein abgeschlossener Unterraum.*

Beweis. (i) Die Linearität der Abbildung ist offensichtlich. Nach Satz 13.14 gilt:

$$X_t \longrightarrow X_\infty \quad \text{fast sicher und in } L^2.$$

Da $(X_t^2)_{t \geq 0}$ ein Submartingal ist, ist $\mathbb{E}(X_t^2), t \geq 0$ monoton wachsend. Zusammen mit dem SATZ VON DER MONOTONEN KONVERGENZ ergibt sich:

$$\|X_\infty\|_{L^2} = \lim_{t \to \infty} [\mathbb{E}(X_t^2)]^{\frac{1}{2}} = \sup_{t \geq 0} [\mathbb{E}(X_t^2)]^{\frac{1}{2}} = \|X\|_{\mathcal{M}^2}.$$

Es bleibt die Bijektivität der Abbildung zu zeigen. Sind $X, Y \in \mathcal{M}^2$ mit $X_\infty = Y_\infty$ fast sicher, so folgt nach Satz 13.5

$$X_t = \mathbb{E}(X_\infty | \mathcal{F}_t) = \mathbb{E}(Y_\infty | \mathcal{F}_t) = Y_t \quad \text{fast sicher für alle } t \geq 0.$$

Daher ist X eine rechtsstetige Version des rechtsstetigen Prozesses Y, so dass X und Y nach Satz 10.7 nicht unterscheidbar sind. Damit ist die Injektivität gezeigt.
Ist $Z \in L^2(\mathcal{F}_\infty)$, so definieren wir das L^2-Martingal $M = (M_t)_{t \geq 0}$ durch

$$M_t := \mathbb{E}(Z|\mathcal{F}_t), \quad t \geq 0.$$

Nach Satz 13.16 können wir $(M_t)_{t\geq 0}$ als rechtsstetige Version wählen, so dass $M \in \mathcal{M}^2$. Da Z $\mathcal{F}_\infty$-messbar ist, folgt $M_\infty = Z$ fast sicher und damit die Surjektivität der Abbildung.

(ii) Sei (X_n) eine Folge in $\mathcal{M}_c^2$, die gegen ein $X \in \mathcal{M}^2$ konvergiert. Aus der Doob Ungleichung 13.12 folgt für das Supremum $(X_n - X)^*$:

$$\|(X_n - X)^*\|_{L^2} \leq 2 \sup_{t\geq 0} \|(X_n)_t - X_t\|_2 = 2 \|X_n - X\|_{\mathcal{M}^2} \longrightarrow 0.$$

Daher gibt es eine Teilfolge (n_k), so dass

$$\sup_{t\geq 0} |(X_{n_k})_t - X_t| = (X_{n_k} - X)^* \longrightarrow 0 \quad \text{fast sicher.}$$

Also ist $X \in \mathcal{M}_c^2$, und damit ist $\mathcal{M}_c^2$ vollständig.

$\square$

Die Definition des Integrals

Wir haben jetzt alle Bausteine zusammen, um für ein $X \in \mathcal{P}^2$ das Integral $X.B$ zu definieren. Nach Satz 14.13 gibt es zu jedem $X \in \mathcal{P}^2$ eine Folge (X_n) in $b\mathcal{E}$ mit

$$\|X_n - X\|_{L^2(\mathbb{P}\otimes dt)} \longrightarrow 0,$$

insbesondere ist (X_n) eine Cauchy-Folge in $L^2(\mathbb{P} \otimes dt)$. Mit der Itô-Isometrie 14.12 ist

$$\|X_n - X_m\|_{L^2(\mathbb{P}\otimes dt)} = \|X_n.B - X_m.B\|_{\mathcal{M}^2},$$

und daher auch $(X_n.B)$ eine Cauchy-Folge in $\mathcal{M}^2$. Nach Satz 14.9 ist $(X_n.B)$ sogar eine Cauchy-Folge in $\mathcal{M}_c^2$. Da dieser Raum gemäß Satz 14.14 vollständig ist, können wir den Grenzwert als Integral auffassen:

$$X.B = \lim_{n\to\infty} X_n.B \in \mathcal{M}_c^2, \quad \text{d.h. } \|X.B - X_n.B\|_{\mathcal{M}^2} \longrightarrow 0.$$

Bevor wir dies formal definieren, überprüfen wir die Wohldefiniertheit. Ist (Y_n) eine weitere Folge in $b\mathcal{E}$ mit $\|Y_n - X\|_{L^2(\mathbb{P}\otimes dt)} \longrightarrow 0$, so folgt

$$\|Y_n - X_n\|_{L^2(\mathbb{P}\otimes dt)} \leq \|X_n - X\|_{L^2(\mathbb{P}\otimes dt)} + \|Y_n - X\|_{L^2(\mathbb{P}\otimes dt)} \longrightarrow 0.$$

Aus der Itô-Isometrie 14.12 folgt

$$\|Y_n.B - X_n.B\|_{\mathcal{M}^2} \longrightarrow 0.$$

Damit haben $(Y_n.B)$ und $(X_n.B)$ in $\mathcal{M}^2$ den gleichen Grenzwert. Wir fassen zusammen:

Definition 14.15 (Itô-Integral für $\mathcal{P}^2$). *Ist $X \in \mathcal{P}^2$, so gibt es ein ein-deutig bestimmtes stetiges Martingal $Y \in \mathcal{M}_c^2$, so dass*

$$\|Y - X_n.B\|_{\mathcal{M}^2} \longrightarrow 0$$

für jede Folge (X_n) in $b\mathcal{E}$ mit $\|X_n - X\|_{L^2(\mathbb{P}\otimes dt)} \longrightarrow 0$ gilt. Y heißt Itô-Integral von X und wird mit

$$X.B := Y \quad bzw. \ (X.B)_t := \int_0^t X_s dB_s := Y_t, \quad t \geq 0,$$

bezeichnet.

Die Itô-Isometrie

Die Itô-Isometrie überträgt sich auf $X \in \mathcal{P}^2$:

Theorem 14.16 (Itô-Isometrie). *Ist $X \in \mathcal{P}^2$, so gilt für alle $t \geq 0$*

$$\mathbb{E}[(X.B)_t^2] = \mathbb{E}\left[\int_0^t X_s^2 ds\right].$$

Weiterhin ist $X.B \in \mathcal{M}_c^2$ und

$$\|X\|_{L^2(\mathbb{P}\otimes dt)} = \|X.B\|_{\mathcal{M}^2}.$$

Beweis. Sei (X_n) eine Folge in $b\mathcal{E}$ mit $\|X_n - X\|_{L^2(\mathbb{P}\otimes dt)} \longrightarrow 0$. Dann gilt insbesondere

$$\|X_n\|_{L^2(\mathbb{P}\otimes dt)} \longrightarrow \|X\|_{L^2(\mathbb{P}\otimes dt)}.$$

Aus der Definition des Itô-Integrals für X folgt $\|X_n.B - X.B\|_{\mathcal{M}^2} \longrightarrow 0$, also wieder

$$\|X_n.B\|_{\mathcal{M}^2} \longrightarrow \|X.B\|_{\mathcal{M}^2}.$$

Nach der Itô-Isometrie für elementare Prozesse 14.12 gilt

$$\|X_n\|_{L^2(\mathbb{P}\otimes dt)} = \|X_n.B\|_{\mathcal{M}^2} \quad \text{für alle } n \in \mathbb{N},$$

also sind auch die Grenzwerte gleich:

$$\|X\|_{L^2(\mathbb{P}\otimes dt)} = \|X.B\|_{\mathcal{M}^2}.$$

Den ersten Teil der Behauptung erhalten wir, indem wir das gerade bewiesene Resultat für ein fest gewähltes $t \geq 0$ auf die Prozesse

$$Y_s := X_s I_{[0,t]}(s) \quad \text{bzw.} \quad (Y_n)_s := (X_n)_s I_{[0,t]}(s), \quad s \geq 0,$$

anwenden: Mit der Itô-Isometrie für elementare Prozesse folgt

$$\|Y_n.B\|_{\mathcal{M}^2}^2 = \sup_{s \geq 0} \mathbb{E}[(Y_n.B)_s^2] = \sup_{s \geq 0} \mathbb{E}\left[\int_0^s (Y_n)_u^2 du\right]$$

$$= \mathbb{E}\left[\int_0^t (X_n)_u^2 du\right] = \mathbb{E}[(X_n.B)_t^2] \longrightarrow \mathbb{E}[(X.B)_t^2],$$

da

$$\mathbb{E}[((X_n.B)_t - (X.B)_t)^2] \leq \sup_{s \geq 0} \mathbb{E}[((X_n.B)_s - (X.B)_s)^2] = \|X_n.B - X.B\|_{\mathcal{M}^2}^2 \to 0.$$

Andererseits ist

$$\|Y.B\|_{\mathcal{M}^2}^2 = \|Y\|_{L^2(\mathbb{P} \otimes dt)}^2 = \mathbb{E}\left[\int_0^t X_s^2 ds\right].$$

Da offensichtlich $\|Y_n - Y\|_{L^2(\mathbb{P} \otimes dt)} \longrightarrow 0$ und daher $\|Y_n.B\|_{\mathcal{M}^2}^2 \longrightarrow \|Y.B\|_{\mathcal{M}^2}^2$, folgt

$$\mathbb{E}[(X.B)_t^2] = \mathbb{E}\left[\int_0^t X_s^2 ds\right],$$

wie behauptet. $\qquad\qquad\qquad\qquad\qquad\qquad\qquad\qquad\qquad\qquad\qquad\qquad\qquad\qquad\square$

Eigenschaften des Itô-Integrals

Wir haben in Satz 14.10 einige Eigenschaften des Itô-Integrals für elementare Prozesse gezeigt. Diese übertragen sich auf $\mathcal{P}^2$:

Satz 14.17. *Es seien $X, Y \in \mathcal{P}^2$. Dann gilt:*

(i) *Start in 0:* $(X.B)_0 = 0$ *fast sicher.*
(ii) *Linearität: Für $\alpha, \beta \in \mathbb{R}$ gilt:*

$$(\alpha X + \beta Y).B = \alpha(X.B) + \beta(Y.B) \quad \text{fast sicher.}$$

(iii) *Für $t \geq s$ gilt:* $\mathbb{E}[(X.B)_t | \mathcal{F}_s] = (X.B)_s$.
(iv) *Für $t \geq s$ gilt:*

$$\mathbb{E}[(X.B)_t^2 - (X.B)_s^2 | \mathcal{F}_s] = \mathbb{E}\left[\int_s^t X_u^2 du | \mathcal{F}_s\right] \quad \text{fast sicher.}$$

(v) $Z_t := (X.B)_t^2 - \int\limits_0^t X_u^2 du$, $t \geq 0$, *ist ein Martingal.*

Beweis. Es sei (X_n) eine Folge in $b\mathcal{E}$ mit $\|X_n - X\|_{L^2 \otimes dt} \longrightarrow 0$. Es folgt $\|X_n.B - X.B\|_{\mathcal{M}^2} \longrightarrow 0$, also insbesondere

$$\mathbb{E}[(X_n.B)_t^2] \longrightarrow \mathbb{E}[(X.B)_t^2] \quad \text{für alle } t \geq 0. \tag{14.6}$$

Nach Satz 14.10 ist $\mathbb{E}[(X_n.B)_0^2] = 0$ für alle $n \in \mathbb{N}$, damit auch $\mathbb{E}[(X.B)_0^2]$, und somit $(X.B)_0 = 0$ fast sicher, damit ist (i) gezeigt. Die Behauptung (ii) ist wegen der Linearität der Normen klar, die Martingaleigenschaft (iii) gilt nach Definition des Itô-Integrals. Wieder folgt (v) aus (iv), so dass nur noch (iv) zu zeigen ist. Dazu sei $A \in \mathcal{F}_s$. Setzen wir für $s \leq t$

$$(Y_n)_u := (X_n)_u I_{[s,t]}(u) I_A, \quad Y_u := X_u I_{[s,t]}(u) I_A, \quad u \geq 0,$$

so gilt weiterhin $\|Y_n - Y\|_{L^2 \otimes dt} \longrightarrow 0$, d.h.

$$\mathbb{E}\left[I_A \int\limits_s^t (X_n)_u^2 du\right] \longrightarrow \mathbb{E}\left[I_A \int\limits_s^t X_u^2 du\right].$$

Damit ergibt sich unter Berücksichtigung von (14.6) durch Anwenden von Satz 14.10(iv):

$$\begin{aligned}
\mathbb{E}(I_A[(X.B)_t^2 - (X.B)_s^2]) &= \mathbb{E}(I_A[(X.B)_t - (X.B)_s]^2) \\
&= \lim_{n \to \infty} \mathbb{E}(I_A[(X_n.B)_t - (X_n.B)_s]^2) \\
&= \lim_{n \to \infty} \mathbb{E}\left[I_A \int\limits_s^t (X_n)_u^2 du\right] = \mathbb{E}\left[I_A \int\limits_s^t X_u^2 du\right],
\end{aligned}$$

und damit (iv). □

Die Erweiterung auf $\mathcal{P}^2[0,T]$

Nachdem wir das Itô-Integral definiert haben und erste Eigenschaften kennen, wäre es an der Zeit, ein konkretes Itô-Integral auszurechnen. Als erstes nicht-triviales, aber dennoch explizit berechenbares Beispiel dient das Itô-Integral

$$X_t = \int_0^t B_s dB_s.$$

Nun ist

$$\mathbb{E}\left[\int\limits_0^\infty B_s^2 ds\right] = \lim_{t \to \infty} \int\limits_0^t \mathbb{E}(B_s^2) ds = \lim_{t \to \infty} \frac{1}{2} t^2 = \infty,$$

also $B = (B_t)_{t \geq 0} \notin \mathcal{P}^2$. Daher erweitern wir zunächst den Integralbegriff auf Elemente $X \in \mathcal{P}^2[0,T]$ mit

$$\mathcal{P}^2[0,T] := \left\{ X \in \mathcal{P} : \mathbb{E} \left(\int_0^T X_s^2 ds \right) < \infty \right\}.$$

Aus obiger Rechnung wird klar, dass

$$B \in \mathcal{P}^2[0,T] \quad \text{für jedes } T \geq 0.$$

Die Erweiterung von $\mathcal{P}^2$ auf $\mathcal{P}^2[0,T]$ ist problemlos. Es genügt zu bemerken, dass für ein $X \in \mathcal{P}^2[0,T]$ mit

$$Y_s := X_s I_{[0,T]}(s), \ s \geq 0,$$

$Y \in \mathcal{P}^2$ gilt.

Definition 14.18 (Itô-Integral für $\mathcal{P}^2[0,T]$). *Es sei $X \in \mathcal{P}^2[0,T]$ und $Y_s := X_s I_{[0,T]}(s), \ s \geq 0$. Dann ist $Y \in \mathcal{P}^2$ und*

$$X.B := Y.B \quad \text{das Itô-Integral von } X \text{ auf } [0,T].$$

Auf Grund dieser Definition ist klar, dass die Itô-Isometrie 14.16 und alle Eigenschaften aus Satz 14.17 auch für $X \in \mathcal{P}^2[0,T]$ gelten.

Das Itô-Integral $\int B_s dB_s$ - heuristisch

Wir fixieren ein $T > 0$. Wir haben bereits gezeigt, dass $(B_t)_{t \geq 0} \in \mathcal{P}^2[0,T]$ gilt und wollen nun das Itô-Integral

$$X_t := \int_0^t B_s dB_s, \quad t \in [0,T],$$

berechnen. Heuristisch könnten wir mit einem Vergleich zur reellen Analysis beginnen,

$$\int_0^t x dx = \frac{1}{2} x^2,$$

und daher den Ansatz

$$X_t = \int_0^t B_s dB_s = \frac{1}{2} B_t^2 + R$$

versuchen. Die erste, wichtige Erkenntnis lautet: R kann nicht 0 sein. Denn $(X_t)_{t\geq 0}$ ist ein Martingal mit $\mathbb{E}(X_t) = \mathbb{E}(X_0) = 0$ für alle $t \geq 0$, auf der anderen Seite ist

$$\mathbb{E}\left(\frac{1}{2}B_t^2\right) = \frac{1}{2}t.$$

Der einfachste Ansatz, um zumindest auf beiden Seiten den gleichen Erwartungswert zu erhalten, ist daher $R = -\frac{1}{2}t$:

$$X_t = \int\limits_0^t B_s dB_s = \frac{1}{2}B_t^2 - \frac{1}{2}t.$$

In der Tat ist dies der richtige Ausdruck. Wir können dies durch zwei weitere Aussagen erhärten. Zum einen steht auf der rechten Seite ein Martingal, bis auf den Faktor $\frac{1}{2}$ ist es $B_t^2 - t$. Zum anderen ist die Varianz auf beiden Seiten gleich, denn mit der Itô-Isometrie folgt

$$\mathbb{V}(X_t) = \mathbb{E}\left[\int\limits_0^t B_s^2 ds\right] = \int\limits_0^t \mathbb{E}(B_s^2)ds = \frac{1}{2}t^2$$

für die linke Seite. Auf der rechten Seite folgt wegen $\mathbb{E}(B_t^4) = 3t^2$ (s. Beispiel 4.24):

$$\mathbb{E}\left[\left(\frac{1}{2}B_t^2 - \frac{1}{2}t\right)^2\right] = \frac{1}{4}(\mathbb{E}(B_t^4) - 2t\mathbb{E}(B_t^2) + t^2) = \frac{1}{2}t^2.$$

Das Itô-Integral $\int B_s dB_s$ - exakt

Um das Itô-Integral $\int B_s dB_s$ berechnen zu können, benötigen wir eine Folge beschränkter, elementarer Prozesse. Sei dazu $(\Pi_n)_{n\in\mathbb{N}}$, $\Pi_n = \{0 = t_0^n, \ldots, t_{k_n}^n = T\}$ eine Folge von Zerlegungen des Intervalls $[0, T]$ mit $|\Pi_n| \to 0$. Wir setzen

$$X_n := \sum_{i=1}^{k_n} B_{t_{i-1}^n} I_{]t_{i-1}^n, t_i^n]}, \quad n \in \mathbb{N}.$$

Dann ist $X_n \in b\mathcal{E}$ für jedes $n \in \mathbb{N}$. Weiter ist mit $\tilde{B}_s := B_s I_{[0,T]}(s)$, $s \geq 0$:

$$\left\|\tilde{B} - X_n\right\|_{L^2(\mathbb{P}\otimes dt)}^2 = \mathbb{E}\left[\int\limits_0^T \sum_{i=1}^{k_n}(B_t - B_{t_{i-1}^n})^2 I_{]t_{i-1}^n, t_i^n]}dt\right]$$

$$= \sum_{i=1}^{k_n}\int\limits_{t_{i-1}^n}^{t_i^n}(t - t_{i-1}^n)dt = \frac{1}{2}\sum_{i=1}^{k_n}(t_i^n - t_{i-1}^n)^2 \leq \frac{1}{2}|\Pi_n|T \longrightarrow 0.$$

Nach Definition des Itô-Integrals gilt daher für jedes $t \in [0, T]$:

$$\mathbb{E}[(X_n.B)_t^2] \longrightarrow \mathbb{E}[(B.B)_t^2] = \mathbb{E}\left(\left[\int_0^t B_s dB_s\right]^2\right).$$

Nun ist nach Definition des Itô-Integrals für elementare Prozesse

$$(X_n.B)_t = \sum_{i=1}^{k_n} B_{t_{i-1}^n \wedge t}(B_{t_i^n \wedge t} - B_{t_{i-1}^n \wedge t}).$$

Ausgangspunkt für die weiteren Berechnungen ist die elementare Formel

$$a(b-a) = \frac{1}{2}(b^2 - a^2) - \frac{1}{2}(b-a)^2, \quad a, b \in \mathbb{R},$$

mit der gilt:

$$(X_n.B)_t = \frac{1}{2}\sum_{i=1}^{k_n}(B_{t_i^n \wedge t}^2 - B_{t_{i-1}^n \wedge t}^2) - \frac{1}{2}\sum_{i=1}^{k_n}(B_{t_i^n \wedge t} - B_{t_{i-1}^n \wedge t})^2$$

$$= \frac{1}{2}B_{t_{k_n}^n \wedge t}^2 - \frac{1}{2}\sum_{i=1}^{k_n}(B_{t_i^n \wedge t} - B_{t_{i-1}^n \wedge t})^2.$$

Die letzte Summe konvergiert nach Satz 12.15 in L^2 gegen die quadratische Variation Brownscher Pfade auf $[0, t]$:

$$\sum_{i=1}^{k_n}(B_{t_i^n \wedge t} - B_{t_{i-1}^n \wedge t})^2 \xrightarrow{L^2} t.$$

Da $t_{k_n}^n \wedge t = T \wedge t = t$, ist $B_{t_{k_n}^n \wedge t}^2 = B_t^2$, so dass wir insgesamt unser heuristisches Resultat bestätigen können:

$$(X_n.B)_t \xrightarrow{L^2} \int_0^t B_s dB_s = \frac{1}{2}(B_t^2 - t), \quad t \geq 0.$$

14.3 Lokalisierung

Im letzten Abschnitt haben wir das Itô-Integral für Prozesse $X \in \mathcal{P}^2[0, T]$ definiert, d.h. für progressiv messbare Integranden X, die der Integrierbarkeitsbedingung

$$\mathbb{E}\left[\int_0^T X_s^2 ds\right] < \infty$$

genügen. Dieser Raum ist jedoch nicht groß genug, um z.B. für alle stetigen Funktionen $f : \mathbb{R} \to \mathbb{R}$ die Integrale

$$\int\limits_0^t f(B_s)dB_s, \quad t \le T,$$

einzuschließen. Daher erweitern wir die Klasse der zulässigen Integranden ein weiteres Mal, indem wir die Räume $\mathcal{P}_{loc}^2$ bzw. $\mathcal{P}_{loc}^2[0,T]$ betrachten:

$$\mathcal{P}_{loc}^2 := \left\{ X \in \mathcal{P} : \mathbb{P} \left(\int\limits_0^\infty X_s^2 ds < \infty \right) = 1 \right\} \quad \text{bzw.}$$

$$\mathcal{P}_{loc}^2[0,T] := \left\{ X \in \mathcal{P} : \mathbb{P} \left(\int\limits_0^T X_s^2 ds < \infty \right) = 1 \right\}.$$

Die dabei verwendete Technik der Lokalisierung ist weit über die hier behandelte Fragestellung von Bedeutung.

Itô-Integral und Stoppzeiten

Um die Wohldefiniertheit des noch zu definierenden Itô-Integrals auf $\mathcal{P}_{loc}^2$ nachweisen zu können, müssen wir wissen, wie sich ein gestopptes Itô-Integral $(X.B)^\tau = ((X.B)_{t\wedge\tau})_{t\ge0}$ verhält. Dazu wiederum verallgemeinern wir die Itô-Isometrie auf Stoppzeiten:

Satz 14.19. *Sind $X, Y \in \mathcal{P}^2$ sowie τ und σ zwei Stoppzeiten mit $\sigma \le \tau$, so gilt:*

$$\mathbb{E}[((X.B)_{t\wedge\tau} - (X.B)_{t\wedge\sigma})^2] = \mathbb{E}[(X.B)_{t\wedge\tau}^2 - (X.B)_{t\wedge\sigma}^2] = \mathbb{E}\left[\int\limits_{t\wedge\sigma}^{t\wedge\tau} X_s^2 ds \right].$$

Beweis. Wenden wir den Stoppsatz 13.7 auf das Martingal $(X.B)_t^2 - \int\limits_0^t X_s^2 ds$ (Satz 14.17) und die Stoppzeiten $t \wedge \tau$ und $t \wedge \sigma$ an, so erhalten wir durch Bilden der Differenz:

$$\mathbb{E}[(X.B)_{t\wedge\tau}^2 - (X.B)_{t\wedge\sigma}^2] = \mathbb{E}\left[\int\limits_{t\wedge\sigma}^{t\wedge\tau} X_s^2 ds \right].$$

Damit ist die zweite Gleichung gezeigt. Die Gleichheit der ersten beiden Terme gilt für jedes Martingal $Z = (Z_t)_{t\ge0}$. Denn mit dem Optional Sampling Theorem 13.6 erhalten wir:

$$\mathbb{E}[Z_{t\wedge\tau} Z_{t\wedge\sigma}] = \mathbb{E}[\mathbb{E}[Z_{t\wedge\tau} Z_{t\wedge\sigma} | \mathcal{F}_{t\wedge\sigma}]] = \mathbb{E}[Z_{t\wedge\sigma}^2].$$

Damit folgt:

$$\mathbb{E}[(Z_{t\wedge\tau} - Z_{t\wedge\sigma})^2] = \mathbb{E}[Z_{t\wedge\tau}^2 - 2Z_{t\wedge\tau} Z_{t\wedge\sigma} + Z_{t\wedge\sigma}^2] = \mathbb{E}[Z_{t\wedge\tau}^2 - Z_{t\wedge\sigma}^2].$$

Ersetzen wir Z durch $X.B$, folgt die erste Gleichung. □

Um einen Prozess zu einer Stoppzeit „abschneiden" zu können, führen wir folgende Notation ein: Ist τ eine Stoppzeit, so heißt

$$[[0, \tau]] := \{(\omega, t) \in \Omega \times \mathbb{R}_+ : t \leq \tau(\omega)\} \quad \text{stochastisches Intervall.}$$

Stochastische Intervalle sind stets Teilmengen von $\Omega \times \mathbb{R}_+$, insbesondere gilt für eine deterministische Stoppzeit $\tau := T \in \mathbb{R}_+$

$$[[0, T]] = \Omega \times [0, T].$$

Typischerweise betrachten wir zu einem Prozess X den Prozess

$$Y := X I_{[[0, \tau]]}, \text{ d.h. } Y_s(\omega) = X_s(\omega) I_{[[0, \tau]]}(\omega, s) = \begin{cases} X_s(\omega) & \text{für } s \leq \tau(\omega), \\ 0 & \text{sonst.} \end{cases}$$

Satz 14.20. *Es seien $X \in \mathcal{P}^2$ und τ eine Stoppzeit. Setzen wir*

$$Y := X I_{[[0, \tau]]},$$

so gilt:

$$(X.B)_{t \wedge \tau} = (Y.B)_t, \quad t \geq 0.$$

Beweis. Wir fixieren ein $t \geq 0$ und schreiben $(X.B)_{t \wedge \tau} - (Y.B)_t$ als

$$(X.B)_{t \wedge \tau} - (Y.B)_t = ((X - Y).B)_{t \wedge \tau} - [(Y.B)_t - (Y.B)_{t \wedge \tau}].$$

Sowohl $((X - Y).B)_{t \wedge \tau})$ als auch $(Y.B)_t - (Y.B)_{t \wedge \tau}$ sind stetige Martingale in $\mathcal{M}_c^2$ mit Start in 0. Wenden wir auf den ersten Prozess Satz 14.19 mit $\sigma := 0$ an, so erhalten wir:

$$\mathbb{E}[(X - Y).B)_{t \wedge \tau}^2] = \mathbb{E}\left[\int_0^{t \wedge \tau} (X_s - Y_s)^2 ds\right] = 0,$$

da X_s und Y_s nach Definition von Y auf dem Intervall $[0, t \wedge \tau(\omega)]$ übereinstimmen und das Integral auf der rechten Seite pfadweise definiert ist. Daraus folgt

$$((X - Y).B)_{t \wedge \tau}^2 = 0 \quad \text{fast sicher.}$$

Analog schließen wir für den zweiten Prozess $(Y.B)_t - (Y.B)_{t \wedge \tau}$ mit Satz 14.19:

$$\mathbb{E}[((Y.B)_t - (Y.B)_{t \wedge \tau})^2] = \mathbb{E}\left[\int_{t \wedge \tau}^t Y_s^2 ds\right] = 0.$$

Im Fall $t \wedge \tau = t$ ist dies klar, ist $t \wedge \tau = \tau$, so folgt dies aus $Y_s I_{[\tau(\omega), t]}(s) = 0$. Damit erhalten wir wieder

$$(Y.B)_t - (Y.B)_{t \wedge \tau} = 0 \quad \text{fast sicher,}$$

und somit

$$(X.B)_{t \wedge \tau} - (Y.B)_t = ((X - Y).B)_{t \wedge \tau} - [(Y.B)_t - (Y.B)_{t \wedge \tau}] = 0 \quad \text{fast sicher.}$$

$\square$

Das Itô-Integral auf $\mathcal{P}^2_{loc}$

Die Grundidee für die Erweiterung des Itô-Integrals auf Elemente $X \in \mathcal{P}^2_{loc}$ besteht darin, X so durch eine Folge von Stoppzeiten zu beschränken, dass die gestoppten Prozesse in $\mathcal{P}^2$ liegen, für die der Integralbegriff bereits existiert:

Definition 14.21 (lokalisierende Folge zu $X \in \mathcal{P}^2_{loc}$). *Ist $X \in \mathcal{P}^2_{loc}$, so heißt eine Folge von Stoppzeiten $(\tau_n)_{n \in \mathbb{N}}$ mit $\tau_1 \leq \tau_2 \leq \ldots$ lokalisierende Folge zu X, wenn $\tau_n \longrightarrow \infty$ fast sicher und für*

$$X_n := X I_{[\![0,\tau_n]\!]}, \quad n \in \mathbb{N},$$

gilt:

$$X_n \in \mathcal{P}^2 \quad \text{für alle } n \in \mathbb{N}.$$

Dieser Ansatz wäre sinnlos, wenn wir nicht zu jedem Element $X \in \mathcal{P}^2_{loc}$ eine lokalisierende Folge von Stoppzeiten finden könnten. Diese lässt sich konkret angeben:

Satz 14.22. *Es sei $X \in \mathcal{P}^2_{loc}$. Dann ist*

$$\tau_n := \inf \left\{ t \geq 0 : \int_0^t X_s^2 \, ds \geq n \right\}, \quad n \in \mathbb{N},$$

eine lokalisierende Folge von Stoppzeiten für X.

Beweis. Offensichtlich ist $(\tau_n)_{n \in \mathbb{N}}$ eine aufsteigende Folge von Stoppzeiten. Da $X \in \mathcal{P}^2_{loc}$, ist

$$\mathbb{P}\left(\int_0^\infty X_s^2 \, ds < \infty \right) = 1,$$

und daraus folgt (mit $\inf \emptyset = +\infty$), dass $\tau_n \to \infty$ fast sicher. Mit X ist auch jedes $X_n = X I_{[\![0,\tau_n]\!]}$ progressiv messbar und außerdem

$$\|X_n\|^2_{L^2 \otimes dt} = \mathbb{E}\left[\int_0^\infty (X_n)_s^2 \, ds \right] \leq n < \infty,$$

also ist $X_n \in \mathcal{P}^2$ für alle $n \in \mathbb{N}$. □

Ist $X \in \mathcal{P}^2_{loc}$ und $(\tau_n)_{n \in \mathbb{N}}$ eine lokalisierende Folge für X, so ist

$$X_n I_{[\![0,\tau_m]\!]} = X_m \quad \text{für alle } m \leq n.$$

Daher ist nach Satz 14.20 für $t \leq \tau_m$ und $m \leq n$:

$$(X_n.B)_t = (X_n.B)_{t \wedge \tau_m} = ((X_n I_{[\![0,\tau_m]\!]}).B)_t = (X_m.B)_t.$$

Diese Konstruktion hängt auch nicht von der Wahl der lokalisierenden Folge ab. Ist $(\sigma_n)_{n \in \mathbb{N}}$ eine weitere lokalisierende Folge für X, so gilt dies auch für $(\tau_n \wedge \sigma_n)_{n \in \mathbb{N}}$. Genau wie oben folgt

$$(XI_{[[0,\tau_n]]}.B)_t = (XI_{[[0,\tau_n \wedge \sigma_n]]}.B)_t = (XI_{[[0,\sigma_n]]}.B)_t \quad \text{für alle } t \leq \sigma_n \wedge \tau_n.$$

Diese Überlegungen begründen die Wohldefiniertheit des folgenden Integrals:

Definition 14.23 (Itô-Integral für $X \in \mathcal{P}_{loc}^2$). *Es sei* $X \in \mathcal{P}_{loc}^2$, $(\tau_n)_{n \in \mathbb{N}}$ *eine lokalisierende Folge für* X *und* $X_n := XI_{[[0,\tau_n]]}$, $n \in \mathbb{N}$. *Dann ist das Itô-Integral* $X.B = (X.B)_{t \geq 0}$ *der stetige Prozess*

$$(X.B)_t := (X_n.B)_t, \quad \text{für } t \geq 0, \, t \leq \tau_n.$$

Satz 14.22 stellt sicher, dass die Definition überhaupt möglich ist, d.h. $X_n \in \mathcal{P}^2$ für alle $n \in \mathbb{N}$ ist und daher das Integral $X_n.B$ existiert. Wegen $\tau_n \longrightarrow \infty$ fast sicher, ist das Integral für jedes $t \geq 0$ definiert. Den Nachweis der Wohldefiniertheit haben wir bereits erbracht. Die Stetigkeit der Pfade überträgt sich von $(X_n.B)$ für jedes $n \in \mathbb{N}$ auf $X.B$.

Das Verhalten gestoppter Integrale aus Satz 14.20 überträgt sich auf $\mathcal{P}_{loc}^2$:

Satz 14.24. *Es sei $X \in \mathcal{P}_{loc}^2$ und τ eine Stoppzeit. Setzen wir*

$$Y := XI_{[[0,\tau]]},$$

so gilt:

$$(X.B)_{t \wedge \tau} = (Y.B)_t, \quad t \geq 0.$$

Beweis. Sei $(\tau_n)_{n \in \mathbb{N}}$ eine lokalisierende Folge für X. Dann ist $(\tau_n)_{n \in \mathbb{N}}$ auch eine lokalisierende Folge für Y, so dass nach Definition des Itô-Integrals und mit Satz 14.20 für $t \leq \tau_n$ folgt:

$$(Y.B)_t = (Y_n.B)_t = ((XI_{[[0,\tau]]}I_{[[0,\tau_n]]}).B)_t$$
$$= (X_n.B)_{t \wedge \tau} = (X.B)_{t \wedge \tau}.$$

$\square$

Der gerade bewiesene Satz wird auch als „Erhaltung der Gleichheit" bezeichnet. Denn er besagt, dass für zwei Prozesse X und X', die bis zu einer Stoppzeit übereinstimmen,

$$XI_{[[0,\tau]]} = X'I_{[[0,\tau]]},$$

auch die gestoppten Integrale gleich sind:

$$(X.B)_{t \wedge \tau} = (X'.B)_{t \wedge \tau}, \quad t \geq 0.$$

Lokalisierung

Das Itô-Integral $X.B$ für $X \in \mathcal{P}_{loc}^2$ ist im Allgemeinen kein Martingal. Nach Definition von $X.B$ ist jedoch für eine lokalisierende Folge $(\tau_n)_{n \in \mathbb{N}}$

$$(X.B)_{\tau_n \wedge t} = ((X I_{[[0, \tau_n]]}).B)_t \text{ für } t \leq \tau_n,$$

und auf der rechten Seite steht ein Martingal. Um diesen Zusammenhang systematisch untersuchen zu können, führen wir einen neuen Begriff ein:

Definition 14.25 (Lokales Martingal). *Sei $M = (M_t)_{t \geq 0}$ ein adaptierter reeller Prozess mit $M_0 = 0$ fast sicher. M heißt lokales Martingal (bezüglich $\mathbb{F}$ und $\mathbb{P}$), wenn es eine Folge von Stoppzeiten $(\tau_n)_{n \in \mathbb{N}}$ mit $\tau_n \longrightarrow \infty$ fast sicher gibt, so dass gilt:*

$$M^{\tau_n} \text{ ist für jedes } n \in \mathbb{N} \text{ ein gleichgradig integrierbares Martingal.}$$

Die Forderung, dass M^{τ_n} nicht nur ein Martingal, sondern auch gleichgradig integrierbar ist, stellt keine echte Verschärfung dar. Ist M^{τ_n} ein Martingal, so genügt es τ_n durch $\tau_n \wedge n$ zu ersetzen, um ein gleichgradig integrierbares Martingal zu erhalten. Eine Folge von Stoppzeiten $(\tau_n)_{n \in \mathbb{N}}$ mit $\tau_n \longrightarrow \infty$ fast sicher, für die M^{τ_n} ein (gleichgradig integrierbares) Martingal ist, heißt lokalisierende Folge des lokalen Martingals M. Das nächste Resultat zeigt, dass das Itô-Integral $X.B$ für $X \in \mathcal{P}_{loc}^2$ ein lokales Martingal ist. Wir haben nun zwei Bedeutungen für den Begriff der lokalisierenden Folge eingeführt, einerseits für einen Integranden $X \in \mathcal{P}_{loc}^2$, andererseits für ein lokales Martingal $X.B$. Die Bezeichnung wäre nicht klug gewählt, wenn diese nicht übereinstimmen würden:

Satz 14.26. *Ist $X \in \mathcal{P}_{loc}^2$, so ist das Itô-Integral $X.B$ ein lokales Martingal, und jede lokalisierende Folge für X ist auch eine lokalisierende Folge für $X.B$.*

Beweis. Es sei (τ_n) eine lokalisierende Folge von X. Dann ist nach Definition des Itô-Integrals

$$(X.B)_{t \wedge \tau_n} = \begin{cases} (X_n.B)_t & \text{für } t \leq \tau_n, \\ (X_n.B)_{\tau_n} & \text{für } t \geq \tau_n. \end{cases}$$

Nach Satz 14.24 ist aber für $t \geq \tau_n$

$$(X.B)_{\tau_n} = (X_n.B)_{\tau_n},$$

daher gilt $(X.B)^{\tau_n} = (X_n.B)^{\tau_n}$ für alle $n \in \mathbb{N}$. Da $(X_n.B)$ ein Martingal ist, gilt dies nach dem Stoppsatz 13.7 auch für $(X_n.B)^{\tau_n}$ für alle $n \in \mathbb{N}$. Damit ist $(X.B)^{\tau_n}$ ein Martingal für alle $n \in \mathbb{N}$, also $X.B$ ein lokales Martingal und $(\tau_n)_{n \in \mathbb{N}}$ eine lokalisierende Folge. $\qquad \square$

Eigenschaften lokaler Martingale

Ein gestopptes gleichgradig integrierbares Martingal ist wieder ein Martingal. Daher gilt für lokale Martingale:

Satz 14.27. *Ist M ein lokales Martingal und τ eine Stoppzeit, so ist auch der gestoppte Prozess M^τ ein lokales Martingal.*

Beweis. Sei (τ_n) eine lokalisierende Folge von M. Da M^{τ_n} ein gleichgradig integrierbares Martingal ist, folgt aus dem Stoppsatz 13.7, dass $(M^{\tau_n})^\tau$ ein Martingal ist. Andererseits ist $(M^\tau)^{\tau_n} = (M^{\tau_n})^\tau$, also ist (τ_n) auch lokalisierende Folge von M^τ. □

Das nächste Resultat gibt ein hinreichendes Kriterium dafür an, dass ein lokales Martingal schon ein echtes Martingal ist:

Satz 14.28. *Ist M ein lokales Martingal und beschränkt, also $|M_t| \leq C < \infty$ für alle $t \geq 0$, so ist M ein Martingal.*

Beweis. Offensichtlich ist M adaptiert und integrierbar. Es sei $(\tau_n)_{n \in \mathbb{N}}$ eine lokalisierende Folge von M. Ist $s \leq t$, so gilt

$$\mathbb{E}(M_{t \wedge \tau_n} | \mathcal{F}_s) = M_{s \wedge \tau_n} \quad \text{für alle } n \in \mathbb{N}.$$

Da $\tau_n \longrightarrow \infty$ fast sicher, gilt $M_{t \wedge \tau_n} \longrightarrow M_t$ und $M_{s \wedge \tau_n} \longrightarrow M_s$ fast sicher. Weiter ist $|M_{t \wedge \tau_n}| \leq C$ für alle $n \in \mathbb{N}$. Daher folgt aus der bedingten Version des Satzes von der dominierten Konvergenz 8.5 durch Bilden des Grenzwertes $n \to \infty$ auf beiden Seiten:

$$\mathbb{E}(M_t | \mathcal{F}_s) = M_s.$$

Also ist M ein Martingal. □

Lokale Eigenschaften für stochastische Prozesse kann man allgemein erklären, indem man eine Folge gestoppter Prozesse betrachtet. Beispielsweise heißt ein adaptierter Prozess X lokal beschränkt, wenn es eine Folge von Stoppzeiten (τ_n) mit $\tau_n \longrightarrow \infty$ fast sicher gibt, so dass

$$\sup_{\omega \in \Omega, t \geq 0} |X_t^{\tau_n}(\omega)| < \infty \quad \text{für alle } n \in \mathbb{N}$$

gilt, also alle gestoppten Prozesse beschränkt sind.

Satz 14.29. *Ist X ein stetiger, adaptierter Prozess mit $X_0 = 0$, so ist X lokal beschränkt. Insbesondere gibt es zu jedem stetigen lokalen Martingal X eine lokalisierende Folge $(\tau_n)_{n \in \mathbb{N}}$, für die X^{τ_n} ein beschränktes Martingal ist.*

Beweis. Sei X stetig und adaptiert. Wir definieren die Stoppzeiten

$$\sigma_n := \inf\{t \geq 0 : |X_t| = n\}, \quad n \in \mathbb{N}.$$

Offensichtlich ist $|X^{\sigma_n}| \leq n$ für alle $n \in \mathbb{N}$ und damit X lokal beschränkt. Ist X ein stetiges lokales Martingal mit lokalisierender Folge $(\tilde{\sigma}_n)_{n \in \mathbb{N}}$, so genügt es, $\tau_n := \sigma_n \wedge \tilde{\sigma}_n$, $n \in \mathbb{N}$, zu setzen. □

Die Erweiterung auf $\mathcal{P}^2_{loc}[0,T]$

Genau wie die Erweiterung des Itô-Integrals von $\mathcal{P}^2$ auf $\mathcal{P}^2[0,T]$ ist auch die Erweiterung von $\mathcal{P}^2_{loc}$ auf

$$\mathcal{P}^2_{loc}[0,T] := \left\{ X \in \mathcal{P} : \mathbb{P}\left(\int\limits_0^T X_s^2 ds < \infty \right) = 1 \right\}$$

problemlos. Wieder genügt es festzustellen, dass für jedes $X \in \mathcal{P}^2_{loc}[0,T]$ der Prozess

$$Y_s := X_s I_{[0,T]}(s), \ s \geq 0,$$

in $\mathcal{P}^2_{loc}$ liegt.

Definition 14.30 (Itô-Integral für $\mathcal{P}^2_{loc}[0,T]$). *Es sei $X \in \mathcal{P}^2_{loc}[0,T]$ und $Y_s := X_s I_{[0,T]}(s), \ s \geq 0$. Dann ist $Y \in \mathcal{P}^2_{loc}$ und*

$$X.B := Y.B \quad \text{das Itô-Integral von } X \text{ auf } [0,T].$$

Auf Grund der Definition ist klar, dass sich alle Eigenschaften des Itô-Integrals von $\mathcal{P}^2_{loc}$ auf $\mathcal{P}^2_{loc}[0,T]$ übertragen. Andererseits können wir jetzt alle stetigen progressiv messbaren Prozesse auf jedem Intervall $[0,T]$ integrieren, also z.B.

$$\int\limits_0^t f(B_s) dB_s, \quad f \text{ stetig}, \quad t \leq T,$$

da diese auf dem Intervall $[0,T]$ beschränkt sind und daher in $\mathcal{P}^2_{loc}[0,T]$ liegen. Das gleiche gilt für lokal beschränkte progressiv messbare Prozesse, wie sie in den nachfolgenden Resultaten vorkommen.

Ein Konvergenzsatz für Itô-Integrale

Das nächste Resultat kann man als Analogon zum SATZ VON DER DOMINIERTEN KONVERGENZ für Itô-Integrale auffassen. Allerdings folgt hier aus punktweiser Konvergenz und Beschränktheit lediglich Konvergenz nach Wahrscheinlichkeit:

Satz 14.31. *Es sei $(X^n)_{n \in \mathbb{N}}$ eine Folge progressiv messbarer Prozesse mit $X^n \longrightarrow 0$ auf $\Omega \times \mathbb{R}_+$ fast überall. Weiter sei $|X^n| \leq X$ für alle $n \in \mathbb{N}$ mit einem progressiv messbaren, lokal beschränkten Prozess X. Dann gilt für alle $t \geq 0$:*

$$\sup_{0 \leq s \leq t} |(X^n.B)_s| \overset{\mathbb{P}}{\longrightarrow} 0.$$

Beweis. Sei $t \geq 0$ fixiert. Wir nehmen zunächst an, X sei nicht nur lokal beschränkt, sondern beschränkt. Dann sind alle X^n beschränkt, und es folgt aus dem SATZ VON DER DOMINIERTEN KONVERGENZ auf dem Raum $\Omega \times \mathbb{R}_+$ mit dem Maß $\mathbb{P} \otimes dt$:

$$X^n \longrightarrow 0 \quad \text{in } L^2(\mathbb{P} \otimes dt).$$

Aus der Itô-Isometrie 14.16 erhalten wir

$$\left\| (X^n I_{[[0,t]]}).B \right\|_{\mathcal{M}^2} \longrightarrow 0.$$

Daraus folgt mit Doobs Maximal-Ungleichung 13.12 nicht nur Konvergenz in Wahrscheinlichkeit, sondern sogar in L^2:

$$\sup_{0 \leq s \leq t} |(X^n.B)_s| \xrightarrow{L^2} 0.$$

Sei nun X lokal beschränkt und (τ_n) eine Folge von Stoppzeiten, für die $|X^n|^{\tau_n} \leq X^{\tau_n}$ beschränkt ist für jedes $n \in \mathbb{N}$. Dann ist auch $X_n I_{[[0,\tau_m]]}$ für jedes n und m beschränkt, und nach Satz 14.24 ist $(X I_{[[0,\tau_m]]}).B) = (X.B)^{\tau_m}$. Seien $\delta, \varepsilon > 0$. Nach dem gerade bewiesenen Fall gibt es dann zu jedem fest gewählten $m \in \mathbb{N}$ ein $n_0 \in \mathbb{N}$, so dass

$$\mathbb{P}\left(\sup_{0 \leq s \leq t} |(X^n.B)_s^{\tau_m}| > \varepsilon \right) < \frac{\delta}{2} \quad \text{für alle } n \geq n_0.$$

Da $\tau_n \longrightarrow \infty$ fast sicher, können wir $m \in \mathbb{N}$ so wählen, dass

$$\mathbb{P}(\tau_m \leq t) < \frac{\delta}{2}.$$

Damit erhalten wir:

$$\mathbb{P}(\sup_{0 \leq s \leq t} |(X^n.B)_s| > \varepsilon) \leq \mathbb{P}(\tau_m \leq t) + \mathbb{P}(\tau_m \geq t, \sup_{0 \leq s \leq t} |(X^n.B)_s| > \varepsilon)$$

$$\leq \mathbb{P}(\tau_m \leq t) + \mathbb{P}(\sup_{0 \leq s \leq t} |(X^n.B)_s^{\tau_m}| > \varepsilon)$$

$$< \frac{\delta}{2} + \frac{\delta}{2} = \delta.$$

Da $\delta, \varepsilon > 0$ beliebig gewählt sind, folgt die Behauptung. $\square$

Eine Approximation durch Riemann-Summen

Wir haben in Abschnitt 14.1 ausführlich dargestellt, warum es nicht möglich ist, das Itô-Integral pfadweise als Grenzwert einer Riemann-Summe zu definieren. Wir haben insbesondere gezeigt, dass dies bereits für stetige Integranden scheitert, wenn man fast sichere Konvergenz erreichen möchte. Betrachtet man stattdessen nur stochastische Konvergenz, so zeigt das nächste Resultat, dass wir spezielle Itô-Integrale doch als Approximation durch pfadweise Summen erhalten können. Der Beweis ist im Wesentlichen eine Anwendung des Konvergenzsatzes 14.31.

Satz 14.32. *Es sei X ein stetiger und adaptierter Prozess mit $X_0 = 0$ fast sicher und (Π_n) eine Folge von Zerlegungen des Intervalls $[0, t]$ mit $|\Pi_n| \longrightarrow 0$. Dann gilt:*

$$\sum_{t_i \in \Pi_n} X_{t_i} (B_{t_{i+1}} - B_{t_i}) \xrightarrow{\mathbb{P}} \int_0^t X_s dB_s = (X.B)_t.$$

Beweis. Nach Satz 14.29 ist X lokal beschränkt. Wir nehmen zunächst an, X sei sogar beschränkt und definieren die (dann ebenfalls beschränkten) elementaren Prozesse

$$X^n := \sum_{t_i \in \Pi_n} X_{t_i} I_{]t_i, t_{i+1}]}, \quad n \in \mathbb{N}.$$

Dann ist $|X^n - X| \leq 2 \sup_{t \geq 0} |X_t| < \infty$ für alle $n \in \mathbb{N}$ und $X^n - X \longrightarrow 0$ auf $\Omega \times [0, \infty[$ fast überall. Daher gilt nach Satz 14.31 und der Definition des Itô-Integrals für elementare Prozesse:

$$\sum_{t_i \in \Pi_n} X_{t_i} (B_{t_{i+1}} - B_{t_i}) = (X^n.B)_t \xrightarrow{\mathbb{P}} \int_0^t X_s dB_s = (X.B)_t.$$

Ist X nicht beschränkt, so folgt die Behauptung durch Lokalisierung, d.h. durch Betrachten einer lokalisierenden Folge (τ_n) von Stoppzeiten, für die X^{τ_n} beschränkt ist. $\qquad\square$

Es sollte an dieser Stelle nicht der Eindruck entstehen, Itô-Integrale seien im Wesentlichen doch Riemann-Summen. So kommt es im obigen Beweis entscheidend darauf an, dass X für die elementaren Prozesse X^n jeweils am linken Rand des Intervalls der Indikatorfunktion ausgewertet wird. Wählt man einen anderen Auswertungspunkt, z.B. den Mittelpunkt $\frac{1}{2}(t_{i+1} - t_i)$ des Intervalls, so führt dies zu anderen stochastischen Integralen (wie dem Stratonovich-Integral), deren Eigenschaften sich vom Itô-Integral unterscheiden. Für praktische Anwendungen ist die Wahl des stochastischen Integrals daher Teil der Modellierung.

14.4 Die Itô-Formel

Die Itô-Formel - heuristisch

Betrachtet man unsere bisherige Entwicklung des Itô-Integrals, so fällt auf, dass wir erst ein einziges Integral berechnet haben, nämlich $\int B_s dB_s$. Uns fehlt ein fundamentales Hilfsmittel, um Itô-Integrale auszurechnen, ohne auf die Definition zurückzugreifen. Die Itô-Formel wird diese Lücke schließen.

Sie ist daher für die stochastische Analysis von ähnlicher Bedeutung wie der Hauptsatz der Differential- und Integralrechnung für die reelle Analysis. Zur Motivation betrachten wir eine reelle C^1-Funktionen $x : t \mapsto x(t)$, $t \geq 0$, die insbesondere von endlicher Variation ist, und eine weitere C^1-Funktion f. Was können wir über $f(x(t))$ sagen? Nach der klassischen Kettenregel ist die erste Ableitung von $f(x(t))$

$$\frac{d}{dt} f(x(t)) = f'(x(t))\dot{x}(t), \quad t \geq 0.$$

Integration auf beiden Seiten führt zu

$$f(x(t)) = f(x(0)) + \int_0^t f'(x(s))dx(s), \quad t \geq 0.$$

Leider nützt uns dies für die Bestimmung von $f(B)$ nichts, da die Brownsche Bewegung nicht von endlicher Variation ist. Es wird sich herausstellen, dass wir zur Bestimmung von $f(B)$ einen Term zweiter Ordnung aus der Taylor-Entwicklung von f berücksichtigen müssen. Heuristisch können wir mit Hilfe der Taylor-Entwicklung von f so argumentieren:

$$\begin{aligned} df(B_t) &= f(B_{t+dt}) - f(B_t) \\ &= f'(B_t)(B_{t+dt} - B_t) + \frac{1}{2} f''(B_t)(B_{t+dt} - B_t)^2 + \ldots \\ &= f'(B_t)(B_{t+dt} - B_t) + \frac{1}{2} f''(B_t)dt + \ldots, \end{aligned}$$

wobei wir wegen der quadratischen Variation der Brownschen Bewegung $(B_{t+dt} - B_t)^2$ durch dt ersetzt haben. In Integral-Schreibweise erhalten wir unter Vernachlässigung der Terme höherer Ordnung:

$$f(B_t) = f(B_0) + \int_0^t f'(B_s)dB_s + \frac{1}{2} \int_0^t f''(B_s)ds, \quad t \geq 0.$$

Dies ist in der Tat die richtige Gestalt der Itô-Formel.

Die Itô-Formel - präzise

Unser Beweis der Itô-Formel besteht darin, die obige Heuristik exakt auszuarbeiten. Das folgende Lemma dient dazu zu begründen, warum die Terme höherer Ordnung verschwinden.

Lemma 14.33. *Sei $(\Pi_n)_{n \in \mathbb{N}}$ eine Folge von Zerlegungen des Intervalls $[0, t]$ mit $|\Pi_n| \longrightarrow 0$ und $g : \mathbb{R} \to \mathbb{R}$ eine stetige Funktion mit kompaktem Träger. Dann gilt:*

(i) *Für* $p \geq 3$ *ist* $\sum\limits_{t_i \in \Pi_n} |B_{t_i} - B_{t_{i-1}}|^p \xrightarrow{\mathbb{P}} 0.$

(ii)
$$S_n := \sum_{t_i \in \Pi_n} g(B_{t_{i-1}})[(B_{t_i} - B_{t_{i-1}})^2 - (t_i - t_{i-1})] \xrightarrow{\mathbb{P}} 0.$$

Beweis. (i) Die stetigen Pfade der Brownschen Bewegung B sind auf $[0, t]$ gleichmäßig stetig, daher ist

$$\sup_{t_i \in \Pi_n} |B_{t_i} - B_{t_{i-1}}| \longrightarrow 0 \quad \text{fast sicher.}$$

Aus der Darstellung

$$\left| \sum_{t_i \in \Pi_n} |B_{t_i} - B_{t_{i-1}}|^p \right| \leq \sup_{t_i \in \Pi_n} |B_{t_i} - B_{t_{i-1}}| \sum_{t_i \in \Pi_n} |B_{t_i} - B_{t_{i-1}}|^{p-1}$$

erhalten wir die Behauptung per Induktion: Der Induktionsanfang $p = 3$ folgt, da nach Satz 12.15 gilt:

$$\sum_{t_i \in \Pi_n} |B_{t_i} - B_{t_{i-1}}|^2 \xrightarrow{\mathbb{P}} t.$$

Der Induktionsschritt ist mit obiger Darstellung offensichtlich.

(ii) Da g stetig ist und kompakten Träger hat, ist g beschränkt. Es sei $\sup\limits_{x \in \mathbb{R}} |g(x)| \leq C < \infty$. Wir zeigen zunächst $\mathbb{E}(S_n^2) \longrightarrow 0$. Da für $i \neq j$

$$\mathbb{E}[((B_{t_i} - B_{t_{i-1}})^2 - (t_i - t_{i-1}))((B_{t_j} - B_{t_{j-1}})^2 - (t_j - t_{j-1}))]$$
$$= \mathbb{E}[(B_{t_i} - B_{t_{i-1}})^2 (B_{t_j} - B_{t_{j-1}})^2] - (t_j - t_{j-1})\mathbb{E}[(B_{t_i} - B_{t_{i-1}})^2]$$
$$- (t_i - t_{i-1})\mathbb{E}[(B_{t_j} - B_{t_{j-1}})^2] + (t_i - t_{i-1})(t_j - t_{j-1}) = 0,$$

erhalten wir beim Quadrieren der Summe S_n im Erwartungswert nur die Diagonalelemente. Beachten wir, dass $B_{t_i} - B_{t_{i-1}}$ $N(0, t_i - t_{i-1})$-verteilt ist und damit $\mathbb{E}[(B_{t_i} - B_{t_{i-1}})^4] = 3(t_i - t_{i-1})^2$, so folgt:

$$\mathbb{E}(S_n^2) \leq C^2 \sum_{t_i \in \Pi_n} \mathbb{E}[((B_{t_i} - B_{t_{i-1}})^2 - (t_i - t_{i-1}))^2]$$

$$= C^2 \sum_{t_i \in \Pi_n} \mathbb{E}[(B_{t_i} - B_{t_{i-1}})^4] - 2(t_i - t_{i-1})\mathbb{E}[(B_{t_i} - B_{t_{i-1}})^2] + (t_i - t_{i-1})^2$$

$$= C^2 \sum_{t_i \in \Pi_n} [3(t_i - t_{i-1})^2 - 2(t_i - t_{i-1})^2 + (t_i - t_{i-1})^2]$$

$$= 2C^2 \sum_{t_i \in \Pi_n} (t_i - t_{i-1})^2$$

$$\leq 2C^2 |\Pi_n| \sum_{t_i \in \Pi_n} |t_i - t_{i-1}|$$

$$= 2C^2 |\Pi_n| \, t \longrightarrow 0.$$

Insbesondere folgt $\mathbb{E}(|S_n|) \longrightarrow 0$. Aus der MARKOV-UNGLEICHUNG erhalten wir für jedes $\varepsilon > 0$:

$$\mathbb{P}(|S_n| \geq \varepsilon) \leq \frac{\mathbb{E}(|S_n|)}{\varepsilon} \longrightarrow 0,$$

also $S_n \xrightarrow{\mathbb{P}} 0$, was zu zeigen war.   □

Der Beweis der Itô-Formel ist mit obigem Lemma nicht mehr schwer. Wir verwenden zwei bekannte Resultate aus der reellen Analysis. Zum einen gibt es zu jeder C^2-Funktion f eine C^2-Funktion f_K mit kompaktem Träger und $f(x) = f_K(x)$ für alle $|x| \leq K$. Zum anderen gibt es zu jeder C^2-Funktion f_K mit kompaktem Träger eine Folge von C^∞-Funktionen $(f_n)_{n\in\mathbb{N}}$ mit kompaktem Träger, so dass die Folge $(f_n)_{n\in\mathbb{N}}$ die Funktion f_K auf ihrem Träger T zusammen mit ihren ersten beiden Ableitungen gleichmäßig approximiert:

$$\sup_{x\in T} |f_n^{(k)}(x) - f_K^{(k)}(x)| \longrightarrow 0, \quad k = 0,1,2.$$

Dies ist eine unmittelbare Folge des Approximationssatzes von Weierstraß, s. z.B. [Kön01].

Theorem 14.34 (Itô-Formel). *Sei $f : \mathbb{R} \to \mathbb{R}$ eine C^2-Funktion. Dann gilt fast sicher für alle $t \geq 0$:*

$$f(B_t) = f(0) + \int_0^t f'(B_s)dB_s + \frac{1}{2}\int_0^t f''(B_s)ds.$$

Beweis. Wir beweisen die Itô-Formel in drei Schritten:
1. Schritt: Die Itô-Formel gilt für jede C^3-Funktion f mit kompaktem Träger: Da f dreimal stetig differenzierbar ist, besitzt f eine Taylor-Entwicklung

$$f(x) - f(y) = f'(y)(x-y) + \frac{1}{2}f''(y)(x-y)^2 + \frac{f'''(c(x,y))}{6}(x-y)^3, \quad x,y \in \mathbb{R},$$

mit einem von x und y abhängigen Zwischenwert $c(x,y)$. Sei $(\Pi_n)_{n\in\mathbb{N}}$ eine Folge von Zerlegungen des Intervalls $[0,t]$ mit $|\Pi_n| \longrightarrow 0$. Dann folgt durch Anwenden der Taylor-Entwicklung auf $x = B_{t_i}$ und $y = B_{t_{i-1}}$:

$$f(B_t) - f(B_0) = \sum_{t_i \in \Pi_n} f(B_{t_i}) - f(B_{t_{i-1}})$$

$$= \sum_{t_i \in \Pi_n} f'(B_{t_{i-1}})(B_{t_i} - B_{t_{i-1}})$$

$$+ \frac{1}{2}\sum_{t_i \in \Pi_n} f''(B_{t_{i-1}})(B_{t_i} - B_{t_{i-1}})^2$$

$$+ \frac{1}{6}\sum_{t_i \in \Pi_n} f'''(c(B_{t_i}, B_{t_{i-1}}))(B_{t_i} - B_{t_{i-1}})^3.$$

Die erste Summe konvergiert nach Satz 14.32:

$$\sum_{t_i \in \Pi_n} f'(B_{t_{i-1}})(B_{t_i} - B_{t_{i-1}}) \xrightarrow{\mathbb{P}} \int_0^t f'(B_s)dB_s.$$

Für die zweite Summe erhalten wir mit Lemma 14.33 und der gewöhnlichen Riemann-Approximation:

$$\frac{1}{2} \sum_{t_i \in \Pi_n} f''(B_{t_{i-1}})(B_{t_i} - B_{t_{i-1}})^2$$

$$= \frac{1}{2} \sum_{t_i \in \Pi_n} f''(B_{t_{i-1}})(t_i - t_{i-1}) + \sum_{t_i \in \Pi_n} f''(B_{t_{i-1}})[(B_{t_i} - B_{t_{i-1}})^2 - (t_i - t_{i-1})]$$

$$\xrightarrow{\mathbb{P}} \frac{1}{2} \int_0^t f''(B_s)ds.$$

Da f''' beschränkt ist, folgt für die dritte Summe mit Lemma 14.33:

$$\sum_{t_i \in \Pi_n} f'''(c(B_{t_i}, B_{t_{i-1}}))(B_{t_i} - B_{t_{i-1}})^3 \xrightarrow{\mathbb{P}} 0.$$

Nach Übergang zu einer geeigneten Teilfolge gelten die Konvergenzen jeweils fast sicher. Damit ist die Itô-Formel für jede C^3-Funktion mit kompaktem Träger gezeigt. Dieser erste Schritt ist der eigentliche Kern des Beweises. Die übrigen beiden Schritte dienen lediglich dazu, die Voraussetzungen an f abzuschwächen.

2. Schritt: Die Itô-Formel gilt für jede C^2-Funktion f mit kompaktem Träger: Es sei (f_n) eine Folge von C^∞-Funktionen mit kompaktem Träger, die auf dem Träger T von f die Funktion f und ihre ersten beiden Ableitungen gleichmäßig approximiert:

$$\sup_{x \in T} |f_n^{(k)}(x) - f^{(k)}(x)| \longrightarrow 0, \quad k = 0, 1, 2.$$

Dann gilt

$$f_n(B_t) \longrightarrow f(B_t) \quad \text{fast sicher,}$$

sowie wegen der gleichmäßigen Approximation der zweiten Ableitung

$$\frac{1}{2} \int_0^t f_n''(B_s)ds \longrightarrow \frac{1}{2} \int_0^t f''(B_s)ds \quad \text{fast sicher.}$$

Schließlich folgt aus dem Konvergenzsatz für Itô-Integrale 14.31:

$$\int_0^t f_n'(B_s)dB_s \xrightarrow{\mathbb{P}} \int_0^t f'(B_s)dB_s.$$

Nach Übergang zu einer Teilfolge gilt auch diese Konvergenz fast sicher. Da wir die Itô-Formel für jedes f_n bereits bewiesen haben, folgt sie damit auch für f.

3. Schritt: Die Itô-Formel gilt für jedes $f \in C^2$: Es sei $N \in \mathbb{N}$ und f_N eine C^2-Funktion mit kompaktem Träger mit $f_N(x) = f(x)$ für alle $|x| \leq N$. Weiter betrachten wir die Stoppzeiten

$$\tau_N := \inf\{t \geq 0 : |B_t| \geq N\}, \quad N \in \mathbb{N}.$$

Dann ist nach Definition von f_N und τ_N

$$f_N'(B)I_{[[0,\tau_N]]} = f'(B)I_{[[0,\tau_N]]}, \quad N \in \mathbb{N},$$

und damit nach Satz 14.24:

$$\int\limits_0^t f_N'(B_s)dB_s = \int\limits_0^t f'(B_s)dB_s \quad \text{für alle } (\omega, t) \in [[0, \tau_N]].$$

Offensichtlich ist auch

$$\int\limits_0^t f_N''(B_s)ds = \int\limits_0^t f''(B_s)ds \quad \text{und } f(B_t) = f_N(B_t) \quad \text{für alle } (\omega, t) \in [[0, \tau_N]].$$

Aus der bereits im zweiten Schritt bewiesenen Itô-Formel für f_N folgt daher die Itô-Formel für f auf $[[0, \tau_N]]$. Da $\tau_N \longrightarrow \infty$ fast sicher, folgt die Behauptung. □

Berechnung von Itô-Integralen mit der Itô-Formel

Um die Itô-Formel zur Berechnung von Itô-Integralen verwenden zu können, wenden wir sie auf eine Stammfunktion F der C^2-Funktion f, also $F' = f$, an:

$$F(B_t) = F(0) + \int\limits_0^t f(B_s)dB_s + \frac{1}{2}\int\limits_0^t f'(B_s)ds.$$

Wählen wir die Stammfunktion F so, dass $F(0) = 0$ gilt, folgt:

$$\int\limits_0^t f(B_s)dB_s = F(B_t) - \frac{1}{2}\int\limits_0^t f'(B_s)ds.$$

Diese Gleichung hat mehrere bemerkenswerte Aspekte. Zum einen eröffnet sie die Möglichkeit, Itô-Integrale der Form $\int\limits_0^t f(B_s)dB_s$ konkret zu berechnen.

Zum anderen stehen auf der rechten Seite ausschließlich Größen, die pfadweise, d.h. für jedes $\omega \in \Omega$ einzeln berechnet werden können. Wir erhalten so eine pfadweise Interpretation des Itô-Integrals.

Beispiel 14.35. Betrachten wir die Funktion $f(s) = s$, $s \geq 0$, so wählen wir die Stammfunktion $F(s) = \frac{1}{2}s^2$, $s \geq 0$, und es folgt:

$$\int\limits_0^t B_s dB_s = \frac{1}{2}B_t^2 - \frac{1}{2}\int\limits_0^t ds = \frac{1}{2}B_t^2 - \frac{1}{2}t, \quad t \geq 0.$$

Dieses Resultat war uns zwar schon bekannt, aber die mühsame Rückführung auf die Definition zur Berechnung des Integrals bleibt uns dank der Itô-Formel erspart.   ◊

Die Itô-Formel in Raum und Zeit

Theorem 14.34 stellt den einfachsten Fall der Itô-Formel dar, es gibt zahlreiche Varianten und Erweiterungen. So kann man z.B. statt $f(B_t)$ auch $f(B_t, t)$ betrachten, also eine Funktion in Raum und Zeit. Wieder bereiten wir den Beweis durch ein Lemma vor:

Lemma 14.36. *Sei $(\Pi_n)_{n \in \mathbb{N}}$ eine Folge von Zerlegungen des Intervalls $[0, t]$ mit $|\Pi_n| \longrightarrow 0$. Dann gilt für $l, k \in \mathbb{N}_0$, $l + k \geq 2$, $(k, l) \neq (0, 2)$:*

$$|S_{kl}| := \left| \sum_{t_i \in \Pi_n} (t_i - t_{i-1})^k (B_{t_i} - B_{t_{i-1}})^l \right| \xrightarrow{\mathbb{P}} 0.$$

Beweis. Für $k = 0$ und $l \geq 3$ haben wir die Behauptung in Lemma 14.33 gezeigt. Für $k \geq 1$ und $l \geq 2$ folgt damit

$$|S_{kl}| \leq |\Pi_n|^k \sum_{t_i \in \Pi_n} |B_{t_i} - B_{t_{i-1}}|^l \xrightarrow{\mathbb{P}} 0,$$

wenn man für den Fall $l = 2$ Satz 12.15 beachtet. Für $l = 0$ und $k \geq 2$ gilt

$$|S_{k0}| \leq |\Pi_n|^{k-1} \sum_{t_i \in \Pi_n} |t_i - t_{i-1}| = |\Pi_n|^{k-1} t \longrightarrow 0.$$

Es bleibt noch der Fall $k \geq 1$, $l = 1$ zu betrachten. Hier müssen wir etwas vorsichtiger argumentieren. Wir berechnen $\mathbb{E}(S_{k1}^2)$. Wegen der Unabhängigkeit der Inkremente einer Brownschen Bewegung erhalten wir beim Quadrieren der Summe nur die Diagonalelemente:

$$\mathbb{E}[S_{k1}^2] = \sum_{t_i \in \Pi_n} \mathbb{E}[(t_i - t_{i-1})^{2k}(B_{t_i} - B_{t_{i-1}})^2]$$

$$= \sum_{t_i \in \Pi_n} (t_i - t_{i-1})^{2k+1} \longrightarrow 0.$$

Insbesondere folgt $\mathbb{E}(|S_{k1}|) \longrightarrow 0$. Aus der MARKOV-UNGLEICHUNG erhalten wir für jedes $\varepsilon > 0$:

$$\mathbb{P}(|S_{k1}| \geq \varepsilon) \leq \frac{\mathbb{E}(|S_{k1}|)}{\varepsilon} \longrightarrow 0,$$

also $S_{k1} \xrightarrow{\mathbb{P}} 0$, was noch zu zeigen war. □

Theorem 14.37 (Itô-Formel in Raum und Zeit). *Sei* $f : \mathbb{R} \times \mathbb{R}_+ \to \mathbb{R}$, $(x,t) \mapsto f(x,t)$ *eine* $C^{2,1}$-*Funktion. Dann gilt fast sicher für alle* $t \geq 0$:

$$f(B_t, t) = f(0,0) + \int_0^t \frac{\partial f}{\partial x}(B_s, s)dB_s + \int_0^t \frac{\partial f}{\partial t}(B_s, s)ds + \frac{1}{2} \int_0^t \frac{\partial^2 f}{\partial x^2}(B_s, s)ds.$$
$$(14.7)$$

Beweis. Genau wie im Beweis der Itô-Formel in Theorem 14.34 genügt es, Gleichung (14.7) für $C^{3,3}$-Funktionen f mit kompaktem Träger zu beweisen. Diese besitzen eine Taylor-Entwicklung

$$f(x,t) - f(y,s) = \frac{\partial f}{\partial x}(y,s)(x-y) + \frac{\partial f}{\partial t}(y,s)(t-s)$$

$$+ \sum_{k+l=2} \frac{1}{k!l!} \frac{\partial^2 f}{\partial x^k \partial t^l}(y,s)(x-y)^k (t-s)^l$$

$$+ \sum_{k+l=3} \frac{1}{k!l!} \frac{\partial^3 f}{\partial x^k \partial t^l}(c(y,x), c(t,s))(x-y)^k (t-s)^l,$$

mit von x, y bzw. t, s abhängigen Zwischenwerten $c(x,y)$ bzw. $c(t,s)$. Sei $(\Pi_n)_{n \in \mathbb{N}}$ eine Folge von Zerlegungen des Intervalls $[0,t]$ mit $|\Pi_n| \longrightarrow 0$. Wenden wir die Taylor-Entwicklung auf jeden Summanden in

$$f(B_t, t) - f(B_0, 0) = \sum_{t_i \in \Pi_n} f(B_{t_i}, t_i) - f(B_{t_{i-1}}, t_{i-1})$$

an, so besagt das Lemma 14.36 gerade, dass im Limes stochastischer Konvergenz alle Terme der Ordnung größer oder gleich 2 außer $(k,l) = (2,0)$ verschwinden. Der übrig bleibende Term zweiter Ordnung ist

$$\frac{1}{2} \sum_{t_i \in \Pi_n} \frac{\partial^2 f}{\partial x^2}(B_{t_{i-1}}, t_{i-1})(B_{t_i} - B_{t_{i-1}})^2,$$

von dem wir genau wie im Beweis der Itô-Formel 14.34 zeigen können:

$$\frac{1}{2} \sum_{t_i \in \Pi_n} \frac{\partial^2 f}{\partial x^2}(B_{t_{i-1}}, t_{i-1})(B_{t_i} - B_{t_{i-1}})^2 \xrightarrow{\mathbb{P}} \frac{1}{2} \int_0^t \frac{\partial^2 f}{\partial x^2}(B_s, s)ds.$$

Auch für die Terme erster Ordnung schließen wir genau wie im Beweis von Theorem 14.34:

$$\sum_{t_i \in \Pi_n} \frac{\partial f}{\partial x}(B_{t_{i-1}}, t_{i-1})(B_{t_i} - B_{t_{i-1}}) \xrightarrow{\mathbb{P}} \int_0^t \frac{\partial f}{\partial x}(B_s, s)dB_s$$

und

$$\sum_{t_i \in \Pi_n} \frac{\partial f}{\partial t}(B_{t_{i-1}}, t_{i-1})(t_i - t_{i-1}) \xrightarrow{\mathbb{P}} \int_0^t \frac{\partial f}{\partial t}(B_s, s)ds.$$

Insgesamt erhalten wir, dass $\sum_{t_i \in \Pi_n} f(B_{t_i}, t_i) - f(B_{t_{i-1}}, t_{i-1})$ stochastisch gegen

$$\int_0^t \frac{\partial f}{\partial x}(B_s, s)dB_s + \int_0^t \frac{\partial f}{\partial t}(B_s, s)ds + \frac{1}{2}\int_0^t \frac{\partial^2 f}{\partial x^2}(B_s, s)ds.$$

konvergiert. Durch Übergang zu einer geeigneten Teilfolge erhalten wir fast sichere Konvergenz.   □

Ein Martingalkriterium

Zum Abschluss dieses Kapitels stellen wir exemplarisch zwei Anwendungen der Itô-Formel vor. Die erste liefert für eine Funktion $f \in C^{2,1}$ ein Kriterium, wann $f(B_t, t)$ ein (lokales) Martingal ist. Der Beweis ist lediglich eine Umformulierung unserer bisherigen Ergebnisse.

Satz 14.38. *Erfüllt eine Funktion $f \in C^{2,1}$ die partielle Differentialgleichung*

$$\frac{\partial f}{\partial t}(x,t) = -\frac{1}{2}\frac{\partial^2 f}{\partial x^2}(x,t) \quad \text{für alle } x \in \mathbb{R}, \ t \geq 0, \qquad (14.8)$$

so ist $f(B_t, t)$ ein lokales Martingal. Gilt zusätzlich für ein $T > 0$

$$\mathbb{E}\left[\int_0^T \left(\frac{\partial f}{\partial x}\right)^2(B_s, s)ds\right] < \infty,$$

so ist $f(B_t, t)_{0 \leq t \leq T}$ sogar ein Martingal.

Beweis. Aus der Itô-Formel 14.37 und (14.8) erhalten wir für $f(B_t, t)$ die Darstellung

$$f(B_t, t) = f(0,0) + \int_0^t \frac{\partial f}{\partial x}(B_s, s)dB_s.$$

Daher ist $f(B_t, t)$ wie jedes Itô-Integral ein lokales Martingal. Die zweite Bedingung bedeutet gerade, dass der Integrand ein Element von $\mathcal{P}^2[0, T]$ ist. Dann ist das Itô-Integral und somit $f(B_t, t)$ sogar ein Martingal.   □

Der obige Satz zeigt einen ersten Zusammenhang zwischen der Theorie der stochastischen Integration und partiellen Differentialgleichungen. Die partielle Differentialgleichung (14.8) heißt Wärmeleitungsgleichung. Sie spielt in verschiedenen Gebieten der Mathematik und Physik eine Rolle.

Beispiel 14.39 (Hermite-Polynome). Wir haben in Abschnitt 13.3 die Funktion

$$g : \mathbb{R}^2 \times \mathbb{R}_+ \to \mathbb{R},$$
$$(\alpha, x, t) \mapsto \exp\left(\alpha x - \frac{\alpha^2}{2}t\right),$$

und ihre Entwicklungskoeffizienten nach α,

$$f_n(x,t) := \frac{\partial^n g}{\partial \alpha^n}(0, x, t),$$

betrachtet:

$$\exp\left(\alpha x - \frac{\alpha^2}{2}t\right) = \sum_{n=0}^{\infty} f_n(x,t)\alpha^n, \quad x, t, \alpha \in \mathbb{R}.$$

Die Funktionen $f_n(x,t)$ sind Polynome und heißen Hermite-Polynome. Wir haben bereits in Satz 13.11 gezeigt, dass $f_n(B_t, t)$ für jedes $n \geq 1$ ein Martingal ist. Das Martingal-Kriterium 14.38 bietet dafür einen alternativen Weg. Es genügt nachzuweisen, dass $f_n(s, t)$ die Wärmeleitungsgleichung erfüllt. Da die Exponentialreihe auf jedem Kompaktum gleichmäßig konvergiert und alle $f_n(s, t)$ beliebig oft differenzierbar sind, dürfen wir unter der Reihe differenzieren und erhalten:

$$\frac{\partial g}{\partial t}(\alpha, x, t) = -\frac{1}{2}\alpha^2 g(\alpha, x, t) = \sum_{n=0}^{\infty} \frac{\partial}{\partial t} f_n(x,t)\alpha^n$$

sowie

$$\frac{\partial^2 g}{\partial s^2}(\alpha, x, t) = \alpha^2 g(\alpha, x, t) = \sum_{n=0}^{\infty} \frac{\partial^2}{\partial x^2} f_n(x,t)\alpha^n.$$

Damit gilt

$$\sum_{n=0}^{\infty} \frac{\partial}{\partial t} f_n(x,t)\alpha^n = \frac{\partial g}{\partial t}(\alpha, x, t) = -\frac{1}{2}\frac{\partial^2 g}{\partial x^2}(\alpha, x, t) = \sum_{n=0}^{\infty} -\frac{1}{2}\frac{\partial^2}{\partial x^2} f_n(x,t)\alpha^n,$$

und ein Koeffizientenvergleich zeigt, dass $f_n(x,t)$ die Wärmeleitungsgleichung (14.8) erfüllt. Damit ist $f_n(B_s, s)$ nach Satz 14.38 ein lokales Martingal.   ◊

Eine stochastische Integralgleichung

Die zweite Anwendung zeigt, wie man die Itô-Formel im Zusammenhang mit Integralgleichungen verwenden kann. Wir betrachten die Gleichung

$$Z_t = 1 + \int_0^t Z_s dB_s, \quad t \geq 0, \tag{14.9}$$

und stellen uns die Frage, ob diese stochastische Integralgleichung eine Lösung besitzt. Dabei verstehen wir unter einer Lösung von (14.9) einen adaptierten stetigen Prozess $Z = (Z_t)_{t \geq 0}$, so dass (14.9) für alle $t \geq 0$ fast sicher gilt.

Satz 14.40. *Der Prozess*

$$Z_t := \exp\left(B_t - \frac{1}{2}t\right), \quad t \geq 0,$$

ist eine Lösung der linearen stochastischen Integralgleichung

$$Z_t = 1 + \int_0^t Z_s dB_s, \quad t \geq 0.$$

Beweis. Offensichtlich ist Z ein adaptierter stetiger Prozess. Mit $f(x, t) := \exp(x - \frac{1}{2}t)$ gilt $f(B_t, t) = Z_t$. Die partiellen Ableitungen von f sind:

$$\frac{\partial f}{\partial x} = f, \quad \frac{\partial^2 f}{\partial x^2} = f \text{ und } \frac{\partial f}{\partial t} = -\frac{1}{2}f.$$

Damit folgt mit der Itô-Formel 14.37:

$$Z_t = f(B_t, t) = f(0, 0) + \int_0^t \frac{\partial f}{\partial x}(B_s, s)dB_s + \int_0^t \frac{\partial f}{\partial t}(B_s, s)ds + \frac{1}{2}\int_0^t \frac{\partial^2 f}{\partial x^2}(B_s, s)ds$$

$$= f(0, 0) + \int_0^t f(B_s, s)dB_s$$

$$= 1 + \int_0^t Z_s dB_s.$$

$\square$

Das Martingal $Z_t = \exp(B_t - \frac{1}{2}t)$ heißt Exponential von B. Es entspricht dem gewöhnlichen Exponential $z(t) := \exp(x(t))$ einer C^1-Funktion $x(t)$, das Lösung der analogen gewöhnlichen Integralgleichung

$$z(t) = 1 + \int_0^t z(s)dx(s) = 1 + \int_0^t z(s)\dot{x}(s)ds \quad (x(0) = 0) \tag{14.10}$$

ist.

Stochastische Differentialgleichungen

Die Integralgleichung (14.10) schreibt man üblicherweise als gewöhnliche Differentialgleichung

$$\dot{z}(t) = z(t)\dot{x}(t), \quad z(0) = 1,$$

bzw. in differentieller Notation

$$dz(t) = z(t)dx(t), \quad z(0) = 1.$$

Analog schreibt man für die Integralgleichung

$$Z_t = 1 + \int_0^t Z_s dB_s, \quad t \geq 0,$$

ebenfalls in differentieller Notation

$$dZ(t) = Z(t)dB(t), \quad Z(0) = 1. \tag{14.11}$$

Im Unterschied zu gewöhnlichen Differentialgleichungen gibt es dafür keine Interpretation im Sinne eines Differentialkalküls, gemeint ist mit dieser Schreibweise immer die entsprechende Integralgleichung. Dennoch hat es sich eingebürgert, von stochastischen Differentialgleichungen zu sprechen, und (14.11) ist ein erstes Beispiel für eine stochastische Differentialgleichung. Allgemeinere stochastische Differentialgleichungen sind von der Gestalt

$$dX_t = a(t, X_t)dt + b(t, X_t)dB_t, \quad X_0 = Y,$$

für geeignete Funktion $a, b : \mathbb{R}_+ \times \mathbb{R} \to \mathbb{R}$, was nichts anderes bedeutet als

$$X_t = X_0 + \int_0^t a(s, X_s)ds + \int_0^t b(s, X_s)dB_s, \quad X_0 = Y.$$

Hat man geklärt, was unter einer Lösung einer stochastischen Differentialgleichung zu verstehen ist, stellt sich die Frage nach ihrer Existenz und Eindeutigkeit. Es stellt sich heraus, dass unter ähnlichen Bedingungen wie bei gewöhnlichen Differentialgleichungen jede stochastische Differentialgleichung eine eindeutige Lösung besitzt. Die Behandlung stochastischer Differentialgleichungen und ihrer Lösungen nimmt in der Spezialliteratur einen breiten Raum ein. Für viele Gebiete, wie z.B. die Finanzmathematik, ist die Theorie der stochastischen Differentialgleichungen von zentraler Bedeutung. In den Literaturhinweisen geben wir einige weiterführende Bücher an, denen sich der Leser nun hoffentlich mit Freude widmen kann.

14.5 Anwendung Mikroelektronik: Schaltkreissimulation

Eine wichtige Anwendung der Itô-Integration besteht in der Beschreibung elektronischer Schaltkreise unter Berücksichtigung von thermischem Rauschen in Widerständen. Um dieses Rauschen modellieren zu können, sind noch einige mathematische Vorbereitungen erforderlich.

Distributionen

Dazu betrachtet man den $\mathbb{R}$-Vektorraum K aller beliebig oft stetig differenzierbaren Funktionen

$$\phi : \mathbb{R} \to \mathbb{R}$$

mit kompaktem Träger. Dieser Vektorraum wird als Raum der Testfunktionen bezeichnet. Eine Folge (ϕ_k), $k \in \mathbb{N}$, von Funktionen aus K heißt konvergent gegen eine Funktion $\phi \in K$, falls alle ϕ_k außerhalb einer gemeinsamen kompakten Menge identisch Null sind und für jedes $q \in \mathbb{N}$ neben der Folge (ϕ_k) auch die Folge $(\phi_k^{(q)})$ der q-ten Ableitungen gleichmäßig gegen ϕ beziehungsweise $\phi^{(q)}$ konvergiert. Jedes stetige lineare Funktional

$$\Phi : K \to \mathbb{R}, \quad \phi \mapsto \Phi(\phi),$$

heißt verallgemeinerte Funktion oder Distribution. Die Menge aller Distributionen bildet einen $\mathbb{R}$-Vektorraum. Man kann jeder stetigen Funktion $f : \mathbb{R} \to \mathbb{R}$ durch

$$\Phi_f : K \to \mathbb{R}, \quad \phi \mapsto \int_{-\infty}^{\infty} f(t)\phi(t)dt,$$

eine Distribution zuordnen, die die Funktion f repräsentiert. Die für jedes $t_0 \in \mathbb{R}$ durch

$$\delta_{t_0} : K \to \mathbb{R}, \quad \phi \mapsto \phi(t_0),$$

definierte Distribution wird Diracsche Deltadistribution genannt. Diese Distribution repräsentiert keine Funktion in obigem Sinne, denn wäre δ_{t_0} eine Funktion, so kann man sich leicht überlegen, dass aus der Bedingung

$$\int_{-\infty}^{\infty} \delta_{t_0}(t)\phi(t)dt = \phi(t_0) \quad \text{für alle} \quad \phi \in K$$

ein Widerspruch folgen würde. Entscheidend dabei ist, dass diese Gleichheit für alle Testfunktionen $\phi \in K$ gelten müsste.

Als Ableitung $\dot{\Phi}$ einer Distribution definiert man die Distribution

$$\dot{\Phi} : K \to \mathbb{R}, \quad \phi \mapsto -\Phi(\phi').$$

Diese Festlegung ist sinnvoll angesichts der Tatsache, dass für eine stetig differenzierbare Funktion $f : \mathbb{R} \to \mathbb{R}$ gilt:

$$\dot{\Phi}_f = -\Phi_f(\phi') = -\int_{-\infty}^{\infty} f(t)\phi'(t)dt = \int_{-\infty}^{\infty} f'(t)\phi(t)dt = \Phi_{f'}.$$

Verallgemeinerte stochastische Prozesse

Nun betrachten wir für jedes $\phi \in K$ basierend auf einem Wahrscheinlichkeitsraum $(\Omega, \mathcal{F}, \mathbb{P})$ eine reelle Zufallsvariable

$$\Phi(\phi) : \Omega \to \mathbb{R}.$$

Die Menge $\{\Phi(\phi) : \phi \in K\}$ dieser Zufallsvariablen heißt „verallgemeinerter stochastischer Prozess", falls die folgenden beiden Bedingungen erfüllt sind:

- Für alle $\alpha, \beta \in \mathbb{R}$ und alle $\phi, \psi \in K$ gilt:

$$\Phi(\alpha\phi + \beta\psi) = \alpha\Phi(\phi) + \beta\Phi(\psi) \quad \text{fast sicher.}$$

- Für alle Folgen (ϕ_{k_j}) aus K, $k = 1, \ldots, n$, die für $j \to \infty$ in K gegen ϕ_k konvergieren, konvergieren die n-dimensionalen reellen Zufallsvariablen $(\Phi(\phi_{1_j}), \ldots, \Phi(\phi_{n_j}))$ in Verteilung gegen $(\Phi(\phi_1), \ldots, \Phi(\phi_n))$.

Mit diesen beiden Bedingungen erhält man Distributionen als Pfade eines verallgemeinerten stochastischen Prozesses. Genauso wie man jeder stetigen Funktion eine Distribution zuordnen kann, kann man aus einem stetigen stochastischen Prozess $X = (X_t)_{t \geq 0}$ einen verallgemeinerten stochastischen Prozess konstruieren, in dem man pfadweise integriert:

$$\Phi_X(\phi)(\omega) = \int_0^{\infty} X_t(\omega)\phi(t)dt, \quad \omega \in \Omega. \tag{14.12}$$

Verallgemeinerte Brownsche Bewegung und weißes Rauschen

Sei $B = (B_t)_{t \geq 0}$ eine Brownsche Bewegung und

$$\Phi_B(\phi)(\omega) = \int_0^{\infty} B_t(\omega)\phi(t)dt, \quad \omega \in \Omega,$$

der zugehörige verallgemeinerte Prozess $\{\Phi_B(\phi) : \phi \in K\}$. Da man zeigen kann, dass die Ableitung $\{\dot{\Phi}(\phi) : \phi \in K\}$ eines verallgemeinerten stochastischen Prozesses $\{\Phi(\phi) : \phi \in K\}$ wieder ein verallgemeinerter stochastischer Prozess ist, können wir den verallgemeinerten stochastischen Prozess $\{\dot{\Phi}_B(\phi) : \phi \in K\}$ betrachten. Dieser hat folgende Eigenschaften:

- $\mathbb{E}(\dot{\Phi}_B(\phi)) = 0$ für alle $\phi \in K$.

- $\mathrm{Cov}(\dot{\Phi}_B(\phi), \dot{\Phi}_B(\psi)) = \int\limits_{-\infty}^{\infty} \phi(t)\psi(t)dt$.

- Für beliebige, linear unabhängige Funktionen $\phi_1, \ldots, \phi_n \in K$, $n \in \mathbb{N}$, ist die Zufallsgröße $(\dot{\Phi}_B(\phi_1), \ldots, \dot{\Phi}_B(\phi_n))$ normalverteilt.

Versucht man, die Kovarianzfunktion $\mathrm{Cov}(\dot{\Phi}_B(\phi), \dot{\Phi}_B(\psi))$ als klassische Funktion in zwei Variablen s und t darzustellen, so würden sich exakt die Eigenschaften von $\delta_s(t)$ ergeben. Wegen dieser Kovarianzstruktur und wegen

$$\mathbb{E}(\dot{\Phi}_B(\phi)) = 0 \quad \text{für alle} \quad \phi \in K$$

dient $\{\dot{\Phi}_B(\phi) : \phi \in K\}$ in den Naturwissenschaften als klassisches Modell für nicht deterministisch modellierbare Störungen. $\{\dot{\Phi}_B(\phi) : \phi \in K\}$ wird als „weißes Rauschen" bezeichnet und etwas ungenau durch ν_t notiert, obwohl es kein stochastischer Prozess im klassischen Sinne ist. Dennoch wird oft so getan, als ob weißes Rauschen ν_t ein stochastischer Prozess wäre und analog zu (14.12) für den verallgemeinerten Prozess die folgende Notation verwendet:

$$\dot{\Phi}_B(\phi) = \nu_t(\phi) = \text{„} \int\limits_{-\infty}^{\infty} \phi\nu_t dt \text{ ".} \tag{14.13}$$

Zwischen weißem Rauschen und der Itô-Integration besteht ein enger Zusammenhang: Zunächst folgt durch Anwendung der Itô-Formel 14.37 auf die Funktion $f(x,t) := x \cdot \phi(t)$ (Die Integrale über die negative Halbachse verschwinden, da man die Konvention $B_t := 0$ für alle $t < 0$ vereinbart):

$$B_u\phi(u) = \int\limits_{-\infty}^{u} \phi'(t)B_t dt + \int\limits_{-\infty}^{u} \phi(t)dB_t.$$

Für $u \longrightarrow \infty$ konvergiert $B_u\phi(u)$ gegen 0, daher erhalten wir:

$$\dot{\Phi}_B(\phi) = -\int\limits_{-\infty}^{\infty} \phi'(t)B_t dt = \int\limits_{-\infty}^{\infty} \phi(t)dB_t \; (= \text{„} \int\limits_{-\infty}^{\infty} \phi\nu_t dt \text{ ").} \tag{14.14}$$

Der distributiven Ableitung eines Itô-Integrals entspricht ein durch den Integranden multiplikativ gewichtetes weißes Rauschen. In laxer, aber sehr verbreiteter Schreibweise wird dies beschrieben durch die Gleichung

$$\text{„} \, dB_t = \nu_t dt \text{ ".}$$

Um präzise zu bleiben, muss dieser Ausdruck in zweifacher Weise richtig interpretiert werden: zum einen, wie bei jeder stochastischen Differentialgleichung, als Integralgleichung, wie in Gleichung (14.14). Zum anderen muss das Integral auf der rechten Seite im Sinne von Gleichung (14.13) gedeutet werden.

Spannungsverlauf in einem Schaltkreis

Eine wichtige Anwendung von weißem Rauschen in der Elektrotechnik ist die Modellierung von thermischem Rauschen in elektronischen Bauteilen. Bei einem Widerstand R ergibt sich zum Beispiel eine additive Überlagerung von R mit speziell skaliertem weißem Rauschen. Die Wirkung von thermischem Rauschen in Widerständen untersuchen wir nun an Hand der folgenden einfachen Schaltung, wie sie in Abbildung 14.1 dargestellt ist: Drei in Serie ge-

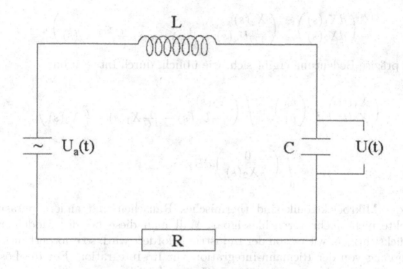

Abbildung 14.1. Beispiel eines Schaltkreises

schaltete Bauteile, eine Spule der Induktivität $L > 0$, ein Kondensator der Kapazität $C > 0$ und ein Widerstand $R > 0$ werden durch eine Wechselspannung $U_a : \mathbb{R} \to \mathbb{R}$ gespeist. Gesucht ist der Spannungsverlauf $U : \mathbb{R} \to \mathbb{R}$ am Kondensator für $t \geq 0$. Vernachlässigt man zunächst das thermische Rauschen im Widerstand, so ist die Funktion U implizit durch folgende Differentialgleichung gegeben:

$$LC\ddot{U}(t) + RC\dot{U}(t) + U(t) = U_a(t), \quad U(0) = u_0, \ \dot{U}(0) = u_1.$$

Durch Substitution $x_1(t) = U(t)$ und $x_2(t) = \dot{U}(t)$ erhält man das Anfangswertproblem:

$$\begin{pmatrix} \dot{x}_1(t) \\ \dot{x}_2(t) \end{pmatrix} = \begin{pmatrix} x_2(t) \\ \frac{1}{LC}U_a(t) - \frac{1}{LC}x_1(t) - \frac{R}{L}x_2(t) \end{pmatrix}, \quad x_1(0) = u_0, \ x_2(0) = u_1.$$

Übergang zum stochastischen Modell

Modelliert man nun die thermischen Rauscheffekte im Widerstand mit, so gibt es zwei Dinge zu berücksichtigen. Zum einen wird der Widerstand nicht mehr als konstant angesehen, sondern durch ein additives weißes Rauschen überlagert. Wir haben also die Größe R durch $R + k \cdot \nu_t$ zu ersetzen. Zum anderen werden dadurch die beteiligten Funktionen x_1, x_2 zu stochastischen Prozessen X_1, X_2. Diese Ersetzungen führen in der oben beschriebenen laxen Notation zu folgenden (stochastischen) Differentialgleichungen:

$$\begin{pmatrix} dX_1(s) \\ dX_2(s) \end{pmatrix} = \begin{pmatrix} X_2(s) \\ \frac{1}{LC}U_a(s) - \frac{1}{LC}X_1(s) - \frac{R+k\nu_t}{L}X_2(s) \end{pmatrix}.$$

Die präzise Bedeutung ergibt sich, wie üblich, durch Integration:

$$\begin{pmatrix} X_1(t) \\ X_2(t) \end{pmatrix} = \begin{pmatrix} u_0 \\ u_1 \end{pmatrix} + \int_0^t \begin{pmatrix} X_2(s) \\ \frac{1}{LC}U_a(s) - \frac{1}{LC}X_1(s) - \frac{R}{L}X_2(s) \end{pmatrix} ds$$

$$- \int_0^t \begin{pmatrix} 0 \\ \frac{k}{L}X_2(s) \end{pmatrix} dB_s.$$

In der Mikroelektronik sind thermisches Rauschen und andere parasitäre Effekte nicht mehr vernachlässigbar. Will man diese bei der Modellierung berücksichtigen, wie es von der Industrie gefordert wird, so erfordert dies den Übergang von der Riemann-Integration zur Itô-Integration. Für die Lösung der entsprechenden stochastischen Differentialgleichungen benötigt man effiziente numerische Verfahren (s. z.B. [DS97]). Auch für andere Rauscheinflüsse, die nicht unbedingt weißem Rauschen entsprechen, sind ähnliche Ansätze möglich (s. z.B. [DMS03]).

Teil IV

Mathematische Statistik

15

Schätztheorie

15.1 Das statistische Modell

Der statistische Raum

Hat man ein Zufallsexperiment durch einen Wahrscheinlichkeitsraum modelliert, so stellt die Wahrscheinlichkeitstheorie Hilfsmittel bereit, um bei bekanntem Wahrscheinlichkeitsraum Aussagen über den Ablauf des zu Grunde liegenden Zufallsexperimentes machen zu können. Die mathematische Statistik behandelt die folgende Problemstellung: Das zu modellierende Zufallsexperiment wird zunächst durch einen unvollständigen Wahrscheinlichkeitsraum beschrieben. Bei dieser Beschreibung werden die Grundmenge Ω, die $\sigma-$Algebra $\mathcal{F}$ und eine Menge $\mathcal{W}$ von Wahrscheinlichkeitsmaßen auf $\mathcal{F}$ festgelegt. Dabei wird die Menge der in Frage kommenden Wahrscheinlichkeitsmaße häufig durch einen Parameter θ aus einem Parameterraum Θ dargestellt. Zur Erläuterung betrachten wir das folgende Beispiel, das wir immer wieder zur Veranschaulichung heranziehen werden:

Beispiel 15.1 (Herstellung von Glühbirnen). Eine Firma stellt Glühbirnen her, wobei jede Glühbirne mit einer festen Wahrscheinlichkeit $\theta \in [0, 1]$ defekt ist. In einem großen Lager werden M Glühbirnen aufbewahrt. Das im Lager befindliche M-Tupel von Glühbirnen modellieren wir durch einen binären Vektor $\omega \in \Omega = \{0, 1\}^M$, wobei wir uns die M Glühbirnen als durchnummeriert vorstellen, und $\omega_i = 1$ bedeutet, dass die i-te Glühbirne defekt ist (also ist für $\omega_i = 0$ die i-te Glühbirne in Ordnung). Als σ-Algebra $\mathcal{F}$ auf $\{0, 1\}^M$ können wir die Potenzmenge $\mathcal{P}(\{0, 1\}^M)$ verwenden. Unter der Annahme, dass die Zustände der einzelnen Glühbirnen unabhängig sind, ist es plausibel, folgende Wahrscheinlichkeitsmaße auf $(\Omega, \mathcal{F})$ zuzulassen:

$$\mathcal{W}_\theta = \bigotimes_{i=1}^{M} \mathrm{B}(1, \theta), \quad \theta \in [0, 1],$$

wobei $\mathrm{B}(1, \theta)$ wie üblich die Bernoulli-Verteilung zum Parameter θ bezeichnet. Entsprechend besitzen die Wahrscheinlichkeitsmaße $\mathcal{W}_\theta$ die Lebesgue-Dichten

$$f_\theta(\omega) = \theta^{\sum_{i=1}^{M} \omega_i}(1-\theta)^{M-\sum_{i=1}^{M} \omega_i}, \quad \omega \in \{0,1\}^M.$$

Aufgabe der mathematischen Statistik ist es nun, auf der Grundlage einer beobachteten Realisierung, z.B. einer Stichprobe von 100 Glühbirnen aus dem Lager, Rückschlüsse über die „richtige" Verteilung $\mathcal{W}_\theta$ zu ziehen. In diesem Sinn kann man die Aufgabe der Statistik als Umkehrung der Aufgabe der Wahrscheinlichkeitstheorie ansehen. $\Diamond$

Wir erhalten somit die folgende Ausgangssituation: Gegeben ist ein Tripel $(\Omega, \mathcal{F}, \mathcal{W})$ bestehend aus einer Grundmenge Ω, einer σ−Algebra $\mathcal{F}$ und einer Menge $\mathcal{W}$ von Wahrscheinlichkeitsmaßen auf $\mathcal{F}$. Ist diese Menge $\mathcal{W}$ durch einen Parameter $\theta \in \Theta$ beschrieben, so schreiben wir $(\Omega, \mathcal{F}, \mathcal{W}_{\theta \in \Theta})$. Um zu einer vollständigen mathematischen Beschreibung dieses Zufallsexperimentes zu kommen, muss man sich für ein Wahrscheinlichkeitsmaß $\mathbb{P}$ aus der Menge der in Frage kommenden Wahrscheinlichkeitsmaße entscheiden. Ein wesentliches Kriterium der mathematischen Statistik besteht darin, dass eine Entscheidung über die Wahl des Wahrscheinlichkeitsmaßes beziehungsweise über die Verkleinerung der Menge aller in Frage kommenden Wahrscheinlichkeitsmaße von einer beobachteten oder gemessenen Realisierung des Zufallsexperimentes abhängt. Diese ist durch den Funktionswert $X(\hat{\omega})$ einer Zufallsvariablen

$$X : (\Omega, \mathcal{F}) \longrightarrow (\Psi, \mathcal{G})$$

für ein beobachtetes Ergebnis $\hat{\omega} \in \Omega$ des zu Grunde gelegten Zufallsexperimentes gegeben. Basierend auf $X(\hat{\omega})$ soll nun unter verschiedenen weiteren Vorgaben eine Entscheidung für die Wahl des Wahrscheinlichkeitsmaßes $\mathbb{P} \in \mathcal{W}$ auf $\mathcal{F}$ ermöglicht oder zumindest vereinfacht werden. Durch die Zufallsvariable $X : \Omega \to \Psi$ erhalten wir zu jedem $\mathbb{P} \in \mathcal{W}$ ein Wahrscheinlichkeitsmaß $\mathbb{P}_X$ auf $\mathcal{G}$, das Bildmaß von $\mathbb{P}$ unter X. Die zu $\mathcal{W}$ gehörige Menge aller Bildmaße $\mathbb{P}_X$ auf $\mathcal{G}$ bezeichnen wir mit $\mathbb{P}_{X,\mathcal{W}}$ beziehungsweise mit $\mathbb{P}_{X,\mathcal{W}_{\theta \in \Theta}}$, falls $\mathcal{W}$ durch einen Parameter $\theta \in \Theta$ dargestellt wird. Da wir nicht die Beobachtung $\hat{\omega} \in \Omega$ als Basis unserer Überlegungen gewählt haben, sondern $X(\hat{\omega})$, ist es sinnvoll, Aussagen über Wahrscheinlichkeitsmaße $\mathbb{P} \in \mathcal{W}$ (auf $\mathcal{F}$) auf Aussagen über Wahrscheinlichkeitsmaße $\mathbb{P}_X \in \mathbb{P}_{X,\mathcal{W}}$ (auf $\mathcal{G}$) zu verlagern. Wir fassen zusammen:

Definition 15.2 (Stichprobe(nraum), stat. Raum, Realisierung).
Seien $(\Omega, \mathcal{F})$ und $(\Psi, \mathcal{G})$ Messräume, $\mathcal{W}$ eine Menge von Wahrscheinlichkeitsmaßen auf $\mathcal{F}$ und $X : \Omega \to \Psi$ eine Zufallsvariable. Dann heißt das Tupel

$$(\Psi, \mathcal{G}, \mathbb{P}_{X,\mathcal{W}}) \quad \text{statistischer Raum.}$$

$(\Psi, \mathcal{G})$ heißt Stichprobenraum. Ist $\hat{\omega} \in \Omega$ ein beobachtetes Ergebnis, so heißt der Wert $\bar{x} = X(\hat{\omega})$ Stichprobe oder Realisierung von X.

Ein statistischer Raum $(\Psi, \mathcal{G}, \mathbb{P}_{X,\mathcal{W}})$ setzt somit implizit die Existenz einer Zufallsvariablen $X : \Omega \to \Psi$ voraus. Genau wie in der Wahrscheinlichkeitstheorie kommt es in der Regel weniger auf X als vielmehr auf die von X induzierten Verteilungen $\mathbb{P}_{X,\mathcal{W}}$ an. Es sei noch einmal betont, dass im Unterschied zur Wahrscheinlichkeitstheorie das Wahrscheinlichkeitsmaß zunächst nicht bekannt ist.

Beispiel 15.3 (Glühbirnen). Betrachten wir noch einmal die Firma, die Glühbirnen herstellt, so können wir ihr Lager durch

$$(\Omega, \mathcal{F}) = (\{0,1\}^M, \mathcal{P}(\{0,1\}^M)) \quad \text{sowie} \quad \mathcal{W}_\theta = \bigotimes_{i=1}^{M} \mathrm{B}(1,\theta), \quad \theta \in [0,1],$$

modellieren. Üblicherweise steht uns jedoch kein Ergebnis dieses Zufallsexperimentes zur Verfügung, da dies einer Prüfung des gesamten Lagers entspräche. Daher betrachten wir eine Stichprobe vom Umfang $K < M$, z.B. die Lieferung an einen Kunden, und definieren entsprechend mit $\Psi = \{0,1\}^K$ und $\mathcal{G} = \mathcal{P}(\{0,1\}^K)$ die Zufallsvariable

$$X : \Omega \to \Psi, \quad \omega = (\omega_1, \ldots, \omega_M) \mapsto (\omega_{i_1}, \ldots, \omega_{i_K}) =: x = (x_1, \ldots, x_K).$$

Für die Bildmaße auf Ψ folgt:

$$\mathbb{P}_{X,\mathcal{W}_\theta} = \bigotimes_{i=1}^{K} \mathrm{B}(1,\theta), \quad \theta \in [0,1].$$

Somit erhalten wir als Modell für die Lieferung an den Kunden den statistischen Raum

$$\left(\{0,1\}^K, \mathcal{P}(\{0,1\}^K), \bigotimes_{i=1}^{K} \mathrm{B}(1,\theta) \right), \quad \theta \in [0,1].$$

$\Diamond$

Entscheidungen

Ist ein statistischer Raum $(\Psi, \mathcal{G}, \mathbb{P}_{X,\mathcal{W}_{\theta \in \Theta}})$ gegeben, so will man auf der Grundlage einer Stichprobe $\bar{x} = X(\hat{\omega}) \in \Psi$ eine Entscheidung über die Menge der zur Konkurrenz zugelassenen Verteilungen $\mathbb{P}_{X,\mathcal{W}_{\theta \in \Theta}}$ treffen. Je nach Fragestellung kommt es dabei zu unterschiedlichen Entscheidungstypen, die wir an unserem Standardbeispiel 15.1 erläutern:

Beispiel 15.4 (Glühbirnen). Der statistische Raum für die Lieferung von K Glühbirnen an einen Kunden ist gegeben durch

$$\left(\{0,1\}^K, \mathcal{P}(\{0,1\}^K), \bigotimes_{i=1}^{K} \mathrm{B}(1,\theta) \right), \quad \theta \in [0,1].$$

Die Firma hätte gerne auf Grund der Erfahrung des Kunden Aussagen über den Wert von θ, d.h. über die Verteilung $\mathbb{P}_{X,\mathcal{W}_\theta}$. Je nach Fragestellung sind verschiedene Situationen denkbar:

(i) Es ist möglich, dass der Hersteller den genauen Wert von $\theta \in [0,1]$ ermitteln will. Gesucht ist dann eine Funktion

$$g : \Psi \longrightarrow \mathbb{R},$$

die in Abhängigkeit einer Stichprobe $\bar{x} \in \Psi$ einen Schätzwert $g(\bar{x})$ für θ angibt. Etwas allgemeiner lässt man zu, dass g nicht θ selbst, sondern einen Funktionswert $\gamma(\theta)$ einer vorgegebenen Funktion

$$\gamma : \Theta \longrightarrow \mathbb{R}$$

schätzt. In unserem Beispiel ist γ die Inklusion $[0,1] \to \mathbb{R}$. In diesem Fall heißt g Schätzfunktion für γ. In diesem Kapitel beschäftigen wir uns mit der Theorie solcher Schätzfunktionen.

(ii) Alternativ könnte es dem Hersteller genügen zu wissen, ob mehr oder weniger als 10% seiner Glühbirnen defekt sind. In diesem Fall zerlegen wir den Parameterraum $[0,1]$

$$[0,1] = [0,0.1] \cup \;]0.1,1],$$

und wir haben zu entscheiden, ob

$$\theta \in [0,0.1] \quad \text{oder} \quad \theta \in \;]0.1,1].$$

Die Behandlung solcher so genannter Alternativtestprobleme, bei denen der Parameterraum

$$\Theta = H_0 \cup H_1$$

in zwei disjunkte Mengen H_0 und H_1 zerlegt ist und wir zu entscheiden haben, ob

$$\theta \in H_0 \quad \text{oder} \quad \theta \in H_1,$$

ist Inhalt der Testtheorie, mit der wir uns im nächsten Kapitel beschäftigen.

(iii) Schließlich besteht die Möglichkeit, zwar nicht den genauen Wert von $\theta \in [0,1]$ ermitteln zu wollen, aber zu jedem Intervall $[a,b] \subset [0,1]$ die Frage aufzuwerfen, ob

$$\theta \in [a,b]$$

ist. Dies führt auf so genannte Konfidenzintervalle bzw. Bereichsschätzer. Systematisch läßt sich ihre Theorie am besten im Rahmen eines vertieften Studiums der Testtheorie behandeln. Wir beschränken uns daher auf ein einfaches Beispiel, s. 15.23.

$\Diamond$

Wir haben uns bisher noch nicht dazu geäußert, nach welchen Maßstäben wir eine getroffene Entscheidung beurteilen werden. Die Frage nach der Güte einer Entscheidung ist stark abhängig von der Fragestellung und von unter Umständen vorhandenem Zusatzwissen. Dementsprechend gibt es unterschiedliche Gütekriterien, die zum Teil nicht untereinander vergleichbar sind. Wir werden im Laufe der Entwicklung der Theorie verschiedene Gütekriterien vorstellen.

Erwartungstreue Schätzer

Für einen Schätzwert ist sicherlich ein Gütekriterium, dass er im Mittel den zu schätzenden Wert ergibt. Daher definieren wir:

Definition 15.5 ((erwartungstreue) Schätzfunktion, Schätzer). *Sei* $(\Psi, \mathcal{G}, \mathbb{P}_{X, \mathcal{W}_{\theta \in \Theta}})$ *ein statistischer Raum,* $\gamma : \Theta \to \mathbb{R}$ *eine Abbildung,* $\bar{x} \in \Psi$ *eine Realisierung und* $g : \Psi \to \mathbb{R}$ *eine* $\mathcal{G}$-$\mathcal{B}$-*messbare Funktion. Dann nennt man* g *eine Schätzfunktion für* γ *und* $g(\bar{x})$ *einen Schätzer für* $\gamma(\theta)$. *Die Schätzfunktion* g *heißt erwartungstreu, falls*

$$\mathbb{E}_\theta(g) := \int g \, d\mathbb{P}_{X, \mathcal{W}_\theta} = \gamma(\theta) \text{ für alle } \theta \in \Theta.$$

Es kann passieren, dass es für $\gamma(\theta)$ keine erwartungstreue Schätzfunktion gibt; in diesem Fall wird $\gamma(\theta)$ als nicht schätzbar bezeichnet. Ansonsten heißt $\gamma(\theta)$ schätzbar. Wir gehen im Folgenden immer von schätzbaren $\gamma(\theta)$ aus.

Beispiel 15.6. Wir wollen für unser Standardbeispiel, die Herstellung von Glühbirnen,

$$\left(\{0,1\}^K, \mathcal{P}(\{0,1\}^K), \bigotimes_{i=1}^{K} B(1, \theta) \right), \quad \theta \in [0, 1],$$

eine erwartungstreue Schätzfunktion für den unbekannten Parameter θ

$$\gamma : [0, 1] \to \mathbb{R}, \quad \theta \mapsto \gamma(\theta) := \theta,$$

angeben. Nahe liegend ist die Schätzfunktion

$$g : \{0,1\}^K \to \mathbb{R}, \quad \bar{x} \mapsto \frac{\sum\limits_{i=1}^{K} \bar{x}_i}{K}.$$

Diese Schätzfunktion ist erwartungstreu, denn es gilt:

$$\mathbb{E}_\theta(g) = \frac{1}{K} \sum_{i=1}^{K} \int x_i \, d\mathbb{P}_{X_i, \theta} = \frac{K\theta}{K} = \theta = \gamma(\theta).$$

$\Diamond$

15.2 Suffizienz und Vollständigkeit

Ist ein Schätzer erwartungstreu, so bedeutet dies gerade, dass er keinen systematischen Fehler besitzt. Um verschiedene erwartungstreue Schätzer vergleichen zu können, benötigen wir die Konzepte der Suffizienz und Vollständigkeit.

Suffizienz

Der Begriff der Suffizienz dient dazu, Daten zu komprimieren, ohne dass dabei relevante Information verloren geht. Zur Erläuterung betrachten wir wiederum unser Standardbeispiel:

Beispiel 15.7. Die Firma liefert K Glühbirnen an einen Kunden aus, beschrieben durch den statistischen Raum

$$\left(\{0,1\}^K, \mathcal{P}(\{0,1\}^K), \bigotimes_{i=1}^{K} B(1,\theta) \right), \quad \theta \in [0,1].$$

Wir wissen bereits, dass

$$g : \{0,1\}^K \to \mathbb{R}, \quad \bar{x} \mapsto \frac{\sum\limits_{i=1}^{K} \bar{x}_i}{K}$$

ein erwartungstreuer Schätzer für θ ist. Für die Bestimmung von g und damit die Schätzung von θ scheint es zu genügen, sich statt $\bar{x} \in \{0,1\}^K$ nur die Zahl $\sum_{i=1}^{K} \bar{x}_i$ zu merken. Die entscheidende Frage lautet nun: Sind alle Informationen, die in $\bar{x} \in \{0,1\}^K$ über den unbekannten Parameter θ enthalten sind, auch in der Zahl $\sum_{i=1}^{K} \bar{x}_i$ enthalten? In diesem Fall nennt man die Abbildung

$$T : \Psi = \{0,1\}^K \to \Omega_T = \{0,1,\ldots,K\}, \quad x \mapsto \sum_{i=1}^{K} x_i$$

eine suffiziente Statistik für θ. Wie kann man nun entscheiden, ob alle Informationen über θ bereits in der Abbildung T enthalten sind? Zur Beantwortung dieser Frage stellen wir zunächst fest, dass T $\mathcal{P}(\{0,1\}^K)$-$\mathcal{P}(\{0,1,\ldots,K\})$-messbar ist. Somit können wir für jede Menge

$$D_t := \{x \in \{0,1\}^K : T(x) = t\}, \quad t \in \{0,1,\ldots,K\},$$

die bedingten Wahrscheinlichkeiten

$$\mathbb{P}^{D_t}_{X,\mathcal{W}_\theta}(\{x\}) = \frac{\mathbb{P}_{X,\mathcal{W}_\theta}(\{x\} \cap D_t)}{\mathbb{P}_{X,\mathcal{W}_\theta}(D_t)}$$

für $\theta \in [0,1]$ berechnen. Es gilt:

$$\mathbb{P}^{D_t}_{X,\mathcal{W}_\theta}(\{x\}) = \begin{cases} 0 & \text{für alle } x \text{ mit } \sum_{i=1}^{K} x_i \neq t, \\ \frac{\theta^t(1-\theta)^{(K-t)}}{\binom{K}{t}\theta^t(1-\theta)^{(K-t)}} = \frac{1}{\binom{K}{t}} & \text{für alle } x \text{ mit } \sum_{i=1}^{K} x_i = t. \end{cases}$$

Entscheidend ist nun die Tatsache, dass die Werte $\mathbb{P}^{D_t}_{X,\mathcal{W}_\theta}(\{x\})$ für alle $x \in \{0,1\}^K$ und alle $t \in \{0, 1, \ldots, K\}$ nicht mehr von θ abhängen. Diesen Sachverhalt interpretieren wir dahingehend, dass bei bekanntem $T(x) = t$ die genaue Kenntnis von x keinerlei zusätzliche Information über θ enthält. Die Beobachtung $T(x)$ ist hinreichend (suffizient) dafür, jede Information über θ zu erhalten, die man der Stichprobe $\bar{x} = X(\hat{\omega})$ entnehmen kann. $\Diamond$

Das obige Beispiel motiviert folgende Definition:

Definition 15.8 (Suffizienz).   *Es sei $(\Psi, \mathcal{G}, \mathbb{P}_{X,\mathcal{W}_{\theta \in \Theta}})$ ein statistischer Raum, $(\Omega_T, \mathcal{F}_T)$ ein Messraum und $T : \Psi \longrightarrow \Omega_T$ eine messbare Abbildung. Dann heißt T suffizient, falls es für jedes $A \in \mathcal{G}$ eine von $\theta \in \Theta$ unabhängige Version*

$$\mathbb{P}_*(A|T)$$

der bedingten Wahrscheinlichkeit $\mathbb{P}_\theta(A|T) = \mathbb{E}_\theta(I_A|T)$ gibt.

Eine unmittelbare Konsequenz der Definition von Suffizienz ist:

Satz 15.9. *Es sei $(\Psi, \mathcal{G}, \mathbb{P}_{X,\mathcal{W}_{\theta \in \Theta}})$ ein statistischer Raum, $(\Omega_T, \mathcal{F}_T)$ ein Messraum und $T : \Psi \longrightarrow \Omega_T$ suffizient. Dann gibt es zu jeder integrierbaren reellen Zufallsvariablen X eine Version*

$$\mathbb{E}_*(X|T)$$

von $\mathbb{E}_\theta(X|T)$, die nicht von $\theta \in \Theta$ abhängt.

Beweis. Für $X = I_A$, $A \in \mathcal{G}$, ist dies die Definition der Suffizienz von T. Der Rest folgt mit unserer (bedingten Variante der) STANDARDPROZEDUR. $\square$

Allgemein heißen messbare Abbildungen $T : \Psi \to \Omega_T$ auf dem Stichprobenraum Statistiken. Die von θ unabhängige Version $\mathbb{E}_*(X|T)$ einer suffizienten Statistik T wird im Folgenden eine entscheidende Rolle spielen.

Verbesserung eines erwartungstreuen Schätzers

Wir kommen nun zu der Frage zurück, wie man mit Hilfe suffizienter Statistiken zwei gegebene erwartungstreue Schätzfunktionen g_1 und g_2 für $\gamma(\theta)$ vergleichen kann. Dazu benötigen wir neben der Erwartungstreue ein weiteres Gütekriterium. Ein Maß für die Abweichung einer Zufallsvariable von ihrem Erwartungswert ist die Varianz dieser Zufallsvariable. Da der Erwartungswert einer erwartungstreuen Schätzfunktion gerade die zu schätzende Größe ist, sei g_1 besser als g_2, falls für alle $\theta \in \Theta$ die Varianz von g_1 kleiner ist als die Varianz von g_2. Der folgende Satz beschreibt eine Möglichkeit, mit Hilfe suffizienter Statistiken zu verbesserten erwartungstreuen Schätzfunktionen zu kommen.

Theorem 15.10 (Rao-Blackwell).   *Sei* $(\Psi, \mathcal{G}, \mathbb{P}_{X, \mathcal{W}_{\theta \in \Theta}})$ *ein statistischer Raum,* $(\Omega_T, \mathcal{F}_T)$ *ein Messraum,* $\gamma : \Theta \to \mathbb{R}$ *eine Abbildung und* $g : \Psi \to \mathbb{R}$ *eine erwartungstreue Schätzfunktion für* $\gamma(\theta)$. *Ist ferner* $T : \Psi \to \Omega_T$ *eine suffiziente Statistik, so ist die von* θ *unabhängige Funktion*

$$h := \mathbb{E}_*(g|T) : \Psi \to \mathbb{R}, \quad x \mapsto \mathbb{E}_*(g|T)(x),$$

ebenfalls ein erwartungstreuer Schätzer für $\gamma(\theta)$, *und es gilt für alle* $\theta \in \Theta$:

$$\mathbb{V}_\theta(h) \leq \mathbb{V}_\theta(g).$$

Beweis. Da T suffizient ist, existiert $\mathbb{E}_*(g|T)$ nach Satz 15.9. Somit ist h eine wohldefinierte Schätzfunktion. Nach Definition der Schätzfunktion h gilt für alle $\theta \in \Theta$:

$$\int h \, d\mathbb{P}_{X, \mathcal{W}_\theta} = \int \mathbb{E}_\theta(g|T) d\mathbb{P}_{X, \mathcal{W}_\theta} = \int g \, d\mathbb{P}_{X, \mathcal{W}_\theta} = \gamma(\theta).$$

Somit ist h erwartungstreu. Für die Varianz von h erhalten wir mit der BE-DINGTEN JENSENSCHEN UNGLEICHUNG:

$$\mathbb{V}_\theta(h) = \int (h - \gamma(\theta))^2 d\mathbb{P}_{X, \mathcal{W}_\theta} = \int (\mathbb{E}_\theta(g|T) - \gamma(\theta))^2 d\mathbb{P}_{X, \mathcal{W}_\theta}$$

$$\leq \int \mathbb{E}_\theta((g - \gamma(\theta))^2 | T) d\mathbb{P}_{X, \mathcal{W}_\theta} = \int (g - \gamma(\theta))^2 d\mathbb{P}_{X, \mathcal{W}_\theta} = \mathbb{V}_\theta(g).$$

$\square$

Wir stellen somit wünschenswerte Gütekriterien für Schätzfunktionen fest:

- Eine Schätzfunktion soll erwartungstreu sein.
- Eine erwartungstreue Schätzfunktion soll für jedes $\theta \in \Theta$ eine möglichst kleine Varianz haben.

Vollständigkeit

Das Theorem von Rao-Blackwell 15.10 eröffnet die Möglichkeit, mit Hilfe einer suffizienten Statistik die Varianz eines erwartungstreuen Schätzers gleichmäßig zu verringern. Man kann sich jedoch zunächst nicht sicher sein, dadurch eine erwartungstreue Schätzfunktion mit gleichmäßig minimaler Varianz für alle $\theta \in \Theta$ bestimmt zu haben. Eine Schätzfunktion mit gleichmäßig minimaler Varianz für alle $\theta \in \Theta$ heißt gleichmäßig effizient. Zur Bestimmung gleichmäßig effizienter Schätzfunktionen benötigen wir den Begriff der Vollständigkeit:

Definition 15.11 (Vollständigkeit). *Sei* $(\Psi, \mathcal{G}, \mathbb{P}_{X, \mathcal{W}_{\theta \in \Theta}})$ *ein statistischer Raum und* $(\Omega_T, \mathcal{F}_T)$ *ein Messraum. Eine Statistik* $T : \Psi \longrightarrow \Omega_T$ *heißt vollständig (bzgl.* $\mathbb{P}_{X, \mathcal{W}_{\theta \in \Theta}}$*), wenn gilt: Ist* $f : \Omega_T \to \mathbb{R}$ *eine messbare Funktion mit* $\mathbb{E}_\theta(f \circ T) = 0$ *für alle* $\theta \in \Theta$*, so folgt*

$$f = 0 \quad \mathbb{P}_{T \circ X, \mathcal{W}_\theta} \text{-fast sicher für alle } \theta \in \Theta.$$

Die Vollständigkeit (bzgl. $\mathbb{P}_{X, \mathcal{W}_{\theta \in \Theta}}$) einer Statistik T kann man sich so vorstellen: Die Familie der Verteilungen ist reichhaltig genug, um aus dem Verschwinden der Integrale $\mathbb{E}_\theta(f \circ T) = 0$ auf das Verschwinden des Integranden $f = 0$ fast sicher schließen zu können.

Optimaler erwartungstreuer Schätzer

Die Vollständigkeit der Statistik stellt gerade sicher, dass die Schätzfunktion aus dem Theorem von Rao-Blackwell gleichmäßig effizient, d.h. bezüglich des Varianzgütekriteriums optimal ist:

Theorem 15.12 (Lehmann-Scheffé). *Sei* $(\Psi, \mathcal{G}, \mathbb{P}_{X, \mathcal{W}_{\theta \in \Theta}})$ *ein statistischer Raum,* $(\Omega_T, \mathcal{F}_T)$ *ein Messraum,* $\gamma : \Theta \to \mathbb{R}$ *eine Abbildung und* $g : \Psi \to \mathbb{R}$ *eine erwartungstreue Schätzfunktion für* $\gamma(\theta)$*. Sei ferner* $T : \Psi \to \Omega_T$ *eine vollständige und suffiziente Statistik, so ist die von* θ *unabhängige Schätzfunktion*

$$h := \mathbb{E}_*(g|T) : \Psi \to \mathbb{R}, \quad x \mapsto \mathbb{E}_*(g|T)(x)$$

gleichmäßig effizient.

Beweis. Sei $\kappa : \Psi \to \mathbb{R}$ eine weitere erwartungstreue Schätzfunktion für $\gamma(\theta)$, so gilt für alle $\theta \in \Theta$:

$$\int \mathbb{E}_\theta(\kappa|T) d\mathbb{P}_{X, \mathcal{W}_\theta} = \gamma(\theta) = \int \mathbb{E}_\theta(g|T) d\mathbb{P}_{X, \mathcal{W}_\theta}$$

und somit

$$\int \mathbb{E}_\theta((\kappa - g)|T) d\mathbb{P}_{X, \mathcal{W}_\theta} = 0 \quad \text{für alle } \theta \in \Theta.$$

Aus dem Faktorisierungslemma 8.3 folgt die Existenz einer messbaren Abbildung $f : \Omega_T \to \mathbb{R}$ mit $f \circ T = \mathbb{E}_\theta((\kappa - g)|T)$. Aus der Vollständigkeit von T folgt daher $\mathbb{E}_\theta((\kappa - g)|T) = 0$ $\mathbb{P}_{X, \mathcal{W}_\theta}$-fast sicher oder äquivalent

$$\mathbb{P}_{X, \mathcal{W}_\theta}(\{x \in \Psi : \mathbb{E}_\theta(\kappa|T)(x) = \mathbb{E}_\theta(g|T)(x)\}) = 1 \quad \text{für alle } \theta \in \Theta$$

und somit wieder mit der BEDINGTEN JENSENSCHEN UNGLEICHUNG:

$$\mathbb{V}_\theta(h) = \int (\mathbb{E}_\theta(g|T) - \gamma(\theta))^2 d\mathbb{P}_{X,\mathcal{W}_\theta} = \int (\mathbb{E}_\theta(\kappa|T) - \gamma(\theta))^2 d\mathbb{P}_{X,\mathcal{W}_\theta}$$

$$\leq \int \mathbb{E}_\theta((\kappa - \gamma(\theta))^2|T) d\mathbb{P}_{X,\mathcal{W}_\theta} = \int (\kappa - \gamma(\theta))^2 d\mathbb{P}_{X,\mathcal{W}_\theta} = \mathbb{V}_\theta(\kappa).$$

$\square$

Beispiel 15.13 (Glühbirnen). Wir betrachten ein weiteres Mal den statistischen Raum $(\{0,1\}^K, \mathcal{P}(\{0,1\}^K), \mathbb{P}_{X,\mathcal{W}_{\theta \in [0,1]}})$ als Modell für die Herstellung von Glühbirnen und definieren die erwartungstreuen Schätzfunktionen

$$g : \{0,1\}^K \to \mathbb{R}, \quad x \mapsto x_1,$$

sowie mit $T : \{0,1\}^K \to \{0, \dots, K\}, \quad x \mapsto \sum_{i=1}^{K} x_i$ die erwartungstreue Schätzfunktion:

$$h : \{0,1\}^K \to \mathbb{R}, \quad h := \mathbb{E}_*(g|T).$$

Durch Berechnung der bedingten Erwartung erhalten wir für h:

$$h(x) = \frac{\sum_{i=1}^{K} x_i}{K}.$$

Für die Varianzen folgt:

$$\theta(1-\theta) = \mathbb{V}_\theta(g) \geq \mathbb{V}_\theta(h) = \frac{\theta(1-\theta)}{K}.$$

Die Statistik T ist vollständig. Denn aus $\mathbb{E}_\theta(f \circ T) = 0$ für alle $\theta \in [0,1]$ folgt

$$0 = \sum_{k=0}^{K} f(k) \binom{K}{k} \theta^k (1-\theta)^{K-k} = (1-\theta)^K \sum_{k=0}^{K} f(k) \binom{K}{k} \left(\frac{\theta}{1-\theta}\right)^k$$

für alle $\theta \in [0,1]$. Dann muss das Polynom in $\left(\frac{\theta}{1-\theta}\right)$ verschwinden, d.h. alle Koeffizienten sind 0, also $f = 0$. Da T auch suffizient ist (vgl. Beispiel 15.7), ist h nach Theorem 15.12 gleichmäßig effizient. $\diamondsuit$

15.3 Das Maximum-Likelihood-Verfahren

Der Maximum-Likelihood-Schätzer

Bisher haben wir Schätzverfahren analysiert und für einfache Spezialfälle erwartungstreue Schätzfunktionen gefunden. Nun betrachten wir die Frage, wie man bei komplizierteren Szenarien überhaupt zu einem Schätzer für $\gamma(\theta)$ kommt; eine Möglichkeit ist das Maximum-Likelihood-Verfahren:

Definition 15.14 (Maximum-Likelihood-Schätzer).
Sei $(\Psi, \mathcal{G}, \mathbb{P}_{X, \mathcal{W}_{\theta \in \Theta}})$ ein statistischer Raum, $\bar{x} \in \Psi$ eine Stichprobe, μ ein σ-endliches Maß auf $\mathcal{G}$ und $\mathbb{P}_{X, \mathcal{W}_\theta}$ für jedes $\theta \in \Theta$ absolut stetig bezüglich μ mit der Dichte $f_{X,\theta} : \Psi \to \mathbb{R}_+$. Ist nun $\gamma : \Theta \to \mathbb{R}$ bijektiv und $\hat{\theta} \in \Theta$ mit

$$f_{X,\hat{\theta}}(\bar{x}) \geq f_{X,\theta}(\bar{x}) \text{ für alle } \theta \in \Theta,$$

so heißt $\hat{\theta}$ bzw. $\gamma(\hat{\theta})$ Maximum-Likelihood-Schätzer für θ bzw. $\gamma(\theta)$.

Maximum-Likelihood-Schätzer müssen nicht existieren. Die Berechnung von $\hat{\theta}$ führt auf das Gebiet der mathematischen Optimierung; ferner sind Schätzfunktionen zu Maximum-Likelihood-Schätzern im Allgemeinen nicht erwartungstreu.

Beispiel 15.15 (Glühbirnen). Betrachten wir unser Standardbeispiel für die Herstellung von Glühbirnen,

$$\left(\{0,1\}^K, \mathcal{P}(\{0,1\}^K), \bigotimes_{i=1}^{K} \mathrm{B}(1,\theta) \right), \quad \theta \in [0,1],$$

so besitzen die Wahrscheinlichkeitsmaße $\bigotimes_{i=1}^{K} \mathrm{B}(1,\theta)$ die Lebesgue-Dichten

$$f_{X,\theta}(x) = \theta^{\sum_{i=1}^{K} x_i} (1-\theta)^{K - \sum_{i=1}^{K} x_i}, \quad x \in \{0,1\}^K.$$

Als Maximum-Likelihood-Schätzer ergibt sich

$$\hat{\theta} = \frac{\sum_{i=1}^{K} \bar{x}_i}{K}.$$

Wir wissen bereits, dass dieser Schätzer erwartungstreu ist.   ◊

Beispiel 15.16 (Normalverteilung). In diesem Beispiel betrachten wir einen statistischen Raum mit einer Familie von Normalverteilungen:

$$\left(\mathbb{R}^K, \mathcal{B}^K, \bigotimes_{i=1}^{K} \mathrm{N}(\theta_1, \theta_2) \right), \quad \theta = (\theta_1, \theta_2) \in \mathbb{R} \times \mathbb{R}_{>0}.$$

Die zugehörigen Dichten

$$f_{X,\theta}(x) = \prod_{i=1}^{K} \frac{1}{\sqrt{2\pi\theta_2}} \exp\left(-\frac{(x_i - \theta_1)^2}{2\theta_2} \right), \quad x \in \mathbb{R}^K,$$

führen zu den Maximum-Likelihood-Schätzern für θ_1 bzw. θ_2:

$$\hat{\theta}_1 = \frac{\sum\limits_{i=1}^{K} \bar{x}_i}{K} \quad \text{bzw.} \quad \hat{\theta}_2 = \frac{\sum\limits_{i=1}^{K} (\bar{x}_i - \hat{\theta}_1)^2}{K}.$$

Eine Rechnung zeigt, dass $\hat{\theta}_1$ erwartungstreu ist, während $\hat{\theta}_2$ nicht erwartungstreu ist. Ein erwartungstreuer Schätzer für die Varianz normalverteilter Wahrscheinlichkeitsmaße ist für $K > 1$

$$g(\theta) = \frac{\sum\limits_{i=1}^{K} (\bar{x}_i - \hat{\theta}_1)^2}{K - 1}.$$

$\Diamond$

Versuchsserien

Wie wir am letzten Beispiel gesehen haben, ist ein Maximum-Likelihood-Schätzer im Allgemeinen nicht erwartungstreu. Trotzdem gehört das Maximum-Likelihood-Verfahren zu den wichtigsten Methoden der mathematischen Statistik. Um dies zu verstehen, benötigen wir den Begriff der Versuchsserie:

Definition 15.17 (Versuchsserie). *Seien $(\Omega, \mathcal{F})$ und $(\Psi, \mathcal{G})$ zwei Messräume und $\mathcal{W}_{\theta \in \Theta}$ eine Menge von Wahrscheinlichkeitsmaßen auf $\mathcal{F}$. Ist (X_n) mit $X_n : \Omega \to \Psi$, $n \in \mathbb{N}$, eine Folge unabhängiger, identisch verteilter Zufallsvariablen, so heißt die Folge (Y_n) von Zufallsvariablen mit $Y_n : \Omega \to \Psi^n, \omega \mapsto (X_1(\omega), \dots, X_n(\omega))^\top$, $n \in \mathbb{N}$, Versuchsserie.*

Zu einer gegebenen Versuchsserie (Y_n) erhalten wir eine Folge

$$((\Psi^n, \mathcal{G}^n, \mathbb{P}_{Y_n, \mathcal{W}_{\theta \in \Theta}})_n)$$

statistischer Räume. Klassische erwartungstreue Schätzfunktionen bei Versuchsserien reeller Zufallsvariablen sind

- für den Erwartungswert $\mathbb{E}(X_i)$: $x \mapsto \frac{1}{n} \sum\limits_{i=1}^{n} x_i$, $x \in \Psi^n$,
- für die Varianz $\mathbb{V}(X_i)$ bei bekanntem Erwartungswert:
  $x \mapsto \frac{1}{n} \sum\limits_{i=1}^{n} (x_i - \mathbb{E}(X_i))^2$, $x \in \Psi^n$.

Konsistenz

Auf Grund der Definition der Versuchsserie wird klar, dass mit Fortschreiten dieser Folge auch verbesserte Kenntnisse über das unbekannte Wahrscheinlichkeitsmaß gewonnen werden. Dieser Sachverhalt muss sich bei der Schätzung des unbekannten Parameters wiederspiegeln. Daher definiert man:

Definition 15.18 (Konsistenz). *Sei $((\Psi^n, \mathcal{G}^n, \mathbb{P}_{Y_n, \mathcal{W}_{\theta \in \Theta}})_n)$ die zu einer gegebenen Versuchsserie (Y_n) gehörige Folge von statistischen Räumen und (g_n) mit $g_n : \Psi^n \to \mathbb{R}$, $n \in \mathbb{N}$, eine Folge von Schätzfunktionen für $\gamma(\theta)$, so heißt (g_n) konsistent, falls*

$$\lim_{n \to \infty} \mathbb{P}_{Y_n, \mathcal{W}_\theta}(\{(x_1, \ldots, x_n) \in \Psi^n : |g_n(x_1, \ldots, x_n) - \gamma(\theta)| \geq \epsilon\}) = 0$$

für jedes $\epsilon > 0$ und jedes $\theta \in \Theta$.

Im Folgenden untersuchen wir den Zusammenhang zwischen dem Maximum-Likelihood-Verfahren und dem Vorliegen einer Versuchsserie. Dazu setzen wir voraus, dass die Menge $\Theta \subseteq \mathbb{R}$ ein offenes Intervall ist und dass die Verteilung der in Definition 15.17 angesprochenen Zufallsvariablen X_n, $n \in \mathbb{N}$, für jedes $\theta \in \Theta$ durch eine Dichtefunktion

$$f_{X, \theta} : \Psi \to \mathbb{R}_+$$

bezüglich eines σ-endlichen Maßes μ gegeben ist. Für jedes $n \in \mathbb{N}$ und jedes $\theta \in \Theta$ erhalten wir somit die Verteilung der entsprechenden Zufallsvariablen Y_n einer Versuchsserie (Y_n) durch die μ-Dichte:

$$f_{Y_n, \theta} : \Psi^n \to \mathbb{R}_+, \quad (x_1, \ldots, x_n) \mapsto \prod_{j=1}^{n} f_{X, \theta}(x_j).$$

Basierend auf einer Folge (x_n) möglicher Realisierungen der Folge von Zufallsvariablen (X_n) und damit der Versuchsserie (Y_n) erhalten wir (falls existent) eine Folge $(\hat{\theta}_n)$ von Maximum-Likelihood-Schätzern für θ durch Maximierung der Funktionen

$$l_{Y_n, x_1, \ldots, x_n} : \Theta \to \mathbb{R}_+, \quad \theta \mapsto f_{Y_n, \theta}(x_1, \ldots, x_n) = \prod_{j=1}^{n} f_{X, \theta}(x_j)$$

für jedes $n \in \mathbb{N}$. Die Funktion $l_{Y_n, x_1, \ldots, x_n}$ heißt Likelihood-Funktion. Häufig verwendet man statt der Likelihood-Funktionen die so genannten Loglikelihood-Funktionen

$$L_{Y_n, x_1, \ldots, x_n} : \Theta \to \mathbb{R}, \quad \theta \mapsto \ln(l_{Y_n, x_1, \ldots, x_n}(\theta)) = \sum_{j=1}^{n} \ln(f_{X, \theta}(x_j)),$$

zur Maximierung in θ. Am entsprechenden Maximum-Likelihood-Schätzer $\hat{\theta}_n$ ändert diese Vorgehensweise nichts; da aber aus dem Produkt der Dichten eine Summe wird und da in vielen Dichtefunktionen die Exponentialfunktion eine wichtige Rolle spielt, ist diese Vorgehensweise für die Optimierung hilfreich.

Konsistenz von Maximum-Likelihood-Schätzern

Die entscheidende Frage lautet nun, unter welchen Voraussetzungen die Folge $(\hat{\theta}_n)$ von Maximum-Likelihood-Schätzern existiert und die entsprechende Folge $(\hat{g}_n)$ von Schätzfunktionen für θ konsistent ist.

Theorem 15.19 (Konsistenz von Maximum-Likelihood-Schätzfunktionen). *Sei $((\Psi^n, \mathcal{G}^n, \mathbb{P}_{Y_n, \mathcal{W}_{\theta \in \Theta}})_n)$ die zu einer gegebenen Versuchsserie (Y_n) gehörige Folge von statistischen Räumen, und sei für jedes $x \in \Psi$ die Funktion*

$$l_{X,x} : \Theta \to \mathbb{R}_+, \quad \theta \mapsto f_{X,\theta}(x), \quad \Theta \subseteq \mathbb{R} \text{ offenes Intervall,}$$

positiv und differenzierbar.
Ferner existiere eine Folge (C_n) von Mengen $C_n \in \mathcal{G}^n$, $n \in \mathbb{N}$, mit folgenden Eigenschaften:

(i) $\lim\limits_{n \to \infty} \mathbb{P}_{Y_n, \mathcal{W}_\theta}(C_n) = 1$ *für jedes $\theta \in \Theta$.*

(ii)   *Für jedes $n \in \mathbb{N}$ und jedes $(x_1, \ldots, x_n) \in C_n$ hat die Gleichung*

$$\frac{dL_{Y_n, x_1, \ldots, x_n}}{d\theta}(\theta) = 0$$

genau eine Lösung, wobei diese Lösung die Funktion $L_{Y_n, x_1, \ldots, x_n}$ maximiert.

Dann existiert die Folge $(\hat{g}_n)$ von Maximum-Likelihood-Schätzfunktionen auf (C_n) und ist konsistent für θ.

Für den Beweis dieser Aussage benötigen wir das folgende Lemma.

Lemma 15.20. *Sei $((\Psi^n, \mathcal{G}^n, \mathbb{P}_{Y_n, \mathcal{W}_{\theta \in \Theta}})_n)$ die zu einer gegebenen Versuchsserie (Y_n) gehörige Folge von statistischen Räumen, und sei für jedes $x \in \Psi$ die Funktion*

$$l_{X,x} : \Theta \to \mathbb{R}_+, \quad \theta \mapsto f_{X,\theta}(x), \quad \Theta \subseteq \mathbb{R} \text{ offenes Intervall,}$$

positiv und differenzierbar.
Dann gilt für jedes $\theta \in \Theta$:
Es existiert eine Folge (A_n^θ) von Mengen $A_n^\theta \in \mathcal{G}^n$, $n \in \mathbb{N}$, und eine Folge (h_n^θ) von Abbildungen $h_n^\theta : A_n^\theta \to \Theta$ mit:

(i) $\lim\limits_{n \to \infty} \mathbb{P}_{Y_n, \mathcal{W}_\theta}(A_n^\theta) = 1$,

(ii) $\frac{dL_{Y_n, x_1, \ldots, x_n}}{d\theta}(h_n^\theta(x_1, \ldots, x_n)) = 0$ *für alle $(x_1, \ldots, x_n) \in A_n^\theta$,*

(iii) $\lim\limits_{n \to \infty} \left(\sup\limits_{(x_1, \ldots, x_n) \in A_n^\theta} \left| h_n^\theta(x_1, \ldots, x_n) - \theta \right| \right) = 0.$

Beweis. Sei für jedes $\theta \in \Theta$ das Bildmaß von $X_n : \Omega \to \Psi$, $n \in \mathbb{N}$, mit $\mathbb{P}_{X, \mathcal{W}_\theta}$ bezeichnet. Wir wählen $\eta \in \Theta$ so, dass $\mathbb{P}_{X, \mathcal{W}_\eta} \neq \mathbb{P}_{X, \mathcal{W}_\theta}$. Dann gilt wegen $\ln(x)^+ \leq x$ für alle $x > 0$:

$$\int \ln \left(\frac{f_{X, \mathcal{W}_\eta}}{f_{X, \mathcal{W}_\theta}} \right)^+ d\mathbb{P}_{X, \mathcal{W}_\theta} \leq \int \frac{f_{X, \mathcal{W}_\eta}}{f_{X, \mathcal{W}_\theta}} d\mathbb{P}_{X, \mathcal{W}_\theta} = \int \frac{f_{X, \mathcal{W}_\eta}}{f_{X, \mathcal{W}_\theta}} f_{X, \mathcal{W}_\theta} d\mu = 1.$$

Somit ist $\ln \left(\frac{f_{X, \mathcal{W}_\eta}}{f_{X, \mathcal{W}_\theta}} \right)$ $\mathbb{P}_{X, \mathcal{W}_\theta}$-quasiintegrierbar, und wir erhalten wegen $\ln(x) \leq x - 1$ für $x > 0$ (Gleichheit besteht nur für $x = 1$):

$$\int \ln \left(\frac{f_{X, \mathcal{W}_\eta}}{f_{X, \mathcal{W}_\theta}} \right) d\mathbb{P}_{X, \mathcal{W}_\theta} \leq \int \frac{f_{X, \mathcal{W}_\eta}}{f_{X, \mathcal{W}_\theta}} d\mathbb{P}_{X, \mathcal{W}_\theta} - 1 = 0.$$

Nehmen wir nun an, dass $\int \ln \left(\frac{f_{X, \mathcal{W}_\eta}}{f_{X, \mathcal{W}_\theta}} \right) d\mathbb{P}_{X, \mathcal{W}_\theta}$ gleich Null wäre, so folgt daraus wegen $\ln(x) = x - 1 \iff x = 1$:

$$\mathbb{P}_{X, \mathcal{W}_\theta} \left(\left\{ x \in \Psi : \frac{f_{X, \mathcal{W}_\eta}(x)}{f_{X, \mathcal{W}_\theta}(x)} = 1 \right\} \right) = 1.$$

Somit folgt für jedes $A \in \mathcal{G}$:

$$\mathbb{P}_{X, \mathcal{W}_\eta}(A) = \int_A f_{X, \mathcal{W}_\eta} d\mu = \int_A \frac{f_{X, \mathcal{W}_\eta}}{f_{X, \mathcal{W}_\theta}} f_{X, \mathcal{W}_\theta} d\mu = \int_A \frac{f_{X, \mathcal{W}_\eta}}{f_{X, \mathcal{W}_\theta}} d\mathbb{P}_{X, \mathcal{W}_\theta}$$
$$= \mathbb{P}_{X, \mathcal{W}_\theta}(A).$$

Dies ist ein Widerspruch zu $\mathbb{P}_{X, \mathcal{W}_\eta} \neq \mathbb{P}_{X, \mathcal{W}_\theta}$, und deshalb gilt:

$$\int \ln \left(\frac{f_{X, \mathcal{W}_\eta}}{f_{X, \mathcal{W}_\theta}} \right) d\mathbb{P}_{X, \mathcal{W}_\theta} < 0.$$

Da

$$\mathbb{E}_\theta \left(\ln \left(\frac{f_{X, \mathcal{W}_\eta}(X_1)}{f_{X, \mathcal{W}_\theta}(X_1)} \right) \right) = \int \ln \left(\frac{f_{X, \mathcal{W}_\eta}(X_1)}{f_{X, \mathcal{W}_\theta}(X_1)} \right) d\mathcal{W}_\theta = \int \ln \left(\frac{f_{X, \mathcal{W}_\eta}}{f_{X, \mathcal{W}_\theta}} \right) d\mathbb{P}_{X, \mathcal{W}_\theta},$$

gilt mit dem STARKEN GESETZ DER GROSSEN ZAHLEN:

$$\frac{1}{n} \sum_{i=1}^n \ln \left(\frac{f_{X, \mathcal{W}_\eta}(X_i)}{f_{X, \mathcal{W}_\theta}(X_i)} \right) \xrightarrow[n \to \infty]{} \int \ln \left(\frac{f_{X, \mathcal{W}_\eta}}{f_{X, \mathcal{W}_\theta}} \right) d\mathbb{P}_{X, \mathcal{W}_\theta} \quad \mathcal{W}_\theta\text{-fast sicher.}$$

Da $\int \ln \left(\frac{f_{X, \mathcal{W}_\eta}}{f_{X, \mathcal{W}_\theta}} \right) d\mathbb{P}_{X, \mathcal{W}_\theta} < 0$, folgt aus der obigen Konvergenz:

$$\lim_{n \to \infty} \mathcal{W}_\theta \left(\left\{ \omega \in \Omega : \sum_{i=1}^n \ln \left(\frac{f_{X, \mathcal{W}_\eta}(X_i(\omega))}{f_{X, \mathcal{W}_\theta}(X_i(\omega))} \right) < 0 \right\} \right) = 1.$$

Wegen

$$\sum_{i=1}^{n} \ln\left(\frac{f_{X,\mathcal{W}_\eta}(x_i)}{f_{X,\mathcal{W}_\theta}(x_i)}\right) = \sum_{i=1}^{n} \ln\left(f_{X,\mathcal{W}_\eta}(x_i)\right) - \sum_{i=1}^{n} \ln\left(f_{X,\mathcal{W}_\theta}(x_i)\right)$$
$$= L_{Y_n,x_1,\ldots,x_n}(\eta) - L_{Y_n,x_1,\ldots,x_n}(\theta)$$

für alle $(x_1,\ldots,x_n) \in \Psi^n$ erhält man somit:

$$\lim_{n\to\infty} \mathbb{P}_{Y_n,\mathcal{W}_\theta}\left(\{(x_1,\ldots,x_n) \in \Psi^n : L_{Y_n,x_1,\ldots,x_n}(\eta) - L_{Y_n,x_1,\ldots,x_n}(\theta) < 0\}\right) = 1.$$

Da Θ ein offenes Intervall ist, gibt es ein $a \in \mathbb{R}$ mit

$$[\theta - a, \theta + a] \subset \Theta.$$

Für $k, n \in \mathbb{N}$ wählen wir:

$$A_n(k) := \left\{(x_1,\ldots,x_n) \in \Psi^n : L_{Y_n,x_1,\ldots,x_n}\left(\theta - \frac{a}{k}\right) - L_{Y_n,x_1,\ldots,x_n}(\theta) < 0\right\}$$
$$\cap \left\{(x_1,\ldots,x_n) \in \Psi^n : L_{Y_n,x_1,\ldots,x_n}\left(\theta + \frac{a}{k}\right) - L_{Y_n,x_1,\ldots,x_n}(\theta) < 0\right\}.$$

Offensichtlich ist für jedes $(x_1,\ldots,x_n) \in A_n(k)$ die Einschränkung

$$L_{Y_n,x_1,\ldots,x_n}^{[\theta-\frac{a}{k},\theta+\frac{a}{k}]} : [\theta - \frac{a}{k}, \theta + \frac{a}{k}] \to \mathbb{R}$$

der Funktion $L_{Y_n,x_1,\ldots,x_n}$ auf den Definitionsbereich $[\theta - \frac{a}{k}, \theta + \frac{a}{k}]$ auf $]\theta - \frac{a}{k}, \theta + \frac{a}{k}[$ differenzierbar und nimmt ihr Maximum im Intervall $]\theta - \frac{a}{k}, \theta + \frac{a}{k}[$ an. Diese Maximalstelle bezeichnen wir mit $h_n(k,(x_1,\ldots,x_n))$.
Somit gilt:
$$\frac{dL_{Y_n,x_1,\ldots,x_n}}{d\theta}(h_n(k,(x_1,\ldots,x_n))) = 0.$$

Setzen wir in

$$\lim_{n\to\infty} \mathbb{P}_{Y_n,\mathcal{W}_\theta}\left(\{(x_1,\ldots,x_n) \in \Psi^n : L_{Y_n,x_1,\ldots,x_n}(\eta) - L_{Y_n,x_1,\ldots,x_n}(\theta) < 0\}\right) = 1$$

für η die Werte $\theta - \frac{a}{k}$ bzw. $\theta + \frac{a}{k}$ ein, so folgt für jedes $k \in \mathbb{N}$:

$$\lim_{n\to\infty} \mathbb{P}_{Y_n,\mathcal{W}_\theta}(A_n(k)) = 1.$$

Somit gibt es eine monoton wachsende Folge (k_n) natürlicher Zahlen mit

$$\lim_{n\to\infty} k_n = \infty \text{ und } \lim_{n\to\infty} \mathbb{P}_{Y_n,\mathcal{W}_\theta}(A_n(k_n)) = 1.$$

Mit $A_n^\theta := A_n(k_n))$ und $h_n^\theta : A_n^\theta \to \Theta, (x_1,\ldots,x_n) \mapsto h_n(k_n,x_1,\ldots,x_n)$ folgt:

$$\lim_{n\to\infty} \mathbb{P}_{Y_n,\mathcal{W}_\theta}\left(A_n^\theta\right) = 1 \text{ und } \frac{dL_{Y_n,x_1,\ldots,x_n}}{d\theta}(h_n^\theta(x_1,\ldots,x_n)) = 0,$$

für alle $(x_1, \ldots, x_n) \in A_n^\theta$ und $n \in \mathbb{N}$. Ferner gilt wegen $h_n^\theta(x_1, \ldots, x_n) \in$ $\left[\theta - \frac{a}{k_n}, \theta + \frac{a}{k_n}\right]$ für alle $(x_1, \ldots, x_n) \in A_n^\theta$:

$$\sup_{(x_1, \ldots, x_n) \in A_n^\theta} \left| h_n^\theta(x_1, \ldots, x_n) - \theta \right| \leq \frac{a}{k_n} \xrightarrow[n \to \infty]{} 0.$$

$\square$

Nach diesen Vorbereitungen sind wir nun in der Lage, Theorem 15.19 zu beweisen.

Beweis (des Theorems 15.19). Für $x \in C_n$ sei $\hat{g}_n(x)$ die einzige Lösung der Likelihood-Gleichung

$$\frac{dL_{Y_n, x_1, \ldots, x_n}}{d\theta}(\theta) = 0,$$

und $\hat{g}_n(x) := 0$ für alle $x \in C_n^c$. Zu $\theta \in \Theta$ wählen wir (A_n^θ) und (h_n^θ) gemäß Lemma 15.20. Dann ist

$$h_n^\theta(x_1, \ldots, x_n) = \hat{g}_n(x_1, \ldots, x_n) \quad \text{für jedes } (x_1, \ldots, x_n) \in A_n^\theta \cap C_n.$$

Somit ergibt sich

$$\lim_{n \to \infty} \left(\sup_{(x_1, \ldots, x_n) \in (A_n^\theta \cap C_n)} |\hat{g}_n(x_1, \ldots, x_n) - \theta| \right) = 0.$$

Sei nun $\epsilon > 0$, so gibt es ein $n_0 \in \mathbb{N}$ mit

$$\sup_{(x_1, \ldots, x_n) \in (A_n^\theta \cap C_n)} |\hat{g}_n(x_1, \ldots, x_n) - \theta| < \epsilon \text{ für alle } n \geq n_0.$$

Es folgt für $n \geq n_0$:

$$\mathbb{P}_{Y_n, \mathcal{W}_\theta} \left(\{ (x_1, \ldots, x_n) \in \Psi^n : |\hat{g}_n(x_1, \ldots, x_n) - \theta| \geq \epsilon \} \right)$$
$$= \mathbb{P}_{Y_n, \mathcal{W}_\theta} \left(A_n^\theta \cap C_n \cap \{ (x_1, \ldots, x_n) \in \Psi^n : |h_n^\theta(x_1, \ldots, x_n) - \theta| \geq \epsilon \} \right)$$
$$+ \mathbb{P}_{Y_n, \mathcal{W}_\theta} \left((A_n^\theta \cap C_n)^c \cap \{ (x_1, \ldots, x_n) \in \Psi^n : |\hat{g}_n(x_1, \ldots, x_n) - \theta| \geq \epsilon \} \right)$$
$$\leq \mathbb{P}_{Y_n, \mathcal{W}_\theta} \left((A_n^\theta)^c \right) + \mathbb{P}_{Y_n, \mathcal{W}_\theta} \left((C_n)^c \right) \xrightarrow[n \to \infty]{} 0.$$

$\square$

Fassen wir das bisher Erreichte zusammen: Wir wissen, dass bei Vorliegen eines statistischen Raumes $(\Psi, \mathcal{G}, \mathbb{P}_{X, \mathcal{W}_{\theta \in \Theta}})$ und bei Vorliegen einer erwartungstreuen Schätzfunktion $g : \Psi \to \mathbb{R}$ für $\gamma(\theta)$ diese Schätzfunktion durch Verwendung einer geeigneten suffizienten Statistik (falls vorhanden) verbessert werden kann, dass also die Varianz der Schätzfunktion gleichmäßig verkleinert werden kann. Ist die verwendete suffiziente Statistik allerdings nicht vollständig, so weiß man nicht, ob man minimale Varianz für jedes $\theta \in \Theta$ erreicht hat.

Fisher-Information

Verwendet man die Maximum-Likelihood-Methode, so erhält man zwar im Allgemeinen keine erwartungstreuen Schätzfunktionen, aber man kann bei Versuchsreihen unter gewissen Voraussetzungen Konsistenz beweisen. Wichtig ist nun, dass durch die Likelihood-Funktion implizit die Information gegeben ist, welche Varianz bei erwartungstreuen Schätzfunktionen nicht unterschritten werden kann. Um diese untere Schranke zu berechnen, betrachten wir folgende Ausgangssituation.

Definition 15.21 (regulärer statistischer Raum, Fisher-Information). *Ein statistischer Raum* $(\Psi, \mathcal{G}, \mathbb{P}_{X, \mathcal{W}_{\theta \in \Theta}})$ *heißt regulär, falls die folgenden Bedingungen erfüllt sind:*

(i) Θ *ist ein offenes Intervall in* $\mathbb{R}$.

(ii) *Die Verteilung der Zufallsvariablen* $X : \Omega \to \Psi$ *ist für jedes* $\theta \in \Theta$ *durch eine Dichtefunktion* $f_{X,\theta} : \Psi \to \mathbb{R}_+$ *bezüglich eines* σ-endlichen Maßes μ *gegeben. Die zugehörige Likelihood-Funktion*

$$l_{X,x} : \Theta \to \mathbb{R}_+, \quad \theta \mapsto f_{X,\theta}(x)$$

ist für jedes $x \in \Psi$ *positiv und stetig differenzierbar.*

(iii) *Für jedes* $\theta \in \Theta$ *gilt:*

$$\int \frac{dl_{X,x}}{d\theta}(\theta) d\mu(x) = 0.$$

(iv) *Für jedes* $\theta \in \Theta$ *existiert das Integral*

$$I(\theta) = \int \left(\frac{d \ln(l_{X,x})}{d\theta}(\theta) \right)^2 l_{X,x}(\theta) d\mu(x)$$

und $I(\theta) > 0$ *für alle* $\theta \in \Theta$.
Die Funktion $I : \Theta \to \mathbb{R}$ *heißt Fisher-Information.*

Bedingung (iii) scheint auf den ersten Blick sehr restriktiv. Es handelt sich jedoch nur um eine Vertauschungsrelation, die äquivalent auch so formuliert werden kann:

$$\int \frac{dl_{X,x}}{d\theta}(\theta) d\mu(x) = \frac{d \left(\int l_{X,x} d\mu(x) \right)}{d\theta}(\theta).$$

Denn aus $\int l_{X,x} d\mu(x) = 1$ für alle $\theta \in \Theta$ folgt, dass die rechte Seite gleich 0 ist. Mit Hilfe der Fisher-Information können wir nun besagte untere Schranke für die Varianz angeben.

Theorem 15.22 (Informationsungleichung, Fréchet, Cramér-Rao).
Sei $(\Psi, \mathcal{G}, \mathbb{P}_{X, \mathcal{W}_{\theta \in \Theta}})$ *ein regulärer statistischer Raum und* $\gamma : \Theta \to \mathbb{R}$ *eine zu*

schätzende stetig differenzierbare Funktion mit $\gamma'(\theta) \neq 0$ für alle $\theta \in \Theta$. Sei ferner $g : \Psi \to \mathbb{R}$ eine erwartungstreue Schätzfunktion für $\gamma(\theta)$, und es gelte für jedes $\theta \in \Theta$ die Vertauschungsrelation

$$\int g(x) \frac{dl_{X,x}}{d\theta}(\theta) d\mu(x) = \frac{d\left(\int g(x) l_{X,x} d\mu(x)\right)}{d\theta}(\theta).$$

Dann gilt:

$$\mathbb{V}_\theta(g) \geq \frac{\gamma'(\theta)^2}{I(\theta)} \quad \text{für alle} \quad \theta \in \Theta.$$

Beweis. Betrachten wir für jedes $\theta \in \Theta$ die Zufallsvariable

$$U_\theta : \Psi \to \mathbb{R}, \quad x \mapsto \frac{d\ln(l_{X,x})}{d\theta}(\theta),$$

so gilt:

$$\mathbb{E}_\theta(U_\theta) = \int \frac{d\ln(l_{X,x})}{d\theta}(\theta) d\mathbb{P}_{X,\mathcal{W}_\theta} = \int \frac{\frac{dl_{X,x}}{d\theta}(\theta)}{l_{X,x}(\theta)} l_{X,x}(\theta) d\mu(x)$$

$$= \frac{d\left(\int l_{X,x} d\mu(x)\right)}{d\theta}(\theta) = 0$$

und somit

$$\mathrm{Cov}_\theta(g, U_\theta) = \mathbb{E}_\theta(g U_\theta) = \int g \frac{dl_{X,x}}{d\theta}(\theta) d\mu(x)$$

$$= \frac{d\int g l_{X,x} d\mu(x)}{d\theta}(\theta) = \frac{d\mathbb{E}_\theta(g)}{d\theta} = \gamma'(\theta).$$

Also erhalten wir mit $\mathbb{V}_\theta(U_\theta) = I(\theta)$:

$$0 \leq \mathbb{V}_\theta\left(g - \frac{\gamma'(\theta)}{I(\theta)} U_\theta\right) = \mathbb{V}_\theta(g) + \left(\frac{\gamma'(\theta)}{I(\theta)}\right)^2 \mathbb{V}_\theta(U_\theta) - 2\frac{\gamma'(\theta)}{I(\theta)} \mathrm{Cov}_\theta(g, U_\theta)$$

$$= \mathbb{V}_\theta(g) + \frac{\gamma'(\theta)^2}{I(\theta)} - 2\frac{\gamma'(\theta)^2}{I(\theta)} = \mathbb{V}_\theta(g) - \frac{\gamma'(\theta)^2}{I(\theta)}.$$

$\square$

Theorem 15.22 gibt lediglich eine untere Schranke für die minimale Varianz spezieller erwartungstreuer Schätzfunktionen an. Ob diese Schranke in gegebenen Szenarien erreichbar ist, bleibt unbeantwortet. In der Praxis weiß man somit im Allgemeinen nicht, ob und für welche $\theta \in \Theta$ (bzw $\gamma(\theta) \in \gamma(\Theta)$) eine erwartungstreue Schätzfunktion im Sinne der Varianz optimal ist, es sei denn, man kann das Theorem von Lehmann-Scheffé 15.12 verwenden.

Bereichsschätzer

Anstatt in der Schätztheorie den unbekannten Parameter θ (bzw. $\gamma(\theta)$) exakt festzulegen, könnte man auch auf die Idee kommen, lediglich den Bereich Θ (bzw. $\gamma(\Theta)$) einzuschränken. Diese Fragestellung führt auf das Gebiet der Bereichsschätzung, das wir zum Abschluss dieses Abschnittes an Hand eines Beispiels vorstellen wollen; zu diesem Zweck betrachten wir im Zusammenhang mit normalverteilten Versuchsserien die Bereichsschätzung des Erwartungswertes.

Beispiel 15.23 (Bereichsschätzer). Wir betrachten eine Folge unabhängiger und identisch $N(\theta, 1)$-verteilter Zufallsvariablen (X_n) und die zugehörige Versuchsserie (Y_n). Entsprechend ist $\mathbb{P}_{Y_n, \mathcal{W}_\theta}$ gegeben durch die Dichte

$$f_{Y_n, \theta} : \Psi^n \to \mathbb{R}, \quad (x_1, \ldots, x_n) \mapsto \prod_{i=1}^n \frac{1}{\sqrt{2\pi}} \exp\left(-\frac{(x_i - \theta)^2}{2}\right).$$

Gesucht ist ein $a \in \mathbb{R}_+$ derart, dass für gegebenes $0 \le c \le 1$ gilt:

$$\mathbb{P}_{Y_n, \mathcal{W}_\theta}\left(\left\{(x_1, \ldots, x_n) \in \Psi^n : \theta \in \left[\frac{1}{n}\sum_{i=1}^n x_i - a, \frac{1}{n}\sum_{i=1}^n x_i + a\right]\right\}\right) \ge c$$

für alle $\theta \in \mathbb{R}$. Dies ist äquivalent zu

$$\mathbb{P}_{Y_n, \mathcal{W}_\theta}\left(\left\{(x_1, \ldots, x_n) \in \Psi^n : -a\sqrt{n} \le \frac{1}{\sqrt{n}}\sum_{i=1}^n x_i - \sqrt{n}\theta \le a\sqrt{n}\right\}\right) \ge c.$$

Da aber die Zufallsvariable

$$Z_n : \Psi^n \to \mathbb{R}, (x_1, \ldots, x_n) \mapsto \frac{1}{\sqrt{n}}\sum_{i=1}^n x_i - \sqrt{n}\theta$$

$N(0, 1)$-normalverteilt ist für alle $n \in \mathbb{N}$, erhalten wir für a:

$$\Phi(a\sqrt{n}) - \Phi(-a\sqrt{n}) \ge c$$

beziehungsweise

$$\Phi(a\sqrt{n}) \ge \frac{1+c}{2}.$$

Daraus lässt sich ein (minimales) a bestimmen. Für eine konkrete Stichprobe $\bar{x} \in \Psi^n$ wird das Intervall

$$\left[\frac{1}{n}\sum_{i=1}^n \bar{x}_i - a, \frac{1}{n}\sum_{i=1}^n \bar{x}_i + a\right]$$

als Konfidenzintervall zum Niveau c für die Schätzung von θ durch $\frac{1}{n}\sum_{i=1}^n \bar{x}_i$ interpretiert. $\diamond$

15.4 Bayes-Schätzung

Im Rahmen der Schätztheorie haben wir, vgl. zum Beispiel das Theorem von Rao-Blackwell 15.10, die Varianz eines erwartungstreuen Schätzers g,

$$\mathbb{V}_\theta(g) = \int (g - \gamma(\theta))^2 d\mathbb{P}_{X,W_\theta},$$

als Gütefunktion für die Schätzung verwendet. Bei der Vorstellung der Maximum-Likelihood-Methode in Abschnitt 15.3 haben wir gesehen, dass die daraus resultierenden Schätzfunktionen im Allgemeinen nicht erwartungstreu sind. Somit repräsentiert zwar das für die Güte der Schätzfunktion gewählte Integral

$$\int (g - \gamma(\theta))^2 d\mathbb{P}_{X,W_\theta}$$

nicht mehr die Varianz der Schätzfunktion, kann aber als mittlere quadratische Abweichung der Schätzfunktion g vom zu schätzenden $\gamma(\theta)$ interpretiert werden. Aus dieser Beobachtung resultiert die Idee, auf die Eigenschaft der Erwartungstreue zu verzichten, um bezüglich des obigen Fehlerintegrals zumindest für gewisse $\theta \in \Theta$ bessere Schätzfunktionen zu erhalten.

Beispiel 15.24 (Glühbirnen). Für unser Standardbeispiel, den statistischen Raum $\left(\{0,1\}^K, \mathcal{P}(\{0,1\}^K), \bigotimes_{i=1}^{K} B(1,\theta) \right)$ mit den Dichtefunktionen

$$f_{X,\theta}(x) = \theta^{\sum_{i=1}^{K} x_i}(1-\theta)^{K-\sum_{i=1}^{K} x_i}, \quad x \in \{0,1\}^K,$$

ergab sich die erwartungstreue Schätzfunktion

$$h : \{0,1\}^K \to \mathbb{R}, \quad x \mapsto \frac{\sum_{i=1}^{K} x_i}{K}$$

für θ mit der gleichmäßig besten Varianz

$$\mathbb{V}_\theta = \frac{\theta(1-\theta)}{K}.$$

Verwendet man zum Beispiel die nicht erwartungstreue Schätzfunktion

$$g : \{0,1\}^K \to \mathbb{R}, \quad x \mapsto \frac{1 + \sum_{i=1}^{K} x_i}{K+2},$$

so ergibt sich:

$$\int (g - \theta)^2 d\mathbb{P}_{X,W_\theta} = \frac{K\theta(1-\theta) + (1-2\theta)^2}{(K+2)^2}.$$

Für alle $\theta \in [0,1]$ mit

$$\frac{(\theta - \frac{1}{2})^2}{\theta(1-\theta)} \leq 1 + \frac{1}{K}$$

ist der mittlere quadratische Fehler von g kleiner als die Varianz von h.   ◊

Da im obigen Beispiel die Schätzfunktion g für gewisse $\theta \in \Theta$ besser ist als die Schätzfunktion h, bleibt die Frage, wie g und h als Ganzes unabhängig von θ bewertet werden können. Hat man keine weitere Information über θ zur Verfügung, so wird man sich auf erwartungstreue Schätzfunktionen beschränken; mit der Schätzfunktion h hat man somit die gleichmäßig beste gefunden. Unter allen nicht notwendig erwartungstreuen Schätzfunktionen gibt es im Allgemeinen keine gleichmäßig beste bezüglich des quadratischen Fehlerintegrals. Stehen allerdings zusätzliche Informationen über $\theta \in \Theta$ in Form einer Wahrscheinlichkeitsverteilung auf Θ zur Verfügung, so ist es möglich, ein von θ unabhängiges Vergleichskriterium für erwartungstreue und nicht erwartungstreue Schätzfunktionen anzugeben.

Das Bayes-Risiko

Wie in Beispiel 15.24 angedeutet, kann man bisweilen bei Verzicht auf die Erwartungstreue den mittleren quadratischen Fehler

$$\int (g - \gamma(\theta))^2 d\mathbb{P}_{X, \mathcal{W}_\theta}$$

einer Schätzfunktion g für gewisse $\theta \in \Theta$ verringern. Allerdings ist es dann im Allgemeinen unmöglich, eine gleichmäßig beste Schätzfunktion bezüglich dieses Gütekriteriums zu finden. Um aber Schätzfunktionen klassifizieren zu können, benötigt man ein von θ unabhängiges Gütekriterium. Dieses Kriterium ist unter Verwendung des Integrals

$$\int (g - \gamma(\theta))^2 d\mathbb{P}_{X, \mathcal{W}_\theta}$$

in natürlicher Weise gegeben, wenn über $\theta \in \Theta$ eine a priori Information in Form einer Wahrscheinlichkeitsverteilung auf Θ vorliegt. Das entsprechende Gütekriterium ist dann durch die folgende Definition festgelegt.

Definition 15.25 (Bayes-Risiko). *Sei $(\Psi, \mathcal{G}, \mathbb{P}_{X, \mathcal{W}_{\theta \in \Theta}})$ ein statistischer Raum, $\gamma : \Theta \to \mathbb{R}$ eine Abbildung und $g : \Psi \to \mathbb{R}$ eine Schätzfunktion für $\gamma(\theta)$. Sei ferner $\mathcal{B}_{\Theta}$ eine σ-Algebra auf Θ und $\beta : \mathcal{B}_{\Theta} \to [0, 1]$ ein Wahrscheinlichkeitsmaß auf $\mathcal{B}_{\Theta}$, so wird unter der Voraussetzung, dass die Abbildung*

$$\Theta \to \mathbb{R}_+, \quad \theta \mapsto \int (g - \gamma(\theta))^2 d\mathbb{P}_{X, \mathcal{W}_{\theta}},$$

$\mathcal{B}_{\Theta}$-messbar ist, die Größe

$$\int \left(\int (g - \gamma(\theta))^2 d\mathbb{P}_{X, \mathcal{W}_{\theta}} \right) d\beta(\theta)$$

als Bayes-Risiko von g bezeichnet.

Um das Bayes-Risiko berechnen zu können, ist also eine a priori Verteilung auf θ notwendig („a priori" ist bezogen auf die Realisierung $\bar{x}$ des zu Grunde gelegten Zufallsexperimentes, die dann weitere Informationen über θ liefert).

Beispiel 15.26 (Glühbirnen). Nehmen wir als Fortsetzung von Beispiel 15.24 an, dass β durch eine Gleichverteilung auf $[0, 1]$ gegeben ist, so erhalten wir das Bayes-Risiko $\frac{1}{6K}$ für die gleichmäßig effiziente erwartungstreue Schätzfunktion

$$h : \Psi \to \mathbb{R}, \quad x \mapsto \frac{\sum\limits_{i=1}^{K} x_i}{K},$$

und das minimale Bayes-Risiko $\frac{1}{6(K+2)}$ für die Schätzfunktion

$$g : \Psi \to \mathbb{R}, \quad x \mapsto \frac{1 + \sum\limits_{i=1}^{K} x_i}{K + 2}.$$

$\Diamond$

Bayes-Schätzer

Hat man eine a priori Verteilung β auf Θ gegeben und lässt man auch Schätzfunktionen zu, die nicht erwartungstreu sind, so ist das Bayes-Risiko ein geeignetes Gütekriterium, und gesucht ist die entsprechende beste Schätzfunktion.

Definition 15.27 (Bayes-Schätzfunktion). *Sei* $(\Psi, \mathcal{G}, \mathbb{P}_{X, \mathcal{W}_{\theta \in \Theta}})$ *ein statistischer Raum und* $\gamma : \Theta \to \mathbb{R}$ *eine Abbildung. Sei ferner* $\mathcal{B}_\Theta$ *eine* σ-*Algebra auf* Θ *und* $\beta : \mathcal{B}_\Theta \to [0,1]$ *ein Wahrscheinlichkeitsmaß auf* $\mathcal{B}_\Theta$, *so wird unter allen Schätzfunktionen* $h : \Psi \to \mathbb{R}$, *für die die Abbildung*

$$\Theta \to \mathbb{R}_+, \quad \theta \mapsto \int (h - \gamma(\theta))^2 d\mathbb{P}_{X, \mathcal{W}_\theta},$$

$\mathcal{B}_\Theta$-*messbar ist, diejenige Schätzfunktion* g *als Bayes-Schätzfunktion bezeichnet, die die Größe*

$$\int \left(\int (h - \gamma(\theta))^2 d\mathbb{P}_{X, \mathcal{W}_\theta} \right) d\beta(\theta)$$

minimiert.

Bayes-Schätzungen treten üblicherweise in Zusammenhang mit Dichten auf.

Satz 15.28. *Sei* $(\Psi, \mathcal{G}, \mathbb{P}_{X, \mathcal{W}_{\theta \in \Theta}})$ *ein statistischer Raum,* $\mathcal{B}_\Theta$ *eine* σ-*Algebra auf* Θ, $\gamma : \Theta \to \mathbb{R}$ *eine* $\mathcal{B}_\Theta$-*integrierbare Funktion und* β *ein Wahrscheinlichkeitsmaß auf* Θ. *Sei ferner die Verteilung der Zufallsvariablen* $X : \Omega \to \Psi$ *für jedes* $\theta \in \Theta$ *durch eine Dichtefunktion* $f_{X,\theta} : \Psi \to \mathbb{R}_+$ *bezüglich eines* σ-*endlichen Maßes* μ *gegeben, und sei die Funktion*

$$\Theta \times \Psi \to \mathbb{R}_{>0}, \quad (\theta, x) \mapsto f_{X,\theta}(x),$$

positiv und $\mathcal{B}_\Theta \otimes \mathcal{G}$-*messbar, so ist die Bayes-Schätzfunktion für* $\gamma(\theta)$ *gegeben durch*

$$h_B : \Psi \to \mathbb{R}, \quad x \mapsto \int \gamma(\theta) \frac{f_{X,\theta}(x)}{\int f_{X,\theta}(x) d\beta(\theta)} d\beta(\theta).$$

Beweis. Sei h eine beliebige Schätzfunktion, so gilt:

$$\int \left(\int (h - \gamma(\theta))^2 d\mathbb{P}_{X,W_\theta} \right) d\beta(\theta) - \int \left(\int (h_B - \gamma(\theta))^2 d\mathbb{P}_{X,W_\theta} \right) d\beta(\theta)$$

$$= \int \left(\int (h^2 - 2h\gamma(\theta) - h_B^2 + 2h_B\gamma(\theta)) d\mathbb{P}_{X,W_\theta} \right) d\beta(\theta)$$

$$- \int \left(\int (h^2 - 2h\gamma(\theta) - h_B^2 + 2h_B\gamma(\theta)) f_{X,\theta} d\mu \right) d\beta(\theta)$$

$$= \int \left(\int (h^2 - 2h\gamma(\theta) - h_B^2 + 2h_B\gamma(\theta)) \frac{f_{X,\theta}}{\int f_{X,\theta} d\beta(\theta)} \left(\int f_{X,\theta} d\beta(\theta) \right) d\mu \right) d\beta(\theta)$$

$$= \int \left(\int (h^2 - 2h\gamma(\theta) - h_B^2 + 2h_B\gamma(\theta)) \frac{f_{X,\theta}}{\int f_{X,\theta} d\beta(\theta)} \left(\int f_{X,\theta} d\beta(\theta) \right) d\beta(\theta) \right) d\mu$$

$$= \int \left(\int (h^2 - 2h\gamma(\theta) - h_B^2 + 2h_B\gamma(\theta)) \frac{f_{X,\theta}}{\int f_{X,\theta} d\beta(\theta)} d\beta(\theta) \left(\int f_{X,\theta} d\beta(\theta) \right) \right) d\mu$$

$$= \int (h^2 - 2hh_B - h_B^2 + 2h_B^2) \left(\int f_{X,\theta} d\beta(\theta) \right) d\mu$$

$$= \int (h - h_B)^2 \left(\int f_{X,\theta} d\beta(\theta) \right) d\mu \geq 0.$$

Die obige Abschätzung kann nur dann Null werden, wenn $h = h_B$ μ-fast sicher, also wenn $h = h_B$ für alle $\theta \in \Theta$ auch $\mathbb{P}_{X,W_\theta}$-fast sicher. $\quad\square$

Zum Abschluss dieses Abschnittes betrachten wir noch einmal die Bayes-Schätzfunktion

$$h_B : \Psi \to \mathbb{R}, \quad x \mapsto \int \gamma(\theta) \frac{f_{X,\theta}(x)}{\int f_{X,\theta}(x) d\beta(\theta)} d\beta(\theta),$$

unter einem anderen Gesichtspunkt. Für jedes $x \in \Psi$ spielt bei der Berechnung eines Bayes-Schätzers die Funktion

$$\beta_x : \Theta \to \mathbb{R}^+, \quad \theta \mapsto \frac{f_{X,\theta}(x)}{\int f_{X,\theta}(x) d\beta(\theta)},$$

eine entscheidende Rolle. Offensichtlich gilt für jedes $x \in \Psi$:

- $\beta_x(\theta) > 0$ für alle $\theta \in \Theta$,
- $\int \beta_x d\beta = 1$.

Somit ist β_x bezüglich des Wahrscheinlichkeitsmaßes β eine Dichtefunktion, die in Abhängigkeit von $x \in \Psi$ ein weiteres Wahrscheinlichkeitsmaß auf $\mathcal{B}_\Theta$ darstellt. Hat man eine Realisierung $\bar{x} \in \Psi$ des zu Grunde gelegten Zufallsexperimentes beobachtet, so lässt sich das durch $\beta_{\bar{x}}$ induzierte Wahrscheinlichkeitsmaß als a posteriori Information über $\theta \in \Theta$ interpretieren. Durch die Beobachtung von $\bar{x}$ hat sich somit die a priori Information β zur a posteriori Information repräsentiert durch $\beta_{\bar{x}}$ über $\theta \in \Theta$ entwickelt. Diese Information erhält man zusätzlich zum Bayes-Schätzer für $\gamma(\theta)$.

15.5 Anwendung Nachrichtentechnik:
Wortfehleroptimale Decodierung

In dieser Anwendung betrachten wir noch einmal die digitale Nachrichtenübertragung, wie wir sie bereits in Anwendung 5.4 vorgestellt haben. Insbesondere gehen wir wiederum von einem Code $\mathcal{C}$, einem zu übertragenden Codewort $c \in \mathcal{C} \subset \{\pm 1\}^n$ und einem AWGN-Kanal

$$\mathcal{K}^{BPSK} : \mathcal{C} \times \Omega \to \mathbb{R}^n,$$

$$\mathcal{K}_c^{BPSK} \text{ ist } \mathrm{N}\left(c, \mathbf{I}_n \frac{N_0 n}{2 E_b k}\right) \text{ normalverteilt,}$$

aus. Wir erinnern daran, dass mathematisch die Decodieraufgabe darin besteht, aus der gegebenen Realisierung $y \in \mathbb{R}^n$ der Zufallsvariablen $Y :=$ $\mathcal{K}_c^{BPSK}$, die in der Praxis der Empfänger liefert, die Informationsbits $u \in$ $\{\pm 1\}^k$ im noch zu definierenden Sinne „optimal" zu rekonstruieren. Dies ist eine klassische Aufgabe der mathematischen Statistik und der mathematischen Optimierung. Zur Lösung dieser Aufgabe ist unter speziellen Rahmenbedingungen (Echtzeitanforderungen, Komplexitätsrestriktionen durch Chipdimensionierung) eine Entscheidungsfunktion

$$\delta : \mathbb{R}^n \to \{\pm 1\}^k,$$
$$y \mapsto \hat{u} = \delta(y),$$

zu definieren, die jeder möglichen Realisierung $y \in \mathbb{R}^n$ eine Rekonstruktion $\hat{u} \in \{\pm 1\}^k$ der Informationsbits $u \in \{\pm 1\}^k$ zuordnet. Dabei kann man im Wesentlichen zwei verschiedene Strategien verfolgen:

- Wortfehleroptimalität: Berechne $\delta_{WO}(y)$ so, dass die Wahrscheinlichkeit, dass sich in dem rekonstruierten Wort $\hat{u} \in \{\pm 1\}^k (= \delta_{WO}(y))$ kein falsches Bit befindet, maximal ist.
- Bitfehleroptimalität: Berechne $\delta_{BO}(y)$ so, dass die Wahrscheinlichkeit für jedes einzelne Bit in $\hat{u} \in \{\pm 1\}^k (= \delta_{BO}(y))$, richtig zu sein, maximal ist.

Ein wortfehleroptimaler Maximum-Likelihood-Schätzer

In Anwendung 5.4 haben wir eine bitfehleroptimale Decodierung vorgestellt. In diesem Abschnitt wollen wir wortfehleroptimal decodieren. Im Gegensatz zur Bitfehleroptimalität spielt bei der Wortfehleroptimalität die Anzahl der Fehler in $\hat{u} \in \{\pm 1\}^k$ keine Rolle. Welches Optimalitätskriterium verwendet wird, hängt im Allgemeinen von der entsprechenden Anwendung ab. Auf Grund der Komplexität der Aufgabenstellung ist klar, dass die Funktion δ nicht explizit angegeben werden kann, sondern dass die Funktionswerte $\delta(y)$ für jedes im Empfänger auftretende $y \in \mathbb{R}^n$ durch numerische Verfahren zu berechnen sind.

Betrachtet man Wortfehleroptimalität, so führt jedes Informationswort $u \in$

$\{\pm 1\}^k$ zu einem normalverteilten Wahrscheinlichkeitsraum, so dass wir als statistischen Raum

$$\left(\mathbb{R}^n, \mathcal{B}^n, \mathrm{N}\left(c(u), \mathbf{I}_n \frac{N_0 n}{2 E_b k} \right) \right), \quad u \in \{\pm 1\}^k =: \Theta,$$

erhalten. Der Maximum-Likelihood-Schätzer $\hat{u} \in \Theta = \{\pm 1\}^k$ ergibt sich mit den Dichten der n-dimensionalen Normalverteilungen als Lösung eines diskreten Optimierungsproblems:

$$\hat{u} = \underset{u \in \{\pm 1\}^k}{\mathrm{argmax}} \frac{1}{\sqrt{(2\pi \frac{N_0 n}{2 E_b k})^n}} \exp\left(-\frac{\|y - c(u)\|_2^2}{2 \frac{N_0 n}{2 E_b k}} \right) = \underset{u \in \{\pm 1\}^k}{\mathrm{argmin}} \|y - c(u)\|_2^2.$$

Zu jeder empfangenen Nachricht $y \in \mathbb{R}^n$ ist jeweils ein Wort $\hat{u} \in \{\pm 1\}^k$ gesucht mit der Eigenschaft

$$\|y - c(\hat{u})\|_2^2 \leq \|y - c(u)\|_2^2 \quad \text{für alle } u \in \{\pm 1\}^k.$$

Das Branch-and-Bound Verfahren

In der Praxis treten üblicherweise Codes mit großen k auf. Um nicht alle 2^k möglichen Codewörter untersuchen zu müssen, was bei großen k nicht realisierbar ist, wird nun ein Branch-and-Bound Algorithmus vorgestellt, der die Zahl der zu untersuchenden Codewörter stark reduziert. Zudem kann der Algorithmus zu jeder Zeit ein bis dahin bestes Codewort als Ergebnis liefern. Der

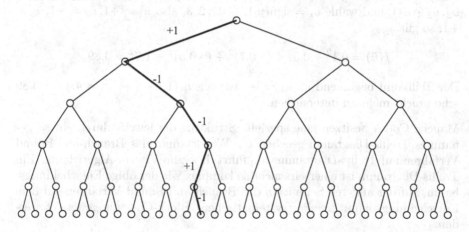

Abbildung 15.1. Branch-and-Bound auf binärem Code

in Abbildung 15.1 dargestellte Baum entspricht einem Entscheidungsbaum für $k = 5$ Informationsbits $u_1, \ldots, u_5$, wobei jedes Informationsbit durch eine

Ebene im Baum charakterisiert ist. Der angegebene Pfad entspricht somit der Belegung $u_1 = +1, u_2 = -1, u_3 = -1, u_4 = +1, u_5 = -1$. An jeder Verzweigung (Knoten) werden nun untere Schranken für den maximalen Wert der Funktion $\|y - c(u)\|_2^2$ eingetragen, wobei alle Informationsbits bis zu diesem Knoten entsprechend festgelegt sind (Berechnung von Bounds). Betrachtet man zum Beispiel die Verzweigung im angegebenen Pfad der Abbildung 15.1 zwischen $u_2 = -1$ und $u_3 = -1$, so kann die Funktion $\|y - c(u)\|_2^2$ mit $u_1 = +1$ und $u_2 = -1$ für einen systematischen Code (also $c_i = u_i$ für $i = 1, \ldots, k$) folgendermaßen nach unten abgeschätzt werden:

$$\|y - c(u_1 = +1, u_2 = -1, u_3, u_4, u_5)\|_2^2 \geq (y_1 - 1)^2 + (y_2 + 1)^2 + \sum_{i=3}^{n} (|y_i| - 1)^2.$$

Bewegt man sich auf dem Pfad weiter nach unten, so kann diese Schranke nur schlechter (also größer) werden, da immer mehr Komponenten von u festgelegt werden. Am Ende des Pfades ist u festgelegt, und dort wird dann der entsprechende Funktionswert notiert. Hat man nun für einen festen Wert $\tilde{u} \in \{\pm 1\}^k$ den Funktionswert $f(\tilde{u}) = \|y - c(\tilde{u})\|_2^2$ berechnet, so kann man im Baum von Abbildung 15.1 alle Teilbäume (Branch) streichen, die bei einer Verzweigung starten, deren Schranke größer ist als $f(\tilde{u})$, denn nach unten werden die Schranken (und damit die Funktionswerte) ja größer. Somit muss man im Allgemeinen nicht alle 2^k Möglichkeiten ausprobieren. Häufig verwendet man zur Komplexitätsreduktion des Branch-and-Bound Verfahrens noch spezielle Code-Transformationen.

Beispiel 15.29. Sei $y = (1.1, -0.5, 0.3, -1.5, 0.7)$ und $c = (u_1, u_2, u_3, u_1 \oplus u_2, u_2 \oplus u_3)$, und wähle $\tilde{u}_i = \text{sign}(y_i)$, $i = 1, 2, 3$, also $\tilde{u}_1 = +1, \tilde{u}_2 = -1, \tilde{u}_3 = +1$, so gilt:

$$f(\tilde{u}) = 0.1^2 + 0.5^2 + (-0.7)^2 + (-0.5)^2 + 1.7^2 = 3.89.$$

Der Teilbaum beginnend ab $u_1 = -1$ ist wegen $(1.1 - (-1))^2 = 4.41 > 3.89$ schon nicht mehr zu untersuchen.   ◊

Manche Codes besitzen eine spezielle Struktur, die jeweils durch ein so genanntes Trellis-Diagramm gegeben ist. Wendet man das Branch-and-Bound Verfahren auf Trellis-Diagramme an, führt dies zum Viterbi-Algorithmus. Ein Trellis-Diagramm ist einerseits nicht so komplex wie der obige Entscheidungsbaum, auf der anderen Seite kann das Branch-and-Bound Verfahren auf dem Entscheidungsbaum für alle (systematischen) Block-Codes angewendet werden.

Eine ausführliche Auseinandersetzung mit der Soft-Decodierung linearer Block-Codes findet man in [Stu03].

Testtheorie

16.1 Das Neyman-Pearson-Lemma

Die Testtheorie ist ein wichtiges und umfangreiches Teilgebiet der mathematischen Statistik. Ausgangspunkt ist, wie bereits in Abschnitt 15.1 skizziert, ein statistischer Raum $(\Psi, \mathcal{G}, \mathbb{P}_{X, \mathcal{W}_{\theta \in \Theta}})$ und eine Partition Θ_0, Θ_1 von Θ (also: $\Theta_0, \Theta_1 \neq \emptyset$, $\Theta_0 \cap \Theta_1 = \emptyset$ und $\Theta_0 \cup \Theta_1 = \Theta$). Basierend auf einer Stichprobe $\bar{x} \in \Psi$ soll nun entschieden werden, ob Θ auf Θ_1 oder Θ_2 reduziert wird. In der Testtheorie wird diese Fragestellung durch die Entscheidung zwischen einer Nullhypothese

$$H_0 : \theta \in \Theta_0$$

und einer Gegenhypothese

$$H_1 : \theta \in \Theta_1$$

formuliert. Diese Ausgangssituation bezeichnet man auch als Alternativtestproblem.

Tests

Der Entscheidungsvorgang zwischen den zwei Hypothesen heißt Test:

Definition 16.1 (Test). *Sei* $(\Psi, \mathcal{G}, \mathbb{P}_{X, \mathcal{W}_{\theta \in \Theta}})$ *ein statistischer Raum,* $H_0 : \theta \in \Theta_0$ *eine Nullhypothese und* $H_1 : \theta \in \Theta_1$ *eine Gegenhypothese. Ein Test* ϕ *ist dann eine messbare Funktion*

$$\phi : \Psi \to [0, 1].$$

Ist ϕ ein Test und $\bar{x} \in \Psi$ eine Stichprobe, so interpretieren wir $\phi(\bar{x})$ als die Wahrscheinlichkeit, die Nullhypothese H_0 abzulehnen. Auf den ersten Blick scheint es plausibler, nur so genannte nichtrandomisierte Tests

$$\phi : \Psi \longrightarrow \{0,1\}$$

zu betrachten, die nur die Werte 0 und 1 annehmen und so zu jeder Stichprobe $\bar{x} \in \Psi$ zu einer klaren Entscheidung $\phi(\bar{x}) \in \{0,1\}$ führen. An dieser Stelle sei lediglich bemerkt, dass nichtrandomisierte Tests Spezialfälle der von uns definierten (randomisierten) Tests

$$\phi : \Psi \longrightarrow [0,1]$$

sind. Auf die volle Bedeutung der Randomisierung werden wir an späterer Stelle zurückkommen.

Güte von Tests

Entscheidend ist die Frage, wie bei einem Alternativtestproblem die Testfunktion ϕ gewählt werden soll. Dazu folgende Überlegung:
Auf dem Messraum $(\{0,1\}, \mathcal{P}(\{0,1\}))$ erhalten wir zu jeder Stichprobe $\bar{x} \in \Psi$ durch die Festlegung

$$\mathbb{P}_{\bar{x}}(\{1\}) = \phi(\bar{x}), \quad \mathbb{P}_{\bar{x}}(\{0\}) = 1 - \phi(\bar{x})$$

ein Wahrscheinlichkeitsmaß. Neben den Wahrscheinlichkeitsmaßen $\mathbb{P}_{\bar{x}}$ für $\bar{x} \in \Psi$ gibt es auch noch für jedes $\theta \in \Theta$ ein von $\bar{x}$ unabhängiges Wahrscheinlichkeitsmaß $\mathbb{P}_\theta$ mit

$$\mathbb{P}_\theta(\{1\}) = \int \phi d\mathbb{P}_{X, \mathcal{W}_{\theta \in \Theta}} = \mathbb{E}_\theta(\phi)$$

und

$$\mathbb{P}_\theta(\{0\}) = \int (1 - \phi) d\mathbb{P}_{X, \mathcal{W}_{\theta \in \Theta}} = \mathbb{E}_\theta(1 - \phi).$$

Da $\phi(\bar{x})$ die Wahrscheinlichkeit für das Ablehnen der Nullhypothese bei gegebener Stichprobe $\bar{x}$ ist, interpretieren wir $\mathbb{P}_\theta(\{1\}) = \mathbb{E}_\theta(\phi)$ als die Wahrscheinlichkeit, die Nullhypothese H_0 (ohne Kenntnis einer Realisierung $\bar{x}$) abzulehnen. Eine analoge Interpretation für $\mathbb{P}_\theta(\{0\})$ führt zu folgender Definition:

Definition 16.2 (Gütefunktion eines Tests). *Sei $(\Psi, \mathcal{G}, \mathbb{P}_{X, \mathcal{W}_{\theta \in \Theta}})$ ein statistischer Raum, $H_0 : \theta \in \Theta_0$ eine Nullhypothese, $H_1 : \theta \in \Theta_1$ eine Gegenhypothese und ϕ ein Test. Dann heißt*

$$G : \Theta \to [0,1], \quad \theta \mapsto \mathbb{E}_\theta(\phi),$$

Güte(funktion) des Tests ϕ. Die Funktion

$$OR : \Theta \to [0,1], \quad \theta \mapsto \mathbb{E}_\theta(1 - \phi),$$

heißt Operationscharakteristik.

Fehler 1. und 2. Art

Auf Grund der Fragestellung gibt es zwei verschiedene Fehler, die bei einem Test auftreten können:

Fehler 1. Art: Die Nullhypothese H_0 wird abgelehnt, obwohl sie richtig ist. Die entsprechende Irrtumswahrscheinlichkeit ist gegeben durch

$$\mathbb{P}_\theta(\{1\}) = \mathbb{E}_\theta(\phi), \quad \theta \in \Theta_0,$$

und heißt Fehler 1. Art. Der Fehler 1. Art definiert das Testniveau α durch

$$\alpha := \sup_{\theta \in \Theta_0} \mathbb{E}_\theta(\phi).$$

Fehler 2. Art: Die Gegenhypothese H_1 wird abgelehnt, obwohl sie richtig ist. Die entsprechende Irrtumswahrscheinlichkeit, der Fehler 2. Art, ist gegeben durch

$$\mathbb{P}_\theta(\{0\}) = 1 - \mathbb{E}_\theta(\phi), \quad \theta \in \Theta_1.$$

Die konstanten Tests $\phi \equiv 0$ bzw. $\phi \equiv 1$ haben jeweils keinen Fehler 1. bzw. 2. Art. Dies zeigt bereits, dass es im Allgemeinen keinen gleichmäßig besten Test gibt, der *beide* Fehlerarten gleichzeitig minimiert. Daher wählt man folgendes Vorgehen: Bei der Wahl eines Testverfahrens wird die kleinste obere Schranke für den Fehler 1. Art, also das Testniveau α, festgelegt, während man mit dem entsprechenden Fehler 2. Art leben muss. Unter allen Tests vom Testniveau α sucht man dann den besten, also denjenigen, mit dem (gleichmäßig) kleinsten Fehler 2. Art. Bezeichnen wir mit

$$\Phi_\alpha := \{\phi : \phi \text{ Test mit } \mathbb{E}_\theta(\phi) \leq \alpha \text{ für alle } \theta \in \Theta_0\}$$

die Menge aller Tests zum Niveau α, so ergibt sich daraus folgende Definition:

Definition 16.3 (gleichmäßig bester Test). *Sei $(\Psi, \mathcal{G}, \mathbb{P}_{X, \mathcal{W}_{\theta \in \Theta}})$ ein statistischer Raum, $H_0 : \theta \in \Theta_0$ eine Nullhypothese, $H_1 : \theta \in \Theta_1$ eine Gegenhypothese, ϕ ein Test und $\alpha \in \,]0, 1[$. Dann heißt ϕ gleichmäßig bester Test zum Niveau α, wenn*

(i) *$\phi \in \Phi_\alpha$, d.h. $\mathbb{E}_\theta(\phi) \leq \alpha$ für alle $\theta \in \Theta_0$.*
(ii) *$\mathbb{E}_\theta(\phi) = \sup_{\psi \in \Phi_\alpha} \mathbb{E}_\theta(\psi) = 1 - \inf_{\psi \in \Phi_\alpha} \mathbb{E}_\theta(1 - \psi)$ für alle $\theta \in \Theta_1$.*

Ein gleichmäßig bester Test zum Niveau α ist also unter allen Tests zum Niveau α derjenige, der den Fehler 2. Art gleichmäßig minimiert. Hier ist also eine Asymmetrie zwischen den Hypothesen H_0 und H_1 erkennbar. Diese Asymmetrie ist gewollt, da sie häufig den praktischen Gegebenheiten entspricht. Soll zum Beispiel auf Grund von Messungen überprüft werden, ob es gefährliche Wechselwirkungen zwischen zwei Medikamenten gibt (Hypothese

H_0: Ja ($\theta = 0$), Hypothese H_1: Nein ($\theta = 1$)), so ist der Fehler 1. Art, also die Entscheidung, dass es diese Wechselwirkungen nicht gibt, obwohl sie existieren, viel gefährlicher als der Fehler 2. Art, also die Entscheidung, dass diese Wechselwirkungen vorhanden sind, obwohl sie nicht existieren. Daher lässt man nur Tests zu, die den gefährlichen Fehler 1. Art kleiner als eine vorgegebene Schranke halten. Selbstverständlich hat diese asymmetrische Behandlung der möglichen Fehler die Konsequenz, dass man sehr genau prüfen muss, welche Hypothese man als Nullhypothese und welche Hypothese man als Gegenhypothese festlegt.

Das Neyman-Pearson-Lemma

Wie bei der Punktschätzung stellt sich die Frage, ob es für festes Testniveau einen Test mit maximaler Güte für jedes $\theta \in \Theta_1$, also einen gleichmäßig besten Test gibt, und wie diese Testvorschrift aussieht. Wir betrachten zunächst den wichtigen Spezialfall eines zweielementigen Parameterraums $\Theta = \{\theta_0, \theta_1\}$. Das nachfolgende Lemma enthält formal nur eine Existenzaussage für einen gleichmäßig besten Test, der Beweis ist jedoch konstruktiv, so dass man ein Konstruktionsverfahren für einen solchen Test ableiten kann. Wir werden dies im Anschluss an den Beweis in einem Beispiel erläutern.

Lemma 16.4 (Neyman, Pearson). *Seien $(\Psi, \mathcal{G}, \mathbb{P}_{X, \mathcal{W}_{\theta \in \Theta}})$ ein statistischer Raum, $\Theta = \{\theta_0, \theta_1\}$ und die Wahrscheinlichkeitsmaße $\mathbb{P}_{X, \mathcal{W}_{\theta_0}}$ bzw. $\mathbb{P}_{X, \mathcal{W}_{\theta_1}}$ gegeben durch Dichtefunktionen $f_{X, \theta_0} : \Psi \to \mathbb{R}_+$ bzw. $f_{X, \theta_1} : \Psi \to \mathbb{R}_+$ bezüglich eines σ-endlichen Maßes μ. Sei ferner die Nullhypothese $H_0 : \theta = \theta_0$ gegen $H_1 : \theta = \theta_1$ zu testen, so gibt es zu jedem $\alpha \in [0,1]$ ein $k \in [0, \infty]$ und ein $\gamma \in [0,1]$ derart, dass der Test $\phi : \Psi \to [0,1]$,*

$$x \mapsto \phi(x) := \begin{cases} 1 \text{ für alle } x \text{ mit } f_{X, \theta_1}(x) > k f_{X, \theta_0}(x), \\ \gamma \text{ für alle } x \text{ mit } f_{X, \theta_1}(x) = k f_{X, \theta_0}(x), \\ 0 \text{ für alle } x \text{ mit } f_{X, \theta_1}(x) < k f_{X, \theta_0}(x), \end{cases}$$

(gleichmäßig) bester Test unter allen Tests vom Testniveau α ist.

Beweis. Ist $\alpha = 0$, so wählen wir $k = \infty$ und $\gamma = 0$. Offensichtlich gilt wegen der maßtheoretischen Vereinbarung $0 \cdot \infty = 0$:

$$\mathbb{E}_{\theta_0}(\phi) = \int\limits_{\{x \in \Psi : (f_{X, \theta_0}(x) = 0) \wedge (f_{X, \theta_1}(x) > 0)\}} 1 d\mathbb{P}_{X, \mathcal{W}_{\theta_0}}$$

$$= \int\limits_{\{x \in \Psi : (f_{X, \theta_0}(x) = 0) \wedge (f_{X, \theta_1}(x) > 0)\}} f_{X, \theta_0} d\mu$$

$$= 0 = \alpha,$$

also ist ϕ ein Test zum Niveau α. Weiter erhalten wir für die Güte

$$\mathbb{E}_{\theta_1}(\phi) = \int\limits_{\{x\in\Psi:(f_{X,\theta_0}(x)=0)\wedge(f_{X,\theta_1}(x)>0)\}} f_{X,\theta_1} d\mu.$$

Sei nun ϕ_1 irgendein Test mit Testniveau $\alpha = 0$, so gilt:

$$\mathbb{E}_{\theta_0}(\phi_1) = \int \phi_1 f_{X,\theta_0} d\mu = 0,$$

also

$$\phi_1 f_{X,\theta_0} = 0 \quad \mu\text{-fast überall.}$$

Für die Güte ergibt sich

$$\mathbb{E}_{\theta_1}(\phi_1) = \int\limits_{\{x\in\Psi:(f_{X,\theta_0}(x)=0)\wedge(f_{X,\theta_1}(x)>0)\}} \phi_1 f_{X,\theta_1} d\mu$$

$$+ \underbrace{\int\limits_{\{x\in\Psi:(f_{X,\theta_0}(x)>0)\vee(f_{X,\theta_1}(x)=0)\}} \phi_1 f_{X,\theta_1} d\mu}_{=0,\ \text{da}\ \phi_1 f_{X,\theta_0}=0\ \ \mu\text{-fast überall}}$$

$$\leq \int\limits_{\{x\in\Psi:(f_{X,\theta_0}(x)=0)\wedge(f_{X,\theta_1}(x)>0)\}} f_{X,\theta_1} d\mu = \mathbb{E}_{\theta_1}(\phi).$$

Somit ist ϕ gleichmäßig bester Test zum Testniveau $\alpha = 0$.
Sei nun $\alpha > 0$ gewählt, so betrachten wir die Zufallsvariable

$$Y : \Psi \to \mathbb{R}_+, \quad x \mapsto \begin{cases} \dfrac{f_{X,\theta_1}(x)}{f_{X,\theta_0}(x)} & \text{für } f_{X,\theta_0}(x) > 0, \\ 0 & \text{sonst,} \end{cases}$$

und untersuchen die Gleichung

$$1 - \alpha = \mathbb{P}_{X,\mathcal{W}_{\theta_0}}(\{x \in \Psi : Y(x) \leq k\}) - \gamma \mathbb{P}_{X,\mathcal{W}_{\theta_0}}(\{x \in \Psi : Y(x) = k\})$$

in den Unbekannten k und γ.
Da die Verteilungsfunktion

$$g : [0, \infty[\to [0, 1], \quad k \mapsto \mathbb{P}_{X,\mathcal{W}_{\theta_0}}(\{x \in \Psi : Y(x) \leq k\}),$$

von Y eine monoton wachsende, rechtsseitig stetige Funktion in k ist, gibt es für vorgegebenes α nur zwei Möglichkeiten:

(i) Es existiert ein $\bar{k} \in [0, \infty[$ mit

$$1 - \alpha = g(\bar{k}).$$

In diesem Fall wähle $k = \bar{k}$ und $\gamma = 0$.

(ii) Es existiert kein $\bar{k} \in [0, \infty[$ mit

$$1 - \alpha = g(\bar{k}).$$

In diesem Fall gibt es ein $\bar{k} \in [0, \infty[$ derart, dass die Funktion g in $\bar{k}$ unstetig ist und dass gilt:

$$\lim_{k \uparrow \bar{k}} g(k) \leq 1 - \alpha < \lim_{k \downarrow \bar{k}} g(k),$$

also

$$\mathbb{P}_{X, W_{\theta_0}}(\{x \in \Psi : Y(x) \leq \bar{k}\}) - \mathbb{P}_{X, W_{\theta_0}}(\{x \in \Psi : Y(x) = \bar{k}\}) \quad (16.1)$$
$$\leq 1 - \alpha < W_{\theta_0}(\{x \in \Psi : Y(x) \leq \bar{k}\}).$$

Somit gibt es ein $\gamma \in]0, 1]$ mit

$$\mathbb{P}_{X, W_{\theta_0}}(\{x \in \Psi : Y(x) \leq \bar{k}\}) - \gamma \mathbb{P}_{X, W_{\theta_0}}(\{x \in \Psi : Y(x) = \bar{k}\}) = 1 - \alpha.$$
$$(16.2)$$

Wählen wir nun in unserem Test $k = \bar{k}$ und das entsprechende γ, so erhalten wir das Testniveau α:

$$\mathbb{E}_{\theta_0}(\phi) = \int \phi f_{X, \theta_0} d\mu = \int\limits_{\{x \in \Psi : f_{X, \theta_0}(x) > 0\}} \phi f_{X, \theta_0} d\mu$$

$$= \int\limits_{\{x \in \Psi : (f_{X, \theta_0}(x) > 0) \wedge (f_{X, \theta_1}(x) > k f_{X, \theta_0}(x))\}} f_{X, \theta_0} d\mu$$

$$+ \gamma \cdot \int\limits_{\{x \in \Psi : (f_{X, \theta_0}(x) > 0) \wedge (f_{X, \theta_1}(x) = k f_{X, \theta_0}(x))\}} f_{X, \theta_0} d\mu$$

$$= 1 - \mathbb{P}_{X, W_{\theta_0}}(\{x \in \Psi : Y(x) \leq k\}) + \gamma \mathbb{P}_{X, W_{\theta_0}}(\{x \in \Psi : Y(x) = k\})$$
$$= \alpha.$$

Somit ist unsere Wahl von k und γ in Ordnung.
Sei nun ϕ_0 irgendein Test mit Testniveau α, so gilt für alle $x \in \Psi$:

$$(\phi(x) - \phi_0(x))(f_{X, \theta_1}(x) - k f_{X, \theta_0}(x)) \geq 0$$

und Integration liefert

$$0 \leq \int (\phi - \phi_0)(f_{X, \theta_1} - k f_{X, \theta_0}) d\mu$$
$$= \mathbb{E}_{\theta_1}(\phi) - \mathbb{E}_{\theta_1}(\phi_0) - k\alpha + k\alpha$$
$$= \mathbb{E}_{\theta_1}(\phi) - \mathbb{E}_{\theta_1}(\phi_0).$$

Somit ist ϕ gleichmäßig bester Test zum Testniveau α.   □

Randomisierung

Kommen wir nun zum Problem der Randomisierung zurück. Erwarten würde man bei der Testfunktion ϕ eine eindeutige Entscheidung $\phi : \Psi \to \{0, 1\}$ für die Nullhypothese oder für die Gegenhypothese. Der eben geführte Beweis zeigt allerdings, dass bei dieser Vorgehensweise im Allgemeinen nicht jedes gewählte Testniveau α erreicht werden kann. Dazu ein Beispiel.

Beispiel 16.5 (Glühbirnen). Kehren wir zu unserem Beispiel über die Herstellung von Glühbirnen zurück und betrachten wir $\Theta = \{0.2, 0.8\}$ mit $H_0 : \theta = 0.2$ und $H_1 : \theta = 0.8$, so erhalten wir den statistischen Raum

$$(\{0, 1\}^K, \mathcal{P}(\{0, 1\}^K), \mathbb{P}_{X, \mathcal{W}_{\theta \in \{0.2, 0.8\}}})$$

und die Dichten

$$f_{X, 0.2} : \{0, 1\}^K \to \mathbb{R}^+, \quad x \mapsto 0.2^{\sum_{i=1}^K x_i} (1 - 0.2)^{K - \sum_{i=1}^K x_i}$$

$$f_{X, 0.8} : \{0, 1\}^K \to \mathbb{R}^+, \quad x \mapsto 0.8^{\sum_{i=1}^K x_i} (1 - 0.8)^{K - \sum_{i=1}^K x_i}.$$

Da

$$f_{X, 0.8}(x) > k f_{X, 0.2}(x) \quad \Longleftrightarrow \quad \sum_{i=1}^K x_i > \frac{K}{2} + \frac{1}{4} \log_2(k) =: C$$

für jedes $k \in [0, \infty[$ und jedes $x \in \{0, 1\}^K$ und da ein gleichmäßig bester Test ohne Randomisierung die Neyman-Pearson Form

$$\delta : \Psi \to \{0, 1\}, x \mapsto \begin{cases} 1 \text{ für alle } x \text{ mit } \sum_{i=1}^K x_i > C, \\ 0 \text{ für alle } x \text{ mit } \sum_{i=1}^K x_i \leq C, \end{cases}$$

mit Testniveau

$$\alpha = \mathbb{P}_{X, \mathcal{W}_{0.2}} \left(\left\{ x \in \Psi : \sum_{i=1}^K x_i > C \right\} \right)$$

beziehungsweise

$$\delta : \Psi \to \{0, 1\}, x \mapsto \begin{cases} 1 \text{ für alle } x \text{ mit } \sum_{i=1}^K x_i \geq C, \\ 0 \text{ für alle } x \text{ mit } \sum_{i=1}^K x_i < C, \end{cases}$$

mit Testniveau

$$\alpha = \mathbb{P}_{X, \mathcal{W}_{0.2}} \left(\left\{ x \in \Psi : \sum_{i=1}^K x_i \geq C \right\} \right)$$

haben muss, ist nicht jedes frei gewählte Testniveau α erreichbar, denn die Binomialverteilung $\left(\text{für } \sum_{i=1}^K x_i \right)$ ist eine diskrete Verteilung. $\Diamond$

Die Randomisierung bei Tests ist also ein mathematischer Kunstgriff, um (gleichmäßig beste) Tests mit jedem frei gewählten Testniveau α konstruieren zu können.

Konstruktion eines Tests

Die Berechnung des entsprechenden γ und damit eine Entscheidung über die Frage, ob randomisiert werden muss oder nicht, ergibt sich unmittelbar aus dem Beweis des Neyman-Pearson-Lemmas. Die Randomisierung selbst wird durch eine Realisierung ρ einer $[0,1]$-gleichverteilten Zufallsvariablen durchgeführt. Ist $\rho \leq \gamma$, so wählt man die Hypothese H_1, ansonsten die Hypothese H_0.

Beispiel 16.6 (Glühbirnen). Wir führen unser Beispiel 16.5 über die Herstellung von Glühbirnen mit $H_0 : \theta = 0.2$ und $H_1 : \theta = 0.8$ weiter und wählen zudem $K = 20$ und das Testniveau $\alpha = 0.05$. Aus dem Beweis des Neyman-Pearson-Lemmas geht hervor, dass wir die Verteilungsfunktion der Zufallsvariablen

$$\tilde{Y} : \{0,1\}^{20} \to \mathbb{R}_0^+, \quad x \mapsto \frac{f_{X,0.8}(x)}{f_{X,0.2}(x)} = 4^{2 \sum\limits_{i=1}^{20} x_i - 20}$$

betrachten müssen. Da mit

$$Y : \{0,1\}^{20} \to \mathbb{R}_0^+, \quad x \mapsto \sum_{i=1}^{20} x_i$$

die Zufallsvariablen Y und $\tilde{Y}$ als Funktion von $\sum\limits_{i=1}^{20} x_i$ vermöge einer monoton wachsenden Bijektion auseinander hervorgehen, erhalten wir den gleichen Test, wenn wir die Verteilungsfunktion von Y für die Herleitung heranziehen. Für die Verteilungsfunktion g_Y von Y unter $\mathcal{W}_{\theta_0}$ erhalten wir:

$$g_Y(6) = \mathbb{P}_{X,\mathcal{W}_{0.2}}\left(\left\{x \in \Psi : \sum_{i=1}^{20} x_i \leq 6\right\}\right) \simeq 0.9133,$$

$$g_Y(7) = \mathbb{P}_{X,\mathcal{W}_{0.2}}\left(\left\{x \in \Psi : \sum_{i=1}^{20} x_i \leq 7\right\}\right) \simeq 0.9679.$$

Somit ergibt sich $k = 7$, denn, vgl. (16.1):

$$g_Y(6) = g_Y(7) - \mathbb{P}_{X,\mathcal{W}_{0.2}}\left(\left\{x \in \Psi : \sum_{i=1}^{20} x_i = 7\right\}\right) \leq 0.95 = 1 - \alpha < g_Y(7).$$

Aus (16.2) folgt nun die Bestimmungsgleichung für $\gamma \in]0,1]$:

$$g_Y(7) - \gamma \cdot \mathbb{P}_{X, \mathcal{W}_{0.2}}\left(\left\{x \in \Psi : \sum_{i=1}^{20} x_i = 7\right\}\right) = 0.95,$$

also

$$0.96787 - \gamma \cdot 0.0545 = 0.95,$$

woraus sich $\gamma \simeq 0.3274$ ergibt. Damit erhalten wir den Neyman-Pearson Test $\phi : \Psi \to [0, 1]$,

$$x \mapsto \phi(x) := \begin{cases} 1 \text{ für alle } x \text{ mit } \sum_{i=1}^{20} x_i > 7, \\ \gamma \text{ für alle } x \text{ mit } \sum_{i=1}^{20} x_i = 7, \\ 0 \text{ für alle } x \text{ mit } \sum_{i=1}^{20} x_i < 7. \end{cases}$$

Die Interpretation dieses Tests ergibt sich wie folgt: Sind von 20 Glühbirnen mehr als sieben defekt, so ist H_0 abzulehnen und $\theta = 0.8$ zu wählen. Sind weniger als sieben Glühbirnen defekt, so ist H_1 abzulehnen und $\theta = 0.2$ zu wählen. Bei genau sieben defekten Glühbirnen realisiert man eine $[0,1]$-gleichverteilte Zufallsvariable mit dem Ergebnis ρ und entscheidet sich für $\theta = 0.8$, falls $\rho \leq 0.3274$, ansonsten entscheidet man sich für H_0, also $\theta = 0.2$. ◊

16.2 Einseitige Tests

Bisher haben wir nur den Spezialfall eines zweielementigen Parameterraums $\Theta = \{\theta_0, \theta_1\}$ mit den einfachen Hypothesen der Form $H_0 : \theta = \theta_0$ und $H_1 : \theta = \theta_1$ betrachtet. Nun untersuchen wir die Frage nach gleichmäßig besten Tests bei so genannten einseitigen Hypothesen der Gestalt $H_0 : \theta \leq \theta_0$ (bzw. $H_0 : \theta \geq \theta_0$) und $H_1 : \theta > \theta_0$ (bzw. $H_0 : \theta < \theta_0$) mit $\Theta \subseteq \mathbb{R}$.

Die entscheidende Frage lautet, unter welchen Voraussetzungen das Neyman-Pearson-Lemma 16.4 auch für einseitige Hypothesen verwendet werden kann. Zur Beantwortung dieser Frage benötigen wir den Begriff des monotonen Dichtequotienten.

Definition 16.7 (monotoner Dichtequotient). *Sei* $(\Psi, \mathcal{G}, \mathbb{P}_{X, \mathcal{W}_{\theta \in \Theta}})$ *ein statistischer Raum mit* $\Theta \subseteq \mathbb{R}$, *und sei die Verteilung der Zufallsvariablen* $X : \Omega \to \Psi$ *für jedes* $\theta \in \Theta$ *durch eine Dichtefunktion* $f_{X, \theta} : \Psi \to \mathbb{R}_{>0}$ *bezüglich eines* σ-*endlichen Maßes* μ *gegeben. Sei ferner* $T : \Psi \to \mathbb{R}$ *eine* $\mathcal{G}$-*messbare Abbildung, dann besitzt die Familie* $\mathbb{P}_{X, \mathcal{W}_{\theta \in \Theta}}$ *von Bildmaßen einen monotonen Dichtequotienten bezüglich* T, *falls für jedes Paar* $\hat{\theta}, \bar{\theta} \in \Theta$, $\hat{\theta} < \bar{\theta}$, *eine streng monoton wachsende Funktion*

$$q_{\hat{\theta}, \bar{\theta}} : \mathbb{R} \to \mathbb{R}$$

existiert mit

$$q_{\hat{\theta}, \bar{\theta}}(T(x)) = \frac{f_{X, \bar{\theta}}(x)}{f_{X, \hat{\theta}}(x)} \text{ für alle } x \in \Psi.$$

Es wird sich im Folgenden herausstellen, dass die Existenz eines monotonen Dichtequotienten im Wesentlichen genügt, um das Lemma von Neyman-Pearson auf einseitige Tests zu verallgemeinern.

Exponentialfamilien

Um eine große Klasse von Verteilungen angeben zu können, für die monotone Dichtequotienten existieren, führen wir Exponentialfamilien ein:

Definition 16.8 ((n-parametrige)   Exponentialfamilie). *Seien* $(\Psi, \mathcal{G}, \mathbb{P}_{X, \mathcal{W}_{\theta \in \Theta}})$ *ein statistischer Raum,* μ *ein* σ-*endliches Maß auf* $\mathcal{G}$ *und* $T_1, \ldots, T_n : \Psi \to \mathbb{R}$ $\mathcal{G}$-*messbare Funktionen. Seien ferner* $C : \Theta \to \mathbb{R}_+$, $\xi_1, \ldots, \xi_n : \Theta \to \mathbb{R}$ *reellwertige Abbildungen und* $h : \Psi \to \mathbb{R}_+$ $\mathcal{G}$-*messbar. Dann heißt die Familie* $\mathbb{P}_{X, \mathcal{W}_{\theta \in \Theta}}$ *von Wahrscheinlichkeitsmaßen eine (n-parametrige) Exponentialfamilie, wenn für jedes* $\theta \in \Theta$ *durch*

$$f_{X, \theta} : \Psi \to \mathbb{R}_+, \quad x \mapsto C(\theta) h(x) \exp \left(\sum_{j=1}^{n} \xi_j(\theta) T_j(x) \right),$$

eine μ-*Dichte von* $\mathbb{P}_{X, \mathcal{W}_\theta}$ *gegeben ist.*

Exponentialfamilien zu definieren, ist auf den ersten Blick nicht gerade nahe liegend. Sie bieten jedoch zwei Vorteile. Zum einen sind, wie wir noch sehen werden, viele bekannte Verteilungen Exponentialfamilien. Damit gilt jede Aussage, die für Exponentialfamilien gezeigt werden kann, ebenfalls für viele konkrete Verteilungsklassen. Zum anderen ist bei Exponentialfamilien die Statistik

$$T : \Psi \to \mathbb{R}^n, \quad x \mapsto (T_1(x), \ldots, T_n(x))^\top,$$

suffizient für $\theta \in \Theta$. Dies ist eine unmittelbare Folgerung aus dem Neyman-Kriterium für Suffizienz, das wir an dieser Stelle zitieren (vgl. z.B. [Wit85, Satz 3.19]).

Theorem 16.9 (Neyman-Kriterium). *Sei* $(\Psi, \mathcal{G}, \mathbb{P}_{X, \mathcal{W}_{\theta \in \Theta}})$ *ein statistischer Raum mit* $\Theta \subseteq \mathbb{R}$, *und sei die Verteilung der Zufallsvariablen* $X : \Omega \to \Psi$ *für jedes* $\theta \in \Theta$ *durch eine Dichtefunktion* $f_{X,\theta} : \Psi \to \mathbb{R}_+$ *bezüglich eines* σ-*endlichen Maßes* μ *gegeben. Eine Statistik* $T : \Psi \to \Omega_T$ *ist genau dann suffizient, wenn es für jedes* $\theta \in \Theta$ *eine messbare Funktion* g_θ *und eine messbare Funktion* h *gibt mit*

$$f_{X,\theta} = (g_\theta \circ T) \cdot h \quad \mu\text{-fast sicher.}$$

Ist $\mathbb{P}_{X, \mathcal{W}_{\theta \in \Theta}}$ eine Exponentialfamilie mit suffizienter Statistik T für $\theta \in \Theta$ und betrachtet man statt der Zufallsvariable X den Produktmessraum $(\Psi^p, \mathcal{G}^p)$ und eine Zufallsvariable

$$\hat{X} : \Omega \to \Psi^p, \quad \omega \mapsto (X_1(\omega), \dots, X_p(\omega))^\top, \quad p \in \mathbb{N},$$

wobei $X_1, \dots, X_p$ unabhängige Zufallsvariablen sind mit

$$\mathbb{P}_{X, \mathcal{W}_\theta} = \mathbb{P}_{X_i, \mathcal{W}_\theta} \text{ für alle } \theta \in \Theta \text{ und alle } i \in \{1, \dots, p\},$$

so erhält man einen neuen statistischen Raum

$$(\Psi^p, \mathcal{G}^p, \mathbb{P}_{\hat{X}, \mathcal{W}_{\theta \in \Theta}}).$$

Die zugehörigen $\bigotimes_{i=1}^{p} \mu$-Dichten sind

$$f_{\hat{X}, \theta} : \Psi^p \to \mathbb{R}_+, \quad \eta \mapsto C(\theta)^p \prod_{i=1}^{p} h(\eta_i) \exp \left(\sum_{j=1}^{n} \xi_j(\theta) \sum_{i=1}^{p} T_j(\eta_i) \right)$$

$$= C(\theta)^p \prod_{i=1}^{p} h(\eta_i) \exp \left(\sum_{j=1}^{n} \xi_j(\theta) \hat{T}(\eta)_j \right).$$

Dabei bezeichnet $\hat{T}$ die Statistik

$$\hat{T} : \Psi^p \to \mathbb{R}^n, \eta \mapsto \left(\sum_{i=1}^{p} T_1(\eta_i), \dots, \sum_{i=1}^{p} T_n(\eta_i) \right)^\top, \tag{16.3}$$

die nach dem Neyman-Kriterium 16.9 ebenfalls suffizient ist.

Beispiele einparametriger Exponentialfamilien

Für $n = 1$ und $\Theta \subseteq \mathbb{R}$ erhalten wir die einparametrige Exponentialfamilie

$$f_{X,\theta} : \Psi \to \mathbb{R}_+, \quad x \mapsto C(\theta)h(x)\exp\left(\xi(\theta)T(x)\right).$$

Ist nun die Funktion ξ in θ streng monoton wachsend, so besitzt die Familie $\mathbb{P}_{X,\mathcal{W}_{\theta \in \Theta}}$ bezüglich T einen monotonen Dichtequotienten gegeben durch

$$q_{\hat{\theta},\bar{\theta}} : \mathbb{R} \to \mathbb{R}, \quad t \mapsto \frac{C(\bar{\theta})}{C(\hat{\theta})}\exp((\xi(\bar{\theta}) - \xi(\hat{\theta}))t).$$

Die Familie $\mathbb{P}_{\hat{X},\mathcal{W}_{\theta \in \Theta}}$ besitzt bezüglich $\hat{T}$ einen monotonen Dichtequotienten gegeben durch

$$q_{\hat{\theta},\bar{\theta}} : \mathbb{R} \to \mathbb{R}, \quad t \mapsto \frac{C^p(\bar{\theta})}{C^p(\hat{\theta})}\exp((\xi(\bar{\theta}) - \xi(\hat{\theta}))t). \tag{16.4}$$

Viele wichtige Verteilungsklassen sind einparametrige Exponentialfamilien mit streng monoton wachsender Funktion ξ, zum Beispiel

- die Binomialverteilung $\mathrm{B}(N,\theta)$ mit festem Parameter N, $\theta = p \in [0,1]$ und
$$T : \{0,\dots,N\} \to \mathbb{N}_0, \quad x \mapsto x,$$

- die Poisson-Verteilung $\mathrm{Poi}(\lambda)$ mit Parameter $\theta = \lambda > 0$ und
$$T : \mathbb{N}_0 \to \mathbb{N}_0, \quad x \mapsto x,$$

- die Normalverteilung $\mathrm{N}(m,\sigma^2)$ mit bekannter Varianz, Parameter $\theta = m \in \mathbb{R}$ und
$$T : \mathbb{R} \to \mathbb{R}, \quad x \mapsto x,$$

- die Exponentialverteilung $\mathrm{Exp}(\lambda)$ mit Parameter $\theta = \lambda > 0$ und
$$T : \mathbb{R} \to \mathbb{R}, \quad x \mapsto -x,$$

- die Normalverteilung $\mathrm{N}(m,\sigma^2)$ mit bekanntem Erwartungswert m, Parameter $\theta = \sigma^2 > 0$ und
$$T : \mathbb{R} \to \mathbb{R}_+, \quad x \mapsto x^2.$$

Gleichmäßig bester Test für einseitige Hypothesen

Nach diesen Vorbereitungen können wir nun das Lemma von Neyman-Pearson auf einseitige Hypothesen ausdehnen und einen gleichmäßig besten Test angeben.

Theorem 16.10 (gleichmäßig beste Tests bei einseitigen Hypothesen). *Sei* $(\Psi, \mathcal{G}, \mathbb{P}_{X, \mathcal{W}_{\theta \in \Theta}})$ *ein statistischer Raum mit* $\Theta \subseteq \mathbb{R}$ *und* $T : \Psi \to \mathbb{R}$ *eine* $\mathcal{G}$-*messbare Abbildung, so dass* $\mathbb{P}_{X, \mathcal{W}_{\theta \in \Theta}}$ *bezüglich* T *einen monotonen Dichtequotienten besitzt. Sei ferner das Testniveau* $\alpha \in]0, 1[$ *gewählt und die Nullhypothese* $H_0 : \theta \leq \theta_0$ *(also* $\Theta_0 = \{\theta \in \Theta : \theta \leq \theta_0\}$*) gegen* $H_1 : \theta > \theta_0$ *(also* $\Theta_1 = \{\theta \subset \Theta : \theta > \theta_0\}$*) zu testen. Dann gibt es ein* $a \in \mathbb{R}$ *und ein* $\gamma \in [0, 1]$*, so dass der Test* $\phi : \Psi \to [0, 1]$*,*

$$x \mapsto \phi(x) := \begin{cases} 1 \text{ für alle } x \text{ mit } T(x) > a, \\ \gamma \text{ für alle } x \text{ mit } T(x) = a, \\ 0 \text{ für alle } x \text{ mit } T(x) < a, \end{cases}$$

gleichmäßig bester Test unter allen Tests vom Testniveau α *ist.*

Beweis. Völlig analog zum Beweis von Lemma 16.4 folgt aus den Eigenschaften der Verteilungsfunktion der Zufallsvariablen

$$h : \Omega \to \mathbb{R}, \quad \omega \mapsto T(X(\omega)),$$

dass es ein $a \in \mathbb{R}$ und ein $\gamma \in [0, 1]$ gibt mit

$$\mathbb{E}_{\theta_0}(\phi) = \alpha.$$

Seien nun a und γ entsprechend gewählt, so gilt für $\theta_1 \in \Theta_1$, $k := q_{\theta_0, \theta_1}(a)$ und alle $x \in \Psi$:

$$f_{X, \theta_1}(x) \begin{Bmatrix} > \\ = \\ < \end{Bmatrix} k f_{X, \theta_0}(x) \iff q_{\theta_0, \theta_1}(T(x)) \begin{Bmatrix} > \\ = \\ < \end{Bmatrix} k \iff T(x) \begin{Bmatrix} > \\ = \\ < \end{Bmatrix} a.$$

Somit ist unser Test ϕ gleichmäßig bester Test für die Hypothesen $H_0 : \theta = \theta_0$ und $H_1 : \theta = \theta_1$ für alle $\theta_1 \in \Theta_1$, also auch für die Hypothesen $H_0 : \theta = \theta_0$ und $H_1 : \theta > \theta_0$.
Nun zeigen wir

$$\alpha = \sup_{\substack{\theta \leq \theta_0 \\ \theta \in \Theta}} \mathbb{E}_\theta(\phi).$$

Da ϕ auch gleichmäßig bester Test für die Hypothesen $H_0 : \theta = \theta_0'$ und $H_1 : \theta = \theta_1'$ mit $\theta_0', \theta_1' \in \Theta$ und $\theta_0' < \theta_1'$ ist, folgt:

$$\mathbb{E}_{\theta_1'}(\phi) \geq \mathbb{E}_{\theta_1'}(\bar{\phi})$$

für alle Tests $\bar{\phi}$ mit $\mathbb{E}_{\theta_0'}(\phi) = \mathbb{E}_{\theta_0'}(\bar{\phi})$.
Wählt man nun

$$\phi_1 : \Psi \to [0, 1], \quad x \mapsto \mathbb{E}_{\theta_0'}(\phi),$$

so gilt

$$\mathbb{E}_{\theta_1'}(\phi) \geq \mathbb{E}_{\theta_1'}(\phi_1) = \mathbb{E}_{\theta_0'}(\phi).$$

Somit ist die Abbildung

$$\theta \mapsto \mathbb{E}_\theta(\phi)$$

monoton wachsend, und wir erhalten

$$\alpha = \sup_{\substack{\theta \leq \theta_0 \\ \theta \in \Theta}} \mathbb{E}_\theta(\phi) = \mathbb{E}_{\theta_0}(\phi).$$

Damit ist ϕ ein Test zum Niveau α für $H_0 : \theta \leq \theta_0$ und $H_1 : \theta > \theta_1$ und gleichmäßig bester Test für $H_0 : \theta = \theta_0$ und $H_1 : \theta > \theta_0$. Ist nun $\bar\phi$ ein beliebiger Test zum Niveau α für $H_0 : \theta \leq \theta_0$ und $H_1 : \theta > \theta_0$, so ist $\bar\phi$ ebenfalls ein Test zum Niveau α für $H_0 : \theta = \theta_0$ und $H_1 : \theta > \theta_0$. Daher ist ϕ auch gleichmäßig bester Test für die Hypothesen $H_0 : \theta \leq \theta_0$ und $H_1 : \theta > \theta_0$, was noch zu zeigen war. $\square$

Beispiel 16.11 (Beratungsbüro). In einem Beratungsbüro wird die Anzahl m der Beratungen pro Tag durch eine Poisson-Verteilung mit unbekanntem Parameter λ modelliert. Ist die durchschnittliche Anzahl der Beratungen pro Tag größer als ein spezieller Wert λ_0, so reichen die bestehenden Kapazitäten nicht aus und das Beratungsbüro muss erweitern. Da diese Maßnahmen mit größeren Investitionen verbunden sind, will man weitestgehend ausschließen, diese Investitionen unnötigerweise zu tätigen. Deshalb wählt man die Nullhypothese $H_0 : \lambda \leq \lambda_0$ und testet gegen die Hypothese $H_1 : \lambda > \lambda_0$ bei einem gewählten Testniveau α. Da als Entscheidungsgrundlage die Anzahl $\bar m_1, \ldots, \bar m_p$ der Beratungen an p verschiedenen Tagen zur Verfügung steht, verwendet man unter der Annahme der stochastischen Unabhängigkeit den statistischen Raum

$$(\mathbb{N}_0^p, \mathcal{P}(\mathbb{N}_0^p), \mathbb{P}_{\hat X, \mathcal{W}_{\lambda \in \mathbb{R}^+}})$$

mit den Dichten $f_{\hat X, \lambda} : \mathbb{N}_0^p \to \mathbb{R}_+$, $(m_1, \ldots, m_p) \mapsto \exp(-p\lambda) \prod_{i=1}^{p} \frac{\lambda^{m_i}}{m_i!}$, bezüglich des Zählmaßes.

Nach (16.3) und (16.4) wissen wir, dass die Familie $\mathbb{P}_{\hat X, \mathcal{W}_{\lambda \in \mathbb{R}^+}}$ von Bildmaßen bezüglich der suffizienten Statistik

$$\hat T : \mathbb{N}_0^p \to \mathbb{N}_0, \quad (m_1, \ldots, m_p) \mapsto \sum_{i=1}^{p} m_i$$

einen monotonen Dichtequotienten besitzt. Wir können also den gleichmäßig besten Test $\phi : \Psi \to [0,1]$,

$$x \mapsto \begin{cases} 1 \text{ für alle } x \text{ mit } \hat T(x) > a, \\ \gamma \text{ für alle } x \text{ mit } \hat T(x) = a, \\ 0 \text{ für alle } x \text{ mit } \hat T(x) < a, \end{cases}$$

anwenden.

Für $\alpha = 0.01$, $p = 10$ und $\lambda_0 = 10$ erhalten wir durch analoge Rechnungen, wie wir sie in Beispiel 16.6 durchgeführt haben,

$$a = 124 \quad \text{und} \quad \gamma \approx 0.5.$$

Somit sollte das Beratungsbüro erweitern, wenn in den zehn beobachteten Tagen zusammen mehr als 124 Beratungen durchgeführt wurden.   ◊

Ist auf Grund der unterschiedlichen Bedeutungen der Fehler 1. und 2. Art die Nullhypothese $H_0 : \theta \geq \theta_0$ gegen $H_1 : \theta < \theta_0$ zu testen, so gibt es analog zu Theorem 16.10 unter den entsprechenden Voraussetzungen ein $a \in \mathbb{R}$ und ein $\gamma \in [0, 1]$ derart, dass der Test $\phi : \Psi \to [0, 1]$,

$$x \mapsto \begin{cases} 1 \text{ für alle } x \text{ mit } T(x) < a, \\ \gamma \text{ für alle } x \text{ mit } T(x) = a, \\ 0 \text{ für alle } x \text{ mit } T(x) > a, \end{cases}$$

gleichmäßig bester Test unter allen Tests vom Testniveau $\alpha = \mathbb{E}_{\theta_0}(\phi)$ ist.

Zweiseitige Hypothesen

Zum Abschluss dieses Abschnittes über parametrische Tests soll noch kurz auf zweiseitige Hypothesen der Form

$$H_0 : \theta = \theta_0 \quad \text{und} \quad H_1 : \theta \neq \theta_0, \quad \Theta \subseteq \mathbb{R},$$

eingegangen werden.

Da es für Hypothesen dieser Art im Allgemeinen keinen gleichmäßig besten Test gibt, kann man sich im Prinzip auf zwei Arten helfen:

- Man schränkt die Menge der zulässigen Tests geeignet ein, so dass in dieser Menge ein gleichmäßig bester Test existiert. In der klassischen Testtheorie betrachtet man daher nur Tests, für die bei gegebenem Testniveau α der Fehler 2. Art kleiner oder gleich $1 - \alpha$ ist, also

$$\sup_{\theta \in \Theta_1} \mathbb{E}_\theta (1 - \phi) \leq 1 - \alpha.$$

Diese Tests werden „unverfälschte Tests" genannt. Die Namensgebung soll dabei suggerieren, dass nur solche Tests interessant sind. Man kann nun für spezielle einparametrige Exponentialfamilien, die einen monotonen Dichtequotienten besitzen, unter gewissen Regularitätsvoraussetzungen einen gleichmäßig besten Test unter allen unverfälschten Tests angeben.
- Ein weitaus pragmatischerer Weg, einen Test für zweiseitige Hypothesen zu finden, liegt in der Kombination von zwei Tests für einseitige Hypothesen. Seien dazu die Voraussetzungen von Theorem 16.10 erfüllt und das

Testniveau α vorgegeben, so bestimmt man zunächst zum Testniveau $\frac{\alpha}{2}$ einen gleichmäßig besten Test $\phi_1 : \Psi \to [0,1]$,

$$x \mapsto \begin{cases} 1 & \text{für alle } x \text{ mit } T(x) > a_1, \\ \gamma_1 & \text{für alle } x \text{ mit } T(x) = a_1, \\ 0 & \text{für alle } x \text{ mit } T(x) < a_1, \end{cases}$$

für die Hypothesen

$$H_0 : \theta \le \theta_0 \quad \text{und} \quad H_1 : \theta > \theta_0$$

durch geeignete Wahl von $a_1 \in \mathbb{R}$ und $\gamma_1 \in [0,1]$.

Im zweiten Schritt bestimmt man zum Testniveau $\frac{\alpha}{2}$ einen gleichmäßig besten Test $\phi_2 : \Psi \to [0,1]$,

$$x \mapsto \begin{cases} 1 & \text{für alle } x \text{ mit } T(x) < a_2, \\ \gamma_2 & \text{für alle } x \text{ mit } T(x) = a_2, \\ 0 & \text{für alle } x \text{ mit } T(x) > a_2, \end{cases}$$

für die Hypothesen

$$H_0 : \theta \ge \theta_0 \quad \text{und} \quad H_1 : \theta < \theta_0$$

durch geeignete Wahl von $a_2 \in \mathbb{R}$ und $\gamma_2 \in [0,1]$.

Wegen des Testniveaus $\frac{\alpha}{2}$ ergeben sich die Parameter a_1 und γ_1 im ersten Test genau wie im Beweis des Neyman-Pearson-Lemmas 16.4 aus der Gleichung

$$1 - \frac{\alpha}{2} = \mathbb{P}_{X, \mathcal{W}_{\theta_0}}(\{x \in \Psi : T(x) \le a_1\}) - \gamma_1 \mathbb{P}_{X, \mathcal{W}_{\theta_0}}(\{x \in \Psi : T(x) = a_1\}).$$

Analoge Überlegungen führen für den zweiten Test zum Niveau $\frac{\alpha}{2}$ zu der Bestimmungsgleichung

$$\frac{\alpha}{2} = \mathbb{P}_{X, \mathcal{W}_{\theta_0}}(\{x \in \Psi : T(x) \le a_2\}) + (\gamma_2 - 1)\mathbb{P}_{X, \mathcal{W}_{\theta_0}}(\{x \in \Psi : T(x) = a_2\})$$

für die Parameter a_2 und γ_2. Aus $\alpha < 1$ folgt stets, dass $a_1 \ge a_2$ gilt. Daher können wir für den Fall $a_1 > a_2$ die beiden Tests ϕ_1 und ϕ_2 zu einem Test $\phi : \Psi \to [0,1]$,

$$x \mapsto \begin{cases} 1 & \text{für alle } x \text{ mit } T(x) > a_1 \text{ oder } T(x) < a_2, \\ \gamma_1 & \text{für alle } x \text{ mit } T(x) = a_1, \\ \gamma_2 & \text{für alle } x \text{ mit } T(x) = a_2, \\ 0 & \text{für alle } x \text{ mit } a_1 > T(x) > a_2, \end{cases}$$

für die Hypothesen

$$H_0 : \theta = \theta_0 \quad \text{und} \quad H_1 : \theta \ne \theta_0, \quad \Theta \subseteq \mathbb{R},$$

kombinieren. Dieser Test besitzt das Testniveau α. Interessant ist, dass diese Herleitung genau den gleichen Test für zweiseitige Hypothesen ergibt, der auch durch die theoretisch aufwändigere Betrachtung unverfälschter Tests als gleichmäßig bester Test hergeleitet werden kann.

Im (wenig praxisrelevanten) Fall $\mathbb{P}_{X,\mathcal{W}_{\theta_0}}(\{x \in \Psi : T(x) = a_1\}) > 1 - \alpha$ folgt $a_1 = a_2$. Formal erhält man dann $\phi : \Psi \to [0,1]$,

$$x \mapsto \begin{cases} 1 & \text{für alle } x \text{ mit } T(x) \neq a_1, \\ \gamma_1 + \gamma_2 & \text{für alle } x \text{ mit } T(x) = a_1, \end{cases}$$

als Test zum Testniveau α für die Hypothesen $H_0 : \theta = \theta_0$ und $H_1 : \theta \neq \theta_0$, $\Theta \subseteq \mathbb{R}$.

16.3 Nichtparametrische Tests

Bisher haben wir vorausgesetzt, dass die Familie $\mathbb{P}_{X,\mathcal{W}}$ der zu betrachtenden Wahrscheinlichkeitsmaße in einem statistischen Raum $(\Psi, \mathcal{G}, \mathbb{P}_{X,\mathcal{W}})$ in der Form $\mathbb{P}_{X,\mathcal{W}_{\theta \in \Theta}}$ gegeben ist. Obwohl man jede Menge von Wahrscheinlichkeitsmaßen in dieser Form darstellen kann, unterstellt man mit der gewählten Schreibweise, dass die Art der zu Grunde liegenden Verteilungen wohlbekannt ist und nur der Parameter θ unbekannt ist (zum Beispiel die Normalverteilung mit unbekanntem Erwartungsvektor). Auf der anderen Seite weiß man aber oft nicht, welcher Typ von Verteilungen vorliegt. Für solche Situationen stehen so genannte nichtparametrische Tests zur Verfügung. Wir betrachten in diesem Abschnitt einen typischen und wichtigen Spezialfall. Immer wieder kommt es in Anwendungen vor, dass die Wirksamkeit einer Methode, die Unschädlichkeit eines Mittels oder der Einfluss irgendwelcher anderer Faktoren statistisch bewertet werden sollen. Konkret kann es dabei z.B. um die Frage gehen, ob ein Medikament eine bestimmte Nebenwirkung hat oder nicht, oder ob Mäuse, mit denen man trainiert hat, den Ausweg aus einem Labyrinth schneller finden als untrainierte Artgenossen.

Ordnungs- und Rangstatistik

Wir betrachten folgende Situation: Sei $\Psi = \mathbb{R}^n, n \in \mathbb{N}$, und jedes Wahrscheinlichkeitsmaß in $\mathbb{P}_{X,\mathcal{W}}$ sei durch eine reelle λ^n-Dichte $f_n : \mathbb{R}^n \to \mathbb{R}_+$ in der Form

$$f_n(x) = \prod_{i=1}^{n} f(x_i)$$

beschreibbar, wobei $f : \mathbb{R} \to \mathbb{R}_+$ eine stetige (aber unbekannte) λ-Dichte bezeichnet. Ferner setzen wir voraus, dass eine gegebene Stichprobe $\bar{x} \in \mathbb{R}^n$ lediglich eine Rangfolge (Benotung) repräsentiert. Wegen der Stetigkeit von f sind mit Wahrscheinlichkeit 1 alle Komponenten von $\bar{x}$ paarweise verschieden.

Davon gehen wir im Folgenden aus.

Da die Stichprobe lediglich als Rangfolge interpretiert werden soll, wollen wir diese Stichprobe der Größe nach sortieren. Dazu sei $s : \{1, \ldots, n\} \to \{1, \ldots, n\}$ eine Permutation auf $\{1, \ldots, n\}$, von denen es bekanntlich $n!$ gibt. Die Menge dieser $n!$ Permutationen bezeichnen wir mit Π. Wendet man eine Permutation der Menge $\{1, \ldots, n\}$ auf die Indizes eines Vektors $x \in \mathbb{R}^n$ an, so bedeutet dies eine Umnummerierung der Komponenten von x. Eine Sortierung der Komponenten unserer Stichprobe $\bar{x}$ der Größe nach bedeutet also die Anwendung einer speziellen Permutation s auf die Indizes von $\bar{x}$. Wir betrachten somit eine Abbildung

$$R : \mathbb{R}^n \to \Pi, \quad x \mapsto s = R(x),$$

die jeder möglichen Stichprobe $\bar{x} \in \mathbb{R}^n$ (mit paarweise verschiedenen Einträgen) genau die Permutation s zuordnet, für die gilt:

$$\bar{x}_{s(1)} < \ldots < \bar{x}_{s(n)}.$$

Mit dem Messraum $(\Pi, \mathcal{P}(\Pi))$ wird die Abbildung R $\mathcal{B}^n$-$\mathcal{P}(\Pi)$-messbar und wird als Rangstatistik bezeichnet. Die Abbildung

$$T : \mathbb{R}^n \to \mathbb{R}^n, \quad (x_1, \ldots, x_n) \mapsto (x_{s(1)}, \ldots, x_{s(n)}),$$

ist $\mathcal{B}^n$-$\mathcal{B}^n$-messbar und wird als Ordnungsstatistik bezeichnet.

Unter den obigen Voraussetzungen gilt:

- Die Zufallsvariable R ist gleichverteilt, also

$$\mathbb{P}_X(\{x \in \mathbb{R}^n : R(x) = s\}) = \frac{1}{n!}$$

für alle $s \in \Pi$ und alle $\mathbb{P}_X \in \mathbb{P}_{X,\mathcal{W}}$ (also ohne konkrete Festsetzung der λ-Dichte f). Denn mit $G := \{x \in \mathbb{R}^n : x_1 < x_2 < \ldots < x_n\}$ erhalten wir wegen $f_n(x) = \prod\limits_{i=1}^{n} f(x_i)$:

$$\mathbb{P}_X(\{x \in \mathbb{R}^n : R(x) = s\}) = \mathbb{P}_X(\{x \in \mathbb{R}^n : (x_{s(1)}, \ldots, x_{s(n)}) \in G\})$$
$$= \underbrace{\mathbb{P}_X(\{x \in \mathbb{R}^n : (x_1, \ldots, x_n) \in G\})}_{\text{unabhängig von } s} \quad \text{für alle } s \in \Pi.$$

Da aber $|\Pi| = n!$, folgt $\mathbb{P}_X(\{x \in \mathbb{R}^n : R(x) = s\}) = \frac{1}{n!}$.

- Die Zufallsvariablen R und T sind für alle Wahrscheinlichkeitsmaße $\mathbb{P}_X \in \mathbb{P}_{X,\mathcal{W}}$ unabhängig, denn mit messbarem

$$D \subseteq G = \{x \in \mathbb{R}^n : x_1 < x_2 < \ldots < x_n\}$$

gilt:

$$\mathbb{P}_X(\{x \in \mathbb{R}^n : (R(x) = s) \wedge (T(x) \in D)\})$$
$$= \mathbb{P}_X(\{x \in \mathbb{R}^n : (x_{s(1)}, \ldots, x_{s(n)}) \in D\})$$
$$= \mathbb{P}_X(\{x \in \mathbb{R}^n : (x_1, \ldots, x_n) \in D\})$$
$$= \frac{1}{n!} \sum_{s \in \Pi} \mathbb{P}_X(\{x \in \mathbb{R}^n : (x_1, \ldots, x_n) \in D\})$$
$$= \frac{1}{n!} \sum_{s \in \Pi} \mathbb{P}_X(\{x \in \mathbb{R}^n : (x_{s(1)}, \ldots, x_{s(n)}) \in D\})$$
$$= \mathbb{P}_X(\{x \in \mathbb{R}^n : R(x) = s\}) \cdot \mathbb{P}_X(\{x \in \mathbb{R}^n : T(x) \in D\}).$$

Wilcoxon-Rangstatistiktest

Wir wollen diese Ergebnisse nun auf die eingangs geschilderten Vergleichs-situationen anwenden. Dazu sei $(\Omega, \mathcal{S}, \mathcal{W})$ gegeben. Wir betrachten zwei Zu-fallsvariablen $X : \Omega \to \mathbb{R}^n$ und $Y : \Omega \to \mathbb{R}^k$ unter folgenden Voraussetzungen:

- X und Y sind für alle Wahrscheinlichkeitsmaße in $\mathcal{W}$ unabhängig.
- Jedes mögliche Bildmaß $\mathbb{P}_{X,\mathcal{W}}$ ist durch eine reelle λ^n-Dichte $f_n : \mathbb{R}^n \to \mathbb{R}_+$ in der Form

$$f_n(x) = \prod_{i=1}^{n} f(x_i)$$

beschreibbar, wobei $f : \mathbb{R} \to \mathbb{R}_+$ eine stetige (aber unbekannte) λ-Dichte bezeichnet.
- Jedes mögliche Bildmaß $\mathbb{P}_{Y,\mathcal{W}}$ ist durch eine reelle λ^k-Dichte $g_k : \mathbb{R}^k \to \mathbb{R}_+$ in der Form

$$g_k(x) = \prod_{i=1}^{k} g(x_i)$$

beschreibbar, wobei $g : \mathbb{R} \to \mathbb{R}_+$ eine stetige (aber unbekannte) λ-Dichte bezeichnet.

Wir haben es also mit zwei statistischen Räumen

$$(\mathbb{R}^n, \mathcal{B}^n, \mathbb{P}_{X,\mathcal{W}}) \quad \text{und} \quad (\mathbb{R}^k, \mathcal{B}^k, \mathbb{P}_{Y,\mathcal{W}})$$

zu tun. Zur Veranschaulichung betrachten wir den Vergleich von zwei Grup-pen von Mäusen, die den Ausgang eines Labyrinths finden sollen. Der erste statistische Raum repräsentiert z.B. diejenigen Mäuse, mit denen das Auffin-den des Ausgangs im Labyrinth nicht trainiert wurde, der zweite Raum steht für die trainierten Mäuse. Um die Effizienz des Trainings nachzuweisen, stellt sich die Frage, ob die Verteilungen beider Gruppen gleich sind oder die Vertei-lung der zweiten Gruppe kleiner ist (die Mäuse schneller den Ausgang finden). Daher soll der Rangstatistiktest von Wilcoxon die Frage beantworten, ob die Verteilungsfunktion

$$G : \mathbb{R} \to [0,1], \quad x \mapsto \int\limits_{-\infty}^{x} g(t)dt,$$

für jedes $x \in \mathbb{R}$ kleiner ist als die Verteilungsfunktion

$$F : \mathbb{R} \to [0,1], \quad x \mapsto \int\limits_{-\infty}^{x} f(t)dt.$$

Getestet wird also die Nullhypothese

$$H_0 : G(x) = F(x) \quad \text{für alle } x \in \mathbb{R}$$

gegen die Hypothese

$$H_1 : G(x) < F(x) \quad \text{für alle } x \in \mathbb{R}.$$

Warum gerade diese Reihenfolge der Hypothesen gewählt wurde, wird sich noch zeigen. Es seien

$$\psi = (\psi_1, \ldots, \psi_n) \quad \text{bzw.} \quad \xi = (\xi_1, \ldots, \xi_k)$$

Realisierungen der statistischen Räume $(\mathbb{R}^n, \mathcal{B}^n, \mathbb{P}_{X,\mathcal{W}})$ bzw. $(\mathbb{R}^k, \mathcal{B}^k, \mathbb{P}_{Y,\mathcal{W}})$. Die Gegenhypothese würde bedeuten, dass kleinere Werte für die Komponenten von ξ zu erwarten sind als für die Komponenten von ψ (die trainierten Mäuse finden den Ausgang schneller). Setzt man nun voraus, dass die $n + k$ reellen Zahlen

$$\psi_1, \ldots, \psi_n, \xi_1, \ldots, \xi_k$$

wieder nur eine Rangfolge festlegen, so kann man mit Hilfe einer Permutation s auf $\{1, 2, \ldots, n+k\}$ diese Zahlen der Größe nach aufsteigend ordnen. Sollte die Gegenhypothese richtig sein, so würde man für $s(n + 1), \ldots, s(n + k)$ relativ kleine Zahlen erwarten, da die $\xi_1, \ldots, \xi_k$ nach der Umsortierung relativ früh auftauchen müssten. Die Testvorschrift des Wilcoxon-Rangstatistiktests lautet daher:

$$\sum_{i=1}^{k} s(n + i) < a \quad \Longrightarrow \quad H_0 \text{ ablehnen.}$$

Die Wahl des Parameters $a \in \mathbb{N}$, für den offensichtlich $a > \frac{k(k+1)}{2}$ gelten muss, ergibt sich nun aus dem gewünschten Testniveau α, das ja den Fehler 1. Art darstellt (die Nullhypothese wird abgelehnt, obwohl sie richtig ist). Auf Grund der Wahl unserer Hypothesen können wir diesen Fehler aber ausrechnen; wenn die Nullhypothese richtig ist, sind die zwei Stichproben ψ und ξ als eine Stichprobe ρ der Dimension $n+k$ interpretierbar. Für die entsprechenden Rang- und Ordnungsstatistiken gelten die obigen Eigenschaften; insbesondere ist dann die Rangstatistik gleichverteilt. Für jedes gewählte a kann nun die Wahrscheinlichkeit

$$\alpha = \mathbb{P}(\{\omega \in \Omega : \sum_{i=1}^{k} R(X(\omega), Y(\omega))(n+i) < a\})$$

und somit das Testniveau berechnet werden, wobei mit $R(X(\omega), Y(\omega))$ die gemeinsame Rangstatistik der beiden Stichproben bezeichnet wird. Umgekehrt kann so zu einem gewählten Testniveau das größte ganzzahlige a berechnet werden, so dass das Testniveau sicher unterschritten wird. Ein Ausschnitt aus den entsprechenden Quantiltafeln für den Fall $n = k$ (also dem typischen Fall gleich großer Stichproben in beiden Gruppen) ist in Tabelle 16.1 wiedergegeben. So bedeutet z.B. die 46 in der zweiten Zeile, dass für Stichproben der

$n = k$	5	6	7	8	9	10
$\alpha = 1\%$	17	25	35	46	60	75
$\alpha = 5\%$	20	29	40	52	66	83

Tabelle 16.1. Quantile für den Wilcoxon-Rangstatistiktest

Länge 8 die Summe der Ränge von Y kleiner 46 sein müssen, um bei einem Testniveau von 1% die Nullhypothese abzulehnen:

$$\mathbb{P}(\{\omega \in \Omega; \sum_{i=1}^{8} R(X(\omega), Y(\omega))(n+i) < 46\}) \le 0.01 = \alpha,$$

diese Ungleichung für $a = 47$ jedoch nicht mehr gilt.

Beispiel 16.12 (Mäuse). Betrachten wir als konkretes Beispiel eine untrainierte Gruppe X von 6 Mäusen, die den Ausgang eines Labyrinths finden sollen,

Gruppe X	23	25	13	38	33	36
Gruppe Y	19	11	14	32	22	10

Tabelle 16.2. Zeiten (in Sek.) trainierter (Y) und untrainierter (X) Mäuse

gegenüber einer trainierten Gruppe Y von ebenfalls 6 Mäusen. Führt das Training zum schnelleren Auffinden des Ausgangs? In Tabelle 16.2 sind die gemessenen Zeiten aufgeführt. Daraus ergibt sich als gemeinsame Rangstatistik von X und Y:

$$s = \begin{pmatrix} 1 & 2 & 3 & 4 & 5 & 6 & 7 & 8 & 9 & 10 & 11 & 12 \\ 7 & 8 & 3 & 12 & 10 & 11 & 5 & 2 & 4 & 9 & 6 & 1 \end{pmatrix}.$$

Daraus folgt

$$\sum_{i=1}^{6} s(6+i) = 5 + 2 + 4 + 9 + 6 + 1 = 27.$$

Tabelle 16.1 entnehmen wir, dass wir zum Testniveau 5% ($27 < 29$) die Nullhypothese ablehnen können, während zum Testniveau 1% ($27 > 25$) der Unterschied zwischen trainierten und untrainierten Mäusen noch nicht groß genug ist.   ◊

16.4 Anwendung medizinische Biometrie: Arzneimittelprüfung

Die medizinische Biometrie, im Rahmen des Medizinstudiums auch Biomathematik genannt, stellt die Verbindung zwischen Medizin und Mathematik, insbesondere der Statistik her. Die Werkzeuge der Mathematik bzw. Statistik werden in der Biometrie verwendet, um medizinische Phänomene durch mathematische Modelle zu beschreiben und gegebenenfalls medizinische Fragestellungen zu lösen. Ein typisches Einsatzgebiet der Biometrie ist die Arzneimittelprüfung, auf die wir in dieser Anwendung eingehen wollen.

Bevor in Deutschland ein neues Arzneimittel auf den Markt gelangt, müssen Studien über seine Wirksamkeit vorliegen. Die Grundlagen für solche Arzneimittelprüfungen sind in mehreren Gesetzen und Verordnungen geregelt, z.B. im Arzneimittelgesetz. So darf eine Arzneimittelprüfung am Menschen nur dann durchgeführt werden, wenn „*die Risiken, die mit ihr für die Person verbunden sind, [. . .], gemessen an der voraussichtlichen Bedeutung des Arzneimittels für die Heilkunde ärztlich vertretbar sind*" (Arzneimittelgesetz §40). Weiter muss das Einverständnis des Patienten vorliegen, ein erfahrener Arzt muss die Durchführung begleiten, der Patient muss gegen potentielle Schäden versichert werden etc. Insgesamt sind die Anforderungen an die methodischen Grundlagen sowie an die Qualität einer Arzneimittelprüfung außerordentlich hoch.

Struktur einer Arzneimittelprüfung

Zur Strukturierung einer Arzneimittelprüfung haben sich vier Phasen etabliert. Im Allgemeinen steigt die Anzahl behandelter Personen und die Dauer der Behandlung von Phase zu Phase an.

Phase I: Das Medikament wird zum ersten Mal an (gesunden) Menschen eingesetzt. Ziele der Untersuchung sind etwa Fragen der Verträglichkeit bei verschiedenen Dosierungen oder der biochemischen Folgen des Präparats im Organismus.

Phase II: Das Medikament wird zum ersten Mal an Patienten erprobt. Es sollen die erwarteten *Wirkungen* überprüft sowie erste Ergebnisse zur Arzneimittelsicherheit gesammelt werden. Außerdem dient diese Phase zur Bestimmung der Dosis-Wirkungsrelation.

Phase III: In dieser Phase soll die *Wirksamkeit* und Sicherheit des Medikaments im Vergleich zu einer Standardtherapie oder einem Plazebo nachgewiesen werden. Dazu wird eine größere Anzahl von Patienten unter Praxisbedingungen untersucht.

Phase IV: Diese Phase umfasst alle Untersuchungen, die nach der Zulassung des Medikaments erfolgen. Diese beziehen sich z.B. auf die Arzneimittelsicherheit oder auf den Vergleich mit einer anderen Therapie.

Natürlich gibt es Fälle, in denen mehr Phasen unterschieden werden, einzelne Phasen nicht scharf getrennt werden können oder Phasen anders aufgebaut sind. So kann es vorkommen, dass bereits in Phase I erkrankte Personen untersucht werden (z.B. in der Onkologie).

Methodik

Es gibt zahlreiche Fehlerquellen, die Arzneimittelprüfungen von vornherein unsinnig machen. Die wichtigsten methodischen Prinzipien zur Vermeidung von Fehlern wollen wir am Beispiel einer randomisierten Doppelblindstudie, wie sie in Phase III erfolgen könnte, erläutern:

Strukturgleichheit: Typischerweise werden die Patienten in zwei Gruppen eingeteilt, von denen eine mit dem Prüfpräparat (Verum) und die andere mit einem Kontrollpräparat (z.B. einem Plazebo) behandelt wird. Diese sollen strukturgleich sein, d.h. z.B. aus der gleichen Altersgruppe stammen, die gleiche Risikoexposition und den gleichen Schweregrad der Erkrankung besitzen. Um dies zu erreichen, werden die Patienten rein zufällig auf die zwei Gruppen verteilt. Diese zufällige Zuteilung zur Vermeidung unerwünschter Störeinflüsse wird Randomisierung (nicht zu verwechseln mit der Randomisierung eines Tests) genannt. Die Randomisierung darf keinerlei Eigenschaften eines Patienten in den Auswahlprozess einbeziehen.

Beobachtungsgleichheit: Die Beobachtungsgleichheit der Vergleichsgruppen erfordert z.B. die Verwendung der gleichen Messverfahren sowie der gleichen Dokumentationstechnik. Weiterhin müssen beide Gruppen zu gleichen Zeitpunkten und mit der gleichen Beobachtungstechnik, z.B. doppelblind, untersucht werden. Die Doppelblindheit bedeutet, dass weder der Patient noch der behandelnde Arzt weiß, ob der Patient das Verum oder das Plazebo bekommt.

Zielkriterium: Unverzichtbare Voraussetzung für die Durchführung einer Prüfung ist die vor Beginn der Studie erfolgte Festlegung eines Zielkriteriums. Dies kann z.B. die Messung eines bestimmten Wertes 8 Wochen nach Behandlungsbeginn sein. Natürlich muss es sich bei der Zielvariable um eine Größe handeln, deren Relevanz für die Wirksamkeit des Medikaments bekannt ist.

Verallgemeinerbarkeit: Patienten werden nach bestimmten Kriterien zu einer Studie zugelassen oder aber von der Studie ausgeschlossen. Diese Ein- und Ausschlusskriterien sollen einerseits die Indikation sichern sowie die möglichen Risiken beschränken. Andererseits müssen sie sicherstellen, dass die Ergebnisse verallgemeinerbar sind.

Ein t-Test für unabhängige Stichprobenvariablen

Um einen Test zu beschreiben, der in Phase III einer Arzneimittelprüfung verwendet werden könnte, wollen wir von folgender Situation ausgehen: Zwei gleich große Patientengruppen werden mit einem neuen Präparat (Verum) bzw. einer Alternative (z.B. einem Plazebo oder einer Standardtherapie) behandelt. Wir bezeichnen mit $V_1, \ldots, V_n$ bzw. $U_1, \ldots, U_n$ die Zufallsvariablen, die die Zielvariable für die zwei Patientengruppen beschreiben. Wir gehen davon aus, dass $V_1, \ldots, V_n, U_1, \ldots, U_n$ unabhängig und normalverteilt mit konstanter Varianz σ^2 sind, $V_1, \ldots, V_n$ den Erwartungswert μ_1, und $U_1, \ldots, U_n$ den Erwartungswert μ_2 besitzen. Sollte das neue Präparat wirksam sein, sollte sich der Erwartungswert μ_1 bei den behandelten Patienten $V_1, \ldots, V_n$ von dem Erwartungswert μ_2 der Patienten $U_1, \ldots, U_n$ unterscheiden. Um dies zu testen, stellen wir die Hypothesen

$$H_0 : \mu_1 = \mu_2 \quad \text{und} \quad H_1 : \mu_1 \neq \mu_2$$

auf. Zur Formulierung eines passenden Tests definieren wir

$$\bar{U} := \frac{1}{n} \sum_{i=1}^n U_i, \quad \bar{V} := \frac{1}{n} \sum_{i=1}^n V_i,$$

$$S_U^2 := \frac{1}{n-1} \sum_{i=1}^n (U_i - \bar{U})^2, \quad S_V^2 := \frac{1}{n-1} \sum_{i=1}^n (V_i - \bar{V})^2$$

sowie die Zufallsvariable

$$\hat{T} := \frac{\bar{V} - \bar{U}}{\sqrt{S_U^2 + S_V^2}} \sqrt{n}.$$

Für eine Realisierung $u = (u_1, \ldots, u_n) = (U_1(\hat{\omega}), \ldots, U_n(\hat{\omega}))$ und $v = (v_1, \ldots, v_n) = (V_1(\hat{\omega}), \ldots, V_n(\hat{\omega}))$ setzen wir $T(u, v) := \hat{T}(\hat{\omega})$. Sei $\alpha \in \,]0, 1[$ das gewählte Testniveau. Im Rahmen der Testtheorie erhält man für diese Situation den folgenden Test (ganz ähnliche Tests werden wir in Abschnitt 17.3 herleiten):

$$\phi : \mathbb{R}^{2n} \to \{0,1\}, \quad (u,v) \mapsto \begin{cases} 1 \text{ für alle } y \text{ mit } |T(u,v)| > t_{2n-2,1-\frac{\alpha}{2}}, \\ 0 \text{ für alle } y \text{ mit } |T(u,v)| \leq t_{2n-2,1-\frac{\alpha}{2}}. \end{cases}$$

Dabei bezeichnet $t_{2n-2,1-\frac{\alpha}{2}}$ das $(1 - \frac{\alpha}{2})$-Quantil der so genannten t_{2n-2}-Verteilung (vgl. für die Definition Lemma 17.7). Eine Tabelle mit den Quantilen dieser Verteilung befindet sich in Anhang C in Abschnitt C.2.

In diesem Zusammenhang heißt $\hat{T}$ Teststatistik und $T(u,v)$ Prüfgröße. Ist der Betrag $|T(u,v)|$ der Prüfgröße größer als ein bestimmtes, vom Testniveau abhängiges Quantil (hier der t-Verteilung), so wird die Nullhypothese abgelehnt. Da es sich hier um ein Quantil der t-Verteilung handelt, heißt dieser Test auch t-Test für unabhängige Stichproben.

Prüfung eines Blutdrucksenkers

Wir wollen eine Arzneimittelprüfung in Phase III mit obigem t-Test am Beispiel eines Blutdrucksenkers, den wir Mathol nennen, durchführen. Um die Wirksamkeit nachzuweisen, wurde eine randomisierte Doppelblindstudie mit einem Plazebo durchgeführt. Es wurden also rein zufällig zwei Patientengruppen gebildet, denen über einen Zeitraum von 6 Monaten Mathol bzw. ein äußerlich in keiner Hinsicht unterscheidbares Plazebo verabreicht wurde. Als Zielkriterium wurde die Differenz des Blutdrucks zwischen Behandlungsbeginn und dem Ende der sechsmonatigen Behandlungsphase festgelegt. Tabelle 16.3 zeigt die Werte des Zielkriteriums bei zwei mal 10 Patienten aus einer der beteiligten internistischen Praxen. Als Testniveau für die Prüfung war

Verum-Gruppe V	-42	-25	13	-22	-19	-45	-22	8	0	- 33
Plazebo-Gruppe U	-12	15	3	5	-10	5	0	6	-24	- 3

Tabelle 16.3. Differenzwert des Blutdrucks nach 6 Monaten

$\alpha = 0.05$ vorgesehen. Um die Prüfgröße zu bestimmen, berechnen wir die Mittelwerte

$$\bar{V}(\hat{\omega}) \simeq -18.70, \quad \bar{U}(\hat{\omega}) \simeq -1.50,$$

sowie

$$S_V^2(\hat{\omega}) \simeq 396.46, \quad S_U^2(\hat{\omega}) \simeq 125.17.$$

Damit erhalten wir die Prüfgröße

$$T(u,v) = \frac{\bar{V}(\hat{\omega}) - \bar{U}(\hat{\omega})}{\sqrt{S_U^2(\hat{\omega}) + S_V^2(\hat{\omega})}} \sqrt{n} \simeq \frac{-18.70 - (-1.50)}{\sqrt{396.46 + 125.17}} \sqrt{10} \simeq -2.38.$$

Der Tabelle C.2 entnimmt man das 97.5%-Quantil der t-Verteilung mit 18 Freiheitsgraden: $t_{18,0.975} \simeq 2.101$. Wegen

$$|T(u,v)| \simeq 2.38 > t_{18,0.975} \simeq 2.101$$

ist die Nullhypothese abzulehnen. Das Testresultat legt also die Wirksamkeit des Präparats nahe.

Es mag auf den ersten Blick verwundern, dass wir einen zweiseitigen Test betrachten haben, da wir hauptsächlich an einer Überlegenheit des Verums gegenüber dem Standard oder einem Plazebo interessiert sind. Dies ist jedoch deshalb sinnvoll, da auch die Unterlegenheit nicht ohne Konsequenzen bleibt. So könnten etwa alle weiteren klinischen Studien mit diesem Präparat abgebrochen werden.

Signifikanz-, Relevanz-, Äquivalenztests

Zum Abschluss stellen wir einige weitere Fragestellungen und Hypothesen vor, die im Zusammenhang mit Arzneimittelprüfungen plausibel sind. Unser obiger t-Test ist so konstruiert, dass die Übereinstimmung eines Parameters als Nullhypothese dient. Er soll also mit hoher Wahrscheinlichkeit Abweichungen von der Übereinstimmung erkennen. Solche Tests heißen Signifikanztests. Über die Größe der Abweichung sagen sie zunächst nichts aus. Es sollte durch die Versuchsplanung, z.B. durch die Wahl des Stichprobenumfangs, gewährleistet sein, dass erst relevante Abweichungen zu einer entsprechenden Ablehnung der Nullhypothese führen. Diesen Aspekt kann man allerdings auch direkt einfließen lassen, indem man die Hypothesen anders wählt:

$$H_0 : |\mu_1 - \mu_2| \leq \delta, \quad H_1 : |\mu_1 - \mu_2| > \delta.$$

Der Unterschied der Erwartungswerte muss in diesem Fall die Größe δ übersteigen, damit der Test entsprechend reagiert. Diese Tests heißen Relevanztests, da man Abweichungen um weniger als δ als irrelevant betrachtet. Ihre Konstruktion ist im Allgemeinen wesentlich komplizierter. Einfacher hingegen ist die entsprechende einseitige Fragestellung, bei der also z.B. getestet wird, ob das Verum den Standard um mindestens δ übertrifft:

$$H_0 : \mu_2 - \mu_1 \leq \delta, \quad H_1 : \mu_2 - \mu_1 > \delta.$$

Ein solcher Nachweis kann z.B. dann gefordert werden, wenn mit dem neuen Präparat starke Nebenwirkungen auftreten, die nur bei einer deutlichen Verbesserung um mindestens δ in Kauf genommen werden.

Denkbar ist auch die umgekehrte Fragestellung: Ist die bisherige Standardbehandlung mit schweren Nebenwirkungen verbunden oder sehr teuer, wird man eine gewisse Unterlegenheit vom Maß δ des neuen Präparats akzeptieren, wenn es die entsprechenden Nachteile nicht hat. Dies führt zu den Hypothesen

$$H_0 : \mu_2 - \mu_1 \leq -\delta, \quad H_1 : \mu_2 - \mu_1 > -\delta.$$

Einen solchen Test nennt man Test auf höchstens irrelevanten Unterschied, oder kurz Äquivalenztest.

17

Lineare statistische Modelle

17.1 Das lineare Modell

In vielen Anwendungen hängen beobachtbare Daten linear von gewissen Parametern ab. Bei konkreten Messungen treten jedoch zufällige Messfehler auf, so dass die Koeffizienten nicht unmittelbar bestimmt werden können. Lineare statistische Modelle dienen unter anderem dazu, trotz der Störung durch Messfehler o.Ä. auf Grundlage der gemessenen Daten die Koeffizienten und damit den linearen Zusammenhang zu bestimmen.

Ausgangspunkt der linearen statistischen Modelle ist ein statistischer Raum

$$(\mathbb{R}^n, \mathcal{B}^n, \mathbb{P}_{Y,\theta \in \Theta}).$$

Das Besondere des statistischen Raumes $(\mathbb{R}^n, \mathcal{B}^n, \mathbb{P}_{Y,\theta \in \Theta})$ besteht nun in der Tatsache, dass über $\mathbb{P}_{Y,\theta \in \Theta}$ nur der Erwartungswert von Y in Form einer Linearkombination der Vektoren $x_1, \ldots, x_p$ mit unbekannten Linearfaktoren $\beta \in \mathbb{R}^p$ und lediglich die Kovarianzmatrix von Y in Form eines Vielfachen der Einheitsmatrix mit unbekanntem Koeffizienten $\sigma^2 > 0$ bekannt sind. Daher modelliert man Y durch

$$Y = \mathbf{X}\beta + E,$$

mit einer Matrix $\mathbf{X} = (x_1, \ldots, x_p) \in \mathbb{R}^{n,p}$ und einer n-dimensionalen reellen Zufallsvariablen E. Im Gegensatz zu den bisher betrachteten statistischen Räumen parametrisiert $\theta = (\beta, \sigma^2) \in \mathbb{R}^p \times \mathbb{R}_+$ in einem linearen Modell also die Familie der Zufallsvariablen $Y = Y(\theta)$ und damit nur mittelbar die Familie der induzierten Verteilungen $\mathbb{P}_{Y,\theta \in \Theta}$. Wir fassen zusammen:

Definition 17.1 (lineares Modell). *Es sei* $\mathbf{X} \in \mathbb{R}^{n,p}$ *eine Matrix,* $\beta \in \mathbb{R}^p$ *und* $\sigma^2 > 0$. *Ferner sei* E *eine* n-*dimensionale Zufallsvariable mit*

$$\mathbb{E}_{(\beta,\sigma^2)}(E) = 0 \quad und \quad \mathrm{Cov}_{(\beta,\sigma^2)}(E) = \sigma^2 \mathbf{I}.$$

Dann heißt ein statistischer Raum

$$(\mathbb{R}^n, \mathcal{B}^n, \mathbb{P}_{Y,\theta \in \Theta}), \quad \theta = (\beta, \sigma^2) \in \mathbb{R}^p \times \mathbb{R}_+ = \Theta,$$

mit

$$Y = \mathbf{X}\beta + E$$

lineares Modell.

Die Matrix $\mathbf{X} \in \mathbb{R}^{n,p}$ wird als Designmatrix bezeichnet und besteht aus den Spalten $x_1, \ldots, x_p \in \mathbb{R}^n$. Diese wiederum heißen Regressoren. Die Forderungen an E stellen sicher, dass

$$\mathbb{E}_{(\beta,\sigma^2)}(Y) = \mathbf{X}\beta \quad und \quad \mathrm{Cov}_{(\beta,\sigma^2)}(Y) = \sigma^2 \mathbf{I}$$

gilt. Die Komponenten von $Y_1, \ldots, Y_n$ von Y haben also i.A. unterschiedliche Erwartungswerte, sind paarweise unkorreliert und haben die gemeinsame Varianz σ^2.

Das lineare Regressionsmodell

Eine typische Anwendung linearer Modelle tritt bei linearen physikalischen Gesetzen auf, wie im nachfolgenden Beispiel.

Beispiel 17.2 (Hookesches Gesetz). Die Längenänderung Δl einer Feder ist proportional zur dehnenden Kraft F. Die Proportionalitätskonstante D wird als Federkonstante bezeichnet:

$$F = D \cdot \Delta l.$$

Um die Federkonstante experimentell zu ermitteln, wählt man gewisse Kräfte $F_1, \ldots, F_n$ und misst die entsprechenden Längenänderungen

$$\Delta l_1, \ldots, \Delta l_n.$$

Da dabei Messfehler auftreten, werden die Zahlen $\frac{F_1}{\Delta l_1}, \ldots, \frac{F_n}{\Delta l_n}$ nicht gleich sein. Für welchen Wert der Federkonstanten soll man sich nun entscheiden? Wir stellen die obige Formel um,

$$\Delta l = \frac{1}{D} F,$$

und interpretieren den Messvorgang als Realisierung eines Zufallsexperimentes. Die n Messungen $\Delta l_1, \ldots, \Delta l_n$ ergeben dann die Realisierung $\bar{y} \in \mathbb{R}^n$ in unserem linearen Modell. Als einziger Regressor fungiert der Vektor $(F_1, \ldots, F_n)^\top \in \mathbb{R}^n$. Das zu schätzende $\beta \in \mathbb{R}$ repräsentiert die Zahl $\frac{1}{D}$. Wir erhalten

$$Y = x_1 \beta + E$$

mit $\bar{y}_i = \Delta l_i$ und $x_{i1} = F_i$, $i = 1, \ldots, n$. Durch eine Schätzung $\hat{\beta}$ für β erhalten wir eine Schätzung $\hat{D} = \frac{1}{\hat{\beta}}$ für die Federkonstante, und durch eine Schätzung $\hat{\sigma}^2$ für σ^2 erhalten wir ein Maß für die Güte von $\hat{D}$. $\Diamond$

Im obigen Beispiel besteht die Designmatrix aus einer metrischen Größe (die dehnende Kraft), die unter anderem von der Skalierung (etwa gemessen in Newton oder Kilopond) abhängig ist. Bestehen in einem linearen statistischen Modell alle Spalten der Designmatrix, d.h. alle Regressoren, aus metrischen Größen, so spricht man von einem linearen Regressionsmodell.

Lineare varianzanalytische Modelle

Eine etwas andere Situation beschreibt das nachfolgende Beispiel:

Beispiel 17.3 (Eichen von Sensoren). In der Umweltschutztechnik spielen Sensoren zur Messung der Ozonkonzentration eine wichtige Rolle. Seien m verschiedene Sensoren gegeben, die eine unbekannte Ozonkonzentration messen sollen. Der i-te Sensor nimmt dabei n_i Messungen vor, die in dem Vektor $y^{(i)} \in \mathbb{R}^{n_i}$ gespeichert werden.

Ist μ die unbekannte, zu messende Ozonkonzentration, so nimmt man an, dass der i-te Sensor diese Konzentration im Mittel mit einem systematischen Fehler α_i misst. Hinzu kommen noch Einzelfehler pro Messung. Insgesamt fasst man die Messungen als Realisierung einer reellen Zufallsvariablen

$$Y : \Omega \to \mathbb{R}^{n_1} \times \mathbb{R}^{n_2} \times \ldots \times \mathbb{R}^{n_m}$$

auf und betrachtet das lineare statistische Modell

$$
\begin{pmatrix} y_1 \\ \vdots \\ y_{n_1} \\ y_{n_1+1} \\ \vdots \\ y_{n_1+n_2} \\ \vdots \\ y_{n_1+\ldots+n_m} \end{pmatrix}
=
\begin{pmatrix} \mu \\ \vdots \\ \vdots \\ \vdots \\ \mu \end{pmatrix}
+
\begin{pmatrix} \alpha_1 \\ \vdots \\ \alpha_1 \\ \alpha_2 \\ \vdots \\ \alpha_2 \\ \vdots \\ \alpha_m \end{pmatrix}
+ E
$$

bzw.

$$Y = \mathbf{X}\beta + E$$

mit

$$\mathbf{X} \in \mathbb{R}^{n_1 + \dots + n_m, m+1}, \quad \mathbf{X} = \begin{pmatrix} 1 & 1 & 0 & \cdots & 0 & 0 \\ \vdots & \vdots & \vdots & & \vdots & \vdots \\ 1 & 1 & 0 & \cdots & 0 & 0 \\ 1 & 0 & 1 & 0 & \cdots & 0 \\ \vdots & \vdots & \vdots & \vdots & & \vdots \\ 1 & 0 & 1 & 0 & \cdots & 0 \\ \vdots & \vdots & & \vdots & & \vdots \\ 1 & 0 & 0 & \cdots & 0 & 1 \end{pmatrix}$$

und

$$\beta = (\mu, \alpha_1, \dots, \alpha_m)^\top.$$

Durch Schätzungen $\hat{\mu}, \hat{\alpha}_1, \dots, \hat{\alpha}_m$ lassen sich die Sensoren entsprechend eichen. $\Diamond$

Die eben betrachteten Beispiele spiegeln zwei verschiedene Typen von linearen statistischen Modellen wieder. Die Einträge der Designmatrix im letzten Beispiel haben die Funktion von Indikatoren, die anzeigen, ob ein Parameter β_i an der entsprechenden Stelle im Modell vorkommt oder nicht. Derartige lineare statistische Modelle nennt man lineare varianzanalytische Modelle. Selbstverständlich gibt es auch Mischformen linearer Regressions- und varianzanalytischer Modelle. Wichtiger als diese Klassifikation ist die Frage, wie unter den gegebenen Rahmenbedingungen Punktschätzungen oder (unter weiteren Voraussetzungen über die Störung) Tests für die unbekannten Parameter durchgeführt werden können. Damit werden wir uns in den nächsten beiden Abschnitten beschäftigen.

17.2 Kleinste-Quadrate-Schätzung

Im Gegensatz zur Theorie der Punktschätzer, wie wir sie in Kapitel 15 behandelt haben, ist bei linearen statistischen Modellen der Verteilungstyp der Zufallsvariablen Y mit

$$Y = \mathbf{X}\beta + E$$

im Allgemeinen nicht bekannt. Daher stützt man sich bei der Schätzung des unbekannten Parameters $\beta \in \mathbb{R}^p$ auf einen stärker heuristischen Zugang.

Designmatrizen mit vollem Rang

Wegen

$$\mathbb{E}_{(\beta, \sigma^2)}(E) = 0 \quad \text{und} \quad \mathrm{Cov}_{(\beta, \sigma^2)}(E) = \sigma^2 \mathbf{I}$$

wählt man folgende Schätzfunktion g für β unter der Voraussetzung, dass die Designmatrix $\mathbf{X}$ vollen Rang p besitzt:

$$g : \Omega \to \mathbb{R}^p, \quad \omega \mapsto \operatorname*{argmin}_{\beta \in \mathbb{R}^p} \left\{ \|E(\omega)\|_2^2 \right\},$$

wobei $\operatorname*{argmin}_{\beta \in \mathbb{R}^p} \left\{ \|E(\omega)\|_2^2 \right\}$ den eindeutig bestimmten Vektor $\bar{\beta}(\omega) \in \mathbb{R}^p$ bezeichnet, für den die Funktion

$$\|E(\omega)\|_2^2 = \|Y(\omega) - \mathbf{X}\beta\|_2^2$$

minimal wird. Durch partielle Differentiation nach den Komponenten von β und durch Lösung eines linearen Gleichungssystems erhält man die explizite Form

$$g : \Omega \to \mathbb{R}^p, \quad \omega \mapsto \left(\mathbf{X}^\top \mathbf{X}\right)^{-1} \mathbf{X}^\top Y(\omega).$$

Somit ist g messbar und wegen

$$\mathbb{E}_{(\beta,\sigma^2)}(g) = \mathbb{E}_{(\beta,\sigma^2)} \left(\left(\mathbf{X}^\top \mathbf{X}\right)^{-1} \mathbf{X}^\top Y(\omega) \right) = \beta$$

auch erwartungstreu. Ferner ist g eine lineare Funktion in Y. Damit haben wir gezeigt:

Satz 17.4. *Sei* $(\mathbb{R}^n, \mathcal{B}^n, \mathbb{P}_{Y,(\beta,\sigma^2) \in \mathbb{R}^p \times \mathbb{R}_+})$ *mit* $Y = \mathbf{X}\beta + E$ *ein lineares Modell. Hat die Designmatrix* $\mathbf{X}$ *vollen Rang* p, *so ist*

$$g : \Omega \to \mathbb{R}^p, \quad \omega \mapsto \left(\mathbf{X}^\top \mathbf{X}\right)^{-1} \mathbf{X}^\top Y(\omega),$$

eine erwartungstreue Schätzfunktion für β *mit*

$$g(\omega) = \operatorname*{argmin}_{\beta \in \mathbb{R}^p} \left\{ \|E(\omega)\|_2^2 \right\} = \operatorname*{argmin}_{\beta \in \mathbb{R}^p} \left\{ \|Y(\omega) - \mathbf{X}\beta\|_2^2 \right\}.$$

Auf Grund dieser Eigenschaften wird die Schätzfunktion g auch als „Kleinste-Quadrate-Schätzfunktion" bezeichnet.

Der Satz von Gauß-Markov

Wir betrachten weiter Designmatrizen $\mathbf{X}$ mit vollem Rang, wollen aber nun nicht mehr β, sondern für einen fest gewählten Vektor $c \in \mathbb{R}^p$ den reellwertigen Parameter $c^\top \beta$ schätzen. Offensichtlich ist

$$g_c : \Omega \to \mathbb{R}^p, \quad \omega \mapsto c^\top \left(\mathbf{X}^\top \mathbf{X}\right)^{-1} \mathbf{X}^\top Y(\omega),$$

eine erwartungstreue Schätzfunktion für $c^\top \beta$. Das folgende Theorem zeigt, dass g_c innerhalb einer gewissen Klasse von Schätzfunktionen für $c^\top \beta$ die gleichmäßig beste Schätzfunktion ist.

Theorem 17.5 (Gauß-Markov).   *Es sei* $(\mathbb{R}^n, \mathcal{B}^n, \mathbb{P}_{Y,(\beta,\sigma^2)\in\mathbb{R}^p\times\mathbb{R}_+})$ *mit* $Y = \mathbf{X}\beta + E$ *ein lineares Modell mit einer Designmatrix* $\mathbf{X}$ *mit vollem Rang* p. *Sei ferner für jedes* $c \in \mathbb{R}^p$ *die Schätzfunktion*

$$g_c : \Omega \to \mathbb{R}, \quad \omega \mapsto c^\top (\mathbf{X}^\top\mathbf{X})^{-1}\mathbf{X}^\top Y(\omega),$$

gegeben, so ist g_c *die gleichmäßig beste unter allen (in* Y*) linearen erwartungstreuen Schätzfunktionen für* $c^\top\beta$.

Beweis. Sei T eine weitere (in Y) lineare erwartungstreue Schätzfunktion für $c^\top\beta$, so gibt es wegen der Linearität ein $b \in \mathbb{R}^n$ mit

$$T(\omega) = b^\top Y(\omega) \quad \text{für alle } \omega \in \Omega,$$

und wegen der Erwartungstreue gilt

$$c^\top\beta = c^\top(\mathbf{X}^\top\mathbf{X})^{-1}\mathbf{X}^\top\mathbf{X}\beta = b^\top\mathbf{X}\beta.$$

Somit ist
$$b^\top u = c^\top(\mathbf{X}^\top\mathbf{X})^{-1}\mathbf{X}^\top u \quad \text{für alle } u \in \text{Bild}(\mathbf{X})$$

beziehungsweise
$$(b - \mathbf{X}(\mathbf{X}^\top\mathbf{X})^{-1}c) \in \text{Bild}(\mathbf{X})^\perp.$$

Da aber
$$\mathbf{X}(\mathbf{X}^\top\mathbf{X})^{-1}c \in \text{Bild}(\mathbf{X}),$$

kann man den Vektor b folgendermaßen zerlegen:

$$b = b_1 + \mathbf{X}(\mathbf{X}^\top\mathbf{X})^{-1}c \quad \text{mit } b_1 \perp \mathbf{X}(\mathbf{X}^\top\mathbf{X})^{-1}c.$$

Für die Differenz der Varianzen der Schätzfunktionen folgt also

$$
\begin{aligned}
&\mathbb{V}_{(\beta,\sigma^2)}\,(b^\top Y) - \mathbb{V}_{(\beta,\sigma^2)}(c^\top(\mathbf{X}^\top\mathbf{X})^{-1}\mathbf{X}^\top Y) \\
&= \mathbb{E}_{(\beta,\sigma^2)}((b^\top(Y - \mathbf{X}\beta))^2) - \mathbb{E}_{(\beta,\sigma^2)}((c^\top(\mathbf{X}^\top\mathbf{X})^{-1}\mathbf{X}^\top(Y - \mathbf{X}\beta))^2) \\
&= b^\top\mathbb{E}_{(\beta,\sigma^2)}(EE^\top)b - c^\top(\mathbf{X}^\top\mathbf{X})^{-1}\mathbf{X}^\top\mathbb{E}_{(\beta,\sigma^2)}(EE^\top)\mathbf{X}(\mathbf{X}^\top\mathbf{X})^{-1}c \\
&= \sigma^2(b^\top b - c^\top(\mathbf{X}^\top\mathbf{X})^{-1}\mathbf{X}^\top\mathbf{X}(\mathbf{X}^\top\mathbf{X})^{-1}c) \\
&= \sigma^2(b_1^\top b_1 + 2\underbrace{b_1^\top\mathbf{X}(\mathbf{X}^\top\mathbf{X})^{-1}c}_{=0} \\
&\quad + c^\top(\mathbf{X}^\top\mathbf{X})^{-1}\mathbf{X}^\top\mathbf{X}(\mathbf{X}^\top\mathbf{X})^{-1}c - c^\top(\mathbf{X}^\top\mathbf{X})^{-1}\mathbf{X}^\top\mathbf{X}(\mathbf{X}^\top\mathbf{X})^{-1}c) \\
&= \sigma^2 b_1^\top b_1 \geq 0.
\end{aligned}
$$

$\square$

Schätzfunktion für die Varianz

Da nach Voraussetzung die einzelnen Komponenten $E_1, \ldots, E_n$ des Fehlers E unkorreliert sind und identische Varianz besitzen, bietet sich als Schätzfunktion für σ^2 die Funktion

$$\bar{S}^2 : \Omega \to \mathbb{R}_+, \quad \omega \mapsto \frac{1}{n} \sum_{i=1}^n E_i^2 = \frac{1}{n}\|E\|_2^2 = \frac{1}{n}\|Y - \mathbf{X}\beta\|_2^2,$$

an. Diese Schätzfunktion hängt aber vom unbekannten Parameter β ab. Daher ersetzen wir β durch den Kleinste-Quadrate-Schätzer g aus Satz 17.4 und erhalten so einen Schätzer $\hat{S}^2$

$$\hat{S}^2 : \Omega \to \mathbb{R}_+, \quad \omega \mapsto \frac{1}{n}\|Y(\omega) - \mathbf{X}(\mathbf{X}^\top\mathbf{X})^{-1}\mathbf{X}^\top Y(\omega)\|_2^2.$$

Für $\mathbb{E}_{(\beta,\sigma^2)}(\hat{S}^2)$ gilt:

$$\begin{aligned}
\mathbb{E}_{(\beta,\sigma^2)}(\hat{S}^2) &= \frac{1}{n}\mathbb{E}_{(\beta,\sigma^2)}(Y^\top(\mathbf{I} - \mathbf{X}(\mathbf{X}^\top\mathbf{X})^{-1}\mathbf{X}^\top)^\top(\mathbf{I} - \mathbf{X}(\mathbf{X}^\top\mathbf{X})^{-1}\mathbf{X}^\top)Y) \\
&= \frac{1}{n}\mathrm{Spur}(\mathrm{Cov}_{(\beta,\sigma^2)}((\mathbf{I} - \mathbf{X}(\mathbf{X}^\top\mathbf{X})^{-1}\mathbf{X}^\top)Y)) \\
&= \frac{1}{n}\mathrm{Spur}(\sigma^2(\mathbf{I} - \mathbf{X}(\mathbf{X}^\top\mathbf{X})^{-1}\mathbf{X}^\top)) \\
&= \frac{1}{n}\sigma^2(n - p),
\end{aligned}$$

da $(\mathbf{I} - \mathbf{X}(\mathbf{X}^\top\mathbf{X})^{-1}\mathbf{X}^\top)$ die lineare Projektion auf $\mathrm{Bild}(\mathbf{X})^\perp$ darstellt. Um eine erwartungstreue Schätzfunktion S^2 für σ^2 zu erhalten, modifizieren wir $\hat{S}^2$ zu

$$S^2 : \Omega \to \mathbb{R}_+, \quad \omega \mapsto \frac{1}{n-p}\|Y(\omega) - \mathbf{X}(\mathbf{X}^\top\mathbf{X})^{-1}\mathbf{X}^\top Y(\omega)\|_2^2.$$

In der Praxis hat man eine Realisierung $\bar{y} = Y(\hat{\omega})$ von Y vorliegen. Der entsprechende Wert

$$S^2(\hat{\omega}) = \frac{1}{n-p}\|\bar{y} - \mathbf{X}(\mathbf{X}^\top\mathbf{X})^{-1}\mathbf{X}^\top\bar{y}\|_2^2 \qquad (17.1)$$

dient als Maß für die Güte der Schätzung des Erwartungswertes $\mathbf{X}\beta$ von Y durch $\mathbf{X}(\mathbf{X}^\top\mathbf{X})^{-1}\mathbf{X}^\top\bar{y}$.

Beispiel 17.6 (Hookesches Gesetz). Wir wollen die bisher erzielten Ergebnisse der Kleinste-Quadrate-Schätzung an Beispiel 17.2, der Ermittlung einer Federkonstanten, erläutern. Dazu nehmen wir an, wir hätten zu den Kräften von 1 bis 5 N [Newton], also zum Regressor

$$x_1 = (1, 2, 3, 4, 5)^\top,$$

die Längenausdehnungen [in Zentimetern]

$$Y(\hat{\omega}) = \bar{y} = (\Delta l_1, \dots, \Delta l_5)^\top = (2.3, 4.2, 6.1, 7.8, 9.5)^\top$$

gemessen. Nach Satz 17.4 ist

$$
\begin{aligned}
g(\hat{\omega}) &= \left(\mathbf{X}^\top \mathbf{X}\right)^{-1} \mathbf{X}^\top \bar{y} \\
&= \left((1, 2, 3, 4, 5)(1, 2, 3, 4, 5)^\top\right)^{-1} (1, 2, 3, 4, 5)(2.3, 4.2, 6.1, 7.8, 9.5)^\top \\
&= \frac{1}{55} \cdot 107.7 \simeq 1.96
\end{aligned}
$$

der Kleinste-Quadrate-Schätzer für $\hat{\beta} = \frac{1}{D}$. Damit erhalten wir als Schätzung der Federkonstanten $\hat{D} = \frac{1}{\hat{\beta}} \simeq 0.51$. Um die Güte dieser Schätzung einzuordnen, berechnen wir gemäß (17.1) den Wert $S^2(\hat{\omega})$:

$$
\begin{aligned}
S^2(\hat{\omega}) &= \frac{1}{n-1} \|\bar{y} - \mathbf{X}(\mathbf{X}^\top \mathbf{X})^{-1} \mathbf{X}^\top \bar{y}\|_2^2 = \frac{1}{n-1} \|\bar{y} - \mathbf{X} g(\hat{\omega})\|_2^2 \\
&\simeq \frac{1}{5-1} \|(2.3, 4.2, 6.1, 7.8, 9.5) - (1, 2, 3, 4, 5) \cdot 0.51\|_2^2 \simeq 0.58.
\end{aligned}
$$

$$\Diamond$$

Hat man die Designmatrix $\mathbf{X} = (x_1, \dots, x_p) \in \mathbb{R}^{n,p}$ mit $\mathrm{Rang}(\mathbf{X}) = p$ gegeben, so könnte man auf die Idee kommen, die Matrix $\mathbf{X}$ zu einer regulären Matrix

$$\tilde{\mathbf{X}} = (x_1, \dots, x_p, \tilde{x}_{p+1}, \dots, \tilde{x}_n) \in \mathbb{R}^{n,n}$$

zu ergänzen und damit durch die Schätzfunktion

$$\tilde{\beta} : \Omega \to \mathbb{R}^n, \quad \omega \mapsto \tilde{\mathbf{X}}^{-1} Y(\omega),$$

die Gleichung

$$Y = \tilde{\mathbf{X}} \tilde{\beta} + 0 \quad \text{(also: } E = 0\text{)}$$

zu erreichen. Allerdings ist dann die erwartungstreue Schätzung der Varianz σ^2 durch die Schätzfunktion S^2 nicht mehr möglich, da sowohl der Zähler

$$\|Y(\omega) - \tilde{\mathbf{X}} \tilde{\mathbf{X}}^{-1} Y(\omega)\|_2^2$$

als auch der Nenner $(n-p)$ gleich Null werden. Dies ist in der Regel ein Hinweis dafür, dass der beste lineare erwartungstreue Schätzer für β sehr sensitiv auf kleine Änderungen der Realisierung $\bar{y}$ von Y reagiert. In der Numerik spricht man von einem schlecht konditionierten Problem. In Anbetracht der Tatsache, dass jeder Computer nur endlich viele verschiedene Zahlen darstellen kann und deshalb bei der Speicherung von $\bar{y}$ im Allgemeinen eine Rundung und damit eine kleine Änderung der Daten vornehmen muss, ist die Verwendung der Matrix $\tilde{\mathbf{X}}$ für $\mathbf{X}$ ein Kunstfehler. In der Praxis wird man versuchen, die Anzahl der Spalten von $\mathbf{X}$ durch Tests zu reduzieren. Darauf werden wir im folgenden Abschnitt genauer eingehen.

Designmatrizen mit Rängen $< p$

Bisher haben wir lineare statistische Modelle ausschließlich unter der Bedingung betrachtet, dass die Designmatrix $\mathbf{X}$ vollen Rang besitzt. Im Prinzip kann man diesen Zustand stets dadurch erreichen, dass man im Falle einer Designmatrix mit Rang $< p$ die linear abhängigen Spalten eliminiert und so die Dimension der Problems reduziert. Dies kann in konkreten Fällen (z.B. bei sehr großen Matrizen) in der Praxis schwierig sein, so dass wir kurz einen anderen Ausweg skizzieren: Besitzt die Designmatrix $\mathbf{X}$ keinen vollen Rang, so hat unser Zugang über

$$\operatorname*{argmin}_{\beta \in \mathbb{R}^p} \left\{ \|E(\omega)\|_2^2 \right\}$$

zur Gewinnung einer Schätzfunktion für β keine eindeutige Lösung mehr, denn ein Vektor $\beta_\omega \in \mathbb{R}^p$, für den die Funktion

$$\|E(\omega)\|_2^2 = \|Y(\omega) - \mathbf{X}\beta\|_2^2$$

minimal wird, ist nun nicht mehr eindeutig bestimmt.
Sei für festes $\omega \in \Omega$ die Menge B_ω gegeben durch

$$B_\omega := \left\{ \beta_\omega \in \mathbb{R}^p : \beta_\omega = \operatorname*{argmin}_{\beta \in \mathbb{R}^p} \left\{ \|E(\omega)\|_2^2 \right\} \right\},$$

so gibt es in B_ω ein eindeutiges $\hat{\beta}_\omega$ mit

$$\|\hat{\beta}_\omega\|_2^2 \leq \|\beta_\omega\|_2^2 \quad \text{für alle } \beta_\omega \in B_\omega.$$

Dieses $\hat{\beta}_\omega$ kann für alle $\omega \in \Omega$ durch eine eindeutig bestimmte Matrix $\mathbf{X}^+ \in \mathbb{R}^{p,n}$, die unabhängig von $\omega \in \Omega$ ist, vermöge

$$\hat{\beta}_\omega = \mathbf{X}^+ Y(\omega)$$

berechnet werden. Wir erhalten somit alternativ zum Fall $\operatorname{Rang}(\mathbf{X}) = p$ eine (in Y) lineare Schätzfunktion

$$g^+ : \Omega \in \mathbb{R}^p, \quad \omega \mapsto \mathbf{X}^+ Y(\omega),$$

im Falle $\operatorname{Rang}(\mathbf{X}) < p$. Die Matrix $\mathbf{X}^+$ wird Pseudoinverse von $\mathbf{X}$ genannt und im Rahmen der numerischen Mathematik über die Singulärwertzerlegung von $\mathbf{X}$ berechnet. Für $\operatorname{Rang}(\mathbf{X}) = p$ ergibt sich

$$\mathbf{X}^+ = (\mathbf{X}^\top \mathbf{X})^{-1} \mathbf{X}^\top,$$

d.h. für Designmatrizen mit vollem Rang erhalten wir die bereits bekannte Schätzfunktion aus Satz 17.4 zurück. Für $c \in \operatorname{Kern}(\mathbf{X})^\perp$ ist

$$\omega \mapsto c^\top \mathbf{X}^+ Y(\omega)$$

eine lineare erwartungstreue Schätzfunktion für $c^\top \beta$.

17.3 Normalverteilte Fehler

In diesem Abschnitt betrachten wir lineare Modelle $(\mathbb{R}^n, \mathcal{B}^n, \mathbb{P}_{Y,(\beta,\sigma^2)\in\mathbb{R}^p\times\mathbb{R}_+})$ mit

$$Y = \mathbf{X}\beta + E$$

und

$$\text{Rang}(\mathbf{X}) = p < n$$

unter der zusätzlichen Annahme, dass die zentrierte, unkorrelierte n-dimensionale reelle Zufallsvariable E normalverteilt ist:

$$E \sim \text{N}(0, \sigma^2 \mathbf{I}_n).$$

Denkt man z.B. an die Beschreibung von Messfehlern, so ist diese Annahme in der Regel gerechtfertigt. Diese speziellen linearen Modelle heißen normalverteilte lineare Modelle oder auch lineare Gaußmodelle. In einem normalverteilten linearen Modell ist die Schätzfunktion

$$g_c : \Omega \to \mathbb{R}, \quad \omega \mapsto c^\top (\mathbf{X}^\top \mathbf{X})^{-1} \mathbf{X}^\top Y(\omega),$$

aus dem Theorem 17.5 von Gauß-Markov für jedes $c \in \mathbb{R}^p$ sogar gleichmäßig beste Schätzfunktion unter allen (nicht notwendig linearen) erwartungstreuen Schätzfunktionen für $c^\top \beta$. Dies ist eine Anwendung des Theorems 15.12 von Lehmann-Scheffé, siehe z.B. [Wit85, Satz 4.5].

Tests in linearen Gaußmodellen

Durch die Normalverteilungsannahme für E (und damit auch für Y) erhalten wir die Möglichkeit, spezielle Tests durchzuführen. Wir wollen dies an zwei Beispielen erläutern[1]. Insbesondere ist man an Tests der Form

$$H_0 : \beta_i = 0 \quad \text{und} \quad H_1 : \beta_i \neq 0, \quad i \in \{1, \dots, p\},$$

bezogen auf einzelne Komponenten von β, und an Tests der Form

$$H_0 : \sigma^2 \leq \sigma_0^2 \quad \text{und} \quad H_1 : \sigma^2 > \sigma_0^2$$

interessiert.
Tests der Form

$$H_0 : \beta_i = 0 \quad \text{und} \quad H_1 : \beta_i \neq 0, \quad i \in \{1, \dots, p\}$$

sind deshalb so wichtig, da bei Annahme der Nullhypothese die Designmatrix $\mathbf{X} = (x_1, \dots, x_p)$ zu

$$\hat{\mathbf{X}} = (x_1, \dots, x_{i-1}, x_{i+1}, \dots, x_p) \in \mathbb{R}^{n,(p-1)}$$

[1] Ein weiterer Test dieser Art wurde in Abschnitt 16.4 skizziert.

abgeändert werden kann (wegen $\beta_i = 0$ spielt die Spalte x_i in $\mathbf{X}$ keine Rolle). Dies hat den Vorteil, dass sich im Nenner der Schätzfunktion S^2 für σ^2 dann $(n - p + 1)$ anstelle von $(n - p)$ und somit eine kleinere Varianz, also eine höhere Güte, ergibt.

Tests der Form

$$H_0 : \sigma^2 \leq \sigma_0^2 \quad \text{und} \quad H_1 : \sigma^2 > \sigma_0^2$$

haben Bedeutung, da die Varianz σ^2 in linearen statistischen Modellen ein Maß für die Güte der Schätzung des Erwartungswertes $\mathbf{X}\beta$ von Y durch $\mathbf{X}(\mathbf{X}^\top\mathbf{X})^{-1}\mathbf{X}^\top\bar{y}$ ist. Wir wollen im Folgenden für diese beiden Alternativtestprobleme Tests herleiten.

χ^2- und t-Verteilung

Bevor wir geeignete Testvorschriften angeben können, benötigen wir das folgende Lemma über die Verteilungen quadratischer Formen normalverteilter Zufallsvariablen.

Lemma 17.7. *Seien $(\Omega, \mathcal{F}, \mathbb{P})$ ein Wahrscheinlichkeitsraum,*

$$E_1, \ldots, E_n : \Omega \to \mathbb{R}$$

unabhängige, $N(0,1)$-verteilte Zufallsvariablen und $\mathbf{P} \in \mathbb{R}^{n,n}$ eine lineare Projektion auf einen $(n - p)$-dimensionalen linearen Unterraum des $\mathbb{R}^n$ mit $0 \leq p < n$, so gilt:

(i) *Die Verteilung der Zufallsvariablen*

$$Z : \Omega \to \mathbb{R}, \quad \omega \mapsto E^\top(\omega)\mathbf{P}E(\omega), \quad (E = (E_1, \ldots, E_n)^\top)$$

ist bezüglich des Lebesgue-Maßes λ durch die Dichte

$$f_{\chi^2} : \mathbb{R} \to \mathbb{R}_+, \quad x \mapsto \begin{cases} 0 & \text{für alle } x \text{ mit } x \leq 0, \\ \dfrac{x^{\frac{n-p-2}{2}} \exp\left(-\frac{x}{2}\right)}{2^{\frac{n-p}{2}} \Gamma\left(\frac{n-p}{2}\right)} & \text{für alle } x \text{ mit } x > 0, \end{cases}$$

(χ^2-Verteilung mit $(n - p)$ Freiheitsgraden) gegeben, wobei

$$\Gamma : \mathbb{R}_{>0} \to \mathbb{R}, \quad s \mapsto \int_0^\infty \exp(-x) x^{s-1} dx.$$

(ii) *Ist $U : \Omega \to \mathbb{R}$ eine $N(0,1)$-verteilte Zufallsvariable und $V : \Omega \to \mathbb{R}$ eine χ^2-verteilte Zufallsvariable mit $(n - p)$ Freiheitsgraden, und sind ferner U und V unabhängig, so ist die Verteilung der Zufallsvariablen*

$$W : \Omega \to \mathbb{R}, \quad \omega \mapsto \frac{U\sqrt{n - p}}{\sqrt{V}},$$

bezüglich des Lebesgue-Maßes λ durch die Dichte

$$t : \mathbb{R} \to \mathbb{R}_+, \quad x \mapsto \frac{\Gamma\left(\frac{n-p+1}{2}\right)}{\Gamma\left(\frac{n-p}{2}\right)\sqrt{\pi(n-p)}}\left(1 + \frac{x^2}{n-p}\right)^{-\frac{n-p+1}{2}},$$

(t-Verteilung mit $(n-p)$ Freiheitsgraden)
gegeben.

Beweis. Jede lineare Projektion $\mathbf{P} \in \mathbb{R}^{n,n}$ auf einen $(n-p)$-dimensionalen linearen Unterraum des $\mathbb{R}^n$ lässt sich durch eine orthogonale Matrix $\mathbf{Q} \in \mathbb{R}^{n,n}$ in der Form

$$\mathbf{P} = \mathbf{Q}\,\mathrm{diag}(\underbrace{1,\dots,1}_{n-p},0,\dots,0)\,\mathbf{Q}^\top$$

darstellen. Sei nun $\tilde{E} = \mathbf{Q}^\top E$, so ist $\tilde{E}$ $N(0,\mathbf{I})$-normalverteilt und ferner gilt:

$$E^\top \mathbf{P} E = \tilde{E}^\top \mathbf{Q}^\top \mathbf{P} \mathbf{Q} \tilde{E} = \sum_{i=1}^{n-p} \tilde{E}_i^2.$$

Da $\tilde{E}_1, \dots, \tilde{E}_{n-p}$ unabhängig und jeweils $N(0,1)$-verteilt sind, gilt für die charakteristische Funktion $\varphi_{E^\top \mathbf{P} E} : \mathbb{R} \to \mathbb{C}$ mit Satz 7.9:

$$\varphi_{E^\top \mathbf{P} E}(t) = \prod_{j=1}^{n-p} \varphi_{\tilde{E}_j^2}(t) = \prod_{j=1}^{n-p} \int_{-\infty}^{\infty} \exp(itx_j^2)\frac{1}{\sqrt{2\pi}}\exp(-\frac{x_j^2}{2})dx_j$$

$$= (1 - 2it)^{-\frac{n-p}{2}} \quad \text{für alle } t \in \mathbb{R}.$$

Wegen

$$(1 - 2it)^{-\frac{n-p}{2}} = \int_0^{\infty} \exp(itx)\frac{x^{\frac{n-p-2}{2}}\exp\left(-\frac{x}{2}\right)}{2^{\frac{n-p}{2}}\Gamma(\frac{n-p}{2})}dx$$

ist der erste Teil der Behauptung bewiesen.
Für den zweiten Teil berechnen wir zunächst die Verteilung der Zufallsvariablen

$$\frac{\sqrt{B}}{\sqrt{n-p}} : \Omega \to \mathbb{R},$$

wobei B χ^2-verteilt ist mit $(n-p)$ Freiheitsgraden. Es gilt:

$$\mathbb{P}\left(\left\{\omega \in \Omega : \frac{\sqrt{B(\omega)}}{\sqrt{n-p}} \le x\right\}\right) = \mathbb{P}(\{\omega \in \Omega : B(\omega) \le (n-p)x^2\}).$$

Durch Differentiation nach x erhalten wir die Verteilung von $\frac{\sqrt{B}}{\sqrt{n-p}}$ in Form einer Lebesgue-Dichte $f_{\frac{\sqrt{B}}{\sqrt{n-p}}} : \mathbb{R} \to \mathbb{R}_+$:

$$\frac{d\mathbb{P}\left(\left\{\omega \in \Omega : \frac{\sqrt{B(\omega)}}{\sqrt{n-p}} \leq x\right\}\right)}{dx}(x) = f_{\chi^2}((n-p)x^2)2(n-p)x = f_{\frac{\sqrt{B}}{\sqrt{n-p}}}(x)$$

für alle $x \in \mathbb{R}$.

Nun betrachten wir die Lebesgue-Dichte $f_{\frac{A}{B}}$ des Quotienten zweier unabhängiger Zufallsvariablen $A, B : \Omega \to \mathbb{R}$ mit

$$B > 0 \quad (\mathbb{P})\text{-fast sicher}$$

und mit Lebesgue-Dichten f_A, f_B:

$$\mathbb{P}\left(\left\{\omega \in \Omega : \frac{A(\omega)}{B(\omega)} \leq z\right\}\right) = \mathbb{P}\left(\{\omega \in \Omega : A(\omega) \leq zB(\omega)\}\right)$$

$$= \int_0^\infty \mathbb{P}\left(\{\omega \in \Omega : A(\omega) \leq zt\}\right) f_B(t)dt$$

$$= \int_0^\infty \int_{-\infty}^{zt} f_A(y)dy f_B(t)dt$$

$$= \int_0^\infty \int_{-\infty}^{z} f_A(tx)tdx f_B(t)dt$$

$$= \int_{-\infty}^{z} \int_0^\infty f_A(tx)t f_B(t)dtdx.$$

Somit ist

$$f_{\frac{A}{B}}(x) = \int_0^\infty f_A(tx)t f_B(t)dt \quad \text{für alle } x \in \mathbb{R}.$$

Setzen wir nun $A = U$ und $B = \frac{\sqrt{V}}{\sqrt{n-p}}$, so erhalten wir:

$$f_{\frac{\sqrt{n-p}U}{\sqrt{V}}}(x) = \int_0^\infty \frac{1}{\sqrt{2\pi}} \exp\left(-\frac{t^2x^2}{2}\right) t \frac{(n-p)^{\frac{n-p}{2}}t^{n-p-1}\exp\left(-\frac{(n-p)t^2}{2}\right)}{\Gamma\left(\frac{n-p}{2}\right)2^{\frac{n-p-2}{2}}}dt$$

$$= \frac{\Gamma\left(\frac{n-p+1}{2}\right)}{\Gamma\left(\frac{n-p}{2}\right)\sqrt{\pi(n-p)}}\left(1 + \frac{x^2}{n-p}\right)^{-\frac{n-p+1}{2}}$$

für alle $x \in \mathbb{R}$.   □

Quantile und Fraktile

Ist X eine reellwertige Zufallsvariable mit Verteilungsfunktion F und $\alpha \in {]0,1[}$, so heißt $z_\alpha \in \mathbb{R}$ ein α-Quantil, falls

$$F(z_\alpha) = \alpha.$$

Besitzt X eine Lebesgue-Dichte f, so gilt folglich für ein α-Quantil z_α

$$\int_{-\infty}^{z_\alpha} f(x)dx = \alpha.$$

Ein α-Fraktil ist definitionsgemäß ein $(1 - \alpha)$-Quantil. Ist X eine stetige reelle Zufallsvariable mit den Quantilen $z_{\frac{\alpha}{2}}$ und $z_{1-\frac{\alpha}{2}}$, so gilt

$$\mathbb{P}(z_{\frac{\alpha}{2}} \leq X \leq z_{1-\frac{\alpha}{2}}) = F(z_{1-\frac{\alpha}{2}}) - F(z_{\frac{\alpha}{2}}) = 1 - \alpha$$

und analog

$$\mathbb{P}(X \leq z_{1-\alpha}) = F(z_{1-\alpha}) = 1 - \alpha \quad \text{bzw.} \quad \mathbb{P}(X > z_\alpha) = 1 - F(z_\alpha) = 1 - \alpha.$$
$$(17.2)$$

Ist X eine Zufallsvariable in einem zweiseitigen Alternativtestproblem, deren Verteilung man bei Gültigkeit der Nullhypothese kennt (typischerweise die t- oder χ^2-Verteilung), erhält man daraus unmittelbar einen Test zum Signifikanzniveau α, indem man die Nullhypothese für $X > z_{1-\frac{\alpha}{2}}$ oder $X < z_{\frac{\alpha}{2}}$ ablehnt. Analog geht man bei einseitigen Tests mit Hilfe der Gleichungen (17.2) vor. Auf diesem Prinzip beruhen eine Vielzahl von Tests, von denen wir nun zwei vorstellen. Wir werden für diese Tests insbesondere die Quantile von t- bzw. χ^2-verteilten Zufallsvariablen benötigen, für die wir folgende Notationen verwenden:

$$t_{n,\alpha} : \alpha\text{-Quantil der } t\text{-Verteilung mit } n \text{ Freiheitsgraden},$$
$$\chi^2_{n,\alpha} : \alpha\text{-Quantil der } \chi^2\text{-Verteilung mit } n \text{ Freiheitsgraden}.$$

Eine Wertetabelle für die Quantile der t-Verteilung bzw. der χ^2-Verteilung befindet sich in Anhang C in den Abschnitten C.2 bzw. C.3.

Ein Test für die Varianz

Um einen Test für die Hypothesen

$$H_0 : \sigma^2 \leq \sigma_0^2 \quad \text{und} \quad H_1 : \sigma^2 > \sigma_0^2, \quad \sigma_0^2 > 0,$$

mit einem festgelegten Testniveau α zu erhalten, verwendet man nahe liegender Weise die erwartungstreue Schätzfunktion

$$S^2 : \Omega \to \mathbb{R}_+, \quad \omega \mapsto \frac{1}{n-p}\|Y(\omega) - \mathbf{X}(\mathbf{X}^\top\mathbf{X})^{-1}\mathbf{X}^\top Y(\omega)\|_2^2$$

$$= \frac{1}{n-p}(Y(\omega) - \mathbf{X}\beta)^\top\mathbf{P}(Y(\omega) - \mathbf{X}\beta),$$

wobei $\mathbf{P} = (\mathbf{I} - \mathbf{X}(\mathbf{X}^\top\mathbf{X})^{-1}\mathbf{X}^\top)$ die lineare Projektion auf $\text{Bild}(\mathbf{X})^\perp$ darstellt. Da $(Y - \mathbf{X}\beta)$ $N(0, \sigma^2\mathbf{I})$-normalverteilt ist, erhalten wir mit Lemma 17.7 die Verteilung von S^2 in Form einer Lebesgue-Dichte f_{S^2}:

$$\mathcal{W}_\theta(\{\omega \in \Omega : S^2(\omega) \leq x\}) = \mathcal{W}_\theta\left(\left\{\omega \in \Omega : \frac{n-p}{\sigma^2}S^2(\omega) < \frac{(n-p)x}{\sigma^2}\right\}\right)$$

für alle $x \in \mathbb{R}_+$ und somit:

$$f_{S^2}(x) = f_{\chi^2}\left(\frac{n-p}{\sigma^2}x\right)\frac{n-p}{\sigma^2} \quad \text{für alle } x \in \mathbb{R},$$

wobei f_{χ^2} die Lebesgue-Dichte einer χ^2-Verteilung mit $(n-p)$ Freiheitsgraden darstellt.

An Hand der expliziten Form

$$f_{S^2} : \mathbb{R} \to \mathbb{R}_+, \quad x \mapsto \begin{cases} 0 & \text{für alle } x \leq 0, \\ \dfrac{(\frac{n-p}{\sigma^2})^{\frac{n-p}{2}} x^{\frac{n-p-2}{2}} \exp(-\frac{(n-p)x}{2\sigma^2})}{2^{\frac{n-p}{2}}\Gamma(\frac{n-p}{2})} & \text{für alle } x > 0, \end{cases}$$

erkennt man, dass $\mathbb{P}_{S^2,\mathcal{W}_\theta}$ mit $\theta = \sigma^2 > 0$ einen monotonen Dichtequotienten bezüglich der Identität besitzt. Damit erhalten wir nach Theorem 16.10 einen (gleichmäßig besten) so genannten χ^2-Test.

Einseitiger χ^2-Test: Sei ein lineares Gaußmodell mit den Hypothesen

$$H_0 : \sigma^2 \leq \sigma_0^2 \quad \text{und} \quad H_1 : \sigma^2 > \sigma_0^2 \quad (\sigma_0^2 > 0),$$

gegeben. Dann ist

$$\phi : \mathbb{R}^n \to \{0,1\}, \quad y \mapsto \begin{cases} 1 \text{ für alle } y \text{ mit } T(y) > \chi^2_{n-p,1-\alpha}, \\ 0 \text{ für alle } y \text{ mit } T(y) \leq \chi^2_{n-p,1-\alpha}, \end{cases}$$

ein gleichmäßig bester Test. Dabei ist mit $Y(\hat{\omega}) = \bar{y}$:

$$T : \mathbb{R}^n \to \mathbb{R}_+, \quad T(\bar{y}) = \frac{n-p}{\sigma_0^2}S^2(\hat{\omega}) = \frac{1}{\sigma_0^2}\|\bar{y} - \mathbf{X}(\mathbf{X}^\top\mathbf{X})^{-1}\mathbf{X}^\top\bar{y}\|_2^2.$$

Wir wollen den einseitigen χ^2-Test am folgenden Beispiel noch einmal erläutern.

Beispiel 17.8. Ein empfindliches medizinisches Messgerät hat bei Auslieferung einen Messfehler, der $N(0, 0.1)$-verteilt ist. Nach zwei Jahren soll durch Probemessungen überprüft werden, ob die Genauigkeit noch vorhanden ist oder sich verschlechtert hat. Daher wollen wir einen χ^2-Test

$$H_0 : \sigma^2 \leq \sigma_0^2 \quad \text{und} \quad H_1 : \sigma^2 > \sigma_0^2 \quad \text{mit } \sigma_0^2 = 0.1$$

durchführen. Wir testen das Messgerät unter stets gleichen Bedingungen, daher ist es plausibel, unser allgemeines lineares Gaußmodell

$$Y = \mathbf{X}\beta + E$$

durch die zusätzlichen Annahmen $\mathbf{X} = (1, \dots, 1)^\top \in \mathbb{R}^n$ und $\beta \in \mathbb{R}$ zu vereinfachen. Dies bedeutet lediglich, dass die einzelnen Messungen $Y_1, \dots, Y_n$ den gleichen Erwartungswert β besitzen. Dadurch erhält unsere Teststatistik die einfache Gestalt

$$T(\bar{y}) = \frac{1}{\sigma_0^2} \|\bar{y} - \mathbf{X}(\mathbf{X}^\top \mathbf{X})^{-1} \mathbf{X}^\top \bar{y}\|_2^2$$

$$= \frac{1}{\sigma_0^2} \sum_{i=1}^n \left(\bar{y}_i - \frac{1}{n} \sum_{i=1}^n \bar{y}_i \right)^2$$

$$= \frac{1}{\sigma_0^2} \sum_{i=1}^n \left(\bar{y}_i - \bar{y}_\varnothing \right)^2,$$

wobei wir mit $\bar{y}_\varnothing := \frac{1}{n} \sum_{i=1}^n \bar{y}_i$ das Stichprobenmittel bezeichnet haben. Gehen wir z.B. von $n = 30$ Messungen und einem Testniveau von $\alpha = 0.05$ aus, so entnimmt man der Wertetabelle C.3 das $(1 - \alpha)$-Quantil der χ^2-Verteilung mit 29 Freiheitsgraden

$$\chi^2_{29, 0.95} \simeq 42.56.$$

Nach dem χ^2-Test ist demnach die Nullhypothese abzulehnen (d.h. eine Verschlechterung der Messgenauigkeit festzustellen), falls für die gemessene Realisierung $\bar{y}$ der Länge 30 gilt:

$$T(\bar{y}) \cdot \sigma_0^2 = \sum_{i=1}^{30} (\bar{y}_i - \bar{y}_\varnothing)^2 > \sigma_0^2 \cdot \chi^2_{29, 0.95} \simeq 0.1 \cdot 42.56 = 4.256$$

$\Diamond$

Ein Test für β_i

Für einen Test der Form

$$H_0 : \beta_i = 0 \quad \text{und} \quad H_1 : \beta_i \neq 0, \quad i \in \{1, \dots, p\}$$

benötigt man einerseits eine Teststatistik, welche die Größe β_i geeignet repräsentiert (etwa $((\mathbf{X}^\top \mathbf{X})^{-1} \mathbf{X}^\top Y)_i$), deren Verteilung andererseits bei Gültigkeit der Nullhypothese bekannt, also insbesondere unabhängig von σ^2 sein muss. Bezeichnet $c_{i,i}$ das i-te Diagonalelement von $(\mathbf{X}^\top \mathbf{X})^{-1}$, so ist

$$\frac{((\mathbf{X}^\top \mathbf{X})^{-1} \mathbf{X}^\top Y(\omega))_i}{\sqrt{c_{i,i} \sigma^2}}$$

zwar standardisiert, aber als Teststatistik immer noch von σ^2 abhängig. Daher teilt man diesen Term noch einmal durch den bereits bekannten Schätzer für σ^2, der wiederum standardisiert wird und kommt so zur Schätzfunktion

$$R : \Omega \to \mathbb{R}, \quad \omega \mapsto \frac{\frac{((\mathbf{X}^{\top}\mathbf{X})^{-1}\mathbf{X}^{\top}Y(\omega))_i}{\sqrt{c_{i,i}\sigma^2}}}{\sqrt{\frac{1}{(n-p)\sigma^2}Y(\omega)^{\top}\mathbf{P}Y(\omega)}} = \frac{((\mathbf{X}^{\top}\mathbf{X})^{-1}\mathbf{X}^{\top}Y(\omega))_i\sqrt{n-p}}{\sqrt{c_{i,i}Y(\omega)^{\top}\mathbf{P}Y(\omega)}}.$$

Offensichtlich ist die Zufallsvariable

$$\frac{((\mathbf{X}^{\top}\mathbf{X})^{-1}\mathbf{X}^{\top}Y)_i}{\sqrt{c_{i,i}\sigma^2}}$$

N(0, 1)-verteilt, falls die Nullhypothese gültig ist. Könnte man noch beweisen, dass die Zufallsvariablen

$$\frac{((\mathbf{X}^{\top}\mathbf{X})^{-1}\mathbf{X}^{\top}Y)_i}{\sqrt{c_{i,i}\sigma^2}} \quad \text{und} \quad \sqrt{\frac{1}{(n-p)\sigma^2}Y^{\top}\mathbf{P}Y}$$

unabhängig sind, so wäre die Verteilung von R dank Lemma 17.7 bei Gültigkeit der Nullhypothese als t-Verteilung mit $(n-p)$ Freiheitsgraden bekannt. Eine Realisierung von R ist durch eine Realisierung $\bar{y} = Y(\hat{\omega})$ vermöge

$$R(\hat{\omega}) = \frac{\frac{((\mathbf{X}^{\top}\mathbf{X})^{-1}\mathbf{X}^{\top}Y(\hat{\omega}))_i}{\sqrt{c_{i,i}\sigma^2}}}{\sqrt{\frac{1}{(n-p)\sigma^2}Y(\hat{\omega})^{\top}\mathbf{P}Y(\hat{\omega})}} = \frac{((\mathbf{X}^{\top}\mathbf{X})^{-1}\mathbf{X}^{\top}\bar{y})_i\sqrt{n-p}}{\sqrt{c_{i,i}\bar{y}^{\top}\mathbf{P}\bar{y}}} = \tilde{T}(\bar{y})$$

für eine entsprechende Abbildung $\tilde{T} : \mathbb{R}^n \to \mathbb{R}$ gegeben.
Betrachten wir nun die Zufallsvariable

$$K : \Omega \to \mathbb{R}^{p+n}, \quad \omega \mapsto \underbrace{\begin{pmatrix} (\mathbf{X}^{\top}\mathbf{X})^{-1}\mathbf{X}^{\top} \\ \mathbf{I} - \mathbf{X}(\mathbf{X}^{\top}\mathbf{X})^{-1}\mathbf{X}^{\top} \end{pmatrix}}_{\in \mathbb{R}^{(p+n),n}} Y(\omega),$$

so ergibt sich:

$$\mathrm{Cov}_{(\beta,\sigma^2)}(K) = \sigma^2 \begin{pmatrix} (\mathbf{X}^{\top}\mathbf{X})^{-1} & \mathbf{0} \\ \mathbf{0} & (\mathbf{I} - \mathbf{X}(\mathbf{X}^{\top}\mathbf{X})^{-1}\mathbf{X}^{\top}) \end{pmatrix}.$$

Somit sind wegen der Normalverteilung von Y die Zufallsvariablen

$$(\mathbf{X}^{\top}\mathbf{X})^{-1}\mathbf{X}^{\top}Y \quad \text{und} \quad (\mathbf{I} - \mathbf{X}(\mathbf{X}^{\top}\mathbf{X})^{-1}\mathbf{X}^{\top})Y$$

unabhängig und damit auch die Zufallsvariablen

$$\frac{((\mathbf{X}^{\top}\mathbf{X})^{-1}\mathbf{X}^{\top}Y)_i}{\sqrt{c_{i,i}\sigma^2}} \quad \text{und} \quad \sqrt{\frac{1}{(n-p)\sigma^2}Y^{\top}\underbrace{\mathbf{P}^{\top}\mathbf{P}}_{=\mathbf{P}}Y}.$$

Zusammenfassend erhalten wir einen so genannten t-Test.

Zweiseitiger t-Test: Sei ein lineares Gaußmodell mit den Hypothesen

$$H_0 : \beta_i = 0 \quad \text{und} \quad H_1 : \beta_i \neq 0, \quad i \in \{1, \ldots, p\},$$

gegeben. Dann ist

$$\phi : \mathbb{R}^n \to \{0, 1\}, \quad y \mapsto \begin{cases} 1 \text{ für alle } y \text{ mit } |\tilde{T}(y)| > t_{n-p,1-\frac{\alpha}{2}}, \\ 0 \text{ für alle } y \text{ mit } |\tilde{T}(y)| \leq t_{n-p,1-\frac{\alpha}{2}}, \end{cases}$$

ein geeigneter Test. Dabei ist mit $Y(\hat{\omega}) = \bar{y}$:

$$\tilde{T} : \mathbb{R}^n \to \mathbb{R}_+, \quad \tilde{T}(\bar{y}) = R(\hat{\omega}) = \frac{((\mathbf{X}^\top \mathbf{X})^{-1} \mathbf{X}^\top \bar{y})_i \sqrt{n-p}}{\sqrt{c_{i,i} \bar{y}^\top \mathbf{P} \bar{y}}},$$

c_{ii} das i-te Diagonalelement von $(\mathbf{X}^\top \mathbf{X})^{-1}$ und $\mathbf{P} = (\mathbf{I} - \mathbf{X}(\mathbf{X}^\top \mathbf{X})^{-1} \mathbf{X}^\top)$.

Wir wollen auch diesen t-Test an einem Beispiel erläutern. Dazu betrachten wir eine typische Situation, in der ein linearer Zusammenhang zwischen zwei Größen vermutet wird.

Beispiel 17.9. Zwischen dem relativen Gewicht und dem Blutdruck wird ein linearer Zusammenhang vermutet:

$$y = bx + a, \quad a, b \in \mathbb{R},$$

wobei x das relative Gewicht und y den Blutdruck darstellt. Auf der Basis einer Stichprobe

$$(x_1, y_1), \ldots, (x_n, y_n)$$

wollen wir die Frage klären, ob die Steigung b ungleich Null ist. Dazu betrachten wir das lineare Gaußmodell

$$Y = \mathbf{X}\beta + E$$

mit der Designmatrix

$$\mathbf{X} = \begin{pmatrix} 1 & x_1 \\ \vdots & \vdots \\ 1 & x_n \end{pmatrix}$$

sowie $\beta = (a, b)^\top$. Als Hypothesen erhalten wir entsprechend

$$H_0 : b = \beta_2 = 0, \quad H_1 : b = \beta_2 \neq 0.$$

Um die Teststatistik $\tilde{T}$ auszuwerten, berechnen wir

$$((\mathbf{X}^\top \mathbf{X})^{-1} \mathbf{X}^\top y)_2 = \frac{\langle x, y \rangle - n x_\varnothing y_\varnothing}{\langle x, x \rangle - n x_\varnothing^2}$$

sowie

$$c_{22}y^\top \mathbf{P}y = \frac{\langle y,y\rangle - ny_\varnothing}{\langle x,x\rangle - nx_\varnothing^2} - \left(\frac{\langle x,y\rangle - nx_\varnothing y_\varnothing}{\langle x,x\rangle - nx_\varnothing^2}\right)^2,$$

wobei wir mit $x_\varnothing = \frac{1}{n}\sum_{i=1}^{n} x_i$ bzw. $y_\varnothing$ wieder das Stichprobenmittel bezeichnet haben. Damit erhalten wir als Teststatistik

$$\tilde{T}(y) = \frac{\frac{\langle x,y\rangle - nx_\varnothing y_\varnothing}{\langle x,x\rangle - nx_\varnothing^2} \cdot \sqrt{n-2}}{\sqrt{\frac{\langle y,y\rangle - ny_\varnothing}{\langle x,x\rangle - nx_\varnothing^2} - \left(\frac{\langle x,y\rangle - nx_\varnothing y_\varnothing}{\langle x,x\rangle - nx_\varnothing^2}\right)^2}}.$$

Betrachten wir z.B. die konkrete Stichprobe mit $n = 10$

$$(80,112),(90,111),(104,116),(110,141),(116,134),$$
$$(141,144),(168,149),(170,159),(160,139),(183,164),$$

so folgt für den Wert der Teststatistik

$$\tilde{T}(y) = 6.47.$$

Legen wir das Signifikanzniveau $\alpha = 5\%$ fest, so ergibt sich aus $t_{8,0.975} = 2.306$ (Tabelle C.2), dass wir wegen

$$\tilde{T}(y) = 6.47 > 2.306 = t_{8,0.975}$$

die Nullhypothese zum Signifikanzniveau 5% ablehnen müssen. ◊

Ein anderes, historisch bekanntes Beispiel für die Anwendung eines solchen t-Tests sind die Longley-Daten.

Beispiel 17.10 (Longley-Daten). J. W. Longley hat im Jahr 1967 die folgenden volkswirtschaftlichen Daten der USA aus dem Zeitraum von 1947 bis 1962 veröffentlicht:

y : Erwerbstätigkeit in 1000

x_1 : Preisdeflator (1954 entspricht 100)

x_2 : Bruttosozialprodukt in Mio.

x_3 : Arbeitslosigkeit in 1000

x_4 : Truppenstärke in 1000

x_5 : Bevölkerung über 14 Jahre (ohne Schüler und Studenten) in 1000

x_6 : Jahr

mit den numerischen Werten

y	x_1	x_2	x_3	x_4	x_5	x_6
60323	83.0	234289	2356	1590	107608	1947
61122	88.5	259426	2325	1456	108632	1948
60171	88.2	258054	3682	1616	109773	1949
61187	89.5	284599	3351	1650	110929	1950
63221	96.2	328975	2099	3099	112075	1951
63639	98.1	346999	1932	3594	113270	1952
64989	99.0	365385	1870	3547	115094	1953
63761	100.0	363112	3578	3350	116219	1954
66019	101.2	397469	2904	3048	117388	1955
67857	104.6	419180	2822	2857	118734	1956
68169	108.4	442769	2936	2789	120445	1957
66513	110.8	444546	4681	2637	121950	1958
68655	112.6	482704	3813	2552	123366	1959
69564	114.2	502601	3931	2514	125368	1960
69331	115.7	518173	4806	2572	127852	1961
70551	116.9	554894	4007	2827	130081	1962

Verwendet man das lineare Regressionsmodell

$$Y = \mathbf{X}\beta + E$$

mit

$$\mathbf{X} = \begin{pmatrix}
1 & 83.0 & 234289 & 2356 & 1590 & 107608 & 1947 \\
1 & 88.5 & 259426 & 2325 & 1456 & 108632 & 1948 \\
1 & 88.2 & 258054 & 3682 & 1616 & 109773 & 1949 \\
1 & 89.5 & 284599 & 3351 & 1650 & 110929 & 1950 \\
1 & 96.2 & 328975 & 2099 & 3099 & 112075 & 1951 \\
1 & 98.1 & 346999 & 1932 & 3594 & 113270 & 1952 \\
1 & 99.0 & 365385 & 1870 & 3547 & 115094 & 1953 \\
1 & 100.0 & 363112 & 3578 & 3350 & 116219 & 1954 \\
1 & 101.2 & 397469 & 2904 & 3048 & 117388 & 1955 \\
1 & 104.6 & 419180 & 2822 & 2857 & 118734 & 1956 \\
1 & 108.4 & 442769 & 2936 & 2789 & 120445 & 1957 \\
1 & 110.8 & 444546 & 4681 & 2637 & 121950 & 1958 \\
1 & 112.6 & 482704 & 3813 & 2552 & 123366 & 1959 \\
1 & 114.2 & 502601 & 3931 & 2514 & 125368 & 1960 \\
1 & 115.7 & 518173 & 4806 & 2572 & 127852 & 1961 \\
1 & 116.9 & 554894 & 4007 & 2827 & 130081 & 1962
\end{pmatrix},$$

mit normalverteilten Fehlern und mit y als Realisierung von Y, so zeigt sich,
dass kleine Änderungen in y zu großen Änderungen im Schätzer $(\mathbf{X}^\top \mathbf{X})^{-1}\mathbf{X}^\top y$
für β führen (schlechte Kondition), da die Spalten von $\mathbf{X}$ stark korreliert sind.
Es liegt also nahe, über einen t–Test geeignete Regressoren (also Spalten von
$\mathbf{X}$) aus dem linearen Modell zu eliminieren. Betrachtet man den t-Test für
das Modell mit den Regressoren

$$\text{const.}, \; x_1, \; x_2, \; x_3, \; x_4, \; x_5, \; x_6$$

für jedes β_i derart, dass das größte Signifikanzniveau berechnet wird, so dass die Hypothese

$$H_0 : \beta_i = 0$$

nicht abgelehnt werden kann, so ergibt sich für $i = 1$ das maximale Signifikanzniveau $\alpha = 0.86$. Dies ist der größte Wert unter allen Regressoren im Modell. Somit ist die Spalte x_1 aus der Matrix $\mathbf{X}$ zu eliminieren, und man untersucht das Modell mit den Regressoren

$$\text{const.}, \; x_2, \, x_3, \, x_4, \, x_5, \, x_6.$$

Die analoge Vorgehensweise ergibt für $i = 5$ das maximale Signifikanzniveau $\alpha = 0.36$. Folglich ist die Spalte x_5 zu eliminieren, und man untersucht das Modell mit den Regressoren

$$\text{const.}, \; x_2, \, x_3, \, x_4, \, x_6.$$

Da jetzt kein Regressor mit einem Signifikanzniveau größer als 0.03 eliminiert werden kann, erhält man schließlich das Modell mit den Regressoren

$$\text{const.}, \; x_2, \, x_3, \, x_4, \, x_6$$

und der Designmatrix

$$\tilde{\mathbf{X}} = \begin{pmatrix}
1 & 234289 & 2356 & 1590 & 1947 \\
1 & 259426 & 2325 & 1456 & 1948 \\
1 & 258054 & 3682 & 1616 & 1949 \\
1 & 284599 & 3351 & 1650 & 1950 \\
1 & 328975 & 2099 & 3099 & 1951 \\
1 & 346999 & 1932 & 3594 & 1952 \\
1 & 365385 & 1870 & 3547 & 1953 \\
1 & 363112 & 3578 & 3350 & 1954 \\
1 & 397469 & 2904 & 3048 & 1955 \\
1 & 419180 & 2822 & 2857 & 1956 \\
1 & 442769 & 2936 & 2789 & 1957 \\
1 & 444546 & 4681 & 2637 & 1958 \\
1 & 482704 & 3813 & 2552 & 1959 \\
1 & 502601 & 3931 & 2514 & 1960 \\
1 & 518173 & 4806 & 2572 & 1961 \\
1 & 554894 & 4007 & 2827 & 1962
\end{pmatrix}.$$

Das entsprechende Schätzproblem ist nun gut konditioniert.   ◊

F-Verteilung

Gelegentlich werden in der Praxis auch Hypothesen der Form

$$H_0 : \mathbf{A}\beta = 0 \quad \text{und} \quad H_1 : \mathbf{A}\beta \neq 0$$

mit $\mathbf{A} \in \mathbb{R}^{q,p}$, $q < p$ und $\mathrm{Rang}(\mathbf{A}) = q$ betrachtet. Tests dieser Art führen auf F-verteilte Teststatistiken mit den Freiheitsgraden $(p - q)$ und $(n - p)$ und der Lebesgue-Dichte

$$
\mathbb{R} \to \mathbb{R}_+, \quad x \mapsto
\begin{cases}
0 & \text{für alle } x \le 0, \\[2mm]
\dfrac{\Gamma(\frac{n-q}{2})(p-q)^2 x^{\frac{p-q-2}{2}}}{\Gamma(\frac{p-q}{2})\Gamma(\frac{n-p}{2})(n-p)^2 (1+\frac{p-q}{n-p}x)^{\frac{n-q}{2}}} & \text{für alle } x > 0.
\end{cases}
$$

Diese F-Verteilung resultiert aus unabhängigen, χ^2-verteilten Zufallsvariablen X und Y mit den Freiheitsgraden $(p - q)$ bzw. $(n - p)$ und ist die Verteilung der Zufallsvariablen $\frac{(n-p)X}{(p-q)Y}$.

17.4 Anwendung Verfahrenstechnik: Datenanalyse bei einem Recovery Boiler

Das Funktionsprinzip eines Recovery Boilers

In der Papier- und Zellstoffindustrie werden zum Aufschluss von Zellstoff verschiedene Chemikalien sowie Wärme- und Elektroenergie benötigt. Aus der eingedickten Prozessablauge (Schwarzlauge, *Black Liquor*) lassen sich mit Hilfe eines *Recovery Boilers* die verwendeten Chemikalien und Wärmeenergie zurückgewinnen. Der Grad der Chemikalienrückgewinnung ist von entscheidender Bedeutung für die Wirtschaftlichkeit der Gesamtanlage.

Der Black Liquor wird im Schmelzbett (Char Bed) verbrannt. Dabei bildet sich eine Alkalischmelze, die abfließt und aus deren Bestandteilen in weiteren Verfahrensschritten die eingesetzten Chemikalien zurückgewonnen werden. Die frei werdende Verbrennungswärme wird zur Erzeugung von Wasserdampf genutzt.

Die Verbrennung der Ablauge und damit die Chemikalienrückgewinnung beginnt mit der Zerstäubung der Schwarzlauge in die Brennkammer (Liquor Guns). Hierbei wird die Ablauge recht grob zerstäubt, und die entstehenden Tropfen werden bei ihrem Fall durch das heiße Rauchgas getrocknet. Die getrockneten Laugenpartikel fallen auf das Schmelzbett, in dem eine erste Verbrennung und chemische Reduktion stattfindet. Flüchtige Bestandteile und Reaktionsprodukte gelangen in eine Oxidationszone, in der oxidierende Reaktionen ablaufen und in der die Verbrennung abgeschlossen wird.

Wichtige Zielvorgaben für die Steuerung des Recovery Boilers sind unter anderem die Dampfproduktion zur Energiegewinnung, die Einhaltung von Emissionswerten unter Umweltgesichtspunkten und die Effizienz der chemischen Reduktion.

Der Verbrennungsvorgang und damit die Zielvorgaben können unter anderem durch die Luftzufuhr in drei Ebenen (*Primary Air* (PA), *Secondary Air* (SA), *Tertiary Air* (TA)) gesteuert werden.

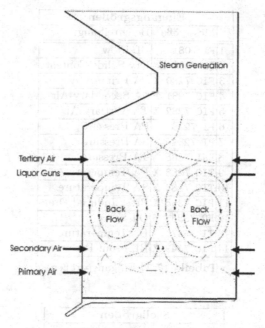

Abbildung 17.1. Schematische Darstellung eines Recovery Boilers

Eingangs-, Ausgangs- und Stellgrößen

Die gemessenen Größen des Gesamtprozesses werden in natürlicher Weise in *Eingangsgrößen* (Prozess-Inputs) und *Ausgangsgrößen* (Prozess-Outputs) unterteilt. Jede Minute werden Messwerte abgespeichert. Tabelle 17.1 zeigt eine Übersicht der Eingangsgrößen.

Vier der Eingangsgrößen kommen auch als *Stellgrößen* (einstellbare Parameter, manipulated variables, Tabelle 17.2) vor. Die Stellgrößen sind im Wesentlichen als unabhängig voneinander einstellbare freie Parameter des Gesamtprozesses anzusehen.

Die obigen vier Größen sind in zweifacher Weise in den Datensätzen abgelegt: zum einen als Stellgrößen (mit dem gewünschten Wert) und zum anderen als Eingangsgrößen (mit dem gemessenen Wert).

Als wichtige Ausgangsgrößen (Tabelle 17.3) gelten Steam Production, O_2, SO_2, Bed Temperature und Reduction Efficiency.

Ziele und Vorgehensweise

Auf Grund der Komplexität der chemischen Vorgänge steht für die mathematische Beschreibung des Recovery Boilers kein naturwissenschaftliches Modell zur Verfügung. Daher greift man auf phänomenologische (datengetriebene) Modelle zurück. Zudem treten nicht modellierbare, parasitäre Effekte (z.B.

Eingangsgrößen	
Messgröße	Beschreibung
1 FI 7081	BL Flow
2 QI 7082 A	Dry Solids Content
3 FIC 7280 X	PA Primary Air
4 FIC 7281 X	SA Secondary Air
5 FIC 7282 X	TA Tertiary Air
6 PI 7283	PA Pressure
7 PI 7284	SA Pressure
8 PHI 7285	TA Pressure
9 TIC 7288 X	PA Temperature
10 TIC 7289 X	SA Temperature
11 PIC 7305 X	Press Induced Draft
12 HO 7338	Oil Valve
13 TI 7347	BL Temperature
14 PIC 7349 X	BL Front Pressure

Tabelle 17.1. Eingangsgrößen

Stellgrößen	
Messgröße	Beschreibung
1 FIC 7280 X	PA Primary Air
2 FIC 7281 X	SA Secondary Air
3 FIC 7282 X	TA Tertiary Air
4 PIC 7349 X	BL Front Pressure

Tabelle 17.2. Stellgrößen

Turbulenzen, wechselnde Stoffzusammensetzungen, etc.) auf, die zu Schwankungen in den entsprechenden Messungen führen. Auf der anderen Seite stehen eine große Zahl von Messungen zur Verfügung; daher können die parasitären Effekte durch geeignete Datenreduktion eliminiert werden. Basis der folgenden Überlegungen ist der bereits reduzierte Datensatz.

Da die gegebene Problemstellung darin besteht, gewisse Zielvorgaben zu erfüllen, bietet es sich an, ein stochastisches Modell zur Darstellung der Messgrößen in Abhängigkeit von den einstellbaren Parametern zu verwenden. Bei den Zielvorgaben handelt es sich um physikalisch-technische bzw. betriebswirtschaftliche Optimalitätskriterien (z.B. minimale Abweichungen von gegebenen Referenzpunkten), die in der Regel Rand- und Sicherheitsbedingungen erfüllen müssen. Häufig müssen mehrere dieser Kriterien simultan betrachtet werden. Die Verwendung eines stochastischen Modells kann insbesondere dazu verwendet werden, die zu optimierenden Zielgrößen und ihre Abhängigkeit von den einzustellenden Parametern an einem Computer zu simulieren. Von zentraler Bedeutung ist es daher, die (erwarteten) Werte der Ausgangsgrößen

	Ausgangsgrößen	
	Messgröße	Beschreibung
1	TIC 7249 X	Steam Temperature
2	FI 7250	Steam Production
3	QI 7322	O_2
4	TI 7323	Smoke Temperature
5	QI 7331	H_2S
6	QI 7332	SO_2
7	QIC 7333 X	CO
8	QIC 7370 X	Spec.Weight of Green Liquor
9	QI 7531	NO
10	IBM 8096	Reduction Efficiency
11	IBM 8109	PH Value
12	TI 7352	Bed Temperature
13	IBM 8015	$NaOH$
14	IBM 8016	Na_2S
15	IBM 8017	Na_2CO_3

Tabelle 17.3. Ausgangsgrößen

als Funktion der einstellbaren Parameter beschreiben zu können. Um dies zu erreichen, besteht unser weiteres Vorgehen aus den folgenden drei Schritten:

- Wir entwickeln ein stochastisches Modell, das die Abhängigkeit der Eingangs- und Ausgangsgrößen von den Stellgrößen und zufälligen Effekten modelliert.
- Wir beschreiben ein lineares Regressionsmodell, um die zugehörigen Datensätze phänomenologisch zu analysieren.
- Wir entnehmen dem linearen Regressionsmodell die gesuchten Erwartungswerte für die Messgrößen in Abhängigkeit der Stellgrößen.

Wir beginnen nun damit, ein stochastisches Modell für die Messdaten zu entwickeln.

Eine stochastische Beschreibung der Messdaten

Die a Eingangsgrößen ($a \in \mathbb{N}$) sind von den n Stellgrößen ($n \in \mathbb{N}$) und von Zufallseffekten abhängig. Daher können sie wie folgt beschrieben werden:
Sei $(\Omega, \mathcal{F}, \mathbb{P})$ ein Wahrscheinlichkeitsraum und sei $\mathcal{B}^\nu$ die Borelsche σ-Algebra über $\mathbb{R}^\nu$ für jedes $\nu \in \mathbb{N}$. Die Eingangsgrößen werden über eine $\mathcal{B}^n \times \mathcal{S}$-$\mathcal{B}^a$-messbare Abbildung φ dargestellt:

$$\varphi : \mathbb{R}^n \times \Omega \to \mathbb{R}^a.$$

Beim Recovery Boiler gibt es $n = 4$ Stellgrößen und $a = 14$ Eingangsgrößen. Das Prozessmodell M des Recovery Boilers wird als Funktion in Abhängigkeit von den Eingangsgrößen und weiteren Zufallseffekten beschrieben. Dabei sei $(\Omega, \mathcal{F}, \mathbb{P})$ der obige Wahrscheinlichkeitsraum. Das Prozessmodell M ist dann eine $\mathcal{B}^a \times \mathcal{S}\text{-}\mathcal{B}^b$-messbare Abbildung:

$$M : \mathbb{R}^a \times \Omega \to \mathbb{R}^b.$$

Die Ausgangsgrößen lassen sich damit durch $\mathcal{B}^n \times \mathcal{S}\text{-}\mathcal{B}^b$-messbare Abbildungen ψ darstellen:

$$\psi : \mathbb{R}^n \times \Omega \to \mathbb{R}^b,$$
$$(x, \omega) \mapsto M\left(\varphi(x, \omega), \omega\right).$$

Beim Recovery Boiler gibt es $b = 15$ Ausgangsgrößen.

Die Tatsache, dass in der Definition von ψ zwischen den verwendeten ω's nicht unterschieden wird, bedeutet keine Einschränkung, da Ω etwa als kartesisches Produkt aus einem Ω_1 und Ω_2 dargestellt werden kann. Die obige Darstellung beinhaltet somit auch das folgende Modell:

$$\psi : \mathbb{R}^n \times \Omega_1 \times \Omega_2 \to \mathbb{R}^b,$$
$$(x, \omega_1, \omega_2) \mapsto M\left(\varphi(x, \omega_1), \omega_2\right).$$

Mit diesen Beschreibungen kann man nun Eingangs- und Ausgangsgrößen gemeinsam zu *Messgrößen* Φ zusammenfassen. Φ ist eine $\mathcal{B}^n \times \mathcal{S}\text{-}\mathcal{B}^m$-messbare Abbildung mit $m = a + b$ und

$$\Phi : \mathbb{R}^n \times \Omega \to \mathbb{R}^m,$$
$$(x, \omega) \mapsto \begin{pmatrix} \varphi(x, \omega) \\ \psi(x, \omega) \end{pmatrix}.$$

Für jedes gewählte Stellgrößentupel $x_j \in \mathbb{R}^n$ wird beim Recovery Boiler durch Messung eine Realisierung $\Phi_j = \Phi(x_j, \hat{\omega}_j)$ ermittelt. Für die nachfolgende lineare Regression stehen uns also Datensätze der Gestalt

$$(x_1, \Phi_1), \dots, (x_u, \Phi_u), \quad u \in \mathbb{N},$$

zur Verfügung.

Das lineare Regressionsmodell

Für jede Messgröße $\Phi^{(i)}$ $(i = 1, \dots, m)$ wird ein lineares Regressionsmodell in Abhängigkeit von der quadratischen Kombination der vier Einstellparameter berechnet. In der folgenden Darstellung ist $x \in \mathbb{R}^4$, wobei die Komponenten von x den vier Stellgrößen entsprechen:

$$x^{(1)} : \text{Primary Air},$$
$$x^{(2)} : \text{Secondary Air},$$
$$x^{(3)} : \text{Tertiary Air},$$
$$x^{(4)} : \text{Black Liquor Front Pressure}.$$

Jede Messgröße $\Phi^{(i)}$ wird nun durch

$$\Phi^{(i)}(x, \omega) = r(x)^{\top} a_i + e_i(\omega)$$

mit $a_i \in \mathbb{R}^{15}$ modelliert. Dabei ist

$$r : \mathbb{R}^4 \to \mathbb{R}^{15},$$

$$(\zeta_1, \zeta_2, \zeta_3, \zeta_4) \mapsto \left(1, \zeta_1, \zeta_2, \zeta_3, \zeta_4, \zeta_1^2, \zeta_2^2, \zeta_3^2, \zeta_4^2, \zeta_1\zeta_2, \zeta_1\zeta_3, \zeta_1\zeta_4, \zeta_2\zeta_3, \zeta_2\zeta_4, \zeta_3\zeta_4\right)^{\top},$$

d.h. Polynome zweiten Grades werden an die Messdaten angepasst, und

$$e_i : \Omega \to \mathbb{R}$$

ist eine Zufallsvariable mit Erwartungswert 0.

Sind nun Realisierungen, d.h. Messungen von $\Phi^{(i)}$ zu den Stellgrößentupeln $x_1, \ldots, x_u$, $u \in \mathbb{N}$, durchgeführt worden, so führt dies zu folgendem linearen Regressionsmodell:

$$\begin{pmatrix} \Phi_1^{(i)} \\ \vdots \\ \Phi_u^{(i)} \end{pmatrix} = \begin{pmatrix} r(x_1)^{\top} \\ \vdots \\ r(x_u)^{\top} \end{pmatrix} \cdot a_i + E_u,$$

wobei E_u eine u-dimensionale, zentrierte Zufallsvariable mit diagonaler Kovarianzmatrix ist.

Ein Modell für den Erwartungswert der Messgrößen

Der Vektor a_i wird mit der Methode der Kleinste-Quadrate-Schätzung bestimmt, wie wir sie in Abschnitt 17.2 beschrieben haben. Sei $\hat{a}_i$ der nach Satz 17.4 bestimmte Schätzwert für a_i, d.h. Lösung des Minimierungsproblems

$$\min_{a_i \in \mathbb{R}^{15}} \left\{ \left\| \begin{pmatrix} \Phi_1^{(i)} \\ \vdots \\ \Phi_u^{(i)} \end{pmatrix} - \begin{pmatrix} r(x_1)^{\top} \\ \vdots \\ r(x_u)^{\top} \end{pmatrix} \cdot a_i \right\|_2^2 \right\}.$$

Aus dem linearen Modell ergibt sich dann als Modell $\tilde{\Phi}^{(i)}$ des Erwartungswertes der Messgröße $\Phi^{(i)}$:

$$\tilde{\Phi}^{(i)} : \mathbb{R}^n \to \mathbb{R},$$

$$x \mapsto r(x)^{\top} \hat{a}_i.$$

Insbesondere lässt sich der Gradient $\nabla \tilde{\Phi}^{(i)}$ analytisch angeben:

$$\nabla \tilde{\Phi}^{(i)}(x) = \frac{dr}{dx}(x) \cdot \hat{a}_i \quad \text{für alle } x \in \mathbb{R}^n.$$

Damit haben wir unser eingangs beschriebenes Ziel erreicht. Zu jedem Stellgrößentupel x können wir für jede Messgröße den Erwartungswert $\tilde{\Phi}^{(i)}$ angeben.

Validierung

Es stellt sich die Frage, ob unser Regressionsansatz, also die Anpassung der Messdaten durch Polynome höchstens zweiter Ordnung, gerechtfertigt ist. Dazu seien

$$\hat{y}_i := \begin{pmatrix} r(x_1)^\top \\ \vdots \\ r(x_u)^\top \end{pmatrix} \cdot \hat{a}_i, \qquad \bar{y}_i := \frac{1}{u} \sum_{j=1}^{u} \Phi_j^{(i)} \in \mathbb{R}.$$

Zur Validierung des Regressionsansatzes wird das Bestimmtheitsmaß R_i^2 berechnet:

$$R_i^2 := \frac{\hat{y}_i^\top \hat{y}_i - u\bar{y}_i^2}{\Phi^{(i)\top} \Phi^{(i)} - u\bar{y}_i^2}.$$

Je näher R_i^2 bei 1 liegt, desto besser wird die abhängige Variable durch die unabhängigen Variablen erklärt ($0 \le R_i^2 \le 1$).

Ergebnisse der Regression an zwei Beispielen

Der obige Regressionsansatz ist bei einem Recovery Boiler für alle Messgrößen durchgeführt worden. Wir wollen die Ergebnisse der linearen Regression für zwei Messgrößen, der Steam Temperature (ST) und dem Sauerstoff (O_2), beispielhaft angeben. Zusätzlich wird das Maximum $E_{\max}^{(i)}$ des Absolutwertes der Abweichung der Daten vom Modell angegeben, d.h.

$$E_{\max}^{(i)} := \max_{j=1,\ldots,u} \left\{ \left| \Phi_j^{(i)} - \hat{y}_i^{(j)} \right| \right\}.$$

Die Grafiken in Abbildung 17.2 und 17.3 zeigen für jeweils $u = 205$ Messungen die Abweichung der Daten vom Modell aufsteigend angeordnet. Darin enthalten sind auch die Werte $E_{90\%\max}^{(i)}$ und $E_{80\%\max}^{(i)}$, unter dem mindestens 90% bzw. 80% der Absolutwerte der Abweichungen der Daten vom Modell liegen.

Erwartungswertmodell für Steam Produktion (ST)

$$\tilde{\Phi}^{ST}(\zeta) = \underbrace{\begin{pmatrix} -0.015704 \\ +56.429151 \\ -29.415827 \\ -44.803250 \\ -37.851503 \\ -0.202731 \\ -0.211298 \\ +0.151578 \\ +288.124736 \\ +0.358929 \\ -0.147514 \\ -46.824108 \\ +0.213022 \\ +28.336969 \\ +28.842892 \end{pmatrix}}_{\hat{a}_{ST}}^{\top} \cdot \begin{pmatrix} 1 \\ \zeta_1 \\ \zeta_2 \\ \zeta_3 \\ \zeta_4 \\ \zeta_1^2 \\ \zeta_2^2 \\ \zeta_3^2 \\ \zeta_4^2 \\ \zeta_1\zeta_2 \\ \zeta_1\zeta_3 \\ \zeta_1\zeta_4 \\ \zeta_2\zeta_3 \\ \zeta_2\zeta_4 \\ \zeta_3\zeta_4 \end{pmatrix}$$

$$E_{\max}^{ST} = 21.11 \quad E_{90\%\max}^{ST} = 14.15 \quad E_{80\%\max}^{ST} = 11.77 \quad R_{ST}^2 = 0.97$$

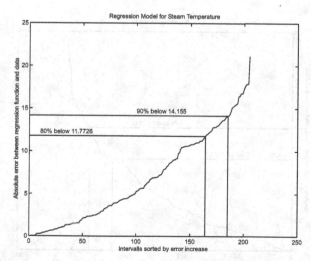

Abbildung 17.2. Absolute Abweichungen Steam Temperature

Der Wert $R_{ST}^2 = 0.97$ liegt nahe bei 1, so dass für diese Messgröße von einer guten Beschreibung durch das lineare Regressionsmodell ausgegangen werden kann.

Erwartungswertmodell für Sauerstoff (O_2)

$$\tilde{\Phi}^{O_2}(\zeta) = \underbrace{\begin{pmatrix} +0.000276 \\ +0.293806 \\ +1.435007 \\ -1.584673 \\ -63.098567 \\ -0.008425 \\ -0.021968 \\ +0.005403 \\ +11.462043 \\ +0.012307 \\ -0.007331 \\ -0.051823 \\ +0.007000 \\ +0.386993 \\ +1.259304 \end{pmatrix}}_{\hat{a}_{O_2}}^{\top} \cdot \begin{pmatrix} 1 \\ \zeta_1 \\ \zeta_2 \\ \zeta_3 \\ \zeta_4 \\ \zeta_1^2 \\ \zeta_2^2 \\ \zeta_3^2 \\ \zeta_4^2 \\ \zeta_1\zeta_2 \\ \zeta_1\zeta_3 \\ \zeta_1\zeta_4 \\ \zeta_2\zeta_3 \\ \zeta_2\zeta_4 \\ \zeta_3\zeta_4 \end{pmatrix}$$

$$E_{\max}^{O_2} = 1.32 \quad E_{90\%\max}^{O_2} = 0.79 \quad E_{80\%\max}^{O_2} = 0.59 \quad R_{O_2}^2 = 0.69$$

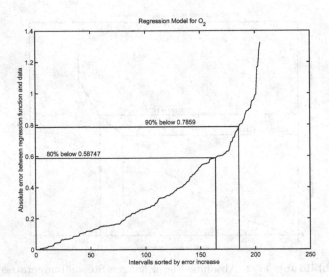

Abbildung 17.3. Absolute Abweichungen für O_2

Der Wert $R_{O_2}^2 = 0.69$ lässt auf eine etwas schlechtere Beschreibung durch das Regressionsmodell als etwa bei der Steam Temperature schließen.

Mit den ermittelten Erwartungswertmodellen $\tilde{\Phi}^{(i)}$ aller Messgrößen kann das Verhalten des Recovery Boilers nun als Computermodell simuliert werden. Anschließend wird man versuchen, die Anlagensteuerung zunächst im Modell und dann in der Praxis so zu regeln, dass sowohl die physikalisch-technischen als auch die betriebswirtschaftlichen Zielvorgaben möglichst optimal erreicht werden.

Teil V

Anhang

A

Existenzaussagen

A.1 Das Lebesgue-Maß

Ziel dieses Abschnitts ist der Beweis des Theorems 1.40. Wir zeigen die Existenz des Lebesgue-Maßes sowie seine Bewegungsinvarianz (Satz 1.41). Die Grundidee des Beweisverfahrens von Carathéodory besteht darin, zunächst ein äußeres Maß, eine Abschwächung des Maßbegriffs, auf der Potenzmenge zu definieren. Die Einschränkung des äußeren Maßes auf eine geeignete σ-Algebra liefert dann das gesuchte Maß.

Äußere Maße

Definition A.1 (äußeres Maß, μ^*-messbar). *Eine Funktion μ^* :* $\mathcal{P}(\Omega) \to \bar{\mathbb{R}}$ *heißt äußeres Maß auf $\mathcal{P}(\Omega)$, falls die folgenden Bedingungen erfüllt sind:*

(Ä1) $\mu^*(\emptyset) = 0$.

(Ä2)   Monotonie: *Für $A, B \in \mathcal{P}(\Omega)$, $A \subseteq B$, folgt $\mu^*(A) \le \mu^*(B)$.*

(Ä3)   Sub-σ-Additivität: *Für jede Folge (A_n) von Mengen aus $\mathcal{P}(\Omega)$ gilt*

$$\mu^* \left(\bigcup_{n=1}^{\infty} A_n \right) \le \sum_{n=1}^{\infty} \mu^*(A_n).$$

Eine Menge $A \in \mathcal{P}(\Omega)$ heißt μ^*-messbar, falls für alle $B \in \mathcal{P}(\Omega)$ gilt:

$$\mu^*(B) \ge \mu^*(B \cap A) + \mu^*(B \cap A^c). \tag{A.1}$$

Aus der Sub-σ-Additivität eines äußeren Maßes μ^* folgt insbesondere die endliche Subadditivität. Daher gilt für jede μ^*-messbare Menge A und alle $B \subset \Omega$ die Ungleichung $\mu^*(B) \le \mu^*(B \cap A) + \mu^*(B \cap A^c)$. Zusammen mit (A.1) ergibt sich

$$\mu^*(B) = \mu^*(B \cap A) + \mu^*(B \cap A^c). \tag{A.2}$$

Offensichtlich folgt aus (A.2) auch (A.1), so dass (A.2) eine alternative, besonders einprägsame Definition der μ^*-Messbarkeit darstellt: Eine Menge A ist genau dann μ^*-messbar, wenn sie jede Teilmenge $B \subset \Omega$ in disjunkte Mengen $B \cap A$ und $B \cap A^c$ zerlegt, auf denen μ^* additiv ist.

Die zentrale Eigenschaft äußerer Maße zeigt sich im folgenden Resultat:

Satz A.2. *Es sei $\mu^* : \mathcal{P}(\Omega) \to \bar{\mathbb{R}}$ ein äußeres Maß. Dann ist*

$$\mathcal{A}_\mu^* := \{A \subset \Omega : A \ \mu^*\text{-messbar}\}$$

eine σ-Algebra und $\mu^*|\mathcal{A}_\mu^*$ ein Maß.

Beweis. Offensichtlich ist $\Omega \in \mathcal{A}_\mu^*$. Da (A.1) in A und A^c symmetrisch ist, ist mit A auch das Komplement A^c μ^*-messbar. Den weiteren Beweis teilen wir in zwei Schritte auf:

Schritt 1: $\mathcal{A}_\mu^*$ ist abgeschlossen gegenüber endlichen Vereinigungen. Sind A_1, $A_2 \in \mathcal{A}_\mu^*$, so erhalten wir für alle $B \subset \Omega$ durch Anwenden der μ^*-Messbarkeitsbedingung von A_2 auf die Menge $B \cap A_1^c$:

$$\begin{aligned}
\mu^*(B) &\geq \mu^*(B \cap A_1) + \mu^*(B \cap A_1^c) \\
&\geq \mu^*(B \cap A_1) + \mu^*(B \cap A_1^c \cap A_2) + \mu^*(B \cap A_1^c \cap A_2^c) \\
&\geq \mu^*((B \cap A_1) \cup (B \cap A_1^c \cap A_2)) + \mu^*(B \cap A_1^c \cap A_2^c) \\
&= \mu^*(B \cap (A_1 \cup A_2)) + \mu^*(B \cap (A_1 \cup A_2)^c),
\end{aligned}$$

wobei wir im vorletzten Schritt die Subadditivität von μ^* ausgenutzt haben. Es folgt $A_1 \cup A_2 \in \mathcal{A}_\mu^*$, $\mathcal{A}_\mu^*$ ist also gegenüber endlichen Vereinigungen abgeschlossen. Wir zeigen die Abgeschlossenheit von $\mathcal{A}_\mu^*$ gegenüber abzählbaren Vereinigungen und die σ-Additivität von μ^* auf $\mathcal{A}_\mu^*$ parallel, indem wir beweisen:

Schritt 2: Ist $(A_n)_{n \in \mathbb{N}}$ eine Folge disjunkter Mengen aus $\mathcal{A}_\mu^*$, so ist $A := \bigcup\limits_{n=1}^{\infty} A_n \in \mathcal{A}_\mu^*$ und

$$\mu^*(A) = \sum_{n=1}^{\infty} \mu^*(A_n). \tag{A.3}$$

Um diese Behauptung zu beweisen, setzen wir in (A.2) für B die Menge $B \cap (A_1 \cup A_2)$ und für A die Menge A_1 ein. Dann folgt wegen $A_1 \cap A_2 = \emptyset$ die Gleichung $\mu^*(B \cap (A_1 \cup A_2)) = \mu^*(B \cap A_1) + \mu^*(B \cap A_2)$, so dass wir per Induktion erhalten:

$$\mu^*\left(B \cap \bigcup_{i=1}^{n} A_i\right) = \sum_{i=1}^{n} \mu^*(B \cap A_i) \quad \text{für alle } n \in \mathbb{N}. \tag{A.4}$$

Nach Schritt 1 ist $\bigcup\limits_{i=1}^{n} A_i \in \mathcal{A}_\mu^*$, so dass mit (A.4) für alle $B \subset \Omega$ und $n \in \mathbb{N}$ folgt:

$$\mu^*(B) \geq \mu^*\left(B \cap \bigcup_{i=1}^n A_i\right) + \mu^*\left(B \cap \left(\bigcup_{i=1}^n A_i\right)^c\right) \geq \sum_{i=1}^n \mu^*(B \cap A_i) + \mu^*(B \cap A^c).$$

Durch zweimaliges Anwenden der Sub-σ-Additivität erhalten wir:

$$\mu^*(B) \geq \sum_{i=1}^\infty \mu^*(B \cap A_i) + \mu^*(B \cap A^c) \geq \mu^*(B \cap A) + \mu^*(B \cap A^c) \geq \mu^*(B). \quad \text{(A.5)}$$

Damit sind alle Terme in (A.5) gleich und wir erhalten für jedes $B \subset \Omega$:

$$\mu^*(B) = \sum_{i=1}^\infty \mu^*(B \cap A_i) + \mu^*(B \cap A^c) = \mu^*(B \cap A) + \mu^*(B \cap A^c).$$

Insbesondere ist $A \in \mathcal{A}_\mu^*$, und es folgt (A.3), wenn wir $B = A$ setzen.

Insgesamt haben wir gezeigt, dass $\mathcal{A}_\mu^*$ eine σ-Algebra und $\mu^*|\mathcal{A}_\mu^*$ σ-additiv und damit ein Maß auf $\mathcal{A}_\mu^*$ ist. $\qquad \square$

Prämaße auf Halbringen

Wir wissen bereits, wie das zu konstruierende Lebesgue-Maß λ auf dem Mengensystem

$$\mathcal{I} = \{\,]a, b] : a, b \in \mathbb{R}, a \leq b\}$$

definiert sein soll: $\lambda(]a, b]) = b - a$. Nach Satz 1.14 ist $\mathcal{I}$ ein Erzeuger der Borelschen σ-Algebra $\mathcal{B}$. $\mathcal{I}$ selbst ist keine σ-Algebra, da $\mathcal{I}$ nicht gegenüber Komplementen abgeschlossen ist, aber $\mathcal{I}$ ist ein so genannter Halbring:

Definition A.3 (Halbring). *Ein Mengensystem $\mathcal{H} \subseteq \mathcal{P}(\Omega)$ heißt Halbring (über Ω), falls die folgenden Bedingungen erfüllt sind:*

(H1) $\emptyset \in \mathcal{H}$.

(H2)   *Aus $A, B \in \mathcal{H}$ folgt $A \cap B \in \mathcal{H}$.*

(H3)   *Für jedes Paar $A, B \in \mathcal{H}$ existieren endlich viele disjunkte Mengen $C_1, \ldots, C_k \in \mathcal{H}$, $k \in \mathbb{N}$, mit:*

$$B \cap A^c = \bigcup_{i=1}^k C_i.$$

Das Mengensystem $\mathcal{I}$ ist ein Halbring, genauso wie in höheren Dimensionen $\mathcal{I}^n = \{\,]a, b] : a, b \in \mathbb{R}^n, a \leq b\}$. Wir haben Maße formal nur auf σ-Algebren definiert. Gelten die Maßeigenschaften auf einem Halbring, so nennen wir die Funktion Prämaß:

Definition A.4 (Prämaß). *Sei $\mathcal{H}$ ein Halbring über Ω. Eine Funktion μ :*
$\mathcal{H} \to \bar{\mathbb{R}}$ heißt Prämaß auf $\mathcal{H}$, falls die folgenden Bedingungen erfüllt sind:
(P1) $\mu(\emptyset) = 0$.
(P2) $\mu(A) \geq 0$ *für alle $A \in \mathcal{H}$.*
(P3)   *Für jede Folge $(A_n)_{n \in \mathbb{N}}$ disjunkter Mengen aus $\mathcal{H}$ mit $\bigcup\limits_{n=1}^{\infty} A_n \in \mathcal{H}$*

   gilt:

$$\mu\left(\bigcup_{n=1}^{\infty} A_n\right) = \sum_{n=1}^{\infty} \mu(A_n).$$

Prämaße haben ähnliche Eigenschaften wie Maße. Für spätere Zwecke notieren wir:

Lemma A.5. *Sei $\mu : \mathcal{H} \to \bar{\mathbb{R}}$ ein Prämaß auf einem Halbring $\mathcal{H}$.*

(i) Monotonie: *Ist $A, B \in \mathcal{H}$ und $A \subset B$, so folgt: $\mu(A) \leq \mu(B)$.*
(ii) Sub-σ-Additivität: *Ist $(A_n)_{n \in \mathbb{N}}$ eine Folge von Mengen in $\mathcal{H}$ und $A \in \mathcal{H}$,*

   so dass $A \subset \bigcup\limits_{n=1}^{\infty} A_n$, so gilt:

$$\mu(A) \leq \sum_{n=1}^{\infty} \mu(A_n).$$

Beweis. (i) Da $\mathcal{H}$ ein Halbring ist, hat $B \cap A^c$ eine Darstellung als disjunkte Zerlegung von Mengen in $\mathcal{H}$:

$$B \cap A^c = \bigcup_{i=1}^{k} C_i, \quad C_1, \ldots, C_k \in \mathcal{H} \text{ disjunkt.}$$

Damit können wir B disjunkt zerlegen:

$$B = A \cup \bigcup_{i=1}^{k} C_i.$$

Aus der σ-Additivität folgt insbesondere die endliche Additivität von μ. Damit erhalten wir:

$$\mu(B) = \mu(A) + \sum_{i=1}^{k} \mu(C_i) \geq \mu(A).$$

(ii) Für den Nachweis der Sub-σ-Additivität betrachten wir das Mengensystem

$$\mathcal{R} := \{M \in \mathcal{P}(\Omega) : M = \bigcup_{i=1}^{k} C_i, \ C_1, \ldots, C_k \in \mathcal{H} \text{ disjunkt}\}.$$

Aus der Durchschnittsstabilität von $\mathcal{H}$ folgt unmittelbar die Durchschnitts-stabilität von $\mathcal{R}$. Sei nun $(A_n)_{n\in\mathbb{N}}$ eine Folge von Mengen in $\mathcal{H}$ mit $A \subset \bigcup_{n=1}^{\infty} A_n$. Wir definieren

$$B_1 := A_1, \quad B_{n+1} := A_{n+1} \cap B_n^c, \quad n \geq 1,$$

und zeigen induktiv, dass $B_n \in \mathcal{R}$ für jedes $n \in \mathbb{N}$. Für B_1 ist dies klar. Hat B_n die disjunkte Darstellung

$$B_n = \bigcup_{j=1}^{k_n} C_{nj}, \quad C_{nj} \in \mathcal{H}, \tag{A.6}$$

so gilt für B_{n+1}:

$$B_{n+1} = \bigcap_{j=1}^{k_n} (A_{n+1} \cap C_{nj}^c).$$

Nach Definition eines Halbrings ist $A_{n+1} \cap C_{nj}^c \in \mathcal{R}$ für jedes $j = 1, \ldots, k_n$, und wegen der Durchschnittsstabilität von $\mathcal{R}$ folgt $B_{n+1} \in \mathcal{R}$. Aus der Darstellung (A.6) und der bereits gezeigten Monotonie folgt

$$\mu(A_n) \geq \sum_{j=1}^{k_n} \mu(C_{nj}).$$

Die Folge $(B_n)_{n\in\mathbb{N}}$ ist disjunkt, daher erhalten wir eine disjunkte abzählbare Zerlegung von A:

$$A = \bigcup_{n=1}^{\infty} (B_n \cap A) = \bigcup_{n=1}^{\infty} \bigcup_{j=1}^{k_n} (C_{nj} \cap A).$$

Aus der σ-Additivität und der bereits bewiesenen Monotonie folgt:

$$\mu(A) = \sum_{n=1}^{\infty} \sum_{j=1}^{k_n} \mu(C_{nj} \cap A) \leq \sum_{n=1}^{\infty} \sum_{j=1}^{k_n} \mu(C_{nj}) \leq \sum_{n=1}^{\infty} \mu(A_n).$$

$\square$

Unser Ziel ist es, Prämaße auf Halbringen zu Maßen auf den von den Halbringen erzeugten σ-Algebren fortzusetzen. Die Prämaße erhalten wir durch folgende Beobachtung:

Satz A.6. *Sei $F : \mathbb{R} \to \mathbb{R}$ eine maßerzeugende Funktion, d.h. monoton wachsend und rechtsseitig stetig. Dann ist*

$$\lambda_F : \mathcal{I} \to \mathbb{R}, \quad \lambda_F(]a,b]) := F(b) - F(a),$$

ein Prämaß.

Beweis. Offensichtlich ist $\lambda_F(\emptyset) = 0$ und $\lambda_F \geq 0$, da F monoton wachsend ist. Wir zeigen zunächst, dass λ_F endlich additiv ist. Sei dazu $]a,b] = \bigcup\limits_{i=1}^{n}]a_i, b_i]$ als endliche disjunkte Vereinigung dargestellt. Dann können wir ohne Einschränkung der Allgemeinheit

$$a = a_1 \leq b_1 = a_2 \leq b_2 = a_2 \leq \ldots \leq b_{n-1} = a_n \leq b_n = b$$

annehmen. Damit folgt nach Definition von λ_F:

$$\lambda_F(]a,b]) = F(b) - F(a) = \sum_{i=1}^{n} (F(b_i) - F(a_i)) = \sum_{i=1}^{n} \lambda_F(]a_i, b_i]).$$

Somit ist die endliche Additivität von λ_F gezeigt, aus der mit $\lambda_F \geq 0$ sofort die Monotonie von λ_F folgt. Sei nun $]a,b] = \bigcup\limits_{i=1}^{\infty}]a_i, b_i]$ als abzählbare disjunkte Vereinigung dargestellt. Aus der Monotonie von λ_F und der endlichen Additivität folgt

$$\lambda_F(]a,b]) \geq \sum_{i=1}^{n} \lambda_F(]a_i, b_i]) \quad \text{für alle } n \in \mathbb{N},$$

also

$$\lambda_F(]a,b]) \geq \sum_{i=1}^{\infty} \lambda_F(]a_i, b_i]). \tag{A.7}$$

Die Grundidee für den Beweis der umgekehrten Ungleichung ist ein Kompaktheitsargument, das es erlaubt, aus einer abzählbaren Überdeckung eine endliche Teilüberdeckung zu wählen. Sei $\varepsilon > 0$ gegeben. Da F rechtsstetig ist, gibt es ein $\alpha \in]a,b]$, so dass $F(\alpha) \leq F(a) + \frac{\varepsilon}{2}$. Genauso gibt es zu jedem b_i ein $\beta_i > b_i$ mit $F(\beta_i) \leq F(b_i) + \varepsilon 2^{-(i+1)}$, $i \in \mathbb{N}$. Da α echt größer a und β_i echt größer b_i ist, folgt

$$[\alpha, b] \subset \bigcup_{i=1}^{\infty}]a_i, \beta_i[.$$

Da $[\alpha, b]$ kompakt ist, gibt es eine endliche Teilüberdeckung, d.h. es gibt ein $n \in \mathbb{N}$ mit

$$[\alpha, b] \subset \bigcup_{i=1}^{n}]a_i, \beta_i[\subset \bigcup_{i=1}^{n}]a_i, \beta_i].$$

Erst recht gilt damit $]\alpha, b] \subset \bigcup\limits_{i=1}^{n}]a_i, \beta_i]$. Aus der endlichen Additivität und Monotonie von λ_F folgt:

$$F(b) - F(\alpha) = \lambda_F(]\alpha, b]) \leq \sum_{i=1}^{n} \lambda_F(]a_i, \beta_i]).$$

Aus unserer Wahl der Punkte $\beta_i, i \in \mathbb{N}$ folgt

$$\lambda_F(]a_i, \beta_i]) = F(\beta_i) - F(a_i) \le F(b_i) - F(a_i) + \varepsilon \cdot 2^{-(i+1)}, \quad i \in \mathbb{N},$$

und damit:

$$\lambda_F(]a, b]) = F(b) - F(a) \le F(b) - F(\alpha) + \frac{\varepsilon}{2}$$

$$\le \sum_{i=1}^{n} \lambda_F(]a_i, \beta_i]) + \frac{\varepsilon}{2}$$

$$\le \sum_{i=1}^{n} (F(b_i) - F(a_i) + \varepsilon \cdot 2^{-(i+1)}) + \frac{\varepsilon}{2}$$

$$\le \sum_{i=1}^{\infty} \lambda_F(]a_i, b_i]) + \sum_{i=1}^{\infty} \varepsilon \cdot 2^{-(i+1)} + \frac{\varepsilon}{2} = \sum_{i=1}^{\infty} \lambda_F(]a_i, b_i]) + \varepsilon.$$

Da $\varepsilon > 0$ beliebig gewählt war, folgt zusammen mit (A.7) die σ-Additivität von λ_F. Damit ist λ_F ein Prämaß. $\qquad\qquad$ □

Der Fortsetzungssatz

Der letzte Baustein für den Existenzbeweis des Lebesgue-Maßes ist der folgende Fortsetzungssatz, der es erlaubt, ein Prämaß auf einem Halbring zu einem äußeren Maß auf der ganzen Potenzmenge fortzusetzen. Die Einschränkung des äußeren Maßes auf die μ^*-messbaren Mengen ergibt das gesuchte Maß.

Satz A.7. *Es sei* $\mu : \mathcal{H} \to \bar{\mathbb{R}}$ *ein Prämaß auf einem Halbring* $\mathcal{H}$. *Für* $A \subset \Omega$ *definieren wir*

$$\mu^*(A) := \inf\left\{ \sum_{i=1}^{\infty} \mu(A_i) : A_i \in \mathcal{H}, \ i \in \mathbb{N}, \ A \subset \bigcup_{i=1}^{\infty} A_i \right\} \in [0, \infty] \quad (\inf \emptyset := \infty).$$

Dann gilt:

(i) $\mu^* : \mathcal{P}(\Omega) \longrightarrow \bar{\mathbb{R}}$ *ist ein äußeres Maß.*

(ii) $\mathcal{H} \subset \mathcal{A}_\mu^*$ *und* $\mu^*|\mathcal{H} = \mu$. *Insbesondere ist* $\mu^*|\mathcal{A}_\mu^*$ *eine Fortsetzung von* μ *zu einem Maß auf eine* σ-*Algebra, die* $\sigma(\mathcal{H})$ *enthält.*

(iii) *Ist* μ σ-*endlich, d.h. existiert eine Folge* $(E_n)_{n \in \mathbb{N}}$ *von Mengen aus* $\mathcal{H}$ *mit* $\mu(E_n) < \infty$ *für alle* $n \in \mathbb{N}$ *und* $\Omega = \bigcup_{n=1}^{\infty} E_n$, *so ist die Fortsetzung von* μ *zu einem Maß auf* $\sigma(\mathcal{H})$ *eindeutig.*

Beweis. (i) Offensichtlich ist $\mu^*(\emptyset) = 0$. Da für $A \subset B$ jede Überdeckung von B auch A überdeckt, folgt die Monotonie von μ^*. Zum Nachweis der Sub-σ-Additivität von μ^* sei eine Folge $(A_n)_{n \in \mathbb{N}}$ von Teilmengen von Ω gegeben. Wir können ohne Einschränkung der Allgemeinheit $\mu^*(A_n) < \infty$ für alle $n \in \mathbb{N}$ annehmen, da andernfalls die zu beweisende Ungleichung

$$\mu^* \left(\bigcup_{n=1}^{\infty} A_n \right) \leq \sum_{n=1}^{\infty} \mu^*(A_n) \tag{A.8}$$

offensichtlich erfüllt ist. Sei $\varepsilon > 0$. Nach Definition von μ^* gibt es zu jedem $n \in \mathbb{N}$ eine Folge $(A_{ni})_{i \in \mathbb{N}}$ von Mengen in $\mathcal{H}$, so dass

$$A_n \subset \bigcup_{i=1}^{\infty} A_{ni} \quad \text{und} \quad \sum_{i=1}^{\infty} \mu(A_{ni}) < \mu^*(A_n) + \varepsilon \cdot 2^{-n}, \quad n \in \mathbb{N}.$$

Betrachten wir die abzählbare Familie $(A_{ni})_{(n,i) \in \mathbb{N}^2}$ von Mengen aus $\mathcal{H}$, so ist

$$\bigcup_{n=1}^{\infty} A_n \subset \bigcup_{n=1}^{\infty} \bigcup_{i=1}^{\infty} A_{ni}$$

und daher nach Definition von μ^*:

$$\mu^* \left(\bigcup_{n=1}^{\infty} A_n \right) \leq \sum_{n=1}^{\infty} \sum_{i=1}^{\infty} \mu(A_{ni}) \leq \sum_{n=1}^{\infty} (\mu^*(A_n) + \varepsilon \cdot 2^{-n}) = \sum_{n=1}^{\infty} \mu^*(A_n) + \varepsilon.$$

Da $\varepsilon > 0$ beliebig gewählt war, folgt (A.8), und μ^* ist ein äußeres Maß.

(ii) Wir beginnen damit, $\mathcal{H} \subset \mathcal{A}_\mu^*$ zu zeigen. Sei $A \in \mathcal{H}$ und $B \subset \Omega$ mit $\mu^*(B) < \infty$. Dann gibt es eine Folge $(B_n)_{n \in \mathbb{N}}$ von Mengen aus $\mathcal{H}$ mit $B \subset \bigcup_{n=1}^{\infty} B_n$. Nach Definition eines Halbringes ist $A \cap B_n \in \mathcal{H}$ für alle $n \in \mathbb{N}$, und zu jedem $n \in \mathbb{N}$ gibt es disjunkte Mengen $C_{n1}, \ldots, C_{nk_n} \in \mathcal{H}$ mit

$$B_n \cap A^c = \bigcup_{j=1}^{k_n} C_{nj}, \quad n \in \mathbb{N}.$$

Mit der σ-Additivität von μ folgt:

$$\sum_{n=1}^{\infty} \mu(B_n) = \sum_{n=1}^{\infty} \mu(B_n \cap A) + \sum_{n=1}^{\infty} \mu(B_n \cap A^c)$$

$$= \sum_{n=1}^{\infty} \mu(B_n \cap A) + \sum_{n=1}^{\infty} \sum_{j=1}^{k_n} \mu(C_{nj})$$

$$\geq \mu^*(B \cap A) + \mu^*(B \cap A^c).$$

Bilden wir das Infimum, so folgt $\mu^*(B) \geq \mu^*(B \cap A) + \mu^*(B \cap A^c)$. Für den Fall $\mu^*(B) = \infty$ ist diese Ungleichung trivial. Also folgt $A \in \mathcal{A}_\mu^*$.

Um $\mu^*|\mathcal{H} = \mu$ nachzuweisen, bemerken wir zunächst, dass durch die spezielle Überdeckung $A, \emptyset, \emptyset, \ldots$ einer Menge $A \in \mathcal{H}$ nach Definition von μ^* die Ungleichung $\mu^*|\mathcal{H} \leq \mu$ folgt. Für den Beweis der umgekehrten Ungleichung betrachten wir eine Folge $(A_n)_{n \in \mathbb{N}}$ von Mengen in $\mathcal{H}$ mit $A \subset \bigcup_{n=1}^{\infty} A_n$. Nach Lemma A.5 gilt

$$\mu(A) \leq \sum_{n=1}^{\infty} \mu(A_n),$$

und daher $\mu(A) \leq \mu^*(A)$. Insgesamt folgt $\mu^*|\mathcal{H} = \mu$.

(iii) Es sei $\nu : \sigma(\mathcal{H}) \to \bar{\mathbb{R}}$ ein weiteres Maß mit $\nu|\mathcal{H} = \mu$. Da $\mathcal{H}$ durchschnittsstabil ist, folgt aus dem MASSEINDEUTIGKEITSSATZ unmittelbar $\nu = \mu^*|\sigma(\mathcal{H})$.

□

Lebesgue- und Lebesgue-Stieltjes-Maße

Jetzt sind wir in der Lage, Theorem 1.40 zu beweisen:

Theorem A.8 (Existenz und Eindeutigkeit des Lebesgue-Maßes). *In jeder Dimension $n \in \mathbb{N}$ gibt es genau ein Maß*

$$\lambda^n : \mathcal{B}^n \to [0, \infty],$$

so dass für jedes n-dimensionale Intervall $]a, b] =]a_1, b_1] \times \ldots \times]a_n, b_n] \subset \mathbb{R}^n$ gilt:

$$\lambda^n(]a, b]) = \prod_{i=1}^{n} (b_i - a_i).$$

λ^n heißt (n-dimensionales) Lebesgue-Maß. Weiter gibt es zu jeder maßerzeugenden Funktion $F : \mathbb{R} \to \mathbb{R}$ genau ein Maß $\lambda_F : \mathcal{B} \to \bar{\mathbb{R}}$, so dass für alle $]a, b] \subset \mathbb{R}$ gilt:

$$\lambda_F(]a, b]) = F(b) - F(a).$$

λ_F heißt Lebesgue-Stieltjes-Maß von F.

Beweis. Sei zunächst $n = 1$ und F eine maßerzeugende Funktion. Nach Satz A.6 ist

$$\tilde{\lambda}_F : \mathcal{I} \to \mathbb{R}, \quad \tilde{\lambda}_F(]a, b]) := F(b) - F(a)$$

ein Prämaß auf dem Halbring $\mathcal{I}$. Offensichtlich ist $\tilde{\lambda}_F$ σ-endlich. Daher gibt es nach dem Fortsetzungssatz A.7 genau ein Maß λ_F auf $\sigma(\mathcal{I}) = \mathcal{B}$ mit $\lambda_F|\mathcal{I} = \tilde{\lambda}_F$. Damit ist der zweite Teil der Behauptung gezeigt. Setzen wir $F = \mathrm{id}$, erhalten wir die Behauptung für das eindimensionale Lebesgue-Maß $\lambda := \mu_{\mathrm{id}}$. Ist $n \geq 2$, folgt die Behauptung induktiv aus Satz 2.23.   □

Die Bewegungsinvarianz des Lebesgue-Maßes

Abschließend zeigen wir in zwei Schritten Satz 1.41, die Bewegungsinvarianz des Lebesgue-Maßes. Der erste Schritt besteht darin zu zeigen, dass das Lebesgue-Maß das einzige normierte Maß auf dem $\mathbb{R}^n$ ist, das translationsinvariant ist.

Satz A.9. *Sei μ ein Maß auf $\mathbb{R}^n$ mit $\mu(]0,1]^n) = 1$. Dann ist $\mu = \lambda^n$ genau dann, wenn μ translationsinvariant ist, d.h. wenn für alle $A \in \mathcal{B}^n$ und $v \in \mathbb{R}^n$ gilt:*

$$\mu(A + v) = \mu(A).$$

Beweis. Für das Lebesgue-Maß λ^n ist offensichtlich für jedes $v \in \mathbb{R}^n$

$$\lambda^n(]a,b] + v) = \lambda^n(]a,b]) \quad \text{für alle }]a,b] \subset \mathbb{R}^n.$$

Setzen wir $\nu_v(A) := \lambda^n(A+v)$, $A \in \mathcal{B}^n$, so folgt aus der Eindeutigkeitsaussage in Theorem A.8 $\nu_v = \lambda^n$, d.h. das Lebesgue-Maß λ^n ist translationsinvariant.

Sei umgekehrt μ translationsinvariant und $\mu(]0,1]^n) = 1$. Zu $q_1, \ldots, q_n \in \mathbb{N}$ betrachten wir das halboffene Intervall

$$A := \prod_{i=1}^{n}]0, \frac{1}{q_i}].$$

Durch Verschieben von A um $\frac{1}{q_i}$ in der i-ten Dimension erhalten wir eine disjunkte Zerlegung des Einheitsintervalls $]0,1]^n$:

$$]0,1]^n = \bigcup_{\substack{0 \le k_j < q_j \\ j=1,\ldots,n}} \prod_{i=1}^{n}]0, \frac{1}{q_i}] + \left(\frac{k_1}{q_1}, \ldots, \frac{k_n}{q_n} \right).$$

Auf der rechten Seite stehen $q_1 \cdot \ldots \cdot q_n$ Mengen, die wegen der Translations-invarianz von μ das gleiche Maß haben. Daher gilt

$$1 = \mu(]0,1]^n) = q_1 \cdot \ldots \cdot q_n \cdot \mu(A).$$

Ist nun

$$B =]0, \frac{p_1}{q_1}] \times \ldots \times]0, \frac{p_n}{q_n}],$$

so folgt völlig analog $\mu(B) = p_1 \cdot \ldots \cdot p_n \mu(A)$. Insgesamt erhalten wir

$$\mu(B) = \frac{p_1}{q_1} \cdot \ldots \cdot \frac{p_n}{q_n} = \lambda^n(B).$$

Verwenden wir ein weiteres Mal die Translationsinvarianz von μ, so folgt

$$\mu(]a,b]) = \lambda^n(]a,b]) \quad \text{für alle } a,b \in \mathbb{Q}^n,$$

und durch Approximation eines reellen Intervalls durch rationale Intervalle

$$\mu(]a,b]) = \lambda^n(]a,b]) \quad \text{für alle } a,b \in \mathbb{R}^n.$$

Wiederum aus der Eindeutigkeitsaussage in Theorem A.8 folgt $\mu = \lambda^n$.   □

Im zweiten Schritt zeigen wir die Invarianz des Lebesgue-Maßes unter ortho-gonalen Transformationen, also unter Drehungen:

Satz A.10. *Das Lebesgue-Maß λ^n auf $(\mathbb{R}^n, \mathcal{B}^n)$ ist bewegungsinvariant:*

$$\lambda^n(A) = \lambda^n(B), \quad \text{falls } A, B \in \mathcal{B}^n, A, B \text{ kongruent.}$$

Beweis. Zu jedem $v \in \mathbb{R}^n$ definieren wir den Shift-Operator

$$T_v : \mathbb{R}^n \to \mathbb{R}^n, \quad T_v(x) := x + v.$$

Nach Satz A.9 bleibt lediglich zu zeigen, dass für jede orthogonale Matrix $U \in \mathbb{R}^{n,n}$ gilt:

$$\lambda^n \circ U = \lambda^n.$$

Zunächst gilt für jedes $x \in \mathbb{R}^n$ mit $v' := Uv$:

$$(T_v \circ U^{-1})(x) = U^{-1}x + v = U^{-1}(x + Uv)$$
$$= U^{-1}(x + v') = (U^{-1} \circ T_{v'})(x).$$

Für die Umkehrabbildung bedeutet dies $U \circ T_v^{-1} = T_{v'}^{-1} \circ U = T_{-v'} \circ U$, so dass mit der Translationsinvarianz des Lebesgue-Maßes folgt:

$$\lambda^n \circ U \circ T_v^{-1} = \lambda^n \circ U,$$

d.h. $\lambda^n \circ U$ ist translationsinvariant. Nach Satz A.9 bedeutet dies, dass $\lambda^n \circ U$ bis auf einen Normierungsfaktor gleich dem Lebesgue-Maß ist:

$$\lambda^n \circ U = c\lambda^n \quad \text{für ein } c > 0.$$

Um $c = 1$ nachzuweisen, betrachten wir den Einheitsball $B := \{x \in \mathbb{R}^n : \|x\| \le 1\}$ im $\mathbb{R}^n$. Wegen der Orthogonalität von U ist $UB = B$, und daher

$$\lambda^n \circ U(B) = \lambda^n(B) = c\lambda^n(B),$$

also $c = 1$. $\qquad\qquad\qquad\qquad\qquad\qquad\qquad\qquad\qquad\qquad\qquad\qquad$ $\square$

A.2 Existenz von Markov-Ketten

Ziel dieses kurzen Abschnitts ist es zu zeigen, dass es zu jeder stochastischen Matrix $\mathbf{p}$ und Startverteilung α eine $(\alpha, \mathbf{p})$-Markov-Kette (X_n) gibt. Für das explizite Konstruktionsverfahren werden wir wiederholt verwenden, dass man ein Intervall $]a, b]$ in abzählbar viele Teilintervalle vorgegebener Länge zerlegen kann. Sei dazu (c_n) eine Folge reeller Zahlen mit

$$c_n \ge 0 \quad \text{für alle } n \in \mathbb{N} \text{ und } \sum_{n=1}^{\infty} c_n = b - a.$$

Dann ist

$$I_n := \left] b - \sum_{i \le n} c_i, b - \sum_{i < n} c_i \right], \quad n \in \mathbb{N},$$

eine abzählbare Partition des Intervalls $]a, b]$ in Teilintervalle der Länge c_n.

Satz A.11. *Sei S eine abzählbare Menge, $\mathbf{p}$ eine stochastische $S \times S$-Matrix und α eine Zähldichte auf S, d.h. $\alpha(i) \geq 0$ für alle $i \in S$ und $\sum_{i \in S} \alpha(i) = 1$. Dann gibt es eine Folge von S-wertigen Zufallsvariablen (X_n) mit $\mathbb{P}_{X_0} = \alpha$, und für jedes $n \in \mathbb{N}$, $j \in S$ und alle $(n+1)$-Tupel $(i_0, \ldots, i_n) \in S^{n+1}$ gilt:*

$$\mathbb{P}(X_{n+1} = j | X_0 = i_0, \ldots, X_n = i_n) = \mathbb{P}(X_{n+1} = j | X_n = i_n) = p_{i_n j},$$

d.h. (X_n) ist eine $(\alpha, \mathbf{p})$-Markov-Kette.

Beweis. Ohne Einschränkung der Allgemeinheit sei $S = \mathbb{N}$. Wir betrachten den Wahrscheinlichkeitsraum $\Omega := \,]0,1]$, $\mathcal{F} := \mathcal{B}|]0,1]$, $\mathbb{P} := \lambda|]0,1]$. Sei $I_1^{(0)}, I_2^{(0)}, \ldots$ eine Partition des Intervalls $]0,1]$ in Teilintervalle der Länge $\alpha(1), \alpha(2), \ldots$. Dann folgt $\mathbb{P}(I_i^{(0)}) = \alpha(i)$ für alle $i \in \mathbb{N}$. Als nächstes zerlegen wir jedes Intervall $I_i^{(0)}$ in abzählbar viele Teilintervalle $I_{ij}^{(1)}$, $j \in \mathbb{N}$, der Länge $\alpha(i)p_{ij}$. Entsprechend folgt $\mathbb{P}(I_{ij}^{(1)}) = \alpha(i)p_{ij}$ für alle $i, j \in \mathbb{N}$. Führen wir dieses Verfahren induktiv fort, so erhalten wir eine Folge von immer feineren Partitionen $\{I_{i_0 i_1 \ldots i_n}^{(n)} : i_0, \ldots, i_n \in \mathbb{N}\}$, $n \in \mathbb{N}$, für die gilt:

$$\mathbb{P}(I_{i_0 i_1 \ldots i_n}^{(n)}) = \alpha_{i_0} p_{i_0 i_1} \cdot \ldots \cdot p_{i_{n-1} i_n}.$$

Aus der disjunkten Zerlegung

$$]0,1] = \bigcup_{i_0, \ldots, i_n \in \mathbb{N}} I_{i_0 i_1 \ldots i_n}^{(n)} = \bigcup_{i \in \mathbb{N}} \bigcup_{i_0, \ldots, i_{n-1} \in \mathbb{N}} I_{i_0 i_1 \ldots i_{n-1} i}^{(n)}$$

folgt, dass für jedes $n \in \mathbb{N}$ die Abbildung

$$X_n : \Omega \longrightarrow \mathbb{N}, \quad \omega \mapsto X_n(\omega) := i \text{ für } \omega \in \bigcup_{i_0, \ldots, i_{n-1} \in \mathbb{N}} I_{i_0 i_1 \ldots i_{n-1} i}^{(n)}$$

wohldefiniert ist. Nach Definition der Folge (X_n) ist

$$\{X_0 = i_0, \ldots, X_n = i_n\} = I_{i_0 \ldots i_n}^{(n)}, \quad i_0, \ldots, i_n \in \mathbb{N}.$$

Daher ist X_n für jedes $n \in \mathbb{N}$ messbar und

$$\mathbb{P}(X_0 = i_0, \ldots, X_n = i_n) = \alpha_{i_0} p_{i_0 i_1} \cdot \ldots \cdot p_{i_{n-1} i_n}, \quad i_0, \ldots, i_n \in \mathbb{N}.$$

Daraus folgt einerseits $\mathbb{P}_{X_0} = \alpha$, d.h. (X_n) hat die gewünschte Startverteilung α, andererseits gilt für jedes n-Tupel $i_0, \ldots, i_n \in \mathbb{N}$ und $j \in \mathbb{N}$:

$$\mathbb{P}(X_{n+1} = j | X_0 = i_0, \ldots, X_n = i_n) = \frac{\alpha_{i_0} p_{i_0 i_1} \cdot \ldots \cdot p_{i_{n-1} i_n} p_{i_n j}}{\alpha_{i_0} p_{i_0 i_1} \cdot \ldots \cdot p_{i_{n-1} i_n}} = p_{i_n j}.$$

Schließlich folgt

$$\mathbb{P}(X_{n+1} = j | X_n = i_n) = \frac{\mathbb{P}(X_{n+1} = j, X_n = i_n)}{\mathbb{P}(X_n = i_n)}$$

$$= \frac{\sum\limits_{i_0,\dots,i_{n-1} \in \mathbb{N}} \alpha_{i_0} p_{i_0 i_1} \cdot \dots \cdot p_{i_{n-1} i_n} p_{i_n j}}{\sum\limits_{i_0,\dots,i_{n-1} \in \mathbb{N}} \alpha_{i_0} p_{i_0 i_1} \cdot \dots \cdot p_{i_{n-1} i_n}} = p_{i_n j}.$$

$\square$

A.3 Ein Existenzsatz von Kolmogorov

Sei I eine nichtleere Indexmenge, $\mathcal{E}(I)$ die Menge der *endlichen* Teilmengen von I und $(\Omega_i, \mathcal{F}_i)$, $i \in I$, eine Familie von Messräumen. Zur Vereinfachung der Notation bezeichnen wir den Produktraum mit

$$\Omega^I := \prod_{i \in I} \Omega_i, \quad \text{und} \quad \mathcal{F}^{\otimes I} := \bigotimes_{i \in I} \mathcal{F}_i.$$

In den meisten Anwendungen gilt $(\Omega_i, \mathcal{F}_i) = (\Omega, \mathcal{F})$ für alle $i \in I$, so dass diese Notation unproblematisch ist. Für beliebige $J \subset K \subset I$ bezeichnen wir mit p_{KJ} die kanonische Projektion

$$p_{KJ} : \Omega^K \to \Omega^J, (x_i)_{i \in K} \mapsto (x_i)_{i \in J}.$$

Gegeben sei nun für jedes $J \in \mathcal{E}(I)$ ein Wahrscheinlichkeitsmaß $\mathbb{P}_J$ auf $\mathbb{R}^J$. Gibt es dann einen stochastischen Prozess $(X_t)_{t \in I}$, dessen endlich-dimensionale Verteilungen gerade durch $\mathbb{P}_J, J \in \mathcal{E}(I)$, gegeben sind? Wir werden zunächst versuchen, ein Wahrscheinlichkeitsmaß $\mathbb{P}_I$ auf Ω^I zu konstruieren, dessen endliche Projektionen gerade $\mathbb{P}_J, J \in \mathcal{E}(I)$, sind:

$$\mathbb{P}_I \circ p_{IJ}^{-1} = \mathbb{P}_J, \quad J \in \mathcal{E}(I). \tag{A.9}$$

Die Koordinatenfunktionen werden dann den gesuchten stochastischen Prozess ergeben. Aus (A.9) folgt, dass die Konstruktion von $\mathbb{P}_I$ nur dann gelingen kann, wenn

$$\mathbb{P}_K \circ p_{KJ}^{-1} = \mathbb{P}_J \quad \text{für alle } J, K \in \mathcal{E}(I) \text{ mit } J \subset K,$$

gilt. Daher definieren wir:

Definition A.12 (konsistente Familie von Wahrscheinlichkeitsmaßen). *Sei $I \neq \emptyset$ eine beliebige Indexmenge und $(\Omega_i, \mathcal{S}_i)_{i \in I}$ eine Familie von Messräumen. Weiter sei für jedes $J \in \mathcal{E}(I)$ ein Wahrscheinlichkeitsmaß $\mathbb{P}_J$ auf dem kartesischen Produkt $\Omega^J = \prod\limits_{j \in J} \Omega_j$ gegeben. Gilt*

$$\mathbb{P}_K \circ p_{KJ}^{-1} = \mathbb{P}_J \quad \text{für alle } J, K \in \mathcal{E}(I) \text{ mit } J \subset K,$$

so heißt die Familie von Wahrscheinlichkeitsmaßen $\mathbb{P}_J, J \in \mathcal{E}(I)$, konsistent.

Ist $\Omega_i = \mathbb{R}$ für alle $i \in I$, so ist die Konsistenz bereits hinreichend für die Existenz des gesuchten Wahrscheinlichkeitsmaßes $\mathbb{P}_I$ auf dem $\mathbb{R}^I$. Im Allgemeinen muss der Messraum folgender topologischer Bedingung genügen:

Definition A.13 (Standardraum). *Ein Messraum $(\Omega, \mathcal{S})$ heißt Standardraum, wenn es einen kompakten metrischen Raum $(X, \mathcal{B}(X))$ gibt, so dass $(\Omega, \mathcal{S})$ und $(X, \mathcal{B}(X))$ isomorph sind, d.h. wenn es eine bijektive Abbildung $f : \Omega \to X$ gibt, so dass f und f^{-1} messbar sind.*

Jeder diskrete Messraum $(Z, \mathcal{P}(Z))$ mit abzählbarem Z ist ein Standardraum: Entweder Z ist endlich und damit kompakt, oder Z ist isomorph zum kompakten metrischen Raum $\{0\} \cup \{\frac{1}{n} : n \in \mathbb{N}\}$. Entscheidend ist für uns, dass $(\mathbb{R}, \mathcal{B})$ ein Standardraum ist:

Satz A.14. $(\mathbb{R}, \mathcal{B})$ *ist ein Standardraum.*

Beweis. Es sei

$$f_n : A_n := [-n-1, -n[\, \cup \,]n, n+1] \longrightarrow B_n :=]\frac{1}{n+2}, \frac{1}{n+1}], \quad n \in \mathbb{N}_0,$$

ein Borel-Isomorphismus, also eine bijektive Abbildung, so dass f_n und f_n^{-1} für alle $n \in \mathbb{N}_0$ messbar sind. Nun sind

$$\mathbb{R} = \{0\} \cup \bigcup_{n \in \mathbb{N}_0} A_n \ \text{ und } \ [0,1] = \{0\} \cup \bigcup_{n \in \mathbb{N}_0} B_n$$

disjunkte Vereinigungen, so dass vermöge der Abbildungen (f_n) die Räume $(\mathbb{R}, \mathcal{B})$ und $([0,1], \mathcal{B}([0,1]))$ isomorph sind.   □

Regularität

Definition A.15 (Algebra). *Ein Mengensystem $\mathcal{F} \subset \mathcal{P}(\Omega)$ heißt Algebra über Ω, falls die folgenden Bedingungen erfüllt sind:*

(i) $\Omega \in \mathcal{F}$.
(ii) *Aus $A \in \mathcal{F}$ folgt $A^c \in \mathcal{F}$.*
(iii) *Aus $A, B \in \mathcal{F}$ folgt $A \cup B \in \mathcal{F}$.*

Eine Algebra unterscheidet sich also von einer σ-Algebra nur darin, dass sie nicht notwendig gegenüber abzählbaren Vereinigungen abgeschlossen ist. Jede Algebra ist ein Halbring. Daher können wir genauso gut Prämaße auf Algebren betrachten, um diese nach dem Fortsetzungssatz A.7 fortzusetzen.

Der entscheidende Schritt im nachfolgenden Existenztheorem ist der Beweis des σ-Additivität von $\mathbb{P}_I$. Diese ergibt sich automatisch, wenn die Mengenfunktion eine so genannte Regularitätsbedingung erfüllt:

Definition A.16 (Regularität). *Sei Ω ein topologischer Raum, $\mathcal{A}$ eine Algebra über Ω und μ ein Inhalt auf $(\Omega, \mathcal{A})$. Dann heißt ein Ereignis $A \in \mathcal{A}$ regulär, wenn gilt:*

$$\mu(A) = \sup\{\mu(K) : K \subset A, \ K \in \mathcal{A} \ kompakt\}. \tag{A.10}$$

Der Inhalt μ heißt regulär, wenn alle $A \in \mathcal{A}$ regulär sind.

Jeder endliche reguläre Inhalt ist bereits σ-additiv:

Lemma A.17. *Es sei $\mathcal{A}$ eine Algebra über einem metrischen Raum Ω und $\mu : \mathcal{A} \longrightarrow \mathbb{R}$ ein endlicher Inhalt. Ist μ regulär, so ist μ sogar σ-additiv, also ein Prämaß auf $\mathcal{A}$.*

Beweis. Gilt für jede Folge (B_n) von Ereignissen aus $\mathcal{A}$ mit $B_n \downarrow \emptyset$, dass $\mu(B_n) \longrightarrow 0$, so ist μ σ-additiv; denn für eine disjunkte Folge (A_n) von Ereignissen in $\mathcal{A}$ mit $A := \bigcup_{i=1}^{\infty} A_i \in \mathcal{A}$ können wir $B_n := A \setminus (\bigcup_{i=1}^{n} A_n)$ setzen. Dann ist $B_n \downarrow \emptyset$, und aus $\mu(B_n) \longrightarrow 0$ folgt die σ-Additivität von μ.

Sei also (B_n) eine Folge von Ereignissen aus $\mathcal{A}$ mit $B_n \downarrow \emptyset$. Wir nehmen an, es wäre $\mu(B_n) \geq \alpha$ für alle $n \in \mathbb{N}$. Wegen der Regularität von μ finden wir zu jedem B_n eine kompakte Menge $C_n \subset B_n$, $C_n \in \mathcal{A}$ mit

$$\mu(B_n \setminus C_n) < \frac{\alpha}{3^n}, \quad n \in \mathbb{N}.$$

Daraus folgt mit einer vollständigen Induktion:

$$\mu(C_1 \cap \ldots \cap C_n) \geq \mu(B_n) - \sum_{i=1}^{n} \frac{\alpha}{3^i} > \frac{\alpha}{2}.$$

Damit bildet $K_n := C_1 \cap \ldots \cap C_n$ eine fallende Folge kompakter, nichtleerer Mengen, also ist auch ihr Durchschnitt nichtleer. Folglich ist

$$\bigcap_{n=1}^{\infty} K_n = \bigcap_{n=1}^{\infty} C_n \subset \bigcap_{n=1}^{\infty} B_n \neq \emptyset,$$

im Widerspruch zu $B_n \downarrow \emptyset$. $\qquad \square$

Um Regularität nachzuweisen, werden wir das folgende Lemma verwenden:

Lemma A.18. *Sei $(\Omega, \mathcal{B}(\Omega))$ ein kompakter metrischer Raum. Dann ist jedes Wahrscheinlichkeitsmaß μ auf $(\Omega, \mathcal{B}(\Omega))$ regulär.*

Beweis. Man prüft leicht nach, dass

$$\mathcal{S} := \{A \in \mathcal{B}(\Omega) : A \text{ und } A^c \text{ sind regulär}\}$$

eine σ-Algebra ist. Sei $U \subset \Omega$ offen und $C := U^c$. Bezeichnen wir mit $d(\cdot,\cdot)$ die Metrik auf Ω, so sind

$$C_n := \{\omega \in \Omega : d(\omega, C) \geq \frac{1}{n}\}, \quad n \in \mathbb{N},$$

abgeschlossene, also kompakte Mengen mit $\bigcup_{n=1}^{\infty} C_n = U$. Daher ist $U \in \mathcal{S}$, und somit $\mathcal{B}(\Omega) \subset \mathcal{S}$. Das bedeutet aber gerade, dass μ regulär ist. $\qquad \square$

Der Existenzsatz

Für den Beweis des nachfolgenden Existenzsatzes verwenden wir das bekannte Theorem von Tychonov aus der Topologie: Das Produkt $\Omega^I = \prod_{i \in I} \Omega_i$, $I \neq \emptyset$, kompakter Räume Ω_i, $i \in I$, ist kompakt, s. z.B. [Dud89].

Theorem A.19 (Existenzsatz von Kolmogorov). *Sei $I \neq \emptyset$ eine Indexmenge und $(\Omega_i, \mathcal{F}_i)_{i \in I}$ eine Familie von Standardräumen. Ist $\mathbb{P}_J, J \in \mathcal{E}(I)$, eine konsistente Familie von Wahrscheinlichkeitsmaßen, so gibt es genau ein Wahrscheinlichkeitsmaß $\mathbb{P}_I$ auf Ω^I, für das gilt:*

$$\mathbb{P}_I \circ p_{IJ}^{-1} = \mathbb{P}_J \quad \text{für alle } J \in \mathcal{E}(I).$$

Beweis. Da wir eine Familie von Standardräumen betrachten, können wir ohne Einschränkung annehmen, dass Ω_i ein kompakter metrischer Raum und $\mathcal{F}_i = \mathcal{B}(\Omega_i)$ für alle $i \in I$ ist. Wir definieren die σ-Algebren

$$\mathcal{A}_J := p_{IJ}^{-1}(\sigma(\mathcal{B}^J)), \quad J \subset I \text{ endlich},$$

und das Mengensystem

$$\mathcal{A} := \bigcup_{J \subset I \text{ endlich}} \mathcal{A}_J.$$

Dann ist $\mathcal{A}$ eine Algebra über Ω^I: Offensichtlich ist $\Omega^I \in \mathcal{A}$. Ist $A = p_{IJ}^{-1}(B) \in \mathcal{A}$, $B \in \mathcal{B}^J$, J endlich, so ist $A^c = p_{IJ}^{-1}(B^c) \in \mathcal{A}$. Sei weiter $C = p_{IK}^{-1}(D) \in \mathcal{A}$, $D \in \mathcal{B}^K$, K endlich, so setzen wir $L := K \cup J$. Dann gilt

$$A \cup C = p_{IL}^{-1}(p_{LK}^{-1}(D) \cup p_{LJ}^{-1}(B)) \in \mathcal{A}, \tag{A.11}$$

so dass $\mathcal{A}$ eine Algebra ist. Als nächstes definieren wir $\mathbb{P}_I$ auf $\mathcal{A}$:

$$\mathbb{P}_I(A) := \mathbb{P}_J(B) \quad \text{für } A = p_{IJ}^{-1}(B) \in \mathcal{A}.$$

$\mathbb{P}_I$ ist auf $\mathcal{A}$ wohldefiniert, da aus $C = p_{IK}^{-1}(D) \in \mathcal{A}$, $D \in \mathcal{B}^K$, K endlich, und $A = C$ sofort $K = J$ und $B = D$ folgt. Um die Additivität von $\mathbb{P}_I$ nachzuweisen, sei wieder $A = p_{IJ}^{-1}(B) \in \mathcal{A}$, $B \in \mathcal{B}^J$, J endlich, $C = p_{IK}^{-1}(D) \in \mathcal{A}$, $D \in \mathcal{B}^K$, K endlich, $L := K \cup J$ und $A \cap C = \emptyset$. Dann sind auch $p_{LK}^{-1}(D)$ und $p_{LJ}^{-1}(B)$ disjunkt. Daher folgt mit (A.11) und der Konsistenz

$$\mathbb{P}_I(A \cup C) = \mathbb{P}_I(p_{IL}^{-1}(p_{LK}^{-1}(D) \cup p_{LJ}^{-1}(B)))$$
$$= \mathbb{P}_L(p_{LK}^{-1}(D) \cup p_{LJ}^{-1}(B)) = \mathbb{P}_K(D) + \mathbb{P}_J(B) = \mathbb{P}_I(A) + \mathbb{P}_I(C).$$

Also ist $\mathbb{P}_I$ ein endlicher Inhalt auf der Algebra $\mathcal{A}$. Die Behauptung folgt jetzt aus dem Fortsetzungssatz A.7, wenn wir zeigen können, dass $\mathbb{P}_I$ auf $\mathcal{A}$ ein Prämaß, also σ-additiv ist. Dies zeigen wir folgendermaßen: Da für jedes $J \subset I$ endlich $\mathbb{P}_J$ ein Wahrscheinlichkeitsmaß auf den Borelmengen $\mathcal{B}^J$ des kompakten Raums Ω^J ist, folgt nach Lemma A.18:

$$\mathbb{P}_I(A) = \mathbb{P}_J(B) = \sup\{\mathbb{P}_J(V) : \ V \subset B \text{ kompakt}\}$$
$$\text{für } A = p_{IJ}^{-1}(B) \in \mathcal{A}, B \in \mathcal{B}^J, J \text{ endlich}.$$

Nach dem Theorem von Tychonov ist Ω^I kompakt. Daher ist für jedes kompakte $K \subset B$ das Urbild $W := p_{IJ}^{-1}(K)$ eine abgeschlossene Teilmenge im kompakten Raum Ω^I, also kompakt. Daher gilt

$$\mathbb{P}_I(A) = \sup\{\mathbb{P}_I(W) : \ W \subset A \text{ kompakt}, W \in \mathcal{A}\} \quad \text{für } A \in \mathcal{A}.$$

Aus Lemma A.17 erhalten wir, dass $\mathbb{P}_I$ auf $\mathcal{A}$ σ-additiv ist. $\qquad\qquad\square$

Existenz von stochastischen Prozessen

Im Folgenden betrachten wir Konsequenzen aus dem Existenzsatz. Als erstes beantworten wir die Frage nach der Existenz stochastischer Prozesse mit vorgegebenen endlich-dimensionalen Verteilungen:

Korollar A.20. *Sei $(\Omega, \mathcal{S})$ ein Standardraum, $I \neq \emptyset$ eine Indexmenge und $\mathbb{P}_J, J \in \mathcal{E}(I)$ eine konsistente Familie von Wahrscheinlichkeitsmaßen. Dann gibt es einen stochastischen Prozess $(X_t)_{t \in I}$ mit Zustandsraum Ω, so dass $\mathbb{P}_J, J \in \mathcal{E}(I)$ die Familie seiner endlich-dimensionalen Verteilungen ist:*

$$\mathbb{P}((X_i : i \in J) \in B) = \mathbb{P}_J(B) \quad \text{für alle } B \in \mathcal{S}^J, \ J \in \mathcal{E}(I).$$

Beweis. Es sei $\mathbb{P} := \mathbb{P}_I$ das Wahrscheinlichkeitsmaß aus dem Existenzsatz von Kolmogorov A.19. Auf dem Wahrscheinlichkeitsraum $(\Omega^I, \mathcal{S}^{\otimes I}, \mathbb{P})$ betrachten wir die Projektionen auf einelementige Mengen $\{t\} \subset I$:

$$X_t := p_{I\{t\}} : \Omega^I \longrightarrow \Omega, \quad (\omega_s)_{s \in I} \mapsto \omega_t.$$

Dann sind die $X_t, t \in I$, messbare Abbildungen mit Zustandsraum Ω. Für die endlich-dimensionalen Verteilungen ergibt sich nach Definition von $\mathbb{P}_I$:

$$\mathbb{P}((X_i : i \in J) \in B) = \mathbb{P}_I(p_{IJ}^{-1}(B)) = \mathbb{P}_J(B), \quad B \in \mathcal{S}^J, \ J \in \mathcal{E}(I).$$

$\square$

Existenz von Produktmaßen

Ebenfalls als Spezialfall des Existenzsatzes von Kolmogorov ergibt sich in Verallgemeinerung von Satz 2.23 die Existenz von Produktmaßen auf beliebigen Produkten:

Korollar A.21. *Sei $I \neq \emptyset$ eine Indexmenge und $(\Omega_i, \mathcal{F}_i, \mathbb{P}_i)_{i \in I}$ eine Familie von Standardräumen mit Wahrscheinlichkeitsmaßen $\mathbb{P}_i$. Dann gibt es auf*

$$\left(\Omega^I = \prod_{i \in I} \Omega_i, \mathcal{F}^{\otimes I} = \bigotimes_{i \in I} \mathcal{F}_i \right) \text{ genau ein Wahrscheinlichkeitsmaß } \mathbb{P}, \text{ so dass}$$

gilt:

$$\mathbb{P} \circ p_{IJ}^{-1} = \bigotimes_{i \in J} \mathbb{P}_i \quad \text{für alle } J \in \mathcal{E}(I).$$

Das eindeutig bestimmte Maß $\mathbb{P}$ heißt Produktmaß und wird mit $\bigotimes_{i \in I} \mathbb{P}_i$ bezeichnet.

Beweis. Es genügt, $\mathbb{P}_J := \bigotimes_{i \in J} \mathbb{P}_i$, $J \in \mathcal{E}(I)$ zu setzen. Dies ist offensichtlich eine konsistente Familie von Wahrscheinlichkeitsmaßen, so dass die Behauptung aus dem Existenzsatz von Kolmogorov A.19 folgt. □

Wir haben den Existenzsatz von Kolmogorov für Standardräume bewiesen. Dies ist nicht die allgemeinste Klasse von Wahrscheinlichkeitsräumen, für die die Aussage gilt, es genügen schwächere topologische Voraussetzungen. Ganz ohne topologische Voraussetzungen ist der Existenzsatz jedoch falsch, auch wenn man sich auf abzählbare Indexmengen (s. [Hal50]) oder identische Wahrscheinlichkeitsräume $\Omega = \Omega_i$ für alle $i \in I$ (s. [Weg73]) beschränkt. Das gleiche gilt nicht für die Existenz von Produktmaßen. Diese existieren für beliebige Wahrscheinlichkeitsräume.

Existenz unabhängiger Zufallsvariablen

Als dritte Anwendung des Existenzsatzes von Kolmogorov wollen wir zeigen, dass es zu jeder vorgegebenen Verteilung eine Folge unabhängiger Zufallsvariablen mit der entsprechenden Verteilung gibt. Dazu verallgemeinern wir zunächst Satz 5.12 auf beliebige Indexmengen:

Satz A.22. *Sei $(X_i)_{i \in I}$ eine Familie von Zufallsvariablen mit den Standardräumen $(\Omega_i, \mathcal{F}_i)_{i \in I}$ als Zustandsräumen, und*

$$Y : \Omega \to \prod_{i \in I} \Omega_i, \quad \omega \mapsto (X_i(\omega))_{i \in I}.$$

Dann sind die $(X_i)_{i \in I}$ genau dann unabhängig, wenn ihre gemeinsame Verteilung $\mathbb{P}_Y$ das Produkt der einzelnen Verteilungen $\mathbb{P}_{X_i}$ ist:

$$\mathbb{P}_Y = \bigotimes_{i \in I} \mathbb{P}_{X_i}.$$

Beweis. Für jede Teilmenge $J \subset I$ sei $Y_J := p_{IJ} \circ Y$. Daraus folgt

$$\mathbb{P}_{Y_J} = \mathbb{P}_Y \circ p_{IJ}^{-1} \quad \text{für alle } J \in \mathcal{E}(I).$$

Nun ist die Unabhängigkeit von $(X_i)_{i \in I}$ äquivalent zur Unabhängigkeit von $(X_i)_{i \in J}$ für alle $J \in \mathcal{E}(I)$. Dies ist nach Satz 5.12 äquivalent zu

$$\mathbb{P}_{Y_J} = \bigotimes_{i \in J} \mathbb{P}_{X_i} \quad \text{für alle } J \in \mathcal{E}(I),$$

also zu

$$\mathbb{P}_Y \circ p_{IJ}^{-1} = \bigotimes_{i \in J} \mathbb{P}_{X_i} \quad \text{für alle } J \in \mathcal{E}(I).$$

Dies ist nach Korollar A.21 genau dann der Fall, wenn $\mathbb{P}_Y = \bigotimes_{i \in I} \mathbb{P}_{X_i}$ gilt. $\square$

Leicht folgt nun die Existenz unabhängiger Zufallsvariablen mit vorgegebenen Verteilungen:

Korollar A.23. *Sei $(\Omega_i, \mathcal{F}_i, \mathbb{P}_i)_{i \in I}$ eine Familie von Standardräumen mit Wahrscheinlichkeitsmaßen $\mathbb{P}_i$. Dann existiert eine unabhängige Familie von Ω_i-wertigen Zufallsvariablen X_i, $i \in I$, so dass gilt:*

$$\mathbb{P}_{X_i} = \mathbb{P}_i \quad \text{für jedes } i \in I.$$

Beweis. Wir betrachten den Produktwahrscheinlichkeitsraum

$$(\Omega, \mathcal{F}, \mathbb{P}) := \left(\prod_{i \in I} \Omega_i, \bigotimes_{i \in I} \mathcal{F}_i, \bigotimes_{i \in I} \mathbb{P}_i \right).$$

Wieder definieren wir als Zufallsvariablen X_i die Projektionen auf die einelementigen Mengen $\{t\} \subset I$:

$$X_i := p_{I\{t\}} : \prod_{i \in I} \Omega_i \to \Omega_i.$$

Nach Definition des Produktmaßes ist $\mathbb{P}_{X_i} = \mathbb{P} \circ p_{I\{t\}}^{-1} = \mathbb{P}_i$. Nach Konstruktion ist die Abbildung

$$Y : \Omega = \prod_{i \in I} \Omega_i \longrightarrow \prod_{i \in I} \Omega_i, \quad \omega \mapsto (X_i(\omega))_{i \in I},$$

gerade die Identität. Daher folgt

$$\mathbb{P}_Y = \mathbb{P} = \bigotimes_{i \in I} \mathbb{P}_{X_i},$$

und mit Satz A.22 sind die Zufallsvariablen $(X_i)_{i \in I}$ unabhängig. $\square$

Aus dem letzten Resultat erhalten wir beispielsweise die Existenz einer Folge unabhängiger, standardnormalverteilter Zufallsvariablen. Eine solche Folge bildet im nächsten Abschnitt die Grundlage für die Konstruktion einer Brownschen Bewegung.

A.4 Brownsche Bewegungen

Seit dem ersten Beweis der Existenz der Brownschen Bewegung durch Nor-
bert Wiener haben sich etliche Varianten etabliert, einige davon haben wir
bereits in Abschnitt 12.1 skizziert. Wir zeigen die Existenz einer Brownschen
Bewegung durch eine explizite Reihendarstellung über standardnormalverteilte Zufallsvariablen $Z_k^{(n)}$ mit geeignet gewählten reellen Gewichtsfunktionen
$\Delta_k^{(n)}$:

$$B_t(\omega) = \sum_{n=0}^{\infty} \sum_{k \in U(n)} \Delta_k^{(n)}(t) Z_k^{(n)}(\omega), \quad t \in [0,1]. \tag{A.12}$$

Die Indexmenge $U(n)$ steht für die ungeraden Zahlen zwischen 0 und 2^n:

$$U(n) := \{k \in \mathbb{N}_0 : 0 \le k \le 2^n, \ k \text{ ungerade}\},$$

also

$$U(0) := \{1\}, U(1) := \{1\}, U(2) := \{1,3\}, U(3) := \{1,3,5,7\} \text{ etc.}$$

Im Einzelnen besteht der Beweis aus folgenden Schritten:

- Wir weisen nach, dass die Reihe (A.12) auf dem Intervall $[0,1]$ fast sicher
  absolut und gleichmäßig konvergiert. Damit ist der Grenzwert der Reihe
  für fast jedes $\omega \in \Omega$ eine reelle Funktion.
- Anschließend zeigen wir, dass der Grenzwert eine Brownsche Bewegung
  ist, also stetige Pfade besitzt und ein zentrierter Gauß-Prozess mit der
  passenden Kovarianzfunktion ist.

Die Haar- und Schauder-Funktionen

Der Grundbaustein für unsere Gewichtsfunktionen ist die folgende Funktionenklasse der Haar-Funktionen. Sei $H_1^{(0)}(t) := 1$, $t \in [0,1]$, und für $n \ge 1$,
$k \in U(n)$:

$$H_k^{(n)} : [0,1] \to \mathbb{R}, \quad t \mapsto \begin{cases} 2^{\frac{n-1}{2}} & \text{für } \frac{k-1}{2^n} \le t < \frac{k}{2^n}, \\ -2^{\frac{n-1}{2}} & \text{für } \frac{k}{2^n} \le t \le \frac{k+1}{2^n}, \\ 0 & \text{sonst.} \end{cases}$$

Die Gewichtsfunktionen $\Delta_k^{(n)}$ sind die Stammfunktionen der Haar-Funktionen.

$$\Delta_k^{(n)}(t) := \int_0^t H_k^{(n)}(u)du, \quad t \in [0,1], \ k \in U(n).$$

Die Funktionen $\Delta_k^{(n)}$ heißen auch Schauder-Funktionen. Wir haben den griechischen Buchstaben Δ gewählt, um an die Form des Graphen der Schauder-
Funktionen zu erinnern. In Abbildung A.1 sind für den Fall $n = 3$ die Haar-

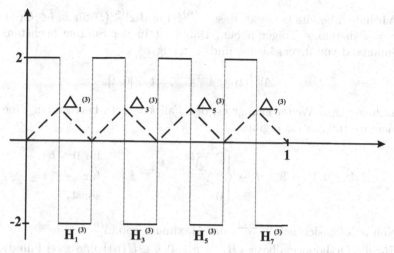

Abbildung A.1. Haar-Funktionen und Schauder-Funktionen für $n = 3$

Funktionen und ihre Stammfunktionen dargestellt. Es ist $\Delta_1^{(0)}(t) = t$, und für $n \geq 1$ bilden die Schauder-Funktionen $\Delta_k^{(n)}$ kleine Dreiecke über den Intervallen der Länge 2^{1-n}. Für verschiedene $k \in U(n)$ haben sie disjunkte Träger. Die Schauder-Funktionen und Haar-Funktionen werden in der Funktionalanalysis studiert, weil $\{H_k^{(n)},\ n \geq 0,\ k \in U(n)\}$ eine Orthonormalbasis im Hilbert-Raum $L^2[0,1]$ bilden. Diese und weitere Eigenschaften von $\Delta_k^{(n)}$ und $H_k^{(n)}$ fassen wir im folgenden Satz zusammen:

Satz A.24. *Für die Haar-Funktionen* $H_k^{(n)}$ *und Schauder-Funktionen* $\Delta_k^{(n)}$ *gilt:*

(i) $\{H_k^{(n)},\ n \geq 0,\ k \in U(n)\}$ *ist ein vollständiges, orthonormales System in* $L^2[0,1]$.

(ii) *Für alle* $n \in \mathbb{N}_0$ *gilt:*

$$\sum_{k \in U(n)} \Delta_k^{(n)}(t) \leq 2^{\frac{-(n+1)}{2}}. \tag{A.13}$$

(iii) *Für* $s, t \in [0, 1]$ *gilt:*

$$\sum_{n=0}^{\infty} \sum_{k \in U(n)} \Delta_k^{(n)}(t)\Delta_k^{(n)}(s) = s \wedge t. \tag{A.14}$$

Beweis. (i) Bewiesen wird diese Aussage in [KS51], einige Begriffe in diesem Zusammenhang erläutern wir in Anhang B.

(ii) Wir haben bereits bemerkt, dass $\Delta_k^{(n)}(t)$ und $\Delta_j^{(n)}(t)$ für $k, j \in U(n)$ und $k \neq j$ disjunkte Träger haben. Daher ist in der Summe höchstens ein Summand von 0 verschieden und es genügt,

$$\Delta_k^{(n)}(t) \leq 2^{\frac{-(n+1)}{2}}, \quad t \in [0,1],$$

nachzuweisen. Weiter genügt es, den Fall $k = 1$ zu betrachten. Eine elementare Integration ergibt:

$$\Delta_1^{(n)} : [0,1] \to \mathbb{R}, \quad t \mapsto \begin{cases} 2^{\frac{n-1}{2}} t & \text{für } 0 \leq t < \frac{1}{2^n}, \\ 2^{\frac{-(n+1)}{2}} - 2^{\frac{n-1}{2}} t & \text{für } \frac{1}{2^n} \leq t \leq \frac{2}{2^n}, \\ 0 & \text{sonst.} \end{cases}$$

Nun ist offensichtlich $2^{\frac{-(n+1)}{2}}$ das Maximum von $\Delta_1^{(n)}$.

(iii) Für die Orthonormalbasis $\{H_k^{(n)}, n \geq 0, k \in U(n)\}$ und zwei Funktionen $f, g \in L^2[0,1]$ gilt nach der Parsevalschen Gleichung B.12:

$$\langle f, g \rangle = \sum_{n=0}^{\infty} \sum_{k \in U(n)} \langle f, H_k^{(n)} \rangle \langle g, H_k^{(n)} \rangle,$$

wobei $\langle f, g \rangle = \int_0^1 f(u)g(u)du$ das Skalarprodukt des Hilbert-Raumes $L^2[0,1]$ bezeichnet. Setzen wir $f = I_{[0,t]}$ und $g = I_{[0,s]}$ ein, so erhalten wir mit $I_{[0,s]}I_{[0,t]} = I_{[0,s \wedge t]}$:

$$s \wedge t = \sum_{n=0}^{\infty} \sum_{k \in U(n)} \langle I_{[0,t]}, H_k^{(n)} \rangle \langle I_{[0,s]}, H_k^{(n)} \rangle = \sum_{n=0}^{\infty} \sum_{k \in U(n)} \Delta_k^{(n)}(t) \Delta_k^{(n)}(s).$$

□

Die Konvergenz der Reihe

Wir beginnen nun mit unserem Beweisprogramm und zeigen als erstes die gleichmäßige und absolute Konvergenz der Reihe (A.12). Für den Beweis benötigen wir eine Abschätzung für das Maximum der Beträge standardnormalverteilter Zufallsvariablen:

Lemma A.25. *Sei $Z_k^{(n)}$, $n \in \mathbb{N}_0$, $k \in U(n)$, eine Folge unabhängiger $N(0,1)$-verteilter Zufallsvariablen und*

$$m_n := \max_{k \in U(n)} |Z_k^{(n)}|, \quad n \in \mathbb{N}_0.$$

Dann ist

$$\mathbb{P}(m_n \leq n \text{ für fast alle } n) = 1.$$

Beweis. Wie immer, wenn es um die Wahrscheinlichkeit eines Limes Inferior geht, verwenden wir das LEMMA VON BOREL-CANTELLI. Zunächst gilt für jedes $t > 0$:

$$\mathbb{P}(|Z_1^{(n)}| > t) = \frac{2}{\sqrt{2\pi}} \int\limits_t^\infty \exp\left(-\frac{u^2}{2}\right) du$$

$$\leq \int\limits_t^\infty \frac{u}{t} \exp\left(-\frac{u^2}{2}\right) du = \frac{\exp(-\frac{t^2}{2})}{t}.$$

Daraus folgt:

$$\mathbb{P}(m_n > n) = \mathbb{P}\left(\bigcup_{k \in U(n)} \{|Z_k^{(n)}| > n\}\right) \leq 2^n \mathbb{P}(|Z_1^{(n)}| > n) \leq \frac{2^n \exp(-\frac{n^2}{2})}{n}.$$

Nun ist

$$\frac{2^n \exp(-\frac{n^2}{2})}{n} \leq \left(\frac{2}{e}\right)^n \quad \text{für } n \geq 2$$

und damit summierbar. Daher folgt aus dem LEMMA VON BOREL-CANTELLI $\mathbb{P}(m_n > n$ für unendlich viele $n) = 0$, also durch Komplementbildung die Behauptung. $\qquad\square$

Für den Beweis der Konvergenz der Reihe (A.12) führen wir eine Bezeichnung für die Partialsummen ein:

$$B_t^{(N)}(\omega) = \sum_{n=0}^N \sum_{k \in U(n)} \Delta_k^{(n)}(t) Z_k^{(n)}(\omega), \quad t \in [0,1], \ N \in \mathbb{N}_0. \qquad (\text{A.15})$$

Satz A.26. *Für fast alle $\omega \in \Omega$ konvergiert die Folge der Partialsummen $(B_t^{(N)}(\omega))_{N \in \mathbb{N}_0}$ für $N \to \infty$ absolut und in t auf $[0,1]$ gleichmäßig gegen eine stetige Funktion $B_t(\omega)$, $t \in [0,1]$.*

Beweis. Nach Lemma A.25 gibt es ein $\Omega_0 \subset \Omega$ mit $\mathbb{P}(\Omega_0) = 1$, so dass es zu jedem $\omega \in \Omega_0$ ein $n(\omega) \in \mathbb{N}$ mit

$$m_n(\omega) = \max_{k \in U(n)} |Z_k^{(n)}(\omega)| \leq n \quad \text{für alle } n \geq n(\omega)$$

gibt. Damit gilt für jedes $\omega \in \Omega_0$ und unabhängig von $t \in [0,1]$ mit (A.13):

$$\sum_{n=n(\omega)}^\infty \sum_{k \in U(n)} |\Delta_k^{(n)}(t) Z_k^{(n)}(\omega)| \leq \sum_{n=n(\omega)}^\infty n 2^{\frac{-(n+1)}{2}} < \infty.$$

Daher konvergieren die Partialsummen $(B_t^{(N)}(\omega))$ absolut und in $t \in [0,1]$ gleichmäßig, und wir bezeichnen den Grenzwert mit $B_t(\omega)$. Die Stetigkeit von $B_t(\omega)$ folgt aus der Stetigkeit von $(B_t^{(N)}(\omega))$, $N \in \mathbb{N}$ und der gleichmäßigen Konvergenz. $\qquad\square$

Erwartungswert, Kovarianzfunktion, Gauß-Prozess

Die absolute Konvergenz der Reihe erlaubt uns, Erwartungswert und Reihenbildung zu vertauschen. Dadurch gelingt es leicht, den Erwartungswert und die Kovarianzfunktion auszurechnen. Um schließlich nachzuweisen, dass $(B_t)_{t \in [0,1]}$ ein Gauß-Prozess ist, bestimmen wir die charakteristische Funktion.

Satz A.27. *Es sei* $(B_t^{(N)})_{N \in \mathbb{N}}$ *die Folge der Partialsummen aus (A.15) und* $B_t := \lim_{N \to \infty} B_t^{(N)}$, $t \in [0,1]$. *Dann ist* $(B_t)_{t \in [0,1]}$ *eine Brownsche Bewegung auf* $[0,1]$.

Beweis. Wir wissen bereits aus Satz A.26, dass $(B_t^{(N)})_{N \in \mathbb{N}}$ für jedes $t \in [0,1]$ fast sicher konvergiert, daher ist $(B_t)_{t \in [0,1]}$ ein wohldefinierter stochastischer Prozess mit fast sicher stetigen Pfaden (wiederum nach Satz A.26). Es bleibt zu zeigen, dass $(B_t)_{t \in [0,1]}$ ein zentrierter Gauß-Prozess mit $\mathrm{Cov}(X_s, X_t) = s \wedge t$, $s, t \in [0,1]$ ist. Wir setzen $f_n(t) := \sum_{k \in U(n)} \Delta_k^{(n)}(t) Z_k^{(n)}$, $n \in \mathbb{N}_0$, so dass

$$B_t^{(N)} = \sum_{n=0}^{N} f_n(t) \text{ ist.}$$

1. $(B_t)_{t \in [0,1]}$ ist zentriert: Es ist $\mathbb{E}(|f_n(t)|) \leq 2^{\frac{-(n+1)}{2}} \mathbb{E}(|Z_1^{(0)}|)$, $n \in \mathbb{N}_0$, und daher

$$\sum_{n=0}^{\infty} \mathbb{E}(|f_n(t)|) < \infty.$$

Nach dem SATZ VON DER MONOTONEN KONVERGENZ ist aber

$$\mathbb{E}\left(\sum_{n=0}^{\infty} |f_n(t)| \right) = \sum_{n=0}^{\infty} \mathbb{E}(|f_n(t)|) < \infty$$

und damit $\sum_{n=0}^{\infty} |f_n(t)|$ integrierbar, insbesondere fast sicher endlich. Damit haben wir eine integrierbare Majorante für die Folge der Partialsummen $B_t^{(N)} = \sum_{n=1}^{N} f_n(t)$ gefunden, so dass nach dem SATZ VON DER DOMINIERTEN KONVERGENZ und mit $\mathbb{E}(f_n(t)) = 0$ für alle $n \in \mathbb{N}_0$ gilt:

$$\mathbb{E}(B_t) = \mathbb{E}\left(\sum_{n=0}^{\infty} f_n(t) \right) = \sum_{n=0}^{\infty} \mathbb{E}(f_n(t)) = 0.$$

Also ist der Prozess $(B_t)_{t \in [0,1]}$ zentriert.

2. Die Kovarianzfunktion: Wegen der absoluten Konvergenz (Satz A.26) von $B_t^{(N)} = \sum_{n=0}^{N} f_n$ gilt für $s, t \in [0,1]$:

$$\mathrm{Cov}(B_t, B_s) = \mathbb{E}(B_t B_s) = \mathbb{E}\left(\sum_{n,m=0}^{\infty} f_n(t) f_m(s) \right).$$

Wegen

$$\mathbb{E}(|f_n(t)f_m(s)|) \leq 2^{\frac{-(n+1)}{2}} 2^{\frac{-(m+1)}{2}} \mathbb{E}(|Z_1^{(0)}|)^2, \quad n,m \in \mathbb{N},$$

führt eine völlig analoge Überlegung wieder dazu, dass wir Erwartungswert und Reihenbildung vertauschen können, und wir erhalten:

$$\text{Cov}(B_t, B_s) = \mathbb{E}\left(\sum_{n,m=0}^{\infty} f_n f_m\right) = \sum_{n,m=0}^{\infty} \mathbb{E}(f_n f_m).$$

Wegen der Unabhängigkeit der standardnormalverteilten Folge $(Z_k^{(n)})$ gilt:

$$\mathbb{E}(f_n(t)f_m(s)) = \mathbb{E}\left(\sum_{k \in U(n)} \sum_{j \in U(m)} \Delta_k^{(n)}(t) Z_k^{(n)} \Delta_j^{(m)}(s) Z_j^{(m)}\right)$$

$$= \begin{cases} 0, & m \neq n, \\ \sum_{k \in U(n)} \Delta_k^{(n)}(t) \Delta_k^{(n)}(s), & m = n. \end{cases}$$

Damit erhalten wir mit (A.14):

$$\text{Cov}(B_t, B_s) = \sum_{n=0}^{\infty} \sum_{k \in U(n)} \Delta_k^{(n)}(t) \Delta_k^{(n)}(s) = s \wedge t, \qquad (A.16)$$

also die Kovarianzfunktion einer Brownschen Bewegung.

3. Die Gauß-Verteilung: Für den Nachweis, dass der Prozess $(B_t)_{t \in [0,1]}$ ein Gauß-Prozess ist, berechnen wir die charakteristische Funktion der Zufallsvariablen $(B_{t_1}, \ldots, B_{t_m})$, $0 \leq t_1 < \ldots < t_m \leq 1$. Zunächst bemerken wir, dass aus der obigen Berechnung der Kovarianzfunktion (A.16) für ein $y = (y_1, \ldots, y_m) \in \mathbb{R}^m$ folgt:

$$\sum_{n=0}^{\infty} \sum_{k \in U(n)} \left[\sum_{j=1}^{m} y_j \Delta_k^{(n)}(t_j)\right]^2 = \sum_{j=1}^{m} \sum_{l=1}^{m} y_j y_l \sum_{n=0}^{\infty} \sum_{k \in U(n)} \Delta_k^{(n)}(t_j) \Delta_k^{(n)}(t_l)$$

$$= \sum_{j=1}^{m} \sum_{l=1}^{m} y_j y_l t_j \wedge t_l. \qquad (A.17)$$

Wir erinnern an die charakteristische Funktion einer standardnormalverteilten Zufallsvariable Z:

$$\mathbb{E}[\exp(iyZ)] = \exp\left(\frac{-y^2}{2}\right), \quad y \in \mathbb{R}. \qquad (A.18)$$

Damit folgt für die charakteristische Funktion von $(B_{t_1}, \ldots, B_{t_m})$ wegen der Unabhängigkeit der Folge $(Z_k^{(n)})$ mit $y = (y_1, \ldots, y_m) \in \mathbb{R}^m$:

$$\varphi(y) = \mathbb{E}\left[\exp\left(i\sum_{j=1}^{m} y_j B_{t_j}\right)\right] = \mathbb{E}\left[\exp\left(i\sum_{j=1}^{m} y_j \sum_{n=0}^{\infty}\sum_{k\in U(n)} \Delta_k^{(n)}(t_j)Z_k^{(n)}\right)\right]$$

$$= \prod_{n=0}^{\infty}\prod_{k\in U(n)} \mathbb{E}\left[\exp\left(i\left[\sum_{j=1}^{m} y_j \Delta_k^{(n)}(t_j)\right]Z_k^{(n)}\right)\right].$$

Mit (A.18) und (A.17) folgt weiter

$$\varphi(y) = \prod_{n=0}^{\infty}\prod_{k\in U(n)} \exp\left(-\frac{1}{2}\left[\sum_{j=1}^{m} y_j \Delta_k^{(n)}(t_j)\right]^2\right)$$

$$= \exp\left(-\frac{1}{2}\sum_{j=1}^{m}\sum_{l=1}^{m} y_j y_l t_j \wedge t_l\right)$$

$$= \exp\left(-\frac{1}{2}y^\top \mathbf{C} y\right), \text{ mit } C_{jl} := t_j \wedge t_l, \ 1 \le j, l \le m.$$

Dies ist nach Satz 7.28 gerade die charakteristische Funktion einer $N(0, \mathbf{C})$-verteilten Zufallsvariable. Damit ist $(B_{t_1}, \ldots, B_{t_m})$ normalverteilt und $(B_t)_{t\ge 0}$ ein Gauß-Prozess. □

Abschließend wollen wir noch klären, wie man aus einer Brownschen Bewegung auf dem Intervall $[0, 1]$ eine Brownsche Bewegung auf $[0, \infty[$ erhält. Dazu betrachtet man eine Folge $(B_t^{(n)})_{t\in[0,1]}$, $n \in \mathbb{N}$, unabhängiger Brownscher Bewegungen auf $[0, 1]$ und fügt sie schlicht aneinander:

$$B_t := \sum_{k=1}^{[t]} B_1^{(k)} + B_{t-[t]}^{([t]+1)}, \quad t \ge 0,$$

wobei wir mit $[t]$ die größte ganze Zahl kleiner oder gleich t bezeichnet haben. Deutlicher wird die Konstruktion für $t \in [n, n+1[$:

$$B_t := \sum_{k=1}^{n} B_1^{(k)} + B_{t-n}^{(n+1)}, \quad t \in [n, n+1[.$$

Wegen der Unabhängigkeit der Folge $(B_t^{(n)})_{t\in[0,1]}$ übertragen sich die Verteilungseigenschaften der Brownschen Bewegung unmittelbar auf den Prozess $(B_t)_{t\ge 0}$.

B

L^p-Räume

In diesem Teil des Anhangs fassen wir die wichtigsten Begriffe und Resultate aus der Funktionalanalysis zusammen, die wir in der Wahrscheinlichkeitstheorie benötigen. Die dargestellten Ergebnisse gehören zu den Grundlagen der Funktionalanalysis, die in jeder Einführung in die Funktionalanalysis vorkommen. Wir haben daher auf Beweise verzichtet. Ausführliche Darstellungen findet man z.B. in [HS91], [Wer02] oder [Rud91] sowie in [Dud89] und [Els02].

Banach- und Hilberträume

> **Definition B.1 ((Halb-)Norm).** *Sei X ein reeller Vektorraum. Eine Abbildung $\|\cdot\| : X \to [0, \infty[$ heißt Halbnorm, falls*
>
> (i) $\|\lambda x\| = |\lambda|\, \|x\|$ *für alle $x \in X$, $\lambda \in \mathbb{R}$.*
> (ii) $\|x + y\| \le \|x\| + \|y\|$ *für alle $x, y \in X$.*
>
> *Gilt zusätzlich*
>
> (iii) $\|x\| = 0 \Leftrightarrow x = 0$,
>
> *so heißt $\|\cdot\|$ eine Norm.*

Das Tupel $(X, \|\cdot\|)$ heißt halbnormierter bzw. normierter Raum. Oft versteht sich die Norm von selbst, so dass man von einem normierten Raum X spricht. Jede (Halb-)Norm induziert auf X durch

$$d(x, y) := \|x - y\|, \quad x, y \in X,$$

eine (Halb-)Metrik, d.h. es gilt für alle $x, y, z \in X$:

(i) $d(x, y) \ge 0$,
(ii) $d(x, y) = d(y, x)$,
(iii) $d(x, z) \le d(x, y) + d(y, z)$,

(iv) $d(x,y) = 0 \Leftrightarrow x = y$ (Norm) bzw. $x = y \Rightarrow d(x,y) = 0$ (Halbnorm).

Daher stehen in jedem (halb-)normierten Raum topologische Begriffe wie Konvergenz, Stetigkeit, etc. zur Verfügung. Insbesondere ist (x_n) eine Cauchy-Folge in X, falls es zu jedem $\varepsilon > 0$ ein N_ε gibt, so dass

$$\|x_n - x_m\| < \varepsilon \quad \text{für alle } n, m \geq N_\varepsilon.$$

Definition B.2 (Vollständigkeit, Banach-Raum). *Ein halbnormierter Raum, in dem jede Cauchy-Folge konvergiert, heißt vollständig. Ein vollständiger normierter Raum heißt Banach-Raum.*

Die reellen Zahlen $\mathbb{R}$ sind ein Banach-Raum. Im Rahmen der Funktionalanalysis untersucht man typischerweise Funktionenräume. So ist z.B. der Raum $C[a,b]$ der stetigen Funktionen auf einem kompakten Intervall $[a,b]$ mit der Supremumsnorm

$$\|f\|_\infty := \sup_{x \in [a,b]} |f(x)|$$

ein Banach-Raum. Wir fixieren einen Maßraum $(\Omega, \mathcal{F}, \mu)$ und definieren:

Definition B.3 ($\mathcal{L}^p$-Raum). *Für $p \geq 1$ sei $\mathcal{L}^p := \mathcal{L}^p(\mu) := \mathcal{L}^p(\Omega, \mathcal{F}, \mu)$ die Menge aller messbaren Funktionen $f : \Omega \to \mathbb{R}$ mit*

$$\|f\|_p := \left(\int |f|^p d\mu \right)^{\frac{1}{p}} < \infty.$$

Wir haben bereits in Abschnitt 2.4 darauf hingewiesen, dass man $\mathcal{L}^p$-Räume auch für $0 < p < 1$ definieren kann, wir diese aber nicht benötigen. Für jedes $p \geq 1$ ist $\mathcal{L}^p$ ein reeller Vektorraum. Nicht offensichtlich ist dabei nur die Abgeschlossenheit gegenüber Addition, diese folgt aber aus der Ungleichung

$$|f + g|^p \leq 2^p(|f|^p \vee |g|^p) \leq 2^p(|f|^p + |g|^p).$$

$\|f\|_p$ heißt p-Norm von f. Einige Eigenschaften der p-Norm auf $\mathcal{L}^p$ fassen wir im folgenden Satz zusammen.

Satz B.4. *Seien $p \geq 1$, $\lambda \in \mathbb{R}$ und $f, g \in \mathcal{L}^p$. Dann gilt:*

(i) $\|f\|_p \geq 0$ *und aus* $\|f\|_p = 0$ *folgt* $f = 0$ μ-*fast überall.*
(ii) $\|\lambda f\|_p = |\lambda| \, \|f\|_p$.
(iii) Ungleichung von Minkowski:

$$\|f + g\|_p \leq \|f\|_p + \|g\|_p.$$

(iv) Ungleichung von Hölder: *Ist $q \geq 1$ mit $\frac{1}{p} + \frac{1}{q} = 1$, so gilt:*

$$\|fg\|_1 \leq \|f\|_p \|g\|_q.$$

Die Ungleichungen von Hölder und Minkowski haben wir in Abschnitt 2.4 bewiesen. Insgesamt folgt aus Satz B.4 unmittelbar:

Satz B.5. *Sei $p \geq 1$. Dann ist $(\mathcal{L}^p, \|\cdot\|_p)$ ein halbnormierter Raum.*

Die Frage nach der Vollständigkeit von $\mathcal{L}^p$ beantwortet der Satz von Riesz-Fischer:

Satz B.6. *Sei $p \geq 1$. Dann ist $(\mathcal{L}^p, \|\cdot\|_p)$ ein vollständiger Raum, d.h. jede Cauchy-Folge konvergiert.*

$\mathcal{L}^p$ ist allerdings kein Banach-Raum, da $\|\cdot\|$ eine Halbnorm und keine Norm ist. Aus

$$\|f\|_p = 0 \quad \text{folgt nur } f = 0 \quad \mu\text{-fast überall.}$$

Dies hat z.B. die unangenehme Folge, dass Grenzwerte nicht eindeutig sind. Sie sind nur bestimmt bis auf ein Element des Kerns von $\|\cdot\|_p$: $\mathcal{N} := \{f \in \mathcal{L}^p : \|f\|_p = 0\}$. Dieser Defekt lässt sich jedoch ganz allgemein leicht reparieren, wie der nachfolgende Satz zeigt.

Satz B.7. *Sei $(X, \|\cdot\|^*)$ ein halbnormierter Raum. Dann gilt:*

(i) $\mathcal{N} := \{f \in \mathcal{L}^p : \|f\|_p = 0\}$ *ist ein Unterraum von X.*
(ii) *Es sei $X/\mathcal{N}$ der Quotientenvektorraum und $[x] \in X/\mathcal{N}$ eine Nebenklasse. Dann definiert*

$$\|[x]\| := \|x\|^* \quad \text{eine Norm auf } X/\mathcal{N}.$$

(iii) *Ist X vollständig, so auch $X/\mathcal{N}$, d.h. $X/\mathcal{N}$ ist ein Banach-Raum.*

Für unsere $\mathcal{L}^p$-Räume bedeutet dies, dass wir als Kern der Halbnorm

$$\mathcal{N} := \{f \in \mathcal{L}^p : \|f\|_p = 0\} = \{f \in \mathcal{L}^p : f = 0 \ \mu\text{-fast überall}\}$$

erhalten und den Quotientenvektorraum

$$L^p := \mathcal{L}^p/\mathcal{N} \quad \text{mit } \|[f]\|_p := \|f\|_p$$

betrachten. Es folgt aus Satz B.7:

Satz B.8. *Sei $p \geq 1$. Dann ist $(L^p, \|\cdot\|_p)$ ein Banach-Raum.*

Es ist üblich, sowohl die Halbnorm auf $\mathcal{L}^p$ als auch die Norm auf L^p mit $\|\cdot\|_p$ zu bezeichnen. Genauso unterscheidet man nicht so genau zwischen der Nebenklasse $[f] = f + \mathcal{N} \in L^p$ und der Funktion $f \in \mathcal{L}^p$ und schreibt einfach $f \in L^p$ etc. Dieses übliche Vorgehen ist im Allgemeinen unproblematisch, da Operationen auf L^p durch Vertreter der Nebenklassen in $\mathcal{L}^p$ gegeben sind.

Der Hilbert-Raum L^2

Der Fall $p = 2$ nimmt eine Sonderstellung ein. Um dies zu erläutern, erinnern wir an den Begriff eines Skalarprodukts: Eine Funktion $\langle \cdot, \cdot \rangle : H \times H \to \mathbb{R}$ auf einem reellen Vektorraum H heißt Skalarprodukt, falls gilt:

(i) $\langle \lambda f + g, h \rangle = \lambda \langle f, h \rangle + \langle g, h \rangle$ für alle $\lambda \in \mathbb{R}$, $f, g \in H$.
(ii) $\langle f, g \rangle = \langle g, f \rangle$ für alle $f, g \in H$.
(iii) $\langle f, f \rangle \geq 0$ für alle $f \in H$.
(iv) $\langle f, f \rangle = 0$ impliziert $f = 0$.

Ein Skalarprodukt ist demnach (i) bilinear, (ii) symmetrisch, (iii) + (iv) positiv definit.

Satz B.9. *Seien $f, g \in L^2$. Dann ist*

$$\langle f, g \rangle := \int f g \, d\mu$$

ein Skalarprodukt auf L^2. Weiter gilt:

$$\|f\|_2 = \langle f, f \rangle^{\frac{1}{2}} \quad \text{für alle } f \in L^2.$$

Dieses Resultat motiviert die folgende Definition:

Definition B.10 (Hilbert-Raum). *Ein normierter Raum $(H, \|\cdot\|)$ heißt Prä-Hilbert-Raum, wenn es ein Skalarprodukt $\langle \cdot, \cdot \rangle$ auf $H \times H$ gibt, so dass*

$$\|x\| = \langle x, x \rangle^{\frac{1}{2}} \quad \text{für alle } x \in X$$

gilt. Ein vollständiger Prä-Hilbert-Raum heißt Hilbert-Raum.

Satz B.9 bedeutet also, dass $(L^2, \|\cdot\|_2)$ durch das Skalarprodukt

$$\langle f, g \rangle := \int f g \, d\mu, \quad f, g \in L^2,$$

zu einem Hilbert-Raum wird. Einige Eigenschaften von Hilbert-Räumen fassen wir zusammen:

Satz B.11. *Sei H ein Hilbert-Raum. Dann gilt:*

(i) Cauchy-Schwarzsche Ungleichung:

$$|\langle x, y \rangle| \leq \|x\| \, \|y\| \quad \text{für alle } x, y \in H.$$

(ii) Parallelogrammgleichung:

$$\|x + y\|^2 + \|x - y\|^2 = 2 \|x\|^2 + 2 \|y\|^2 \quad \text{für alle } x, y \in H.$$

(iii) *Das Skalarprodukt $\langle \cdot, \cdot \rangle : H \times H \to \mathbb{R}$ ist stetig.*

Orthonormale Folgen

Sei H ein Hilbert-Raum und $E \subset H$. E heißt Orthonormalsystem, falls für alle $e_i, e_j \in E$ gilt:

$$\langle e_i, e_j \rangle = \delta_{ij} = \begin{cases} 1 & \text{für } i = j, \\ 0 & \text{für } i \neq j. \end{cases}$$

Ein Orthonormalsystem E heißt vollständiges Orthonormalsystem oder Orthonormalbasis, falls gilt:

$$E \subset F, \ F \ \text{Orthonormalsystem} \ \Rightarrow F = E.$$

Warum E in diesem Fall als Basis bezeichnet wird, klärt der folgende Satz:

Satz B.12. *Sei H ein Hilbert-Raum und $E \subset H$ ein Orthonormalsystem. Dann sind folgende Aussagen äquivalent:*

(i) *E ist eine Orthonormalbasis.*
(ii) *Es gilt $H = \overline{\lin E}$, der abgeschlossenen linearen Hülle von E.*
(iii) *Für jedes $x \in H$ gilt:*

$$x = \sum_{e \in E} \langle x, e \rangle e.$$

(iv) Parsevalsche Gleichung: *Für jedes $x, y \in H$ gilt:*

$$\langle x, y \rangle = \sum_{e \in E} \langle x, e \rangle \langle y, e \rangle.$$

Eigenschaft (iii) motiviert die Bezeichnung Basis. Jeder Hilbert-Raum H besitzt eine Orthonormalbasis. Ist H separabel, d.h. existiert eine abzählbare dichte Teilmenge von H, so sind alle Orthonormalbasen von H sogar abzählbar.

Ist $\mu := \lambda|[a, b]$ das Lebesgue-Maß eingeschränkt auf das Intervall $[a, b]$, so setzen wir $L^2[a, b] := L^2(\mu)$. Betrachten wir $L^2[0, 2\pi]$, so ist dies ein separabler Hilbert-Raum mit der Orthonormalbasis

$$E := \left\{ \frac{1}{\sqrt{2\pi}} \operatorname{id}_{[0, 2\pi]} \right\} \cup \left\{ \frac{1}{\sqrt{\pi}} \cos(nx) : n \in \mathbb{N} \right\} \cup \left\{ \frac{1}{\sqrt{\pi}} \sin(nx) : n \in \mathbb{N} \right\}.$$

Die Orthonormalität von E folgt durch partielle Integration. Für den Nachweis der Basiseigenschaft verwendet man Eigenschaft (ii). Es ist allerdings nicht offensichtlich, dass $\lin E$, die Menge der trigonometrischen Polynome, dicht in $L^2[0, 2\pi]$ liegt. Ist (e_n) eine abzählbare Orthonormalbasis von $L^2[0, 1]$, so hat die Parsevalsche Gleichung die Gestalt:

$$\langle f, g \rangle = \sum_{n=1}^{\infty} \langle f, e_n \rangle \langle g, e_n \rangle.$$

Eine Basis von $L^2[0,1]$ bilden auch die so genannten Haar-Funktionen: Wir bezeichnen mit $U(n)$ die ungeraden Zahlen zwischen 1 und 2^n:

$$U(n) := \{k \in \mathbb{N}_0 : 0 \le k \le 2^n,\ k\ \text{ungerade}\},$$

also

$$U(0) := \{1\},\ U(1) := \{1\},\ U(2) := \{1,3\},\ U(3) := \{1,3,5,7\}\ \text{etc.}$$

Die Haar-Funktionen sind dann gegeben durch $H_1^{(0)}(t) := 1$, $t \in [0,1]$, und für $n \ge 1$, $k \in U(n)$:

$$H_k^{(n)} : [0,1] \to \mathbb{R}, \quad t \mapsto \begin{cases} 2^{\frac{n-1}{2}} & \text{für } \frac{k-1}{2^n} \le t < \frac{k}{2^n}, \\ -2^{\frac{n-1}{2}} & \text{für } \frac{k}{2^n} \le t \le \frac{k+1}{2^n}, \\ 0 & \text{sonst.} \end{cases}$$

$\{H_k^{(n)},\ n \ge 0, k \in U(n)\}$ bilden eine Orthonormalbasis des separablen Hilbert-Raums $L^2[0,1]$, siehe z.B. [KS51]. Speziell erhalten wir die Parsevalsche Gleichung

$$\langle f,g \rangle = \sum_{n=0}^{\infty} \sum_{k \in U(n)} \langle f, H_k^{(n)} \rangle \langle g, H_k^{(n)} \rangle, \quad f,g \in L^2[0,1].$$

Die Haarfunktionen spielen eine zentrale Rolle für unseren Existenzbeweis der Brownsche Bewegung, vgl. Abschnitt A.4.

Darstellung von Linearformen

Jede lineare Funktion $f : \mathbb{R}^n \to \mathbb{R}$ ist stetig und kann als Skalarprodukt dargestellt werden (e_i sei der i-te Einheitsvektor):

$$f(x) = \sum_{i=1}^{n} x_i h_i = \langle x, h \rangle, \quad \text{mit } h_i := f(e_i), \quad i = 1, \dots, n.$$

Diese Eigenschaft überträgt sich auf stetige Linearformen, also stetige lineare Abbildungen $f : H \to \mathbb{R}$ auf einem Hilbert-Raum H:

Theorem B.13 (Darstellungssatz von Riesz-Fréchet). *Sei H ein Hilbert-Raum und $f : H \to \mathbb{R}$ eine stetige Linearform. Dann gibt es ein $h \in H$ mit*

$$f(x) = \langle x, h \rangle \quad \text{für alle } x \in X.$$

Dieser Darstellungssatz kann für den Beweis des Satzes von Radon-Nikodym verwendet werden, vgl. Abschnitt 2.5.

Gleichmäßige Beschränktheit

Seien X und Y normierte Räume und

$$L(X,Y) := \{T : X \to Y : T \text{ linear und stetig}\}.$$

Ein $T \in L(X,Y)$ bezeichnet man als stetigen Operator, im Fall $Y = \mathbb{R}$ als stetiges Funktional. Eine lineare Abbildung $T : X \to Y$ ist genau dann stetig, wenn es ein $M > 0$ gibt, so dass

$$\|T(x)\| \le M \|x\| \quad \text{für alle } x \in X.$$

Daher ist es sinnvoll, die Größe

$$\|T\| := \sup_{\|x\|=1} \|T(x)\| = \sup_{\|x\|\le 1} \|T(x)\| = \sup_{x \ne 0} \frac{\|T(x)\|}{\|x\|}$$

zu definieren. $\|T\|$ ist genau dann endlich, wenn T stetig und damit ein stetiger Operator ist. In diesem Fall wird $\|T\|$ als Operatornorm bezeichnet. Diese Bezeichnung ist gerechtfertigt, da $\|T\|$ eine Norm auf $L(X,Y)$ definiert.

Ist X ein Banach-Raum, so gilt für eine Familie stetiger Operatoren das „Prinzip der gleichmäßigen Beschränktheit", das auch als Theorem von Banach-Steinhaus bekannt ist:

Theorem B.14 (Banach-Steinhaus). *Sei X ein Banach-Raum und Y ein normierter Raum. Gilt für eine Familie stetiger Operatoren $T_i \in L(X,Y)$, $i \in I$*

$$\sup_{i \in I} \|T_i(x)\| < \infty \quad \text{für alle } x \in X,$$

so folgt:

$$\sup_{i \in I} \|T_i\| < \infty.$$

Dieses Resultat verwenden wir in Abschnitt 14.1, um zu zeigen, dass man ein Integral nach einer Brownschen Bewegung nicht pfadweise definieren kann, vgl. Satz 14.7.

Approximative Eins

Ist $(G, *)$ eine Gruppe, so ist das Einselement $e \in G$ eindeutig charakterisiert durch die Eigenschaft

$$e * g = g * e = g \quad \text{für alle } g \in G.$$

Es gibt algebraische Strukturen, in denen es kein solches Einselement geben muss (z.B. Ringe), es jedoch eine Folge von Elementen gibt, die sich im Grenzwert wie ein Einselement verhalten. Eine solche Situation tritt auf, wenn man den Funktionenraum $L^1(\mathbb{R})$ der (bzgl. des Lebesgue-Maßes) integrierbaren Funktionen sowie die Faltung auf $L^1(\mathbb{R})$ betrachtet:

$$(f * g)(t) := \int\limits_{\mathbb{R}} f(s)g(t-s)ds, \quad f, g \in L^1(\mathbb{R}).$$

Definition B.15 (approximative Eins). *Eine Folge von Funktionen* (h_n) *aus* $L^1(\mathbb{R})$ *heißt approximative Eins, falls gilt:*

(i) $h_n \geq 0$ *für alle* $n \in \mathbb{N}$.

(ii) $\int\limits_{\mathbb{R}} h_n(s)ds = 1$ *für alle* $n \in \mathbb{N}$.

(iii) $\lim\limits_{n \to \infty} \int\limits_{\varepsilon}^{\infty} |h_n(s)|ds = 0$ *für alle* $\varepsilon > 0$.

Es gibt allgemeinere Definitionen approximativer Einsen, diese reicht für unsere Zwecke jedoch völlig aus. Entscheidend ist, dass sich die Funktionen im Grenzwert so um den Nullpunkt konzentrieren, dass das Integral stets den Wert 1 annimmt. Approximative Einsen spielen in der Theorie der Fourier-Reihen eine wichtige Rolle. Ihr Name wird durch das folgende Resultat gerechtfertigt.

Satz B.16. *Sei* (h_n) *eine approximative Eins aus* $L^1(\mathbb{R})$. *Dann gilt:*

$$h_n * f \xrightarrow{L^1} f \quad \text{für alle } f \in L^1(\mathbb{R}).$$

Wir verwenden eine approximative Eins im Beweis von Satz 14.13, um zu zeigen, dass die elementaren progressiv messbaren Prozesse in $\mathcal{P}^2$ dicht liegen. Mehr zum Thema approximative Einsen findet man z.B. bei [Kön02], [Las96] oder [Edw79].

C

Wertetabellen

C.1 Verteilung der Standardnormalverteilung

$$\Phi(u) = \frac{1}{\sqrt{2\pi}} \cdot \int_{-\infty}^{u} \exp\left(-\frac{t^2}{2}\right) dt = 1 - \Phi(-u), \quad \text{z.B.} \quad \Phi(1.32) = 0.90658.$$

u	0.00	0.01	0.02	0.03	0.04	0.05	0.06	0.07	0.08	0.09
0.0	0.50000	0.50399	0.50798	0.51197	0.51595	0.51994	0.52392	0.52791	0.53188	0.53586
0.1	0.53983	0.54380	0.54776	0.55172	0.55567	0.55962	0.56356	0.56750	0.57143	0.57535
0.2	0.57926	0.58317	0.58707	0.59096	0.59484	0.59871	0.60257	0.60642	0.61026	0.61409
0.3	0.61791	0.62172	0.62552	0.62930	0.63307	0.63683	0.64058	0.64431	0.64803	0.65173
0.4	0.65542	0.65910	0.66276	0.66640	0.67003	0.67364	0.67724	0.68082	0.68438	0.68793
0.5	0.69146	0.69497	0.69847	0.70194	0.70540	0.70884	0.71226	0.71566	0.71904	0.72240
0.6	0.72575	0.72907	0.73237	0.73565	0.73891	0.74215	0.74537	0.74857	0.75175	0.75490
0.7	0.75804	0.76115	0.76424	0.76730	0.77035	0.77337	0.77637	0.77935	0.78230	0.78524
0.8	0.78814	0.79103	0.79389	0.79673	0.79955	0.80234	0.80511	0.80785	0.81057	0.81327
0.9	0.81594	0.81859	0.82121	0.82381	0.82639	0.82894	0.83147	0.83398	0.83646	0.83891
1.0	0.84135	0.84375	0.84614	0.84850	0.85083	0.85314	0.85543	0.85769	0.85993	0.86214
1.1	0.86433	0.86650	0.86864	0.87076	0.87286	0.87493	0.87698	0.87900	0.88100	0.88298
1.2	0.88493	0.88686	0.88877	0.89065	0.89251	0.89435	0.89617	0.89796	0.89973	0.90148
1.3	0.90320	0.90490	0.90658	0.90824	0.90988	0.91149	0.91309	0.91466	0.91621	0.91774
1.4	0.91924	0.92073	0.92220	0.92364	0.92507	0.92647	0.92786	0.92922	0.93056	0.93189
1.5	0.93319	0.93448	0.93574	0.93699	0.93822	0.93943	0.94062	0.94179	0.94295	0.94408
1.6	0.94520	0.94630	0.94738	0.94845	0.94950	0.95053	0.95154	0.95254	0.95352	0.95449
1.7	0.95543	0.95637	0.95728	0.95819	0.95907	0.95994	0.96080	0.96164	0.96246	0.96327
1.8	0.96407	0.96485	0.96562	0.96638	0.96712	0.96784	0.96856	0.96926	0.96995	0.97062
1.9	0.97128	0.97193	0.97257	0.97320	0.97381	0.97441	0.97500	0.97558	0.97615	0.97670
2.0	0.97725	0.97778	0.97831	0.97882	0.97932	0.97982	0.98030	0.98077	0.98124	0.98169
2.1	0.98214	0.98257	0.98300	0.98341	0.98382	0.98422	0.98461	0.98500	0.98537	0.98574
2.2	0.98610	0.98645	0.98679	0.98713	0.98745	0.98778	0.98809	0.98840	0.98870	0.98899
2.3	0.98928	0.98956	0.98983	0.99010	0.99036	0.99061	0.99086	0.99111	0.99134	0.99158
2.4	0.99180	0.99202	0.99224	0.99245	0.99266	0.99286	0.99305	0.99324	0.99343	0.99361
2.5	0.99379	0.99396	0.99413	0.99430	0.99446	0.99461	0.99477	0.99492	0.99506	0.99520
2.6	0.99534	0.99547	0.99560	0.99573	0.99585	0.99598	0.99609	0.99621	0.99632	0.99643
2.7	0.99653	0.99664	0.99674	0.99683	0.99693	0.99702	0.99711	0.99720	0.99728	0.99736
2.8	0.99744	0.99752	0.99760	0.99767	0.99774	0.99781	0.99788	0.99795	0.99801	0.99807
2.9	0.99813	0.99819	0.99825	0.99831	0.99836	0.99841	0.99846	0.99851	0.99856	0.99861
3.0	0.99865	0.99869	0.99874	0.99878	0.99882	0.99886	0.99889	0.99893	0.99896	0.99900
3.1	0.99903	0.99906	0.99910	0.99913	0.99916	0.99918	0.99921	0.99924	0.99926	0.99929
3.2	0.99931	0.99934	0.99936	0.99938	0.99940	0.99942	0.99944	0.99946	0.99948	0.99950
3.3	0.99952	0.99953	0.99955	0.99957	0.99958	0.99960	0.99961	0.99962	0.99964	0.99965
3.4	0.99966	0.99968	0.99969	0.99970	0.99971	0.99972	0.99973	0.99974	0.99975	0.99976
3.5	0.99977	0.99978	0.99978	0.99979	0.99980	0.99981	0.99981	0.99982	0.99983	0.99983
3.6	0.99984	0.99985	0.99985	0.99986	0.99986	0.99987	0.99987	0.99988	0.99988	0.99989
3.7	0.99989	0.99990	0.99990	0.99990	0.99991	0.99991	0.99992	0.99992	0.99992	0.99992
3.8	0.99993	0.99993	0.99993	0.99994	0.99994	0.99994	0.99994	0.99995	0.99995	0.99995
3.9	0.99995	0.99995	0.99996	0.99996	0.99996	0.99996	0.99996	0.99996	0.99997	0.99997

C.2 Quantile der t-Verteilung

X sei t_n-verteilt. Die folgende Tabelle gibt die t_n-Quantile an, für die definitionsgemäß gilt: $\mathbb{P}(X \leq t_{n;\alpha}) = \alpha$, z.B. $t_{20;0.90} = 1.325$.

α n	0.80	0.90	0.95	0.975	0.99	0.995	0.999	0.9995
1	1.376	3.078	6.314	12.71	31.82	63.66	318.3	636.6
2	1.061	1.886	2.920	4.303	6.965	9.925	22.33	31.60
3	0.978	1.638	2.353	3.182	4.541	5.841	10.21	12.92
4	0.941	1.533	2.132	2.776	3.747	4.604	7.173	8.610
5	0.920	1.476	2.015	2.571	3.365	4.032	5.893	6.869
6	0.906	1.440	1.943	2.447	3.143	3.708	5.208	5.959
7	0.896	1.415	1.895	2.365	2.998	3.499	4.785	5.408
8	0.889	1.397	1.859	2.306	2.896	3.355	4.500	5.041
9	0.883	1.383	1.833	2.262	2.821	3.250	4.296	4.781
10	0.879	1.372	1.812	2.228	2.764	3.169	4.143	4.587
11	0.876	1.363	1.796	2.201	2.718	3.106	4.024	4.437
12	0.873	1.356	1.782	2.179	2.681	3.054	3.929	4.318
13	0.870	1.350	1.771	2.160	2.650	3.012	3.852	4.221
14	0.868	1.345	1.761	2.145	2.624	2.977	3.787	4.140
15	0.866	1.341	1.753	2.131	2.602	2.947	3.732	4.073
16	0.865	1.337	1.746	2.120	2.583	2.921	3.686	4.015
17	0.863	1.333	1.740	2.110	2.567	2.898	3.645	3.965
18	0.862	1.330	1.734	2.101	2.552	2.878	3.610	3.922
19	0.861	1.328	1.729	2.093	2.539	2.861	3.579	3.883
20	0.860	1.325	1.725	2.086	2.528	2.845	3.551	3.849
21	0.859	1.323	1.721	2.080	2.518	2.831	3.527	3.819
22	0.858	1.321	1.717	2.074	2.508	2.819	3.505	3.792
23	0.858	1.319	1.714	2.069	2.500	2.807	3.485	3.768
24	0.857	1.318	1.711	2.064	2.492	2.797	3.466	3.745
25	0.856	1.316	1.708	2.059	2.485	2.787	3.450	3.725
26	0.856	1.315	1.706	2.055	2.479	2.779	3.435	3.707
27	0.855	1.314	1.703	2.052	2.473	2.771	3.421	3.689
28	0.855	1.313	1.701	2.048	2.467	2.763	3.408	3.674
29	0.854	1.311	1.699	2.045	2.462	2.756	3.396	3.659
30	0.854	1.310	1.697	2.042	2.457	2.750	3.385	3.646
40	0.851	1.303	1.684	2.021	2.423	2.704	3.307	3.551
50	0.849	1.299	1.676	2.009	2.403	2.678	3.261	3.496
60	0.848	1.296	1.671	2.000	2.390	2.660	3.231	3.460
80	0.846	1.292	1.664	1.990	2.374	2.639	3.195	3.416
100	0.845	1.290	1.660	1.984	2.364	2.626	3.174	3.390
200	0.843	1.286	1.653	1.972	2.345	2.601	3.131	3.340
500	0.842	1.283	1.648	1.965	2.334	2.586	3.106	3.310

C.3 Quantile der χ^2-Verteilung

X sei χ_n^2-verteilt. Die folgende Tabelle gibt die χ_n^2-Quantile an, für die definitionsgemäß gilt: $\mathbb{P}(X \leq \chi_{n;\alpha}^2) = \alpha$, z.B. $\chi_{20;0.90}^2 = 28.412$.

α \ n	0.005	0.01	0.025	0.05	0.1	0.9	0.95	0.975	0.99	0.995
1	3.9E-5	0.0002	0.0010	0.0039	0.0158	2.7055	3.8415	5.0239	6.6349	7.8794
2	0.0100	0.0201	0.0506	0.1026	0.2107	4.6052	5.9915	7.3778	9.2103	10.597
3	0.0717	0.1148	0.2158	0.3518	0.5844	6.2514	7.8147	9.3484	11.345	12.838
4	0.2070	0.2971	0.4844	0.7107	1.0636	7.7794	9.4877	11.143	13.277	14.860
5	0.4117	0.5543	0.8312	1.1455	1.6103	9.2364	11.070	12.833	15.086	16.750
6	0.6757	0.8721	1.2373	1.6354	2.2041	10.645	12.592	14.449	16.812	18.548
7	0.9893	1.2390	1.6899	2.1673	2.8331	12.017	14.067	16.013	18.475	20.278
8	1.3444	1.6465	2.1797	2.7326	3.4895	13.362	15.507	17.535	20.090	21.955
9	1.7349	2.0879	2.7004	3.3251	4.1682	14.684	16.919	19.023	21.666	23.589
10	2.1559	2.5582	3.2470	3.9403	4.8652	15.987	18.307	20.483	23.209	25.188
11	2.6032	3.0535	3.8157	4.5748	5.5778	17.275	19.675	21.920	24.725	26.757
12	3.0738	3.5706	4.4038	5.2260	6.3038	18.549	21.026	23.337	26.217	28.300
13	3.5650	4.1069	5.0088	5.8919	7.0415	19.812	22.362	24.736	27.688	29.819
14	4.0747	4.6604	5.6287	6.5706	7.7895	21.064	23.685	26.119	29.141	31.319
15	4.6009	5.2293	6.2621	7.2609	8.5468	22.307	24.996	27.488	30.578	32.801
16	5.1422	5.8122	6.9077	7.9616	9.3122	23.542	26.296	28.845	32.000	34.267
17	5.6972	6.4078	7.5642	8.6718	10.085	24.769	27.587	30.191	33.409	35.718
18	6.2648	7.0149	8.2307	9.3905	10.865	25.989	28.869	31.526	34.805	37.156
19	6.8440	7.6327	8.9065	10.117	11.651	27.204	30.144	32.852	36.191	38.582
20	7.4338	8.2604	9.5908	10.851	12.443	28.412	31.410	34.170	37.566	39.997
21	8.0337	8.8972	10.283	11.591	13.240	29.615	32.671	35.479	38.932	41.401
22	8.6427	9.5425	10.982	12.338	14.041	30.813	33.924	36.781	40.289	42.796
23	9.2604	10.196	11.689	13.091	14.848	32.007	35.172	38.076	41.638	44.181
24	9.8862	10.856	12.401	13.848	15.659	33.196	36.415	39.364	42.980	45.559
25	10.520	11.524	13.120	14.611	16.473	34.382	37.652	40.646	44.314	46.928
26	11.160	12.198	13.844	15.379	17.292	35.563	38.885	41.923	45.642	48.290
27	11.808	12.879	14.573	16.151	18.114	36.741	40.113	43.195	46.963	49.645
28	12.461	13.565	15.308	16.928	18.939	37.916	41.337.	44.461	48.278	50.993
29	13.121	14.256	16.047	17.708	19.768	39.087	42.557	45.722	49.588	52.336
30	13.787	14.953	16.791	18.493	20.599	40.256	43.773	46.979	50.892	53.672
35	17.192	18.509	20.569	22.465	24.797	46.059	49.802	53.203	57.342	60.275
40	20.707	22.164	24.433	26.509	29.051	51.805	55.758	59.342	63.691	66.766
45	24.311	25.901	28.366	30.612	33.350	57.505	61.656	65.410	69.957	73.166
50	27.991	29.707	32.357	34.764	37.689	63.167	67.505	71.420	76.154	79.490
55	31.735	33.570	36.398	38.958	42.060	68.796	73.311	77.380	82.292	85.749
60	35.534	37.485	40.482	43.188	46.459	74.397	79.082	83.298	88.379	91.952
70	43.275	45.442	48.758	51.739	55.329	85.527	90.531	95.023	100.43	104.21
80	51.172	53.540	57.153	60.391	64.278	96.578	101.88	106.63	112.33	116.32

D

Wahrscheinlichkeitstheorie zum Nachschlagen

In diesem Anhang haben wir die am häufigsten zitierten Resultate der Wahrscheinlichkeitstheorie zum Nachschlagen zusammengefasst. Sätze, die hier zu finden sind, sind im Text durch die Verwendung von KAPITÄLCHEN hervorgehoben.

Standardbeweisprinzip aus der Maßtheorie

STANDARDPROZEDUR: Wir wollen eine Behauptung für eine Funktionenklasse beweisen:

(i) Wir zeigen die Behauptung für alle Indikatorfunktionen $f = I_A$, $A \in \mathcal{F}$.

(ii) Wir benutzen Linearität, um die Behauptung für alle $f \in T^+$ zu zeigen.

(iii) Aus dem Satz von der monotonen Konvergenz 2.7 folgt die Behauptung für alle $f \in M^+$.

(iv) Gelegentlich können wir wegen $f = f^+ - f^-$, $f^+, f^- \in M^+$ noch einen Schritt weiter gehen und die Behauptung auf diesem Weg für alle integrierbaren numerischen Funktionen $f : \Omega \to \bar{\mathbb{R}}$ zeigen.

Maßeindeutigkeitssatz

MASSEINDEUTIGKEITSSATZ: Es seien μ und ν zwei Maße auf einem Messraum $(\Omega, \mathcal{F})$ und $\mathcal{E}$ ein durchschnittsstabiler Erzeuger von $\mathcal{F}$ mit folgenden Eigenschaften:

(i) $\mu(E) = \nu(E)$ für alle $E \in \mathcal{E}$.

(ii) Es gibt eine Folge $(E_n)_{n \in \mathbb{N}}$ disjunkter Mengen aus $\mathcal{E}$ mit

$$\mu(E_n) = \nu(E_n) < \infty \quad \text{und} \quad \bigcup_{n=1}^{\infty} E_n = \Omega.$$

Dann folgt $\mu = \nu$.

Borel-Cantelli

LEMMA VON BOREL-CANTELLI: Sei (A_n) eine Folge von Ereignissen.

(i)
$$\text{Ist } \sum_{n=1}^{\infty} \mathbb{P}(A_n) < \infty, \text{ so folgt } \mathbb{P}(\limsup A_n) = 0.$$

(ii) Sind die Ereignisse (A_n) unabhängig, so gilt:

$$\text{Ist } \sum_{n=1}^{\infty} \mathbb{P}(A_n) = \infty, \text{ so folgt } \mathbb{P}(\limsup A_n) = 1.$$

Ungleichungen

MARKOV-UNGLEICHUNG: Sei X eine reelle Zufallsvariable und $\varepsilon > 0$. Dann gilt:
$$\mathbb{P}(|X| \geq \varepsilon) \leq \frac{\mathbb{E}(|X|)}{\varepsilon}.$$

TSCHEBYSCHEV-UNGLEICHUNG: Sei X eine integrierbare Zufallsvariable und $\varepsilon > 0$. Dann gilt:
$$\mathbb{P}(|X - \mathbb{E}(X)| \geq \varepsilon) \leq \frac{\mathbb{V}(X)}{\varepsilon^2}.$$

JENSENSCHE UNGLEICHUNG: Sei $\phi : I \to \mathbb{R}$ eine konvexe Funktion auf einem Intervall I und $X : \Omega \to I$ eine integrierbare Zufallsvariable. Dann ist $\mathbb{E}(X) \in I$, $\phi(X)$ quasiintegrierbar und

$$\phi(\mathbb{E}(X)) \leq \mathbb{E}(\phi(X)).$$

Konvergenzsätze

SATZ VON DER MONOTONEN KONVERGENZ: Ist $0 \leq X_n \uparrow X$, so folgt

$$\mathbb{E}(X_n) \uparrow \mathbb{E}(X).$$

LEMMA VON FATOU: Ist $X_n \geq 0$ für alle $n \in \mathbb{N}$, so folgt

$$\mathbb{E}(\liminf_{n \to \infty} X_n) \leq \liminf_{n \to \infty} \mathbb{E}(X_n).$$

SATZ VON DER DOMINIERTEN KONVERGENZ: Gilt $X_n \to X$ fast sicher sowie $\mathbb{E}(|Y|) < \infty$ und $|X_n| \leq Y$ für alle $n \in \mathbb{N}$, so folgt $\mathbb{E}(|X|) < \infty$ und $\mathbb{E}(|X_n|) < \infty$ für alle $n \in \mathbb{N}$ sowie

$$\mathbb{E}(|X_n - X|) \longrightarrow 0.$$

Grenzwertsätze

Wir geben an dieser Stelle die Grenzwertsätze jeweils für eine Folge unabhängiger und identisch verteilter Zufallsvariablen an. Weitere Varianten stehen in den Abschnitten 6.2 bzw. 7.4.

STARKES GESETZ DES GROSSEN ZAHLEN: Ist (X_n) eine Folge unabhängiger und identisch verteilter Zufallsvariablen mit $\mathbb{E}(|X_1|) < \infty$, so gilt:

$$\frac{1}{n}\sum_{i=1}^{n} X_i \longrightarrow \mathbb{E}(X_1) \quad \text{fast sicher.}$$

ZENTRALER GRENZWERTSATZ: Sei (X_n) eine Folge unabhängiger und identisch verteilter Zufallsvariablen mit $\sigma^2 = \mathbb{V}(X_1) < \infty$. Dann gilt

$$\frac{\sum_{i=1}^{n}(X_i - \mathbb{E}(X_1))}{\sigma\sqrt{n}} \xrightarrow{d} \chi,$$

wobei χ N$(0,1)$-verteilt ist.

Eigenschaften bedingter Erwartungen

EIGENSCHAFTEN BEDINGTER ERWARTUNGEN: Seien X, X_1 und X_2 integrierbare Zufallsvariablen und $\mathcal{G}, \mathcal{H}$ Sub-σ-Algebren von $\mathcal{F}$. Dann gilt:

(i) Ist Y eine Version von $\mathbb{E}(X|\mathcal{G})$, so ist $\mathbb{E}(Y) = \mathbb{E}(X)$.

(ii) Ist X $\mathcal{G}$-messbar, so ist $\mathbb{E}(X|\mathcal{G}) = X$ fast sicher.

(iii) LINEARITÄT: Für $a_1, a_2 \in \mathbb{R}$ ist

$$\mathbb{E}(a_1 X_1 + a_2 X_2|\mathcal{G}) = a_1\mathbb{E}(X_1|\mathcal{G}) + a_2\mathbb{E}(X_2|\mathcal{G}) \quad \text{fast sicher.}$$

(iv) MONOTONIE: Ist $X_1 \leq X_2$, so ist $\mathbb{E}(X_1|\mathcal{G}) \leq \mathbb{E}(X_2|\mathcal{G})$.

(v) BEDINGTE JENSENSCHE UNGLEICHUNG: Ist $\phi : \mathbb{R} \to \mathbb{R}$ konvex und $\phi(X)$ integrierbar, so gilt:

$$\phi(\mathbb{E}(X|\mathcal{G})) \leq \mathbb{E}(\phi(X)|\mathcal{G}).$$

(vi) PROJEKTIONSEIGENSCHAFT: Ist $\mathcal{H} \subset \mathcal{G} \subset \mathcal{F}$, so gilt:
$\mathbb{E}(\mathbb{E}(X|\mathcal{G})|\mathcal{H}) = \mathbb{E}(X|\mathcal{H})$ fast sicher.

(vii) Ist X $\mathcal{G}$-messbar, so folgt: $\mathbb{E}(XY|\mathcal{G}) = X\mathbb{E}(Y|\mathcal{G})$ fast sicher.

(viii) Sind $\sigma(X)$ und $\mathcal{G}$ unabhängig, so gilt: $\mathbb{E}(X|\mathcal{G}) = \mathbb{E}(X)$.

E

Literaturhinweise

Wie bereits im Vorwort erwähnt, haben wir im Text weitgehend auf Literaturhinweise verzichtet. An dieser Stelle wollen wir denjenigen Autoren danken, an deren Arbeiten wir uns orientiert haben und gleichzeitig Hinweise für ein begleitendes, alternatives oder weiterführendes Studium der dargestellten Theorie geben. Literaturhinweise zu den Anwendungen befinden sich in den entsprechenden Abschnitten.

Maßtheorie

Eine umfassende Einführung in die Maß- und Integrationstheorie bietet [Els02], von dem wir reichlich profitiert haben. Neben der präzisen Darstellung der Mathematik enthält es zahlreiche Kurzbiographien der Mathematiker, die Beiträge zur Maß- und Integrationstheorie geleistet haben. Weitere Bücher zur Maßtheorie, die wir verwendet haben, sind [Bau92], [Hac87] und [Hen85]. Ähnlich wie in unserem Fall gibt es zahlreiche Bücher zur Wahrscheinlichkeitstheorie, die Kapitel oder einen Anhang zur Maßtheorie enthalten, z.B. [Dur91], [Bil95] oder [Kal02].

Wahrscheinlichkeitstheorie

Die von uns in diesem Teil dargestellte Theorie gehört, vielleicht mit Ausnahme des Drei-Reihen-Theorems und bedingter Erwartungen, zum klassischen Kanon einer Einführung in die Wahrscheinlichkeitstheorie. Daher gibt es eine Vielzahl von Lehrbüchern, die auf unterschiedlichen Niveaus ähnliche Inhalte vermitteln, an denen wir uns orientieren konnten. Einen leichten Einstieg in die Wahrscheinlichkeitstheorie ermöglichen [Hen03], [Irl01], [Kre02] und [Ros00]. Weiter seien [ADD00], [Bau02], [Bil95], [Dur91], [Geo02], [Hes03], [Sch96b] sowie [Wil01] genannt, wobei [Geo02] genau wie [Irl01] auch eine Einführung in die Statistik enthalten. Als Klassiker gelten die beiden Bände [Fel68] und [Fel71]. Für die bedingten Erwartungen haben wir vor allem [Wil91] und [Bau02] verwendet. Das Drei-Reihen-Theorem findet man ähnlich in [ADD00], [Bil95] und mit einem martingaltheoretischen Beweis in [Wil91].

Stochastische Prozesse

Dem fortgeschritteneren Inhalt entsprechend geben wir an dieser Stelle Literaturhinweise für jedes einzelne Kapitel. Abschnitte zu Markov-Ketten sind in vielen Büchern zur Wahrscheinlichkeitstheorie enthalten, z.B. in [Bil95], [Geo02], [Hes03], [Dur91]. Markov-Ketten in diskreter und in stetiger Zeit findet man in Büchern über stochastische Prozesse, z.B. [Dur99] und [Res92], oder in spezieller Literatur zu Markov-Ketten, z.B. [Bré99] oder [Nor98].

Poisson-Prozesse werden in Büchern zur Wahrscheinlichkeitstheorie meist nur kurz erwähnt. Ausführlicher werden sie in [Bré99], [Dur99], [Nor98], [Ros96] sowie im allgemeineren Rahmen der Theorie der Punktprozesse in [Res92] sowie [DVJ03] behandelt, die insbesondere auch auf nichthomogene Poisson-Prozesse eingehen.

Martingale sind für die Finanzmathematik von überragender Bedeutung. Daher findet man in vielen Büchern zur Finanzmathematik eine Einführung in die zeitdiskrete oder auch zeitstetige Martingaltheorie, z.B. in [Irl98] oder [Ste01]. Eine finanzmathematikfreie Darstellung der zeitdiskreten Martingaltheorie ist [Wil91]. Ebenfalls ganz der zeitdiskreten Theorie ist [Nev75] gewidmet. Weiter findet man Kapitel über zeitdiskrete Martingale z.B. in [Bil95], [Dur99], [Dur91], [Hes03] und [Ros96].

Die Brownsche Bewegung findet man selten im mittleren Teil eines Buches. Entweder sie bildet den krönenden Abschluss einer Entwicklung, oder sie dient als Ausgangspunkt für die Beschäftigung mit stetigen Martingalen oder stochastischer Analysis. Ersteres ist z.B. in [ADD00], [Bau02], [Bil95], [Dud89], [Dur91] und [Dur99] der Fall. Letzteres trifft z.B. auf [Dur84], [KS91] oder [RY99] zu. Erwähnen wollen wir noch den Klassiker [IM96] sowie die „Formelsammlung" zur Brownschen Bewegung [BS02].

Für die allgemeine Martingaltheorie verweisen wir wieder auf [KS91] und [RY99], die jedoch weit über den von uns präsentierten Umfang hinausgehen. Das gleiche gilt für die Klassiker [DM82], [Mey72] und [RW00a]. Die wichtigsten Resultate findet man auch in [Ste01] sowie in [Bau02].

Das Itô-Integral für die Brownsche Bewegung als Integrator wird in [Ste01] eingeführt. Unsere Darstellung haben wir an [Dur84] und [CW90] angelehnt. Weitere Bücher, die die allgemeine Theorie der stochastischen Integration und stochastischer Differentialgleichungen präsentieren, sind z.B. [HT94], [KS91], [RY99], [RW00b] und [Øks98].

Wir hätten von der Definition der σ-Algebra bis zur Itô-Formel jedes Mal auch Kallenbergs Werk [Kal02] zitieren können. Es enthält alles von der Maßtheorie über die Martingaltheorie und Markov-Prozesse bis zur stochastischen Integration und noch sehr viel mehr. Es versteht sich von selbst, dass dies eine sehr kompakte Schreibweise erfordert, die für einen Einstieg eher ungeeignet ist. Was dieses Buch jedoch für den fortgeschrittenen Studenten bis zum aktiven Forscher zu leisten im Stande ist, kann man den Lobpreisungen entnehmen, die in der zweiten Auflage abgedruckt sind.

Statistik

Einführungen in die Statistik bieten die Bücher [BB93], [LW00] sowie im Rahmen eines Stochastiklehrbuchs [Geo02] und [Irl01]. Als weiterführende Literatur seien die Klassiker [Leh97] und [LC98], [CH74], [CH78] sowie die Monographien [Wit85] und [WMF95] genannt.

Literatur

[ABH⁺01] ALBER, G., T. BETH, M. HORODECKI, P. HORODECKI, R. HORODECKI, M. RÖTTELER, H. WEINFURTER, R. WERNER und A. ZEILINGER: *Quantum information.* Springer Tracts in Modern Physics, 173, Berlin: Springer, 2001.

[ADD00] ASH, R.B. und C. DOLÉANS-DADE: *Probability and measure theory, 2nd ed.* San Diego: Academic Press, 2000.

[AS01] ALBANESE, C. und L. SECO: *Harmonic analysis in value at risk calculations.* Rev. Mat. Iberoam., 17(2):195–219, 2001.

[Bau92] BAUER, H.: *Maß- und Integrationstheorie, 2. Aufl.* de Gruyter Lehrbuch, Berlin: Walter de Gruyter, 1992.

[Bau00] BAUER, F.L.: *Entzifferte Geheimnisse, Methoden und Maximen der Kryptologie, 3. Aufl.* Berlin: Springer, 2000.

[Bau02] BAUER, H.: *Wahrscheinlichkeitstheorie, 5. Aufl.* Berlin: Walter de Gruyter, 2002.

[BB93] BAMBERG, G. und F. BAUR: *Statistik, 8. Aufl.* Oldenbourgs Lehr- und Handbücher der Wirtschafts- und Sozialwissenschaften, München: Oldenbourg, 1993.

[Beu02] BEUTELSPACHER, A.: *Kryptologie.* Wiesbaden: Vieweg, 2002.

[BEZ00] BOUWMEESTER, D., A. EKERT und A. ZEILINGER (eds.): *The physics of quantum information. Quantum cryptography, quantum teleportation, quantum computation.* Berlin: Springer, 2000.

[Bil95] BILLINGSLEY, P.: *Probability and measure, 3rd ed.* Chichester: John Wiley & Sons Ltd., 1995.

[Bjö97] BJÖRK, T.: *Interest rate theory.* In: *Biais, B. et al. (eds.), Financial mathematics.* Lect. Notes Math. 1656, Berlin: Springer, 1997.

[BK98] BINGHAM, N.H. und R. KIESEL: *Risk-neutral valuation: Pricing and hedging of financial derivatives.* Springer Finance, London: Springer, 1998.

[Bos82] BOSSERT, M.: *Kanalcodierung.* Stuttgart: B.G. Teubner, 1982.

[Bré99] BRÉMAUD, P.: *Markov chains. Gibbs fields, Monte Carlo simulation, and queues.* Texts in Applied Mathematics, New York: Springer, 1999.

[BS73] BLACK, F. und M. SCHOLES: *The pricing of options and corporate liabilities.* Political Econom., 72:637–659, 1973.

[BS02] BORODIN, A.N. und P. SALMINEN: *Handbook of Brownian motion: Facts and formulae, 2nd ed.* Probability and Its Applications, Basel: Birkhäuser, 2002.

590   Literatur

[Büh96]   BÜHLMANN, H.: *Mathematical methods in risk theory, 2nd print.* Grund-
lehren der Mathematischen Wissenschaften, 172, Berlin: Springer, 1996.

[CH74]   COX, D.R. und D.V. HINKLEY: *Theoretical statistics.* London: Chapman
& Hall Ltd., 1974.

[CH78]   COX, D.R. und D.V. HINKLEY: *Problems and solutions in theoretical
statistics.* London: Chapman and Hall, 1978.

[CT91]   COVER, T.M. und J.A. THOMAS: *Elements of Information Theory.* Wiley
Series in Telecommunications, New York: John Wiley and Sons, 1991.

[CW90]   CHUNG, K.L. und R.J. WILLIAMS: *Introduction to stochastic integration,
2nd ed.* Probability and Its Applications, Boston: Birkhäuser, 1990.

[Deu85]   DEUTSCH, D.: *Quantum theory, the Church-Turing principle and the uni-
versal quantum computer.* Proc. R. Soc. Lond., Ser. A, 400(1818):97–117,
1985.

[DJ92]   DEUTSCH, D. und R. JOZSA: *Rapid solution of problems by quantum
computation.* Proc. R. Soc. Lond., Ser. A, 439(1907):553–558, 1992.

[DM82]   DELLACHERIE, C. und P. MEYER: *Probabilities and potential, B: Theory
of martingales.* North-Holland Mathematics Studies, Amsterdam: North-
Holland, 1982.

[DMS03]   DENK, G., D. MEINTRUP und S. SCHÄFFLER: *Transient Noise Simulation: Modeling and Simulation of 1/f-Noise, in: Modeling, Simulation
and Optimization of Integrated Circuits.* Int. Series of Numer. Math.,
146:251–267, 2003.

[DS94]   DELBAEN, F. und W. SCHACHERMAYER: *A general version of the fundamental theorem of asset pricing.* Math. Ann., 300(3):463–520, 1994.

[DS97]   DENK, G. und S. SCHÄFFLER: *Adams methods for the efficient solution of stochastic differential equations with additive noise.* Computing,
59(2):153–161, 1997.

[DS00]   DELBAEN, F. und W. SCHACHERMAYER: *Non-arbitrage and the fundamental theorem of asset pricing: Summary of main results.* In: Heath,
D.C. et al. (eds.), Introduction to mathematical finance, AMS, Proc.
Symp. Appl. Math. 57, 49-58. Providence: American Mathematical So-
ciety, 2000.

[Dud89]   DUDLEY, R.M.: *Real analysis and probability.* Wadsworth & Brooks/Cole
Mathematics Series, Pacific Grove: Wadsworth & Brooks/Cole Advanced
Books & Software, 1989.

[Dur84]   DURRETT, R.: *Brownian motion and martingales in analysis.* The Wadsworth Mathematics Series, Belmont: Wadsworth Advanced Books & Software, 1984.

[Dur91]   DURRETT, R.: *Probability. Theory and examples.* The Wadsworth &
Brooks/Cole Statistics/Probability Series, Pacific Grove: Wadsworth &
Brooks/Cole Advanced Books & Software, 1991.

[Dur99]   DURRETT, R.: *Essentials of stochastic processes.* Springer Texts in Statistics, New York: Springer, 1999.

[DV85]   DAVIS, M.H.A. und R.B. VINTER: *Stochastic modelling and control.* Mo-
nographs on Statistics and Applied Probability, London: Chapman and
Hall, 1985.

[DVJ03]   DALEY, D.J. und D. VERE-JONES: *An introduction to the theory of point
processes, Vol. I: Elementary theory and methods, 2nd ed.* Probability
and Its Applications, New York: Springer, 2003.

[Edw79]   EDWARDS, R.E.: *Fourier series. A modern introduction, Vol. 1, 2nd ed.* Graduate Textes in Mathematics, 64, New York: Springer, 1979.

[Els02]   ELSTRODT, J.: *Maß- und Integrationstheorie, 3. Aufl.* Springer-Lehrbuch, Berlin: Springer, 2002.

[Fel68]   FELLER, W.: *An introduction to probability theory and its applications, Vol. I.* New York: John Wiley and Sons, 1968.

[Fel71]   FELLER, W.: *An introduction to probability theory and its applications, Vol. II, 2nd ed.* New York: John Wiley and Sons, 1971.

[FR94]   FUMY, W. und H.P. RIESS: *Kryptographie.* München: Oldenbourg, 1994.

[Fri96]   FRIEDRICHS, B.: *Kanalcodierung.* New York: Springer, 1996.

[GEKR95] GEMAN, H., N. EL KAROUI und J.-C. ROCHET: *Changes of numéraire, changes of probability measure and option pricing.* J. Appl. Probab., 32(2):443–458, 1995.

[Geo02]   GEORGII, H.-O.: *Stochastik.* Berlin: Walter de Gruyter, 2002.

[Hac87]   HACKENBROCH, W.: *Integrationstheorie.* Teubner Studienbücher Mathematik, Stuttgart: B.G. Teubner, 1987.

[Hal50]   HALMOS, P.R.: *Measure theory.* University Series in Higher Mathematics, New York: D. Van Nostrand, 1950.

[Hän01]   HÄNSLER, E.: *Statistische Signale, 3. Aufl.* Berlin: Springer, 2001.

[Hei87]   HEILMANN, W.-R.: *Grundbegriffe der Risikotheorie.* Karlsruhe: Verlag Versicherungswirtschaft e.V., 1987.

[Hen85]   HENZE, E.: *Einführung in die Maßtheorie, 2. Aufl.* Mannheim: B.I.-Wissenschaftsverlag, 1985.

[Hen03]   HENZE, N.: *Stochastik für Einsteiger, 4. Aufl.* Braunschweig: Vieweg, 2003.

[Hes03]   HESSE, C.: *Angewandte Wahrscheinlichkeitstheorie.* Braunschweig: Vieweg, 2003.

[HM90]   HIPP, C. und R. MICHEL: *Risikotheorie: stochastische Modelle und statistische Methoden.* Schriftenreihe Angewandte Versicherungsmathematik, Karlsruhe: Verl. Versicherungswirtschaft, 1990.

[HP81]   HARRISON, J.M. und S.R. PLISKA: *Martingales and stochastic integrals in the theory of continuous trading.* Stochastic Processes Appl., 11:215–260, 1981.

[HQ95]   HEISE, W. und P. QUATTROCCHI: *Informations- und Codierungstheorie, 3. Aufl.* Berlin: Springer, 1995.

[HS91]   HIRZEBRUCH, F. und W. SCHARLAU: *Einführung in die Funktionalanalysis.* BI-Hochschultaschenbücher, Mannheim: BI-Wissenschaftsverlag, 1991.

[HT94]   HACKENBROCH, W. und A. THALMAIER: *Stochastische Analysis.* Mathematische Leitfäden, Stuttgart: B.G. Teubner, 1994.

[IM96]   ITÔ, K. und H.P.JUN. McKEAN: *Diffusion processes and their sample paths. Repr. of the 1974 ed.* Classics in Mathematics, Berlin: Springer, 1996.

[Irl98]   IRLE, A.: *Finanzmathematik.* Stuttgart: B.G. Teubner, 1998.

[Irl01]   IRLE, A.: *Wahrscheinlichkeitstheorie und Statistik.* Leipzig: B.G. Teubner, 2001.

[Jun95]   JUNGNICKEL, D.: *Codierungstheorie.* Heidelberg: Spektrum Akadem. Verlag, 1995.

[Kal02]   KALLENBERG, O.: *Foundations of modern probability, 2nd ed.* Probability and Its Applications, New York: Springer, 2002.

592   Literatur

[Kön01]   KÖNIGSBERGER, K.: *Analysis 1, 5. Aufl.* Springer-Lehrbuch, Berlin: Springer, 2001.

[Kön02]   KÖNIGSBERGER, K.: *Analysis 2, 4. Aufl.* Springer-Lehrbuch, Berlin: Springer, 2002.

[Kre02]   KRENGEL, U.: *Einführung in die Wahrscheinlichkeitstheorie und Statistik, 6. Aufl.* Braunschweig: Vieweg, 2002.

[KS51]   KACZMARZ, S. und H. STEINHAUS: *Theorie der Orthogonalreihen.* New York: Chelsea Publishing Co., 1951.

[KS91]   KARATZAS, I. und S.E. SHREVE: *Brownian motion and stochastic calculus, 2nd ed.* Graduate Texts in Mathematics, 113, New York: Springer, 1991.

[Las96]   LASSER, R.: *Introduction to Fourier series.* Pure and Applied Mathematics, Marcel Dekker, 199, New York: Marcel Dekker, 1996.

[LC98]   LEHMANN, E.L. und G. CASELLA: *Theory of point estimation, 2nd ed.* Springer Texts in Statistics, New York: Springer, 1998.

[Leh97]   LEHMANN, E.L.: *Testing statistical hypotheses. Reprint of the 2nd ed. publ. by Wiley 1986.* New York: Springer, 1997.

[LW00]   LEHN, J. und H. WEGMANN: *Einführung in die Statistik, 3. Aufl.* Teubner Studienbücher Mathematik, Stuttgart: B.G. Teubner, 2000.

[Mer73]   MERTON, R.C.: *Theory of rational option pricing.* Bell J. Econom. Managem. Sci., 4:141–183, 1973.

[Mey72]   MEYER, P.-A.: *Martingales and stochastic integrals, I.* Lecture Notes in Mathematics, 284, Berlin: Springer, 1972.

[Möl97]   MÖLLER, H.: *Algorithmische lineare Algebra.* Wiesbaden: Vieweg, 1997.

[MR97]   MUSIELA, M. und M. RUTKOWSKI: *Martingale methods in financial modelling.* Applications of Mathematics, 36, Berlin: Springer, 1997.

[NC00]   NIELSEN, M.A. und I.L. CHUANG: *Quantum computation and quantum information.* Cambridge: Cambridge University Press, 2000.

[Nev75]   NEVEU, J.: *Discrete-parameter martingales.* North-Holland Mathematical Library, Vol. 10, Amsterdam, 1975.

[Nor98]   NORRIS, J.R.: *Markov chains.* Cambridge Series on Statistical and Probabilistic Mathematics, Cambridge: Cambridge University Press, 1998.

[Øks98]   ØKSENDAL, B.: *Stochastic differential equations, 5th ed.* Universitext, Berlin: Springer, 1998.

[Pät99]   PÄTZOLD, A.: *Mobilfunkkanäle.* Wiesbaden: Vieweg, 1999.

[Res92]   RESNICK, S.I.: *Adventures in stochastic processes.* Boston: Birkhäuser, 1992.

[Rom96]   ROMAN, S.: *Introduction to coding and information theory.* Undergraduate Texts in Mathematics, New York: Springer, 1996.

[Ros96]   ROSS, S.M.: *Stochastic processes, 2nd ed.* New York: John Wiley & Sons, 1996.

[Ros00]   ROSS, S.M.: *Introduction to probability models, 7th ed.* San Diego: Harcourt/Academic Press, 2000.

[RS94]   RITTER, K. und S. SCHÄFFLER: *A stochastic method for constrained global optimization.* SIAM J. Optim., 4(4):894–904, 1994.

[Rud91]   RUDIN, W.: *Functional analysis, 2nd ed.* International Series in Pure and Applied Mathematics, New York: McGraw-Hill, 1991.

[RW00a]   ROGERS, L.C.G. und D. WILLIAMS: *Diffusions, Markov processes and martingales, Vol. 1: Foundations, 2nd ed.* Cambridge: Cambridge University Press, 2000.

[RW00b] ROGERS, L.C.G. und D. WILLIAMS: *Diffusions, Markov processes, and martingales, Vol. 2: Itô calculus, 2nd ed.* Cambridge: Cambridge University Press, 2000.

[RY99] REVUZ, D. und M. YOR: *Continuous martingales and Brownian motion, 3rd ed.* Graduate Texts in Mathematics, 293, Berlin: Springer, 1999.

[Sch95] SCHÄFFLER, S.: *Unconstrained global optimization using stochastic integral equations.* Optimization, 35(1):43–60, 1995.

[Sch96a] SCHMIDT, K.D.: *Lectures on risk theory.* Teubner Skripten zur Mathematischen Stochastik, Stuttgart: B.G. Teubner, 1996.

[Sch96b] SCHMITZ, N.: *Vorlesungen über Wahrscheinlichkeitstheorie.* Teubner Studienbücher Mathematik, Stuttgart: B.G. Teubner, 1996.

[Sho94] SHOR, P.W.: *Polynomial time algorithms for discrete logarithms and factoring on a quantum computer.* In: Adleman, L.M. et al. (eds.), Algorithmic number theory, Proceedings. Lect. Notes Comput. Sci. 877, 289, Berlin: Springer, 1994.

[Ste01] STEELE, J.M.: *Stochastic calculus and financial applications.* Applications of Mathematics, 45, New York: Springer, 2001.

[Stu03] STURM, T.F.: *Stochastische Analysen und Algorithmen zur Soft Decodierung binärer linearer Blockcodes.* Doktorarbeit, Universität der Bundeswehr München, Fakultät für Elektro- und Informationstechnik, 2003.

[Wag85] WAGON, S.: *The Banach-Tarski paradox.* Encyclopedia of Mathematics and Its applications, Vol. 24, Cambridge: Cambridge University Press, 1985.

[Weg73] WEGNER, H.: *On consistency of probability measures.* Z. Wahrscheinlichkeitstheor. Verw. Geb., 27:335–338, 1973.

[Wer02] WERNER, D.: *Funktionalanalysis, 4. Aufl.* Springer-Lehrbuch, Berlin: Springer, 2002.

[Whi96] WHITTLE, P.: *Optimal control: basics and beyond.* Wiley-Interscience Series in Systems and Optimization, Chichester: John Wiley & Sons, 1996.

[Wil91] WILLIAMS, D.: *Probability with martingales.* Cambridge: Cambridge University Press, 1991.

[Wil01] WILLIAMS, D.: *Weighing the odds. A course in probability and statistics.* Cambridge: Cambridge University Press, 2001.

[Wit85] WITTING, H.: *Mathematische Statistik I: Parametrische Verfahren bei festem Stichprobenumfang.* Stuttgart: B.G. Teubner, 1985.

[WMF95] WITTING, H. und U. MÜLLER-FUNK: *Mathematische Statistik II, Asymptotische Statistik: Parametrische Modelle und nichtparametrische Funktionale.* Stuttgart: B.G. Teubner, 1995.

Symbolverzeichnis

Wir stellen hier die wichtigsten Bezeichnungen zusammen. Dabei gibt die Zahl am Ende einer Zeile an, auf welcher Seite die Notation erstmals verwendet wird.

Allgemeine Bezeichnungen:

$:=$	definierende Gleichung, 4
$\square$	Ende eines Beweises, 8
$\Diamond$	Ende eines Beispiels, 9
$a \vee b = \max(a, b)$	Maximum von a und b, 20
$a \wedge b = \min(a, b)$	Minimum von a und b, 29

Mengen:

$\emptyset$	leere Menge, 4
$\mathbb{N} = \{1, 2, 3, \ldots\}$	Menge der natürlichen Zahlen, 4
$\mathbb{N}_0 = \{0, 1, 2, 3, \ldots\}$	Menge der natürlichen Zahlen mit 0, 57
$\mathbb{Z}, \mathbb{Q}, \mathbb{R}$	Menge der ganzen bzw. rationalen bzw. reellen Zahlen, 6, 7, 4
$\mathbb{R}_+ := \{x \in \mathbb{R} : x \geq 0\}$	Menge der nicht-negativen reellen Zahlen, 42
$\mathbb{R}_{>0} := \{x \in \mathbb{R} : x > 0\}$	Menge der positiven reellen Zahlen, 292
$\bar{\mathbb{R}} = \mathbb{R} \cup \{\pm\infty\}$	Zweipunktkompaktifizierung von $\mathbb{R}$, 14
$\bar{\mathbb{R}}_+ = \bar{\mathbb{R}} \cap \mathbb{R}_+$	Menge der nicht-negativen reellen Zahlen einschließlich $+\infty$, 50
$\mathbb{R}^{n,n}$	Menge der $n \times n$-Matrizen mit Einträgen aus $\mathbb{R}$, 4
$A \cup B$	Vereinigung der Mengen A und B, 5
$\bigcup\limits_{i \in I} A_i$	Vereinigung der Mengen A_i, $i \in I$, 6
$A \cap B$	Durchschnitt der Mengen A und B, 4
$\bigcap\limits_{i \in I} A_i$	Durchschnitt der Mengen A_i, $i \in I$, 10

$A \subset B$	A (nicht notw. echte) Teilmenge von B, 4
A^c	Komplement der Menge A, 10
$A \Delta B$	symmetrische Differenz von A und B, 148
$\mathcal{P}(X) = \{A : A \subset X\}$	Potenzmenge von X, 4
$[a,b] = \{x \in \mathbb{R} : a \leq x \leq b\}$	abgeschlossenes Intervall, 11
$]a,b[= \{x \in \mathbb{R} : a < x < b\}$	offenes Intervall, 11
$]a,b], [a,b[$	halboffene Intervalle, 11
$|A|$	Mächtigkeit der Menge A, 21
$A_n \uparrow A$	$A_1 \subset A_2 \subset \dots$ und $\bigcup\limits_{i=1}^{\infty} A_i = A$, 15
$A_n \downarrow A$	$A_1 \supset A_2 \supset \dots$ und $\bigcap\limits_{i=1}^{\infty} A_i = A$, 22
$A \times B,\ \prod\limits_{i \in I} A_i$	kartesisches Produkt von Mengen, 11
$\bar{A},\ \overset{\circ}{A}$	Abschluss bzw. Inneres der Menge A, 179
$\partial A = \bar{A} \setminus \overset{\circ}{A}$	Rand der Menge A, 179

Abbildungen:

$f : \Omega_1 \to \Omega_2$	Abbildung von Ω_1 nach Ω_2, 16
$f(A) = \{f(\omega) : \omega \in A\}$	Bild von A, 16
$f^{-1}(B) = \{\omega \in \Omega_1 : f(\omega) \in B\}$	Urbild von B, 16
$f^+ = f \vee 0,\ f^- = (-f) \vee 0$	Positiv- bzw. Negativteil von f, 20
$f|A$	f eingeschränkt auf A, 37
$f_n \uparrow f$	$f_1 \leq f_2 \leq \dots$ und $f_n \to f$ pktw., 29
$f_n \downarrow f$	$f_1 \geq f_2 \geq \dots$ und $f_n \to f$ pktw., 220
I_A	Indikatorfunktion der Menge A, 17

Maßtheorie:

$\mathcal{E}, \mathcal{G}, \mathcal{F}$	Mengensysteme, 9
$\sigma(\mathcal{E})$	von $\mathcal{E}$ erzeugte σ-Algebra, 10
$\mathcal{B}(\Omega)$	Borelsche σ-Algebra über Ω, 11
$\mathcal{B}^n, \mathcal{B}, \bar{\mathcal{B}}$	Borelsche σ-Algebra auf $\mathbb{R}^n$, $\mathbb{R}$ bzw. $\bar{\mathbb{R}}$, 11, 14
$(\Omega, \mathcal{F}, \mu)$	Maßraum, 20
μ_f	Bildmaß, 25
$\int f d\mu$	Lebesgue-Integral von f bezüglich μ, 28
$\|\cdot\|_p$	p-Norm, 45
$\mathcal{L}^p = \mathcal{L}^p(\mu)$	Raum der Funktionen mit endlicher p-Norm, 46
$L^p = L^p(\mu)$	Banach-Raum der Funktionen mit endlicher p-Norm, 47
$\langle \cdot, \cdot \rangle$	Skalarprodukt, 47
$\mathcal{F}^{\otimes I} = \bigotimes\limits_{i \in I} \mathcal{F}_i$	Produkt-σ-Algebra, 12
$\mathcal{F}|A$	Spur-σ-Algebra, 16

δ_ω	Dirac- oder Einpunktmaß, 21	
μ_Z	Zählmaß, 21	
λ^n	n-dimensionales Lebesgue-Maß, 24	
λ_F	Lebesgue-Stieltjes-Maß, 24	
M, M^+	Menge der messbaren numerischen (nicht-negativen) Funktionen, 27	
T, T^+	Menge der (nicht-neg.) Treppenfunktionen, 28	
$\mu \otimes \nu$	Produktmaß, 42	
$f_n \to f$ (μ)-fast sicher	fast sichere Konvergenz (bezüglich μ), 97	
$f \odot \mu$	Maß mit Dichte f bezüglich μ, 50	
$\nu \ll \mu$	absolute Stetigkeit von ν bezüglich μ, 51	
μ^*	äußeres Maß, 543	

Wahrscheinlichkeitstheorie:

$(\Omega, \mathcal{F}, \mathbb{P})$	Wahrscheinlichkeitsraum, 59
$X, Y : \Omega \to \mathbb{R}$	Zufallsvariablen, 90
$\mathbb{P}_L$	Laplace-Verteilung, 64
$B(1, p)$	Bernoulli-Verteilung, 65
$B(n, p)$	Binomialverteilung, 66
$Poi(\lambda)$	Poisson-Verteilung, 67
$Exp(n, p)$	Exponentialverteilung, 76
$N(m, \mathbf{C})$	Normalverteilung mit Erwartungswertvektor m und Kovarianzmatrix $\mathbf{C}$, 73
ϕ, Φ	Dichte bzw. Verteilungsfunktion der Standardnormalverteilung, 73, 75
$X \sim F$	X ist nach F verteilt, 90
$\liminf A_n, \limsup A_n$	Limes Inferior bzw. Superior der Mengen (A_n), 62
$\mathbb{P}_X$	Bildmaß bzw. Verteilung von X, 89
$\mathbf{B}, \mathbf{C}$	Matrizen, 110
$\det(\mathbf{C})$	Determinante der Matrix $\mathbf{C}$, 110
$\mathbb{P}(A\mid B)$	bedingte Wahrscheinlichkeit von A unter B, 119
$X \overset{d}{=} Y$	X und Y sind identisch verteilt: $\mathbb{P}_X = \mathbb{P}_Y$, 144
$\mathbb{E}(X)$	Erwartungswert von X, 92
$\mathbb{V}(X)$	Varianz von X, 93
$Cov(X, Y)$	Kovarianz von X und Y, 128
$C_b(\mathbb{R})$	Menge der stetigen und beschränkten Funktionen auf $\mathbb{R}$, 173
φ_X, φ_μ	charakteristische Funktion von X bzw. μ, 181
$X_n \overset{\mathbb{P}}{\to} X$	stochastische Konvergenz bezüglich $\mathbb{P}$, 97
$\mu_n \overset{w}{\to} \mu$	schwache Konvergenz, 174
$X_n \overset{d}{\to} X$	Konvergenz in Verteilung, 174
$\mathbb{E}(X\mid\mathcal{G})$	bedingte Erwartung von X bzgl. $\mathcal{G}$, 216
$\mathbb{P}(A\mid\mathcal{G})$	bedingte Wahrscheinlichkeit von A bzgl. $\mathcal{G}$, 217

Stochastische Prozesse:

p	stochastische Matrix, 228
$\mathbb{P}_\alpha$, $\mathbb{P}_i$	Wahrscheinlichkeitsmaß
	unter der Startverteilung α bzw. δ_i, 230
p_{ij}^m	m-Schritt-Übergangswahrscheinlichk., 233
τ	Stoppzeit, 238
$i \to j$	Zustand j von i aus erreichbar, 241
$i \leftrightarrow j$	Zustände i und j kommunizieren, 241
$\rho_{ii} = \mathbb{P}_i(T_i < \infty)$	Wahrscheinlichkeit für Rückkehr zum
	Zustand i in endlicher Zeit, 243
$X = (X_t)_{t \in I}$	stochastischer Prozess, 268
$X.(\omega)$	Pfad von ω, 269
$(X_t^*)_{t \geq 0}$, X^*	Supremumprozess, 387
HPP(λ)	homogener Poisson-Prozess mit Rate λ, 276
NHPP(λ)	nichthomogener Poisson-Prozess mit
	lokaler Rate λ, 292
$\mathbb{F} = (\mathcal{F}_t)_{t \in I}$	Filtration, 301
$\mathbb{F}^X$	natürliche Filtration des Prozesses X, 302
$\hat{\mathbb{F}}$	augmentierte Filtration, 390
$\mathbb{F}_+$	rechtsstetige Filtration, 390
$\mathcal{F}_\infty = \sigma(\mathcal{F}_t : t \geq 0)$	von $(\mathcal{F}_t)_{t \geq 0}$ erzeugte σ-Algebra, 376
$\mathcal{F}_\tau$	σ-Algebra der τ-Vergangenheit, 315
X^τ	gestoppter Prozess, 316
$B = (B_t)_{t \geq 0}$	Brownsche Bewegung, 342
$(B_t^0)_{t \geq 0}$	Brownsche Brücke, 350
$\Pi = \{0 = t_0, t_1, \ldots, t_n = t\}$	Zerlegung des Intervalls $[0, t]$, 351
$V_t(f)$	lineare Variation der Funktion f
	auf dem Intervall $[0, t]$, 408
$Q_t(f)$	quadratische Variation der Funktion f
	auf dem Intervall $[0, t]$, 352
$H_k^{(n)}$	Haar-Funktionen, 562
$\Delta_k^{(n)}$	Schauder-Funktionen, 562
$\int g \, dF$	F-Integral, 407
$\mathcal{E}$, $b\mathcal{E}$	Menge der elementaren (beschränkten)
	stochastischen Prozesse, 413
$\mathcal{P}^2$	Menge der progressiv messbaren Prozesse
	mit endlicher $\|\cdot\|_{L^2(\mathbb{P} \otimes dt)}$-Norm, 413
$\mathcal{M}^2$, $\mathcal{M}_c^2$	Menge der (stetigen) Martingale
	mit beschränkter 2-Norm, 417
$X.B$, $(X.B)_t = \int\limits_0^t X_s \, dB_s$	Itô-Integral, 414
$[[0, \tau]]$	stochastisches Intervall, 429

Mathematische Statistik:

Θ	Parameterraum, 455
$\mathcal{W}$	Familie von Wahrscheinlichkeitsmaßen, 455
$(\Psi, \mathcal{G}, \mathbb{P}_{X,\mathcal{W}})$	statistischer Raum, 456
$\mathbb{E}_\theta, \mathbb{V}_\theta$	Erwartungswert, Varianz bzgl. $\mathbb{P}_{X,\mathcal{W}_\theta}$, 459
$\mathbb{P}_*(A|T)$	von θ unabhängige Versionen der bedingten Wahrscheinlichkeit, 461
$\mathbb{E}_*(X|T)$	von θ unabhängige Versionen der bedingten Erwartung, 461
$l_{Y_n,x_1,\ldots,x_n}$	Likelihood-Funktion, 467
$L_{Y_n,x_1,\ldots,x_n}$	Loglikelihood-Funktion, 467
$I : \Theta \to \mathbb{R}, I(\theta)$	Fisher-Information, 472
f_{χ^2}	Dichte der χ^2-Verteilung, 519
$\mathrm{diag}(a_1,\ldots,a_n)$	Diagonalmatrix mit den Einträgen $a_1,\ldots,a_n$ auf der Hauptdiagonalen, 520

Index

Druck und Bindung: Strauss GmbH, Mörlenbach